中国石化
加氢技术交流会论文集
（2021）

上册

俞仁明　陈尧焕　主编

中国石化出版社

内 容 提 要

本书收录了近两年来国内炼化生产、科研、设计单位有关加氢装置生产运行情况总结、加氢新技术应用、加氢催化剂研究及工艺技术开发等论文共175篇。内容包括馏分油加氢裂化技术、各种汽煤柴油加氢精制技术、重质油加氢处理技术应用情况，以及工程设备与装置安全运行和节能与资源优化利用等。

本书对加氢装置的管理人员、技术人员、操作人员有很强的指导意义，也是加氢催化剂、加氢工艺、加氢装置科研设计人员很有价值的参考资料。

图书在版编目(CIP)数据

中国石化加氢技术交流会论文集. 2021 / 俞仁明，陈尧焕主编. —北京：中国石化出版社，2021.5
ISBN 978-7-5114-6164-3

Ⅰ. ①中… Ⅱ. ①俞… ②陈… Ⅲ. ①石油炼制-加氢裂化-文集 Ⅳ. ①TE624.4-53

中国版本图书馆 CIP 数据核字(2021)第074041号

未经本社书面授权，本书任何部分不得被复制、抄袭，或者以任何形式或任何方式传播。版权所有，侵权必究。

中国石化出版社出版发行

地址：北京市东城区安定门外大街58号
邮编：100011 电话：(010)57512500
发行部电话：(010)57512575
http://www.sinopec-press.com
E-mail：press@sinopec.com
北京富泰印刷有限责任公司印刷
全国各地新华书店经销

*

889×1194毫米 16开本 72.5印张 2149千字
2021年5月第1版 2021年5月第1次印刷
定价：298.00元

《中国石化加氢技术交流会论文集(2021)》
编　委　会

主编：俞仁明　陈尧焕

编委：周建华　李　鹏　高　娜

前　言

中国石化加氢技术交流会是中国石化炼油加氢技术领域最重要的学术交流活动与专业会议之一。十多年来，通过每两年举办一次加氢技术交流会，邀请炼油加氢领域专家和技术骨干参与讲学及交流，促进了炼化生产、科研、设计等单位之间的技术交流，为提高国内炼油企业清洁燃料生产技术水平发挥了积极作用。

当前，我国能源行业即将进入转型发展新阶段。2021年是“十四五”和“双循环”新发展格局元年。一方面，我国经济将在全球率先实现反弹，新基建热潮开启，第三产业强势反弹，第二产业增长强劲，能源需求增长空间加大；另一方面，碳中和的愿景与碳减排压力，将加速能源体系向清洁低碳转型。在新形势下，加氢技术作为重要的清洁炼油技术，在油品质量升级、产品结构调整、原油资源高效利用、生产过程清洁化进程中将继续发挥重要作用。

本届加氢技术交流会论文集收录了近两年来国内炼化生产、科研、设计单位有关加氢装置生产运行情况总结、加氢新技术应用、加氢催化剂研究及工艺开发等论文共175篇。内容包括馏分油加氢裂化技术、各种汽煤柴油加氢精制技术、重质油加氢处理技术、工程设备与装置安全运行及节能与资源优化利用等。会议所征集到的论文均经过相关领域专家择选定稿，由中国石化大连石油化工研究院进行整理和编辑，中国石化出版社出版发行。在编辑过程中，除对入选论文做格式上的编排和部分文字修改外，其余均保持作者原意，内容上基本未做改动。

本书对于加氢装置的管理人员、技术人员、操作人员有很强的指导意义，也是加氢催化剂、加氢工艺、加氢装置科研设计人员很有价值的参考资料。

前言

目　录

综　述

石脑油/汽油/煤油加氢装置运行及技术应用

柴油深度加氢脱硫技术开发及工业应用

柴油加氢转化/改质技术开发及工业应用

馏分油加氢裂化装置运行及技术应用

·综　　述·

炼油行业发展趋势对加氢技术的影响

王　刚　刘　涛　孙晓丹　卜　岩　贾　丽　韩照明

（中国石化大连石油化工研究院　辽宁大连　116045）

摘　要　本文在展望世界炼油行业发展趋势的基础上，结合我国炼油行业的发展现状与趋势，分析了影响加氢技术的关键因素，并对加氢技术的发展提出了建议。

关键词　炼油行业；转型发展；加氢技术；影响因素

1　前言

随着环保法规的日益严格，油品升级不断加快。在继清洁汽、柴油等大宗油品清洁化之后，低硫清洁的船用燃料成为炼油业未来几年重点关注的主要油品之一。从原油资源的角度看，目前国内炼油厂可获得的原油除了自产外，主要来自中东，继续呈现劣质化和高硫化的趋势。炼油行业的竞争愈加激烈，获取利润也越来越难。从市场需求来看，成品油的消费增速放缓。当前，我国炼油业正处于推进供给侧结构性改革、实现高质量发展的攻关期，炼油业发展面临产能结构性过剩矛盾突出、新能源汽车等交通替代快速发展等严峻挑战。在炼油行业面临转型发展的攻坚时期，加氢技术作为解决原油重质化、劣质化，产品优质化、高端化，生产过程清洁化的关键技术，是炼油向化工转型的纽带。用好先进的加氢技术，降低加氢装置制造、运行和维护的成本，发挥加氢技术在炼油行业转型发展中的核心作用，是石油资源高效绿色转化、实现社会效益和经济效益最大化的有利手段。

2　世界炼油行业发展现状与趋势

2.1　炼油能力大幅增长，突破 0.5Gt/a

2019 年，受地缘政治、贸易摩擦、经济疲软、欧佩克新一轮减产以及环境法规日趋严苛等多重因素的影响，炼油行业总体表现逊于 2018 年。为了提升企业在不确定环境下的抗风险能力，全球炼油行业专注于提升运行效率，推进淘汰落后产能，加快转型升级。

2019 年，世界新增炼油能力达 123Mt/a，是自 1970 年以来新增炼能最多的一年，引领增长的主要有中国、沙特阿拉伯、马来西亚和土耳其等新兴经济体和发展中国家。扣除淘汰的产能，当年世界炼油能力净增约 117Mt/a，总炼油能力突破 0. 5Gt/a 大关，飙升至 0. 508Gt/a(见图 1)，增幅达 2. 4%。世界炼油厂总数约 660 座，炼厂平均规模 7. 7Mt/a，炼油集中度继续提升，20Mt 级以上炼油厂总数达到 33 座，这些大型炼油厂主要集中在北美、亚太和中东地区，当年中国炼油能力已达 860Mt/a，稳居世界第二，与世界第一炼油大国美国的炼油能力差距仅剩 70Mt/a[1]。

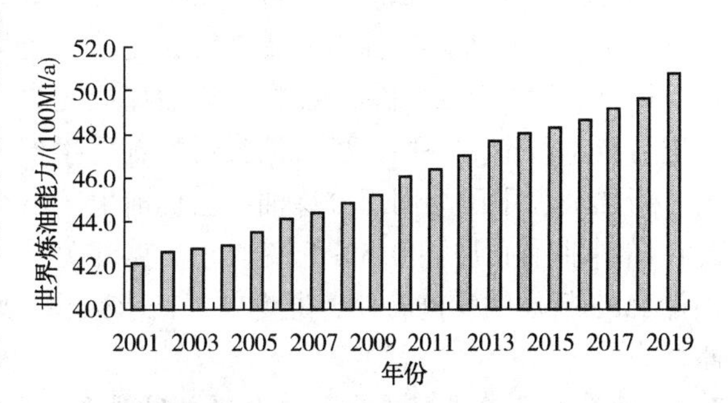

图 1　世界炼油能力变化情况[1]

2020 年，世界新增炼油能力约 73. 5Mt/a，增速明显低于 2019 年。科威特国家石油公司 30. 75Mt/a 的阿祖尔炼油厂在 2020 年建成投产，印度、中东、非洲一些小规模的炼油厂扩建装置将建成，中国将新增炼油能力约27Mt/a[1]。

总体看，目前国际油价处于中低位水平的有利环境，能使炼油业仍然保持较好的盈利水平。但随着新建炼油项目的集中投产，油品供应增长将超过需求，加上地缘政治不稳，世界经济下行压力和不确定性增加，替代能源持续增长，油品需求增速将持续放缓，炼油毛利和产能利用率或将进一步下降。

2.2 亚太仍是世界炼油业重心，美欧炼油能力有所下降

自2008年以来，亚太地区原油加工能力就超过北美地区。随着炼油重心的快速东移，亚太地区炼油能力占全球的比值由2015年的35%升至2019年的36%，排名第二的北美地区，占比由21%降至20%，排名第三的欧洲地区占比由16%降至15%(见图2)。

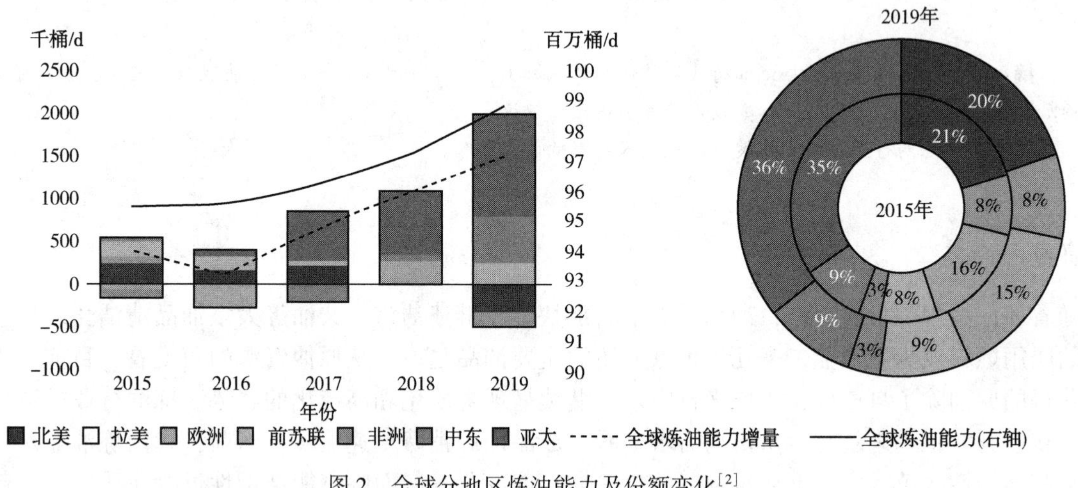

图2 全球分地区炼油能力及份额变化[2]

亚太引领全球炼油能力增长为近十年来最高。2019年全球炼油产能大幅扩张151万桶/d，达到98.8百万桶/d。增量主要来自亚太地区和中东地区，分别贡献了全球产能增量的60%和27%。除中国大幅增加85万桶/d产能以外，文莱17.5万桶/d的恒逸炼油厂11月投产，马来西亚30万桶/d的PETRONAS炼油厂年底投产，沙特40万桶/d的Jazan炼油厂年底投产。此外，美国费城35万桶/d的PES炼油厂因大火关闭。全球炼油中心东移趋势愈加明显，亚太产能比重提高至36%，首次超过北美和欧洲产能份额之和[2]。

未来，新兴经济体和发展中国家仍将继续新建炼油厂，发达经济体炼油业务趋于成熟不再有太多的扩能，将继续整合。中东、中国以及印度等地一些大型新建炼油厂将在未来3到5年内陆续投产。未来10年，炼油业将面临产能扩张、原油供应形势变化、产品需求转变和油品规格更加严格、替代能源进一步崛起、所占份额增加等多重挑战，页岩油加工量将持续增加，地区油品需求结构性矛盾将影响炼油厂原料选择，国际油品贸易将加快发展，贸易量将增加，炼油业的国际竞争趋于激烈。

2.3 国际海事组织新规执行，推动炼油业加速升级

国际海事组织(IMO)规定自2020年1月1日开始全球范围内船舶燃料油含硫量从3.5%降至0.5%。IMO限硫令给世界船用油市场带来巨大变革，也给炼油业带来机遇和挑战。为此，炼油厂开始对工艺进行调整，亚洲和欧洲集中在提高渣油加工能力，如延迟焦化和溶剂脱沥青，对复杂程度不高的炼油厂进行技术改造。一些大型石油公司已着手生产符合规定的燃料油并满足市场需求。目前，韩国、日本、新加坡、中国等国部分炼油厂已提前生产出符合IMO新规的燃料油。BP公司在2019年3月宣布已在燃料油中心加注0.5%低硫油。埃克森美孚2019年7月表示准备提供一系列新的低硫船用燃料。预计IMO新规的实施将使普通燃料油需求减少120万桶/d，同时新增相同数量的超低硫燃料油和柴油需求[1]。

2.4 世界炼油装置规模化、大型化趋势明显

除常减压外，当前石油的主要加工工艺还有加氢裂化、催化重整、延迟焦化、加氢精制、减黏裂

化、烷基化等。经过多年的发展，石油炼化加工的工艺形成了完整的体系，但石油的加工原理和工艺并没有大的改变，技术进步主要体现在：装置的规模化、炼化一体化能力、催化剂的进步、重油及渣油加氢的处理能力、生产的智能化等。

未来电动汽车的增长以及氢和LNG等替代燃料的快速发展将逐步侵蚀柴油和汽油的需求。炼油厂面临的最大挑战之一是既需要投资建设清洁燃油的生产能力，又要应对普遍预测的交通燃料需求增长乏力，还要面对新能源的替代挤压。盈利能力更稳定的必然是规模化和炼化一体化炼油厂。未来炼油厂的设计将具有更高灵活性，能快速应对市场变化，并适应未来的转型需要。

2.5 炼油业将逐步转型升级，未来炼油厂可将原油以更高的比例转化为石化产品

原油制化学品技术的发展将显著提高化学品的转化率。霍尼韦尔UOP原油制化学品技术甚至提出最终炼油厂燃料产量降至接近零，实现汽油和LPG零生产，并将石化产品产量提高至80%(烯烃和芳烃)甚至更多。沙特阿美正在同时研发热原油制化学品(TCTC)技术和催化原油制化学品(CCTC)技术，前者转化率高达70%，后者转化率60%~80%，资本支出均可减少30%。如果这两种技术顺利投入商业化，将改变炼化行业的传统工艺流程，长远看将对炼油过程带来重大变革。

3 我国炼油行业发展现状与趋势

3.1 炼油能力和原油加工量持续攀升

2009年我国炼油能力仅为560Mt/a，历经十年扩张，2019年我国炼油能力已提升至860Mt/a，年均复合增速高达4.6%，远高于全球1%的年均复合增速。目前我国稳居全球第二大炼油国，仅次于美国，2019年4月，国际能源署(IEA)发布《石油市场报告2019》称，2024年前，全球炼油行业将迎来一大波新增产能，炼油能力净增长约900万桶/d，中国将有望超过美国成为全球炼油能力最大的国家。随着炼油能力的不断提升，我国原油加工量也保持快速增长见图3，2009~2019年的年均复合增速为5.7%，我国炼油厂开工率在2019年已随之提升至75%左右，较2009年66.9%的开工率，大幅提升了7.6个百分点。

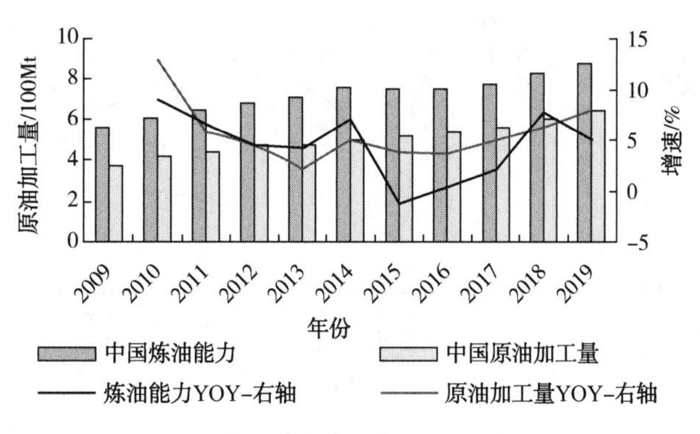

图3　2009~2019年国内炼油能力和原油加工量持续攀升

3.2 民营大炼化快速崛起，迎来炼化一体化发展新格局

2018~2019年得益于恒力石化、浙江石化等民营大炼化的快速崛起，我国炼油能力均保持5%以上的较高增速。2018年12月，恒力石化20Mt/a炼化一体化项目正式投料，在2019年3月打通全流程，成为国内第一家具备“原油-PX-PTA-聚酯”全产业链的民营炼化企业。2019年5月荣盛石化控股子公司浙江石化40Mt/a炼化一体化项目(一期)，即20Mt/a炼化一体化项目正式投入运行，在2019年12月全面投产打通全流程。恒力石化、荣盛石化炼化一体化项目的顺利投产，标志着我国民营大炼化全面迎来炼化一体化发展的新格局。如图4所示，2019年民营大炼化的炼油产能占比也得以明显提升，从2018年的26%已提升至2019年的31%，而中国石化、中国石油、中国海油以及其他国营炼油厂的产能占比由2018年的74%下降到2019年的70%，民营大炼化的相继投产正在逐渐打破国营炼油厂行

业垄断的格局。至此，以茂名石化、镇海炼化以及两大民营炼化为首的千万吨级以上炼油厂座数增加至29个。

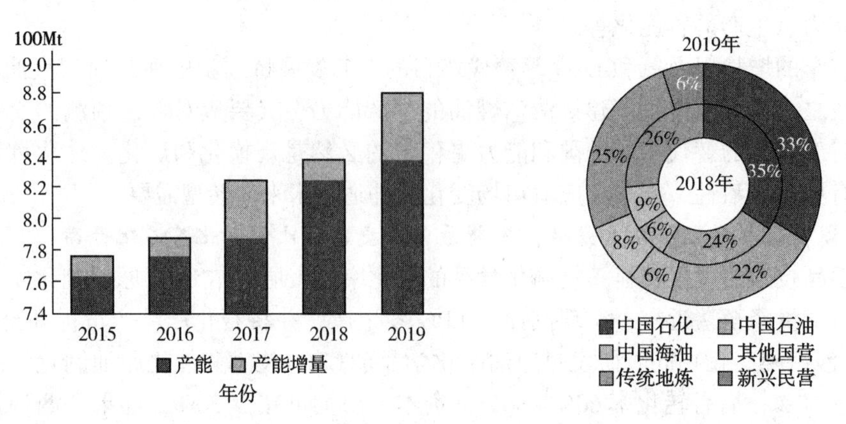

图4 全国分集团产能及份额变化[2]

3.3 汽煤柴消费增速全面进入下降通道

2019年国内GDP增速6.2%，较2018年下滑0.4个百分点。汽车销量2850万辆，同比下降8.1%，较2018年下滑3.9个百分点。估计全年成品油终端消费394Mt，同比增长2.8%，较2018年放缓1个百分点。汽油、煤油、柴油消费增速全面放缓。统计局口径成品油表观消费309Mt，同比降低3.7%，较2018年下降4.1个百分点。其中，汽油表观消费127Mt，同比降低0.5%，增速较2018年回落5个百分点；柴油表观消费146Mt，同比降低8.4%，增速较2018年回落4.4个百分点；航煤消费36.7Mt，同比增长6.3%，增速较2018年回落2.1个百分点[2]。未来20年，随着我国经济发展进入新常态、产业结构转型升级和资源环境制约，加上替代燃料的迅速发展，我国成品油需求增速将放缓(见图5[3])。

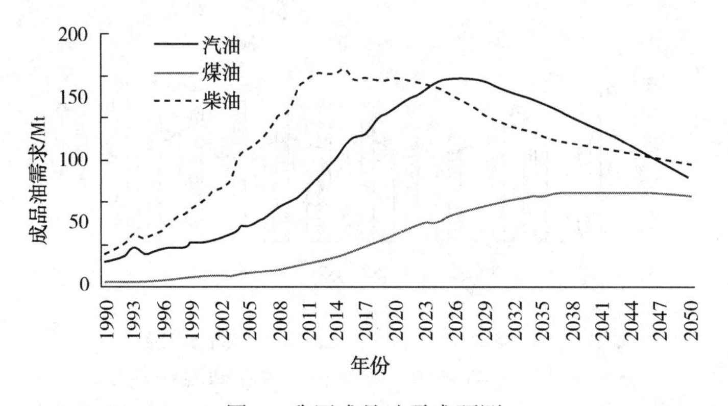

图5 我国成品油需求预测

3.4 成品油替代多元深化，替代规模快速扩张

2019年替代资源总量34.9Mt，同比增长17%，占成品油终端消费比重8.9%。预测2020年替代资源总量达42.2Mt，占成品油终端比重突破10%大关(见图6)。其中，天然气汽车贡献50%，乙醇和电动汽车分别贡献30%和16%。天然气占替代资源总量比重由2015年的73%降至2020年的58%，多元化趋势深化[2]。

氢能方面，2019年，我国第一次将氢能相关内容纳入政府工作报告，目前已有上海、广东、北京等14个省市出台政策支持氢能产业发展。中国石化积极推进氢能布局，继在佛山建成国内首座油氢合建站后，又在上海建成首批2座油氢合建站、在浙江嘉兴建成浙江第一座油氢合建站；并与法国液化空气公司签署合作备忘录，计划两年内建设运营10~20座加氢站。

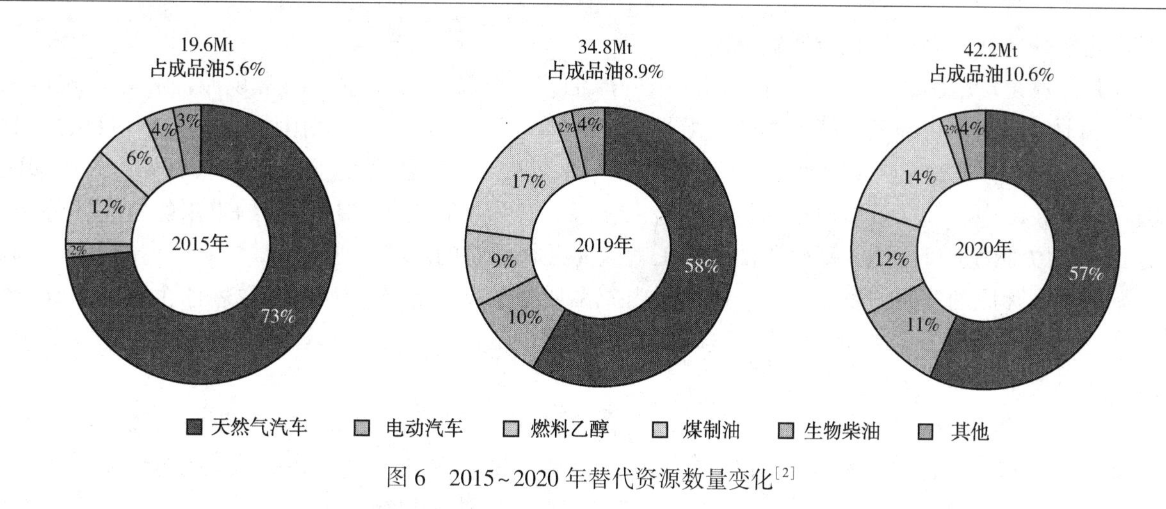

图6 2015~2020年替代资源数量变化[2]

3.5 炼化结合进一步深入，转型升级提质增效进一步推进

一是在国内“油多化少”背景下，炼化一体化成为行业转型一致选择。一方面，新建成、在建及规划建设的炼化一体化项目通过压缩成品油收率，大幅增加化工原料产品占比，如新建成投产的恒力石化、浙江石化成品油收率低于50%，在建的广东石化调整化工生产装置增加化工品产能。另一方面，传统炼油厂通过规划化工项目或对原有化工项目进行扩能改造，带动炼油厂提高化工转化率，如洛阳石化、泉州石化等炼油厂布局乙烯及配套项目；武汉石化、大庆石化等炼油厂对原有化工装置进行扩能改造。二是继续完善深加工装置，加氢占比大幅提高，部分炼油厂已实现全流程加氢(见表1)。三是两化结合推进智能化炼油厂建设，促炼油厂提质增效。通过工业化和信息化的不断融合，炼油厂将全流程优化运用到每一个生产环节，促进生产经营始终处于最优状态，使油价波动对炼油厂的效益损失影响尽可能降至最低。此外，中国石化着力提高旗下炼油厂人均劳效，采取各种措施减员增效，已取得一定成效。

表1 2017~2019年中国原油二次加工能力构成[1]

项目	2017年		2018年		2019年	
	装置加工能力/(10kt/a)	占一次加工能力之比/%	装置加工能力/(10kt/a)	占一次加工能力之比/%	装置加工能力/(10kt/a)	占一次加工能力之比/%
一次加工能力	80915		83140		85990	
二次加工能力	80431	99.40	87301	105.00	94896	110.36
催化裂化	21711	26.83	22131	26.62	23401	27.21
延迟焦化	10311	12.74	10531	12.67	10991	12.78
催化重整	6905	8.53	9085	10.93	10425	12.12
加氢裂化	7304	9.03	8944	10.76	11434	13.3
加氢精制	34200	42.27	36610	44.03	39645	44.94

4 影响加氢技术的关键要素分析

对于全球炼油行业，原料特点、市场需求、环保要求以及效益高低是炼油技术发展的驱动力，炼油技术的进步，特别是加氢技术的发展与原料侧、产品侧的变化、环境要求趋严和提高炼厂效益等要素密切相关。

4.1 原油重质化、劣质化驱动加氢技术的发展

全球各地区都有一定的原油资源，而各地区的原油品质存在一定差异。作为重要原油出口地的中东地区，其原油含硫量较高；美洲原油地区差异较为明显，墨西哥湾和阿拉斯加为中质含硫、高硫原油，而特立尼达和多巴哥原油以轻质低硫为主；非洲地区原油以中质低硫为主；而中亚、欧洲和远东

地区除北海等地外，大多为轻质低硫原油。

因此，就全球范围而言，今后炼油厂加工的原油将是含硫高、质量差的常规原油和非常规原油。在未来二十年，原油将继续保持重质化和酸性化的发展趋势。2019 年，我国原油产量达 192Mt，同比增长 1.4%，停止了 2016 年以来原油产量的持续下滑，原油对外依存度小幅升高至 72%。与此同时，在国际油价波动中，轻、重质原油的价格差增大，因此，为了提高原油成本节约带来的效益，势必增加劣质高硫原油的进口比例，高硫原油的加工就成为必须面对的现实问题。

无论是国际原油资源的发展趋势，还是国内原油质量的变化情况，我国多数炼油企业都面临着加工密度越来越大，硫、残炭和重金属含量越来越高的原油的问题，因此，只有大量采用包括加氢裂化在内的加氢技术才能满足生产需要。

鉴于上述情况，在含硫和高硫重质原油以及含酸和高酸原油供应量增加的情况下，若要满足未来汽、煤、柴、润滑油数量增加和质量提高的要求，就要不断提高二次装置占一次装置能力的比例(见表 2)，逐步提高资源深度转化利用水平，带动炼油产业向清洁化和绿色化方向发展。

表 2 全球二次装置占一次装置能力的比例 %

年份	催化裂化	加氢裂化	重整	焦化	加氢处理	合计比例
2008	14.2	5.3	10.5	4.8	46.9	81.7
2009	14.2	5.6	10.7	5.0	48.2	83.7
2010	14.3	5.9	10.7	5.3	49.2	85.3
2011	14.4	6.1	10.8	5.5	50.2	86.9
2012	14.3	6.3	10.8	5.8	51.2	88.4
2013	14.4	6.6	10.9	5.9	52.7	90.4
2014	14.4	6.9	10.9	6.1	53.2	91.7
2015	14.6	7.3	11.1	6.1	54.3	93.4
2016	14.5	7.5	11.3	6.3	54.8	94.4
2017	14.4	7.5	11.5	6.4	55.6	95.4
2018	14.4	7.7	11.6	6.5	56.0	96.3

注：数据来源 Pira、Unipec Research & Strategy(URS)

4.2 轻质油品需求增长推动加氢能力快速增加

在世界石油资源日趋重质化、劣质化的同时，石油产品的需求却继续向着重燃料油需求量减少、中间馏分油(喷气燃料和柴油)需求量增加的方向发展。据预测，2016~2035 年，全球成品油需求增长率平均每年增长 1.0%，汽油和柴油的需求在短时间内不会大幅度下降，如图 7 所示。提高汽、柴油质量，做好汽、柴油未来的转化工作，满足不断变化的市场需求，仍然是未来炼油业发展的重要方向之一。而轻质油品的需求增长将推动加氢裂化能力快速增长，全球对中间馏分油的需求将促使炼油厂通过增加其产量来提高效益满足需求，进而提高中间馏分油的加氢能力。

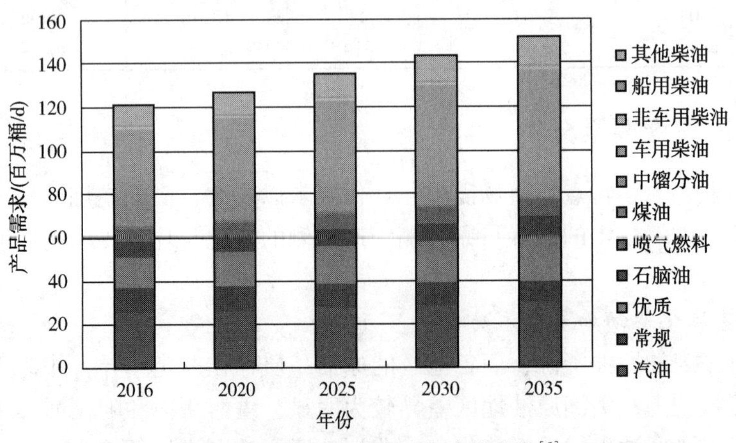

图 7 世界范围内对炼油产品的需求[5]

4.3 油品质量升级和环保要求促使加氢装置发挥更大的作用

进入21世纪以来，随着人民生活水平的进一步提高，环保意识不断上升，对清洁化燃料的标准要求不断提高。为减轻汽车尾气污染，世界各国对油品的质量(尤其是硫含量)要求越来越严，汽车燃料的无硫化已是大势所趋。仅以欧盟燃油规范为例，2005年开始执行的汽油“欧Ⅳ”标准规定，烯烃不大于18%(体)、芳烃不大于35%(体)、苯含量不大于1%(体)、硫含量2005年不大于50μg/g，2009年开始执行的汽油“欧Ⅴ”标准规定，硫含量不大于10μg/g，2013年开始执行的汽油“欧Ⅵ”标准，硫含量不大于10μg/g。柴油“欧Ⅳ”标准规定：多环芳烃含量不高于11%，十六烷值不低于51，硫含量2005年不大于50μg/g，2009起不大于10μg/g，对密度、95%点、磨痕直径等均作了相应的要求，2014年执行的“欧Ⅵ”标准与“欧Ⅴ”标准相比，除柴油的最大密度稍有降低(以降低颗粒物的排放)外，其余指标均未改变。我国的“国Ⅵ”车用柴油标准GB 19147—2016，要求硫含量不大于10μg/g，十六烷值不小于51；“国ⅥA”车用汽油标准GB 17930—2016要求烯烃不大于18%(体)、芳烃不大于35%(体)、苯含量不大于0.8%(体)、硫含量不大于10μg/g。从欧盟汽柴油质量标准的变化可以看出，硫含量是汽柴油变化幅度最大的指标，汽柴油硫含量降至10μg/g以下基本是国际趋势。油品质量不断升级以及降低生产过程中的“三废”排放都将推动加氢精制能力的快速发展。

4.4 炼油毛利驱使加氢技术不断向低成本和高附加值方向发展

影响炼油毛利的因素比较复杂，包括加工原油的价格、原油类型、装置结构、地理位置、市场需求等等。从中长期来看，由于油品需求增速放缓，炼油能力过剩，在世界绝大多数地区，炼油厂不可能持续出现高达86%开工率和超过10美元/桶的高额毛利。

2019年，在供需过剩压力下，除北美外全球炼油毛利均差于预期，尤其是亚太地区。为了缓解炼油能力快速增长带来的压力，自年初以来，中国加大成品油出口规模，出口大幅增加至55Mt，拉低国内及周边国家炼油毛利。

从炼油效益来看，盈利水平不足已成为全球炼油厂的共同问题。为提高炼油厂效益，从加氢技术发展趋势上看，一方面要通过加氢技术自身的进步和价值链分析，将日益苛刻化及多样化的原料尽可能地转化为高附加值的目标产品，向价值最大化方向发展；另一方面要通过应用新型催化材料技术、新型制氢与储氢技术等，降低生产成本，获取最大的经济效益[5]。

4.5 加氢技术是炼油厂转型发展的关键技术核心

转型发展是炼油厂实现可持续发展的关键。随着全球范围内能源结构逐渐转型，油品需求增速放缓，石化产品需求加快，炼油化工一体化已成为石油化工行业的重要发展战略。多数炼油企业已经向“控炼增化”方向迈进，新建炼油产能以炼化一体化深度融合为主。炼油厂化工转型路线有多种，但实际上是多种加氢技术、裂化技术和裂解技术的融合优化。如以“渣油加氢裂化与催化裂解”为核心的技术路线，对原油适应性强，可维持现有炼油厂加工重质原油的现状和原油成本优势，增产化工品；适合替代炼油厂原有延迟焦化工艺，可实现全厂零石油焦产品、提高全厂轻油收率、大幅降低全厂汽柴油产量和柴汽比的目的，该路线正在工业化应用中。“以蜡油、柴油加氢裂化与催化裂解”为核心的技术路线，适用于重质原油的加工。减压渣油经溶剂脱沥青后，脱沥青油和减压轻蜡油可直接送至催化裂解装置加工，减压重蜡油采用加氢裂化技术生产催化裂解原料和芳烃原料；直馏柴油馏分采用加氢改质技术生产芳烃原料和部分柴油产品；石脑油馏分则送至重整装置生产芳烃，化工产品仍以苯乙烯和聚丙烯为主，该路线以较少的装置和投资构建化工型炼油厂，目前已得到工业化应用。以“渣油加氢处理与催化裂解”为核心的技术路线，同样适合替代炼油厂原有延迟焦化工艺，并且投资略低，但对原油的适应性略差，与常规的蜡油催化裂解相比，掺入部分加氢重油，乙烯和丙烯收率会受到影响。除了上述这些技术路线，炼油厂为了最大化生产芳烃和化工原料，还可选择“全加氢裂化”型的加工路线，渣油采用浆态床渣油加氢裂化或沸腾床加氢裂化处理，直馏蜡油、直馏柴油以及二次加工装置的蜡油、柴油馏分采用加氢裂化工艺继续转化。该技术路线对原油适应性强，加氢裂化程度高，液化气和石脑油收率高，芳烃的产量高，但全厂氢耗较高，目前已经得到工业化应用[6]。

5 对加氢技术发展的建议

5.1 面对炼油行业转型，加氢技术将发挥重要作用

炼油加工是成熟的工艺，从历史的发展演变来看主要是伴随着规模化、复杂系数的提升；近年来由于加工重质油的需求，炼油厂的加氢能力普遍提升。自2014年以来，由于成品油的需求放缓，化工品盈利的好转，炼油厂加工更是致力于化工品比例的提升。因此，大型规模化、炼化一体化成为了炼油发展的新趋势。

从原料来看，随着进口原油中中东原油API的进一步降低，需要更多的渣油加氢能力来加工这些原油。从市场看，一是轻质油品的需求和油品质量的升级推动炼油厂加氢裂化和加氢处理能力的持续增长；二是炼化企业需要从大量生产成品油和大宗石化原料转向多产高附加值油品和优质石化原料转型，以进一步拓展炼化行业发展空间；三是炼油产业的市场化进程将加快，对炼油企业的考验更大，只有应变性强、能够及时调整产品结构、适应需求变化的企业才能获得更大的收益。从环境看，受日益严格的环保因素影响，尤其是“城围炼油厂”的安全环保压力，必然促使炼油厂新建或扩建更多的加氢精制和处理装置。

简而言之，面对炼油行业转型，渣油加氢是应对原油劣质化的重要手段，加氢精制是油品升级的关键，而加氢裂化是炼油向化工转型的纽带，加氢技术将大有可为。

5.2 持续创新，重视对加氢技术的前瞻性研发

炼油行业作为技术密集型工业，技术创新在推进转型升级、提高经济效益、降低生产成本、提升产品质量等方面发挥着重要作用。炼油行业内部竞争激烈，行业外部替代燃料突飞猛进，要求炼油业必须有危机意识，通过持续创新来应对竞争。一方面是在现有技术基础上升级，另一方面是以新技术的突破创造炼油效益的新增长点。特别是加氢技术，作为炼油行业转型升级的关键核心技术，提高加氢技术水平显得尤为重要。

首先要立足前瞻。利用纳米技术、现代新材料技术提高加氢催化剂的各种性能；利用学科间的相互交叉和渗透，由注重单项技术创新向注重技术集成创新转变，从整体上提高加氢技术水平和经济效益。其次要面向未来。从战略角度研究能适应能源结构调整的未来炼油厂模式，包括油煤混炼、油煤气混炼、油煤气生物质混炼以生产燃料、发电、制氢等各种能源形式的耦合集成型炼油厂模式，尤其是重视煤油共炼的加氢技术。三要结合现实。在传统炼油工艺基础上，结合低污染物排放、低碳排放和油品高效转化等要求，开展多产轻质油的催化蜡油加氢和缓和催化裂化集成技术、Sheer柴油加氢二代技术和最大量生产馏分油的渣油浆态床临氢改质技术研发等[7]。

5.3 获得廉价氢源将是加氢装置提高竞争力的关键

炼化一体化工厂需要大量的氢气，主要用于渣油加氢、加氢精制等。同时，炼化一体化工厂在生产环节也会副产氢气，因此氢气的综合利用至关重要。大型炼化项目的氢气来源主要有：①石油焦或煤制氢，美国炼油厂多来自于天然气水蒸气重整制氢(SMR)；②催化重整氢气，一般情况下，重整副产氢气约占原油总量的0.5%~1%，对于全加氢炼油流程，氢气用量一般占原油加工量的0.8%~2.7%；③石脑油裂解副产氢气；④丙烷/丁烷脱氢副产；⑤低浓度氢气的回收，如加氢、催化裂化、延迟焦化副产的氢气，采用变压吸附(PSA)、膜分离、深冷等三种工艺提取。

国内新的大炼化项目均以提高化工品比例为主，整体的设计路线以多产PX、轻烃为主，尽量减少成品油的产量。在成品油加氢精制，以及渣油裂化过程中所需的氢气消耗量大，因此，往往需要采用煤制氢或者石油焦制氢的路线来保障氢气供应。炼油企业需要重视氢气来源，这将直接影响到加氢装置的竞争力。炼油企业要积极做好煤制氢、天然气制氢及炼油厂重整制氢之间的经济性分析，提高加氢装置的竞争力。

5.4 催化剂技术是加氢装置卓越运行的重点，应持续攻关占领制高点

催化剂技术是加氢技术的核心，是加氢装置卓越运行的重点，应持续攻关占领制高点。巴斯夫公

司的 Valor™催化裂化催化剂被美国《烃加工》杂志评为2019年度最佳炼油催化剂。该催化剂采用高效的金属钝化技术来处理渣油原料，已在多家炼油厂应用，减少了氢气用量，降低了焦炭产率，使炼油厂在不牺牲转化率和产品收率的情况下提高了渣油的处理量。埃克森美孚与雅保公司合作开发了 Celestia 加氢处理催化剂，该催化剂可通过提高催化剂活性提高装置转化率和轻油收率，用于重石脑油加氢、航煤加氢、柴油中压加氢、柴油高压加氢、加氢裂化轻原料油和重原料油加氢预处理等工艺，已在多家炼油厂应用。国外较大的炼油公司和科研单位始终重视在新一代加氢催化剂开发方面加大技术创新的投入，使催化剂性能获得不断提升。

在催化剂研发过程中，不能再局限于活性和选择性的二维关系，而要从包括加氢程度和产品物种的多维角度去考虑，这样才可以有选择性地使用氢气，避免对一些馏程产品进行无意义的过度加氢。此外，应注重催化剂的级配使用，发挥不同催化剂的特点和优势，从而最大限度的发挥催化剂的性能。由于各炼油厂的原料、产物和装置结构不同，还需要采用针对性更强的催化剂以得到理想的产物或化工原料。

6　结语

随着全球炼油能力的不断提高，油品标准的日趋严格，化工原料需求的持续增加，炼化一体化的企业发展模式已经成为未来全球炼化行业的长远趋势。加氢技术作为炼化一体化的核心主体技术，是实现劣质重油深度高效转化、清洁生产、提高轻油产品收率和资源利用率的最佳技术。通过采用新型催化剂、优化调整工艺流程或工艺条件，加氢技术必将在炼化行业的转型发展中发挥更大的作用。

参　考　文　献

[1] 刘朝全.2019年国内外油气行业发展报告[M]. 北京：石油工业出版社，2020.

[2] 中国石油化工集团公司经济技术研究院.2020中国能源化工产业发展报告[M]. 北京：中国石化出版社，2020.

[3] 柯晓明. 通过转型升级促进我国炼油工业均衡发展[J]. 国际石油经济，2018，26(05)：12-19.

[4] Worldwide refinery processing review[J].2019(2)：26.

[5] 兰玲. 高标准汽柴油生产的挑战与应对措施[R].2019年炼油加氢技术交流会报告，2019，上海.

[6] 孙丽丽. 新型炼油厂的技术集成与构建[J]. 石油学报，2020，36(1)：1-10.

[7] 史昕. 炼油发展趋势对加氢能力及加氢技术的影响[J]. 当代石油石化，2014，237(9)：1-5.

支撑炼油结构转型的关键加氢技术

胡志海

（中国石化石油化工科学研究院　北京　100083）

摘　要　为满足我国炼油产品结构调整和转型发展的需要，RIPP 针对以加氢裂化和催化裂解为核心的两条技术路线开展了全流程关键技术研发，推出了一系列关键加氢技术。本文对以增产航煤为目标的直馏煤油拓宽馏程增产航煤的 RBIF 技术、直馏柴油加氢转化生产航煤技术、大比例增产航煤和优质尾油的加氢裂化技术及最大量生产航煤及重整料的加氢裂化技术，可支撑炼油产能的低成本低硫重质船燃生产技术及以增产化工原料为目标的催化柴油高效加氢转化制轻质芳烃 RLA 技术、直馏柴油柴油加氢改质多产乙烯料技术、柴油原料加氢转化最大量生产重整料技术、尾油型加氢裂化技术、多产重整料加氢裂化技术、全化工料加氢裂化技术和为催化裂解装置提供优质原料的重油加氢技术等进行了概要的介绍。

关键词　炼油；产品结构；加氢；催化剂；工艺；航煤；船燃；化工原料

1　前言

据预测[1-3]，我国石油需求 2030 年前后达峰值，为 705Mt；此后逐步回落，2050 年为 590Mt；2035 年石油在一次能源中占比预计为 17.4%，2050 年预计为 15.2%。可见，石油未来需求总体上呈下降趋势，但在较长时间内仍将在一次能源中占据重要位置。

我国 2017 年炼油产能约 772Mt/a，实际加工量 568Mt，产能利用率仅 73.6%，远低于全球炼油企业 83%的平均开工率，炼油产能已明显过剩。2020 年，我国炼油能力将超过 900Mt/a，过剩能力 100Mt/a 以上。目前规划建设炼油能力 300Mt/a，规模超过 20Mt 6 个，开工率降低到 66%。可见，我国炼油业持续数十年的扩张型发展模式难以为继。

从油品需求方面分析，2014 年以来我国成品油产量迅速攀升，市场供需关系发生转折，供大于求成为市场新常态，且资源过剩局面不断加剧，2018 年成品油产量过剩 4131 万；而成品油替代品的快速发展则加速了成品油需求峰值的到来，目前汽油已接近峰值、柴油呈下滑趋势，柴汽比呈逐年下降态势，2020 年降至 1.1 左右[4]。航煤在 2030 年前仍将维持较快增长，消费量预计可保持每年 11%左右的增长速度。此外，国际海事组织要求于 2020 年将重质船用燃料油（船燃）硫含量由 3.5%降至 0.5%以下，这对炼油加工流程有较大影响。2020 年全球船燃消费量约 210Mt，亚太地区消费量占全球消费总量的 40%以上，市场需求大。此前，亚太地区消费量主要来自新加坡市场，其中，重质船燃约占比 85%左右、MGO 约占比 15%左右。鉴于船燃尤其是重质船燃的难以替代性，生产低硫重质船燃对于支撑中国炼油产能和炼油产品结构调整具有重要意义。

从化工原料需求方面分析，受制造业发展、基础建设、消费增长驱动，未来十年我国主要化工原料需求预计将持续增长，据 HIS 和 Wood Mackenzie 预测主要产品的复合年增长率为乙烯 4.3%、丙烯 5.0%、苯 4.69%、对二甲苯 3.14%等。

综上所述，我国炼油业需逐步进行产品结构调整，以适应市场需求变化，实现转型发展。为应对炼油业未来发展对加氢技术的需求变化，近年来石油化工科学研究院（以下简称石科院或 RIPP）主要聚焦产品结构转型相关的关键加氢技术开发，同时开展了低成本船用燃料生产技术等的研发，推出了一系列具有自主知识产权和强竞争力的创新技术，可支撑炼油产品结构调整和转型发展。

2　炼油产品结构转型技术路线及关键技术

如前所述，炼油产品结构调整主要方向为增产航煤和化工原料，需要解决关键的科学问题是如何将重馏分高效转化为期望的产品。从技术路线角度，炼油产品结构转型的途径之一为以加氢裂化装置为核心，最大量生产重整原料或兼顾重整原料和乙烯裂解原料，同时兼产航煤；途径之二为以催化裂解装置为核心，以生产低碳烯烃尤其是丙烯为目标，副产 BTX 等。

图 1 给出了一种以加氢裂化技术为核心的化工型炼油厂加工流程示意，图中所示减渣加工技术为延迟焦化，也可采用溶剂脱沥青、沸腾床加氢裂化或浆态床加氢裂化等技术代替。该技术路线的核心是通过加氢裂化装置将蜡油馏分转化为石脑油、航煤和尾油，再经催化重整和蒸汽裂解生产得到 BTX 和低碳烯烃。

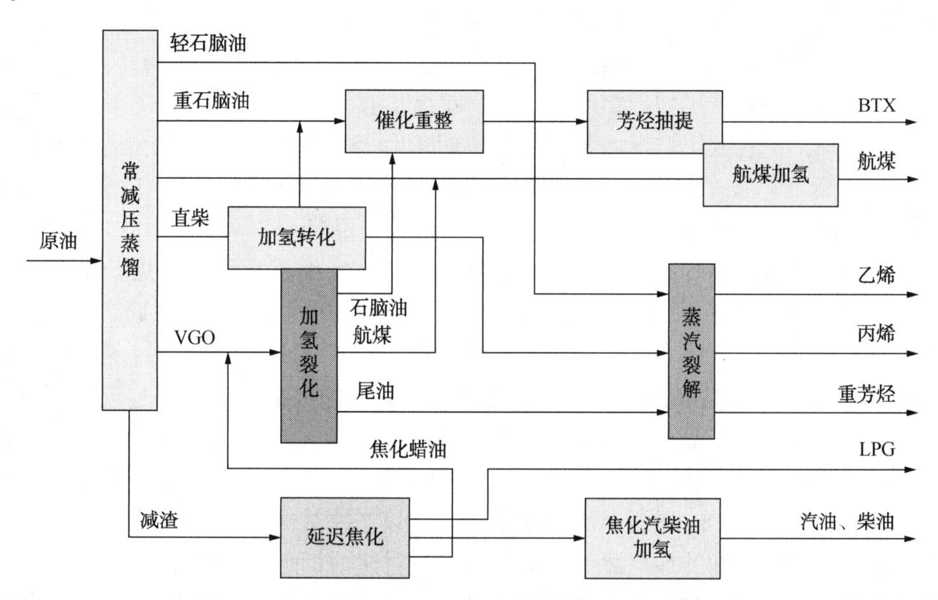

图 1　以加氢裂化为核心的化工型炼油厂加工流程示意

图 2 给出了一种以催化裂解技术为核心的化工型炼油厂加工流程示意，图中所示常渣加工技术为固定床渣油加氢，也可采用沸腾床加氢裂化或浆态床加氢裂化等技术代替。该技术路线的核心是通过催化裂解装置将加氢后的重油馏分转化为 BTX 和低碳烯烃，副产的小分子烷烃再经蒸汽裂解进一步生产得到 BTX 和低碳烯烃，赴产的催化裂解柴油因富含大分子芳烃可经加氢-催化裂解或加氢裂化进一步转化为小分子芳烃。

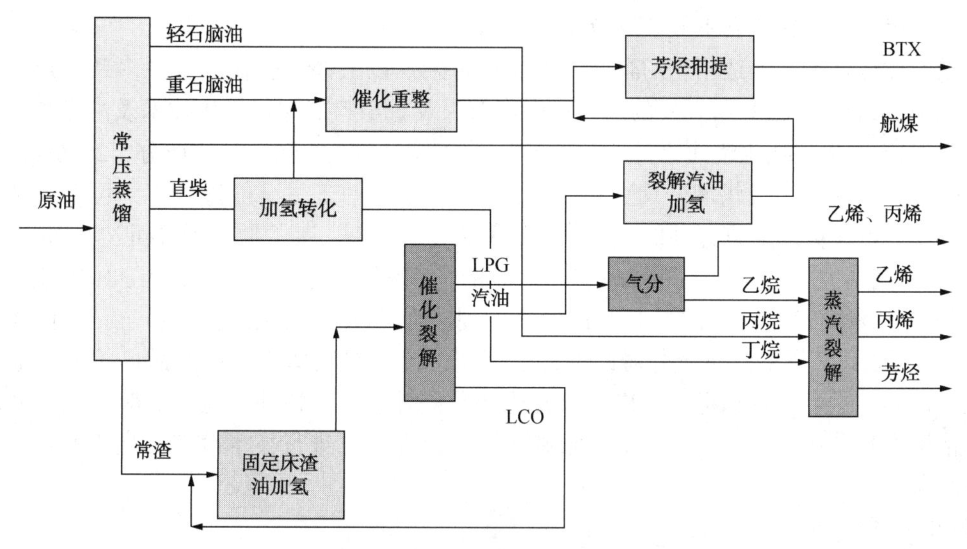

图 2　以催化裂解为核心的化工型炼厂加工流程示意

由图 1 和图 2 还可知，两条技术路线下，直馏柴油馏分加氢转化均是关键装置之一，可实现将柴油全部转化为化工原料或航煤和化工原料的目标。

3 支撑炼油产品结构调整的关键加氢技术

3.1 增产航煤

根据增产航煤、压减柴油的需要，RIPP 开发了一系列技术，包括直馏煤油拓宽馏程增产航煤技术、直馏柴油加氢转化生产航煤技术、大比例增产航煤和优质尾油的加氢裂化技术、多产航煤和重整料的加氢裂化技术、生产合格航煤的中压加氢裂化技术等。

通过拓宽直馏煤油馏程增产航煤可能是最经济的选择。RIPP 研究结果显示，通过拓宽常一线馏程，在闪点和冰点合格的前提下可增产 20%~60%的航煤。直馏煤油馏程拓宽带来的问题主要是碱氮和多环芳烃含量的增加，现有低压航煤加氢装置加工时颜色及颜色安定性是潜在的问题。为此，石科院针对性开发了一项新工艺技术(RBIF)。RBIF 工艺设置有两个反应区，第一反应区反应温度较高，完成氮化物的深度脱除；第二反应区脱除显色的物质，改善产品颜色。采用 RBIF 工艺对现有低压装置进行简单的升级改造，可增强装置对原料油的适应性，加工拓宽馏程后的直馏煤油馏分可稳定生产合格的航煤产品。RBIF 技术即将在中韩(武汉)石油化工有限公司开展工业应用试验。

直馏柴油加氢转化生产航煤技术可采用一次通过或柴油循环工艺流程。通过优选高航煤选择性加氢裂化催化剂 RHC-132、控制适宜的转化深度并选择适宜的切割方案，一次通过流程下可生产得到收率为 50%以上的合格航煤产品，副产的石脑油芳潜在 45%以上、柴油十六烷值超过 65，未转化柴油也是优质的蒸汽裂解制乙烯原料，其链烷烃含量可达到 65%以上。当需要进一步提高航煤产率时，可通过未转化油循环和掺入不高于 15%的催化柴油来实现，航煤产率最高可达 70%以上。

大比例增产航煤和优质尾油的加氢裂化技术[5]是基于对尾油型加氢裂化反应过程化学的深入认识，通过开发具有高脱氮和强芳烃饱和性能的精制段催化剂 RN-410、不同裂化活性的兼具高航煤选择性和开环裂化选择性好的裂化催化剂 RHC-220/RHC-133/RHC-131 及其级配技术、控制适宜的裂化转化深度并选择适宜的分馏切割方式等而成功开发的。该技术在一次通过流程下实现大比例增产航煤和优质尾油的同时将柴油产率压减至 0 的目标，航煤最大产率可达到 50%左右，尾油收率 25%~30%，对应的 BMCI 值为不大于 8。燕山石化公司 2Mt/a 加氢裂化装置采用该技术后，航煤收率由上周期的 30%左右大幅提高至 43.3%，尾油收率为 31.6%，可不产柴油；其中航煤烟点为 26.6mm、尾油 BMCI 值为 8.7。该技术的成功开发，可为拥有同类装置的炼油企业增产航煤、降低柴油比提供一条增效的技术途径。目前该技术已在 4 套工业装置应用。

对于加氢裂化尾油没有合适用途的企业，可通过将柴油以上馏分全循环实现多产航煤和石脑油而不产柴油和尾油的目标。RIPP 所开发的最大量生产航煤及重整料的加氢裂化技术及配套加氢裂化催化剂在氢分压 14MPa 下加工减压蜡油原料，可生产得到收率 12.7%的轻石脑油馏分、29.6%的重石脑油馏分和 52.6%的航煤馏分，航煤馏分烟点达 33mm。若希望进一步提高航煤收率，可适当调整重石脑油和航煤切割点或改用高航煤选择性的中馏分型加氢裂化催化剂，航煤收率最高可达 65%以上。

此外，RIPP 的研究显示，通过采用高加氢性能的精制和裂化催化剂组合，在 10MPa 的中压加氢裂化条件下加工中东高硫 VGO 原料可稳定生产得到满足 3#航煤规格要求的产品。上海石化公司 1.5Mt/a 中压加氢裂化装置的运行经验对此进行了证实，该装置经适应性改造后已按兼产航煤模式投入运行，航煤产品质量合格且稳定。该技术的成功开发，对于现有蜡油加氢处理装置的高效利用具有借鉴意义。洛阳石化公司已采用该项技术对原蜡油加氢处理装置进行技术改造，加工蜡油原料兼产石脑油、航煤和柴油产品。

3.2 生产低硫重质船燃

高硫重质船燃主要由调和的办法生产，调和组分主要来源于炼油厂中难于处理的高硫渣油以及催化油浆、低品质的二次加工馏分油等非理想副产物。2020 年全球大部分地区船燃的硫含量规格要求已由3.5%降低至0.5%以下，现有以简单调和为主生产船燃的方法很难满足新标准的要求，必须采用低硫渣油或加氢渣油调和生产，但成本可能是大问题。因此，低硫重质船燃生产技术的研发关键在如何降成本。

为应对IMO要求的2020年船燃低硫化目标以满足市场需求，石科院从分析技术、生产技术、配方技术、调和技术等方面着手，开展了较为系统的研究并组织了台架试验和行船试验，最终开发出低成本生产低硫重质船用燃料油的成套技术。低硫重质船用燃料油的主要组分为成本较高的加氢渣油或低硫渣油，为降低成本需调入部分低价值的组分，如催化裂化油浆、催化裂化柴油等。催化裂化油浆用作低硫船燃组分主要的问题是固含量过高。针对油浆用作低硫船燃组分的需要，配套建立了快速检测油浆中Si和Al含量的ED-XRF方法，检测时间可由2d缩短至5min，更适用于现场大量样品的筛查。为降低催化裂化油浆固含量，开发了采用新型柔性材料的油浆脱固技术(RSSF技术)和脱固脱硫技术，可以有效脱除油浆中的固体颗粒及硫含量。同时，针对不同炼油厂加工原油和装置结构的特点，分别设计了低成本的低硫重质船燃多组分配方。此外，还建立了黏度等非线性指标预测模型，以此搭建低硫船燃油品调和系统，用于优化油品调和。以此为基础，采取工业生产样品进行了低成本低硫船燃的台架试验，试验结果表明其具有明显的燃油经济性优势，尾气排放满足法规要求。成套技术中的多项技术已获得工业应用，为中国石化组织低硫重质船燃生产提供了技术支持。5kt/a油浆脱固侧线装置也已在上海石化公司实现稳定运行。

此外，针对高黏组分的降成本，石科院还开发了减压渣油选择性加氢脱硫技术和高硫重质船燃生产低硫重质船燃技术等，可进一步降低生产成本。

4 炼油向化工转型关键加氢技术

炼油向化工转型包括多产轻质芳烃和低碳烯烃两大方向。加氢裂化产品方案灵活性大，可实现多产重整料、乙烯料及全化工料的目标；催化裂解是由重油生产低碳烯烃尤其是丙烯的关键技术，具有成本优势。基于以上认识，RIPP围绕以加氢裂化装置为核心和以催化裂解装置为核心的化工型炼油厂的需要，开发出一系列关键加氢技术，可满足炼油向化工转型的需要。

4.1 柴油加氢转化技术

4.1.1 催化柴油高效加氢转化制轻质芳烃RLA技术

催化柴油中富含的大分子芳烃经选择性加氢饱和及开环裂化和断侧链后生产得到高辛烷值汽油组分或$C_6 \sim C_{10}$轻质芳烃是一条可增值的技术途径。以生产高辛烷值汽油组分为目标的RLG技术已在多套工业装置成功应用，充分展示了RLG技术好的加氢转化选择性、运行稳定性和经济性。

在RLG技术成功应用[6]的基础上，通过进一步强化大分子芳烃加氢部分饱和和环烷烃开环裂化及断侧链反应过程的控制，RIPP近期完成了催化柴油加氢裂化生产BTX技术(RLA)的开发。RLA技术的关键是控制芳烃转化过程的选择性，避免单环芳烃损失，核心是具有高开环和断侧链能力的加氢裂化催化剂、催化剂级配方案、优化的工艺参数控制方案及未转化油的再转化等。依据原料性质的不同，RLA可提供不同的工艺技术方案，分为RLA-Ⅰ型和RLA-Ⅱ型。目前，该技术已完成中试。采用RLA-Ⅰ型技术加工干点323℃、总芳烃87.3%的LCO原料可生产得到31.8%的BTX或42.7%的$C_6 \sim C_{10}$芳烃(相对于LCO)；采用RLA-Ⅱ型技术加工干点340℃、总芳烃82.1%的LCO原料可生产得到33.5%的BTX或42.4%的$C_6 \sim C_{10}$芳烃(相对于LCO)。

4.1.2 直馏柴油加氢改质最大量生产乙烯原料MHUG-E技术

RIPP所开发的直馏柴油加氢改质最大量生产乙烯原料MHUG-E技术通过对多环芳烃加氢饱和及环烷环的选择性开环、断侧链进入到重石脑油馏分来实现柴油馏分中链烷烃的富集，从而改善未转化柴油的烃类构成，使其蒸汽裂解制乙烯性能显著改善。该技术采用一次通过流程，技术关键为高选择性加氢改质催化剂以及裂化转化深度控制。中试结果显示，直馏柴油经最大量生产乙烯料的加氢改质技术加工后可生产得到70%以上未转化柴油用作乙烯原料，其链烷烃含量可达60%以上。目前，该技术已在福建联合石化两套柴油加氢装置上成功实施；在氢分压6.4MPa下，直馏柴油原料经MHUG-E技术加工后产品柴油收率达90%左右，其链烷烃含量由49.2%提高至56.5%、双环以上芳烃含量由10.9%降至1.3%，蒸汽裂解制乙烯性能显著改善。需要指出的是，该两套装置原为柴油加氢精制装置，实施MHUG-E技术时装置未做改动，仅将催化剂更换为MHUG-E专用催化剂，可见实施难度小；同时生产灵活性大大改善，可生产清洁柴油也可为蒸汽裂解装置提供优质进料。

4.1.3 柴油原料加氢转化最大量生产重整原料MHUG-N技术

最大量生产重整料技术的关键在于开环和选择性裂化反应的控制。RIPP所开发的柴油原料加氢转化最大量生产重整原料MHUG-N技术通过开发专用高重石脑油选择性加氢裂化催化剂、精制/裂化催化剂优化级配、反应过程优化控制及单段串联+未转化柴油部分或全循环流程可实现将柴油原料高选择性转化为重整料的目标。该技术可采用一次通过流程和未转化油循环流程。在最大量生产重整料的全循环流程下，重石脑油馏分收率可达到72%左右，芳潜可达到50%以上。RIPP多产重整料加氢裂化技术的开发，可为炼油企业向化工方向转型，提高企业利润，提供可靠的技术支撑。该技术已许可两套大型工业装置，近期将投入运行。

4.2 蜡油原料加氢裂化多产化工原料

4.2.1 尾油型加氢裂化技术

RIPP自介入加氢裂化技术领域以来，一直以提高加氢裂化尾油质量为研发重点，聚焦反应过程化学、催化材料和催化制备技术及反应过程控制等，使得以生产优质蒸汽裂解制乙烯原料为目标的尾油型加氢裂化技术水平不断提升，目前已发展到第三代，从实际工业运行效果来看已具备全面竞争优势。RIPP尾油型加氢裂化技术采用一次通过流程，技术核心是具有高开环裂化选择性、强加氢功能、孔道通畅及活性适中的加氢裂化催化剂，目前RHC-131是代表性催化剂。以中东高硫减压蜡油为原料，在氢分压14MPa下可生产得到收率36.38%、BMCI值10.6的优质尾油；若以石蜡基蜡油为原料，可生产得到收率70%左右、BMCI值10左右的优质尾油。该技术也可用于为润滑油异构降凝装置提供优质进料，以中间基减压蜡油为原料时，尾油黏度指数可达到145以上。

4.2.2 多产重整料加氢裂化技术

多产重整料加氢裂化技术的难点和关键在于实现高转化率的同时如何避免过度裂化，以提高目标产品重石脑油的选择性和工艺过程经济性。RIPP开发的多产重整原料的加氢裂化技术采用一次通过流程或未转化油循环流程，核心是兼具高裂化活性和高重石脑油选择性及适中加氢功能的加氢裂化催化剂RHC-210。RIPP技术在最大量生产重整料的全循环流程下，重石脑油馏分收率可达到73%左右，芳潜可达到50%以上。该技术目前已在两套工业装置应用。四川石化采用该技术对2.7Mt/a加氢裂化装置[4]进行了增产重整料升级改造，实际运行数据显示，一次通过流程下可获得9.72%的轻石脑油、32.4%的重石脑油、36.7%的航煤和17.44%的尾油，重石脑油馏分芳潜56%，尾油BMCI值仅为6.0。

4.2.3 全化工料加氢裂化技术

RIPP所开发的全化工料加氢裂化技术采用创新的工艺流程及专用的高化工料选择性的加氢裂化催化剂，可实现柴油馏分的全转化，柴油馏分可循环转化也可在独立的反应区进行全转化。目前该技术已完成中试验证。中试结果显示，中东VGO原料经全化工料加氢裂化技术加工后可生产得到12.93%的轻石脑油、49.52%的重石脑油和32.39%的尾油，液体化工料总收率超过94%，重石脑油馏分芳潜54.6%、尾油BMCI值为6.9。应用效果显著优于此前采用的国外技术。

4.3 为催化裂解装置提供优质原料的重油加氢技术

该类技术的研发方面，RIPP主要开展了环烷基蜡油原料加氢裂化生产优质DCC原料、重劣质蜡油深度加氢生产DCC原料和渣油原料深度加氢处理生产DCC原料等技术的开发。

烷环基蜡油原料加氢裂化生产优质DCC原料的加氢裂化技术采用单段一次通过流程，关键是强化反应过程中芳烃饱和功能和开环裂化功能，核心是兼具高加氢功能和高开环性能的裂化活性适中的加氢裂化催化剂RHC-220。目前，该技术已在中海油大榭石化应用[7]，加工氮含量2100μg/g、BMCI值高达58的烷环基蜡油原料，可获得42.19%的氢含量达13.7%的尾油，该尾油经催化裂化可获得21.22%的丙烯。

RIPP所开发的重劣质蜡油深度加氢生产DCC原料技术通过与DCC技术有机组合可实现降低能耗和反应过程精准控制以提高目的产品收率的目标。重劣质蜡油深度加氢生产DCC原料技术依据进料性质和构成特点可选用加氢处理或缓和加氢裂化工艺，适宜于加工深拔减压蜡油和劣质的浆态床重油等。缓和加氢裂化工艺的特点和难点在于发生开环反应的同时，尽可能保留原料中的高碳数侧链，从而提高原料的催化裂解性能；中试研究结果显示，缓和加氢裂化工艺可进一步改善劣质原料的烃类组成，用作DCC原料时丙烯产率较加氢处理工艺可提高2个百分点，是加工劣质重油生产DCC装置进料的优选工艺。

DCC装置对原料的要求较催化裂化装置远为严格，常规渣油加氢技术无法满足DCC装置对目标烃类的需求；RIPP通过新催化材料和工艺设计，打破了深度加氢瓶颈，进一步提高加氢生成油中关键烃类的含量，从而开发出渣油深度加氢处理生产DCC原料技术。中试研究结果显示，渣油原料经该技术加工后作为DCC原料时，丙烯产率可达21%以上，乙烯+丙烯+BTX产率可达33%左右。

5 小结

为满足我国炼油产品结构调整和转型发展的需要，RIPP针对以加氢裂化为核心和以催化裂解为核心的两条技术路线开展了全流程关键技术研发，推出了一系列具备竞争力的加氢催化剂和工艺技术：

1）在调整炼油产品结构方面，RIPP所开发的直馏煤油拓宽馏程增产航煤技术、直馏柴油加氢转化生产航煤技术、大比例增产航煤和优质尾油的加氢裂化技术、多产航煤和重整料的加氢裂化技术、生产合格航煤的中压加氢裂化技术等可支撑炼油企业增产航煤的技术需求；所开发的低成本生产低硫重质船用燃料油的成套技术涵盖了分析技术、生产技术、配方技术和调和技术等，可用于支撑炼油结构转型。

2）在炼油向化工转型方面，RIPP所开发的催化柴油高效加氢转化制轻质芳烃RLA技术、直馏柴油柴油加氢改质多产乙烯料技术、柴油原料加氢转化最大量生产重整料技术、尾油型加氢裂化技术、多产重整料加氢裂化技术、全化工料加氢裂化技术和为催化裂解装置提供优质原料的重油加氢技术等，具有高的目标产品选择性和产品质量优等特点。

参 考 文 献

[1] 埃克森美孚.2040年能源展望报告[R].

[2] BP. 世界能源展望[R].2018版.

[3] 中国石油经济技术研究院(ETRI).《2050年世界与中国能源展望》(2017版)[R].2017版.

[4] 戴宝华.我国炼油和石化产业发展趋势与任务[R].第七届(2016)炼油与石化工业技术进展交流会.

[5] 赵广乐.大比例增产喷气燃料、改善尾油质量加氢裂化技术的开发与应用[J].石油炼制与化工，2018，04：1-7.

[6] 李桂军，等.采用RLG技术消减低价值LCO、调节柴汽比的工业实践[J].石油炼制与化工，2018，12：53-57.

[7] 童军，等.催化剂级配在加氢裂化装置中的应用[J].石油化工，2019，48(11)：1174.

[8] 李志敏，等.原料加氢处理装置掺炼高硫蜡油效果分析[J].当代化工研究，2017，06：72-73.

FRIPP助推企业“转型升级”的炼油加氢技术新进展

杜艳泽　柳　伟　张学辉　陈　博　关明华

（中国石化大连石油化工研究院　辽宁大连　116045）

摘　要　炼油产能过剩严重，市场竞争加剧，炼油企业亟需转型升级、提升竞争能力。中国石化大连（抚顺）石化研究院（FRIPP）聚焦低成本产品质量升级、炼油产品结构调整、重质油加工以及加氢装置节能降耗和长周期运行等热点问题开展科研创新，取得了丰硕的成果，助力企业转型升级、高质量发展。

关键词　转型升级；竞争力；重渣油高效转化；催化剂；工艺工程；进展

1　前言

我国炼油产业经过多年高速发展，目前产能过剩问题凸显。据统计，2019年我国炼油能力达890Mt，石油产品表观消费能力660Mt，炼油产能过剩200Mt以上。在炼油能力明显过剩的同时，我国化工产品尤其是高端化学产品短缺的矛盾十分突出，需要大量进口，炼油产业大而不强、产业结构发展不均衡、整体竞争力不足，亟需转型升级。

为此，近年来，国家加强了调控力度：一方面，制定更加严格环保标准，促进石化产品质量升级，全面实施“国Ⅵ”汽柴油标准，取消普柴，实现车普并轨，船用燃料油和石油焦硫含量分别降至0.5%和3%以下；另一方面，推进产业结构调整，炼油产业向一体化、规模化、集群化的方向发展，我国一体化程度低、受原料及成品油价格波动影响较大的小型燃料型炼厂将逐步被淘汰。此外，近年来国家逐步放开原油进口权，积极引导民间资本进入炼油行业，促进行业竞争，加速优胜劣汰。未来炼油行业的转型升级将会在新、旧产能转换过程中逐步实现，大批企业面临被淘汰的命运。

在炼油行业日趋激烈的竞争环境下立于不败之地，关键是提升企业的竞争能力。更低的炼油成本、更加灵活差异化的产品方案及更好产品品质、过程更加清洁环保、更强的技术创新能力是炼油企业立足的根本。

针对炼油行业新的发展变化，FRIPP近年来在低成本产品质量升级、适应炼油企业产品结构调整需求技术开发、加氢装置节能降耗和长周期运行、智能炼化全局资源优化、加氢工艺包及内构件设计等研究方向进行了积极的探索，取得了丰硕的成果，为炼油企业转型升级和炼油竞争力的提升提供了有力的技术支撑。

其中，在柴油低成本质量升级方面：开发了高活性、低成本的FHUDS柴油超深度加氢脱硫家族催化剂及其配套的S-RASSG工艺技术，已在工业装置广泛应用，为用户低成本、长周期稳定生产超低硫柴油提供了技术保障。

在适应炼油企业产品结构调整需求方面：开发了烃类分子结构导向转化的化工原料高效生产技术、最大量生产重整原料加氢裂化技术、加氢裂化增产化工原料及航煤、柴油/蜡油混合加氢裂化生产化工原料、FDHC直馏柴油加氢裂化技术、FD2G劣质催化柴油加氢转化高辛烷值汽油或芳烃技术、FL2G催化柴油高效转化成套技术等系列加氢裂化技术及其配套催化剂，可以很好满足企业各种不同产品结构调整的需求。

在劣质重渣油加工方面，不仅开发了延长蜡油加氢处理装置和固定床渣油加氢装置运行周期，为FCC装置提供稳定优质原料的重渣油加氢处理技术；而且以FRIPP具有自主知识产权的STRONG沸腾床渣油加氢为技术平台，开发了沸腾床直接生产FCC原料、沸腾床直接生产低硫重质船用燃料油、沸腾床+加氢裂化生产优质化工原料、沸腾床+延迟焦化生产优质低硫焦和沸腾床与固定床渣油加氢组合等一系列重渣油清洁化高效转化技术。

在清洁化生产及节能降耗方面，开发了 SHEER 低能耗加氢改质(裂化)技术、SRH 柴油液相循环加氢技术和提高氢资源利用率的 H_2-STAR 氢资源系统管理与集成优化技术。并以 SRH 柴油液相循环加氢为技术平台，开发了低能耗的航煤液相加氢技术、取代白土的 FHDO 重整生成油选择性补充加氢脱烯烃技术和离子液烷基化生成油液相脱氯离子技术。

在智能炼化全局资源优化方面，开发了基于三次元优化算法的全局资源优化系统，可以进行炼化企业的计划排产和计划优化；所开发的智能炼化全局资源优化系统集成了包含国内外主要原油窄馏分性质的原油数据库、传质-反应工艺流程模拟模型和原油储运物流优化模型，可实现装置产品分布、产品性质的准确预测和原油价值排序测算，为炼化过程提供计划排产的全局优化解决方案。

2 FRIPP 加氢技术进展

2.1 FRIPP 清洁柴油生产技术

尽管我国柴油需求自 2015 年达到峰值后，柴油需求处于平台期，柴汽比逐年下降，目前已降至 1.4 以下，某些企业甚至在 1.0 以下。但是，当前柴油消费需求量仍维持在 150~170Mt/a，仍是炼油企业最大宗产品。用于质量升级的柴油加氢，无论是装置套数还是加工量，在炼油企业所占比例仍是最大。以中国石化为例，2018 年中国石化包括 S Zorb、重整预加氢、润滑油加氢在内的 10 类加氢装置合计 199 套，加工能力 279.5Mt/a，其中柴油加氢 60 套，加工能力 101.83Mt/a，占比 36.4%。因此，降低柴油质量升级成本，对炼油企业可持续发展至关重要。

在降低柴油质量升级成本中，FRIPP 始终围绕提高催化剂加氢脱硫性能、降低催化剂费用和确保装置长周期稳定生产目标产品等三个方面开展技术研究，并取得可喜效果。

2.1.1 高性能、低成本 FHUDS 系列柴油深度加氢脱硫催化剂

近年来，为满足加工不同原料油实现超深度加氢脱硫，FRIPP 通过深入研究柴油深度加氢脱硫时需要脱除的硫化物类型及其反应特点，并对直馏柴油、焦化柴油、催化柴油中硫化物结构、十六烷值、硫氮及芳烃含量和结构特点进行了深入研究。通过开发适合大分子硫化物扩散反应的大孔径氧化铝、控制金属形貌的活性金属负载及再分散技术以及具有实现烷基转移脱硫、抗积碳的特殊酸等催化剂制备技术，开发出了能够满足“国Ⅲ”、“国Ⅳ”、“国Ⅴ”和“国Ⅵ”标准清洁柴油生产需要的 FHUDS 柴油超深度加氢脱硫家族系列催化剂。其中，最新开发的 Mo-Co 型 FHUDS-7 催化剂的反应温度比目前广泛应用的 FHUDS-5 催化剂低 10℃左右。Mo-Ni 型 FHUDS-8 催化剂的超深度脱硫活性略优于 FHUDS-6 催化剂，装填密度降低 20%左右，明显减少催化剂费用。

FRIPP 开发的 FHUDS 系列柴油超深度加氢脱硫催化剂不仅在国内得到广泛应用，而且在国外市场竞争中通过了挪威 STATOIL、英国 BP 及匈牙利 MOL 等国外著名石油公司评价体系的性能测试，体现出性能上的优势，得到“Tier 1”或“Top tier”的肯定，已在捷克 Paramo 炼油厂、印度 Panipat 炼油厂及俄罗斯 3 套柴油加氢装置应用。Paramo 炼油厂的工业应用结果表明，FHUDS-5 催化剂的活性明显优于上两个周期两家国外公司的催化剂，运行周期是国外催化剂的 1.7~2.3 倍。截至 2019 年 6 月，FHUDS 系列催化剂已在国内外 100 多套/次装置工业应用。

2.1.2 长周期稳定生产超低硫柴油的 S-RASSG 技术

在长周期稳定生产超低硫柴油工艺技术方面，FRIPP 根据用户原料油构成、性质，反应器不同区域氢分压、反应温度和硫化氢、氨等有害物质以及催化剂加氢脱硫性能、脱氮性能和芳烃饱和性能的差异，在反应器不同区域级配装填不同性能催化剂，形成“延长装置运行周期的 S-RASSG 柴油超深度加氢脱硫技术”，在工业装置上广泛应用，并取得良好效果。其中，福建联合石化 2.8Mt/a 柴油加氢装置，第二周期使用 43% FH-UDS 再生催化剂+57% FHUDS-5 新鲜催化剂，2013 年开工时生产“国Ⅳ”柴油，2015 年 9 月后一直生产“国Ⅴ”柴油，装置连续运行 60 个月；FHUDS-6 催化剂在茂名石化新建

3Mt/a 加氢装置，连续生产“国Ⅴ”柴油 41 个月(协议要求 24 个月)；金陵石化新建 3Mt/a 加氢装置采用 FHUDS-8/FHUDS-5 催化剂级配，生产“国Ⅴ”柴油 40 个月(原料油催柴及焦柴比例 40%左右)；在相同运行时间内，FHUDS-7 和 FHUDS-8 催化剂体系在镇海 3Mt/a 低压柴油加氢装置生产“国Ⅵ”柴油时，催化剂的平均失活速率仅为 0.7℃/月，是国外催化剂的一半(国外催化剂是 1.4℃/月)。

2.2 FRIPP 加氢裂化系列技术

针对炼油企业“降成本、调结构”的需求，FRIPP 加氢裂化领域围绕提高催化剂重质原料处理能力、提高多环环状烃分子选择性开环转化能力、催化剂降成本、加氢裂化技术生产化工原料和高价值特种油等开展了课题研究。

2.2.1 催化材料及催化剂技术创新

加氢裂化预精制催化剂方面，FRIPP 自 20 世纪 90 年代初研制出达到当时国外同类催化剂先进水平的 3936 加氢裂化预精制催化剂后，近三十年来，在催化材料、催化剂制备方法、催化剂加氢脱氮性能和催化剂成本等方面，不断推陈出新，相继推出了 FF-16、FF-26、FF-36、FF-46、FF-56 及 FF-66 等催化剂，其整体性能处于同时期国际同类催化剂领先水平。其中，FF-36 催化剂于 2009 年通过了英国 BP 公司美国芝加哥测试中心的性能测试，得到一流产品的认可；开发了 FDM-21/FF-33/FF-34A 级配体系，提升加氢裂化处理高干点重质原料能力。

加氢裂化催化剂方面，以分子筛改良和催化剂制备工艺的创新作为技术突破的关键，针对解决分子筛结构/织构与反应协调性等科学问题，发明了介孔结构、晶粒尺寸和酸分布的多维度调控技术，建立了活性组分均匀分散的制备方法，打造了定制化催化材料和催化剂制备技术平台。在此基础上，研发了满足不同生产目标需求的系列催化剂。目前，FRIPP 加氢裂化催化剂已进入第四代，并形成轻油型、灵活型、中油型和高中油型四大系列(见图 1)，新一代加氢裂化催化剂在反应选择性、产品质量等方面性能大幅提升，同时，成本显著下降，整体性能达到世界先进水平，部分处于世界领先，在炼油企业得到广泛应用，FC-80 催化剂在俄罗斯进行应用。

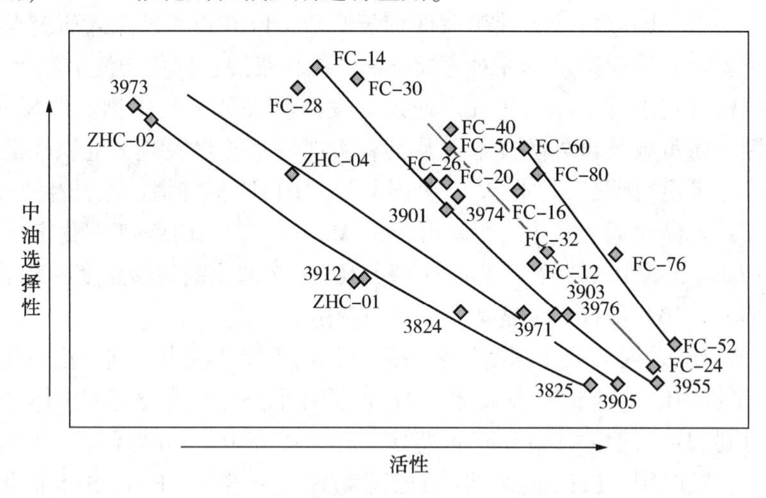

图 1 FRIPP 加氢裂化催化剂

2.2.2 调整产品结构的加氢裂化工艺技术

近几年，FRIPP 开发了烃类分子结构导向转化的化工原料高效生产技术等多种压减柴油、增产优质化工原料和喷气燃料加氢裂化技术，可以最大限度满足炼化企业调整产品结构的不同要求。

1) 烃类分子结构导向转化的化工原料高效生产技术：该技术通过在低温起始反应区选择使用具有对高浓度环状烃快速转化能力的高裂化活性催化剂，在高温末端反应区，级配使用对低浓度环状烃具有强选择性吸附转化能力的强加氢、弱裂化催化剂，尽可能将原料中的环状烃裂化并保留在石脑油中，而将链烷烃保留在未转化的加氢裂化尾油中，提高目标产品质量。与传统技术相比，该技术在重整原料+乙烯原料总收率增加 8%的前提下，重石脑油的环状烃含量提高 9%，加氢裂化尾油的链烷烃含量提高 13%。该技术已在炼化一体化企业得到广泛应用，并于 2017 年荣获国家发明二等奖。

2）最大量生产重整原料加氢裂化技术：该技术可采用单段串联尾油全循环工艺流程或两段全循环工艺流程及与之配套的高活性、高选择性裂化催化剂，在处理蜡油原料时，65～177℃重石脑油收率可以达到 73%以上；在处理柴油原料时，65～177℃重石脑油收率可以达到 68%以上。

3）加氢裂化增产化工原料及航煤技术：该技术主要是通过更换更适宜的催化剂，并适当调整操作条件，从而实现压减柴油、增产航煤的目的。在上海石化应用结果表明，该技术在保证尾油产率基本不变的前提下，柴油产率减少 50%，重石脑油和航煤产率大幅增加。

4）柴油/蜡油混合加氢裂化生产化工原料技术：为了压减柴油，加氢裂化装置掺炼柴油的企业越来越多、掺炼比例越来越高。由于柴油烃类分子与蜡油烃类分子的裂化行为不同，与蜡油相比，柴油原料加氢裂化的轻石脑油、液化气略高。FRIPP 通过不同活性裂化催化剂级配使用等技术创新，不仅可以实现压减柴油的目的，而且可以显著提高重石脑油收率并改善未转化油的质量。

5）FDHC 直馏柴油加氢裂化技术：该技术通过工艺流程优化，优选活性适宜、优先转化环状烃、链烷烃保留能力强的加氢裂化催化剂和操作参数，解决了中压加氢裂化航煤馏分烟点偏低和装置运行末期产品质量下降等难题。以直馏柴油为原料，在增产优质航煤产品的同时，还可生产部分富含链烷烃的优质乙烯裂解原料和高芳烃潜含量的重整进料，压减柴油，降低柴汽比。

该技术已于 2016 年 7 月在燕山石化实现首次工业应用，并在大榭石化推广应用。燕山石化的标定结果表明，在入口压力为 10.0MPa 的条件下，可以生产 49%以上的航煤。未转化柴油链烷烃含量接近 80%，十六烷值为 70 左右，BMCI 值<10，既是高十六烷值柴油调和组分，也是优质蒸汽裂解制乙烯原料。

6）FD2G 劣质催化柴油加氢转化技术：该技术利用催化柴油芳烃含量高的特点，通过技术创新及使用专用催化剂，处理总芳烃含量 70%以上劣质催化柴油时，可以生产硫含量小于 10μg/g、研究法辛烷值大于 90 的清洁汽油调和组分，收率可达到 30%～60%；而未转化的柴油馏分硫含量大幅度降低，最低小于 10μg/g，十六烷值较原料增加 10～30 个单位。该技术率先在金陵石化实现国内首套装置工业应用，第一周期连续运行 30 个月，取得预期效果，其后陆续在茂名石化、长岭联合和兰州石化进行了应用推广。

7）FL2G 催化柴油高效转化成套技术：针对现有技术催化柴油转化深度不足以及深度转化过程反应选择性较低等问题，FL2G 技术首创 FD2G 未转化油作为单独催化裂化装置或单独提升管进料技术路线，两个单元分担转化任务，提高各自反应效率，同时，配套开发多环芳烃开环转化/单环芳烃转化选择性好的 FC-70A/B 级配催化剂体系，实现催化柴油高选择性、深度转化的目标。该技术具有转化深度高（转化率 75%～85%，甚至全转化）、选择性好（汽油选择性 82%～88%）等优点。FL2G 技术长岭应用表明，按 FD2G 装置未转化油全部进 FCC 装置测算，催化柴油总转化率可接近 80%，汽油产品选择性 85.0%，化学氢耗 2.84%，显著优于现有同类技术水平。

2.3 FRIPP 劣质重渣油高效加工技术

目前，虽然重渣油加工技术“百花齐放”，但世界范围内主流技术主要包括：延迟焦化技术、固定床渣油加氢脱硫技术、沸腾床渣油加氢裂化技术和悬浮床（浆态床）渣油加氢裂化技术。表 1 为渣油主要加工手段技术对比。

表 1 渣油主要加工手段技术对比

工艺类型	固定床	沸腾床	悬浮床（浆态床）	延迟焦化
原料	AR 或 VR+VGO	VR	VR	VR
Ni+V/（μg/g）	<150	200～800	无限制	无限制
CCR/%	<15	20～40	无限制	无限制
主要反应	催化加氢	加氢热裂化	临氢热裂化	热裂化

续表

工艺类型	固定床	沸腾床	悬浮床(浆态床)	延迟焦化
转化率/%	20~40	40~90	>90	70~80
催化剂类型	Mo-Ni-Co/Al_2O_3	Mo-Ni-Co/Al_2O_3	分散性	—
催化剂浓度	多	中等	少	无
产品质量	较好	稍差	差	差
运行周期	~12个月	连续运转	连续运转	连续运转
技术成熟性	成熟	成熟	开发中	成熟

延迟焦化技术对原料适应性最好、技术最成熟、投资最低、世界范围内应用最广，但因其环保和高硫石油焦的出路问题少有新建焦化装置，即便现存的焦化装置也在不断地被压减。虽然悬浮床(浆态床)可加工与焦化相同的原料，但该技术尚在开发、完善中，还未得到大规模应用。因此，固定床和沸腾床渣油加氢是当今世界上应用最广的重渣油清洁、高效转化技术。

2.3.1 FRIPP延长固定床渣油加氢运行周期技术

虽然固定床渣油加氢技术对原料适应性不如其他渣油加工技术，投资也比焦化高，但技术成熟，与FCC组合可实现渣油的高效转化，世界范围内得到广泛应用。当前固定床渣油加氢技术迫切需要解决问题是如何延长运行周期。

针对胶质、沥青质的加氢转化和金属杂质及垢物的更多沉积，FRIPP开发了加氢保护剂S-Fitrap体系。该体系将单一保护剂的性能与保护剂体系有机结合起来，催化剂孔道真正实现了毫米级-微米级-几十纳米级-百纳米级的组合。S-Fitrap体系复合了物理过滤和化学沉积功能，能够对渣油进料进行有效的杂质脱除和适当加氢转化，可更好地保护下游催化剂，延长装置的运转周期。此外，FRIPP开发了高活性的脱硫和脱残炭/脱氮催化剂及其级配装填技术。通过活性金属径向逆分布技术，有效地抑制孔口堵塞，提升了孔道利用率，抗/容金属能力明显提高；通过采用三叶草外型设计，缩短了扩散路径、提高了催化剂利用率，同时空隙率提高5%，利于密相装填技术的实施。新催化剂体系及其级配装填技术可显著延长装置运行周期，并得到广泛应用。

扬子石化2Mt/a渣油加氢处理装置：第一周期累计运行450d，容金属(Ni+V)168t；第二周期累计运行550d，容金属(Ni+V)197t；刚完成第三周期运转，共运行608d。

四川石化公司3Mt/a渣油加氢装置：按照FRIPP推荐的解决方案，装置运行周期由第一周期的3个月、第二周期的7个月，延长到第三周期的28个月。按加工渣油天数计，二系列(FRIPP)运行860d，加工原料3.233Mt，其中减压渣油为2.788Mt。与一系列国外公司相比，装置多运行35d，多加工原料310.1kt，多加工减压渣油311.3kt。

金陵Ⅱ套渣油加氢装置：第一周期累计运行618d。整个运转周期合计容金属(Ni+V+Fe+Ca+Na)量约为2431.2kt，创造了迄今为止2Mt/a渣油加氢装置最大的容金属能力的记录。

齐鲁石化1.5Mt/a UFR/VRDS渣油加氢装置：第十四周期装置运转23个月。采用FRIPP技术的A系列进料一直保持95t/h；另一系列运转到571d进料量降至84t/h，运转到598d时进料量进一步降至75t/h。

2.3.2 FRIPP沸腾床渣油加氢裂化及其平台技术

继AXENS公司采用外循环泵的H-oil渣油沸腾床加氢技术和Chevron公司采用内循环泵的LC-Fining渣油沸腾床加氢技术之后，FRIPP开发了无循环泵、具有自主知识产权的第三种沸腾床渣油加氢技术-STRONG技术。该技术于2014年2月在金陵石化建成一套50kt/a工业示范装置。2015年7月顺利开工，在圆满完成了不同转化率试验、催化剂在线加排试验、紧急泄压试验。2016年10月加工劣质减压渣油，连续运行了5kh，完成了不同转化率及催化剂在线加排等考察试验，取得了良好的工业运行结果，积累了宝贵的工业应用经验。FRIPP还开发了以STRONG沸腾床渣油加氢技术为核心的平台技术。

1）STRONG 沸腾床渣油加氢生产低硫船用燃料油：采用第二代高脱硫活性催化剂的 STRONG 沸腾床渣油加氢技术可直接生产 180 或 380 低硫重质船用燃料油。

2）STRONG 沸腾床渣油加氢与加氢裂化组合：将沸腾床蜡油和柴油作为加氢裂化原料，可生产高芳潜催化重整原料和低 BMCI 值加氢裂化尾油做蒸汽裂解制乙烯原料。

3）STRONG 沸腾床渣油加氢与焦化组合：用沸腾床>540℃未转化油作焦化原料，可生产硫含量小于 2%的低硫石油焦。

4）STRONG 沸腾床渣油加氢与固定床组合的(SiRUT)复合床技术：将沸腾床作为固定床预处理反应器，可以加工更劣质的渣油原料，并延长固定床渣油加氢装置运行周期。

2.4 FRIPP 节能降耗新技术

2.4.1 SRH 柴油液相加氢及其平台技术

常规加氢工艺循环氢压缩机的投资占整个加氢装置成本的比例较高，氢气升温和降温的换热系统能耗较大。通过对柴油加氢脱硫反应过程进行深入系统研究，FRIPP 开发了低能耗的 SRH 柴油液相循环加氢技术，解决了该技术中液相混氢等难题，于 2009 年在长岭石化公司率先建成国内首套 200kt/a SRH 液相循环加氢工业示范装置，并相继在九江石化、湛江东兴及长庆石化等企业推广应用。

以 SRH 柴油液相循环加氢为技术平台，FRIPP 还成功开发了航煤液相加氢、替代白土精制的 FHDO 重整生成油液相后加氢和离子液烷基化生成油液相加氢脱氯等低能耗、低投资清洁生产技术并得到广泛应用，取得良好效果。

2.4.2 低能耗、低投资 SHEER 加氢裂化/改质技术

FRIPP 与洛阳石化工程公司(LPEC)合作，在加氢裂化(改质)装置设计(或改造)中，通过加氢裂化催化剂、工艺和工程的开发、耦合，成功开发了节能降耗的 SHEER 加氢裂化(改质)成套技术。该技术可以更合理利用加氢裂化(改质)装置反应热，有效降低了设备投资和操作费用。采用该技术在广州分公司建成世界首套低能耗、低投资、只设置小功率开工加热炉的加氢改质装置。与采用常规技术相比，装置投资降低 2000 多万元，能耗降低 67%，装置综合能耗只有约 6.3kgEO/t 原料油。

目前，FRIPP 与 LPEC 合作完成了第二代 SHEER 技术的开发：在第一代 SHEER 技术基础上，将进一步降低装置投资和操作能耗。

2.4.3 H_2-STAR 氢资源系统管理与集成优化技术

针对企业普遍存在的氢源-氢阱匹配不合理、耗氢装置过度用氢、含氢气体未得到有效回收、氢气系统信息化管理水平有待提升等问题，FRIPP 开发了 H_2-STAR 集成反应动力学的氢气系统管理与优化技术，已为 15 家企业开展产-输-用-回收全流程优化方案研究、在线监测与实时优化平台开发，完成南京地区氢资源调度优化，可以提升企业氢气利用率 5~10 个百分点甚至更高，实现降耗增效。

2.5 智能炼化全局资源优化

炼化企业的原油采购方案、生产计划排产过程之间影响了企业的生产效益。目前中国石化企业普遍依赖计划优化软件进行计划排产及优化，大连院开发了基于三次元优化算法的炼化全局资源优化系统(S-GROMS)。通过先进的全局优化算法和人性化交互界面帮助企业实现高效、快速的计划排产优化和全流程优化，解决企业日常生产、流程优化、原油采购优化和装置负荷优化等痛点。

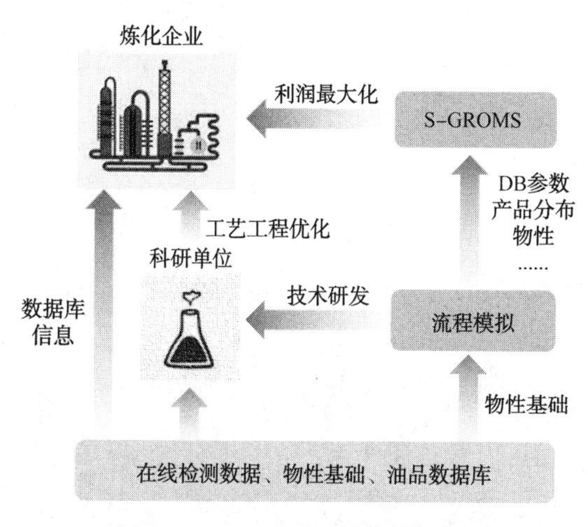

图 2 S-GROMS 技术建模与优化

如图 2 所示，所开发的 S-GROMS 系统集成有原油数据库及智能物性模型、反应工艺流程模拟系统、全局资源优化系统等模块，为炼化企业的计划优化过程

提供了从数据到模型再到应用的解决方案。所采用的三次元全局优化算法可高效求解体积调和、体积Base-Delta、汽油辛烷值调和、蒸馏塔侧线收率和侧线性质等非线性多次元优化问题，通过自动化的模型构建、矩阵生成、线性规划、非线性规划求取全局最优解，进而为炼化企业的计划排产提供决策依据和数据支持。

采用S-GROMS技术进行建模与优化，可有效通过通用业务模型架构降低用户门槛，并自动生成数学矩阵，降低模型编写难度，同时通过高效优化算法解决复杂的非线性优化问题。与PIMS等国外计划优化软件进行试点企业测算对比，结果表明S-GROMS的测算利润率可提高2.95%以上，可有效求取全局最优解。2018年，S-GROMS技术被“中国高科技产业化研究会”评审确认为“国家科学技术成果，技术达国际先进水平”，具有完全自主知识产权、可充分避免“卡脖子”问题。

3 结论

着眼环境保护、节能降耗和技术进步，FRIPP开发了系列加氢技术，整体步入国际先进行列，部分加氢技术实现世界领先，为我国炼油行业转型升级、高质量持续发展提供了强有力的技术支撑。

夯实技术基础，加大降本力度
全面提升加氢催化剂市场竞争力

李春晓[1]　李梁善[1]　刘　嘉[1]　朱慧红[2]　王继锋[2]

（1. 中国石化催化剂有限公司大连分公司　辽宁大连　116043；
2. 中国石化大连石油化工研究院　辽宁大连　116045）

摘　要　为了应对加氢催化剂日益激烈的市场竞争，提升加氢催化剂的市场占有率与市场竞争力，中国石油化工股份有限公司大连石油化工研究院(简称大连院)及中国石化催化剂大连有限公司(简称大连公司)秉承“一切成本皆可控、一切成本皆可降”的思想，加大降低产品成本的力度、丰富降低产品成本的措施及手段，取得了一定的效果。

关键词　降本；市场竞争力；加氢催化剂

1　前言

在现代炼油工业中，加氢技术已经成为支柱技术，具有无可替代的作用，一是因为炼油厂加工含硫原油和重质原油的比例逐年增加，不大量采用加氢技术已无法满足生产需要；二是清洁燃料的推行，加快了加氢技术的发展，应用迅速扩大；三是油品需求结构向轻质化转变，深度加工需要同步发展加氢技术。目前，我国加氢能力已经超过了原油一次加工能力，加氢催化剂年需求量也由20世纪90年代不足千吨增加至超过30kt。随着加氢市场需求量的逐年增加，全球各大加氢催化剂供应商纷纷加大市场开拓力度，市场竞争进入白热化阶段。为了进一步提升产品市场竞争力，大连院与大连公司多筹并举，从市场开拓、技术开发、制备工艺、现场管理、消化库存等多方面积极开展工作，加大降本力度，全面提升产品的市场竞争力。

2　多筹并举降成本，提高市场竞争力

2.1　全力开拓市场，实现提量降本

为了进一步扩大市场，提高大连院产品市场份额，大连院与大连公司团结协作，全面分析市场，制定差异化营销方案，通过以增量带存量、以存量保效益，优化销售产品结构；以用户座谈会为桥梁纽带加强对外交流与合作，借势打造公司加氢催化剂品牌。加强技术服务队伍建设，提高技术服务水平。2019年大连公司认真分析市场形势、研究制定系统科学的销售策略，实现销售加氢催化剂近万吨，同比增长约30%，市场占有率进一步提升，市场主体地位进一步稳固。面对国内外竞争对手的强力围攻以及国内主要市场的政策性封锁，大连公司主动强化责任担当，发扬“钉钉子”精神，抓好“拓外”，充分发挥功能差异化营销和大连院技术产品的品质优势，系统内竞争市场、系统外市场和海外市场齐头并进。2019年取得的竞争市场订单量达到全年订单总量的40%以上，创历史新高。得益于市场开拓力度的加大，大连基地的规模化效应日益明显，催化剂生产成本降低显著，2019年催化剂生产成本降低10%以上，大幅度提高了产品的市场竞争力。

2.2　强化产研结合，实现源头降本

为了进一步加大科研与生产的结合度，丰富技术开发的切入点，大连院与大连公司建立了长效的月度信息交流机制，确定每个月定期召开生产技术交流会，对催化剂技术与生产等进行交流。针对重点项目，如沸腾床催化剂的进展等，定期召开专题会，有效地保证了信息畅通，推进有力。针对现场

生产，与相关题目组专家进行不定期、多方式的交流，频次保持在2~3次/周，保证生产平稳，质量受控。通过加大交流的次数与力度，有效地促进了产品开发。开发的新一代柴油加氢催化剂和加氢裂化催化剂吨产品成本可降低1000元以上。

2.3 优化工艺流程，实现过程降本

根据大连、抚顺的装置特点，针对不同产品的工艺要求，对工艺流程不断优化，以稳定催化剂质量，降低催化剂物耗、能耗。抚顺基地首次工业规模化生产球形沸腾床催化剂时，前后进行成型设备改造、制备工艺优化等改造100余次，微球制备产能提高5倍，载体收率提高了10%，为微球沸腾床渣油加氢催化剂生产装置建设打下了坚实基础。大连基地在生产渣油加氢催化剂期间，通过设备改造、优化焙烧工艺，大大改善了产品的粒度分布。通过缩短生产流程，大大改善了产品质量，催化剂金属量均匀度提高5%以上，催化剂能耗降低20%以上，收率提高2%以上。通过优化干燥工序条件，将载体干燥单元蒸汽消耗降低5%以上。通过工艺优化，改善了产品质量，为加大市场开拓提供有力保障，进一步降低了催化剂生产过程中能耗、物耗。

2.4 强化现场管理，实现管理降本

加强产供销各环节衔接，根据新老基地的功能定位和装置优势，充分发挥大连基地“大、连、稳”和抚顺基地“小、快、灵”的生产特点，不断优化两地生产组织，减少切换次数，实现装置安稳优运行。细化工艺指令单内容，严肃工艺纪律。加强装置开停工管理，提高装置切换效率，编制装置开停工审批表、装置开停工方案和开停工计划表，逐条落实装置开停工条件确认，贯彻落实“没有方案不干事，没有审批不开/停工”的思想。通过优化排产，强化现场管理，产品能耗逐年降低，2019年比2018年吨产品能耗降低了10%以上。通过将SPC软件用于产品质量指标分析数据的统计，通过对产品质量分析数据进行科学的统计及分析，大大提高了分析数据对生产过程质量控制的指导性，产品质量稳定性显著提高。

2.5 盘活库存产品，实现价值降本

由于加氢催化剂种类多、牌号多，因此各种催化剂生产尾料也较多，库存催化剂量也随之增加。为了降低催化剂库存，尤其是三年以上库存，实现“变废为宝”，大连院与大连公司对库存催化剂逐项分析，制定对策，通过市场推广、回掺利用等有利措施，大大加快了消除库存催化剂的进度。2020年已消除2年以上库存催化剂价值超过500万元，将库存催化剂的价值“吃干榨尽”，实现了价值降本。

3 小结

“风雨多经人未老，关山初度路犹长”，虽然通过采用多种方式降低了产品成本，但与世界领先的催化剂供应商相比还是存在一定的差距。今后还需开拓思路，勇于创新，加大产品的创效能力，提高产品的市场竞争力，在迈向世界领先加氢催化剂企业的路上大步向前。

国外炼油加氢技术新进展

韩照明　刘　涛　卜　岩　贾　丽

(中国石化大连石油化工研究院　辽宁大连　116045)

摘　要　随着全球原油劣质化及重质化趋势日益严重，环保法规日趋严格，清洁高效的炼油技术越来越受到业界关注。本文主要汇总了近两年全球极具影响力的专业炼油和石化技术论坛及研讨会上，欧、美各主要炼油技术专利商报道的炼油催化剂及工艺方面的最新进展，主要涉及 Axens、Albemarle、Advanced Refining Technologies(ART)、Chevron Lummus Global(CLG)、Haldor Topsøe、Clariant、UOP 及 Shell 等公司在清洁燃料技术、重油加工技术和装置生产优化等领域研发及技术推广方面的最新动态。

关键词　加氢精制；加氢处理；加氢裂化；催化剂；工艺

1　前言

加氢技术是世界各国应对原油劣质化、产品质量升级、产品结构调整和重油轻质化的最主要手段之一。尽管经过多年的发展，炼油加氢技术已经非常成熟，但欧、美主要专利商从未放弃炼油加氢新技术的开发[1]。本文主要汇总了近两年全球极具影响力的专业炼油和石化技术论坛及研讨会上，欧、美各主要炼油技术专利商报道的在清洁燃料技术、重油加工技术和装置生产优化等领域炼油加氢催化剂和工艺技术的新进展。

2　国外加氢技术新进展

2.1　Axens 公司

2.1.1　催化剂新进展

Craken 系列催化剂是 Axens 公司最新研制的加氢裂化催化剂。该系列催化剂是专门设计用于将 DAO、HCGO 及 VGO 等原料转化成优质柴油、重石脑油和煤油产品。由于该催化剂具有较高的加氢和裂化活性，具有极强的耐氮性能(原料氮含量可以高达 100μg/g)，所以可以加工较重的劣质原料。Craken 系列催化剂高耐氮性能保证了其长周期运转的稳定性。该催化剂可以用于任意高转化加氢裂化配置，包括单段一次通过、单段循环操作及两段操作。据称该系列催化剂已经在全球得到广泛应用。

Axens 公司的 Craken-D 催化剂经优化后，可以最大化生产中间馏分油，改善柴油浊点；Craken-Flex 催化剂适用于优化中间馏分油和石脑油收率的装置，同时生产的加氢裂化未转化油(UCO)为优质Ⅲ类基础油原料。这两种催化剂的研发都利用了以下领域的先进技术，如氧化铝、酸性非晶态、金属载体相互作用、分子筛结构和分子模型等。Craken-D 和 Craken-Flex 催化剂改进了酸性(加氢裂化)和加氢功能，保持二者处于一个恰当的平衡点。

Axens 公司的 Impulse HR 1056 催化剂是专门针对各压力等级 VGO 加氢处理开发的 CoMo 催化剂。Impulse HR 1056 催化剂具有较高的 HDS 活性和 HDN 活性，同时能获得高体积收率的液体产品。由于其独特的孔结构，Impulse HR 1056 催化剂是同类产品中最好的催化剂，可处理难加工的原料(直馏 VGO、DAO、裂解 VGO 馏分、如 HCGO 和沸腾床渣油加氢后的 VGO、焦油)，并能保证装置长周期运行[2]。Impulse HR 1056 催化剂也是 Axens 公司 FCC-PT 系列中 HDS 活性最高的催化剂。与 HR 544 催化剂相比，Impulse HR 1056 催化剂的 HDS 活性提高了 25%以上，同时该催化剂还具有与 HR 544 催化剂相同的稳定性和机械性，可实现长周期运转。此外，即使装置出现较严重的操作问题，Impulse HR 1056 催化剂也能恢复其初始活性。Impulse HR 1056 催化剂原料适应性强，能处理金属等污染物含量高的原料。高活性与催化稳定性的有效结合使 Impulse HR 1056 催化剂在处理难加工原料时能够确保 FCC-PT 装置的长周期运转[3]。

2.1.2　工艺新进展

Axens 公司与埃克森美孚催化剂与许可有限责任公司(ExxonMobil Catalysts and Licensing LLC)签署了两项联盟协议，其一为：两家公司联手推销及提供关于烷基化的各种技术，具体包括：Axens 公司的原料制备或预精制技术、正丁烷异构化技术及埃克森美孚公司的硫酸烷基化技术。根据协议内容，Axens 公司可以发放埃克森美孚公司硫酸烷基化技术许可，上述技术可以由 Axens 公司根据工程协议统一发放许可。此项联盟协议的签署，有利于两家公司利用各自丰富的专业知识，提供生产高辛烷值汽油的合理解决方案，以满足客户需求。其二为：允许 Axens 公司提供 ExxonMobil 公司的 FLEXICOKING™技术及联合的渣油转化解决方案。根据协议内容，Axens 公司成为 FLEXICOKING 技术的独家许可商，在全球享有为新建 FLEXICOKING 装置的设计、建设及调试提供工程及技术服务的权利，同时也负责该技术在全球推广和技术许可发放。两家公司形成新联盟可以充分发挥各自的技术优势，为客户提供渣油转化解决方案，实现最大化生产液体燃料，同时最大程度降低石油焦产量。其中 FLEXICOKING 技术是一种经过商业验证、经济高效的连续流化床工艺，可以将重油原料热转化成轻质油品和 flexigas 清洁燃料气。FLEXICOKING 技术与 Axens 公司的 $H-Oil_{RC}$ 技术联合，可以实现渣油灵活改质，提高优质液体产品产量，并能提供可以作为替代燃料的清洁 flexigas，其中 flexigas 还可以用于发电。

对于 H-Oil 技术，Axens 公司开发了一个新的预测模型，能够使炼油商根据原油性质预测未转化尾油的性能和沉淀物。Axens 公司称，使用新预测模型炼油商可以采购市场上有价格优势的机会原油而获得最大收益。Axens 共为 21 套 H-Oil 装置发放许可，总加工能力超过 102 万桶/d。H-Oil 装置大多位于北美，其次是欧洲和远东。现在设计的 H-Oil 装置单系列加工能力为 7 万桶/d。Axes 公司多年来对九套 H-Oil 工业装置进行研究，发现平均开工率为 97%。据 Axens 公司称，以原油价格为 60 美元/桶计算，一个 4 万桶/d 的渣油加氢裂化装置，其液体收率比延迟焦化装置增加 20%，则年收益增加 175 百万美元。为克服沸腾床装置转化率限制，Axens 推出了渣油沸腾床加氢裂化与溶剂脱沥青(SDA)的联合工艺(见图 1)。Axens 称 $H-Oil_{RC}$ 沸腾床渣油加氢裂化技术可以与 Solvahl SDA 技术以多种方式组合，炼油厂根据加工原料性质、产品要求和现场限制等特定因素，可以使装置转化率达到 85%~95%。

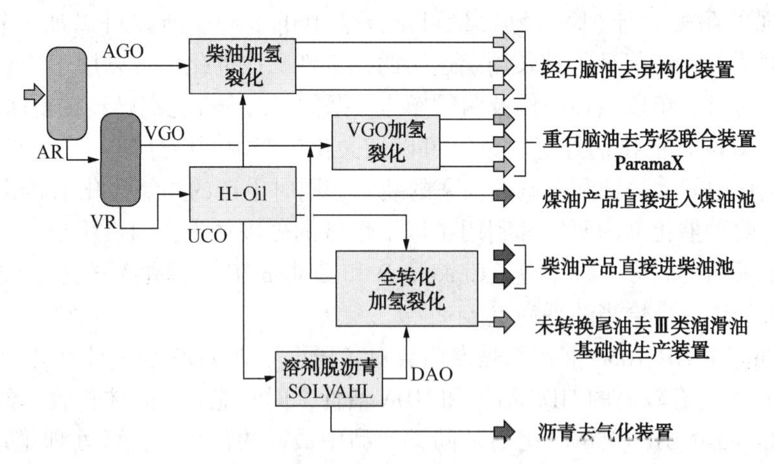

图 1　Axens 公司的 H-Oil 与溶剂脱沥青的组合工艺流程图(用于恒力炼厂)[4]

Axens 公司推出的 Hyvahl 工艺配备有互换式保护反应器系统(PRS)，该系统可大大延长固定床渣油加氢处理装置的运行周期。PRS 包括低压催化剂调节系统，可以使炼油厂更换一个反应器中催化剂的同时，其他反应器仍能保持运行状态[5]。

2.2 Albemarle 公司

雅宝公司(Albemarle Corporation)与埃克森美孚催化剂和许可有限责任公司(ExxonMobil Catalysts and Licensing LLC)宣布成立 Galexia™平台，以一种创新的商业模式为客户提供成套的催化剂和技术服务。炼油厂不仅需要生产优质产品，还需要优化操作，拥有创造更高价值的潜力。使用 Galexia 平台提供的独特综合解决方案，可以显著提高炼油厂生产力，提升企业市场竞争力。Galexia 平台凝聚了两家公司丰富的技术经验、独特的炼油厂操作技巧和成功的示踪记录，为用户提供最先进的加氢处理催化剂及催化剂装填优化方案，有助于炼油商分析操作、优化性能、提高炼油厂效率。两家公司合作开发及工业化的 Celestia 和 Nebula 催化剂，可以提高加氢裂化装置及馏分油加氢处理装置的性能和效益。雅宝公司的 STAX®技术可以优化 Nebula、Celestia 和 MIDW™催化剂组合，能在极苛刻的操作条件下发挥最佳性能[6]。

Albemarle 公司于 2018 年宣布推出 XPLORE™——一个满足清洁运输燃料市场需求的新平台。XPLORE 催化剂平台在加氢处理催化剂技术研发方面取得了突破性进展，可以使炼油厂以更高效的方式生产清洁运输燃料。新推出的高性能 PULSAR 系列催化剂首款为 KF 787 PULSAR，设计用于生产清洁柴油。该催化剂可以加工高氮裂化原料，可以在低压条件下操作，氢耗低，该款催化剂目前已经工业应用[7]。

2.3 Advanced RefiningTechnologies(ART)公司[8]

Advanced RefiningTechnologies(ART)公司通过持续开发系列超高活性催化剂产品来满足炼油厂的需求：DX^{R}系列催化剂在超深度柴油加氢脱硫(ULSD)工业应用中表现出优越的性能；425DX 和 545DX 催化剂在监界范围内得到认可后在中间馏分油中持续表现出优异的性能；为了满足平衡原料适应性、长周期运转和产品灵活性的需求，ART 开发了最新一代催化剂 ICR 316 和 548 DX。使用 ICR 316 和 548 DX 催化剂后，炼油厂可以处理更加劣质的原料，满足更加严格的环保标准，提升产品质量，以及增加处理量。

ICR 316 和 548 DX 性能的提升得益于 ART 研究团队在氧化铝技术方面的进步。表面化学的创新和新型孔结构的采用使催化剂的 HDS、HDN 和 HDA 大幅度提升，在某些应用中活性提高幅度甚至可以超过 20%。通过增强络合作用使每种催化剂运转周期延长、开工条件更加缓和。

ICR316 催化剂提升了柴油加氨装置的效益，无论在低压或高压的操作条件下，对直馏柴油和催化柴油均表现出更大的收益。在对比例中，与前一周期 425DX 催化剂相比较，根据 ULSD 协议的要求处理含有 15%催化裂化柴油的原料，ICR316 催化剂在低压和高压条件下的性能均表现出明显的提升，使炼油厂可以处理更多种类型的原料，运转周期得到延长。

548DX 催化剂采用了 ART 公司的最新一代技术，通过增强络合作用和氧化铝表面改性使催化剂表现出最优的 HDS、HDN 和 HDA 性能，使其成为 ULSD 和其他应用中的最佳选择。该催化剂已经工业化并在世界范围内得到应用。高压 ULSD 装置试验表明该催化剂的脱硫和脱氮性能都得到了明显的提升。

2.4 Chevron Lummus Global(CLG)公司

2.4.1 催化剂新进展

CLG 公司与 Advanced Refining Technologies(ART)公司达成协议，允许 ART 推广销售 CLG 加氢裂化和润滑油加氢催化剂。据 CLG 称，通过 ART 作为唯一的联系商而简化其加氢催化剂供应环节。近来 CLG 公司催化剂的研发重点是加工劣质原料最大量生产优质产品。除提高选择性外，增加活性和减少氢耗也成为催化剂发展的主要推动力。CLG 凭借其丰富的操作经验和专利催化剂来实现这些目标。表 1 列出了 CLG 公司在加氢裂化催化剂方面取得的最新进展及获取的经济效益。

表1 CLG公司最新加氢裂化催化剂的经济优势

功　能	经济效益
通过延长运转周期提高利用率	维修费用方面节省100万美元 增加处理量带来250万美元利润
通过提高处理量来增加较高价值产品产量	500万美元/年
提高产品性质	100万美元/年

CLG公司加氢裂化催化剂大致分为三代，见表2。第一代催化剂大部分是在2000年之前开发的，但许多仍在应用。第二代催化剂是在过去十年开发的，在工业装置中广为应用。而近期推出的第三代加氢裂化催化剂在活性和选择性方面进行了改进，已实现了工业应用。

表2 CLG公司的三代加氢裂化催化剂

功　能	第一代	第二代	第三代
最大量生产柴油	ICR210	—	—
最大量生产柴油/煤油	ICR142，ICR155，ICR162	ICR240，ICR245，ICR142V2，ICR177	ICR250，ICR255，ICR188
最大量生产煤油/喷气燃料	ICR160，ICR141	ICR180，ICR185，ICR183	—
最大量生产石脑油	ICR139，ICR210	ICR D212，ICRD210	ICR214，ICR215

ICR1000系列催化剂是ART和Chevron公司最新研发的加氢处理催化剂，由于同时具有裂化和加氢功能，可以用于加氢裂化和加氢处理装置。ICR1000系列催化剂制备采用共凝技术，与常规氧化铝基加氢催化剂相比，催化剂基质可以承载更多金属。通过增加负载在催化剂基质的金属量，ICR1000系列催化剂的活性可以是常规氧化铝基加氢催化剂的二到三倍。据Chevron称，ICR1000催化剂已经用于多套Chevron和第三方加氢裂化装置中，据装置操作人员报道，使用该系列催化剂提高了原料转化率和馏分油收率。在Chevron的一个案例中，Chevron公司将ICR1000催化剂用于本公司炼油厂的一套加氢裂化装置，该装置为两段设计，有多个系列，每一段允许在线催化剂置换。采用在线置换的方式将ICR1000催化剂装载到一个反应系列中，催化剂装填量占反应器中总催化剂体积的10%以下，剩余90%级配装填常规加氢处理和加氢裂化催化剂，以优化装置的操作性能。与其他没有更换ICR1000催化剂的反应系列比较，装填了ICR1000催化剂的系列提高了转化率，反应活性提高了20%~30%，提高喷气燃料选择性，每个开工日多产1000桶喷气燃料。

2.4.2 工艺新进展

Chevron Lummus Global(CLG)宣布将扩大技术产品推广，包括Chevron的减压渣油浆态床加氢裂化(VRSH™)技术和LC-FINING沸腾床渣油加氢裂化及CB&I公司的生产针状焦延迟焦化技术等。这将使CLG公司成为市场上重油加工技术最全面的公司。该公司提供的全系列转化方案满足了炼油商计划将重油原料加工技术与现有工艺一体化的需求。

Chevron公司一直致力于沸腾床及其组合工艺的开发[9]，该公司以LC-Fining技术为平台，推出LC-Max技术(见图2)和LC-Slurry技术(见图3)，其中LC-Max技术是溶剂脱沥青与LC-Fining技术的组合，即：减压渣油在第一个沸腾床反应器进行缓和加氢裂化，根据原料性质及沉淀物生成量，控制反应转化率为55%~70%，反应后物流进入蒸馏装置得到馏分油和未转化尾油，未转化尾油进入溶剂脱沥青装置(也可以有部分尾油循环回沸腾床反应器)，脱沥青油进入第二个沸腾床反应器，在438℃下进行深度转化，采用LC-Max技术原料转化率可以达到90%，该技术于2013年首次发放技术许可。LC-Slurry技术以LC-Fining液体循环平台为研发基础，使用浆态Isoslurry催化剂，该催化剂为镍改性钼基浆态催化剂，具有特定结构。雪弗龙公司称该催化剂性能优于以有机钼液体作为催化剂前体的性能，使用该技术原料转化率可以达到95%，于2015年首次发放技术许可。此外，Chevron公司还推出沸腾床与其他技术的组合工艺，如：LC-Fining与固定床加氢处理(HDT)/加氢裂化(HCU)组合；LC-

Fining 与延迟焦化组合(已有两套装置工业应用，总转化率较单独使用沸腾床技术提高 15%~20%)。LC-Fining 技术新开发的催化剂比第一代催化剂成本高，但提高了脱垢及控制沉淀物生成的能力，能够生产低硫燃料油，控制沉淀物生成量<0.15%，以确保管线正常运输。ART 公司负责生产所有催化剂。

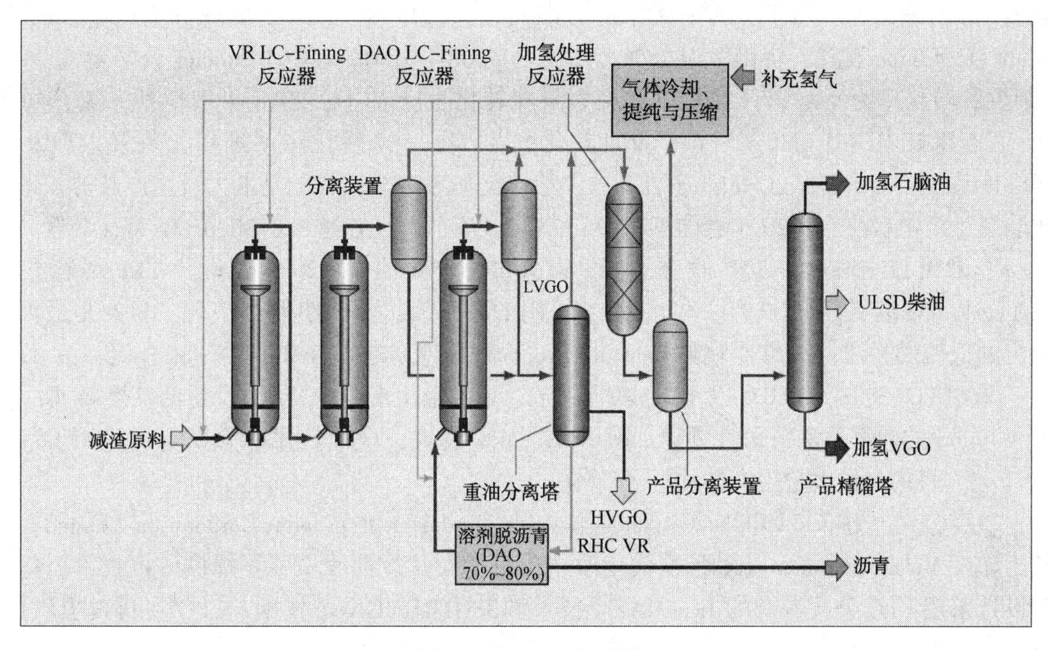

图 2 LC-Max 流程图

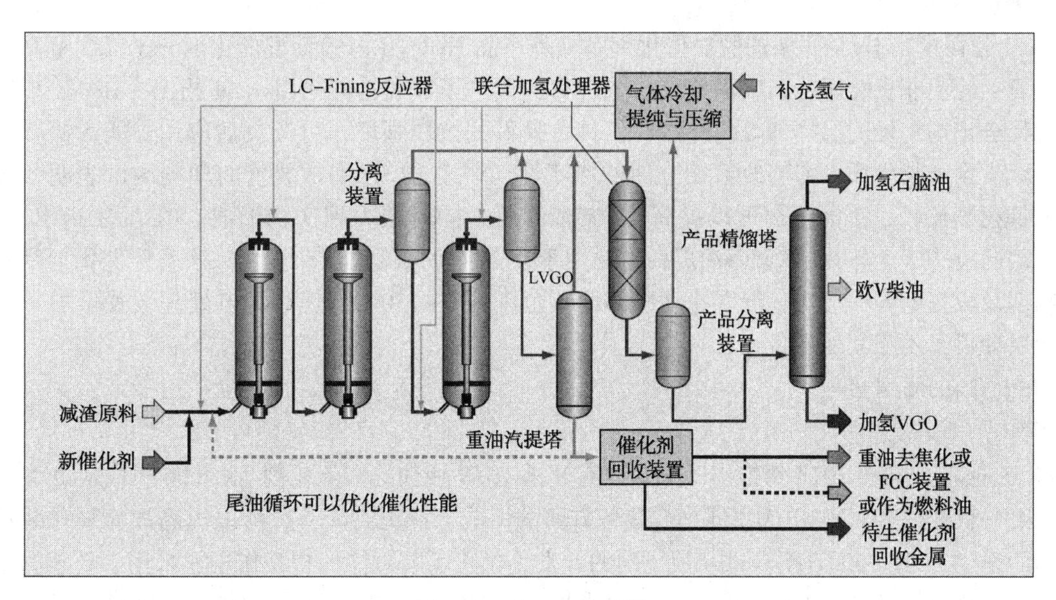

图 3 LC-Slurry 流程图

Chevron 沸腾床技术工业应用情况：1984 年美国 Marathon 公司建 4.14Mt/a 的 LC-Fining 装置，转化率为 75%~80%；1988 年加拿大 Syncrude 公司建 2.76Mt/a 的 LC-Fining 装置，沸腾床装置转化率为 55%~58%，未转化尾油进焦化装置；1998 年意大利 Eni/RAM 公司建 1.38Mt/a 的 LC-Fining 装置，转化率为 63%~69%，未转化尾油作为稳定的低硫燃料油；2000 年捷克斯洛伐克 Slovnaft 公司建 1.38Mt/a 的 LC-Fining 装置，转化率为 62%~65%，未转化尾油作为稳定的低硫燃料油；2003 年加拿大 Shell/AOSP 公司建 2.54Mt/a 的 LC-Fining 装置，转化率为 78%~82%，采用 LC-Fining 与 HDT 联合工艺，最大化转化生产合成原油及稳定的燃料油；2007 年芬兰 Neste Oil 公司建 2.21Mt/a 的 LC-Fining 装置，转化率为60%~63%，采用LC-Fining与HCU联合工艺，最大量生产柴油；2010年加拿大Shell/AOSP公司建2.61Mt/a的LC-Fining装置，转化率为78%~82%，采用LC-Fining与HDT联合工艺，最大量生产合成原油及稳定的燃料油；2010年韩国GS Caltex公司建3.64Mt/a的LC-Fining装置，转化率为80%~85%，目的是最大量生产VGO及稳定的燃料油；2017年加拿大Northwest Upgrading公司建1.66Mt/a的LC-Fining装置，转化率为78%，生产合成原油；2017年中国Sincier公司建2.76Mt/a的LC-Max装置，转化率为91%，目的是原料最大限度转化生产VGO；2018年俄罗斯一家公司将采用TIPS-RAS浆态床技术建0.6Mt/a装置，设计转化率为94%，未转化尾油进焦化装置；2019年巴林BAPCO公司计划建3.75Mt/a LC-Fining装置，设计转化率为78%，目的是最大量生产柴油，未转化尾油进焦化装置生产电极焦；2020年泰国Thai Oil Sriracha炼油厂计划建4.07Mt/a LC-Max装置，设计转化率为90%，采用LC-Max与HCU联合工艺，最大量生产柴油；2020年西班牙CEPSA公司计划建2.05Mt/a LC-Fining装置，设计转化率为78%，采用LC-Fining与HDT联合工艺，目的是最大量生产柴油和稳定的低硫燃料油；2022年瑞典Beowulf/Preem公司计划建2.76Mt/a LC-Slurry装置，设计转化率为97%，采用LC-Slurry与HDT及HCU联合工艺，最大量生产欧-V柴油及超低硫燃料油；2022年位于印度Mathura的印度石油公司计划建2Mt/a LC-Max装置，设计转化率为92%，采用LC-Max与HCU联合工艺，目的是最大量生产柴油。

近期，CLG公司又宣布，印度斯坦石油有限公司(Hindustan Petroleum Corporation Limited，HPCL)将选择其为印度Visakhapatanam炼油厂现代化改造项目的新建渣油改质装置提供许可技术。新建渣油改质装置设计采用CLG公司专有的LC-MAX™技术和ISOTREATING®技术，CLG将负责提供催化剂、专有反应器内构件[10]。

2.5 Clariant公司

Clariant公司推出Hydex®柴油脱蜡催化剂系列新产品Hydex E。该新型催化剂分子筛含量高，可用于酸性环境；使用非贵金属，可确保稳定的氢转移；改进了脱硫性能。Clariant指出，Hydex E催化剂保持了对长链正构烷烃的选择加氢裂化活性，具有良好的抗压强度，可以灵活应用，能大幅度提高柴油收率，减少副产物生成，能够改善馏分油的冷流性能。经ULSD中试装置的现场测试表明，与上一代Hydex催化剂比较，该催化剂可以提高4%柴油产量，同时减少副产物形成。Clariant指出，Hydex系列催化剂已应用于全球30多家炼油厂，主要用于改善馏分的低温流动性能。该系列催化剂具有高活性、长周期及较好的容垢能力，低温流动性的调节范围为0~120℉。现有加氢处理装置增加一个脱蜡催化剂床层即可，不需其他设备[11]。

2.6 Haldor Topsøe公司

2.6.1 催化剂新进展

HaldorTopsøe公司在2018年推出了一个具有超高HDN活性的新催化剂TK-6001 HySwell™NiMo催化剂，比上一代TK-611 HyBRIM™催化剂在各方面的性能上都更胜一筹，可以提高加氢裂化装置高价值产品的产率[12]。TK-6001 HySwell™催化剂的开发，优化了与载体的相互作用，采用了更多的活性金属，是加氢裂化预处理催化剂的另一个阶梯式进步，采用的是氧化铝载体，HDN活性提高了30%，单环芳烃饱和提高了22%。催化剂性能提高后，可以延长运行周期、加工更便宜的原料、产品体积收率提高25%，可以提高加氢裂化装置的盈利能力和灵活性。Haldor Topsøe公司推出的TK-580 HyBRIM是一种CoMo催化剂，与上一代HyBRIM ULSD催化剂比较，加氢脱硫活性提高20%，并与之具有相同的高稳定性和低氢消耗。

TK-930 D-Wax是Haldor Topsøe公司推出的最新一代加氢脱蜡催化剂，可用于改善柴油的低温流动性。TK-930 D-Wax催化剂将非贵金属负载在沸石上，选择的非贵金属适用于酸性操作条件，具有耐硫、氮、硫化氢和氨性能。TK-930 D-Wax催化剂中的非贵金属具有很高的加氢活性，可以促进加氢脱硫、加氢脱氮和加氢脱芳反应。此外，沸石结构仅允许某些反应物分子(长链正构烷烃)通过，发生异构化反应。与传统的脱蜡催化剂相比，TK-930 D-Wax 催化剂具有很高的异构选择性，柴油产品收率高，同时更能有效改善柴油的低温流动性能[13]。

HaldorTopsøe 公司还推出了一种新型 CoMo 流化催化裂化预处理催化剂 TK-564HyBRIM。据称，这种新型催化剂具有很高的加氢活性，可以有效脱除原料中的硫和氮等杂原子，适用于 FCC 预处理装置及中低压运行的缓和加氢裂化装置[14,15]。

此外，Haldor Topsøe 公司还推出了一系列新型 HyOctane 催化剂，可用于 FCC 汽油后处理。其中 TK-703 HyOctane 催化剂是 NiMo 1/10″“四叶草”催化剂；TK-710 HyOctane 催化剂是 CoMo 1/10″“四叶草”催化剂；TK-747 HyOctane 催化剂是 Ni 1/15″“四叶草”催化剂。TK-703 HyOctan 催化剂的 HDS、HDN 和加氢活性较低，最好用于 FCC 汽油后处理装置第一个反应器，仅促进二烯烃饱和反应的发生，可以最大化减少辛烷值损失[16]。TK-710 HyOctane 催化剂具有中等 HDS 活性，有限的辛烷值损失，较高的 HDM 活性和容金属能力[17]。TK-747 HyOctane 催化剂镍含量高，可确保最小的辛烷值损失并减少 ULSG 产品中的硫醇[18]。

2.6.2 工艺新进展

HaldorTopsøe 提出新的加氢裂化技术(称作 HPNA Trim™)，使用该技术可以将 HPNAs 有效浓聚于外排的重质未转化油(HUCO)中，装置操作人员可以降低外排 UCO 的量，从而提高中间馏分油收率，也能有效脱除 HPNAs。该工艺通过蒸馏出 UCO 中的轻重馏分，分离出高沸点难加工的重组分，从而将 HPANs 浓缩在外排的 HUCO 物流中，并将蒸馏出的轻组分循环回分馏塔。Topsøe 称 HPNA Trim 技术使用很少设备，很容易安装在现有加氢裂化装置上或安装于新建装置，可以降低系统总压和投资成本，允许装置加工较重的高干点 VGO 原料。据称 HPNA Trim 技术具有非常高的投资回报，经济分析表明投资回收期大约仅有 6 个月。

Haldor Topsøe 公司推出专有 TIGAS™天然气制汽油技术。该技术以低成本天然气为原料，可以生产高价值不含硫的汽油产品，可无缝替代汽车所需的传统汽油。2019 年 6 月，全球首套采用 TIGAS™技术的天然气制汽油装置按计划如期投产，该装置建于土库曼斯坦首都阿什哈巴德附近。装置汽油产能达到 15500 桶/d，投产后生产的产品满足指标要求。土库曼斯坦具有丰富的天然气资源，占全球第四。该天然气制汽油装置投产有利于土库曼斯坦天然气资源的充分利用，也使其在满足国内汽油产品需求的同时，形成天然气资源出口形式的多样化。由于采用 TIGAS™技术制备的汽油产品不含硫，其他杂质组分含量极低，所以为环境友好产品。采用 TIGAS™技术生产的汽油产品占产物 85%以上，液化气(LPG)占 11%~13%。另外，美国 Nacero 公司已与 Topsøe 公司签署了基建和技术许可协议，计划斥资 30 亿美元在美国亚利桑那州卡萨格兰德市建造天然气制汽油厂，该工厂的成品汽油生产能力为 35000 桶/日。根据协议，Topsøe 除了提供 TIGAS™天然气制汽油技术许可外，还将为此工厂提供专有硬件，催化剂产品和服务[19]。

2.7 UOP 公司

2.7.1 催化剂新进展

UOP 公司推出一款新系列 Unity 催化剂，包括加氢处理催化剂和加氢裂化催化剂，可以用于 FCC/HC 预处理、柴油/润滑油生产、汽油生产、石脑油生产及超低硫柴油生产等多种应用。表 3 列出了不同用途的 Unity 系列 22 种加氢裂化催化剂[20]，这只是该系列催化剂中的一部分。HC-620 催化剂是 UOP 推出的最新 Unity 系列催化剂之一，是负载型中油选择性非贵金属加氢裂化催化剂。与 DHC-32 相比，该催化剂较好地运用了金属性能，表现出较高的加氢功能，可以提供高活性、高收率和高氢耗。当加工 VGO 原料时，可以获得高体积收率的液体产品。使用 HC-620 催化剂在一次通过的加氢裂化中试装置上加工 HVGO 结果表明，使用该催化剂氢耗较高，能获得高收率的液体产品。2018 年该催化剂用于三套工业装置，其中一套装置为大型的两段加氢裂化装置，加工高金属含量的难处理 HVGO 原料。该装置的固定床反应器大部分体积装填加氢脱金属催化剂，用于脱除 HVGO 原料中的铁、镍、硅、钠和钒等金属。加载HC-620催化剂后，由于其较高的加氢活性，将延长装置的运转周期和馏分油收率。

表3 不同用途的Unity系列加氢裂化催化剂

- 活性 +				
最大化生产柴油(装填第二段)	柴油和润滑油	馏分油	灵活型	石脑油
HC-205	HC-115	DHC-32	DHC-41	HC-24
HC-310	HC-410	DHC-39	HC-43	HC-26
HC-320		HC-120	HC-140	HC-29
HC-325		HC-130	HC-150	HC-185
		HC-425	HC-470	
		HC-520		
		HC-620		

ULTIMet^{TM}是Unity系列的另一款新型催化剂，可以从低质柴油馏分中脱除硫、氮等杂质，生产满足"欧Ⅴ"指标要求的清洁燃料。与常规加氢处理催化剂比较，该催化剂能够加工更劣质原料，具有更高的加氢活性和操作灵活性，可以生产优质产品，能够创造更多利润。该催化剂也可以与常规加氢处理催化剂组合，进一步提高整体催化剂的催化性能。此外，ULTIMet催化剂还具有较高的机械强度和抗磨损性能，可以延长装置的操作周期50%~75%[21]。

HC-410是UOP公司开发的中油选择型NiW催化剂，其制备方法不同于上一代HC-115。使用该催化剂可以获得高收率的中间馏分油，生产的UCO(未转化油)具有较高的黏度指数(VI)，可用于生产高档润滑油基础油。该催化剂已经用于亚太、欧洲及北美9家炼油厂。

UOP也开发了新的HC-680/682/685加氢裂化催化剂，将VGO、柴油和轻质焦化油转化为石脑油，新型R-364 Platforming^{TM}催化剂可将其转化为芳烃[22]。

2.7.2 工艺新进展

UOP公司开发的Uniflex MC新工艺是高转化(95%~98%)浆态床加氢裂化技术，可以将减压渣油和其他重质原料(如：FCC油浆及重焦化瓦斯油)转化成高附加值轻质产品，总液收高达115%(体)。Uniflex MC结合了CANMET、Unicracking及Unionfining加氢处理工艺特点，使用的高活性Mo基MicroCat催化剂在MC催化剂部分现场生成，催化剂的制备原料为市场上的大综产品。Uniflex MC很容易与现有炼油厂配置结合，并能使炼油厂提高渣油转化率，降低渣油燃料产量，提高高值燃料油和PC原料产量。Uniflex MC工艺加工100%减压渣油的产品收率为：9%~12%燃料气/LPG，15%~18%汽油；49%~54%柴油；13%~22%VGO及2%~5%沥青。Uniflex MC与馏分油加氢处理组合，进一步加工燃料产品，生产无硫无烯烃LPG、重整级轻质石脑油、"欧/Ⅴ"柴油，成本仅为新建单独馏分油加氢处理装置的50%。无硫无烯烃LPG及重整级轻质石脑油富含正构烷烃，是优质蒸汽裂解料。当LPG价值高于燃料气时，Uniflex MC也使用增强LPG回收技术，可以在有效投资及低公共消耗的情况下，将LPG收率提高到99%。Uniflex MC也可以包括一个小型VGO加氢处理反应器，有效提高VGO质量。

霍尼韦尔UOP比较了一家50万桶/d的炼油厂采用两种组合工艺改质渣油生产柴油或石脑油(用作芳烃料)的结果，这两种组合工艺为：延迟焦化与VGO加氢裂化组合，Uniflex MC浆态床渣油加氢裂化与VGO加氢裂化组合。比较结果表明，用Uniflex MC代替延迟焦化的两个案例中，轻质产品(LPG、石脑油和柴油)收率、净现金利润率、增量内部收益率(IRR)及增量净现值(NPV)都增加，焦炭收率降低。比较使用Uniflex MC的两个案例，尽管VGO加氢裂化主要生产柴油的案例增量IRR较高，但VGO加氢裂化主要生产石脑油的净现金利润率和增量NPV较高。霍尼韦尔UOP强调，VGO加氢裂化主要生产石脑油的Uniflex MC案例通过在下游增设甲苯烷基化工艺，将甲醇与甲苯反应生产PX，可以进一步创效。霍尼韦尔UOP称，甲苯烷基化可以提高50%的PX产量，基本不生产苯。

UOP也开发了一种两相和三相加氢处理工艺，称作MQD Unionfining^{TM}工艺。该工艺需要炼油厂在最初投资基础上额外增加10%~15%投资成本，同时也要确保增加的脱除装置容易安装。额外投资用于提供较大的反应器，根据需要能够容纳额外催化剂，承受较高压力。当处理量提高时，在现有装置上并联安装补充氢系统，以提高操作压力，满足加工需要。

UOP与埃尼集团(Eni Spa)共同开发了Ecofining工艺。Ecofining工艺将非食用油和其他废弃原料转化为“霍尼韦尔绿色柴油™(Honeywell Green Diesel™)”。这种高品质的可再生柴油不同于生物柴油，它在化学组成上与石油基柴油完全相同，可以作为石油基柴油替代物，柴油车不需要做任何改动。此外，与石油基柴油比较，它还可以减少高达80%的全生命周期温室气体排放量。该工艺生产的柴油十六烷值为80，而目前的石油基柴油的十六烷值通常为40~60。近期，UOP公司宣布，ST1 Nordic Oy公司引进该公司的EcoFining™可再生燃料技术，与位于瑞典哥德堡(Gothenburg)的炼油综合厂将联合生产4k桶/d柴油和喷气燃料。目前该项目已完成基础工程设计[23]。

2.8 Shell公司

荷兰皇家壳牌公司于2019年4月1日宣布，其子公司CRI、标准(Criteria)及壳牌全球解决方案统一命名为壳牌催化剂与技术(Shell Catalyst&Technologies)公司，负责为全球客户提供催化剂、许可和技术服务。新成立公司将实现跨国业务重组，以整体简洁的形式涉足能源和石化行业，为客户提供优质产品和服务。壳牌催化剂与技术公司总裁Andy Gosse称，公司重组将原各公司的创新产品、优质服务及专业人才进行整合，可以根据客户需求，以高效的方式为客户提供更多更清洁的能源解决方案。壳牌催化剂与技术公司的成立，为客户提供了一个平台，通过该平台可以向客户提供先进的催化剂和工艺技术，优质服务及丰富的专业知识[24]。

Shell公司最新推出MD催化剂系列两款新产品Z-MD10和Z-MD20，这两种催化剂利用先进“三叶草”(Advanced Trilobe eXtra，ATX)形状，具有较高的柴油选择性，可以最大量生产柴油产品。

Shell Catalysts&Technologies用于FCC预处理的新型CENTERA GT DC-2655和CENTERA GT DC-2656催化剂是含有Ni助剂的Ⅱ型Co-Mo催化剂，具有比前几代产品更高的性能。这两款产品具有更高的稳定性和耐金属性能，可以根据具体装置的操作域及运转周期要求提供定制的催化剂系统设计。CENTERA GT DC-2655催化剂可满足各种条件下FCC预处理性能和稳定性要求，在低压条件下也能表现出高HDS活性和稳定性。CENTERA GT DC-2656催化剂也具有很高的HDS活性，特别适用于要求HDS和HDN活性高的中高压FCC原料预处理装置[25]。

3 加氢技术发展趋势

安全和环境问题将持续推动加氢装置设计及提高产品产量方面的创新发展。加氢技术开发商仍将降低能耗和氢耗视为研究重点。随着汽车燃油效率提高及电动汽车普及，未来燃料需求将降低，炼油新技术需求也将下降，许多炼油商正投资可灵活生产化工产品的技术。在过去的几年中，加氢裂化生产芳烃成为研发及工业应用的主要方向之一。

同时，全球原油日趋重质化、酸性化，IMO新船用燃料硫含量0.5%标准的实施，导致HSFO需求量下降。全球各国考虑到污染问题已经不再用HSFO发电，使得渣油加氢裂化生产优质轻烃成为未来研发人员的主要方向。BP/KBR，CLG，Eni及霍尼韦尔UOP等许多公司目前正在进行浆态床加氢裂化技术的工业化研究，该技术可以将98%的渣油原料转化成优质液体产品。沸腾床加氢裂化技术许可方Axens和CLG公司尝试将沸腾床与溶剂脱沥青(SDA)技术组合，将总转化率提高到85%以上，使得沸腾床装置的转化率接近浆态床，从而提高沸腾床加氢技术竞争力。

装置进料变得越来越复杂，复杂分子占进料比例越来越大，这要求催化剂系统设计采用更多创新方法。加氢操作人员应该与催化剂供应商合作，根据不同原料特性，优化装置设计及催化剂装填方案，以确保满足炼油厂目标要求。加氢催化剂行业变得极具竞争性和复杂性，已不再满足催化剂的单一功能，仅能提高产品收率。加氢催化剂研发重点为如何提高原料转化率、产品选择性、装置总效率以及降低氢耗，其中催化剂的活性金属及载体材料组成、孔隙率和功能将成为更重要的研究内容。此外，高性能低装填成本的催化剂及再生和/或再活化后具有较高活性的催化剂也将成为未来加氢催化剂研发重要内容。

物联网(IOT)及数字技术(如：人工智能)用于加氢装置，可以优化操作、降低成本、提高盈利能力，日益受到人们的关注。

参 考 文 献

[1] 曾榕辉. 国外加氢技术新进展[C]. 2016年中国石化炼油加氢技术交流会论文集，2016：30-45.

[2] Fritz，A. Axens Strategic Marketing Engineer[J]. Personal communication，Sept. 30，2019.

[3] The cutting-edge CoMo catalyst for VGO hydrotreating. Axens company website. https：//www. axens. net (accessed Aug，5，2019).

[4] Jacinthe Frecon，Delphine Le-bars，Jacques Rault. Flexible upgrading of heavy feedstocks[J]. PTQ Q1 2019：31-39.

[5] Worldwide Refinery Processing Review，Third Quarter 2019：58.

[6] Axens and ExxonMobil Catalysts and Licensing sign alliance agreement，https：//www. digitalrefining. com/news/1005613，Axens and ExxonMobil Catalysts and Licensing sign alliance agreement. 2019-03-12.

[7] Albemarle launches innovative XPLORE™ platform and KF 787 PULSAR™，https：//www. digitalrefining. com/news/1005314，Albemarle launches innovative XPLORE platform and KF 787 PULSAR. html#. XsH8DEQzbX4，2018-11-20.

[8] Cunningham，J. Achieve longer run lengths through increased activity and improved stability. American Fuel & Petrochemical Manufacturers/116th Meeting，Tuesday，March 13，2018：10.

[9] UJJAL MUKHERJEE，DAN GILLIS. Advances in residue hydrocracking，PTQ Q1 2018：75-83.

[10] Chevron Lummus Global announces residue upgrading award in India，https：//www. digitalrefining. com/news/1005247，Chevron Lummus Global announces residue upgrading award in India. 2018，09，26.

[11] Clariant introduces HYDEX® E next-generation diesel dewaxing catalyst，https：//www. digitalrefining. com/news/1004959，Clariant introduces HYDEX E next generation diesel dewaxing catalyst.，2018，03，20.

[12] Maximize your volume swell and produce more barrels. American Fuel & Petrochemical Manufacturers/116th Meeting，Wednesday，March 14，2018：17.

[13] Maximizing diesel yield with catalytic dewaxing，Haldor Topsøe company website. https：//blog. Topsøe. com/maximizing-diesel-yield-with-catalytic-dewaxing (accessed Aug. 5，2019).

[14] Catalysis Q&A. Petroleum Technology Quarterly Catalysis，2018，13. question 3.

[15] PTQ&A. Petroleum Technology Quarterly，2019，12，question 4.

[16] TK-703 HyOctane. Haldor Topsøe company website. https：//www. Topsøe. com/products/catalysts/tk-703-hyoctanetm (accessed Aug. 5，2019).

[17] TK-710 HyOctane. HaldorTopsøe company website. https：//www. Topsøe. com/products/catalysts/tk-710-hyoctanetm (accessed Aug. 5，2019).

[18] TK-747 HyOctane. Haldor Topsøe company website. https：//www. Topsøe. com/products/catalysts/tk-747-hyoctanetm (accessed Aug. 5，2019).

[19] World's only natural gas-to-gasoline plant in operation in Turkmenistan https：//www. digitalrefining. com/news/1005611，World's only natural gas to gasoline plant in operation in Turkmenistan. 2019，06，28.

[20] TK-569 HyBRIM. Haldor Topsøe company website. http：//www. Topsøe. com(accessedAug. 4，2015).

[21] Honeywell UOP launches ULTIMet™ catalyst，https：//www. digitalrefining. com/news/1004948，Honeywell UOP launches ULTIMet catalyst. html#. XsH-kQzbX4，2018，03，12.

[22] 寰球能源资讯·炼化版[J]. 2020，4：25.

[23] Oil firm signs Honeywell Ecofining renewable fuels technology，https：//www. hydrocarbonprocessing. com/news/2019/09/oil-firm-signs-honeywell-ecofining-renewable-fuels-technology，2019-09-18.

[24] Launch of Shell Catalysts & Technologies，https：//www. digitalrefining. com/news/1005482，Launch of Shell Catalysts Technologies. html#. XsH7SEQzbX4，2019，04，01.

[25] WORLDWIDE REFINERY PROCESSING REVIEW，Third Quarter 2019：50.

· 石脑油/汽油/煤油加氢装置运行及技术应用 ·

S Zorb 装置开工进料及再生点火方法浅析

张佳杰

（中国石化金陵石化公司　江苏南京　210033）

摘　要　S Zorb 装置开工主要涉及反应器进料和再生器升温两项重要工作。在反应器进料初期，通过观察反应温升变化情况，合理控制汽油进料速率，避免反应器飞温；在反应器进料后期，需结合原料换热器 E101 热端温差变化趋势，稳步建立 E101 热平衡，避免换热器偏流引发泄漏。再生器升温过程中，根据不同阶段再生温度的变化情况，合理调配再生风量，当吸附剂上的碳、硫开始燃烧后，再生器升温点火成功。

关键词　进料速率；反应温升；E101 热端温差；碳燃烧；硫燃烧

中国石化金陵石化公司Ⅱ-S Zorb 装置于 2020 年 2 月 6 日开始停工消缺，主要进行反应器过滤器 ME101 更换和原料换热器 E101 清洗等工作。装置于 3 月 12 日 10：00 反应器开始喷油，在进料过程中，通过合理控制汽油进料速率，避免了反应器飞温及换热器偏流、泄漏等问题。装置在 14：00 进料量达到 132t/h，并产出了合格汽油；20：40 再生器温度达到 510.9℃，吸附剂开始正常循环，装置一次性开车成功。

1　开工进料调整方法

1.1　进料前准备条件

在反应器进料前，反应系统需要达到以下条件：①循环氢压缩机开双机，保持氢气量约 13000～15000m^3/h；②反应器压力控制在 1.8～2.0MPa；③反应器中吸附剂已进行充分还原，产生的明水通过换热器 E101 底部、冷高分 D121 底部间断排出；④反吹氢压力约 4.0MPa，能够保证 ME101 正常反吹；⑤D105 流化氢气约 600Nm^3/h，D102 流化氢气约 900Nm^3/h；⑥反应器底部温度 TI2004≥340℃，加热炉出口温度 TI1606≥350℃，满足吸附剂发生反应的温度条件。

此次装置开工使用的原料为催化装置直供汽油，其三种组分含量分别为烷烃 54.0%(质)、烯烃 21.3%(质)、芳烃 24.2%(质)，与装置停工前原料的性质基本相同(见表 1)。

开工吸附剂使用平衡剂，其载硫量约为 9.2%(体)、载碳量约为 4.4%(体)，吸附剂活性适中，数据见表 2。结合原料和吸附剂的实际性质，本次开工未添加注硫剂(二甲基二硫)。

表 1　Ⅱ-S Zorb 原料三组分含量数据　　单位:%(体)

时间	烷烃	烯烃	芳烃
1.22	52.9	23.0	24.0
1.27	55.0	20.2	24.8
2.3	54.6	23.1	22.3
3.12	54.0	21.3	24.2
3.16	54.3	21.0	24.7

表 2　Ⅱ-S Zorb 再生吸附剂硫、碳含量数据　　单位:%(质)

时间	1.21	1.22	1.23	1.25	3.12	3.13	3.16
碳含量	3.7	3.4	4.03	4.35	4.4	4.46	4.5
硫含量	8.27	8.96	9.18	9.5	9.2	11.27	11.44

1.2 进料第一阶段：以反应器温度为主控制进料速率

在氢气环境中，汽油与吸附剂会发生强烈的吸附反应，同时吸附剂中的活性组分 Ni 会促进烯烃加氢反应，两种反应放出的热量会对反应温度变化产生重要影响。所以，在开工进料第一阶段，由于吸附剂活性高，故主要根据反应器温度变化趋势来调整进料量，避免反应器飞温。开工过程中各关键点温度数据见表 3。

表 3 开工进料过程中各关键点温度数据 单位:℃

时间	进料量/(t/h)	TI2004	TI2103	TI1601
10：03	18	348.7	334.3	266.2
10：14	20	350.7	348.1	270.4
10：20	23	368.3	359.7	273.5
10：31	25	384.3	373.5	278.1
10：34	30	386.5	375.2	276.2
10：46	39	396.2	388.5	266
10：50	45	398.7	391.1	266.2
10：55	51	398.4	392.7	266.7
11：21	70	387.5	389.4	315.1
11：37	80	391.1	391.4	315.6
12：02	97	394.8	396.8	325.9
12：32	102	387.4	391.1	326.9
12：51	111	384.3	388.8	327.7
13：34	121	414.7	416.4	352.9
13：39	128	413.6	417.2	353.5
13：46	132	417.1	421.7	359.1
14：00	132	420.5	425.5	368.4

1.2.1 吸附放热阶段

3 月 12 日 10：00 开始进料，进料量为 18t/h。刚开始进料量较低、放热少，平稳进料 15min 后，反应器底部温度 TI2004 由 347.3℃ 上升至 367.3℃，反应器上部温度 TI2103 由 334.6℃ 上升至 340.3℃，上升幅度均约为 1℃/min。10：15 进料量提升至 20t/h，此时大量的吸附反应开始发生，床层温升幅度增加。在 10：15~10：31 期间，处理量增加了 5t/h，TI2103 温升约为 1.5℃/min，TI2004 温升约为 2.1℃/min。开工进料量变化趋势如图 1 所示。

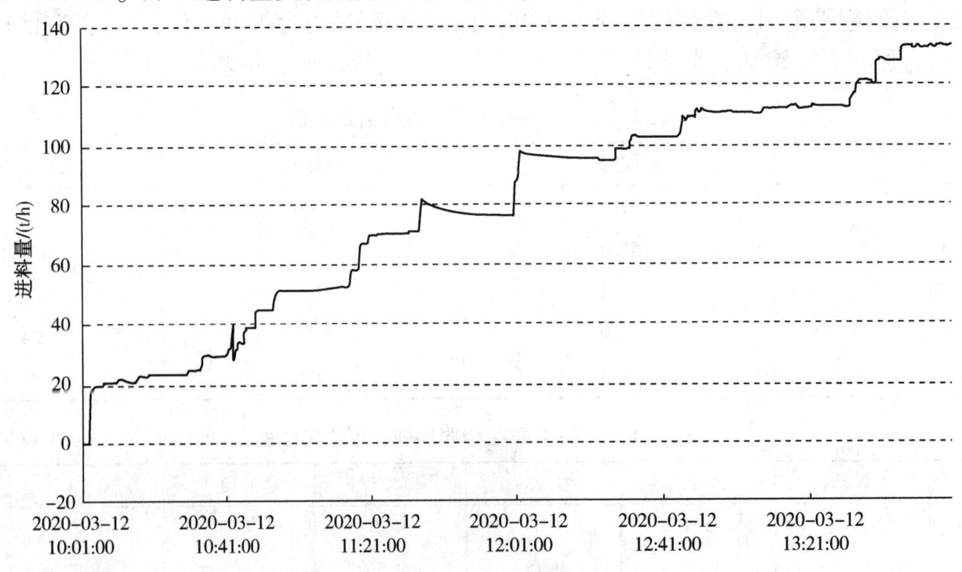

图 1 开工汽油进料量变化趋势

随着进料量的增加，床层底部吸附剂载硫、载碳量逐渐上升，吸附剂活性下降，吸附反应逐渐延床层向上转移。11：20 进料量达到 70t/h 时，反应器上部温度 TI2103 开始高于反应器底部温度 TI2004，此时认为硫含量较高的汽油已到达吸附剂床层顶部，暂时维持进料量不变。当反应器上部温度上升幅度放缓且接近平稳时，可认为反应器中吸附剂已全部参加反应，吸附反应基本结束。

1.2.2 烯烃加氢放热阶段

吸附反应基本结束后，烯烃加氢反应成为主要反应。11：00 反应器压力快速下降，11：24 压力下降至最低 1.64MPa，意味开始发生烯烃加氢反应，反应耗氢导致压力下降，此时需要及时补充新氢。反应器压力变化如图 2 所示。

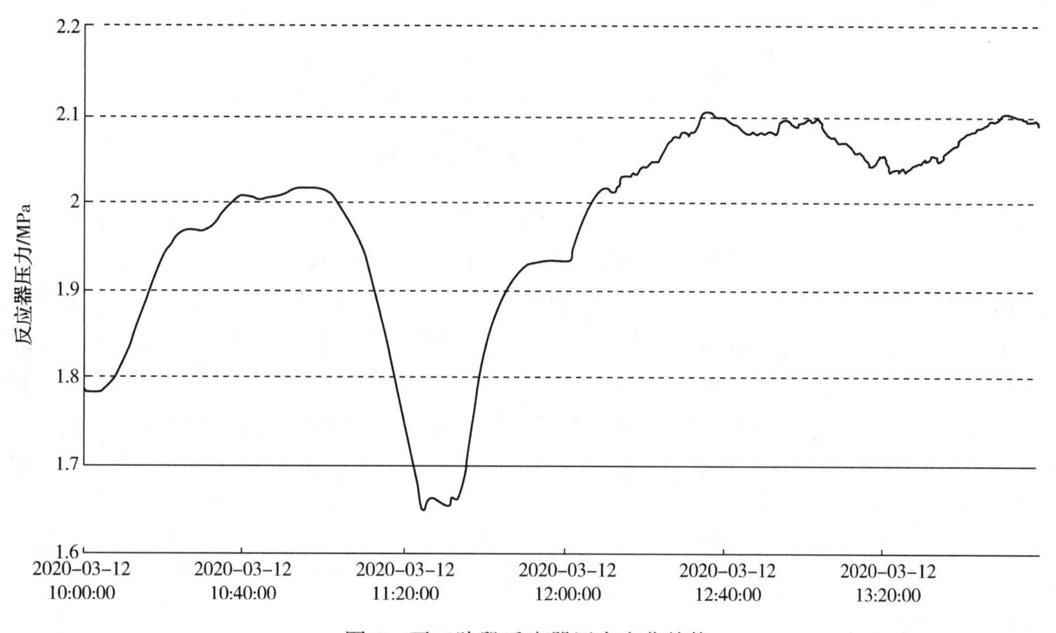

图 2 开工阶段反应器压力变化趋势

反应器上部氢气量充足，大量烯烃加氢反应产生的热量导致反应器上部温度 TI2103 始终高于反应器底部温度 TI2004，且随着反应强度增加两者之间温升逐渐上升。当 TI2103 与 TI2004 的温升开始逐渐缩小且小于 10℃时，可认为烯烃加氢反应放缓(反应器温升如图 3 所示)。至此，两种放热反应对反应器飞温的威胁程度已经大幅降低，后续进料过程中主要控制好炉出口温度即可。

在进料过程中需要注意，炉出口温度 TIC1606 不能低于 316℃，避免油气液化，现场要及时调整瓦斯量控制炉出口温度。

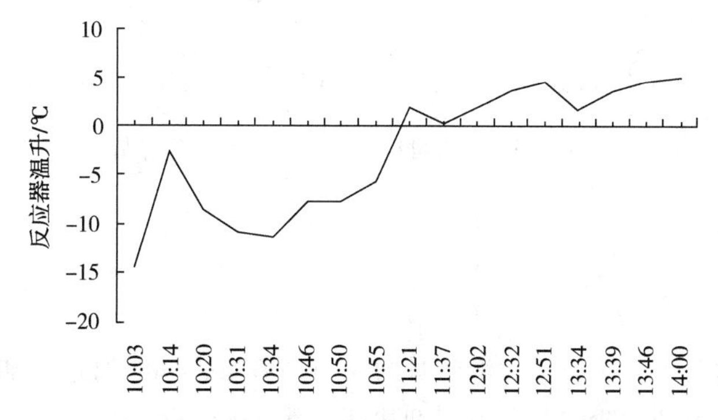

图 3 反应器上部温度与反应器底部温度温升变化趋势

1.3 进料第二阶段：以 E101 热端温差为主控制进料速度

在第一阶段进料过程中，随着放热反应的进行，反应器上部温度逐渐上升，原料换热器 E101 热端入口温度也随之上升，而经过换热后的热端出口温度并没有同步变化，出现先下降后上升的变化趋势(如图4所示)，原因是E101的换热平衡没有建立、换热效果差。故在第二阶段进料速率主要根据E101热端温差变化情况进行调整，最终建立换热平衡。

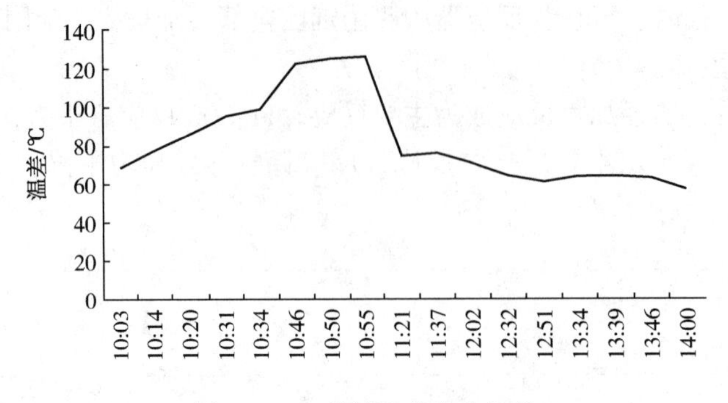

图4 E101热端温差变化趋势

10：00开始进料时，E101管程出口温度TI1601为266.2℃，E101壳程入口温度为334.3℃(近似于TI2103温度)，温差68.1℃。进料量由32t/h提至50t/h的过程中，在TI2103一直处于上升趋势的情况下，TI1601却缓慢下降(如图5所示)。这是因为此段时间内由于冷进料量增加，从反应器顶部返回换热器壳程的油气所携带的热量不足以起到对冷进料持续升温的作用，导致热端温差最大时达到约120℃。11：34随着反应器吸附放热基本结束，处理量由70t/h提升至80t/h时，TI1601温度趋势再次发生大幅波动，原因同样是换热不平衡。随着进料量的增加，E101管程管束逐渐被冷汽油填充满，管壳程冷热介质换热效率增加，热端温差逐渐缩小且趋于恒定。当处理量为132t/h时，热端温差达到约57℃。

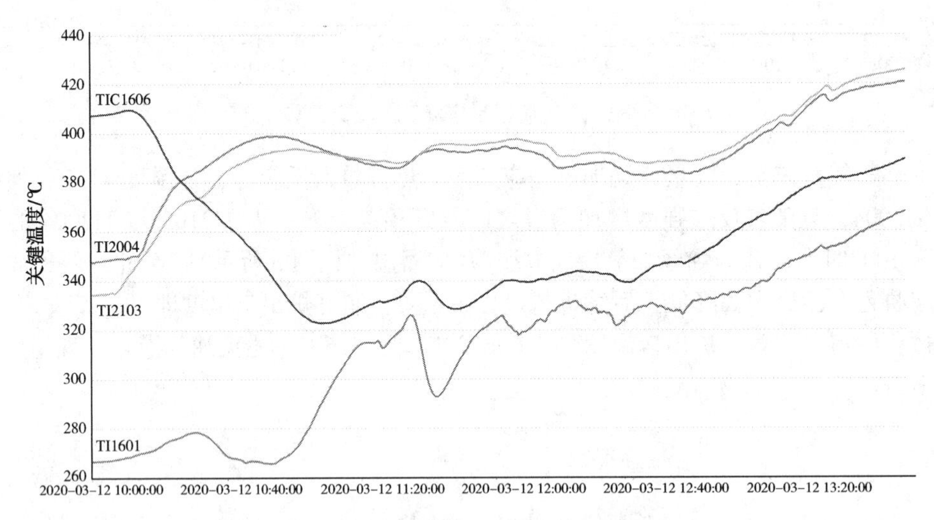

图5 开工进料过程中各关键温度变化趋势

2 再生点火调整方法

2.1 点火前准备工作

再生器装填平衡剂约3.7t，接近正常生产时的吸附剂藏量，同时通过电加热器缓慢升温至150℃以上。考虑到开工过程中吸附剂管线中会有吸附剂块堵塞影响吸附剂输送，故将再生进料罐下料阀门更换为手阀，再生器投用大跨线下料。

2.2 再生器升温点火

3月12日10：00再生器温度为158.2℃，14：00温度为167.1℃，此期间通过加热氮气对再生器升温，温度上升幅度极小，原因是受再生气体电加热器功率的影响，为避免电加热器超温导致烧毁，在升温过程中严格控制电热器出口温度不超380℃。

14：00反应进料平稳后，开始准备再生器点火。14：30将再生风引入再生器中，流量为237.1m^3/h，此时再生温度为177.1℃。再生风引入后，再生温度上升幅度明显，14：55温度上升至212.5℃，温升幅度约1.4℃/min。受平衡剂硫、碳含量以及温度的影响，在反应器中吸附剂进入到再生器之前，再生温度上升较慢，温升上升幅度约为0.14℃/min。再生器升温时各关键指标数据见表4。

表4 再生器升温过程中各关键指标数据

时间	再生风量/(m^3/h)	再生藏量/t	再生器温度/℃
10：00	3.2	3.7	158.2
14：00	3.5	3.7	167.1
14：30	237.1	3.8	177.7
14：55	271.9	3.7	212.5
16：09	345.2	5.1	221.8
16：25	377.3	5.6	226.8
17：08	401.5	5.6	233.4
17：42	572.3	6.8	242.8
18：23	385.6	5.5	260.2
18：58	473.2	5.5	278.3
20：23	475.5	4.57	450.6
19：41	470.5	4.3	316.5
20：40	275.3	4.2	510.9

2.2.1 油气燃烧放热

此次检修更换了新的反应器过滤器，开工时需要重新建立滤饼，所以装置处理量不能过高，最高维持在132t/h。低处理量导致反应器线速较低，反应器接收器收料困难，16：25开始反应器中硫、碳含量较高的待生吸附剂进入再生器，吸附剂藏量增加约1.8t，此时进一步提高再生风量至345m^3/h。由于来自反应系统的吸附剂温度相对较高(约为240℃)且会携带部分油气，油气燃烧产生的热量有利于再生器温度的上升，在16：25至18：23期间，温升上升幅度为0.28℃/min。

2.2.2 碳燃烧放热

17：42来自反应器的吸附剂再次转入再生器，此时提高再生风量至572m^3/h，考虑到再生器藏量过高不利于再生器升温，故将再生器底部的吸附剂适当转移部分至再生器接收器。再生温度升温至260℃时，吸附剂上的碳开始燃烧，此时需要提高再生风量，同时降低氮气量(19：13停氮气)，在保证电加热器不超温的情况下，促进碳充分燃烧。碳开始燃烧后，再生温度上升幅度也增大，到再生温度达到316℃之前，温升幅度为0.72℃/min。

2.2.3 硫燃烧放热

再生温度达到316℃时，吸附剂上的硫开始燃烧，放出的热量促进再生温度快速上升，温升幅度为3.24℃/min。在此过程中要密切注意再生温度的变化趋势，当温度达到450℃时现场及时开取热水泵，并通过降低再生风量和调整电加热器负荷等手段来控制再生温度，最终在20：40将再生温度平稳控制在510℃左右，至此再生器升温结束。此后将再生系统各工艺参数调整到位后，即可开始正常的吸附剂循环。再生器升温曲线如图6所示。

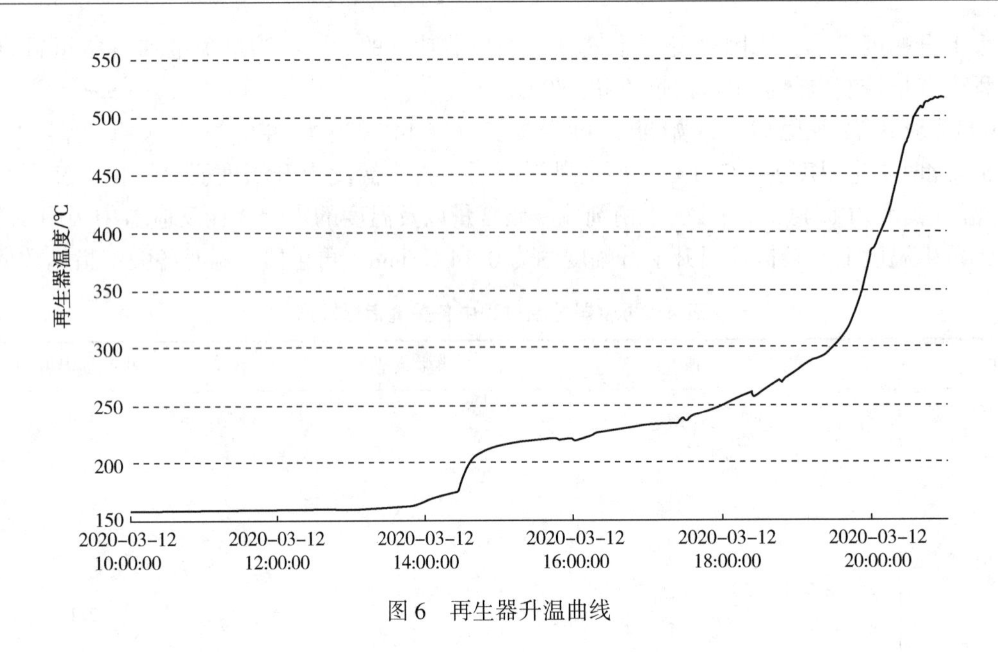

图6　再生器升温曲线

3　结语

3.1　开工进料

反应器进料速率主要根据反应温度的变化趋势和换热器 E101 热端温差适时调整。进料初期，汽油与吸附剂先发生吸附反应，此过程中根据反应器上部、底部温升的变化趋势判断反应发生的程度，当反应器顶部温度高于反应器底部温度时，吸附放热反应基本结束。反应器压力迅速下降标志着烯烃加氢反应开始发生，整个过程中反应器上部温度始终高于底部温度，当两者温差小于 10℃时，说明烯烃加氢反应放缓。反应器中两大放热反应速率放缓，反应器飞温风险大幅降低，开始建立原料换热器 E101 热平衡，通过观察 E101 热端温差的变化趋势，判断其换热效果，当热端温差接近 60℃且保持平稳后，表示 E101 管、壳程已全部充满介质，换热效率达到最大，E101 热平衡建立。

3.2　再生点火

再生器升温初期主要通过电加热器加热氮气进行升温，随着反应器中吸附剂陆续进入再生器，适时引入再生风，通过化学反应放热升温。再生器升温主要分为三个阶段：一是从反应器来的吸附剂携带少量油气，油气燃烧有利于再生器升温；二是当再生温度达到 260℃时，吸附剂上的碳开始燃烧放热；三是当再生温度达到 316℃时，吸附剂上的硫开始燃烧放热，达到真正意义的点火，再生温度开始快速上升。在再生温度达到 450℃时，及时现场开取热水，避免再生器超温。

参 考 文 献

[1] 侯晓明，庄明 . S Zorb 催化汽油吸附脱硫装置技术手册[M]. 北京：中国石化出版社，2013.

[2] 陈尧焕 . 汽油吸附脱硫(S Zorb)装置技术问答[M]. 北京：中国石化出版社，2015.

[3] 金陵石化公司 . 炼油二部 II-S Zorb 装置工艺技术规程暨岗位操作法[S].

满足国Ⅵ及以上标准清洁汽油技术开发

赵乐平　尤百玲　郭振东　尹晓莹

（中国石化大连石油化工研究院　辽宁大连　116045）

摘　要　为了减少汽车尾气及有害物质的排放量，超清洁汽油品质发展趋势是降低硫含量和烯烃含量。目前，在低辛烷值损失下由FCC汽油生产“无硫”汽油（ULSG）的OCT-ME及S Zorb等技术已经工业化，完全能够满足生产ULSG的需要。但是，现有吸附脱硫或选择性加氢脱硫技术脱硫产物降低烯烃含量的幅度是有限的，满足不了超清洁汽油新标准对车用汽油烯烃含量提出的越来越严格的要求。新开发的OTA-II脱硫汽油降烯烃技术处理硫含量为8.5μg/g的脱硫汽油时，烯烃含量降低15.5个百分点，芳烃含量增加12.8个百分点，RON损失0.9个单位；OCT-MF全馏分FCC汽油脱硫降烯烃技术处理硫含量为240.0μg/g、烯烃含量为35.0%、芳烃含量为25.0%的全馏分FCC汽油，产物硫含量为8.8μg/g、烯烃含量为15.4%、芳烃含量为29.9%、RON损失0.4个单位。因此，OTA-II、OCT-MF技术即可实现超深度脱硫、又可在RON损失≤1.0个单位的情况下大幅度降低烯烃含量以满足“国Ⅵ”及以上标准清洁汽油的需要。

关键词　清洁汽油；脱硫；芳构化；RON

前言

车用汽油中硫化物对发动机尾气转化催化剂有显著地抑制作用，降低汽油中的硫含量可以大大降低汽车尾气中有害物质的排放量；烯烃是车用汽油重要高辛烷值组分之一，但是烯烃的不饱和性及活泼性容易导致其在发动机燃烧过程中不完全燃烧形成胶质沉积，一方面增加废气颗粒物排放，另一方面也容易危害大气臭氧环境。因此，国内外清洁汽油新标准对车用汽油硫含量和烯烃含量提出了越来越严格的限制。

在我国汽油组分中，FCC汽油约占80%左右，降低FCC汽油组分中的硫含量和烯烃含量是满足超清洁汽油新标准的关键。目前，在低辛烷值损失下由FCC汽油生产“无硫汽油”（ULSG，硫含量≤10.0μg/g）的OCT-ME选择性加氢脱硫技术[1]及S Zorb吸附脱硫技术[2]等已经工业化，完全能够满足生产无硫汽油的需要。

但是，现有吸附脱硫或选择性加氢脱硫技术为了控制因过度烯烃加氢饱和造成的辛烷值损失，脱硫产物降低烯烃含量的幅度是有限的，满足不了清洁汽油新标准对车用汽油烯烃含量提出严格的要求。

本文介绍了大连石油化工研究院（FRIPP）为应对新标准对汽油烯烃含量越来越严格的要求，在低辛烷值损失下大幅度降低汽油烯烃含量的技术开发研究取得的进展。

1　清洁汽油无硫、低烯烃的发展趋势

表1列出了世界各国清洁汽油中硫含量和烯烃含量的变化趋势。

表1　世界清洁汽油硫含量和烯烃含量

项　　目	w（硫）/（μg/g）	φ（烯烃）/%	φ（芳烃）/%
世界燃油规范Ⅲ类	30.0	10.0	35.0
世界燃油规范Ⅳ～Ⅴ类	10.0	10.0	35.0
欧洲Ⅴ标准	10.0	18.0	35.0
美国Tier-Ⅱ	30.0	14.0	30.0
国家第Ⅳ阶段	50.0	28.0	40.0
国家第Ⅴ阶段	10.0	24.0	40.0

由表 1 可以看出：2013 年 9 月，由欧洲汽车制造协会(European Automobile Manufacturers Association)和汽车联盟(Alliance of Automobile Manufacturers)制定的第五版世界燃油规范(Worldwide Fuel Charter)中，Ⅳ~Ⅴ类为“无硫汽油”、烯烃含量仅仅 10.0%；在欧洲，“欧Ⅴ”标准要求超清洁汽油达到“无硫汽油”，硫含量小于 10.0μg/g，烯烃含量 18.0%；在美国，Tier-II 新标准要求清洁汽油硫含量小于 30.0μg/g，烯烃含量 14.0%；在我国，2012 年 5 月 31 日，北京已实行“京标 V”超清洁汽油新标准，要求硫含量小于 10μg/g，烯烃含量 28.0%。2018 年 1 月 1 日，全国将执行《车用汽油有害物质控制标准》GWKB 1.1—2011(第五阶段，简称“国Ⅴ”标准)超清洁汽油新标准，要求硫含量小于 10μg/g，烯烃含量 24.0%。

从上对比还可以看出，欧、美等发达国家超清洁汽油烯烃含量 10.0%~18.0%，我国的“国Ⅴ”标准超清洁汽油烯烃含量高达 24.0%。因此，我国的超清洁汽油烯烃含量与欧美差距较大。可以预计，未来为了满足我国大气污染控制的更高要求，超清洁汽油标准中烯烃含量将会更低，并与国际超清洁汽油接轨(烯烃含量 10.0%~18.0%)。

2 现有脱硫技术降低烯烃幅度的局限性

目前，在低辛烷值损失下由 FCC 汽油生产无硫汽油的主流技术为 OCT-ME、Prime-G⁺选择性加氢脱硫技术及 S Zorb 吸附脱硫技术。表 2 列出了 OCT-ME、Prime-G⁺技术工业应用脱硫降烯烃的效果对比。表 3 列出了 S Zorb 脱硫降烯烃工业应用效果。

从表 2 可以看出：OCT-ME 选择性加氢脱硫技术生产满足硫含量≤10μg/g 的“无硫汽油”，RON 损失 1.6 个单位，烯烃含量降低 9.5 个百分点；Prime-G⁺选择性加氢脱硫技术生产满足硫含量≤50μg/g 的清洁汽油，RON 损失 1.0 个单位，烯烃含量降低 5.8 个百分点。

从表 2 还可以看出：无论 OCT-ME 还是 Prime-G⁺选择性加氢脱硫技术，产品烯烃含量满足不了超清洁汽油(烯烃含量 10.0%~18.0%)的要求。

表 2 OCT-ME 与 Prime-G⁺技术脱硫降烯烃对比

项 目	OCT-ME 技术[3]		Prime-G⁺技术[4]	
	FCC 汽油	OCT-ME 产物	FCC 汽油	Prime-G⁺产物
w(硫)/(μg/g)	475	9.4	195	38.5
辛烷值/(RON)	93.5	91.9	90.8	89.8
φ(烯烃)/%	30.5	21.0	33.4	27.6

表 3 S Zorb 技术脱硫降烯烃效果

项 目	燕山 S Zorb[5]		齐鲁 S Zorb[6]	
	FCC 汽油	S Zorb 产物	FCC 汽油	S Zorb 产物
w(硫)/(μg/g)	269	6.0	320.0	3.0
辛烷值/(RON)	90.0	88.5	91.0	89.4
φ(烯烃)/%	31.0	25.8	26.6	20.4

从表 3 可以看出：S Zorb 吸附脱硫技术生产满足硫含量≤10μg/g 的“无硫汽油”，RON 损失 1.5~1.6 个单位，烯烃含量降低 5.2~6.2 个百分点；S Zorb 产品烯烃含量满足不了超清洁汽油(烯烃含量 10.0%~18.0%)的要求。

总之，OCT-ME 选择性加氢脱硫技术及 S Zorb 吸附脱硫技术可以满足我国炼油厂生产硫含量≤10μg/g 的“无硫汽油”的需要，但是，烯烃含量满足不了未来超清洁汽油(烯烃含量 10.0%~18.0%)的要求。

3 OTA-II 脱硫汽油降烯烃技术开发

从上面的分析可以看出，在低辛烷值损失下由 FCC 汽油生产“无硫汽油”(ULSG)的 OCT-ME 选择性加氢脱硫技术及 S Zorb 吸附脱硫技术等已经工业化，完全能够满足生产无硫汽油的需要。超清洁汽油技术下一步的发展趋势是大幅度降低烯烃含量，以满足未来超清洁汽油(烯烃含量 10.0%~18.0%)的要求。

抚顺石油化工研究院(FRIPP)为应对未来超清洁汽油的要求，在 OTA(Olefin To Aromatics)技术[7,8]的基础上，对 S Zorb 脱硫汽油降烯烃进行深入的研究，在大幅度降低汽油烯烃含量的技术开发研究方面取得新进展，开发出了 OTA-Ⅱ脱硫汽油降烯烃技术。图 1 显示了 OTA-Ⅱ脱硫汽油降烯烃技术的原则流程，表 4 列出了 OTA-Ⅱ技术处理一种典型 S Zorb 脱硫汽油降烯烃的效果。

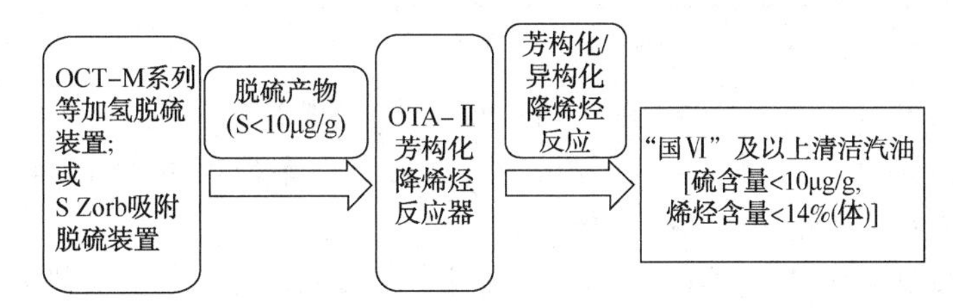

图 1 OTA-Ⅱ技术原则流程

表 4 OTA-Ⅱ脱硫汽油降烯烃技术中试效果

项 目	FCC 汽油	S Zorb 脱硫汽油	OTA-II 产物
w(硫)/(μg/g)	350	8.5	2.1
φ(烯烃)/%	23.5	20.5	5.0
φ(芳烃)/%	23.9	24.0	36.8
φ(苯)/%	1.0	1.0	0.73
辛烷值/RON	93.3	92.5	91.6
双烯烃/(g/100g)	0.67	0.0	0.0

从表 4 可以看出：

1) 处理硫含量为 350.0μg/g、烯烃含量为 23.5%(体)的 FCC 汽油，S Zorb 产物硫含量为 8.5μg/g，烯烃含量降低 3.0 个百分点，芳烃含量基本不变，RON 损失 0.8 个单位。

特别的，FCC 汽油经过 S Zorb 脱硫处理后产物中双烯烃完全被脱除，消除了后续再处理过程中因双烯烃热聚造成催化剂积炭快速失活的隐患。

2) 处理 S Zorb 脱硫产物，OCT-MF 脱硫汽油降烯烃技术产生硫含量为 2.1μg/g 的脱硫汽油，烯烃含量降低 15.5 个百分点，芳烃含量增加 12.8 个百分点，RON 损失 0.9 个单位。由于芳烃的辛烷值比烯烃辛烷值高，因此，OCT-MF 技术在大幅度降低脱硫汽油烯烃含量的情况下，产物芳烃含量的提高基本可以弥补降低烯烃含量造成的辛烷值损失。

3) 与脱硫汽油相比，OCT-MF 降烯烃产物苯含量下降 27.0%，可以满足清洁汽油苯含量越来越低的要求。

4 OCT-MF 全馏分 FCC 汽油脱硫降烯烃技术开发

近年来，大连石油化工研究院对全馏分 FCC 汽油脱硫汽油降烯烃进行深入的研究，在大幅度降低汽油烯烃含量的技术开发研究方面取得新进展，开发出了 OCT-MF 全馏分 FCC 汽油脱硫降烯烃技术。图 2 显示了 OCT-MF 全馏分 FCC 汽油脱硫降烯烃技术的原则流程；表 5 列出了 OCT-MF 技术处理一种典型全馏分 FCC 汽油脱硫降烯烃的效果。

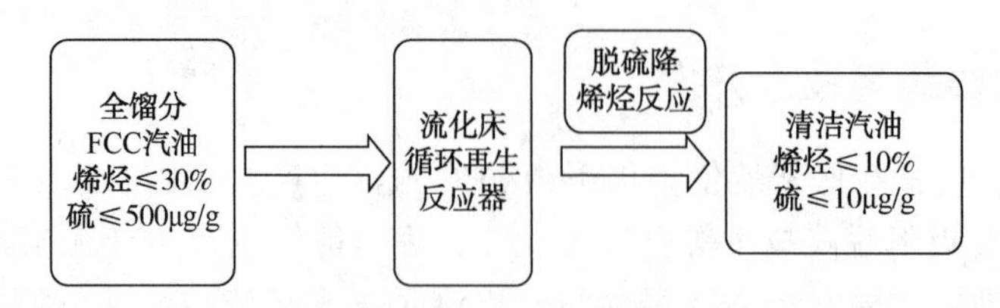

图2 OCT-MF技术原则流程

表5 OCT-MF全馏分FCC汽油脱硫降烯烃技术

项 目	FCC汽油	OCT-MF产物	项 目	FCC汽油	OCT-MF产物
w(硫)/(μg/g)	240.0	8.8	φ(苯)/%	0.66	0.53
φ(烯烃)/%	35.0	15.4	辛烷值/(RON)	90.4	90.0
φ(芳烃)/%	25.0	29.9			

从表5可以看出：

1）处理硫含量为240.0μg/g、烯烃含量为35.0%(体)、芳烃含量为25.0%(体)的全馏分FCC汽油，OCT-MF脱硫汽油降烯烃技术产物硫含量为8.8μg/g、烯烃含量为15.4%(体)、芳烃含量为29.9%(体)、RON损失0.4个单位；

2）与现有脱硫汽油相比，OCT-MF技术即可实现超深度脱硫，又可在大幅度降低烯烃含量(可以降低19.6个百分点、芳烃含量增加4.9个百分点)的情况下，RON损失≤0.5个单位；

3）与FCC汽油相比，OCT-MF降烯烃产物苯含量下降19.7%，可以满足清洁汽油苯含量越来越低的要求。

5 小结

(1) OCT-ME选择性加氢脱硫技术及S Zorb吸附脱硫技术可以满足我国炼油厂生产硫含量≤10μg/g的“无硫汽油”的需要，但是，烯烃含量满足不了未来超清洁汽油(烯烃含量10.0%~18.0%)的要求。

(2) OTA-II脱硫汽油降烯烃技术处理硫含量为8.5μg/g的S Zorb脱硫汽油，烯烃含量降低15.5个百分点，芳烃含量增加12.8个百分点，RON损失0.9个单位。

(3) OCT-MF全馏分FCC汽油脱硫降烯烃技术处理硫含量为240.0μg/g、烯烃含量为31.1%(体)、芳烃含量为29.2%(体)的全馏分FCC汽油，产物硫含量为3.4μg/g、烯烃含量为5.1%(体)、芳烃含量为40.2%(体)。

OTA-II、OCT-MF技术即可实现超深度脱硫，又可在RON损失≤1.0个单位情况下大幅度降低烯烃含量以满足“国Ⅵ”及以上标准清洁汽油的需要。

参 考 文 献

[1] 赵乐平，关明华，刘继华，等.OCT-ME催化裂化汽油超深度加氢脱硫技术的开发[J].石油炼制与化工，2012，43(8)：13-16.
[2] 吴德飞，庄剑，袁忠勋，等.S Zorb技术国产化改造及应用[J].石油炼制与化工，2012，43(7)：76-79.
[3] 吴潮汉，庄宇，于洪滨，等.OCT-ME超深度加氢脱硫技术工业应用[J].炼油技术与工程，2014，44(1)：39-41.
[4] 董海明，曲云，孙丽琳.Prime-G+技术在催化裂化汽油加氢脱硫装置上的应用[J].石油炼制与化工，2012，43(11)：27-30.
[5] 姚智，杨远行，王万新，等.国产吸附剂在S Zorb汽油吸附脱硫装置上的工业应用[J].石油炼制与化工，2013，44(5)：43-46.
[6] 刘传勤.S Zorb超低硫清洁生产新技术[J].炼油技术与工程，2013，43(4)：5-9.
[7] 赵乐平，胡永康，方向晨，等.FCC汽油烃及硫化物在OTA催化剂上催化反应研究[J].石油炼制与化工，2007，38(6)：37-41.
[8] 胡永康，赵乐平，李扬，等.全馏分催化劣化汽油芳构化降烯烃技术的开发[J].炼油技术与工程，2004，34(1)：1-4.

焦化汽油加氢装置长周期运行技术

李士才　李　扬

（中国石化大连石油化工研究院　辽宁大连　116045）

摘　要　本文针对焦化汽油加氢装置运行过程中出现的问题进行分析，从催化剂失活和系统压降异常等方面开展研究，主要研究了原料中的硅对催化剂活性的影响及二烯烃和氧对系统压降的影响，介绍了FRIPP焦化汽油加氢装置长周期运行技术及开发的捕硅剂和鸟巢保护剂。

关键词　焦化汽油；长周期；捕硅剂；“鸟巢”保护剂

1　前言

焦化石脑油是延迟焦化装置的重要产品之一，其烯烃、二烯烃、硅、硫、氮等杂质含量较高，安定性差，但通过不同加氢深度处理后，精制石脑油可以作为重整原料、乙烯裂解原料、制氢原料等。焦化汽油加氢装置大多采用固定床加氢工艺，工业上焦化汽油加氢装置在实际运行过程中，容易出现压降增加和催化剂活性损失等情况。中国石化大连石油化工研究院（FRIPP）针对工业装置出现的问题，进行了专业技术研究，并结合大量工业应用经验，形成了焦化汽油加氢装置长周期运行技术。

2　杂质硅的影响

延迟焦化装置使用的消泡剂中通常含有硅油，其化学结构是聚甲基硅氧烷化合物，硅油在延迟焦化的高温环境下发生降解反应，转化为环状硅氧烷，进入焦化汽油馏分中，化学结构见图1[1]。

焦化汽油在加氢环境下，环状硅氧烷快速沉积加氢催化剂表面，阻塞催化剂内孔道，导致催化剂活性降低，硅沉积对加氢活性的影响如图2所示[2]。催化剂床层不同位置上硅含量分布如图3所示，硅主要分布在催化剂床层上部。受环状硅氧烷影响活性的催化剂无法通过再生恢复活性，属于永久性失活。研究结果表明，催化剂的容硅能力主要与表面积有关，表面积越大，催化剂容硅能力越强，催化剂表面积与沉积的硅含量关系如图4所示。

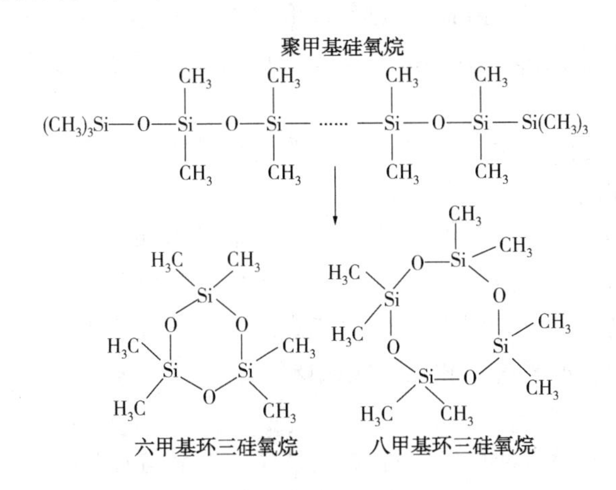

图1　硅油及降解产物

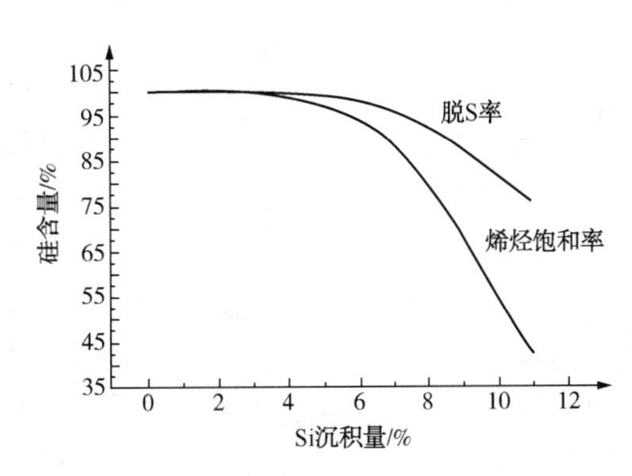

图2　硅沉积对加氢活性的影响

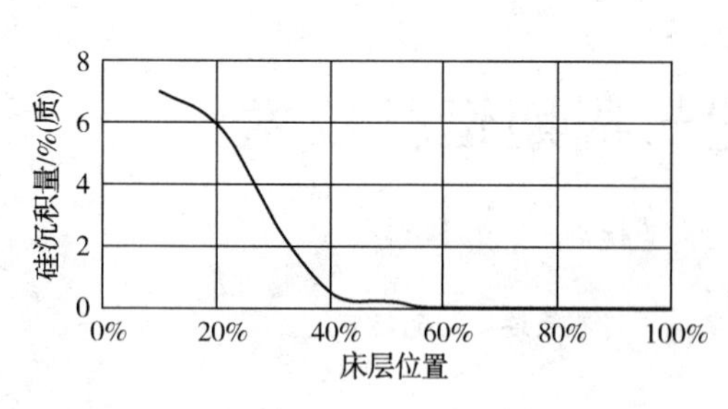

图 3 催化剂床层不同位置上硅含量分布

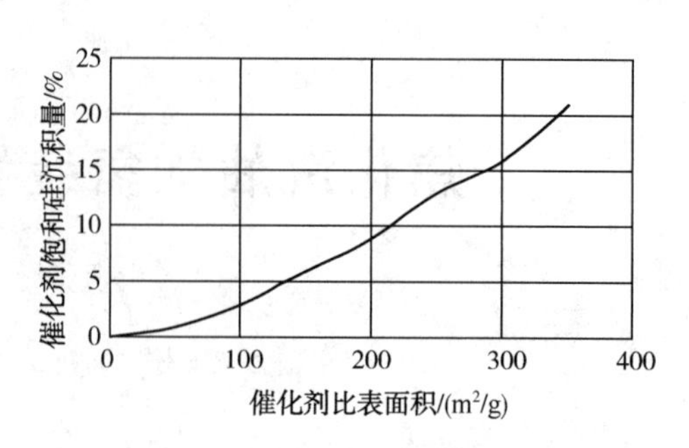

图 4 催化剂表面积与沉积的硅含量关系

FRIPP 通过对加氢催化剂上硅沉积的规律研究，以大孔容、高比表面积特种氧化铝为载体，以 W-Mo-Ni/Mo-Ni 为活性组分，开发了 FHRS 系列捕硅剂，具有孔容大、比表面积高、容硅能力强和机械强度好等特点，其中 FHRS-2 捕硅剂的饱和容硅能力是常规催化剂的 4 倍。同时具有较高的加氢脱硫和加氢脱氮活性，可以有效保护加氢精制催化剂的活性。FRIPP 开发的捕硅剂已在 30 多套工业加氢装置上应用，并取得了非常好的效果，保证了加氢催化剂的使用寿命。FHRS 系列催化剂主要性质见表 1。

表 1 FHRS 系列捕硅剂主要性质

催化剂牌号	FHRS-1	FHRS-2
活性金属	WO_3+MoO_3+NiO	MoO_3+NiO
孔容/(mL/g)	>0.50	>0.50
比表面积/(m^2/g)	>300	>300
机械强度/(N/cm)	>150	>150

3 压降问题

近年来，焦化汽油加氢装置频繁出现了因压降上升过快而被迫停工的现象。装置产生压降主要是由于过滤器、换热器等部位结垢以及在反应器顶部“结盖”造成的。

3.1 二烯烃的影响

延迟焦化主要发生热裂化反应，生成物中含有大量的不饱和烃。焦化汽油中不饱和烃主要是烯烃和二烯烃，尤其是二烯烃含量较高，其受热后易发生 Diels-Alder 环化反应和聚合反应形成大分子有机化合物，并进一步缩合生焦，沉积在换热器和反应器顶部，引起系统压降增加，严重时造成装置被迫停工[3]。

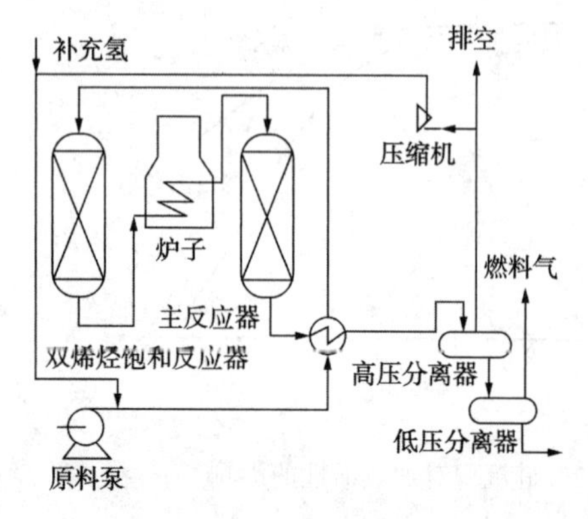

图 5 焦化汽油加氢技术原则工艺流程图

针对二烯烃结焦 FRIPP 开发了焦化汽油加氢技术，其原则工艺流程如图 5 所示。焦化汽油与氢气混合，经过换热器加热到 130~200℃，在较低的温度下进入双烯烃饱和反应器，将二烯烃加氢饱和，提高原料的稳定性，避免在高温条件下聚合生焦。再经过加热炉升温到 220~315℃，在主反应器中主要发生加氢脱烯烃、加氢脱硫和加氢脱氮反应。

3.2 氧含量的影响

炼化企业通常使用中间存储罐保存加氢装置原料，沉降焦粉和水等杂质，并作为一种调整手段，稳定装置操作。若在存储和运输过程中密封性较差，焦化汽油原料与空气中的氧接触，在进入装置换热系统后溶解氧与原料中的硫、氮等杂原子产生自由基，从而引发自由基链反应形成高分子聚合物，造成系统压降增加。

国内某石化厂采用中间罐存储焦化汽油原料，未采用有效的密封系统，原料与空气接触，在加工该混合原料时，装置的系统压降上升很快，约一个月的运行时间即达到压差设计上限。经过分析检测，储罐中原料的氧含量达到 3×10^{-6}。为避免和缓解溶解氧造成的压降问题，可采用焦化汽油原料直供、设置脱氧塔、装填“鸟巢”保护剂等措施。

FRIPP 开发了 FBN 系列“鸟巢”保护剂，该保护剂拥有巨大的空隙率及床层截面开口面积如图 6 及表 2 所示，为增加容垢能力、减低床层压降创造了非常有利的条件。尤其是，运行时间越长，杂质沉积越多，越能体现“鸟巢”系列保护剂的卓越性能。相对于传统保护剂，“鸟巢”系列保护剂容垢能力大幅提高，通过合理级配装填不同规格保护剂，能够显著降低床层压降上升速率，明显延长装置运行周期。FBN 系列“鸟巢”保护剂已在国内 30 多套装置上工艺应用，并在延长装置运行周期方面起到很好的作用。

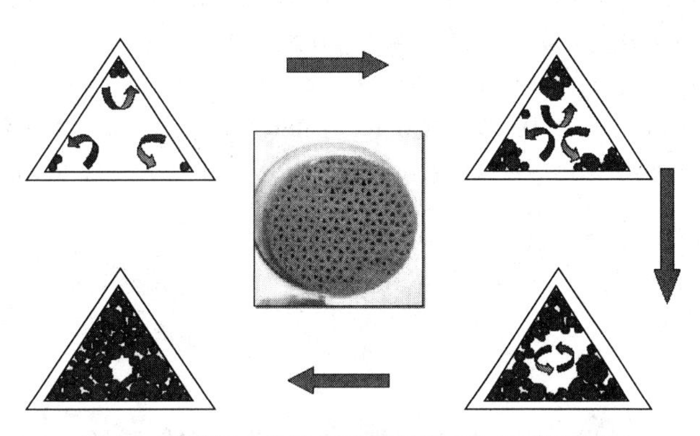

图 6　“鸟巢”三角孔过滤演示图(微观-侧视图)

表 2　典型鸟巢保护剂主要性质

项目	FBN-02B01	FBN-03B01	FBN-03B04	FBN-03B06
产品规格/mm	ϕ45×13/80	ϕ25×15/300	ϕ13×7/300	ϕ6×6/米字筋
活性金属	MoO_3+NiO	MoO_3+NiO	MoO_3+NiO	MoO_3+NiO
物理性质				
形状	鸟巢	鸟巢	鸟巢	鸟巢
直径/mm	42.5~47.5	23.0~27.0	11.5~14.5	5.5~7.5
长度/mm	11.5~15.5	13.0~17.0	6.5~9	5.0~6.5
堆积密度/(g/cm^3)	0.60~0.75	0.70~0.85	0.75~0.90	0.80~0.95
耐压强度/(N·粒)	>300	>300	>90	>30

4　结论

FRIPP 针对焦化汽油加氢装置长周期运行出现的常见问题进行分析和研究，开发了避免二烯烃结焦的焦化汽油加氢技术，开发了容硅能力强的 FHRS 系列捕硅剂和容垢能力强的 FBN 系列“鸟巢”保护剂，为炼油企业长周期加工焦化汽油提供有效的技术方案，并在多套工业加氢装置上成功应用。

参 考 文 献

[1] Rasmus G，Egeberg 等. 焦化石脑油加氢精制技术[J]. 炼油与石化工业技术进展，2010，189-192.
[2] 方向晨. 加氢精制[M]，北京：中国石化出版社，2006.
[3] 李立权. 焦化汽油单独加氢技术工程化的问题及对策[J]. 炼油技术与工程，2012，42，(1)：14-20.

第四代 RSDS 技术开发

李中亚　张登前　习远兵　刘　锋　李会峰

（中国石化石油化工科学研究院　北京　100083）

摘　要　在 RSDS-Ⅲ技术的基础上，通过全馏分催化裂化汽油硫醇醚化技术、选择性加氢脱硫催化剂器外硫化与调控技术、加氢重汽油再生成硫醇脱除技术的集成，形成了 RSDS-Ⅳ技术。中试结果表明，对于硫质量分数和烯烃体积分数较高的催化汽油（硫质量分数 1300μg/g，烯烃体积分数 31.9%），采用 RSDS-Ⅳ技术生产硫质量分数不大于 10μg/g 的汽油产品时，RON 损失比采用 RSDS-Ⅲ技术减少了 2.1 个单位。对于中等硫质量分数的催化汽油（硫质量分数 320μg/g，烯烃体积分数 28.5%），采用 RSDS-Ⅲ技术全馏分加氢生产硫质量分数不大于 10μg/g 的汽油产品时，RON 损失为 0.4；采用 RSDS-Ⅳ技术全馏分加氢生产硫质量分数不大于 10μg/g 的汽油产品时，产品 RON 损失为 0.1，和 RSDS-Ⅲ技术相比，RON 损失减少了 0.3 个单位。RSDS-Ⅳ技术不仅比 RSDS-Ⅲ技术更加环保，装置开工更加简单安全，同时技术性能也大幅提高，生产硫含量满足“国Ⅵ”标准汽油时 RON 损失将进一步降低。

关键词　RSDS 技术；脱硫加氢；催化裂化

1　前言

随着人们环保意识的不断增强，降低汽车尾气污染，改善空气质量，已经成为世界范围内的共识。各国对发动机燃料的组成进行了日趋严格的限制，以降低有害物质的排放。降低汽油的硫含量将有效减少汽车尾气中有害物质的排放。汽油质量标准的不断升级，使各国炼油企业的汽油生产技术和工艺面临着越来越严峻的挑战。

中国石化石油化工科学研究院（以下简称 RIPP）于 2001 年起成功开发了第一代、第二代、第三代催化裂化汽油选择性加氢脱硫（RSDS-Ⅰ、RSDS-Ⅱ、RSDS-Ⅲ）技术，可分别满足炼油企业汽油质量升级到“国Ⅲ”、“国Ⅳ”和“国Ⅴ”标准的要求[1-4]。其中 RSDS-Ⅲ技术对多种催化裂化汽油加氢脱硫生产满足“国Ⅴ”标准汽油具有较好的适应性[5]。对于硫含量较高的原料，采用 RSDS-Ⅲ技术将硫质量分数从 600μg/g 和 631μg/g 降低到 7μg/g 和 9μg/g 时，汽油 RON 损失分别为 0.9、1.0 个单位，抗爆指数损失分别为 0.4 个、0.6 个单位。工业应用结果显示：以中国石化青岛石化公司 MIP 工艺汽油（硫质量分数为 845μg/g）为原料，当全馏分汽油硫质量分数降低到 8μg/g 时，RON 损失 1.5 个单位；以中国石化长岭炼化公司常规 FCC 工艺汽油（硫质量分数为 304μg/g，烯烃体积分数为 34.8%）为原料，在全馏分汽油产品硫质量分数不大于 10μg/g，满足“国Ⅴ”标准的条件下，RON 损失 1.5 个单位。上述结果表明，RSDS-Ⅲ技术具有较好的加氢脱硫选择性，在生产“国Ⅴ”标准汽油时辛烷值损失小。为进一步提高催化裂化汽油选择性加氢脱硫过程的清洁性和技术性能，降低汽油硫质量分数的同时保持较小的辛烷值损失，RIPP 在 RSDS-Ⅲ技术的基础上，通过全馏分催化裂化汽油硫醇醚化技术、选择性加氢脱硫催化剂器外硫化与调控技术、加氢重汽油再生成硫醇脱除技术的集成，形成了 RSDS-Ⅳ技术。

2　RSDS-Ⅳ技术的开发思路

虽然 RSDS-Ⅲ技术在生产超低硫清洁汽油时具有良好的选择性，但仍存在改进的空间：①轻汽油脱硫醇采用碱液抽提工艺，虽然能够基本做到碱液零排放，但是仍然存在环保压力；②RSDS-Ⅲ技术中的催化剂选择性调控技术（RSAT）在炼油厂实际应用过程中比较复杂；③在加工高硫高烯烃汽油时，由于加氢脱硫过程中所生成的高浓度 H_2S 将会与烯烃结合生成硫醇硫，增加了将硫质量分数脱除到

10μg/g 以下的难度。若要将硫质量分数脱除到 10μg/g 以下，则需要大幅度提高反应苛刻度，产品辛烷值损失将增大。

RSDS-Ⅳ技术拟通过以下创新措施来解决以上存在的问题：①开发全馏分催化裂化汽油硫醇醚化技术及催化剂，轻汽油不需要碱液抽提脱硫醇；②开发选择性加氢脱硫催化剂器外硫化与调控技术，催化剂不需要在炼油厂现场硫化与调控；③开发加氢重汽油再生成硫醇脱除技术，降低重汽油选择性加氢脱硫深度，提高技术的选择性。

3 RSDS-Ⅳ技术开发

3.1 全馏分催化裂化汽油硫醇醚化催化剂开发

全馏分催化裂化汽油硫醇醚化技术的原理是通过临氢条件下的硫醇醚化反应，将催化汽油中的小分子硫醇重质化为大分子硫醚，同时将汽油中的二烯烃选择性加氢为单烯烃；通过切割，得到无硫、富含烯烃的轻组分和富硫的重组分，重组分进入加氢脱硫单元深度脱硫；轻、重组分混合，得到低硫汽油调和组分。该技术在临氢条件下的缓和反应过程不会导致汽油产品的辛烷值损失。针对这一反应要求，RIPP 开发了 Ni-Mo 体系硫醇醚化催化剂 RDSH-25，并进行了中试评价。中试评价结果见表 1，由表 1 结果可见所开发的硫醚化催化剂具有良好的脱硫醇和脱二烯烃效果，在反应温度为分别 80℃和 120℃时可分别将全馏分催化汽油原料硫醇从 41μg/g 脱至 8μg/g 和 5μg/g，二烯烃脱至小于 0.2gI/100g。

表 1 RDSH-25 催化剂性能

	原料	产品 1	产品 2
反应温度/℃	—	80	120
硫醇硫质量分数/(μg/g)	41	8	5
二烯值/(gI/100g)	1.8	<0.2	<0.2
脱硫醇硫率/%	—	80.5	87.8

在中型装置上评价了 RDSH-25 催化剂稳定性，稳定性试验控制 RDSH-25 催化剂的目标产品硫醇硫质量分数不大于 10μg/g，二烯值小于 0.2gI/100g。稳定性试验结果见表 2。从表中结果可看出近 1500h 运转过程中，RDSH-25 催化剂具有良好的硫醇醚化反应稳定性。产品硫醇硫质量分数在 8~10μg/g 之间波动，二烯值<0.2gI/100g。

表 2 RDSH-25 催化剂稳定性试验结果

运转时间/h	反应温度/℃	产品性质	
		硫醇硫质量分数/(μg/g)	二烯值/(gI/100g)
300	80	8	<0.2
350	80	9	—
400	80	9	—
450	80	8	—
500	80	9	—
700	80	10	—
800	80	10	—
900	80	10	<0.2
1100	80	9	—
1300	80	10	<0.2
1350	80	10	—
1470	80	10	<0.2

3.2 选择性加氢脱硫催化剂器外硫化与调控技术

RIPP 开发的 RSDS-III 技术包含了催化剂选择性调控技术，该技术在开工过程中对催化剂进行选择性调控，大幅提高催化剂选择性。然而该技术在开工过程实施时延长了开工时间，增加了开工难度。为此，RIPP 开发了催化剂器外真硫化和器外选择性调控技术，催化剂不再需要现场硫化与选择性调控，大幅缩短了开工时间，简化了开工流程，降低了开工难度和风险。

开发了器外真硫化态催化剂 RSDS-31-S4，在中型试验装置上进行该催化剂的选择性评价，结果如图 1 所示。从图 1 可以看出，RSDS-31-S4 的选择性与器内选择性调控(RSAT)RSDS-31 催化剂选择性相当，明显优于不调控的 RSDS-31 催化剂。

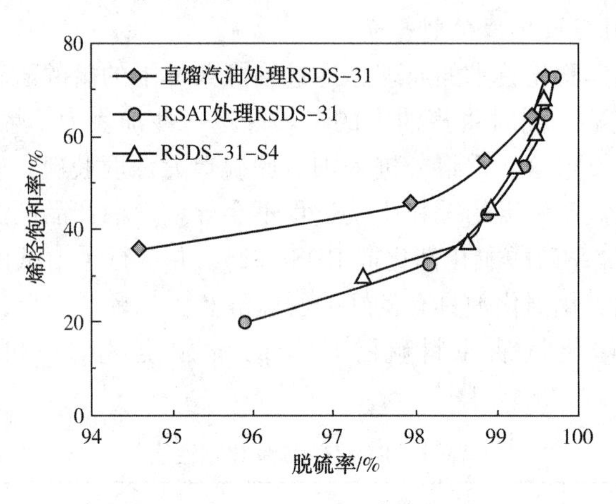

图 1 RSDS-31-S4 的脱硫选择性

3.3 加氢重汽油再生成硫醇脱除技术

在选择性加氢脱硫技术重汽油加氢过程中，硫化氢和烯烃反应生成再生硫醇和脱硫反应达到平衡，导致加氢后的重汽油中含有大量的再生硫醇。为了解决这一问题，RSDS-Ⅲ技术通过提高反应空速，期望通过提高反应温度，减少停留时间来推动平衡向脱硫反应方向移动，减少再生硫醇的生成。该方法只是改变了反应温度，使平衡在新的温度下重新建立，平衡向脱硫方向移动幅度不大，从而导致产品中仍然存在大量的硫醇。再生硫醇反应不仅降低了选择性加氢脱硫技术的选择性，而且产品中存在大分子再生硫醇会导致博士试验不合格，影响产品质量。为了能够最大限度的脱除再生硫醇，RSDS-Ⅳ采用了新的工艺流程，并配套开发了低温硫醇脱除催化剂，新工艺利用流程优化设计改变脱硫醇反应的反应环境，在低温脱硫醇催化剂的作用下使大分子硫醇在低硫化氢浓度的反应环境中分解，达到深度脱硫醇的目的。

试验考察了所开发低温脱硫醇催化剂 RDSH-1 的性能，结果见表 3。由表 3 结果可见，当在反应温度为 200℃时，可将总硫质量分数为 20μg/g、硫醇硫质量分数为 13μg/g 的加氢汽油的硫醇脱至 6μg/g，当反应温度为 220℃时，可将硫醇脱至小于 2μg/g，总硫小于 10μg/g，且烯烃基本不饱和。由此结果可见，在生产硫含量满足“国Ⅴ”、“国Ⅵ”要求的汽油调和组分时，主催化剂仅需将重汽油硫质量分数降低至约 20μg/g 即可，这将大幅降低选择性加氢脱硫深度和产品的 RON 损失。

表 3 加氢汽油再生成硫醇脱除试验结果

	原料	产品 1	产品 2
反应温度/℃	—	200	220
硫质量分数/(μg/g)	20	11.2	5.9
硫醇硫质量分数/(μg/g)	13	6	<2
烯烃体积分数/%	14.2	14.4	14.4

4 RSDS-IV 技术和 RSDS-Ⅲ技术性能对比

RSDS-IV 技术采用了全馏分催化裂化汽油硫醇醚化技术、选择性加氢脱硫催化剂器外硫化与调控技术、加氢重汽油再生硫醇脱除技术。全馏分催化裂化汽油进入硫醇醚化反应器，在较低的反应苛刻度下临氢脱除硫醇和二烯烃，然后进入分馏塔切割为轻馏分和重馏分，轻馏分直接作为汽油调和组分。重馏分进入加氢脱硫反应器，该反应器中已完成装填器外硫化与选择性调控的催化剂，在加氢脱硫的过程中辛烷值损失低。再通过后脱硫醇进一步降低加氢重汽油中硫醇含量，得到低硫、低硫醇加氢重汽油与轻汽油调和作为精制催化汽油产品。RSDS-Ⅳ技术不仅比 RSDS-Ⅲ技术更加环保，装置开工更加简单安全，同时技术性能也大幅提高，生产硫含量满足“国Ⅵ”标准汽油时，RON 损失将进一步降低。

分别以催化汽油 A、催化汽油 B 为原料考察了采用 RSDS-Ⅳ技术和 RSDS-Ⅲ技术在生产硫质量分数不大于 10μg/g 的“国Ⅵ”汽油时的技术性能。催化汽油 A、催化汽油 B 的主要性质见表 4。

表 4 原料油主要性质

项 目	催化汽油 A	催化汽油 B
密度(20℃)/(g/cm^3)	0.742	0.801
硫质量分数/(μg/g)	1300	320
硫醇硫质量分数/(μg/g)	28	58
体积族组成/%		
饱和烃	45.3	20.2
烯 烃	31.9	28.5
芳 烃	22.8	51.3
RON	89.4	98.2
MON	78.6	83.8
抗爆指数	84.0	91.0

表 5 为以催化汽油 A 为原料，分别采用 RSDS-Ⅳ技术和 RSDS-Ⅲ技术生产硫质量分数不大于 10μg/g 汽油产品的性质。由表中结果可见，对于硫质量分数和烯烃体积分数较高的催化汽油(硫质量分数 1300μg/g，烯烃体积分数 31.9%)，采用 RSDS-Ⅳ技术生产硫质量分数不大于 10μg/g 的汽油产品时，RON 损失比采用 RSDS-Ⅲ技术减少了 2.1 个单位。

表 5 催化汽油 A 采用不同技术生产硫含量满足“国Ⅵ”标准汽油产品的性质

技术名称	RSDS-Ⅲ	RSDS-Ⅳ
密度(20℃)/(g/cm^3)	0.737	0.739
硫质量分数/(μg/g)	8	8
硫醇硫质量分数/(μg/g)	6	<2
烯烃体积分数/%	15.1	20.8
脱硫率/%	99.4	99.4
烯烃体积饱和率/%	52.7	34.8
RON 损失	基准	基准-2.1

表 6 为以催化汽油 B 为原料，分别采用 RSDS-Ⅲ技术及 RSDS-Ⅳ技术全馏分加氢生产硫质量分数不大于 10μg/g 汽油产品的性质。由表中结果可见，对于中等硫质量分数的催化汽油(硫质量分数为 320μg/g，烯烃体积分数为 28.5%)，采用 RSDS-Ⅲ技术全馏分加氢生产硫质量分数不大于 10μg/g 的

汽油产品时，RON 损失为 0.4；采用 RSDS-Ⅳ技术全馏分加氢生产硫质量分数不大于 10μg/g 的汽油产品时，产品 RON 损失为 0.1，和 RSDS-Ⅲ技术相比，RON 损失减少了 0.3 个单位。

表 6　催化汽油 B 采用不同技术生产硫含量满足"国Ⅵ"标准汽油产品的性质

技术名称	RSDS-Ⅲ	RSDS-Ⅳ
密度(20℃)/(g/cm^3)	0.794	0.795
硫质量分数/(μg/g)	10	8
硫醇硫质量分数/(μg/g)	6	<2
烯烃体积分数/%	23.0	26.3
RON	97.8	98.1
MON	83.5	83.8
抗爆指数	90.7	91.0
脱硫率/%	96.9	97.5
烯烃体积饱和率/%	19.3	7.7
RON 损失	0.4	0.1
抗爆指数损失	0.3	0

5　结论

(1) 在 RSDS-Ⅲ技术基础上开发了 RSDS-Ⅳ技术，与 RSDS-Ⅲ技术相比主要有以下几点改进措施：

1) 开发了全馏分催化裂化汽油硫醇醚化技术，轻汽油不再需要碱液抽提脱硫醇；

2) 开发了选择性加氢脱硫催化剂器外硫化与调控技术，催化剂不再需要炼油厂现场调控；

3) 开发了加氢重汽油再生硫醇脱除技术，降低了重汽油选择性加氢脱硫深度，提高了技术的选择性。

(2) 技术对比结果显示，RSDS-Ⅳ技术比 RSDS-Ⅲ技术具有更优异的性能，生产硫质量分数满足"国Ⅵ"标准汽油时，采用 RSDS-Ⅳ技术 RON 损失比采用 RSDS-Ⅲ技术降低 0.3~2.1 个单位。

参　考　文　献

[1] 王新建，张雷．应用 RSDS-Ⅱ技术生产满足国Ⅲ和国Ⅳ排放标准汽油[J]．石油炼制与化工，2013，44(01)：80-82.

[2] Qu Jinhua，Xi Yuanbing，Li Mingfeng，et al. Development and Commercial Application of RSDS-II Technology for Selective Hydrodesulfurization of FCC Naphtha[J]. China Petroleum Processing & Petrochemical Technology，2013，15(03)：1-6.

[3] 张华，何剑英．RSDS-Ⅲ技术的工业应用[J]．石油化工技术与经济，2015，31(03)：39-42.

[4] 刘飞，王新建．生产"国Ⅴ"排放标准汽油的 RSDS-Ⅲ技术的工业应用[J]．石油炼制与化工，2017，48(01)：11-13.

[5] 高晓冬，张登前，李明丰，等．满足"国Ⅴ"汽油标准的 RSDS-Ⅲ技术的开发及应用[J]．石油学报(石油加工)，2015，31(02)：482-486.

应对掺炼高比例二次石脑油的新型重整预加氢催化剂及工艺技术开发

李中亚　张登前　刁远兵　徐　凯　褚　阳　刘　锋

（中国石化石油化工科学研究院　北京　100083）

摘　要　针对企业迫切希望重整预加氢单元、提高预加氢催化剂脱氮活性的要求，开发了具有更高脱氮活性的RS-40催化剂。RS-40催化剂在垦利石化的工业应用结果表明，该催化剂具有良好的活性及稳定性，能够满足长期稳定生产合格重整进料的要求。考察了反应温度对预加氢反应产品性质的影响，结果显示，无论是直馏石脑油还是掺混了二次加工油的混合石脑油，过高的反应温度都会导致产品溴价升高，进一步导致混合石脑油预加氢产品硫质量分数不合格。针对二次石脑油高掺入比例原料，提出了高、低温双反应区工艺，试验结果显示，在高温反应器后串联低温反应器可以有效降低产品溴价，从而抑制再生硫醇生成，保证产品合格。

关键词　RS-40催化剂；预加氢反应；工艺技术

1　前言

催化重整是从石脑油生产无硫、无烯烃高辛烷值汽油组分的主要工艺过程，所副产的氢气还是加氢装置用氢的重要来源。为了保护重整催化剂不被毒化，需要通过加氢的方法将重整原料中的杂质脱除，保证重整进料的硫质量分数和氮质量分数均小于0.5μg/g，溴价小于0.1gBr/100g。石油化工科学研究院（RIPP）从1988年开始对石脑油加氢精制催化剂及其工艺进行研究，成功开发了RN-1催化剂。随后相继推出了RS-1、RS-20、RS-30等预加氢催化剂。至目前为止，采用RIPP预加氢催化剂的工业装置达到了70套次以上。

从重整预加氢多套工业装置的现场操作经验看，尽管重整预加氢产物的氮质量分数满足小于0.5μg/g的质量要求，但由于重整装置规模的不断扩大，许多重整装置进料中的微量氮与重整系统中的氯在低温部位发生结晶，长期积累导致管线及设备堵塞的现象日益严重，影响重整装置长周期稳定运转。企业迫切希望重整预加氢单元提高预加氢催化剂的脱氮活性，将原料中的氮脱除至质量分数小于0.3μg/g，以进一步提高重整装置的操作稳定性。因此，RIPP的新一代重整预加氢催化剂RS-40的开发目标是在保证高空速条件下具有好的脱硫活性的同时，需要进一步提高脱氮活性，以满足对加工高氮原料油的适应性。

传统预加氢进料为直馏石脑油，其硫质量分数一般为200~1000μg/g，氮质量分数为1~10μg/g，溴价一般小于2gBr/100g，加工难度较小。随着催化重整规模的扩大使得其对原料的需求量增加，焦化汽油、催化汽油均有可能作为重整原料。因此重整预加氢装置需要承担加工二次石脑油的任务。二次石脑油尤其是焦化汽油的硫、氮、烯烃质量分数较高（硫质量分数一般为5000~10000μg/g，氮质量分数为100~500μg/g，溴价为50~100gBr/100g），同时含有大量的二烯烃，需要与直馏石脑油掺混后进预加氢装置，加工难度也会增加。为此，RIPP开发了高比例掺炼二次加工油的重整预加氢技术，该技术可处理掺炼焦化汽油比例高达50%的原料，生产满足重整进料要求的合格产品。

2　高脱氮活性重整预加氢催化剂RS-40的开发及工业应用

大量氮的模型化合物的加氢反应研究表明[1]，与加氢脱硫（HDS）反应不同，加氢脱氮（HDN）反应在传统加氢精制催化剂上首先发生加氢饱和，甚至深度饱和，随后才能进行C—N键的氢解反应[2]。在脱氮反应中，加氢反应是可逆的，而C—N键的断裂在正常条件下是不可逆的，因此，HDN反应中要求催化剂具有较高的加氢活性。一般来说，由于氮化物的特殊电子构型，其在催化剂表面上的化学吸附比表面反应要快得多，因此表面反应将是HDN反应的控制步骤。影响催化剂加氢活性的主要有活性金属、载体、助剂和制备技术等因素。在加氢催化剂中，加氢活性中心是由活性金属提供的，因此选择何种活性金属体系至关重要。载体对于加氢催化剂性能有十分重要的影响。载体不仅有分散和负载活性金属的功能，同时也提供加氢反应进行的空间，因此直接影响活性金属的分散度和活性中心的可接近性，最终影响反应效率[3,4]。通过改进催化剂的制备方法来提高催化剂的活性中心数量和可接近性，使活性组分在载体表面形成高度分散，避免载体和活性组分之间形成强相互作用，所生成的活性金属前驱态在硫化过程中可充分转化为本征活性较高的活性中心，有助于提高加氢活性金属有效利用率，从而提高催化剂的催化活性。为此，从活性金属、载体、制备技术到助剂等多种途径进行考察、优化和设计，开发性能优良的新一代重整预加氢催化剂RS-40。

2.1 RS-40催化剂活性评价

以硫质量分数321μg/g、氮质量分数6.0μg/g的直馏石脑油为原料，将RS-40催化剂与工业参比剂RS-30在中型装置上进行对比评价，结果如表1所示。结果表明，与工业参比剂相比，RS-40催化剂的脱氮活性显著提高。在体积空速10h^{-1}的条件下，使用RS-40催化剂精制油硫、氮质量分数满足要求所需温度比RS-30低10℃左右。

表1 RS-40催化剂与RS-30活性对比结果

催化剂		RS-40	RS-30	
反应温度/℃		基准	基准+5	基准+10
氢分压/MPa		基准	基准	基准
体积空速/h^{-1}		10	10	10
标准状态氢油体积比		基准	基准	基准
产品性质	原料油	精制油	精制油	
硫质量分数/(μg/g)	321	<0.3	<0.3	<0.3
氮质量分数/(μg/g)	6.0	<0.3	0.96	<0.3

2.2 RS-40催化剂的工业应用

2018年8月，RS-40催化剂在垦利石化1.2Mt/a的重整预加氢装置上进行了工业应用。至2020年5月，该装置加工直馏石脑油，已经连续运转20个月，主要操作参数基本未发生变化，生产硫、氮质量分数满足重整原料要求的精制石脑油。主要操作条件、典型的原料与产品性质见表2。从表2可以看出，在反应器入口温度280℃，反应器入口压力3.65MPa，RS-40体积空速3.4h^{-1}，标态氢油体积比230的条件下，可将直馏石脑油(硫质量分数753μg/g，氮质量分数2.7μg/g)中的硫质量分数降低至<0.5μg/g，氮质量分数降低至<0.3μg/g。RS-40催化剂在垦利石化的应用结果说明该催化剂有良好的脱硫、脱氮活性及稳定性。

表2 RS-40催化剂在垦利石化应用结果

样品名称	原料油	精制石脑油
反应器入口温度/℃	280	
反应器出口温度/℃	281	
反应器入口压力/MPa	3.65	
RS-40体积空速/h^{-1}	3.4	
标准状态氢油体积比	230	
产品性质		
硫质量分数/(μg/g)	753	<0.5
氮质量分数/(μg/g)	2.7	<0.3

3 直馏石脑油掺炼高比例二次加工石脑油的重整预加氢技术开发

3.1 中型试验原料

试验所用原料为某炼油厂直馏石脑油和焦化汽油，其性质见表3。由表3中数据可见，焦化汽油的硫质量分数、氮质量分数、烯烃体积分数均远高于直馏石脑油。

表3 原料油性质

项　目	直馏石脑油	焦化汽油
密度(20℃)/(g/cm³)	0.7139	0.7220
硫质量分数/(μg/g)	838	6200
氮质量分数/(μg/g)	2.9	112
溴价/(gBr/100g)	1.7	79.5
体积族组成/%		
饱和烃	92.2	53.1
烯　烃	0.2	39.9
芳　烃	7.6	7.0
馏程(ASTM D-86)/℃		
IBP	45.7	38.1
FBP	165.9	174.8

将表3所示直馏石脑油和焦化汽油以不同质量比例混合，得到焦化汽油掺混比例不同的混合原料，混合原料性质见表4。由表4可见，随着焦化汽油掺入比例的增加，混合石脑油的硫质量分数、氮质量分数、烯烃体积分数均逐渐升高，当焦化汽油质量分数达到50%时，混合石脑油的硫质量分数达到3650μg/g，氮质量分数达到47.3μg/g，烯烃体积分数达到21.1%。

表4 混合石脑油性质

原料编号	混石-20	混石-30	混石-50
焦化汽油掺混质量比例/%	20	30	50
密度(20℃)/(g/cm³)	0.7153	0.7158	0.7176
硫质量分数/(μg/g)	1900	2510	3650
氮质量分数/(μg/g)	24.5	30.7	47.3
溴价(gBr/100g)	11.5	26.0	43.6
烯烃体积分数/%	8.2	12.0	21.1

3.2 反应温度对重整预加氢反应的影响

3.2.1 等温固定床反应器

以直馏石脑油为原料，考察了不同反应温度下预加氢产品性质变化情况，表5列出了不同反应温度下预加氢产品性质。由表5数据可见，当反应温度逐渐上升时，产品硫、氮质量分数均小于0.5μg/g。但是溴价随着反应温度升高逐渐升高，由0.0296gBr/100g升至0.2218gBr/100g，说明反应温度的变化会影响产品溴价。

表5 反应温度对直馏石脑油预加氢产品性质的影响

反应原料	直馏石脑油			
反应温度/℃	基准-40	基准	基准+20	基准+40
产品性质				
硫质量分数/(μg/g)	<0.5	<0.5	<0.5	<0.5
氮质量分数/(μg/g)	<0.5	<0.5	<0.5	<0.5
溴价(gBr/100g)	0.0296	0.0835	0.1409	0.2218

以混石-20为原料，考察不同反应温度下预加氢产品性质变化情况，表6列出了不同反应温度下预加氢产品性质。由表6数据可见，当反应温度在某温度以下时，产品硫、氮质量分数均小于0.5μg/g。当反应温度超过该温度时，产品硫质量分数大于0.5μg/g，并且随着反应温度的升高，产品溴价不断升高。

表6 反应温度对混石-20预加氢产品性质的影响

反应原料	混石-20				
反应温度/℃	基准-40	基准-20	基准-10	基准	基准+20
产品性质					
硫质量分数/(μg/g)	<0.5	<0.5	<0.5	1.2	0.7
氮质量分数/(μg/g)	<0.5	<0.5	<0.5	<0.5	<0.5
溴价(gBr/100g)	0.0250	0.0312	0.0348	0.0627	0.1080

上述实验结果表明：对于掺炼高比例焦化汽油的混合原料，在等温工况、适当的工艺条件下，产品硫、氮质量分数均可以小于0.5μg/g，但在反应温度较高时，产品硫质量分数大于0.5μg/g。

随着反应温度升高，溴价逐渐升高，可能是反应温度过高时发生了轻微的热裂化反应，从而产生了少量的烯烃，尤其是在反应器出口，因裂化产生的烯烃未及时加氢饱和，导致产品溴价升高。此外，当掺混焦化汽油时，原料中的硫质量分数大幅升高，经加氢生成H_2S，在反应器出口位置H_2S浓度最高，高浓度H_2S和少量的烯烃发生加成反应，生成微量硫醇[5]，导致预加氢产品硫质量分数不合格。

3.2.2 模拟绝热反应器

上述的试验结果显示预加氢反应过程中，恒温反应器反应温度过高时会导致产品溴价升高，然而工业绝热反应器的温度是随着反应器轴向升高的，尤其是加工掺炼二次油原料，会有较高的温升，在反应器出口温度达到最高。为了模拟工业反应器的情况，本研究将催化剂分开装填在两个反应器中，两个等温反应器串联，第一个反应器低温，相当于工业反应器入口，第二个反应器高温，相当于工业反应器出口，模拟工业绝热反应器情况(仅简单模拟)。试验考察了仅第二反应器温度升高时是否同样会出现产品溴价和硫质量分数升高的情况。

模拟工业反应器试验以焦化汽油掺混比例更高的混石-50为原料，结果列于表7。由表7试验结果可见，产品溴价随二反温度升高而升高。反应温度过高部位会有少量的裂化反应，裂化产生的烯烃来不及进行加氢反应导致产品溴价升高，同时导致产品硫质量分数大于0.5μg/g。

表7 模拟绝热反应器试验结果

反应原料	混石-50		
一反温度/℃	基准-50	基准-50	基准-50
二反温度/℃	基准-50	基准	基准+10
产品性质			
硫质量分数/(μg/g)	<0.5	0.6	0.7
氮质量分数/(μg/g)	<0.5	<0.5	<0.5
溴价(gBr/100g)	0.0593	0.0861	0.1136

3.3 高比例掺炼焦化汽油加工工艺

在掺炼较高比例二次加工油时，由于烯烃加氢饱和放热，导致工业绝热反应器出口温度通常较高，上述研究结果显示反应器出口温度过高时产品溴价升高，促进再生硫醇生成，导致产品硫质量分数不合格。为了解决这一问题，本研究提出了掺炼二次油的重整预加氢产品后精制工艺流程，原则流程如图1所示。

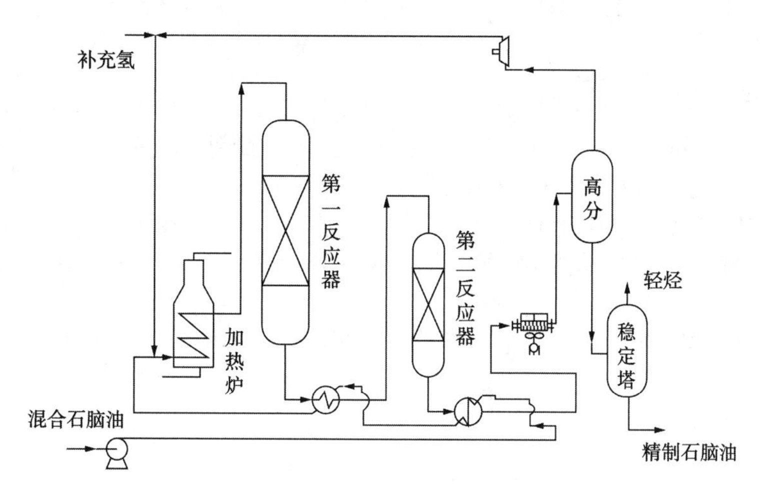

图 1　高比例掺炼二次加工油的重整预加氢原则流程

如图 1 所示，混合石脑油与第二反应器出口物料进行换热后，再与第一反应器出口物料换热，然后与氢气混合后经加热炉进入第一反应器。第一反应器上部级配装填几种保护剂，用于脱除对于主剂有毒害作用的杂质，下部装填加氢精制催化剂，用于在较高的反应器温度下脱除原料中的大部分硫、氮、烯烃。一反出口高温物料和原料换热降温后进入第二反应器，第二反应器在较低的温度下对物料进行后精制，精制产品经高分分离和汽提后得到合格的预加氢产品。

该工艺流程主要特点是在一反后串联一个后精制反应器，通过换热使后精制反应器温度降低，在较低温度下充分饱和因高温裂化产生的微量烯烃，脱除再生硫醇。

为了验证该工艺流程是否可行，本研究利用两个串联的等温反应器模拟流程中的一反和二反。

模拟试验以焦化汽油掺混比例更高的混石-50 为原料，将结果列于表 8。由表 8 可见，当一反、二反均为某温度时，产品硫质量分数大于 0.5μg/g；当一反温度较高而二反温度较低时，产品溴价较低，且产品硫质量分数小于 0.5μg/g。

上述实验结果显示，通过低温反应器，针对掺炼二次加工石脑油比例较高的原料，能够使预加氢产品中溴价降低，抑制再生硫醇生成，从而保证产品硫、氮含量均满足重整进料要求。

表 8　高比例掺炼焦化汽油新加工工艺试验结果

反应原料	混石-50			
一反温度/℃	基准	基准+20	基准+20	基准+20
二反温度/℃	基准	基准-60	基准-40	基准-20
产品性质				
硫质量分数/(μg/g)	1.1	<0.5	<0.5	<0.5
氮质量分数/(μg/g)	<0.5	<0.5	<0.5	<0.5
溴价(gBr/100g)	—	0.0342	0.0501	0.0595

4　结论

1) RIPP 开发的 RS-40 催化剂具有更高的脱氮活性，特别适用于高氮石脑油的加氢精制。RS-40 催化剂在垦利石化的工业应用结果表明，该催化剂具有良好的活性及稳定性，能够满足长期稳定生产合格重整进料的要求。

2) 针对高掺入比例二次石脑油原料，提出了高、低温双反应区工艺，试验结果显示，通过设置低温反应器可以有效降低产品溴价，从而抑制再生硫醇生成，保证产品硫、氮含量均满足重整进料要求。

参 考 文 献

[1] 路蒙蒙，孙守华，丁保宏，等．加氢脱氮反应研究进展[J]．化工科技，2011，19(1)：65-71.

[2] 刘坤，刘晨光，李望良．MO-Ni-P 柴油加氢精制催化剂的研制[J]．石油学报(石油加工)，2001，17(5)：80-86.

[3] 宋华，于洪坤，武显春，等．TiO_2-Al_2O_3载体的制备及Ni_2P/TiO_2-Al_2O_3催化剂上的同时加氢脱硫和加氢脱氮反应[J]．催化学报，2010，31(4)：447-453.

[4] 李伟，戴文新，关乃佳，等．以大孔容TiO_2和大孔容Al_2O_3为混合载体的加氢脱氮(HDN)催化剂的研究[J]．燃料化学学报，2000，28(4)：352-355.

[5] 司西强，夏道宏，项玉芝，等．汽油精制过程中二次硫化物的生成研究进展[J]．现代化工，2010，30(1)：32-34.

FRIPP 重整原料预加氢技术新进展

丁　贺　徐大海　李　扬　杨成敏　牛世坤

（中国石化大连石油化工研究院　辽宁大连　116045）

摘　要　大连石化研究院（FRIPP）成功开发了低压高空速下的催化重整预加氢技术和适合高氮原料的催化重整预加氢技术，以及与其配套的 FH-40 系列轻质馏分油加氢精制催化剂。工业应用结果表明，FH-40 系列催化剂对原料适应性强，加氢脱硫和加氢脱氮活性高，稳定性好，是加工轻质馏分油的理想催化剂。除此之外，FRIPP 还开发了配套的齿球形催化剂、“鸟巢”保护剂、脱砷剂和捕硅剂，为重整预加氢装置经常遇到的问题提供解决方案，有效延长装置运行周期，取得了较好的应用效果。

关键词　催化重整；预加氢；轻质馏分油；精制催化剂；保护剂

1　前言

催化重整是炼油和石油化工的重要工艺之一[1]。它以 C_6~C_{11} 石脑油馏分为原料，在重整催化剂的作用下生成富含芳烃的重整生成油，同时副产氢气。由于催化重整装置所用的双金属或多金属催化剂为贵金属催化剂，对原料要求高，一般要求硫含量小于 0.5μg/g、氮含量小于 0.5μg/g，因此，重整进料通常先经过预加氢精制装置脱除其中的硫、氮等杂质后再进入重整装置。

中国石化大连（抚顺）石化研究院（FRIPP）开发的重整预加氢催化剂有 481-3、FDS-4A、FH-40A、FH-40B、FH-40C 和 FH-40D 等牌号[2~6]，其中 481-3 和 FDS-4A 是球形催化剂，由于其较好的加氢精制性能，已在国内 60 多套工业装置成功应用。但由于球形催化剂制造成本高及制备过程中易产生污染等因素的影响，已被其换代产品 FH-40A、FH-40B、FH-40C 和 FH-40D 催化剂所替代。FH-40 系列催化剂由于具有优异的加氢精制活性及装填堆比低等特点，适合加工不同催化重整原料，现已在 70 多套工业装置成功应用。

2　FRIPP 重整原料预加氢技术开发

2.1　高空速催化重整预加氢技术开发

国内重整装置进料通常为直馏石脑油。一方面，为节省投资，重整预加氢装置压力设计都比较低，大部分装置的高分压力为 1.5~2.4MPa。另一方面，一些老重整装置的扩能改造及连续重整装置的不断引进，要求原料预加氢催化剂可以在更高空速（6.0~10.0h^{-1}）及更低氢油体积比条件下使用。这些都对轻质馏分油加氢精制催化剂性能提出了更高的要求。

2.1.1　新型催化剂的开发

FH-40A 和 FH-40B 催化剂是 FRIPP 开发的挤条形轻质馏分油加氢精制催化剂。FH-40A 催化剂以 Mo-Ni-Co 为活性组分，是上一代 481-3 催化剂的换代产品。FH-40B 催化剂以 Mo-Co 为活性组分，是 FDS-4A 催化剂的换代产品。这两种催化剂以大孔容、高比表面积改性氧化铝为载体，具有加氢脱硫和加氢脱氮活性高、稳定性好、装填密度低及机械强度高等特点，其所需反应温度比国外同期参比催化剂低 10℃ 以上，达到了当代国际同类催化剂先进水平。

FH-40A 催化剂在高空速条件下的试验结果列于表 1。由表 1 可见，在体积空速高达 12.0h^{-1} 的条件下，可以将直馏石脑油中的硫、氮、砷等杂质含量脱除到符合催化重整装置进料的质量指标要求。说明 FH-40A 催化剂具有较高的催化活性，可以在较高的体积空速条件下工业使用。

表 1 FH-40A 催化剂在高空速下的加氢精制试验结果

原料油	大庆石脑油		鲁宁管输石脑油		二连石脑油		辽河石脑油	
工艺条件								
氢分压/MPa	1.5		1.5		1.5		1.5	
氢油体积比	80		80		100		80	
体积空速/h^{-1}	12.0		12.0		12.0		12.0	
反应温度/℃	270		270		290		270	
油品性质	进料	精制油	进料	精制油	进料	精制油	进料	精制油
密度(20℃)/(g/cm^3)	0.7212	0.7208	0.7168	0.7252	0.7290	0.7223	0.7432	0.7404
馏程范围/℃	78~156	76~157	44~146	50~151	70~152	70~149	45~171	52~175
硫含量/(μg/g)	148	<0.5	105	<0.5	74	<0.5	120	<0.5
氮含量/(μg/g)	1.0	<0.5	1.4	<0.5	3.7	<0.5	1.4	<0.5
砷含量/(ng/g)	11.1	<1.0	1.2	<1.0	—	—	52	<1.0

表 2 列出 FH-40B 催化剂在高空速(8.0~10.0h^{-1})条件下对硫含量较高(700~850μg/g)直馏石脑油的加氢精制试验结果。由表 2 可以看出，FH-40B 催化剂完全能够满足在高空速条件下加工硫含量较高直馏石脑油并生产合格催化重整装置进料的实际使用要求。

表 2 FH-40B 催化剂在高空速下的加氢精制试验结果

原料油	沙轻常顶石脑油		伊朗常顶石脑油	
工艺条件				
氢分压/MPa	1.6		1.6	
氢油体积比	80		80	
体积空速/h^{-1}	10.0		8.0	
反应温度/℃	基准		基准	
油品性质	进料	精制油	进料	精制油
硫含量/(μg/g)	700.0	<0.5	850	<0.5
氮含量/(μg/g)	1.4	<0.5	1.0	<0.5

FH-40C 催化剂是 FRIPP 采用新型改性氧化铝载体及新颖制备技术而开发的一种轻质馏分油加氢精制催化剂。该催化剂以 W-Mo-Ni-Co 为活性组分，具有孔容及比表面积大、加氢脱硫和加氢脱氮能力强、烯烃饱和活性高、活性稳定性好、装填密度低及机械强度高等特点。

以大庆焦化汽油和沙轻常顶石脑油为原料油，在典型工艺条件下，对 FH-40C 催化剂进行了活性对比评价。原料油性质见表 3，对比评价结果见表 4 和表 5。结果表明，无论是加工处理大庆焦化汽油还是沙轻常顶石脑油，在达到相同精制效果时，FH-40C 催化剂所需反应温度均比同类型参比催化剂低 10℃，说明 FH-40C 催化剂具有良好的加氢活性。FH-40C 催化剂用于加工处理镇海焦化汽油时也表现出了更好的加氢脱氮和烯烃饱和活性。

表 3 评价用原料油性质

原料油	大庆焦化汽油	沙轻常顶石脑油
密度(20℃)/(g/cm^3)	0.7379	0.7517
馏程范围/℃	55~168	47~180
硫/(μg/g)	950	700
氮/(μg/g)	120	1.4

表 4 FH-40C 催化剂与参比催化剂活性对比评价结果

催化剂	FH-40C	参比催化剂	
原料油	大庆焦化汽油	大庆焦化汽油	
评价条件			
氢分压/MPa	3.0	3.0	
体积空速/h^{-1}	1.5	1.5	
反应温度/℃	基准	基准	基准+10
精制油氮/(μg/g)	<1.0	3.6	<1.0

表 5 FH-40C 与参比催化剂活性对比评价结果

催化剂	FH-40C	参比催化剂	
原料油	沙轻常顶石脑油	沙轻常顶石脑油	
工艺条件			
氢分压/MPa	1.6	1.6	
体积氢油比	80	80	
体积空速/h^{-1}	8.0	8.0	
反应温度/℃	基准	基准	基准+10
精制油硫/(μg/g)	<0.5	2.5	<0.5

2.1.2 高空速催化重整预加氢技术的工业应用

FH-40A 催化剂在中国石油某炼油厂 600kt/a 连续重整预加氢装置上工业应用。在反应器入口压力为 2.0MPa、反应器入口温度为 290℃、体积空速为 7.0h^{-1}、氢油体积比在 95：1 条件下，加工硫含量 200μg/g、氮含量 2.0μg/g 的石脑油原料，精制油完全满足重整装置进料要求。

FH-40B 催化剂在中国石化某炼油厂 1.22Mt/a 预加氢单元工业应用取得圆满成功。在体积空速高达 6.9h^{-1}、氢油体积比只有 75：1 的苛刻条件下，加工硫含量 677μg/g 的石脑油原料，精制石脑油产品硫含量小于 0.5μg/g，能够满足连续重整装置进料质量要求。

FH-40C 催化剂除在国内成功工业应用外，还出口至泰国。用于泰国某炼油厂 2.1Mt/a 重整预加氢装置，反应器入口压力为 2.6MPa、反应器入口温度为 280℃、体积空速为 5.5h^{-1}、氢油体积比在 100：1 条件下，加工硫含量 500μg/g 的石脑油原料，精制油完全满足重整装置进料要求。

高空速催化重整预加氢技术工业应用见表 6。

表 6 高空速催化重整预加氢技术的工业应用

应用企业	中国石油某炼油厂 1		中国石化某炼油厂 2		泰国某炼油厂 3	
催化剂	FH-40A		FH-40B		FH-40C	
工艺条件						
入口压力/MPa	2.0		1.8		2.6	
氢油体积比	95		75		100	
体积空速/h^{-1}	7.0		6.9		5.5	
入口温度/℃	290		280		280	
标定结果	原料	精制油	原料	精制油	原料	精制油
硫含量/(μg/g)	200	<0.5	677	<0.5	500	<0.5
氮含量/(μg/g)	2.0	<0.5	1.0	<0.5	0.6	<0.5

2.2 高氮原料重整预加氢技术开发

为了拓展催化重整原料的来源，一些企业需要加工氮含量偏高的劣质原料，要解决原料氮含量超出设计值导致的产品氮含量偏高，就需要从引起这些问题的根源上入手。经过技术路线分析，确定采用如下技术：在现有技术的基础上优化工艺条件，嫁接现有催化剂技术开发高活性的加氢精制催化剂，根据原料特点全方位优化开发更高活性的加氢精制催化剂。为了适应催化重整原料氮含量不断升高趋势的需要，不断完善 FRIPP 产品布局，更好地为炼油企业提供技术支撑，FRIPP 基于加氢催化剂的载体技术平台和催化剂表面控制技术平台，开发了新型 FH-40C 催化剂和 FH-40D 催化剂。

FRIPP 在柴油加氢催化剂的开发过程中，成功开发“Ⅱ型”活性中心技术，可以大幅度提高催化剂的活性。新型 FH-40C 催化剂是在原 FH-40C 催化剂的基础上嫁接“Ⅱ型”活性中心技术所得的高活性重整预加氢催化剂。FH-40D 催化剂以 Mo-Ni 为活性组分，采用新型改性氧化铝载体及新颖制备技术，增强载体和相应催化剂对碱性含氮化合物的吸附能力，延长其在催化剂上的停留时间，相应增加了反应时间，显著提高了催化剂的加氢脱氮能力。

2.2.1 催化剂活性水平

以传统的 FH-40C 加氢精制催化剂为参比剂，在 200mL 中试试验装置上进行催化剂活性对比测试。试验选用的原料为直馏石脑油掺 10%(质)焦化石脑油。中试试验结果表明，以高氮石脑油为原料，在反应压力为 2.2MPa，体积空速为 6.0h^{-1}，氢油体积比为 100∶1 的条件下，使用新型 FH-40C 催化剂精制油硫氮满足要求的平均反应温度比传统 FH-40C 低 5℃。使用 FH-40D 催化剂，精制油硫氮含量满足要求的平均反应温度比传统 FH-40C 低 10℃。试验结果见表 7。

表 7 催化剂活性对比试验结果

催化剂		FH-40C	新型 FH-40C	FH-40D
氢分压/MPa		2.2	2.2	2.2
体积空速/h^{-1}		6.0	6.0	6.0
氢油体积比		100	100	100
平均反应温度/℃		基准	基准-5	基准-10
油品性质	原料油	精制油	精制油	精制油
硫含量/(μg/g)	1265	<0.5	<0.5	<0.5
氮含量/(μg/g)	18	<0.5	<0.5	<0.5

2.2.2 催化剂原料适应性

在直馏石脑油中掺入来自不同炼油厂的焦化石脑油为原料，在中试装置上使用 FH-40D 催化剂测试原料适应性。中试试验结果表明，以直馏石脑油搀兑 10%(质)来自镇海炼化和上海石化的焦化石脑油为原料，在反应压力为 2.2MPa，体积空速为 6.0h^{-1}，氢油体积比为 100∶1 的条件下，分别得到了硫氮含量满足重整进料要求的产品，试验结果见表 8 和表 9。由此可以说明，FH-40D 催化剂可适用于不同的高氮石脑油原料，具有良好的原料适应性。

表 8 高氮原料 I 加氢试验结果

原料油	90%(质)直馏石脑油+10%(质)镇海焦化石脑油		
氢分压/MPa		2.2	2.2
体积空速/h^{-1}		6.0	6.0
氢油体积比		100	100
平均反应温度/℃		基准-10	基准
油品名称	原料 I	精制油	精制油
硫含量/(μg/g)	1140	1.5	<0.5
氮含量/(μg/g)	15.7	1.0	<0.5

表 9　高氮原料Ⅱ加氢试验结果

原料油	90%(质)直馏石脑油+10%(质)上海焦化石脑油		
氢分压/MPa		2.2	2.2
体积空速/h^{-1}		6.0	6.0
氢油体积比		100	100
平均反应温度/℃		基准-10	基准
油品名称	原料Ⅱ	精制油	精制油
硫含量/(μg/g)	1320	1.5	<0.5
氮含量/(μg/g)	14.6	1.0	<0.5

2.2.3　高氮原料重整预加氢技术工业应用

中国石化某炼油厂开始加工含酸原油后，导致石脑油硫、氮含量超过设计指标，严重影催化重整装置的正常运行。2012 年装置更换新型 FH-40C 催化剂，第一运转周期催化剂表现了良好的反应性能。标定结果表明，在反应器入口温度为 290℃、入口压力为 2.36MPa、体积空速为 9.4h^{-1}和氢油比为 135∶1 等条件下，处理硫含量 551μg/g、氮含量 4.96μg/g 的原料油，可以生产硫氮含量均小于 0.2μg/g 的合格重整进料。催化剂经过再生一次后第二运行周期，石脑油原料氮含量最高达到 25.2μg/g，平均氮含量为 7.3μg/g，装置运行期间精制石脑油硫氮含量合格，产品烯烃含量小于 0.5%(体)，体现了新型 FH-40C 催化剂具有良好的加氢脱氮活性及稳定性。

中国石化某炼油厂新建的连续重整装置设计原料的氮含量比较高(氮含量设计值 4.5μg/g)，属于高氮的石脑油原料。如表 10 所示，经过技术比选，选用 FRIPP 开发的高氮石脑油重整原料预加氢技术和与之配套的 FH-40D 催化剂。预加氢原料在反应器入口压力为 2.4MPa、反应器入口温度为 285℃、体积空速为 4.5h^{-1}、气油体积比为 160∶1 条件下，经过加氢精制，硫和氮含量(原料硫含量 300μg/g，氮含量 2.8μg/g)均降到 0.5μg/g 以下，所产精制石脑油硫含量完全满足重整催化剂对杂质含量的要求。催化剂经过再生一次后使用两个周期，精制石脑油硫氮含量满足催化重整进料要求，体现了催化剂具有良好的活性及稳定性。

表 10　高氮原料重整预加氢技术工业应用

应用企业	中国石化某炼油厂 4		中国石化某炼油厂 5	
催化剂	新型 FH-40C		FH-40D	
工艺条件				
入口压力/MPa	2.2		2.4	
氢油体积比	135		160	
体积空速/h^{-1}	9.4		4.5	
入口温度/℃	290		285	
标定结果	原料	精制油	原料	精制油
硫含量/(μg/g)	551	<0.5	300	<0.5
氮含量/(μg/g)	5.0	<0.5	2.8	<0.5

2.3　预加氢技术配套催化剂的开发

2.3.1　齿球形催化剂开发

加氢技术的不断发展，除了对催化剂的新配方和新工艺提出更高要求外，催化剂外形的创新也成为一个发展方向。20 世纪 90 年代，加氢精制催化剂外形以球形为主，其制备主要采用油氨柱成型工艺。油氨柱成型工艺过程本身比较复杂，生产效率低，产品质量不稳定，并且还存在生产车间工作环境氨、氮污染问题。催化剂挤条成型虽大大提高了生产效率，但其工业普通布袋装填难以达到球形催化剂的均匀程度，往往需要借助特殊的装填工具和技术。而催化剂装填均匀程度对加氢装置运行效果影响很大，一旦装填不均匀并导致物料沟流，将严重影响产品质量、装置运行周期和综合能耗。

齿球成型技术的出现，成功地解决了上述问题。该技术生产工艺简单、生产效率较高、产品质量稳定，并且没有安全和污染问题。与传统条形催化剂相比，齿球形催化剂具有外形均一、装填容易、传质效率高、床层压降小、抗压强度大、受力均匀、不易破碎等特点，能够避免“架桥”、“床层塌陷”和“沟流”等问题，有利于催化剂性能充分发挥。

2.3.2 “鸟巢”系列保护剂

在重整预加氢的运行过程中，迫使装置中途停工并不是由于催化剂失去活性，而是由于反应器压降升高，不得不进料停工撇头处理。为解决因反应器压降升高而影响装置长周期运行的问题，大连石油化工研究院在成功开发和推广应用拉西环形 FZC 系列加氢保护剂的基础上，近年又成功开发出了高容垢能力的“鸟巢”系列保护剂，已成功应用在数十套不同类型固定床馏分油加氢装置。中国石化某炼油厂 FCC 汽油选择性加氢装置由于原料接触氧后在加热炉管内结焦，产生的焦炭被带至反应器入口，导致反应器床层压差高，频繁停工撇头清焦。该装置采用加氢“鸟巢”系列保护剂替换原有的 FZC 系列加氢保护剂后，因前者拥有巨大的空隙率及床层截面开口面积，相对于传统保护剂，“鸟巢”系列保护剂容垢能力大幅提高，通过合理级配装填不同规格保护剂，能够显著降低床层压降上升速率，明显延长装置运行周期。

2.3.3 FDAS-1 脱砷剂

我国目前加工的部分石脑油中含有一定量的砷，如果原料中砷含量高将会造成催化剂中毒失活，影响装置长周期运行。FDAS-1 脱砷剂是中国石化大连石化研究院研制的一种高效加氢脱砷剂，具有容砷能力大、脱砷率高、稳定性好及机械强度高等特点，可以与各种不同类型加氢催化剂匹配使用，有效保护主催化剂。使用 FDAS-1 脱砷剂，以大庆直馏石脑油为原料(砷含量 580ng/g)，在压力为 1.5MPa、空速为 6.0h^{-1}、较低的反应温度 260℃下，脱砷率即达 95.14%，随着反应温度的增加，脱砷率提高；在压力 2.0MPa、反应温度 290℃下，空速从 12h^{-1}提高到 18h^{-1}，脱砷率仅从 99.25%降至 99.19%，对脱砷活性影响甚微，这说明 FDAS-1 具有很高的脱砷活性，达到了后续催化剂对原料砷含量的要求。

2.3.4 FHRS-1/FHRS-2 捕硅剂

由于在焦化过程中常常加入含硅消泡剂，从而导致部分有机硅进入到焦化石脑油中。一方面，硅会沉积在加氢催化剂的外表面和内表面，会导致加氢精制催化剂快速失活，加氢装置运转周期大大缩短。另一方面，硅穿透加氢催化剂床层后，将随着精制石脑油进入下游重整反应器，导致重整催化剂迅速中毒。

中国石化大连石化研究院开发了 FHRS-1/FHRS-2 高效捕硅剂。在相同工艺条件下，FHRS-1/FHRS-2 捕硅剂活性相当于常规加氢催化剂的 75%~80%，但仍具有较高的 HDS 和 HDN 活性；FHRS-1/FHRS-2 捕硅剂对 SiO_2的饱和容硅能力达到 30%，是常规催化剂的 4 倍。采用以高容硅能力为目标的 FHRS-1/FHRS-2 捕硅剂，可以有效保护下游主加氢精制催化剂，保证装置长周期运行。

3 结论

1) FRIPP 成功开发了高空速催化重整预加氢技术及配套的轻质馏分油加氢精制催化剂，工业应用结果表明该技术成熟可靠，催化剂具有良好的活性及稳定性。

2) FRIPP 开发的高氮原料重整预加氢技术，适应加工不同种类的高氮石脑油原料，为重整装置提供合格的进料，能够满足现有的大多数重整预加氢装置加工高氮原料的要求。

3) FRIPP 开发的催化重整预加氢技术的配套催化剂，可根据催化重整预加氢装置实际情况需要选择不同规格的催化剂及保护剂，有效保证装置的长周期运行。

参 考 文 献

[1] 胡德铭. 近期国外催化重整和芳烃生产技术的主要进展[J]. 当代石油石化，2000，8(06)：28-33.
[2] 马学明. 481-3 催化剂在裂解汽油加氢装置上的应用[J]. 黑龙江石油化工，1999，10(03)：25-28.
[3] 周孟璠，王伟，王晓璐. FDS-4A 预加氢催化剂在催化重整装置上的应用[J]. 石油炼制与化工，2001，32(05)：6-9.
[4] 李桂华. FH-40A 催化剂对煤油加氢装置的适应性试验[J]. 当代化工，34(06)：397-399.
[5] 郭蓉，姚运海，周勇. FH-40B 加氢精制催化剂的反应性能及工业应用[J]. 炼油技术与工程，2007，37(08)：58-60.
[6] 刘继华，郭蓉，宋永一. FH-40 系列轻质馏分油加氢精制催化剂研制及工业应用[J]. 工业催化，2007，15(07)：24-26.

FHDO 催化重整生成油选择性加氢脱烯烃技术

周嘉文　崔国英

（中国石化大连石油化工研究院　辽宁大连　116045）

摘　要　白土精制技术主要通过活性白土物理吸附及烷基化反应脱除烯烃。液相加氢技术将液相加氢单元深度耦合于连续重整装置内，以原料中的溶解氢为主要氢源，灵活、高效地脱除重整生成油中的烯烃。采用液相加氢技术对于烯烃的脱除效果较好，脱戊烷油溴指数从 4113mgBr/100g 降低为 348mgBr/100g，并且液相加氢过程没有新的重质芳烃生成。催化剂使用寿命长达 10 年，过程中可再生使用，综合计算采用液相加氢技术催化剂一年总使用费用仅为 120 万元。

关键词　FHDO；重整生成油；液相加氢；白土精制；脱烯烃

引言

催化重整/芳烃抽提是生产苯、甲苯、二甲苯(BTX)和 C_{9+} 芳烃等化工原料的主要工艺过程之一[1]。随着催化重整工艺不断向超低压方向发展，重整反应苛刻度不断提高[2]。在增产芳烃的同时，也导致了重整生成油中的烯烃含量越来越高，微量烯烃容易发生聚合反应生成大分子化合物或在下游加工过程中生成副产品，影响芳烃类产品的酸洗比色[3]。

重整生成油中含有的烯烃如果进入二甲苯吸附分离单元，则会占据吸附剂的孔隙，影响二甲苯的吸附解离效率，从而影响装置的分离能力并有可能导致进料换热器内结垢。苯乙烯和二烯烃类物质容易聚合形成胶质覆盖催化剂表面活性中心影响其周期寿命，此外还会污染抽提溶剂并腐蚀下游系统设备[4]。这部分微量烯烃影响到了 BTX 芳烃产品的正常生产，因此，必须选用适宜的工艺将其脱除。

1　白土精制技术

颗粒白土是白土精制工艺的技术核心，白土质量对脱烯烃效果影响很大。最初国内芳烃联合装置引进美国 Tonsil 系列白土，1979 年国内开始研发颗粒白土，以 NC-01 及 JH-01 颗粒白土为代表的一系列产品逐渐取代了进口产品并成功应用于重整装置芳烃精制单元[5]。白土精制流程示意图如图 1 所示。

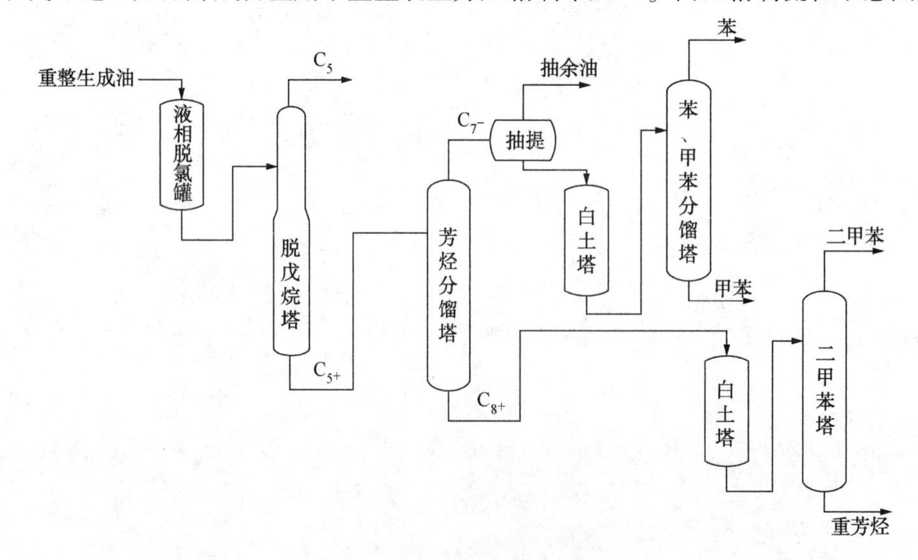

图 1　白土精制流程示意图

白土精制技术的作用机理既包含物理吸附，也包含化学反应。在液相非临氢条件下，烯烃首先集中吸附在活性白土孔道内，然后在其酸性活性中心上发生聚合反应和烷基化反应。但在处理过程中，重芳烃等大分子化合物容易吸附在颗粒白土表面生成积炭，造成颗粒白土孔道堵塞，覆盖了酸性活性中心，并大幅降低颗粒白土的孔容和比表面积，此时容易达到饱和吸附，影响产品长期稳定生产[6]。在温度低于 140℃时，以烯烃之间的聚合反应为主；当温度高于 150℃时，烷基化反应逐渐占据主导地位；温度高于 170℃时，基本上发生的都是烯烃与芳烃之间的烷基化反应，如图 2 所示。

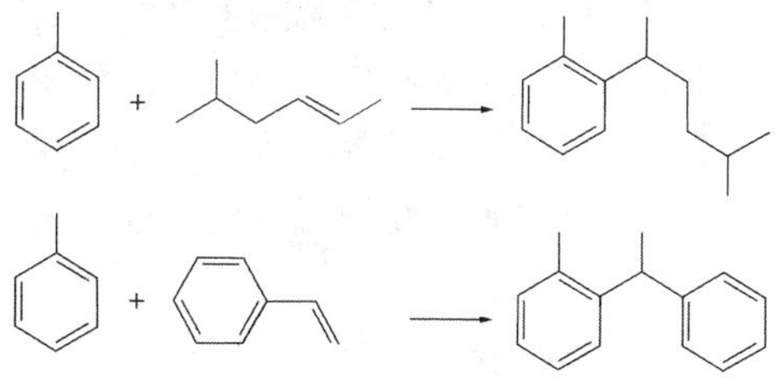

图 2 烯烃与芳烃之间的烷基化反应

白土精制技术存在白土一次装填量大，失活速度快，使用寿命短，更换频繁；精制深度变化较大，芳烃产品质量不稳定；通过芳烃烷基化反应来脱除烯烃，会导致产物馏分变重，干点升高，重组分产量增大等问题。大量废弃的白土含有吸附的芳烃，属于危险固体废物，只能填埋处置，不仅处理费用高，而且还存在着严重的环境污染风险，使炼化企业面临巨大的环保压力[7]。近年来，有企业尝试通过焙烧废弃白土除去所含的芳烃后再填埋，但是发现焙烧过程易生成二噁英等剧毒致癌物质。

2 液相加氢技术

中国石化大连石化研究院(FRIPP)在成功开发柴油和煤油液相加氢技术并实现工业应用的基础上，构建了液相加氢技术平台，针对连续重整装置流程特点，并结合催化重整生成油脱烯烃的市场需求，创新开发出了 FHDO 重整生成油液相选择性加氢脱烯烃技术。FHDO 工艺技术流程简单、设备投资省、容易操作，催化剂使用寿命长，其取代白土具有很好的经济和社会效益。

FHDO 重整生成油液相加氢脱烯烃技术是在不改变主流程的前提下，将加氢脱烯烃反应单元内置于重整生成油分馏系统，以原料中的溶解氢为主要氢源，通过氢油混合器补充少量新氢，灵活、高效地脱除重整生成油全馏分中的烯烃，并且不会对单元装置的操作产生不利影响。该技术以重整生成油为原料，采用配套的专用高性能贵金属催化剂 HDO-18，反应器为常规固定床反应器，以下进上出进料方式进入反应器进行选择性脱烯烃反应，脱除烯烃后的重整生成油满足下游装置对烯烃含量的要求。催化剂选择 Pd、Pt 为催化加氢的复合活性金属组分，以及适宜的金属配比，以氧化铝为载体，制备成薄壳型催化剂，将活性金属组分集中分布在催化剂载体的外表层中[8,9]。

针对大多数的清洁燃料型企业，以解决戊烷油及三苯产品溴指数为目的的加工路线，目前普遍采用的是重整生成油全馏分加氢工艺，脱除烯烃后的戊烷油可作蒸汽裂解原料或生产不同牌号的溶剂油，脱除烯烃后的三苯产品满足国标优级品质量标准。其工艺流程是在连续重整装置脱戊烷塔前增设一个加氢反应器和一个混合器，来自再接触塔底的重整生成油与脱戊烷塔底油换热升温后，补充氢气充分混合，在脱烯烃催化剂上进行选择性加氢反应，加氢反应产物换热后进入后续的脱戊烷塔。

针对企业实际加工方案以及目的产品的不同，可以灵活制定重整生成油加氢脱烯烃反应器的单元设置方案，更高效地服务企业。部分企业戊烷油进汽油池，不希望大幅脱除其中的烯烃，故加氢反应器可以设置在脱戊烷塔后，只处理三苯产品的溴指数。针对不以三苯产品为目的产物，脱除苯的 C_6 馏分及 C_7 馏分直接调和汽油加工路线的企业，可以将加氢反应器设置在二甲苯分馏单元，单独处理混合二甲苯的溴指数。

目前国内炼油产能严重过剩，受经济转型影响成品油市场的消费需求开始下降，市场需求的显著变化促使国内企业逐渐向化工路线转型发展，新建炼油产能以炼化一体化深度融合为主，近年来随着市场的不断开放民营炼化项目快速发展，合资企业快速加入。炼化一体化项目以少产油品，多产烯烃、芳烃等化工产品为主要加工路线，如图3所示，其中生产芳烃的芳烃联合装置，通常在混芳单元、二甲苯分馏单元设置白土塔脱除重整生成油中的烯烃，在脱庚烷塔后设置白土塔处理异构化反应过程中生成的烯烃，采用FHDO重整生成油液相加氢脱烯烃技术可替代白土精制技术，保证三苯溴指数满足指标要求。具体方案是在脱戊烷塔前增设液相加氢单元，取消混芳单元及二甲苯分馏单元的白土罐，在异构化单元设置液相加氢单元，取消脱庚烷塔的白土罐。

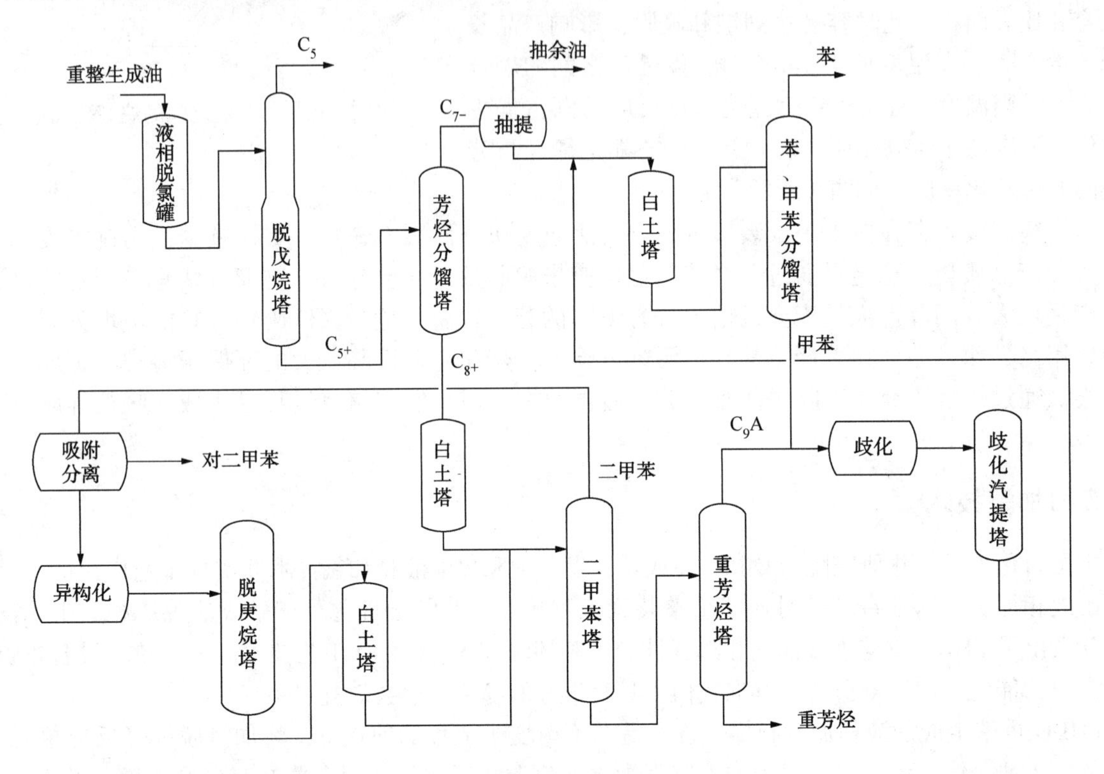

图3 芳烃联合装置流程示意图

3 工业应用

因建设投资低，工艺简单，操作方便，国内2018年以前建成投产的连续重整装置在设计时普遍采用颗粒白土精制工艺，分别在混芳单元与二甲苯分馏单元设置并联或串联使用的白土塔，脱除芳烃馏分中的烯烃，效果见表1。

表1 某企业白土精制反应效果

项 目	脱戊烷塔底油	白土塔入口	白土塔出口
密度(20℃)/(kg/m^3)	811.5	874.3	875.2
馏程/℃			
IBP	63.1	145.5	140.5
FBP	220.8	231.7	260.1
溴指数/(mgBr/100g)	3220	1020.7	146.2

从表中可以看出，脱戊烷塔底油溴指数为3220mgBr/100g，经抽提分馏流程后白土塔入口溴指数为1020.7mgBr/100g，经白土精制处理后溴指数降低为146.2mgBr/100g。但从白土塔出入口物料馏程来看，终馏点升高了接近30℃，这无疑会造成重组分产量增大。

表 2 某企业液相加氢反应效果

项　　目	增设液相加氢单元前脱戊烷塔底油	增设液相加氢单元后脱戊烷塔底油
密度(20℃)/(kg/m^3)	810.5	811.5
馏程/℃		
IBP	76	80
FBP	203	196.5
溴指数/(mgBr/100g)	4113	348

从表 2 中数据来看，采用液相加氢技术对于烯烃的脱除效果较好，脱戊烷油溴指数从 4113mgBr/100g 降低为 348mgBr/100g。从馏程数据来看，终馏点没有升高的迹象，可以说明液相加氢过程没有新的重质芳烃生成。

4 经济性分析

传统白土精制技术成本较低，但白土比表面积小，由于重整生成油烯烃含量高，芳烃产品颜色较深，白土的使用周期短，且不能再生，部分企业甚至几天就需要更换白土，严重影响单元装置的稳定运转。采用 FHDO 重整生成油液相加氢技术替代白土精制技术不仅有很好的经济效益更有很好的社会效益和环境效益。

以某企业 1.2Mt/a 连续重整装置规模为例，配套白土精制工艺二甲苯分馏单元活性白土一次用量为 140t，白土的购买费用为 5000 元/t，填埋费用为 3000 元/t，但活性白土的周期寿命很短，只有 30d，综合计算采用白土精制技术一年费用为 1512 万元。采用液相加氢技术，催化剂一次装填量为 12t，催化剂单价 100 万元/t，但催化剂无需填埋处理，催化剂使用寿命长达 10 年，过程中可再生使用，综合计算采用液相加氢技术催化剂一年总使用费用仅为 120 万元。

5 结论

FRIPP 开发了 FHDO 重整生成油液相选择性加氢脱烯烃技术，将液相加氢单元深度耦合于连续重整装置内，以原料中的溶解氢为主要氢源，灵活、高效地脱除重整生成油中的烯烃，并且可以根据企业加工路线灵活设置工艺流程。

采用液相加氢技术对于烯烃的脱除效果较好，脱戊烷油溴指数从 4113mgBr/100g 降低为 348mgBr/100g，并且液相加氢过程没有新的重质芳烃生成。催化剂使用寿命长达 10 年，过程中可再生使用，综合计算采用液相加氢技术催化剂一年总使用费用仅为 120 万元。

其取代常规白土精制工艺，能够很好地解决重整装置外排固体废弃物二次污染环境问题，有很好的经济效益、社会效益和环境效益，对芳烃生产技术进步有显著的推动作用，对石化行业发展有非常积极的意义。

参 考 文 献

[1] 陈玉琢，徐远国．HDO-18 选择性加氢脱烯烃催化剂的反应性能及应用[J]．炼油技术与工程，2005，35(11)：57-62.
[2] 臧高山，马爱增．重整混合芳烃中烯烃的脱除技术现状及发展趋势[J]．石油炼制与化工，2012，43(1)：101-106.
[3] 王铭，彭壮青．精制芳烃用颗粒白土工业评价[J]．精细化工中间体，2004，34(4)：66-72.
[4] 陈玉琢，徐远国，杨占全．HDO-18 选择性加氢催化剂的使用性能[J]．当代化工，2007，36(1)：44-47.
[5] 曾宪松．白土的改性及催化法脱除芳烃中的烯烃[D]．华东理工大学，2011.
[6] 陈志明．芳烃精制脱除烯烃用分子筛催化剂的研究[D]．天津大学，2006.
[7] 王伟，杨霖，崔国英．FHDO 技术在混合二甲苯脱烯烃中的工业应用[J]．中外能源，2014，19(8)：88-94.
[8] 邬时海，谢在库，卢立义，等．薄壳型氧化催化剂的制备及性能[J]．石油化工，2005，34(9)：822-825.
[9] 樊红青．HDO-18 选择性加氢催化剂的工业应用[J]．当代化工，2010，39(1)：51-54.

二甲苯分离装置应用 FHDO 选择性液相加氢脱烯烃工艺技术开工及问题分析

王国庆

（中国石化塔河炼化公司　新疆库车　842000）

摘　要　中国石化塔河炼化公司 0.52Mt/a 二甲苯分离装置采用中国石化大连石化研究院开发的重整生成油 FHDO 选择性液相加氢脱烯烃工艺技术一次开车成功。该技术应用在塔河炼化 0.6Mt/a 连续重整装置原有稳定塔塔底重整生成油脱烯烃流程，对重整生成油进行液相加氢，选择性脱除进料中的烯烃，加氢产品溴指数显著降低，能够很好满足混二甲苯质量要求。本文结合脱烯烃反应器开工操作调整，对开工过程中的遇到的问题进行分析，并提出解决措施。

关键词　二甲苯分离装置；FHDO 技术；开工运行；问题分析；解决措施

1　概述

中国石化塔河炼化公司 0.52Mt/a 二甲苯分离装置 2019 年 5 月 30 日完成项目建设中交，历经 21 天完成装置开工准备，6 月 19 日产出合格二甲苯，实现一次开车成功。二甲苯分离装置以 0.6Mt/a 连续重整装置重整生成油为原料，主要生产高辛烷值汽油调和组分、混合二甲苯、副产燃料气和液化石油气等。装置由脱烯烃部分、重整油分馏部分及配套的公用工程设施组成。全装置的工艺及工程设计均由洛阳石化工程公司完成。

二甲苯分离装置包括重整生成油加氢、芳烃分离等单元。其中重整生成油脱烯烃部分采用中国石化大连石化研究院（FRIPP）开发的 FHDO 重整生成油液相选择性加氢脱烯烃技术，该技术是采用选择性液相加氢的办法脱除催化重整生成油中的烯烃[1]，加氢后的重整生成油中烯烃含量满足后续进料及产品的要求。

2　工艺原理及流程描述

工艺流程如图 1 所示，自 0.6Mt/a 连续重整装置再接触罐来的罐底油进入稳定塔进料/塔底换热器与稳定塔底油换热后进入静态混合器，在此与 2#制氢装置来的氢气充分混合，从底部进入装有 HDO-18 催化剂的脱烯烃反应器，进行选择性液相加氢脱烯烃反应，反应器顶部精制后的重整生成油。精制后的油相与少部分自重整装置三段入口分液罐底来的汽油混合，在稳定塔进料换热器与稳定塔底物流换热后进入稳定塔。其中除静态混合器、脱烯烃反应器、稳定塔进料换热器为新增设备，其余容器、塔器均利旧原连续重整装置设备。

FHDO 选择性加氢精制脱烯烃技术是在缓和的工艺条件下，在催化剂表面进行选择性加氢反应，脱除重整生成油中的烯烃[2]。该技术配套开发一种有利于液相反应的异形 Pt-Pa 贵金属加氢催化剂（HDO-18），其特点是将催化重整生成油中的各类烯烃加氢转化生成对应的烷烃，并把苯乙烯加氢转化为乙苯，使加氢产品溴指数显著降低。反应器为常规固定床反应器，原料油以下进料方式进入反应器，实现选择性液相加氢脱烯烃反应，满足混合二甲苯产品对烯烃含量的要求。

HDO-18 是 FRIPP 研制开发的专利贵金属催化剂，由指定生产商生产。该催化剂系采用 γ-Al_2O_3 为载体，以贵金属铂、钯为活性组分。其主要的物理化学性质和反应器装填尺寸列于表 1 和图 2。

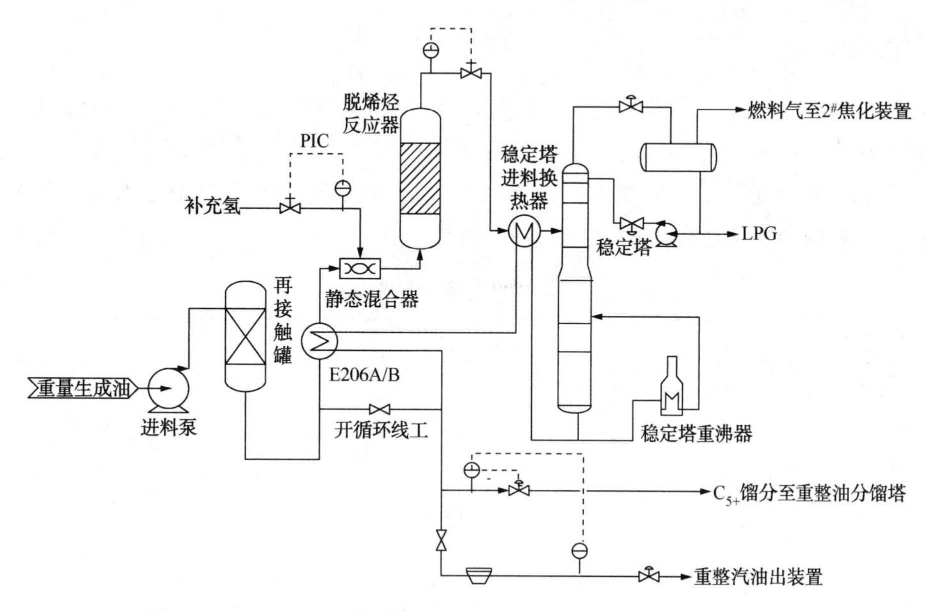

图1 FHDO重整生成油选择性加氢脱烯烃部分工艺流程示意图

表1 HDO-18催化剂主要物化性质

项　　目	规格指标	项　　目	规格指标
外观	齿球	孔容积/(cm^3/g)	≥0.45
担体	γ-Al_2O_3	耐压强度/(N/粒)	≥35
外形尺寸 ϕ/mm	2.0~3.0	堆积密度/(g/cm^3)	0.68~0.76
比表面积/(m^2/g)	≥170	装填密度/(t/m^3)	0.60~0.68

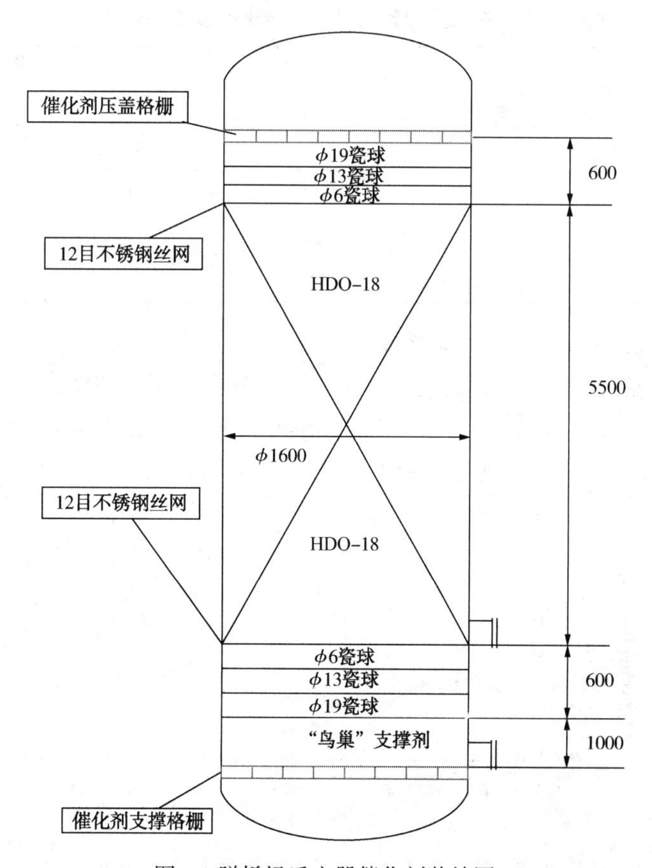

图2 脱烯烃反应器催化剂装填图

3 开工初期运行分析

2019 年 6 月 16 日 18∶00，重整生成油改入脱烯烃反应器，调整反应温度和混氢流量，6 月 25 日，脱烯烃部分开工正常，各项参数调整正常，混合二甲苯质量各指标均满足设计要求。开工初期脱烯烃反应器负荷为设计的 87.5%，反应器操作压力为 1.6MPa，补氢量低于设计值 10Nm^3，反应器入口温度较设计值低 5℃，具体操作条件见表 2。

表 2 脱烯烃反应器操作条件

项　目	设计值	开工初期
脱烯烃反应器进料/(t/h)	64.09	56
补充氢量/(Nm^3/h)	200-400	190
反应器入口压力/MPa	1.6	1.6
HDO-18 催化剂体积空速/h^{-1}	5.0~10.0	6.5
反应器入口温度/初期/末期/℃	140/170	135
反应器出口温度/℃	146/176	145
床层温升/℃	6	10

3.1 开工初期补充氢流量调节

脱烯烃反应所需氢气有两个来源，分别为原料中的溶解氢和制氢装置来的补充氢。通过调整补充氢流量控制脱烯烃反应深度，在开工初期调整补充氢流量过程中，稳定塔干气中氢含量、塔顶液化汽质量出现一定波动(见表 3)。通过对补充氢量的大小精细调整，确保了塔顶液化汽质量、干气中氢含量符合要求，实际补充氢量比设计值偏小，装置氢耗仅为 3.9Nm^3/t 重整生成油。

表 3 补充氢量调整与干气和液化气质量变化情况

补充氢量/Nm^3	干气中氢含量/%	塔顶液化汽 C_5 含量/%
450	31.69	25.58
400	30.13	15.85
300	27.13	11.36
250	22.01	0.48
190	0.41	0.31

3.2 脱烯烃反应产物和混合二甲苯产品溴指数

根据图 3 和图 4 重整生成油溴指数变化情况可以看出，重整生成油溴指数从进反应器前的 1910mgBr/100g 降至 136mgBr/100g，二甲苯产品溴指数降至 20mgBr/100g，符合混二甲苯产品要求，产品质量溴指数满足 SH/T 1551—2018 控制指标。通过表 4 可以看出重整生成油经过脱烯烃反应器后芳烃损失值仅为 0.15%(质)。

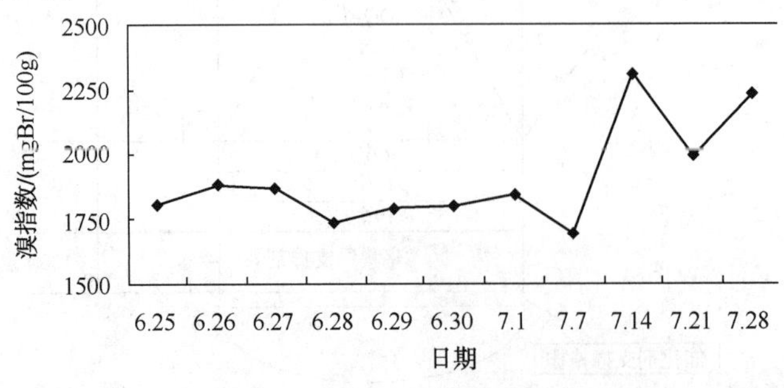

图 3 重整生成油进反应器前溴指数变化情况

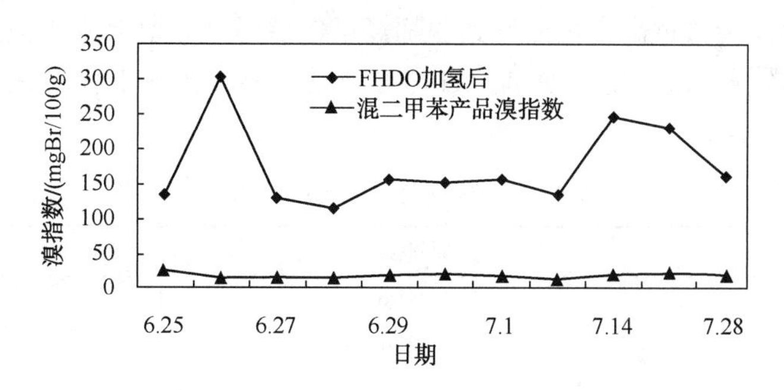

图4 重整生成油FHDO加氢后和混二甲苯产品溴指数变化情况

表4 重整生成油进出脱烯烃反应器芳烃变化情况 %(质)

项 目	反应器进口	反应器出口
C_6A	0.77	0.69
C_7A	22.03	21.93
C_8A	31.65	31.46
C_9A	20.31	20.36
$C_{10}A$	1.66	1.83
合计	76.42	76.27
芳烃损失值/%	0.15	0.15

4 存在问题及解决措施

4.1 脱烯烃反应器入口温度调节困难

脱烯烃反应器入口温度主要由稳定塔进料/塔底换热器壳程副线控制阀的开度控制，由于设计过程对稳定塔进料/塔底换热器壳程压降考虑不足(压降过小)，无法通过壳程副线有效控制反应进料温度。

改进措施：

1）目前装置通过关小稳定塔进料/塔底换热器壳程出口截止阀开度的方法提高壳程压降，使壳程副线控制阀达到有效调节作用；

2）计划在检修时增加稳定塔进料/塔底换热器壳程出口控制阀，与壳程副线阀一起增设温度分程控制，从根本上解决温度控制难题。

4.2 开工初期温升与设计存在差距

脱烯烃反应器开工初期温升较大，最高一度达到24℃，与10~15℃的理论温升值差距较大，致使后续稳定塔进料温度由151℃上升到176℃，通过调整补充氢量和各换热器副线，效果并不明显，此种情况在进油后10天才稳定在10℃。目前温升始终稳定10℃，与设计温升6℃有一定差距，脱烯烃反应器进出口温度变化情况如图5所示。

原因及改进措施如下：

1）催化剂初期活性较强，除烯烃进行饱和外，还有其他放热反应发生，只有经过一段时间的钝化才能遏制其他放热反应的发生，通过后续的调整观察，催化剂初活性较强是此次导致开工初期温升大的主要原因；

2）为避免类似情况发生，开工初期反应温度不宜超过140℃，采用低温、增大补充氢量的操作模式。

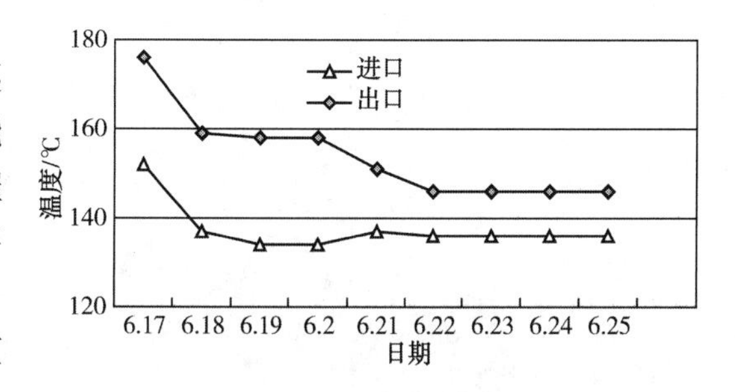

图5 脱烯烃反应器进出口温度变化情况

3）重整生成油本身溴指数过高也可能导致脱烯烃反应器温升大幅上升，但通过表5中开工期间重整生成油指数化验分析数据，重整生成油溴指数均符合设计要求，并不存在此类问题，可以排除原料的原因。

表5 重整生成油溴指数变化情况 mgBr/100g

时间	原料溴指数	设计溴指数
6.17	1810	≤6000
6.18	1888	
6.19	1872	
6.20	1745	
6.21	1799	
6.22	1808	
6.23	1850	
6.24	1696	
6.25	2315	

5 结论

1）FHDO技术在二甲苯分离装置开工一次性成功。开工过程操作简便，装置氢耗较小，重整生成油溴指数降至136mgBr/100g，混二甲苯产品溴指数降至20mgBr/100g，能够很好满足产品质量要求，同时加氢过程芳烃损失为0.15%，达到技术协议中芳烃损失小于0.2%的要求。

2）开工初期为抑制催化剂初活性，应提高补充氢量，同时降低反应温度，避免床层温度过高；在反应器床层温升稳定后需立即减小补充氢量，避免造成稳定塔干气和液化气产品质量长期不符合质量要求。

3）开工初期反应温度调整不便，需增设温度分程控制，从而更精确调整反应温度。

参考文献

[1] 陈玉琢.HDO-18催化重整生成油选择性加氢催化剂的工业试验[J].炼油技术与工程，2004，34(10)：19-21.
[2] 徐承恩.催化重整工艺与工程[M].北京：中国石化出版社，2014.

FRIPP 航煤液相加氢技术的开发及应用

陈　光　牛世坤　李　扬　徐大海　丁　贺　李士才

（中国石化大连石油化工研究院　辽宁大连　116045）

摘　要　航煤液相加氢精制技术通过高效利用氢资源，使装置投资和操作费用大幅度降低。FH-40B 催化剂是性能优异的轻质馏分油加氢精制催化剂，更适应于航煤液相加氢精制。工业应用结果表明：航煤液相加氢装置在满足装置长周期运行要求和航煤产品质量平稳的同时，氢气利用率高达 58.7%，充分说明航煤液相加氢技术是氢气利用率高、投资成本低、运行费用低的先进可靠技术。

关键词　液相加氢；加氢精制；航煤

伴随国家经济的快速发展，我国对航煤的需求也迅速增长，据统计数据显示[1]，航煤消费量约占全国煤油消费量的八成，余下为军煤、灯煤和其他领域的消费。随着近年中国民航业的快速发展，民用航煤的消费增势强劲。2019 年航煤消费量为 3684 万 t，同比增长 6.4%，是三大油品中增速最快的。我国航煤主要来源于原油常压蒸馏出的直馏航煤馏分，二次加工的航煤产量占据的份额较小。直馏煤油的加工工艺分为加氢和非临氢技术两种[2]，相比之下，加氢工艺对原料油的适应性和装置的易操作性要强得多，因而加氢工艺正逐步取代传统非加氢工艺。随着航煤需求量的增长，航煤加氢精制技术在炼油工业中的地位越来越重要，开发低成本的航煤加氢技术迫在眉睫。抚顺石化研究院（FRIPP）开发的低成本航煤加氢精制技术[3,4]，开发了系列航煤加氢催化剂、低压航煤加氢技术和航煤液相加氢技术，主要对航煤进行脱硫醇、降酸值和改善颜色，生产合格的航煤产品，已有 17 套工业装置应用。

航煤液相加氢技术是将氢气与航煤混合，在液相加氢处理条件下，与固定床反应器中航煤加氢催化剂接触而发生选择性加氢反应。其中氢气高度分散并溶解于航煤中，不需要循环氢系统，工艺流程简单，硫醇硫含量能够小于 10μg/g[5,6]。

1　航煤液相加氢技术

低压航煤加氢反应是气、固和液的三相反应，其中气相氢气大量富余，不参与任何反应，阻碍装置运行能耗的降低。FRIPP 在低压航煤加氢技术的基础上，结合近年来开发的低能耗的 SRH 液相循环加氢技术，开发低投资及低运行成本的航煤液相加氢技术。该技术使航煤原料与氢气混合，溶解氢气进行加氢反应，并进行脱除硫醇、降酸值和改善油品颜色等。

该技术取消循环氢气压缩机，大幅度降低装置投资和操作费用。由于装置反应系统不存在循环氢气，避免富余的氢气损失，进而解决炼油企业氢资源不足的问题；由于航煤加氢所需的化学氢耗比较低，航煤液相加氢装置无需循环泵，进一步降低了生产成本。航煤液相加氢装置由进料系统、反应系统和汽提分馏系统组成，典型的航煤液相加氢装置原则流程如图 1 所示。

2　航煤液相加氢催化剂

为了生产合格的航煤产品，FRIPP 先后开发了 FDS-4A 和 FH-40 系列催化剂[4,7]。FDS-40A 催化剂针对轻质馏分油，具有加氢活性好、装填均匀、装填方便等特点。FH-40 系列催化剂是通过载体改性、调节金属与载体的相互作用及优化催化剂的制备方法，开发出了性能更加优异的轻质馏分油加氢精制催化剂，其中 FH-40B 催化剂尤其适合低压航煤加氢。新开发的 FH-40B 催化剂不仅活性优于 FDS-4A 催化剂，而且装填堆比明显降低，具有更好的市场竞争力，已在数十套工业装置上应用。FH-40B 催化剂性质如表 1 所示。

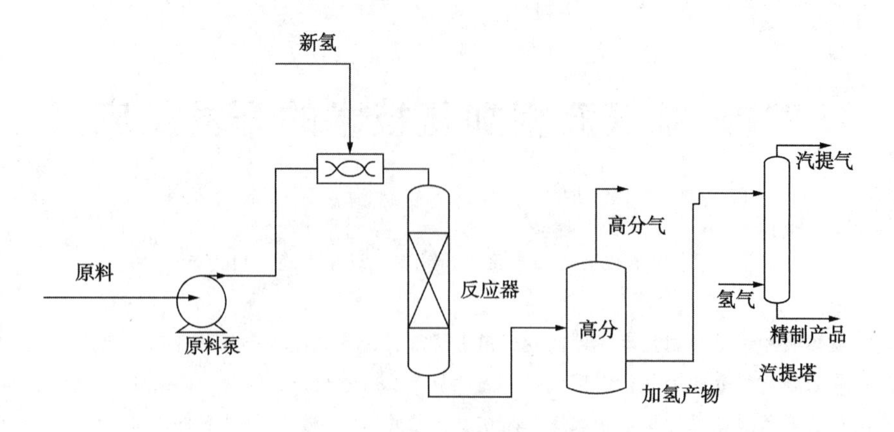

图1　航煤液相加氢装置的原则流程图

表1　FH-40B催化剂的理化性质

催化剂	FH-40B	催化剂	FH-40B
活性金属	Mo-Co	比表面积/(m^2/g)	≥200
形状	三叶草	测压强度/(N/cm)	≥150
尺寸/mm	(ϕ1.5~ϕ2.5)×(2~10)	装填密度/(g/cm^3)	0.67~0.73
孔容/(mL/g)	≥0.40		

以轻质石脑油为原料，对FH-40B催化剂与国内外同类型催化剂进行了活性对比，试验条件及结果见表2。从表2活性试验对比结果表明，在处理轻质石脑油时，产品质量达到同样的要求，FH-40B催化剂的反应温度要比FDS-4A和国外参比剂低10℃以上，说明FH-40B具有良好的加氢脱硫活性。

表2　催化剂活性试验对比结果*

催化剂	FDS-4A		国外催化剂	FH-40B
反应条件				
压力/MPa	1.6		1.6	1.6
体积空速/h^{-1}	10.0		10.0	10.0
氢油体积比	80		80	80
温度/℃	基准	基准+10	基准+10	基准
精制油性质				
硫/(μg/g)	2.5	<0.5	1.5	<0.5
氮/(μg/g)	<0.5	<0.5	<0.5	<0.5

*原料性质：硫含量为700μg/g，氮含量为1.4μg/g。

3　航煤液相加氢工艺研究

采用FH-40B为航煤液相加氢工艺的催化剂，常一线直馏煤油为原料油，在一次混氢的液相循环加氢中试装置上，进行航煤液相加氢工艺试验。原料油和试验结果见表3。

从表3可以看出，在体积空速6.6h^{-1}和8.0h^{-1}工艺条件下，航煤硫醇硫由99.7μg/g分别降低到6.5μg/g和9.7μg/g，实际胶质为1mg/100mL，说明常一线油在高空速下加氢效果较好。如果将生成油进行部分循环加氢，溶解氢气量增加，反应效果会更好。因此，常一线直馏煤油为原料油，采用FH-40B催化剂，航煤液相加氢工艺条件为220~230℃、1.8MPa、6.6~8.0h^{-1}，产品完全满足生产3#喷气燃料产品质量的需要。

表 3　常一线高空速液相加氢试验结果

工艺条件		条件 1	条件 2
反应压力/MPa		1.8	1.8
反应温度/℃		220	230
体积空速/h^{-1}		6.6	8.0
油品性质	常一线油	精制油	精制油
密度(20℃)/(g/cm^3)	0.7886	0.7881	0.7885
馏程范围/℃	146~233	142~232	145~232
硫/(μg/g)	1258	1088	1095
博士试验		通过	通过
硫醇硫/(μg/g)	99.7	6.5	9.7
实际胶质/(mg/100mL)	1	1	1
冰点/℃	-61	-60	-60
化学氢耗/%(质)		0.05	0.05

4　航煤液相加氢工业应用

航煤液相加氢技术于 2012 年 9 月在国内某炼化公司实现工业应用。该公司利用汽油选择性加氢装置改造的 800kt/a 航煤液相加氢装置，于 2012 年 9 月投产，10 月通过航鉴委验收后正式投入生产，一直连续运转至 2016 年 4 月，产品质量满足航煤质量要求，该技术表现了良好的适应性和稳定性。

2017 年，该公司为进一步提高航煤产量，将 2Mt/a 柴油加氢装置改造成 2.3Mt/a 航煤液相加氢装置。同年，装置投产并通过航鉴委验收。该装置所加工原料油的性质和运行工况及产品的性质，见表 4。

表 4　航煤液相加氢装置运行工艺结果

工艺条件		
反应压力/MPa	3.7	
反应温度/℃	263	
体积空速/h^{-1}	2.5	
油品性质	原料油	产品
密度(20℃)/(g/cm^3)	0.7927	0.7925
馏程范围/℃	141~254	156~255
硫醇硫/(μg/g)	134	4
硫/(μg/g)	2200	959
烟点/mm		25.1
冰点/℃		-56
铜腐，评级		1a
精制油热氧化安定性/℃		295

由表 4 可以看出，该公司为提高航煤产量，将航煤液相加氢装置原料油的终馏点提高到 254℃，在适宜的工艺条件下硫醇硫含量达到 4μg/g，且热氧化安定性为 295℃，其他主要产品指标完全满足生产 3#喷气燃料产品质量的需要。

2.3Mt/a 航煤液相加氢装置实际运行情况，与该公司常规 1.2Mt/a 航煤低压加氢装置对比数据见表 5。从表 5 可以看出，航煤液相加氢反应压力略高，催化剂体积空速低于常规航煤加氢。这主要是柴油加氢装置改造成的航煤液相加氢装置，受到原装置进料泵和反应器等因素的限制。对于装置氢耗，常规航煤加氢氢耗15.43Nm^3/t油，氢气利用率只有27.4%，航煤液相加氢氢耗8.36Nm^3/t油，氢气利用率58.7%。由此可以看出，航煤液相加氢装置的氢气利用率远高于常规航煤加氢装置，这对装置降低运行成本起到关键作用，以1Mt/a航煤加工量为常规航煤加氢为计算基准，液相航煤加氢少消耗氢气7.07×10^6 Nm^3/a，氢气按15000元/t计，氢气消耗成本低9.48元/t原料。

表5 两套航煤装置运行对比数据

项　目	航煤液相加氢	航煤加氢
进料量/(t/h)	273	120
反应压力/MPa	3.2	2.0
反应温度/℃	252	241.6
氢油比	—	160
催化剂体积空速/h^{-1}	2.5	4.2
循环氢/(Nm^3/h)	—	7900
新氢/(Nm^3/h)	2285	1852
废氢/(Nm^3/h)		860
汽提塔顶气	908	592
吨油化学氢耗/(Nm^3/t)	4.91	4.23
吨油氢耗/(Nm^3/t)	8.36	15.43
氢气利用率/%	58.7	27.4

5 结论

1）FRIPP航煤液相加氢精制技术，取消循环氢气压缩机，减小了耗氢量，大幅度降低装置投资和操作费用。航煤液相加氢装置由进料系统、反应系统和汽提分馏系统组成，无需循环泵，进一步降低了生产成本。

2）FH-40B催化剂是性能更加优异的轻质馏分油加氢精制催化剂，不仅活性优于FDS-4A催化剂，而且装填堆比明显降低，具有更好的市场竞争力。

3）国内某炼化公司2.3Mt/a航煤液相加氢装置运行结果显示，航煤液相加氢装置在满足装置平稳运转和航煤产品质量合格的同时，氢气利用率为58.7%。航煤液相加氢技术是投资成本低、运行费用低、耗氢量低、氢气利用率高的先进可靠技术。

参 考 文 献

[1] 石宝明.2016年中国成品油供求分析及展望[J].当代石油石化，2017，25(3)：17-24.

[2] 李大东.加氢处理工艺与工程[M].北京：中国石化出版社，2004.

[3] 姚运海，周勇.低压航煤加氢技术的开发及工业应用[J].化工科技，2003，11(3)：29-31.

[4] 郭蓉，姚运海，周勇，等.FH-40B加氢精制催化剂反应性能及工业应用[J].炼油技术与工程，2007，37(8)：42-44.

[5] 穆海涛.喷气燃料低压临氢脱硫醇(RHSS)技术的工业应用与运行分析[J].2011，42(6)：29-34.

[6] 王军利.航煤液相加氢装置设计[J].产业创新研究，2018，10：117-118.

[7] 王艳.FDS-4A再生催化剂在高空速低压航煤加氢装置应用的情况[J].中国新技术新产品，2009，5：3.

航煤加氢装置改造运行总结

翟玉娟　王立波　杨　植　王　健

（中国石化石家庄炼化公司　河北石家庄　050000）

摘　要　为满足日益增长的航煤需求量，石家庄炼化公司拟对航煤加氢装置进行扩能改造，将加工能力由原设计 600kt/a 扩展至 800kt/a，另外利用本次升级改造对以往装置设计不足项进行消缺、补齐处理。通过对动、静设备核算确定改造方案并完成改造，通过改造前后大负荷标定和实际生产对比，改造后装置消除大负荷生产瓶颈，产品质量稳定，设备运行良好，而且能耗比改造前降低约 2.17kgEO/t。

关键词　航煤加氢；改造；标定；总结

前言

石家庄炼化航煤加氢装置采用中国石化石油化工科学研究院开发的催化剂，由中国石化工程建设公司负责工艺技术开发和工程设计。原料油来自 1#和 2#常减压蒸馏装置的直馏煤油。直馏煤油中的硫醇性硫、硫含量、颜色及银色腐蚀不符合航空煤油产品质量标准。建设本装置的目的是脱除直馏煤油中的硫醇性硫、降酸值、改善油品颜色及使银片电腐蚀合格等，生产和满足 3#军用航煤的质量标准，并兼顾冬季生产低凝点的柴油。装置于 2012 年 11 月投产。

为满足日益增长的航煤需求量，石家庄炼化拟对航煤加氢装置进行扩能改造。石家庄航煤加氢装置原设计能力为 60kt/a，计划将加工能力扩展至 800kt/a。另外利用本次升级改造对以往装置设计不足项进行消缺、补齐处理。装置改造前公称规模 60kt/a，操作弹性 110%，改造后的公称规模 800kt/a，操作弹性 100%，年操作时间 8400h。装置由反应部分、分馏部分、公用工程三部分组成。

本装置改造拟采用中国石化石油化工科学研究院（RIPP）成熟先进的加氢催化剂，RIPP 根据询价文件提供关于该装置的扩能改造基础数据。石科院提供的基础数据中包括滴流床与液相床两种改造方案供业主选择。根据 SEI 的设计经验，受反应器设计条件（设计压力 3.05MPa（表））的限制，煤油介质以 3.0MPa（表）、310℃的操作条件进入反应器后将发生大量的气化，无法保证液相加氢反应器内维持液相连续相，故液相床方案不适合本次改造，本改造方案仅按照滴流床方案开展。考虑到热高分流程有利于装置的节能降耗，为近些年来相近装置建设的发展趋势，本次改造基于原 600kt/a 航煤加氢装置进行，尽量利用现有设备，减少设备和管线改动的工作量，控制投资成本，本次改造方案设计按照热高分流程开展。

1　改造方案的确定

本装置扩能改造依托原 600kt/a 航煤加氢装置的流程与设备，通过核算，对不能满足改造要求的流程设置与设备能力提出改造方案。

1.1　静设备的核算

反应器（R-101）的原设计条件与尺寸大小均能满足改造要求，扩能后反应器压降不超过 0.15MPa。

汽提塔（C-201）的原设计条件与尺寸大小均能满足改造要求，汽提塔塔盘需要塔盘专利商核算是否满足扩能要求，必要时更换。扩能后对于塔的操作（停留时间等）将提出更高要求。

增加热高分 D-103，（ϕ2200×8000mm）。

其他容器的原设计条件与尺寸大小均能满足改造要求，扩能后对于容器的操作（停留时间等）将提出更高要求。

反应产物换热器(E-101)原设计可以满足改造后的换热要求，但原结构在扩能后会导致反应系统压降过大(0.3MPa)进而引起循环氢压缩机能力不足，因此需要改造。

应用热高分流程后E-202不改造，沿用原型号四台串联，初期换热器壳层出口即汽提塔进料温度为210℃，管程出口温度为150℃，加热炉负荷大约2.54MW。末期换热器壳层出口即汽提塔进料温度为212℃，管程出口温度为155℃，加热炉负荷大约2.45MW。

增加一台精制航煤与热水换热器E-204，大约发生热水116~127t/h(67~90℃)。

增加一台与原型号相同的航煤产品水冷器(E-203B)，两台重叠放置，考虑最新安全与环保要求，将精制航煤冷却至40℃送出装置。设备是否可以叠放需土建、配管、设备专业核实。

空冷设备可以满足扩能与改造要求。

1.2 动设备的核算

反应进料泵(P-102A/B)扩能改造后流量由95.11m^3/h增加至117.3m^3/h，确定进行原地改造。

航煤产品泵(P-202A/B)扩能改造后流量由113.31m^3/h增加至142.4m^3/h，确定进行原地改造。

汽提塔顶回流泵(P-201A/B)由于扩能后反应裂化程度较小，原设计流量相对较大(36.81m^3/h)，现能力只需大约5m^3/h，需设置泵的最小流量线。

混合氢压缩机(K-101A/B)原设计条件满足扩能改造要求，氢气系统不必改造。

1.3 加热炉的核算

反应进料加热炉F-101与汽提塔底重沸炉F-201满足扩能改造后工艺负荷要求，其中F-101正常操作负荷3.125MW，F-201正常操作负荷大约3.2MW，本次改造仅对加热炉进行消项处理，解决炉管震动和余热回收排烟温度过低。

1.4 改造内容

1) 增加热高分D-107(ϕ2200×8000mm)。

2) 反应产物换热器E-101A/B/C/D的折流板间距由原250mm更改为350mm，双弓折流板开口为29%。

反应产物换热器(E-101)原设计可以满足改造后的换热要求，但原结构在扩能后会导致反应系统压降过大(0.3MPa)进而引起循环氢压缩机能力不足，因此需要将E-101A/B/C/D的折流板间距由原250mm更改为350mm，双弓折流板开口为29%，改造后压降不超过0.15MPa。

3) 应用热高分流程后E-202不改造，延用原型号四台串联。

延用原型号四台串联，初期换热器壳层出口即分馏塔进料温度为210℃，管程出口温度为150℃，加热炉负荷大约2.54MW。末期换热器壳层出口即分馏塔进料温度为212℃，管程出口温度为155℃，加热炉负荷大约2.45MW。

4) 增加一台精制航煤与热水换热器E-204。

增加一台精制航煤与热水换热器E-204，大约产生热水116~127t/h(67~90℃)。考虑最新安全与环保要求，将精制航煤冷却至40℃送出装置。

5) 更换航煤产品水冷(E-203B)，两台重叠放置。

6) 反应进料泵(P-102A/B)、航煤产品泵(P-202A/B)进行原地改造。

反应进料泵(P-102A/B)扩能改造后流量由95.11m^3/h增加至117.3m^3/h；航煤产品泵(P-202A/B)扩能改造后流量由113.31m^3/h增加至142.4m^3/h，进行原地改造。

7) 分馏塔顶回流泵(P-201A/B)设置泵的最小流量线。

分馏塔顶回流泵(P-201A/B)由于扩能后反应裂化程度较小，原设计流量相对较大(36.81m^3/h)，现能力只需大约5m^3/h，设置泵的最小流量线。

8) 对加热炉进行消项处理，解决炉管震动和余热回收排烟温度过低问题。

反应进料加热炉 F-101 与分馏塔底重沸炉 F-201 满足扩能改造后工艺负荷要求，其中 F-101 正常操作负荷 3.125MW，F-201 正常操作负荷大约 2.54MW，本次改造仅对加热炉进行消项处理。装置改造后工艺流程如图 1 所示。

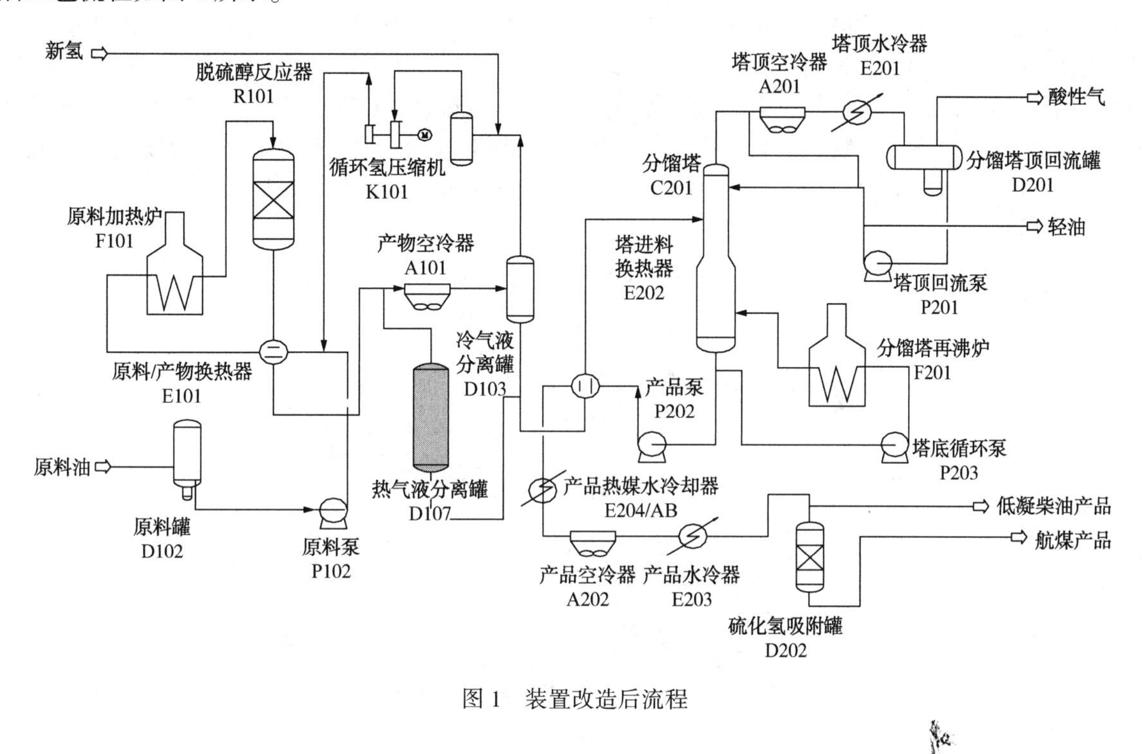

图 1 装置改造后流程

2 装置改造效果

2.1 塔 201 入口温度

本次改造的重点为换热流程的调整，通过图 1 看出，通过增上热高分流程，反应产物经过 E101 与原料换热后，不经过空冷 A101 冷却直接去 E202 与塔底产品换热，不经过空冷冷却至 50℃以下的 110℃反应产物直接去 E202 取热。

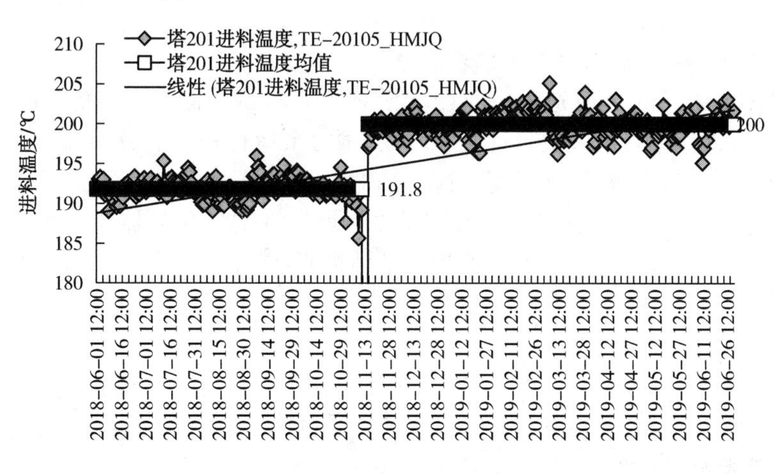

图 2 改造前后塔 201 进料温度对比折线图

从图 2 可以看出，塔 201 进料温度从改造前的 191.8℃左右提高到 200℃左右，塔 201 进料温度平局提高 8.2℃；达到预期效果。由于反应产物取热减少，剩余热量通过新增加 E204 提供给热媒水供连续聚丙烯装置代替 1.0MPa 蒸汽使用。

2.2 热高分冷却器

改造前空冷 101 出口温度夏季长时间超过设计值 50℃，介质温度过高会导致循环氢待业，影响循环氢压缩机的安全运行。3 月份在装置 80t/h 进料量、空冷 101 全部投用工频情况下空冷 101 出口温度已经达到 56℃，6 月份以后最高达到 62℃。2018 年 11 月装置完成改造投用热高分，此次改造增上热高分后空冷 A101 冷却介质和负荷发生改变，由改造前的油气混合物改为循环氢，而空冷 101 原设计空冷风机 2 个变频，2 个工频，当冷后温度过高时空冷风机全部改为工频，当气温低时空冷风机部分停运或改为工频变频、或工变频任意组合投用，达到节电目的。改造后空冷 101 出口温度同期同工况下降至 50℃以下，11 月~次年 2 月，空冷 101 空冷风机处于全部停运状态。改造前后空冷 101 出口温度对比如图 3 所示。

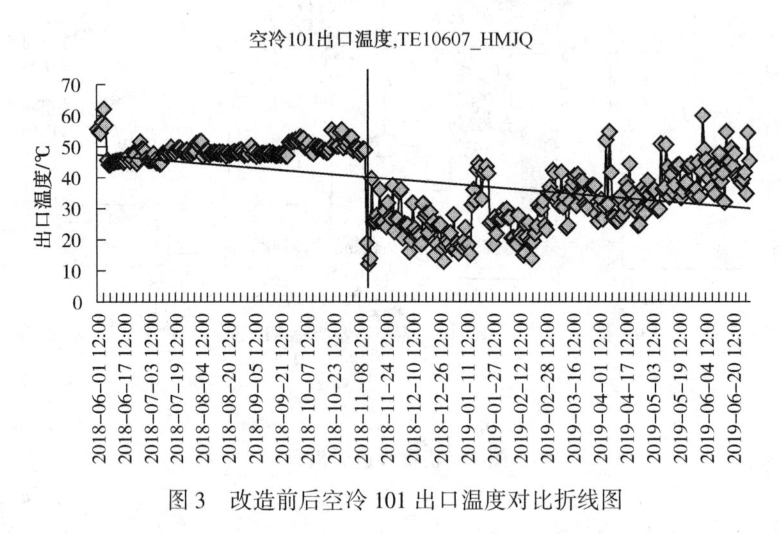

图 3 改造前后空冷 101 出口温度对比折线图

从图 3 可以看出，装置改造后空冷 101 出口温度明显低于同期温度，而且从图中还可以看出改造后空冷 101 出口温度比改造前出现明显波动，主要是班组人员根据冷后温度启停空冷风机，变频、工频交替运行。

2.3 E204/AB 和 E203B

装置改造增上 E-204 和 E203B 后航煤产品出装置温度满足不大于 45℃出装置温度要求，而且产品空冷 202 风机全年 4 个月处于停运状态。

2.4 原料泵、产品泵和塔顶回流泵以及加热炉

反应进料泵(P-102A/B)扩能改造后由于受上游装置原料量限制，泵 102A/B 出口最大流量达到 92t/h；航煤产品泵(P-202A/B)最大流量达到 90t/h，两台泵运行稳定。分馏塔顶回流泵(P-201A/B)设置泵的最小流量线后，装置 3 台塔顶回流泵能够随时切换保证分馏塔的平稳运行。炉 101 炉管再转优先进行门字形加固解决了炉管震动问题，余热回收将烟气进空气预热器跨线加粗从原来的 *DN*300G 改为 *DN*500，改造后基本解决了排烟温度过低烟气带大量明水问题。

3 装置运行分析

2018 年 10 月 15 日装置改造施工项目全部完毕，11 月 12~14 日航煤加氢装置停工投用热高分投用。从热高分投用装置运行至今，装置运行平稳，产品质量稳定，装置能耗比改造前大幅度降低。

3.1 装置改造前大负荷标定结果

2016 年 8 月装置完成大负荷标定，8 月 25 日装置进料量 83.2t/h，反应 253.2℃、压力 1.945MPa 条件下装置运行平稳 8：30 开始标定，装置进料量不做大幅度调整维持现生产条件，8 月 27 日 8：30 标定结束。

3.1.1 航煤原料性质

航煤原料性质见表 1。

表 1　原料性质

采样日期	航煤原料外观/无明水	初馏点/℃	10%回收温度/℃	50%回收温度/℃	90%回收温度/℃	95%回收温度/℃	终馏点/℃ ≤250.0	闪点(闭口)/℃ ≤46.0	硫醇硫/%(质) ≤300.0000
2016/8/26 14：01：48	无明水	136.0	163.2	193.0	225.2	232.0	245.8	33.0	0.0075
2016/8/26 8：30：00	无明水	137.8	165.0	195.0	226.8	232.8	246.4	34.0	0.0083
2016/8/25 8：30：00	无明水	137.0	165.0	195.0	227.0		247.0	33.5	0.0082
采样日期	密度(20℃)/(kg/m^3)	硫含量/%(质) ≤0.200	冰点/℃	气相中硫化氢/(mg/m^3)	机械杂质及水分	水分/(mg/kg)	铁含量/(mg/kg)	碱性氮/(mg/kg) ≤5.00	总酸值/(mgKOH/g)
2016/8/26 14：01：48	791.7	0.168	-53.7	5	无水无杂质	131.6		5.16	0.082
2016/8/26 8：30：00	793.0	0.174	-53.4	45	无	136.8		5.14	0.083
2016/8/25 8：30：00	792.6	0.173	-53.1	5	无	372.0	0.2	5.23	0.086

从表 1 的数据看出航煤原料的终馏点 245.8~247℃，碱性氮 5.14~5.23mg/kg，原料油性质除碱性氮超出原料性质要求指标外其他项符合标定原料条件。

3.1.2　工艺条件

装置运行工艺参数见表 2。

表 2　工艺参数统计表

标定时间	2016 年 8 月 25 日 10 时 0 分	2016 年 8 月 26 日 8 时 0 分	2016 年 8 月 26 日 16 时 0 分	设计值
原料进料量/(t/h)	81.8	77.9	79.7	71.4
反应器入口温度/℃	253.5	253.4	253.5	
反应器出口温度/℃	254.3	254.5	254.4	
床层总温升/℃	0.8	1.1	0.9	
反应器入口压力/MPa	2.26	2.25	2.25	
反应器床层总压差/MPa	0.088	0.086	0.088	
低压分离器压力/MPa	1.95	1.947	1.949	
A101 出口温度/℃	54.4	48.65	54.8	≤50
混氢流量/(Nm^3/h)	9435	9460	9567	
新氢进装置流量/(Nm^3/h)	195	180	193.7	
原料加热炉炉膛温度/℃	565	563	562	
F101 氧含量/%	2.2	3.29	3.13	
原料加热炉进料温度/℃	233.6	234.2	234.2	
分馏塔进料温度/℃	194	192.3	193.6	
分馏塔底温度/℃	226.3	225	225	
分馏塔底返回温度/℃	232	231	232	
分馏塔顶温度/℃	100.3	109.7	107	
分馏塔压力/MPa	0.130	0.130	0.130	
轻馏分油量/(t/h)	0.4	0.91	0	
容 201 顶富气量/(Nm^3/h)	264	226	244	
分馏重沸炉进炉温度/℃	225	225	225	
分馏重沸炉炉膛温度/℃	577	574	575	

续表

标定时间	2016年8月25日 10时0分	2016年8月26日 8时0分	2016年8月26日 16时0分	设计值
F201 氧含量/%	3.3	3.38	3.3	
排烟温度	94	94.7	96	
产品出装置量/(t/h)	81	77.5	79.2	
产品出装置温度/℃	41	36.8	40.5	≤45

从表2中数据可以看出，装置在标定过程中运行平稳，说明装置具备大负荷生产条件。

3.1.3　标定结论

1）装置具备113%负荷处理原料油的能力，且装置大负荷运行时平稳，设备状态良好。

2）在此次标定中，产品质量均合格，硫醇硫0.0007%[指标%≤0.00160%(质)]以下，闪点42~47℃，均值43.57℃，硫化氢5mg/m^3(指标：气相中硫化氢≤15mg/m^3)，铜腐合格，由此证明在装置在113%负荷生产条件下，原料性质稳定时，能生产出合格的航煤产品。

3）在标定条件下，装置氢耗低，充分证明了RHSS技术氢耗低、RSS-2催化剂在低压、低氢油比、低温条件下具有更高活性的特点。

4）在标定条件下，加热炉仍未达到满负荷运行，炉101仍然只保留两个火嘴运行，在为点燃火嘴风道加盲板的情况下，炉膛氧含量在瓦斯组分平稳的情况下能保证氧含量在2%~4%范围内，加热炉具备装置113%负荷运行的能力，余热回收设计仍然表现过大，排烟温度仍过低，标定条件下仍然达不到100℃，最低92℃，最高98℃。

5）反应器压降在86~88kPa左右，压降较小，而且反应器温升较小，不超过2℃，比较理想，且反应温升易于控制，说明反应器催化剂在运行接近4年后活性和强度能满足生产要求；RSS-2催化剂在装置标定期间，在实际运行空速4.03超出设计值4.0且原料碱性氮超出原料指标要求的情况下仍能满足生产要求，具备生产出市场所需的合格航煤产品的能力，从产品硫醇硫可以看出催化剂活性有所下降。

6）标定过程中反应产物空冷、航煤产品空冷、水冷冷后设备冷却能力不足，尤其是反应产物空冷，航煤出装置温度最高43℃，最低37℃，均值41.3℃。而反应产物空冷101冷后温度在全部投用工频的条件下最高56℃，最低48℃，均值52℃。

3.2　装置改造后大负荷标定结果

2019年9月装置完成大负荷标定，9月14日装置进料量90~95t/h，反应温度263~265℃、压力1.985MPa条件下标定，装置进料量根据直供量全量引进至最大量，9月16日10：00标定结束。

3.2.1　航煤原料性质

航煤原料性质见表3。

表3　原料性质

采样日期	闪点(闭口)/℃ ≤46.0	硫醇硫/%(质) ≤0.03000	初馏点/℃	10%回收温度/℃	50%回收温度/℃	90%回收温度/℃
2019/9/16 7：00：00	30.0	0.0116	130.5	166.5	192.0	222.0
2019/9/15 7：00：00	30.0	0.0092	131.5	168.5	195.5	225.0
2019/9/14 7：00：00	27.0	0.0088	132.5	170.5	197.0	228.0
采样日期	终馏点/℃ ≤260.0	密度(20℃)/(kg/m^3)	硫含量/%(质) ≤0.200	碱性氮/(mg/kg) ≤5.00	氮含量/(mg/kg)	氯含量/(mg/kg)
2019/9/16 7：00：00	245.0	—	0.110	3.0	3.6	<1.0
2019/9/15 7：00：00	249.0	788.6	—	—	—	—
2019/9/14 7：00：00	250.0	—	—	—	—	—

从表3的数据看出航煤原料的终馏点245~250℃，碱性氮3.0mg/kg，原料油性质符合标定原料条件。

3.2.2 工艺条件

大负荷标定工艺条件参数见表4。

表4 工艺参数统计表

标定时间	2019年9月14日 10时0分	2019年9月15日 10时0分	2019年9月16日 10时0分	改走后设计值
原料进料量/(t/h)	90.4	90	93.4	95.2
反应器入口温度/℃	263	262.9	262.9	
反应器出口温度/℃	263.8	263.5	263.5	
床层总温升/℃	0.8	1.1	0.9	
反应器入口压力/MPa	2.301	2.301	2.304	
反应器床层总压差/MPa	0.108	0.106	0.110	
低压分离器压力/MPa	1.983	1.985	1.985	
A101出口温度/℃	49.35	38.95	48.312	≤50
混氢流量/(Nm^3/h)	9822	9681	9788	
新氢进装置流量/(Nm^3/h)	246	259	280.5	
原料加热炉炉膛温度/℃	598	601	609.9	
F101氧含量/%	3.56	3.42	2.93	
分馏塔进料温度/℃	200	201	200.8	
分馏塔底温度/℃	222.2	223.3	222.6	
分馏塔底返回温度/℃	224.9	226.2	225.3	
分馏塔顶温度/℃	100.3	109.7	107	
分馏塔压力/MPa	0.119	0.117	0.116	
轻馏分油量/(t/h)	1.677	0.877	1.236	
容201顶富气量/(Nm^3/h)	395	350	432	
排烟温度	102	102.1	100.5	
产品出装置温度/℃	33.3	33.9	34.22	≤45

从9月14~16日标定数据可以看出，在全厂物料平衡的条件下，装置改造后最大进料量可以提高至93.4t/h，装置负荷率98.2%，在标定过程中运行平稳，说明装置装置扩容改造是成功的。

3.2.3 标定结论

1）装置具备98.2%负荷处理原料油的能力，且装置大负荷运行时平稳，设备状态良好。

2）在此次标定中，产品质量均合格，硫醇硫0.0007%(指标≤0.00160%(质))以下，闪点43~46℃之间，均值44.3℃，硫化氢5mg/m^3(指标：气相中硫化氢≤15mg/m^3)，铜腐合格，由此证明在装置在93.4t/h以下生产条件下，原料性质稳定时，能生产出合格的航煤产品。

3）在标定条件下，加热炉仍未达到满负荷运行，炉101仍然只保留两个火嘴运行，在未点燃火嘴风道加盲板的情况下，炉膛氧含量在瓦斯组分平稳的情况下能保证氧含量在2%~4%范围内，加热炉具备98.2%负荷运行的能力，余热回收通过调节烟气跨线排烟温度能够控制在100℃以上，解决了排烟温度过低问题。

4）反应器压降在86~88kPa左右，压降较小，而且反应器温升较小，不超过2℃，比较理想，且反应温升易于控制，说明反应器催化剂在运行接近4年后活性和强度能满足生产要求；RSS-2催化剂在装置标定期间，在实际运行空速超出催化剂技术协议要求值，但通过提高反应温度，具备生产出市场所需的合格航煤产品的能力。

5) 标定过程中反应产物空冷、航煤产品空冷、水冷冷后设备冷却能力经过改造后，全部在工艺卡片允许范围内，航煤出装置温度最高 34.22℃，最低 33.3℃，均值 33.8℃。反应产物空冷 101 冷后温度在只投用 2 台变频的条件下最高 49.35℃，最低 38℃，均值 45.2℃。

3.3 装置改造前后大负荷标定能耗对比

改造前后能耗对比见表 5。

表 5 能耗统计表

项目名称	改造前		改造后	
	本期		本期	
	能耗/(kg/t)	实物量/t	能耗/(kg/t)	实物量/t
装置加工量		3872.965		4363
能耗合计	6.07		3.90	
水	0.15	5957	0.17	7607
其中：循环水	0.15	5957	0.17	7607
电	1.76	29668	1.56	29592
工艺炉燃料	3.35	13.67	2.19	10.08
其中：燃料气	3.35	13.67	2.19	10.08
热进(出)料/kgEO	0.8	3116	-0.03	3116

从表 5 可以看出装置个改造前最大负荷标定期间能耗 6.07kgEO/t 表明装置标定期间能耗远远低于设计值 9.66kgEO/t，装置处理负荷达到设计负荷的 113%。装置改造后大负荷标定装置能耗 3.90kgEO/t，装置处理负荷达到改造后设计负荷的 98.2%，装置改造后比改造前装置大负荷运行能耗降低 2.17kgEO/t。

4 结论

1) 装置改造后在原料量不足的情况下，装置处理负荷达到改造后设计负荷(800kt/a)的 98.2%时装置运行平稳，设备状态良好；原料性质稳定条件下产品质量合格，没有出现高负荷生产瓶颈，说明装置具备 98.2%负荷处理原料油的能力本次扩容改造是成功的。

2) 装置处理负荷达到改造后设计负荷(800kt/a)的 98.2%工况下，加热炉仍未达到满负荷运行，炉 101 仍然只保留两个火嘴运行，在未点燃火嘴风道加盲板的情况下，炉膛氧含量在瓦斯组分平稳的情况下能保证氧含量在 2%~4%范围内，加热炉具备装置 98.2%负荷运行的能力，余热回收通过调节烟气跨线排烟温度能够控制在 100℃以上，解决了排烟温度过低问题。

3) 装置处理负荷达到改造后设计负荷(800kt/a)的 98.2%工况下，反应器压降在 86~88kPa 左右，压降较小，而且反应器温升较小，不超过 2℃，比较理想，且反应温升易于控制，说明反应器催化剂在运行接近 7 年后活性和强度能满足生产要求；RSS-2 催化剂在实际运行空速超出催化剂技术协议要求值情况下，通过提高反应温度，具备生产出市场所需的合格航煤产品的能力。

4) 装置处理负荷达到改造后设计负荷(800kt/a)的 98.2%工况下，反应产物空冷、航煤产品空冷、水冷冷后设备冷却能力经过改造后，全部在工艺卡片允许范围内，航煤出装置温度最高 34.22℃，最低 33.3℃，均值 33.8℃。反应产物空冷 101 冷后温度在只投用 2 台变频的条件卜最高 49.35℃，最低 38℃，均值 45.2℃，装置改造后消除了空冷冷却不足的瓶颈。

5) 装置改造后大负荷标定装置能耗 3.90kgEO/t，装置改造后比改造前装置大负荷运行能耗降低 2.17kgEO/t，能耗远远低于设计值 9.66kgEO/t。

增设航煤生产设施及扩能改造项目工业应用

孙　磊

（中国石化安庆石化公司　安徽安庆　246000）

摘　要　国内航煤需求的增长促使炼油企业航煤加氢能力提升，中国石化安庆石化公司于2015年将催化汽油加氢装置（已停用）改造为航煤加氢生产装置，使用原有的FGH-21/FGH-31催化剂，生产满足3号航煤技术要求的精制航煤产品。2019年年底实施扩能改造项目，航煤加氢装置生产能力由0.4Mt/a提升至0.8Mt/a，催化剂更换为FH-40A催化剂。工业运转结果表明，在反应压力2.9MPa，氢油比≥80（体），反应温度270℃的条件下，扩能改造后的航煤加氢装置，能稳定生产合格的3号航煤产品，达到了完善产品结构，提高企业经济效益的目的。

关键词　常减压；航煤；加氢精制；改造

我国社会和经济的飞速发展，改变着国内成品油市场的消费结构，柴油消费出现持续下降趋势，多产汽油、航煤成为国内炼油厂调整产品结构的方向。我国是仅次于美国的世界第二大航煤消费国，经济的不断发展以及经济全球化的不断深入，极大地推动了航空运输业的发展，民航运输总周转量同比保持高速增长，而居民收入持续提高，旅游业稳步发展，国内航空运输业呈现出良好发展势头，对喷气燃料的需求逐年提高，年均增长8%以上[1]。从《全国民用运输机场布局规划》制定的“到2030年实现机场周边100公里所有县域和中心区域全面覆盖”的发展目标可以预测，我国航煤需求还将保持较快的增长速度[2]。

喷气燃料的需求量不断增加，促使炼油工业航煤加氢能力的持续提升。航空安全责任重大，航煤质量事关飞机安全稳定飞行，必须高标准、严要求。我国民用航煤使用《3号喷气燃料》标准（GB 6537—2006），相较于国外，对航煤质量管理的生产要求更加严格。采用加氢工艺对直馏航煤进行精制处理生产航煤，产品质量的保障能力和可控性更强[3]。中国石化安庆石化公司通过增设航煤生产设施，对直馏航煤进行加氢精制改质，生产满足3#喷气燃料技术要求的航空煤油，以完善产品结构，提高企业经济效益。2019年年底，对航煤加氢装置进行扩能改造，更换新型催化剂，企业航煤生产能力进一步提高。

1　项目概况

为满足国内航煤需求的增长和进一步提高企业经济效益，安庆石化公司根据中国石化的统一部署，将催化汽油加氢装置（Ⅱ加氢装置）（已停用）改造为航煤加氢装置，并对常减压装置进行适应性配套改造，对相应的罐区、汽车发油站等进行改造或扩建，以生产满足3号喷气燃料技术要求的精制航煤产品。

Ⅱ加氢装置始建于1995年，为0.4Mt/a（年以8000h计算）柴油加氢装置。为完成油品质量升级工作，2009年年底该装置改造为0.67Mt/a催化汽油加氢装置，以催化裂化汽油和催化裂解汽油的混合油为原料，采用中国石化大连石油化工研究院（原抚顺石油化工研究院，以下简称大连院）开发的OCT-M技术，使用专利的FGH催化剂体系，生产满足“国Ⅳ”质量标准的汽油（汽油硫含量≤50μg/g）产品。国内航煤需求量的不断增加，促使企业增设航煤生产设施，2015年11月将Ⅱ加氢装置改造为0.4Mt/a航煤加氢装置，2019年年底装置扩能改造后产能提升至0.8Mt/a。航煤加氢装置以常减压装置抽出航煤馏分为原料，通过加氢精制，主要脱除硫醇硫和降低酸值，生产满足3号喷气燃料技术要求的精制航煤产品。

安庆石化公司目前共有两套常减压装置，常减压蒸馏（Ⅰ）装置（Ⅰ常装置）原油处理能力3.0Mt/a，常减压蒸馏(Ⅱ)装置(Ⅱ常装置)原油处理能力5.0Mt/a，航煤总产率以5%计，每年可生产航煤原料0.4Mt。考虑3号喷气燃料打通市场时间节点要求，结合常减压装置现状，航煤加氢装置设计规模按0.4Mt/a一次规划，分期实施。前期(2015年11月~2016年7月)设计产能0.25Mt/a，后期(2016年9月及以后)产能可达到0.45Mt/a。2019年航煤加氢扩能改造配套项目，两套常减压装置提高常一线收率改造项目同时完工，为航煤加氢装置提供足够的原料来源。

2　航煤加氢装置生产情况

增设航煤生产设施项目中，在将Ⅱ加氢装置改造为航煤加氢装置的同时，保留了装置原有的催化汽油加氢能力。由于航煤原料油氮含量比较高，为保证产品质量合格，反应压力控制在3.0MPa以内，反应温度在270~320℃，航煤加氢反应催化剂利用Ⅱ加氢装置原有的FGH-21/FGH-31催化剂及FZC-100/FZC-102B保护剂。

2019年年底航煤加氢装置由0.4Mt/a扩能改造至0.8Mt/a，在原航煤加氢工艺流程基础上进行优化设计，并将催化剂更换为FBN系列保护剂和FH-40A型催化剂，控制反应压力~2.9MPa，反应温度260~310℃，生产满足3号喷气燃料技术要求的精制航煤产品。

2.1　航煤加氢装置前期生产情况

航煤加氢装置前期设计能力0.25Mt/a，以Ⅱ常装置提供的航煤原料油进行生产，Ⅱ常装置短时停工对其进行适应性配套改造，以满足生产航煤的要求。为对改造后的航煤加氢装置加工能力、工艺指标、产品质量、催化剂性能等是否达到设计要求进行全面考核，2016年3月23~25日，对航煤加氢装置进行工艺标定。航煤原料油及产品性质如表1所示，主要工艺操作参数如表2所示，装置物料平衡如表3所示。

表1　航煤原料及产品性质

项　目	标定数据		设计数据	
	原料航煤	精制航煤	原料航煤	精制航煤
密度(20℃)/(kg/m^3)	796.8	796.6	801.5	801
馏程/℃				
初馏点	142.4	151.3		
10%/20%	171.5/179.9	172.6/180.4		
50%/90%	195.8/222.0	195.9/222.0		
终馏点	242.6	241.8		
酸值/(mgKOH/g)	0.132	0.002	0.085	0.01
w(硫)/(μg/g)	0.0634	0.0025	0.11	0.015
w(硫醇硫)/(μg/g)	0.00608	0.00000	0.06	<0.01
w(总氮)/(μg/g)	5.0	1.6	7.3	<3
w(碱性氮)/(μg/g)	0.87	0.68	2.8	<1.5
烟点/mm	25.0	25.2		25
闭口闪点/℃	40.2	44.0	40	
冰点/℃	-59.2	-59.9	-55.3	<-51
族组成/%				
芳烃	14.0	14.4		
烯烃	1.8	1.6		
饱和烃	84.2	84.0		
铜片腐蚀		1a		
银片腐蚀	1	1		
色度		27.0		
博士试验		通过		
水含量/(μg/g)	58.0	54.3		

表 2 装置主要操作条件

项目	标定数据	设计数据	
反应器进料量/(t/h)	32.3	29.8	
主催化剂体积空速/h^{-1}	2.0	2.9	
反应器入口/MPa	3.1	≥3.0	
反应器入口氢分压/MPa	3.0	≥2.4	
反应器入口氢油体积比	275	≥80 : 1	
反应温度/℃		初期	末期
入口温度	278	270	320
出口温度	280	272	321
床层平均温度	279	271	321
床层总温升	2	2	1

表 3 装置物料平衡及能耗

项目	标定数据		设计数据	
入方	物料量/(t/h)	收率/%(质)	物料量/(t/h)	收率/%(质)
原料油	32.271	99.74	29.762	99.95
新氢	0.084	0.26	0.015	0.05
合计	32.355	100	29.777	100
出方				
精制航煤	31.667	97.87	29.610	99.44
轻油	0.193	0.60	0.039	0.13
排放氢	0.001	0.00		
H_2S+NH_3	0.421[1)]	1.30	0.128	0.43
损失	0.073	0.23		
合计	32.355	100	29.777	100
能耗/[MJ/t(原料)]	476.88		878.57	

注：H_2S+NH_3不能直接测定，该值为装置酸性气量。

由表 1 可以看出，常减压装置航煤馏分经加氢精制后，硫醇硫几乎完全脱除，酸值降低率超过 98%，精制航煤产品性质满足 3#喷气燃料各项技术指标要求。由表 3 可以看出，新氢耗量较设计值高 0.069t/h，由于航煤加氢耗氢量低，装置改造利旧的新氢系统在低流量下不易控制流量，是造成新氢用量高的主要原因。2017 年底对新氢系统进行优化改造后，停用新氢机组，新氢由焦化汽油加氢装置供给，新氢耗量降低 50%以上。

航煤原料油硫、氮含量均较设计值低，标定期间氢油比高于设计值，在装置安稳运行和精制航煤产品合格的前提下，反应系统无需注水，不消耗 1.3MPa 蒸汽，燃料气耗量较设计值低 97.97MJ/t；分馏系统 3.9MPa 蒸汽耗量较设计值低 108.02MJ/t；装置改造利旧的空冷运行负荷小，依靠水冷即可达到所需冷后温度，可停用空冷；新氢系统经过优化改造停用新氢机组，电耗进一步降低，装置实际电耗较设计值降低约 131.46MJ/t；装置总能耗较设计值低 401.69MJ/t，后期装置负荷提高，通过生产优化调整，装置能耗进一步降低。

2.2 航煤加氢装置后期生产情况

2016 年装置大检修期间，通过对Ⅰ常装置进行生产航煤原料适应性配套改造，每年可生产航煤原料 0.2Mt，2016 年 9 月Ⅰ常装置航煤馏分并入航煤加氢装置做原料，3 号喷气燃料产能大幅提高。通过优化常减压装置操作，提高常一线航煤馏分收率，航煤加氢装置产能达到0.45Mt以上。

航煤加氢装置后期加工Ⅰ常装置、Ⅱ常装置的混合原料，对2017年至今的操作条件进行分析，反应器入口温度控制在约280℃，反应氢分压控制在约2.85MPa，空速控制在约2.73h^{-1}，最高3.57h^{-1}。由于航煤加氢改造后循环氢系统低流量下难以控制，氢油比高，平均为153(体，下同)，2019年2月对循环氢系统进行操作优化，大幅降低氢油比至平均69，装置氢耗、能耗均有不同程度的降低。航煤加氢装置主要操作条件变化趋势如图1所示。通过加氢精制，脱除原料航煤中的硫醇和环烷酸、羧酸等酸性组分，同时改善产品颜色，降低总硫含量，提高航空煤油烟点。

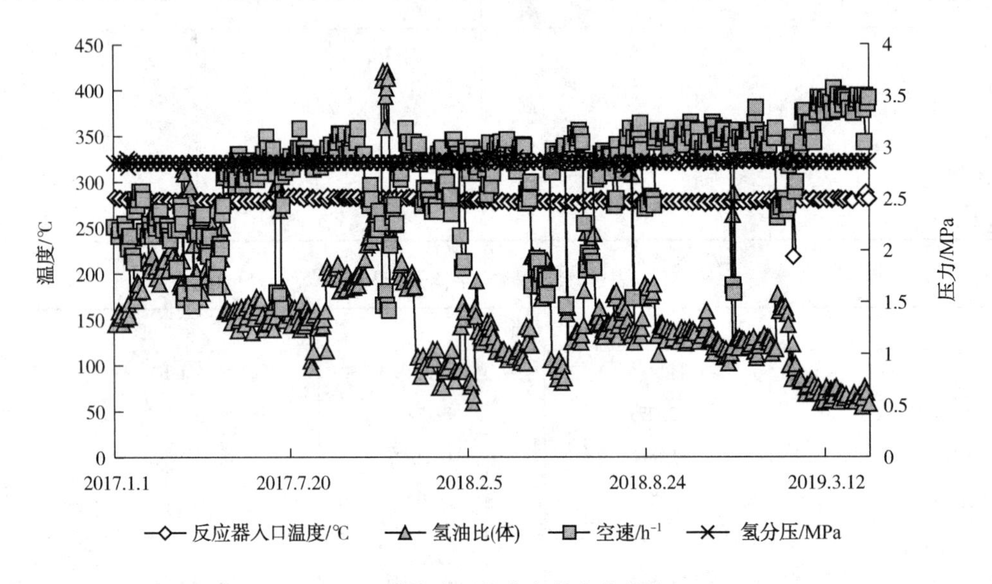

图1 装置主要操作条件变化趋势

对原料航煤、精制航煤的性质进行检验分析，原料航煤密度约0.7945g/cm^3，烟点为24.4℃，总硫含量约0.078%(质，下同)，硫醇硫含量约0.0017%，酸值约0.113mgKOH/g；精制航煤密度约0.7932kg/m^3，烟点为24.6℃，总硫含量约0.0068%，硫醇硫含量约0.0003%，酸值约0.001mgKOH/g。通过对比分析可知，经过加氢精制后，烟点略有提高，原料航煤总硫脱除率约91.3%，硫醇硫脱除率约82.4%，酸值降低约99.1%。原料航煤、精制航煤主要性质如图2~图5所示。

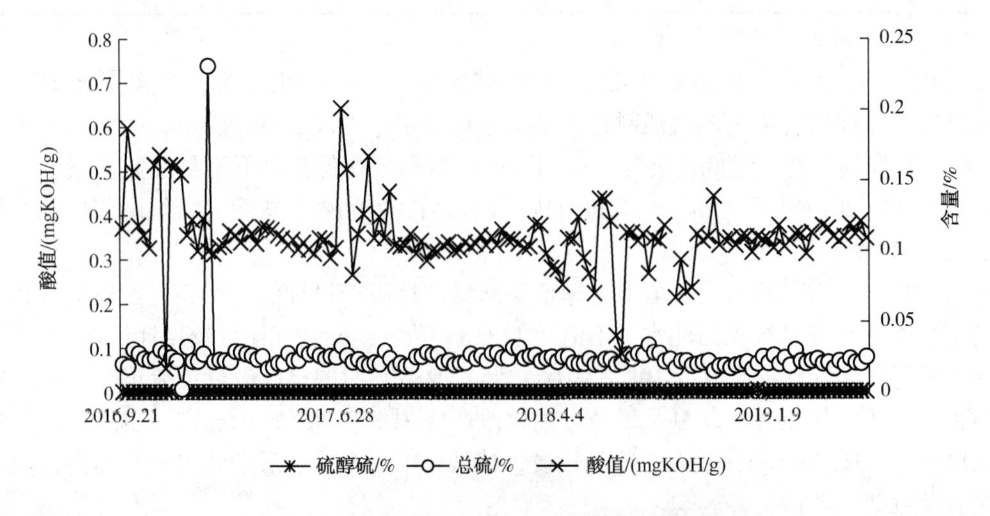

图2 原料航煤总硫、硫醇硫和酸值变化趋势

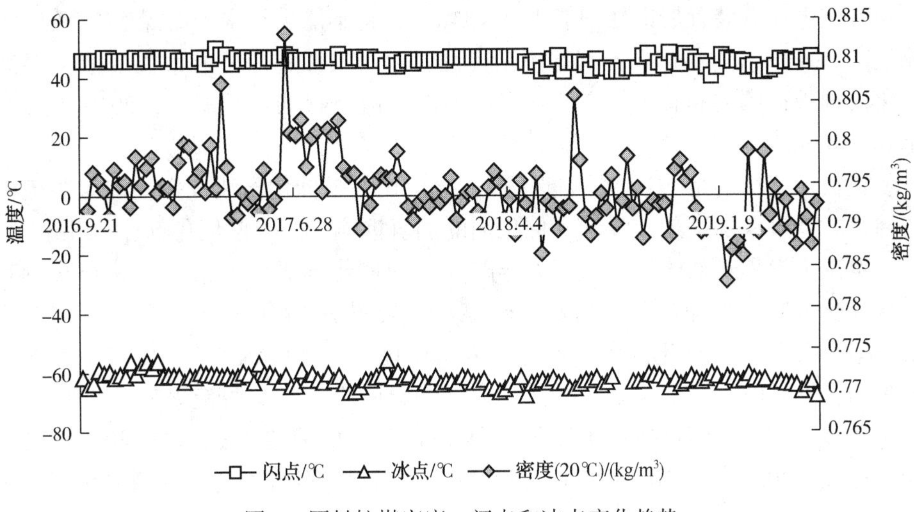

图 3　原料航煤密度、闪点和冰点变化趋势

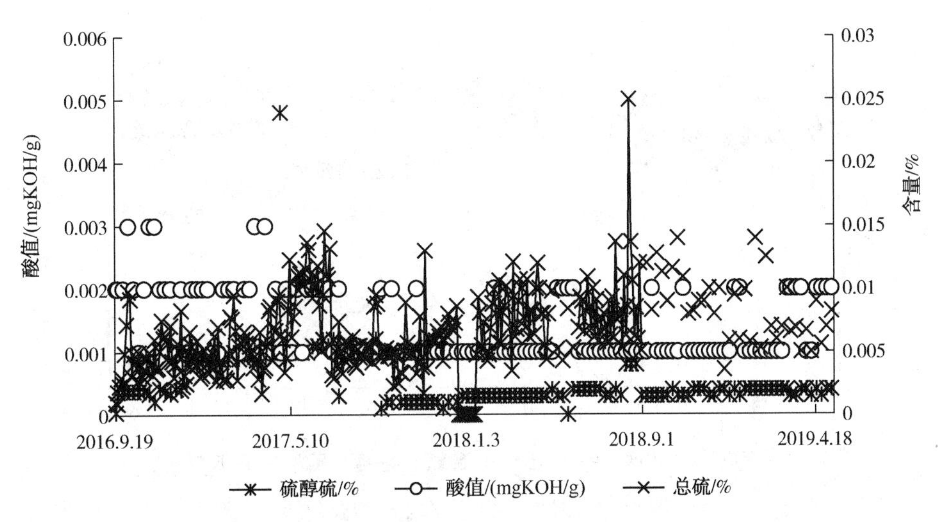

图 4　精制航煤总硫、硫醇硫和酸值变化趋势

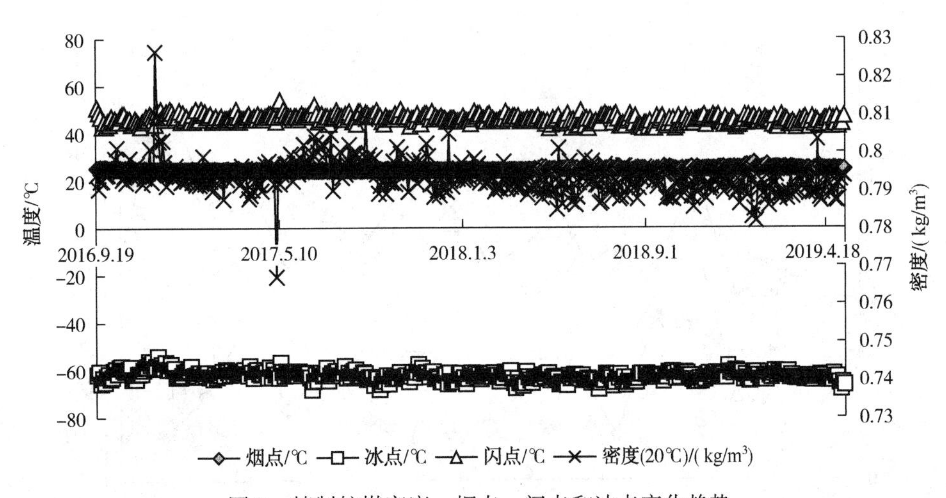

图 5　精制航煤密度、烟点、闪点和冰点变化趋势

2.3　航煤加氢装置扩能改造

安庆石化公司拟实施原油提硫改造和转型发展项目，原油硫设防值从 1.0%(质)提高至 1.5%(质)，项目实施后，两套常减压装置常一线收率将提高至 10.12%(质)，航煤原料产能将达到

0.8096Mt/a，现有航煤加氢装置最大处理能力 0.45Mt/a，将不能满足未来航煤生产加工需求。

随着企业生产的3#喷气燃料市场占有率不断提高，以及安徽省内民航市场对航空煤油的需求不断提高，安庆石化公司根据国内和省内航空产业发展情况和航空煤油增长需求，2019 年底将航煤加氢装置扩能改造至 0.8Mt/a。

航煤加氢装置目前装填的是 FGH 系列催化剂，该催化剂是催化汽油选择性加氢脱硫催化剂，为提高催化剂的选择性，通过添加助剂，降低了催化剂的加氢性能，所以该催化剂体系几乎没有脱氮活性。结合原料特点，本次更换催化剂体系，采用大连院提供的催化剂级配方案，及其研发的 FH-40A 加氢催化剂，以增强催化剂体系的加氢脱氮活性。航煤加氢装置 2020 年 1 月 1 日~5 月 20 日生产情况与 2019 年同期相比较，更换新型催化剂后，反应器入口温度平均下降约 8℃，反应压力下降约 0.2MPa，操作条件更加缓和；精制航煤总硫含量、碱性氮含量明显降低，加氢脱硫率提高至 95.1%，脱氮率提高至 85.4%，加氢脱硫率、脱氮率较原催化剂分别提高了 9.2%和 8.7%，FH-40A 催化剂表现出更好的加氢活性和选择性。2020 年与 2019 年同期相比较，主要操作条件变化，加氢脱硫率、脱氮率变化分别如图 6、图 7 所示。

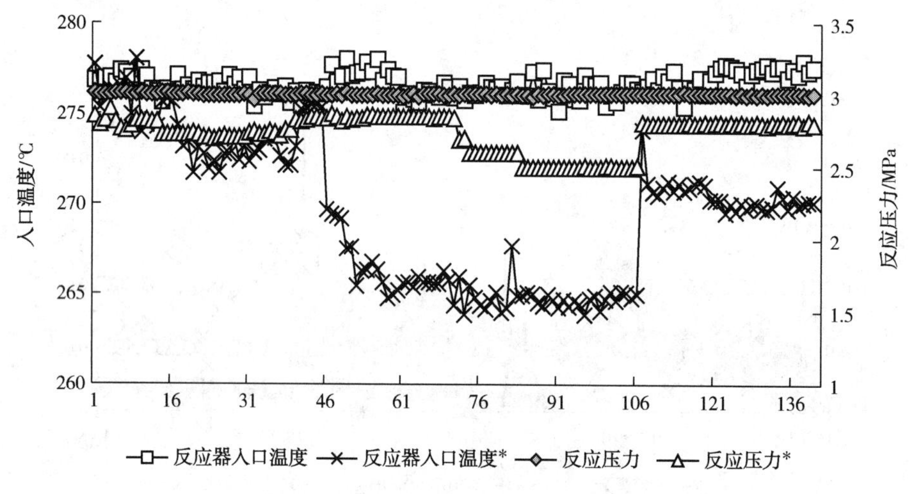

图 6 航煤加氢主要操作条件变化趋势

注：*为 2020 年数据。

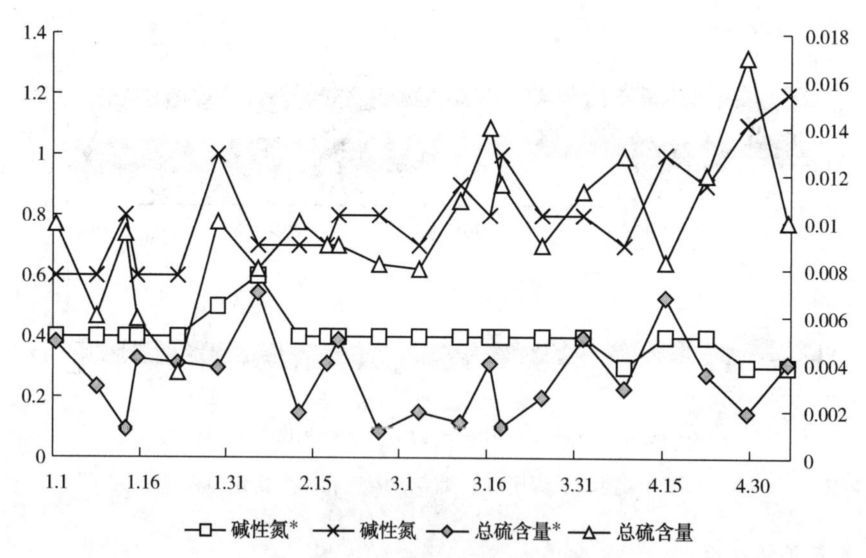

图 7 航煤加氢主要操作条件变化趋势

注：*为 2020 年数据。

3 结论

1）国内成品油市场消费结构的变化，要求炼油企业调整产品结构方向，多产汽油、航煤。安庆石化公司实施的增设航煤生产设施项目，对Ⅱ加氢装置进行航煤加氢改造，Ⅰ常装置、Ⅱ常装置进行适应性配套改造，生产出质量合格的3#喷气燃料产品，提高了企业经济效益，完善了产品结构。

2）增设航煤生产设施项目为一次规划，分期实施。前期对航煤加氢装置进行工艺技术标定，利旧Ⅱ加氢装置原有FGH-21/FGH-31催化剂，具备生产满足3#喷气燃料技术标准要求的产品能力。后期通过优化常减压装置操作，提高了常一线收率，航煤加氢装置产能达到0.47Mt/a，装置负荷率最高达119.7%，在较高空速下仍能稳定生产合格的3#喷气燃料产品。

3）根据市场航空煤油需求的增加，以及企业原油提硫改造和转型发展项目实施后原料航煤馏分的增加，2019年底将航煤加氢装置扩能改造至0.8Mt/a，根据原料特点，将FGH系列催化剂更换为FH-40A催化剂，反应器入口温度平均下降约8℃，反应压力下降约0.2MPa，操作条件更加缓和；精制航煤总硫含量、碱性氮含量明显降低，加氢脱硫率、脱氮率较原催化剂分别提高了9.2%和8.7%，FH-40A催化剂表现出更好的选择性和加氢活性。航煤加氢装置扩能改造项目实施后，企业产品结构将得到进一步完善，航煤产量大幅提升，能有效提高企业经济效益。

参 考 文 献

[1] 李大东．炼油工业：市场的变化与技术对策[J]．石油学报(石油加工)，2015：208-217.
[2] 王皓，宋爱萍，闫杰．我国航空煤油市场发展态势及生产企业应对策略[J]．石油规划设计，2017，28(06)：1-3.
[3] 刘迎春．放宽航煤生产限制，扩大航煤资源和生产灵活性[J]．国际石油经济，2017 (03)：97-100.

增产喷气燃料的加氢精制系列新工艺技术开发

张 锐 习远兵 牛传峰 丁 石 刘 锋 张 乐

（中国石化石油化工科学研究院 北京 100083）

摘 要 针对炼油企业喷气燃料原料的劣质化以及增产喷气燃料需求，研究了低压情况下深度脱氮对产品性质的影响，确定了拓宽直馏煤油馏分(提高直馏煤油的终馏点)可以增产喷气燃料。而现有的低压加氢工艺难以加工处理因馏分拓宽而性质变差的原料油，开发出了拓宽馏程增产喷气燃料加氢精制(RBIF)技术，可以实现在低压下加工高氮含量的原料油，得到颜色安定性好的喷气燃料产品。以催化裂化柴油烃类组成分析为基础，开发了加氢处理技术，在合适的加氢条件下得到了密度大于835kg/m^{3}的高密度喷气燃料组分。本文为炼油企业在喷气燃料生产上提供适用于不同场合的技术路线，能够更好的指导炼油企业煤油加氢装置长周期稳定生产。

关键词 喷气燃料；RBIF 工艺；加氢脱氮；高密度

作为三大成品油之一的煤油主要用作航空器的喷气燃料，其全球年增长率大约在5%，远远高于汽油、柴油的增长幅度；而亚太地区的喷气燃料消费增长率远高于世界平均水平，尤其是中国。目前，中国是仅次于美国的世界第二大喷气燃料消费国，国内喷气燃料需求逐年提高，近十年来的喷气燃料消费量年均增速为10.1%[1]。我国喷气燃料2018年消费量为28Mt，增长10.7%，预计2020年将上升至35.15Mt，到2025年将进一步提高至51.4Mt。中国有着庞大的潜在航空市场，目前国内柴油消费增速明显放缓，柴汽比呈现快速下降的态势。预测未来五年国内消费柴汽比将下降到1.2：1以下，这就致使炼油企业把增产喷气燃料、压减柴油作为调整产品结构、提质增效的重要方向[2]。

国内喷气燃料加氢精制技术主要采用由石油化工科学研究院(RIPP)开发的RHSS加氢技术[3]，随着其应用不断地扩大，在国内已经取代传统非加氢工艺。RHSS加氢技术国内喷气燃料加氢技术市场占有率超过60%。该技术的特点之一是压力低(氢分压1.6MPa)，可以低成本、简单、高效地生产喷气燃料。由于喷气燃料加氢工艺对原料油具有较强的适应性，易于实现先进控制和清洁生产，氢耗量低。在应对国内喷气燃料市场需求的增长和柴油市场的萎缩，亟需解决现有低压加氢精制在扩能后及加工高氮原料的技术难题，寻找劣质催化柴油转化为高价值产品的背景下，中国石化石油化工科学研究院(RIPP)利用加氢技术优势，开发了一系列喷气燃料加氢精制新工艺，并且开发了催化柴油加氢处理生产高密度喷气燃料技术，帮助炼油企业实现加工劣质原料并增产喷气燃料，以下对RIPP开发的适用于喷气燃料的加氢精制技术进行介绍。

1 高氮煤油馏分的低压加氢精制技术研究

随着企业加工的高硫、高氮原油不断增加、原料油品种的变化及装置的扩能改造，喷气燃料产品出现了颜色安定性变差，不能长期稳定贮存，产量不能满足市场需求等一系列问题。引起喷气燃料颜色变化的成分主要是微量非烃组分，包括含氮化合物、含氧化合物和含硫化合物。石油馏分中存在的有机氮化物的类型可以分为两类：非杂环类化合物和杂环化合物。杂环化合物按其酸碱性通常分成两大类，碱性含氮化合物(吡啶、喹啉、吖啶等)和非碱性含氮化合物(吡咯、吲哚、咔唑等)。一般认为非碱性氮化物较碱性氮化物加氢反应性能较差，脱除难度更大；喷气燃料馏分中碱性氮化物主要有非杂环的苯胺以及杂环的吡啶系、喹琳[4]。这些碱性氮化物对油品的颜色安定性和沉淀生成均有影响。很多研究者指出碱性氮化物是引起喷气燃料颜色及其安定性问题的最直接原因，其影响的机理为：碱性氮可以和酚氧发生协同作用，引起颜色安定性的快速下降[5]。一般认为喷气燃料中的碱性氮质量分数超过3μg/g，酚氧质量分数大于30μg/g，就会使油品的颜色安定性变差。在加氢的条件下，氧化物很容易脱除，所以加氢后的产品中碱性氮含量控制小于1μg/g时，可以保证油品颜色的稳定[6]。

为了考察RHSS工艺在低压情况下的加氢脱氮性能，采用了Q公司的高硫、高氮含量的常一线进行了工艺试验研究，常一线性质见表1。

表1 Q公司常一线性质

组分名称	常一线	组分名称	常一线
密度(20℃)/(kg/m^3)	809.0	赛波特颜色/号	<-16
硫/(μg/g)	2150	总酸值/(mgKOH/g)	0.0826
氮/(μg/g)	36.2	馏程(ASTM D-86)/℃	
硫醇性硫/(μg/g)	50	初馏点	150
碱性氮/(μg/g)	13.9	50%	190
冰点/℃	-59	终馏点	220
烟点/mm	21.8		

从表1中可以看出Q公司常一线的氮质量分数为36.2μg/g，其中碱性氮质量分数为13.9μg/g，硫质量分数为2150μg/g，硫醇硫质量分数为50μg/g，终馏点(ASTM D-86)为220℃。尽管其馏分较轻，但是其中的氮含量较高，实际加工时所需要的加氢精制苛刻度较高。

1.1 反应温度对产品性质的影响

在氢分压为1.6MPa、标准状态氢油体积比为60、体积空速为4.0h^{-1}的条件下考察了反应温度对产品性质的影响，试验结果见表2。

表2 反应温度对产品性质的影响

项　目	T-1	T-2	T-3	T-4
反应温度/℃	260	280	320	360
分析项目	产品性质			
密度(20℃)/(kg/m^3)	808.9	808.2	807.7	808.8
赛波特颜色/号	28	30	24	21
硫/(μg/g)	1040	411	16	2
硫醇性硫/(μg/g)	7	3	<2	<2
氮/(μg/g)	16.1	9.8	5.1	3.6
碱性氮/(μg/g)	11.2	8.1	3.6	1.9
烟点/mm	22	22.3	22.1	21.6
冰点/℃	-58.2	-58.1	-58.2	-58.2
馏程(ASTM D-86)/℃				
初馏点	157	155	155	156
50%	192	192	192	192
终馏点	220	220	220	221

从表2中的试验结果可以看出，提高反应温度可以提高加氢精制深度，进一步降低产品中的硫、氮含量，但是过高的反应温度，会导致产品的赛波特颜色下降，当反应温度超过320℃时，得到的产品赛波特颜色小于25号，产品的颜色达不到3号喷气燃料质量标准的要求。

1.2 氢分压对产品性质的影响

在深度脱除氮化物的前提下，考察了氢分压对产品性质的影响，在反应温度为360℃、标准状态氢油体积比为60、体积空速为4.0h^{-1}的条件下进行了工艺试验研究，试验结果见表3。

表3　氢分压对产品性质的影响

项　目	T-1	T-2	T-3
反应温度/℃	360	360	360
氢分压/MPa	1.6	2.4	3.2
分析项目	产品性质		
密度(20℃)/(kg/m^3)	808.8	808.3	807.3
赛波特颜色/号	21	25	>+30
硫/(μg/g)	2	2.2	1.8
硫醇性硫/(μg/g)	<2	<2	<2
氮/(μg/g)	3.6	1.0	0.6
碱性氮/(μg/g)	1.9	<1	<1
烟点/mm	21.6	21.9	22.5
冰点/℃	-58.2	-58.2	-58.2
馏程(ASTM D-86)/℃			
初馏点	156	156	154
50%	192	192	191
终馏点	221	221	220

从表3可以看出，当氢分压提高至2.4MPa时，得到的产品中氮质量分数为1.0μg/g，其中碱性氮质量分数小于1μg/g，赛波特颜色为25号；当氢分压提高至3.2MPa时，得到的产品中氮质量分数降低至0.6μg/g，此时产品的赛波特颜色为30号。试验结果表明，随着氢分压的提高，产品中的氮含量逐步降低，产品的赛波特颜色标号得到了提高。因此，对于需要加工高氮含量原料油的煤油加氢精制装置，建议尽可能的提高装置的入口压力以提高装置的脱氮能力。

2　拓宽馏程增产喷气燃料加氢精制技术

喷气燃料加氢精制原料为常一线馏分，终馏点一般在220~240℃。炼油厂实际控制的常一线原料的冰点和烟点均较3号喷气燃料质量标准有一定的富余量，如一般会控制烟点大于25mm、冰点小于-55℃，在这种情况下可以通过将常一线馏分适当拓宽来增产喷气燃料，可实现将直馏馏分中的煤油馏分“吃干榨尽”的目的。对于炼油企业有闲置的加氢装置时，也可以通过提高常压蒸馏装置常一线馏分的拔出率来实现增产喷气燃料，这样可以以非常低的成本达到大幅增产喷气燃料的目标。

2.1　拓宽馏程后原料油性质分析

在此情况下需要考察拓宽常一线馏分后油品的性质变化，选取某炼油厂常压蒸馏装置的常一线馏分为原料油，其性质见表4。从表4中可以看出，该常一线馏分的终馏点为233℃，冰点较低(-59.6℃)，终馏点和冰点均较3号喷气燃料质量标准有一定的富余，因此，可以通过调整常一线的终馏点来实现增产喷气燃料。

表4　常一线原料油性质

项　目	数　值	3号喷气燃料质量指标
密度(20℃)/(kg/m^3)	800.3	775~830
硫/(μg/g)	766	≤2000
氮分数/(μg/g)	19	—
硫醇硫分数/(μg/g)	28	≤20
烟点/mm	22.2	≥25.0

续表

项　　目	数　　值	3 号喷气燃料质量指标
萘系烃/%(体)	1.6	烟点最小为 20mm 时≤3%
芳烃/%(质)	17.4	≤20
冰点/℃	-59.6	≤-47
总酸值/(mgKOH/g)	0.2	≤0.015
馏程/℃		
初馏点	149	报告
50%	196	≤232
终馏点	233	≤300

将该常压蒸馏装置采集的常二线馏分进行切割，并将切割出的煤油馏分按照常压蒸馏塔常一线及常二线的实际液体收率与常一线进行调配，通过调整常二线轻馏分的切割终馏点可以调配得到不同终馏点的新的常一线馏分。将原常一线馏分和调配得到的 4 个新的常一线馏分分别命名为馏分 1～5。不同终馏点的 5 种常一线馏分的性质对比见表 5。

表 5　不同终馏点的常一线馏分的性质

项　　目	馏分 1	馏分 2	馏分 3	馏分 4	馏分 5
终馏点/℃	233	242	247	256	262
相对产量/%	100	134	149	165	179
硫/(μg/g)	766	928	1030	1290	1480
氮/(μg/g)	19	19	21	24	26
烃类/%					
链烷烃	38.9	38.4	38.3	38.3	38.4
环烷烃	43.7	44.0	43.6	43.1	42.6
芳烃	17.4	17.6	18.1	18.6	19.0
单环芳烃	15.8	15.8	15.8	15.7	15.6
双环芳烃	1.6	1.8	2.3	2.9	3.4
三环芳烃	0.0	0.0	0.0	0.0	0.0
烟点/mm	22.2	21.1	21.0	20.5	20.1
冰点/℃	-59.6	-54.9	-52.6	-48.6	-45.4

从表 5 可以看出：随着馏分的拓宽，喷气燃料的产量也在显著增加，以馏分 1 的产量为基准，仅通过将终馏点自 233℃拓宽至 242℃就可以增产 34%的喷气燃料；随着终馏点的升高，油品的芳烃含量略有增加，其中终馏点为 262℃的馏分 5 的芳烃体积分数比终馏点为 233℃的馏分 1 的芳烃体积分数提高 1.6 百分点，表明常一线馏分越重，其芳烃含量越高；各馏分单环芳烃的含量基本相同，也均不含三环芳烃，各馏分芳烃总含量的增加主要由馏分中双环芳烃含量的增加而引起；随着终馏点的增加，各馏分的硫含量及氮含量也持续增加，馏分的拓宽增加了常一线加氢的难度。

由于低压加氢精制工艺无法明显地改善喷气燃料的烟点和冰点，因此，当把常一线原料油的馏分拓宽时，需要密切关注它的烟点和冰点。从表 5 中可以看出：随着馏分的拓宽，常一线原料油的烟点持续下降，冰点持续升高。当将馏分终馏点拓宽至 256℃时，得到的馏分 4 的冰点为-48.6℃；当进一步将馏分终馏点拓宽至 262℃时，得到的馏分 5 的冰点为-45.4℃。通常，低压加氢精制工艺下得到的喷气燃料产品的冰点会较原料油提高 1～2℃，而 3 号喷气燃料标准 GB 6537—2018 规定喷气燃料的冰点不大于-47℃，因此馏分 4 可以通过加氢精制得到冰点合格的产品。而馏分 5 则无法通过加氢精制得到冰点合格的产品，也就是说明表 4 所示的常一线馏分的终馏点可以拓宽至 256℃，可以实现增产

65%的喷气燃料产量。

上述的分析表明，喷气燃料原料拔出率提高后会增加现有 RHSS 工艺加工这些原料的难度，考虑到 RHSS 装置在煤油加氢精制装置中占比较大，不能将所有这些装置推倒重来，必须对其工艺过程进行适当优化调整以适应高终馏点的直馏煤油馏分原料，使其在高效利用直馏煤油馏分增产喷气燃料这一路线上继续发挥作用。因此，对现有的 RHSS 装置进行适当优化，通过高效利用冰点合格的直馏煤油馏分来增产喷气燃料，并且保证装置长期稳定运转生产合格喷气燃料具有重要意义和重大的实际价值。

2.2 拓宽馏程增产喷气燃料加氢精制(RBIF)技术开发

针对上述的低压喷气燃料加氢装置现实的情况，结合在轻质馏分油脱色研究方面积累的经验，RIPP 开发了拓宽馏程增产喷气燃料加氢精制(RBIF)技术，通过对现有低压装置进行简单的升级改造就可以增强原装置对原料油的适应性，改造后可以加工拓宽后的直馏煤油馏分。若新建装置继续采用低压技术，可降低装置建设成本；若改造装置则仅需要增加一台体积较小的反应器即可，降低了装置的改造成本。

RBIF 流程示意图如图 1 所示，新工艺通过设置两个反应区来实现在低压情况下增产喷气燃料，其中设置的第一反应区(一反)中反应温度较高，在其中可以完成直馏煤油馏分中的硫化物、氮化物的彻底脱除；设置的第二反应区(二反)中反应温度较低、体积空速较高，在其中脱除影响喷气燃料产品颜色的物质，以提高喷气燃料的赛波特颜色。

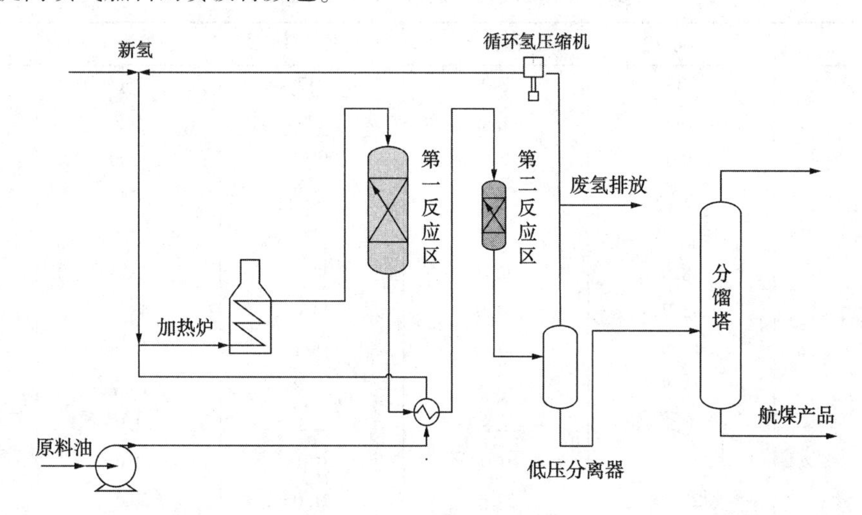

图 1 新工艺的流程示意图

采用 RBIF 工艺流程，在氢分压为 1.6MPa、一反体积空速为 $4h^{-1}$、二反体积空速为 $6h^{-1}$的条件下，考察了第一反应区(一反)温度为 340℃、第二反应区(二反)温度为 260℃时所得到的加氢精制产品的性质。同时在相同的压力等级下，采用常规的加氢工艺考察了高温、低空速条件下所得产品的性质。两种工艺下的操作条件对比见表 6，所得精制产品的性质见表 7。

表 6 新工艺与常规工艺操作条件的对比

项 目	RBIF 工艺	常规工艺
一反温度/℃	340	340
二反温度/℃	260	无
氢分压/MPa	1.6	1.6
一反体积空速/h^{-1}	4.0	2.7
二反体积空速/h^{-1}	8.0	无
氢油体积比	100	100
催化剂总体积空速/h^{-1}	2.7	2.7

表7 新工艺与常规工艺产品性质的对比

项目	原料油	RBIF 工艺产品	常规工艺产品
密度(20℃)/(kg/m^3)	805.5	805.2	805.4
硫/(μg/g)	1340	9.8	11
硫醇性硫/(μg/g)	51	<2	<2
氮/(μg/g)	10.3	2.7	2.5
碱性氮/(μg/g)	7.5	<1	<1
冰点/℃	-51	-50.4	-50.5
烟点/mm	22.9	23.3	23.0
赛波特颜色/号	14	30	24
馏程(ASTM D-86)/℃			
初馏点	147	160	159
50%	203	205	204
终馏点	261	260	260

从表6和表7可以看出：RBIF工艺在一反体积空速为4.0h^{-1}、二反体积空速为8.0h^{-1}(总体积空速为2.7h^{-1}，与常规工艺相同)的情况下，一反反应温度为340℃、二反反应温度为260℃时得到的精制产品的硫、氮含量与常规工艺反应温度为340℃时产品的硫、氮含量相当，表明两种工艺的加氢深度相当。而从两者产品的赛波特颜色上可以看出，RBIF工艺较常规工艺在改善产品颜色上具有明显的优势，这是因为RBIF工艺通过设置低温、高空速的反应区来改善产品颜色，从而得到产品的赛波特颜色为30号；而在常规的加氢工艺条件下，得到产品的赛波特颜色仅为24号，不满足3号喷气燃料质量标准对喷气燃料颜色的要求。

RBIF工艺与常规工艺的试验结果对比表明，对于低压喷气燃料加氢装置可以在原装置工艺流程改造最小的情况下，通过增加一台体积较小的反应器来保证在增产喷气燃料的同时又能保证喷气燃料产品的质量。

3 催化柴油加氢处理生产大比重喷气燃料技术开发

随着全球一体化的形成和航空科学的飞速发展，世界航空行程的拓延，超长距离飞行已经成为一种常态。这就要求对于飞机来说需要更大的储油体积，或者是在相同的油箱容积条件下提供更高的体积热值的燃料，而体积热值等于燃料的质量发热量与其密度的乘积。既要求喷气燃料除了有较高的重量热值外，还要有较大密度，因此，高密度喷气燃料成为研究的热点。我国现行的大比重喷气燃料标准为GJB 1603—93，即代号为RP-6的6号喷气燃料[7]，其中直接限制密度为大于835kg/m^3，并且净热值大于42.9MJ/kg。

催化柴油占我国商品柴油池的三分之一，在面临严格的柴油质量升级压力下，炼油厂面临如何加工催化柴油，来生产满足硫质量分数小于10μg/g、十六烷值高于51、多环芳烃含量小于7%的“国Ⅵ”清洁柴油标准，将成为其不得不解决的现实问题。催化柴油难加工就在于其芳烃含量高，催化裂化柴油中的芳烃化合物主要为三环及以下的芳烃，含量一般在50%以上。而对于生产高密度喷气燃料来说，优秀原料就是富含单环、双环芳烃的油品。在实际加工过程中如果能够使双环芳烃中的萘类、苊类全部参与芳烃饱和而不开环，这样就可以得到大量的双环环烷烃，能够最大限度地提升油品的比重。

催化柴油的初馏点一般都在180~200℃，满足喷气燃料组分初馏点的要求。终馏点的选择需要从两方面考虑：一方面要从多利用催化柴油的轻馏分的原则出发；另一方面要考虑切割终馏点提高带来的冰点升高以及双环芳烃比例增大引起烟点降低的问题。对表8中的MIP催化柴油进行窄馏分切割，所得到的终馏点不同馏分段的芳烃组成进行了分析，如图2所示。

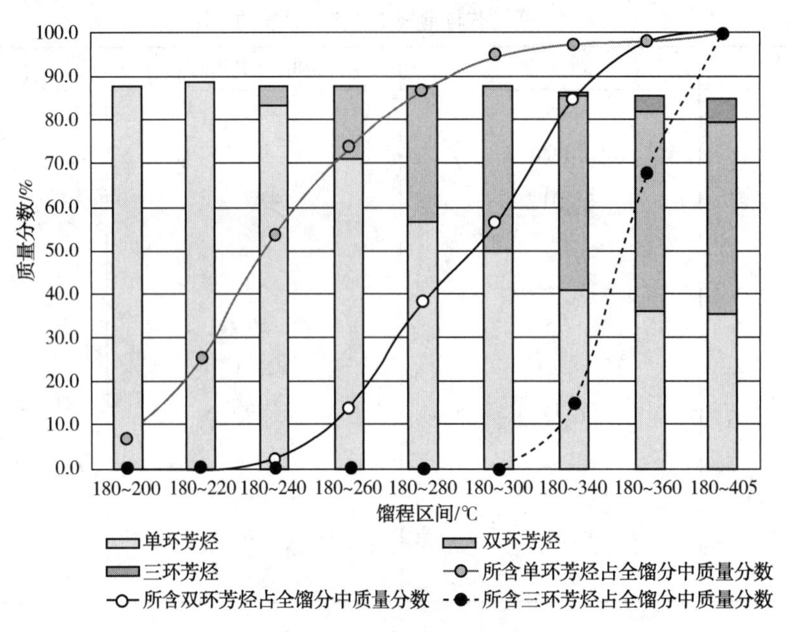

图 2　石炼 MIP 柴油各个馏分段组成分析

从图 2 中看出，石炼 MIP 催化柴油的各个馏分段总芳烃质量分数均在 85%左右，表明其烃类组成馏程范围是均匀分布的。自初馏点至终馏点为 220℃的馏分，几乎全部是单环芳烃。随着切割终馏点的增加，双环芳烃开始逐渐出现在切割馏分段中。在 180～280℃馏分段中，所含的芳烃中含单环芳烃质量分数为 56.5%、双环芳烃质量分数为 31.5%。当切割终馏点到 300℃时，切割的 180～300℃的馏分中，所含的芳烃中含单环芳烃质量分数为 50.0%、双环芳烃质量分数为 37.7%，所包含的单环芳烃占催化柴油全馏分中的单环芳烃的 94.8%，所含的双环芳烃占全馏分中双环芳烃的 56.7%，所含的三环芳烃占全馏分中三环芳烃的 0.5%。当终馏点在 300℃以后时，随着切割终馏点的增高，所含的单环芳烃比例缩减，而双环芳烃和三环芳烃比例增明显，终馏点超过 300℃后，切割出的馏分中双环芳烃和三环芳烃比例在加重。随着馏分的终馏点变高，直接带来的就是含有更高含量的芳烃，导致需要更加苛刻的加氢精制条件才能满足生产高密度喷气燃料的要求。烃类组成中存在有较高质量分数的双环芳烃，需要更加苛刻的加氢条件才能将其脱除。说明随着加工的原料油馏分变重，原料烃类组成中就会存在更高含量的双环芳烃，在一定的加氢条件下，就会造成产品中双环芳烃含量高，从而影响产品的冰点。

对于馏分切割的初馏点与终馏点的选择，也就是在为所加工的原料选择合适的烃类组成，通过上述的分析，我们认为对于表 8 中的 MIP 催化柴油中的 180～280℃的馏分通过将单环芳烃和双环芳烃在合适的加氢条件下加氢饱和成环烷烃，可以得到合格的高密度喷气燃料产品。将切割出的命名为 180～280℃的馏分，具体性质见表 8。在氢分压 12MPa、体积空速 1.0h^{-1}、反应温度 350℃以及标准状态氢油体积比为 1000 的条件下，将得到的喷气燃料产品性质列于表 8。

表 8　催化柴油及高密度喷气燃料性质

组分名称	MIP 催化柴油	LCO 轻馏分	T-1
液体收率/%	100	51	50
密度(20℃)/(kg/m^3)	956.1	921.5	836
烟点/mm	无法检测	无法检测	23
冰点/℃	—	-42	-51
硫/(μg/g)	9800	7110	2
氮/(μg/g)	870	286	<0.2

续表

组分名称	MIP 催化柴油	LCO 轻馏分	T-1
烃类质量分数/%			
链烷烃	10	10.5	16
总环烷烃	5.1	5.5	79
总单环芳烃	35.3	43.2	5
总双环芳烃	44.6	40.3	0
萘	2.8	0.5	0
萘系	29.5	5.5	0
总三环芳烃	5	10.5	0
总芳烃	84.9	84	5
净热值/(MJ/kg)	—	—	43.1
馏程(ASTM D-86)/℃			
初馏点	201	198	193
50%	274	246	213
终馏点	354	279	273

从表 8 中可以看出，所得到的喷气燃料产品的密度达到 836kg/m^3，烟点为 23mm，冰点为-51℃，萘系烃含量为 0，产物中芳烃类化合物全部为单环芳，表明所得到的高密度喷气燃料产品性质良好，满足 6 号高密度喷气燃料质量指标。

以劣质、低价值的催化柴油为原料，通过加氢精制、加氢改质(或加氢裂化)技术，将其转化为高密度喷气燃料馏分，相对于催化柴油高密度喷气燃料产品液体收率达到 50%，实现了催化柴油的高质化利用，不仅具有很高的经济效益，而且具有重要的社会意义。

4 结论

1) 提高氢分压和反应温度均有利于脱除原料油中的氮化物；但是在低压、高温时进行深度加氢脱氮会导致产品的赛氏比色下降。

2) 在保证烟点和冰点合格的前提下，可以通过拓宽直馏煤油馏分来增产喷气燃料。拓宽馏分后将导致原料油的硫、氮含量增加，同时也会导致烟点降低和冰点升高。RBIF 工艺可用于现有装置改造，也可用于新装置建设，具有工艺流程简单，投资少的特点，炼油企业可以以较低的成本实现增产喷气燃料。

3) 开发了催化柴油生产高密度喷气燃料技术，可以得到密度大于 835kg/m^3、烟点大于 20mm、冰点小于-47℃、满足高密度喷气燃料的要求的产品。

4) 炼油企业在喷气燃料生产上可根据需要可以选择不同的技术路线，以提高企业的经济效益。

参考文献

[1] 王皓，宋爱萍，闫杰．我国航空煤油市场发展态势及生产企业应对策略[J]．石油规划设计，2017，(06)：1-3.

[2] 赵书娟．催化裂化柴油加工转化过程的经济性分析[J]．石油炼制与化工，2019，50(11)：87-92.

[3] 褚阳，夏国富，刘锋，等．高处理量喷气燃料加氢催化剂 RSS-2 的开发及其工业应用[J]．石油炼制与化工，2014，45(8)：6-10.

[4] 侯柯，沈本贤，孙辉，等．低压加氢喷气燃料中残留氮化物的类型及其对喷气燃料色度的影响[J]．石油学报(石油加工)，2018，34(3)：472-480.

[5] 赵升红，陈立波，都长飞，等．储存中变色喷气燃料的不安定性及质量控制方法的研究[J]．石油学报(石油加工)，2010，26(z1)：169-175.

[6] 马玉红，杨宏伟，杨士亮，等．航空发动机喷气燃料颜色变化研究[J]．当代化工，2013，(9)：1231-1233.

[7] GB 6537—2018，3 号喷气燃料．

FH-40A 催化剂在航煤加氢装置扩能改造中的应用

王昊昱

（中国石化安庆石化公司　安徽安庆　246000）

摘　要　介绍了中国石化安庆石化公司 2019 年 10 月对航煤加氢装置（以下简称Ⅱ加氢）部分设备及流程进行利旧更新、更换新型催化剂，对装置进行全面扩能改造的情况。受客观条件影响，装置仍然存在自控水平较低、加热炉热效率较低等问题。本文对装置改造前和改造后的运行情况进行了分析总结。结果表明，FH-40A 催化剂在航煤加氢装置扩能改造后的应用取得了良好的效果。

关键词　航煤加氢；扩能改造；FH-40A 催化剂；应用

1　概况

中国石化安庆石化公司（以下简称安庆石化）现有的航煤加氢装置始建于 1995 年，最初为 0.4Mt/a 柴油加氢装置，1996 年扩能改造为 0.6Mt/a 柴油加氢装置，2005 年改造为 0.6Mt/a 蜡油加氢装置，2010 年改造为 0.67Mt/a 催化汽油加氢装置。2014 年，根据中国石化《关于安庆分公司增设航煤生产设施项目可行性研究报告的批复》（石化股份炼[2014]54 号）和安庆石化科技发展部《关于委托编制安庆分公司增设航煤生产设施项目基础工程设计的函》（科技发展部[2014]54 号）等，由安庆实华工程设计有限责任公司设计、中国化学工程第十四建设有限公司施工安装，于 2015 年 7 月改建。2019 年 2 月，根据分公司未来规划发展需要，将原 0.4Mt/a 航煤加氢装置扩能至 0.8Mt/a。

本次改造是在原 0.4Mt/a 航煤加氢装置区域利用原航煤加氢装置内已有设备和公用工程设施进行相应改造，主要新增或改造利旧的设备有：塔器改造 1 台，容器新增 2 台，换热器更新 5 台，泵更新 6 台，加热炉改造 1 台，新增反冲洗过滤器 1 套，过滤精度 25μm。

本装置主要包括反应和汽提两个系统，其中汽提部分为原预分馏单元改造，反应部分利旧。

装置设计主要原料为常一线航煤，精制产品为国标 3#喷气燃料。

2　主要工艺原理及催化剂性质

2.1　主要工艺原理

航煤加氢技术是在催化剂存在及适宜的工艺条件下，氢气与煤油原料中的非烃化合物反应，其中的杂原子 S、N、O 等生成 H_2S、NH_3、H_2O 而脱除，同时，部分不饱和烃类、少量芳烃、萘系烃有不同程度的加氢饱和。主要化学反应方程式如下：

$$R-COOH+H_2 \longrightarrow R'+H_2O$$

$$R-SH+H_2 \longrightarrow RH+H_2S$$

$$C_4H_4S+4H_2 \longrightarrow C_4H_{10}+H_2S$$

$$R-NH_3+H_2 \longrightarrow RH+NH_3$$

$$R_1CH=CHR_2+H_2 \longrightarrow R_1CH_2CH_2R_2$$

2.2　装置流程图

工艺装置流程如图 1 所示。

2.3　改造情况

装置规模由 0.4Mt/a 扩能改造为 0.8Mt/a，通过优化设计，提高了装置操作安全性和降低了装置能耗。

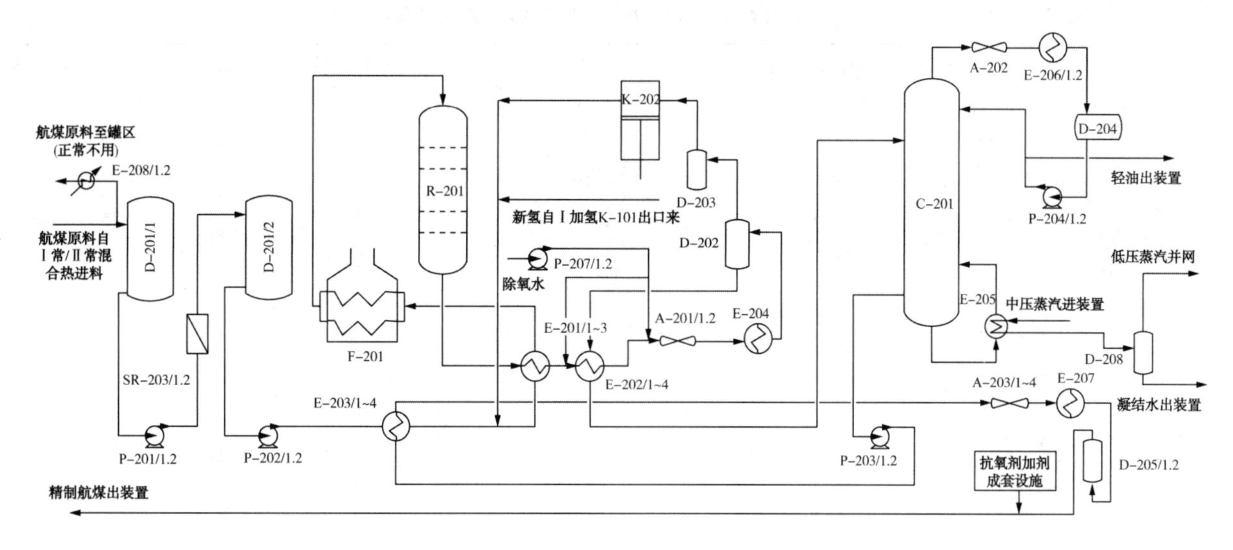

图 1　工艺装置流程图

主要改造内容如下：

1）航煤加氢反应器 R-201 利旧，催化剂更换为 FBN 系列保护剂和 FH-40A 加氢催化剂。

2）汽提塔 C-201 设备利旧原预分馏塔 C-202。塔盘更新，共 31 层浮阀塔盘。

3）原料油泵 P-201/1. 2、反应进料泵 P-202/1. 2、精制航煤泵 P-203/1. 2 更新，共 6 台。

4）反应产物与混氢油换热器 E-201/1、精制油与原料油换热器 E-203/1. 2、反应产物水冷器 E-204 原位更新，共 5 台；精制油水冷器 E-207 移位利旧 1 台原 E-203/1。

5）反应产物空冷器 A-201/1. 2 风机改造增设 2 台变频。

6）精制油空冷器 A-205/1. 2 更新 2 台，构架、百叶窗、风机均为原位更新。

7）原料油缓冲罐 D-201/1、滤后原料油缓冲罐 D-201/2、高压分离器 D-202 更新，共 3 台。

8）新增一套航煤原料自动反冲洗过滤器 SR-203。

9）对工艺流程优化，增加安全仪表和对主要物流管道扩径。

10）新增独立的 SIS 系统，增加防止高压串低压联锁、加热炉停炉联锁。

2.4　催化剂性质

本次扩能改造后，将Ⅱ加氢将原有的 FGH-21/31 催化剂更换为 FH-40A 轻质馏分油专用催化剂，改造前催化剂理化性质和催化剂实际装填情况见表 1 和表 2，改造后催化剂理化性质和催化剂实际装填情况见表 3 和表 4。

表 1　FGH-21/FGH-31 催化剂的理化性质

催化剂牌号	FGH-21	FGH-31	FBN-001	FBN-002
孔容/(mL/g)	≥0. 45	≥0. 40	0. 15~0. 30	0. 60~0. 80
比表面积/(m^2/g)	≥240	≥210	1~30	260~330
形状	圆柱条	圆柱条	七孔	拉西环
直径/mm	2. 5~3. 0	1. 3~1. 6	15. 0~18. 0	4. 9~5. 2
长度/mm	3. 0~8. 0	3. 0~10. 0	3. 0~8. 0	3. 0~10. 0
堆积密度/(g/cm^3)	0. 65~0. 75	0. 70~0. 80	0. 75~0. 85	0. 44~0. 50
压碎强度/(N/cm)	≥100	≥80	≥200(N/粒)	≥20

表 2　FGH-21/FGH-31 催化剂装填情况

床层	装填物	装填高度/mm	装填体积/m^3	装填重量/t	装填密度/(t/m^3)
一床层	FBN-001 保护剂	200	0.98	0.784	0.80
	FBN-002 保护剂	400	1.96	1.96	1.00
	FGH-21	837	4.10	2.75	0.67
	FGH-31	699	3.43	2.57	0.75
	FGH-21	161	0.79	0.53	0.67
	ϕ6 鸟巢支撑剂	200	0.98	0.98	1
	ϕ13 鸟巢支撑剂	200	0.98	0.98	1
二床层	ϕ13 鸟巢支撑剂	200	0.98	0.98	1
	FGH-21	543	2.66	1.78	0.67
	FGH-31	1810	8.87	6.65	0.75
	FGH-21	135	0.66	0.44	0.67
	ϕ6 鸟巢支撑剂	300	1.47	1.47	1
	ϕ13 鸟巢支撑剂	至器底 840	1.43	1.43	1
合计	FBN-001	200	0.98	0.784	0.8
	FBN-002	400	1.96	1.96	1
	FGH-21	1676	8.2	5.5	0.67
	FGH-31	2509	12.3	9.5	0.75
	ϕ6 鸟巢支撑剂	500	2.45	2.45	1
	ϕ13 鸟巢支撑剂		3.39	3.39	1

表 3　FBN 系列保护剂和 FH-40A 加氢催化剂的物化性质

项　目	FBN-02B01	FBN-03B01	FH-40A
活性金属	Mo-Ni	Mo-Ni	Mo-Ni
孔容/(mL/g)	0.10~0.25	0.10~0.25	≤0.40
比表面积/(m^2/g)	≤700m^2/m^3	≤1400m^2/m^3	≤200m^2/m^3
压碎强度/(N/cm)	300N/粒径向	300N/粒径向	≮150N/粒径向
堆积密度/(g/cm^3)	0.65~0.75	0.80~0.95	0.75~0.85
外型	鸟巢	鸟巢	三叶草条形
粒度/mm	42~48	22.5~27.5	1.3~2.3

表 4　FH-40A 催化剂和 FBN-02B01/FBN-03B01 保护剂装填情况

床层	装填物	装填高度/mm	装填体积/m^3	装填重量/t	装填密度/(t/m^3)
一床层	FBN-02B01 保护剂	130	0.64	0.69	1.08
	FBN-03B01 保护剂	330	1.62	1.73	1.07
	再生剂	2460	12.07	9.15	0.76
	ϕ3 支撑剂	90	0.44	0.55	1.25
	ϕ6 支撑剂	100	0.49	0.7	1.43
上床层总空高		5330			
二床层	ϕ11 支撑剂	200	0.98	0.9	0.92
	FH-40A 催化剂	5310	26.05	19.44	0.75
	ϕ3 支撑剂	70	0.34	0.7	2.04
	ϕ6 支撑剂	470	2.31	3.25	1.41
	ϕ13 支撑剂	810+1250	5.00	2.9	0.58

续表

床层	装填物	装填高度/mm	装填体积/m^3	装填重量/t	装填密度/(t/m^3)
合计	FBN-02B01 保护剂	130	0. 64	0. 69	1. 08
	FBN-03B01 保护剂	330	1. 62	1. 73	1. 07
	FH-40A 催化剂	7770	38. 12	28. 59	0. 75
	ϕ3 支撑剂	160	0. 78	1. 25	1. 6
	ϕ6 支撑剂	570	2. 8	3. 95	1. 41
	ϕ11 支撑剂	200	0. 98	0. 9	0. 92
	ϕ13 支撑剂	810+1250	5. 00	2. 9	0. 58

3 装置运行情况

2019 年 12 月 29 日催化剂预硫化结束后，同时对 Ⅰ常、Ⅱ常、罐区原料线分别进行置换，确认进料合格。引新鲜进料进入装置，打通流程，调整操作条件。于 12 月 31 日产出合格产品，装置一次开汽成功。装置操作条件见表 5。

表 5 装置操作条件

项 目	仪表位号	单位	改造前实际值	改造后实际值	设计值
F201 对流入口温度	TI210/4	℃	204	255	
F201 辐射出口温度 1	TI210/44	℃	280	272	
F201 辐射出口温度 2	TI210/45	℃	283. 1	269	
F201 辐射室温度	TI211/1	℃	476. 9	461	
F201 对流室温度	TI211/2	℃	306. 8	275. 7	
F201 烟道排烟温度	TI211/3	℃	129. 2	112. 7	
预热器烟道入口温度	TI2421/1	℃	293. 3	272. 7	
预热器空气出口温度	TI2421/2	℃	246. 3	179. 1	
预热器烟道出口温度	TI2421/3	℃	152. 2	127. 1	
烟气氧含量	AR201	%	10	3. 1	
F201 瓦斯流量	FI209	Nm^3/h	205	121	
反应器入口温度	TI202	℃	282	272. 8	270~320
1#床层上温度	TI201/10	℃	277. 8	270. 7	
	TI201/11	℃	278. 2	271. 4	
	TI201/12	℃	278. 2	271. 9	
1#床层下温度	TI201/13	℃	278. 7	272. 1	
	TI201/14	℃	279. 1	272. 6	
	TI201/15	℃	278. 8	265. 1	
中部温度	TI207	℃	278. 5	272. 7	
2#床层上温度	TI201/16	℃	279. 5	273. 6	
	TI201/17	℃	278. 5	272. 7	
	TI201/18	℃	278. 5	271. 9	
2#床层中上温度	TI201/19	℃	257. 4	276. 2	
	TI201/20	℃	280. 9	276. 1	
	TI201/21	℃	281. 2	275. 9	

续表

项　　目	仪表位号	单位	改造前实际值	改造后实际值	设计值
2#床层中下温度	TI201/22	℃	280.4	276	
	TI201/23	℃	278.9	274.6	
	TI201/24	℃	248.3	274.6	
反应器出口温度	TI201/25	℃	280.2	275.9	275~315
总温升		℃	0	3	3~7
反应器入口压力	PR205	MPa	3.17	3.0	3.0
反应器出口压力	PR206	MPa	3.15	2.68	
反应器压降	PDR204	MPa	0.02	0.35	
D202 顶部压力	PICA201	MPa	3.0	2.6	2.6
D202 液位	LICA201/1	%	54.9	52.1	
D202 界位	LICA202/1	%	26.2	10	
新氢压力	PIC108	MPa	1.9	1.91	
E204 壳程出口温度	TI212/4	℃	30.8	40	40
A201 出口温度	TI210/40	℃	36.5	88.17	
3.9MPa 蒸汽进装置温度	TI2403	℃	287	312	
3.9MPa 蒸汽进装置压力	PI2401	MPa	3.92	3.96	
3.9MPa 蒸汽流量	FIQ2407	t/h	2.1	4.1	
D201/1 液位	LICA210	%	65	56	
D201/2 液位	LICA220	%	65	58	
塔液位	LICA2001	%	45	46	
塔顶部温度	TIC2009	℃	120	106	120
塔进料温度		℃	168	186	185
二十层塔板温度	TI2010	℃	189.3	188	
塔底温	TI2011	℃	222.5	221.8	220
重沸器壳程出口	TIC2006	℃	227.9	226.9	
重沸器管程入口	TI2403	℃	287.7	312	
重沸器管程出口	TI2404	℃	218.6	207.3	
塔回流量	FIC2406	t/h	1.2	3.7	
塔回流温度	TI2402	℃	40.5	32.9	
塔顶回流罐液位	LICA226	%	87	46.9	
塔顶回流罐界位	LICA227	%	58	19.6	
循环氢分液罐液位	LIA207	%	2	5	
塔底部压力	PI2002	MPa	0.18	0.17	
塔顶回流罐顶部压力	PICA222	MPa	0.16	0.16	0.13
反应进料量	FRC202	t/h	31	65	95.2
新氢流量	FI206	Nm^3/h	463	56	
循环氢机返回量	FI2409	Nm^3/h	367	129	
循环氢机入口量	FI2408	Nm^3/h	11998	9600	
冷氢量	FI210	Nm^3/h	0	0	
排放氢量	FRQ211	Nm^3/h	38	47	
精制航煤出装置量	FIQ218	t/h	33	67	

4 分析结果

原料油及精制煤油性质见表 6，气体分析结果见表 7。

表 6 原料油及精制航煤分析结果

时 间	改造前实际值		改造后实际值		设计数据	
油品	原料航煤	精制航煤	原料航煤	精制航煤	原料航煤	精制航煤
密度/(kg/m^3)	796.2	797.1	790.1	789.9	801.5	799
馏程/℃						
HK	142.0	150.3	159.6	147.4		
10%	172.0	172.3	173.6	168.2		
20%	180.2	179.7	178.8	174.4		
50%	196.0	194.8	191	189.6		
90%	221.7	220.6	216.4	213		
KK	241.4	238.2	236	232.6		
硫含量/%(质)	0.0637	0.0015	0.0606	0.0088	0.11	0.1
总氮/(μg/g)	4.0	1.6	2.4	<0.5	15	2
烟点/mm	25.2	25.0	24.9	25	24	25
酸值/(mgKOH/g)	0.129	0.002	0.105	0.001	0.085	0.01
芳烃含量/%(体)	14.3	15.0		14.3		
烯烃含量/%(体)	1.6	1.5		1		
硫醇硫/%(质)	0.00668	0.0007	0.001	0.0006	0.06	0.0005
闪点/℃	39	41	43	43	40	
冰点/℃	-59.4	-61.5	-62.9	-61.7	-55.3	≤-47
碱性氮/(μg/g)	0.91	0.73	1.9	0.2	5.2	<1.5
铜片腐蚀/级		1a		1a		1
银片腐蚀/级		0		0		0
色度		27		30		

表 7 气体分析结果 %(体)

样品名称	分析项目	改造前实际值	改造后实际值
循环氢	密度/(kg/m^3)	0.129	0.155
	氢气	96.24	93.65
	甲烷	0.10	0.39
	乙烷	0	0.03
	乙烯	0	0
	二氧化碳	0.18	0
	丙烷	0	0
	丙烯	0	0
	异丁烷	0	0
	正丁烷	0	0
	硫化氢	0.29	0.1
	氧气	0.59	1.04
	氮气	2.60	4.69
	碳三加和	0	0
	碳四加和	0	0
	碳五以上加和	0	0
新氢	氢气	96.6	98.8

5 物料平衡及能耗对比

物料平衡见表8，能耗对比见表9。

表8 物料平衡

项目		改造前实际值		改造后实际值		设计值	
进料/t	原料油	410180	99.91%	123798	99.93%	800000	99.95%
	新氢	374	0.09%	91	0.07%	39.98	0.05%
	合计	410554	100%	123889	100%	80039.9	100%
出料/t	航煤产品	409817	99.83%	123613	99.78%	79887.95	99.81%
	污油	100	0.02%	68.689	0.06%	151.96	0.19%
	损失	637	0.16%	207	0.17%		
	合计	410554	100%	123889	100%	80039.9	100%

注：损失包括各容器因切水带出的部分油品、塔顶回流罐顶部压控阀排放至低瓦的含烃气体

表9 能耗对比 t

项目	改造前实际用量	改造前实际能耗	改造后实际用量	改造后实际能耗	设计用量	设计能耗
加工量/t	410180		123798		800000	
新鲜水/t	1282	0.00	507	0.00	0	
循环水/t	2021621	0.49	705672	0.34	1482600	0.19
脱氧水/t	0	0.00	0	0.00	8820	0.10
凝结水/t	-23232	-0.43	-3000	-0.13	-53800	-0.51
3.9MPa 蒸汽(+)/t	27331	5.86	9137	6.49	53100	5.84
1.3MPa 蒸汽(+)/t	0	0.00	0	0.00	-8140	-0.77
电/(kW·h)	4276991	2.40	1915818	3.56	7032700	2.02
燃料气/t	2460	5.57	379	2.86	2030	2.35
能耗/(kgEO/t)		13.89		13.12		8.71(9.22)

注：

1. 设计能耗中包含了氮气和净化风的能耗，但在每月能耗统计中，氮气和净化风不计入能耗统计，故设计能耗累计值与每个单耗总和不符，按照安庆石化每月统计能耗的方式，设计能耗应为9.22kgEO/t。

2. 电机功率因数 $\cos\phi$ 按照0.88计算。燃料气系数按928计算。

6 技术分析

6.1 生产能力分析

2020年1~4月装置加工量123798t，按0.8Mt/a加工量计算，负荷率仅仅46.42%，主要原因是受年初新冠疫情影响，航煤销售不畅，装置降低负荷操作。

6.2 物料平衡、氢耗及能耗分析

改造后航煤产品收率为99.78%，比改造前的99.83%和设计值的99.81%要低，主要原因是本次改造增加了自动反冲洗过滤器，受原料杂质影响，反冲洗操作较为频繁，反冲洗污油量较多，也导致了损失较大。

改造后实际新氢用量比设计值高0.02%，主要原因是反应系统压控阀为利旧设备，为降低管线内壁腐蚀，保持了极小流量的排放氢气，此排放氢气经过脱硫后送至ⅢPSA装置，未造成氢气浪费。

改造后实际能耗为13.12kgEO/t，虽然低于改造前的水平，但仍然比设计能耗9.22高3.9kgEO/t，分析如下：

1）受疫情影响，装置负荷仅46.42%，远低于设计负荷下限的60%，导致反应温升只有3℃，客观

上加重了加热炉负荷，导致燃料气单耗比设计值高 0.51kgEO/t。

2）Ⅱ加氢装置与Ⅰ加氢装置共用循环水流量计，1~4 月份Ⅰ加氢有部分时间出于停工状态，新氢机等共用设备的冷却水算在Ⅱ加氢装置能耗中，导致Ⅱ加氢循环水单耗高于设计值 0.15kgEO/t。同理，改造后的实际电单耗比设计值高 1.54kgEO/t。

3）由于改造后未投用中压蒸汽的减温减压器，装置未使用脱氧水，而且装置设计为间断注水，自开工以来尚未进行反应注水，导致脱氧水单耗比设计值低 0.1kgEO/t。

4）开工初期，因全厂检修处于收尾阶段，虽然装置不存在其他介质串入凝结水系统的可能，但凝结水分析硅离子超标，部分时间直排，导致凝结水使装置能耗实际下降量比设计值低 0.38kgEO/t，提高了综合能耗。

5）塔体经过多次改造，加上装置负荷较低，在控制塔进料温度为 185℃左右时，塔中部温度如果偏低，只能通过提高重沸器的中压蒸汽流量来确保塔正常运行，同时装置开工初期，自控率较低，中压蒸汽调节不及时，也加大了中压蒸汽单耗，使得装置中压蒸汽实际单耗比设计单耗高 0.65kgEO/t。

6）蒸汽扩容器顶部自产蒸汽没有流量表，故低压蒸汽使装置综合能耗实际下降量比设计值低 0.77kgEO/t。

6.3 工艺参数分析

由航煤加氢装置操作条件和原料油及精制航煤分析数据可以看出，除了塔顶回流罐压力为 0.16MPa，高于设计值的 0.13MPa，其他参数均达到设计值的范围。主要是因为 2015 年装置首次改造为航煤加氢装置后的开工初期频繁出现闪点超标的现象，此次扩能改造开工后，先将塔顶回流罐压力控制在较高的水平，确保闪点合格，在今后的生产优化中，保证产品质量合格的前提下，再考虑逐步降低回流罐压力。

此次改造考虑了加热炉没有对流段取热的问题，增加了反应进料换热器的台数，提高了换热面积，在不动改加热炉余热回收系统的情况下，使得加热炉温升从改造前的近 80℃，降低到改造后的低于 20℃，排烟温度从改造前的 129.2℃，降低到 112.7℃，节能效果明显。

本次扩能改造更换了 FH-40A 加氢催化剂，下床层装填新催化剂，上床层装填了炼油二部连续重整的预加氢再生催化剂，总装填重量 28.59t 远超改造前的装填量 15t，而且 FH-40A 相对原 O-CTM 催化剂体系更利于脱硫醇，更适合本装置的原料性质。反应压力和反应入口温度均有明显降低，在当前装置操作工况下，可以稳定生产出合格 3#喷气燃料，说明该催化剂具有良好的活性和稳定性，满足现阶段装置生产的需要。

按照当前的工况，根据中国石化 SHF0001—90 关于加热炉热效率计算公式计算加热炉热效率为 91.2%，仍有大量调节的余地。

6.4 自控水平

自控率提升项目自 2019 年 6 月开始实施，受制于利旧设备的不合理，自控率提升存在瓶颈，包括炉入口温度复杂回路和塔系统所有控制回路在内的 6 个控制回路都难以投用自动，扩能改造后，更改了塔底温度控制回路关系，优化了加热炉入口温度控制回路，使得塔系统和反应系统各项参数控制回路更加合理（见表 10）。在 2020 年 4 月底，全部控制回路投用自动，达到 100%，为装置节能降耗、提高平稳率、降低装置损失以及降低劳动强度奠定了坚实的基础。

表 10　自控率提升前后对比表　　%

统计时间	自控率	统计时间	自控率
2019 年 6 月	11.98	2020 年 1 月	57.44
2019 年 7 月	20.95	2020 年 2 月	74.49
2019 年 8 月	64.22	2020 年 3 月	95.19
2019 年 9 月	64.71	2020 年 4 月	100
2020 年 10 月	60.93		

7 存在问题及对策

1）为判断在产品异常的情况下，塔底产品与反应进料换热器是否有内漏现象，需要增加该换热器低压流程前后的采样器，以方便取样比对。而装置扩能改造时未考虑这一点。2020 年 3 月，通过申报技术改造，增设两台密闭采样器，以满足取样比对的条件，目前项目正在详细设计和设备采购阶段。

2）往复式循环机 K202/1.2 为利旧设备，无法安装无级调量系统，只能通过调节空冷入口的循环氢返回线进行调节混氢流量，虽然降低了加热炉的负荷，但电耗仍然没有降低的手段。建议择机更新附带无级调量系统的压缩机，可以进一步降低装置能耗。

3）加热炉入口两路进料管线利旧，低负荷运行时仍然需要频繁手动调节阀门以消除偏流，劳动强度较大。建议申报项目建议书，在下次检修期间重新铺设该管线，以消除偏流。

4）自产蒸汽没有流量计。建议申报项目建议书，增加蒸汽扩容器顶部自产蒸汽流量计，使装置能耗统计更加精准。

5）建议将Ⅰ加氢和Ⅱ加氢电表分开，以利于统计电量。

8 小结

1）在装置目前的加工负荷条件下，装置经过扩能改造后，优化了换热流程，使用 FH-40A 催化剂，按照设计要求对各项参数进行控制，装置可以生产合格的 3#喷气燃料。总体上装置改造是成功的，FH-40A 催化剂在航煤加氢装置扩能改造后的应用是成功的。

2）各动、静设备运行良好，满足当前装置运行的要求。

3）能耗受加工负荷影响较大，虽然低于扩能改造前，但仍有下降的空间。

4）自控率对装置能耗的影响不容忽视。

5）自产蒸汽等流量计还需要增设和完善，确保统计数据客观准确。

航煤加氢装置试生产与调整

向小波

（中国石化荆门石化公司　湖北荆门　448000）

摘　要　催化重汽油加氢装置改造试生产 3#喷气燃料过程中，出现了产品橡胶相容性不合格、银片腐蚀不合格和抗氧剂加注量不稳定等问题，通过控制原料性质、调整主要操作参数及抗氧剂加注相关操作，使得产品质量各项指标均满足要求，完成了试生产任务。

关键词　汽油加氢；航煤加氢；操作调整；产品质量

根据荆门分公司增产航煤、压减柴油的创效需要，以两套常减压装置常一线航煤加氢料为原料，利旧再生后的 RS-1100 加氢催化剂，经过浅度加氢精制反应，脱除油品中的环烷酸，明显降低产物硫醇含量，改善航煤馏分的颜色、热安定性，产出 3#喷气燃料组分油。完成改造后与两套蒸馏装置航煤加氢料产出能力相匹配，解决原有航煤加氢装置处理能力偏低的问题，使航煤产能最大化，创造更大的经济效益。

1　装置简介

荆门石化公司 400kt/a 航煤加氢装置由原 600kt/a 催化重汽油加氢装置改建而成，反应系统维持原流程不变，一反利旧原有 RGO-1 保护剂和 RSDS-31 再生剂作为保护反应器，二反装填 RN-400 再生剂和 RS-1100 再生剂作为主反应器。产品出装置部分主要新增氧化锌脱硫罐 D6208、活性炭吸附罐 D6301、产品过滤器及抗氧剂加注设施。原则流程如图 1 所示。

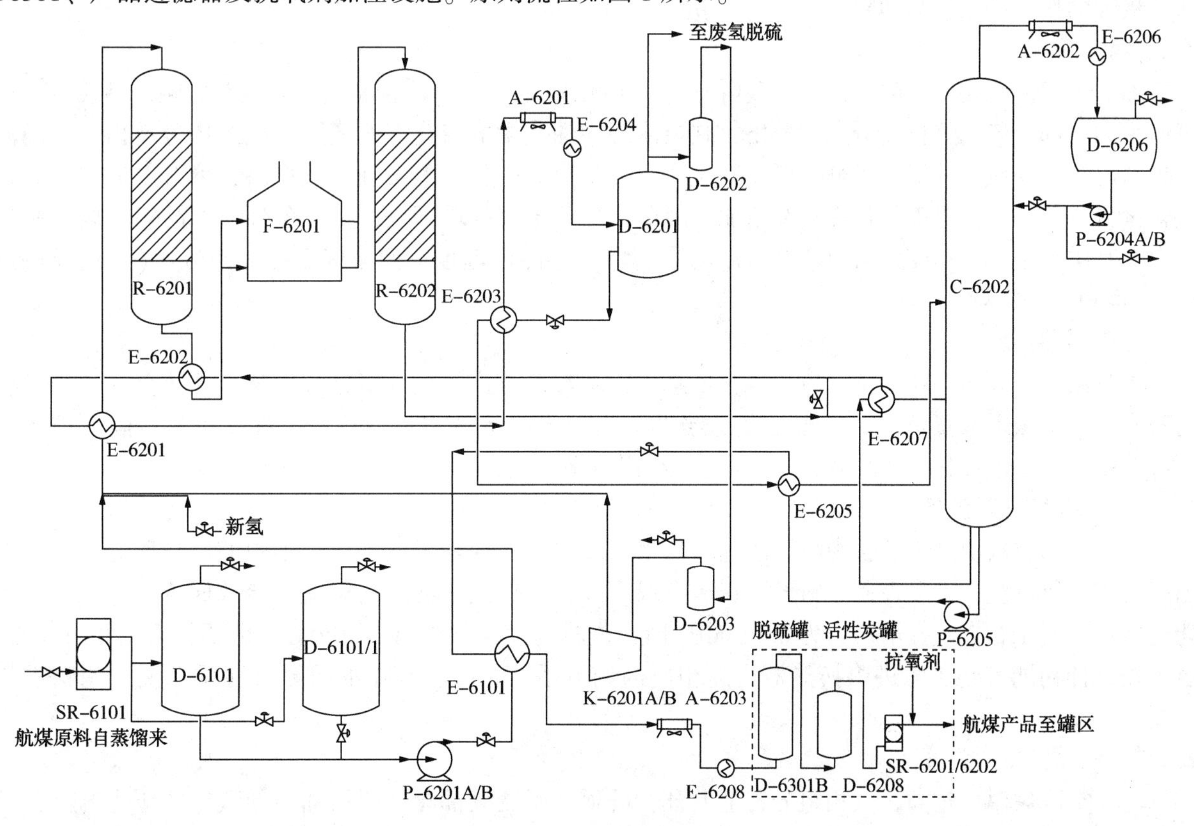

图 1　航煤加氢原则流程图

2 装置试生产

装置于2018年3月12日中交，于3月26日硫化结束，4月3日开始首次试生产，初次开工出现橡胶相容性、银片腐蚀不合格、抗氧剂浓度不稳定等问题。经操作调整装置于7月11日再次开工运行，产品各项指标满足要求。2018年10月装置取得军用油生产资格后，转入正常生产。

2.1 橡胶相容性

橡胶相容性指标主要通过实验完成，考察油品对以橡胶为材料的密封件的影响。受条件限制，正常生产中不作为常规控制指标，只在装置试生产期间考察该指标。产品中芳烃含量尤其是双环以上多环芳烃含量对该指标影响较大。在缓和加氢的操作条件下，加氢深度浅，芳烃饱和率较低；加氢深度较深时，原料中的天然抗氧、抗磨等极性物质被脱除，产品的抗氧化安定性、润滑性能变差[2]。因此需要控制原料中的芳烃含量、反应深度，同时在正常生产过程中系统置换对该指标影响也较大。

2.2.1 原料芳烃含量

橡胶相容性主要与原料中芳烃含量有关，实际生产中主要依靠控制原料终馏点控制原料中芳烃含量。

2.2.2 反应深度

装置首次开工，因催化剂活性较高，反应温度和反应压力控制较低，虽能脱除原料中的硫、氯、氮等杂质，但在完成首次试生产时发现橡胶相容性不合格。研究表明在较低的反应温度和反应压力下，芳烃饱和率较低[1]，会导致产品中芳烃含量高，需保持一定的反应深度。

2.2.3 系统置换

产品精制部分活性炭吸附罐装填椰壳散堆活性炭，其主要作用是吸附油中可能携带的微量水或杂质，降低产品过滤器差压上升速率，保证产品的洁净性。活性炭罐装填体积为60m^3，空塔线速仅为0.02m/s，前期不合格油品进入后，置换时间长达7d，造成航煤料损失。考虑产品过滤器本身可代替活性炭罐的作用，故将其切除。

2.2 银片腐蚀

加氢产生的硫化氢溶解在油中的残留量高于1mg/kg时，银片腐蚀将大于0级，影响产品质量。加氢产生的大部分硫化氢自高分顶部排出，剩余溶解在油品中的硫化氢主要通过汽提塔分离出，经回流罐顶部放空。反应系统气相组分长期不置换时，即高分无外排，氢气纯度较低时，溶解在油中的硫化氢含量将会升高，汽提塔的汽提负荷增加。因此，高分至汽提塔部分的操作条件对产品银片腐蚀影响极大，其中包括高分温度、汽提塔进料温度[3]、塔顶空冷后温度、回流罐温度、回流比(对汽提塔进料)、塔顶气外排量。

2.2.1 高分温度

高分温度越高溶解在油中的硫化氢含量越低，但温度过高，循环氢带液增加，威胁循环氢压缩机的安全运行。根据装置负荷和气温变化适当调节高分入口空冷和水冷负荷，将高分入口温度控制在40~50℃，可降低油中硫化氢含量，也可保证机组的平稳运行。

2.2.2 汽提塔进料温度

汽提塔的进料温度过低会影响塔的分离效果，原料性质变化或汽提塔在不同的操作压力下，进料温度也应进行调整，一般控制进料温度在泡点温度以上，但过高的进料温度会导致回流比过大、装置能耗增加。开工初期汽提塔压力为0.015MPa时，进料温度控制在160~170℃，后调整为170~180℃。装置在设计初期有必要为进料换热器增加相应的调节手段，以应对在不同原料性质下及时调整进料温度。

2.2.3 塔顶空冷后温度

塔顶空冷后温度过高，气相组分含量上升，塔顶至回流罐部分气阻增加会导致塔的压力升高，汽提塔内硫化氢分压升高，在固定的操作条件下也会导致塔底油中硫化氢含量上升。

2.2.4 回流罐温度

回流罐温度过低，溶解在塔顶轻烃中的硫化氢含量高，在全回流操作条件下，部分硫化氢会被带入塔底，导致产品不合格，但过高的回流罐温度会增加轻烃损失。

2.2.5 回流比

回流量大小与原料性质有关，原料馏程10%较低时，为维持一定的塔顶温度，回流量增加，汽提塔内气相总压增加，不利于硫化氢的分离。回流量过低时，部分轻烃外送会导致产品闪点高，需控制在合理范围，并根据原料性质进行调整。

2.2.6 塔顶气外排量

汽提塔将油中溶解的氢气和硫化氢分离出经塔顶回流罐排放，同时部分燃料气组分和少量 C_3 及以上组分随塔顶气排放，因此，塔顶气排放量低于某一下限值时可认为硫化氢未被彻底分离，会导致银片腐蚀不合格。

2.3 抗氧剂浓度不稳定

添加抗氧剂的主要目的是提高产品的抗氧化安定性[4]，日常监控馏出口产品抗氧剂浓度，以此作为调整依据，在产品出厂前航煤罐区产品再次进行分析，保证指标100%合格。抗氧剂母液的配置方法和汽提塔塔底抽出量的变化对抗氧剂分析浓度影响较大。

2.3.1 抗氧剂配制

在配置抗氧剂时固定母液浓度，定量加注，并根据装置处理量调整注入量。受气温变化影响，需保证足够的搅拌混合时间，预防母液罐上部和下部浓度不一致，导致产品浓度变化。

2.3.2 汽提塔塔底抽出量

汽提塔液位波动时，受出装置产品量的变化，馏出口采样浓度也会发生变化，受此因素影响调整抗氧剂注入量会导致航煤罐区抗氧剂分析浓度变化，甚至超出控制范围。为此正常生产过程中，有必要为汽提塔塔底抽出泵增设变频，在装置负荷变化时或操作波动时，通过变频稳定控制出装置流量。

3 操作调整

针对影响产品质量的主要因素对原料性质、主要操作条件和抗氧剂的加注操作进行调整。

3.1 原料性质调整

如表1所示，控制原料中10%馏出温度可降低原料中的轻烃含量，避免汽提塔回流比过大。根据产品中芳烃含量体积比不大于20%，萘系烃含量体积比不大于3%的要求，将原料终馏点下调至不大于250℃。

表1 原料性质

原料性质	调整前	调整后
10%馏出温度/℃	不控制	169～175
终馏点/℃	不大于256	不大于250

3.2 主要操作条件调整

根据装置试生产期间的分析结论，将主要的操作条件均进行了调整见表2。在保证一定的反应深度的前提下，在汽提部分将硫化氢分离出，以满足产品要求。

表2 主要操作条件

主要操作条件	调整前	调整后
反应温度/℃	260	280
高分压力/MPa(表)	1.45	1.6

续表

主要操作条件	调整前	调整后
高分温度/℃	40~45	45~50
汽提塔进料温度/℃	160~170	170~180
塔顶空冷后温度/℃	不控制	40~65
回流罐温度/℃	不控制	45~50
回流量	随塔顶温度进行调整	随塔顶温度进行调整且控制回流比不大于0.1(对汽提塔进料)
塔顶气外排量/(Nm^3/h)	不控制	不低于180

3.3 抗氧剂加注相关操作调整

汽提塔塔底泵增设变频后塔底抽出量波动范围由10%降至4%，同时为排除抗氧剂罐搅拌不均匀的影响，将搅拌时间由30min延长至120min，实际生产过程中馏出口抗氧剂浓度变化范围由20%±3%降至20%±1%，为操作调整提供了可靠的依据，较好地控制了航煤罐区抗氧剂浓度。

4 结论

航煤加氢装置试生产阶段通过操作调整，工艺条件得到优化，装置操作弹性增加，在不同操作工况下产品质量合格率可稳定达到100%，装置改造和开工试运行取得成功，提高了企业的经济效益。

参考文献

[1] 史开洪. 加氢精制装置技术问答[M]. 北京：中国石化出版社，2007.
[2] 刘济赢. 中国喷气燃料[M]. 北京：中国石化出版社，1991.
[3] 陶志平. 石油炼制与化工，1999，30(12)：15-17.
[4] 陈觉民. 石油炼制与化工，2000，31(12)：28-30.

提高军用航煤产品质量合格率的探索与分析

胡建平

（中国石化九江石化公司　江西九江　332004）

摘　要　在航煤加氢装置不同操作参数下，跟踪军用航煤产品质量变化情况，分析影响产品质量的关键因素，摸索最佳操作条件，提高军用航煤产品质量合格率。2019年，通过在不同操作参数下的产品质量合格率进行统计分析，总结得出反应进料量，反应压力、汽提塔底温是影响军用航煤质量合格率的关键因素，经逐步调整相应操作参数，产品质量合格率由2018年的98.10%提至99.60%。产品质量合格率的提高，既提升了装置运行效率，又增加了经济效益。

关键词　操作参数；产品质量；合格率；经济效益

1　前言

2012年公司决定将闲置的1#半再生重整装置预处理单元改造为2×10^5t/a航煤加氢精制装置，以提高航煤产量，增加经济效益。航煤加氢装置以常一线馏分油为原料，经加氢处理，脱除硫醇硫，生产合格的3号喷气燃料。

2　装置概况

航煤加氢技术采用中国石化石油化工科学研究院开发的航煤低压临氢脱硫醇技术（以下简称RHSS技术），催化剂为石科院开发的直馏航煤加氢精制专用催化剂RSS-2。

RHSS技术是专门用于直馏航煤临氢脱硫醇的专利技术，主要用于直馏航煤馏分的脱硫醇、脱酸、少量的脱硫和改善产品颜色，使产品尽量多地保持直馏馏分的性质特点。RHSS技术工艺条件缓和，操作氢油比低、氢气纯度变化小、压力低、温度低、空速高，集合了非临氢及加氢两种工艺的特点，在投资及操作费用较低的条件下，克服了常规非临氢脱硫醇法用于高硫原料油生产航煤时质量不稳定及产生新的环境污染等弱点，生产出符合3号喷气燃料质量指标的产品，且对环境友好。RHSS技术工艺流程简单，操作方便，原料适应性强，已成功在10多套工业装置上进行了应用。

2.1　原料与反应部分

航煤加氢装置原料系统如图1所示。来自2#罐区（207#罐、208#罐）的航煤原料经原料泵P101ABC升压后，经原料过滤器SR101AB过滤，进入原料油缓冲罐V201。自V201来航煤原料经原料/产品换热器E101换热后进原料泵P104ABC，升压至2.7MPa后与氢气混合，进入原料/反应产物换热器E105与反应产物换热，再进入反应加热炉F101加热，如图2所示，达到反应温度的物料进入加氢反应器R101发生加氢反应。如图3所示，反应产物经E105换热后进反应产物空冷E106AB、E203AB，水冷器E107AB、E204AB冷却至55℃，进入中压分离罐V102进行气液分离。自V102顶出来的循环氢与2.4MPa氢气管网来的新氢混合后经循环氢压缩机入口分液罐V106分液后，进入循环氢压缩机C101B，升压至2.5MPa的循环氢与原料油一起作为反应进料进入E105与反产物进行换热。为提高循环氢纯度，V102顶尾氢持续排至2#加氢装置脱硫系统处理。

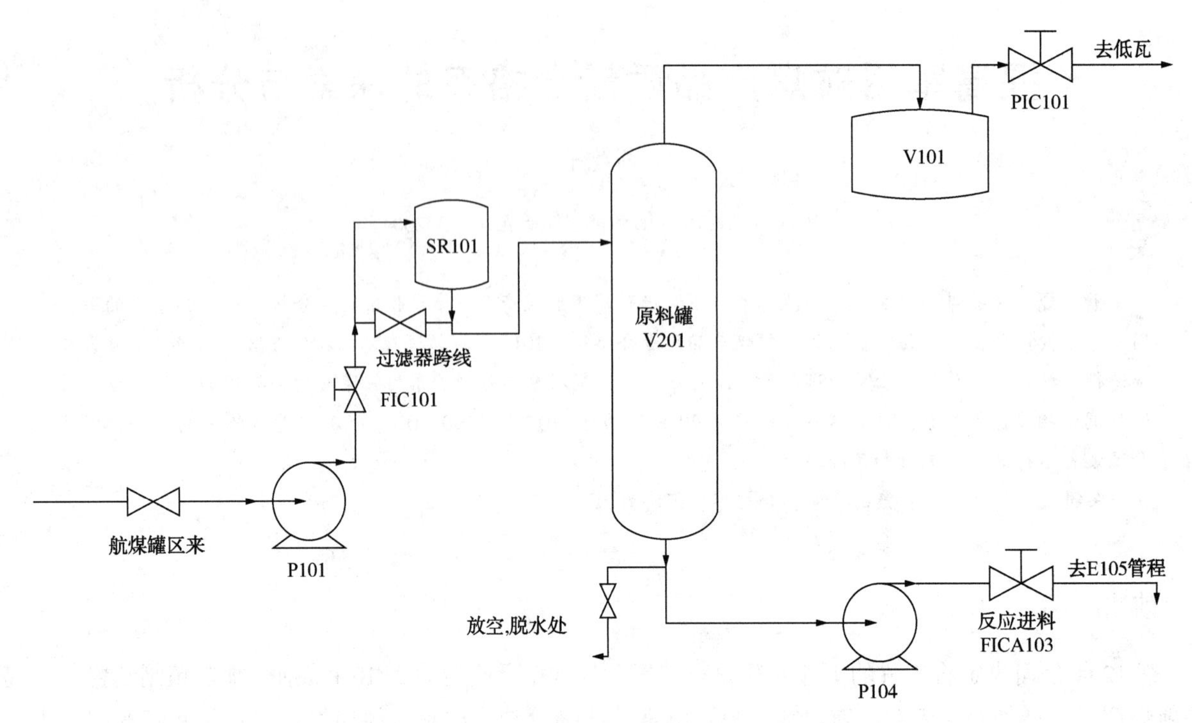

图 1 航煤加氢装置原料系统

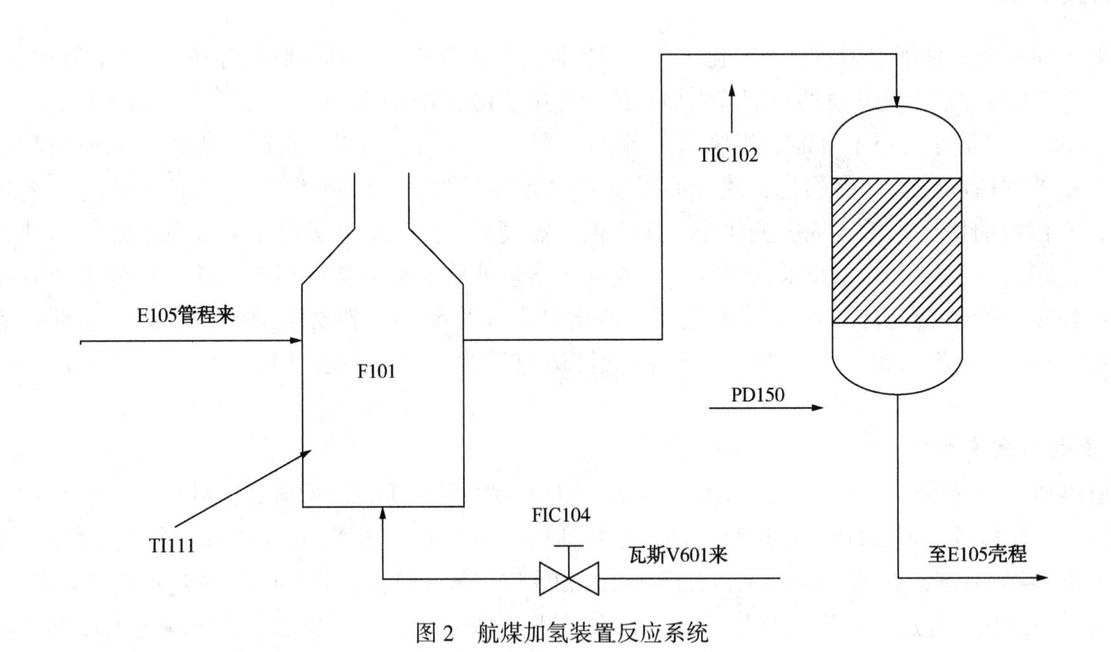

图 2 航煤加氢装置反应系统

2.2 分馏部分

如图 4 所示，自 V102 底部来的油相减压后进换热器 E108ABC，与塔底产品换热后进汽提塔 T102。塔顶油气经汽提塔顶空冷器 E109AB 和水冷器 E110AB 冷凝冷却至 40℃后进入汽提塔顶回流罐 V104。塔底油通过汽提塔底重沸炉 F102 加热后从塔顶汽提出油中 H_2S、NH_3和溶解在油中的氢气及小分子烃，经 V104 压控排至低瓦管网。V104 液体经塔顶回流泵 P105AB 升压后，直接经轻污油线送出装置。T102 塔底抽出的油经航煤产品泵 P102AB 升压后与塔进料换热，经原料/精制航煤换热器 E101、产品

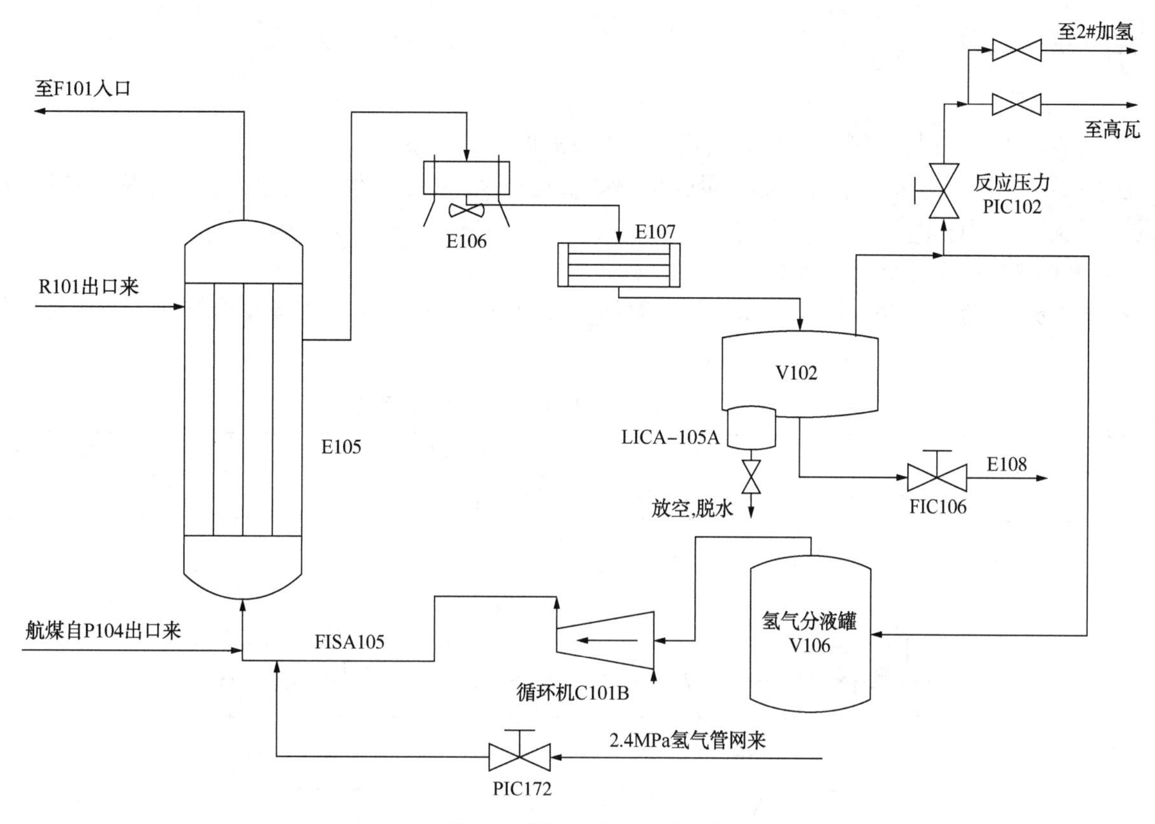

图 3　航煤加氢装置高分系统

空冷器 E102AB、水冷器 E103AB 冷却后，部分进入脱硫罐 V514、产品过滤器 SR102AB 后，得到精制航煤，产品泵出口部分物料作为塔底回流返至塔顶，调节塔顶温度。通过注剂泵向精制航煤产品出装置之前管线持续加入抗氧剂，注入量为 17~24mg/L。

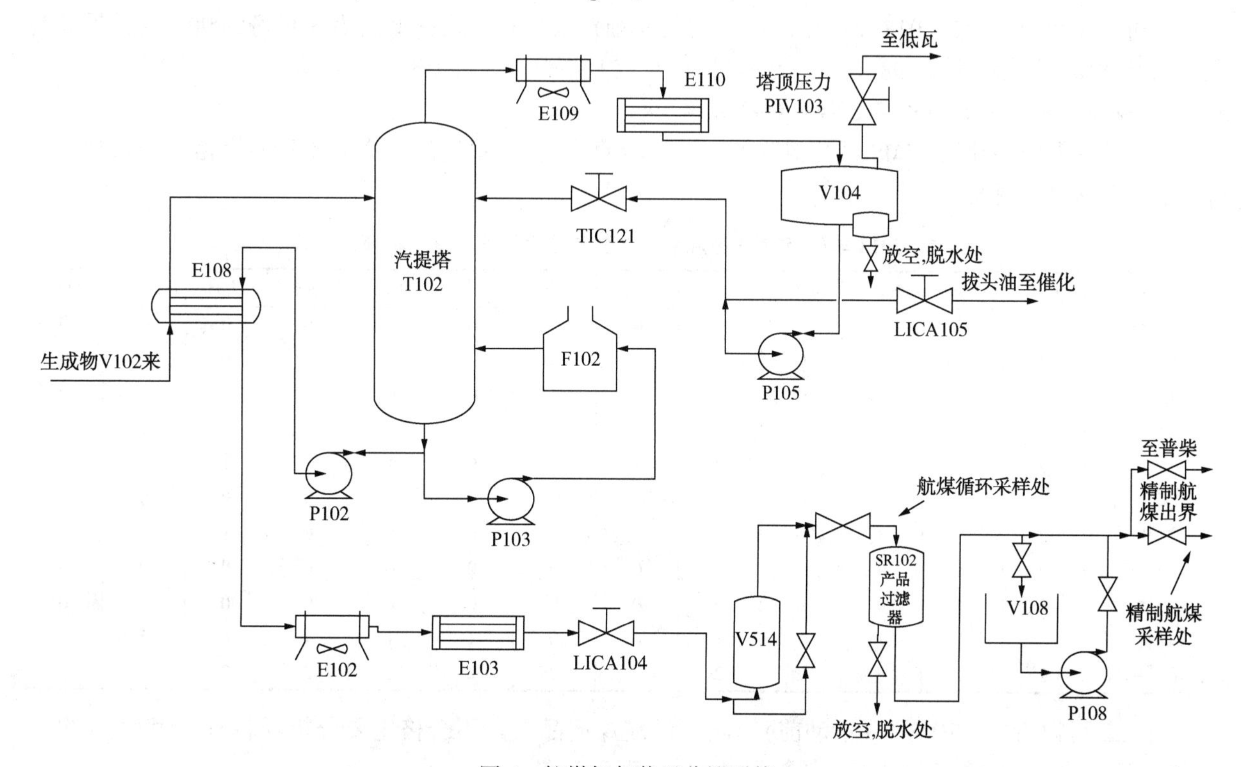

图 4　航煤加氢装置分馏系统

3 运行结果及分析

3.1 选题背景

市场的需要：军用航煤产品附加值较高，具有良好的经济效益。

公司要求：2019 年军用航煤产品质量合格率要求提至 98.80%(活动目标)以上，确保完成公司下达的军用航煤月度计划。

3.2 军用航煤产品质量合格率调查

技术人员通过调取 2018 年(活动前)月报数据，整理军用航煤产品月度质量合格率，统计见表 1、图 5。

表 1 2018 年(活动前)各月度军用航煤产品质量合格率

月份	1 月	2 月	3 月	4 月	5 月	6 月	7 月	8 月	9 月	10 月	11 月	12 月	平均
合格率/%	98.2	97.9	95.8	98.4	99.1	97.4	98.9	98.1	98.2	97.9	98.9	97.3	98.01

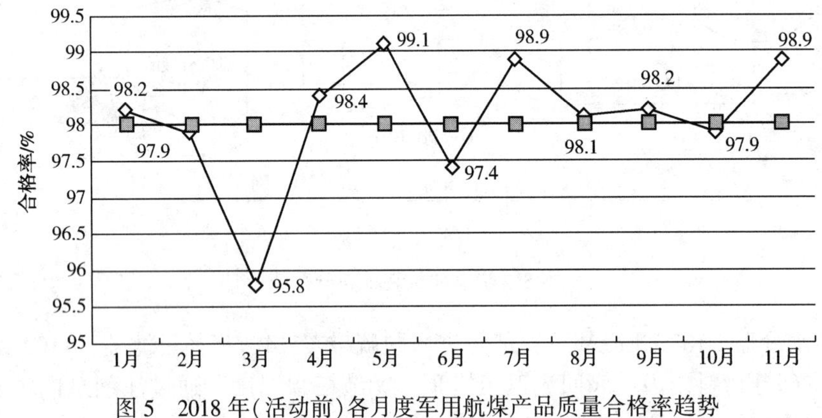

图 5 2018 年(活动前)各月度军用航煤产品质量合格率趋势

通过表 1 可以看出，2018 年(活动前)各月度军航产品质量合格率最高为 5 月份的 99.1%，最低为 3 月份 95.8%，全年平均为 98.1%，较公司目标有较大差距，但可上升空间巨大。

3.3 影响军用航煤产品质量不合格分析项目调查

技术人员从质管中心 LIMS 系统调取 2018 年(活动前)各月军用航煤产品质量不合格分析项目，统计见表 2 和表 3、图 6。

表 2 2018 年(活动前)各月军用航煤产品质量不合格分析项目统计

分析项目	1 月	2 月	3 月	4 月	5 月	6 月	7 月	8 月	9 月	10 月	11 月	12 月	总数
闪点	0	0	0	0	0	0	0	0	0	0	0	0	0
硫含量	0	0	0	0	0	0	0	0	0	0	0	0	0
烟点	0	0	0	0	0	0	0	0	0	0	0	0	0
水含量	0	0	0	1	1	0	0	1	0	0	0	1	4
总酸值	1	0	1	0	0	1	1	0	1	1	1	0	7
铜片	0	0	0	0	0	1	0	0	0	0	0	0	1
银片	0	2	3	0	0	1	1	0	0	0	1	1	9
运动黏度	0	0	0	0	0	0	0	0	0	0	0	0	0
界面情况	0	0	0	0	0	0	0	0	0	0	0	0	0
分离程度	1	0	1	1	1	0	0	1	1	1	0	1	8
总不达标数	2	2	5	2	2	3	2	2	2	2	2	3	

由表 2 可以看出，2018 年(活动前)影响军用航煤产品质量不合格主要分析项目有：银片(9 次)、分离程度(8 次)、总酸值(7 次)、水含量(4 次)、铜片(1 次)。

表 3　军用航煤产品质量不合格影响因素统计

分析项目(不合格)	影响因素(统计)	所占比例/%
银片	汽提塔底温低	30
分离程度	反应进料过高	20
总算值	反应系统压力低	30
水含量	汽提塔底温低	10
铜片	汽提塔底温低	10

通过统计得出，造成军用航煤产品质量合格率偏低的主要因素是：汽提塔底温低(50%)、反应进料过高(占 20%)、反应系统压力低(30%)如图 6 所示。

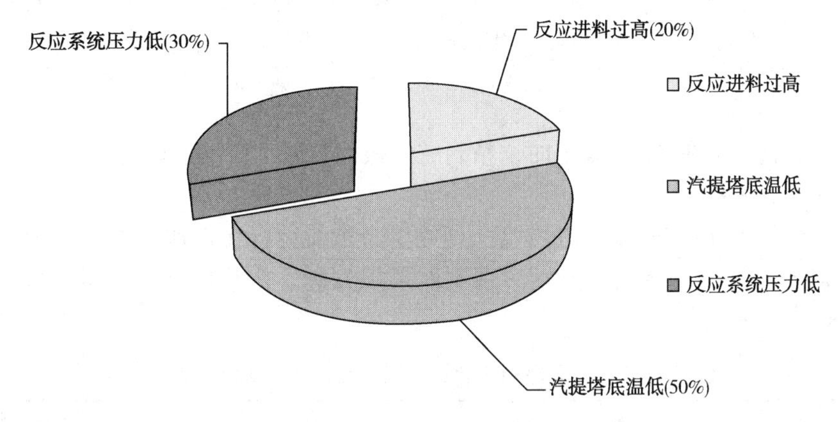

图 6　军用航煤产品质量不合格影响因素

3.4　针对影响军用航煤产品质量合格率的原因采取的措施

(1) 提高汽提塔底温

2019 年 5 月份汽提塔底温由 200℃逐渐提至 208℃，技术人员对精制航煤银片腐蚀、水含量发生的变化进行统计，见表 4、图 7。

表 4　2019 年 5 月精航银片腐蚀、水含量变化情况

日期	汽提塔底温度/℃	银片腐蚀/级 指标：≤0 级	水含量/(mg/kg)
5 月 1 日	200	0 级	66.22
5 月 3 日	201	0 级	60.25
5 月 5 日	201	1 级	64.68
5 月 7 日	202	0 级	62.06
5 月 9 日	202	0 级	58.30
5 月 11 日	203	0 级	62.54
5 月 13 日	203	0 级	58.90
5 月 15 日	204	0 级	54.27
5 月 17 日	204	0 级	45.16
5 月 19 日	205	0 级	43.15
5 月 21 日	205	0 级	42.36
5 月 23 日	206	0 级	40.18
5 月 25 日	206	0 级	39.56
5 月 27 日	207	0 级	39.12
5 月 29 日	208	0 级	35.27
5 月 31 日	208	0 级	20.33

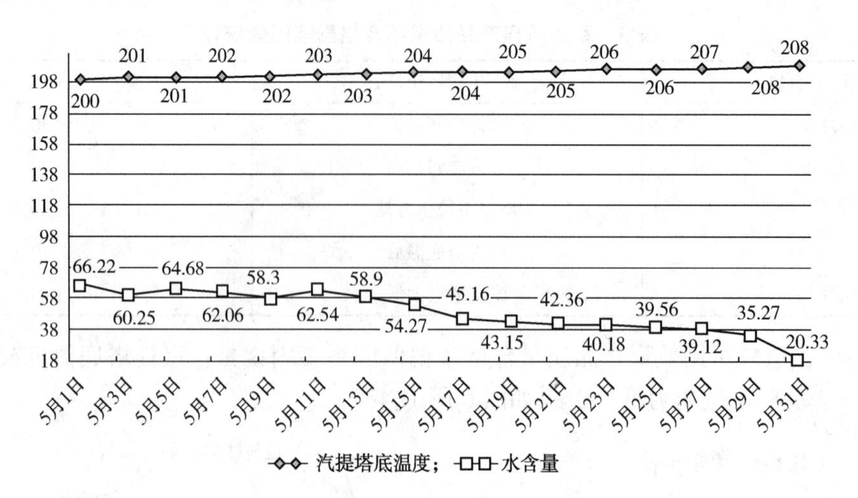

图 7 精航银片腐蚀、水含量变化趋势

结论：汽提塔底温控制在202℃以上时，精制航煤银片腐蚀合格，且稳定。

(2) 适当降低反应进料

因装置设计运行负荷仅为25t/h，但装置一直处于高负荷运行，操作弹性小。2019 年 4 月份反应进料由29t/h逐渐降至25t/h，技术员分别对精制航煤硫含量、银片腐蚀、总酸值发生的变化进行统计，见表5、图8。

表 5 2019 年 4 月精航硫含量、银片腐蚀、总酸值变化情况

日期	反应进料/(t/h)	硫含量/%	银片腐蚀/级 指标：≤0 级	总酸值/(mgKOH/g) 指标：≤0.003
4 月 1 日	29	0.0299	0 级	0.004
4 月 3 日	29	0.0275	1 级	0.004
4 月 5 日	29	0.0246	0 级	0.003
4 月 7 日	28	0.0234	0 级	0.003
4 月 9 日	28	0.0228	0 级	0.003
4 月 11 日	28	0.0237	0 级	0.003
4 月 13 日	27	0.0158	0 级	0.002
4 月 15 日	27	0.0174	0 级	0.002
4 月 17 日	27	0.0156	0 级	0.002
4 月 19 日	26	0.0130	0 级	0.002
4 月 21 日	26	0.0149	0 级	0.001
4 月 23 日	26	0.0126	0 级	0.001
4 月 25 日	25	0.0075	0 级	0.001
4 月 27 日	25	0.0104	0 级	0.001
4 月 29 日	25	0.0110	0 级	0.001

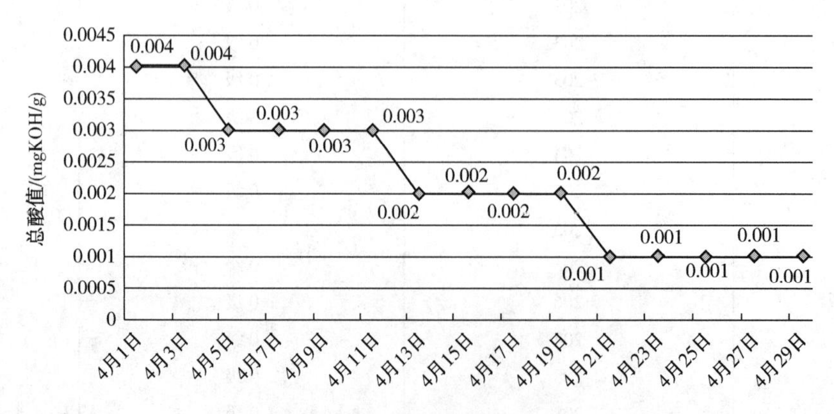

图 8 精制航煤总酸值变化趋势

结论：反应进料控制在 26t/h 以下时，军用航煤硫含量、银片腐蚀、总酸值均合格，且控制稳定。

（3）提高反应系统压力

技术员通过 RSIM 软件模拟航煤加氢装置反应压力与精制航煤脱氮关系，寻求最佳操作条件。模拟结果表明，反应系统压力越高，加氢深度越大，有利于降低精航产品的氮含量，提高军航产品分离程度，见表 6、图 9。

表 6　2019 年 10 月精航氮含量、分离程度变化情况

日期	反应系统压力/MPa	氮含量/(mg/kg)	分离程度 指标：≤2
10 月 1 日	1.69	2.57	3
10 月 3 日	1.69	2.49	3
10 月 5 日	1.70	2.35	3
10 月 7 日	1.70	2.32	3
10 月 9 日	1.71	2.29	3
10 月 11 日	1.71	2.28	2
10 月 13 日	1.72	2.31	2
10 月 15 日	1.72	2.24	2
10 月 17 日	1.73	2.19	3
10 月 19 日	1.73	2.11	3
10 月 21 日	1.74	1.96	2
10 月 23 日	1.74	1.78	2
10 月 25 日	1.75	1.56	2
10 月 27 日	1.75	1.34	2
10 月 29 日	1.75	1.32	2
10 月 31 日	1.75	1.30	2

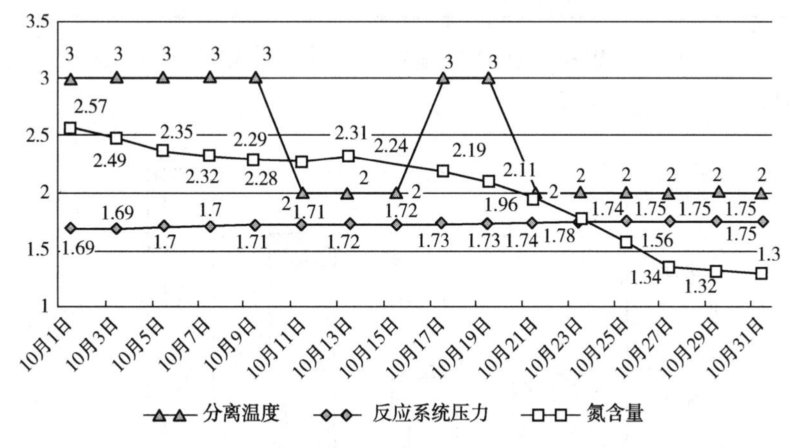

图 9　精航氮含量、分离程度变化趋势

结论：反应压力控制在 1.74MPa 以上时，分离程度均为 2 以下，且产品质量稳定合格。

3.5　采取措施后的效果

3.5.1　活动效果检查。

技术员通过调查操作运行记录，统计 2019 年 12 月 10~20 日生产军用航煤期间相关操作与分析数据，见表 7。反应进料按 25t/h，汽提塔底温按 207℃以上，反应压力按 1.75MPa 以上控制，产品银片腐蚀、总酸值、分离程度、水含量分析均满足要求。由质管中心发布的2019年(活动期间)航煤加氢装置产品质量平均合格率为99.10%，达到活动预期目标。

表7 2019年12月10~20日军用航煤相关分析项目情况

日期	反应进料/(t/h)	汽提塔底温/℃	反应压力/MPa	银片腐蚀/级	总酸值/(mgKOH/g)	分离程度	水含量/(mg/kg)
12月10日	25	207	1.75	0	0.001	2	25.61
12月11日	25	207	1.76	0	0.001	2	26.32
12月12日	25	208	1.75	0	0.001	2	24.21
12月13日	25	208	1.75	0	0.001	2	23.59
12月14日	25	207	1.76	0	0.001	2	24.87
12月15日	25	207	1.75	0	0.001	2	24.15
12月16日	25	208	1.76	0	0.001	2	30.57
12月17日	25	208	1.75	0	0.001	2	29.84
12月18日	25	207	1.75	0	0.001	2	31.54
12月19日	25	207	1.76	0	0.001	2	32.26
12月20日	25	208	1.75	0	0.001	2	27.94

3.5.2 目标值检查

2020年1~2月(巩固期)完成军航任务为10kt。通过查询LIMS系统得出影响军用航煤产品质量合格率的分析项目，产品质量合格率为99.6%，见表8、图10。

表8 2020年1~2月(巩固期)影响军航产品统计情况

序号	项目	频次	占比/%
1	反应进料高	1	0.4
2	汽提塔底温低	0	0
3	反应系统压力低	0	0

由表8可以看出，2020年1~2月(巩固期)军航产品质量合格率为99.60%，大于98.80%的目标值，高于活动预期目标。

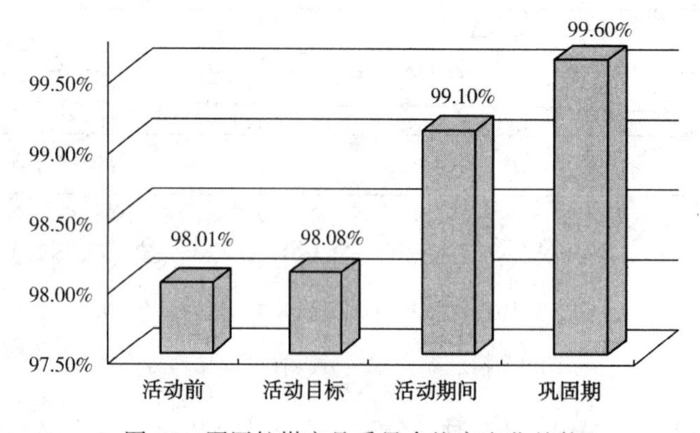

图10 军用航煤产品质量合格率变化趋势

3.6 结论

3.6.1 固化措施

根据对策实施经验，运行部固化航煤加氢装置关键操作参数，在生产军用航煤时，反应进料按25t/h，反应压力按1.75MPa，汽提塔塔底温度按205℃以上控制，并写入航煤加氢装置岗位操作法中。

3.6.2 直接经济效益

在生产经营部下达军用航煤产品月度计划后，运行部需提前对航煤加氢装置反应进料由29t/h降至25t/h，并对其他操作参数进行相应调整。以最短时间调整出合格的军用航煤，既能完成月度计划，又能提高当月精航产品产量。

攻关前，军航产品调整时间为48h；攻关后，军航产品调整时间为8h。因调整时间缩短，当月多生产精航25×(48-8)=1000h。精航较柴油附加值为150元/t。故每月因调整时间缩短，多产出精航产品获得的经济效益为：1000×230=23万元。

按均值每月计划5000吨军用航煤计算，产品合格率由98.01%提至99.6%，少产生污油量为：(99.6%-98.01%)×5000=79.5t。

军用航煤与污油的差价为：1256元。

该部分经济效益：79.5×1256=9.9万元

故攻关后，每月直接效益=23+9.9=32.9万元。

4 存在的问题及建议

4.1 存在问题

1）航煤加氢装置反应产物进入高分罐V102之前需要冷却，冷却后进入汽提塔后又需加热，这增加了反应产物冷却负荷与汽提塔塔底重沸炉热负荷，不利于装置进一步提高处理量与节能优化。

2）冬季气温低时，在装置高负荷生产下，反应加热炉与重沸炉负荷均卡边操作，操作弹性小，在加热炉火嘴出现个别堵塞时，炉出口温度少许下降，易造成产品质量不合格。

3）冬季气温低时，汽提塔顶轻组分容易产生凝缩液，堵塞塔顶至低瓦管线，造成塔顶轻组分无法完全蒸出，易造成塔底精航产品腐蚀不合格。

4.2 建议

1）装置增设热高分罐，既降低反应产物冷却负荷，又降低汽提塔塔底重沸炉负荷，也可以为装置进一步提高处理量创造条件。

2）运行部制定《冬季航煤加氢装置生产指导意见》，定期清理加热炉火嘴、长明灯，确保加热炉正常运行。

3）在汽提塔塔顶回流罐至低瓦管线上，增加伴热管线，避免该管线内物料产生凝缩液。

参考文献

[1] 曹宏武，崔苗，赵书娟．当代化工，2012，2.
[2] 张洪钧．改善3号喷气燃料质量的措施[J]．炼油设计，1998，03.
[3] 吴明清，冉国朋，耿立群，等．喷气燃料白土精制后腐蚀的原因及对策[J]．石油炼制与化工，2000，11.

0.6Mt/a 航煤加氢装置存在的问题及整改优化措施

刘 祥

（中国石化齐鲁石化公司 山东淄博 255434）

摘 要 对齐鲁石化胜利炼油厂 0.6Mt/a 航煤加氢装置长周期运转下，逐渐暴露出的结盐腐蚀、催化剂失活等问题进行了分析，并采取相应整改优化措施，保证装置满负荷稳定运行和产品质量合格。

关键词 航煤加氢；优化；产品质量；腐蚀

中国石化齐鲁石化公司 0.6Mt/a 航煤加氢装置是由中国石化工程建设公司承保设计，采用石油化工科学研究院开发的直馏煤油临氢脱硫醇的 RHSS 技术，RGO-1 保护剂、RSS-2 催化剂，年操作 8400h，操作弹性 60%~110%。装置原设计原料为 2#、3#常减压装置常一线，2015 年 3 月 30 日首次开工试生产。开工后调整原料增加 4#常减压装置常一线，由于 4#常减压装置主要加工胜利原油，因此航煤加氢混合原料中碱氮较高，年平均 13mg/kg，对催化剂性能影响较大，2016 年 9 月开工试生产结束前，反应温度已提至 280℃，反应器入口压力提至 2.85MPa。

2015~2018 年厂加工路线，航煤加氢装置一直以较低负荷生产（见图 1）。2019 年 2 月开始逐步满负荷运行。投料试车至满负荷运行期间，装置出现流程结盐、博士实验不合格等问题，采取了相应整改优化措施，保证了装置 110%负荷下稳定生产航煤，产品质量达到军航标准。

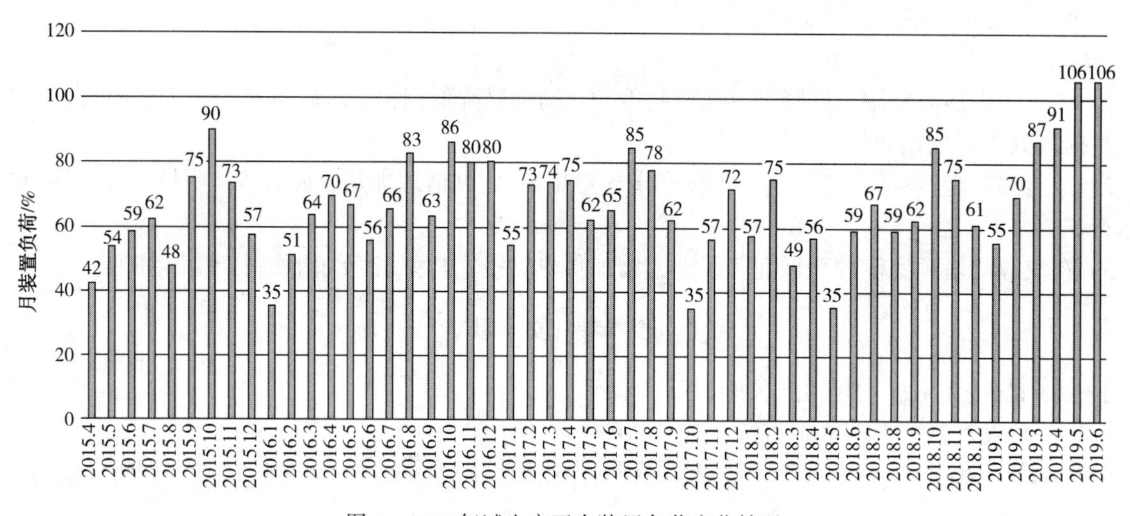

图 1 2015 年试生产至今装置负荷变化情况

1 装置运行中存在的问题分析

1.1 操作弹性 110%满负荷下加氢催化剂末期活性下降比较明显

从图 1 可见，2019 年 3 月之前，装置负荷在 50%上下浮动，最低时为 35%，反应器平均温度一直维持 280℃。2019 年 3 月开始，由于航煤生产任务较重，装置月平均负荷提至 91%以上。2019 年 6 月 3 日突然出现航煤产品博士实验不合格，反应器平均温度提至 285℃。6 月 4 日分析航煤产品硫醇硫 0.0019%（指标 0.0020%），反应器平均温度提至 291℃。6 月 5 日硫醇硫 0.0023%不合格，反应器平均温度提至 293℃。6 月 6 日硫醇硫 0.0017%，反应器平均温度继续提温至 297℃，6 月 7 日硫醇硫 0.0010%，6 月 12 日硫醇硫 0.0013%，反应器平均温度继续提温至 299℃。之后航煤产品博士实验均合格，硫醇硫控制在合适数值。

分析原因是：①6 月 3 日装置反应进料正常控制 78～79t/h，当天上游装置来直供料波动到最高 82t/h，而操作弹性上限 110%时进料为 78.5t/h，空速大，影响脱硫醇效果，造成航煤产品硫醇硫高、博士实验不合格。②从反应器平均温度提温和产品硫醇硫趋势看，在操作弹性 110%满负荷下，反应器平均温度较之前提高了 19℃，产品质量合格，说明催化剂在运转 4 年后进入末期运行，只能通过提温才能保证产品合格。

1.2 设备及管线内部结盐的问题

（1）反应产物/反应原料换热器 E511ABCD 结盐

2016 年 9 月装置消缺期间，拆解换热器 E511CD，发现内部结盐情况严重如图 2 所示。管束结盐造成正常生产期间，E511ABCD 出入口压差频繁升高，反应器入口压力升高，即存在设备腐蚀问题，也影响工艺操作安全。

结盐的原因是：原料氮含量偏高，经过加氢脱氮反应，反应产物在 E511AB 出口降温至 220℃，接近铵盐结晶温度（NH_4Cl 结盐温度 177～232℃）。而 E511CD 出口温度为 130℃，换热器内已达到铵盐结晶温度，因此出现管束结盐情况。

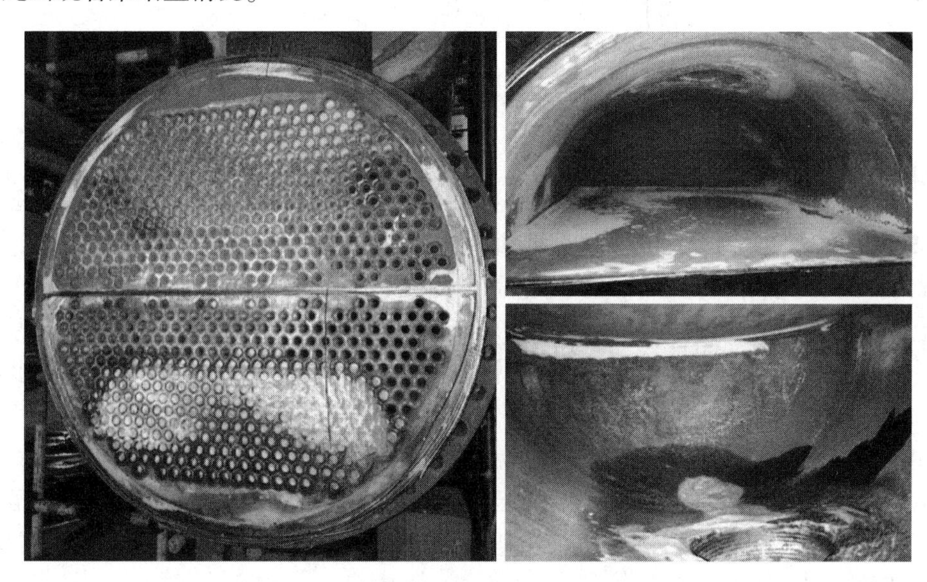

图 2 E511CD 管束（左侧）封头（右侧）结盐情况

（2）分馏塔 C521 顶挥发线和塔顶空冷 A521 管束结盐

2017 年 10 月开始，分馏塔 C521 塔顶压力 PI20401（控制指标 0.1～0.2MPa）从 0.16MPa 开始，1 个月的时间升至 0.20MPa，排除了仪表故障后，确定是空冷器 A521 结盐造成的，2017 年 11 月 15 日对空冷管束进行了水冲洗，流程见图 3，冲洗后 PI20401 从 0.20MPa 降至 0.16MPa。

2018 年 6 月分馏塔 C521 顶压 PI20401 最高上升到 0.22MPa，6 月 14 日、7 月 13 日对 A521A/B 管束进行水冲洗，但水冲洗前后 C521 顶压 PI20401、A521 进出差压没有降低。水冲洗前后差压无变化说明 C521 挥发线也存在结盐情况，8 月 8 日塔顶给水对挥发线管线进行水冲洗，塔顶压力由水冲洗前 0.195MPa 降至 0.14MPa。

分馏塔顶挥发线、塔顶空冷的结盐主要是由 H_2S 和 NH_3 生成铵盐阻塞管道[1]。产生铵盐阻塞的主要原因有：①分馏塔顶温度控制在 97～120℃波动，温度越低，溶解度将大幅下降，铵盐自塔顶挥发线至空冷流程析出结晶。②另外，装置混合原料中氮含量较高，脱除的氮在反应后路生成铵盐。结盐严重时会加快设备腐蚀，影响装置运行周期，管线堵塞会使分馏塔顶压力升高，降低硫化氢汽提效果。

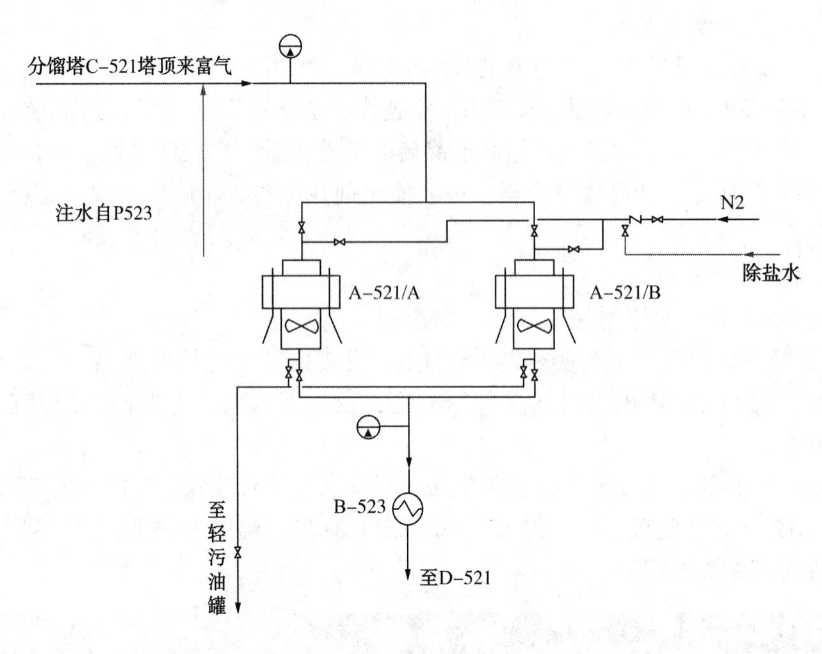

图3 C521顶挥发线、塔顶空冷A521冲洗流程

2 整改优化措施及效果

2.1 增加化验分析频次，根据结果调整反应系统参数

6月出现博士实验不合格及产品硫醇硫含量高的问题后，首先联系增加化验分析频次和项目，通过分析对比上游3套常减压直供料和混合原料发现硫醇硫含量均正常，排除上游装置来原料问题。然后提高废氢排放量，保证循环氢氢纯度>90%(指标>80%)。最终确定需要通过提反应温度解决产品硫醇硫含量高和博士实验不合格的问题。

受加工四常高碱氮原料影响，开工试生产时，反应温度280℃，远高于协议初始温度(见表1)。至今装置累计运行时间1451d，反应床层平均温度已升至299℃，接近催化剂协议值上限。虽然目前温度下，产品各项指标合格，仍然需要密切注意产品质量变化情况，适当增加硫醇硫和博士实验分析频次，及时根据结果调整反应系统参数[2]。

表1 各阶段数据对比

项　目	催化剂协议	试生产	110%满负荷生产下
反应床层平均温度/℃	250~300	280	299
反应器入口压力/MPa	≥2.5	2.85	2.95
分馏塔顶压/MPa		0.15	0.16

2.2 采取多项措施降低反应分馏系统结盐的影响

1) 做好设备管线水冲洗工作：使用反应产物/反应原料换热器E511AB与E511CD中间间断注水流程，每月定期对E511CD管束水冲洗1次，解决E511CD管束结盐问题。

2) 设定分馏塔C521顶与回流罐D521顶压差控制指标，当压差>0.02MPa时，对塔顶挥发线和空冷管束水冲洗，解决分馏塔顶系统结盐问题。

3) 因E511AB前无注水流程，设定E511AB出口温度低报报警，通过调整换热器原料侧壳程旁路阀开度，控制E511AB出口温度，降低管束结盐风险。

3 下一步优化措施

3.1 航煤加氢装置分馏塔 C521 塔盘、塔顶回流泵 P521 改造

航煤的腐蚀合格与否取决于反应系统脱硫醇效果以及分离系统分离效果。然而装置在现状操作参数下运转，与设计相比，航煤原料存在过度反应、过度脱硫的情况，增加了 C521 内精制航煤中的 H_2S 含量，相应增加了塔盘及塔顶负荷，塔顶回流罐时常在高位运行，回流泵单台运行时，不能满足要求。

3.2 航煤加氢装置原料线增加过滤器

根据装置运行两年多的情况，混合进料常一线经常带水、絮状物、机械杂质等，造成自动反冲洗过滤器 SR511 频繁反冲洗、甚至过滤器死机，严重时外来原料部分中断，过滤器被迫开副线操作，不但致使催化剂使用寿命缩短，更影响反应器、换热器、塔设备腐蚀严重，无法保证安全平稳运行和产品质量。目前在航煤加氢装置混合原料进装置后、流控阀 FV10101 前增加三组过滤器如图 4 所示，装置择机短停期间碰口后投用。

图 4 新增一组航煤过滤器

3.3 催化剂器外再生重生项目

计划实施石油化工科学研究院"催化剂器外再生重生及硫化处理项目"，将催化剂卸至反应器外再生除硫除碳，进行重生处理恢复催化剂活性，并在器外进行硫化处理，达到催化剂装填后可直接进油开工，减少开工时间。

4 结论

1）经论证分析，加工碱氮含量高的 4#常减压常一线原料，是造成反应初始温度过高的原因之一，混合原料氮含量偏高造成装置反应、分馏系统低温部位均有严重结盐情况。

2）石油化工科学研究院开发的直馏煤油临氢脱硫醇的 RHSS 技术，及 RGO-1 保护剂、RSS-2 催化剂性能优良，在严格控制空速的条件下，装置 110%满负荷运行能够生产满足军航质量标准的航空煤油。

参 考 文 献

[1] 杨相伟，刘惠丽，牛长令．分馏塔结盐的原因分析、处理及预防[J]．石油化工安全技术，2003，19(3)：45-47.

[2] 史开洪．加氢精制装置技术问答[M]．北京：中国石化出版社，2007.

·柴油深度加氢脱硫技术开发及工业应用·

持续进步的FRIPP柴油加氢精制催化剂进展

段为宇　郭　蓉　姚运海　杨成敏　刘　丽

（中国石化大连石油化工研究院　辽宁大连　116045）

摘　要　为满足炼油企业生产“国Ⅳ”、“国Ⅴ”及“国Ⅵ”标准清洁柴油及催化剂价格具有国际竞争力的需要，抚顺石化研究院（FRIPP）通过对直馏柴油、催化柴油及焦化柴油的硫化物分布、硫形态及芳烃等组成分析，针对不同原料油性质及其反应途径的不同，持续开发了分别适合不同原料油超深度脱硫的FHUDS系列催化剂；FHUDS系列柴油深度加氢脱硫催化剂已在国内外100多套大型柴油加氢装置成功应用，总体上已达到了当前国内外同类技术领先水平，满足了炼油企业长周期生产“国Ⅳ”、“国Ⅴ”及“国Ⅵ”标准清洁柴油的需要。

关键词　清洁柴油；超深度脱硫；催化剂

1　前言

随着环保法规的日趋严格，低硫、低芳烃、低密度、高十六烷值成为世界各国和地区柴油新规格的发展趋势。欧盟于2013年1月执行的“欧Ⅵ”排放标准。我国于2015年1月1日起执行“国Ⅳ”柴油质量标准，要求车用柴油硫含量≤50μg/g，原定2018年1月1日起全面执行“国Ⅴ”柴油质量标准，提前到2017年1月1日开始实施，东部11个省市提前自2016年1月1日开始执行，2019年1月1日开始实施“国Ⅵ”柴油质量标准。

目前，实现柴油脱硫目标的主要手段是加氢脱硫技术。加氢脱硫催化剂是加氢脱硫技术的核心[1-3]，其中具有生产超低硫柴油能力的高活性催化剂则称为柴油超深度脱硫催化剂（以下简称ULSD催化剂）。加氢脱硫的目标硫含量越低，则脱硫难度越高，所要求的工艺条件越苛刻，加氢脱硫催化剂所面临的挑战也越大。国外已经实施了多年超低硫柴油标准，具有较多的超深度脱硫催化剂研发和超低硫柴油的生产经验。目前国外大多数超深度脱硫催化剂的制备采用的是基于制备更多Ⅱ类活性相的技术，如Albemarle公司的KF-7xx系列和KF-8xx系列、Criterion公司开发的DC-系列和DN-系列、Topsoe公司开发的TK-系列及Axens公司的HR系列等催化剂，这些国际一流的研发公司一直在不断研发和改进柴油超深度脱硫催化剂，催化剂性价比不断提高，在市场上具有有很强的竞争力。

中国石化大连（抚顺）石化研究院（FRIPP）为了满足炼油企业加工更多高硫直馏柴油及性质更差的二次加工柴油生产符合“国Ⅳ”、“国Ⅴ”及“国Ⅵ”标准清洁柴油的需要，加快了ULSD催化剂的开发步伐。在成功应用FHUDS柴油深度加氢脱硫催化剂的基础上，通过制备孔径适合大分子硫化物反应的大孔容、高比表面积和酸性适宜的氧化铝改性载体、梯度浸渍活性金属确保金属良好分散技术以及有机络合负载技术等改进措施，完成了催化剂活性的升级换代，近年来分别针对混合柴油、直馏柴油/二次加工柴油等原料油，相继开发了持续进步的FHUDS-2、FHUDS-3、FHUDS-5、FHUDS-6、FHUDS-7、FHUDS-8、FHUDS-10等FHUDS系列共计7个牌号柴油深度加氢脱硫催化剂，完成了从赶超先进、国际领先到降成本的催化剂开发历程。通过对反应器不同床层在运转过程的工况条件和反应特点，结合不同类型催化剂在不同条件下超深度脱硫时的优缺点，开发了S-RASSG柴油超深度脱硫级配技术。

FRIPP开发的Mo-Co型FHUDS-5和Mo-Ni型FHUDS-6催化剂与国外同类型催化剂的性能对比测试表明，这两个催化剂已达到国际领先水平。FHUDS-5催化剂通过了挪威STATOIL、意大利ENI、匈牙利MOL、英国BP等国外著名石油公司评价体系的性能测试，表现出了较强的性能优势。2009年在英国BP公司测试中心与世界一流催化剂进行了对比性能测试，在主要性能相当的情况下，FHUDS-5体现出更好的超深度脱硫活性；2011年在匈牙利MOL公司及挪威STATOIL公司的性能测试中被评为顶级(Top tier)催化剂。FHUDS-6 催化剂在 2014 年与国外最新推出的三个 Mo-Ni 型催化剂的对比结果也表明其性能达到国际领先水平。

为了进一步提高国产催化剂的国际市场竞争力，需要在提高催化剂活性的同时进一步降低催化剂的价格。FRIPP 于 2014 年成功开发了 Mo-Ni 型 FHUDS-8 催化剂。FHUDS-8 催化剂简化了催化剂制备流程，降低了催化剂堆积密度，活性略优于 FHUDS-6 催化剂、装填密度比 FHUDS-6 催化剂降低 21%，单位体积催化剂节约金属用量 18.3%，可有效降低炼油厂的催化剂成本费用。另外，炼油企业对装置运行周期的需求也有向 4~5 年延长的趋势，要求催化剂具有更高的活性稳定性。为了满足催化剂长周期稳定生产“国Ⅵ”标准柴油的要求，FRIP 于 2018 年开发了低成本、高活性及高稳定性的 Mo-Co 型 FHUDS-7 催化剂。该催化剂与 FHUDS-8 催化剂级配应用，在柴油加氢装置上体现出优异的活性稳定性。在广州石化公司 2Mt/a 柴油加氢装置生产“国Ⅵ”柴油的长周期运行结果表明，装置连续稳定运行 12 个月，产品质量稳定，装置进入稳定期后反应器提温速率平均为 0.6℃/月，远低于国外报道的 1.3~1.5℃/月的失活速率，装置运行周期可满足≥4 年的要求。FHUDS-7 催化剂金属含量和堆积密度比 FHUDS-5 催化剂降低了 5%以上，在生产“国Ⅵ”标准超低硫柴油，其相对活性比 FHUDS-5 催化剂提高 30%以上。FHUDS-8、FHUDS-7 催化剂 2019 年在阿根廷 YPF 公司组织国内外联评中获得好评。

催化剂持续进步、持续降成本是永恒不变的主题，2019 年通过利用大孔径、孔分布集中的氧化铝制备平台以及酸性可调控的改性氧化铝载体制备平台，FRIPP 又成功开发了 FHUDS-10 生产“国Ⅵ”柴油的低成本加氢催化剂，在不降低催化剂活性的前提下，比 FHUDS-8 催化剂金属含量降低 7.47%，堆积密度降低 7.53%，单位体积催化剂成本降低 5%以上，与国外催化剂相比单位体积催化剂装填量至少降低 13.8%，在价格上具有显著的国际竞争力。

持续进步的 FRIPP 柴油加氢精制 FHUDS 系列催化剂及工艺技术截至目前已在国内外 100 多套柴油加氢装置成功应用，总体上已达到了当前国内外同类技术领先水平。

2 持续进步的 FRIPP 柴油加氢精制催化剂进展

我国柴油质量标准已与欧洲等世界先进指标相当，用较短的时间完成了柴油质量升级。在柴油质量升级过程中，通过对原料油及不同脱硫深度的精制柴油中的硫化物进行分析发现，随着脱硫深度的增加，需要脱除的硫化物的结构越复杂。从图 1 中原料油及不同脱硫深度精制油的含硫化物可见，当精制柴油硫含量<50μg/g 时，需要脱除的主要是 4,6-二甲基二苯并噻吩类，结构复杂且有位阻效应的硫化物。

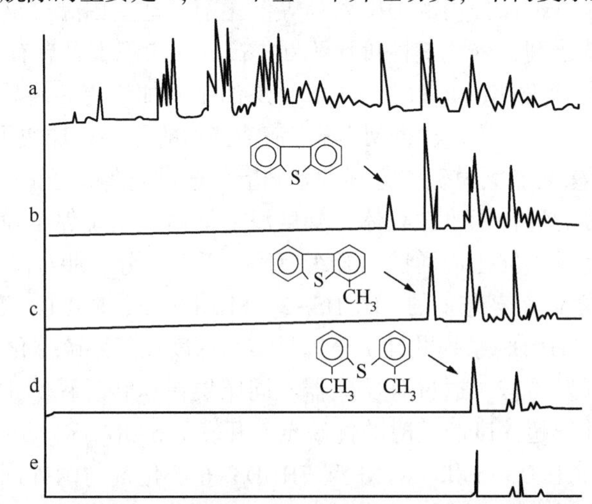

注：a—原料油硫化物(硫含量16%)　b—精制油硫含量为2000μg/g的硫化物
c—精制油硫含量为1000μg/g的硫化物　d—精制油硫含量为200μg/g的硫化物
e—精制油硫含量为50μg/g的硫化物

图 1　原料油及不同脱硫深度精制油的含硫化物

在早期的认识当中，4,6-二甲基二苯并噻吩的脱硫途径主要有2种，其HDS的反应网络如图2所示：加氢途径和直接脱硫途径。当进行深度脱硫时，根据原料油的组成、装置的操作条件不同而有主次之分。例如，以直馏柴油为主原料油的深度脱硫，主要遵循直接脱硫途径；而催柴、焦柴等劣质原料油由于多环芳烃及氮含量高，除了深度脱硫外还有芳烃饱和及十六烷值提高等要求，主要遵循加氢后再脱硫的反应途径。因此，不同原料油的深度脱硫应设计不同活性组分的加氢脱硫催化剂，才能在最为经济合理的条件下加工不同原料油满足生产低硫柴油的企业需要，“量体裁衣”地为企业提供合适的催化剂体系。

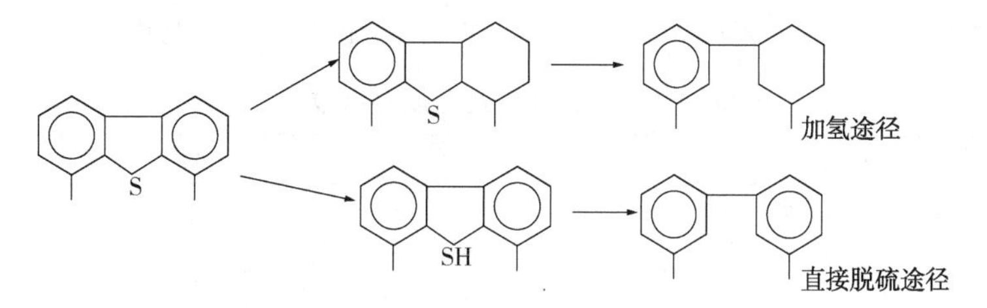

图2　4,6-二甲基二苯并噻吩加氢脱硫反应网络图

Mo-Ni型催化剂主要遵循加氢途径脱硫过程，从4,6-二甲基二苯并噻吩加氢脱硫反应的直观图(见图3)可见，由于4,6-二甲基二苯并噻吩两个苯环成平面结构，阻碍了硫原子与催化剂表面活性中心的接触。通过芳环加氢，使其中一个苯环加氢饱和后发生甲基侧转，从而使硫原子外露变得易于与催化剂表面活性中心接触和脱除。这样的加氢反应途径是深度脱硫所必须的。

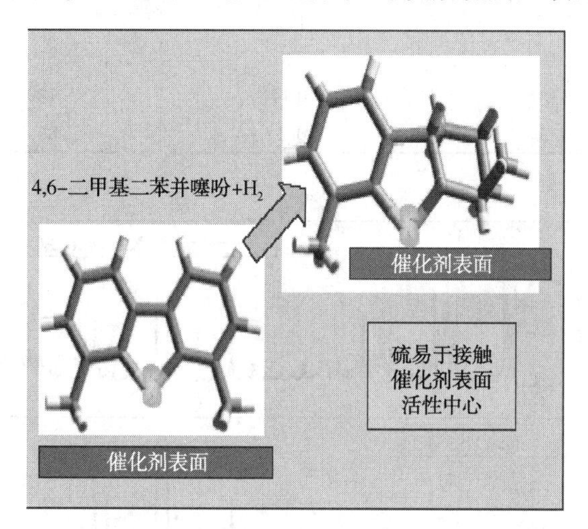

图3　4,6-二甲基二苯并噻吩加氢脱硫反应的直观图

由于Mo-Co组分加氢活性差，采用传统方法制备的Mo-Co型催化剂主要遵循直接脱硫途径。FRIPP通过对4，6-二甲基二苯并噻吩(4,6-DMDBT)类具有空间位阻的硫化物各种反应历程的研究，认为烷基位置转移消除空间位阻效应后再氢解脱硫是Mo-Co型催化剂更科学经济的脱硫途径(见图4)[4-6]。

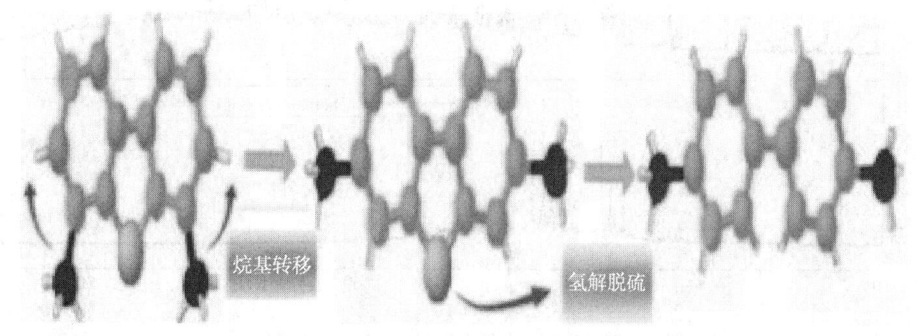

图4　4,6-二甲基二苯并噻吩加氢脱硫反应的直观图

2.1 FHUDS 系列柴油深度加氢脱硫催化剂的设计思路

为了指导 FHUDS 系列柴油深度加氢脱硫催化剂的设计和开发，对不同柴油进行了硫结构及质谱等详细分析表征。芳烃质谱分析数据见表 1，硫含量及硫化物分析数据见表 2 及图 5。

从表 1、表 2 可见，在常二、常三、焦柴及催柴四种柴油中，常二线轻柴油中硫、多环芳烃含量相对低，含取代基的二苯并噻吩类难脱除的硫化物含量仅为 13.4μg/g，只占总硫含量的 0.3%；常三线柴油中硫含量是常二线柴油的二倍，而催柴及焦柴中硫含量接近常二线柴油的 4 倍，需要脱除的硫化物大幅度增加；此外，从图 5 硫结构分析结果看，尽管常三线柴油中硫含量没有焦柴高，但结构复杂的硫化物的含量高于焦柴中含量，表明常三线柴油生产超低硫柴油时的脱硫难度甚至会高于焦化柴油。

表 1　不同柴油芳烃含量对比数据　%

油品名称	常二线柴油	常三线柴油	焦化柴油	茂名催化柴油
总芳烃	22.0	28.2	39.2	63.6
单环芳烃	12.7	13.5	19.7	12.9
二环芳烃	8.9	12.5	16.2	42.6
三环以上芳烃	0.4	2.2	3.3	8.1
多环芳烃比例	42.3	52.1	49.7	79.7

表 2　不同柴油硫含量及硫化物分析数据

油品名称	常二线柴油	常三线柴油	焦化柴油	茂名催化柴油
硫含量/%	0.45	0.96	1.61	1.71
4,6-DMDBT/(μg/g)	4.2	192	154	210
C3DBT/(μg/g)	0	506	790	920
DMDBT 总量/(μg/g)	13.4	4817	13900	15000
DMDBT 比例/%	0.30	50.17	86.37	87.85

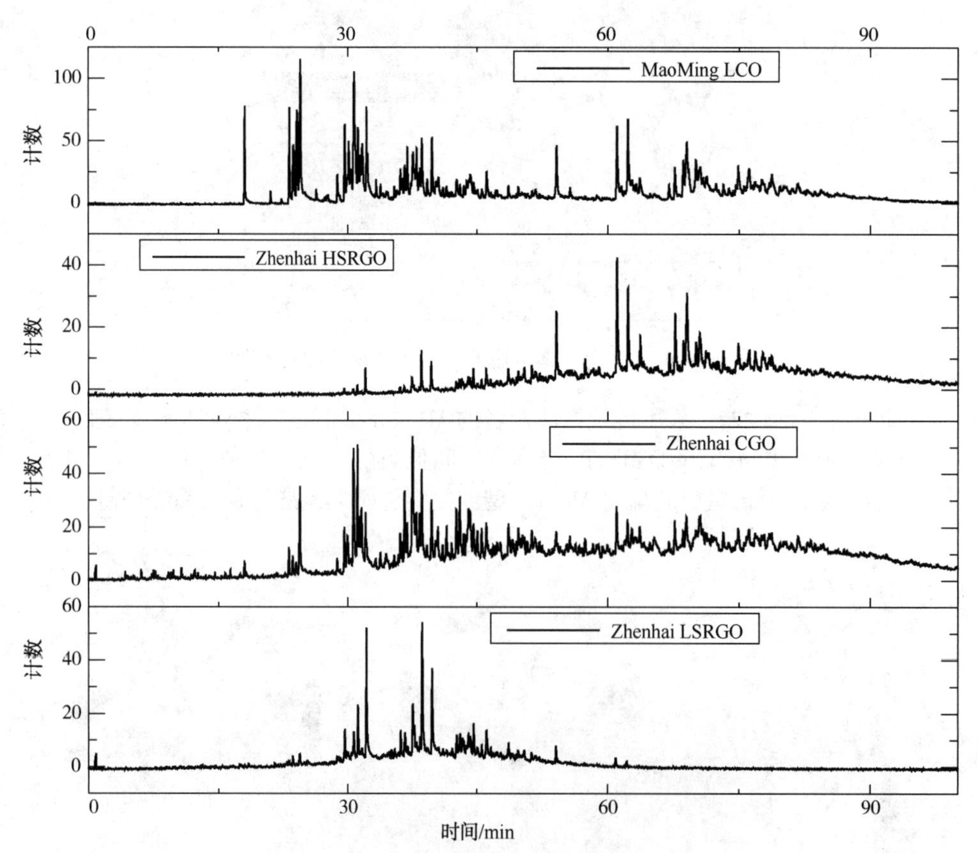

图 5　不同原料油所含硫化物的硫结构图

此外，从表1还可看出，直馏柴油中芳烃含量低于30%，常二线轻柴油中以单环芳烃为主，但常三线直柴中多环芳烃含量超过总含量的50%，焦化柴油芳烃含量明显高于直馏柴油，多环芳烃约占总含量的50%，而催化柴油中芳烃含量高达63.6%(MIP 催柴芳烃含量甚至超过75%)，多环芳烃占79.7%。可见，与直柴相比，焦化柴油及催化柴油芳烃含量大幅度增加，尤其是多环芳烃含量增加更为明显，深度脱硫时位阻效应影响更显著，增加了超深度脱硫的难度。

因此，对于直馏柴油为主的原料油的深度脱硫，应设计直接脱硫活性好、氢耗低的催化剂，而焦柴、催柴等劣质柴油超深度加氢脱硫催化剂则需要重点提高催化剂的加氢活性和脱氮活性，同时催化剂的孔结构应更适合结构复杂的大分子硫化物的脱硫反应。

FRIPP 通过对反应器不同床层在运转过程的工况条件和反应特点研究见图6，结果表明：在较高的氢分压、较低的空速条件下，W-Mo-Ni(或 Mo-Ni)催化剂的加氢活性优势明显，加氢产品中总芳烃、单环芳烃以及多环芳烃量随着反应温度升高而降低，且都低于 Mo-Co 催化剂的加氢产品。但是反应温度过高(>370℃)，W-Mo-Ni(或 Mo-Ni)催化剂芳烃加氢饱和热力学平衡效应显现，芳烃含量增加，因而也会导致深度脱硫效率下降。而 Mo-Co 催化剂加氢产品受热力学影响较小。中压加氢装置反应器上床层温度相对较低、氢分压较高、硫化氢和氨浓度低，其反应条件更适合芳烃饱和，有利于发挥 Mo-Ni 型催化剂的加氢活性。反应器下床层氢分压相对较低、硫化氢浓度高、特别是运转中后期反应温度高容易受热力学平衡限制，不利于催化剂加氢活性的发挥，反而是 Mo-Co 型催化剂特别是具有烷基转移功能的 Mo-Co 型催化剂在此条件下更易实现超深度脱硫。

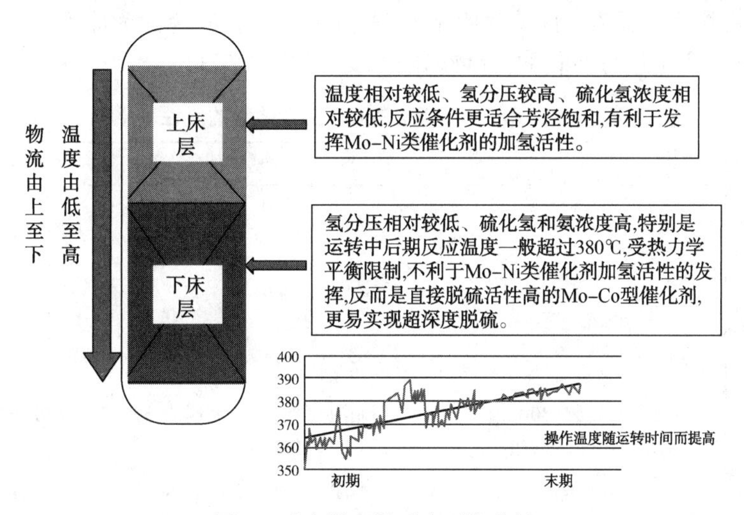

图6 反应器实际反应环境分析

2.2 赶超先进的第一代Ⅱ类活性相柴油深度加氢脱硫催化剂

FRIPP 针对不同原料油深度脱硫的反应特点，在成功开发 FH-5、FH-98、FH-DS、FHUDS 等催化剂的基础上，通过助剂改性调变载体表面性质、调变载体孔结构、优化组合活性金属及改进负载方式等多种措施，进一步提高了催化剂活性中心数及其本征活性。2006~2009 年针对加工催柴、焦柴等劣质柴油满足生产硫含量<10μg/g 无硫柴油的需要，开发了 W-Mo-Ni 型 FHUDS-2 催化剂；针对直馏柴油的深度脱硫，开发了直接脱硫活性好、氢耗低的 Mo-Co 型 FHUDS-3 催化剂，可有效减少高温下加氢途径受热力学平衡的影响，在较高的加权平均床层温度下操作，使产品硫含量达到 10μg/g 以下。

FHUDS-3 是国内首个Ⅱ型 Co-Mo-S 活性中心催化剂，在高桥石化成功应用，填补了国内 Mo-Co 型加氢脱硫催化剂空白。

FHUDS-2 满足了催柴、焦柴等劣质柴油深度加氢精制生产硫含量<10μg/g 低硫柴油的需要，也为炼油企业提供了更多的催化剂选择体系。

圆满完成国家科技支撑项目《符合国家第Ⅳ阶段排放要求的清洁车用汽柴油关键生产技术》，在国内20多套装置工业应用。

2.3 国际领先的第二代Ⅱ类活性相柴油深度加氢脱硫催化剂

2008~2011年针对上一代催化剂的不足，通过制备方式的改进，完成了FHUDS-5、FHUDS-6催化剂开发。圆满完成国家科技支撑项目《符合国家第Ⅴ阶段排放要求的清洁车用汽柴油关键生产技术》，在国内近30套装置、国外5套装置工业应用。

2.3.1 FHUDS-5低氢耗柴油深度加氢脱硫催化剂

FRIPP为了实现烷基转移脱硫，从微观层面控制催化材料结构，使得载体酸性质得以突破，满足烷基转移反应要求。

为了减少分子直径较大的大分子硫化物等反应物进出催化剂孔道时受扩散效应的影响，FRIPP在载体制备方面提出了新的创新思路：

1) 适当增加了载体孔径，增加了适合大分子反应的直通圆柱形孔道的比例，增加了催化剂有效活性中心及其本征活性，并解决了孔径增加与比表面积降低的矛盾。采用创新方式制备的氧化铝的吸附曲线与脱附曲线的斜率以及吸附量明显高于传统载体，而吸附和脱附曲线间差距则低于传统载体，说明创新方法制备的载体中便于大分子进出的圆柱形孔道更多，相对而言，不利于大分子进出的墨水瓶形孔道得以减少，因而提高了催化剂有效活性中心及其本征活性。

2) 通过改进活性金属分散技术并与载体制备技术相结合，开发了脱硫选择性好、氢耗低、高温下具有烷基转移功能的Mo-Co型FHUDS-5催化剂。

在200mL引进装置上以直柴、催柴及掺兑10%(体)VGO的混合油为原料油，国外Mo-Co型催化剂为参比剂，进行处理含重组分原料的深度脱硫对比，结果见表3。

表3 FHUDS-5处理含VGO混合油时的活性水平

催化剂		FHUDS-5	国外参比剂	FHUDS-5	国外参比剂
氢分压/MPa		8.0		8.0	
体积空速/h^{-1}		1.0		1.0	
氢油体积比		400		400	
平均反应温度/℃		360		380	
油品名称	原料油(60%(体)直柴+30%(体)催柴+10%(体)VGO)	精制油	精制油	精制油	精制油
密度(20℃)/(g/cm^3)	0.8699	0.8467	0.8493	0.8416	0.8435
馏程范围(D7213)/℃	100~493	112~484	113~485	101~467	101~475
硫含量/(μg/g)	10670	30.0	74.3	10.0	43.0
氮含量/(μg/g)	570	3.0	7.8	1.2	1.8
HDS相对体积活性/%		184	100	262	100
总芳烃/%	43.2	30.6	32.8	27.1	31.7
多环芳烃/%	23.6	4.2	4.6	3.3	6.3

从表3可见，FHUDS-5催化剂的加氢脱氮、芳烃饱和及超深度脱硫活性明显优于国外参比剂，达到相同脱硫深度，反应温度比国外同类型催化剂低20℃以上，相对脱硫活性比国外参比剂提高84%~162%，说明FHUDS-5更有利于大分子硫化物的脱除。

2.3.2 FHUDS-6高活性柴油深度加氢脱硫催化剂

对于催柴、焦柴等劣质柴油的加氢精制，由于其硫、氮及多环芳烃含量高，安定性差，在提高加氢脱硫活性的基础上还需要重点提高催化剂的加氢脱氮和芳烃饱和活性。针对加工高硫氮含量的劣质柴油满足生产硫含量<10μg/g超低硫柴油的需要，FRIPP通过优化活性金属、制备有利于大分子吸附

的有效孔道比例较高的新型载体、改进活性金属负载方式等多种措施，增加了催化剂活性中心数及其本征活性，提高了催化剂脱除大分子硫化物的活性，开发出 Mo-Ni 型 FHUDS-6 柴油超深度加氢脱硫催化剂。评价用的原料性质见表 4，与 FHUDS-2 催化剂的对比结果见表 5 和表 6。

表 4 评价用原料性质

原料油	青岛混合油(含焦柴 14.4%、催柴 16.0%)	催化柴油
密度(20℃)/(g/cm^3)	0.8431	0.9326
馏程/℃		
IBP/10%	79/202	197/237
30%/50%	231/258	263/291
70%/90%	291/347	326/356
95%/FBP	354/366	368/374
硫含量/(μg/g)	11500	13560
氮含量/(μg/g)	290	1250

表 5 FHUDS-6 处理青岛混合油时的活性对比

催化剂	FHUDS-2	FHUDS-2	FHUDS-6
氢分压/MPa	6.4	6.4	6.4
体积空速/h^{-1}	2.5	2.5	2.5
氢油体积比	350	350	350
反应温度/℃	基准	基准+10	基准
油品名称	精制油	精制油	精制油
硫含量/(μg/g)	31.4	8.0	7.3
氮含量/(μg/g)	1.0	1.0	1.0
多环芳烃/%	3.5	4.1	3.1

表 6 FHUDS-6 处理催化柴油时的活性水平

<table>
<tr><td>催化剂</td><td>FHUDS-2</td><td colspan="2">FHUDS-6</td></tr>
<tr><td>氢分压/MPa</td><td>6.4</td><td colspan="2">6.4</td></tr>
<tr><td>体积空速/h⁻¹</td><td>1.5</td><td colspan="2">1.5</td></tr>
<tr><td>氢油体积比</td><td>500</td><td colspan="2">500</td></tr>
<tr><td>反应温度/℃</td><td>基准+10</td><td>基准</td><td>基准+20</td></tr>
<tr><td>油品名称</td><td>精制油</td><td>精制油</td><td>精制油</td></tr>
<tr><td>硫含量/(μg/g)</td><td>71.2</td><td>68.7</td><td>37.5</td></tr>
<tr><td>氮含量/(μg/g)</td><td>14.5</td><td>4.1</td><td>9.9</td></tr>
<tr><td>多环芳烃/%</td><td>7.5</td><td>5.4</td><td>6.5</td></tr>
</table>

从表 5~表 6 中试评价结果表明：处理直柴掺兑部分二次加工油品混合油及处理催化柴油时，FHUDS-6 催化剂反应温度比 FHUDS-2 催化剂低 10℃。可见，FHUDS-6 催化剂可更好地满足催化柴油等氮含量及芳烃含量高的二次加工油品的超深度脱硫。

以国外典型的 Mo-Ni 型催化剂为参比剂，在 200mL 中试装置上以高氮、高干点直馏柴油为原料，进行了活性对比，对比评价结果见表 7。

从表 7 可见：处理高干点直馏柴油时，达到相同脱硫、脱氮深度，FHUDS-6 催化剂，反应温度比国外参比催化剂降低 10℃以上。

表7 处理高干点直馏柴油时 FHUDS-6 与国外参比催化剂活性对比结果

催化剂		FHUDS-6		国外参比剂	
氢分压/MPa		6.4			
体积空速/h^{-1}		1.5			
反应温度/℃		基准 A-10	基准 A	基准 A	基准 A+10
	原料油性质	精制油品性质			
密度(20℃)/(g/cm^3)	0.8598	0.8339	0.8301	0.8377	0.8344
馏程/℃					
IBP/50%	189/320	121/296	116/304	132/301	120/305
95%/FBP	370/379	362/372	364/370	366/372	365/370
硫含量/(μg/g)	14680	39.0	8.7	46.0	10.0
氮含量/(μg/g)	360	2.0	<1.0	2.6	1.5

2.4 低成本高活性的第三代II类活性相柴油深度加氢脱硫催化剂

2.4.1 FHUDS-8 低成本高活性柴油深度加氢脱硫催化剂

为了提高国产催化剂的市场竞争力，鉴于FHUDS-6催化剂性能已处于国际领先行业，FRIPP在保证新一代催化剂性能达到或优于现有催化剂水平的基础上，通过新型助剂调变金属浸渍液及改进活化方式，提高了活性中心数及其本征活性，降低了催化剂装填密度，于2014~2015年，开发出活性略优于FHUDS-6催化剂、装填密度降低21%的Mo-Ni型FHUDS-8柴油深度加氢脱硫催化剂。单位体积催化剂节约金属用量18.3%，装填密度及金属含量等指标不高于国外同类型催化剂。

以镇海炼化的高干点常三线直馏柴油为原料油，在引进中试装置上与FHUDS-6及国外参比催化剂进行了活性对比，原料油性质及其活性评价结果见表8。

表8 FHUDS-8 催化剂处理镇海常三的活性水平

催化剂		FHUDS-6	国外参比剂		FHUDS-8
工艺条件					
压力/MPa		6.4			
体积空速/h^{-1}		1.5			
氢油体积比		500			
温度/℃		基准 A	基准 A	基准 A+10	基准 A
油品性质	原料油	精制油	精制油	精制油	精制油
硫含量/(μg/g)	14700	8.7	26.0	5.0	8.0
氮含量/(μg/g)	360	1.0	1.0	1.0	1.0
密度(20℃)/(g/cm^3)	0.8598	0.8339	0.8393	0.8390	0.8376
馏程/℃					
IBP/10%	189/282	172/261	189/266	167/261	193/263
30%/50%	305/320	294/312	296/312	294/311	294/312
70%/90%	334/357	328/352	328/353	327/352	328/352
95%/FBP	368/376	365/372	365/373	365/376	365/372
芳烃/%	27.7	16.2	18.3	17.2	16.8
多环芳烃/%	12.4	1.3	2.7	2.2	1.1

从表8中可以看出，新研制的FHUDS-8催化剂在处理镇海常三线柴油时的活性水平略优于FHUDS-6催化剂，明显优于国外同类型催化剂。

2.4.2 FHUDS-7低成本高活性稳定性柴油深度加氢脱硫催化剂

近几年，采用国内外开发的最新柴油超深度脱硫催化剂已能满足生产“国Ⅵ”柴油的要求，但由于生产“国Ⅴ”和“国Ⅵ”柴油时，催化剂的失活速率显著高于生产“国Ⅳ”柴油，企业关注的核心问题还是装置的运行周期。目前，不少生产“国Ⅴ”和“国Ⅵ”柴油的加氢装置的运行周期是2年左右，只有部分炼油厂的柴油加氢装置能够满足3年的运行周期，而大多数炼油企业的核心装置大检修时间目前是4年一检修，未来还会延长至5年一检修。存在大部分柴油加氢装置运行周期与全厂大检修时间不一致、中间换剂影响全厂加工平衡等问题，因而炼油厂希望延长柴油加氢装置运行周期，提高企业经济收益。尽管可以通过装置改造、原料优化管理等方式来延长装置的运行周期，但催化剂的活性和稳定性仍是影响装置长周期运转的关键因素。活性提高意味着初始反应温度降低，装置运行的温度区间延长，利于延长装置运行周期；降低催化剂积炭量、减缓催化剂失活速率也是延长柴油加氢装置运行周期的有效手段。因此，提高柴油加氢催化剂的活性和稳定性是延长装置运行周期的重要手段。

此外，尽管FHUDS-5催化剂已经被国外多家公司评为顶级，并在国内、外数十套次柴油加氢装置上工业应用，但其价格仍然是制约其到国外应用的主要因素。针对FHUDS-5催化剂的特点(活性金属组分为Mo-Co，具有高的超深度脱硫活性、低氢耗，在较高温度下具有较好的烷基转移性能，且受热力学平衡限制影响小)，为了降低催化剂的成本，提高市场竞争力，FRIPP通过多项措施，开发出高活性稳定性的Mo-Co型FHUDS-7催化剂，降低了催化剂活性金属含量和堆积密度，原材料成本及单位体积装填量降低，达到降低催化剂成本的目的。这些措施包括：①建立利于大分子硫化物高效脱除的孔径大、孔分布集中的氧化铝制备平台；②适当降低载体的中强酸比例，同时提高B酸量、降低L酸量，建成提高催化剂抗积炭能力、降低催化剂的失活速率和提高催化剂稳定性的载体平台；③优选载体制备过程中的助剂，减小载体与活性金属之间的相互作用，提高金属分散度，提高活性金属利用率，降低催化剂金属含量。

FHUDS-7和FHUDS-5催化剂相比，FHUDS-7催化剂的平均孔径为7.5nm，是FHUDS-5催化剂的1.3倍，而且FHUDS-7催化剂活性金属含量及堆积密度降低了5%以上。与国外同类型最新的催化剂相比，FHUDS-7活性金属含量降低了15%以上，堆积密度降低了20%以上。从表9催化剂的红外酸分布可以看出，与国外同类型最新的催化剂相比，FFHUDS-7催化剂的总酸量和中强酸酸量较小，中强酸酸量降低了30%，但B酸含量增加了2.3倍，L酸含量降低了19.6%，B酸/L酸增加了3.2倍。表明FHUDS-7催化剂具有较高的HDS活性和较高的抗积炭能力。

表9 催化剂红外酸性质

项　目	FHUDS-7	国外参比剂
吡啶-红外酸量/(mmol/g)	0.515	0.533
160~250℃弱酸/(mmol/g)	0.222	0.177
250~450℃中强酸/(mmol/g)	0.192	0.275
>450℃强酸/(mmol/g)	0.041	0.081
L酸/(mmol/g)	0.401	0.499
B酸/(mmol/g)	0.114	0.034
B酸/L酸	0.28	0.068
B酸/L酸变化	增加3.2倍	

以镇海常三线直馏柴油为原料，在引进中试装置上与FHUDS-5催化剂进行了活性对比，原料油性质及其活性评价结果见表10。从表10可见，FHUDS-7催化剂相对脱硫活性比FHUDS-5催化剂提高了53%。

表 10 催化剂活性评价对比结果

催化剂		FHUDS-5			FHUDS-7
工艺条件					
氢分压/MPa		6.4			
体积空速/h^{-1}		1.5			
氢油体积比		500			
平均反应温度/℃		基准	基准+5	基准+10	基准
	原料油	精制油	精制油	精制油	精制油
S/(μg/g)	15500	14.3	10.6	5.4	7.0
N/(μg/g)	284	1.2	1.2	1.2	1.2
相对脱硫活性/%		100			153

注：反应级数按 1.65 级计算。相对体积脱硫活性% = $[1/(S_p)^{0.65}-1/(S_f)^{0.65}]/[1/(S_{pr})^{0.65}-1/(S_f)^{0.65}]\times100$，其中：$S_f$为原料油硫含量(百分含量)；$S_{pr}$为参比剂加氢生成油的硫含量；$S_p$为新催化剂加氢生成油的硫含量。

2.5 持续进步的 FHUDS-10 低成本高活性 II 类活性相柴油深度加氢脱硫催化剂

由于催化剂市场竞争的日趋激烈，催化剂价格逐步被压缩，催化剂利润空间越来越小，持续开发低成本高活性的催化剂成为近期催化剂研发的主要目标；炼油企业对装置运行周期的需求也有向 4~5 年延长的趋势，要求催化剂具有更高的活性稳定性。针对这些问题，FRIPP 近期又开发了 Mo-Ni 型 FHUDS-10 柴油深度加氢脱硫催化剂。

大孔径、孔分布集中的氧化铝载体制备平台和酸性可调控的改性氧化铝载体制备平台的开发，有效应用在生产“国Ⅵ”柴油的低成本加氢催化剂 FHUDS-10 开发过程中，取得了良好的效果。

FHUDS-10 催化剂与 FUUDS-8 相比，金属含量降低 7.47%，堆积密度降低 7.53%，活性可以达到 FHUDS-8 相同的活性水平。表 11 列出了催化剂活性评价结果。

表 11 催化剂处理镇海混合油的活性水平

催化剂		FHUDS-8	FHUDS-10
工艺条件			
压力/MPa		6.4	
体积空速/h^{-1}		1.0	
氢油体积比		500	
温度/℃		基准 A	
油品性质	原料油	精制油	精制油
硫含量/(μg/g)	13300	8.1	7.2
氮含量/(μg/g)	621	1.0	1.0

3 结论

针对柴油产品质量升级，FRIPP 开发了持续进步的 FHUDS 系列柴油超深度加氢脱硫催化剂，已在国内外 100 多套柴油加氢装置成功应用。针对不同原料油、不同加氢装置工况条件而设计开发的 FHUDS 系列催化剂，为用户提供“量体裁衣”式的催化剂体系，实现了长周期稳定生产清洁柴油；通过持续的催化剂降成本工作，在性能不断提高的同时，催化剂的金属含量及堆积密度持续降低，催化剂价格更具有国际竞争力，总体上已达到了当前国内外同类催化剂领先水平。

参 考 文 献

[1] Stanislaus A, Marafi A, Rana M S. Recent advances in the science and technology of ultra-low sulfur diesel (ULSD) production [J]. Catalyst Today, 2010, 153(1-2): 1-68.

[2] Shafi R, Hutchings G J. Hydrodesulfurization of hindered dibenzothiophenes: an overview [J]. Catalyst Today, 2000, 59 (3-4): 423-442.

[3] Fang X C, Guo R, Yang C M. The development and application of catalysts for ultra-deep hydrodesulfurization of diesel [J]. ChineseJournal Catalyst, 2013, 34(1): 130-139.

[4] Mayo S, Leliveld B. Experiences in maximizing performance of ULSD units [C]. NPRA Annual Meeting, AM-09-14, San Antonio, USA, 2009.

[5] Mayo S, Vogt K, Leliveld B, et al. Crossing frontiers in the performance and economic return of ULSD units [C]. NPRA AnnualMeeting, AM-10-170, Phoenix , Arizona, USA, 2010.

[6] Mayo S. Successful production of ULSD in low pressure hydrotreaters [C]. NPRA annual Meeting, AM-11-23, San Antonio, USA, 2011.

塔河炼化 2# 加氢装置长周期运行总结

陈金梅　张占彪

（中国石化塔河炼化公司　新疆库车　842000）

摘　要　中国石化塔河炼化1675kt/a汽柴油加氢精制装置(简称2#加氢装置)自2010年投料开车直今，已经连续安全稳定运行了10年。本文总结该装置运行期间的生产情况和流程优化改造方面的经验。

关键词　汽油；柴油；加氢精制；装置能耗

1　装置概况

2#加氢装置由中石化洛阳工程有限公司(LPEC)设计承建，于2010年9月30日中交。经过水冲洗、管线气密、公用工程投运、加热炉烘炉、冷油运、热油运、反应系统氮气置换、催化剂干燥、催化剂预硫化、新鲜原料切换等主要开个步骤，装置一次投料试车成功，到今年已安全、平稳、高效地运行了10年。该装置由反应部分(包括新氢压缩机、循环氢压缩机和循环氢脱硫部分)、分馏部分、和公用工程部分组成。起初设计规模为1.4Mt/a，设计弹性60%～110%，相当于16.7kt/h，装置年开工时间为8400h。装置以焦化汽油、焦化柴油和直馏柴油为原料，经过加氢脱硫、脱氮，生产满足GB 19147—2016质量标准的精制柴油产品和稳定汽油。为满足长周期生产超低硫柴油的要求，装置2015年7月6日进行了改扩建，同年8月3日完成改造并一次开车成功。改造后的装置实际加工量为1675kt/a，精制柴油总S含量<10μg/g。

2　装置运行情况

本装置自2010年10月投产运行至今，累计运行3367d，加工混合原料油13.79Mt。生产精制柴油产品11.49Mt，稳定汽油2.18Mt，氢耗量为182.7kt。运行期间原料性质比较恶劣，尤其硫含量比较高。

装置于2015年7月改造中，新增加一台加氢反应器(R102)，新增加一台增压机C102C。根据装置原料构成及产品质量要求，采用抚顺石油化工研究院推荐的SRASS-G催化剂级配技术及配套使用FZC保护剂和FUHDS-5/FHUDS-8催化剂。于2018年装置大检修期间，对FHUDS-5/FHUDS-8催化剂再生，新增反应器(R102)装填RS-2110和RS2100型号催化剂，反应器(R101)装填FUHDS-6/8再生剂和RS-2110和RS2100催化剂，经过加氢脱硫、脱氮，生产满足GB 19147—2016质量标准的精制柴油产品和稳定汽油，其中要求柴油总硫含量<10μg/g，且改造后装置标定的实际加工量增加为1.675Mt/a。

2.1　运行期间原料油及氢气性质

1）装置以焦化汽油、焦化柴油和直馏柴油的混合油为原料，运行期间主要性质见表1：

表1　主要原料油性质

项　　目	常二线	焦化柴油	焦化汽油	减一线	混合进料
加工量/(kt/a)	678	405	500	23	
加工比例/%	42.2	25.33	31.13	1.42	100
密度(20℃)/(g/cm³)	0.8537	0.8871	0.7212	1.42	100
硫/(ug/g)	7407	13454	~8000	~8000	9124

续表

项　　目	常二线	焦化柴油	焦化汽油	减一线	混合进料
氮/(ug/g)	~100	<1000	~60	~100	~265
十六烷值	51.6	~41	—	~44	—
十六烷指数	50.3	42.1	—	43.3	47
馏程(D-86)/℃					
50%	295.8	304.8	109	304.8	—
90%	357.4	350.2	155	351.2	—
95%	375.3	360.1	175	361.6	—

2）运行期间装置新氢参数条件及组成见表2：

表2　产品氢组成

组分	H_2	C_1	C_2	C_3	nC_4	iC_4	C_{5^+}
%(体)	94.92	2.18	1.48	0.95	0.18	0.17	0.12

注：进装置温度：30℃，进装置压力：2.1MPa(表)

2010~2014年装置氢气来源主要来自天然气制氢装置产氢，氢气纯度为99.99%。2014年连续重整装置开工以来，该装置氢气进料改为连续重整装置氢气，氢气纯度为95%，含有部分甲烷和乙烷，循环氢纯度降至87%左右，需要通过定期排放废氢来提高循环氢纯度。

2.2　运行期间主要产品性质

（1）稳定汽油产品

装置生产的稳定汽油硫、氮含量及其他杂质均很低(见表3)，一部分作为催化重整装置的原料，一部分作为乙烯料，还有一部分可以做异构化装置的原料。

表3　稳定汽油性质

运行周期	操作初期		操作末期	
项　　目	研究数据	模拟数据	研究数据	模拟数据
密度(20℃)/(g/cm³)	0.716	0.7401	0.717	0.7401
馏程/℃				
IBP	42		40	
10%	76	87	73	87
30%	101	101	100	100
50%	122	123	121	122
70%	139	138	139	137
90%	158	154	157	154
FBP	170	183	169	183
S/(μg/g)	<10		<20	
N/(μg/g)	<2.0		<2.0	

（2）精制柴油产品

2015年改造前后的精制柴油产品性质见表4和表5。该装置主要产品为满足GB 19147—2016质量标准的精制柴油，其中特别要求柴油产品中S含量 < 10μg/g。

表4 2015年改造前精制柴油性质

运行周期	操作初期		操作末期	
项目	研究数据	模拟数据	研究数据	模拟数据
相对密度/d_{20}	0.865	0.8405	0.836	0.8405
馏程/℃				
IBP	171	182	170	181
10%	209	207	208	206
30%	244	244	243	243
50%	272	272	271	271
70%	302	301	300	299
90%	333	334	331	333
FBP	370	358	369	358
S/(μg/g)	280		310	
N/(μg/g)	30		70	
十六烷指数(ASTMD-4737)	51.8		51.1	

表5 2015年改造后产品性质

项目	初期		末期	
	石脑油	精制柴油	石脑油	精制柴油
密度(20℃)/(g/cm³)	0.725	0.852		
硫含量/(μg/g)	≤5	≤10	≤5	≤10
馏程(D-86)/℃				
50%	113	297	113	298
90%	140	344	140	345
95%	157	3.6	157	361
十六烷指数		48.1		47.8

1）从产品性质来看，石脑油、柴油产品性质优于设计值，石脑油的硫氮、溴价低于设计值。产品硫氮、多环芳烃含量都低于设计值，产品柴油十六烷值都较高，说明焦化柴油加氢时通过烯烃和芳烃饱和就能使十六烷值有较大的提升。

2）在目前原条件下，操作条件反应器入口温度330℃，高分压力6.5MPa，见表6(R101设计及运行参数、R102设计及运行参数)。

表6 R102及R101设计及运行参数

项目	设计初期			设计末期			实际操作参数2020.5.18		
加工量	199.44						190		
反应器入口压力/MPa	8.0						7.63		
氢油比	≥350						384		
体积空速/h⁻¹	1						0.84		
床层	1	2	3	1	2	3	1	2	3
一反入口温度/℃	324	349	359	350	370	3982	330	376	385
一反出口温度/℃	359	369	368	380	392	392	376	385	387
一反温升/℃	35	20	9	30	22	10	46	9	2
一反总温升/℃	64			62			57		
一反平均温度/℃	356			379			374		
二反入口温度/℃	358	364	368	382	389	393	377	378	380
二反出口温度/℃	364	368	370	389	393	395	378	380	385
二反温升/℃	6	4	2	7	4	2	1	2	5
二反总温升/℃	12			13			8		
二反平均温度/℃	366			391			380		

由实测数据可以看出由于控制较高氢油比，循环量大，及时带走热量。R101 催化剂床层温升不大，R102 实际生产当中床层温度主要集中在上部床层，但是不影响产品质量，可见操作条件缓和有利于长周期运行。

2.3 运行期间主要设备情况

该装置循环机采用单台 1.0MPa 驱动的凝汽式汽轮机组，3 台增压机 C102A/B/C 实现一开二备或二开一备，其余多数转动设备都采用一开一备，实现了预防性维修，机泵能保证长周期运转。静设备及部分管线采取定期测厚，为装置长周期运转创造了条件。

3 装置能耗分析

3.1 装置用能情况

通过以下图 1~图 5 显示，我们可以看出：

1）装置自投产以来，就着力于节能降耗。2010~2011 年综合能耗大幅下降，自 2011~2020 年综合能耗持续平稳保持在较低的水平。

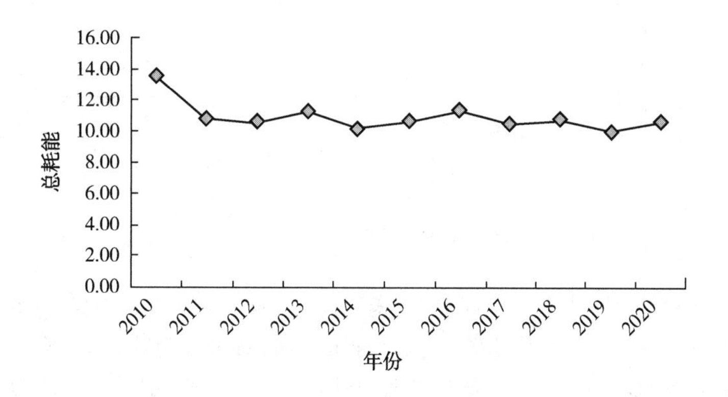

图 1 2010~2020 年总能耗对比

2）从图 2 可知，燃料气单耗量不稳定，因其受生产处理量变化和全厂燃料气管网调整影响较大。自 2018 年以来，燃料气单耗逐年上升，主要原因是 2018 年大检修对全厂燃料气管网改造，燃料气中 C_3 组分由检修前的 6%降低至开工后的 3%，燃料气燃烧热值下降。随着装置运行周期增长，催化剂活性逐年下降，反应进料加热炉由开工熄炉到目前的增点 4 个火嘴，反应进料加热炉燃料气逐年上升。目前降低燃料气消耗的主要措施：一是定期水洗反应流出物/低分油换热器，提高分馏塔进料温度；二是合理控制产品富裕度，降低分馏塔塔底温度，减少分馏重沸炉燃料气消耗。

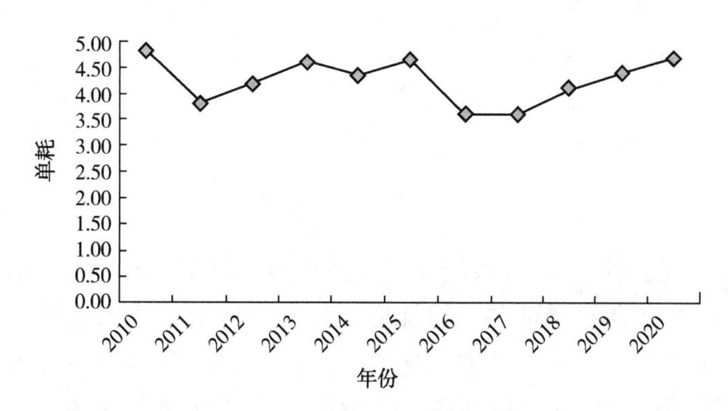

图 2 2010~2020 年燃料气单耗对比

3）如图3所示，电单耗在2010年到2015年呈下降趋势，这和平时根据天气情况开停空冷风机，加强设备使用、维护减少切换次数有一定的关系。而在2015年后电单耗逐年上升，主要原因是产品质量升级，装置耗氢量开始上升，新氢压缩机长期两开一备，且一台一返一和二返二长期打开，存在无效做功。2018年底，装置通过优化原料配比，降低焦化汽油进料和提高直馏柴油进料比例，降低装置氢耗，最终实现单台新氢压缩机运行，降低装置运行电耗。塔河炼化地处南疆，常年有风沙天气，随着装置运行周期增加，空冷翅片上附着沙尘，空冷冷却效果不好，需要增开空冷风机来提高冷却效果。装置采取高压清洗等措施，提高空冷冷却效果，但清洗效果不佳，目前由两年一次清洗逐渐增加为一年清洗一次。现装置可采取降低电耗的主要方式：一是定期清洗空冷，提高冷却效果；二是空冷风机改造为机翼型高效叶片；三是对部分高扬程机泵消减叶轮和降低叶轮级数。

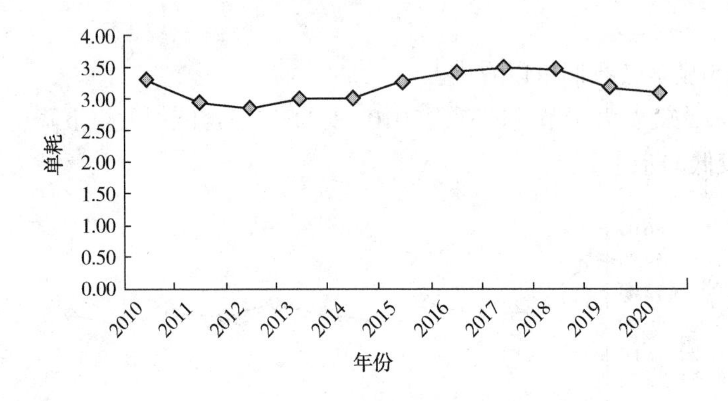

图3　2010~2020年电单耗对比

4）循环水单耗在2010年到2014年呈平稳较低趋势，如图4所示。2015年装置改造升级以后，新增一台反应流出物水冷、精制柴油出装置水冷、新氢压缩机C102C电机冷却水和新氢压缩机C102C级间冷却器，循环水用水量大幅上升。2017年反应流出物水冷发生泄漏，打开发现壳程有结垢和腐蚀现象，全开循环水，循环水量大幅上升。2020年循环水单耗下降的主要原因是集团公司调整循环水折标系数，循环水单耗开始下降。

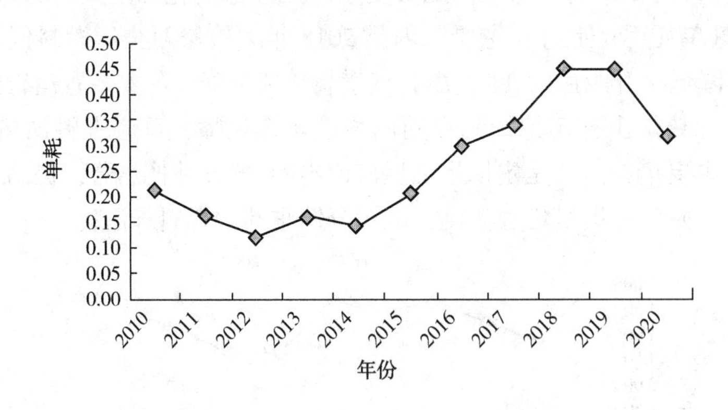

图4　2010~2020年循环水单耗对比

5）低压蒸汽单耗主要是因全厂动力系统优化稳定进装置低压蒸汽温度和压力。并保持蒸汽温度、压力在汽轮机设计范围之内。同时也因加氢装置对蒸汽耗量系统工艺优化改造而蒸汽单耗总体趋于平稳下降趋势。自开工以来，装置立足优化伴热蒸汽，分析各管线冬季温度变化，通过停用和优化部分伴热、延迟投用伴热和提前停用伴热，大幅降低冬季伴热蒸汽消耗，蒸汽单耗较开工以来略有下降。

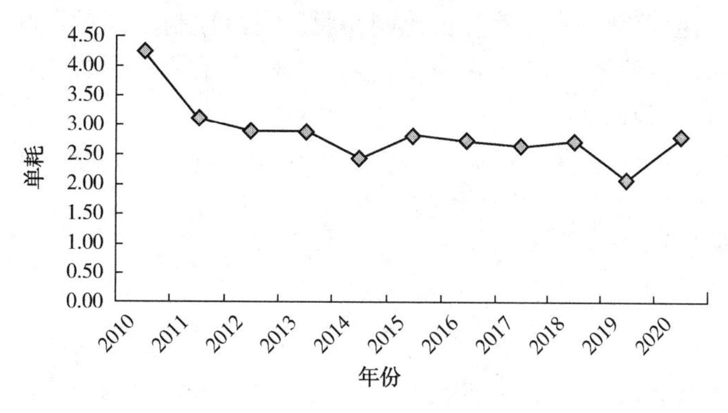

图5　2010~2020年蒸汽单耗对比

3.2　装置节能改进措施

1）将汽轮机蒸汽凝汽系统外排回水改进除盐水罐再利用，降低生产成本。

2）加强加热炉火嘴的改进。2015年大检修期间，将反应炉F101的24个火嘴燃烧器，分馏重沸炉10个火嘴燃烧器全部换成高效低氮燃烧器，提高燃烧效率，最终减少燃料气消耗。

3）根据氢油比情况适当调节循环机转速，降低低压蒸汽耗量。

4）根据气温变化及时调节循环水用量和空冷器运行台数，冬季及时停备用机循环水，降低循环水量，减少空冷风机运行台数，减少用电量。

5）根据原料处理量适当调节好焦化汽油、焦化柴油热进料的比例，减少F101瓦斯量。

4　装置运行过程中的优化工作

1）2013年大检修期间，技改新增了F101进出口管线的副线及副线阀，进出口并没有加隔断阀。消除了受炉管压降高的影响，C101转速较高且在较低的喘振裕度条件下运行的困难，在同样空速下可以降低循环机转速从而降低1.0MPa蒸汽耗量。

2）2014年随着连续重整及低压蒸汽系统优化，1.0MPa蒸汽需要一部分产汽来保证全厂使用，这样夏季时2#加氢装置也需产出一部分低低压蒸汽，产汽后精制柴油温度降低、原料/精制柴油换热器E106换热后温度也会出现下降，F101燃料气上升。2014年8月实施技改措施，E-208流程优化后，F-101燃料气下降了50~80Nm^3/h，0.5MPa蒸汽产汽达到了5/h，夏季精制柴油出装置温度控制在55℃以下，达到了一举三得的效果。

3）2015年改造后根据装置原料构成及产品质量要求，增加了反应器R102及新氢压缩机C102C，满足生产“国Ⅴ”柴油的市场需求。并在2018年大检修后，装置采用了“RS”系列催化剂及配套使用保护剂，及SRASS-G催化剂级配技术和FHUDS-6/FHUDS-8催化剂，消除焦化汽油中的硅对加氢催化剂活性的影响。采用多种保护剂组合的级配方案，实现深度脱硫、脱氮、脱金属的同时确保催化剂长周期运行，同时延缓或尽可能避免了主要由铁、钙沉积引起的反应器床层压降升高的问题。

4）2018年大检修期间技改新增一条注水线，注水点为E102A管程出口、E102B管程入口，改造后是三点注水，分别为E101管程入口、E102管程入口、E105前。正常生产中总注水量为12~14.5t/h，E101前不注水，注水点主要为E102管程入口。缓蚀剂随着注水分散到E102管程、E105管束内起到保护作用，减缓铵盐结晶，降低临氢系统压降上涨速度和减缓设备腐蚀。

5　装置存在问题需待解决

1）在运行10年的过程中受循环氢气体带液体。贫富液品质影响，脱硫塔系统压降增加。目前必须要通过开跨线才能维持正常生产。于2020年2月中旬通过增加除盐水临时线进行冲洗，有效果，但是运行2个月后再次出现压差上涨的问题。因此在今后的操作中必须做好消除T-101压降高的瓶颈。

2）目前原料泵出口流量控制、高分液界位控制，脱硫塔液控制，都只是调节阀带自保阀功能，而没有联锁紧急切断自报阀，我们通过 HAZOP 分析这些控制点，存在严重的高压窜低压的风必须要通过改造增加单独的紧急切断自保阀。

3）汽轮机空冷岛冷凝系统，3 台变频空冷风机，目前在 3 台全开的状况下，排汽温度高达 59℃，真空度-0.067MPa，在同样处理量下，汽轮机蒸汽耗量大。考虑再增加一台变频风机，这样 4 台风机可以切换运行，降低蒸汽耗量。

6 结论

中国石化塔河炼化 1.675Mt/a 汽柴油加氢精制装置，10 年来整体运行情况良好，大机组、反应器、换热器及塔器表现良好，产品质量逐渐优化，能耗呈逐渐下降趋势，在装置运行期间出现过多次晃电、新氢中断、换热器 E102 泄漏等小范围内波动，基本没有给装置造成影响。但是还有部分问题需要优化解决，装置仍具有进一步优化改进和长周期运行的空间。

参 考 文 献

[1] 加氢工艺技术操作规程(2018 版).
[2] 李大东. 加氢处理工艺与工程[M].1 版. 北京：中国石化出版社，2004.

塔河炼化 2# 汽柴油加氢装置催化剂长周期运行及操作优化

李丽蓉　袁小彬

（中国石化塔河炼化公司　新疆库车　842000）

摘　要　为了适应柴油产品质量升级的需求，中国石化塔河炼化公司 2# 汽柴油加氢装置采用石科院最新开发的 RS2100/2110 超深度加氢脱硫催化剂和 FHUDS 再生剂，精制柴油硫含量为 3.2mg/kg，氮含量为 0.67mg/kg，多环芳烃含量为 2.9%，十六烷值为 52，闪点为 68℃，满足"国Ⅵ"柴油质量升级的要求。目前，装置已经平稳运行 22 个月，从运行情况来看，催化剂失活速率为 1.2℃/月，床层最高温度≤390℃，反应器压差维持 0.4MPa，催化剂稳定性较好，能够满足装置长周期运行的要求。

关键词　RS2100/2110 催化剂；汽柴油加氢；操作优化

中国石化塔河炼化 2# 汽柴油加氢装置原设计规模为 1.4Mt/a，为适应柴油产品质量升级需求[1,2]，2015 年 8 月，增设一台反应器（R102）与原反应器（R101）串联，处理能力提高至 1.67Mt/a。2018 年 5 月停工更换催化剂，R102 采用石科院开发的 RS2100/2110 超深度加氢脱硫催化剂，R101 采用 FHUDS 系列再生剂。本文结合催化剂标定结果和装置运行 22 个月来的情况，分析催化剂在塔河炼化 1.67Mt/a 汽柴油加氢装置上的长周期应用情况，探讨催化剂后期运行的优化措施。

1　装置简介

塔河炼化 2# 汽柴油加氢装置以加工焦化汽油、焦化柴油和常二线柴油为主，生产稳定汽油和精制柴油。装置由反应、分馏两部分组成。反应部分采用炉前混氢工艺，R102 与 R101 串联操作，两个反应器均为热壁反应器，分为上、中、下 3 个床层，床层中间均设置冷氢箱。分馏部分采用双塔工艺，第一个塔为汽柴油分馏塔，第二个塔为汽油脱硫化氢塔，双塔结合，既能使汽柴油充分分离，又可以大大降低汽油和柴油馏分中的硫化氢。简易流程见图 1。

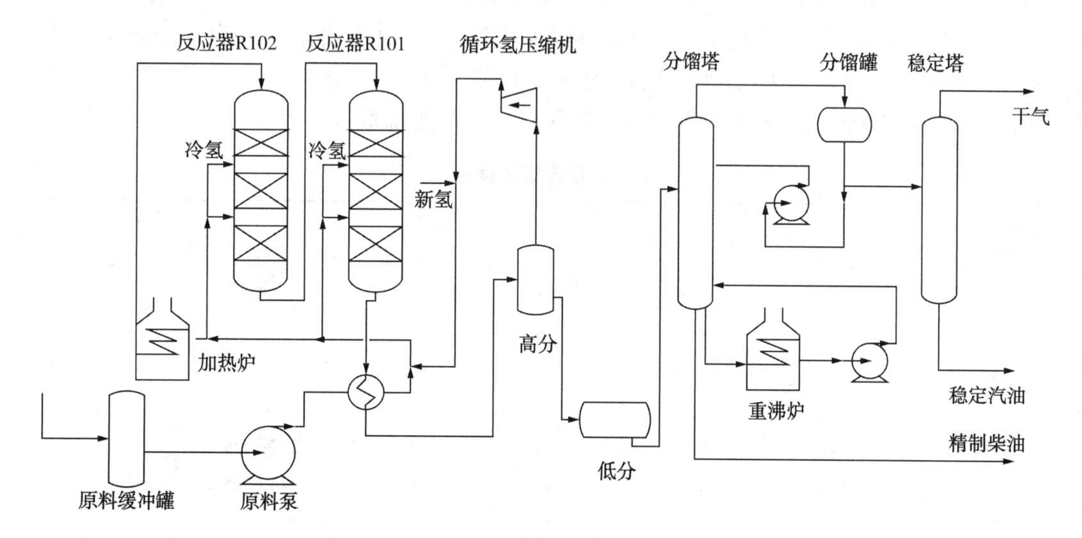

图 1　装置工艺简易流程图

2 催化剂标定情况

2.1 催化剂装填情况

RS2100/2110催化剂以Mo-Ni为活性组分，通过改善载体扩散通道、增加活性中心、提高金属分散度，使其具有孔容大、比表面积大、机械强度高等特点[3]，适合于劣质柴油原料的加工。其在扬子石化柴油加氢装置上的应用结果表明[4]，RS2100催化剂具有优异的脱硫活性和稳定性。FHUDS催化剂具有很好的脱硫、脱氮活性，原料适应性很强[5,6]，对塔河原油较高的硫含量有很好的适应性，此次停工将其再生后继续使用。催化剂密相装填为主，R102中共计加入RS2100/2110催化剂127.5t；R101中加入FHUDS再生剂99.69t，RS2100/2110催化剂12.92t。两台反应器中RS2100/2110占总催化剂量的58%。R102、R101催化剂实际装填情况见表1。

表1 R102、R101催化剂装填表

反应器	催化剂名称	实际装填量/t	堆密度/(t/m^3)
R102	一床层RS2100	22.88	0.92
	二床层RS2100	39.68	0.92
	三床层RS2110	64.94	0.99
R101	一床层再生剂	33	1.06
	二床层再生剂	30.33	0.97
	三床层再生剂	36.36	0.96
	三床层RS2100/2110	12.92	1.01

2.2 催化剂标定结果

为了考核催化剂性能、物料平衡和能耗水平以及装置在高负荷下工艺、设备、环保各系统的运行情况，于2018年6月19~21日进行了为期72h的标定。标定期间，处理量为190t/h(焦化汽油为55t/h，焦化柴油为90t/h，常二线柴油为45t/h)，R102入口最高提至304℃，床层平均温度359℃；R101入口温度平均360℃，床层平均温度361℃，氢油比大于500Nm^3/m^3，空速0.9h^{-1}。混合原料和产品性质如表2所示。从表中可以看出，混合原料密度小于设计值，硫含量、氮含量均小于设计值，馏程也小于设计值，所以石脑油和精制柴油的密度、硫含量、氮含量、馏程均小于设计值，这可能是原料油中汽油比例较大所致(实际比例1∶2.39大于设计比例1∶6.2)。精制柴油硫含量为3.2mg/kg，氮含量为0.67mg/kg，多环芳烃含量为2.9%，十六烷值为52，闪点为68℃，各项指标均满足"国Ⅵ"标准，催化剂的硫脱除率高达99.95%，脱氮率99.8%，表现出优异的脱硫脱氮活性。

表2 混合原料性质

项目	原料		产品(石脑油)		产品(精制柴油)	
	设计值	实际值	设计值	实际值	设计值	实际值
密度(20℃)/(g/cm^3)	0.8557	0.829	725	696	852	833
硫含量/(mg/kg)	10427	9272	≤5	2.1	≤10	3.2
氮含量/(mg/kg)	916	616.5		0.44		0.67
馏程/℃						
50%	291	269.5	113	94	297~298	270
90%	348	347	140	132	344~345	335
95%	363	362	157	156	360~361	357
碱性氮/(mg/kg)		296.9				0.35
多环芳烃/%					≤7	2.9
闪点/℃						68
十六烷指数						52

表 3 是标定期间的能耗数据，可以看出，实际能耗低于设计能耗，主要因为：①低压蒸汽主要作为汽轮机动力源被消耗，其消耗量受反应系统压降影响比较大，系统压降越大蒸汽耗量多，装置停工检修更换催化剂后，反应系统压降小，所以汽轮机消耗低压蒸汽比设计值少 2.54kgEO/t；②中压蒸汽较设计值低 1.1kgEO/t 是因为中压蒸汽是汽轮机供油设备(蒸汽透平)的动力，蒸汽透平的后路为低压蒸汽管网，低压蒸汽用量的减少势必中压蒸汽用量也会有所减少。③电耗少 1.5kgEO/t 是因为检修期间 6 台普通空冷风机改为变频风机；④催化剂初期活性高，反应放热大，降低了加热炉的负荷，减少了燃料气耗量，燃料气低于设计值 1.9kgEO/t。另外，标定时空速 $0.9h^{-1}$小于设计空速($1.0h^{-1}$)，也是能耗偏低的重要原因。

表 3　标定期间能耗情况　　单位：kgEO/t

项　目	设计值	实际值	项　目	设计值	实际值
除盐水	0.15	0.14	电	4.92	3.41
循环水	0.43	0.44	燃料气	7.94	6.04
低压蒸汽	5.49	3.95	合计	20.7	14.66
中压蒸汽	1.77	0.68			

综上，RS2100/2110 催化剂和 FHUDS 再生剂表现出优异的脱硫脱氮活性，脱除率高达 99.95%，脱氮率 99.8%，产品中的硫含量较之前生产"国Ⅴ"降低了 2~8mg/kg，十六烷值由 48 提高至 52，能耗小于设计能耗。装置开工 3 个月后，原料中硫氮含量不断增加，硫含量甚至高达设计值的 130%，反应器温度不断增加，至 2019 年 5 月，R102 入口温度达 324℃，催化剂 RS2100/2110 失活速率过快(>2℃/月)，为延长催化剂使用寿命，2019 年 5 月开始装置采取一些措施，取得了较好的效果。

3　装置操作优化

3.1　调整反应器温度分布和原料组成

图 2 是 R102、R101 入口温度变化趋势。从装置运行情况来看，反应器温升主要集中在 R102 床层，为延长催化剂使用周期，2019 年 5 月，装置首先是调整反应器温度分布：提高第二个反应器 R101 床层催化剂活性，让原料在第二个反应器充分反应，降低第一个反应器 R102 的温度。经过调整，R101 入口温度由 375℃提至 380℃。R102 入口温度降了 1℃，产品中的硫含量平均为 2.98mg/kg，满足"国Ⅵ"标准。也可以看出 RS2100/2110 催化剂的性能较 FHUDS 再生剂的性能更优越。

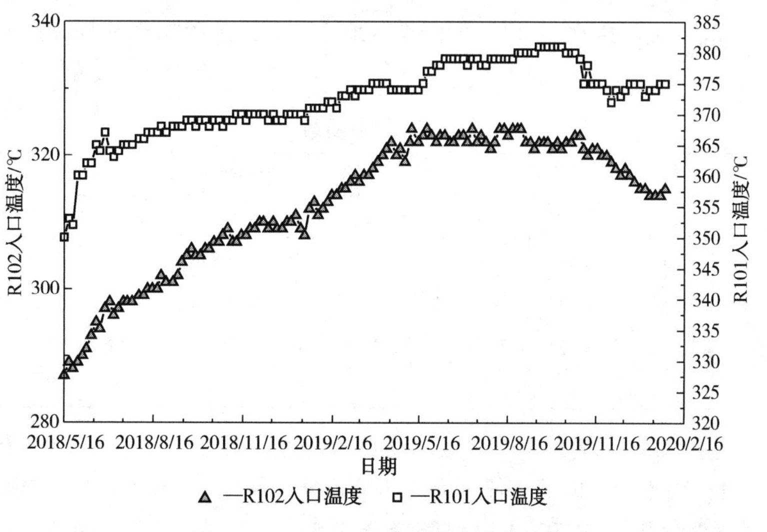

图 2　R102、R101 入口温度变化趋势

3.2 调整原料组成

图3是原料油中硫氮含量情况。2018年8月以后，原料硫含量高于11000mg/kg的情况比较多，最高达14263mg/kg。氮含量大于800mg/kg的情况比较多，最高达967mg/kg。硫含量增加是反应温度增加的主要原因，氮含量的增加使脱硫难度增加[7]，反应温度进一步增加。2#加氢装置原料中焦化柴油硫含量是常二线柴油硫含量的3倍，所以，装置增加了1#常减压装置的15t/h常二线柴油，减少焦化柴油15t/h，常二线柴油和焦化柴油比例由原来的1：2提至1.6：2，原料硫、氮含量有所下降，硫含量基本不超过11000mg/kg，氮含量也基本降至700mg/kg以下。经过调整R102入口温度降至322℃，产品质量稳定。但是从图3中也不难看出，原料中硫含量波动较大。主要原因是2#加氢原料70%~80%均为直供进料，上游装置产品的硫含量波动大是直影响本装置的反应器温度提升较快的主要原因。比如：2018年9月12日，原料总硫为14263mg/kg，2018年10月8日，原料总硫为12230mg/kg，2019年5月10日，原料总硫为13718mg/kg，2019年8月12日，原料总硫为12858mg/kg，每次总硫波动的高峰值正好和图2中R102入口提温的峰值对应。所以，原料中硫含量的稳定也是反应器温度平稳的提升的关键。

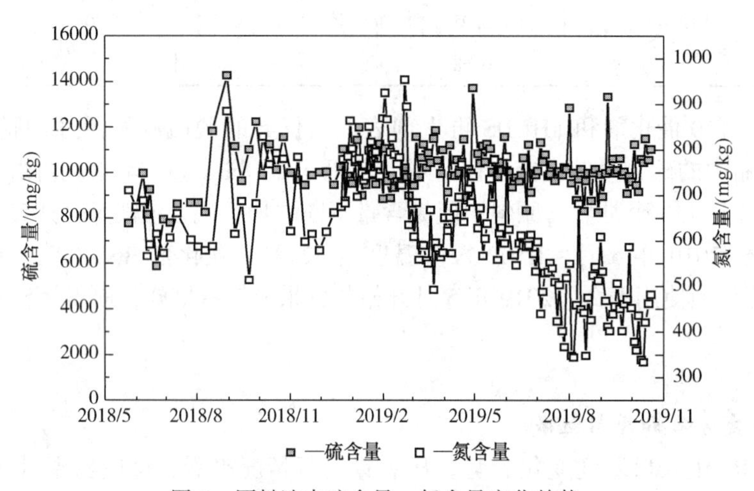

图3 原料油中硫含量、氮含量变化趋势

3.3 调整产品硫含量

表4是2019年5月开始优化操作后的产品质量，产品中硫含量呈上涨趋势，但10月之前精制柴油硫含量均不大于5mg/kg，产品质量富裕度大。10月对总硫指标作调整，总硫控制到5~9mg/kg范围内。从图2可看出，10月以后R102入口温度降至320℃以下，总硫指标的提高的确有利于催化剂长周期运行。

表4 产品质量

项目	精制柴油产品性质									
	2019-5	2019-6	2019-7	2019-8	2019-9	2019-10	2019-11	2019-12	2020-1	2020-2
密度(20℃)/(g/cm³)	837	839	832	836	835	835	839	833	834	836
硫含量(均值)/(mg/kg)	2.98	3.01	3.41	3.28	3.98	6.68	6.97	7.49	7.66	7.51
氮含量(均值)/(mg/kg)	0.4	0.4	0.41	0.44	0.56	0.59	0.66	0.68	0.41	0.33
十六烷值	50.5	52	51	51	52	52	51	51	52	52

但由于2#加氢装置原料直供量大，硫含量波动较大，所以精制柴油硫含量靠上限控制有超指标的的风险。2019年12月，由于全年的生产任务完成，装置处理量降至180t/h(比前期运行降低了近20t/h，2020年1月和2月都为180t/h)，R102入口温度降至315℃，出现了1次精制柴油硫含量为11mg/kg，2020年2月出现1次为10.511mg/kg，幸而大罐总硫是低于8mg/kg控制的，所以1次超指标并不影响

出产油品的质量。装设产品在线分析仪可以解决这个难题，目前项目正在筹备阶段。同时，空速的减小也有利于催化剂长周期运行的。建议催化剂使用到后期时在不影响装置全年产量的情况下可以采用降低空速的办法。

综上，经过一些优化操作之后，R102的入口温度由324℃降至320℃以下，从目前运行情况来看，催化剂床层运行平稳，失活速率控制在1.2℃/月，床层最高温度≤390℃，反应器压差维持0.4MPa，柴油产品质量满足"国Ⅵ"柴油标准。

4 结论

1）从标定结果来看，RS2100/2110催化剂和FHUDS再生剂具有良好的脱硫、脱氮活性，总硫脱除率高达99.95%，脱氮率达99.85%，精制柴油硫含量为3.2mg/kg，氮含量为0.67mg/kg，多环芳烃含量为2.9%，十六烷值52，闪点68℃，满足"国Ⅵ"柴油质量升级的要求。

2）通过调整反应器温度分布R102入口温度降低1℃；调整原料组成使原料含硫、氮量下降，有利于催化剂的长周期运行；提高精制柴油中硫含量指标，虽有利于催化剂的长周期运行，但由于本装置直供率高、硫含量变化较大，精制柴油硫含量上限控制有超指标的风险，所以装置目前正筹备装设产品的在线分析仪，减少反应温度过剩。同时，也可以采用降低空速的办法延长催化剂使用寿命。

3）操作优化后，RS2100/2110催化剂失活速率降至1.2℃/月，床层最高温度≤390℃，反应器压差维持0.4MPa，目前已运行22个月，柴油产品质量满足"国Ⅵ"标准柴油标准，催化剂运行情况良好。

参 考 文 献

[1] 王健，张阳，储宇，等．柴油产品质量升级方案探讨．当代化工，2018，47(3)：635-638.
[2] 淳于声雯．齐鲁分公司车用汽柴油国V升级总结与国VI升级对策．齐鲁石油化工，2017，45(1)：68-75.
[3] 张乐，李明丰．高性能柴油超深度加氢脱硫催化剂RS-2100和RS-2200的开发及工业应用[J]．石油炼制与化工，2017，6(48)：1-6.
[4] 王哲，张乐．RS-2100催化剂在柴油加氢装置上的工业应用[J]．石油石化绿色低碳，2018，3(4)：21-24.
[5] 夏银生．FHUDS-8/FHUDS-5催化剂在金陵石化的工业应用[J]．当代化工，2017，46(6)：1246-1250.
[6] 丁贺，牛世坤．FHUDS-8柴油超深度脱硫催化剂的反应性能和工业应用[J]．炼油技术与工程，2016，46(4)：51-54.
[7] 许普，李振兵，陈世安．国内清洁柴油加氢催化剂研究进展[J]．当代化工，2016，45(11)：116-119.

柴油加氢装置长周期稳定运行策略分析

郭　蓉　李　扬　杨成敏　李士才

（中国石化大连石油化工研究院　辽宁大连　116045）

摘　要　针对柴油加氢装置生产“国Ⅴ”和“国Ⅵ”柴油时催化剂失活速率显著高于生产“国Ⅳ”柴油、装置运行周期受限的问题，大连石化研究院（FRIPP）系统研究了原料油干点、氮含量、二次加工柴油比例及杂质硅等对柴油超深度脱硫及的影响，并从原料油管理、装置优化操作及催化剂体系选择等方面提出优化建议，确保柴油加氢装置长周期稳定运行。

关键词　柴油加氢装置；长周期；优化；稳定运行

1　前言

我国于2017年1月起全面执行“国Ⅴ”柴油质量标准，要求柴油硫含量≤10μg/g，多环芳烃含量≤11%，十六烷值≥51；于2019年1月1日起全面执行“国Ⅵ”柴油质量标准，要求柴油硫含量≤10μg/g，多环芳烃含量≤7%，十六烷值≥51。近年来，为满足柴油质量快速升级要求，中国石化大连石化研究院（以下简称FRIPP）和石化科学研究院（以下简称RIPP）等科研单位投入大量人力物力，在催化剂、工艺工程技术等方面取得了重要技术突破，分别开发了FHUDS系列和RS系列柴油超深度脱硫催化剂、低能耗柴油液相循环加氢技术、FSDS和RTS超深度脱硫工艺及延长装置运行周期的S-RASSG不同类型催化剂级配技术等，为我国柴油质量标准快速比肩欧美等发达国家提供了重要技术支撑。

近几年，通过一大批柴油加氢装置改造增加反应器或新建一批柴油加氢装置，采用国内外开发的最新柴油超深度脱硫催化剂已能满足生产“国Ⅵ”柴油的要求，但由于生产“国Ⅴ”和“国Ⅵ”柴油时催化剂的失活速率显著高于生产“国Ⅳ”柴油，且部分柴油加氢装置因掺炼加工含硅焦化汽柴油造成催化剂快速失活，企业关注的核心问题还是装置的运行周期。目前，不少生产“国Ⅴ”和“国Ⅵ”柴油的加氢装置的运行周期是2年左右，只有部分炼油厂的柴油加氢装置能够满足3年的运转周期，而大多数炼油企业的核心装置大检修时间目前是4年一检修，未来还会延长至5年一检修。存在大部分柴油加氢装置运行周期与全厂大检修时间不一致、中间换剂影响全厂加工平衡等问题，因而炼油厂希望延长柴油加氢装置运行周期，提高企业经济收益。

为了延长柴油加氢装置运行周期，FRIPP通过改进载体孔结构及调控活性金属微观形貌，开发的FHUDS-5催化剂出口到欧洲捷克、俄罗斯等柴油加氢装置的运行周期是之前使用的其他催化剂的2倍左右。为了进一步提高柴油加氢催化剂稳定性，2018年又通过载体酸性和孔结构的优化，开发了Mo-Co型FHUDS-7新一代高活性、高稳定性柴油超深度脱硫催化剂，在镇海炼化公司3Mt/a（Ⅳ加氢）柴油加氢与FHUDS-8催化剂级配使用，催化剂失活速率仅为之前使用的国外催化剂的一半，有利于延长装置运行周期。

柴油加氢装置运行周期要从现在的3年左右大幅度延长至4~5年，除了选择高、活性高稳定性催化剂体系外，还需加强原料油管理和装置优化操作。研究表明，原料油干点、多环芳烃及氮含量等对柴油超深度脱硫有显著影响。干点增加，总硫含量及该类难脱除硫化物的含量增加，脱硫难度显著加大；而氮化物和多环芳烃与硫化物竞争吸附，是超深度脱硫的强抑制剂。本文通过原料的干点、氮含量及杂质硅等对柴油超深度脱硫的影响分析，提出柴油加氢装置长周期稳定运行的操作策略。

2 原料油性质对装置运行周期的影响分析

2.1 原料油干点对柴油超深度脱硫反应温度的影响

研究结果表明，把精制柴油硫含量从50μg/g降低到10μg/g以下，主要需要脱除的是β位上有取代基的4,6-二甲基二苯并噻吩类硫化物，这类硫化物由于β位上取代基的空间位阻效应，最难以脱除。而4,6-二甲基二苯并噻吩类硫化物主要存在于大于357℃的重柴油馏分中，其主要脱硫途径是二苯并噻吩中一个苯环进行加氢饱和，消除掉空间位阻效应才能进行直接脱硫，该途径被称为加氢脱硫。由于芳烃饱和受反应压力，尤其是氢分压及体积空速影响较大，提高氢分压和降低体积空速均有利于芳烃加氢反应的进行，也有利于增加加氢脱硫反应速率。不同结构硫化物的相对脱硫活性及沸点见表1。2004年NPRA年会(AM-04-40)也报道了直馏柴油、高干点LCO及焦化柴油中硫化物类型的对比分析结果，详见表2。

表1 不同结构典型硫化物的相对脱硫活性及沸点

含硫化合物	相对HDS速率	沸点/℃
噻吩	100	90
苯并噻吩	30	237
二苯并噻吩	30	333
甲基二苯并噻吩	5	339~351
二甲基二苯并噻吩	1	357~369
4,6-二甲基二苯并噻吩	1	365
三甲基二苯并噻吩	1	370~387

表2 不同来源柴油馏分中硫化物结构分析结果

原料油种类	直馏柴油	焦化柴油	催化柴油
硫含量/%	1.094	1.651	1.260
D86馏程/℃			
T_{50}	289	276	298
T_{90}	324	353	380
T_{95}	335	371	402
苯并噻吩/(μg/g)	5978	10984	4805
二苯并噻吩/(μg/g)	1273	666	572
甲基二苯并噻吩/(μg/g)	2391	1250	1694
二甲基二苯并噻吩/(μg/g)	837	1325	2261
三甲基二苯并噻吩/(μg/g)	453	692	1664
四甲基二苯并噻吩/(μg/g)	20	89	1623
四甲基二苯并噻吩相对值/%	0.225×基准	基准	18.24倍×基准
含2个及以上甲基取代基的二苯并噻吩硫占总硫比例/%	11.91	12.76	44.03

从表1可见，由于4、6位甲基取代基的位阻效应影响，4,6-二甲基二苯并噻吩和三甲基二苯并噻吩类硫化物最难以脱除，而4,6-二甲基二苯并噻吩的沸点是365℃，三甲基二苯并噻吩的沸点范围是370~387℃，意味着通过降低柴油原料干点可减少或去除柴油中的二甲基或三甲基等二苯并噻吩类硫化物，进而显著降低柴油超深度脱硫难度。

从表2可见，从T_{95}点看，催化柴油≥焦化柴油≥直馏柴油，二甲基二苯并噻吩、三甲基二苯并噻吩及四甲基二苯并噻吩硫化物含量随T_{95}增加显著上升，总量为催化柴油中最多、焦化柴油其次，直馏柴油最少。其中催化柴油由于T_{95}达到402℃，含两个及以上甲基取代基的二苯并噻吩含量及占总硫含量比例是直馏柴油和焦化柴油的3倍以上，三甲基二苯并噻吩显著增加，尤其是四甲基二苯并噻吩硫化物达到了1623μg/g，是T_{95}为371℃的焦化柴油的18倍。可见，柴油如果夹带了>380℃以上的重组分，脱硫难度会大大增加。

为了进一步说明重组分对反应温度的影响，以T_{90}馏出点温度为358℃、T_{95}馏出点温度为371℃的镇海常三线直馏柴油为基准原料油，分别切出>350℃和>360℃重组分后进行对评评价试验，考察精制柴油达到相同硫含量时的温度差别，其结果见表3。

表3 柴油干点对反应温度的影响

工艺条件				
氢分压/MPa	6.0			
体积空速/h^{-1}	1.5	1.5	1.5	1.5
反应温度/℃	35.9	360	375	375
原料油终馏点/℃	374(T_{97})	360	360	350
精制油硫含量/(μg/g)	36.5	35.9	12.1	9.3

从表3可见，在氢分压6.0MPa、体积空速1.5h^{-1}等反应条件下，T_{97}馏出点温度为374℃的直馏柴油，反应温度375℃时，精制柴油硫含量为36.5μg/g，将只占10%的大于360℃的重组分切出后，则反应温度降为360℃，反应温度可降低15℃；而切出大于350℃的重组分，硫含量则从36.5μg/g降低至<10μg/g，可以看出重组分对柴油超深度脱硫的反应温度有显著影响。

因此，要实现柴油加氢装置运行周期达到4~5年运行要求，对柴油原料的干点控制至关重要，不同装置因装置操作参数、原料油二次加工油比例差异较大，对干点的控制要求略有差异，但总体说来，若能控制柴油原料油干点≤360℃，反应温度大幅度降低，提温速率也减缓，将显著延长柴油加氢装置运行周期。

2.2 原料油氮含量对柴油超深度脱硫反应温度的影响

柴油中的多环芳烃、氮含量主要来自于催化柴油和焦化柴油等二次加工柴油。直馏常三线柴油、焦化柴油及催化柴油的性质差异见表4。

表4 直馏常三线柴油、焦化柴油及催化柴油的性质差异

油品名称	常三线直柴	焦化柴油	重油催化柴油	MIP催化柴油
密度(20℃)/(kg/m^3)	856.9	872.7	913.8	961.1
总芳烃/%	28.2	39.2	63.6	83.1
单环芳烃/%	13.5	19.7	12.9	21.5
多环芳烃/%	14.7	19.5	50.7	61.6
多环芳烃比例/%	52.1	49.7	79.7	74.1
馏程/℃				
IBP/10%	190/277	152/260	181/223	191/234
30%/50%	303/317	287/309	247/272	259/286
70%/90%	332/358	332/360	306/348	321/364
95%/FBP	371/376	373/375	362/373	377/382
氮含量/(μg/g)	285	1978	816	1088
硫含量/%	0.96	1.61	1.71	1.36
4,6-DMDBT/(μg/g)	192	154	210	610
十六烷值	55	45	24	<15

从表4可见，直馏柴油十六烷值高、氮含量及多环芳烃含量相对较低，加氢精制的主要目的是超深度脱硫和部分多环芳烃加氢饱和；焦化柴油氮含量最高，十六烷值45，多环芳烃19.5%，多环芳烃和密度相对较高，加氢精制的主要目的是超深度脱硫、加氢脱氮、多环芳烃饱和及十六烷值提升；催化柴油多环芳烃和十六烷值最低、密度最大，氮含量尽管只有焦化柴油的一半左右，但也是直馏柴油的3倍左右，尤其是MIP催化柴油的多环芳烃达到61%，十六烷值<15，离“国Ⅵ”柴油要求的十六烷值≥51、多环芳烃含量≤7%等指标相差甚远。其加氢精制的主要目的是超深度脱硫、加氢脱氮、多环芳烃饱和、十六烷值提高及密度降低。

从表4也可见，柴油原料的氮含量及多环芳烃含量主要来自于焦化柴油和催化柴油。因此，柴油原料中焦化柴油和催化柴油比例较高会造成混合原料油的多环芳烃及氮含量增加，增加脱硫难度。由于催化柴油和焦化柴油的氮含量、多环芳烃含量尤其是三环芳烃含量随馏程干点提高而增加，因此，控制催化柴油及焦化柴油干点及混合比例对柴油加氢装置的长周期稳定运行直观重要。

表5和表6列出了直馏柴油掺炼加工焦化汽柴油的混合油因焦化柴油干点控制不同对原料油性质及超深度脱硫的影响。

表5　控制焦化柴油干点不同的混合油性质

原料油	混合油1#	混合油2#
原料油构成	直柴+35%焦化汽柴油+5%LCO	
密度/(g/cm^3)	0.8383	0.8301
馏程范围/℃		
IBP/10%	63/170	59/188
30%/50%	238/275	232/264
70%/90%	313/343	298/337
95%/FBP	360/368	356/363
硫含量/(μg/g)	10840	12327
氮含量/(μg/g)	740	436
焦化柴油终馏点/℃	370	360

表6　焦化柴油干点差异对超深度脱硫的影响

原料油名称	混合油1#	混合油2#
氢分压/MPa	6.4	
主催化剂体积空速/h^{-1}	2.2	
平均反应温度/℃	360	
油品名称	精制油	精制油
密度(20℃)/(g/cm^3)	0.8221	0.8148
T_{50}/T_{95}/℃	272/358	268/352
硫含量/(μg/g)	71.9	8.9
氮含量/(μg/g)	18.4	1.0

从表5和表6可见，尽管取自不同时期原料油硫含量有差别，通过把焦化柴油干点从370℃降低至360℃，尽管混合油的T_{95}和终馏点只降低了5℃左右，但由于显著降低了混合油氮含量，在相同工艺条件下，处理焦化柴油干点为370℃、氮含量为740μg/g的混合油，精制油品硫含量为71.9μg/g，不能生产“国Ⅳ”柴油，处理焦化柴油干点为360℃、氮含量为436μg/g的混合油，精制油的硫含量只有8.9μg/g，可以生产超低硫柴油，可以看出干点及氮含量对超深度脱硫有显著影响。

“国Ⅴ”柴油的生产具有与以往不同之处，难度加大，针对柴油质量升级及延长装置运行周期的需要，制定相应的“国Ⅴ”柴油操作规范，保证炼油企业实现“安、稳、平、满、优”的长周期运行，具有十分重要的现实意义。

2.3 原料油干点及二次加工油品比例控制原则

由于原料油的干点及氮含量对超深度脱硫影响大，二次加工柴油尤其是催化柴油的比例增加会显著降低精制柴油十六烷值，因此适当控制各种柴油原料的干点及二次加工柴油的比例对柴油加氢装置的长周期稳定运行直观重要。

由于不同企业焦化柴油和催化柴油等二次加工油品构成比例不同，且不同企业柴油加氢装置工况条件也各不相同，因此，对柴油馏分干点控制指标、二次加工柴油的比例等要求也不同。一般说来，为了保证柴油加氢装置长周期稳定运行，通常要求控制直馏柴油干点≤370℃，焦化柴油干点≤350℃，催化柴油干点≤360℃。由于催化柴油十六烷值通常<20，比例过高会造成精制柴油十六烷值不达标，因此最好控制催化柴油比例≤15%；由于焦化柴油中的高的氮含量对超深度脱硫有强抑制作用，建议控制焦化柴油比例≤25%，焦化柴油和催化柴油总的比例最好控制≤35%。而对于氢分压较高(>7.0MPa)、体积空速较低(低于$1.0h^{-1}$)的中压柴油加氢装置，由于装置工况条件有利于芳烃饱和、加氢脱氮和超深度脱硫，可根据实际工况条件及全厂柴油平衡情况适当提高原料油干点或者二次加工柴油比例。

2.4 杂质硅对装置运行周期的影响

部分炼油企业为节约装置建设成本，将焦化石脑油掺入柴油加氢装置原料中进行加工。由于大部分焦化装置使用消泡剂，而这些消泡剂通常含有较高含量的硅，导致焦化石脑油杂质硅含量较高。硅是加氢催化剂的毒物，催化剂上即使沉积少量的硅，其活性也会大幅度下降。少量的硅沉积就可使催化剂孔口堵塞、活性下降、床层压降上升、装置运转周期缩短、并使得催化剂无法再生使用。

柴油加氢装置加工掺入焦化石脑油的混合原料时，将杂质硅带入反应系统，沉积在催化剂表面，造成加氢催化剂永久失活，严重影响催化剂活性和使用寿命。分别以SiO_2含量为5.7%的新鲜催化剂及工业运行后沉积了7%左右的SiO_2的失活催化剂为样品，采用扫描电镜-能量散射光谱(SEM-EDS)测定硅在同一粒催化剂上的径向分布，以表征硅的沉积状态，其表征结果见图1。

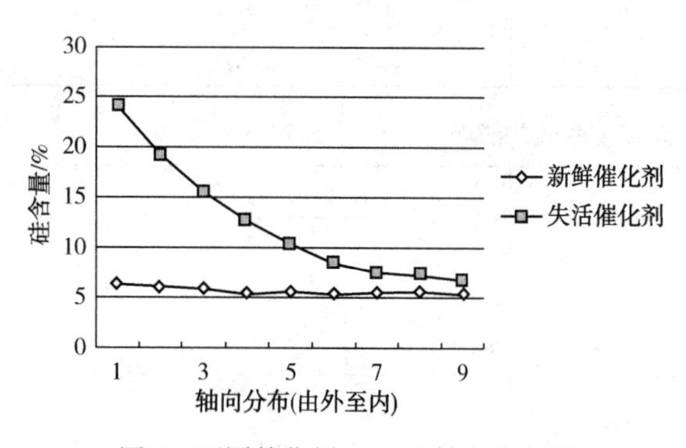

图1 不同催化剂SEM硅轴向分布图

从图1扫描电镜测试结果可见：新鲜催化剂的硅含量从里至外径向分布均匀；而失活再生后的催化剂沉积了硅后，呈现出由外侧至中心逐渐递减趋势，且主要集中分布在催化剂的外表面，最外侧硅含量达到了24.33%。

此外，硅沉积后也会造成催化剂孔道堵塞及孔径减小，增加了分子直径较大的硫化物的扩散阻力，因而前几年随着“国Ⅳ”和“国Ⅴ”柴油质量快速升级，硅沉积影响超深度脱硫及装置运行周期的问题日益凸显，掺炼加工焦化汽柴油的柴油加氢装置运行周期很难满足3年运行周期的要求。

为此，FRIPP开发了孔容和比表面积大、容硅能力强的FHRS系列加氢捕硅专用催化剂，通过捕硅剂与主催化剂的合理级配，在反应器上部装填合适比例的捕硅剂后，有效避免了硅在主催化剂上的沉积，显著延长了掺炼加工焦化汽柴油的柴油加氢装置的运行周期，基本满足了3~4年运行周期的要求。

因此，建议掺炼加工焦化汽柴油的柴油加氢装置，在主催化剂前装填保护剂和适宜比例的FHRS捕硅剂，可有效保护主催化剂的活性和稳定性，进而保证装置运行周期。

3 操作条件优化与调整

加氢脱硫过程中的操作条件指的是操作过程中可调整的一些操作参数，如原料性质、氢分压和H_2S分压、反应温度、空速等。这些操作参数在装置设计、改造过程及实际操作中对产品质量及运行周期至关重要。

3.1 氢分压

3.1.1 氢分压的影响

总的来说，提高氢分压有利于加氢反应的进行，加快反应速度。

由于氮化物对超深度脱硫有显著的抑制作用，而含芳烃的杂环氮化物的加氢脱氮则需要先进行芳烃饱和才能C—N键断裂，因此，对氮含量较高的原料油的超深度脱硫，提高装置氢分压可显著促进芳烃加氢饱和及加氢脱氮反应的进行。

此外，提高反应压力不仅提高了HDN和HDA的反应速度，而且也提高了芳烃加氢饱和的平衡转化率。随着反应压力的升高，芳烃加氢饱和率增加，达到最大饱和率的最佳反应温度也随之向高温区移动。因此，对于芳烃的加氢饱和工艺，提高压力操作不仅可以提高芳烃的饱和率，而且也扩大了为弥补催化剂失活所需的温度操作范围，有利于延长装置运行周期。

影响氢分压的因素主要包括系统总压力、新氢组成、高分气的排放量、高压分离器的操作温度、氢气消耗及循环氢流量等。

由于生产“国Ⅴ”和“国Ⅵ”柴油时的氢耗显著高于生产“国Ⅳ”柴油，补充新氢的纯度通过循环氢纯度影响到装置氢分压。新氢纯度下降意味着新氢中的甲烷等轻烃组分含量增加。由于甲烷在油中的溶解度很低，气液平衡常数小，会在高分气相中不断累积到浓度足够高时，才会使高分生成油中溶解的量与带入的量达成平衡，随着高分生成油而排出高压系统。因此，新氢中带有较高比例的甲烷时，将显著降低循环氢的纯度，造成系统氢分压下降。

因此，生产“国Ⅵ”车用柴油的加氢装置，掺炼或单独加工催化柴油和焦化柴油等二次加工原料油时，由于氮含量和多环芳烃含量相对较高，通常要求新氢中甲烷纯度≤4%(体)，循环氢中氢气纯度最好控制≥85%。

3.1.2 新氢中CO及CO_2含量控制要求

加氢反应系统中含有CO、CO_2时，将产生如下影响：在含镍或钴催化剂作用下，CO、CO_2与氢气在200~350℃条件下反应生成甲烷，同时放出大量的热。甲烷化反应产生的热使反应器内催化剂床层温升过高造成温度分布不均，生成的CH_4累积也会引起循环氢纯度降低。

$$CO+3H_2 = CH_4+H_2O,\ \Delta H=-206.4\text{kJ/mol}$$

$$CO_2+4H_2 = CH_4+2H_2O,\ \Delta H=-164.9\text{kJ/mol}$$

此外，CO和CO_2还会在催化剂活性中心发生竞争吸附，影响加氢活性中心的利用；CO也可能与催化剂上的金属组分形成有毒的易挥发碳基化合物，降低催化剂活性。

$$4CO+Ni \xrightarrow{50℃} Ni(CO)_4 \xrightarrow{230℃} Ni+4CO$$

因此，使用非贵金属催化剂的加氢装置一般要求新氢中的($CO+CO_2$)含量≤20μL/L。

3.1.3 提高循环氢纯度的优化操作

按照高压分离器的操作条件来分，可以分为热高压分离器(热高分)和冷高压分离器(冷高分)。为了降低装置操作能耗，新建柴油加氢装置大部分采用热高分流程。从节能角度考虑，采用热高分流程，大约可以节约能耗约为1kgEO/t原料。从循环氢纯度来说，采用热高分流程，会明显降了柴油加氢装置循环氢纯度，尤其是对于使用重整氢或者乙烯氢作为氢源的柴油加氢装置，采用热高分流程，循环氢纯度会降低3%~6%(体)。

由于氢气在油品中的溶解规律与低分子烃类存在明显的差异。氢气在柴油中的溶解度随着压力和温度的提高而提高，而低分子烃在柴油中的溶解度随着压力的提高而提高，随着温度的提高而降低。热高分操作温度越高，热高分液相中溶解的氢气越多，循环氢纯度也就越低。

因此，为了提高柴油加氢装置循环氢纯度，进而提高反应氢分压，建议控制热高分操作温度≤230℃。

此外，一般加氢装置均安装了高分放空系统，可限制循环氢气流中轻烃气体的累积。增加高分气的排放量意味着有更多的高纯度新氢补充进反应系统，可提高循环氢中氢气纯度，增加反应氢分压。减少高分气排放，则循环氢中轻烃气体会累积直至相平衡。装置设计时，一般对循环氢纯度均有一定限定，建议适当通过循环氢外排提高循环氢纯度。

3.2　硫化氢的影响及优化操作

反应体系中硫化氢的来源主要取决于循环氢中携带的硫化氢、原料中溶解的硫化氢和加氢反应生成的硫化氢。其中原料携带的硫化氢和反应生成的硫化氢主要与脱硫反应深度及反应条件有关，因此重点是控制循环氢中硫化氢的浓度(净含量)来减少反应系统中的硫化氢。

研究表明，由于硫化氢与原料中的硫化物在催化剂表面的活性中心上竞争吸附，过高的硫化氢浓度会抑制加氢脱硫反应，对超深度脱硫反应的抑制影响更为明显，同时硫化氢也是芳烃加氢反应的强抑制剂，因而会影响加氢再脱硫的反应；此外，硫化氢浓度过高也会引起氢分压降低，影响催化剂加氢脱硫和加氢脱氮活性。

由硫含量较高尤其是硫含量大于1%(质)的柴油原料生产硫含量小于10μg/g的清洁柴油时，建议控制循环氢硫化氢浓度小于300μL/L。对于低硫高氮原料，为了避免硫化氢浓度太低引起催化剂失硫进而造成活性降低，建议控制循环氢中硫化氢浓度为300~500μL/L。

3.3　反应温度对生产“国V”车用柴油的影响及优化控制

反应温度是控制柴油加氢产品质量的最常用控制手段。加氢脱硫装置的操作温度是整个操作周期实现加工目标的可调操作参数之一。为了弥补催化剂使用过程中的活性降低，通常通过提高反应温度保证产品质量。但当柴油加氢装置掺炼较高比例加工催化柴油等二次加工油品且运行到中后期时，催化剂加氢活性逐渐降低，操作温度过高时多环芳烃易缩合生成橙红色的卵苯和晕苯类绸环芳烃，造成柴油产品颜色不达标。

催化剂长周期运行过程中，其活性稳定性随着催化剂上积炭量的增加而下降。而催化剂上的积炭量随着反应温度的提高而增加。工业装置卸出的催化剂分析结果表明，正常情况下催化剂上的积炭量从反应器的上部到下部，逐渐呈上升趋势，这与反应器不同位置反应温度的差异是一致的。

在装置运行初期，反应器入口温度较低，出口温度通常不超过375℃，此时少打或不打冷氢有利于降低装置能耗；装置运行到中后期，随着催化剂积炭增加活性降低，入口温度和出口温度都显著提高，通过打冷氢适当控制反应器下部催化剂反应温度，既有利于降低积炭生成速率，也有利于减少多环芳烃在高温下缩合反应以保证柴油产品颜色达标。

因此，柴油加氢装置初期建议控制最高点反应温度≤380℃，运行到中后期建议最高点温度控制≤405℃。

3.4　空速对生产“国V”柴油的影响

空速是指在单位时间内通过催化剂床层的原料油的量，通常用体积空速或质量空速表示。进料量增加则空速增大，意味着单位时间内通过催化剂的原料油量多，原料油在催化剂上的停留时间缩短，反之亦然。

研究结果表明，柴油加氢反应主要包括加氢脱硫、加氢脱氮、烯烃和芳烃加氢等，其速度的关系如下：脱烯加氢>加氢脱硫>加氢脱氮>芳烃加氢饱和。在其他工艺条件相同的情况下，降低体积空速有利于提高加氢反应深度。由于含芳烃的杂环氮化物的脱除需要先进行芳烃饱和后再进行C—N键断裂，含多环芳烃的大分子硫化物的脱硫大部分也遵循先多环芳烃饱和再氢解脱硫，因此，体积空速对超深度脱硫、加氢脱氮和芳烃饱和反应具有显著影响。

因此，为保证柴油加氢装置长周期稳定生产“国Ⅵ”柴油，通常推荐掺炼加工催化柴油和/或焦化柴推荐柴油加氢装置的体积空速按照约 1.0h^{-1}设计建设或改造。

4 柴油加氢装置其他优化措施

反应器内构件包括反应器入口扩散器、分配盘、积垢蓝框、冷氢箱、再分配器、出口收集器等。设计及使用反应器内构件是为了增加反应器内物料在催化剂床层的均匀性，增加催化剂利用率，减少偏流和沟流的概率。工业实践表明，设计合理、安装规整的内构件有利于反应器内反应物料的均匀分布，利于充分发挥加氢催化剂的活性和稳定性。

此外，若催化剂装填不均匀引起进料出现偏流和沟流，容易造成硫含量不达标。为此，对生产“国Ⅵ”柴油的柴油加氢装置，建议在反应器和系统压力降允许的前提下尽可能采用密相装填，以保证物流均匀不偏流。

5 柴油超深度脱硫催化剂及选择原则

催化剂进步是柴油质量升级的核心。国内外专利商均投入大量人力物力致力于催化剂研发，并取得了显著技术进步。目前市场上通用的柴油加氢催化剂主要有两种类型：Mo-Co 型和 Mo-Ni 型。如何选择适宜的催化剂对保证装置长周期稳定运行至关重要。

近年来，FRIPP 通过对改性氧化铝载体、优化载体孔道、优化活性组分组合、改进活性金属分散技术及金属与载体相互作用的深入研究，针对提高催化剂稳定性、降低催化剂失活速率，创制了利于大分子硫化物反应及减少催化剂积炭的孔径大、孔分布集中、利于降低积炭的酸性可调控的氧化铝载体平台。自 2009 年以来，相继开发了高温下稳定性好、烷基转移脱硫性能好的 Mo-Co 型 FHUDS-5、FHUDS-7 催化剂及芳烃饱和和加氢脱氮性能好的 Mo-Ni 型 FHUDS-6、FHUDS-8 及 FHUDS-10 等柴油深度加氢脱硫催化剂。并针对反应器不同床层在运转过程的工况条件和反应特点，结合不同类型催化剂在不同条件下超深度脱硫时的优缺点，首创强化烷基转移脱硫的 S-RASSG 柴油超深度脱硫级配技术。这些催化剂及级配技术已在国外 5 套、国内 100 多套/次装置应用。其中在国外应用的 5 套装置的运行周期是国外其他公司催化剂的 1.7~2.3 倍，远超用户预期。

总体说来，Mo-Co 型催化剂直接脱硫活性好，氢耗低，主要用于低压装置及以直馏柴油为主原料油的深度脱硫；而 Mo-Ni 型催化剂加氢脱氮和芳烃饱和活性好，十六烷值增幅较大，氢耗高，主要用于以二次加工柴油为主原料油的加氢精制及超深度脱硫；而对于直馏柴油搀兑部分催化柴油及焦化柴油等二次加工油品的混合原料油的超深度脱硫，FRIPP 认为采用 Mo-Ni 型和 Mo-Co 型催化剂级配体系具有更好的原料油适应性及活性稳定性。生产“国Ⅵ”柴油时催化剂的基本选择原则如表 7 所示。

表 7 生产国六柴油时催化剂选择原则

活性金属	Mo-Ni 类	Mo-Co 类	S-RASSG 级配技术 Mo-Ni/Mo-Co 级配
催化剂/技术	如 FHUDS-8 类催化剂	如 FHUDS-5/-7 类催化剂	FHUDS-8/FHUDS-5 级配
适宜原料油	催柴/焦柴等劣质柴油	直馏柴油为主	直柴+焦柴/催柴混合油
装置压力	中压/高压	中压/低压	低压/中压/高压
优点	脱氮及芳烃饱和活性好，密度降低及十六烷值增幅大	氢耗低，高温下稳定性好，受热力学平衡限制影响小	氢耗适中，超深度脱硫活性稳定性好，对原料油适应性好
缺点	氢耗高	密度降低幅度及十六烷值增幅较小	

6 结论

为了保证柴油加氢装置长周期稳定运行，需要做好以下几方面工作：①需要加强原料油管理；②注意装置优化操作；③选择适宜的催化剂体系。

原料油管理方面，建议控制直馏柴油干点≤370℃，焦化柴油干点≤350℃，催化柴油干点≤360℃；焦化柴油和催化柴油总的比例最好控制≤35%。

装置优化操作方面，要注意保障新氢和循环氢纯度，控制好循环氢中硫化氢浓度，尽可能提高装置氢分压并注意不同时期最高点反应温度的合理控制，减缓催化剂失活速率。

催化剂级配方面，要结合装置实际工况条件及原料油构成，选择适宜催化剂体系，尤其是针对掺炼含硅焦化汽柴油的装置，一定要级配容硅能力强的加氢捕硅专用催化剂。

RTS 工艺在柴油质量升级中的长周期工业应用

罗　凯

（中国石化九江石化公司　江西九江　332000）

摘　要　中国石化九江石化公司 1.2Mt/a 的柴油加氢装置采用石油化工科学研究院开发的柴油超深度加氢脱硫(RTS)技术进行了改造以应对柴油质量升级。本周期内加工二次汽柴油平均掺炼比例超过 40%的原料油来生产“国Ⅴ”车柴调和组分。工业运行结果表明：采用 RTS 技术，能够在较缓和的条件下稳定生产硫质量分数小于 10mg/kg、色度号(D1500)<0.5、外观呈水白色的柴油产品。柴油产品中的多环芳烃质量分数 <7%，达到了“国Ⅵ”车用柴油标准的要求。在满负荷的操作条件下，RS-2100 催化剂的活性损失小于 1℃/月，催化剂的活性和稳定性能够满足长周期生产的需要。

关键词　柴油质量升级；超深度加氢脱硫；RTS 工艺；多环芳烃

汽车尾气所造成的环境污染问题已在全球范围内引起了广泛重视。柴油作为重要的车用燃料，燃烧后排放废气中所含有的硫氧化物(SO_x)、氮氧化物(NO_x)和颗粒物(PM)等是导致大气污染的重要原因。世界范围内柴油标准日益严格，生产环境友好的低硫或超低硫柴油已成为世界各国政府和炼油企业普遍重视的问题。欧盟国家从 2009 年开始实施了“欧Ⅴ”排放标准，该标准将柴油产品的硫质量分数限制在 10mg/kg 以下。我国分别在 2015 年、2017 年、2019 年实施了“国Ⅳ”、“国Ⅴ”、“国Ⅵ”柴油质量标准，“国Ⅳ”标准升级到“国Ⅴ”标准，硫从 50mg/kg 降低到 10mg/kg；“国Ⅴ”标准升级到“国Ⅵ”标准，多环芳烃含量从 11%降低到 7%[1]。

面对柴油清洁化亟需解决的难题，世界各大石油公司都从工艺和催化剂两方面入手，积极开发柴油馏分的加氢精制技术。为了解决传统技术中芳烃饱和反应存在的热力学平衡限制问题，石油化工科学研究院(RIPP)从工艺入手，开发了柴油超深度加氢脱硫(RTS)工艺，并于在 2012 年初得到了工业应用[2]。为了应对柴油质量升级，中国石化九江石化公司经过技术比选，决定现有的一套 1.2Mt/a 汽柴油加氢精制装置(2#加氢装置)改造为 RTS 工艺，以加工二次油掺炼比例超过 40%的混合柴油，来生产符合“国Ⅴ”排放标准、硫质量分数低于 10mg/kg 的超低硫柴油(ULSD)调和组分。针对超低硫柴油的生产，RIPP 研究人员通过改善载体扩散孔道、增加活性中心的本征活性及其稳定性以及提高金属分散度，创建了催化剂新型制备技术平台——反应分子与活性相最优匹配技术(Reactant-Active Phase Optimization & Cost-Effectivekey Technology，ROCKET)。在此技术平台的基础上，开发了柴油超深度脱硫催化剂 RS-2100。该催化剂为 Ni-Mo 型催化剂，加氢脱硫活性高，脱氮活性好，芳烃饱和性能适宜，可以提高柴油的十六烷值，适合于中高压和原料中含有二次加工柴油的加氢装置[5]。

1　柴油加氢超深度脱硫 RTS 技术特点

RTS 技术主要用于超深度加氢脱硫来生产超低硫柴油，该技术通过对加氢脱硫反应机理的研究，确定了氮化物和多环芳烃对超深度加氢脱硫的影响，进而提出了控制不同反应区域的操作条件，针对性地在不同区域脱除不同类型硫化物的技术路线(见图 1)。具体技术路线为：采用一种或两种非贵金属加氢精制催化剂，将柴油的超深度加氢脱硫通过两个反应区完成。第一反应区为高温、高空速反应区，在第一个反应区中完成大部分易脱硫硫化物的脱硫和几乎全部氮化物的脱除；第二反应区为低温、高空速反应区，脱除了氮化物的原料在第二个反应区中完成剩余硫化物的彻底脱除和多环芳烃的加氢饱和，并改善油品颜色[3]。

与常规加氢精制技术相比，RTS 技术具有优异的超深度脱硫效果，对中东高硫直馏柴油或以直馏柴油为主掺少量催化裂化柴油的混合原料，可以在氢分压<6.4MPa 的条件下生产出硫质量分数小于10mg/kg，多环芳烃质量分数<11%，色度号(D1500)<0.5 的超低硫柴油，产品颜色接近水白，满足“国Ⅴ”车用柴油的各项指标[4]。

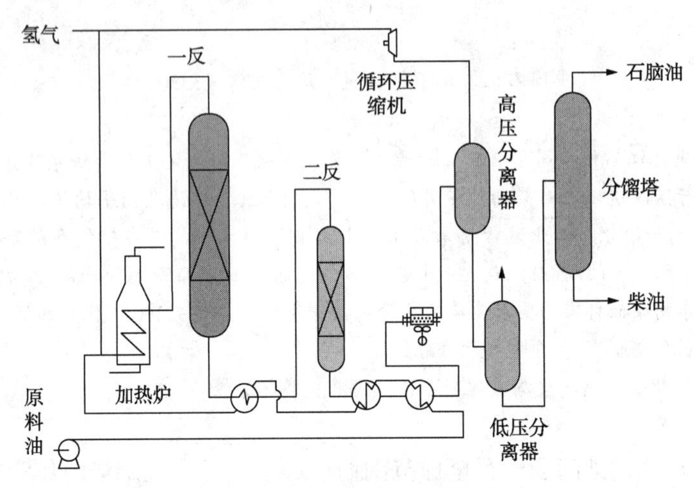

图 1 RTS 工艺原则流程图

2 装置情况概述

九江石化公司 2#柴油加氢装置于 2015 年 12 月改造为 RTS 工艺流程，与传统的柴油加氢装置相比，其主要区别为反应流程中增加了一台 RTS 后精制反应器。装置于 2016 年 1 月开工一次成功，柴油产品性质满足“国Ⅴ”排放标准。该装置设计加工原料为直馏柴油、焦化汽柴油和催化柴油的混合油，生产“国Ⅴ”柴油产品。设计年开工时数为 8400h，操作弹性为 60%~110%。

2017 年 3~4 月，九江石化公司全厂停工进行检修，在检修期间将本装置的一反内的催化剂更换为RS-2100 超深度加氢脱硫催化剂，将原反应器内 RS-2000 催化剂进行了再生，做为二反催化剂使用。大检修后各装置进入高负荷运行，2#加氢装置按“国Ⅳ”普柴方案满负荷进行生产。2017 年 8 月，九江石化公司安排 2#加氢装置生产“国Ⅴ”柴油调和组分。2018 年 10 月，按照中国石化集团公司“国Ⅵ”柴油质量升级的进度要求，2#加氢装置开始生产“国Ⅵ”柴油调和组分。

2.1 催化剂装填

2017 年 3 月 10~16 日进行了催化剂的装填，共计装填了 RS-2100 催化剂 88.96t；保护剂 RG-1 催化剂为 3.0t；RS-2000 再生剂 32.31t。其中一反的装填体积为 96.83m^3，二反的装填体积为 36.1m^3。催化剂的装填情况符合设计的要求。

2.2 催化剂硫化过程

2017 年 3 日 24 时点炉开始进行催化剂的干燥，一反入口温度达到 160℃，二反入口温度为 130℃，催化剂干燥历时 48h，催化剂干燥过程与设计要求相符。干燥结束后开始升温准备引油进行硫化。催化剂采用湿法硫化，整个硫化过程中，二反的入口温度最高能够达到 320℃。从注硫开始整个硫化过程共计 36h，共计注入 DMDS 的量为 35t，从硫化的升温过程及循环氢中硫化氢浓度来判断催化剂硫化是完全的。催化剂预硫化曲线及循环氢中硫化氢浓度曲线见图 2。

催化剂硫化过程结束时反应系统冷高压分离器界位不再上涨，根据冷高分切水记录约有 17t(理论生成水约 13.4t)。循环氢中硫化氢质量分数连 2h 稳定在 20000mg/kg，催化剂硫化过程符合设计要求。

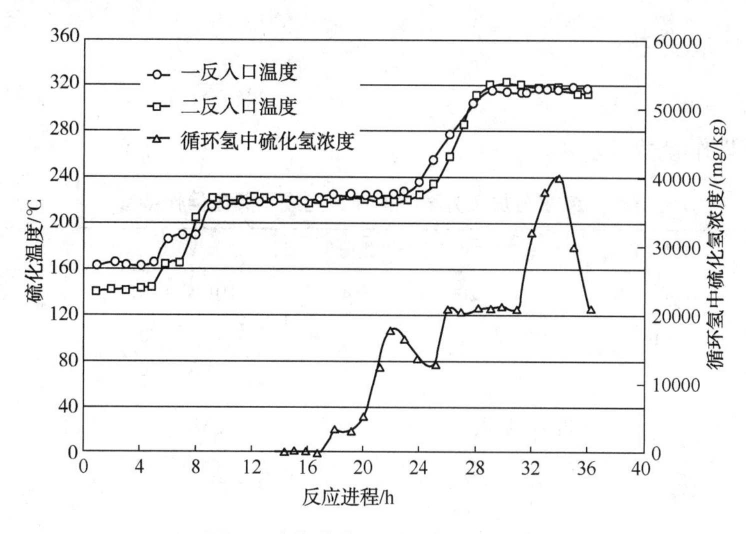

图 2 硫化曲线及硫化氢浓度曲线

2.3 初活稳定

硫化结束后，将一反入口温度降至 290℃，采用直馏柴油进行 48h 初活稳定。初活原料油性质见表 1，主要操作条件见表 2，得到的产品性质见表 3。

表 1 初活原料油性质

项目	数值	项目	数值
密度(20℃)/(kg/m^3)		50%	240
硫含量/%	0.2560	90%	316
馏程(ASTM D-86)/℃		95%	326
初馏点	161	终馏点	—
10%	177		

表 2 初活稳定主要操作条件

项目	操作条件	项目	操作条件
进料量/(t/h)	91.9	新氢流量/(Nm^3/h)	7718
一反入口压力/MPa	6.78	一反平均温度/℃	329
循环氢流量/(Nm^3/h)	108800	二反平均温度/℃	337

表 3 原料和产品主要性质

项目	初活稳定进行历程			
	8h	24h	36h	48h
密度/(kg/m^3)		806.4		802.5
硫含量/(μg/g)	8	4	6	7
馏程(ASTM D-86)/℃				
初馏点		169		162
50%		234		236
95%		323		325

3 RTS 装置运行情况分析

3.1 装置加工的原料油构成

装置加工原料及操作参数见表 4。

表 4 装置各加工方案下的原料组成及关键操作参数

方案	“国Ⅳ”普柴	“国Ⅴ”柴油组分	“国Ⅴ”柴油组分	“国Ⅵ”柴油组分
加工日期	2017.4~2017.8	2017.9~2018.4	2018.4~2018.11	2018.11~2019.12
进料量/(t/h)	~140	90~110	~140	~110
一反体积空速/h^{-1}	~1.7	1.1~1.3	~1.7	~1.3
加工原料油类型	(焦化汽柴油+催化柴油)70%+常三 30%		(焦化汽柴油+催化柴油)40%+直馏柴油 60%	(焦化汽柴油+催化柴油)55%+直馏柴油 45%
氢油比	500	500~600	450	500~600
高分压力/MPa	6.61	6.69	6.65	6.7
一反入口温度/℃	304	309	330	330~340
二反入口温度/℃	350	355	345	360~370
一反总温升/℃	63.4	67	45~55	50~60
二反总温升/℃	8.4	10	8~10	8~10
运行天数	0~136	137~360	361~583	584~981
加工累积天数	136	224	133	397

加工的原料油性质统计见图 3。

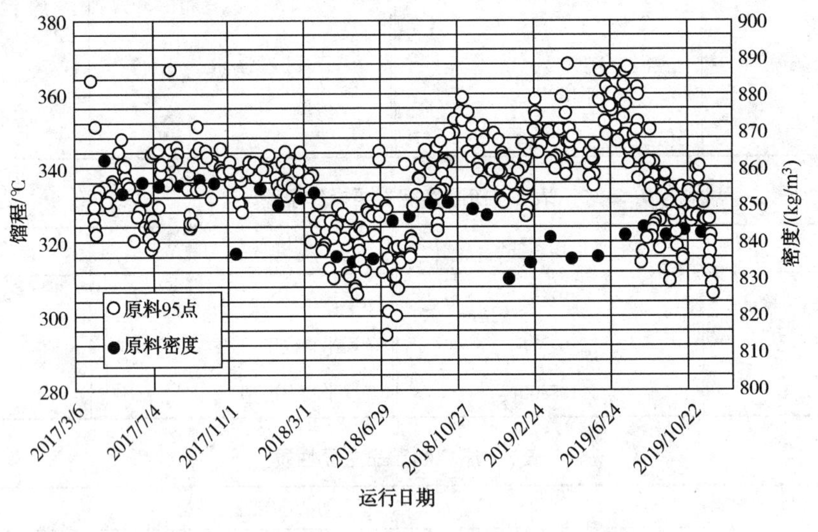

图 3 原料油性质统计

从图中可以看出在 2018 年 4 月份之前原料油的密度在 855kg/m^3左右，较设计值偏高；95 点能够控制在 350℃以下，在一定程度上限制了加工原料油中难脱除硫化物类型。由于 1#加氢紧急停工待处理，自 2018 年 4 月开始，2#加氢装置加工 40%(焦化汽柴油+催化柴油)+60%直馏柴油，原料油密度在 835kg/m^3以下、95 点能够控制在 330℃以下，2018 年 11 月渣油加氢停工、换剂，导致催化柴油短期 95 点较高。2019 年 2~7 月加工的原料油，95 点为 350℃左右，二次柴油掺炼比例较大，达到 40%。装置柴油掺炼比例见表 5。

表 5　“国Ⅴ”及“国Ⅵ”车柴调和组分时原料油构成

月份	掺炼比/%					
	直馏柴油	焦化汽油	焦化柴油	催化柴油	合计	二次柴油比例/%
2017 年 9 月	37.92	19.42	29.65	13.01	100.00	42.66
2017 年 10 月	40.88	22.09	31.82	5.21	100.00	37.03
2017 年 11 月	37.80	17.35	27.95	16.90	100.00	44.85
2017 年 12 月	38.67	19.26	28.81	13.26	100.00	42.07
2018 年 1 月	24.36	24.51	37.39	13.74	100.00	51.13
2018 年 2 月	37.41	20.38	32.58	9.63	100.00	42.21
2018 年 3 月	28.90	22.50	36.95	11.65	100.00	48.60
2018 年 4 月	62.50	12.16	19.91	5.43	100.00	25.34
2018 年 5 月	64.38	12.21	20.26	3.15	100.00	23.41
2018 年 6 月	59.27	17.37	20.86	2.50	100.00	23.36
2018 年 7 月	57.96	13.88	18.39	9.77	100.00	28.16
2018 年 8 月	50.88	16.17	24.33	8.62	100.00	32.95
2018 年 9 月	57.87	14.33	19.67	8.13	100.00	27.80
2018 年 10 月	46.91	17.18	25.22	10.69	100.00	35.91
2018 年 11 月	43.13	19.46	30.49	6.92	100.00	37.41
2018 年 12 月	27.96	17.03	31.55	23.46	100.00	55.01
2019 年 1 月	36.02	17.41	30.44	16.13	100.00	46.57
2019 年 2 月	46.98	15.57	23.78	13.67	100.00	37.45
2019 年 3 月	53.39	15.24	21.57	9.80	100.00	31.37
2019 年 4 月	47.50	17.98	24.19	10.33	100.00	34.52
2019 年 5 月	48.09	20.34	29.62	1.95	100.00	31.57
2019 年 6 月	43.22	19.35	24.37	13.06	100.00	37.43
2019 年 7 月	49.44	18.46	20.49	11.61	100.00	32.10
2019 年 8 月	41.52	15.84	23.95	18.69	100.00	42.64
2019 年 9 月	36.10	21.53	22.17	20.20	100.00	42.37
2019 年 10 月	41.77	20.26	23.20	14.77	100.00	37.97
2019 年 11 月	37.06	18.20	27.70	17.04	100.00	44.74

原料油中的硫、氮含量见图 4。

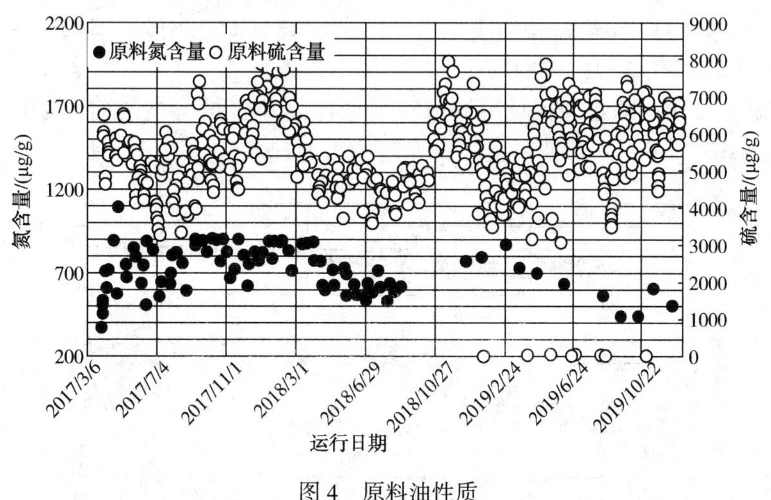

图 4　原料油性质

从图 4 可以看出在 2017 全年原料油的硫含量在 5000~6000μg/g；在 2018 年 1~2 月份加工的原料油硫含量为 7000~8000μg/g；自 2018 年 3~4 月份加工的原料油硫含量自 7000μg/g 降至 5000μg/g；到目前原料油硫含量在 4500~5000μg/g 之间。原料油中的氮含量在在 2018 年 4 月份之前大都在 800μg/g 左右，4 月份之后在 500~600μg/g 之间。渣油加氢停工后，催化柴油的硫含量较高，导致 2018 年 11 月份后原料油中硫含量升高至 6000~8000μg/g。在渣油加氢装置停工期间，本装置降量进行加工。

2018 年年底及 2019 年第一季度加工的原料油的硫含量在 4000~5000μg/g，氮含量在 700~800μg/g。2019 年 4 月至今，原料油的硫含量在 6000~7000μg/g，氮含量在 400~700μg/g。

3.2 装置工艺条件情况

将运行期间的加工量及氢油比情况汇总于图 5。2017 年 4 月份开工后开始生产“国Ⅳ”普柴，按照满负荷运行，即加工量为 140t/h；在 8 月开始降低加工负荷，加工量为~120t/h，至 9 月份逐步降低至 110t/h 开始进行生产“国Ⅴ”柴油调和组分。在 2018 年 1~3 月份加工量为~90t/h，受全厂生产调度的安排，自 3~4 月开始逐步提高加工量至 140t/h。生产“国Ⅳ”普柴时的氢油比为 500 左右，在 2017 年 8 月至 2018 年 3 月生产“国Ⅴ”柴油调和组分时氢油比约为 600，2018 年 4 月加工量提至 140t/h 时，氢油比为 450 左右。2018 年 11 月配合渣油加氢装置的停工、换剂，全厂按照生产调度安排，降量至 110t/h。

2019 年第一季度的加工量为 120t/h，氢油比 550 左右，3 月下旬，提高加工量至 140t/h，氢油比 500 左右。4 月至今，加工量在 95~140t/h 之间波动，平均加工量在 110t/h 左右，氢油比 500 左右。

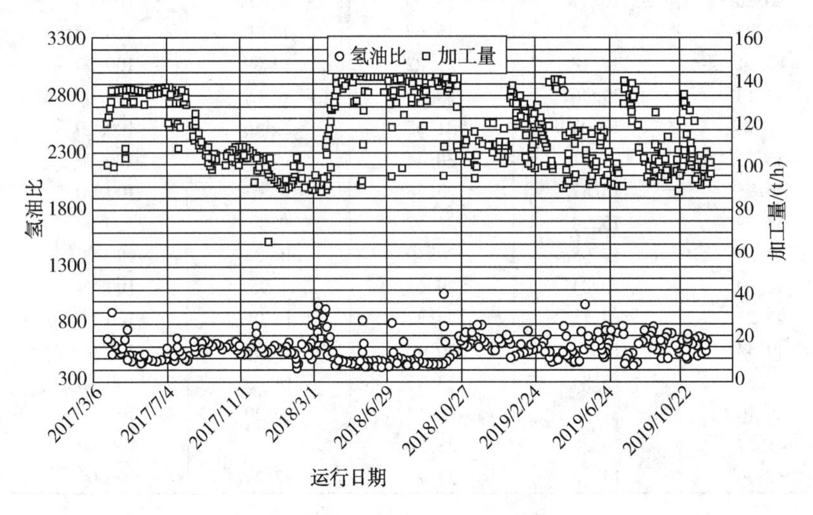

图 5 加工量和氢油比运行情况

运行期间一反入口、出口温度及二反的入口、出口温度见图 6、图 7。目前一反入口温度为 336℃，一反出口温度为 384℃；二反入口温度为 362℃，二反出口温度为 371℃。装置整体运行情况良好，没有出现较大的反应温度波动，随着加工量不同，在保证产品硫含量合格的前提下调整了反应温度，一反出口温度的提温速率为 0.69℃/月，一反入口温度的提温速率为 1.25℃/月。

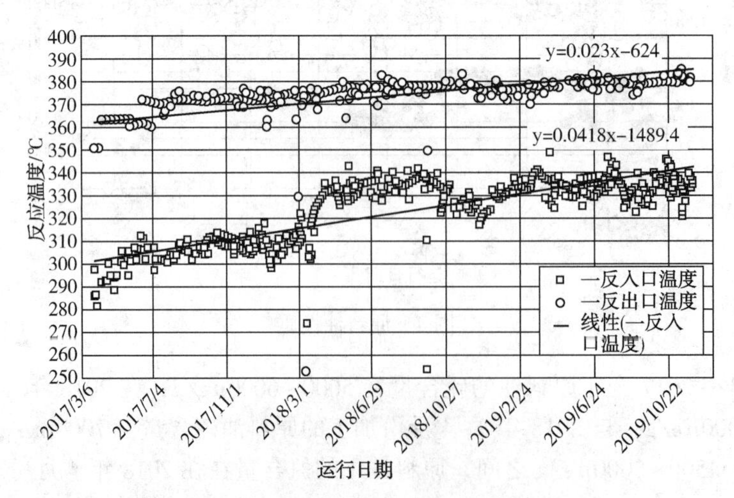

图 6 运行期间的第一反应器的反应温度

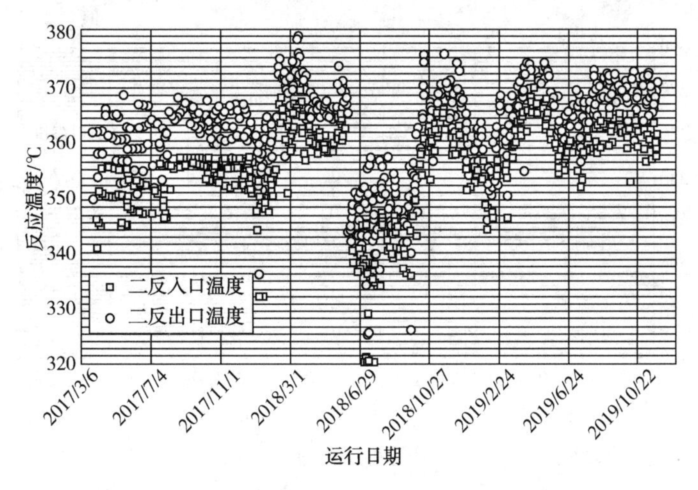

图 7 运行期间的第二反应器的反应温度

3.3 精制产品性质

装置精制产品与原料性质见图 8。

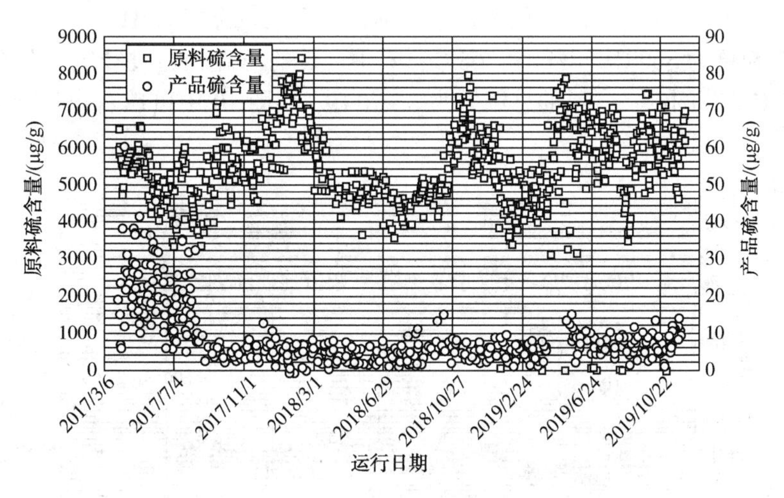

图 8 产品与原料性质

该装置加工 2017 年加工的原料油硫含量在 5000~6000μg/g；在 2018 年第一季度加工的原料油硫含量较高为 7000~8000μg/g，自 2018 年 4~10 月份加工的硫含量在 5000μg/g；自 2018 年 10 月至 2019 年 1 月初加工的硫含量在 6000μg/g；2019 年 1 月下旬至 2019 年 4 月，加工的原料油平均硫含量为 4500μg/g。2019 年 5 月份至今，加工原料的硫含量在 5000~7000μg/g。

除了 2019 年 5 月份，装置出现换热器内漏的一段时间以外，2# 柴油加氢装置可以稳定的生产“国Ⅵ”柴油调和组分。

4 运行周期内催化剂活性分析

为了更好的评估催化剂的活性损失，将 2# 加氢装置自开工以来分成两个工况：工况一为生产“国Ⅳ”普柴，工况二为生产“国Ⅴ”及“国Ⅵ”柴油调和组分。

工况一：自 2017 年 4 月份开工以来至 2017 年 8 月 8 日，一直以加工生产“国Ⅳ”普柴为主，在开工初期加工了一段直馏柴油含量较高的罐区油品后逐步的切换为正式原料油，因此开工初期一反入口温度提温较快，自 290℃逐渐提温至 304℃。自 5 月 5 日开始至 8 月 8 日，运行状态平稳，一反入口温度自 295℃提高至 304℃，催化剂活性损失为 0.39℃/月；具体的反应温度见图 6、图 7，催化剂活性损失拟合见图 9。

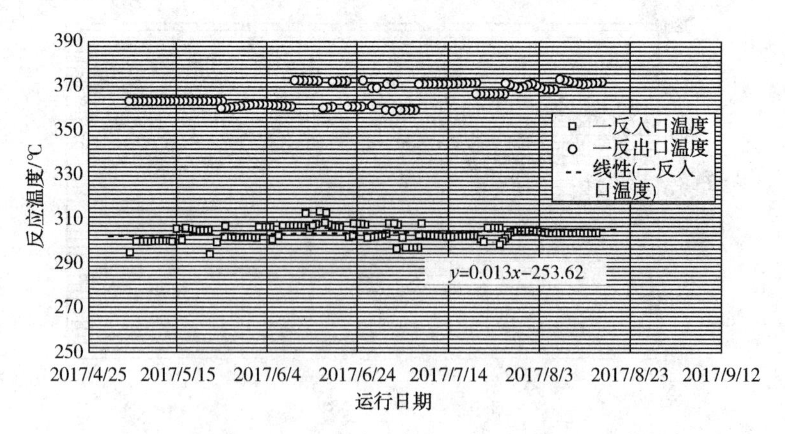

图9 生产"国Ⅳ"产品时活性损失(2017.4~2017.8)

工况二：自2017年8月份至今，生产"国Ⅴ"柴油调和组分。按照加工量分为三个阶段，第一阶段自2017年8月9日至2018年3月21日，加工量为90~110t/h；第二阶段自2018年4月10日运行2018年10月下旬，加工量为140t/h。第三阶段自2018年11月运行至今，加工量为95~140t/h。

第一阶段时，由于掺炼了70%左右的二次汽柴油，一反入口温度为310℃左右，出口温度为370~374℃；二反的入口温度为360℃，出口为368℃；其中一反的总温升通过冷氢控制在70℃以下，基本能够控制在65~75℃的范围内；二反的总温升为8~10℃。从图10中可以看出提温速率很慢，催化剂活性处于稳定期。

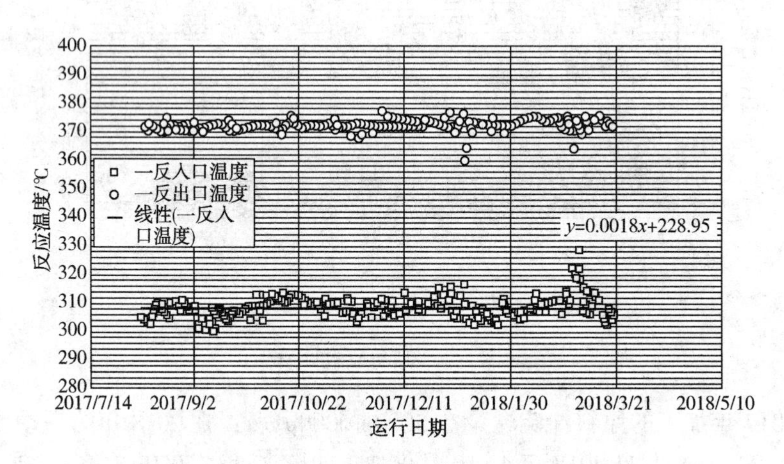

图10 生产"国Ⅴ"产品时活性损失(第一阶段)(2017.8~2018.3)

第二阶段时，由于满负荷加工，加工量提高至140t/h，加工的原料油性质较好。第二阶段开始时一反入口温度为330℃左右，出口温度约为375℃；二反的入口温度为355℃，出口为365℃；其中一反的总温升控制在50℃以下，基本能够控制在45~50℃的范围内；二反的总温升为6~8℃。自2018年6月份开始为了降低装置能耗，熄灭主加热炉的火嘴，仅保留长明灯，在此条件下二反的入口温度降低为341℃，此时二反出口温度为347℃，二反的总温升约为6℃。从图11中可以看出，如果以一反出口温度的提升速率来进行计算，催化剂活性损失仅为0.57℃/月；由于工况二的第二阶段受换热流程操作的波动，导致反应温度出现了相应的波动。

第三阶段时，装置加工量在95~140t/h之间波动，二次加工柴油的掺入比例在40%上下。在2018年12月至2019年1月渣油加氢装置停工换剂期间，所加工的原料油性质较好，反应温度降低。2019年2月至今，装置加工原料中二次加工柴油掺混比例为40%左右，反应温度缓慢提高，没有出现大幅提温的现象。从图12中可以看出，如果以一反出口温度的提升速率来进行计算，催化剂活性损失仅为0.59℃/月，催化剂活性损失小，达到了技术预期。

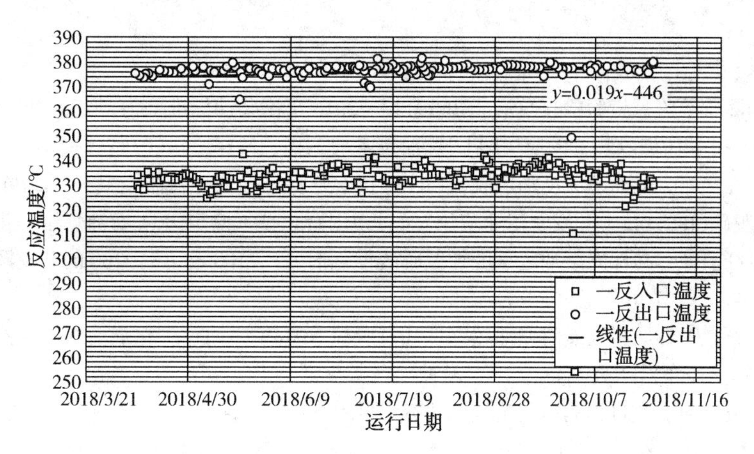

图 11 生产“国Ⅴ”产品时活性损失(第二阶段)(2018.4~2018.10)

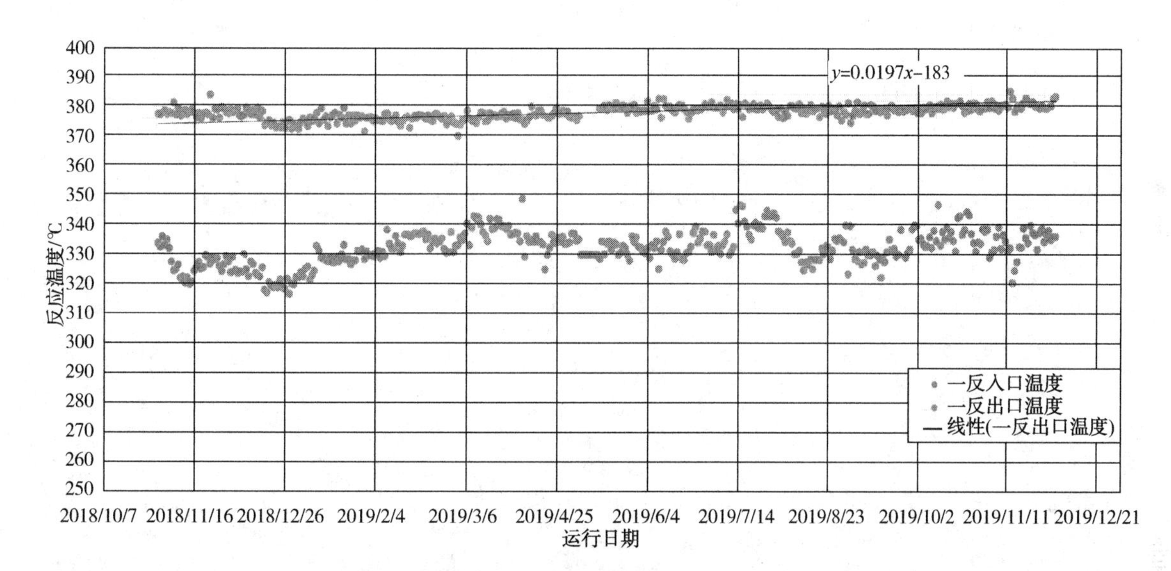

图 12 生产“国Ⅵ”产品时活性损失(第三阶段)(2018.11~2019.12)

综上所述，目前该装置的催化剂运行状态良好，稳定性好，即使加工 40%的二次柴油的混合原料时，催化剂的活性损失仍远小于 1℃/月。即使按照催化剂末期活性损失为 1.35℃/月来进行计算，一反出口温度最高不超过 400℃，该装置加工目前的原料和处理量的条件下还能生产“国Ⅵ”柴油约 11 个月。

5 结论

1）中国石化九江石化公司 1.2Mt/a 柴油加氢精制装置采用石油化工科学研究院(RIPP)开发的柴油超深度脱硫技术 RTS 工艺及 RS-2100 催化剂。在连续运转时间内，装置能够稳定生产硫质量分数<10mg/kg、多环芳烃质量分数<7%，色度号(D1500)<0.5 的柴油产品，柴油产品为水白色。

2）在原料中二次加工柴油比例达到 40%的情况下，催化剂提温速率小于 1℃/月，说明 RTS 技术及配套催化剂可长期稳定运转，能够满足长周期生产“国Ⅴ”及“国Ⅵ”柴油的需要。

3）RTS 工艺及 RS-2100 催化剂的稳定运行，顺利的完成了柴油产品从“国Ⅳ”标准向“国Ⅴ”及“国Ⅵ”标准的升级。

4）RTS 工艺解决了工业装置难以长周期高效兼顾超深度脱硫和多环芳烃深度饱和的难题，实现了柴油清洁化过程的低成本、高效率、长周期运行，为我国油品质量快速升级提供了有力技术支撑。

参 考 文 献

[1] 中华人民共和国国际质量监督检验检疫总局. GB 19147—2016 车用柴油标准[S]. 北京：2016.

[2] 孙宜彬，潘勇. RTS技术在加氢装置的应用[J]. 炼油技术与工程，2014，44(03)：1-5.

[3] 丁石，高晓冬，聂红，等. 柴油超深度加氢脱硫(RTS)技术开发[J]. 石油炼制与化工，2011，42(6)：23-28.

[4] “柴油超深度加氢脱硫(RTS)技术开发及工业应用”通过中国石化技术鉴定[J]. 石油炼制与化工，2015(3)：96.

[5] 张乐，李明丰，聂红，等. 高性能柴油超深度加氢脱硫催化剂RS-2100和RS-2200的开发及工业应用[J]. 石油炼制与化工，2017，48(6)：1-6.

[6] 张乐，李明丰，丁石，等. 原料性质对柴油超深度加氢脱硫 $NiMoW/Al_2O_3$ 催化剂活性稳定性的影响[J]. 石油学报(石油加工)，2017，33(05)：834-841.

[7] 葛泮珠. 掺炼催化裂柴油加氢过程运行稳定性的研究[D]. 2017.

生产“国Ⅵ”柴油的超深度脱硫脱芳烃 RTS⁺ 技术开发

丁　石　葛泮珠　鞠雪艳　张　锐　习远兵　张　乐　聂　红

（中国石化石油化工科学研究院　北京　100083）

摘　要　“国Ⅵ”柴油标准要求柴油产品硫质量分数<10μg/g、多环芳烃质量分数<7%，多环芳烃的降低，导致柴油加氢精制装置的末期操作温度随之降低，缩短了装置的运行周期。为了缓解这一矛盾，石油化工科学研究院（RIPP）在现有柴油超深度加氢脱硫（RTS）技术的基础上，通过对氮化物和多环芳烃等造成催化剂失活的原因进行分析，提出了从工艺条件和加工原料等方面对 RTS 技术进行优化，形成了 RTS⁺技术。RTS⁺技术通过对二次加工柴油的终馏点温度进行合理控制，能够在相同的操作条件下掺炼更高比例的二次加工柴油，同时能够获得最佳的脱硫率和多环芳烃饱和率。与常规加氢技术相比，在相同的反应条件下，采用 RTS⁺技术的柴油产品具有更低的硫质量分数和多环芳烃质量分数，RTS⁺技术生产的柴油产品能够满足“国Ⅵ”柴油标准，而采用常规加氢技术生产的柴油产品只能满足“国Ⅴ”柴油标准。

关键词　“国Ⅵ”柴油；RTS⁺技术；多环芳烃；热力学平衡

1　前言

汽车尾气所造成的环境污染问题已在全球范围内引起了广泛重视。柴油作为重要的车用燃料，燃烧后排放废气中所含有的硫氧化物（SO_x）、氮氧化物（NO_x）和颗粒物（PM）等是导致大气污染的重要原因[1-2]。根据我国已经完成的第一批城市大气细颗粒物（PM2.5）源解析结果，柴油车排放更是北京、上海、广州、深圳和杭州等大城市 PM2.5 的首要来源[3]。柴油中硫和多环芳烃是产生污染物的关键因素，国家不断制定更严格的标准限制硫和多环芳烃含量，从“国Ⅳ”升级到“国Ⅴ”，要求硫质量分数从 50μg/g 降低到 10μg/g；从“国Ⅴ”升级到“国Ⅵ”，多环芳烃质量分数进一步从 11%降至 7%。然而中国柴油池中芳烃含量高达 60%～90%的催化裂化柴油占比高达 33%[4]，车用柴油生产需要深度脱硫脱芳烃。

柴油加氢精制生产装置，反应器压力、空速和氢油比等操作参数在装置建设时已经确定，生产时只能通过调整反应温度使柴油产品性质达到车用柴油的指标。在常规加氢精制反应温度内，加氢产物硫含量与反应温度为单调递减的关系，如图 1 所示，为了满足柴油产品硫含量的指标，装置的温度操作区间是从 $T1$ 到装置最高可操作温度。加氢产物多环芳烃含量与反应温度呈抛物线的关系，柴油产品中多环芳烃含量越低，生产装置可操作的温度区间越小，随着柴油产品多环芳烃含量的指标的降低，装置的可操作温度区间将会降低。

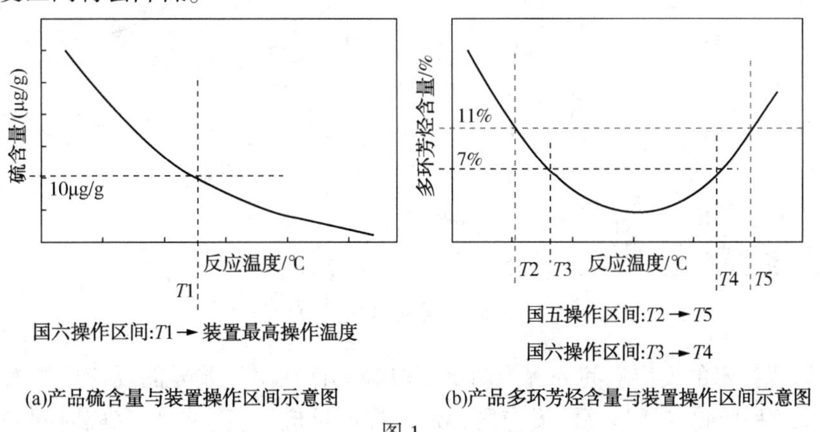

(a)产品硫含量与装置操作区间示意图　　(b)产品多环芳烃含量与装置操作区间示意图

图 1

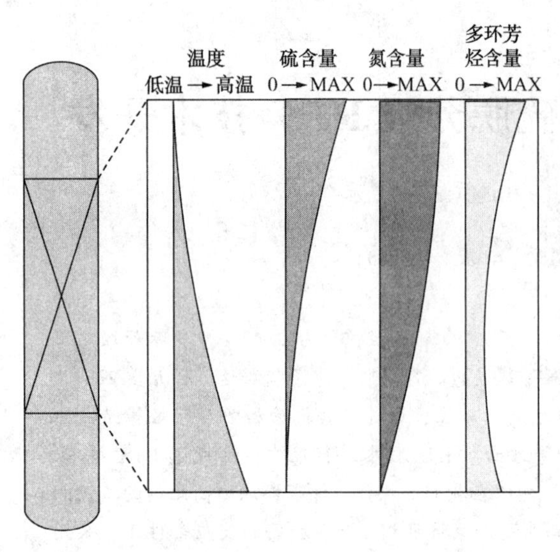

图2 硫含量、氮含量和多环芳烃含量沿反应器流动方向的示意图

柴油加氢精制反应为放热反应，对于常规的柴油加氢装置反应温度都是由低到高逐渐升高，装置运行到中后期，较高的出口反应温度不利于多环芳烃的深度加氢饱和，甚至出现多环芳烃含量逐渐升高的情况。图2为常规加氢装置反应器内硫含量、氮含量和多环芳烃含量沿反应器流动方向的示意图。沿反应物料的流动方向，反应器温度逐渐升高，油中的硫化物和氮化物含量逐渐降低，但是多环芳烃饱和受热力学平衡的限制，存在先降低后升高的特点。

由于多环芳烃含量的限制，导致装置难以继续提高反应温度，从而压缩了生产装置的提温空间，缩短了装置的运行周期，增加了企业的运行成本。为了缓解这一矛盾，石油化工科学研究院(RIPP)在现有柴油超深度加氢脱硫(RTS)技术的基础上，围绕降低柴油产品多环芳烃含量和改善运行稳定性入手，形成生产“国Ⅵ”柴油的RTS+技术。该技术能够提高脱硫和多环芳烃饱和效率，实现低硫低多环芳烃柴油的长周期生产。

2 柴油加氢超深度脱硫脱芳烃 RTS$^+$技术特点

柴油加氢精制过程发生的化学反应主要为硫化物、氮化物和芳烃的加氢反应，硫化物和氮化物在催化剂活性中心上存在强烈竞争吸附作用，导致超深度脱硫需要较高的反应温度。本研究发现，向硫质量分数为50mg/kg的4，6-DMDBT中添加22mg/kg的氮化物喹啉，4，6-DMDBT的表观反应速率下降了90%以上，需将反应温度提高29℃才能将硫质量分数脱除至10mg/kg以下。因此消除氮化物的影响后，超深度脱硫能够在较低的反应温度下进行。RTS$^+$技术就是利用不同反应物对反应温度的敏感的差异，将相互制约的化学反应在不同的反应温度区间进行，反应机理如图3所示。

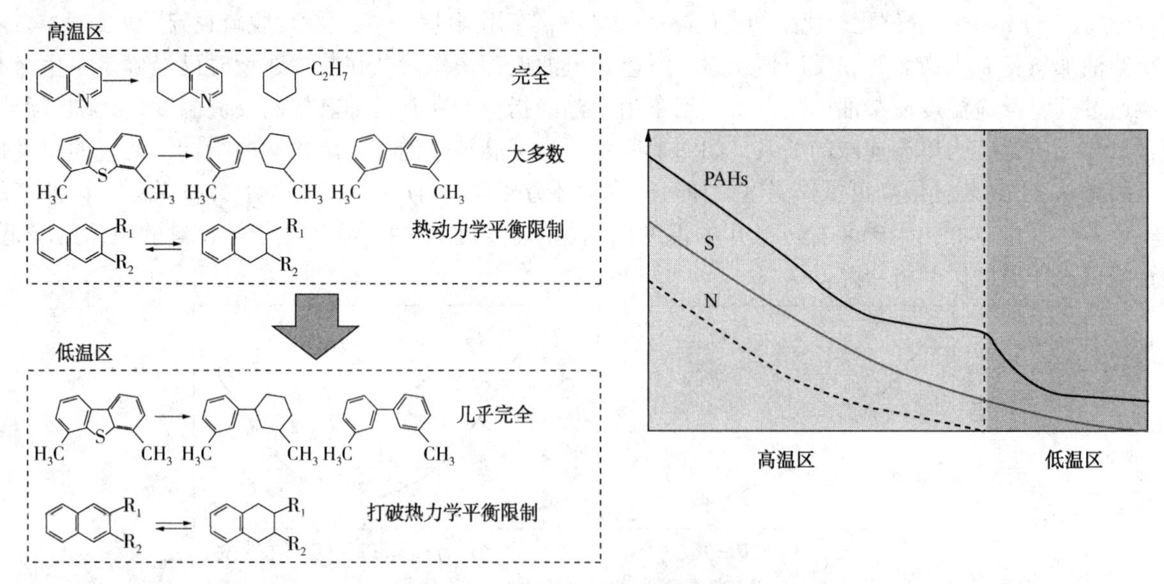

图3 RTS$^+$技术涉及的反应机理

RTS$^+$技术将常规技术的反应空间分解为两个反应温度存在明显差异的反应区，改变现有技术温度逐渐升高的特点，使反应物先通过高温反应区，通过提高反应温度、缩短反应时间来实现氮化物的优

先脱除，由于反应时间缩短，硫化物未能完全脱除，剩余了少量硫化物，同时提高反应温度使多环芳烃饱和反应由于热力学平衡限制而受到抑制。再在低温反应区进行反应，除了氮化物的影响，剩余的少量硫化物能够在较低的温度下实现超深度脱硫，同时低温避开了多环芳烃的热力学平衡区，多环芳烃饱和率大幅提高。根据原料的性质以及装置运转初末期催化剂活性不同，高温反应区和低温反应区的温差可以在较大的范围进行调节，使得加氢脱硫、加氢脱氮和多环芳烃饱和等化学反应在不同的反应区更好的进行。

3 催化剂失活因素分析

RTS^+技术整体思路延续了 RTS 技术的分区控制理念，围绕降低柴油产品多环芳烃含量和改善运行稳定性入手，首先对催化剂的失活原因进行了研究如图 4、图 5 所示。采用硫质量分数为 9800μg/g，氮质量分数为 270μg/g，多环芳烃质量分数为 17.9%的混合柴油为原料，图中用 A 表示；向其中添加 350μg/g 的碱性氮化物喹啉(以氮含量计)获得原料油，图中用 A+BN 表示；向其中添加 3%的萘、12%的 1-甲基萘和 1.2%的菲，获得原料油，图中用 A+PAH 表示。在氢分压 6.4MPa、一反体积空速基准、二反体积空速基准×3、氢油体积比 300 的工艺条件下，以生产硫质量分数低于 10μg/g 的超低硫柴油为目标，不断提高一反反应温度，考察高温反应区催化剂的失活规律，以及氮化物和多环芳烃对其的影响规律。

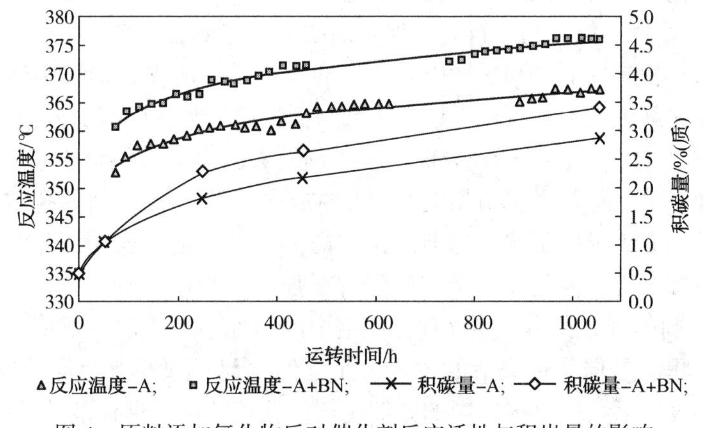

图 4 原料添加氮化物后对催化剂反应活性与积炭量的影响

由图 4 可知，与未添加氮化物时相比，原料添加氮化物后的催化剂反应初始温度提高约 5~10℃。这可能由于氮化物有较强的竞争吸附作用，原料中添加氮化物后对催化剂的加氢脱硫反应产生强烈的抑制作用，从而使催化剂初始反应活性明显降低。此时，催化剂的失活规律与加工典型柴油原料 A 时类似，说明原料添加氮化物后对催化剂失活速率的影响并不明显。原料添加氮化物后，催化剂反应温度与积炭量的变化同样呈现出较好的相关性。说明氮化物主要是通过竞争吸附的作用影响了催化剂运转初期的反应活性，而在运转初期之后，催化剂的失活原因与未添加氮化物时的失活原因相一致，可能均与催化剂上积炭的形成有直接的关系。

由图 5 可知，原料添加多环芳烃后，初期反应温度提高约 3~5℃，略低于原料添加氮化物后初期反应温度的增加幅度，说明原料添加多环芳烃后对催化剂运转初期活性的影响略小于氮化物。氮化物、多环芳烃与难反应硫化物之间竞争吸附作用的大小可能会影响运转初期反应温度的增加。氮化物与芳烃在加氢活性中心上的吸附强度由低到高顺序为：$R-C_6H_5<H_2S<NH_3$、苯胺<<十氢喹啉<四氢喹啉、喹啉。由于喹啉的吸附作用强于多环芳烃，因此，添加氮化物喹啉后对催化剂初期反应活性的影响强于多环芳烃。原料中添加多环芳烃后，初期失活规律与基础原料一致，但是随着反应温度的升高，失活速率反而加快；随着运转时间的增加，催化剂的积炭量明显增加，在运转 248h、448h、1048h 时催化剂的积炭量分别增加 21.6%、41.5%、70.0%，说明原料中多环芳烃的添加明显促进了运转中期积

炭的形成。这可能由于原料添加多环芳烃后，由于多环芳烃在催化剂表面的竞争吸附作用，导致反应温度升高，尤其在运转中期，催化剂的反应温度明显升高，而多环芳烃的饱和反应是强放热且受热力学平衡限制的反应，高的操作温度则会加速多环芳烃聚合形成焦炭，并且该反应为不可逆反应，最终导致积炭量的增加。

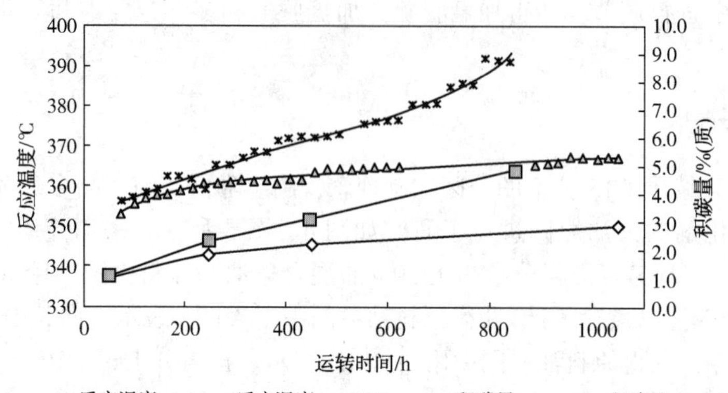

图5　原料添加多环芳烃后对催化剂反应活性与积炭量的影响

通过对反应后的催化剂进行表征分析，得出结论：

1）加工基础原料以及掺入氮化物原料时，催化剂的失活速率与积炭速率、活性中心数目的减少速率具有良好的线性关系，积炭的形成和活性中心数目的减少是影响催化剂失活速率的主要原因。催化剂的失活原因是由于催化剂活性中心可接近性的降低与活性中心数目的减少两方面的共同作用。

2）加工基础原料以及掺入多环芳烃原料时，催化剂的失活速率与积炭速率的线性关联度降低。虽然催化剂失活速率的加快仍然与积炭密切相关，但是在运转中期，催化剂的孔体积大幅度下降，说明积炭在反应初始阶段并不会大幅度影响催化剂的孔结构，积炭只是形成在部分活性相的周围，影响了活性中心对反应物的可接近性；但是随着运转时间的增加，积炭增加到一定程度以后(比如C含量大于3%)，就会堵塞催化剂的部分孔道，使该部分孔道中的活性中心无法与反应物接触，从而使催化剂活性大幅下降。因此，积炭是催化剂失活的关键；而且催化剂必须要有足够的空间去容纳这些积炭，否则积炭增加到一定程度以后，一旦大幅影响到催化剂的孔道结构，催化剂的活性就会大幅下降。

通过对催化剂失活原因的分析可知，要提高装置生产“国Ⅵ”柴油的运行周期可以从三方面进行优化：

1）采用抗积炭性能更好的催化剂或催化剂级配；

2）优化工艺条件，缓解催化剂积炭，提高装置的运行周期；

3）对加工原料进行优化，加工更高比例二次加工柴油的同时获得更高的脱硫和多环芳烃饱和率。

本研究从工艺和原料两方面给出RTS$^+$技术生产“国Ⅵ”柴油的优化措施，关于RTS+技术在催化剂和级配方面的技术措施将在其他研究报告中给出。

4　工艺条件优化

4.1　氢油体积比的影响

在过去的20年间，大量的研究针对生产低硫柴油所展开，研究普遍认为对于柴油加氢精制过程氢油比对脱硫的影响较小，适当的增加氢油比能够增加催化剂的脱硫能力，当氢油比增大到一定程度(一般是500)时，再增大氢油比，对脱硫几乎没有影响[5]。为了更好地了解生产“国Ⅵ”柴油时氢油比的影响，以硫质量分数为9800μg/g，氮质量分数为270μg/g，多环芳烃质量分数为17.9%的混合柴油为原料，在氢分压6.4MPa、一反反应温度350℃、二反反应温度340℃、两反应区空速固定不变条件下，分别考察反应器入口总氢油比的变化对脱硫的影响，结果列于表1。同时，考察了二反标准状态氢油体积比变化对脱硫反应的影响，固定一反标准状态氢油体积比300，改变二反氢油体积比进行试验，结果如表2所示。

表1 反应器入口总氢油比变化对脱硫的影响

工艺条件				
第一反应区温度/℃	350	350	350	350
第二反应区温度/℃	340	340	340	340
空速/h^{-1}	基准	基准	基准	基准
入口氢油体积比	基准	基准+200	基准+400	基准+600
产品性质				
密度/(kg/m^3)	834.1	832.8	832.4	832.2
折射率 n_D(20℃)	1.4646	1.4636	1.4632	1.4631
氮/(μg/g)	1.5	0.5	0.4	0.4
硫/(μg/g)	24.0	6.4	2.9	2.0
多环芳烃/%(质)	4.2	3.9	3.6	3.3

表2 第二反应区氢油比变化对脱硫的影响

工艺条件				
第一反应区温度/℃	350	350	350	350
第二反应区温度/℃	340	340	340	340
空速/h^{-1}	基准	基准	基准	基准
第一反应区氢油体积比	300	300	300	300
入口氢油体积比	基准	基准+200	基准+400	基准+600
产品性质				
密度/(kg/m^3)	834.7	833.9	833.8	833.6
折射率 n_D(20℃)	1.4649	1.4644	1.4643	1.4641
氮/(μg/g)	1.5	1.4	0.6	0.4
硫/(μg/g)	24.0	16.8	10.3	8.4
多环芳烃饱和率	4.2	3.6	3.7	4.0

由表1和表2可知，随着标准状态氢油体积比的提高，产物的硫、氮质量分数明显降低，总芳烃质量分数以及双环及以上芳烃质量分数降低幅度较小，说明提高反应总氢油体积比，可有效促进硫、氮的脱除，但对多环芳烃的饱和反应促进作用有限。另外，提高二反标准状态氢油体积比的效果远不如提高反应总标准状态氢油体积比的效果，说明标准状态氢油体积比的提高对于超深度加氢脱硫的各个阶段都是有促进作用的。

4.2 二反温度的影响

目前炼油厂大多数柴油加氢装置的原料油都是直馏柴油与焦化柴油或者催化裂化柴油的混合原料，故采用以硫质量分数9800μg/g，氮质量分数270μg/g，多环芳烃质量分数17.9%的混合柴油为原料，在氢分压6.4MPa、空速和氢油比都是基准条件，改变第一反应区温度可以得到不同硫质量分数的柴油馏分，柴油馏分的硫化物分布如表3所示。由表3可知，混合柴油中多取代基的二苯并噻吩内硫化物的含量较高，并且这类硫化物的脱硫难度较大，故随着柴油产品硫质量分数的降低，剩余的硫化物基本都是多取代基的二苯并噻吩类硫化物。

表 3　原料和不同加氢深度产品硫化物类型

	原　料	产　品		
硫/(μg/g)	9800	149	29.9	13.2
噻吩类/(μg/g)	547	—	1.3	0.2
苯并噻吩类/(μg/g)	4119	2.7	0.7	0.2
单取代基和无取代基的二苯并噻吩/(μg/g)	1401	6.0	0.7	0.2
多取代基的二苯并噻吩/(μg/g)	3733	140.3	27.2	12.6

采用表 3 中硫质量分数为 29.9μg/g 的柴油馏分为原料，考察第二反应区反应温度对脱硫性能的影响，压力 6.4MPa、氢油比为基准、空速为 2×基准的条件，第二反应区温度和柴油产品硫质量分数的变化规律如表 4 所示。从表 4 中结果可以看到，提高第二反应区反应温度对超深度脱硫有促进作用，但是较高的反应温度不利于多环芳烃的饱和，第二反应区温度提高到 340℃左右时多环芳烃的饱和率开始下降。因此，结合超深度加氢脱硫和多环芳烃饱和两方面的因素，可适当提高二反温度，充分利用催化剂的脱硫及芳烃饱和活性。

表 4　第二反应区温度对超深度加氢脱硫的影响

工艺条件			
氢分压/MPa	6.4	6.4	6.4
第二反应区温度/℃	320	330	340
空速/h^{-1}	2×基准	2×基准	2×基准
氢油比	基准	基准	基准
产品性质			
密度/(kg/m^3)	832.7	832.3	832.0
折射率 n_D(20℃)	1.4634	1.4631	1.4630
硫/(μg/g)	15.6	10.9	8.5
氮/(μg/g)	1.2	1.2	1.2
多环芳烃饱和率/%	81.6	81.6	80.4

5　原料油优化措施

由于催化裂化柴油中的多环芳烃和氮化物含量较高，混合原料中掺炼催化裂化柴油时，其加工难度增大且催化剂失活速率加快。为了加工更高催化裂化柴油掺混比例的原料生产“国Ⅵ”柴油，需要对原料结构进行优化，获得更高的多环芳烃饱和率和脱硫率。

将催化裂化柴油 C 按照不同的切割点进行了馏程切割，切出的轻馏分分别为催化裂化柴油 A 和催化裂化柴油 B，质量分数分别为催化裂化柴油 C 的 77%和 88%，其具体的性质见表 5，硫化物类型见表 6。由表 5 和表 6 中切割前后的催化裂化柴油性质可知，切割后原料的硫质量分数、氮质量分数和密度均大幅降低；对烃类组成进行对比可知，切割前原料中的单环芳烃和双环芳烃含量变化不大，而三环芳烃含量显著降低。从硫化物类型来看，切割后原料中的二苯并噻吩和含取代基的二苯并噻吩类硫化物的比例显著降低，由 67.21%降低至 34.55%。当难脱除硫化物的比例大幅降低时，催化裂化柴油的加工难度大幅降低。

表 5　不同馏程催化裂化柴油性质

	催化裂化柴油 A	催化裂化柴油 B	催化裂化柴油 C
密度(20℃)/(g/cm^3)	0.9294	0.9350	0.9445
切割质量收率/%	77	88	100
硫/(μg/g)	2560	3100	4000
氮/(μg/g)	425	668	1154
烃类质量分数/%			
链烷烃	17.6	15.1	15.3
环烷烃	9.9	8.5	9.4
总芳烃	72.5	76.4	75.3
单环芳烃	25.6	25.7	22.1
双环芳烃	44.9	46.2	45.6
三环芳烃	2.0	4.5	7.6
馏程(ASTM D-86)/℃	203~322	204~344	205~375

表 6　不同馏程催化裂化柴油中硫化物类型数据

硫化物质量分数/%	催化裂化柴油 A	催化裂化柴油 B	催化裂化柴油 C
苯并噻吩	1.16	0.79	0.45
甲基苯并噻吩	9.81	6.96	5.91
碳二苯并噻吩	17.26	12.53	10.06
碳三苯并噻吩	17.53	13.15	8.05
碳四苯并噻吩	16.28	11.97	6.80
碳五苯并噻吩	3.41	2.44	1.52
二苯并噻吩	5.49	3.69	2.91
甲基二苯并噻吩	13.19	10.22	10.24
碳二二苯并噻吩	14.88	15.73	16.78
碳三二苯并噻吩	0.99	22.52	19.89
碳四二苯并噻吩	—	—	17.39

考虑到催化裂化柴油切轻后的脱硫难度降低，分别将不同比例的催化裂化柴油 A、B、C 与相同的直馏柴油进行混合，混合原料 D 为质量分数为 40%的催化裂化柴油 A 和质量分数为 60%的直馏柴油的混合物；混合原料 E 为质量分数为 30%的催化裂化柴油 B 和质量分数为 70%的直馏柴油的混合物；混合原料 F 为质量分数为 20%的催化裂化柴油 C 和质量分数为 80%的直馏柴油的混合物。将三种混合原料在氢分压 6.4MPa、第一反应器温度基准、第二反应器温度基准-35、第一反应器空速基准、第二反应器空速基准×3、标准状态下氢油体积比 500 的条件下进行反应，原料油和对应柴油产品的性质如表 7 所示。

表 7　混合原料生产“国Ⅵ”柴油的工艺条件试验

原料油	混合原料 D	混合原料 E	混合原料 F
催化裂化柴油比例/%	40	30	20
原料性质			
密度(20℃)/(g/cm^3)	0.8708	0.8639	0.8547
硫/(μg/g)	7850	8940	9800
氮/(μg/g)	236	336	270

续表

原料油	混合原料 D	混合原料 E	混合原料 F
烃类/%(质)			
链烷烃	35.4	38.0	39.2
环烷烃	21.2	22.6	22.5
总芳烃	43.4	39.4	38.3
单环芳烃	19.2	18.3	20.4
双环芳烃	23.1	19.0	15.9
三环芳烃	1.1	2.1	2.1
柴油产品性质			
密度(20℃)/(g/cm^3)	0.8436	0.8381	0.8341
硫/(μg/g)	8.7	6.4	10.6
脱硫率/%	99.89	99.93	99.89
氮/(μg/g)	0.2	0.2	0.7
烃类/%			
链烷烃	39.0	41.2	44.0
环烷烃	33.8	35.0	32.5
总芳烃	27.2	23.8	23.5
单环芳烃	24.1	21.8	20.1
双环芳烃	2.8	1.9	3.3
三环芳烃	0.3	0.1	0.1
多环芳烃饱和率/%	87.2	90.5	82.2

上述研究表明，通过对催化裂化柴油进行合理的切割，将催化裂化柴油的终馏点温度控制在340℃左右，不仅能够大幅降低其中的氮化物的含量和难脱除硫化物的比例，在相同的操作条件下催化裂化柴油的掺炼比例能够增加，而且能够获得最佳的脱硫率和多环芳烃饱和率。

6 RTS$^+$技术优化效果

RTS$^+$技术从工艺条件、原料结构两方面进行了优化。工艺条件方面优化措施包括：①充分利用低温反应区催化剂，增加低温反应区脱硫和多环芳烃饱和性能；②增大氢油体积比，提高催化剂的超深度脱硫性能；③原料结构优化，控制催化裂化柴油的终馏点温度在合适的范围，这样能够获得最佳的脱硫率和多环芳烃饱和率，在相同操作条件下能够掺混更高比例的催化裂化柴油。

为了对比 RTS$^+$技术和常规加氢技术在脱硫和多环芳烃饱和性能上的区别，采用相同的原料油和相同的催化剂，仅通过工艺条件优化的 RTS$^+$技术与常规加氢技术进行了反应效果对比。采用表 8 中所示的混合原料，在氢分压 6.4MPa、体积空速、氢油体积比、加权平均反应温度相同的条件下进行加氢反应。从表 8 可知，在相同的反应温度下，采用 RTS$^+$技术的柴油产品具有更低的硫质量分数；要达到相当的脱硫活性，采用常规技术需要提高 2℃以上的反应温度。对于芳烃饱和活性，相比常规技术，采用 RTS$^+$技术能够显著降低其加氢产品中的多环芳烃质量分数，同时多环芳烃饱和率能够提高 9.0%~9.8%，使产品能够满足“国Ⅵ”柴油标准，而采用常规加氢技术生产的柴油产品只能满足“国Ⅴ”柴油标准。

表 8 RTS⁺技术与常规加氢技术性能比较

		RTS+技术		常规加氢技术	
加权平均反应温度/℃		基准-2	基准	基准-2	基准
	混合原料 G	产品			
20℃密度/(g/cm³)	0.8797	0.8595	0.8584	0.8611	0.8611
硫/(μg/g)	7740	6.2	4.4	7.3	6.7
氮/(μg/g)	835	0.9	0.7	1.2	1.3
烃类质量组成/%					
链烷烃	28.0	32.3	32.6	31.4	31.6
总环烷烃	22.8	31.4	32.4	30.8	31.1
单环芳烃	15.7	30.4	29.2	28.9	28.3
双环芳烃	27.7	5.3	5.2	7.8	7.9
三环芳烃	5.8	0.6	0.6	1.1	1.1
总多环芳烃	33.5	5.9	5.8	8.9	9.0
多环芳烃饱和率/%		82.4	82.9	73.4	73.1
馏程(ASTM D-86)/℃	147~347	185~344	184~345	185~345	184~344

7 结论

1）通过采用不同氮含量和多环芳烃含量的原料进行试验，对催化剂的失活因素进行了分析。当原料中的氮质量分数增加时，积炭是催化剂失活的主要原因；当原料中的多环芳烃质量分数增加时，催化剂的失活主要由积炭和孔体积降低两方面造成。

2）提高装置的氢油体积比有助于脱硫反应的进行，有利于延长“国Ⅵ”柴油生产运转周期。

3）对于直馏柴油、焦化柴油和催化裂化柴油的混合原料，原料中难脱除硫化物的含量高，脱硫反应进行到最后阶段剩余的主要是难脱除硫化物，提高第二反应区温度有助于脱硫反应的进行，但提温到一定程度不利于多环芳烃的饱和。对于中型试验原料，确立了最佳的第二反应区温度。

4）考察了原料中催化裂化柴油的馏程和比例对生产“国Ⅵ”柴油的影响。通过对催化裂化柴油进行合理的切割，将其终馏点温度控制在 340℃左右，大幅降低原料的氮质量分数和难脱除硫化物的比例，不仅能够在相同的操作条件下增加催化裂化柴油的掺炼比例，而且可获得最佳的脱硫率和多环芳烃饱和率。

5）在相同的反应条件下，与常规加氢技术相比，RTS⁺技术的加氢柴油产品具有更低的硫质量分数和多环芳烃质量分数；与 RTS 技术相比，通过提高氢油比和二反温度，在相同的压力、平均反应温度和空速下，RTS⁺技术所得产物的硫、氮以及多环芳烃含量明显降低，说明通过采用 RTS⁺技术优化工艺条件后明显改善了产物的性质，可以在更低的平均反应温度下生产“国Ⅵ”柴油产品。

参 考 文 献

[1] J. Zhang, K. He, Y. Ge, et al. Influence of fuel sulfur on the characterization of PM_{10} from a diesel engine[J]. Fuel, 2009 (88): 504.

[2] S. Phirun, M. Lu, K. Tim, et al. The effect of diesel fuel sulfur content on particulate matter emission for a non-road diesel generator[J]. J. Air Waste Manage. Assoc. 55 (2005) 993.

[3] 中华人民共和国生态环境部，中国机动车环境管理年报[N]. 2017.

[4] Gao Na. Influence of FCC diesel on diesel quality upgrading and effect of hydro-upgrading[J]. Petroleum & Pechemical Today, 2016, 27(7): 34-40.

[5]黄海涛，齐艳华，石玉林，等．催化裂化柴油深度加氢脱硫反应动力学模型研究[J]．石油炼制与化工，1999，30，1.

液相柴油加氢装置掺炼焦化汽油可行性分析

李　楠

（中国石化安庆石化公司　安徽安庆　246001）

摘　要　针对中国石化安庆石化公司液相柴油加氢装置掺炼焦化汽油的可行性，通过软件对掺炼焦化汽油前后反应器入口及出口气液相组成进行了模拟计算，同时利用液相柴油加氢装置实际运行工况及化验分析数据，对装置掺炼焦化汽油后分馏系统进行了模拟。结果表明：装置掺炼适宜比例的焦化汽油，通过调整操作，可保证反应器内液相呈稳定连续相及循环油中溶解氢，液相柴油加氢装置掺炼适宜比例的焦化汽油理论上可行。掺炼焦化汽油后，分馏系统两塔无需改造，但需进行部分流程改造，并对分馏塔顶回流泵及空冷进行更新。

关键词　液相柴油加氢；焦化汽油；Aspen Plus

前言

中国石化安庆石化公司Ⅰ套汽油加氢装置于1987年7月建成，同年9月以催化柴油为原料，首次开工试车成功。2000年Ⅲ套柴油加氢建成后，Ⅰ加氢装置改为纯焦化汽油加氢。2019年全年装置平均处理量约13t/h，峰值处理量为19t/h。该装置处理量低，设备陈旧运行风险大，焦化汽油单独加工结焦严重，反应器需频繁撇头，额外工作量大，因此应寻求新的焦化汽油加工路线，停运Ⅰ加氢装置，以减少物耗、能耗。

1　混合加氢路线

焦化汽油含有比同种原油直馏汽油高近50倍的氮，烯烃、二烯烃，实际胶质、硫及重金属杂质含量均较高，安定性差，还含有硅，因此，焦化汽油单独加氢就出现了加氢反应器顶部结焦、反应器床层压降上升、操作周期缩短、反应部分换热器结垢、压力降增大、传热系数降低等问题[1]。

由于焦化汽油单独加工过程结焦的不可避免性，国内焦化汽油单独加工的装置较少，焦化汽油多采用掺炼的形式。通过掺炼，焦化汽油中易结焦组分二烯烃经稀释后所占总进料的比例较低，在高温部位、反应器顶部结焦量有限。另外混合加氢可有效避免在纯焦化汽油加氢反应器顶部产生较大的温升，可抑制二烯烃的缩聚。

目前，焦化汽油可分别与焦化柴油、催化柴油、焦化柴油与催化柴油混合油、焦化柴油与焦化蜡油混合油，或焦化柴油、催化柴油及焦化蜡油混合油一起加氢，以延长焦化汽油加氢装置的操作周期。

2　液相柴油加氢现状

安庆石化2.2Mt/a连续液相柴油加氢装置由SEI设计，采用石科院研发的催化剂，年操作时间为8400h，操作弹性60%~110%，加工直馏柴油及焦化柴油。该装置于2013年9年投料开工正常，2016年大修期间增加二段加氢反应系统、脱硫化氢汽提塔，完成“国Ⅴ”质量升级改造。

表1为液相柴油加氢装置近三年平均加工量，最高负荷仅有87.4%。Ⅰ加氢装置加工焦化汽油量峰值为19t/h，液相柴油加氢加工量有富余，具备掺炼焦化汽油的条件。

表 1 近三年柴加装置平均处理量

	2017 年	2018 年	2019 年
平均处理量/(t/h)	227.3	206.0	223.9
负荷率/%	87.4	79.2	86.1
其中焦柴量/(t/h)	15.4	16.2	21.9
焦柴掺炼比/%	6.8	7.8	

3 液相柴油加氢掺炼焦化汽油理论可行性

焦化石脑油中的硫是容易脱除的硫醇硫和噻吩硫，而其中含有的烯烃也是容易加氢饱和的，脱硫难度较低，焦化汽油及Ⅰ加氢混合原料性质见表 2。但焦化汽油的沸点低，在柴油加氢的反应条件下可能大部分以气态的形式存在，影响反应器入口连续液相的形成及降低柴油中溶解氢气的量。液相反应器入口到出口若不能形成稳定的连续液相，会造成催化剂床层脉动。柴油中溶解氢减少，不利于加氢反应进行，同时会加快催化剂表面积炭，加快催化剂积炭失活，不利于装置长周期稳定运行。

因而液相柴油加氢装置掺炼焦化汽油理论上是否可行，首先需验证掺炼后一反入口液相分率是否能保证液相为连续相，其次需确认掺炼后对一反入口溶解氢量的影响。

表 2 焦化汽油性质

Ⅰ焦化				Ⅲ焦化		稳定汽油			Ⅰ加氢原料							
馏程/℃		密度/(kg/m³)	S/(μg/g)	馏程/℃	密度/(kg/m³)	馏程/℃	密度/(kg/m³)	胶质/(mg/100mL)	馏程/℃	正构烷/%	异构烷/%	环烷/%	烯烃/%	芳烃/%	S/(μg/g)	N/(μg/g)
EBP	47.2	754.1	4440	47.5	738.4	31	729.5	3~4	29.5	24.51	20.25	9.4	30.48	13.63	4360	190
10%	87.3			83.1		59.2			57.8	精制汽油						
50%	129.5			128.1					129.1	34.05	30.78	23.22	0	11.41	3.1	1.8
90%	160.2			164.4		178.6			177.9							
EBP	175.8			186.7		199.5			198.4							

3.1 计算基础

以液相柴油加氢装置典型运行工况的基本数据为计算基础，掺炼焦化汽油前后原料油性质见表 3、表 4，掺炼前后液相产品性质见表 5，掺炼前后操作条件见表 6，其中循环比为循环油与原料油的质量比。

表 3 掺炼前混合原料油性质

原料油	焦化柴油	混合原料油
流量/(t/h)	21	212
密度(20℃)/(g/cm³)		0.845
S/(μg/g)		3700
N/(μg/g)		300
馏程(ASTM D-86)/℃		
IBP/10%		198/235
30%/50%		—/280
70%/90%		—/330
95%/EBP		344/355

表 4 掺炼后混合原料油性质

原料油	焦化柴油	焦化汽油	混合原料
产量/(t/h)	~21	~19	~231
比例/%	~9.1	~8.2	
密度(20℃)/(g/cm³)	0.8475	0.7233	0.8359
S/(μg/g)	6200		3750
N/(μg/g)	1700		290
馏程(ASTM D-86)/℃			
IBP/10%	180/218	31/57	31/208
30%/50%	—/267	—/121	—/263
70%/90%	—/327	—/165	—/324
95%/EBP	342/355	—/185	341/355

表 5 掺炼前后液相产品主要性质

项　目	掺炼前		掺炼后(运转末期)	
产品馏分	石脑油	柴油	石脑油	柴油
密度(20℃)/(g/cm³)	0.761	0.834	0.740	0.834
硫含量/(μg/g)	—	<10	<10	8
氮含量/(μg/g)	0.4	1.5	<2	<2
多环芳烃/%(体)		5.7		<7
馏程(ASTM D-86)/℃				
IBP/10%	71/105	187/228	30/57	200/222
30%/50%	—/129	—/275	105/125	250/268
70%/90%	—/153	—/332	141/179	290/324
95%/FBP	—/164.3	—/361	—/200	338/353

表 6 操作条件

项　目	掺炼前	掺炼后
一反入口压力/MPa	9.2	9.2
热高分离器压力/MPa	9	9
高分排放气流量/(Nm³/h)	2300	2300
一反入口温度/℃	370	370
一反出口温度/℃	390	390
循环比	1.0/1.5	1.0/1.5
一反化学耗氢/%	0.42	0.57

3.2 掺炼焦化汽油对液相反应器连续液相的影响

液相柴油加氢反应系统模拟如图 1 所示。通常以反应器内液相体积分率 60%为分界线，当液相体积分率大于 60%时认为液相为连续相，气相为分散相。反应器入口到出口形成稳定的连续液相有助于减轻催化剂床层的脉动[2]。

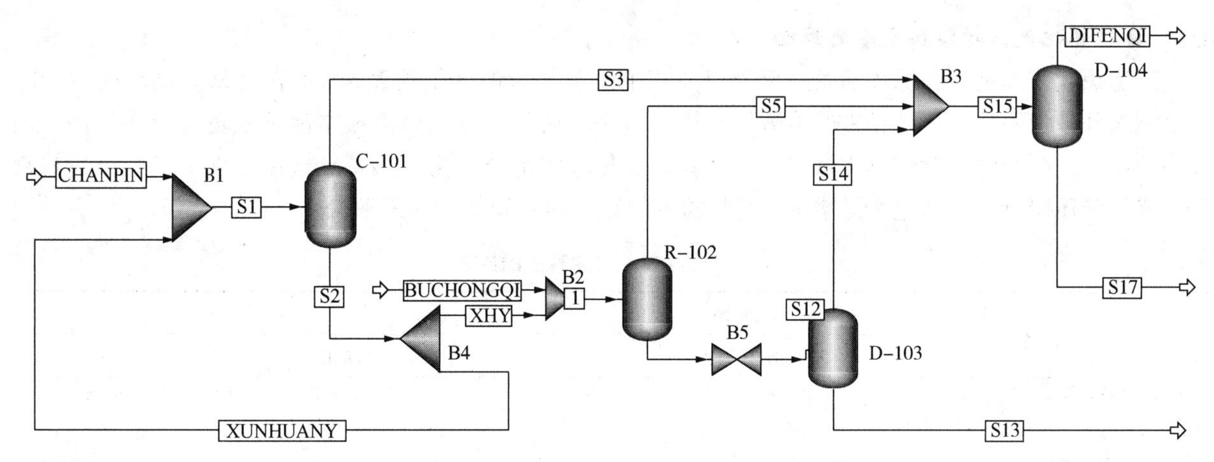

图 1 液相柴油加氢反应系统模拟

液相柴油加氢-反入口模拟如图 2 所示。掺炼焦化汽油前后，一反出入口液相体积分率的变化见表 7，其中补充氢全部自一反入口补入，二、三床层不补氢，模拟状态采用方程 Grayson-streed[3]。因操作控制热高分排放气量相同，掺炼焦化汽油前后，相同循环比操作模式下反应器出口液相体积分数相近。循环比为 1.0，掺炼焦化汽油 19t/h 时，因化学耗氢增加 0.15%，一反入口需增加新氢补入量 3561Nm^3/h，造成入口液相体积分数下降至 66.1%，略高于临界值，可提高循环比至 1.5，使入口液相体积分数提至 72.3%，与掺炼前相近，也可减少一反补充氢量，将部分补充氢补入二、三床层。

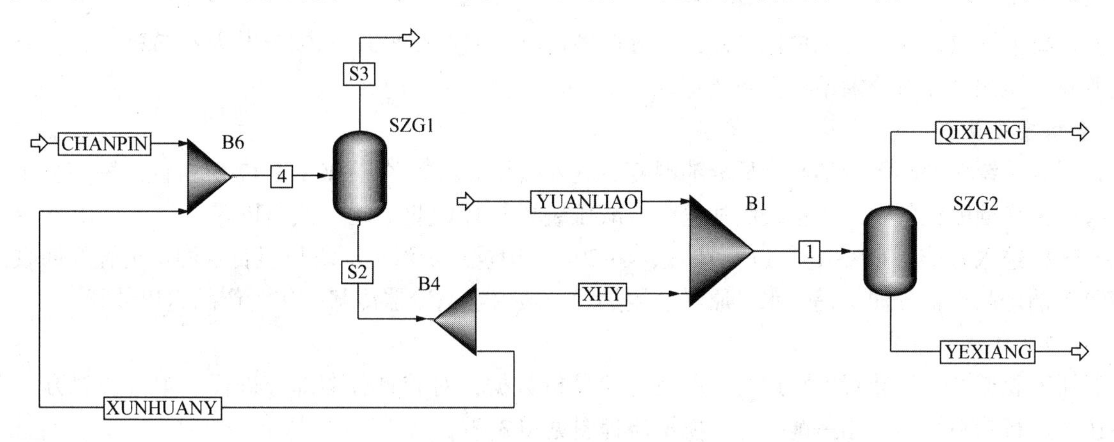

图 2 液相柴油加氢一反入口模拟

模拟数据表明，自液相反应器入口掺炼焦化汽油(19t/h)，可通过提高循环比或将补充氢部分补入二、三床层，保证反应器内液相呈稳定连续相，液相柴油加氢装置掺炼适宜比例的焦化汽油在工程上可行。

表 7 掺炼前后对液相体积分数的影响

项　目	循环比 1.0		循环比 1.5	
	掺炼前	掺炼后	掺炼前	掺炼后
出口液相体积流量/(m^3/h)	912.8	991.7	1369.6	1489.0
出口气相体积流量/(m^3/h)	64.9	56.5	67.0	56.5
出口液相体积分数/%	93.4	94.6	95.3	96.3
入口液相体积流量/(m^3/h)	825.5	887.2	1039.3	1140.0
入口气相体积流量/(m^3/h)	343.2	455.1	343.2	436.0
入口液相体积分数/%	70.6	66.1	75.2	72.3
出入口液相体积分数差值/%	22.8	28.5	20.1	24.0

3.3 掺炼焦化汽油对溶解氢量的影响

掺炼焦化汽油前后，循环油及一反入口液相中溶解氢量的变化见表 8。由表可知，循环比的增减不影响循环油及一反入口液相中的溶解氢，掺炼后循环油及一反入口液相中溶解氢略低于掺炼前，但影响较小。主要原因是掺炼焦化汽油后一反入口焦化汽油部分汽化、热高分操作条件下轻组分少量汽化造成氢分压降低，可通过少量增加热高分排放氢以提高出口氢分压来解决。

表 8 掺炼前后对溶解氢的影响

项　目	循环比 1.0		循环比 1.5	
	掺炼前	掺炼后	掺炼前	掺炼后
一反入口补充氢量/(Nm^3/h)	16076.5	18681.6	16076.5	18681.6
化学耗氢/%	0.42	0.57	0.42	0.57
热高分压力/MPa	9	9	9	9
排放气流量/(Nm^3/h)	2300	2300	2300	2300
排放气中氢纯度/%	68.2	45.0	68.2	45.0
出口氢分压/MPa	6.1	4.1	6.1	4.1
一反入口液相流量/(t/h)	407.5	435.3	507.3	556.9
循环油溶解氢/%	0.18	0.16	0.18	0.16
一反入口液相溶解氢/%	0.21	0.20	0.21	0.20

4 液相柴油加氢装置掺炼焦化汽油需改造的内容

液相柴油加氢装置若掺炼焦化汽油，且分馏塔顶出终馏点≤200℃的馏分做为乙烯料出厂，分馏系统是明显的瓶颈，需对分馏系统重新核算。

4.1 分馏系统流程简介

自反应系统来的热低分油与冷低分油混合后进入硫化氢汽提塔 C-202 第 17 层塔盘，塔底采用过热蒸汽汽提，塔顶酸性气及部分粗石脑油送至常减压装置轻烃回收单元。汽提塔塔底油与产品分馏塔塔底油换热后进入分馏塔 C-201 第 17 层塔盘，C-201 采用重沸炉汽提，塔顶粗石脑油送至轻烃回收，塔底精制柴油产品与低分油、锅炉水、原料油换热后，最后经空冷器冷却，作为产品送出装置。

4.2 分馏系统模拟计算

利用液相柴油加氢装置实际运行工况及化验分析数据，对装置分馏部分进行模拟，物料方法选择 RK-10，进行物料平衡、相平衡计算，模拟流程图见图 3。

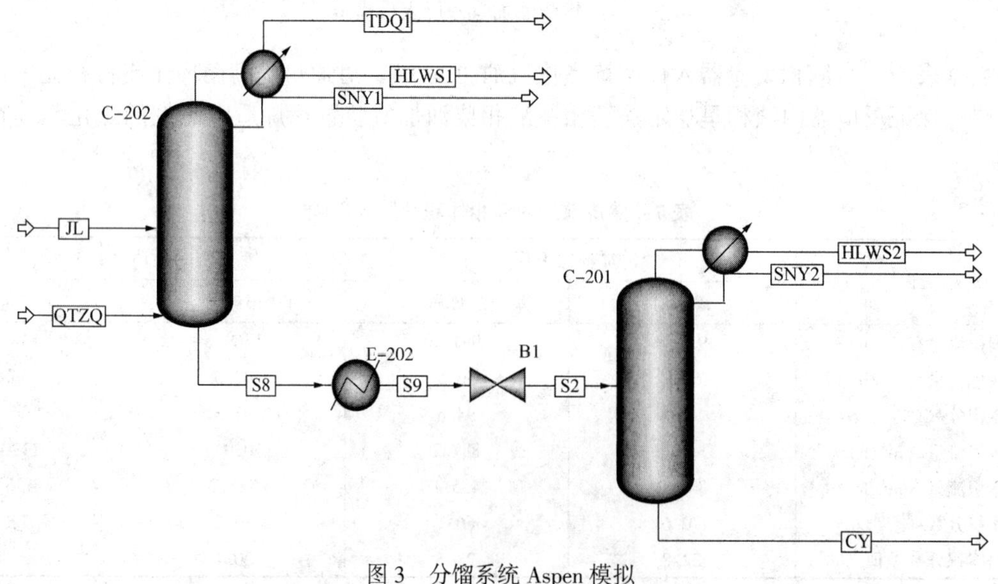

图 3 分馏系统 Aspen 模拟

模拟得出分馏系统各部温度、各物流流量数据与实际值基本相符，该模型可用于分馏系统计算及优化。

模拟计算过程中，两塔塔顶压力均按当前操作条件控制，塔顶汽油产品终馏点按≤200℃控制，为降低分馏塔精馏段气液相负荷、保证汽提塔全塔无液相水存在，汽提塔也出少量汽油产品。

汽提塔及分馏塔塔板负荷性能图如图4～图7所示，汽提塔及分馏塔塔板操作弹性分别为40%～120%、50%～120%。由图可知，掺炼19t/h焦化汽油后，汽提塔塔板气液相负荷均在100%设计负荷范围内，分馏塔提馏段气液相负荷在100%设计负荷范围内，精馏段液相负荷略高于塔板120%设计负荷，但仍在塔板可操作范围内，因此，两塔无需改造可满足掺炼19t/h焦化汽油的要求。

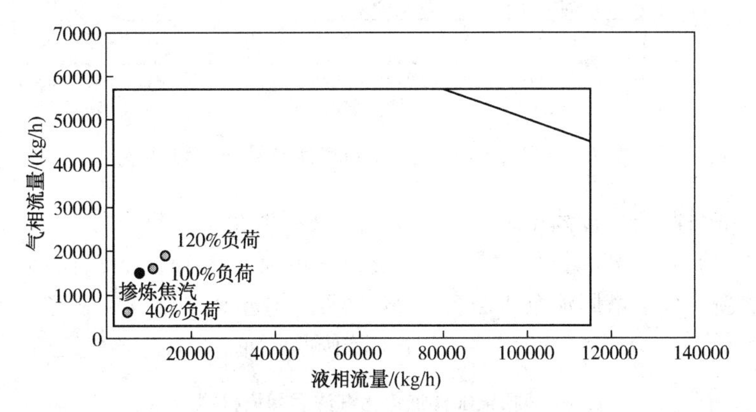

图4　汽提塔18～21层塔板负荷性能图(末期工况)

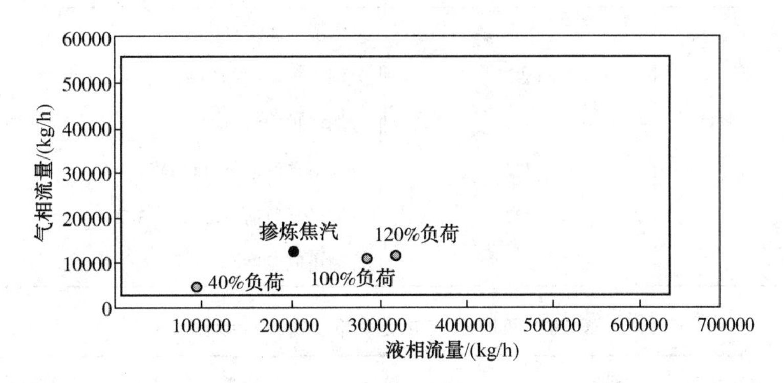

图5　汽提塔1～17层塔板负荷性能图(末期工况)

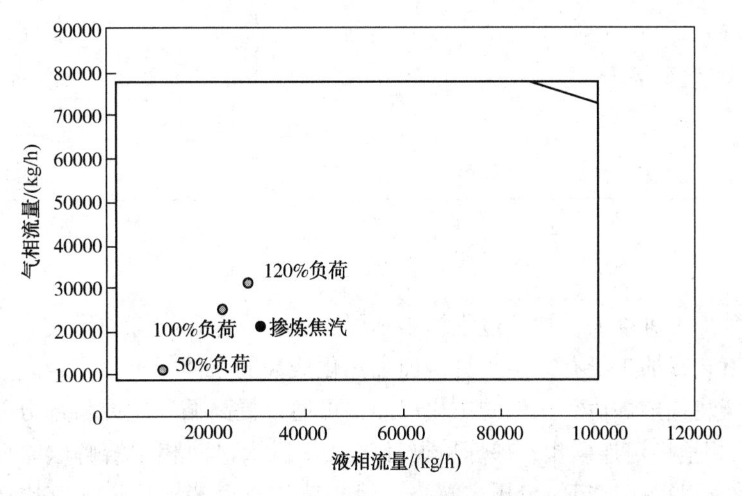

图6　分馏塔18～32层塔板负荷性能图(末期工况)

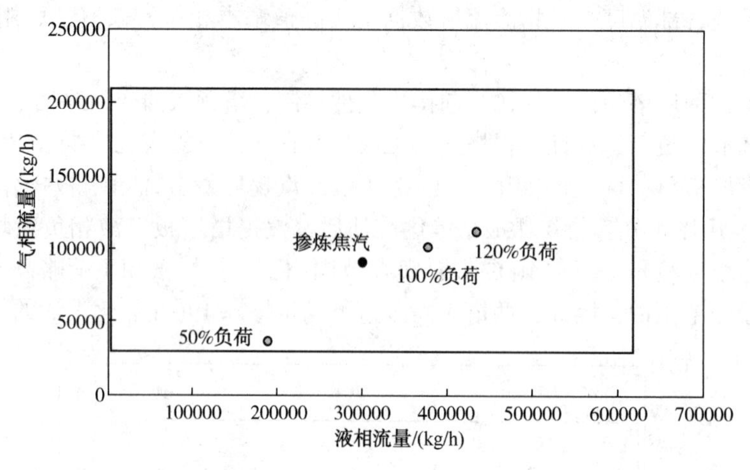

图7 分馏塔1~17层塔板负荷性能图(末期工况)

柴加掺炼焦化汽油后两塔模拟数据见表9，回流泵及塔顶冷却设备设计参数见表10。由两表数据对比可知，汽提塔顶回流泵所需流量为10.8t/h、塔顶冷负荷为3.2MW，当前回流泵P-210A/B及空冷满足要求，无需更新。分馏塔回流泵所需流量24.9t/h，超过P-202A/B额定流量、接近P-202C额定流量，塔顶冷却负荷为4.4MW，塔顶空冷冷却负荷不够，回流泵及空冷需更新。

表9 液相柴加掺炼焦化汽油后两塔模拟数据

项　　目	模拟数据	项　　目	模拟数据
汽提塔顶压力/MPa	0.58	分馏塔顶压力/MPa	0.15
汽提塔顶温度/℃	159.3	分馏塔顶温度/℃	173.9
汽提塔顶回流量/(t/h)	3.1	分馏塔顶回流量/(t/h)	11.1
汽提塔顶汽油量/(t/h)	7.7	分馏塔顶汽油量/(t/h)	13.8
汽提塔底温度/℃	222	分馏塔顶所需冷却负荷/MW	4.4
汽提塔顶所需冷却负荷/MW	3.2	分馏塔底温度/℃	283.9

表10 两塔回流泵及冷却设备设计参数

项　　目	原设计参数
汽提塔顶回流泵P-210A/B额定流量/(t/h)	18.5
分馏塔顶回流泵P-202A/B额定流量/(t/h)	11.1
分馏塔顶回流泵P-202C额定流量/(t/h)	26.3
分馏塔顶空冷及水冷设计计算总热负荷/MW	2.25
汽提塔顶空冷及水冷设计计算总热负荷/MW	3.79

5 结论

1）焦化汽油单独加工难度大，加工过程结焦不可避免，宜采用掺炼的形式。

2）液相柴油加氢装置加工量有富余，具备加工焦化柴油的条件。

3）液相柴油加氢装置掺炼适宜比例的焦化汽油，可通过提高循环比或将部分补充氢补入二、三床层，保证反应器内液相呈稳定连续相；掺炼后循环油及一反入口液相中溶解氢略低于掺炼前，可通过少量增加热高分排放氢以提高出口氢分压来解决，液相柴油加氢装置掺炼适宜比例的焦化汽油理论上可行。

4）液相柴油加氢装置掺炼焦化汽油，分馏系统两塔无需改造，需增加焦化汽油直供、罐区泵送及精制汽油出装置流程，并对分馏塔顶回流泵及空冷进行更新。

参 考 文 献

[1] 李立权．焦化汽油单独加氢技术工程化的问题及对策[J]. 炼油技术与工程，2012，42(1)：14-19.

[2] 刘凯祥，李浩，孙丽丽，等．上流式加氢反应器内连续液相的控制方法[J]. 石油炼制与化工，2012，8(43)：7-11.

[3] 张莉．二代连续液相加氢技术操作参数优化[J]. 石油化工设计，2018，3(35)：64-66.

SRH 液相循环加氢装置开停工过程问题及对策

曾鹏飞

（中国石化九江石化公司　江西九江　332004）

摘　要　介绍了九江石化公司 1.5Mt/a SRH 柴油液相循环加氢装置“国Ⅴ”改造后首次开停工过程。通过与前几周期开停工工艺处理情况对比分析，总结出装置开停工过程中的技术难点问题及对应的解决措施，缩短了装置开停工时间，提高了装置停工工艺管线处理质量，实现装置绿色开停工的目的。

关键词　SRH；液相加氢；开停工

前言

九江石化公司 1.5Mt/a 柴油液相循环加氢装置是中国石化大连（抚顺）石化研究院（FRIPP）开发的 SRH 液相循环加氢工艺的首次大型工业化应用。该装置于 2012 年 1 月建成投产，2016 年 5 月停工改造，新增加一台加氢反应器，满足“国Ⅴ”柴油质量升级的需要。

随着国家环保法的日益严格，公司对装置开停工质量高度重视。2017 年 2 月，根据公司安排，全厂装置停工检修。本次停工为装置改造后首次停工，由于装置未设置循环氢流程，两台反应器的工艺处理难度将会更大，处理时间会相应延长。在前几周期开停工经验总结的基础上，本次停工检修采用了双新氢机替代循环机热氢带油的方案，通过调整循环氢流量，大大提高了临氢系统工艺处理质量，同时缩短了停工时间，装置实现了绿色停工的目标。

1　装置前几周期开停工工艺处理情况

装置自开工以来，共经历了两次大规模停工检修。2014 年 11 月装置第一次大规模停工检修，为提高临氢系统工艺处理质量，考虑到循环氢量不足 10000Nm^3/h，适当延长了热氢带油时间，合计时间达到 72h。但在反应器卸剂过程中，发现上床层和中床层催化剂表面基本处于干燥的状态，但下床层催化剂仍然携带大量存油，给催化剂再生带来了较大困难。运行部经过分析总结，认为装置热氢带油效果不佳的主要原因是循环氢量过小，并提出相应技改措施，避免下一次停工再次出现类似问题。

2016 年 4 月装置第二次停工检修，同时进行“国Ⅴ”升级改造，本次停工装置临氢系统存在大面积动火，为保证施工动火安全，临氢系统工艺处理质量非常关键。本次停工借鉴了上次停工经验，缩短了热氢带油时间，采取在反应器出口、循环油泵入口低点放空放净系统存油，其工艺处理标准远达不到动火条件，后续动火施工只能采取局部隔离或利用蒸汽、氮气保护来进行，本次停工耗时 7d。在装置检修过程中实施了临氢系统循环流程改管线扩径等措施。装置“国Ⅴ”升级改造完成后，因考虑到新增反应器首次开工的屈服极限，经过长达 3d 的氢气循环升温，新增第二反应器出口温度才达到 93℃，严重影响了开工进度，本次装置开工时间达到 8d。

2　本周期装置开停工工艺处理内容

2.1　开停工过程中优化内容

1）装置停工前，首先将原料中重组分常三线改出装置，采用常一线、常二线等轻馏分油置换反应系统 24h，大幅度降低了热氢带油的难度。

2）在装置热氢带油过程中，及时开启两台新氢机，使循环氢量维持 20000Nm^3/h 以上，热氢带油温度严格控制在320℃，带油时长约18h，在后续反应器出口加盲板过程中未发现一滴存油，催化剂卸剂过程中无明显油气味，临氢系统氢+烃含量合格，与前几次停工相比，工艺处理效果明显改善，较好地解决了液相循环加氢装置停工带油难的问题。

3）装置氮气循环降温过程中，充分利用反应加热炉的冷却作用，全开加热炉烟道挡板、快开风门，降低反应器入口温度，提高氮气循环降温效果，节省停工了时间。

4）装置氮气循环降温过程中，对新氢压缩机两级负荷合理分配，在保证压缩机安全运转的前提下，提高一级做功，降低二级做功，一方面提高氮气循环量，另一方面降低压缩机氮气出口温度，提高氮气循环带温效果。

5）装置开工过程，2.5MPa 氮气气密结束后，启动新氢机双机循环升温，及时投用热低分至新氢压缩机入口分液罐循环流程，使循环量达到25000Nm^3/h以上，两台反应器床层带温效果较为理想，仅用时24h，第二反应器出口温度即达到100℃以上，有效缩短了开工过程的时间。

2.2 开停工过程待优化问题

1）装置氮气循环降温过程中，未在第一时间建立原料系统两罐循环，导致压缩机入口温度偏高，压缩机负荷难以提高，氮气循环量偏小，影响了带温效果。

2）本次分馏系统垫油期间，风险识别不到位，将精制柴油线内大量存水引入分馏系统，导致分馏系统塔底两台泵频繁抽空。同时，精制柴油出装置后路无污油外甩流程，严重影响了开工进度。

3 装置开停工技术难点问题及解决措施

3.1 开停工过程技术难点

1）装置未设置循环氢压缩机，开停工过程中临氢系统升降温过程速度慢，耗时长。

2）根据循环油泵密封油系统及换热器换热网络流程的特点，在停工过程中，原料系统、分馏系统停工进度受临氢系统牵制，影响装置整体停工时间。

3.2 解决措施

1）装置开停工过程，第一时间启动双机循环，根据压缩机入口温度情况，及时投用热低分至压缩机入口分液罐循环流程，保持循环气量最大化，提高带温效果。

2）装置退油结束后，及时拆开循环油泵一级、二级密封油管线法兰，防止原料、分馏系统吹扫过程中窜汽至临氢系统；原料、分馏系统待临氢系统降温结束后，启动蒸汽吹扫。

4 结论

1）SRH 液相循环加氢装置由于其无循环氢工艺的特点，导致开停工过程临氢系统处理难度增大，同时受原料部分换热网络的限制，装置原料油、反应部分、分馏系统停工过程无法提前隔离单独处理，延长了装置开停工处理的时间。

2）充分利用装置现有双机循环流程，保持循环气量最大化，提高催化剂床层降温效果，可大幅度节省开停工时间48h以上。

参 考 文 献

[1] 刘兵兵．SRH 液相加氢技术在柴油加氢装置中的工业应用[J]．广东化工，2013，04.
[2] 陈良．液相循环加氢工艺在清洁柴油生产中的应用[J]．炼油技术与工程，2015，10.

$3^{\#}$加氢装置 RS-2100 及 RS-2200 催化剂预硫化分析

于观平　翟玉娟　王立波

（中国石化石家庄炼化公司　河北石家庄　050000）

摘　要　本文记述了3#加氢装置 RS-2100 及 RS-2200 催化剂预硫化的全过程，硫化过程中出现问题并提出整改措施，总结了预硫化应注意硫化升降温速度、初活原料进料条件、根据循环氢中硫化氢浓度控制反应温度等事项。

关键词　加氢装置；RS-2100 及 RS-2200 催化剂；预硫化

前言

石家庄3#加氢装置采用中国石化石油化工科学研究院开发的催化剂，并由石油化工科学研究院根据中试装置提供反应基础数据，由中国石化工程建设公司负责工艺技术开发和工程设计，实现循环液相加氢技术在柴油加氢精制领域的首次国产化。该装置以来自上游常减压装置的直馏煤柴油以及来自焦化装置的焦化柴油为原料，在高温、高压、氢气以及催化剂的作用下脱除原料中的硫、氮等杂质，生产出优质的柴油产品。加氢精制主催化剂为 RS-2100 及 RS-2200，催化剂床层的底部装填 RG-1 保护剂，RS-2100、RS-2200 及 RG 系列保护剂均由中国石化催化剂长岭炼化公司生产。为了确使催化剂在使用期间发挥活性，装置正常进料前需对催化剂进行硫化；催化剂的装填、预硫化和初活稳定是装置开工的关键步骤，其成效直接关系到装置开工的成败，本文总结了催化剂 RS-2100 及 RS-2200 硫化过程及出现异常的应急处理，为3#加氢装置和以后加氢装置催化剂硫化提供实践依据。

1　3#加氢装置 RS-2100 及 RS-2200 催化剂装填情况

催化剂装填质量很重要，不仅影响到催化剂的装填量，与装置的处理量有关；更重要的是在装填过程中若疏密不均，很容易使物料走"短路"或床层下陷，造成反应器内物料和温度分布不均，物料与催化剂接触时间不等的现象，影响到产品的质量和催化剂的寿命。如果瓷球的粒度与催化剂的粒度搭配不合适则可能造成催化剂的迁移。因此，对催化剂的装填必须高度重视，为了防止原料油中的烯烃与加氢主催化剂接触时因催化剂活性高而发生剧烈反应，产生急剧的温升，从而加速催化剂结焦失活，装置严格按照石科院规定的尺寸装填催化剂和保护剂。具体装填情况见表 1 和表 2。

表 1　R-101 催化剂装填表

床层	装填物质	理论装填量	
		高度/mm	体积/m^3
三床层	ϕ13 瓷球	100	1.52
	ϕ6 椭球 RS-2200 催化剂	300	4.56
	RS-2200 催化剂	6740	102.48
	ϕ6 椭球 RS-2200 催化剂	200	3.04
二床层	ϕ13 瓷球	100	1.52
	ϕ6 椭球 RS-2200 催化剂	200	3.04
	RS-2100 催化剂	5300	80.59
	ϕ6 椭球 RS-2200	200	3.04

续表

床层	装填物质	理论装填量	
		高度/mm	体积/m^3
一床层	φ13 瓷球	100	1.52
	φ6 椭球 RS-2200	200	3.04
	RS-2100 催化剂	2870	46.64
	RG-1 D3.6	1450	22.05
	RG-1 D6	100	1.52
	φ13 瓷球	100	1.52

本次R-101实际装入催化剂201.175t，保护剂12.3t。

表2 R-102催化剂装填表

床层	装填物质	理论装填量	
		高度/mm	体积/m^3
一床层	φ13 瓷球	50	0.57
	φ6 椭球 RS-2200 催化剂	200	2.27
	RS-2100 催化剂	5940	67.33
	φ6 椭球 RS-2200 催化剂	200	2.27
	φ13 瓷球	50	0.57

本次R-102实际装入催化剂70.64t。

2 催化剂预硫化

2.1 催化剂硫化反应机理

预硫化时，硫化反应极其复杂，在反应器内会发生两个主要反应：

1) 氧化态的催化剂活性组分(氧化镍、氧化钼等)和硫化氢反应变成硫化态的催化剂活性组分。该反应会放出热量，预硫化时该反应发生在各个床层。

2) 硫化剂(DMDS)和氢气反应，产生硫化氢和甲烷。该反应会放出热量，预硫化时该反应一般在反应器的入口发生，反应速度较快。

2.2 催化剂湿法预硫化工艺条件

高分压力： 9.0MPa

新鲜原料进料量： 206t/h

新氢机出口流量： 25000m^3/h

硫化剂： DMDS

硫化携带油： 常二线油，干点不大于320℃

新鲜原料体积空速： 0.8h^{-1}

循环比： 2∶1(循环油：新鲜原料油)

2.3 催化剂预硫化步骤

预硫化程序及硫化氢控制情况见表3。

1) 氮气气密过程结束，引氢气进装置。若氮气气密过程未能气密到设计压力，则进行氢气气密直到在设计压力下气密合格。引氢气前，催化剂床层最高温度不大于150℃。氢气升压速率<0.05MPa/min，使系统压力升至1.0MPa，在高压分离器处采样分析氢气摩尔分数大于80%为合格，否则将氢气放空至低压瓦斯管网，再充氢气，直至取样分析合格为止。在此期间继续降低反应器入口温度，引油进装置前催化剂床层最高点温度不高于150℃。

2）进油前再次检查硫化流程是否准确无误。

3）催化剂床层最高温度降到150℃以下，全量引硫化油进装置，建立二反后高分液位(当高分液位稳定后，将高分油向不合格产品罐甩油，直至流出油清澈为止)，启动循环油，循环比(循环油：原料油)调节至2：1，循环油从反应器底部注入，同时建立开工小循环(二反后高分油部分循环回原料缓冲罐)。

4）启动新氢压缩机，新氢机出口流量25000m^3/h。

5）观察低分顶部气体流量，流量逐渐增大，当流量不再增加，开始注入DMDS。

反应器入口温度升至140℃，高分液位稳定并建立循环后，恒温2h，恒温结束后开始升温及向反应系统注硫化剂，并每半时检测一次低分尾气中的H_2S浓度，可以使用100~2000μg/g浓度范围的硫化氢检测管检测

6）硫化过程中有水产生，每两小时从低分和原料油缓冲罐放水、称重并记录，以便掌握硫化的程度。

7）硫化结束后，计量总的出水量。

表3 预硫化程序及硫化氢控制

硫化阶段	升温速率/(℃/h)	时间/h	DMDS注入速率/(t/h)	H_2S摩尔分率参考范围/(%)
140℃进油恒温	—	5	—	
140~230℃升温	10	9	1.8	0~1.0
230℃恒温	—	6	2	0.5~1.0
230~260℃	15	2	2.4	1.0~2.0
260℃恒温	—	4	2.4	1.0~4.0
260~320℃	15	4	3	1.0~4.0
320℃恒温	—	8	2	>4.0
总预硫化过程	—	38	70.6	

2.4 催化剂预硫化阶段分析项目

1）引氢进装置：补充氢组成及氢浓度；

高分气采样分析氢纯度。

2）预硫化开始后：

低分气：	H_2S含量	1次/0.5h	检测管
	氢气纯度	1次/4h	色谱
	气体组成	1次/8h	色谱
补充氢：	氢气纯度	1次/24h	色谱
	气体组成	1次/24h	色谱

2.5 催化剂硫化过程的注意事项

1）硫化剂应准备一定的富余量。

2）催化剂预硫化的好坏直接影响到催化剂的活性和稳定性，而严格升温程序、控制DMDS的注入量、保持注硫泵的平稳运转是催化剂预硫化操作的关键。因此应临时设置注硫岗位，做到每半小时一次检查、调整和记录注硫量。必须按规定的硫化升温速度进行硫化及注硫。

3）硫化结束后，以15℃/h降低反应器入口温度至260℃，准备进初活原料。并计算和汇总硫化剂总进量和出水量。

4）预硫化期间低分气中的硫化氢浓度较高，硫化生成水中含有大量的硫化氢，在高分切水时，水中溶解的硫化氢因减压而逸出。硫化氢对人体有较大的危害，在空气中的卫生允许质量浓度仅为0.010mg/L。因此，高分切水人员要注意落实防护措施，必须配备防毒面具，严防硫化氢中毒，注意

人身安全。

5）严格控制硫化各阶段的最大温升不大于 20℃，硫化氢摩尔分数不大于 2.0%，否则降低或停止硫化剂注入量。

6）循环氢中硫化氢摩尔分数小于 0.3%时，反应器各床层温度不得超过 230℃。

7）催化剂预硫化结束后，尽快统计预硫化操作过程中的各种工艺参数，特别是注硫量、出水量、硫化氢浓度等数据，通过对数据的分析，判断催化剂的预硫化效果是否符合工艺要求。

2.6 催化剂实际硫化情况

7 月 27 日 7：40 启动 P-102/A 反应系统引油；14：50 启动 K-101/B，建立气路循环；23：50 启动 P-104，循环比提至 2.0。7 月 28 日 0：15 反应系统以 15℃/h 升温；0：45 开始注硫化剂；6：45 反应入口温度升至 230℃恒温；14：55 反应系统升至 260℃恒温；0：00 反应温度升至 320℃恒温；7 月 29 日 0：20 由于氢气管网压力低，停注硫化剂；4：05 恢复注硫；11：00 原料罐和冷低分无水，硫化结束。

催化剂硫化期间共注硫 67t。达到了硫化的预期效果。硫化过程数据见表 4。

表 4　3#加氢硫化记录表

时间	DMDS 注入量/(t/h)	TI10605/℃	TI10807A/℃	TI10805A/℃	TI10803A/℃	TI10802/℃	TI11209A/℃	TI11207A/℃	PI10901/MPa	低分气硫化氢/(μg/g)
28 日 0：00	0	153	153	154	153	153	145	144	9.3	0
1：00	0.3	157	157	155	154	153	145	143	9.0	10
2：00	2	164	164	162	160	161	148	146	9.2	10
3：00	2	174	173	170	168	168	154	151	9.3	10
4：00	2.1	192	191	190	186	186	162	157	9.1	10
5：00	2	210	212	214	213	210	185	174	9.0	500
6：00	2	219	220	218	219	218	199	198	9.6	500
7：00	1.8	230	234	234	230	230	207	204	8.5	500
8：00	2	232	235	236	239	237	221	218	9.5	500
9：00	2	234	237	237	239	238	226	225	8.9	500
10：00	6.9	233	237	238	241	240	231	231	8.7	700
11：00	4	232	235	235	237	236	232	232	9.4	9000
12：00	2.6	230	233	232	234	233	230	230	9.5	19000
13：00	1.9	233	233	232	234	233	229	228	9.1	38000
14：00	2.6	247	247	245	245	243	226	225	9.2	>40000
15：00	2.9	263	264	263	263	262	238	233	9.1	>40000
16：00	2.3	264	266	266	271	269	252	248	9.0	>40000
17：00	2.1	262	265	266	268	267	255	254	9.1	>40000
18：00	2.4	262	265	265	267	266	255	255	9.3	>40000
19：00	2.7	264	266	265	267	266	255	255	9.4	>40000
20：00	2.7	275	276	272	272	271	254	255	9.4	>40000
21：00	2.1	287	289	285	284	283	259	258	9.3	>40000
22：00	1.2	298	300	297	296	295	267	266	9.2	>40000
23：00	1.6	311	314	311	309	308	278	276	9.1	>40000
29 日 0：00	1.4	320	325	323	322	321	289	287	320	>40000
1：00	—	325	330	330	331	329	300	298	325	>40000
2：00	—	322	329	331	334	332	310	309	322	>40000

续表

时间	DMDS 注入量/(t/h)	TI10605/℃	TI10807A/℃	TI10805A/℃	TI10803A/℃	TI10802/℃	TI11209A/℃	TI11207A/℃	PI10901/MPa	低分气硫化氢/(μg/g)
3∶00	—	321	326	329	332	330	315	316	321	>40000
4∶00	—	322	327	330	334	332	318	318	322	>40000
5∶00	2.0	322	328	330	333	331	318	320	322	>40000
6∶00	2.6	323	329	330	332	331	318	320	323	>40000
7∶00	2.9	321	328	328	330	328	316	319	321	>40000
8∶00	2.0	318	324	323	324	323	311	315	318	>40000
9∶00	—	321	324	325	328	326	306	313	321	>40000
10∶00	—	317	320	321	324	322	303	305	317	>40000
11∶00	—	319	322	322	324	323	305	306	319	>40000

从表4数据低分气中的硫化氢浓度、反应器入口温度以及高分压力可以看出，催化剂硫化充分，达到预计要求。

2.7 催化剂初活稳定

经过预硫化处理的催化剂具有较高的活性，如果这时与劣质的原料特别是二次加工馏分油如焦化汽柴油等接触，催化剂表面积炭的速度会加快，同时催化剂的活性下降，最后催化剂表面积炭达到一个稳定值，催化剂的活性也稳定下来。为了使催化剂的活性稳定在较高的水平上，催化剂在运转初期使用能使催化剂积炭速度减慢的直馏柴油(终馏点<350℃，硫含量大于2000μg/g，溴值小于5gBr/100g)运转48h以上。这一过程即所谓的催化剂初活稳定阶段，若原料终馏点无法满足要求，则根据生产进行调整。7月30日5∶15引初活稳定油50t/h进装置；5∶35低分气全部并入脱硫系统；9∶10稳定油提至100t/h；11∶07稳定油提至115t/h；16∶08产品总硫为2.9mg/kg合格，产品改至合格线，初活稳定结束。

2.8 催化剂硫化过程中存在问题及解决办法

1) 开工硫化过程中，循环氢氢纯度低至10%以下。

原因分析：脱硫系统投用时间过晚，造成置换时间过晚；氢气量不足，后续硫化过程中氢气量无法保证，低分气外排量无法满足置换要求。

2) 开工硫化过程中，低压瓦斯总硫含量高，造成新区加热炉CEMS系统二氧化硫超标。

原因分析：3#加氢硫化过程中，低压瓦斯系统中总硫含量高，造成新区加热炉CEMS系统二氧化硫超标，初步分析为3#加氢硫化过程中，部分硫化剂未裂解或者硫化中间产物经过原料缓冲罐D-101挥发通过D-101压控排至低压瓦斯系统。

3 结论

1) 2019年11月27~30日进行了装置换剂后标定，标定结果表明：催化剂加工硫含量为6600~7700μg/g，原料的终馏点为363.2~374.4℃，在进料173.4t/h，控制高分压力为9.6~9.7MPa，循环比为2.02，R-101氢油比为85.89，R-102氢油比53.45，反应器入口温度355℃情况下，产品总硫最高为7.0μg/g，符合产品质量要求，氢耗对应在0.475%，达到催化剂技术协议要求。装置运行期间温度平稳，催化剂表现良好活性且满足生产要求。

2) 催化剂硫化过程中出现循环氢纯度低的问题时，应提前投用脱硫系统，提前进行置换，确保氢纯度满足要求。

3) 催化剂硫化过程中出现低压瓦斯总硫含量高问题时，应与石科院沟通，相应提高初始硫化温度至190℃左右，或者改进流程，硫化油进入分馏系统，经汽提后再进入原料缓冲罐，避免大量有机硫进入低压瓦斯系统。

DN3636C/DN3630 组合催化剂在柴油质量升级中的应用

王幸超

（中国石化镇海炼化公司　浙江宁波　315207）

摘　要　为配合车用柴油产品提质升级的需求，满足“国Ⅴ”排放标准，中国石化镇海炼化公司Ⅵ套柴油加氢装置更换采用壳牌标准催化剂公司研发的DN-3636C/DN-3630组合催化剂进行生产。通过标定表明，装置以359t/h进料，掺炼9.93%的催化裂化柴油及14.69%的焦化柴油，原料总硫含量1.02%的原料条件，在反应入口温度为339.1℃，平均床层温度为367.8℃，氢油比为383.6，反应入口压力为7.83MPa的操作工况下，能够生产出硫含量<8mg/kg的精制柴油，催化剂的脱硫率在99.83%～99.87%，脱氮率在99.85%～99.88%，密度降低幅度在20kg/m³以上，十六烷值提高5.1个单位，多环芳烃降低10.9%。说明DN-3636C/DN-3630组合催化剂脱硫、脱氮活性较高，兼具较好的降低多环芳烃、降低密度、提高十六烷值性能。

关键词　柴油加氢；催化剂；“国Ⅴ”柴油

中国石化镇海炼化公司3.0Mt/a柴油加氢精制装置（简称Ⅵ加氢装置），于2011年6月建成投产，以密度大、干点高的催化柴油、Ⅰ常常三线/常二线/减一线柴油、焦化柴油为原料，反应器入口操作压力为8.0MPa，原体积空速为2.0h^{-1}。为确保满足“国Ⅴ”排放标准的车用柴油的生产，装置于2015年9月进行停工换剂，更换为美国标准公司研发的组合催化剂DN-3636C/DN-3630。本文主要介绍该组合催化剂在中国石化镇海炼化公司Ⅵ加氢装置上的工业应用情况。

1　催化剂的装填及装置开工

1.1　催化剂的性质

DN-3630和DN3636C催化剂均为采用CENTERA技术开发的镍钼催化剂，代表了CENTINEL GOLD和ASCENT技术平台最佳元素的结合，以及研发的最新突破，使得催化剂活性金属中心的形态得到更好的控制，具有更高的金属分散度[1]。DN3636C催化剂是在DN3636基础上专门针对中国柴油加氢而开发，与DN3636催化剂相比，DN3636C保持金属、制备方法不变，但对载体进行了改进调整，使其更加适合加工掺炼催化裂化柴油、焦化柴油等二次加工油装置，在处理高密度、高芳烃含量以及馏程较重的原料方面活性更高。DN3636C与DN3630催化剂组合使用，相对于使用单一催化剂，可以在处理重质、劣质柴油原料时达到最佳脱硫、脱氮效果。DN3636C、DN3630的理化性质见表1。

表1　DN3636C和DN3630主要理化性质

项　　目	DN3636C	DN3630
有效活性组成	Ni/Mo	Ni/Mo
粒径/mm	1.3	2.5/1.3
形状	三叶草形	三叶草形
压碎强度/(N/cm)	>180	>180
磨损指数/%	99	99
稀相装填密度/(t/m³)	1.143	1.017
密相装填密度/(t/m³)	1.334	1.186

1.2　催化剂的装填

Ⅵ套柴油加氢装置反应器直径为4.6m，分上下两个床层，两床层分配盘所布置分配器均为泡帽形式，中间冷氢箱采用SEI超扁平专利结构，该结构结合了对流式冷氢箱和旋流式冷氢箱的优点，在强化混合与换热作用的同时节省降低了冷氢箱高度。

装置于2015年9月14日14时开始进行催化剂装填，装填工作由专业装剂公司负责完成，9月19日0时装填工作结束，共计装填DN3636C催化剂226t(其中密相装填217t)，DN3630/TL1.3催化剂43.93t(密相装填)，DN3630/TL2.5催化剂10t(普通装填)，各主剂装填密度偏差均超过壳牌标准公司所提供理论装填密度的±3.0%，装填质量较为理想。此外反应器顶部采用OptiTrap[Medallion]、OptiTrap[MactoRing]、OptiTrap[Ring]多种保护剂级配装填，起到容垢、脱金属的作用，以保护主催化剂，防止一床层顶部结焦。因装置需掺炼一定比例焦化柴油，在反应器一床层主剂上方装填具有加氢性能和高容硅能力的“三叶草”形DN-140脱硅剂，活性金属为镍和钼，以脱除原料中的硅和少量易脱除的硫化物。

1.3 催化剂的硫化及开工

主催化剂DN-3636C/DN-3630、脱硅剂DN-140以及保护剂均为氧化态，开工时需进行预硫化，催化剂硫化方法采用湿法硫化。反应系统经氮气置换、氢气气密试验合格后压力降至4.0MPa，注硫前催化剂床层最高温度控制在小于140℃，以270t/h引入直馏柴油，确保催化剂充分润湿后逐步提高反应温度至205℃，开始引入硫化剂。按照壳牌标准公司提供的硫化曲线进行升温，期间通过调整硫化剂注入量，维持循环氢中硫化氢浓度在要求的范围内，最终催化剂床层温度升至315℃恒温，直到循环氢中硫化氢浓度保持稳定、高压分离器水位不再变化或变化不明显时，硫化结束。从开始注入硫化剂至硫化结束，共计耗时19h，消耗硫化剂(DMDS)48t，硫化过程用时短，升温、恒温控制平稳。硫化结束后，进行了加工直馏柴油的48h初活稳定，之后转入正常生产，所产精制柴油产品硫含量按“国Ⅴ”标准指标控制。

2 催化剂性能标定

2016年1月27~30日，装置开工4个月后，对Ⅵ套柴油加氢装置进行满负荷标定，目标产品为硫含量小于8mg/kg的精制柴油，考察柴油质量升级后装置的运行工况。

2.1 原料性质

标定期间，常减压装置加工原油种类为福蒂斯、锡瑞、伊轻、阿尔巴克拉、冷湖，比例为1∶1∶5∶0.9∶1，常三线直供Ⅵ加氢装置，平均流量为80.09t/h，占比22.29%；Ⅰ催化柴油直供Ⅵ加氢装置，平均流量为35.68t/h，占比9.93%；罐区焦化柴油供Ⅵ加氢装置平均流量52.76t/h，占比14.69%；罐区直馏柴油供料量占比53.09%，混合原料中的二次加工油比例均在设计原料要求比例内，总加工负荷为359.28t/h，略高于设计满负荷357.14t/h。标定原料典型性质见表2。

表2 标定期间混合原料典型性质

项目	原料样品1	原料样品2	原料样品3	设计值
20℃密度/(kg/m^3)	859.6	862.9	863.2	870
馏程/℃				
初馏点	197	198	199	172
10%	244	245	244	235
50%	294	294	297	292
90%	341	342	344	351
95%	353	356	356	365
w(硫)/%	0.958	1.06	1.18	1.24
w(氮)/(mg/kg)	487	459	422	570

续表

项　　目	原料样品 1	原料样品 2	原料样品 3	设计值
酸度/(mgKOH/100mL)	31.8	18.5	18.0	—
溴价/(gBr/100g)	11.8	11.11	11.45	11
十六烷值	45.7	45.9	45.7	47
w(氯)/(mg/kg)	0.9	0.9	0.9	—
w(多环芳烃)/%	16.9	17.7	17.9	—
w(硅)/(mg/kg)	<0.5	<0.5	<0.5	0.15

由表 2 可见，标定期间混合原料硫含量最高值 1.18%，密度最高值 863.2kg/m^3，95%馏点最高值 356℃，总氮含量最高值 487mg/kg，均在原料设计值范围之内；溴价平均值为 11.22gBr/100g，十六烷值平均值为 45.8，该两项指标略劣于设计值。

2.2 主要操作条件

标定期间的主要操作条件见表 3，由表 3 可见标定期间主要操作参数基本在设计范围内，柴油质量升级以后，随着原料的变化和加氢反应深度的加深，粗汽油外排量和新氢补入量较设计值增大。

表 3　标定期间主要操作条件

项　　目	1.27~1.28	1.28~1.29	1.29~1.30	设计值
反应器入口压力/MPa	7.81	7.84	7.85	8.0
氢油体积比/%(体)	371	380.23	399.61	
主催化剂体积空速/h^{-1}	1.88	1.89	1.88	2.0
上床层入口温度/℃	336.8	341	339.5	330-355
上床层出口温度/℃	377.3	379.3	378.7	
上床层温升/℃	41.6	38.3	38.7	
上床层压降/MPa	0.167	0.163	0.160	0.3
下床层入口温度/℃	371.4	370.5	369.1	
下床层出口温度/℃	387.2	385.6	384	
下床层温升/℃	16	14.3	15.3	
总温升/℃	50.7	44.78	44.65	
平均反应温度/℃	371.2	368.1	370.5	
反应器压降/MPa	0.37	0.37	0.38	
新氢补入量(标)/(m^3/h)	39070	37037	37700	34000
循环氢流量(标)/(m^3/h)	130329	137389	146035	145000
化学氢耗(标)/(m^3/m^3)	86.72	81.26	82.67	97.4
粗汽油外排量/(t/h)	11.4	11.59	15.26	4.3~5.8
精制柴油外排量/(t/h)	343.4	347.1	346.7	

2.3 标定结果

标定期间的主要反应性能见表 4，从表 4 可看出装置在 359t/h 进料，掺炼为 9.93%的催化裂化柴油以及 14.69%的焦化柴油，原料硫含量在 1.02%左右，反应入口温度为 339.1℃，反应床层平均温度为 367.8℃，氢油比为 383.6，反应入口压力为 7.83MPa 的条件下，能够生产出硫含量<8mg/kg 的精制柴油，催化剂的脱硫率在 99.83%~99.87%，脱氮率在 99.85%~99.88%，说明 DN-3636C/DN-3630 组合催化剂具有较高的脱硫、脱氮活性。

标定期间精制柴油产品性质见表 5，与“国Ⅴ”柴油标准相比，生产的精制柴油的硫含量、总氮、多环芳烃、酸度、95%馏点等均较低，产品性质较好，精制柴油的十六烷值平均值略低于 51(具体样品典型值分析为50.2、51.0、51.4)，密度较为卡边，接近标准上限。在产品改性能力方面，密度降低幅度在20kg/m³以上，十六烷值平均提高5.1个单位，多环芳烃含量平均降幅10.9%，改性效果较好。

表4 标定期间主要反应性能

样　品	1.27~1.28	1.28~1.29	1.29~1.30
原料硫含量/%	0.9595	0.9498	1.12
柴油硫含量/(mg/kg)	6.325	5.625	6.175
汽油硫含量/(mg/kg)	10	6.8	10
总脱硫率/%	99.83	99.87	99.86
平均脱硫率/%	99.85		
原料氮含量/(mg/kg)	487	459	422
柴油氮含量/(mg/kg)	0.7	0.7	0.5
脱氮率/%	99.86	99.85	99.88
平均脱氮率/%	99.86		

表5 标定期间精制柴油产品性质

项　目	标定结果(平均值)	"国Ⅴ"柴油标准
密度(20℃)/(kg/m³)	842	810~850
50%温度/℃	284	≤300
90%温度/℃	337	≤355
95%温度/℃	351	≤365
闪点/℃	>80	≥55
硫/(mg/kg)	6.04	<10
多环芳烃/%(质)	6.63	≤11
十六烷指数	52	≥46
十六烷值	50.87	≥51
铜片腐蚀/级	合格	≤1
总氮/(mg/kg)	0.6	—
酸度/(mgKOH/100mL)	0.67	≤7
凝固点/℃	-8	—
比色	1	—
溴价/(gBr/100g)	0.83	—
胶质/(mg/100mL)	54.4	—

2.4 问题分析

标定期间粗汽油外排量比设计值高出较多，主要原因是装置原始设计原料密度较大(891kg/m³)，分馏塔顶粗汽油产重整料，粗汽油干点控制在180℃以下，而标定时实际原料组分相对较轻、且分馏塔顶粗汽油产乙烯料，粗汽油干点控制在190~210℃。

在超深度脱硫的反应条件下，装置氢耗处于较高水平，标定期间氢气单耗(标)平均为105.15m³/t，使得新氢机入口新氢流量超过压缩机设计排量(标准流量34000m³/h)。另外，随着反应温度的提高，反应器内原料油的热裂解加剧，循环氢中轻烃含量也随之增加，易引发循环氢脱硫塔胺液发泡，增加冲塔风险，影响装置平稳运行，日常生产中应通过循环氢排废氢、循环氢脱硫塔定期排烃，严控高压空冷冷后温度缓解。

装置标定在开工4个月后进行，在设计原料比例和满负荷的生产条件下，反应温度为339.1℃，催化剂床层 WABT 温度 373℃，高于设计初期平均温度，长周期生产“国Ⅴ”柴油还需进一步采取优化措施，严格控制加氢原料的 95%馏点、密度、硫含量等指标，日常操作中控制精柴硫含量、反应氢油体积比往指标上限靠拢，以尽量延长催化剂的寿命。

精制柴油产品性质指标中十六烷值偏低于 51，未达到“国Ⅴ”标准，原因是部分原料(直供的常三线油和罐区焦柴)的十六烷值偏低，混合原料十六烷值低于原料指标设计值，若需要Ⅵ加氢装置所生产的精制柴油各项指标均达到“国Ⅴ”柴油标准要求，需要进一步优化原料。

3 结论

1）Ⅵ套柴油加氢装置满负荷标定结果表明，装置在原料硫含量 1.02%左右，反应入口温度在 339.1℃，平均床层温度在 367.8℃，氢油比为 383.6，反应入口压力 7.83MPa 的条件下，能够生产出硫含量<8mg/kg 的精制柴油。DN-3636C/DN-3630 组合催化剂的脱硫、脱氮活性较高，同时对柴油产品的密度、多环芳烃、十六烷值等性质也有较强的改善能力，对比“国Ⅴ”柴油标准，生产的精制柴油硫含量、总氮、多环芳烃、酸度、95%馏点温度等均较低，产品性质较好。

2）柴油质量升级以后，反应深度提高，Ⅵ套加氢装置在满负荷条件下耗氢比较大，受限于新氢压缩机设计流量不足，将制约装置今后生产中提高加工量或二次加工油掺炼比例。

3）在高空速下超深度脱硫，给装置带来了循环氢脱硫塔胺液易带烃发泡、运行周期缩短的操作问题，日常生产可通过优化原料条件和操作参数等手段来缓解应对。

参 考 文 献

[1] 郭守权. DN-3636 催化剂在柴油加氢装置上的工业应用[J]. 石油炼制与化工，2016，47(5)：41-45.

$2^{\#}$加氢原料由催柴切换至直馏柴油存在的问题及解决措施

姜尝锋　翟玉娟

（中国石化石家庄炼化公司　河北石家庄　050000）

摘　要　$3^{\#}$加氢装置于2019年6月换剂停工，2019年5月接公司指示装置原料由催柴切换直柴，原料切换后运行期间换热器入口温度低于铵盐结晶温度、加热炉满负荷导致烟气入预热器温度下降等问题。针对存在的问题制定相应的有效措施，保证了生产任务的完成。

关键词　加氢；催化柴油；直馏柴油；问题；措施

引言

$2^{\#}$加氢精制装置由北京SEI设计院承担设计，装置原加工量为1.0Mt/a，年运转时间按8000h计。装置由反应部分、压缩机部分、分镏部分、加热炉、循环氢脱硫、抽真空系统、稳定系统部分及公用工程等部分组成；以生产低硫柴油(近期)及低硫低芳烃柴油(远期)。装置于2003年10月动工，占地约0.4592公顷，概算投资17519.08万元(建设投资16713.74万元)，于2004年4月投产。2017年装置完成质量升级改造，装置加工量为0.9Mt/a，年运转时间按8400h计，原料油为一催柴油、三催柴油、焦化汽油、焦化柴油的混合原料油，装置采用SSHT技术。

SSHT技术采用一种或两种非贵金属加氢精制催化剂，将柴油的超深度加氢脱硫和芳烃深度饱和通过两个反应器完成。第一反应器为高温反应区，在第一个反应区中完成大部分易脱硫硫化物和氮化物的脱除；第二反应区为较低温反应区，在第二个反应区中完成剩余硫化物的脱除和多环芳烃进一步加氢饱和，并改善油品颜色。SSHT技术的柴油产品硫含量<10μg/g、多环芳烃<11%，色度号(D1500)<2.5。SSHT技术的原则流程如图1所示。

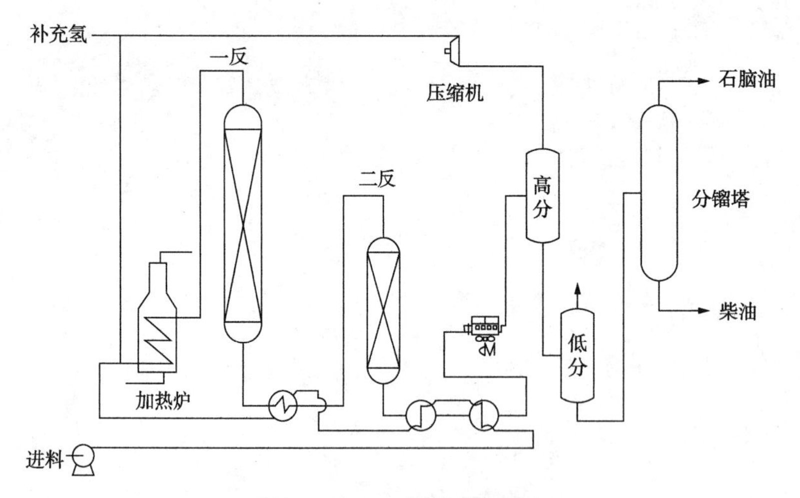

图1　SSHT工艺原则流程图

2019年金石停工，氢气供给紧张，为保证公司各产品质量合格，$2^{\#}$加氢配合公司调整加工直馏柴油。6月7日直馏柴油引入后，装置一反温升仅为27℃，二反温升0℃，E1107跨线阀位开度>60%，二反入口温度仅维持在330℃。为保持产品质量合格及高换区间换热均衡，通过调整冷油的方法减少原料在高温区间的取热，增加加热炉的负荷，提高二反的入口温度，导致烟气进预热器温度升高接近联锁值420℃。6月8日$1^{\#}$、$3^{\#}$催柴切出，9：28直馏柴油常四线进装置约35t逐渐提量至65t/h，装置耗氢降低至6200Nm^3/h，F1101点炉升温，提一反入口温度355℃，随着直柴掺炼量增加，二反入口温度最低降至324℃，期间为E1102、E1103入口温度逐渐降低至197℃，E1103入口至186℃。2#加氢原料总硫控制指标为≤0.8%，原料由催化柴油切换后常三、常四线总硫含量逐渐增加后期焦化柴油切进加氢后，原料总硫最高达到了1.12%，但烷烃和环烷烃含量较多，放热量远不及催化柴油加氢的放热量，直馏柴油掺炼量增加反应温升持续下降，提高反应入口温度，虽然产品总硫有上升趋势但依然合格。

1 装置原料由催柴切换至直馏柴油存在的问题分析

1.1 E1103、E1102入口温度达到铵盐结晶温度问题分析

6月7日直馏柴油引入装置，随着直柴掺炼量增加，二反入口温度最低降至324℃，期间E1102、E1103入口温度逐渐降低至197℃，E1103入口温度最低降至186℃，具体温度变化情况见表1。

表1 装置加工直柴期间反应器出口温度、E1103\E1102出口温度数据表

时间	二反入口温度/℃	二反出口温度/℃	E1102入口温度/℃	E1103入口温度/℃	E1102跨线阀位/%	塔1201入口温度/℃
2019/6/6	335.2	350.0	240.3	192.0	16.51	218.4
2019/6/7	334.3	348.0	236.3	186.7	0	216.1
2019/6/8	338.9	351.8	244.2	195.1	25.6	219.2
2019/6/9	346.2	346.6	200.1	191.9	0	215.4
2019/6/10	353.5	355.3	203.6	199.1	25.6	216.3
2019/6/11	354.6	357.2	207.6	202.6	32.5	217
2019/6/12	346.6	346.3	204.2	208.01	47.4	214.6
2019/6/13	345.36	344.6	203.1	211.5	59.8	213.4
2019/6/14	344.7	343.9	202.1	210.8	60.47	211.8
2019/6/15	345.8	345.1	206.7	220.6	75.03	206.4
2019/6/16	344.9	344.4	204.3	217.5	72.6	206.2
2019/6/17	347.2	345.2	202.4	216.7	70.67	205.3
2019/6/18	343.5	342.5	204.4	220.9	74.81	201.3
2019/6/19	344.6	343	211.8	225.6	83.59	203.5
2019/6/20	336.6	334.8	200.5	215.8	74.39	204.1
2019/6/21	334.2	332.05	203.4	220.4	87.61	198.5
2019/6/22	321.9	319.9	197.2	210.6	85.46	199.2
2019/6/23	325.4	322.7	198.7	214.3	81.54	196
2019/6/24	325.3	323.0	198.5	214.7	80.04	193.6
2019/6/25	319.7	317	196.4	214.5	89.02	199.8
2019/6/26	331.3	328.2	200.4	213.8	83.44	198.2
2019/6/27	325.9	324.6	196.6	207.8	75.21	200.8

表2 装置加工直柴期间原料性质数据表

原料组成	催化柴油	直馏柴油	焦化柴油
馏分范围/℃	184~360	205~360	170~365
密度(20℃)/(g/cm^2)	0.987	0.68	0.93
黏度(20℃)/(mm/s)	1.4	5.8	5.15
总芳烃/%(体)	76.5	26.9	—
硫含量/%(质)	4700	0.776	1.8
氮含量/(μg/g)	1075	105.8	1200

续表

原料组成	催化柴油	直馏柴油	焦化柴油
十六烷指数，ASTM D-4737	20.6	50.6	47.1
初馏点	184	124	<100
10%	222	249	166
50%	267	293	307
90%	331.5	345	349
95%	344	362	361
氯含量/%	1.3	2.4	2.2

从表1中可以看出，随着直馏柴油掺炼量增加，反应温升和反应温度逐渐降低，E1102入口温度从244℃逐渐降低，最低降低到196℃；E1103入口温度从220.9℃逐渐降低至186.7℃，对照表2及图2原料中氮含量和氯含量在不同温度下结晶速率可以看出，2#加氢装置换热器氯化铵结晶温度即换热器结盐温度为195℃以下，因此，随着直馏柴油掺炼量增加，装置高压换热器E1102/E1103温度已经低于铵盐的结晶温度。

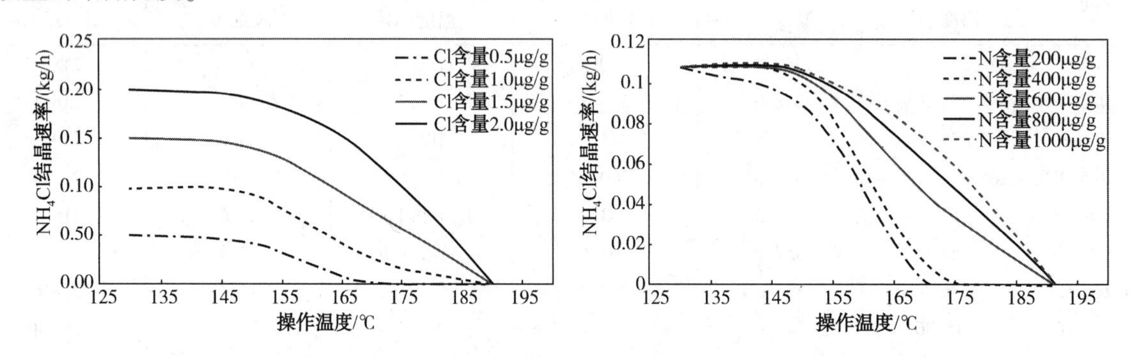

图2 原料中氮含量和氯含量在不同温度下结晶速率

1.2 原料总硫升高，直接影响产品质量合格

2#加氢原料总硫控制指标为≤0.8%，原料由催化柴油切换后常三、常四线总硫含量逐渐增加，后期焦化柴油切进加氢后，原料总硫最高达到了1.12%，但烷烃和环烷烃含量较多放热量远不及催化柴油加氢的放热量。图3和图4为加氢原料切换前后原料和产品总硫变化，及一反和二反温升变化，直馏柴油掺炼量增加，反应温升持续下降。

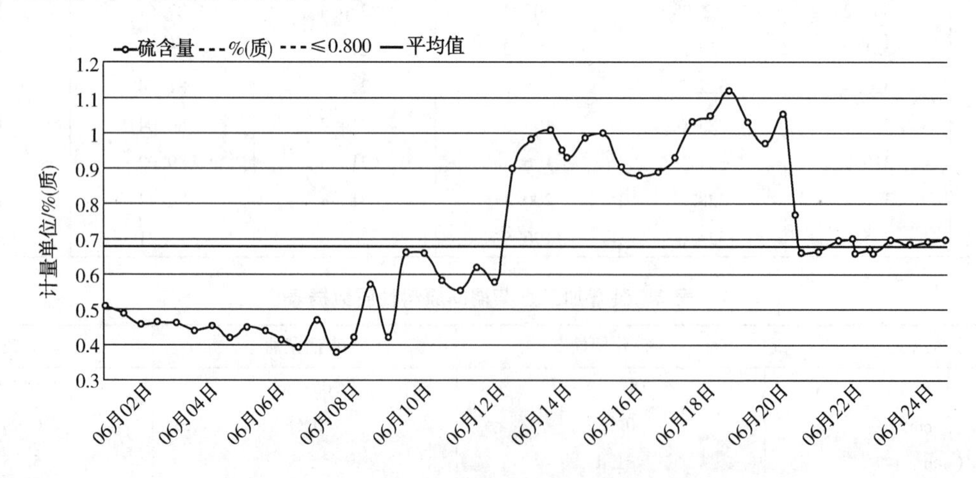

图3 原料硫含量变化趋势图

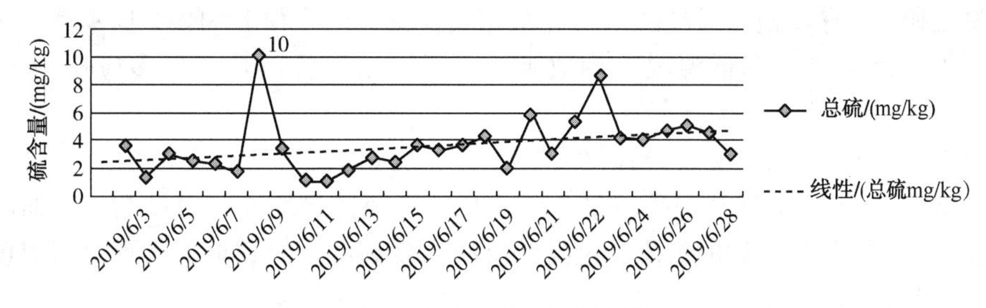

图4　产品硫含量变化趋势图

2019年6月8日1#、3#催柴切出，9：28直馏柴油常四线进装置约35t逐渐提量至65t/h，装置耗氢降低至6200Nm³/h，F1101点炉升温，提一反入口温度355℃，6月11日焦化柴油改进2#加氢，反应温升增加，一反入口温度控制354℃，出口温度389℃，温升35℃，二反入口温度341℃，出口温度341℃，系统压力7.4MPa。操作条件对比见表3。

表3　装置加工催柴、直柴期间操作条件对比表

项　　目	催柴原料	直柴原料	焦柴+直柴原料
新鲜进料量/(t/h)	65	67	65.01
循环量/(t/h)	5	0	0
反应进料量/(t/h)	70	67	65
系统压力/MPa	7.398	7.39	7.414
R1100入口温度/℃	312.3	355.7	354.5
R1100一床层平均温度/℃	362.7	372.7	374.1
R1100一床层高点温度/℃	390	377	379
一床层出口冷氢量/(Nm³/h)	1000	0	0
R1100二床层平均温度/℃	381.6	377.7	380.1
R1100二床层高点温度/℃	390	381	380
一床层出口冷氢量/(Nm³/h)	8975	0	0
R1100三床层平均温度/℃	382.5	382	381.2
R1100三床层高点温度/℃	390	382	382
R1100平均温度/℃	375.6	377.52	378.5
R1100出口温度/℃	388.1	383.73	383.16
R1101入口温度/℃	349.4	346.17	344.42
R1101一床层平均温度/℃	353.3	344.21	342.1
R1101二床层平均温度/℃	361.0	345.6	343.6
R1101三床层平均温度/℃	362.33	346.5	344.7
R1101出口温度/℃	364.5	346.6	345.9
补充氢消耗量/(Nm³/h)	18098	6297.3	6009.3
柴油总硫/(mg/kg)	1	3.3	3.6
脱硫率	100%	99.9%	99.9%
加热炉负荷	0%	100%	100%

从表3可以看出，催柴由于原料中多环芳烃含量较多，反应放热量远远大于直馏柴油，R1100床层间冷氢接近10000Nm³/h，反应温升76℃，各床层间总温升达到120℃，二反总温升为15℃，而加工直馏柴油和直馏柴油+焦柴，反应总温升为27℃，二反总温升为0℃，同时耗氢量(重整氢)减少12000Nm³/h。原料总硫含量增加后，提高反应入口温度，虽然产品总硫有上升趋势但依然合格。

1.3　加热炉满负荷运行，烟气入预热器温度接近联锁值

目前国内柴油深度加氢脱硫工艺主要有RIPP开发的SSHT技术和RTS技术。两种技术均是将柴油

的超深度加氢脱硫和芳烃深度饱和通过两个反应器完成。在工艺流程上 SHHT 技术是将一反反应产物与原料换热后进入二反从而达到低温脱芳的效果，由于直柴反应放热量低多应用于 RTS 技术工艺流程。

6 月 7 日直馏柴油的引入后，一反温升仅为 27℃，二反 0℃温升，E1107 跨线阀位开度>60%，二反入口温度仅维持在 330℃，为保持产品质量合格及高换区间换热均衡，通过调整冷油的方法减少原料在高温区间的取热，增加加热炉的负荷，提高二反的入口温度，导致烟气进预热器温度升高接近联锁值 420℃，增加了装置运行风险。

2 采取措施及效果

2.1 E1103、E1102 入口温度达到铵盐结晶温度问题采取措施

1）调整高换区域换热流程，打开 E1103 跨线，提高二反入口温度，进而提高二反出口温度，提高换热器入口温度，通过加热炉提高反应入口温度恒定。

2）缓慢打开 E1102 壳程跨线控制阀，减少低温介质取热，提高 E1103 入口温度>铵盐结晶温度 195℃。

3）调整装置注水量分配形式，E1103 前注水由 5t/h，调整至 6t/h，降低铵盐结晶风险。

从图 5 中可以看出，通过提高 E1102 跨线阀阀位，E1103 入口温度上升明显，由 186℃，提高至 215℃远高于铵盐结晶的温度。

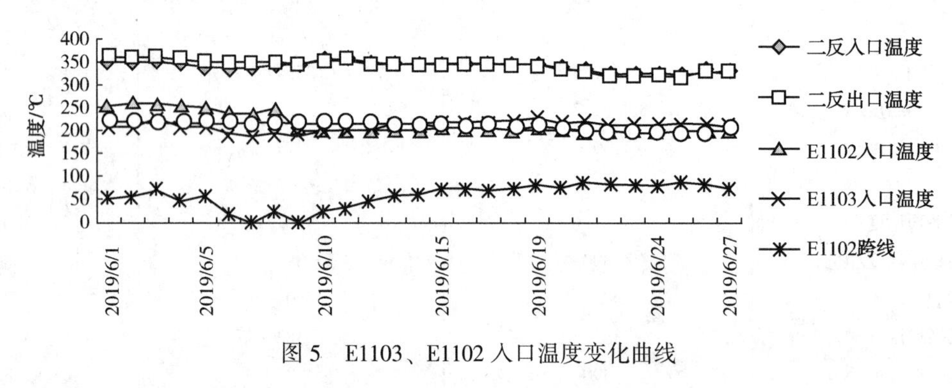

图 5 E1103、E1102 入口温度变化曲线

2.2 加热炉满负荷运行，烟气入预热器温度接近联锁值问题采取措施

调整分馏系统汽提蒸汽量，以牺牲蒸汽消耗的方式，增加汽提蒸汽在对流段的取热，降低烟气进预热器的温度，保证装置安全平稳运行。

3 结论

1）3#加氢停工换剂期间 2#加氢原料切换至直馏柴油和焦化柴油，原料总硫上升幅度较大，反应总温升 27℃，但通过提高反应温度，脱硫率接近 100%，柴油质量合格。2#加氢质量升级采用 RS-2100 催化剂性能稳定能够满足直柴、催柴任意比例混合原料要求。

2）原料切换后，E1102、E1103 入口温度下降至铵盐结晶温度 186℃，通过调整 E1102 跨线和分馏塔操作参数，能够提高 E1103 入口温度高于 195℃且稳定运行；通过增加汽提蒸汽在对流段的取热，降低烟气进预热器的温度，保证装置安全平稳运行。

参 考 文 献

[1] 石家庄炼化公司．炼油装置低温部位腐蚀评估报告[R]. 2018. 12.

[2] 李大东，聂红，孙丽丽．加氢处理工艺与工程．2 版．北京：中国石化出版社，2016.

FTX-3低成本体相加氢催化剂开发

徐学军　王海涛　李　娟　王继锋

（中国石化大连石油化工研究院　辽宁大连　116045）

摘　要　开发了FTX-3低成本体相催化剂制备技术，其原料成本比FTX催化剂降低20%以上，其加氢活性与FTX体相催化剂相当，不仅能大幅度降低中国石化产品质量升级的成本，还能为中国石化调整产品结构，改善产品质量提供技术支撑，在提高原料油适应性、增强产品方案的灵活性等方面获得极大的改进。同时，降低体相催化剂的使用成本，也可拓宽其应用范围，促进体相催化剂的推广应用。

关键词　低成本；质量升级；体相；加氢催化剂

1　前言

为践行“绿水青山就是金山银山”的理念，打赢蓝天碧水净土保卫战，保护人类赖以生存的生态环境，保障经济社会的可持续发展，我国的环保法规日趋严格，特别是油品质量升级的步伐更快，油品质量标准已赶超西方发达国家的水平。目前，全国供应“国Ⅵ”标准汽柴油，取消普通柴油标准，增加内河船用燃料油要求（主要是控制硫含量小于10μg/g），实现了车用柴油、普通柴油、部分船舶用油“三油并轨”。另外，煤油和船用燃料油低硫化也将是未来的发展趋势。

现阶段炼油企业面对柴油质量的快速升级，若采用降低催化剂体积空速、提高反应温度、降低原料苛刻度等传统方法，企业柴油生产组织的难度将大幅增加，加氢催化剂运行周期也将缩减，装置运行成本势必增加。同时，为了提高经济效益，企业会最大量地掺炼二次加工柴油，也增加了生产的难度。因此，为了既不大幅度增加生产成本，又能满足柴油新标准要求，最经济有效的手段是开发性价比高的新一代加氢催化剂。

Albemarle和ExxonMobil公司联合开发了全金属相催化剂——Nebula系列催化剂[1]，是目前加氢活性最高的催化剂之一。可用于柴油超深度加氢脱硫、催化裂化原料预处理、加氢裂化预精制、生产煤油、生产专用润滑油等工艺流程。Nebula系列催化剂的用户逐年增加，已在60多套装置应用，销售量超过5000t。

中国石化大连石油化工研究院多年来一直致力于体相加氢精制催化剂的研制，基于全新理念创制了高加氢活性的FH-FS和FTX两代体相催化剂，打破国外技术垄断，填补国内空白。相比较传统催化剂，体相催化剂活性中心数量多、分散均匀，具有传统催化剂难以达到的加氢性能。已在中国石化镇海炼化、扬子石化、洛阳石化、齐鲁石化和中国海油舟山石化及山东鑫泰石化等企业成功地进行了工业应用[2-4]，涉及领域包括石脑油、煤油、柴油、焦化全馏分加氢和加氢裂化预精制工艺，取得较大的经济效益和社会效益。FTX体相催化剂可以再生使用，克服了国外同类催化剂不能再生的技术缺陷，大幅度地降低了企业油品质量升级成本。目前，为满足中国石化持续降低加氢催化剂成本的要求，开展降低体相催化剂制备成本、简化制备工艺和恰当使用体相催化剂是必然趋势。同时，降低体相催化剂使用成本也可拓宽其使用范围，促进体相催化剂更普及地应用。因此，大连石化研究院开展了低成本体相催化剂的研发工作，研发目标是催化剂原料成本降低20%以上，其加氢活性与FTX体相催化剂相当。

2　低成本体相催化剂的设计思路

2.1　柴油性质及脱硫反应机理

目前工业上所用的传统加氢催化剂的加氢活性也随着当前日益完善的催化理论和不断进步的催化

剂生产技术而得以提高，开发新一代加氢催化剂，就要在加氢催化理论的基础上进行研究。柴油中的含硫化合物包括硫醇、硫醚、多环硫化物(如噻吩类和二苯并噻吩类硫化物)以及未知的大分子硫化物[5]。这些含硫化合物在常规的工业加氢脱硫反应条件下，会进行加氢及脱硫反应并从原料中脱除硫原子(例如硫醇、直链和环状的硫化物转化为饱和烃或芳香族化合物)。通常认为，含硫化合物中硫原子脱除的难度按下列次序递增，烷烃类硫化物<环烷烃类硫化物<芳烃类硫化物；高沸点含硫化合物中硫原子的脱除难度要比低沸点含硫化合物中硫原子的脱除难度大，例如：噻吩<苯并噻吩<二苯并噻吩<烷基取代二苯并噻吩；含硫化合物分子中硫原子附近空间位阻大的脱硫难度比含硫化合物分子中硫原子附近空间位阻小的脱硫难度更大。

在深度脱硫阶段(硫含量低于500μg/g)和超深度脱硫阶段(硫含量低于50μg/g)，柴油馏分中的硫化物主要为最难以脱除的二苯并噻吩类硫化物。这类硫化物的反应活性与取代基的数量和位置密切相关。4,6-二甲基二苯并噻吩类硫化物通常为最难脱除的一类硫化物，由于与硫原子紧邻的甲基使硫原子与催化剂的活性中心之间产生了空间位阻，硫原子不易接近反应的活性中心，因而导致反应速率大幅度下降，其脱硫反应速率大约只有二苯并噻吩的十分之一(见表1)。

表1 二苯并噻吩类硫化物的加氢脱硫活性

噻吩化合物类型	320℃时的相对反应活性	噻吩化合物类型	320℃时的相对反应活性
二苯并噻吩	1.000	1,3-二甲基二苯并噻吩	2.117
1-甲基二苯并噻吩	1.778	2,3-二甲基二苯并噻吩	2.402
4-甲基二苯并噻吩	0.199	1,4-二甲基二苯并噻吩	0.288
4,6-二甲基二苯并噻吩	0.077	1,4,6-三甲基二苯并噻吩	0.171
2,4-二甲基二苯并噻吩	0.325	3,4,6-三甲基二苯并噻吩	0.445

要生产硫含量小于10μg/g的超低硫柴油产品，主要需解决的问题就是脱除难以脱除的4,6-二甲基二苯并噻吩类硫化物。图1描述了4,6-二甲基二苯并噻吩类硫化物的五种脱硫反应途径[6]。

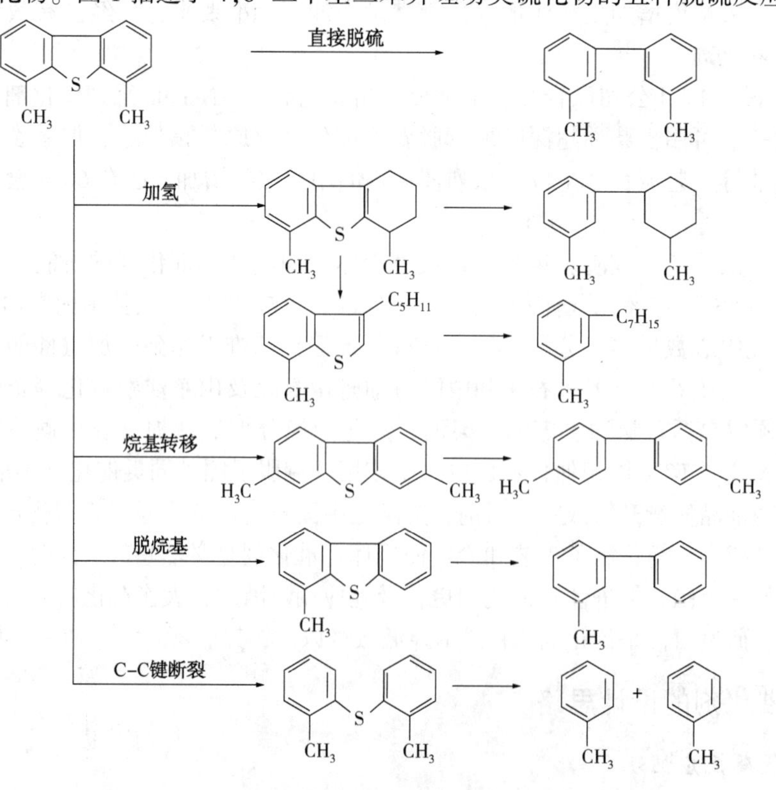

图1 4,6-二甲基二苯并噻吩类硫化物的脱硫反应途径

从图 1 可以看出，4,6-二甲基二苯并噻吩类硫化物的脱硫反应途径通常包括以下五种方式：直接氢解脱硫、加氢饱和脱硫、甲基转移脱硫、脱甲基脱硫和 C—C 键断裂脱硫五种脱硫反应途径。直接氢解脱硫在脱除没有空间位阻或空间位阻小的含硫化合物时很有效，而对 4,6-二甲基二苯并噻吩类硫化物等最难脱除的硫化物，由于与硫原子紧邻的甲基产生了较大的空间位阻，使硫原子不易与催化剂活性中心接触并吸附，不利于进行直接氢解脱硫反应。除了直接氢解脱硫途径外，其他的方法都致力于降低 4、6 位甲基取代后产生的空间位阻效应。要脱除 4,6-二甲基二苯并噻吩类等硫化物，可以通过加氢饱和、甲基转移、甲基脱除和 C—C 键断裂等四种反应途径，使 4,6-二甲基二苯并噻吩类硫化物中紧邻硫原子的甲基发生扭曲、脱除和转移等变化，降低了硫原子的空间位阻，使硫原子很容易与催化剂活性中心接触进行脱硫反应。但甲基转移、甲基脱除和 C—C 键断裂等三种反应途径要求使用的催化剂具有较强的酸性，催化剂的酸性功能可以使柴油馏分中的大分子化合物裂解成小分子化合物，从而降低装置液体收率。因此，要脱除 4,6-二甲基二苯并噻吩类硫化物等最难脱除的硫化物中的硫原子，采用加氢饱和脱硫的反应途径是最合理的，这就要求使用的催化剂要具有很高的加氢活性。

2.2 低成本体相催化剂的设计思路

开发低成本体相催化剂(FTX-3)及级配技术，降低体相催化剂的使用成本，不仅明显提高中国石化低成本生产“国Ⅵ”柴油的能力，还可以对中国石化调整产品结构，改善产品质量提供技术支撑，在提高原料油适应性、增强产品方案的灵活性等方面获得极大的改进。同时，降低体相催化剂的使用成本，也可拓宽其应用范围，促进体相催化剂的推广应用。

课题的研发目标是保持与 FTX 催化剂活性相当的情况下，FTX-3 催化剂原料成本比 FTX 催化剂下降 20%以上。下面简要介绍 FTX-3 催化剂的主要设计思想：

1）通过催化剂原料市场调研分析，用钨酸钠替代偏钨酸铵作为 FTX-3 催化剂的制备原料，不仅可以降低体相催化剂的原料成本，还简化了原料的生产流程，减少了高能耗、高污染的生产步骤。同时，由于钨酸钠原料中不含“氨氮”，从源头解决了体相催化剂生产过程的“氨氮”污染。

2）调整体相催化剂中活性金属钨、钼、镍的组成，也可以降低催化剂原料成本。通过计算，确定了适合的催化剂活性金属组成，催化剂原料成本降低 22%，达到原料成本降低 20%的开题指标要求。

3）在确定了 FTX-3 催化剂的原料和组成后，根据经验设计、调整、优化体相催化剂的制备工艺路线，确保 FTX-3 催化剂的物理性质和反应性能与 FTX 催化剂相当，提高体相催化剂生产效率和收率。

4）开展 FTX-3 催化剂与传统催化剂级配技术研究，优化装填位置和级配比例，以最低的成本满足企业柴油质量升级的需求。

3 FTX-3 低成本体相催化剂开发

体相催化剂的活性金属含量高，具有优异的加氢活性，可以通过加氢饱和途径脱除含硫化合物中有空间位阻的硫原子，同时还可以降低柴油产品的密度和多环芳烃含量，提高柴油产品的十六烷值。但由于其活性金属含量高，原料成本较高，因此，需要优化体相催化剂的原料选择、组成配比和制备方法，降低体相催化剂生产的原料成本。在 FTX-3 催化剂研制过程中，集成优化催化剂原料选择、酸性工作溶液配制、物料加入方式和共沉淀反应条件，构建清洁、高效的体相催化剂共沉淀反应体系，在降低原料成本的同时，还能提高体相催化剂生产效率和收率，解决“氨氮”污染问题。开展体相催化剂与传统催化剂级配技术研究，优化装填位置和级配比例，满足企业降低柴油质量升级成本的需求。

3.1 FTX-3 催化剂生产原料调研

3.1.1 更换原料的成本核算

体相催化剂制备特点决定了生产原料选择范围较宽，可以使用浸渍法和混捏法不能使用的原料，拓宽了原料选择范围，可以选择廉价、清洁的原料生产体相催化剂，从而达到降低原料成本的目的。经调研分析，用钨酸钠替代偏钨酸铵作为 FTX-3 催化剂的制备原料，不仅可以降低体相催化剂的原料成本，还简化了原料的生产流程，减少了高能耗、高污染的生产步骤。同时，由于钨酸钠原料中不含“氨氮”，从源头解决了体相催化剂生产过程的“氨氮”污染。

表2列出了不同原料来源催化剂活性金属组分的价格。用钨酸钠替代偏钨酸铵原料时，活性金属组分之一的三氧化钨的价格降低20%。

表2　催化剂活性金属原料成本核算

催化剂活性组分	WO_3		NiO	MoO_3
活性组分原料	偏钨酸铵	钨酸钠	氯化镍	氧化钼
原料价格/(万元/t)	21	13.5	4	14
原料活性组分含量/%	85	68	30	99
活性组分价格/(万元/t)	24.7	19.8	13.3	14.1

表3列出了不同原料制备体相催化剂的成本。用偏钨酸铵为原料制备FTX催化剂的原料成本为15.283万元/t，用钨酸钠为原料制备FTX催化剂的原料成本为13.372万元/t，降低12.5%，未能达到体相催化剂原料成本降低20%以上的课题指标。

表3　不同原料制备催化剂的成本核算

催化剂组分	WO_3	NiO	MoO_3	其他	合计
组成/%	39	18	16	27	100
偏钨酸铵原料成本/(万元/t催化剂)	9.633	2.394	2.256	<1	15.283
钨酸钠原料成本/(万元/t催化剂)	7.722	2.394	2.256	<1	13.372

改变FTX催化剂的制备原料，不仅可以直接降低催化剂的原料成本，还缩短了原料的生产流程，符合当前节能减排的要求。图2为工业上钨酸钠和偏钨酸铵的一般生产流程，可以看出，相较于偏钨酸铵，钨酸钠生产流程为偏钨酸铵生产流程的一部分，故选用钨酸钠替代偏钨酸铵，缩短了原料生产流程，生产过程更为简单，且生产流程中没有酸解、氨溶等对环境造成污染的操作环节，生产流程更为环保。从钨酸钠和偏钨酸铵的生产流程可以看出，更换原料后，体相催化剂清洁生产并没有把污染留给原料的生产单位。

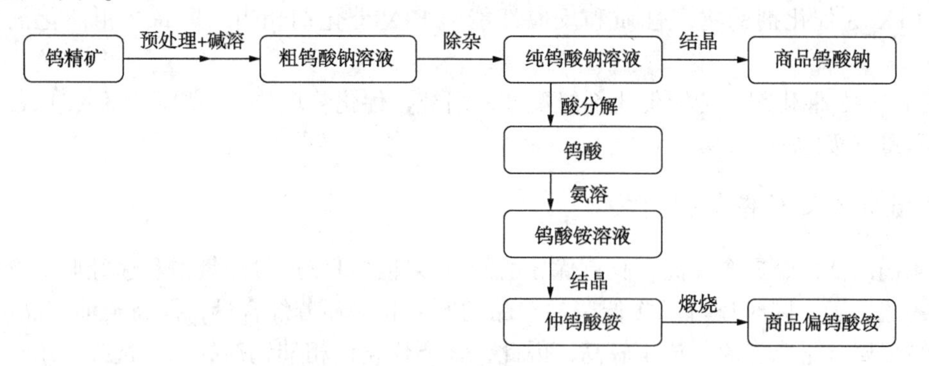

图2　工业钨酸钠和偏钨酸铵生产流程

氨氮废水能够对自然环境、人体产生极大的危害，而目前催化剂厂在进行氨氮废水处理时需要的费用较高。在选用钨酸钠替代偏钨酸铵为催化剂提供钨源时，因为制备原料中不含“氨氮”，因此催化剂生产中产生的废水和废气也不含“氨氮”，能够为催化剂生产的后续废水处理环节节省较多的费用。

3.1.2　FTX-3催化剂组成及成本核算

由于钨、钼、镍等活性组分原料的市场价格有差异，调整催化剂中钨、钼、镍等活性组分金属配比，可以降低催化剂的原料成本。为完成催化剂原料成本降低20%的开题指标，根据钨、钼、镍原料的市场价格调整催化剂活性金属配比。通过计算，确定了适宜的钨、钼、镍活性金属配比，达到原料成本降低20%的开题指标要求。

表4为FTX-3催化剂组成及原料成本。从表4可以看到，调整后催化剂组成有所变化，MoO_3增加7个百分点，NiO增加4个百分点，WO_3下降15个百分点，总活性金属下降4个百分点，原料成本为11.921万元/t，比FTX催化剂原料成本降低22.0%，达到开题指标要求。

表4　FTX-3催化剂组成和成本核算

催化剂组分	WO_3	NiO	MoO_3	其他	合计
组成/%	24	22	23	31	100
原料成本/(万元/t催化剂)	4.752	2.926	3.243	~1	11.921

3.2　FTX-3催化剂制备流程

以FTX催化剂制备工艺为基础，经调整、优化后，设计了FTX-3催化剂的制备工艺，图3是FTX-3催化剂制备工艺流程简图。

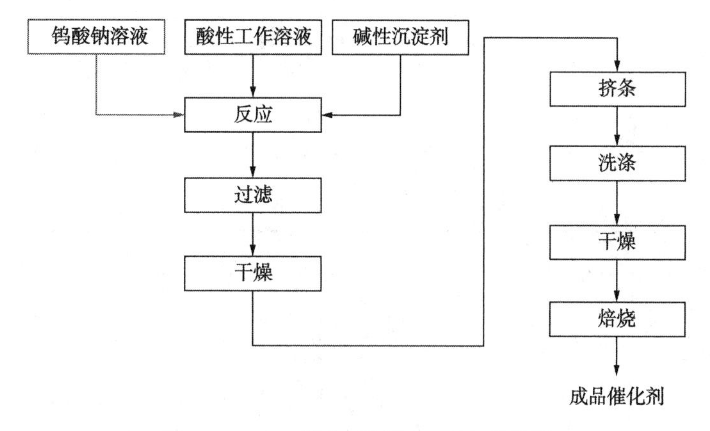

图3　FTX-3催化剂制备工艺流程简图

新开发的FTX-3催化剂的工艺流程特点与FTX催化剂相同，成胶后得到的滤饼不经打浆洗涤而直接进行干燥脱水，待物料干燥脱水到适宜的水含量时进行挤条成型，后进行洗涤以去除杂质；再进行水热处理增大催化剂的孔容和孔径，最后经过干燥和焙烧，即可得到催化剂成品。制备工艺的各个步骤简单易行，金属流失量小；同时制备过程由于原料不含“氨氮”，从源头解决了催化剂生产时的“氨氮”污染问题，从而构建了清洁、高效的共沉淀反应体系。

3.3　FTX-3催化剂物化性质

表5列出了三个典型的FTX-3催化剂的主要物化性质。表5数据表明，FTX-3催化剂各项性能指标均在推荐指标范围内，FTX-3催化剂具有良好的制备重复性。图4是FTX-3催化剂的脱附孔径分布曲线图。

表5　FTX-3催化剂的主要物化性质

催化剂编号	FTX-3-1	FTX-3-2	FTX-3-3	指标范围
化学组成/%				
WO_3	23.0	23.5	25.0	21.0~25.0
MoO_3	21.9	22.4	21.3	20.0~24.0
NiO	21.8	22.2	20.6	20.0~24.0
物理性质				
孔容/(mL/g)	0.229	0.238	0.235	≥0.210
比表面/(m^2/g)	145	152	163	≥130
形状	三叶草	三叶草	三叶草	三叶草
直径/mm	1.22	1.25	1.23	1.10~1.30
堆积密度/(g/cm^3)	1.06	1.04	1.04	1.00~1.10
压碎强度/(N/cm)	153	142	134	≥100

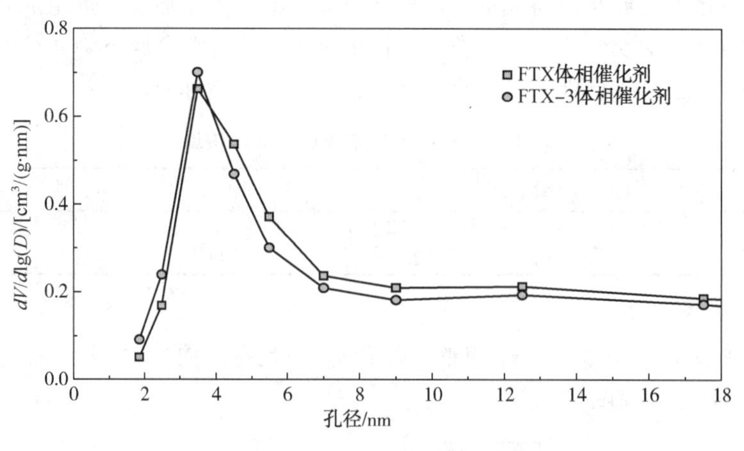

图4 FTX-3催化剂孔径分布曲线图

表6给出了FTX-3催化剂孔分布数据。由图4和表6可以看出，FTX-3催化剂的孔径分布主要为介孔，最普遍孔径4nm，且其孔径分布主要分布在3~6nm，与FTX催化剂孔径分布相当。

表6 FTX-3催化剂的孔分布

孔径/nm	<3	3~6	6~8	8~10	10~15	>15
FTX催化剂/%	3.03	61.57	13.21	3.94	5.12	13.13
FTX-3催化剂/%	2.79	57.54	16.04	5.07	5.87	12.69

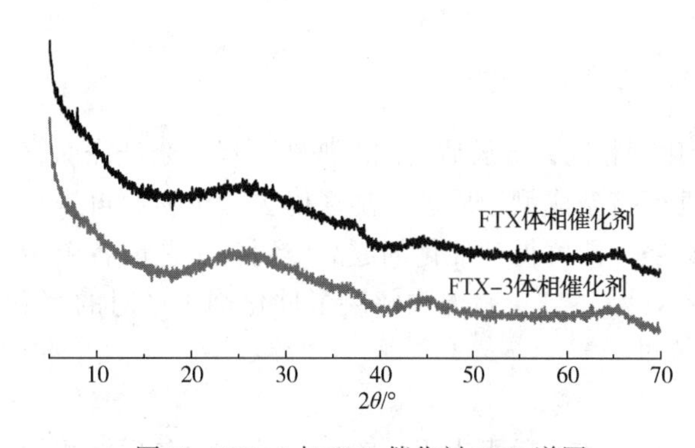

图5 FTX-3与FTX催化剂XRD谱图

图5是FTX-3催化剂和FTX催化剂的XRD谱图。从图5可以看出，FTX-3催化剂与FTX催化剂谱图一致，峰型均为一些漫散射峰，表明其加氢活性金属无聚集现象，分散都很均匀。这将有利于提高体相催化剂的加氢活性。

为了更准确地表征FTX-3催化剂的金属分布形态，使用JSM-6301F扫描电子显微镜对FTX-3催化剂和FTX催化剂进行了分析测试。图6和图7分别为FTX-3催化剂和FTX催化剂的JSM-6301F扫描电子显微镜图(放大4万倍)。由两张图对比可以看出，两个催化剂的金属分散性良好，金属粒子没有大面积的聚集，充分说明了FTX-3催化剂仍具备FTX催化剂金属分散性好的特点。

图6 FTX-3催化剂SEM谱图

图7 FTX催化剂SEM谱图

图 8 和图 9 分别为硫化后 FTX-3 催化剂和 FTX 催化剂的 JSM-2100 透射电子显微镜谱图。对比发现，图 8 和图 9 中的黑色线条均是 MoS_2 或 WS_2 的层状结构，镍高度分散在 MoS_2 或 WS_2 边缘，并沿棱边分布。符合当前公认的加氢催化剂活性相 Ni-Mo-S 或 Ni-W-S 的特征。

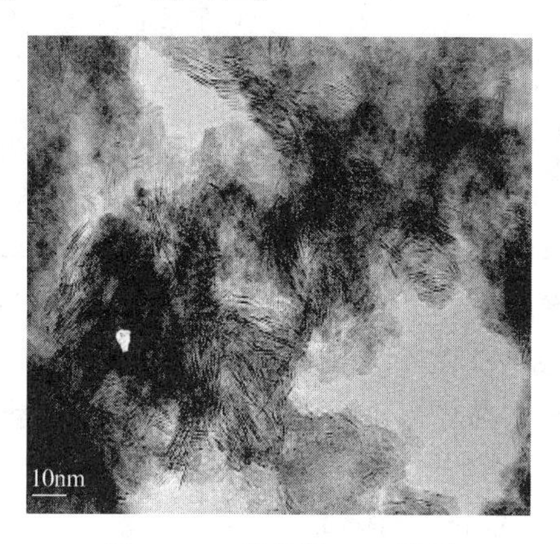

图 8 FTX-3 催化剂 TEM 谱图

图 9 FTX 催化剂 TEM 谱图

对 FTX-3 催化剂进行 WS_2/MoS_2 片层平均长度和平均堆叠层数统计计算[7]，表 7 为硫化后的 FTX 催化剂和 FTX-3 催化剂的 WS_2/MoS_2 片层平均长度和平均堆叠层数。由图 8、图 9 和表 7 可见，两个催化剂中 MoS_2 或 WS_2 片层数目相当，分散均匀。并且片层的平均堆叠层数为 5.92 层，平均长度在 7.02nm，增加了具有活性作用的棱柱边缘位置的数量，从而提高了活性中心数，有利于提高体相催化剂的加氢活性。

表 7 WS_2/MoS_2 片层平均长度和平均堆叠层数

	平均堆叠层数 $\overline{N}$	平均长度 $\overline{L}$/nm
FTX 催化剂	5.83	6.99
FTX-3 催化剂	5.92	7.02

3.4 FTX-3 催化剂的反应性能

3.4.1 FTX-3 催化剂的加氢活性

FTX-3 催化剂活性评价工艺条件与 FTX 催化剂相同。原料油为扬子混合油，氢分压为 6.4MPa，体积空速为 $2.0h^{-1}$，氢油比 500∶1。评价结果见表 8。

表 8 FTX-3 催化剂的加氢精制活性评价试验结果

催化剂		FTX	FTX-3
反应温度/℃		基准	基准
原料及精制油性质	扬子混合柴油	精制油	精制油
硫/(μg/g)	7200	8.7	8.2
氮/(μg/g)	691	2.4	2.3
密度(20℃)/(g/cm^3)	0.8583	0.8405	0.8403
馏程/℃			
初馏点/10%	193/230	184/224	186/225
30%/50%	250/267	243/260	244/261
70%/90%	388/325	282/315	280/314
95%/终馏点	345/358	333/352	331/351
凝点/℃	-20	-20	-20
闪点/℃	77	73	73

续表

催化剂		FTX	FTX-3
烃组成/%			
饱和烃	63.9	81.4	81.8
芳烃	36.1	18.6	18.2
单环芳烃	21.8	15.6	15.3
多环芳烃	15.3	3.0	2.9
十六烷值指数	44.0	48.8	48.9

活性评价试验结果表明，以为扬子混合油为原料时，FTX-3 催化剂与 FTX 催化剂的反应温度相同时，精制生成油硫含量均小于 10μg/g，可以生产符合“国Ⅵ”标准的柴油产品。此外，FTX-3 催化剂在加氢脱氮活性、芳烃饱和性能和提高十六烷值等方面也达到 FTX 催化剂的水平，具有优异的加氢活性，FTX-3 催化剂的加氢活性达到 FTX 催化剂的水平。

3.4.2 FTX-3 催化剂的稳定性

FTX-3 催化剂稳定性试验是在引进 200mL 小型加氢装置上进行的。稳定性试验进行了 2000h，试验过程中，进行了两次标定。试验所用原料油为扬子混合油，氢分压为 6.4MPa，体积空速为 $2.0h^{-1}$，氢油比为 500∶1。结果见图 10 和表 9。

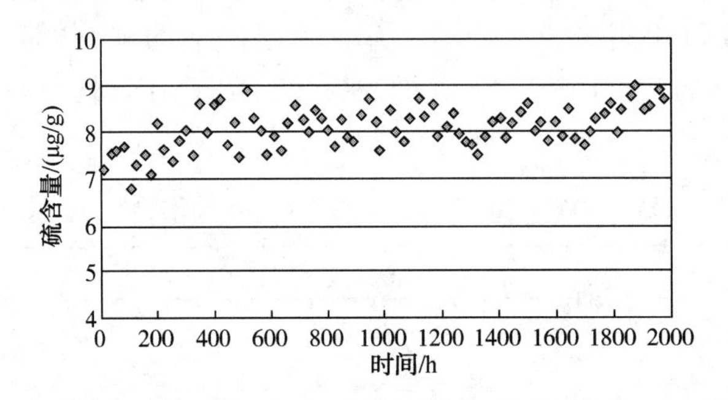

图 10 稳定性试验中精制油硫含量

表 9 FTX-3 催化剂稳定性试验结果

运转时间/h		200	2000
反应温度/℃		基准	基准
原料及精制油性质	扬子混合柴油	精制油	精制油
硫/(μg/g)	7200	8.2	8.9
氮/(μg/g)	691	2.3	2.6
密度(20℃)/(g/cm^3)	0.8583	0.8403	0.8407
馏程/℃			
初馏点/10%	193/230	186/225	184/223
30%/50%	250/267	244/261	245/262
70%/90%	388/325	280/314	281/315
95%/终馏点	345/358	331/351	332/352
凝点/℃	-20	-20	-20
闪点/℃	77	73	74
烃组成/%			
饱和烃	63.9	81.8	81.4
芳烃	36.1	18.2	18.6
单环芳烃	21.8	15.3	15.5
多环芳烃	15.3	2.9	3.1
十六烷值指数	44.0	48.9	48.7

稳定性试验结果表明，在 2000h 稳定性试验期间，反应温度没有提升，精制油硫含量始终小于 10μg/g，精制油其他性质也无明显变化，均能满足“国Ⅵ”柴油标准。说明 FTX-3 催化剂具有良好的活性稳定性，可以保证装置长周期稳定运转。

5 小结

开发了 FTX-3 低成本体相催化剂制备技术，其原料成本比 FTX 催化剂降低 20%以上，其加氢活性与 FTX 体相催化剂相当，不仅能大幅度降低中国石化产品质量升级的成本，还能为中国石化调整产品结构，改善产品质量提供技术支撑，在提高原料油适应性、增强产品方案的灵活性等方面获得极大的改进。同时，降低体相催化剂的使用成本，也可拓宽其应用范围，促进体相催化剂的推广应用。

参考文献

[1] Mayo S W, Plantenga F L, Leliveld R G, et al. Elegant solutions for ultra-low sulfur diesel [C]. NPRA AM-01-09, 2001.

[2] 周桦，王海涛，徐学军，等 FTX 催化剂在柴油加氢精制装置上的工业应用[J]. 炼油技术与工程，2016，46(4)：47-50.

[3] 赵淑娟，张锋 . FTX 体相催化剂级配技术在柴油加氢装置上的工业应用[J]. 石化技术与应用，2018，36(1)：32-36.

[4] 樊继利，王海涛，徐学军，等 . FTX 催化剂在全馏分油加氢处理装置上的工业应用[J]. 炼油技术与工程，2012，42(8)：32-35.

[5] 刘学芬 . 加氢技术论文集[C]. 北京：中国石化出版社，2004.

[6] SkyamalK. Be, Samir. K. Maity, Vday T. Turaga. Energy and Fuel, 2004, 18: 1227-1237.

[7] Hensen E J M, Kooyman P J, van der Meer Y. The relation between morphology and hydrotreating activity for supported MoS_2 particles[J]. J Catal, 2001, 199(2): 224-235.

FHUDS-7 高活性稳定性柴油超深度脱硫催化剂开发与应用

姚运海　刘　丽　郭　蓉　杨成敏　李　扬　段为宇　孙　进

（中国石化大连石油化工研究院　辽宁大连　116045）

摘　要　本文介绍了大连石化研究院（以下简称 FRIPP）开发的高活性稳定性的 FHUDS-7 柴油超深度脱硫催化剂的特点及工业应用结果。该催化剂具有孔径大、中等酸强度适宜、B 酸/L 酸比例高的特点，具有优异的超深度加氢脱硫活性和抗积炭中毒能力，该催化剂的堆积密度比国内和国外同类型参比剂分别降低了 5%和 20%以上。工业应用结果表明，该催化剂体系可以在高空速条件下加工不同原料油满足生产“国Ⅵ”标准的超低硫柴油，催化剂的失活速率为 0.6~0.7℃/月，是国外催化剂失活速率的一半，可以有效延长装置运行周期。该催化剂体系体现了优异的超深度加氢脱硫活性和稳定性，是长周期生产“国Ⅵ”标准柴油的理想催化剂。

关键词　FHUDS-7；柴油；超深度加氢脱硫；催化剂

1　前言

随着环保法规的日趋严格，对柴油产品质量的要求越来越苛刻，尤其是对柴油中硫含量的要求更为严格。欧洲等发达国家和地区已实行“欧Ⅵ”排放标准，即要求柴油产品硫含量不大于 10μg/g，十六烷值不小于 51，多环芳烃含量不大于 8%。近 5 年来，我国加速了柴油质量升级的步伐，由 2015 年开始执行“国Ⅳ”柴油标准升级到 2019 年开始执行的“国Ⅵ”标准，硫含量由不大于 50μg/g 降低至不大于 10μg/g，十六烷值由不小于 49 提高至不小于 51，多环芳烃由不大于 11%降低至不大于 7%。可见，我国柴油质量标准已与欧洲等世界先进指标相当，用更短的时间加速了柴油质量升级的步伐，减小柴油燃料对环境的污染[1,2]。

抚顺石油化工研究院（FRIPP）开发的 FHUDS-5 催化剂被多家国外著名公司评为顶级（Top tier）或世界一流催化剂。FHUDS-6 催化剂在 2014 年与国外最新催化剂的对比结果表明其性能达到国际领先水平。为了降低催化剂的成本，FRIPP 开发了低成本 FHUDS-8 柴油深度加氢脱硫催化剂。国外机构对 FRIPP 柴油超深度脱硫催化剂的活性评价结果及在国外的工业应用结果表明，FRIPP 开发的柴油深度加氢脱硫催化剂总体上已跨入当前国内外同类技术领先水平。至 2017 年 8 月，FHUDS-5、FHUDS-6 和 FHUDS-8 催化剂已在国内 100 多套次、国外 5 套柴油加氢装置上成功应用，满足了炼油企业生产超低硫柴油的需要，能够满足我国柴油质量升级需求[3-5]。

近几年，采用国内外开发的最新柴油超深度脱硫催化剂已能满足生产“国Ⅵ”柴油的要求，但由于生产“国Ⅴ”和“国Ⅵ”柴油时催化剂的失活速率显著高于生产“国Ⅳ”柴油，企业关注的核心问题还是装置的运行周期。目前，不少生产“国Ⅴ”和“国Ⅵ”柴油的加氢装置的运行周期是 2 年左右，只有部分炼油厂的柴油加氢装置能够满足 3 年的运行周期，而大多数炼油企业的核心装置大检修时间目前是 4 年一检修，未来还会延长至 5 年一检修。存在大部分柴油加氢装置运行周期与全厂大检修时间不一致、中间换剂影响全厂加工平衡等问题，因而炼油厂希望延长柴油加氢装置运行周期，提高企业经济收益。尽管可以通过装置改造、原料优化管理等来延长装置的运行周期，但催化剂的活性和稳定性仍是影响装置长周期运转的关键因素。活性提高意味着初始反应温度降低，装置运行的温度区间延长，利于延长装置运行周期；降低催化剂积炭量、减缓催化剂失活速率也是延长柴油加氢装置运行周期的有效手段。因此，提高柴油加氢催化剂的活性和稳定性是延长装置运行周期的重要手段。

在超低硫柴油生产过程中，需要将柴油中的 4,6-二甲基二苯并噻吩（4,6-DMDBT）类的化合物脱除，4，6-DMDBT 类化合物受其分子直径大和空间位阻大的限制而最难脱除。随着含硫化物分子复杂度的增加，其分子直径逐渐增大，超深度脱硫所需要的催化剂孔径也需要增大。提高催化剂的孔径是提高催化剂活性的有效方法之一。柴油加氢脱硫催化剂的活性位是 MoS_2 垛层的边、角、棱，一般 3~5 层 MoS_2 的活性最高，为了抑制过大的硫化活性相垛层的生成，需要降低载体与活性金属之间的相互作用，提高活性金属的分散度。减弱载体与活性金属间相互作用，提高活性金属的分散度，减小 MoS_2 晶片长度，生成更多比例的 3~5 层 MoS_2 晶片，也是提高催化剂活性的有效方法之一[6]。

柴油加氢催化剂失活的影响因素主要有金属中毒失活、积炭失活，其中金属中毒失活对催化剂造成的失活是不可逆的，通常是通过在反应器上层装填保护剂、加强原料油管理等方法对主催化剂进行保护。柴油加氢脱硫催化剂的失活速率与催化剂的积炭失活有关。研究者对 Mo-Co 型柴油加氢脱硫催化剂的积炭机理进行研究，发现催化剂上积炭的主要成分为 $C_{14\sim25}$ 左右的长链烷烃和 2~3 个苯环为主的烷基芳烃，而积炭反应与催化剂的中强酸强度密切有关。因此，适当的降低催化剂的中强酸强度是提高催化剂稳定性的重要方法之一。研究表明，Brönsted 酸量高的催化剂与参比剂相比不仅 HDN 活性高，且催化剂上的积炭量减少。同时载体酸中心数目多的催化剂其加氢脱硫活性有明显提高。综上所述，催化剂要有好的脱硫、脱氮性能和低的积炭失活速率，其中强度酸量要适宜，且 Brönsted 酸酸量要多，Lewis 酸酸量要少，即高的 B 酸/L 酸比例有利于提高催化剂活性和稳定性[7]。

为了延长柴油加氢装置运行周期和提高国产催化剂的国际市场竞争力，需进一步提高催化剂的活性稳定性和降低催化剂的装填密度，开发了高活性高稳定性低成本 FHUDS-7 催化剂，并成功应用到中国石化广州石化公司 2.0Mt/a 柴油加氢装置、镇海炼化公司 3.0Mt/a 柴油加氢装置和青岛炼化 4.1Mt/a 柴油加氢装置，长周期稳定生产"国Ⅵ"标准超低硫柴油。

2 催化剂特点

2.1 适合大分子硫化物反应的载体开发

利用孔径分布集中的大孔径氧化铝载体制备平台技术制备的新型载体与 FHUDS-5 载体的孔分布曲线见图 1，可见新型载体的最可几孔径比 FHUDS-5 载体的大，且孔分布更集中。新型载体的平均孔径为 9.7nm，比 FHUDS-5 载体的大 22.8%；6.0~15.0nm 孔径比例新型载体明显增加，比 FHUDS-5 载体增加 51%。由图 2 可见，新型载体和 FHUDS-5 载体均属于典型的存在回滞环的Ⅳ型等温曲线，说明这两种载体均为介孔结构。其中新型载体和 FHUDS-5 载体的吸附量基本相同，说明 FHUDS-5 载体和新型载体孔容较接近。按照 IUPAC 的对回滞环的分类，FHUDS-5 载体回滞环的吸附支和脱附支较为陡峭，其回滞环更接近 H1~H2b 过渡形态，属于两端开口的管径分布均匀的圆筒状孔和密堆积球形颗粒间隙型粗墨水瓶孔的混合型；新型载体回滞环的吸附支和脱附支最为陡峭，其回滞环更接近 H1 型，两端开口的管径分布均匀的圆筒状孔更多存在，介孔材料的大孔径分布均匀性和连通性好，有利于大分子含硫化合物的扩散，提高了催化剂的有效活性中心数量，有利于提高催化剂的活性。

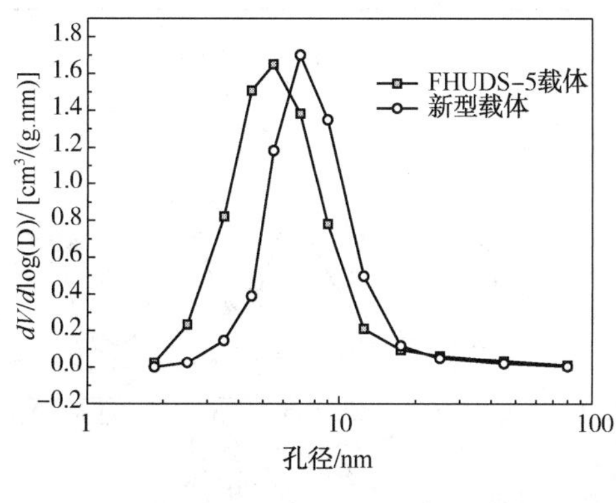

图 1 不同载体的孔分布曲线

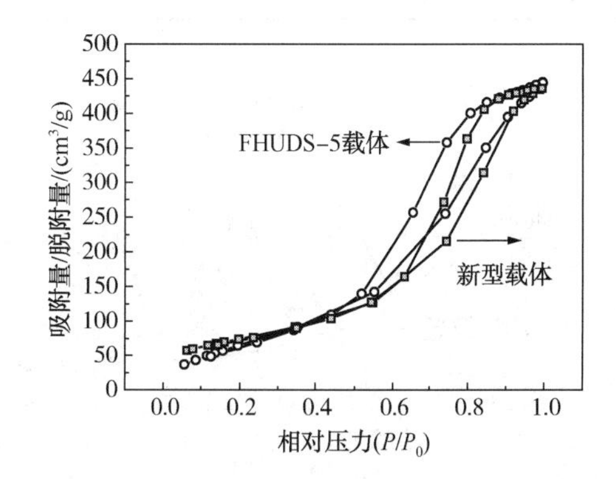

图 2 不同载体的吸附-脱附曲线

2.2 活性金属形貌控制提高活性中心数和活性金属硫化度

采用新型氧化铝载体，同时利用新型助剂调控载体与活性金属间的相互作用，控制活性金属形貌，制备了 FHUDS-7 催化剂。催化剂理化性质见表 1，与 FHUDS-5 相比，FHUDS-7 催化剂的平均孔径为 7.5nm，是 FHUDS-5 催化剂的 1.3 倍，而且 FHUDS-7 催化剂堆积密度降低了 5%以上。与国外同类型最新的催化剂相比，FHUDS-7 堆积密度降低了 20%以上。

表 1 催化剂理化性质

项　目	FHUDS-5	FHUDS-7	国外参比剂
活性金属组成	Mo-Co	Mo-Co	Mo-Co
形状	三叶草	三叶草	三叶草
平均孔径/nm	5.6	7.5	8.9
侧压强度/(N/mm)	21.4	22.7	20.9
堆积密度/(g/cm^3)	0.94	0.88	1.12
颗粒直径/mm	1.2	1.2	1.5

为了考察催化剂的硫化情况，对硫化后的催化剂进行 XPS 分析，对 Mo3d 的 XPS 峰进行了分峰拟合处理，由图 3 可见，催化剂 FHUDS-7 和 FHUDS-5 硫化后，Mo 存在的价态为+4、+5 和+6。经分峰拟合后，由表 2 可以看出，与 FHUDS-5 相比，FHUDS-7 催化剂中 Mo^{4+} 的比例较高。由于 Mo^{4+} 对应的是硫化后理想的 MoS_2 活性相，说明 FHUDS-7 催化剂生成了更多的加氢脱硫活性中心。同时 FHUDS-7 催化剂硫化后的 Mo^{4+} 结合能也较低，说明 FHUDS-7 催化剂的载体与金属之间的相互作用较弱，有利于 CoMoS 活性相的生成。

对 FHUDS-7 和 FHUDS-5 硫化态催化剂的 Co2p XPS 谱图同样进行了分峰拟合，拟合结果见图 4。参考 Gandubert 等[8]的研究结果，并考虑电子转移对助剂金属原子电子结合能的影响确定峰位归属。可以看出，Co2p 的谱图主要有 3 个峰，分别是 779eV 左右归属为 Co-Mo-S 相，781eV 左右归属为 Co-O 振动峰，785eV 左右归属为 Co^{2+}。通过对拟合峰峰面积可以计算出 Co-Mo-S 相在全部 Co 物种中所占比例 m(Co-Mo-S)/m(Co)，结果见表 2。相对于 MoS_2 活性相而言，Co-Mo-S 相具有更高的脱硫活性。由表 2 可见，FHUDS-7 催化剂中 Co-Mo-S 相比例要高于 FHUDS-5 催化剂，说明采用新型助剂能够显著提高 FHUDS-7 催化剂的脱硫活性。

表 2 FHUDS-7 和 FHUDS-5 催化剂硫化后的 XPS 定量分析结果

Catalyst	FHUDS-7	FHUDS-5
Mo^{4+} E_B/eV	228.27	228.37
$m(Mo^{4+})/m(Mo)$	0.82	0.74
S/Mo 比例	1.74	1.71
m(Co-Mo-S)/m(Co)	0.67	0.58

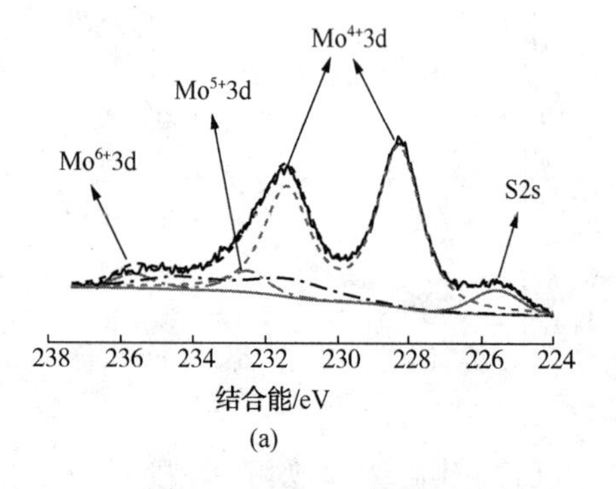

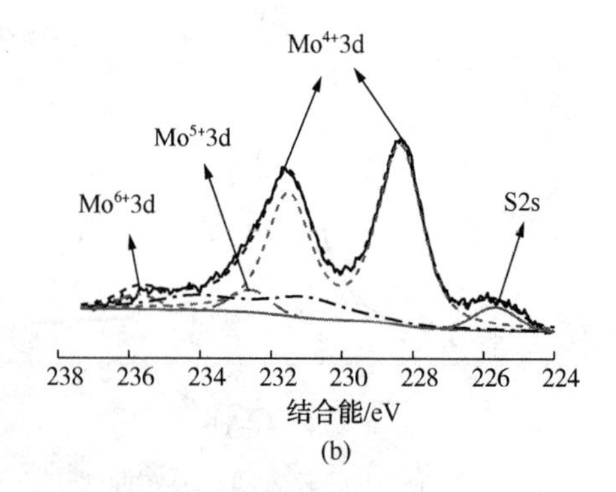

图 3 FHUDS-7 催化剂(a)和 FHUDS-5 催化剂(b)硫化后的 Mo3d 的 XPS 谱图

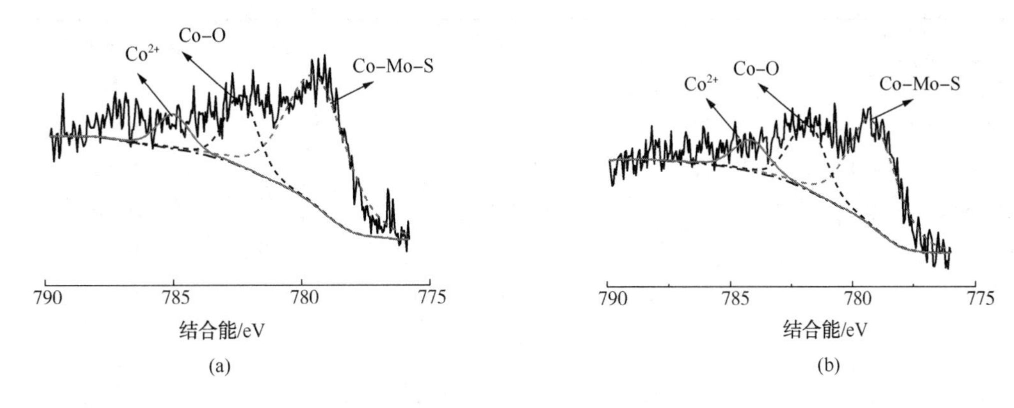

图 4 FHUDS-7 催化剂(a)和 FHUDS-5 催化剂(b)硫化后的 Co2p 的 XPS 谱图

硫化后 FHUDS-7 和 FHUDS-5 催化剂的 HRTEM 谱图见图 5。与 FHUDS-5 相比，FHUDS-7 催化剂上活性相晶片更小，活性金属分散度更高。从表 3 的分析数据可见，与 FHUDS-5 相比，FHUDS-7 催化剂中 MoS_2 片晶平均长度和平均堆积层数较小，3~5 层垛层比例较高，说明 FHUDS-7 采用新型多孔隙氧化铝载体，减弱了活性金属与载体间相互作用，抑制了过大的硫化活性相垛层的生成，活性金属分散度高，硫化后生成了活性相晶片更小，产生了更多活性更高的边、角、棱等易于接触的活性中心，从而提高了催化剂的加氢脱硫活性。

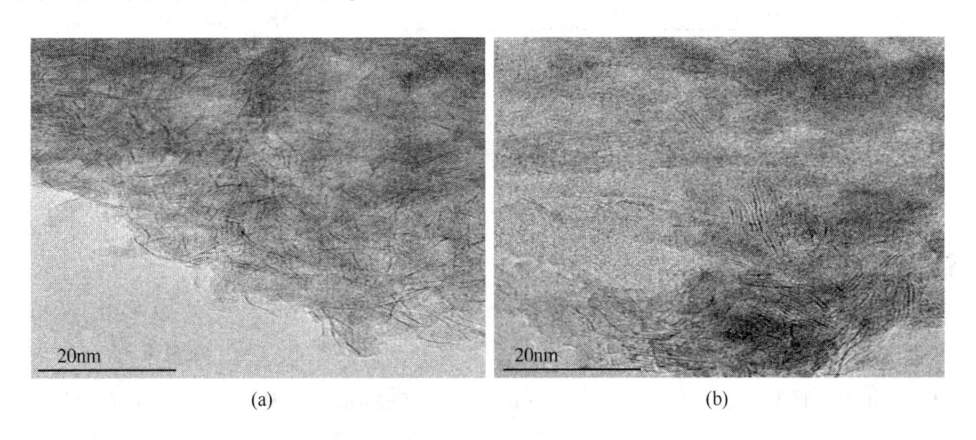

图 5 FHUDS-7 催化剂(a)和 FHUDS-5 催化剂(b)硫化后的 HRTEM 谱图

表 3 FHUDS-7 和 FHUDS-5 催化剂的 MoS_2 片晶平均长度($\bar{L}$)和堆积层数($\bar{N}$)

催化剂	FHUDS-7	FHUDS-5
$\bar{L}$/nm	6.1	6.3
$\bar{N}$	4.5	4.8
3~5 垛层 MoS_2 比例/%	48.3	45.2

2.3 特殊酸性降低催化剂积炭速率

从表 4 催化剂的红外酸分布可以看出，与国外同类型最新的催化剂相比，FFHUDS-7 催化剂的总酸量和中强酸酸量较小，中强酸酸量降低了 30%，但 B 酸含量增加了 2.3 倍，L 酸含量降低了 19.6%，B 酸/L 酸增加了 3.2 倍。表明 FHUDS-7 催化剂具有较高的 HDS 活性和较高的抗积炭能力。图 6 为 FHUDS-5、FHUDS-7 和国外参比剂的积炭速率，可见看出 FHUDS-7 催化剂的积炭速率最小，说明 FHUDS-7 催化剂的特殊酸性能够显著降低催化剂的积炭速率。

表 4　催化剂红外酸性质

项　　目	FHUDS-7	国外参比剂
吡啶-红外酸量/(mmol/g)	0.515	0.533
160~250℃弱酸/(mmol/g)	0.222	0.177
250~450℃中强酸/(mmol/g)	0.192	0.275
>450℃强酸/(mmol/g)	0.041	0.081
L 酸/(mmol/g)	0.401	0.499
B 酸/(mmol/g)	0.114	0.034
B 酸/L 酸	0.28	0.068
B 酸/L 酸变化	增加 3.2 倍	

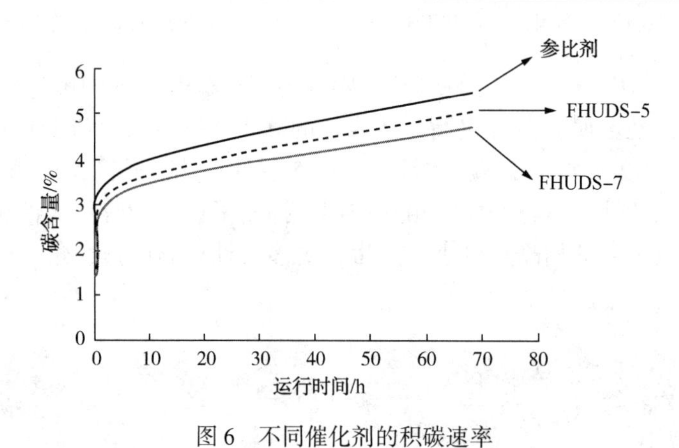

图 6　不同催化剂的积碳速率

3　FHUDS-7 催化剂反应性能

3.1　FHUDS-7 催化剂活性水平

活性评价在 200mL 加氢装置上进行。以镇海常三线直馏柴油为原料，以 FHUDS-5 催化剂为参比剂，进行了 FHUDS-7 催化剂活性对比评价，评价结果见表 5。可见，生产满足硫含量<10μg/g 的柴油，与 FHUDS-5 催化剂相比，FHUDS-7 催化剂的反应温度降低 5~10℃，相对脱硫活性提高了 53%。

表 5　催化剂活性评价对比结果

工艺条件	FHUDS-5				FHUDS-7
氢分压/MPa	6.4				
体积空速/h^{-1}	1.5				
氢油体积比	500				
平均反应温度/℃	基准		基准+5	基准+10	基准
精制油性质					
S/(μg/g)	14.3		10.6	5.4	7.0
N/(μg/g)	1.2		1.2	1.2	1.2
相对脱硫活性/%		100			153

3.2　FHUDS-7 催化剂稳定性

催化剂活性稳定性评价见图 7。FHUDS-7 催化剂进行了 3500h 稳定性试验，在满足精制柴油硫含量小于 10μg/g 的条件下，催化剂脱硫活性无明显降低，平均反应温度仅提高 3℃，提温速率为 0.6℃/月，FHUDS-7 催化剂体现了良好的活性稳定性。

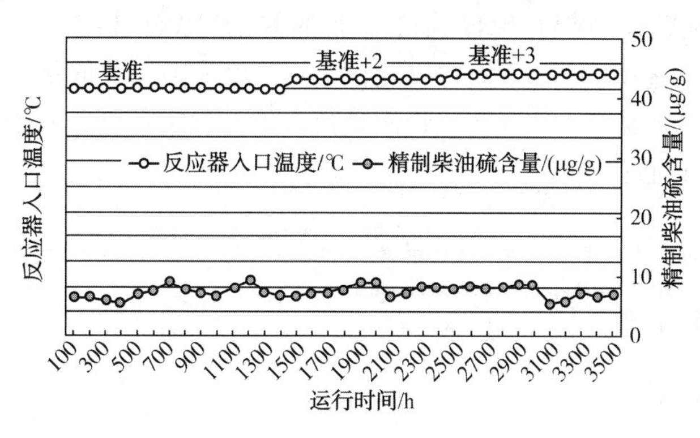

图 7　FHUDS-7 催化剂稳定性趋势图

4　FHUDS-7 催化剂的工业应用

广州石化公司 2.0Mt/a 柴油加氢装置生产"国Ⅵ"柴油的长周期运行结果表明：自 2018 年 7 月开工以来，主要加工高硫直馏柴油，在平均反应温度 350~362℃，体积空速 1.79~1.91h^{-1}，反应器入口氢分压 5.4~5.6MPa，氢油体积比 238~261Nm^3/m^3 条件下，可以满足生产"国Ⅵ"柴油的要求。装置反应温度变化情况如图 8 所示，装置连续稳定运行 12 个月，产品质量稳定，装置进入稳定期后反应器提温速率平均为 0.6℃/月，远低于国外报道的 1.3~1.5℃/月的失活速率，计算后装置运行周期可满足≥4 年的要求，说明该催化剂体系具有良好的超深度加氢脱硫活性和稳定性。

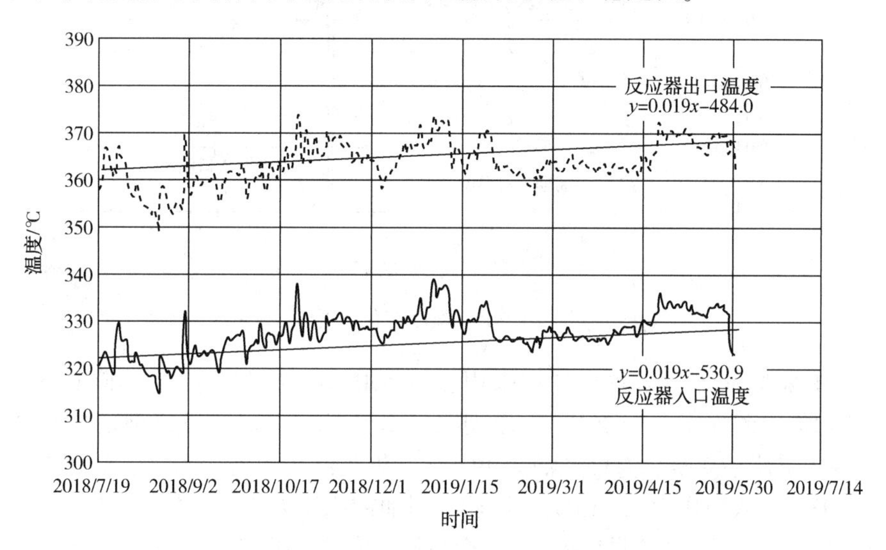

图 8　广州石化 2.0Mt/a 柴油加氢装置反应温度

镇海炼化Ⅳ加氢装置上个周期采用国外进口的催化剂，运行初期没有满负荷运行，开工 4 个月后逐渐进入满负荷状态，装置满负荷运行约 2 个月，逐渐降低处理量，而后装置的处理量大多时间在 234~310t/h 之间(见图 9)。从整个运行周期来看，镇海炼化Ⅳ加氢装置上周期初期反应提温速率相对较快，在运行中后期降低处理量后真实反应温度的提升速率相对稳定。装置运行末期的主要条件为处理量 234t/h，R1 反应器入口温度约 379℃，R1 出口温度 401℃，R2 反应器入口温度 395℃，R2 出口温度 395℃。上周期装置开始生产"国Ⅴ"柴油后，即使在较低的负荷下(按照装置进料量 310t/h，装置负荷只有 86.8%)，催化剂的平均失活速率为 1.4℃/月(见图 10)。

镇海炼化Ⅳ加氢装置本周期采用 FHUDS-7/FHUDS-8 催化剂，自开工以来基本维持满负荷运行，进料量大部分时间保持在 350t/h 左右(见图 9)，装置连续运行约 8 个月，R1 反应器入口温度约 342.4℃，R1 出口温度 379.5℃，R2 反应器入口温度 366.8℃，R2 出口温度 369.5℃，可以稳定生产硫含量小于10μg/g的精制柴油。装置运行的前3个月的催化剂失活速率为1.3℃/月，而后催化剂逐渐进入稳定期，催化剂的失活速率降为0.7℃/月(见图10)，仅为国外某催化剂失活速率的一半，计算后装置运行周期可满足≥2年的要求。装置在接近满负荷条件下稳定运行，企业因此停运了一套3.0Mt/a柴油加氢装置，显著提高了企业经济效益。

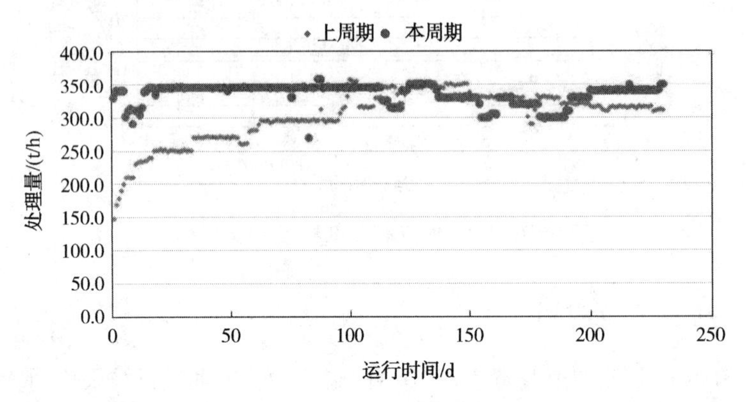

图9　相同运行时间内两个周期装置处理量变化情况

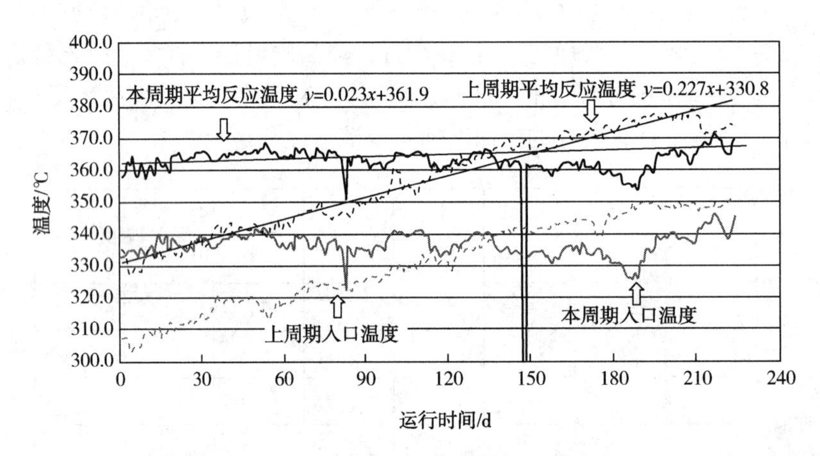

图10　反应温度变化情况

青岛炼化4.1Mt/a柴油加氢装置本周期采用新鲜FHUDS-7及利旧再生FHUDS-5、FHUDS-6、FHUDS-8组合催化剂级配方案，于2019年12月进行装置标定实验，可以满足"国Ⅵ"柴油的质量要求。标定期间，装置负荷率90%，直馏柴油为49.4%，焦化汽柴油为28.6%，催化柴油为14.0%，反应器入口温度为293℃，入口压力7.7MPa，氢气/原料油体积比为430，体积空速为0.9h^{-1}，精制柴油的硫含量低于8mg/kg，多环芳烃含量低于7%，产品指标满足"国Ⅵ"车用柴油要求。

5　结论

利用孔分布集中的大孔径氧化铝载体制备平台，制备的新型载体的平均孔径为9.7nm，6~15nm孔径比例比FHUDS-5载体的提高了50.8%。采用新型载体制备的Mo-Co型FHUDS-7柴油超深度加氢脱硫催化剂的堆积密度比国内和国外同类型参比剂分别降低5%和20%以上。该催化剂的载体与活性金属间的相互作用较弱，能够生成更多比例的高活性CoMoS相和高活性的MoS_2片晶，在生产"国Ⅵ"标准超低硫柴油，其相对活性比FHUDS-5催化剂提高53%。同时，该催化剂的中强酸酸量适宜、B酸/L酸比例高，具有优异的抗积炭中毒能力，FHUDS-7催化剂具有优异的活性稳定性。

工业应用结果表明：该催化剂体系可以在高空速条件下加工直馏柴油或二次加工混合油，满足生产"国Ⅵ"标准的超低硫柴油，催化剂的失活速率为0.6~0.7℃/月，是国外催化剂失活速率的一半，可以有效延长装置运行周期。该催化剂体系体现了优异的超深度加氢脱硫活性和稳定性，是长周期生产

“国Ⅵ”标准柴油的理想催化剂。

参 考 文 献

[1] 钱伯章. 满足国Ⅴ排放要求的汽油、柴油标准将提前至2016年底在全国实施[J]. 石油炼制与化工，2015，46(6)：78-79.

[2] 张玉银. 船舶燃料驶入低硫期 [J]. 中国石油石化，2018，14：42-43.

[3] 张金旺，郭蓉，段为宇，等. FHUDS-8催化剂在天津分公司320万t/a柴油加氢装置上的工业应用[J]. 当代化工，2018，47 (7)：1473-1474.

[4] 夏银生. FHUDS-8/FHUDS-5催化剂在金陵石化的工业应用[J]. 当代化工，2017，46(6)：1246-1250.

[5] 郭蓉，沈本贤，方向晨. 柴油深度加氢脱硫催化剂性能研究[J]. 炼油技术与工程，2011，41(12)：31-35.

[6] 刘丽，郭蓉，孙进，等. 柴油加氢脱硫催化剂的研究进展[J]. 化工进展，2016，35(11)：3503-3510.

[7] 李大东. 加氢处理工艺与工程[M]. 北京：中国石化出版社，2004.

[8] GANDUBERT A D，KREBS E，LEGENS C，et al. Optimal Promoter Edge Decoration of CoMoS Catalysts：A Combined Theoretical and Experimental study [J]. Catalysis Today，2008，130(1)：149-159.

柴油加氢精制系列工艺技术开发及应用

徐大海　丁　贺　陈　光　牛世坤　李　扬　郭　蓉　刘继华

（中国石化大连石油化工研究院　辽宁大连　116045）

摘　要　本文简要介绍了大连（抚顺）石化研究院（简称 FRIPP）研究开发的柴油深度加氢精制技术及应用情况。针对近年来柴油产品质量升级以及降本增效的要求，成功开发出 S-RASSG 催化剂级配装填技术和柴油液相循环加氢技术等工艺技术。工业应用结果表明，这些工艺技术很好地满足了柴油产品升级“国Ⅵ”标准及降低投资和操作费用的要求，为炼油企业提供了有力的技术支撑，为我国柴油产品质量升级提供了可靠的技术保证。

关键词　柴油加氢；工艺技术；工业应用

近年来，人们对空气质量的要求越来越高，对车用燃料使用过程中外排尾气污染大气越来越敏感。因此，环境保护法规对石油产品质量的要求不断提高，柴油产品质量标准快速提升。我国已于 2019 年 1 月 1 日起全面执行“国Ⅵ”车用柴油质量标准，控制柴油中硫含量小于 10μg/g，多环芳烃不大于 7%。未来对车用柴油的密度和多环芳烃含量等指标可能会提出更高的要求。对于炼油企业，开发柴油加氢工艺技术，降低装置投资和加工成本，是炼油企业最关心的问题之一。针对上述情况，中国石化大连（抚顺）石化研究院开发出柴油加氢精制系列工艺技术，并广泛应用于国内外工业装置上，获得了良好的效果。其中，S-RASSG 柴油深度加氢脱硫级配装填技术实现柴油产品质量升级、SRH 液相循环加氢技术为企业降低投资和操作费用，提高市场竞争力。

1　S-RASSG 柴油深度加氢脱硫级配装填技术开发及应用

目前，采用单一的催化剂体系同时完成清洁柴油的各项规格指标非常困难，旧装置改造受限于反应器的空间，也无法满足生产的需要。因此，在现有的加氢装置条件下，如何充分发挥催化剂的催化活性是生产超低硫柴油最简便、最有效的手段之一。根据加氢反应器内不同部位反应环境的差异，选择催化活性不同的催化剂进行合理的匹配，可以充分发挥不同类型催化剂的加氢优势，使催化剂与加氢反应器更好地结合，从而实现生产超低硫柴油产品的目的。基于上述机理，中国石化大连（抚顺）石化研究院（FRIPP）成功开发了柴油深度加氢脱硫催化剂级配装填技术。工业应用结果表明，催化剂组合装填技术应用于柴油深度加氢脱硫，可以获得良好的效果。

1.1　技术开发

研究结果认为，加氢精制反应器可以分成 3 个不同的反应区，每个区域工艺条件都是不同的。因此，对催化剂性能的影响也是不同的（见表 1）。第一反应区由于硫化氢含量和氨含量较低，因此氢分压较高，主要以直接法加氢脱硫反应为主，加氢脱硫速率较快。当原料油进入第二反应区时，主要化学反应由脱硫向脱氮转换，抑制加氢脱硫的物质主要是有机氮化物，因此该区域主要以加氢脱氮反应为主，加氢脱硫速率较慢。在原料油进入第三反应区以前，能够发生加氢反应的有机氮化物已基本上被脱除。第三反应区虽然氢分压较低，但反应是在有机含氮化合物含量较低的环境下进行的，芳烃（包括二苯并噻吩硫化物的芳环）加氢速率较快，因此，该区域深度加氢脱硫速率较快。针对不同反应区的特征，选择不同类型加氢精制催化剂进行合理匹配，不但可以获得更好的深度加氢脱硫效果，同时加氢反应的化学氢耗也会有所降低。

表 1 反应器分区模型[2]

反应区	1	2	3
硫含量	高	中	低
氮含量	高	中~低	很低
多环芳烃	高	中~低	0
气相中硫化氢含量	0~中	高	最高
气相中氨含量	0~中	中	高
气相中氢含量	高	中	中~低
主要的加氢脱硫反应	直接路线	主要是直接路线	加氢路线
主要的加氢脱硫抑制物	硫化氢	有机氮化物	
加氢脱硫反应速率	快	慢	快

由表 1 可看出，根据不同反应区域的反应条件变化，选择不同类型催化剂进行合理的匹配，可以改善整个催化剂体系的催化加氢活性。

采用 FRIPP 开发的 No-Ni 或 W-Mo-Ni 系催化剂和 Mo-Co 系加氢催化剂组合装填进行了工艺条件试验。表 2 列出了两种类型加氢催化剂的物化性质。分别对两种催化剂及将两种催化剂按适宜的比例组合装填的催化剂体系进行加氢脱硫活性对比评价试验。试验结果列于表 3 和表 4。

表 2 催化剂 A 和催化剂 B 的物化性质

催化剂	A	B
金属组成	Mo-Ni	Mo-Co
物理性质		
形状	三叶草	三叶草
孔容积/(cm^3/g)	≥0.29	≥0.35
比表面积/(m^2/g)	≥180	≥200
压碎强度/(N/cm)	≥150	≥150
堆积密度/(g/cm^3)	0.95~1.10	0.86~0.95

表 3 三组不同催化剂活性对比评价试验结果

项　　目		A	B	A/B
油样名称	原料 1	精制油	精制油	精制油
密度(20℃)/(g/cm^3)	0.8481	0.8435	0.8467	0.8462
硫含量/(μg/g)	11000	65	42	23
氮含量/(μg/g)	285	1.0	1.0	1.0
脱硫率/%		99.4	99.6	99.8

工艺条件：氢分压 6.4MPa、反应温度 350℃、体积空速 1.8h^{-1}、氢油体积比 500。

表 4 三组不同催化剂活性对比评价试验结果

项　　目		A	B	A/B
油样名称	原料 2	精制油	精制油	精制油
密度(20℃)/(g/cm^3)	0.8301	0.8286	0.8298	0.8292
硫含量/(μg/g)	12200	58	40	21
氮含量/(μg/g)	426	2.0	1.0	1.0
脱硫率/%		99.5	99.7	99.8

工艺条件：氢分压 6.4MPa、反应温度 352℃、体积空速 2.0h^{-1}、氢油体积比 400。

由表3和表4试验结果可见，选择两种不同类型催化剂按适宜的比例匹配装填，加氢脱硫率要高于采用单一催化剂的加氢脱硫效果。

1.2 工业应用

截至2020年，S-RASSG催化剂组合装填技术已在40多套次工业装置上获得应用，取得了良好的效果。以下列出了两套典型装置生产“国Ⅵ”清洁柴油调和组分的标定情况，其中A厂 300×10^4 t/a柴油加氢装置压力等级较高，设计压力9.0MPa；B厂 300×10^4 t/a柴油加氢装置压力等级较低，高分设计压力仅为5.3MPa。

1.2.1 A厂 300×10^4 t/a柴油加氢装置应用情况

为满足全厂柴油产品质量升级的要求，A厂新建一套 300×10^4 t/a柴油加氢装置，以直馏柴油、催化柴油和焦化柴油的混合油为原料，设计空速为1.6 h^{-1}，采用FRIPP开发的FHUDS-8和FHUDS-5催化剂组合装填工艺技术，目的产品为“国Ⅴ”清洁柴油调和组分。该装置于2015年6月投入正常生产，连续稳定运转超过40个月后，催化剂体系表现出良好的活性和长周期运行稳定性。

工业应用结果表明，原料油为直馏柴油、焦化柴油和催化柴油的混合油(比例为直馏柴油63.1%、焦化柴油24.7%、催化柴油12.2%)。标定结果表明，处理硫含量为0.613%、氮含量为446μg/g的混合油，在反应器入口压力为8.7MPa、入口温度为320℃、催化剂床层平均温度为349℃、主催化剂体积空速1.85 h^{-1} 的条件下，柴油产品硫含量为13μg/g，多环芳烃含量6.1%，主要指标(除十六烷值外)满足“国Ⅳ”排放标准清洁柴油质量要求。生产结果见表5。

表5 A厂柴油加氢装置“国Ⅵ”标准柴油生产结果

原料油组成	直馏柴油：焦化柴油：催化柴油(70：20：10)混合油	
操作条件		
入口压力/MPa	8.7	
氢油体积比	479	
体积空速/h^{-1}	1.5	
入口温度/℃	320	
平均反应温度/℃	360	
油品性质	混合原料	精制柴油
密度(20℃)/(g/cm^3)	0.8667	0.8371
馏程范围/℃	198~360	203~359
硫含量/(μg/g)	12600	13
氮含量/(μg/g)	456	5.0
闪点/℃		>80
十六烷值		51.5

1.2.2 B厂 300×10^4 t/a柴油加氢装置应用情况

B厂 300×10^4 t/a柴油加氢装置于2002年7月建成投产，原料油为直馏柴油、催化柴油、焦化柴油的混合油。装置冷高分设计压力仅为5.3MPa，设计空速为2.0 h^{-1}，目的产品为“国Ⅱ”标准柴油(S≤2000mg/kg)。随着国家环境法规和车用柴油质量升级的要求，2015年10月，该装置开始生产硫含量不大于10mg/kg的清洁柴油。

2018年10月开始采用FRIPP开发的S-RASSG催化剂级配装填技术及配套FHUDS-8和FHUDS-7组合催化剂体系。装置初期标定结果表明：以直馏柴油、焦化汽柴油和催化柴油的混合油为原料油，处理硫含量为1.18%、氮含量为305μg/g的混合油，在高分压力为5.1MPa、入口温度为337℃、平均温度为365℃、催化剂体积空速为1.22 h^{-1}、氢油体积比310：1的条件下，柴油产品硫含量为6.9μg/g，氮含量为0.6μg/g，十六烷值为49.4，多环芳烃含量为5.3%，主要指标(除十六烷值外)满足“国Ⅵ”排放标准清洁柴油质量要求。表6列出了装置的标定结果。

表6　B厂柴油加氢装置生产“国Ⅵ”标准柴油标定结果

原料油组成	直馏柴油：焦化柴油：催化柴油(70：11.6：18.4)混合油	
操作条件		
高分压力/MPa	5.1	
氢油体积比	310	
体积空速/h^{-1}	1.22	
入口温度/℃	337	
平均反应温度/℃	365	
油品性质	混合原料	精制柴油
密度(20℃)/(g/cm^3)	0.8603	0.8391
馏程范围/℃	190~352	193~346
硫含量/(μg/g)	11800	6.9
氮含量/(μg/g)	305	0.6
多环芳烃/%	18.4	5.3
十六烷值		49.4

由表6工业生产和标定结果表明，以直馏柴油、催化柴油和焦化柴油的混合油为原料油，采用FHUDS-8/FHUDS-7催化剂组合装填工艺技术完全可以满足生产“国Ⅵ”清洁柴油调和组分的要求，而且工艺条件比较缓和，产品质量稳定，但受装置操作压力较低的影响，十六烷值提高幅度有限。目前，该装置已连续稳定运行20个月，催化剂平均失活速率仅为1.3℃/月，而上一周期采用国外某公司单一型加氢催化剂时，平均失活速率约为3.6℃/月。

由上述两套工业装置应用情况看，S-RASSG催化剂级配装填技术及配套催化剂在高压工况和低压工况条件下，均表现出良好的活性和稳定性，很好地满足了炼油企业新建柴油加氢装置或旧柴油加氢装置产品质量升级的要求。

2　SRH柴油液相循环加氢技术开发及应用

降低装置投资和操作费用，提高炼油企业经济效益一直是柴油加氢技术发展的目标之一。为此，大连(抚顺)石化研究院和中国石化炼化工程洛阳公司共同成功开发了柴油液相循环加氢(SRH)技术，与常规滴流床加氢技术相比，该技术的能耗更低，工艺流程更加简单，投资较高的高压设备(如循环氢压缩机、高压分离器等)均被取消，大幅度降低了装置的投资，操作费用也相应降低，在炼油低利润时代，是提高炼油效益的有效途径之一。柴油液相循环加氢技术已在多套工业装置上成功应用，获得了良好的效果。

2.1　技术开发

2.1.1　技术思路

SRH液相循环加氢工艺技术的核心思路是，取消反应部分的高压分离器和循环氢压缩机等高压设备，依靠液相产品大量循环时，携带进反应系统的溶解氢，来提供新鲜原料进行加氢反应所需要的氢气。

2.1.2　工艺流程简介

SRH液相循环加氢工艺技术的反应部分，取消了高压分离器和循环氢压缩机等高压设备，依靠液相产品大量循环时携带进反应系统的溶解氢，来提供新鲜原料进行加氢反应所需要的氢气。

原料油经过缓冲罐和进料泵在加热炉前与部分反应生成油混合后进入加热炉，加热至反应所需要的温度，在氢气溶解器中与新氢充分混合，进入反应器进行加氢反应，脱除原料油中的硫、氮等杂质，反应生成油部分循环回加热炉入口与新鲜原料油混合，另一部分通过减压阀和热低压分离器进入汽提分馏单元，最终得到合格的清洁柴油调和组分。

2.1.3 SRH 液相循环加氢技术特点

1）通过动力学方程的计算得出，液相加氢方式具有良好的气液分散性。

2）通过循环油的稀释，降低了原料中的杂质含量，有利于更好地发挥催化剂的加氢性能。

3）由于液相加氢反应的催化剂床层，更接近于在等温的条件下操作，可以有效提高催化剂利用效率，延长整个催化剂体系的使用周期。

4）液相加氢过程减少了氢气的扩散步骤，可以提高加氢反应速率。

2.2 生产“国Ⅵ”标准柴油的工业应用

自 SRH 液相循环加氢技术首次工业试生产以来，已先后在多套柴油加氢工业装置上获得应用。近年来，随着国内柴油质量快速升级，装置已进行了“国Ⅴ”车用柴油的生产。结果表明，采用 FRIPP 开发的 SRH 液相循环加氢工艺技术，在适宜工艺条件下，可以满足生产“国Ⅴ”车用柴油的要求。以下分别介绍了 C 厂和 D 厂生产“国Ⅵ”车用柴油的情况，其中 D 厂已连续运行 16 个月以上。液相循环加氢工艺技术已成为低成本、技术可靠的柴油产品质量升级方案之一。

2.2.1 C 厂 1.5Mt/a 柴油液相循环加氢装置

该装置按生产“国Ⅳ”标准柴油设计，在装置运行 12 个月后，进行了“国Ⅴ”柴油的试生产，结果列于表 7。

表 7 “国Ⅴ”柴油试生产结果

项　目	数　值	
入口压力/MPa	9.4	
新鲜料体积空速/h^{-1}	.4	
循环比	2.5	
入口反应温度/℃	371	
油品名称	85%直馏柴油+15%焦化柴油	精制柴油
密度(20℃)/(g/cm^3)	0.8480	0.8344
馏程/℃		
10%	239	235
50%	270	267
90%	319	317
95%	343	342
硫含量/(μg/g)	4900	8.7
氮含量/(μg/g)	420	21
闪点/℃	—	74
十六烷指数	48.8	53.2

由表 7 看出，当处理直馏柴油和焦化柴油的混合油时，在反应器入口压力 9.4MPa、新鲜进料体积空速 1.4h^{-1}、循环比 2.5、入口反应温度 371℃的操作条件下，精制生成油硫含量为 8.7μg/g，符合“国Ⅴ”标准柴油硫含量的指标。这说明柴油液相循环加氢技术可以满足生产高标准清洁柴油调和组分的要求。

2.2.2 D 厂 1.4Mt/a 柴油液相循环加氢装置

该装置按生产“国Ⅴ”标准柴油设计，自开工以来，一直按“国Ⅴ”标准柴油生产，从连续运行 16 个月的生产情况看，柴油液相加氢技术及及催化剂具有良好的活性和稳定性，生产结果列于表 8。长周期运行情况见图 1。

表 8 “国Ⅴ”柴油生产结果

项　目	数　值	
入口压力/MPa	9.5	
新鲜进料体积空速/h^{-1}	1.3	
循环比	1.5	
入口反应温度/℃	360	
油品名称	78%直馏柴油+22%催化柴油	精制柴油
密度(20℃)/(g/cm^3)	0.8338	0.8280
馏程/℃		
10%	215	212
50%	272	270
90%	349	345
95%	365	363
硫含量/(μg/g)	1900	6.0
氮含量/(μg/g)	386	—
十六烷指数	52.8	54.5

由表 8 看出，当处理直馏柴油和催化柴油的混合油时，在反应器入口压力为 9.5MPa、新鲜进料体积空速为 1.3h^{-1}、循环比为 1.5、入口反应温度为 360℃的操作工况下，精制生成油硫含量为 6.0μg/g，符合“国Ⅴ”标准柴油硫含量的指标，可以满足作为高标准清洁柴油调和组分的要求。

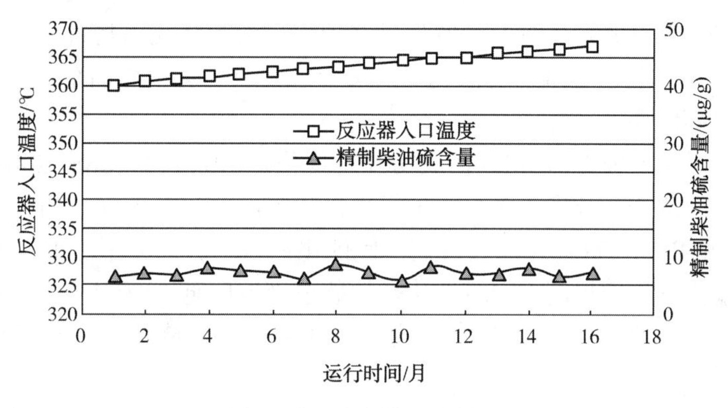

图 1　装置长周期运行情况

由图 1 看出，采用 SRH 工艺技术处理直馏柴油和催化柴油的混合油，产品质量稳定，装置运行平稳，反应器提温速率仅为 0.5℃/月左右，可以满足长周期生产“国Ⅴ”标准清洁柴油调和组分的要求。

目前上述两套装置均已开始生产“国Ⅵ”标准柴油，从运行结果看，多环芳烃含量及其他各项指标均可以满足生产要求。

3　小结

1) FRIPP 开发的 S-RASSG 催化剂级配装填技术及配套催化剂体系具有良好的活性和稳定性，应用于柴油深度加氢脱硫，可以更好地发挥各催化剂的加氢活性。工业装置标定和长周期运行结果表明，催化剂级配装填技术，可以在比较缓和的工艺条件下生产出满足“国Ⅵ”标准的清洁柴油产品，很好地满足了炼油企业柴油产品质量升级的要求。

2) FRIPP 开发的 SRH 柴油液相循环加氢工艺技术成熟可靠，针对直馏柴油、直馏柴油和焦化柴油的混合油及直馏柴油和催化柴油的混合油，均可以满足工业生产“国Ⅵ”标准清洁柴油调和组分的要求，并可以实现装置长周期稳定运行，是低成本实现炼油企业柴油产品质量升级的有效手段之一。

高性价比柴油加氢超深度脱硫/深度芳烃饱和RS-3100催化剂开发

张　乐　聂　红　刘清河　丁　石　曾双亲　李会峰　陈文斌　胡志海　习远兵

（中国石化石油化工科学研究院　北京　100083）

摘　要　基于反应分子与活性相最优匹配技术平台，通过对载体优化及活性金属高分散制备技术等多方面进行优化和改进，开发了Mo-Ni型高性价比柴油加氢超深度脱硫/深度芳烃饱和催化剂RS-3100。催化剂RS-3100的加氢活性与上一代催化剂RS-2100相当，稳定性大幅提高，催化剂的装填密度降低24%以上，为炼油企业长周期稳定生产“国Ⅵ”清洁柴油提供强有力的技术支撑。

关键词　高稳定性；高性价比；柴油加氢催化剂；RS-3100催化剂

1　前言

随着环保法规的日益严格，成品油质量升级步伐逐渐加快，我国已于2017年7月全国范围全面实施“国Ⅴ”排放标准，目前部分地区已执行“国Ⅵ”排放标准。同时原油重质化、劣质化程度加剧，而国内外油品市场对优质柴油燃料的需求在不断增长，这种需求的趋势还将持续下去。因此在劣质原料条件下长周期稳定生产满足“国Ⅵ”标准的超低硫清洁柴油已经成为各个炼油企业面对的严峻问题，对催化剂的稳定性提出了更高的要求。

中国石化石油化工科学研究院（RIPP）在成功开发催化剂RS-1000、RS-2000和RS-2100的基础上，通过对活性金属高分散制备技术等多方面进行优化和改进，开发了Mo-Ni型高性价比柴油加氢超深度脱硫/深度芳烃饱和RS-3100催化剂。与上一代催化剂RS-2100相比，RS-3100的加氢脱硫活性基本相当，催化剂的稳定性大幅提高，同时催化剂的装填密度降低24%以上，不仅能为炼油企业长周期稳定生产“国Ⅵ”清洁柴油提供强有力的技术支撑，还可以有效降低炼油企业的加氢催化剂采购成本，提高经济效益。

目前，中国石化九江石化公司1.2Mt/a的2#柴油加氢装置采用RS-3100催化剂，催化剂密相装填堆密度为700~710kg/m^3，可以生产满足“国Ⅵ”标准的超低硫清洁柴油产品。

2　催化剂的研制和开发

加氢催化剂的活性总体上取决于加氢活性中心的数量和类型。影响活性中心生成的表观因素主要有金属载量、金属原子比、载体性质和制备技术等。这些表观因素通过影响金属载体之间的相互作用强度，在更深的层面上影响金属的分散、硫化和金属之间的协同作用，最终决定了活性中心的数量和类型。新型催化剂的基本研制思路是在一定的金属载量下，实现金属的高度分散，生成尽可能多的加氢活性中心，通过优选载体改善反应物分子在催化剂中的扩散限制，提高催化剂活性中心的可接近性。

2.1　载体的选择

载体是加氢催化剂的重要组成部分。一方面，载体的孔结构决定了反应分子的扩散通畅程度和活性中心的可接近性；另一方面，载体的表面性质又是影响金属-载体相互作用强度的一个重要因素，直接关系到活性金属的分散和催化性能。因此，选择具有合适孔结构和表面性质的载体是开发新型加氢催化剂的关键之一。

考察了两种不同氧化铝载体，其性质比较见表1。由表1可知，两种载体具有几乎一致的比表面积，但载体 B 的孔体积较载体 A 提高 12%以上。对于一定载量的催化剂，由载体 B 制备的催化剂具有更大的孔体积，即其具有更畅通的扩散通道，更有利于反应物分子在催化剂中扩散和反应，催化剂活性中心的可接近性更高。

钼平衡吸附量的测定是在一定温度和压力下，将载体粉末与含钼化合物水溶液接触，最后含钼化合物在载体表面达到动态吸附平衡。MoO_3 平衡吸附量代表了不同载体对其表面金属分散性能的差异[1]。由表 1 可知，载体 B 的钼平衡吸附量仅载体 A 的一半，在相同条件下由载体 B 所制备催化剂的活性金属与载体之间相互作用力将低于载体 A 所制备的催化剂。

此外，载体 B 的堆密度比载体 A 降低了 25%，由载体 B 制备的催化剂可以降低工业应用中的装填量和采购成本，具有更强的竞争力。因此，新一代催化剂的开发过程中选择载体 B 为基础开展相关研究工作。

表 1 不同载体的性质

载体	比表面积/(m^2/g)	孔体积/(mL/g)	钼平衡吸附量/%	堆积密度
A	279	0. 70	14. 9	基准
B	272	0. 79	7. 4	基准×0. 75

2.2 催化剂制备技术的选择和优化

对于加氢催化剂，实现加氢活性中心数量最大化的一个重要前提是金属之间具有最佳协同作用，从而能够最大量地生成加氢活性相。影响金属之间协同作用程度的最直接因素是金属原子比。据研究报道，对于吡啶加氢脱氮反应，随着 $n_{(Ni)}/n_{(Ni+Mo)}$ 原子比增加，催化剂活性逐步升高并达到最高值，之后进一步提高金属原子比，催化剂的活性迅速下降[2]。上述结果是在常规方法制备的 NiMo 催化剂基础上获得的。NiMoS 活性相在本质上是由 Ni 原子吸附在 MoS_2 晶粒边角位置而形成的一类特殊结构[3]。当使用常规制备方法时，由于 Mo 金属的硫化度和分散度相对偏低，生成的 MoS_2 晶粒数量偏少，可供 Ni 原子吸附的边角位数量有限，可能导致在较低的 $n_{(Ni)}/n_{(Ni+Mo)}$ 原子比下，MoS_2 晶粒的边角位置已经被 Ni 原子所饱和。在采用高分散技术和优选载体分散平台的情况下，由于 Mo 硫化度提高，生成的 MoS_2 晶粒数量增多，且 MoS_2 尺寸减小，从而可以提供更多边角位置供 Ni 吸附，因此有可能在更高 $n_{(Ni)}/n_{(Ni+Mo)}$ 原子比下达到 MoS_2 晶粒边角位置的饱和，而使生成的活性中心数量进一步增加。

保持镍钼金属上量不变，改变金属原子比，考察了其对催化剂活性和稳定性的影响，结果如图 1。当金属原子比提高时，催化剂的 HDS 活性呈现上升趋势，稳定性呈现下降趋势。因此，采用较为合适的金属原子比，以保证催化剂的高活性和高稳定性。

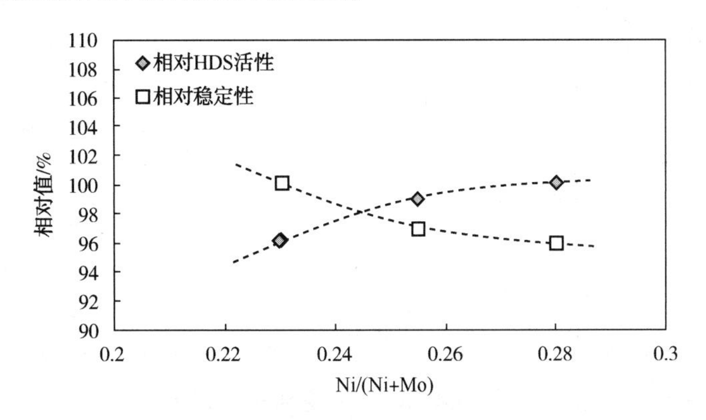

图 1 金属原子比对催化剂 HDS 活性和稳定性的影响

催化剂的制备技术对活性金属和载体之间作用力有着较大的影响，进而影响金属在氧化铝载体上的分散情况。合适的相互作用力有利于提高加氢催化剂的活性及稳定性，通过新制备技术的优化，可以使催化剂保持较高的活性及稳定性。表 2 是催化剂 RS-3100 和 RS-2100 的 X 射线光电子能谱(XPS)

表征的金属分散度结果比较。从金属分散度结果可知，虽然催化剂 RS-3100 硫化态的金属分散度低于 RS-2100，但反应后卸剂的分析结果却相反，表明采用新的活性金属高分散制备技术制备的催化剂 RS-3100 的活性相结构更加稳定，因此，新开发的催化剂 RS-3100 具有更高的活性稳定性。

表 2 催化剂分散度比较

催化剂	硫化态		反应后	
	Mo/Al	Ni/Al	Mo/Al	Ni/Al
RS-2100	4.4	14.6	3.3	11.7
RS-3100	3.4	11.9	4.2	14.1

经过大量研究考察了各种影响催化剂活性及稳定性因素，选择了具有扩散孔道优化的载体、与之相匹配的溶液浸渍技术和高分散制备方法以及合适的金属上量及金属原子比，开发了具有高活性和高稳定性的镍钼型柴油超深度脱硫催化剂 RS-3100。

3 RS-3100 催化剂的性能研究

以青岛混合柴油为原料，在中型装置上将 RS-3100 与已大量工业应用的参比剂 RS-2100 进行对比评价试验，考察催化剂的活性水平以及稳定性。评价原料油为青岛直馏柴油中分别掺入 20%、50% 的催柴得到的混合柴油，性质见表 3，评价条件和结果列于表 4。青岛混合催柴的终馏点高，芳烃含量高，是一种较劣质的原料，是目前炼油企业加氢装置中典型的劣质原料代表。

表 3 青岛混和柴油性质

原料油	混柴 A	混柴 B
密度(20℃)/(g/cm^3)	0.8677	0.9028
硫含量/(μg/g)	10890	9500
氮含量/(μg/g)	321	443
馏程(ASTM-D86)/℃		
初馏点	211	216
10%	253	252
30%	281	275
50%	298	291
70%	321	315
90%	355	345
终馏点	385	376
单环芳烃/%	14.4	16.0
双环芳烃/%	16.7	33.1
三环芳烃/%	2.1	4.7
总芳烃/%	33.2	53.8

从表 4 可以看出，RS-3100 的脱硫活性略低于参比剂 RS-2100，经过各个试验条件考察后，进行回温试验考察催化剂的活性稳定性，从试验结果看，此条件下 RS-3100 催化剂脱硫活性优于 RS-2100，但其活性损失程度较低，表明催化剂具有更高的活性稳定性。精制油中多环芳烃含量约为 3.0%，远低于“国Ⅵ”标准车用柴油 7%的要求。

表 4　RS-3100 与工业参比剂 RS-2100 的中型对比评价结果

原料油	青岛混柴 A	
氢分压/MPa	基准	基准
体积空速/h^{-1}	基准	基准
标准状态氢油体积比	基准	基准
反应温度/℃	基准	基准+3
精制油硫含量/(μg/g)		
RS-2100	5.8	10.6
RS-3100	8.0	9.4
精制油芳烃含量/%		
RS-2100	2.7	2.9
RS-3100	2.8	3.1

为了考察催化剂的活性稳定性，进行了 2000 多小时的稳定性试验，试验结果见图 2。从图 2 可以清楚地看出经过 1000 及 2000h 运行后，催化剂 RS-3100 的脱硫活性大幅高于 RS-2100，同时其稳定性也明显强于 RS-2100。

RS-2100 催化剂在扬子石化 3.7Mt/a 柴油加氢装置 2# 系列工业应用结果表明，在 43%直柴+24%焦汽+18%焦柴+15%催柴的混合劣质油品为原料、高空速条件下，RS-2100 可稳定生产硫含量低于 10μg/g 的车用柴油组分，长周期生产“国Ⅴ”柴油期间的失活速率为 0.7℃/月，具有优异的脱硫活性及稳定性。

稳定性试验结果表明：新开发的催化剂 RS-3100 在 RS-2100 催化剂高活性及高稳定性的基础上，具有更优的脱硫活性以及更加优异的活性稳定性，将为炼油企业在“国Ⅵ”柴油质量升级过程中面临的各种挑战提供强有力的技术支撑。

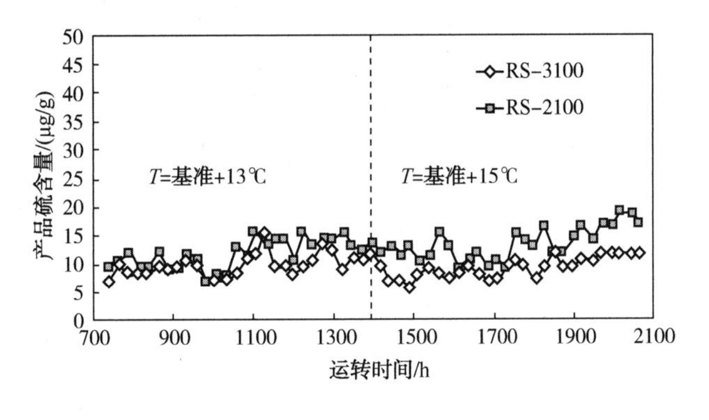

图 2　精制油硫含量随时间变化

4　催化剂的工业应用

2020 年 4 月中国石化九江石化公司 1.2Mt/a 2# 柴油加氢装置采用 RS-3100 催化剂进行工业试验，4 月 5 日开始进行催化剂装填，4 月 13 日完成催化剂装填。反应器一共装入 RG-20 保护剂 1.18t，RG-1 保护剂 3.49t，RS-3100 催化剂 97.30t。催化剂 RS-3100 密相装填堆密度为 700~710Kg/m^3。4 月 16 日进行了催化剂预硫化，4 月 17 日产出合格产品标志着该装置一次开车成功。

开工后装置的处理量不断提到，目前达到 144t/h，加工负荷达到 100%，装置总空速达到 1.2h^{-1}，在中国石化系统内生产“国Ⅵ”柴油的同类装置中空速偏高。5 月 1 日各原料的数据比较固定，焦化汽油 15%~20%，焦化柴油 25%~30%，二次油比例 40%~45%。原料硫含量在 0.3%~0.6%范围波动，平均硫含量约为0.41%，一反入口压力平均值约为7.0MPa，基本维持稳定。循环氢平均纯度为87%，氢分压约6.1MPa，一反平均温度345℃，二反平均温度348℃，产品硫含量大部分在2~4μg/g之间，产品质量略有过剩。目前装置连续运转生产“国Ⅵ”柴油1个月，可以生产满足“国Ⅵ”标准的超低硫清洁柴油产品。

5 结论

基于反应分子与活性相最优匹配技术平台，成功开发了Mo-Ni型高性价比柴油加氢超深度脱硫/深度芳烃饱和RS-3100催化剂。催化剂RS-3100在保持高加氢脱硫活性的同时，其活性稳定性大幅提高，催化剂的装填密度降低24%以上，为炼油企业长周期稳定生产“国Ⅵ”清洁柴油提供强有力的技术支撑。

参 考 文 献

[1] Marcel J. V. Tungstate versus molybdate adsorption on oxidic surfaces: a chemical approach[J]. J. Phys. Chem. B, 2000, 104: 8456 -8461.

[2] Park Y C, Rhee H K. The role of nickel in pyridine hydrodenitrogenation over NiMo/Al_2O_3[J]. Korean J Chem Eng, 1998, 15(4): 411-416.

[3] Topsøe H, Clausen B S, Massoth F E. Hydrotreating Catalysis[M]. Berlin: Springer-Vertag, 1996.

·柴油加氢转化/改质技术开发及工业应用·

基于中压加氢柴油改质运行方案的炼油总加工流程优化

宋以常　栾　鹏　王　鑫　史家亮

（中国石化燕山石化公司　北京　102500）

摘　要　燕山石化地处北京，执行着国内最严格的安全环保标准，面临着成本效益的巨大压力。实施以中压柴油加氢改质为核心的炼油总流程优化，对于做大原油加工量以及低成本增产汽油等高附加值产品、提升经济效益具有重要的意义。

关键词　炼油；加工；流程；优化

1　前言

中国石化燕山石化公司炼油系统采用常减压蒸馏-催化裂化-加氢裂化-延迟焦化-溶剂脱沥青总体加工流程，生产装置主要包括 8.0Mt/a 及 3.0Mt/a 常减压蒸馏装置（分别简称四蒸馏、二蒸馏）、1.4Mt/a 延迟焦化装置、2.0Mt/a 高压加氢裂化装置（简称高压加氢）、1.0Mt/a 柴油加氢精制装置、0.7Mt/a 丙烷脱沥青装置以及 0.8Mt/a 和 2.0Mt/a 重油催化裂化装置（分别简称二催化、三催化）等。2015 年 10 月大庆原油断供后全部加工进口原油，催化裂化装置受进料硫含量设防值≤0.7%的限制，主要加工二蒸馏中间基偏石蜡基原油的低硫常压渣油、蜡油加氢精制蜡油。为降低原油采购成本、提高原油适应性，四蒸馏通过检监测完善和安全评估，硫含量设防值由 1.17%的设计值提高到 2.5%，受延迟焦化进料硫含量≤4.81%的限制，加工硫含量超过 2.5%的巴士拉等原油时还要掺混依拉谢玛、萨宾诺、福蒂斯、穆尔班等硫含量较低的原油，控制混合原油硫含量约 2.2%；因无渣油加氢装置，只有延迟焦化和溶剂脱沥青装置能加工高硫渣油，高硫渣油加工能力不足成为效益提升的短板。

近年来，北京市汽油表观需求量超过 4.0Mt/a，受天然气、电力、氢气等替代能源的影响，汽柴油需求量呈下降趋势。随着大兴第二机场建成投用，首都机场航煤需求减少。燕山石化公司成品油销售区域主要是北京市、华北地区，汽油年产量最高达到 2.97Mt，提高汽油产能还有空间。为压减柴油、增产航煤，炼油系统在 2016 年 5~7 月完成产品结构调整适应性改造，主要包括 1.3Mt/a 中压加氢裂化装置由 1.0Mt/a 催化原料预处理装置改造为 1.2Mt/a 直馏柴油加氢裂化装置（简称中压加氢）；2.6Mt/a 柴油加氢精制装置改造为 1.85Mt/a 蜡油加氢装置；0.8Mt/a 航煤加氢装置扩能到 1.4Mt/a。改造开车后保持原油加工量≤10Mt/a，中压加氢按直馏柴油浅度裂化生产航煤模式运行，汽油产量约 2.7Mt/a，柴油约由 2.8Mt/a 降到 1.6Mt/a，柴汽比低于 0.6，航煤约由 1.2Mt/a 提高到 1.9Mt/a。总的来看，柴油配置太少，大量柴油需回炼或加氢裂化处理，柴油加工流程不够优化；航煤销售后路不畅，且相对于直馏航煤，加氢裂化生产航煤运行成本升高；催化裂化能力未得到充分发挥，经济效益没有达到预期。

为此，2019 年 2 月 18 日~3 月 31 日、5 月 14 日~6 月 7 日，根据成品油配置计划和氢气平衡情况，中压加氢以直馏柴油掺炼约 30%的催化柴油，不产航煤，按柴油加氢改质模式运行；三催化回炼中压加氢低十六烷值的柴油馏分；高压加氢掺炼部分焦化蜡油，不加工或少掺炼催化柴油，根据航煤产销计划控制航煤产量，在保证原油加工量、成品柴油池十六烷值的同时，增产汽油和液态烃，经济效益得到明显提升。

2　炼油总加工流程优化调整

表1列出了燕山石化公司实施中压加氢改质方案的预测情况。

表1　中压加氢柴油改质方案与裂化方案对比

方案对比	中压加氢	高压加氢	柴油加氢	蜡油加氢	三催化
中压加氢裂化方案	进料：常二 100t/h	进料： 催柴 25t/h 直馏蜡油 155t/h	进料： 常二 50t/h 焦柴 25t/h(部分压入焦蜡) 催柴 30t/h	进料： 四蒸馏减四线、减五线 焦蜡 30t/h 脱沥青油	进料： 二蒸馏常压蜡油、常渣加氢蜡油(含焦蜡) 回炼-10$^{\#}$柴油
中压加氢改质方案	进料： 常二 80t/h 催柴 40t/h	进料： 焦蜡 25t/h 催柴(少量或无) 直馏蜡油 155t/h	进料： 常二 70t/h 焦柴 30t/h 催柴 20t/h	进料： 四蒸馏减四线 减五线 脱沥青油	进料： 二蒸馏常压蜡油、AR加氢蜡油(无焦蜡) 中压加氢轻重航煤
中压改质方案与中压加氢裂化方案预测	中压加氢执行 MUHG 方案：可用三套加氢装置加工催柴，使催化裂化加工能力得到充分释放；在氢气受限时航煤总量降低，总氢耗不增加。 1. 三催化：不回炼-10$^{\#}$柴油，进料无焦化蜡油，可以加工中压加氢低十六烷值馏分，汽油+液态烃(丙烯)产量高，反应生焦率降低；催柴密度、芳烃含量降低、十六烷值高；汽油辛烷值不降低，芳烃、苯含量升高，但不影响车用汽油生产调和。 2. 柴油加氢：高芳烃原料减少，进料性质改善，精制柴油十六烷值提高，运行周期延长。 3. 高压加氢：航煤烟点升高，质量变好；尾油 BMCI 值升高。 4. 蜡油加氢装置：进料性质改善，精制蜡油芳烃含量降低，装置负荷率降低。 5. 中压加氢：进料氮含量超过设计值，做好裂化催化剂保护；尾油(精制柴油)十六烷值降低。				

由此可见，实施中压加氢改质方案，炼油生产装置催化剂体系不变，无需进行大的改造，催化柴油可由中压加氢、柴油加氢和高压加氢加工，路线更为灵活；焦化蜡油富含多环芳烃，进高压加氢处理，避免了多环芳烃在延迟焦化、蜡油加氢、催化裂化之间循环；催化裂化、柴油加氢进料性质改善，柴油池十六烷值质量裕量减小。

3　实施加氢改质方案对中压加氢生产运行的影响

燕山石化公司中压加氢反应部分采用炉后混氢、一段串联和热高分流程，分馏部分设置脱丁烷塔和产品分馏塔，其中脱丁烷塔顶采出轻石脑油作为乙烯裂解原料，产品分馏塔顶采出重石脑油作为重整原料，侧线分别采出轻、重航煤，生产3$^{\#}$喷气燃料，精制柴油作“京标Ⅵ”柴油调和组分，工艺流程如图1所示。

中压加氢2016年5~7月采用抚研院FDHC技术及配套FF-56/FC-50加氢催化剂进行改造，以直馏柴油为原料生产航煤，同时兼产重石脑油和柴油等。

中压加氢改质方案2019年共实施两次，第一次是2月20日~3月31日，以常二线掺炼30%的催化柴油，主要产品为重石脑油、轻航煤和柴油，其中重石脑油作连续重整原料，精制柴油部分去三催化回炼，其余与轻航煤合流作“京标Ⅵ”柴油调和组分。期间进行了工业标定，记作标定1。第二次是5月15日~6月16日，以常二线掺炼25%的催化柴油，主要产品为重石脑油、轻航煤、重航煤和柴油，其中轻航煤作三催化提升管反应器终止剂，重航煤进三催化回炼。精制柴油作“京标Ⅵ”柴油调和组分。期间进行了工业标定，记作标定2。

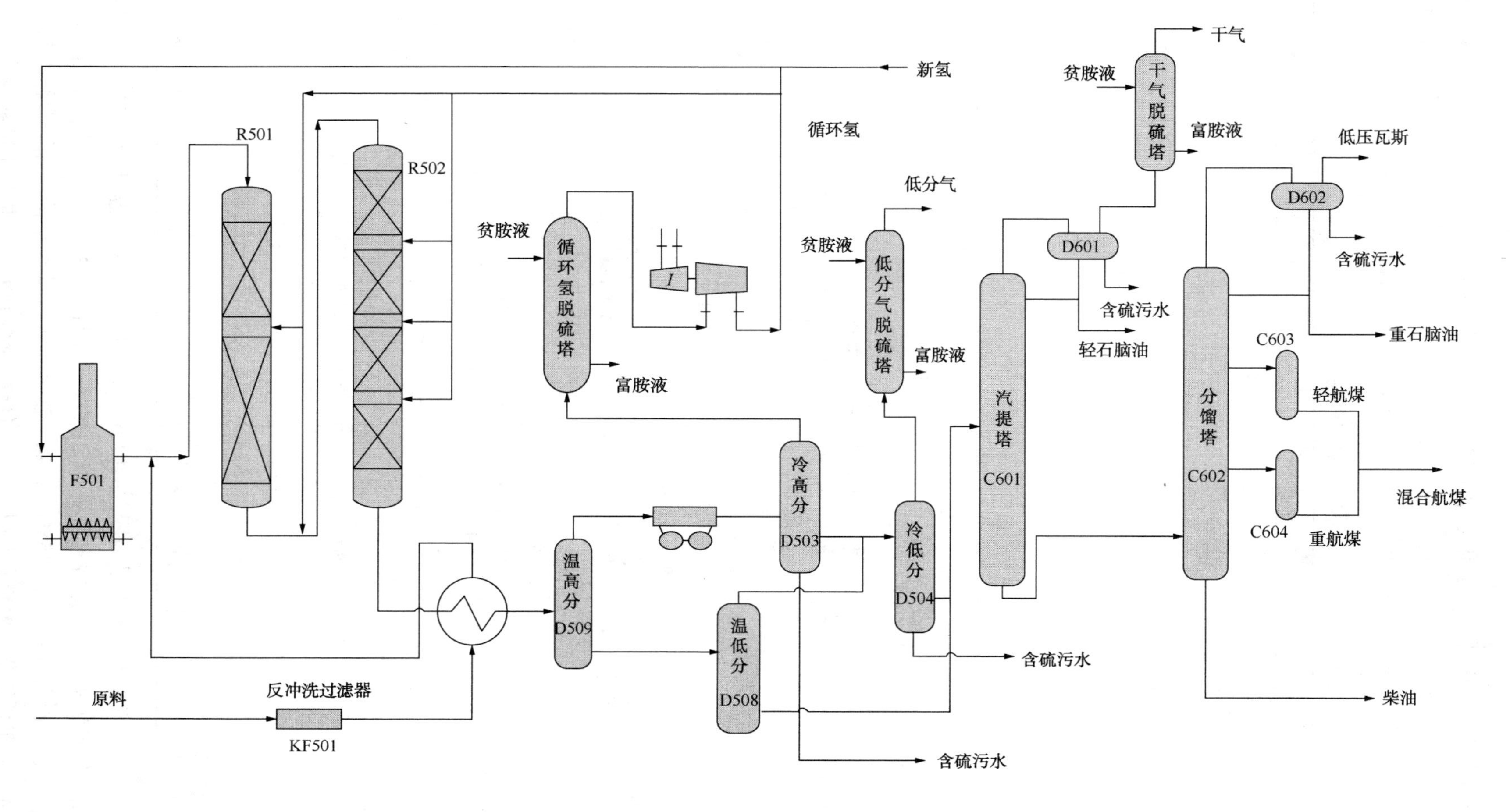

图1　中压加氢装置工艺流程示意图

3.1 原料性质

中压加氢掺炼催化柴油前进行了裂化方案标定，原料为常二线，航煤收率约34%。实施改质方案催化柴油掺炼比例分别为30%和25%，进料性质见表2。掺炼催化柴油后，混合原料密度(20℃)升高约22kg/m³，初馏点降低约30℃；氮含量大幅升高，超过200mg/kg的设计值。

表2 原料性质对比

分析项目		裂化方案标定	标定1	标定2
密度(20℃)/(kg/m³)		853	874.2	875.2
馏程/℃	初馏点	234	200	204
	10%回收温度	258	240	236
	50%回收温度	286	271	275
	90%回收温度	325	315	316
	终馏点	347	343	/
氮/(mg/kg)		157.4	295.4	412
硫/%		1.11	0.857	0.818
十六烷值指数		—	40	40

3.2 操作参数

中压加氢主要操作参数变化见表3。

表3 主要操作参数的变化

项　　目	裂化方案标定	标定1	标定2
总料量/(t/h)	100	100	140
反应系统压力/MPa	8.13	8.05	8.16
精制体积空速/h^{-1}	11.2/2.0/4.2	10.8/1.9/4.0	15.2/2.7/5.7
裂化体积空速/h^{-1}	1.64/2.93	1.59/2.83	2.24/3.99
入口氢油比/(Nm³/m³)	981	977	655
精制入口温度/℃	327.1	312.1	323
一反二床层入口温度/℃	340.5	338.7	354
一反总温升/℃	35	55	57.9
一反平均温度/℃	344	341	355
二反入口温度/℃	353.4	351.6	368
二反二床层入口温度/℃	353.9	353.4	375.6
二反三床层入口温度/℃	356.1	357.3	377.9
二反四床层入口温度/℃	364.7	358.1	372
二反总温升/℃	39.4	34.2	23.8
二反平均温度/℃	363.1	360.7	377.6
氢耗/(Nm³/h)	18800	21000	25500
产品分馏塔顶温/℃	109	127	126
产品分馏塔回流量/(t/h)	47.3	42	25
产品分馏塔重沸炉出口温度/℃	318	296	291

与裂化方案相比，标定1总进料量相同，一反入口温度降低15℃，温升增加20℃，为降低氢耗，二反床层温度按最低转化率控制，总温升降低5.2℃。尽管转化率降低，掺炼催化柴油后氢耗仍增加2200Nm³/h，即每吨催化柴油多耗氢约155Nm³。第二次标定进料量和原料氮含量大幅提高，裂化平均温度提高18℃才满足最低转化率要求。同时一反入口温度提高15℃，这是基于进料量提高以及精制油采样器泄漏不能有效监控精制油氮含量，只能尽量提高精制段温度，避免裂化剂快速失活。因转化率

降低，脱丁烷塔顶回流量下降，为保证硫化氢脱除效果，提高了该塔底温，降低了塔顶压力。期间为多产重石脑油，产品分馏塔顶温提高约17℃。

3.3 物料平衡

掺炼催化柴油后物料平衡见表4。

表4 物料平衡 单位:%

项目	裂化方案标定	标定1	标定2
干气	3.59	2.12	1.68
低分气	0.94	0.96	1.12
轻石脑油	4.13	0.19	0.09
重石脑油	15.93	9.47	9.86
轻航煤	33.93	14.93	6.9
重航煤	0	0	20.4
柴油去罐区	42.98	36.29	59.41
柴油去三催化回炼	0	36.57	0
污油	0.37	0.41	0
反冲洗污油	1.72	2.87	1.4

与裂化方案相比，因转化率降低以及脱丁烷塔分离效果下降，干气收率降低约1.5个百分点，轻、重石脑油收率降低约10个百分点。标定1精制柴油去三催化回炼比例为36.57%，混合柴油收率为51.22%，提高了8.24个百分点。标定2重航煤去三催化回炼比例为20.4%，轻航煤作三催化反应器终止剂比例为6.9%；柴油收率为59.41%，提高了16.43个百分点。

3.4 产品质量

（1）柴油

柴油性质见表5。与裂化方案相比，掺炼催化柴油后，精制柴油密度(20℃)升高了29~33kg/m³。因掺炼催化柴油和反应转化率降低，精制柴油十六烷值大幅降低，尤其是标定1，将轻航煤并入柴油，导致混合柴油十六烷值仅为49.8，同比降低17.8个单位，增大了柴油生产调和难度。标定2将轻航煤和重航煤改到三催化处理，精制柴油十六烷值为53.2，满足成品柴油生产要求，其他指标均满足质量要求。

表5 柴油性质

项目	裂化方案标定	标定1	标定2
密度(20℃)/(kg/m³)	802.4	831.8	835.9
馏程/℃			
初馏点	245	194.0	232
10%回收温度	264	216.0	249
50%回收温度	280	252.0	275
90%回收温度	304	298.0	316
终馏点	325	334.0	343
硫/(mg/kg)	<3.2	<3.2	<3.2
氮/(mg/kg)	<0.3	<0.3	<0.5
凝点/℃	-8	-23	-10
闪点/℃	108	82	111
十六烷值	67.6	49.8	53.2
烃类组成/%			
芳烃	3.4	17.9	20
其中多环芳烃	1.3	0.7	2.6
链烷烃	70.1	42.7	49.8
环烷烃	26.5	39.4	—

与中压加氢裂化方案相比，中压加氢掺炼催化柴油将航煤馏分送到三催化回炼，京标 0#柴油十六烷值改进剂加入量平均由 355mg/kg 提高到 440mg/kg，芳烃含量平均由 22.9%升高到 24.0%，多环芳烃含量平均由 6.1%降到 4.6%，十六烷值平均由 55 降到 54。

(2) 轻航煤

轻航煤性质见表 6。掺炼催化柴油后，轻航煤质量不满足 3#喷气燃料指标要求，其十六烷值仅为 27~30，不适于京柴油生产调和，考虑到其链烷烃和单环芳烃含量较高，第二次全流程优化时将其用于三催化反应器终止剂以增产汽油和液态烃。

表 6 轻航煤性质

分析项目	裂化方案标定	标定 1	标定 2
密度(20℃)/(kg/m³)	795.6	831.3	829.7
馏程/℃			
初馏点	149.5	179.1	173
10%回收温度	165.7	189.3	180
50%回收温度	192.8	198.2	189
90%回收温度	230.5	211.0	207
终馏点	246.7	225.2	226
硫含量/(mg/kg)	<3.2	<3.2	<3.2
闪点/℃	44	60	65
冰点/℃	-55.1	-56.4	<-40
烟点/mm	26.6	15.3	13.8
氮含量/(mg/kg)	<0.3	<0.3	<0.5
十六烷值	/	29.5	27
链烷烃含量/%	19.7	—	21.6
单环芳烃含量/%	17.5	—	35.7
多环芳烃含量/%	1.0	—	0

(3) 重航煤

重航煤性质见表 7，其十六烷值指数仅为 39，不适于调和柴油；单环芳烃含量约 33%，比精制柴油高 12.9 个百分点，且链烷烃含量较高。第二次全流程优化时将重航煤单独采出进三催化回炼，这样既提高了三催化目的产品收率，又提高了中压加氢精制柴油的十六烷值，既保证了车用柴油的生产调和，又提升了总体效益。

表 7 重航煤性质

项 目	裂化方案标定	标定 2
密度(20℃)/(kg/m³)	794.7	837.3
馏程/℃		
初馏点	156	160
10%回收温度		199
50%回收温度	226.4	225
90%回收温度	238.4	249
终馏点	251.2	271
硫含量/(mg/kg)	<3.2	<3.2
闪点/℃	36.5	56
凝固点/℃	<-40	<-40

续表

项　　目	裂化方案标定	标定 2
氮含量/(mg/kg)	<0.5	<0.5
十六烷值指数	—	39
烃类组成/%		
链烷烃	91.7	30.8
单环芳烃	7.6	32.9
多环芳烃	0.19	0.4

（4）重石脑油

重石脑油性质见表 8。掺炼催化柴油后，重石脑油初馏点降低约 20℃，这主要与转化率大幅降低以及脱丁烷塔顶回流量偏小、停出轻石脑油有关；干点提高约 20℃；环烷烃含量降低 4.84 个百分点，芳烃含量提高 15.78 个百分点，芳烃潜含量提高 11.06 个百分点。

表 8　重石脑油性质

分析项目	裂化方案标定	标定 1	标定 2
密度(20℃)/(kg/m³)	724.3	741.3	740.0
馏程/℃			
初馏点	56	31.0	35
10%回收温度	78.0	68.0	66
50%回收温度	98.0	110.0	111
90%回收温度	119.0	138.0	144
终馏点	147.0	159.0	168
硫含量/(mg/kg)	0.7	—	—
饱和烃含量/%	50.18	38.43	—
环烷烃含量/%	42.2	37.36	—
芳烃含量/%	7.2	22.98	—
芳烃潜含量/%	46.72	57.78	—

3.5　技术分析

中压加氢掺炼催化柴油前后反应平均温度和加工量变化如图 2 所示。

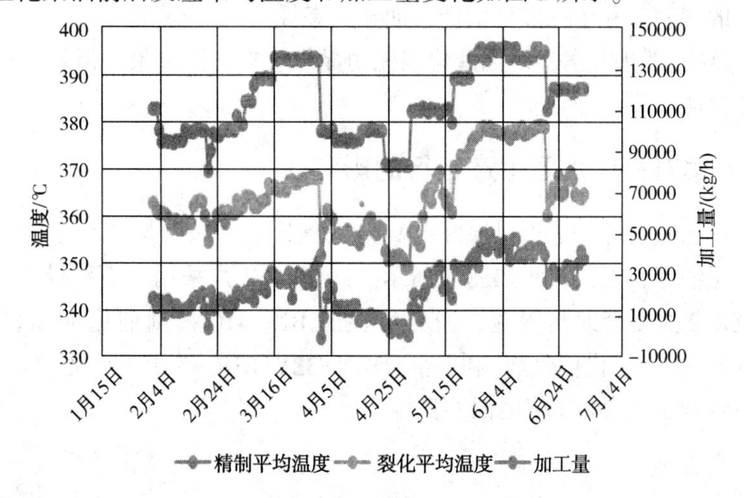

图 2　反应平均温度及加工量的变化

反应温度与加工量变化趋势基本一致，在催化柴油掺炼比例和加工量相近的条件下，第二次掺炼催化柴油较第一次一反平均温度提高约5℃，目的是减轻裂化剂氮中毒风险；二反平均温度提高约9℃，旨在升高原料氮含量，通过提温补偿裂化剂活性的降低。

与掺炼催化柴油前相比，在原料性质、氢分压、转化率等条件相近，从精制方案恢复到裂化方案，转化率相近，裂化剂床层温度与掺炼催化柴油前基本相当，说明裂化剂无明显氮中毒迹象。但从图3来看，航煤烟点降低约5mm，说明掺炼催化柴油后精制催化剂芳烃饱和性能下降，在低转化率下，航煤烟点不满足≥22mm的内控指标要求。中压加氢若长期交替执行直馏柴油加氢裂化、掺炼催化柴油改质方案，应合理调整一反催化剂级配，确保装置长周期稳定运行和产品质量合格。

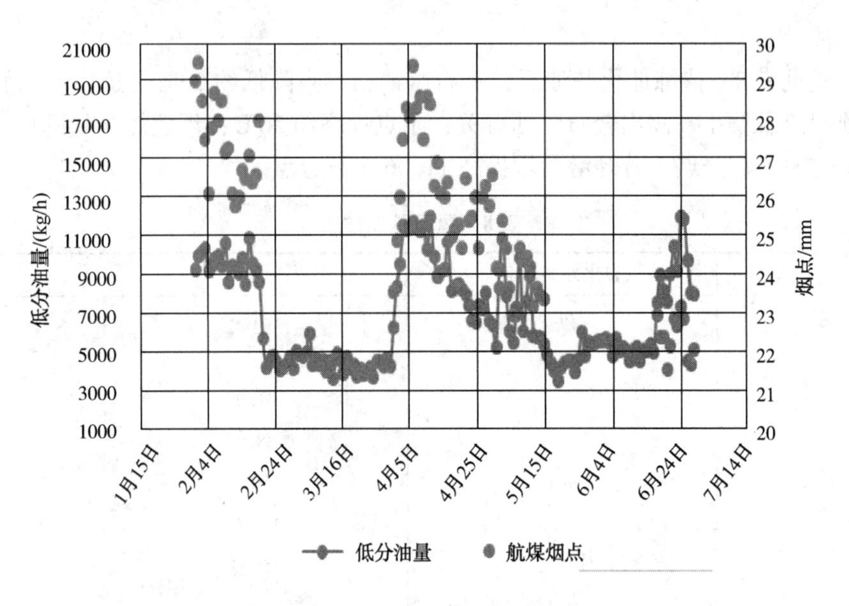

图3 轻航煤烟点变化趋势

3.6 小结

中压加氢执行改质方案，与裂化方案相比：

1) 掺炼约30%催化柴油时，柴油产品十六烷值降幅超过15个单位。在相同转化率下，催化柴油较直馏柴油多耗氢约155Nm^3/t。

2) 轻、重航煤单环芳烃含量高于精制柴油，且链烷烃含量较高，适于进三催化回炼，可在中压加氢提高柴油十六烷值的同时有利于三催化增产汽油和液态烃。

3) 从改质方案恢复到裂化方案，裂化催化剂无明显氮中毒失活迹象，但航煤烟点大幅降低，表明精制催化剂芳烃饱和性能下降。

4 中压加氢改质方案对高压加氢生产运行的影响

燕山石化公司高压加氢设计加工进口原油的高硫减压蜡油和焦化蜡油，主要产品有重石脑油、航空煤油、柴油、加氢尾油等，工艺流程如图4所示。2016年7月采用了石科院“大比例增产航煤改善尾油质量加氢裂化技术”及配套的高脱硫、脱氮活性的RN-410精制催化剂和裂化活性梯度分布的RHC-3/RHC-133/RHC-131裂化催化剂(利旧部分RN-32V/RHC-3再生催化剂)，以达到最大量生产航煤、同时兼产重石脑油及低BMCI值尾油的目标。

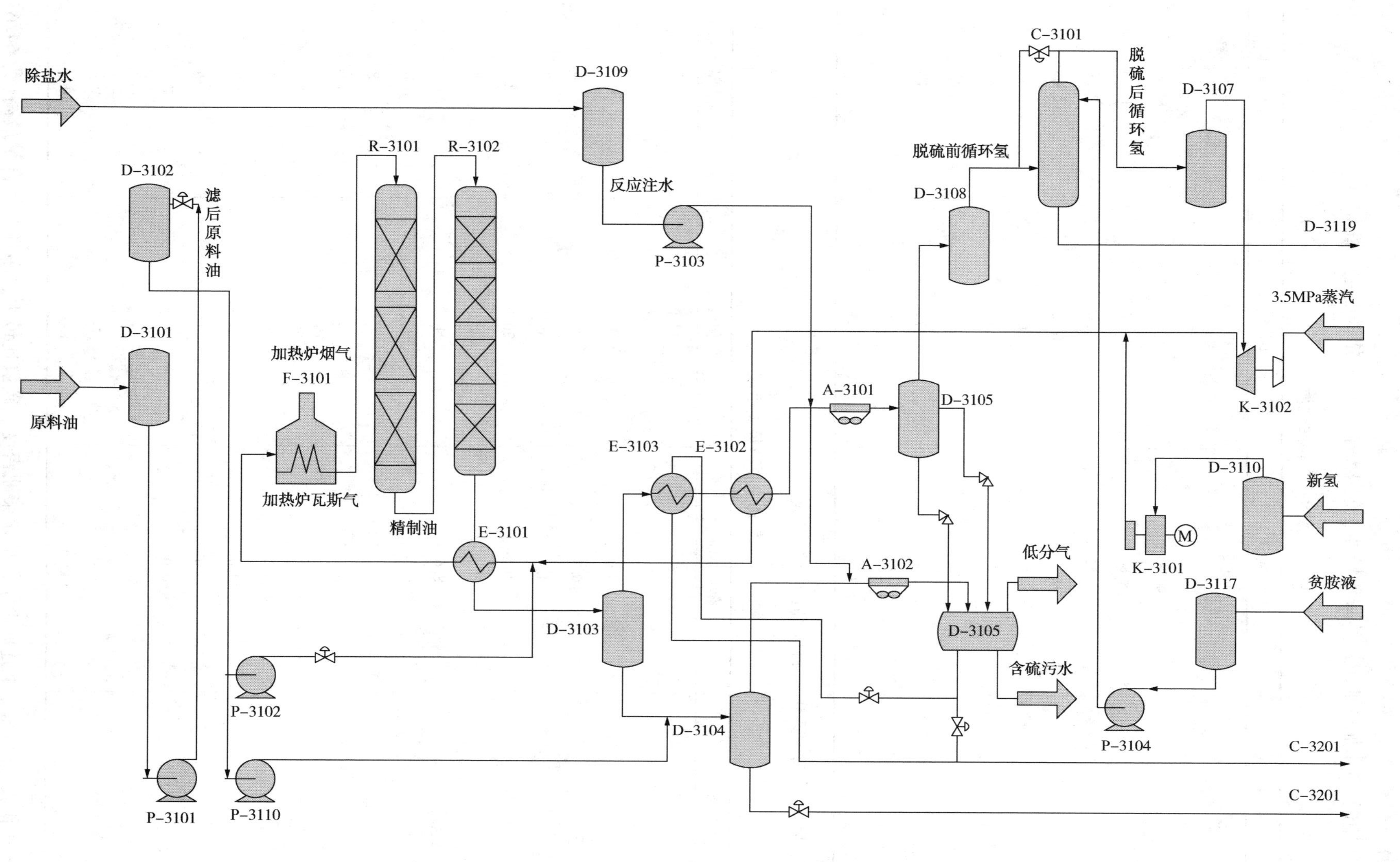

图4 高压加氢装置工艺流程示意图

4.1 原料油性质

表9列出了高压加氢加工过的减压蜡油、催化柴油、焦化蜡油的主要性质。

表9 原料油性质

项目	催化柴油	焦化蜡油	减压蜡油
密度(20℃)/(g/cm³)	0.973	0.956	0.908
元素组成/%			
碳	90.51	85.70	85.43
氢	8.86	10.75	12.20
硫	0.51	3.32	2.29
氮	0.12	0.23	0.08
凝点/℃	-31	17	17
馏程(D-86)/℃			
初馏点	197	271	225
10%回收温度	230	372	347
50%回收温度	272	405	417
90%回收温度	348	444	478

表10列出了上述三种原料详细的烃类组成。

表10 原料烃类组成 单位:%

项目	催化柴油	焦化蜡油	减压蜡油
链烷烃	9.4	14.8	22.7
总环烷烃	5.8	21.5	29.1
烷基苯	9.9	7.8	8.9
茚满或四氢萘	6.3	6.4	6.6
茚类	4.0	6.7	6.7
总单环芳烃	20.2	20.9	22.2
萘类	38.3	2.0	3.8
苊类	8.6	4.7	3.7
苊烯类	9.2	0.0	0.0
芴类	0.0	5.4	3.8
总双环芳烃	56.1	12.1	11.3
总三环芳烃	8.5	5.5	3.8
总四环芳烃	0.0	5.2	1.4
总五环芳烃	0.0	0.6	0.3
总噻吩	0.0	11.8	7.8
未鉴定芳烃	0.0	1.8	1.4
总芳烃	84.8	57.9	48.2
胶质	0.0	5.8	0.0
合计	100.0	100.0	100.0

由表9和表10可见，上述原料中，催化柴油密度、碳氢比最大，多环芳烃含量最高(为64.6%)，氮含量居中；焦化蜡油硫含量、氮含量以及四环及以上芳烃、噻吩含量最高，密度、芳烃含量居中(其

三环及三环以上芳烃含量为24.9%)。

4.2 掺炼催化柴油、焦化蜡油对高压加氢工艺参数的影响

高压加氢2019年2月21日至5月下旬进行了掺炼焦化蜡油的工业试验，表11列出了该装置分别掺炼催化柴油、焦化蜡油时反应器主要操作参数。

表11 主要操作参数对比

生产方案	掺炼催化柴油方案	掺炼焦化蜡油方案
加工量/(t/h)	185.0	185.0
混合蜡油量/(t/h)	165.0	165.0
掺炼量/(t/h)	20.0	20.0
尾油循环量/(t/h)	0	0
系统压力/MPa	12.66	12.64
精制反应器入口/℃	346.5	348.5
裂化反应器入口/℃	363.5	372.3
一反一床层入口/出口/℃	352.1/382.2	354.5/377.5
一反二床层入口/出口/℃	369.3/393.3	376.5/397.1
一反三床层入口/出口/℃	372.8/392.2	375.5/397.4
二反一床层入口/出口/℃	369.1/376.2	377.2/385.3
二反二床层入口/出口/℃	371.1/377.3	386.0/392.1
CAT1/CAT2/℃	380.0/384.4	382.7/392.4
精制温升/裂化温升/℃	74.6/19.2	62.3/19.4

由此可见，与掺炼催化柴油相比，高压加氢掺炼焦化蜡油后从一反入口到二反出口的温度升高，精制反应器温升降低12.3℃，其他条件相近，裂化反应器平均温度提高8.0℃。

4.3 精制反应器参数变化

陈刚等[2]指出焦化蜡油总氮5300μg/g时，碱氮为890μg/g，而VGO总氮为1000μg/g，碱氮很少。掺炼焦化蜡油时，精制反应器入口温度提高了2.0℃，TI3141由346.5℃提高到348.5℃，精制反应器平均温度CAT1升高2.7℃。主要是掺炼催化柴油改为掺炼相同比例的焦化蜡油，加工量相近时，因焦化蜡油氮含量，尤其是碱氮含量高、脱除难度大，为保证精制油氮含量合格，需要提高温度脱氮。

掺炼焦化蜡油时精制反应器总温升低于掺炼催化柴油时精制反应器总温升。掺炼催化柴油时精制反应器总温升为74.6℃，掺炼焦化蜡油时精制反应器总温升为62.3℃。主要原因是芳烃加氢反应是放热反应，催化柴油芳烃含量84.8%，高于焦化蜡油，原料芳烃含量增加，反应热增大[3]。

4.4 裂化反应器参数变化

裂化反应器平均温度CAT2升高8.0℃，裂化反应器总温升基本保持不变。因焦化蜡油自延迟焦化装置来部分直接供应加氢裂化装置，部分至加氢裂化装置原料罐区，导致焦化蜡油进装置量波动较大，因此造成裂化反应器的床层温度有所波动。

4.5 氢耗变化

通过计算可知，在转化率相同时，催化柴油耗氢量最多，焦化蜡油其次，减压蜡油最少。表12列出了航煤收率为42.0%时不同原料的耗氢情况。

表12 不同原料的耗氢情况

原料油：VGO+催化柴油		原料油：VGO+CGO	
名称	耗氢量/(Nm^3/h)	名称	耗氢量/(Nm^3/h)
VGO	295	VGO	337
催化柴油	886	CGO	591

当掺炼焦化蜡油时，VGO耗氢为337Nm^3/h，大于掺炼催化柴油时的情况。这主要与掺炼焦化蜡油时裂化反应器平均温度CAT2提高了8.0℃、VGO转化深度提高有关。

4.6 对物料平衡的影响

表13列出了掺炼催化柴油、焦化蜡油时物料平衡的变化。

表13 物料平衡 %

项目	掺炼催化柴油	掺炼焦化蜡油
原料		
混蜡	89.4	89.7
催化柴油	10.6	0
焦化蜡油	0	10.3
氢耗	3.33	3.08
产品		
干气	0.54	0.71
低分气	2.62	3.3
液化气	2.08	2.71
轻石脑油	4.02	4.17
重石脑油	13.99	18.33
航煤组分	35.01	36.86
柴油组分	15.21	11.77
尾油	28.55	23.64
液体收率	98.87	97.48
转化率	74.6	80.5

掺炼催化柴油改为掺炼相同比例的焦化蜡油，因原始设计方案采用大比例增产航煤技术，分馏塔航煤和柴油切割不清，柴油中50%的馏程与航煤质量重叠，因此表13中航煤收率大致相同。根据生产需要保证等量航煤，掺炼催化柴油时氢耗为3.33%(未考虑排废氢、干气含氢气和低分气排放)，转化率为74.6%；掺炼焦化蜡油时氢耗为3.08%，转化率为80.5%。轻石脑油和重石脑油收率分别升高0.15个百分点和4.34个百分点，尾油收率降低4.91个百分点。这与转化率升高、反应深度增加有关，同时说明焦化蜡油更适于生产石脑油。掺焦化蜡油后原料转化率提高、耗氢降低，说明相同转化率时催化柴油氢气单耗大于焦化蜡油。

4.7 对产品质量的影响

表14~表18列出了掺炼催化柴油、焦化蜡油时产品质量的变化。

表14 液化气组成的变化 单位:%(体)

项目	指标	掺炼催化柴油	掺炼焦化蜡油
丙烷		33.83	30.00
正丁烷		22.40	25.09
异丁烷		42.76	44.80
C_5	≤3	0	0

表 15 重石脑油性质的变化

项　　目	指标	掺炼催化柴油	掺炼焦化蜡油
馏程/℃			
初馏点		85	83
50%回收温度		112	112
终馏点	≤175	160	157
饱和烃含量/%		37.6	40.6
环烷烃含量/%		52.93	53.6
芳烃含量/%		8.0	5.48
芳烃潜含量/%		49.1	45.4

表 16 航煤性质的变化

项　　目	指标	减压蜡油+催化柴油	减压蜡油+焦化蜡油
密度(20℃)/(kg/m^3)		815.8	805.3
馏程/℃			
初馏点		148.7	152.1
50%回收温度		206.8	203.8
90%回收温度		252.7	251.4
终馏点	≤298	276.5	280.9
硫醇硫/(mg/kg)		<3	<3
冰点/℃	≤-48	-55	-53.3
闪点(闭口)/℃	40~50	45	45
烟点/mm	≥21	23.1	24.7
烃类组成/%			
芳烃		9.6	8.6
烯烃		0.7	0.6
饱和烃		89.7	90.8
铜片腐蚀(100℃, 2h)		1a	1a
银片腐蚀(50℃, 4h)		0 级	0 级

表 17 柴油性质的变化

项　　目	指标	减压蜡油+催化柴油	减压蜡油+焦化蜡油
馏程/℃			
初馏点		215	250
50%回收温度		270	283
90%回收温度		301	301
终馏点		314	311
闪点(闭口)/℃	>60.0	94	116
铜片腐蚀/级		1	1
十六烷指数		54	61

表 18 尾油性质的变化

分析项目	减压蜡油+催化柴油	减压蜡油+焦化蜡油
密度(20℃)/(kg/m³)	829.7	821.1
BMCI 值	11.5	9.4
馏程/℃		
初馏点	279.4	296.2
50%回收温度	383.8	365.6
90%回收温度	456.6	426.6
终馏点	496.2	471.2
烃类组成/%		
链烷烃	48.1	61.5
环烷烃	50.2	37.3
芳烃	1.7	1.2
胶质	0	0

由表 14~表 18 可知，与掺炼催化柴油相比，掺炼焦化蜡油后，液化气质量合格，重石脑油芳烃潜含量下降。航煤密度(20℃)降低了 10.5kg/m³，芳烃含量降低 1.0 个百分点，烟点提高 1.6mm；柴油初馏点升高，与航煤质量重叠减少，十六烷指数提高；尾油链烷烃含量升高 13.1 个百分点，芳烃含量降低 0.5 个百分点，BMCI 值降低 2.1 个单位，航煤、柴油和尾油质量得到改善。

4.8 装置能耗的变化

装置能耗主要来自燃料气和电，表 19 列出了高压加氢分别掺炼 10.4%的焦化蜡油、催化柴油时装置能耗的变化。

表 19 能耗对比

原 料	掺炼催化柴油(1)	掺炼焦化蜡油(2)	(2)-(1)
综合能耗/(MJ/t)	842.9	926.8	83.9
电/(MJ/t)	544.2	506.2	-38.0
燃料气/(MJ/t)	239.1	310.2	71.1

与掺炼催化柴油相比，高压加氢掺炼焦化蜡油后进料芳烃含量降低，反应放热少，导致加热炉负荷增加，燃料气单耗提高 71.1MJ/t；氢耗降低，新氢压缩机负荷下降，电耗降低 38.0MJ/t，装置能耗增加 83.9MJ/t(不包括外送凝结水)。

4.9 小结

与掺炼催化柴油相比，高压加氢掺炼焦化蜡油后：

1）精制反应器总温升由 74.6℃降到 62.3℃，裂化反应器床层平均温度升高 8.0℃，其他反应条件相近。

2）航煤收率相同时，化学氢耗由 3.33%降到 3.08%，轻石脑油和重石脑油收率分别升高 0.15 个百分点和 4.34 个百分点，尾油收率降低 4.91 个百分点。

3）重石脑油芳烃潜含量下降。航煤密度降低 10.5kg/m³，芳烃含量降低 1.0 个百分点，烟点提高 1.6mm；柴油初馏点升高，十六烷指数提高；尾油链烷烃含量升高 13.1 个百分点，芳烃含量降低 0.5 个百分点，BMCI 值降低 2.1 个单位，航煤、柴油和尾油质量得到改善。

4）燃料气消耗增加，电耗降低，装置能耗增加 83.9MJ/t。

5 实施效果

炼油板块实施中压加氢改质方案，催化柴油可由中压加氢、柴油加氢和高压加氢加工，路线更为灵活；催化裂化、柴油加氢进料性质改善，催化裂化装置潜力得到发挥。从 2019 年生产统计来看，3 月份加工原油 805. 2kt(高于 1 月份和 2 月份)，生产汽油 255. 5kt，实现效益 2545 万元(1 月份、2 月份亏损)；5 月份加工原油 820kt，生产汽油 258kt(全年单月最高)，催化柴油降库超过 5kt，经济效益明显提升。与中压加氢裂化方案相比，三催化回炼中压加氢低十六烷值的航煤馏分，稳定汽油辛烷值升高，在辛烷值和抗爆指数相近的条件下，京标 92#汽油中 S Zorb 脱硫汽油的调和比例平均从 51%提高到 56%，重整汽油的调入比例平均由 24. 2%降到 23. 0%，芳烃体积含量平均由 33. 0%升高到 33. 2%；京标 95#汽油中 S Zorb 脱硫汽油的调和比例平均从 48. 9%提高到 50. 8%，重整汽油的调入比例平均由 23. 5%降到 22. 0%，烯烃体积含量平均由 11. 4%降到 9. 7%，芳烃体积含量平均由 33. 0%升高到 33. 3%，降低了车用汽油的生产成本。

6 结束语

燕山石化公司地处北京，执行着国内最严格的安全环保标准，产品结构亟待优化调整，面临着成本效益的巨大压力。炼油总流程优化的研究，对于提升企业效益、做大原油加工量以及低成本增产高附加值产品具有重要的现实意义。

参 考 文 献

[1] 彭冲，曾榕辉，吴子明，等．高效加氢裂化催化剂级配技术开发及应用[J]．炼油技术与工程，2016，46(3)：49-51.
[2] 赵玉琢，方向晨，刘涛，等．加氢裂化装置掺炼焦化蜡油工艺研究[J]．当代化工，2007，36(3)：250-252.
[3] 徐光明，于长青．加氢裂化装置掺炼劣质催化裂化柴油技术的应用[J]．炼油技术与工程，2011，41(4)：1-5.

MHUG 技术加工焦化汽柴油生产“国Ⅴ”“国Ⅵ”清洁柴油的长周期运行分析

吴德鹏　陈军先

（中国石化塔河炼化公司　新疆库车　842000）

摘　要　应对柴油质量升级，中国石化塔河炼化公司对现有的1Mt/a柴油加氢装置进行了技术改造。本次改造采用石油化工科学研究院开发的柴油加氢改质MHUG技术和高性价比柴油加氢改质RIC-3催化剂。本文对该装置加工焦化汽柴油生产低硫高十六烷值清洁柴油长周期运行情况进行了分析。截至2020年3月09日，该装置已经连续稳定生产“国Ⅴ”、“国Ⅵ”清洁柴油累计1222d。该周期运转分析结果表明，生产“国Ⅴ”、“国Ⅵ”清洁柴油期间，精制反应器平均反应温度为340～360℃，改质反应器平均反应温度为338～363℃。综合考虑原料性质和焦化汽油加工比例的变化对催化剂寿命的影响以及反应器压降等因素，100%满负荷运转时，催化剂连续运行时间达到40个月以上。

关键词　塔河炼化；柴油加氢改质；RIC-3；清洁柴油；催化剂寿命

1　前言

中国石化塔河炼化公司（以下简称塔河炼化）根据柴油质量升级的需要，新增一台加氢精制反应器及一台循环氢压缩机，将1Mt/a汽柴油加氢精制装置改造为加氢改质MHUG装置，加工焦化柴油和焦化汽油的混合油，生产低硫高十六烷值清洁柴油，以生产硫含量小于10μg/g，十六烷值49以上满足“国Ⅴ”排放标准要求的清洁柴油产品，全厂柴油调和后，“国Ⅴ”柴油比例70%以上。

经过技术比选后，塔河炼化采用石油化工科学研究院（以下简称石科院或RIPP）开发的柴油加氢改质（MHUG）技术及配套RN-410精制剂和RIC-3改质剂组合，以实现加工焦化柴油和焦化汽油的混合油，生产低硫、高十六烷值清洁柴油的目标。

MHUG技术是RIPP开发的一项拥有自主知识产权的专利技术，获得多项授权专利。该技术以催化柴油（LCO）、焦化柴油（LCGO）、直馏柴油（SRGO）、减压轻馏分油（LVGO）或它们的混合油为原料，采用两剂单段串联一次通过或部分馏分循环流程，在中压下可生产低硫、低芳烃柴油产品，同时副产高芳潜的石脑油，在条件适宜的情况下还可兼产部分航煤产品。加氢改质MHUG技术具有流程简单、操作灵活性高等特点，因而投资和操作费用相对较低[1,2]。

2016年9～10月，柴油加氢改质装置完成了技术改造与催化剂装填，2016年11月3日一次开车成功，稳定生产“国Ⅴ”、“国Ⅵ”标准的清洁柴油，2016年12月进行了该装置的技术标定，各项指标均达到了技术要求。2020年3月9日停工检修，催化剂再生卸剂。截至2020年3月9日，该装置已连续运行1222天。本文主要对该装置第一周期运行情况的进行了总结。

2　装置的开工和标定

2.1　装置工艺流程简述

装置工艺流程见图1，焦化柴油、直馏柴油与焦化汽油的混合原料经过自动反冲洗过滤器进入原料油缓冲罐，然后经原料泵升压，与氢气混合后进入加热炉加热至所需温度，进入精制反应器，在精制反应器进行加氢脱硫、脱氮、烯烃饱和、芳烃加氢饱和等反应后流出经过系列换热，进入改质反应器，进行环烷烃的选择性开环裂化等反应。产物经过分离和分馏后得到石脑油和柴油产品。

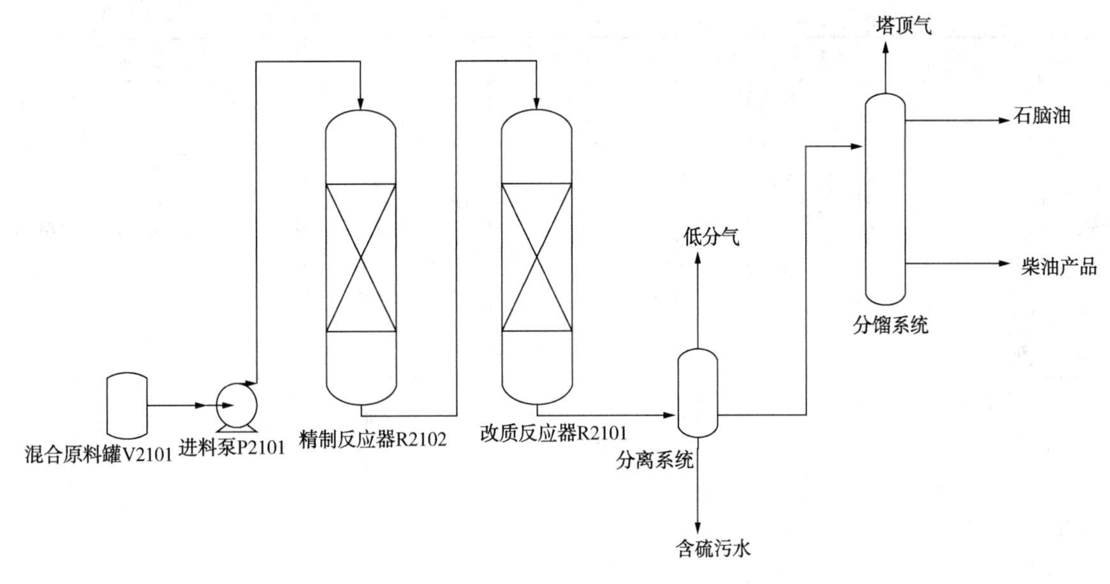

图1 装置工艺流程

2.2 装置开工

2016年10月9日开始催化剂装填，柴油加氢改质MHUG装置设计分为两个反应器，其中加氢精制反应器采用RG系列保护剂/RN-410精制剂，改质反应器装填RIC-3改质剂/RN-410后精制剂，装置经过置换、气密、催化剂干燥、催化剂预硫化、初活稳定、切换进料等过程，于2016年11月2日开始切换新鲜直馏柴油，总进料95t/h，运转至2016年11月3日开始分批进焦化柴油与焦化汽油，2016年11月6日反应进料量提至95t/h，其中焦化汽油13t/h、焦化柴油65t/h和常二线馏分17t/h。在精制反应器床层平均温度335℃，改质反应器平均温度为330℃缓和条件下，生产出硫含量4μg/g、十六烷值为51.4的柴油产品，装置开工平稳，达到了装置改造的预期目标。

2.3 装置标定

为了评估柴油加氢改质装置所采用RIC-3催化剂的性能以及装置的产品分布、产品性质、装置能耗、设备运行等情况，于2016年12月21~24日对该装置进行了一次较全面的技术标定。此次标定按照两个方案进行，方案一为100%负荷下"国Ⅴ"规格清洁柴油技术标定(以下简称100%负荷标定)，方案二为80%负荷下"国Ⅴ"规格清洁柴油技术标定(以下简称80%负荷标定)。

2.3.1 原料性质

装置标定期间的原料性质见表1。

从表1中可见，在密度、氮含量、十六烷值等主要性质的比较上，100%负荷标定和80%负荷标定期间的混合原料性质较设计原料好。

表1 100%负荷、80%负荷标定期间装置进料性质

项目	罐区混合柴油	焦化汽油		混合原料	
	标定值	设计值	标定值	设计值	标定值①
100%负荷标定期间					
密度(20℃)/(kg/m³)	0.8728	0.7458	0.7339	0.8528	0.8397
w(硫)/(μg/g)	10576	~8000	3685	14795	9809
w(氮)/(μg/g)	686	~60	91	784	583
馏程(ASTM D-86)/℃					
初馏点	160.6	30.75	34.5	70	52.8

续表

项　　目	罐区混合柴油	焦化汽油		混合原料	
	标定值	设计值	标定值	设计值	标定值①
50%	236.6	140.56	128.2	286	284
90%	295.4	222	195.8	350	347.4
95%	348.8	243.1	214.8	360	361.6
终馏点	363.4	274.6	247.7	375	367.8
十六烷指数(ASTM D4737)	42.8				
80%负荷标定期间					
密度(20℃)/(kg/m³)	0.8812	0.7458	—	0.8528	0.8455
w(硫)/(μg/g)	18920	~8000	—	14795	11696
w(氮)/(μg/g)	870	~60	—	784	—
十六烷指数(ASTM D4737)	40.4				
馏程(ASTM D-86)/℃					
初馏点	162.2	30.75	—	70	64.4
50%	239.8	140.56	—	286	—
90%	301.6	222	—	350	293.8
95%	349.4	243.1	—	360	351
终馏点	361.2	274.6	—	375	366.4

2.3.2　反应部分主要工艺参数

100%负荷标定和80%负荷期间反应部分主要工艺参数见表2。

100%负荷标定期间，精制反应器平均反应温度分别为344℃，总温升为74℃，改质反应器平均反应温度为345℃，总温升为19℃。80%负荷标定期间，精制反应器平均反应温度分别为344℃，由于焦化汽油比例较大，因此总温升为84℃，较100%负荷标定期间大，改质反应器平均反应温度为342℃，总温升为20℃。

表2　100%负荷、80%负荷标定期间装置工艺参数

项　　目	100%负荷标定值	80%负荷标定值
进料量/(t/h)		
焦化汽油/混合柴油	27.8/103.2	23.06/84.01
混合原料	131.0	107.07
精制反应器		
氢分压/MPa	7.19	7.20
床层总温升/℃	74	84
平均床层温度/℃	344	344
改质反应器		
床层总温升/℃	19	20
平均床层温度/℃	345	342

2.3.3　主要产物分布和性质

100%负荷标定和80%负荷期间主要产物分布和性质见表3。

从表3中可见，100%负荷标定期间，装置的化学氢耗为1.39%，C_{5+}馏分收率为99.32%；柴油馏分密度为0.8352kg/m³，硫含量为3.9μg/g，十六烷值为51.2。80%负荷标定期间，由于进料体积空速的降低，加氢深度加强，装置的化学氢耗为 1.50%，C_{5+} 馏分收率为 98.91%；柴油馏分密度为 0.8339kg/m³，硫含量为 2.7μg/g，十六烷值为 51.0。柴油产品的密度、硫含量、十六烷值等主要指标均达到了“国Ⅵ”清洁柴油标准的要求。

表 3　100%负荷、80%负荷标定期间装置主要产物分布和性质

项　　目	100%负荷标定值	80%负荷标定值
化学氢耗/%	1.39	1.50
C_{5+}石脑油馏分收率/%	22.17	22.38
柴油馏分收率/%	77.15	76.53
产品石脑油馏分性质		
密度(20℃)/(kg/m³)	0.7093	—
氮含量/(μg/g)	0.4	<0.5
产品柴油馏分性质		
密度(20℃)/(kg/m³)	0.8352	0.8339
硫含量/(μg/g)	3.9	2.7
十六烷值	51.2	51.0
多环芳烃质量分数/%	1.8	—

3　装置长周期运转情况分析和操作建议

3.1　装置长周期运行概况

柴油加氢改质装置自 2016 年 11 月 3 日正常开工，至 2020 年 3 月 09 日已经连续稳定运转 1222d，一直加工焦化柴油与焦化汽油的混合原料油，生产“国Ⅴ”、“国Ⅵ”柴油。

图 2 给出了混合进料的密度和氮含量分析数据，图 3 给出了混合进料的硫含量与水含量分析数据。混合原料油进料密度主要集中在 0.83~0.86g/cm³ 之间，硫含量在 0.8%~1.6%，运转期间氮含量主要集中在 300~1100μg/g，2018 年 7 月~2019 年 6 月含量较高，频繁高出限定值 800，水含量在 200~750μg/g，频繁高出限定值 300，其余性质均在限定值范围内。

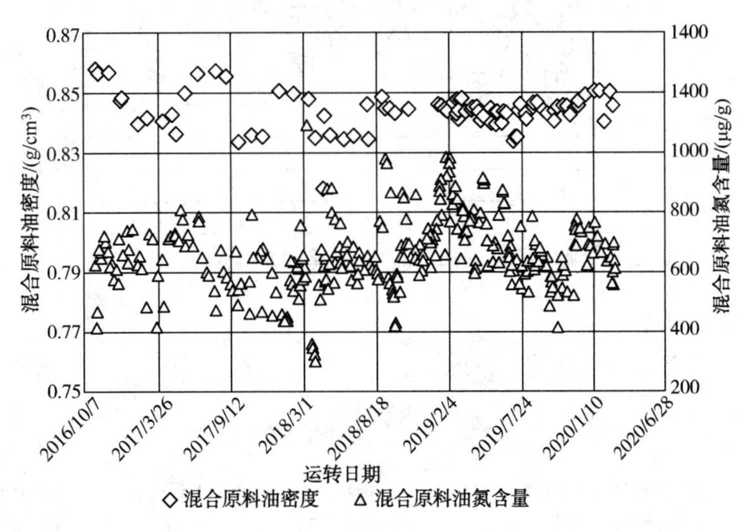

图 2　混合进料密度和氮含量随运转时间的变化趋势

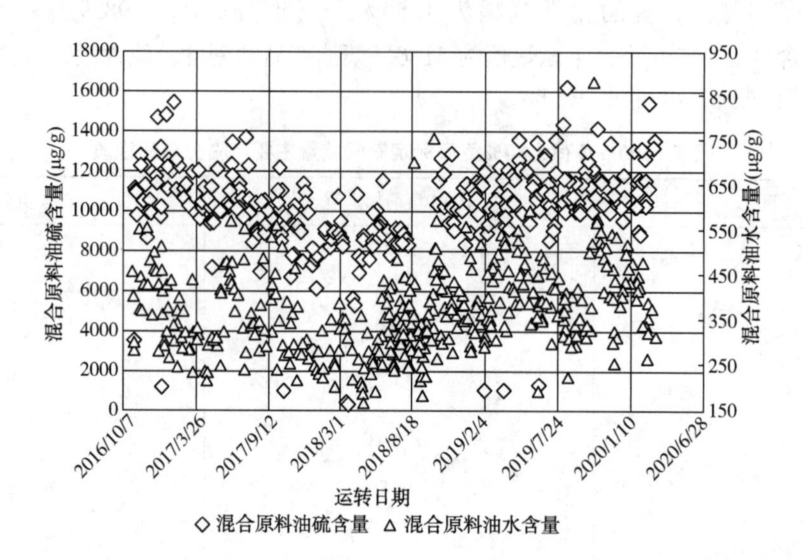

图3 混合进料硫含量和水含量随运转时间的变化趋势

图4给出了柴油加氢改质装置2017年1月~2020年3月停工检修前总加工负荷率和焦化汽油的加工比例，图5给出了2017年1月~2020年3月停工检修精制反应器与改质反应器平均反应温度，图6给出了精制反应器和改质反应器的总温升。

从图4~图6可以看出，柴油加氢改质装置根据全厂的生产安排，总加工负荷在70%~105%之间，焦化汽油的加工比例主要在20%~50%之间，反应温度提温幅度小，从开工到停工检修，精制反应器平均反应温度为340~360℃，平均失活速率大约0.5℃/月；改质反应器平均反应温度为338~363℃，平均失活速率大约0.63℃/月；精制和改质剂失活速率较低，表明催化剂活性稳定性良好。精制总温升维持在55~80℃，改质总温升维持10~20℃，两个反应器温度控制均按加工负荷调整。加工负荷根据全厂生产安排调整。图7给出了产品柴油的硫含量与十六烷值，柴油产品硫含量基本稳定在10μg/g以下，十六烷值基本在51及以上，2016年11月3日~2019年3月停工检修前长周期稳定生产“国Ⅴ”、“国Ⅵ”柴油。

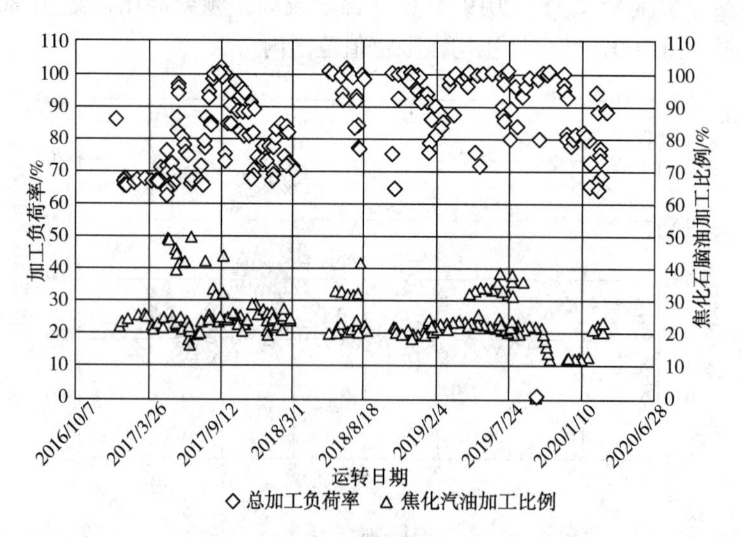

图4 柴油加氢改质装置总加工负荷率和焦化汽油加工比例随运转时间的变化趋势

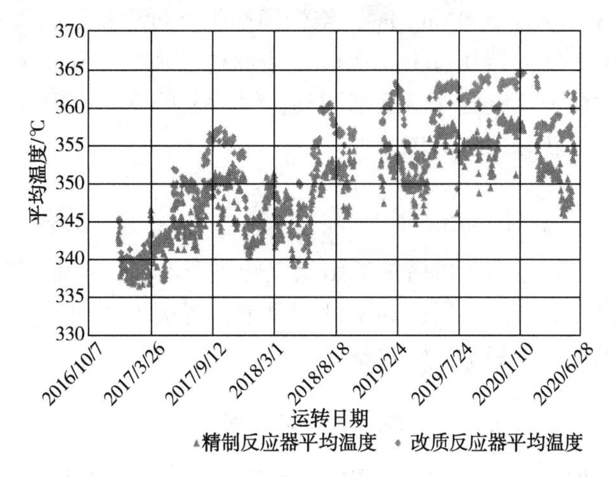

图 5 柴油加氢改质装置精制反应器和改质反应器平均反应温度随运转时间的变化趋势

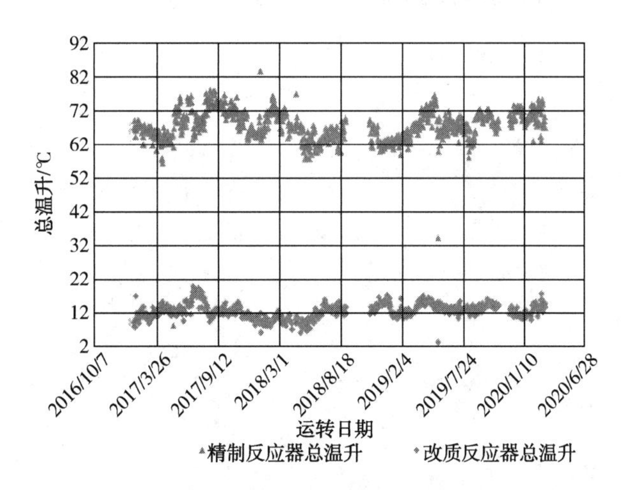

图 6 柴油加氢改质装置精制反应器与改质反应器总温升随运转时间的变化趋势

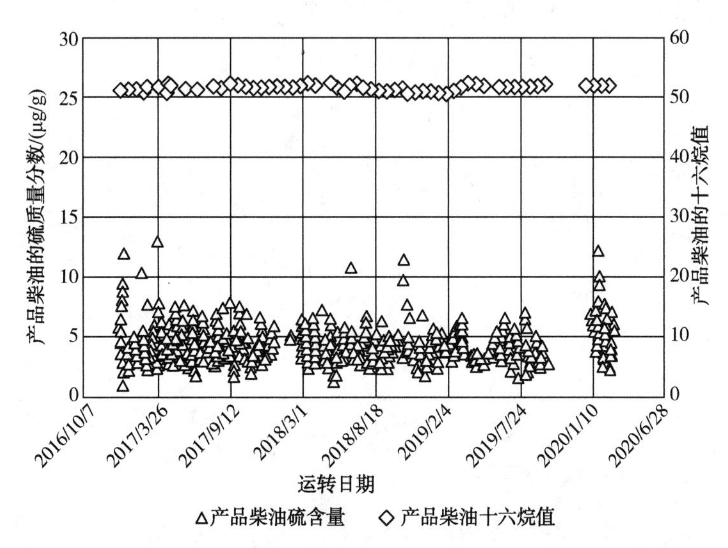

图 7 柴油产品的硫含量和十六烷值随运转时间的变化趋势

3.2 周期运行状况分析

2016 年 11 月开工以来，柴油加氢改质装置混合原料油频繁存在氮含量及水含量较高的问题，其他性质良好，进料负荷基本不大于 100%，焦化汽油加工比例维持在 25% 左右，入口氢分压高于

6.4MPa，入口氢油体积比基本大于500Nm^3/m^3，整个周期生产过程稳定，提温幅度较小，末期R2101反应器压降0.14MPa，R2102反应器压降0.10MPa，柴油产品质量合格。石脑油是优质的重整进料，在装置运转过程中，通过对两个反应器升温速率调整，使两个反应器温度同时达到最高操作温度，成功完成装置本周期的运转，运转时长达1222d。

4 结论

塔河炼化柴油加氢改质装置技术改造后加工焦化汽柴混合油，稳定生产“国Ⅴ”以上标准的清洁柴油。标定结果表明，产品分布和产品质量达到了设计要求，解决了柴油质量升级的问题。该周期工况稳定，产品质量良好，为炼油厂带来了良好效益。

参考文献

[1] 张毓莹，胡志海．MHUG技术生产满足欧Ⅴ排放标准柴油的研究[J]．石油炼制与化工，2009，40(6)：1-6.
[2] 俞文豹，韩景臻．催化裂化柴油中压加氢改质(MHUG)的工业应用[J]．石油炼制与化工，1996，27(6)：27-30.

柴油加氢改质装置第三周期运行分析

方秋建

（中国石化广州石化公司　广东广州　510726）

摘　要　柴油加氢改质装置2019年11月底进入第三生产周期，2020年2月完成72h满负荷标定，考察了装置的物料平衡、产品分布、产品质量、综合能耗及设备运行情况，也对本次更换的催化剂性能进行了考察，总结了本次大修改造各项实际应用情况。通过标定，分析装置存在问题，为装置长周期运行及公司生产计划的制定提供依据。

关键词　标定；操作条件；物料平衡；产品性质；能耗；问题

1　概况

中国石化广州石化公司2.0Mt/a柴油加氢改质装置设计以轻催柴油、重催柴油、焦化柴油和加氢处理柴油的混合油为原料，经过脱硫、脱氮、芳烃饱和、烯烃饱和，生产石脑油和精制柴油。石脑油作为汽油调和组分，精制柴油S含量小于10mg/kg。

该装置设计时选用中国石化大连（抚顺）石化研究院（FRIPP）开发的具有自主知识产权的SHEER（Sinopec Hydrocracking Efficiency Energy Reduction）工艺工程技术。反应部分采用热高分工艺流程，分馏部分采用脱硫+分馏流程，脱硫化氢汽提塔采用蒸汽气提，产品分馏塔采用重沸炉供热。采用FRIPP开发的FF-46加氢精制催化剂和FC-32加氢裂化催化剂装置。2019年10月装置第二周期结束并进行停工大修，此次大修中更换了大部分催化剂，其中加氢精制催化剂更换为FRIPP开发的FF-66催化剂，加氢裂化催化剂更换为FC-76催化剂，并在第一床层上部增加了捕硅剂FHRS-2，防止前两个周期中出现催化剂硅中毒情况；回用了部分FF-66和FC-32再生剂，此次反应器共装填各类催化剂286.36t。2019年11月24日重新开工正常后连续运行，为考核装置生产能力、能耗指标及催化剂性能是否达到设计要求，发现装置工艺及设备方面可能存在的问题，2020年2月底进行了第三生产周期初期标定。

本次标定的时间为72h，从2020年2月26日6：00起至29日6：00止，每隔24h采样分析一次。由于新氢压缩机无级调节系统的加压油泵故障，该系统无法参与标定，影响装置电单耗。此次大修中，循环氢脱硫塔和低分气脱硫塔的塔盘由原来的浮阀型改为高效SDMP抗堵塔盘，此次标定中针对循环氢脱硫塔和低分气脱硫塔进行塔盘改造后实用性标定。

1.1　原料油性质

由于广州石化公司加氢处理装置已不产柴油，因此标定期间不足的原料由蒸馏一直馏柴油补充。标定时装置以焦化柴油、重催柴油、轻催柴油和直馏柴油混合柴油为原料，标定期间原料总进料量控制在238t/h左右，标定期间共加工原料17508.5t，其中直供接收焦化柴油1571.8t，直供接收轻催柴油2564.2t，直供接收蒸馏一和蒸馏三柴油共6935.4t，其余为罐区输送柴油。标定期间重催柴油去了罐区，与焦化柴油及直馏柴油混合在一起，因此无法单独统计所占比例。由于标定期间加氢精制三和加氢裂化装置停工消缺，分公司柴油加工由本装置独立完成。为确保精制柴油的十六烷指数达标，标定期间直馏柴油比例超过了40%，原料性质优于设计要求，原料油性质见表2。从表1、表2可以看出，混合柴油的总硫、十六烷值指数比设计值高，总氮、密度、95%馏出点温度比设计值低；混合原料油的密度、十六烷值、氮含量、及95%馏出温度在设计范围内，但总硫超过设计值。

设计的原料油对氯含量的要求是0μg/g，而此次标定分析中含有少量的氯，最大是0.6μg/g。原料油中的氯和氮经反应后，反应物中的氨和氯离子在低于200℃环境下会生成氯化铵结晶，在管线和设备中累积结垢，游离的氯化氢也对管线、设备产生腐蚀。

表1 设计原料性质

项目	焦化二柴油	焦化三柴油	轻催柴油	重催柴油	蒸一A常三	蒸一A常二	蒸一B常三	混合油
进料量/(t/h)	24	65	48	30	21	31	20	239
比例/%	10	27	20	13	9	13	8	100
密度(20℃)/(g/cm^3)	0.8753	0.8862	0.9601	0.9574	0.8668	0.8402	0.8757	0.8962
馏程/℃								
IBP	171.2	184.6	170.2	176.2	243.2	194.0	247	175
10%	230.6	244.6	223.8	232.4	291.0	232.0	301	235
50%	293.6	296.4	272.2	279.2	319.6	255.5	334.4	291
90%	358.2	359.4	347.2	348.6	347.0	283	354.4	351
95%	369.2	371.2	360.4	361	359.0	294.0	361.8	368
总硫/%	1.26	1.87	0.483	1.04	0.458		0.5760	1.0
总氮/(μg/g)	2118	2071	1419	1225				1200
十六烷指数	41.9	40.1	21.9	22.1	54.3	47.2	53.4	34.9

表2 标定期间混合原料油性质

项目		26日10点	27日10点	28日10点
密度(20℃)/(kg/m^3)		871.9	876.3	872.1
馏程/℃	初馏点	181.0	180.0	170.0
	10%馏出温度	239.0	242.0	239.0
	30%馏出温度	264.0	268.0	265.0
	50%馏出温度	284.0	286.0	283.0
	70%馏出温度	304.0	305.0	302.0
	90%馏出温度	332.0	334.0	331.0
	95%馏出温度	345.0	347.0	344.0
粘度/(mm^2/s)(40℃)		3.475	3.359	3.325
硫/(mg/kg)		1.16	1.20	1.21
氮/(mg/kg)		486	493	528
氯/(mg/kg)		0.5	0.6	0.5
金属含量	Fe/(mg/kg)	0.10	0.6	0.19
	Ni+V/(mg/kg)	<0.01	0.15	0.04
	Cu/(mg/kg)	<0.01	0.05	<0.01
	Na/(mg/kg)	0.13	0.01	0.12
酸度(以KOH计)/(mg/100mL)		24.3	20.9	25.4
溴价/(gBr/100g)		5.8	7.5	7.4
倾点/℃		-12	-12	-15
闪点/℃		71.0	69.0	70.0
胶质/(mg/100mL)		135	179	177
芳烃/%(多环芳烃)		24.1	24.8	23.0
十六烷值		44.5	44.3	44.9
苯胺点		55.8	53.3	55.9
凝点/℃		<-10	<-10	<-10
碱性氮/(mg/kg)		90.0	103.8	118.5

1.2 新氢性质

新氢来自6.5万标立制氢装置和重整装置，其中以制氢装置氢气为主，氢气组成见表3。由表3看出，标定时新氢纯度比设计新氢纯度低2~5个百分点，主要是制氢装置氢气纯度较低的原因导致。

表3 设计和标定新氢组成

项目		设计	26日10点	27日10点	28日10点
新氢组成/%	氢	97.15	93.69	94.33	91.91
	氧	—	0.17	0.19	0.65
	氮	—	1.87	1.36	3.47
	一氧化碳	—	<0.02	<0.02	<0.02
	二氧化碳	—	<0.02	<0.02	<0.02
	甲烷	2.85	3.95	4.01	3.76
	乙烷	—	<0.02	<0.02	0.13
	乙烯	—	<0.02	<0.02	<0.02
	丙烷	—	0.07	<0.02	0.02
	丙烯	—	<0.02	<0.02	<0.02
	异丁烷	—	0.06	<0.02	<0.02
	正丁烷	—	0.20	<0.02	<0.02
	正丁烯	—	<0.02	<0.02	<0.02
	异丁烯	—	<0.02	<0.02	<0.02
	反丁烯	—	<0.02	<0.02	<0.02
	顺丁烯	—	<0.02	<0.02	<0.02
	C_5及以上组分	—	<0.02	0.10	<0.02
硫化氢/(mg/m^3)		—	<5	<5	<5

2 主要操作条件

在装置标定工作前，根据分公司调度生产安排及对精制柴油质量要求，装置已调整好各股原料配比，装置加工处于238t/h满负荷运行状态。标定产品的十六烷值指数提升值未达设计指标，因混合原料柴油中直馏柴油比例高，组分偏轻，反应物料中轻组分较多，分馏系统中硫化氢汽提塔和产品分馏塔塔顶超负荷，硫化氢汽提塔压力达到0.73MPa且压力控制阀开度达到100%，为了安全起见，未继续提高精制床层和裂化床层温度来进一步加深芳烃饱和。由于本次标定原料性质较好，各床层反应温度、反应温升及反应总温升低于设计温度要求，总体反应床层的温度较均匀。分馏系统绝大多数操作参数均优于设计条件。

2.1 反应系统压差

此次标定第一床层压差为24~27kPa，循环机进出口压差为1.0~1.1MPa，说明反应系统压降较小。

2.2 混合原料温度偏低

本装置按热直供料设计，但装置标定时焦化二停工，为确保精制柴油的十六烷指数高于52，减少轻催柴油直供料，原料不足部分由罐区补充，直供料比例只有63.23%，但这一操作造成原料油混合后温度仅为97.5℃，比设计值147℃低49.5℃，这将影响到装置的能耗。

2.3 原料油自动反冲洗过滤器冲洗频繁

本装置的原料油自动反冲洗过滤器设计反冲洗周期为大于6h，实际运行过程中，反冲洗周期仅为2h，造成装置反冲洗污油较设计值大3倍，增加装置加工损失。

2.4 反应温度较低

从表4、表5数据可看出，本次标定期间反应器各床层入口温度低于初期设计值。精制床层平均温度为341℃，裂化床层平均温度为363.5℃，低于设计初期平均温度。

从表5数据可看出，反应精制床层温升除第二、三床层较小外，第一床层温升分布接近设计值，总温升基本低于设计值。裂化床层温升略高于设计值，主要原因为提高精制柴油的十六烷指数。

表4 装置设计主要操作条件

<table>
<tr><th colspan="2">项 目</th><th>初 期</th><th>末 期</th></tr>
<tr><td colspan="2">反应器入口总压/MPa(表)</td><td>12.0</td><td>12.0</td></tr>
<tr><td rowspan="17">反应温度/℃</td><td>第一床层入口温度</td><td>316</td><td>358</td></tr>
<tr><td>出口温度</td><td>342</td><td>382</td></tr>
<tr><td>床层温升</td><td>26</td><td>24</td></tr>
<tr><td>第二床层入口温度</td><td>338</td><td>375</td></tr>
<tr><td>出口温度</td><td>362</td><td>398</td></tr>
<tr><td>床层温升</td><td>24</td><td>23</td></tr>
<tr><td>第三床层入口温度</td><td>348</td><td>382</td></tr>
<tr><td>出口温度</td><td>368</td><td>402</td></tr>
<tr><td>床层温升</td><td>20</td><td>20</td></tr>
<tr><td>第四床层入口温度</td><td>363</td><td>396</td></tr>
<tr><td>出口温度</td><td>371</td><td>403</td></tr>
<tr><td>床层温升</td><td>8</td><td>7</td></tr>
<tr><td>第五床层入口温度</td><td>363</td><td>396</td></tr>
<tr><td>出口温度</td><td>372</td><td>405</td></tr>
<tr><td>床层温升</td><td>9</td><td>9</td></tr>
<tr><td>反应总温升</td><td>87</td><td>83</td></tr>
<tr><td>反应平均反应温度</td><td>356</td><td>391</td></tr>
<tr><td colspan="2">新氢压缩机入口温度/℃</td><td colspan="2">40</td></tr>
<tr><td colspan="2">入口压力/MPa(表)</td><td colspan="2">2.35</td></tr>
<tr><td colspan="2">出口压力/MPa(表)</td><td>12.4</td><td>12.8</td></tr>
<tr><td colspan="2">额定流量/(Nm^3/h)</td><td colspan="2">34000×2(两开一备)</td></tr>
<tr><td colspan="2">循环氢压缩机入口温度/℃</td><td colspan="2">57</td></tr>
<tr><td colspan="2">入口压力/MPa(表)</td><td colspan="2">10.9</td></tr>
<tr><td colspan="2">出口压力/MPa(表)</td><td>12.4</td><td>12.8</td></tr>
<tr><td colspan="2">额定流量/(Nm^3/h)</td><td colspan="2">288000</td></tr>
<tr><td colspan="2">热高压分离器温度/℃</td><td colspan="2">170</td></tr>
<tr><td colspan="2">压力/MPa(表)</td><td colspan="2">11.22</td></tr>
<tr><td colspan="2">分馏塔底重沸炉入口温度/℃</td><td colspan="2">285</td></tr>
<tr><td colspan="2">出口温度/℃</td><td colspan="2">307</td></tr>
</table>

表5 反应系统操作参数

项 目	单位	26日10点	27日10点	28日10点
焦化柴油	t/h	21	21	21.6
蜡油催化柴油	t/h	35	38	31
重油催化柴油	t/h	48	47	45
加氢处理柴油	t/h	55	53	51
原料油进反应部分	t/h	239	240	240

续表

项　目	单位	26日10点	27日10点	28日10点
F9101 入口温度	℃	310	309.4	309.3
F9101 入口压力	MPa	11.2	11.3	11.3
V9102 热高分入口温度	℃	181	181.5	181.7
V9102 热高分压力	MPa	10.5	10.6	10.6
V9103 冷高分入口温度	℃	44	44.3	44
V9103 冷高分压力	MPa	10.4	10.5	10.5
反应注水流量	t/h	9.1	10	9.94
冷低分气流量	Nm^3/h	3701	3701	3652
T9101 塔顶压	MPa	10.49	10.47	10.48
T9101 塔顶温	℃	52	50.9	51
T9101 塔贫液温度	℃	49	48	48
T9101 塔循环氢温度	℃	45	44.5	45
T9101 塔进料温差	℃	4	3.4	3.6
T9101 塔底温	℃	44	43.2	43
V9107 分液罐液位		9.3	8.9	8.4
C9101 入口温度	℃	54	52.6	53
C9101 入口压力	MPa	10.46	10.4	10.5
C9101 入口流量	Nm^3/h	224786	223733	210012
C9101 出口温度	℃	68	66.7	67
C9101 出口压力	MPa	11.5	11.5	11.56
新氢进装置流量	Nm^3/h	58262	60231	60753
新氢进装置压力	MPa	2.43	2.44	2.4
新氢进压缩机 A 流量	Nm^3/h	24581	24490	24779
新氢进压缩机 B 流量	Nm^3/h	0	0	0
新氢进压缩机 C 流量	Nm^3/h	27242	28779	28740
新氢压缩机出口总流量	Nm^3/h	60789	62919	63355
混合氢流量	Nm^3/h	235662	235217	228183

2.5　反应床层温度分布均匀

反应器各床层温度分布标定值见表5。从表5数据可看出，催化剂床层温度分布比较均匀，同一截面3个温度点之间相差较小，小于2℃。从数据来看催化剂装填比较均匀，反应流体在反应器各床层内分配均匀，说明反应器内构件安装正常，催化剂装填的质量得到充分考验。

2.6　反应器入口压力未达到设计值

本装置反应系统设计压力的基准点为冷高分压力，该点设计操作压力为10.9MPa，反应系统的压差设计为1.9MPa。由于装置标定期间，各设备运行情况良好，从表5数据可以看出，标定期间冷高分压力为10.5MPa，反应系统的压差为1.0~1.1MPa，反应器入口压力仅为11.1MPa，未达到设计值12.0MPa，将对产品质量及产品分布产生一定的影响。

2.7　循环氢纯度低

本装置设计循环氢纯度为77%，标定期间，循环氢纯度的分析值为73.8%~75.8%，略低于设计要求，将对产品质量有一定的影响。废氢排放量为$4600Nm^3/h$。

2.8 脱硫化氢汽提塔操作

脱硫化氢汽提塔 T9201 原设计为全回流操作，当装置原料劣质化或反应深度提高后，反应物中的轻组分增加，造成硫化氢汽提塔回流量超量程，硫化氢汽提效果差，成为装置生产瓶颈。由于分离效果差，石脑油组分中硫含量高，只能作为重整装置原料。为解决这个问题，装置在 2017 年 1 月完成《增加 T9201 顶部分轻烃送蒸馏三管线》项目施工，并在 2 月投用，对改善硫化氢汽提塔操作运行效果明显。经过流程优化后，T9201 改为部分回流操作，随着回流量的减少，塔内的热量平衡和汽、液相平衡得到优化，硫化氢汽提效果提高，使得石脑油中硫含量可以达到 8mg/kg 以下，达到可作为调和汽油组分。从表 6 数据看，标定期间酸性气量为 2400Nm^3/h，达到设计要求，但是气相压力控制阀开度 100%，说明酸性气外送量受到限制，这也是 T9201 压力高于设计压力的原因；送蒸馏三轻烃调节阀全开，流量为 5t/h(量程上限为 5t/h)，实际流量估计超过 5t/h，说明轻组分较多；顶温为 128~132℃，达到设计要求；塔底温度为 186~190℃，低于设计值，主要原因是产品分馏塔底温度低控，汽提塔进料温度偏低。

2.9 产品分馏塔分离效果好

从表 6 数据可看出，产品分馏塔 T9202 塔底温度为 255~260℃，远没达到设计 280℃的情况下，柴油产品的闪点、铜片腐蚀均可稳定合格，石脑油的干点和柴油产品的初馏点能够脱空 30~34℃，证明产品分馏塔分离效果较好。

2.10 塔盘改造情况

2.10.1 低分气脱硫塔

低分气脱硫塔设计的原料为本装置的冷低分气、废氢及加氢联合装置废氢，原设计为浮阀塔，本次大修塔盘改为大连院设计的 SDMP 高效抗堵塞塔盘，H_2S 设计浓度为<2.0%，最大处理量为 9400Nm^3/h。从表 6 数据看，标定期间装置的冷低分气和废氢的总量最大为 8400Nm^3/h，在弹性操作范围内，H_2S 浓度最低为 0.93%，最高为 1.77%，各项运行指标都在设计范围之内。脱后低分气 H_2S 含量小于 5mg/kg，满足设计要求。从标定过程看，低分气脱硫塔塔盘改造后满足工作生产要求，但能否达到抗堵塞要求，需要后期的运行观察。

表 6　分馏部分和低分气系统操作参数

项　目	单位	26 日 10 点	27 日 10 点	28 日 10 点
T9201 汽提塔进料温度	℃	207	204	201
T9201 塔顶温度	℃	128	128.9	132
T9201 塔顶压力	MPa	0.73	0.68	0.73
T9201 塔底蒸汽量	t/h	3.2	3.2	3.2
T9201 塔底温度	℃	188	189.9	188.9
T9201 塔底流量	t/h	222	224.8	221.6
T9201 塔顶回流流量	t/h	6.3	5.7	4.8
T9201 塔顶轻烃外排	t/h	5	5	5
轻烃气相流量	Nm^3/h	2401	2346	2417
轻烃气相压力	MPa	0.69	0.68	0.7
轻烃液相温度	℃	44	42	46
酸性气外排流量(总)	Nm^3/h	2708	2622	2416
T9202 分馏塔进料温度	℃	227	227.5	224.7
T9202 塔顶温度	℃	129	131	129.9
T9202 塔顶压力	MPa	0.019	0.014	0.016
T9202 塔顶回流量	t/h	40.2	37.6	34
T9202 塔底温度	℃	260	259.8	255.6

续表

项　　目	单位	26 日 10 点	27 日 10 点	28 日 10 点
T9202 塔顶回流温度	℃	130	130.8	130
T9202 塔顶回流压力	MPa	0.05	0.05	0.055
外排石脑油流量	t/h	24.5	24.8	25.9
外排石脑油温度	℃	36	36	36.9
含油污水流量	t/h	1.1	1	1.1
F9201 第一路入口流量	t/h	47	47	47
F9201 第二路入口流量	t/h	46	47	46.7
F9201 第三路入口流量	t/h	45	45	45
F9201 第四路入口流量	t/h	46	46	46.9
F9201 第一路出口温度	℃	280	278	274
F9201 第二路出口温度	℃	278	276	272.5
F9201 第三路出口温度	℃	278	276	272.3
F9201 第四路出口温度	℃	280	278	274.3
精制柴油产品流量	t/h	215	209	207
精制柴油产品温度	℃	54	58	57.7
V9205 缓冲罐压力	MPa	0.2	0.2	0.2
T9203 贫液流量	t/h	6	6	6.1
V9203 旋流脱烃器液位	%	2.7	1.1	6
T9203 低分气脱硫塔顶压	MPa	2.78	2.78	2.79
T9203 贫液温度	℃	37	36.2	34.5
T9203 塔低分气温度	℃	36	35	34
T9203 塔进料温差	℃	1.1	0.8	0.6
T9203 低分气脱硫塔差压	MPa	9.2	9.2	7.1
V9204 脱硫后低分气压力	MPa	2.8	2.8	2.81
V9204 脱硫后低分气液位	%	0	0.2	0.5
外排脱硫低分气流量	Nm^3/h	8413	8046	8002
V9305 含硫污水罐压力	MPa	0.69	0.68	0.7
V9305 含硫污水罐底流量	t/h	12.5	13.1	14.9
外排含硫污水流量	t/h	12.6	13.3	14.9
V9309 富胺液闪蒸罐压力	MPa	0.86	0.86	0.86
V9309 富胺液罐底流量	t/h	49.6	49.6	49.59
外排富胺液流量	t/h	49.6	49.7	49.59

2.10.2 循环氢脱硫塔

循环氢脱硫塔原设计为浮阀塔，本次大修塔盘改为大连院设计的 SDMP 高效抗堵塞塔盘。设计要求如下：①在现有循环氢脱硫塔(T9101)运行条件下[硫化氢含量不大于 0.9%，气量不大于 $270000Nm^3/h$，MDEA 浓度 28%~32%(质)，MDEA 流量 30~45t/h]，循环氢脱硫塔(T9101)连续平稳运行 4 年。②净化气中 H_2S 含量满足工艺控制指标($H_2S \leqslant 1000mg/Nm^3$)。此次标定中循环氢量平均值为 $220000Nm^3/h$ 左右，贫液量为 39t/h，脱后循环氢中的 H_2S 含量在 $1000 \sim 1200mg/m^3$，脱硫效果未达到设计要求。受外送富液量限制，无法进一步提高贫液量。

2.11 富液系统

富液外头流程原设计为 36t/h，本次标定中富液外送量最大只能达到 50t/h。为了提高富液外送量，液位控制阀开度达到 100%，同时还打开调节阀副线，并将富液分离罐压力提高到 0.86MPa。查看历史操作记录，富液外送量最大曾经达到 58t/h，分析原因可能有两个：①下游装置压力升高；②经过 8 年运行，富液管线的管壁结垢，造成流通面积减少。

2.12　缠绕管换热器换热效率变化

本装置有3台缠绕管换热器，分别为混合进料与反应产物换热的E9101，热高分气与混合氢换热的E9103，脱硫化氢汽提塔进料与柴油产品换热的E9206，本次大修未进行清洗工作，三台换热器已连续运行8年。从表7数据可看出，E9101热端温差为33℃，壳程压差为0.032MPa，管程压差为0.1MPa。从表8数据可看出，E9103热端温差为19℃，壳程压差为0.1MPa，管程压差为0.042MPa。从表9数据可看出，E9206热端温差为6.2℃，壳程压差为0.1MPa，管程压差为0.032MPa。

表7　缠绕式换热器使用参数

换热器位号	E9101			E9103			E9206		
监控项目	热端温差/℃	管程压差/MPa	壳程压差/MPa	热端温差/℃	管程压差/MPa	壳程压差/MPa	热端温差/℃	管程压差/MPa	壳程压差/MPa
第一周期初期标定	10	0.12	0.05	26	0.14	0.08	16	0.03	0.15
第一周期中期标定	10	0.12	0.05	27	0.22	0.07	12	0.06	0.15
第一周期末期标定	14	0.1	0.1	18	0.1	0.1	21	0.1	0.12
第二周期初期(2016.2)	14.5	0.076	0.067	22.6	0.063	0.07	8.6	0.047	0.14
第二周期中期(2017.8)	41.3	0.08	0.037	39.8	0.04	0.087	9	0.067	0.12
第二周期末期(2019.9)	35.1	0.08	0.05	39	0.1	0.09	6.8	0.05	0.12
第三周期初期标定	33	0.1	0.032	19	0.042	0.1	6.2	0.032	0.1

表8　标定期间物料平衡表

物料名称		设计值		2月26日	2月27日	2月28日	合计	
		数量/(t/d)	收率/%	数量/(t/d)			数量/t	收率/%
投入	罐区柴油	0.0	0	2021.1	2075.6	2238.1	6334.7	34.86%
	重催柴油	720.0	12.29					
	焦化三柴油	1560.0	26.64	524.2	523.9	523.7	1571.8	8.65%
	焦化二柴油	576.0	9.84					
	轻催柴油	1152.0	19.67	896.3	891.6	776.4	2564.2	14.11%
	蒸一柴油	1248.0	21.31	1105.9	1122.2	1100.1	3328.2	18.32%
	蒸三柴油	480.0	8.20	1279.0	1263.4	1220.2	3762.7	20.71%
	新氢	120.5	2.06	200.9	208.2	200.4	609.5	3.35%
	合计	5856.5	100.00%	6027.4	6084.8	6058.9	18171.1	100.00
产出	H_2S+NH_3	50.4	0.86	255.6	157.4	170.9	583.9	3.21%
	低分气	38.1	0.65					
	塔顶干气	63.3	1.08					
	石脑油	551.1	9.41	733.2	706.2	718.4	2157.9	11.88%
	精制柴油	5153.7	88.00	5037.4	5219.7	5168.1	15425.3	84.89%
	损失			1.1	1.5	1.5	4.1	0.02%
	合计	5856.5	100%	6027.4	6084.8	6058.9	18171.1	100.00%

表9　石脑油主要性质

项　目		设计值	26日10点	27日10点	28日10点
密度(20℃)/(kg/m^3)		769	763	766.2	759.5
馏程/℃	初馏点	47	61.5	64	59
	10%	70	88.5	90	86.5
	50%	110	117	118	115
	90%	147.5	147	148.5	144.5
	终馏点	168.5	166.5	168	162

续表

项　目		设计值	26日10点	27日10点	28日10点
族组成/%	烷烃	37.48	37.23	36.64	37.77
	烯烃	<0.01	<0.01	<0.01	<0.01
	芳烃	25.21	21.8	23.35	21.16
	环烷烃	37.27	40.78	39.96	41.01
	未知量	0.06	0.18	0.05	0.08
硫含量/(mg/kg)		<1	5.6	5.4	6.8
氮含量/(mg/kg)			<0.3	<0.3	<0.3
C_{6+}/%			95.06	95.53	94.56
辛烷值/RON			74	73.7	74.5
硫醇硫含量/(mg/kg)			4.6	4.7	5.3
蒸汽压/kPa			24.1	22.7	25.3
铜片腐蚀			4a		4a
苯/%			1.16		1.3
博士试验			阳性不通过		阳性不通过

从热端温差看，E9101热端温差逐渐上升，说明换热效果下降；E9103和E9206热端温差变化较大，主要原因是这两台换热器副线温度控制，具体数据见表10。

3 物料平衡

标定期间的物料平衡与设计物料平衡数据见表8。从表8数据可以看出，装置标定的氢耗比设计值高出1.25个百分点，主要原因：①氢气纯度较低，废氢排放量大；②为提高精制柴油十六烷指数，裂化反应温度高，氢耗增加；③生产调度平衡氢耗大。标定期间氢气生产统计计量为609.5t，折算为氢耗是3.35%；而DCS氢气计量表实际用量为521.02t，折算为氢耗是2.89%。低分气的收率比设计值高0.62%，主要原因是循环氢纯度低，操作上增加废氢排放量，以达到提高循环氢纯度的目的。石脑油收率比设计值高约2.47%，主要是由于当前混合原料油性质有利于裂化反应。精制柴油的收率比设计值低3.11个百分点，主要是由于为了提高柴油的十六烷指数，提高反应温度和裂化程度，导致收率下降。说明催化剂活性较为良好，反应深度足够，反应转化率高，能够满足生产要求。

4 产品性质

4.1 石脑油产品性质

装置的主要产品是合格的石脑油和优质柴油，性质见表9。从表9石脑油产品性质看，铅、砷含量均小于1μg/kg，辛烷值在74左右，总硫在5~7mg/kg以上，硫含量达到调和汽油的指标。石脑油硫含量能达到≤8mg/kg调和汽油指标，主要原因见“2.8脱硫化氢汽提塔操作”。2019年柴油加氢改质装置石脑油调和汽油项目为分公司增加效益超过5000万元。

分析数据显示：石脑油即是优质的重整原料，还可作为调和汽油。

4.2 精制柴油产品性质

精制柴油分析见表10。

从表10数据可看出，精制柴油产品硫和氮含量均达设计要求，总硫达到“国Ⅵ”标准，说明在标定工况下催化剂的脱硫脱氮效果良好。装置标定期间，十六烷值平均提高7.93个单位。主要原因是直馏柴油比例较高，裂化温度偏低，反应压力未达到设计值等原因，柴油产品达到质量要求。装置催化剂在装置的操作压力和循环氢的纯度未能达到设计值的条件下，可以满足产品精制柴油硫含量的“国Ⅵ”标准质量要求。

表 10 精制柴油主要性质

项　目		设计值	26 日 10 点	27 日 10 点	28 日 10 点
密度(20℃)/(kg/m^3)		841.5	830.6	835	830.3
凝固点/℃		—	<-10	<-10	<-10
闪点/℃		—	84	84	81
馏程/℃	初馏点	196	197	198	196
	10%馏出温度	226	222	224	219
	30%馏出温度	244.5	242	244	241
	50%馏出温度	272	261	264	261
	70%馏出温度	297.5	284	286	284
	90%馏出温度	340	317	319	315
	95%馏出温度	356	333	335	331
十六烷值		—	52.2	52.5	52.8
十六烷指数		50.4	52.5	51.5	52.3
黏度(40℃)/(mm^2/s)		—	2.583	2.692	2.59
硫含量/(mg/kg)		<10	1.3	1.6	1.4
溴价/(gBr/100g)			0.2	0.2	0.2
胶质/(mg/100mL)			22	34	31
芳烃(多环芳烃)/%			1.3	1.5	1.2
苯胺点/℃			70.7	69.3	70.2
色度			0.5	0.5	0.5
水分/(mg/kg)			35.4	53.1	44.4

4.3 气体性质

从表 11 分析数据可看出，脱硫前循环氢中硫化氢含量平均值为 0.64%，高于原设计值 0.42%。脱硫后循环氢硫化氢含量在 1000~1200mg/m^3略超设计指标。

表 11 循环氢分析数据 %

	脱硫前循环氢组成			脱硫后循环氢组成		
项目	26 日 10 点	27 日 10 点	28 日 10 点	26 日 10 点	27 日 10 点	28 日 10 点
氢	70.82	72.99	77.08	73.81	75.74	75.15
氧	0.09	0.12	0.06	0.33	0.17	0.41
氮	5.49	5.32	5.52	6.36	5.48	7.04
一氧化碳	<0.02	<0.02	<0.02	<0.02	<0.02	<0.02
二氧化碳	<0.02	<0.02	<0.02	<0.02	<0.02	<0.02
甲烷	15.24	15.36	15.14	15.33	15.24	14.79
乙烷	0.45	0.39	0.32	0.36	0.34	0.34
丙烷	1.63	1.12	0.69	1.03	0.92	0.92
异丁烷	1.24	0.77	0.31	0.7	0.58	0.54
正丁烷	1.31	0.78	0.23	0.63	0.51	0.46
C_5及以上组分	2.97	2.53	0.09	1.46	1.02	0.36
硫化氢	0.76	0.61	0.56	1000mg/m^3	1000mg/m^3	1200mg/m^3
NH_3浓度/(mg/m^3)	<5	<5	<5	<5	<5	<5

从表 12 分析数据可看出，脱后低分气硫化氢含量可以稳定达到不大于 5mg/m³的质量指标，说明低分气脱硫塔塔盘改造后可满足生产要求。

表 12　低分气分析数据 %

	脱硫前低分气组成			脱硫后低分气组成		
项目	26 日 10 点	27 日 10 点	28 日 10 点	26 日 10 点	27 日 10 点	28 日 10 点
氢	65.68	60.68	68.64	69.17	70.4	71.58
氧	1.23	2.58	1	0.44	0.19	0.3
氮	8.91	13.58	7.99	6.24	5.41	5.76
一氧化碳	<0.02	<0.02	<0.02	<0.02	<0.02	<0.02
二氧化碳	<0.02	<0.02	<0.02	<0.02	<0.02	<0.02
甲烷	18.73	17.98	17.13	19.96	20.05	18.02
乙烷	0.54	0.5	0.56	0.58	0.56	0.59
丙烷	1.43	1.27	1.48	1.47	1.46	1.51
异丁烷	0.8	0.6	0.79	0.83	0.78	0.8
正丁烷	0.64	0.51	0.66	0.64	0.59	0.66
C_5及以上组分	0.63	0.52	0.79	0.57	0.56	0.72
硫化氢	1.39	1.77	0.93	<5.0mg/m³	<5.0mg/m³	<5.0mg/m³
NH_3浓度/(mg/m³)	25	9	20	<5	<5	<5

从表 13 分析数据可看出，脱硫化氢汽提塔塔顶气中液化气组分含量高，平均达到 21.4%接近设计值 21.78%。

表 13　脱硫化氢汽提塔塔顶气分析数据

项　目		26 日 10 点	27 日 10 点	28 日 10 点
脱硫化氢汽提塔塔顶气组成/%	氢	30.31	25.86	32.38
	氧	0.13	0.14	0.23
	氮	3.49	2.85	4.04
	一氧化碳	<0.02	<0.02	<0.01
	二氧化碳	<0.02	<0.02	<0.01
	甲烷	30.34	27.88	29.97
	乙烷	2.44	2.29	2.53
	乙烯	<0.02	<0.02	<0.02
	丙烷	10.92	10.86	10.52
	丙烯	<0.02	<0.02	<0.02
	异丁烷	6.59	6.74	5.44
	正丁烷	4.18	5.6	3.35
	正丁烯	<0.02	<0.02	<0.02
	异丁烯	<0.02	<0.02	<0.02
	反丁烯	<0.02	<0.02	<0.02
	顺丁烯	<0.02	<0.02	<0.02
	C_5及以上组分	0.94	2.68	0.58
	硫化氢	10.65	15.1	10.97
NH_3浓度/(mg/m³)		<5	<5	<5

5　标定期间装置能耗

标定期间装置能耗见表 14。

表14 装置能耗数据 标定总加工量 t：17508.5

序号	项　　目	消耗量				折算值	实际单耗/(kgEO/t)	设计能耗/(kgEO/t)
		2月26日	2月27日	2月28日	合计			
1	电/(kW·h)	179987	180210	178457	538654	0.23	7.076	9.03
2	循环水/(t/d)	14786.5	15003.8	15122.6	44912.9	0.054	0.139	0.34
3	除氧水/(t/d)	709.7	724.6	719.4	2153.7	6.5	0.8	1.93
4	3.5MPa 蒸汽/(t/d)	608.5	608.3	573.5	1790.3	88	8.998	11.38
5	1.0MPa 蒸汽/(t/d)	-500.8	-500.9	-469.5	-1471.2	76	-6.386	-8.84
6	0.5MPa 蒸汽/(t/d)	-655.9	-710.7	-698.8	-2065.4	66	-7.786	-10.53
7	净化空气/(Nm^3/d)	3124.7	3051	3071.6	9247.3	0.038	0.02	0.05
8	燃料气/(t/d)	15.4	15.5	16.6	47.6	950	2.582	3.58
9	氮气/(Nm^3/d)	822.2	1143.2	390.7	2356.1	0.15	0.02	0.07
11	热进出料/kW	4072.7	4097.8	3915.7	12086.2		0.69	2.62
12	回收低温热/kW	-1951.2	-1998.5	-1954.2	-5903.9		-0.337	-2.28
合计							5.816	7.39

从表14装置能耗数据可看出，本次标定能耗5.816kgEO/t，比设计能耗低1.574kgEO/t。能耗分析如下：

1）电单耗。投用能量回收透平和所有变频动设备，因此电单耗较设计值低了1.954kgEO/t；由于标定期间新氢机A机的无级调节系统油泵故障，未能参与标定，如果无级调节系统能参与标定，电单耗可以继续下降0.343kgEO/t。

2）循环水单耗。按循环水上、回水温度≥6℃控制要求，减少循环水用量，循环水单耗比设计值低0.201kgEO/t。

3）除氧水单耗。由于反应注水全部回用净化水，因此，装置除氧水耗较设计值低1.13kgEO/t。

4）蒸汽单耗。循环氢纯度接近设计值，且标定期间控制了氢油比，未对循环机提速，3.5MPa蒸汽耗量比设计值低2.382kgEO/t；由于3.5MPa蒸汽耗量低，1.0MPa蒸汽送出装置量比设计值高2.454kgEO/t；因热进料温度低于设计值(147℃)，反应生成热有一部分用于提升反应器入口温度，低低压蒸汽回收能耗低于设计值。

5）燃料气单耗。由于分馏系统缠绕管换热器E9206换热效率高，以及分馏系统操作温度比设计值低，F9201的负荷降低，同时分馏系统进行优化调节后热效率提高，因此，燃料气耗量比设计值低0.998kgEO/t。

6）热进料单耗。标定期间直供料比例较低，因此装置热进料热量较设计值低1.93kgEO/t。

7）低温热回收单耗。热媒水系统由于送外系统蒸馏三的限制，将部分热媒水改走副线，未能将热量回收，因此，热媒水系统低温热回收效果不佳，影响着装置能耗的下降，比设计值高了1.943kgEO/t。

综合前述因素，装置的能耗在满负荷情况下保持在一个较低的水平。

6 装置满负荷生产时存在的问题

6.1 直供料问题

本装置设计全部按直供料进料，因原料过滤器堵塞，反冲洗频繁，反冲洗周期仅为2h，造成装置反冲洗污油较设计值大3倍，每天平均有35t污油外送，增加装置加工损失。标定期间直供料比例偏低，因此造成原料混合后温度约97.5℃，低于设计值(147℃)。

6.2 原料大跨线调节阀 TIC910603 全开仍不能满足反应进口温度要求

由于反应器出口温度高及缠绕管换热器 E9101 和 E9103 换热效率高，为控制反应器入口温度，原料大跨线调节阀 TIC910603 全开仍不能满足要求，需要现场打开该调节阀的副线阀，对装置安全生产有严重影响，特别是在反应床层飞温时较难控制反应温度。这个问题在焦化柴油过滤器投用后，焦化柴油实现直供时，将更为突出，甚至不能实现焦化柴油全部直供。要彻底解决必须通过重新设计，更换大口径高压管线和调节阀，目前无此实施条件。

6.3 缠绕式换热器 E9101 换热能力下降

第一周期 E9101 热端温度为 10℃，本次标定期间 E9101 热端温度为 33℃，说明该换热器换热效果下降，原因是经过 8 年连续运行，换热表面可能出现结垢。

6.4 脱硫化氢汽提塔 T9201 顶部轻组分多和压力高问题

脱硫化氢汽提塔 T9201 设计是按全回流操作，装置设计无轻烃处理系统。上个生产周期对脱硫化氢汽提塔进行了流程优化改造，增加了塔顶轻烃送蒸馏三流程和塔顶酸性气送加氢裂化装置的流程，基本可满足生产要求。标定期间由于加氢裂化装置停工，酸性气无法部分送加裂，酸性气送焦化三最大量只能达到 2700Nm^3/h，因此，造成 T9201 压力偏高。

6.5 富液外送量不足问题

本次标定中，富液外送量最大只能达到 50t/h。为提高富液外送量，液位控制阀开度达到 100%，同时还打开调节阀副线，并将富液分离罐压力提高到 0.95MPa。富液外送量受限，将影响循环氢脱硫塔运行操作。

6.6 E9102 铵盐结晶问题

在装置开工后第二运行周期内，换热器 E9102 连续运行了 3 年，未出现第一运行周期压差升高问题，主要采取的措施是将 E9102 蒸汽压力由 0.5MPa 提高到 0.8MPa，因此，E9102 管程出口温度由 170℃升高到 180℃，铵盐结垢速率减缓。E9102 管程压差和出口温度变化如图 1 所示。

由图 1 可以看出，经过 3 年运行，E9102 换热器有铵盐结垢情况，从大修期间 E9102 水洗产生污水分析数据也得到印证。其原因是原料油中存在一定量的氯，而且氮的含量也常超过设计值，所以容易在 E9102 内低于 200℃部位产生 NH_4Cl、NH_4HS 等铵盐结垢，堵塞换热管路导致压差上升。在本次标定期间，原料氯含量也分析有 0.6μg/g，说明该问题长期存在。

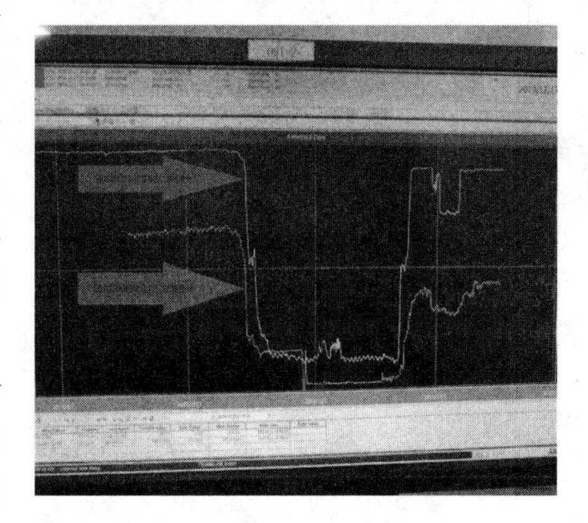

图 1 E9102 大修前、后管程压差和出口温度变化

E9102 管程设计的温度区间为入口 236~241℃，出口设计温度 170℃(热高分设计操作温度为 170℃)。而实际运行中 E9102 管程在 170~190℃的温度区间(热高分温度最高为 185℃)，正好处于氯化氨结晶温度范围之内，要延长 E9102 运行时间，要加强对原料油性质的监控，严格控制原料中的氯含量，同时提高 E9102 出口温度(控制在 190℃以上)，避开氯化铵结晶温度。

E9102 壳程设备数据见表 15。

表 15 9102 壳程设备数据表

E9102	壳 程	E9102	壳 程
设计温度/℃	225	最高工作压力/MPa	0.7
设计压力/MPa	2.5	介质	除氧水、蒸汽
工作温度(入/出)/℃	104/164		

要避开铵盐结晶温度，需要进一步提高蒸汽压力，从而达到提高 E9102 管程出口温度目的，因此，

需要评估能否提高 E9102 壳程蒸汽压力。提高 E9102 出口温度的操作还需要进一步评估热高分油对液力透平 HT9101 自冲洗油温度对机械密封的影响。

此次大修发现 E9102 中部分管口有漏点，并对有缺陷的管束进行处理，但是开工之后，所产 0.5MPa 蒸汽凝液携带油汽味且间断出现蒸汽凝液混浊情况，说明 E9102 存在内漏可能性，通过增加分析蒸汽凝液中“电导率”来监护运行。

7 标定结论

1）装置满足满负荷生产要求。装置在满负荷生产情况下，操作平稳，装置流程和设备能满足生产要求，操作条件基本能在设计范围内，产品柴油硫含量符合质量要求。

2）催化剂性能满足生产要求。从标定结果来看，装置的设计和催化剂选择是成功的，以焦化柴油、催化柴油、直馏柴油混合油为原料，采用双剂串联的加氢改质工艺能够得到的石脑油和低硫、低氮、低芳烃、高十六烷值的清洁柴油。FF-66 和 FC-76 催化剂的活性良好。

3）装置能耗、物耗达到设计要求。能耗和物耗达到设计要求，表明缠绕管换热器、能量回收透平、动设备变频等一批节能设施节能效果良好，如果新氢机无级调节系统能投用可以进一步降低装置标定能耗。

RLG 装置的生产运行分析及优化措施

孙　磊

（中国石化安庆石化公司　安徽安庆　246000）

摘　要　中国石化安庆石化公司采用石油化工科学研究院研发的催化柴油加氢裂化生产高辛烷值汽油的RLG技术，新建了一套1.0Mt/a催化柴油加氢转化装置。RLG技术的工业应用结果表明，所选用的催化剂具有优异的加氢活性和选择性，可稳定生产满足“国Ⅵ”标准的清洁汽柴油产品，安庆石化公司柴汽比大幅降低，全面消减普柴，取得了良好的经济效益。为了提高RLG装置操作灵活性，通过对RLG装置的生产运行情况进行分析，采取多项措施进行生产优化，以消除生产运行中的瓶颈，保障装置安全、平稳运行，有利于装置的长周期生产运行。

关键词　催化柴油；RLG；汽油；运行分析；优化措施

催化裂化（FCC）柴油含有大量的双环芳烃，导致此柴油馏分十六烷值较低。我国FCC加工能力约占原油一次加工能力的40%，催化裂化柴油在柴油池占比达30%左右，加之为提高汽油收率或增产丙烯不断提高FCC装置操作苛刻度，导致LCO质量愈来愈差，硫、氮、芳烃含量偏高，十六烷值低的问题凸显[1-3]。芳烃在柴油馏分中是低十六烷值组分，而单环芳烃在汽油中却是高辛烷值组分。为了经济合理、高效地利用催化裂化柴油中的芳烃资源，将柴油中的双环芳烃饱和一个环后，选择性裂化一个环使其成为单环的苯、甲苯、二甲苯等单环芳烃进入汽油馏分。这样通过加氢裂化将催化柴油（LCO）中芳烃转化为汽油馏分中的芳烃，获得辛烷值高的汽油馏分，未转化的柴油馏分十六烷值提高5个单位以上[4-5]。

中国石化安庆石化公司（安庆石化公司）针对企业柴汽比较大、车用柴油生产能力不足等问题，同时为满足“国Ⅴ”标准汽柴油质量升级的要求，安庆石化公司采用中国石化石油化工科学研究院（RIPP）开发的由催化裂化柴油生产高辛烷值汽油的加氢裂化技术（RLG技术），新建一套催化裂化柴油加氢转化装置（RLG装置），在对LCO进行加氢改质的同时，可直接生产一部分附加值更高的高辛烷值汽油组分，从而达到拓宽催化柴油出路，降低企业柴汽比，多产高价值产品的目的。新建1.0Mt/a RLG装置于2017年11月投料试车，12月生产出合格的“国Ⅴ”车用汽油和车用柴油调和组分。随着汽柴油质量升级、产品结构调整工作的深入开展，安庆石化公司已于2018年9月底前实现“国Ⅵ”车用汽柴油质量升级。

1　RLG装置生产运行分析

1.1　RLG装置基本情况

安庆石化公司1.0Mt/a RLG装置以LCO为原料，采用RIPP开发的可兼顾深度脱氮和芳烃保留的专用加氢精制RN-411催化剂、兼具好的环烷开环和断侧链反应性能及高裂化活性的专用加氢裂RHC-100催化剂，采用单段串联、轻柴油部分循环的新型工艺流程，在较低氢分压（6.5~8.5MPa）条件下，可以生产收率高、硫含量低的高辛烷值汽油组分，同时未转化柴油馏分十六烷值可较LCO原料提高10.0~19.5个单位[6]。

RLG装置于2017年6月30日建成，12月1日生产出满足“国Ⅴ”排放标准的柴油组分，12月4日生产出满足“国Ⅴ”排放标准的汽油组分。2018年5月该装置进行了首次技术标定，对装置的生产能力、物料平衡、产品质量及分布、催化剂性能等是否达到设计要求进行了全面考核，RLG装置的物料平衡数据如表1所示。根据公司稳定生产“国Ⅵ”汽柴油的工作要求，为摸索轻柴油回炼量、LTAG回炼量、转化率变化情况下对 RLG 装置稳定汽油、精制柴油性质的影响，2018 年 8 月对 RLG 装置进行了第二次技术标定。一年的生产运行和两次技术标定情况表明，RLG 装置选用的催化剂表现出优异的选择性和加氢活性，LCO 平均进料量 90.6t/h 的条件下，产品汽油收率在 45%~60%，平均产品汽油(稳定汽油+C_6 组分)收率约 52.2%。为了提高 RLG 装置的操作灵活性，消除生产运行中的瓶颈，公司采取多项措施进行生产优化，完善了 RLG 装置的生产运行条件，以保障装置安全、平稳运行，有利于延长装置的生产运行周期，取得了良好的实际效果。

表 1 RLG 装置的物料平衡数据 %(质)

项 目	设计值	标定值
入方		
原料油	100	100
新氢	3.22	3.21
注水	7.98	7.24
贫胺液	8.40	5.13
合计	120.18	115.58
出方		
汽油产品	41.80	40.27
柴油产品	47.91	50.30
C_6 馏分	4.38	6.06
干气	0.94	1.48
液化气	7.29	4.03
低分气+排放氢	1.31	0.72
富胺液	8.28	5.19
含硫污水	8.27	7.32
损失	0	0.21
合计	120.18	115.58

1.2 RLG 装置的生产运行分析

从 2018 年 1 月 1 日起截至目前，精制反应器入口氢分压由 6.0MPa 逐渐提压至 8.6MPa，提压速率约 0.153MPa/月。随着系统压力的逐渐提高，以及催化剂表面积炭带来的压降上升，精制反应器(R101)和裂化反应器(R102)压降也逐渐上升，R101 和 R102 压降变化情况如图 1 所示。精制催化剂平均反应温度约 380℃，催化剂平均失活速率约 1.57℃/月，裂化催化剂平均反应温度约 390℃，催化剂平均失活速率约 0.68℃/月。若排除运转初期催化剂失活速率快及 2018 年 4 月裂化催化剂平均反应温度低的情况，该装置精制催化剂平均失活速率约 0.6℃/月，裂化催化剂平均失活速率约 0.3℃/月。反应器催化剂床层温度变化情况如图 2 所示。

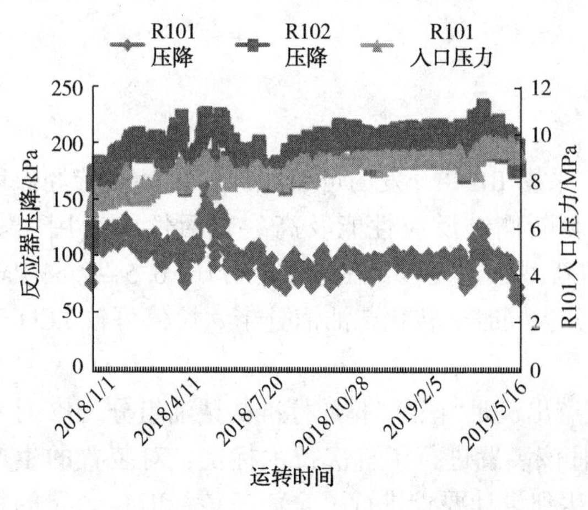

图 1 RLG 装置反应器压降变化趋势图

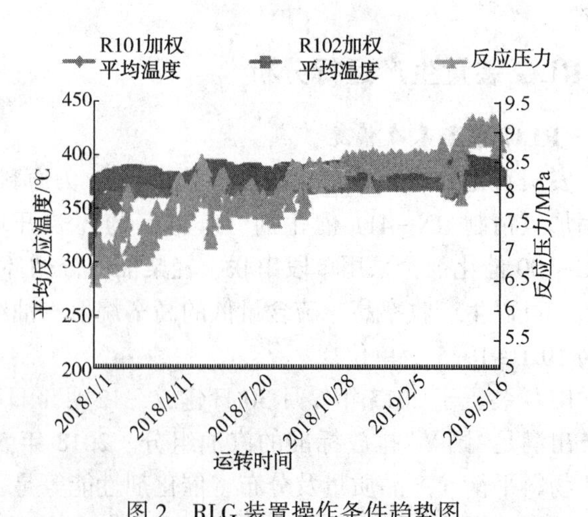

图 2 RLG 装置操作条件趋势图

RLG 装置第二次技术标定为成功生产“国Ⅵ”标准清洁汽柴油产品提供了可靠的工艺运行参数，纵观装置开工以来汽柴油质量情况，产品汽油硫含量稳定在约 1μg/g，研究法辛烷值随着运转时间的延长逐渐升高，目前已达 93 以上；产品柴油硫含量小于 2μg/g，20℃密度维持在 $0.87\times10^3\sim0.88\times10^3kg/m^3$，十六烷指数较原料提高约 14 个单位。RLG 装置产品分布情况如图 3 所示，随着运转时间的延长，柴油转化率逐渐提高，稳定汽油、C_6 组分和干气收率增加，且预计将继续增加。提高反应压力对提高柴油转化率效果明显，2019 年 4 月开始逐渐提高装置反应压力，产品汽油收率明显提高，已达 55%以上。

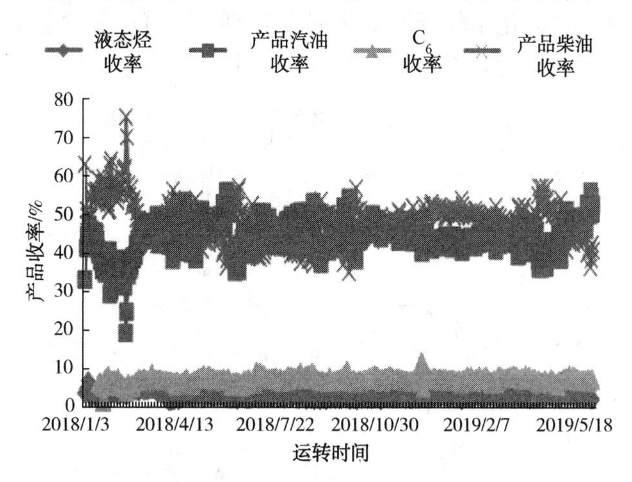

图 3 RLG 装置产品分布情况

2 RLG 装置在生产运行中遇到的问题

2.1 原料油性质变化带来的生产波动及对产品质量的不利影响

2.1.1 裂化反应器床层温度波动

在反应操作未做任何调整时，时有出现裂化段温度突然上升的现象。由于原料油氮含量和馏程将影响裂化段温升及转化率，原料油性质波动，尤其是氮含量波动会带来反应温度的波动。当氮含量由高降低时，相同的裂化段床层入口温度下，温升提高。R101 加氢深度的变化也会带来精制油氮含量的变化，将直接影响 R102 的操作条件，若精制油氮含量超高时，将进一步导致裂化催化剂失活，不利于装置的长周期运行。

2.1.2 汽油馏分水溶性酸碱不合格

RLG 装置运行初期，在较短的时间内，汽油馏分水溶性酸碱不合格。经分析，出现该问题的主要原因为当原料油中氮含量高，硫氮比小于 2 时，部分 NH_3 将以气相存在于循环氢中；而汽油馏分中芳烃(苯、甲苯、二甲苯等)含量较常规的石脑油馏分高，水在芳烃(RLG 汽油馏分)中溶解度较其在环烷烃(常规加氢裂化石脑油)中的溶解度高，若吸收稳定部分塔的操作条件不合适，则可能导致汽油馏分中含有微量水，当微量水中溶解有 NH_3 时，将导致水溶性酸碱不合格。

2.1.3 原料油水含量高

RLG 装置运行初期，原料油中水含量高达 1000μg/g 以上，超过了小于 300μg/g 的技术要求。当原料油中水含量较高时，对精制催化剂来说，可能导致催化剂中氧化铝形态发生变化，脱硫和脱氮效果下降；对裂化催化剂来说，可能导致分子筛结构发生变化，裂化活性随之下降。如果原料油中的明水带入反应器，存在严重危害：①催化剂长期在有水的气氛下运转可导致金属聚集、活性下降，特别是裂化剂在水蒸气作用下会发生分子筛晶胞结构破坏，裂化和精制活性显著下降，且无法进行催化剂再生；还可能引起催化剂破碎，强度受损。②水含量过高也会造成催化剂床层压降增加，严重时使循环氢压缩机超负荷而被迫计划外停工。③原料中 0.22%的水在反应系统进行升温、升压、降温、降压，浪费较多的能耗。

2.1.4　产品柴油多环芳烃较高

RLG装置产品柴油多环芳烃含量较高，最高时接近20%(质，以下均为质量分数)。安庆石化公司产品柴油构成包括来自液相柴油加氢装置的精制柴油约230t/h(多环芳烃含量约3.3%)和来自RLG装置的产品柴油约25t/h(多环芳烃含量约15%)。“国Ⅵ”柴油多环芳烃含量要求不大于7%，由于RLG装置未转化柴油多环芳烃含量较高，在生产“国Ⅵ”柴油时，调入柴油池的比例受到限制。LCO的双环芳烃主要集中在290~320℃的馏分中，三环芳烃主要集中在330℃以上的馏分中，原料油终馏点提高后，不仅三环芳烃含量提高，且转化率降低，催化剂失活加快。RLG装置LCO终馏点提高约10℃，产品柴油多环芳烃含量提高约5%。RLG装置原料油终馏点对产品柴油多环芳烃含量的影响如图4所示。

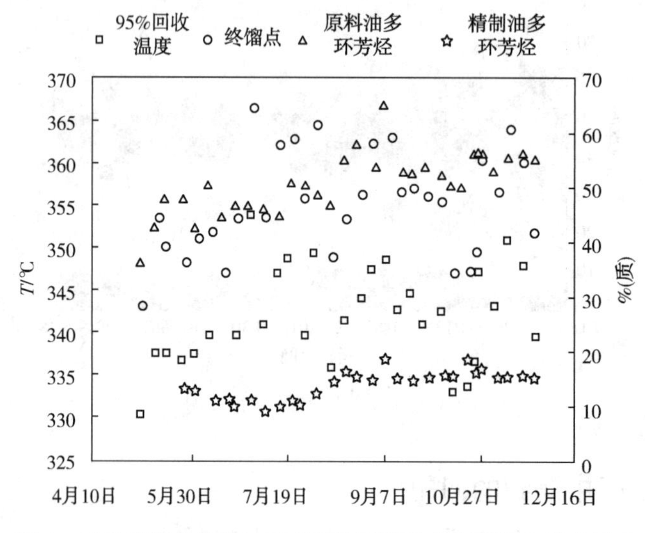

图4　RLG装置的原料油干点对精制柴油多环芳烃含量的影响

2.2　RLG装置轻组分收率偏离设计带来的生产瓶颈

2.2.1　吸收脱吸塔(C206)过吸收解析效果较差

分馏塔第一侧线抽出的重汽油馏分，与C_6塔塔顶组分混合后作为C206的吸收剂，C206塔顶干气送至装置外脱硫，塔底油进入汽油稳定塔，稳定塔塔顶液化气部分送至塔顶回流，部分送至液化气脱硫塔。由于RLG技术配套催化剂性能优异，柴油转化率高于预期，液化气收率较设计值低，轻汽油馏分收率较设计值高。由表1可以看出，干气收率为设计值的157.45%，液化气收率为设计值的55.28%，C_6馏分为设计值的138.36%。随着装置运转时间的延长，柴油转化率逐渐升高，干气和C_6组分收率持续增加。截至目前，干气收率已达设计值的212.77%，液化气收率为设计值的26.89%，C_6馏分为设计值的153.65%，未转化柴油收率为设计值的93.49%。C206吸收剂与被吸收剂比设计为5∶1，实际操作中吸收剂与被吸收剂比可达10∶1，C206存在过吸收问题，解析效果较差，干气中C_3含量偏高，液化气中总硫含量较大。

2.2.2　稳定塔顶温度不易控制

由于液化气收率仅为设计值的50%左右甚至更低，塔顶回流调节阀选型偏大，当环境温度变化时，塔顶空冷器(A208)冷后温度变化明显，塔顶压力随之波动。夏季时A208冷却能力不足，稳定塔顶两台空冷即便同时运行，冷后温度也只能降至约45℃，若环境温度继续上升或A208出现故障时，稳定塔顶冷后温度将继续升高，稳定汽油蒸汽压将难以控制；冬季时A208冷却能力过剩，投用一组空冷器冷后温度过低，不投用空冷稳定塔压力持续上涨变得难以控制。

2.2.3　C_6塔操作困难

RLG装置在设计阶段充分考虑了热量的回收利用，C_6塔塔底重沸器采用精制柴油作为热源，这也导致C_6塔塔底温度难以控制。当柴油转化率变化或分馏塔底温度变化时，C_6塔塔底温度也随之变化。

为优化全厂产品结构，安庆石化公司采用RLG-LTAG 联合工艺，将部分RLG 精制柴油作为催化裂化装置的直供料，以进一步消减柴油组分，提高汽油产量，这部分精制柴油量的变化也将直接影响 C_6 塔塔底温度的稳定。加之轻汽油收率高，C_6 塔塔进料量最高可达 21t/h，而设计值为 11.7t/h，C_6 塔底油不能及时外送，使 C_6 塔的工艺操作愈加困难。

2.3　自产蒸汽量高，系统供汽量过低导致汽轮机入口蒸汽温度偏低

RLG 装置循环氢压缩机驱动机组采用 1.3MPa 过热蒸汽作为动力源，设计耗汽量 10t/h，自产蒸汽与系统来的蒸汽在装置内汇合后供机组使用。装置自产 1.3MPa 饱和蒸汽量约 8t/h，与汽轮机耗汽量相当，系统供汽量过低导致系统到装置 DN300 蒸汽管线形成一个相对"死区"，区内蒸汽温度下降迅速，为提高汽轮机入口蒸汽温度，打开机组入口放空阀蒸汽放空，通过提高管线蒸汽流量，满足机组运行需要，不仅增加了装置能耗，也严重影响机组的安全稳定运行。

3　RLG 装置的生产运行优化措施

3.1　针对原料油性质变化采取的优化措施

1）针对裂化反应器床层温度波动问题，密切关注原料油氮含量的变化，及时调整工艺操作条件，避免原料油氮含量波动带来的裂化段温升波动，且裂化段单床层温升(不高于 15℃)控制预留一定的操作裕量。鉴于 R101 产品精制油氮含量对 R102 操作条件的影响，为保证装置长周期稳定运转，解决了精制油取样问题，定期分析精制油性质，包括密度、硫含量、氮含量、馏程等性质数据，根据精制油性质变化及时调整 R101 加氢深度，严控精制油氮含量。

2）汽油馏分水溶性酸碱不合格的主要原因在于原料油中的氮含量高，主要还是控制原料油硫氮比不小于 2，当原料油中氮含量过高时，采取向反应系统注入适量硫化剂的临时措施，以中和气相中存在的 NH_3。同时，优化吸收稳定系统操作条件，尽量减少汽油馏分中微量水的存在。

3）原料油水含量高，不仅会降低催化剂活性，缩短装置生产运行周期，还会增加装置能耗，因此，必须严格控制原料油水含量。一是优化催化裂化装置分馏塔的操作条件，从源头降低 LCO 水含量；二是罐区投用新的原料 LCO 储罐，专门用于 LCO 沉降脱水；同时，增加罐区和 RLG 装置原料油缓冲罐脱水频次。通过优化，原料油水含量可达到不高于 300μg/g 的技术要求，有利于装置长周期的生产运行。

4）目前，生产"国Ⅵ"柴油时，调入柴油池中的液相柴油加氢装置加氢精制柴油多环芳烃含量较低(约 3.0%)。经计算，在此条件下 RLG 装置的产品柴油全部调入柴油池，其多环芳烃含量需不大于 20%。提高操作氢分压可在一定程度上降低多环芳烃含量，当氢分压提高约 0.1MPa 时，产品柴油多环芳烃含量下降约 2%，氢分压提高至约 0.3MPa 时，产品柴油多环芳烃含量下降约 3%，继续提压对降低产品柴油多环芳烃含量影响不大。

3.2　RLG 装置轻组分收率偏离设计采取的优化措施

1）针对 C206 过吸收解析效果差的问题，采取降低 C206 操作压力，提高 C206 塔底温度的措施，加强 C206 的解析效果，以控制液化气脱硫后的硫化氢含量在指标范围内。提高 C_6 塔的负荷，减少 C206 吸收剂的量，由于轻组分收率偏高 C_6 塔负荷本身就偏高，作为吸收剂的轻汽油馏分可减少的量有限，为灵活调整吸收剂量，拟在重汽油塔底增加一条管线至稳定汽油线，以彻底解决 C206 过吸收问题。

2）为解决稳定塔顶温度不宜控制的问题，A208 增加了变频控制系统以灵活调节冷后温度；同时，拟在 A208 后增加一台水冷器，以解决环境温度高时冷却能力不足的问题，并在 A208 入口增加与实际流量相匹配的调节阀，实现流量的精准调节。

3）针对轻汽油馏分收率高，C_6 塔塔底泵流量不能满足实际要求的问题，拟更换塔底泵，泵的额定流量增至原来的 1.5 倍；针对稳定塔底热源波动大，导致 C_6 塔塔操作波动的问题，一方面拟增加 C_6

塔塔底蒸汽重沸器，为 C_6 塔提供固定的热源供应；另一方面，拟在现有的 C_6 塔塔底重沸器管程出口增加一条管线至 LTAG 流程，并在重沸器管程入口增加温控阀，以灵活控制产品柴油与 C_6 塔塔底油的换热量。

3.3 汽轮机入口蒸汽温度偏低的优化措施

针对自产蒸汽量高，1.3MPa 系统蒸汽进装置流量低，造成汽轮机入口蒸汽温度偏低的问题，为避免蒸汽放空造成的能源浪费，实施增设自产蒸汽并入蒸汽系统管网流程项目，将自产蒸汽管线并入 1.3MPa 蒸汽系统总管。自产蒸汽成功并入 1.3MPa 蒸汽系统总管后，RLG 装置循环氢压缩机汽轮机入口蒸汽温度提高了约 30℃左右，在确保机组安全稳定运行的同时，也降低了装置能耗，经计算，1.3MPa 蒸汽单耗下降约 62.8MJ，可节约经济效益约 280 万元/a。

4 结论

1）RLG 装置运行结果表明，RLG 技术配套催化剂具有优异的加氢活性和选择性，柴油转化率高，高价值的轻组分收率高，平均产品汽油(稳定汽油+C_6 组分)收率较设计值高出 6.02%，可稳定生产符合“国Ⅵ”标准的汽柴油调和组分，RLG 技术工业应用效果高于预期。

2）通过采取有效优化措施，RLG 装置产品质量性质稳定，产品汽油硫含量约 1μg/g，研究法辛烷值已达 93 以上，产品柴油硫含量小于 2μg/g，十六烷指数较原料提高约 14 个单位，为企业“国Ⅴ”、“国Ⅵ”标准汽柴油升级做出了突出贡献。

3）对影响 RLG 装置长周期运行的因素，包括原料油性质波动、轻组分收率高、自产蒸汽量大等问题，有针对性的进行项目改造和技术优化，不断完善 RLG 装置工艺流程，优化工艺操作条件，在确保装置长周期运行的同时，挖潜增效，节能降耗，以取得更好的经济效益。

参 考 文 献

[1] 曹军. 论催化裂化技术的发展现状[J]. 决策探索，2017：11-12.
[2] 方向晨. 加氢裂化工艺与工程[M].2 版. 北京：中国石化出版社，2017.
[3] 葛泮珠. 催化裂化柴油综合利用技术及其发展[J]. 化工进展，2016，35(增刊 1)：79-86.
[4] 李大东，聂红，孙丽丽. 加氢处理工艺与工程[M].2 版. 北京：中国石化出版社，2016.
[5] 胡志海. 支撑当前炼油业发展的加氢技术研发与实践[C].2017 年炼油加氢技术交流会论文集. 沈阳：2017：11.
[6] 孙磊. RLG 技术在 1.0Mt/a 加氢裂化装置的工业应用[J]. 炼油技术与工程，2018，48(8)：38-42.

RLG 技术在安庆石化 1.0Mt/a 加氢裂化装置的工业应用

孙　磊

（中国石化安庆石化公司　安徽安庆　246000）

摘　要　油品质量的不断升级以及市场对柴油需求量的逐渐降低，促使安庆石化公司为催化裂化柴油寻找更优的加工路线。为此，安庆石化采用石油化工科学研究院研发的催化柴油加氢裂化生产高辛烷值汽油的RLG技术，新建了一套1.0Mt/a催化柴油加氢转化装置。工业运转结果表明，催化柴油加氢裂化后，汽油收率平均值可达46%，研究法辛烷值可达到92以上，硫含量小于3μg/g，可稳定生产超低硫高辛烷值汽油调和组分，产品柴油馏分十六烷指数提高值平均达13个单位以上。干气和液化气产率低于设计值，表现出优异的选择性和较高的氢气利用效率。RLG技术的成功应用，在实现"国Ⅴ"标准清洁油品升级的同时，安庆石化柴汽比由1.0降低至0.7，全面消减普柴，取得了良好的经济效益。

关键词　催化柴油；加氢裂化；RLG；汽油；柴油；工业应用

世界原油质量正呈现出含硫和高硫原油比例增加、重质原油比例增大的趋势，而我国现在所加工的原油中，进口原油占比已经超过65%，并将会继续上升，今后我国炼油企业所加工的原油将是相对密度大、含硫高等质量差的常规原油和非常规原油。随着重质燃料油需求的不断减少以及轻质清洁运输燃料需求的快速增长，石油产品的需求结构正逐步向轻质油品转变[1]。大力发展加氢裂化技术，提高轻质油收率，以最大限度利用石油资源，满足油品市场需求，成为众多炼油企业调整产品结构和提高经济效益的主要选择之一。

另一方面，为了实现人与自然、环境与经济的协调可持续发展，世界各国正在制定越来越严格的环保法规，清洁燃料的升级换代不断加快。生产清洁燃料的核心是大幅度降低汽柴油中的硫含量，同时还要限制汽油中烯烃、芳烃和苯的含量，以及柴油中的多环芳烃含量，从而减少汽车尾气中有害物的排放。目前，欧美已成为全球油品质量要求最高的地区之一，美国加州2006年要求汽柴油硫含量均≤10μg/g，欧盟国家从2009年开始实施了硫含量≤10μg/g的"欧Ⅴ"清洁燃料标准。中国清洁燃料生产的步伐也在加快，汽柴油质量标准呈加速提高之势，2014年全国达到"国Ⅳ"指标要求，2017年全国开始实施"国Ⅴ"标准汽柴油，拟在2019年全国推行"国Ⅵ"标准汽柴油[2]。中国车用柴油质量标准变化情况见表1[3]。

表1　车用柴油质量标准变化情况

项　　目	国Ⅱ	国Ⅲ	国Ⅳ	国Ⅴ	国Ⅵ
执行时间	2002.01	2011.06	2015.01	2017.01	2019.01
十六烷值	≤45	≤49	≤49	≤51	≤51
密度/(kg/m³)	—	810~850	810~850	810~850	810~845
多环芳烃/%	—	≤11	≤11	≤11	≤7
硫含量/(mg/kg)	≤2000	≤350	≤50	≤10	≤10
润滑性					
校正磨痕直径(60℃)/μm	—	460	460	460	460

中国石化安庆石化公司(以下简称安庆分公司)为加快推进产品结构调整，提质增效升级，针对企业柴汽比较大、车用柴油生产能力不足等问题，同时为满足"国Ⅴ"柴油质量升级的要求，采用中国石化石油化工科学研究院(以下简称RIPP)开发的由催化裂化柴油生产高辛烷值汽油的加氢裂化技术(以

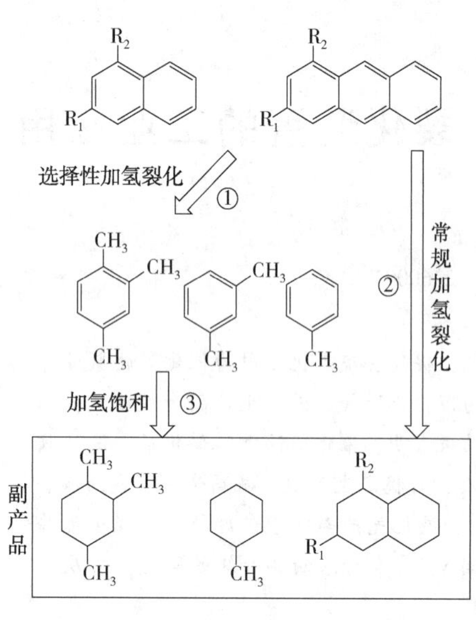

图1 催化柴油加氢转化理想反应路径

下简称RLG技术)。新建一套1.0Mt/a催化裂化柴油加氢转化装置(以下简称RLG装置),在对催化柴油进行加氢改质的同时,可直接生产一部分附加值更高的高辛烷值汽油组分或BTX组分,从而达到降低全厂低价值的低十六烷值柴油、多产高价值产品的目的。1.0Mt/a RLG装置于2017年11月投料试车,12月生产出合格的"国Ⅴ"车用汽油和车用柴油调和组分。

1 RLG技术原理

催化柴油(以下简称LCO)富含二环、三环芳烃等大分子芳烃。RLG技术原理是通过使用专用的加氢转化催化剂和适宜的操作条件,使LCO中的二环、三环芳烃加氢饱和为单环芳烃,再进一步开环裂化为汽油馏分中的苯、甲苯、二甲苯等高辛烷值组分,从而达到生产高辛烷值汽油或BTX原料的目的[1,4]。其加氢裂化的转化路径如图1所示。

RLG技术可高选择性地将大分子芳烃转化为小分子芳烃,富集到汽油馏分,增产汽油、大幅度降低全厂柴汽比,主要技术特点[5]:①气体产率较低,C_1~C_4收率4%~9%;②氢耗相对较低,汽油收率50%下对应化学氢耗3%左右;③产品汽油收率灵活可调,30%~60%;④产品汽油馏分辛烷值较高,达91~97;⑤柴油馏分十六烷值提高幅度较大,达10~17个单位。与常规柴油加氢改质技术相比,RLG技术不仅降低了反应过程的化学氢耗,同时也有效提高了柴油加氢转化的经济效益。

2 RLG装置开工及运行情况

2.1 RLG装置工艺流程

安庆石化公司1.0Mt/a RLG装置以LCO为原料,采用RIPP开发的可兼顾深度脱氮和芳烃保留的专用加氢精制RN-411催化剂、兼具好的环烷开环和断侧链反应性能及高裂化活性的专用加氢裂化RHC-100催化剂。采用单段串联、轻柴油部分循环的新型工艺流程,在较低氢分压6.5~8.5MPa条件下,可以生产收率47.92%、硫含量低于5μg/g、辛烷值高达91.5的高辛烷值汽油组分,同时未转化柴油馏分十六烷值可较LCO原料提高10.0~19.5个单位,其工艺流程图如图2所示。

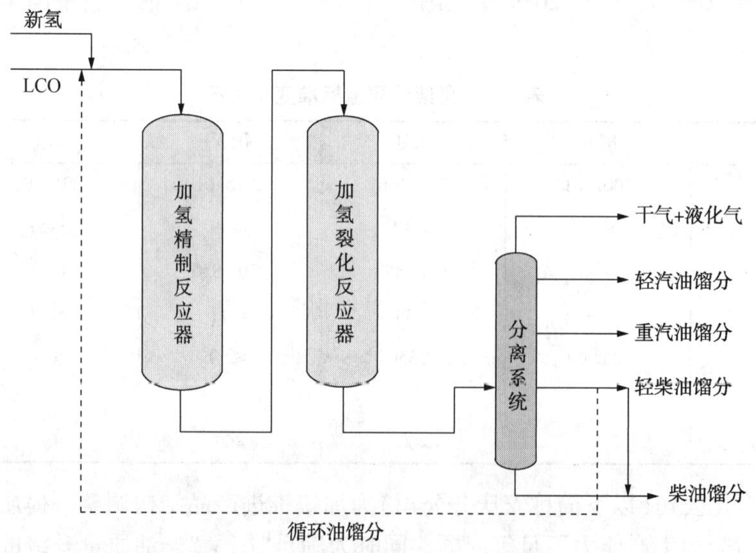

图2 RLG装置工艺流程示意图

RLG 装置反应部分包括两台反应器，即加氢精制反应器和加氢裂化反应器。分馏部分的设置与常规加氢裂化相似，产品分为干气、液化气、轻汽油馏分、重汽油馏分、循环油馏分和柴油调和组分。根据安庆石化公司原料油特点，该装置设计上考虑了部分轻柴油馏分循环转化。

2.2 催化剂装填

该装置采用了 RG 系列保护剂/RN-411 精制剂/RHC-100 裂化剂的级配组合。加氢精制反应器依次装填 RG-20、RG-30A、RG-30B、RG-1 保护剂和 RN-411 精制剂，加氢裂化反应器装填 RHC-100 裂化剂和少量后 RN-411 精制剂。保护剂可有效地降低进入主催化剂物流中烯烃和胶质含量，减缓主催化剂积炭速率，从而保护主催化剂，延长其运转周期。

2.3 催化剂干燥

本装置所使用催化剂以氧化铝或含硅氧化铝、分子筛等多孔物质作为载体和酸性组分，具有吸水性，在装填过程中会吸收空气中的水分；本装置部分位置进行了水压试验，管线内残留少量水可能随循环气带到催化剂床层。为避免因催化剂含水导致催化剂机械强度受损，降低催化剂的预硫化效果，兼顾新型催化剂特点和催化剂脱水的要求，在催化剂预硫化前需进行低温干燥以脱除催化剂表面吸附的水。反应系统氮气置换、气密合格后降压，循环氢压缩机全量循环，反应器入口升温进行催化剂干燥。

2.4 催化剂预硫化

RLG 装置装填的催化剂 RG-20、RG-30A、RG-30B 和 RG-1 保护剂，RN-411 精制剂和 RHC-100 裂化剂，其活性金属均为 Mo-Ni 系金属氧化物，预硫化能使 MoO_3、NiO 转变为具有较高活性和稳定性的金属硫化物。此次装置开工采用的催化剂预硫化工艺为干法气相硫化，以二甲基二硫(DMDS)作为硫化剂，以提高催化剂的活性和稳定性。催化剂预硫化过程严格按照预硫化升温步骤进行。引入硫化剂后，反应器中催化剂因吸附硫化物而出现温波，在温波全部通过反应器前停止升温。催化剂预硫化升温曲线图如图 3 所示，预硫化阶段循环氢中硫化氢体积分数变化曲线如图 4 所示。

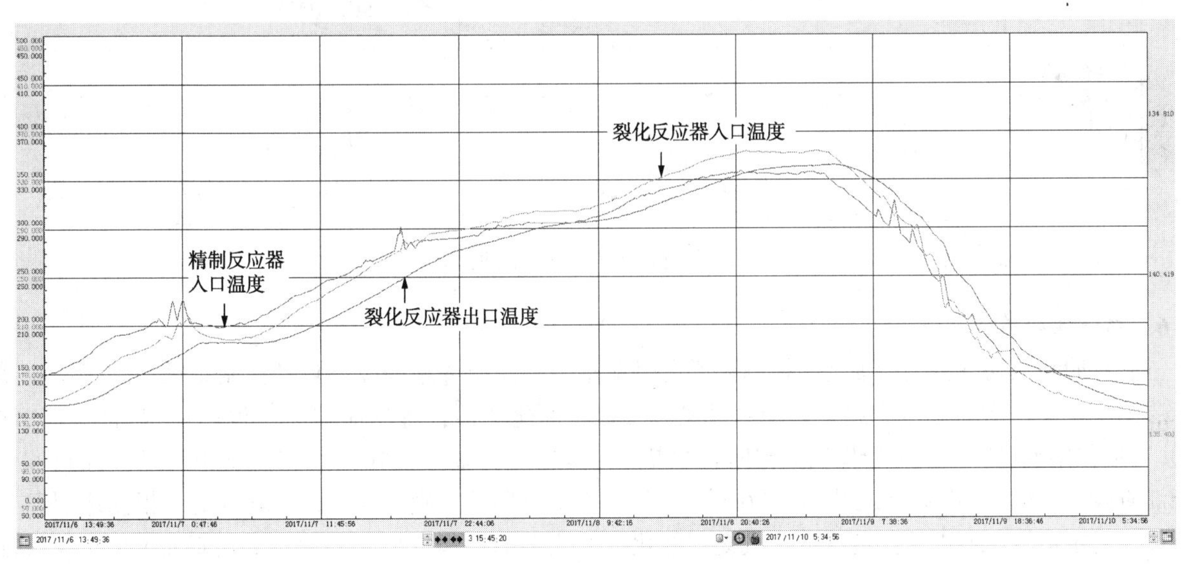

图 3 催化剂预硫化升温曲线图

2.5 催化剂钝化

催化剂预硫化后活性极高，尤其 RHC-100 催化剂分子筛含量高，而新鲜进料为芳烃含量高的劣质 LCO，刚完成预硫化的催化剂一旦与新鲜原料油接触，极易引起剧烈反应而导致反应器超温，同时容易在催化剂上生成大量积炭而损失催化剂活性，因此需要进行催化剂钝化。催化剂钝化采用廉价的无水液氨。催化剂预硫化结束后，引入钝化原料油(低氮油)进行催化剂润湿，按照催化剂钝化升温步骤进行催化剂钝化。催化剂注氨钝化升温曲线图如图 5 所示。

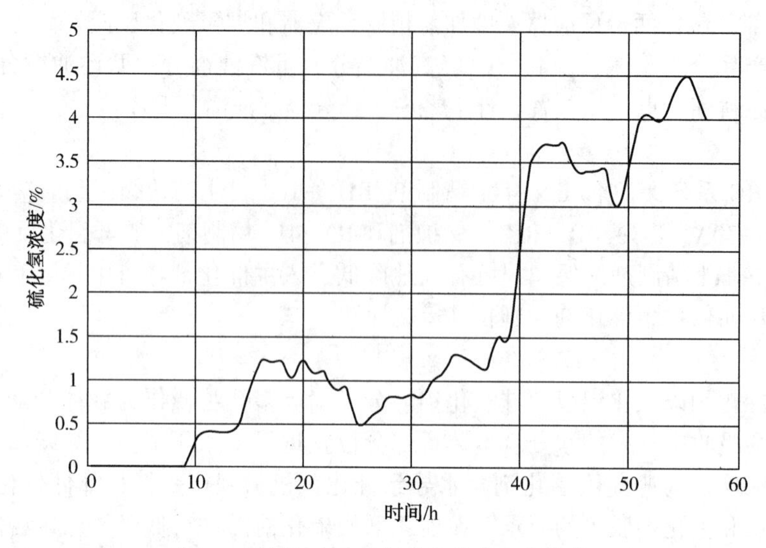

图 4　循环氢中硫化氢体积分数变化曲线

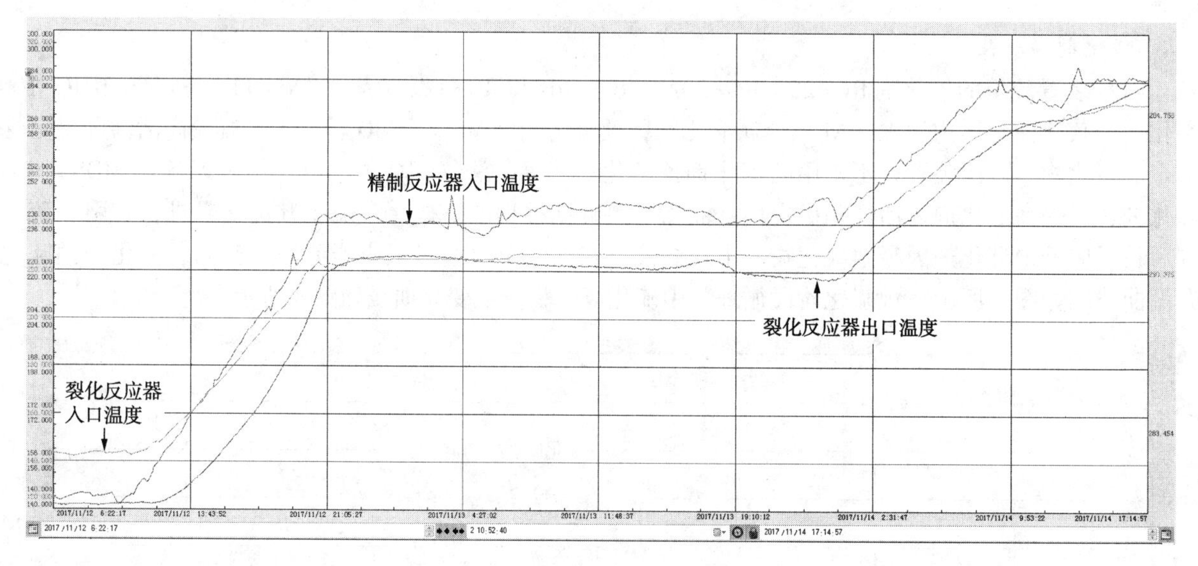

图 5　催化剂注氨钝化升温曲线图

2.6　切换原料催化柴油

装置原料油切换催化柴油前，控制装置进料量稳定，投用各床层冷氢自动控制系统，维持反应器床层温度稳定，冷高分压力稳定。原料油切换 20t/h 催化柴油，待反应器床层温度稳定后每次增加 10t/h 催化柴油进料量。由于催化剂初期活性很高，精制反应器出现 70~100℃的温升，切换原料催化柴油阶段 R-101 床层温升曲线图如图 6 所示。当切换催化柴油分别至 45t/h、65t/h 时，根据床层温升情况，稳定运转 12h 以上再进行下一次提高催化柴油比例的操作，最终催化柴油量提至 90t/h 并保持稳定。切换原料过程中，控制精制反应器入口温度为 290℃，二床层入口温度不超过 320℃，各裂化催化剂床层入口温度不超过 330℃，冷高分压力为 8.0MPa。

2.7　装置生产运行情况

安庆石化公司新建 1.0Mt/a RLG 装置于 2017 年 11 月 26 日开工起步，2018 年 1 月 4 日催化柴油切换完成，1 月 24 日稳定汽油的 RON 达到了 89.2，1 月 29 日 RON 达到了 90。产品柴油十六烷指数可达 35 以上，产品柴油十六烷指数提高约 13 个单位。产品汽油 RON 及收率变化趋势如图 7 所示，产品柴油十六烷指数及增加值变化趋势如图 8 所示。

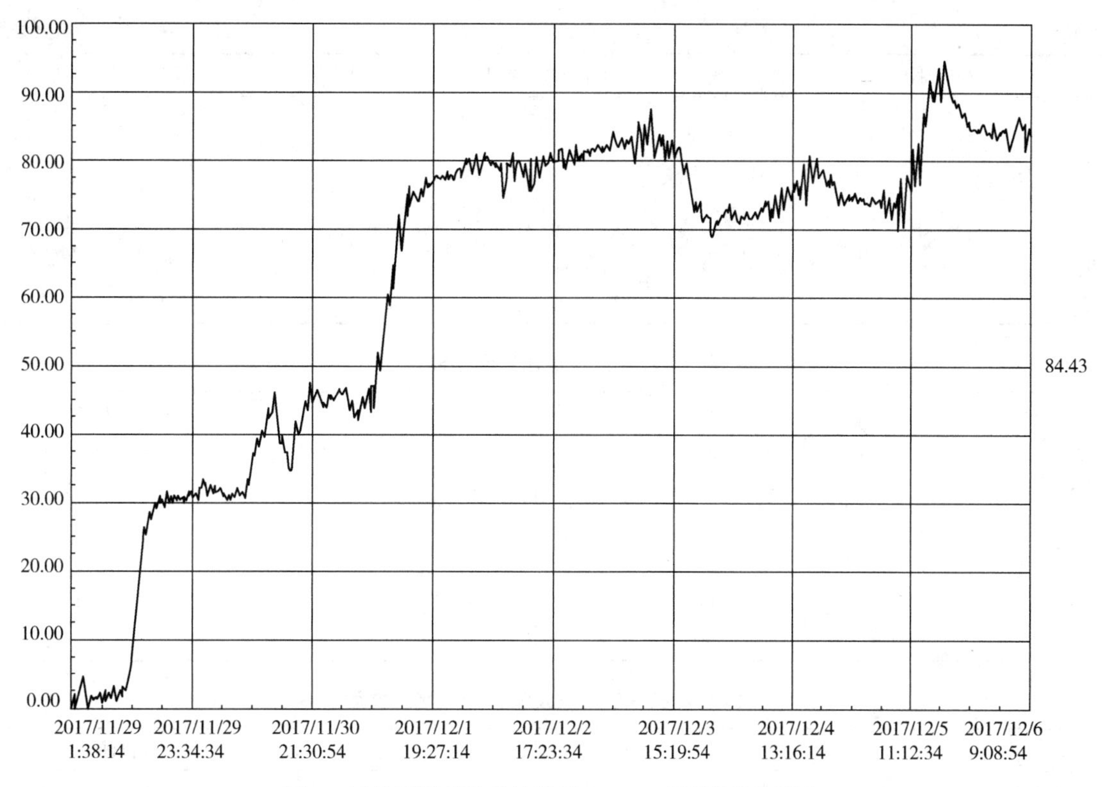

图 6　切换原料催化柴油阶段 R-101 床层温升曲线图

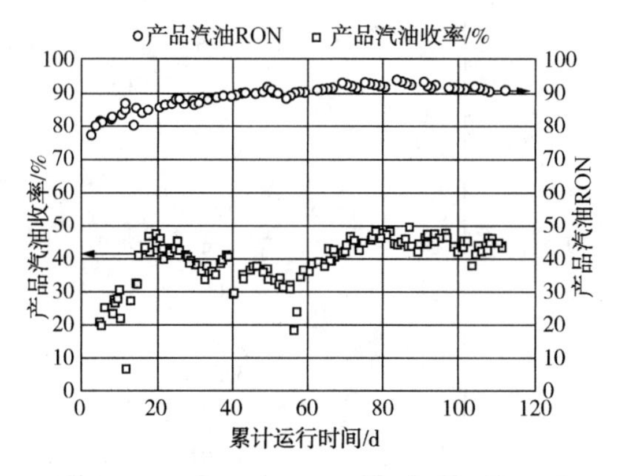

图 7　产品汽油 RON 及收率变化趋势图

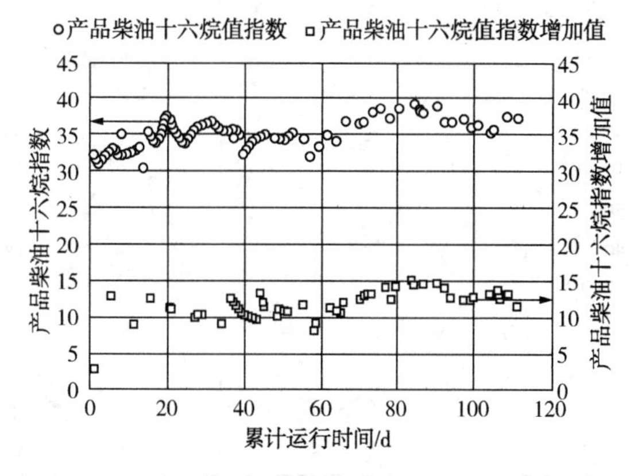

图 8　产品柴油十六烷指数及增加值变化趋势图

2.7.1　原料油及产品性质

RLG 装置加工原料为安庆石化公司 3 套催化装置 LCO 的混合油，混合 LCO 原料性质及设计原料性质如表 2 所示，精制反应器出口精制油性质如表 3 所示，产品汽油性质及设计产品汽油性质如表 4 所示，产品柴油性质及设计产品柴油性质如表 5 所示。

表 2　混合 LCO 原料性质及设计原料性质

项　　目	混合 LCO 原料	设计原料
密度(20℃)/(kg/m³)	931.0	951.1
硫含量/%(质)	0.313	0.20
氮含量/%(质)	0.0645	0.112
馏程/℃		
初馏点	195.8	196

续表

项　　目	混合LCO原料	设计原料
10%	220.6	232
50%	254.2	275
90%	317.8	346
95%	330.1	
终馏点	342.5	370
十六烷指数	24.2	23.9

表3　精制反应器出口精制油性质

项　　目	精制油	项　　目	精制油
密度(20℃)/(g/cm^3)	0.894	50%	240.5
硫含量/(μg/g)	32.0	90%	297.7
氮含量/(μg/g)	4.9	终馏点	315.3
馏程/℃		PIONA组成/%	
初馏点	171.3	双环芳烃	15.14
10%	215.4	总芳烃	72.0

表4　产品汽油性质及设计产品汽油性质

项　　目	产品汽油	设计产品汽油
密度(20℃)/(g/cm^3)	0.798	0.786
硫含量/(μg/g)	1.2	<5
氮含量/(μg/g)	—	<1
RON	92.4	91.5
馏程/℃		
初馏点	28.5	35
10%	70.4	51
50%	153.5	125
90%	189.9	179
终馏点	201.4	205
PIONA组成/%		
饱和烃	58.63	53.98
烯烃	1.44	—
芳烃	39.93	46.02

表5　产品柴油性质及设计产品柴油性质

项　　目	产品柴油	设计产品柴油
密度(20℃)/(kg/m^3)	872.2	881
硫含量/(μg/g)	0.6	<10
氮含量/(μg/g)	<0.5	<2
馏程/℃		
初馏点	222.6	210
10%	230.4	233
50%	246.2	282
90%	314.3	332
95%	334.2	-
终馏点	351.3	370
十六烷指数	37.6	38.5

RLG 装置实际加工 LCO 原料密度较设计值低，氮含量低于设计值，有利于提高产品汽油收率，同时达到相同裂解深度所需的反应温度较低，催化剂的失活率较低[1]，有利于装置的长周期生产运行。但由于原料油密度较低，LCO 原料芳烃含量较低，导致产品汽油辛烷值提高幅度有限。产品汽油硫含量仅有 1.2μg/g，RON 平均值可达 92，可作为超低硫汽油调和组分。产品柴油密度降至 872.2kg/m^3，硫含量低于 1μg/g，十六烷指数提高值约 13 个单位。

2.7.2　主要操作条件

装置实际生产操作参数与设计数据相比，在较低的氢分压及反应温度下，即可生产出超低硫高辛烷值汽油产品，加氢精制催化剂和加氢裂化催化剂表现出良好的脱硫、脱氮及选择性能，化学氢耗也明显低于设计值，有利于取得较好的经济效益。精制反应器加权平均温度及床层总温升如图 9 所示，裂化反应器加权平均温度及床层总温升如图 10 所示。装置运行累计约 60d 后精制催化剂及裂化催化剂活性趋于稳定，2018 年 3 月 17 日精制反应器入口压力由 7.5MPa 逐步提压至 8.0MPa，在满足产品质量的前提下，反应压力的提高有利于减缓催化剂失活速率，延长装置生产运行周期。2018 年 1 月 27 日氢管网压力大幅降低对 RLG 装置正常生产造成较大影响，反应器床层温度出现短时大幅波动。

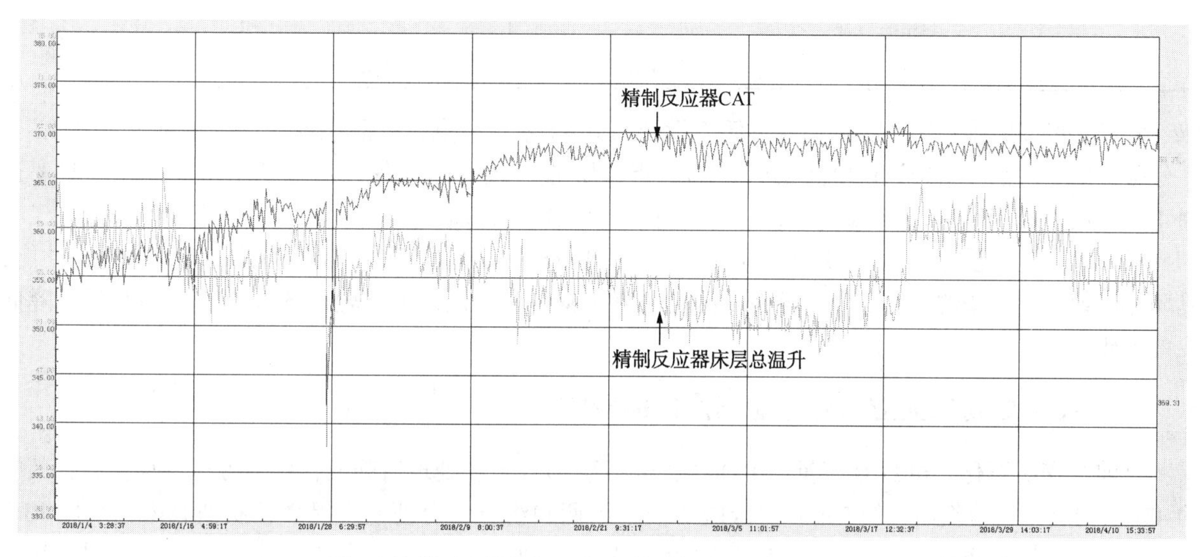

图 9　精制反应器加权平均温度及床层总温升变化趋势

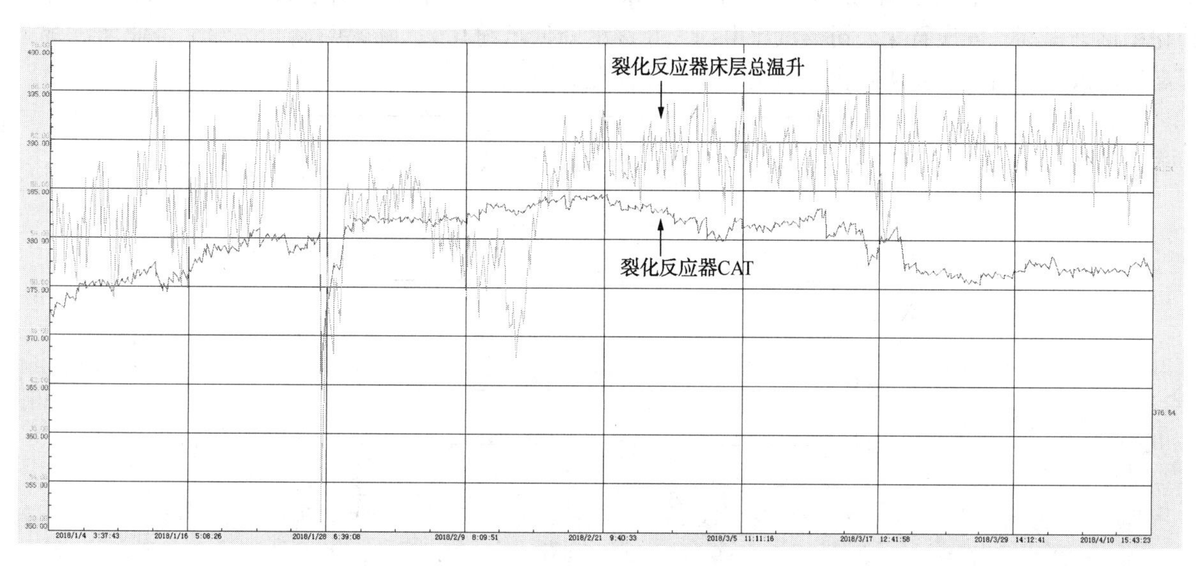

图 10　裂化反应器加权平均温度及床层总温升变化趋势

2.7.3 装置物料平衡

RLG 装置实际物料平衡与设计物料平衡对比如表 6 所示。

表 6 实际物料平衡与设计对比

项　目	物料	实际/%(质)	设计/%(质)	差值
入方	原料油	96.47	96.33	-0.14
	新氢	3.53	3.67	
	合计	100	100	
出方	产品柴油	45.62	46.23	-0.61
	稳定汽油	43.30	40.33	+2.97
	C_6馏分	6.46	4.23	+2.23
	总汽油	49.76	44.56	+5.20
	液化气	3.18	7.04	-3.86
	低分气+排废氢	0.53	1.26	-0.73
	干气	0.66	0.91	-0.25
	轻污油	0.24	—	
	合计	100	100	

由表 6 可以看出，装置实际耗氢量低于设计值 0.14 个百分点，产品柴油收率较设计值低 0.61 个百分点；稳定汽油收率较设计值高 2.97 个百分点，C_6 馏分较设计值高 2.23 个百分点，总汽油收率达到 49.76%，较设计值提高 5.20 个百分点；液化气收率较设计值低 3.86 个百分点，低分气+排废气收率及干气收率均较设计值低 0.89 个百分点。较高的 LCO 裂化转化率表明催化剂具有较好的选择性能，单环芳烃朝着所期望的方向发生加氢裂化反应生成烷基苯及轻烃组分，较低的液化气收率有利于降低装置氢耗。

3 RLG 技术成功工业应用对企业柴汽比的影响

目前，安庆石化公司 LCO 产量约 100t/h，全部经 RLG 工艺处理后柴油转化率可达 50%左右，其中约 45t/h 的高辛烷值汽油，约 50t/h 的低硫清洁柴油调和组分。为进一步提高轻质油收率，采用 RLG 技术与 LTAG 技术联合工艺，将约 25t/h 的 RLG 精制柴油送至催化裂化装置进一步加工处理，其余 RLG 精制柴油进入企业柴油池经调和后出厂。RLG 装置建成投产后，随着装置运行时间的延长，LCO 转化率逐渐提高，安庆石化公司柴汽比由约 1.0 逐渐降低至约 0.7，降幅明显，达到了企业增汽减柴、提高经济效益的目标。安庆石化公司柴汽比变化情况如图 11 所示。

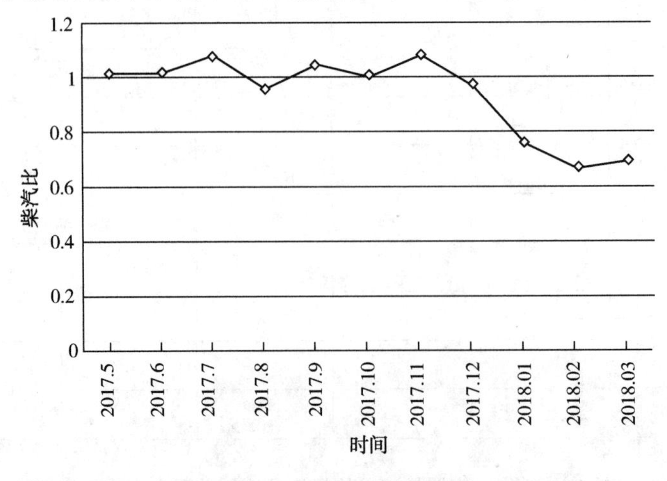

图 11 企业柴汽比变化趋势

4 结论

1）RN-411 精制催化剂具有优异的加氢脱硫、脱氮及芳烃饱和性能，RHC-100 裂化催化剂具有优异的加氢裂化选择性能，可稳定生产满足国Ⅴ标准的清洁汽柴油调和组分，在满足企业油品质量升级的同时，较高的裂化转化率使低价值油品更多的转化为高价值产物，企业柴汽比大幅降低，提高了企业经济效益。

2）RLG 技术成功工业应用拓宽了 LCO 出路，有效降低了企业柴汽比，控制精制反应器入口氢分压约 6.6MPa，加工密度约 931.0kg/m^3、氮含量约 645μg/g 的 LCO 原料，可稳定生产收率 43%以上的超低硫高辛烷值汽油组分，硫含量平均约为 1μg/g、研究法辛烷值可达 92 以上；总汽油收率可达 49.76%。产品柴油馏分硫含量小于 1μg/g，十六烷值提高 13 个单位以上；且干气和液化气产率较低，装置氢耗较低，经济效益显著。

参 考 文 献

[1] 方向晨．加氢裂化工艺与工程[M]．北京：中国石化出版社，2017.
[2] 中华人民共和国国家标准：车用柴油．GB 19147—2016.
[3] 柯晓明，王丽敏．国际石油经济[J]．中国第五阶段汽柴油质量升级路线图分析，2016：21-27.
[4] 葛泮珠．催化裂化柴油综合利用技术及其发展[J]．化工进展，2016：79-86.
[5] 郭蓉，方向晨，胡志海，等．2017 年炼油加氢技术交流会论文集[C]．北京：中国石化出版社，2017.

RLG 装置提高高辛烷值汽油收率的策略与措施

李桂军[1]　任　亮[2]

(1. 中国石化安庆石化公司　安徽安庆　246001；
2. 中国石化石油化工科学研究院　北京　100083)

摘　要　中国石化安庆石化公司 1.0Mt/a 催化柴油加氢转化装置于 2018 年 1 月建成并一次开车成功。该装置由中国石化工程建设公司(SEI)设计，采用中国石化石油化工科学研究院自主研发的 RLG 技术及配套 RN-411 加氢精制催化剂和 RHC-100 加氢裂化催化剂，以 100%催化裂化柴油为原料，生产高辛烷值汽油调和组分，同时可生产低硫的清洁柴油调和组分。装置已稳定运行 18 个月，期间通过优化运行，汽油收率可稳定控制在 50%~55%，稳定汽油的辛烷值在 94 左右，稳定汽油苯含量 0.7%以下。安庆石化公司全面消减普柴，大幅度提高了经济效益。

关键词　催化裂化柴油；高辛烷值；苯含量

1　前言

中国石化安庆石化公司(以下简称安庆石化公司)于 2017 年新建一套 1.0Mt/a 催化柴油加氢转化(RLG)装置，以 100%LCO 为原料，生产高辛烷值汽油调和组分，同时兼顾生产部分低硫清洁柴油调和组分。该装置采用中国石化石油化工科学研究院(以下简称石科院)开发的 LCO 加氢裂化生产高辛烷值汽油组分的 RLG 技术建设，由中国石化工程建设有限公司(以下简称 SEI)承建，于 2017 年 11 月开工投产。迄今为止，该装置可生产 45%~60%的汽油馏分，同时兼顾生产部分硫质量分数小于 10μg/g 的低硫清洁柴油调和组分。

2018 年 5 月 22 日 9：00~25 日 9：00 装置进行了标定。标定结果表明：该装置在 100%加工负荷下，可以生产收率为 48.03%的汽油馏分，其中，稳定汽油收率 41.82%，C_6馏分收率 6.21%，稳定汽油研究法辛烷值 RON 为 91.3~91.8，硫质量分数 0.3~0.6μg/g。

自 2018 年 1 月 1 日装置转入正常生产后，至 1 月 29 日产品汽油 RON 达 90 以上，开始稳定生产高辛烷值汽油调和组分，目前装置运行平稳，在原料性质满足设计要求情况下，装置达到设计转化率，产品质量合格，催化剂性能良好。由于该装置加工原料为 100%劣质催化裂化柴油，且采用了高活性的加氢裂化催化剂，在生产中为兼顾转化率、产品质量和装置平稳操作方面有一定操作难度。通过不断摸索、调整，装置实现了长周期平稳运行。

2　催化柴油加氢转化(RLG)装置的工艺流程简介

安庆石化公司催化柴油加氢转化(RLG)装置工艺流程示意图如图 1 所示。该装置反应部分包括加氢精制反应器和加氢裂化反应器。分馏部分设置脱丁烷塔、分馏塔和 C_6塔，分馏塔产品分为干气、液化气、轻汽油馏分、重汽油馏分、循环油馏分和柴油产品。

3　提高转化率和汽油收率遇到的问题和应对策略

安庆石化公司 RLG 装置采用石科院研制开发、中国石化催化剂长岭分公司生产的 RN-411 精制剂和 RHC-100 裂化剂。RLG 装置的联动试车与一般的加氢精制装置开工步骤类似。

2017 年 11 月 9 日装置完成催化剂预硫化，11 月 14 日完成低氮油注氨钝化过程，11 月 14 日开始切换催化裂化柴油。其中，催化剂预硫化采用的是干法气相硫化法。低氮油注氨钝化阶段，在加氢裂

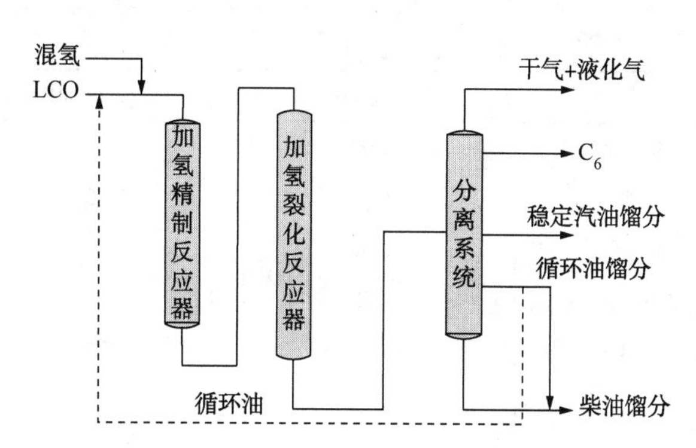

图 1　RLG 装置工艺流程示意图

化反应器入口注入液氨。2018 年 1 月 1 日生产出合格柴油，1 月 29 日，产品汽油 RON 达到 90 以上。装置至今已稳定运行 18 个月，期间遇到转化率偏低、转化率波动、稳定汽油苯含量偏高等问题。

3.1　提高转化率和汽油收率的应对策略

RLG 技术中采用的 RN-411 精制催化剂主要完成脱氮和双环以上芳烃加氢饱和，为裂化段提供低氮、高单环芳烃含量精制油，采用的 RHC-100 催化剂主要完成四氢萘类单环芳烃烷基侧链裂化和烷基苯类单环芳烃的烷基侧链裂化反应。根据加氢裂化反应经验和催化裂化柴油加氢改质经验，提高反应温度和提高反应压力有利于提高转化率，同时也会带来催化剂床层温升的提高。与常规柴油加氢改质装置相比，RLG 技术采用了较高的裂化反应温度，较常规加氢改质失活速率高，若提温过快将会加快催化剂积炭速率，从而缩短催化剂使用寿命。

在安庆石化公司 RLG 装置生产调整中，根据运转时间、原料性质和催化剂活性等调整操作压力和反应温度是有效提高转化率和汽油收率的手段。在满足生产的情况下，调整精制反应器和裂化反应器的操作温度要适宜，与原料油性质和催化剂的裂化性能相匹配。由于装置采用一反精制反应和二反裂化反应串联的工艺流程，一反的提温将直接影响二反的入口温度。为保证裂化段反应效果，一反最低反应温度需要保证一反精制油的氮含量不大于 20μg/g。

由于反应操作压力直接影响芳烃加氢饱和性能，影响精制催化剂温升和裂化转化率，在生产中需要根据原料性质和催化剂活性采取适当的操作压力。装置运行初期，RN-411 精制催化剂和 RHC-100 裂化催化剂均具有较高的加氢性能，适当控制装置操作压力以兼顾转化率、汽油收率和装置的安全平稳操作。随着运行周期的延长可以逐步提压，每月平均提压速度约 0. 2MPa，但也需要根据原料性质适当调整操作压力。从表 1 可以看出，2018 年 7 月 10 日至 8 月 2 日期间，原料油 95%馏出温度未出现大幅波动，7 月 26 日后逐步提高反应压力及温度，装置转化率逐步提升至 60%。装置的设计压力决定了提压的空间有限。催化剂运行初期，活性高，有利于加氢反应，可以采取降压方式进行操作。

提高转化率的一个重要手段是提高反应压力和反应温度，但提温过快会缩短催化剂的使用寿命。

表 1　反应温度、压力和转化率的关系

时　间	馏程 95%/℃	转化率/%	反应压力/MPa	裂化反应平均温度/℃
2018/7/10	345. 8	52. 75	7. 69	383. 29
2018/7/11	350. 4	53. 73	7. 82	383. 52
2018/7/12	340. 4	54. 45	7. 80	382. 88
2018/7/13	346. 2	55. 62	7. 71	382. 56
2018/7/14	348. 2	54. 00	7. 81	382. 36
2018/7/15	346. 2	53. 34	7. 80	381. 98
2018/7/16	347. 4	52. 21	7. 75	381. 76
2018/7/17	348. 6	53. 81	7. 73	382. 92

续表

时　间	馏程 95%/℃	转化率/%	反应压力/MPa	裂化反应平均温度/℃
2018/7/18	342.2	52.02	7.76	382.90
2018/7/19	348.2	52.63	7.73	382.70
2018/7/20	348	52.36	7.82	382.25
2018/7/21	346.2	54.23	7.70	382.10
2018/7/22	344.4	54.53	7.79	381.71
2018/7/23	348.8	58.38	7.83	381.59
2018/7/24	348.8	57.44	7.80	382.10
2018/7/25	348.2	57.69	7.80	383.59
2018/7/26	344.6	58.81	7.84	384.65
2018/7/27	341.4	60.03	7.89	384.39
2018/7/28	342.6	59.30	8.04	385.39
2018/7/29	343.2	59.07	8.02	385.41
2018/7/30	344.8	59.15	8.10	385.16
2018/7/31	342.2	59.71	8.00	385.15
2018/8/1	345.8	59.59	8.01	385.81
2018/8/2	341	60.58	7.95	385.72

对安庆 RLG 装置来说，提高循环油的回炼量是提高转化率的另一个有效手段。循环油中的单环芳烃含量高，循环转化后可有效提高汽油馏分收率，同时提高选择性。在生产调整时，提高循环油回炼量时，需要注意换热温度的影响，循环油温度约 180℃，而催化裂化柴油原料的温度约 40℃，循环油回炼提高之后会提高原料的温度，对节能降耗有益。

由于装置设计转化率 47%，如果进一步提高转化率会导致分馏换热的热源不够，因此，装置运行期间，主要根据分馏塔的换热能力控制装置转化率，下一步将通过技术改造消除瓶颈，以进一步提高转化率。

3.2　汽油收率波动的应对策略

在生产中发现，原料性质变化会导致裂化反应器温度变化，因此，控制相对稳定的原料油性质和加工量对装置平稳操作至关重要。图 2 给出了 RLG 装置生产期间 1#催化裂化柴油的直供量与汽油收率的关系。从图 2 可以看出，1#催化裂化柴油进装置的流量波动十分大，当装置采用直供量时，由于催化裂化柴油性质变化较大，为保证装置平稳生产，控制装置转化率在偏低的水平。2019 年 4 月 23 日，装置停收 1#催化裂化柴油，全部采用罐区直供，装置转化率明显提高。

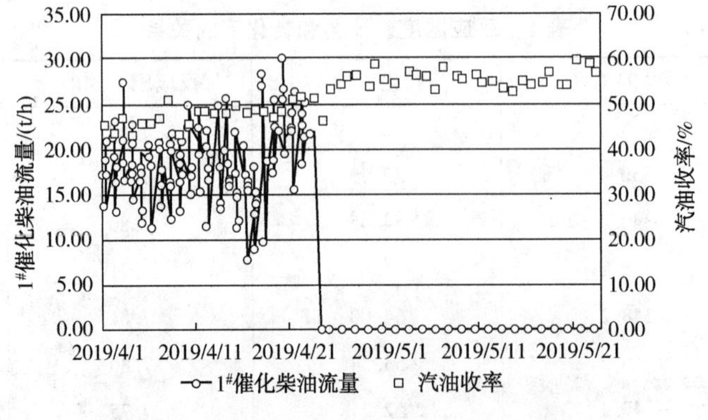

图 2　1#催化裂化柴油流量和汽油收率的关系

装置从投产至今已运行 18 个月，平均汽油收率在 50%左右，最低汽油收率为 40%，最高汽油收率为 60%。图 3 给出了装置加工原料的 N 含量和 S 含量变化对汽油收率的影响。从图 3 可以看出，正常生产期间原料油 S 含量为 1200μg/g 左右，N 含量为 700μg/g 左右；重油加氢换催化剂期间，原料油 S 含量为 4000μg/g 左右，N 含量为 1000μg/g 左右；2019 年 1 月以后，原油改加工安坦原油后，RLG 装置原料油 S 含量在 1300μg/g 左右，N 含量在 1000μg/g 左右。装置汽油收率均可控制在 50%左右。催化裂化柴油原料的 S、N 含量的波动对汽油收率的影响不是最主要的原因。

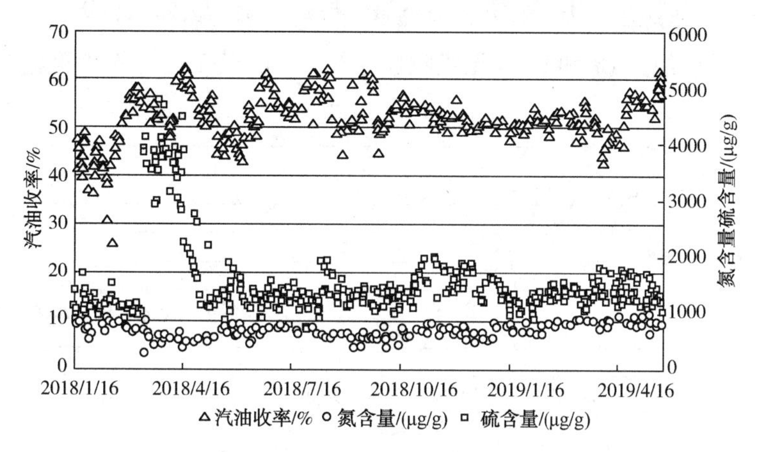

图 3 RLG 原料油的 S、N 含量和汽油收率的关系

图 4 给出了催化裂化柴油 95%馏出温度和汽油收率的关系。从图 4 可以看出，催化裂化柴油原料的 95%馏出温度与汽油收率存在着一定的反比关系。由于在 RLG 技术[2]中，通过采用专用的加氢精制 RN-411 精制剂和专用的加氢裂化 RHC-100 裂化剂，适宜的精制/裂化催化剂级配及相匹配的工艺条件，控制双环以上芳烃的加氢饱和，提高选择性开环及烷基侧链裂化等的化学反应，最终以相对较低的氢耗实现最大量生产高辛烷值、高价值的汽油调和组分。催化裂化柴油原料的干点高，意味着原料中的三环及以上组分多，要转化为苯、甲苯及二甲苯等高辛烷值组分所需的化学氢耗高，操作条件更为苛刻，在维持反应条件不变的情况下，装置表现出汽油收率下降趋势。因此，为保证装置平稳操作且兼顾高的汽油收率，需要控制原料 95%馏出温度相对稳定。

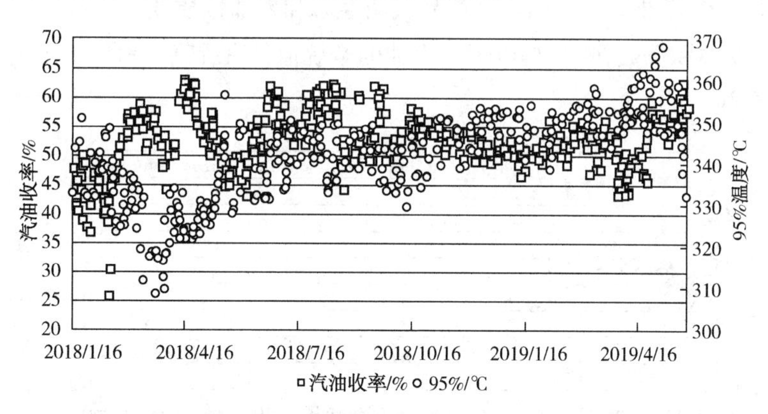

图 4 催化裂化柴油原料的 95%馏出温度与汽油收率的关系

安庆石化公司 RLG 装置的原料油来自一套催化裂化装置，一套 DCC 催化裂解装置，一套重油催化裂化，三套装置提供的催化裂化柴油的组成数据不一致，且随催化裂化装置进料和操作条件波动。若采用一催直供料或者一催和 DCC 直供料时，反应温度波动较大，分馏调整频繁，导致总转化率偏低。从图 2 可以看出，2019 年 4 月之后，原料油改由罐区供应之后，装置的汽油收率稳定在 50%~55%，较之前直供提高 6%~8%。

RLG 装置设计进料是冷进料，直供料对装置的节能没有贡献。而且，3 套催化裂化装置的柴油产品改进罐区之后，还可解决 RLG 装置原料带水的问题。直供料时出现过原料水含量达到 10000μg/g，影响裂化催化剂的使用寿命和装置的正常生产。采用罐区和装置原料罐二次切水可以严格控制原料水含量不大于 300μg/g。

3.3 稳定汽油中的苯含量偏高的应对策略

根据 RLG 技术特点，随着转化率提高和装置运转时间延长，汽油馏分中的苯含量会升高，会影响汽油池中苯含量。为了解决稳定汽油中的苯含量偏高的问题，安庆石化公司在设计阶段考虑设置 C_6 分离塔。新增加的 C_6 塔顶部组分 C_5 和 C_4 送至吸收稳定部分，C_6 塔底组分作为重整预加氢原料。

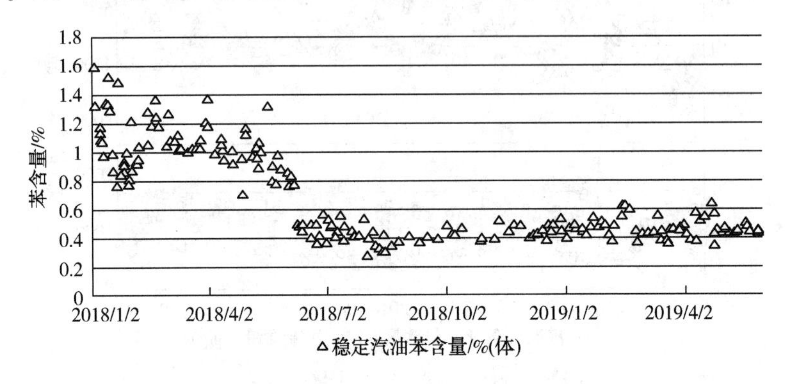

图 5 稳定汽油苯含量

由图 5 可以看出，装置运行初期 C_6塔未投用时苯含量高。当 C_6塔投用后，稳定汽油的苯含量由 2018 年 1 月 1 日 2%下降至 0.5%以下。C_6塔投用初期出现 C_6塔顶回流泵频繁抽空的问题。主要原因是 C_6进料中的 C_4含量 0.18%，C_6顶部 C_4含量 9.78%，C_4组分在 C_6塔顶部被汽油吸收下来，导致 C_6顶部回流泵的进料组份偏轻气蚀抽空。通过提高脱丁烷塔的塔底负荷，降低脱丁烷塔的压力，提高丁烷的脱除率，减少 C_6顶部的 C_4组分。

4 优化运行的成果

图 6 和图 7 给出了 RLG 装置经优化后的产品汽油性质和柴油性质变化情况。由图 6 可见，C_6塔投用之后，稳定汽油的苯体积分数在 0.5%以下，汽油的辛烷值稍有提高，汽油 RON 在 94 左右，产品汽油 S 质量分数稳定在 2μg/g 以下。

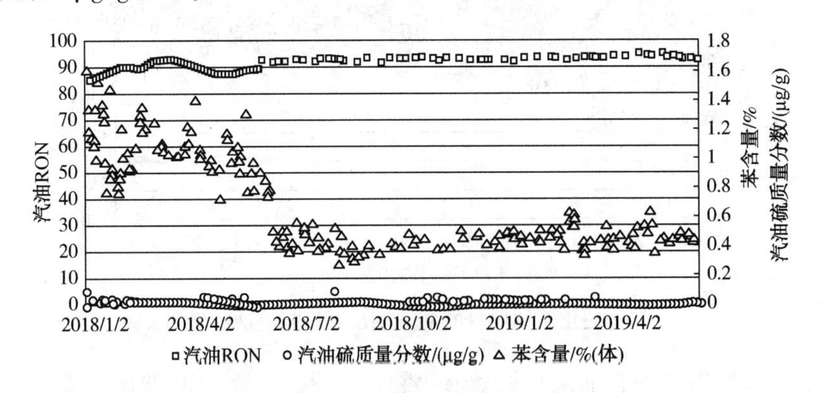

图 6 RLG 装置汽油产品性质

由图 7 可见，控制 RLG 装置催化裂化柴油原料的 95%馏出温度不大于 360℃，经 RLG 技术加工后，产品柴油 20℃密度降至 0.86~0.88g/cm³，较原料 LCO 的 20℃密度 0.935g/cm³降低了 0.054g/cm³以上，产品柴油十六烷指数较原料 LCO 提高 9.0~14.9 个单位。

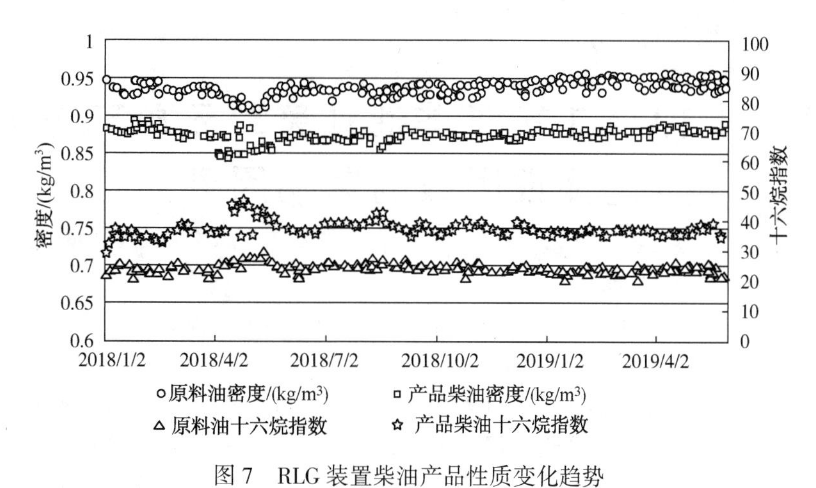

图 7　RLG 装置柴油产品性质变化趋势

装置采用罐区供料后，加强切水，汽油收率稳定在 53%～55%，较直供料提高了 6～8 个百分点。

5　小结

安庆石化公司采用 RLG 技术建设催化裂化柴油加氢转化装置后，2018 年装置累计加工劣质 LCO 799. 5kt，生产汽油馏分 398. 3kt，同时兼顾生产低硫清洁柴油调和组分 382. 6kt。柴汽比由 2017 年的 1. 03 降低至 2018 年的 0. 63。产品柴油和汽油 S 和 N 质量分数均满足“国Ⅵ”标准。迄今为止，装置已稳定运行 18 个月，汽油 RON 为 95 左右，初步统计满负荷时每年直接经济效益 2. 19 亿元。

通过根据不同原料性质，采样中间罐缓冲，控制合适的压力、温度、空速、降低分馏塔的压力，提高重汽油拔出率等，汽油收率可稳定控制在 50%～55%，稳定汽油的辛烷值在 94 左右，稳定汽油苯含量 0. 7%以下，全面消减普柴。

参　考　文　献

[1] 中华人民共和国国家标准—车用柴油 . GB 19147—2016. 中华人民共和国国家质量监督检验检疫总局，中国国家标准化管理委员会，2016.
[2] 李大东 . 加氢处理工艺与工程[M]. 北京：中国石化出版社，2016.
[3] 方向晨 . 加氢裂化工艺与工程[M]. 北京：中国石化出版社，2016.

浅析 LTAG 工况下柴油加氢单元单环芳烃选择性因数的影响因素

张　明

（中国石化济南炼化公司炼油一部　山东济南　250101）

摘　要　LTAG 技术是中国石化石油化工科学研究院开发的将催化裂化劣质柴油通过多环芳烃选择性加氢饱和反应转化为高辛烷值汽油或轻质芳烃的新技术。本文结合中国石化济南炼化公司柴油加氢改质装置现状，研究了在 LTAG 工况下原料油、反应温度、反应压力、体积空速等因素对单环芳烃选择性因数 S_{HDA} 的影响，受装置能耗和氢耗的影响，目前工况下最佳的原料油为催化裂化柴油，最佳的反应温度为 300℃，最佳氢分压为 6.40MPa，最佳空速为 $0.33h^{-1}$。

关键词　LTAG；单环芳烃选择性因数；多环芳烃选择性加氢饱和反应

引言

催化裂化柴油馏分（LCO）在我国仍是主要的柴油调合组分，约占柴油总量的 25%[1]。LCO 的十六烷值低（一般不大于 30）、密度高、芳烃含量高（80%左右）、氧化安定性较差，必须通过加氢精制后才能进入柴油调合池。随着近年来柴油需求的持续降低，压减催化裂化 LCO 产量、寻求 LCO 新出路成为各炼油厂的主要优化点。LTAG（LCO To Aromatics and Gasoline）技术是中国石化石油化工科学研究院（简称石科院）近年开发的将催化裂化劣质柴油转化为高辛烷值汽油或轻质芳烃的新技术[2]。该技术将加氢单元和催化裂化单元组合，将 LCO 先加氢再进行催化裂化，通过设计加氢 LCO 转化区、同时优化匹配加氢和催化裂化过程的工艺参数，实现最大化生产高辛烷值汽油或轻质芳烃。在加氢处理单元通过对 LCO 中的芳烃进行定向加氢饱和，将 LCO 中双环以上芳烃加氢饱和为单环芳烃或环烷烃；在催化裂化单元通过工艺参数优化，使加氢产物最大化进行开环裂化反应，最终实现 LCO 转化为富含芳烃的高辛烷值汽油。

1　济南炼化公司柴油加氢改质装置简介

本装置原为中国石化北京设计院设计的 1.2Mt/a 柴油加氢精制装置，2002 年建成投产。2011 年为适应柴油质量升级，改为 0.8Mt/a 柴油加氢改质装置，采用石科院开发的中压加氢改质 MHUG 技术。2017 年为充分利用现有生产装置加工催化裂化柴油，达到压减柴油、提升经济效益的目的，采用石科院开发的催化柴油加氢处理-催化裂化组合生产高辛烷值汽油或芳烃（LTAG）专利技术进行改造，将本装置改为 0.9Mt/a 柴油加氢改质装置。主要原料为催化裂化柴油，产品部分作为 LTAG 催化单元的原料，其余作为“国Ⅴ”普柴出厂。装置于 2017 年 7 月首次开车成功。

2　LTAG 工况下单环芳烃选择性因数的影响因素

2.1　LTAG 柴油加氢单元反应机理

催化剂采用石科院开发的有较高芳烃饱和活性及单环芳烃选择性的柴油馏分加氢精制催化剂 RN-32L、RS-1000 和具有强开环能力的 RIC-2、RIC-3 加氢改质催化剂。

LTAG 柴油加氢单元反应机理为将催化裂化柴油中的多环芳烃在催化剂作用下进行选择性加氢饱和，转化为易于裂化的单环芳烃，同时控制反应深度，避免单环芳烃被进一步加氢饱和为环烷烃，这种选择性加氢不仅有利于降低加氢茚刻度和化学氢耗，也有利于加氢循环油在催化单元获得高辛烷值汽油。

2.2 原料油性质对单环芳烃选择性因数的影响

装置进料主要是催化裂化柴油、直馏柴油的混合物，原料油性质见表 1，其中样本一原料油全部为催化裂化柴油，样本二原料油中催化裂化柴油占比为 87%，直馏柴油占比为 13%。一般用单环芳烃选择性因数 S_{HDA} 来表征加氢反应的选择性。$S_{HDA}=(\Delta_{单环芳烃})/(\Delta_{多环芳烃})$，其中 $\Delta_{单环芳烃}$ 为与原料相比单环芳烃质量分数的增加量，$\Delta_{多环芳烃}$ 为多环芳烃质量分数的减少量[3]。

表 1 原料油和产品柴油的馏分烃类组成 %

馏分烃类组成	样本一		样本二	
	原料	产品柴油	原料	产品柴油
链烷烃	18.4	20.9	19.3	25.5
一环烷烃	6.8	5.4	6.2	7
二环烷烃	2.1	6.3	2.7	8
三环烷烃	0.6	3.4	0.4	4.1
总环烷烃	9.5	15.1	9.3	19.1
总饱和烃	27.9	36	28.6	44.6
烷基苯	10.2	12.9	11.6	12.4
茚满或四氢萘	10.3	34.7	11.1	29.5
茚类	2.3	7.5	2.4	6.3
总单环芳烃	22.8	55.1	25.1	48.2
萘	1.4	2.1	1.7	1.8
萘类	27.7	2.9	27.2	2.4
苊类	8.8	2.7	7.6	2.2
苊稀类	5	1.1	4.4	0.8
总双环芳烃	42.9	8.8	40.9	7.2
三环芳烃	6.4	0.1	5.4	0
总芳烃	72.1	64	71.4	55.4
S_{HDA}	0.80		0.59	

从表 1 可以看出掺炼了部分直馏柴油后原料油中链烷烃和单环芳烃含量分别提高了 0.9%和 2.3%，多环芳烃降低了 3.0%，产品柴油单环芳烃含量降低了 6.9%，经过芳烃选择性加氢饱和反应后样品二 S_{HDA} 与样品一相比降低了 0.21。因此掺炼了 13%直馏柴油对多环芳烃选择性加氢饱和反应的影响较大，说明目前装置不适合加工直馏柴油，但为了平衡全厂柴油，对原料油掺炼少量的直馏柴油进行加工。

2.3 反应温度对单环芳烃选择性因数的影响

反应温度是影响多环芳烃选择性加氢饱和反应的重要因素，本装置在原料为催化裂化柴油、氢分压为 6.4MPa、体积空速为 0.36h^{-1} 条件下，对不同反应温度下的产品柴油单环芳烃选择性因数进行探究，数据见表 2。

表 2 反应温度与单环芳烃选择性因数对应表

序号	精制反应器入口温度/℃	单环芳烃选择性因数
1	287	0.55
2	288	0.61
3	294	0.71
4	300	0.80

由表2中数据可知，反应温度由287℃提高至300℃时，S_{HDA}提高0.25，其中反应温度由287℃提高至288℃时，S_{HDA}提高最多为0.06，说明在较低温度下提高1℃温度对多环芳烃选择性加氢饱和反应的影响相对较大；当温度由288℃提高至294℃时，温度提高6℃，S_{HDA}提高0.1，说明在这个温度范围内多环芳烃选择性加氢饱和反应速率的提升程度较之前有所缓和；温度由294℃提高至300℃时，温度提高6℃，S_{HDA}提高0.09，这两段6℃温度区间内S_{HDA}提高量接近一致，说明在这两段温度区间内多环芳烃选择性加氢饱和反应速率的提高程度是接近一致的。

受装置能耗和氢气耗量的影响本装置未采用较高的反应温度进行试验，但反应温度继续提高到一定程度会导致单环芳烃继续加氢饱和，从而降低产品的单环芳烃含量，进而会导致S_{HDA}降低，而且多环芳烃选择性加氢饱和反应为放热反应，过高的温度也会一定程度上抑制反应的进行，同样会引起S_{HDA}下降。因此在一定的装置能耗和氢耗的影响下，300℃是目前最佳的芳烃选择性加氢饱和反应温度。

2.4 反应压力对单环芳烃选择性因数的影响

反应压力也是影响多环芳烃选择性加氢饱和反应的主要因素之一，而影响多环芳烃选择性加氢饱和反应的实际因素是氢分压，在原料为催化裂化柴油、反应温度为288℃、体积空速为0.36h^{-1}的条件下，将反应器氢分压分别控制在6.40MPa、6.63MPa、6.86MPa，数据见表3。

表3 氢分压与单环芳烃选择性因数对应表

序号	精制反应器氢分压/MPa	单环芳烃选择性因数
1	6.40	0.83
2	6.63	0.61
3	6.86	0.55

通过表中数据可知，在相同的反应工况下，当氢分压由6.40MPa提高至6.63MPa时，S_{HDA}降低0.22。继续提高氢分压至6.86MPa时，S_{HDA}降低0.06，说明继续提高氢分压后，反应速度降低趋势变缓。通过数据说明反应压力过高会导致单环芳烃继续加氢形成环烷烃，引起产品单环芳烃含量的降低，从而导致S_{HDA}降低，由于本装置设计氢分压为6.4MPa，操作氢分压基本在6.4MPa以上，因此未采用较低的反应压力进行试验。在低压条件下，适当的提高氢分压会增加多环芳烃选择性加氢饱和反应的深度，增加产品中单环芳烃含量，因此，在目前的工况下，多环芳烃选择性加氢饱和反应的最佳氢分压为6.4MPa。

2.5 体积空速对单环芳烃选择性因数的影响

体积空速也是影响多环芳烃选择性加氢饱和反应的重要因素之一，体积空速为每小时通过反应器内进料体积与催化剂体积的比值，在原料为催化裂化柴油、氢分压6.4MPa、反应温度288℃条件下，通过提高和降低反应进料量来改变反应的体积空速，数据见表4。

表4 体积空速与单环芳烃选择性因数对应表

序号	体积空速/h^{-1}	单环芳烃选择性因数
1	0.33	0.74
2	0.37	0.62
3	0.38	0.55

由表4可知在氢分压6.4MPa、反应温度288℃条件下，当空速由0.38h^{-1}降低至0.33h^{-1}时，S_{HDA}提高0.19，其中空速由0.38h^{-1}降低至0.37h^{-1}时S_{HDA}提高0.07，而空速由0.37h^{-1}降低至0.33h^{-1}时S_{HDA}仅提高0.12，说明适当的降低空速会使反应深度变大，多环芳烃能更多地转化为单环芳烃，然而过低的空速会导致单环芳烃继续加氢生成环烷烃，因此空速降低到一定程度后继续降低会导致S_{HDA}降

低，受装置能耗的影响未进行低空速下多环芳烃选择性加氢饱和反应的试验，因此目前工况下多环芳烃选择性加氢饱和反应的最佳空速为 0.33h^{-1}。

3 结论

随着近年来柴油需求的持续降低，压减催化裂化 LCO 产量、提高汽柴比成为各炼油厂的主要优化点。本文根据本装置的实际情况，通过大量数据对比，分析了原料油性质，反应温度，反应压力，体积空速等因子对多环芳烃选择性加氢饱和反应的影响，得出结论：LTAG 工况不适宜加工直馏柴油，加工原料全部为催化裂化柴油时效果更好，受装置能耗和氢耗的影响，在目前工况下芳烃加氢饱和反应的最佳反应温度为 300℃，最佳氢分压为 6.4MPa，最佳体积空速为 0.33h^{-1}。

参 考 文 献

[1] 陈俊武，卢捍卫. 催化裂化在炼油厂中的地位和作用展望[J]. 石油学报(石油加工)，2003，19(1)：1-11.
[2] 龚剑洪，毛安国，刘晓欣，等. 催化裂化轻循环油加氢-催化裂化组合生产高辛烷值汽油或轻质芳烃(LTAG)技术[J]. 石油炼制与化工，2016，47(7)：15.
[3] 李高峰，刘星火. LTAG 兼产国Ⅴ柴油加氢改质装置反应控制及优化[J]. 炼油技术与工程，2017，47(12)：24-26.

柴油加氢装置“国Ⅴ”柴油色度超标分析及对策

李　治

（中国石化青岛炼化公司　山东青岛　266500）

摘　要　超深度脱硫的柴油加氢精制装置，出现精制柴油色度不合格情况，通过分析精制柴油性质、优化原料组成、调整反应条件，逐步解决精制柴油色度不合格问题，并发现催化柴油是影响精制柴油色度的重要因素。

关键词　“国Ⅴ”柴油；色度；催化裂化柴油

车用柴油色度是从外观判断柴油质量的指标。关于柴油的色度，较多研究发生在成品柴油的存储过程的氧化安定性和色度变化、催化/焦化柴油的色度分析等方面，谢仁华[1]研究了柴油储存的安定性，且柴油中的胶质对柴油颜色影响较大；王伟[2]等创新方法分离了催化裂化柴油中的染色物质，并鉴定了其具体结构；很少涉及到加氢精制特别是超深度加氢精制后的“国Ⅴ(Ⅵ)”柴油出现的色度超标方面。而对于超深度脱硫柴油外观上的研究，主要集中在解决柴油的水白色浑浊方面，其色度均在0.5以下。柴油超深度加氢脱硫的实际生产过程中，精制柴油的色度往往受到原料性质和反应条件的影响。

1　基本情况

某4.1Mt/a柴油加氢(以下简称柴油加氢)装置采用大连石油化工研究院(FRIPP)新一代柴油超深度脱硫催化剂级配体系，在氢分压6.0MPa，氢油比270，空速0.8h^{-1}，平均温度340~380℃的反应条件下，加工直馏柴油、焦化汽柴油以及催化柴油，生产硫含量低于10mg/g的“国Ⅴ(Ⅵ)”车用柴油。因其承担部分出口柴油的计划任务，故按照柴油色度<2.0控制精制柴油质量。

该装置自2017年3月份开工后，连续运行至2019年5月份后停工换剂检修。

2　色度不合格情况

2019年4月份，柴油加氢装置因连续出现精制柴油色度检测超过2.0(见表1)，被迫将成品改入产品观察罐。

表1　柴油加氢装置馏出口色度检测

序　号	时　间	色　度
1	4月1日	1.8
2	4月2日	1.5
3	4月3日	2.0
4	4月4日	2.2
5	4月5日	2.5

从外观上看，不合格期间精制柴油颜色呈现浓黄微红不透亮(图1中左图)，而正常精制柴油为黄色发绿较清亮(图1中右图)。

图1 柴油加氢装置精制柴油外观(左图色度2.3，右图色度1.8)

3 色度影响因素

3.1 浑浊

油品中含水或者含蜡均会造成浑浊。通过对精制柴油分析水含量，其结果为59mg/L，远低于导致浑浊的300mg/L指标，可以排除精制柴油带水。同一时间，对精制柴油进行冷冻，并无蜡析出，可以说明，导致本次精制柴油色度变化与浑浊无关，可确认为颜色变化导致色度超标。

3.2 颜色

通过分析柴油加氢加工的各路原料的色度，从源头探索影响精制柴油色度的因素。

3.2.1 常三线分析

常三线馏程分析数据见表2。

表2 常三线馏程分析数据

初馏点/℃	10%回收温度/℃	50%回收温度/℃	90%回收温度/℃	95%回收温度/℃	色度	精柴色度
214.5	283.5	318.5	373	390	<0.5	2.1
210	280.5	313	359	374	<0.5	2.0
212	279	311.5	353.5	367	<0.5	1.9
208	275	308.5	352.5	362	<0.5	1.9

根据表2数据，在不改变其余进料性质的情况下，常三线95%馏出温度达到390℃后，逐步调整，95%馏出温度最低点达到362℃。期间通过现场采样及色度分析，其色度均低于0.5，变化不明显。与此同时，随着常三线95%馏出温度的降低，精制柴油色度由2.1降低至1.9。

3.2.2 催化柴油

催化柴油馏程分析数据见表3。

表3 催化柴油馏程分析数据

初馏点/℃	10%回收温度/℃	50%温度/℃	90%温度/℃	95%温度/℃	色度	精柴色度
180.5	228	271	346	365	3.5	2.2
198.5	240.5	276	343.5	360	3.5	2.4
194.5	234	272.5	337.5	357	3.5	2.3
188.4	234.5	274.6	336.5	350.9	3.5	2.1
194.8	236.9	269.8	319.5	333.9	3.0	2.0
192.5	234.6	269.6	320.9	349.9	3.0	1.8
175.4	230.4	266.8	321.4	335.5	3.0	1.7

根据表3数据，催化柴油调整较大，其95%馏出温度由365℃，降低至333.9℃，降低了31.1℃，其色度也降低至3.0。与此同时，随着催化柴油95%馏出温度的降低，精制柴油色度也逐步降低。进一步对催化柴油进行分析。

由图2所示，对催化柴油进行馏出物切割，发现影响其色度的主要集中在350℃以上的组分中。

根据催化柴油化验分析情况及调整后精制柴油色度变化情况，催化柴油降低95%馏出温度后，对于精制柴油色度的变化影响较大；催化柴油中350℃以上的馏分富含重芳烃，对于催化柴油色度影响较大。

图2　催化柴油不同馏分颜色

3.3　反应条件

3.3.1　反应温度

根据图3的趋势，可以看到柴油加氢在精制柴油硫含量不超标(≤10mg/kg)的情况下逐步降低温度。一反、二反分别降低22/21℃至353/370℃，馏出口柴油色度由1.8降低至1.7。

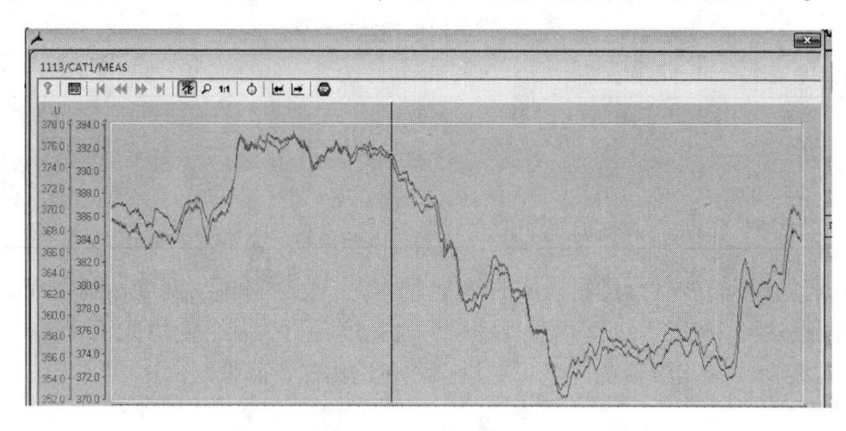

图3　柴油加氢平均反应温度(CAT)调整曲线

柴油加氢反应温度超过388℃后，对精制柴油色度有一定影响。平均反应温度超过388℃，最高点温度超过390℃后，油品中的重组分(多环芳烃)会发生缩合，加重了精制柴油色度，故控制较低的反应温度对降低色度有利。

反应温度是由产品硫含量和原料脱硫苛刻度所控制。精制柴油控制硫含量的升高、催化柴油95%馏出温度降低、直馏常三线柴油95%馏出温度降低、部分较容易脱硫的原油(如科威特)都有利于柴油加氢装置降低反应温度。

3.3.2　反应压力

柴油加氢装置反应器入口压力设计操作7.0~8.3MPa，正常生产按照7.3~7.8MPa控制，通过逐步提高反应器入口压力至7.7~8.0MPa用以观察反应压力对于色度的影响。另外，为提高循环氢纯度，提高氢分压，排废氢始终开度1%。氢分压调整期间，精制柴油色度并未出现明显变化。

4 问题解决

1）将催化柴油的95%馏出温度控制在345℃以内，降低柴油加氢装置原料中重芳烃组分。

2）从控制柴油加氢反应温度的角度，常三线95%馏出温度按照≤375℃控制。

3）改造常压塔，增上常四线抽出并入蜡油，降低常三线柴油的终馏点，进而降低柴油加氢装置操作温度。

通过上述措施的落实，检修后，柴油加氢装置精制柴油色度一直维持<1.5的水平。

5 结论

超深度脱硫的柴油加氢装置在运行末期出现色度问题，其重要影响因素是加工的催化柴油中馏出温度超过350℃以上组分。另外，柴油加氢装置运行末期反应温度较高也对色度产生一定影响。通过控制催化柴油终馏点，改善柴油加氢装置反应苛刻度来解决色度超标的问题。

参 考 文 献

[1] 谢仁华．柴油的储存安定性研究[J]. 石油炼制与化工，2003，34(4)：16~21.

[2] 王伟，王超，刘晓瑞，等．催化裂化柴油颜色安定性研究[J]. 广州化工，2012，40(24)：94~113.

单系列炼油厂加氢裂化装置柴油精制方案工艺探究

李　云

（中国石化青岛炼化公司　山东青岛　266500）

摘　要　本文介绍了中国石化青岛炼化公司2.0Mt/a加氢裂化装置在该厂柴油加氢装置停工换剂期间改为柴油精制方案的运行情况。运行结果表明，方案更改后各工艺参数可控，除分馏塔底油外观浑浊外，其他产品质量满足“国Ⅵ”柴油指标要求，能够在一定程度上代替柴油加氢装置在全厂流程中的作用。也对分馏塔底油存在外观浑浊等问题进行了分析探讨，另外，装置在原料、高压设备腐蚀、反应系统温度、柴油外送流程等方面存在一定的生产隐患，不宜长时间运行。

关键词　加氢裂化；柴油精制；催化剂；单系列炼油厂

1　前言

随着环保问题日益突出，汽车尾气排放标准日益严格。为满足柴油产品质量升级要求，柴油加氢装置反应温度逐步提高，导致催化剂运行周期缩短。中国石化青岛炼化公司（青岛炼化）是国内首套单系列千万吨级炼油厂，柴油加氢装置加工量大，中间罐区容量有限。2012年，为实现柴油产品质量升级，青岛炼化公司新建2.0Mt/a加氢裂化，同时常减压年加工量由1.0Mt/a改造提高至12Mt/a。柴油质量升级后，该厂柴油加氢装置运行周期为2年左右，不能与全厂4年一次大检修周期同步，在柴油加氢停工换剂期间，大量柴油原料无法储存，全厂生产难以平衡。

加氢裂化装置原料适应性强，具有生产优质中间馏分油、液体产品收率高以及产品结构灵活性高等优点。为确保柴油加氢装置停工检修期间全厂物料平衡，维持全厂各装置生产正常，减少柴油加氢装置停工损失造成全厂效益的损失，在柴油加氢停工换剂期间，加氢裂化装置生产方案由加氢裂化方案改为柴油加氢精制方案，以代替柴油加氢装置在全厂流程中的作用[1]。

2　加氢裂化柴油精制方案生产分析

2.1　装置简介

青岛炼化2.0Mt/a加氢裂化装置由中国石化工程建设公司设计，采用大连（抚顺）石化研究院（FRIPP）开发的单段串联加氢裂化工艺，精制剂采用FF-36催化剂，裂化剂采用FC-32催化剂。装置设计一期为一次通过方案操作，二期为全循环方案操作。反应部分采用炉前部分混氢、热高分流程；分馏部分采用硫化氢汽提塔+分馏塔出柴油、航煤、石脑油的方案；吸收稳定部分采用混合石脑油为吸收剂；脱硫部分采用MDEA作脱硫剂的方案；催化剂的硫化采用湿法硫化；催化剂再生采用器外再生方案。本装置一期设计加工原料为直馏蜡油和催化柴油，主要产品是液化气、轻石脑油、重石脑油、柴油和未转化蜡油，生产的柴油产品可满足“国Ⅵ”标准车用柴油。该公司加氢裂化装置流程简图如图1所示。

2.2　催化剂装填情况

精制反应器第三床层和裂化反应器第四床层催化剂采用密相装填，其余催化剂采用普通装填。催化剂装填数据见表1。

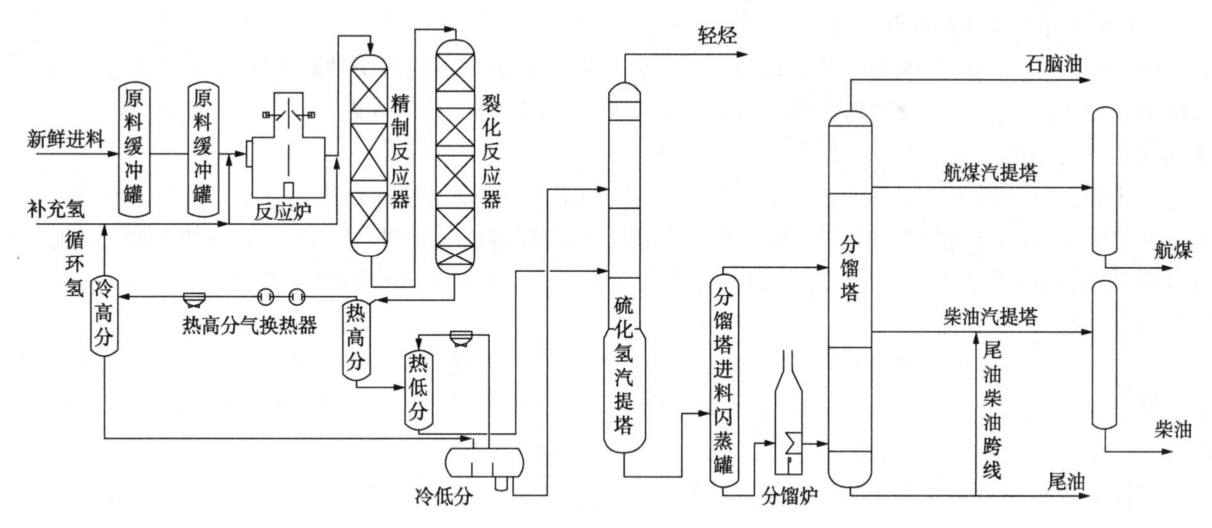

图 1　加氢裂化装置流程简图

表 1　催化剂装填数据表

催化剂型号	装填高度/mm	装填体积/m^3
精制反应器一床层		
FZC-100	100	1.53
FZC-105	350	5.34
FZC-106	950	14.50
FF-36	2820	43.05
精制反应器二床层		
FF-36	5650	86.26
精制反应器三床层		
FF-36(密相)	7240	110.53
裂化反应器一床层		
再生 3963	2810	42.90
FC-32	830	12.67
裂化反应器二床层		
FC-32(密相)	3700	56.49
裂化反应器三床层		
FC-32	3710	56.64
裂化反应器四床层		
FC-32	3580	54.66
FF-36	1690	25.80

FF-36 催化剂具有孔容、比表面积较大，表面酸性适宜，活性金属利用率高，机械强度好等特点。经实验室研制、工业放大及活性评价试验结果表明：FF-36 催化剂加氢脱氮活性高，整体性能处于当前同类催化剂国际领先水平，在国内多套加氢裂化装置上成功工业应用，取得了预期的使用效果。

FC-32 催化剂采用新方法制备载体和浸渍法担载金属组分，使酸性组分和金属组分均能很好地在催化剂中分布，具有高的开环选择性、显著的优先裂解重组分能力、很高的机械强度和原料油适应性，广泛用于生产高芳潜重石脑油、高十六烷值清洁柴油和低 BMCI 值、富含链烷烃、T_{90}点和干点较原料油显著降低的尾油乙烯裂解原料等高附加值产品。

2.3 柴油精制方案部分流程改造

由于原设计分馏塔底油为未转化蜡油，去向为装置自身循环回原料缓冲罐 D101、催化装置及催化原料罐区。精制方案后，分馏塔底油为柴油，为实现分馏塔底油去产品柴油流程，在尾油去催化原料罐区控制阀与下游阀之间增加去柴油产品线跨线。

由于原设计尾油出装置温度为 120~150℃，尾油流程上冷却设施难以达到柴油产品外送的温度不超 45℃控制，为解决分馏塔 C202 塔底油出装置温度高的问题，在尾油空冷后增加尾油去原重石脑油水冷器冷却后返回尾油流程，将分馏塔 C202 塔底油进一步冷却后并入柴油产品线。

2.4 柴油精制方案概述

柴油加氢装置停工换剂周期为 15~18d。期间为维持全厂正常生产，加氢裂化装置改为柴油精制方案，原料为常二线、常三线、焦化汽柴油和催化柴油。主要产品为柴油，附产轻石脑油、重石脑油、液化气。柴油产品执行“国Ⅵ”标准，以轻重石脑油作为重整原料。生产过程中由蜡油裂化方案逐步切换为柴油加氢精制方案，置换蜡油及参数调整过程历时约 24h，混合柴油 95%点小于 360℃，除外观浑浊外，产品硫含量及其他指标满足“国Ⅵ”柴油指标要求。稳定后由于混合柴油外观浑浊，装置进行了操作调整，为分析加氢裂化装置精制方案的可行性及存在的问题，本文选取精制方案期间两种工况，通过调节裂化深度进行对比分析。

2.5 原料性质分析

柴油精制方案期间，装置进料主要为直馏柴油、焦化汽柴油以及催化柴油，为汽柴油组分。具体见表 2。

表 2 混合原料性质

分析项目	工况一	工况二
密度(20℃)/(kg/m^3)	837.1	841.2
初馏点/℃	66.7	67.7
10%/℃	162.8	164.3
50%/℃	269.1	272.0
90%/℃	320.6	323.5
95%/℃	332.4	336.5
硫含量/%(质)	1.23	1.31
含量/%(质)	0.015	0.016
硅含量/(mg/kg)	0.24	0.21
氯含量/(mg/kg)	7.4	4.0

从表 2 可以看出，原料密度和 95%点较低，适合作为柴油精制原料。原料中的氯含量超标，最高为 7.4mg/kg，指标为小于 1mg/kg，严重超装置指标，对不锈钢材质系统的腐蚀产生较大的风险；同时原料带水，加氢裂化装置原料罐无脱水设施，对装置的腐蚀、催化剂的长周期运行带来不利影响。另外，由于柴油原料中含焦化汽柴油，混合原料中含硅，加氢裂化催化剂未装捕硅剂，在加工焦化汽柴油时，原料中的硅容易沉积在催化剂孔洞内，导致催化剂永久失活，对装置的长周期运行影响较大。

2.6 主要操作参数

精制方案期间，各参数控制平稳，无设备超温超压情况，具体装置关键操作参数见表 3。

表 3 加氢裂化柴油精制期间关键工艺参数

名　　称	工况一参数	工况二参数
焦化汽柴油/(t/h)	104.7	84.4
催化柴油/(t/h)	28.0	32.9
直馏柴油/(t/h)	158.9	176.5

续表

名　称	工况一参数	工况二参数
反应进料流量/(t/h)	297.8	315.3
精制催化剂体积空速/h^{-1}	1.46	1.51
裂化催化剂体积空速/h^{-1}	1.89	2.0
精制反应器入口压力/MPa	12.03	14.389
精制反应器总压降/MPa	0.191	0.293
裂化反应器入口压力/MPa	11.824	14.087
裂化反应器总压降/MPa	0.295	0.293
精制反应器平均温度/℃	340.9	342.9
精制反应器一床温升/℃	26.8	22.0
精制反应器二床温升/℃	27.2	22.0
精制反应器三床温升/℃	14.7	14
精制反应器总温升/℃	68.7	58.1
精制床层最高径向温差/℃	28	24
裂化反应器平均温度/℃	310	332
裂化反应器总温升/℃	8.8	15.6
裂化床层最高径向温差/℃	3.5	5.5
热高分入口温度/℃	229.7	245.4
分馏炉出口温度/℃	298.9	292.4
氢油比	350	430
混合柴油出装置温度/℃	67	58

从表3数据可以看出，精制方案期间，两种工况下处理量均比较大，催化剂体积空速最高为1.51h^{-1}，裂化催化剂体积空速为2.0h^{-1}，均超设计空速。为降低裂化转化深度，反应操作压力方面，工况一反应系统进行了降压操作，系统压力较工况二低2.38MPa；反应操作温度方面，精制床层温度两种工况基本一致，裂化温度工况一较工况二低22℃。由于催柴、焦化汽柴油比例较高，精制反应总温升较高，工况一精制总温升高达68.7℃，工况二直馏柴油比例较工况一高5.11%，精制温升较工况一低约10℃。由于氢油比低，两种工况下精制反应器一床径向温差均较大，最高为28℃，裂化床层径向温差最高达5.5℃。催化剂床层压降等其他参数均在设计范围内。由于处理量较大，两种工况混合柴油外送温度均超45℃，最高达67℃。

2.7 产品质量分析

精制方案期间，主要产品为混合柴油，附产轻石脑油、重石脑油、液化气。分馏塔底油为重柴油组分、分馏侧线原航煤气提塔、柴油汽提塔均作为柴油组分，三者混合形成混合柴油出装置。

2.7.1 辅助产品质量分析

加氢裂化改柴油精制方案期间，附产液化气、轻石脑油、重石脑油，各附加产品质量稳定，各项指标合格，具体分析见表4~表6。

表4 液化气主要性质 %(体)

项　目	工况一	工况二	项　目	工况一	工况二
C_1+C_2	0.48	0.68	正丁烷	44	32.48
丙烷	33.04	29.48	C_{5+}	2.57	0.55
异丁烷	19.64	36.72	硫化氢/(μL/L)	<0.5	<0.5

从表4可以看出，柴油精制方案运行期间，液化气各产品满足产品质量要求，随着裂化深度的提高，液化气组分中异丁烷含量明显升高。

表5 轻石脑油主要性质

项　目	工况一	工况二	项　目	工况一	工况二
腐蚀(醋酸铅)	合格	合格	90%/℃	83.5	83.5
蒸气压/kPa	86	86.6	终馏点/℃	103	102
初馏/,℃	35.5	35	硫/(mg/g)	1.9	1.8
10%/℃	38.5	38.5	氮/(mg/g)	<1.0	<1.0
50%/℃	47	47	外观	清澈透明	清澈透明

从表5可以看出，轻石脑油各种指标合格，可作汽油调和组分。

表6 重石脑油主要性质

项　目	工况一	工况二	项　目	工况一	工况二
初馏点/℃	117.7	113.6	氮含量/(μg/g)	0.35	0.4
10%/℃	123.8	122	正构烷烃/%(质)	4.15	22.1
50%/℃	133.5	133.7	异构烷烃/%(质)	37.98	29.35
90%/℃	149.7	153.7	环烷烃/%(质)	47.67	31.51
终馏点/℃	159.2	163.1	芳烃/%(质)	9.51	16.96
硫含量/(μg/g)	0.31	0.3	芳潜含量/%(质)	55.8	46.8
密度(20℃)/(kg/m^3)	769.1	761.0			

从表6可以看出，重石脑油的硫、氮能满足重整进料要求，能控制小于0.5μg/g。从重石脑油的组成来看，精制方案期间，随着裂化温度的升高，重石脑油的正构烷烃含量增加，异构烷烃、环烷烃含量下降，芳烃含量下降，均为重整装置优质原料。

2.7.2　混合柴油产品质量分析

本次柴油产品由航煤侧线塔底油、柴油侧线塔底油、分馏塔底油混合后形成混合柴油作为装置产柴油产品出装置。具体产品质量见表7。

表7 混合柴油主要性质

分析项目	工况一	工况二	分析项目	工况一	工况二
初馏点/℃	198	201.1	十六烷指数	58.4	61
10%/℃	230.8	234.8	多环芳烃/%(质)	0.2	0.2
50%/℃	267.5	271.3	外观	浑浊	浑浊
90%/℃	315.3	323.5	闪点(闭口)/℃	73	80
95%/℃	328.3	349	运动黏度(20℃)/(mm^2/s)	4.131	4.245
密度(20℃)/(kg/m^3)	820.8	825.3	硫含量/(mg/kg)	0.75	1.2
凝点/℃	-17	-14			

由表7数据可以看出，两种工况下混合柴油除外观浑浊外，混合柴油中的硫含量远远低于10mg/kg，十六烷指数较高，各项分析满足“国Ⅵ”柴油指标。

2.7.3　混合柴油产品外观浑浊原因分析

针对混合柴油外观浑浊的问题，将混合柴油各组成单独采样分析，发现航煤侧线、柴油侧线塔底油均无浑浊现象，分馏塔底C202塔底油存在浑浊现象，结果见表8~表10。

加氢裂化柴油精制方案期间，采混合原料进行目测外观，混合原料清澈，无浑浊现象，为进一步分析混合产品柴油浑浊的具体原因，将柴油侧线塔底油、混合柴油、混合原料组成分析对比，结果见表11。

表 8　航煤侧线塔底油主要性质

项　目	工况一航煤侧线塔底油	工况二航煤侧线塔底油	项　目	工况一航煤侧线塔底油	工况二航煤侧线塔底油
初馏点/℃	163.0	147.4	外观	清澈透明	清澈透明
10%/℃	173.2	167.6	密度(20℃)/(kg/m³)	795.3	795.9
20%/℃	175.4	173.5	铜片腐蚀(100℃，2h)	1a	1a
50%/℃	182.5	188.5	烟点/mm	21.6	21.9
90%/℃	199.5	215.2	硫醇硫/%(质)	<0.0003	<0.0003
终馏点/℃	213.6	229.8	冰点/℃	<-55.0	<-55.0
闪点(闭口)/℃	50	44			

从表 8 可以看出，航煤侧线塔底油按航煤馏出口项目进行分析，油品外观清澈透明，烟点比较低，硫醇硫、冰点均较低，可作为柴油组分并入混合柴油。

表 9　柴油气提塔底油主要性质

分析项目	工况一	工况二	分析项目	工况一	工况二
初馏点/℃	192.2	200	凝点/℃	-21	-14
10%/℃	232.4	234.8	多环芳烃/%(质)	0.2	0.15
50%/℃	263.3	271.3	外观	清澈透明	清澈透明
90%/℃	313.5	323.5	闪点(闭口)/℃	74	81
95%/℃	324.7	330.5	十六烷指数	58.9	59.7
密度(20℃)/(kg/m³)	820.8	823.3	硫含量/(μg/g)	0.9	1.4

从表 9 数据可以看出，柴油汽提塔底油各指标满足“国Ⅵ”车用柴油产品指标。产品中的硫含量、多环芳烃含量较低，十六烷指数较高，是较好的车用柴油产品。

从表 10 中的数据可以看出，分馏塔底油产品外观浑浊，90%和 95%馏出温度较高。

表 10　分馏塔底油主要性质

分析项目	工况一	工况二	分析项目	工况一	工况二
密度(20℃)/(kg/m³)	834.2	835.7	10%/℃	295	290
闪点(闭口)/℃	142	142.6	30%/℃	320	311
硫含量/(μg/g)	10.5	11	50%/℃	338	325.5
十六烷指数	73.9	74.5	70%/℃	350.5	339.5
外观	浑浊	浑浊	90%/℃	370.5	364
初馏点(2%)/℃	273	270	95%/℃	394	394.5
5%/℃	290	287			

表 11　各油品质谱分析数据

试验编号	柴油侧线塔底油	混合柴油	混合原料
十六烷值	46.9	60.1	47.8
凝点/℃	-24	-4	
倾点/℃	-21	0	
浊点/℃	-18	3	
冷滤点/℃	-20	1	
质谱组成/%			
链烷烃	47.4	53.1	41.0
总环烷烃	32.7	32.1	23.6
其中：一环	17.5	15.5	15.4
二环	11.6	11.6	6.6
三环	3.6	5.0	1.6
总芳烃	19.9	14.8	35.4
其中：一环	18.7	13.2	19.5
二环	1.1	1.5	14.3
三环	0.1	0.1	1.6
总质量	100	100	100

由表2、表8~表11可以看出，混合柴油原料中含有10%的汽油组分，混合柴油产品中的链烷烃含量较混合原料高12.1%，总环烷烃含量较原料高8.5%，芳烃含量较原料低20.6%。分析原因为原料柴油组分切割不清晰，拖尾严重导致分馏塔底油90%馏出温度(分别为370.5℃和364℃)和95%馏出温度(分别为394℃和394.5℃)过高，加上长链正构烷烃含量较高，出现析出微量石蜡导致的浑浊。

综上所述，混合柴油(航煤侧线塔底油+柴油侧线塔底油+分馏塔底油)外观浑浊，主要是分馏塔底富集的长链正构烷烃(液蜡组分)在低温环境(低于15℃)下析出所致，类似情况在早期精制柴油分馏出轻组分生产低凝柴油时出现过，<300℃轻柴油在更低温度环境(低于0℃)下也可能出现外观浑浊。

混合柴油外观浑浊与加氢裂化催化剂开环选择性强、链烷烃保留能力强的特性相关，所以，降低加氢裂化转化深度、减少芳烃等环状烃开环深度、避免长链正构烷烃富集是解决混合柴油外观浑浊的主要措施，即控制加氢裂化催化剂基本没有温升，按加氢精制操作模式运行。

此外，降低柴油原料干点也是减少长链正构烷烃的富集的有效措施。

2.8 精制方案物料平衡

根据两种不同参数下的工况进行装置的进行物料平衡，具体见表12。

表12 柴油精制方案期间物料平衡

项目		工况一		工况二	
		每小时/(t/h)	收率/%	每小时/(t/h)	收率/%
原料	加工量	277.4	100	298.8	100
	焦化汽柴油	85.1	30.67	79.3	26.54
	催化柴油	33.3	11.98	33.1	11.08
	直馏柴油	159	57.3	186.5	62.41
	氢气	4.5	1.61	6.2	2.08
	加氢处理干气	2.5	0.9	2.5	0.85
	重整轻烃	11.1	3.99	11	3.7
	重整干气	0.5	0.19	0.5	0.18
	合计	296	106.6	319.1	106.8
产品	低分气	0.9	0.34	1.4	0.45
	液化气	5.0	1.79	6.8	2.28
	干气	3.5	1.27	3.8	1.28
	酸性气	4.3	1.53	4.3	1.42
	轻石脑油	24.3	8.77	33.3	11.14
	重石脑油	22.9	8.26	31.3	10.49
	航煤侧线塔底油	23.2	8.36	30.4	10.19
	柴油侧线塔底油	140.8	50.71	118.2	39.56
	分馏塔底油	70.0	25.23	88.1	29.49
	反冲洗污油	1.0	0.36	1.5	0.51
	合计	296.0	106.6	319.1	106.8

从表12物料平衡表看出，原料方面，主要为直馏柴油(常三线、常二线)、焦化汽柴油、催化柴油，两种工况的原料的配比总体稳定。氢耗方面，两种工况下，随着裂化温度的上升会发生加氢裂化反应，氢耗相应增加，由1.61%升高至2.08%，较原柴油加氢装置氢耗的0.95%大幅增加。

主要产品为混合柴油(航煤侧线塔底油+柴油侧线塔底油+分馏塔底油)、轻重石脑油、液化气，两种工况下，由于原料总体稳定，因此，酸性气收率总体比较稳定。随着裂化温度的升高，转化率增加，装置产干气、液化气、低分气收率相应增加，轻重石、航煤侧线塔底油总收率也相应大幅度增加，混合柴油收率下降。

3 结论

1）加氢裂化装置柴油精制方案工艺上可行，可通过维持精制反应深度、降低裂化反应深度进行柴油方案操作，可短期解决单系列千万吨炼油厂在柴油加氢停工换剂或者检修期间全厂的物料平衡，维持全厂正常生产。

2）工艺参数方面，混合原料中氯离子和水含量一直超标。精制温度与裂化温度不匹配导致精制反应器氢油比低，径向温升大，事故状态下缺乏降温手段；裂化反应温度低造成热高分换热器铵盐结晶加剧，产品柴油冷却能力不足；水含量超标会对加氢裂化催化剂造成非常不利的影响。以上因素均在一定程度上给装置的安全生产带来了一定的隐患，因此加氢裂化装置柴油精制方案只适宜于柴油加氢装置停工期间执行，不宜长时间运行。

3）由于催化剂级配为加氢裂化方案，精制方案期间，裂化催化剂仍存在裂化和部分芳烃开环反应，在加工同样原料的情况下，较柴油加氢装置氢耗大幅增加。

4）柴油精制方案中，分馏塔底油浊点高、外观浑浊，不能作为柴油产品外送。在条件允许的情况下优化分馏系统操作，保证柴油产品外观澄清的前提下，将部分分馏塔底油改入柴油线进行调和，剩余部分循环裂解或进入尾油罐区。若需从根本上解决尾油浑浊问题，可降低加氢裂化转化深度、减少芳烃等环状烃开环深度、避免长链正构烷烃富集，或者降低柴油原料干点，也可将部分 FC-32 催化剂改为 FC-16 等含 β 分子筛的催化剂，以降低分馏塔底组分凝点。

参 考 文 献

[1] 姚立松，穆海涛 . 2. 0Mt/a 加氢裂化装置操作弹性与经济效益分析[J]. 石油炼制与化工，2014，45(6)：63-66.
[2] 关明华，杜艳泽，王凤来，等 . FC-32 加氢裂化催化剂使用性能研究[J]. 石油化工技术济，2007，23(3)：33-38.
[3] 徐宏 . FC-14 单段加氢裂化催化剂的工业应用[J]. 精细石油化工进展，2006，7(3)：27-32.

加氢掺炼焦化常顶油后的影响分析

樊静园

（中国石化塔河炼化公司　新疆库车　842000）

摘　要　1#加氢2012年12月24日掺炼1#焦化常顶油，2#加氢2月27日掺炼1#焦化常顶油，1#加氢3月2日停止掺炼焦化常顶油，所有常顶油由2#加氢分馏系统掺炼，本文对工艺及设备的影响做了简单的分析

关键词　常顶油；腐蚀；产品质量

1　前言

塔河炼化公司针对石脑油总硫高、产品滞销的问题，在技术改造、装置优化上下功夫，通过加氢装置分馏单元掺炼焦化常压装置常顶油，实现了销售、创效双赢。

2　常顶油的油品分析

1#、2#常压–焦化装置常顶油数据见表1和表2。

表1　1#常压–焦化装置常顶油分析

编码	常顶油	常顶油	常顶油	常顶油	常顶油	常顶油	常顶油	常顶油	常顶油
日期	03/02	02/28	02/27	02/20	02/13	01/30	01/23	01/09	01/02
快速初馏/℃	48.5	50.9	50.1	47.7	48.7	47.9	47.4	47.7	48.2
快速干点/℃	148.3	167.0	162.5	160.4	164.8	167.7	162.3	165.9	166.9
总氯/(μg/g)	126	122	123	118	78	2.9	2.6	2.6	2.2
总硫/(μg/g)			2287	1788	1733	1590	1586	1437	

表2　2#常压–焦化装置常顶油分析

编码	常顶油	常顶油	常顶油	常顶油	常顶油	常顶油	常顶油	常顶油	常顶油
日期	03/05	02/27	02/20	02/13	02/06	01/30	01/23	01/09	01/02
快速初馏/℃	40.5	41.7	40.8	40.2	40.1	40.1	40.8	41.1	40.2
快速干点/℃	155.1	169.3	175.7	177.9	175.4	175.3	174.9	167.8	171.0
硫/(μg/g)	1822	1735	1396	1463	1465		1466	1403	1886
总氯/(μg/g)	87	115	123	72	49	3.4	2.5	2.5	2.1

3　塔顶系统的腐蚀监控

塔顶系统腐蚀监控图如图1和图2所示。

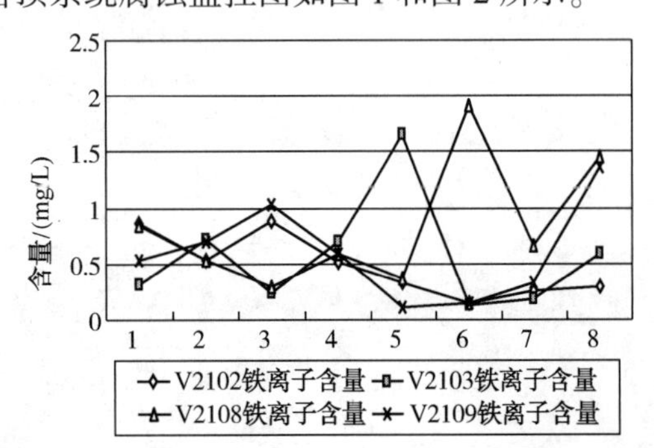

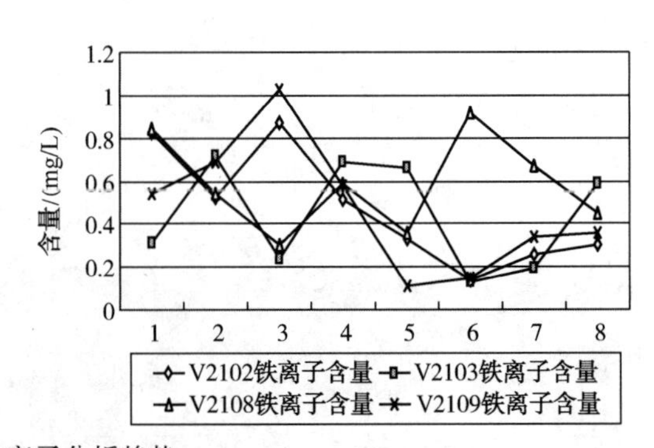

图1　1#加氢铁离子分析趋势

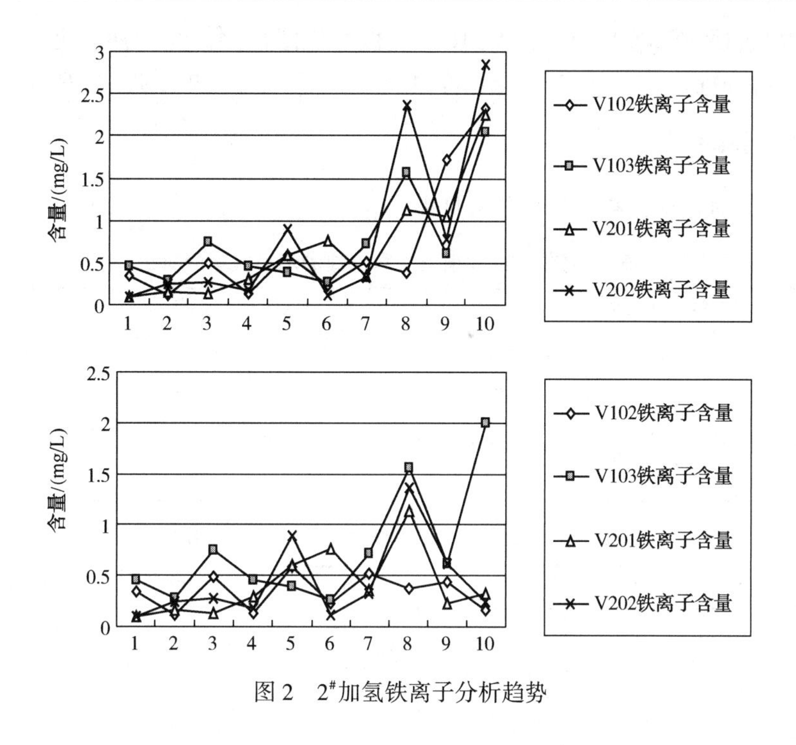

图 2 2#加氢铁离子分析趋势

4 对设备的影响分析

1）从以上的常顶油的油品分析和塔顶系统的腐蚀监控数据来看，两套加氢的分馏塔顶系统在掺炼焦化常顶油后没有出现明显的腐蚀加剧情况。1#常压-焦化装置常顶油的总氯为 2.2～126μg/g，总硫为 1437～2287μg/g，含水为 650μg/g 左右，2#常压-焦化装置常顶油的总氯为 2.1～123μg/g，总硫为 1396～1886μg/g，含水为 513～1475μg/g 左右。2 月份以后，总氯维持在较高水平，化验室对总氯和总硫做了有机和无机的区分试验，试验表明，油品在经过水洗后，总氯中 85%以上是有机氯，总硫中 55%是有机硫，其他是 H_2S，有机氯和有机硫在分馏系统 200℃以下的操作条件下不会再次发生化学反应，腐蚀性也相对较小。塔顶系统的腐蚀监控数据也可以看出，在掺炼常顶油前后铁离子变化不大，基本都控制在 3μg/g 的标准以下。

2）掺炼焦化常顶油后，塔顶的汽相负荷增加，加剧了分馏塔塔顶及顶出口管线的冲刷腐蚀，有机硫和有机氯在死角区或者低流速区沉积也会形成垢下腐蚀。而且常顶油油中水含量较高，分馏塔塔顶回流罐的含水相对较多，做为塔顶回流时也会在入塔处和进入塔顶 A2102 和 E209 后形成明水的初凝点 H_2S 腐蚀，加剧塔盘和塔顶第一冷凝器的管束腐蚀[1]。

3）2009 年 3 月初，1#焦化停工前常压塔顶塔壁腐蚀穿孔，原因是回流罐的界位高，回流温度低，常顶油做为回流时因含水高在进料口附近发生 $HCl-H_2S-H_2O$ 的湿硫化氢和盐酸腐蚀，一个多月的时间腐蚀累计造成穿孔。而之前的腐蚀监控并未发现铁离子和 PH 异常。所以，加氢的两个分馏塔也不排除存在同样问题。

掺炼常顶油后，腐蚀监控数据正常，现场暂未发现设备腐蚀迹象，目前常顶油为 30t/h，加氢汽油进料为 36t/h，在分馏塔塔顶回流罐混合，为监控掺炼常顶油后对设备的影响，车间制定以下规定：

1）2012 年 5 月大检修时检查确认 T2101 顶回流口及其附近的腐蚀状况，进行着色探伤检查，为 2#加氢掺炼提供腐蚀判断依据。

2）继续加强塔顶系统的腐蚀数据监控，发现异常后马上调节缓蚀剂注入量。

3）增加塔顶系统管线测厚频次，由半年一次缩短为 3 个月一次。

4）因操作上要求汽油降干点，目前塔顶回流量大，不适合采用提高回流温度来避免 1#焦化常顶塔壁腐蚀，要求分馏塔塔顶回流罐 V2108 和 V201 的界位按低限控制，减少油中带水，现场加强界位的检查对比，避免出现假液位。同时在 1#加氢检修时适当加高 V2108 的油抽出口高度。

5 对产品质量的影响分析

掺炼常顶油前后柴油和汽油产品质量分析见表 3 和表 4。

表 3 掺炼常顶油前柴油和汽油的产品质量分析

	HK	10%	50%	90%	98%	KK	全馏
汽油	32.4	45.8	81.5	122.4	129.9	140.4	96.7
汽油	31.3	46.5	87.9	127.5	134.5	144.5	96.9
柴油	161.8	203.2	282.2	345.4	363.4	370	
柴油	162.2	195.4	272.4	344.2	361	369.8	

表 4 掺炼常顶油后柴油和汽油的产品质量分析

	HK	10%	50%	90%	98%	KK	全馏
汽油	31.9	50.2	97	135	142	152	96.9
汽油	33.2	53	100.2	139.7	146.7	156.3	97
柴油	166.4	205.4	281	342.8	360.4	366	
柴油	163.2	199.8	279.6	343.8	361.6	367.8	

从表中可以看出，在掺炼常顶油后，汽油的干点明显升高，其原因是常顶油的干点可达到 170℃，而掺炼之前的汽油干点在 135 到 145 之间。而对于柴油来说其产品质量并未受到很大的变化，因常顶油中的重组分会增加分馏塔塔底的收率，其闪点会有所提高。

6 综合评价

掺炼常顶油后，虽然对设备的腐蚀有所影响，对操作的平稳也有一定的影响，但是解决了常顶油硫含量高，干点高的问题，并且增加了 3%左右的柴油收率，总的来说还是为公司增加了收入。

参 考 文 献

[1] 孙晓伟，吉宏．柴油加氢装置的腐蚀与防护[J]．当代化工，2010，(8)：406-408.

柴油加氢改质装置升级改造长周期运行总结分析

唐士贵　宋鹏俊　苏福辉

（中国石化海南炼化公司　海南儋州　578101）

摘　要　中国石化海南炼化公司2.48Mt/a柴油加氢改质MHUG-Ⅱ装置为应对产品质量升级以及长周期运行的要求，在2017年大检修期间对装置进行质量升级改造，对原反应器进行级配优化以及新增一台加氢反应器并补充加氢催化剂RS-2100。通过对装置加工负荷、反应温度、催化剂失活速率、原料性质及床层压降进行分析，结果表明，经质量升级改造后产品质量合格，改质反应器精制床层催化剂失活速率约0.48℃/月，改质床层催化剂失活速率约0.74℃/月，精制反应器R101与精制反应器R103催化剂失活速率约为0.9℃/月，在连续生产"国Ⅵ"标准清洁柴油的同时，也满足了装置的长周期平稳运行的改造目标，与全厂4年检修周期相匹配。

关键词　MHUG-Ⅱ；质量升级改造；长周期；"国Ⅵ"柴油

随着国家对降低大气污染物的要求越来越严苛，中国石化海南炼化公司(以下简称海南炼化)在2013年大检修期间对柴油加氢装置进行了初次质量升级改造，采用石油化工科学研究院(以下简称石科院或RIPP)开发的分区进料灵活加氢改质MHUG-Ⅱ工艺，将原2.0Mt/a柴油加氢精制装置改造为2.48Mt/a催直柴加氢改质装置，处理密度高、十六烷值低的催化柴油和硫含量较高的直馏柴油混合原料，灵活生产密度、十六烷值和硫含量满足"国Ⅴ"及"国Ⅵ"规格的清洁柴油产品和高芳潜的石脑油产品作为优质重整进料。

在2017年大检修期间对海南炼化柴油加氢改质装置进行质量升级技术改造，改造主要对原反应器的催化剂进行级配优化、再生以及补充部分新鲜催化剂，并且为了降低空速、延长装置运行周期，新增1台精制反应器(R-103)，R103内装有RS-2100柴油精制催化剂。

海南炼化柴油加氢改质装置于2013年10月一次开车成功。截止到2017年11月装置停工检修，已经连续稳定运转超过48个月。第一周期标定结果和运转结果表明，MHUG-Ⅱ装置满足了海南炼化生产"国Ⅵ"和"国Ⅴ"清洁油品的需要，达到了预期目标。

2019年开始执行新的车用柴油"国Ⅵ"标准，为了在下周期满足柴油质量升级要求，且能与全厂四年的检修周期相匹配，2017年11月，柴油加氢改质装置进行了催化剂再生、补充少量新剂，并增加了R-103反应器，设计连续运转周期增加至4年以上。2018年1月该装置开工，2018年7月该装置进行了技术标定，标定结果表明，柴油灵活加氢改质装置在不小于6.4MPa氢分压等缓和的反应条件下，产品柴油硫含量小于10μg/g，十六烷值高于51，多环芳烃小于5%。主要产品指标全部满足"国Ⅵ"清洁柴油标准。

1　装置流程简述及开工过程

1.1　装置工艺流程简述

装置工艺流程如图1所示，催化柴油与直馏柴油混合经催柴原料过滤器进入原料油缓冲罐，然后经催柴原料泵升压，与氢气混合后，经进料换热器及加热炉升温，再进入改质反应器，改质反应器进行加氢脱硫、脱氮、烯烃饱和、芳烃加氢饱和、环烷烃的选择性开环裂化等反应[1]。

精制反应器进料由直馏柴油经直柴原料过滤器后进入直柴原料罐，然后经直柴原料泵升压，经原料换热器升温后与改质反应器反应产物混合后依次进入加氢精制反应器R-101和新增加氢精制反应器R-103，进行加氢脱硫、加氢脱氮、芳烃加氢饱和等反应。

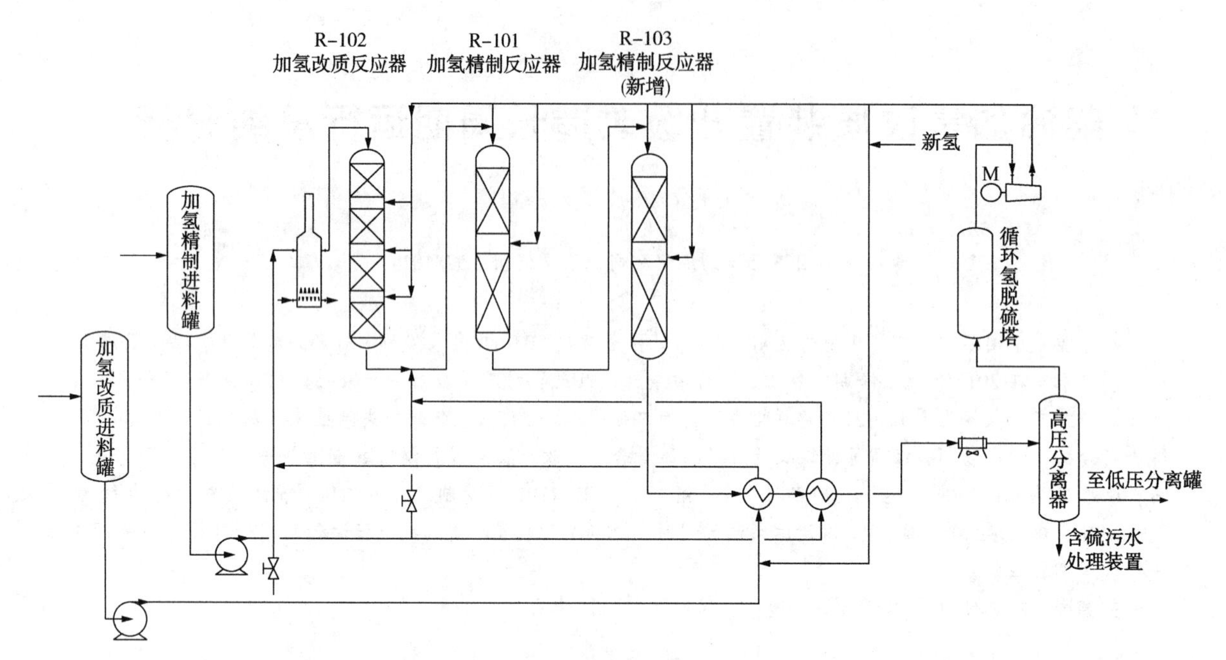

图 1 装置工艺流程图

1.2 装置开工

2017 年 11 月 18 日装置开始进行质量升级改造，新增一台精制反应器串联在原有反应器之后，催化剂采用高脱硫活性、高脱芳烃活性的 RS-2100 柴油精制催化剂，并且对原精制反应器 R101 及改质反应器 R102 反应器级配进行优化。催化剂装填情况见表 1。

表 1 催化剂装填表

催化剂名称	催化剂总量/t	催化剂名称	催化剂总量/t
R-102 改质反应器		R-101 精制反应器	
RG-20 保护剂	1.58	RG-20 保护剂	1.96
RG-30A 保护剂	1.34	RG-30A 保护剂	2.79
RG-30B 保护剂	1.79	RG-30B 保护剂	3.42
RG-1 保护剂	2.05	RG-1 保护剂	3.7
RN-32V 新鲜剂	41.55	RS-2000 再生剂	86.4
RIC-2 新鲜剂	9.69	R-103 精制反应器	
RIC-2 再生剂	40.8	RS-2100 新鲜剂	95.7

2018 年 1 月 23 日装置预硫化结束，引入直馏柴油，分别进入改质反应器与精制反应器，经初期调整，精柴总硫分析结果为 5μg/g；1 月 26 日，逐渐将催化柴油引进装置与直馏柴油混合作为改质进料，配比为 70∶30，装置总进料量为 210t/h，改质反应器 102 入口温度为 280℃，氢分压为 7.0MPa，精制反应器 101 入口温度为 327℃，三台反应器床层温升分别为 122℃、21℃、16℃。经取样分析，精柴总硫为 3.5μg/g，密度为 0.823g/cm^3，装置产品合格，满足质量升级改造要求。

2 装置运行过程出现的问题

2.1 反应器超温

2018 年 4 月 6 日，由于循环氢压缩机故障紧急停工，反应器出现超温。R-102 反应器四床层超过 600℃约 30min，伴随着泄压过程，R102 的热量带入 R101 和 R103，R101 的温度达到了 600℃以上，持续时间达到 110min；R103 的温度最高达到 570℃。

预防措施：改质催化剂以分子筛为活性组分，随反应温度增加，会加剧裂解反应，放出大量反应热，严重时会引起催化剂床层飞温[2]。循环机停机后，温度大幅增加，空速大幅度降低，改质反应器裂解剧烈，床层温度极易出现飞温失控。为了防止飞温出现，紧急泄压阀必须全程打开，系统压力应泄至 0.5MPa 以下，并且第一时间停止新氢进装置，必要时引入氮气置换系统。

2.2 原料氮含量超标

2018 年 4 月 30 日，改质进料与精制进料氮含量开始大幅上涨，精制进料氮含量最高达 193μg/g，改质进料最高达 1230μg/g，随着原料氮含量的升高，柴油改质反应器改质床层的温升由 22℃逐渐降低至 10℃，并且精制柴油的密度出现超标，最高达 0.849g/cm^3，降低原料氮含量后反应器温升恢复正常。

预防措施：原料氮含量越高，越抑制改质催化剂活性，裂解效果下降，最终造成精制柴油密度过高，十六烷值过低。生产过程中需严格控制装置原料氮含量，将精制进料氮含量控制<105μg/g，改质进料氮含量<730μg/g，若无法及时将高氮原料切换为正常原料则要适当提高反应温度。

2.3 RDS 柴油影响催化剂活性

2018 年 10 月 16 日，根据公司安排，将 35t/h 的 RDS 柴油引入装置作为改质进料，经过运行跟踪观察发现，改质反应器各床层温升均出现下降的情况，总温升下降达 20℃，10 月 25 日装置停进 RDS 柴油后，各床层温升逐步回升。

预防措施：经高压加氢后未能脱去的碱性氮化物进入中压加氢改质装置会中和裂化剂酸性中心，导致裂化剂酸性中心降低，进而使催化剂的裂化效果下降[3,4]。在正常生产中应优化装置进料，若出现催化剂氮中毒则及时更换原料，并且引入低氮进料对催化剂床层进行置换清洗。

3 长周期运行总结

自装置改造完成开工正常至 2020 年 3 月 19 日，装置已连续运行生产“国Ⅵ”清洁柴油 776d，为了评估装置改造后的生产实践效果，探究装置能否满足长周期运行生产“国Ⅵ”清洁柴油的改造目标，故对装置各项运行参数进行跟踪分析。

3.1 加工负荷

由图 2 可知，装置改质进料量根据设计分区负荷，稳定控制在 100t/h，由于直供料进料量有限，装置总工量主要维持在 240t/h，约占设计负荷的 81.35%。

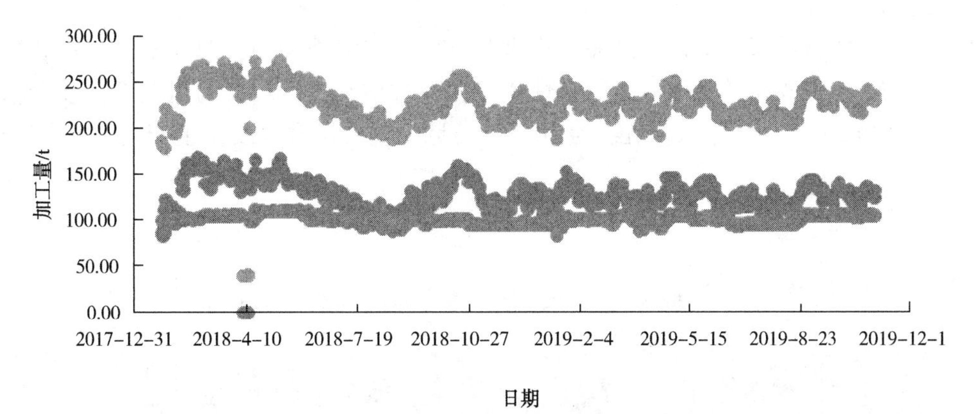

图 2 装置加工量趋势图

3.2 原料性质

图3和图4给出了装置两路进料的关键指标趋势图，由图可见，改质进料密度在大部分时期内均满足设计要求，分布在0.88~0.94g/cm³之间，而氮含量在本年度出现频繁超设计值，最高达1400μg/g。精制进料方面由图4可知，精制进料密度经常在0.84g/cm³以上，且硫含量也较高1500~5600μg/g之间，馏程增加会造成大分子难反应的硫化物浓度增加，脱硫的难度增加，总体看加工原料性质较差于设计值。

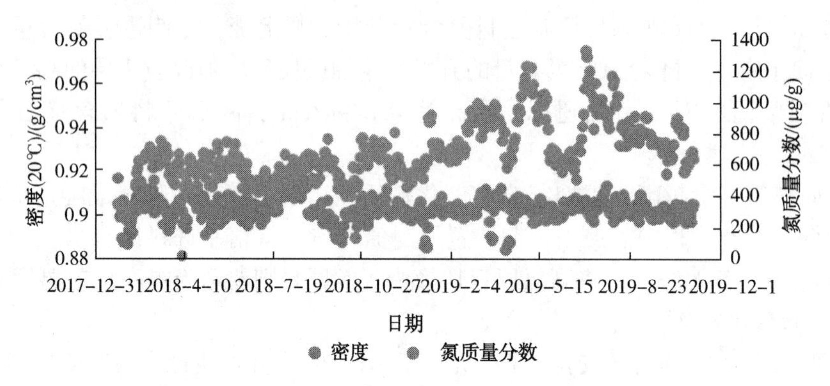

图3 改质进料密度及氮含量趋势图

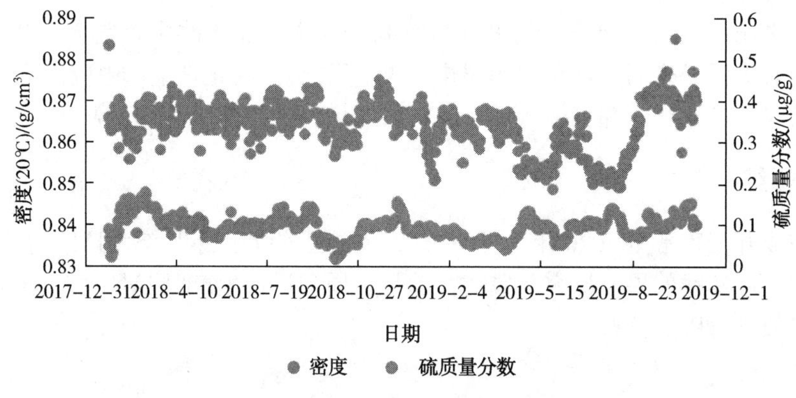

图4 精制进料密度及硫含量趋势图

3.3 产品性质

自2018年1月23日装置开工正常以来，持续生产"国Ⅵ"清洁柴油，图5给出了自装置改造升级后装置精制总硫以及十六烷值趋势图。在原料性质较差，且催柴比例较大的情况下，装置精制柴油总硫能稳定控制在10μg/g以下，十六烷值约为50.5，满足装置质量升级改造生产"国Ⅵ"清洁柴油标准的改造目标。

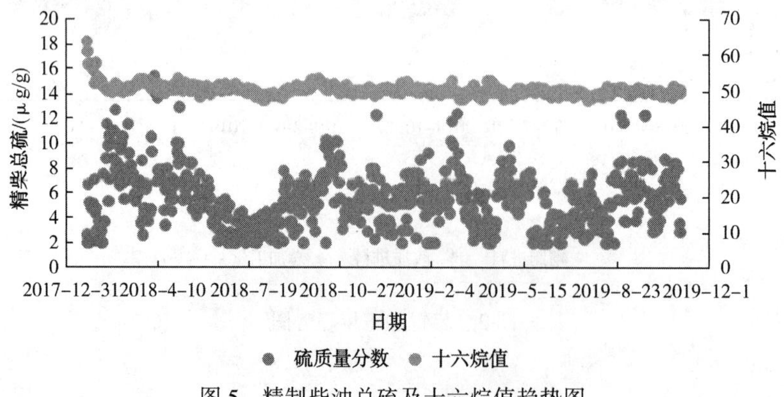

图5 精制柴油总硫及十六烷值趋势图

3.4 工艺参数

装置已运行25个月，目前改质反应器R102入口氢分压7.0MPa，改质反应器精制床层和改质床层平均温度分别为353℃、372℃，R101床层平均温度为363℃，新增精制反应器R103床层平均温度为370℃。各反应器床层温度趋势如图6~图8所示。

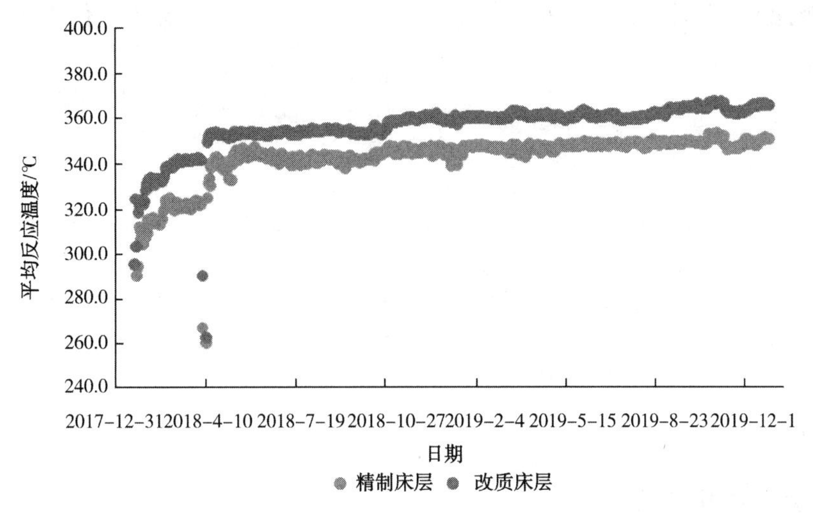

图6 改质反应器床层平均温度趋势图

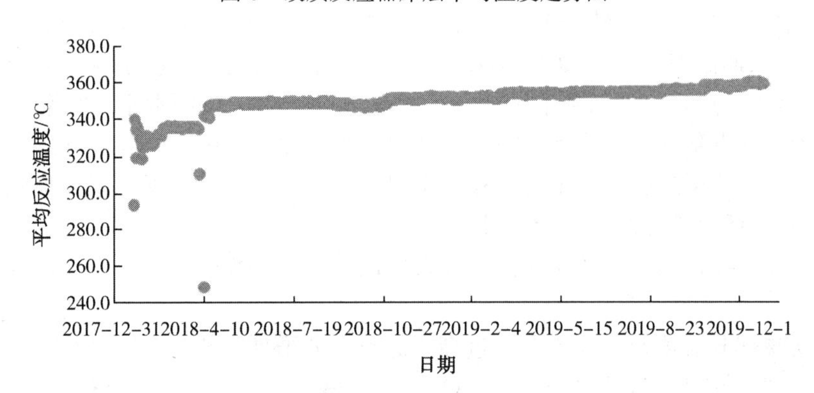

图7 精制反应器R101平均床层温度趋势图

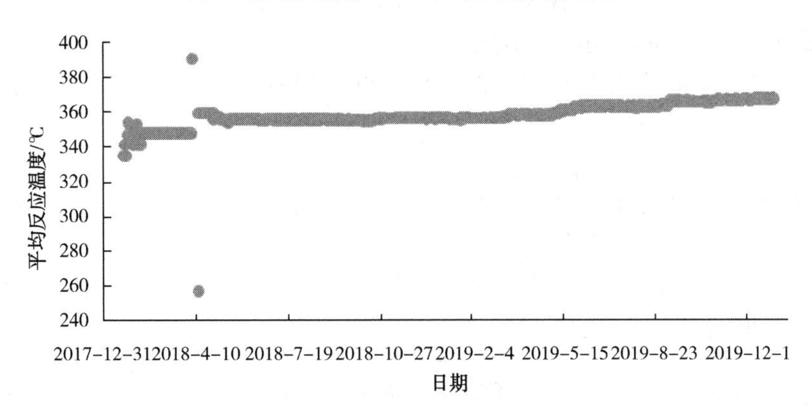

图8 新增精制反应器R103床层平均温度趋势图

观察反应器床层温度趋势图与反应器压降趋势(图9)可知：

1）由于2018年4月6日出现装置紧急停工，在停工过程中反应器出现超温，造成催化剂失活，床层温度损失约8℃。

2）经开工至今，床层提温速度平缓，改质反应器精制、改质床层、R101、R103平均床层温度提温幅度分别约为13℃、20℃、24℃、23℃。催化剂失活速率分别约为0.48℃/月、0.74℃/月、0.93℃/月、0.89℃/月，催化剂运行较稳定，预计继续运转33个月。

3）目前改质反应器床层压降为0.18MPa，相较开工初期上涨0.01MPa，床层压降开工至今上涨0.03MPa，目前为0.25MPa，R103床层压降在0.06~0.07MPa之间，反应器床层压降增长缓慢，表明了此次通过调整级配增补反应器入口保护剂，能有效减缓床层压降增长速度，促进装置的长周期运行。

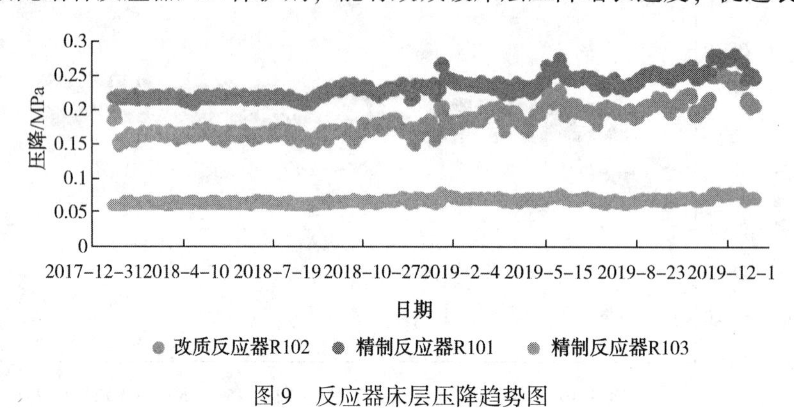

图9 反应器床层压降趋势图

4 长周期稳定运转优化措施

目前三个反应器的平均温度大约353~373℃，R-102和R-103反应器出口382℃和374℃。从绝对温度看，反应温度离末期温度有25℃以上的提温空间。从催化剂的失活速率看，目前失活速率处于正常范围内，后期运行还可通过以下措施来优化装置运行，确保装置的长周期平稳运行，措施如下：

1）加强对装置关键设备的运行管理，防止出现关键机组异常停机造成装置紧急停工。

2）日常对三台反应器反应温度、床层压降、床层热点等方面进行数据积累，加强运行、关注数据变化；严格将催化剂失活速率控制在≤1℃/月。

3）催柴比例过高会导致双环芳烃在催化剂上大量积炭，在生产过程中严格控制催柴加工比例不得超过28%。

4）直馏柴油95%回收温度及终馏点温度过高会导致大分子难脱硫化合物呈指数级增加，显著增加脱硫的难度和深度，需严格控制直馏柴油95%回收温度<360℃，终馏点温度<370℃。

5）在装置加工负荷方面，上游装置来料应避免大幅波动，操作上应尽可能遵循平稳过渡原则，避免在原料油性质及加工量不稳定的情况下出现大幅度连续调整。

6）原料性质较重时及时调整改质床层温度，降低R102出口反应物密度，减缓精制反应器结焦倾向。

5 总结

1）海南炼化柴油加氢改质装置经质量升级改造后，装置已稳定运行776d，装置能够稳定生产硫含量<10μg/g，十六烷值50以上的“国Ⅵ”标准清洁柴油。

2）通过质量升级改造增加反应器，有效降低原有反应器的加工苛刻度，减缓催化剂失活速率，达成将操作周期延长至四年长周期运行的目标。

参 考 文 献

[1] 赖全昌，张琰彬．灵活加氢改制MHUG-Ⅱ工艺在柴油加氢装置的应用[J]．炼油技术与工程，2014，44(06)，23-26.

[2] 吴振华．焦化柴油加氢装置应用MHUG技术改造生产车用清洁柴油运行分析[J]．石油炼制与化工，2018，49(06)，23-27.

[3] 刘涛，赵玉琢，曾榕辉．精制油氮含量对加氢裂化及其产品影响的考察[J]．当代化工，2011，40(4)：368.

[4] 卢秋旭．汽柴油加氢精制装置催化剂失活分析及建议[J]．炼油技术与工程，2004，44(2)：45.

柴油十六烷指数影响因素分析及提升对策

赵　闯　方秋建

（中国石化广州石化公司　广东广州　510726）

摘　要　介绍并分析了中国石化广州石化公司 2.0Mt/a 柴油加氢改质装置柴油十六烷指数（以下简称 CI）的影响因素。在 FF-66、FC-76 催化剂作用下，粗柴油的密度与精制柴油的 CI 呈负相关关系，对精制柴油 CI 的提升效率影响显著；反应温度与精制柴油 CI 基本呈正相关关系，也影响精制柴油 CI 的提升效率。通过分析得知，制约粗柴油加工过程中 CI 提升量的因素是多环芳烃的加氢饱和程度，提升反应温度和反应压力是进一步提高精制柴油 CI 的有效方法。

关键词　催化剂；十六烷指数；影响因素；提升效率；加氢饱和

1　前言

柴油加氢改质技术是在高压临氢环境并在催化剂的作用下，对双环或多环大分子芳烃进行选择性开环饱和、裂化，生成链烷烃、单环烷烃及环烷烃的复杂化学过程，该过程由于转化生成大量烃族成分可显著提高柴油产品 CI 并附产石脑油[1]。中国石化广州石化公司柴油加氢改质装置于 2019 年 10 月装置大修，催化剂由原有的 FF-46、FC-32 分别更换为 FRIPP 开发的新一代 FF-66 加氢精制催化剂和 FC-76 加氢裂化催化剂。2019 年 11 月装置开工进入第三周期生产，本装置以焦化柴油、轻油催化柴油、重油催化柴油及蒸馏柴油为原料，在新催化剂的作用下发生精制及裂化反应生产石脑油及精制柴油。其中，石脑油作为全厂汽油调和组分；精制柴油作为“国Ⅵ”柴油调和组分。柴油 CI 是柴油质量控制因素中极为重要的一环，其决定了柴油产品的抗爆性能和发火性能，因此调整提高柴油产品 CI 意义重大并可带来可观经济效益。本文旨在通过对相关工艺参数的研究分析探究新型催化剂在调整柴油产品 CI 的客观规律，从而为柴油产品的合格、稳定、高效生产提供指导依据。

2　柴油十六烷指数

柴油十六烷指数是衡量柴油在发动机中发火性能的计算值，该值是由柴油的标准密度和 50%馏出温度计算得出的理论值。其计算公式如式（1）所示：

$$\text{十六烷指数 } CI = 431.29 - 1586.88\rho_{20} + 730.97\rho_{20}^2 + 12.392\rho_{20}^3 + 0.0515\rho_{20}^4 - 0.554B + 97.803(\lg B)^2 \quad (1)$$

式中：B 为柴油 50%馏出温度，ρ_{20} 为 20℃下柴油密度。由上式可知柴油密度及 50%馏出温度是原料油 CI 的函数，油品密度及 50%馏出温度是直接影响柴油 CI 的客观因素。

柴油 CI 指数一般是在没有十六烷值，不能进行标准发动机试验时采用，其与十六烷值的测量标准及方法虽不同且在数值上存有差异，但其测量值差别不大，在大多数情况下均可以参照柴油 CI 来判断柴油十六烷值的高低，由此评定柴油的起火性、稳定性及抗爆性。在一定范围内，可认为柴油 CI 越高其十六烷值也越高。

3　柴油加氢改质装置流程及催化剂装填简介

中国石化广州石化公司 2.0Mt/a 柴油加氢改质装置采用中国石化洛阳石化工程公司单段中压加氢精制裂化工艺技术，装置工艺流程简图如图 1 所示。该装置由于采用的是单段加氢精制裂化流程，原料油加氢精制和加氢裂化反应在同一反应器内进行，反应器上部前三床层为精制段，下部后两床层为裂化段。装填 FRIPP 最新开发的 FF-66 加氢精制催化剂和 FC-76 加氢裂化催化剂。

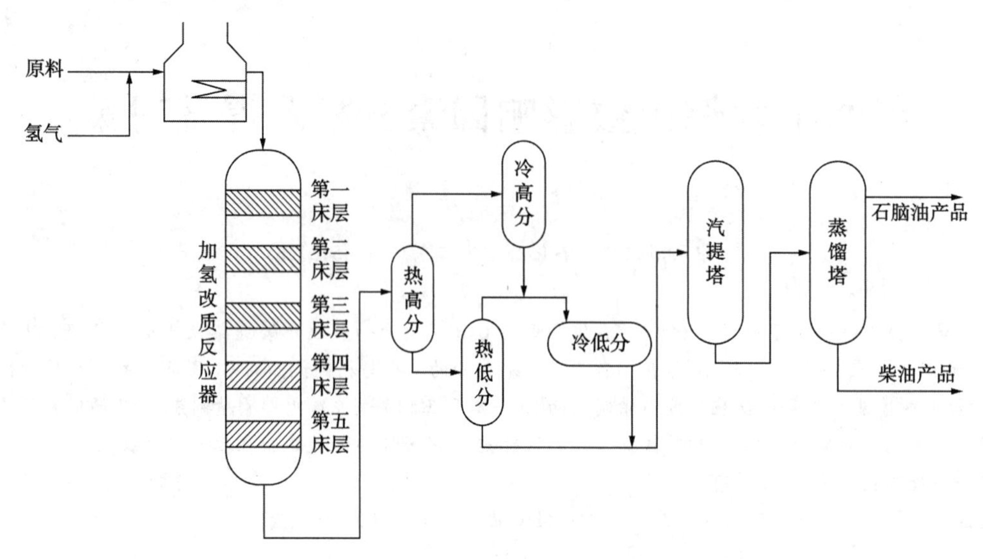

图1 柴油加氢改质装置工艺流程简图

2.0Mt/a 柴油加氢改质装置于2019年11月中旬完成了催化剂的装填工作，催化剂的实际装填数据见表1。首先，由表1可知各催化剂床层均采用分级装填，这种装填方式可以保护主催化剂不被杂质堵塞活性位点，延缓反应器压差上升，改善流体在反应器内的径向分布；其次，不同床层同一类型催化剂的装填密度基本相同，保证了催化剂轴向装填的紧密性，使得物料在每一床层催化剂的轴向通过均一稳定[2]。需注意的是第五裂化床层装填有部分精制催化剂，这样设置的目的主要是使加氢裂化产生的不饱和烃类产物在精制催化剂作用下达到饱和，也可使较轻的含硫、含氮组分脱硫脱氮，从而提升精制柴油及石脑油质量。

表1 反应器催化剂(硫化型)实际装填数据

床层	装填物	装填高度/mm	装填重量/t
一	FBN-03B01	280	2.83
	FBN-03B04	390	5.09
	FBN-03B05	670	7.20
	FHRS-2	760	7.64
	FF-66(ϕ2.5)	2850	33.09
二	FF-24 再生剂	560	5.69
	FF-66(ϕ1.2)再生剂	1700	20.72
	FF-66(ϕ1.2)	2140	24.50
	FF-66(ϕ2.5)	100	1.08
三	FF-66(ϕ1.2)	5140	56.16
	FF-66(ϕ2.5)	100	1.08
四	3963	430	4.83
	FC-32 再生剂	1030	14.46
	FC-76	3530	32.87
五	FC-76	4510	52.92
	FF-66(ϕ1.2)	1410	15.12
	FF-66(ϕ2.5)	90	1.08

4 精制柴油十六烷指数的影响因素分析

在催化剂更换完毕、装置顺利开车产出产品后，由于本装置原料种类多、性质变化大、配比切换频等因素导致精制柴油产品的 CI 波动大，时常出现不合格的情况，为此希望通过对相应工艺参数进行分析研究，找出调整精制柴油 CI 的客观规律，最大限度地提高精制柴油 CI，确保柴油产品合格，提升经济效益。本文考察了与精制柴油质量密切相关的原料油相关理化性质、反应器相关工艺参数对其 CI 的影响。

4.1 原料油理化性质对精制柴油十六烷指数的影响

本文考察了混合原料油各股物料占比、密度、50%馏出温度及 CI 对精制柴油 CI 的影响。由于原料油密度及原料油 50%馏出温度是原料油 CI 的函数，以精制柴油 CI 为因变量则基于上述三种自变量的自由度为 2，故仅需讨论原料油密度及其 50%馏出温度对精制柴油 CI 的影响。本文以 2020 年 2 月作为考察期，基本每两天采集一次数据(注：2 月 9~15 日期间由于装置部分柴油产品走大循环流程，柴油产品 CI 数据失真，此段时间数据不予采用；2 月 26~28 日为装置标定时间窗口。)。窗口期内本装置原料油进料由直馏柴油、焦化柴油、轻催柴油和罐区柴油(包含重催柴油)组成，考察各股进料在原料油中的占比对精制柴油 CI 的影响并分别将其命名为 A、B、C、D 油。原料油相关理化数据见表 2。

表 2 原料油相关理化性质对柴油十六烷值的影响

项　　目	4 日	6 日	8 日	16 日	18 日	20 日	22 日	24 日	26 日	27 日	28 日
A 油占比/%	0.196	0.227	0.135	0.414	0.407	0.394	0.398	0.389	0.414	0.399	0.395
B 油占比/%	0.296	0.293	0.255	0.085	0.091	0.094	0.093	0.090	0.090	0.089	0.089
C 油占比/%	0.222	0.145	0.253	0.104	0.075	0.031	0.117	0.130	0.150	0.143	0.124
D 油占比/%	0.286	0.335	0.357	0.397	0.427	0.481	0.392	0.391	0.346	0.369	0.392
原料油硫含量/%	1.380	1.360	1.190	0.965	0.893	0.996	1.160	1.120	1.160	1.200	1.210
密度/(g/cm^3)	907.5	902.2	920.8	879	869.8	871.6	874.3	872.5	871.9	876.3	872.1
50%馏出温度/℃	296	299	285	286.5	285	285	283	282	283	285	282
原料油 CI	32.3	33.5	28.3	39.64	41.7	42.3	40.4	42.3	41.8	40.9	41.7
精制柴油 CI	44.4	46.6	39.9	49.2	52.7	52.8	51.8	52.3	52.5	51.5	52.3
CI 增量	12.1	13.1	11.6	9.6	11	10.5	11.4	10	10.7	10.6	10.2

注：A 油、B 油、C 油和 D 油分别代表直馏柴油、焦化柴油、轻催柴油和罐区柴油。

如图 2 所示，直馏柴油占比变化趋势与精制柴油 CI 变化趋势高度吻合，直馏柴油占比越多，精制柴油 CI 越大，相应的，轻催柴油的变化趋势与精制柴油 CI 基本相反，与精制柴油 CI 变化趋势成镜面对称，这说明随着轻催柴油的增加，精制柴油的 CI 是逐渐减少的，反之，则是增多的。同时也可以注意到当焦化柴油占比较高时柴油 CI 也处于较高水平，说明增加焦化柴油对提高精制柴油 CI 是有效用的，但其对精制柴油 CI 的提升效用没有直馏柴油显著；而罐区柴油成分复杂，未见明显规律。依据图 2 规律，可通过适当增加直馏柴油及焦化柴油或减少轻催柴油在原料油中的比例来提高精制柴油 CI。

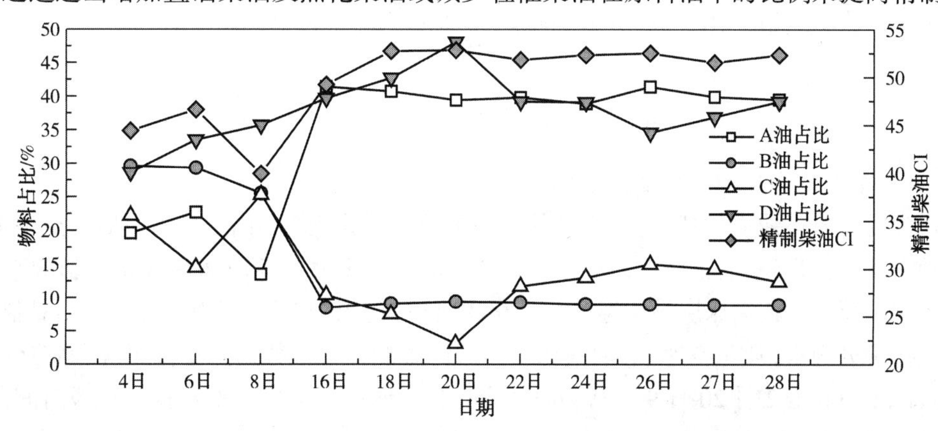

图 2 原料油各股物料占比对精制柴油 CI 的影响

如图3所示原料油硫含量与精制柴油CI的变化趋势并没有显著联系，但总的来说当原料油硫含量维持在较低水平时精制柴油CI较高。值得注意的是，原料油密度及其50%馏出温度均与精制柴油CI呈负相关关系，尤其是原料油密度趋势图与精制柴油CI趋势图高度镜面对称，精制柴油CI随着原料油密度的降低而升高，随着原料油密度的升高而降低，其原因应是：当原料油密度较低时，原料中链烷烃、环烷烃含量较多，芳烃含量较少，经精制裂化后，十六烷指数较大的链烷烃、环烷烃组分增多，使得精制柴油呈现较大的CI水平。由上图变化趋势可以直观判断原料油密度是决定精制柴油CI的最主要因素，而原料油密度受各路进料理化性质及其占混合原料油的比重的影响，然而在工况稳定时，通过改变原料油进料配比来提升精制柴油CI在工艺操作上并不可取，一般在装置调整极限条件下精制柴油CI仍不能达到合格标准时方才被迫使用。为此，我们更希望通过调整系统工艺参数来提高精制柴油CI，保证精制柴油CI合格率，提升柴油品质，增加效益。另外，从表2可知经加氢精制及裂化反应后原料油CI的增量大概在9~13个单位内，为使其尽可能达到上限水平，必须对相应工艺参数做出优化调整，找出在不改变原料油组成的情况下最大限度提高精制柴油CI的方法。为此，研究反应器工艺参数对精制柴油CI的影响将成为研究重点。

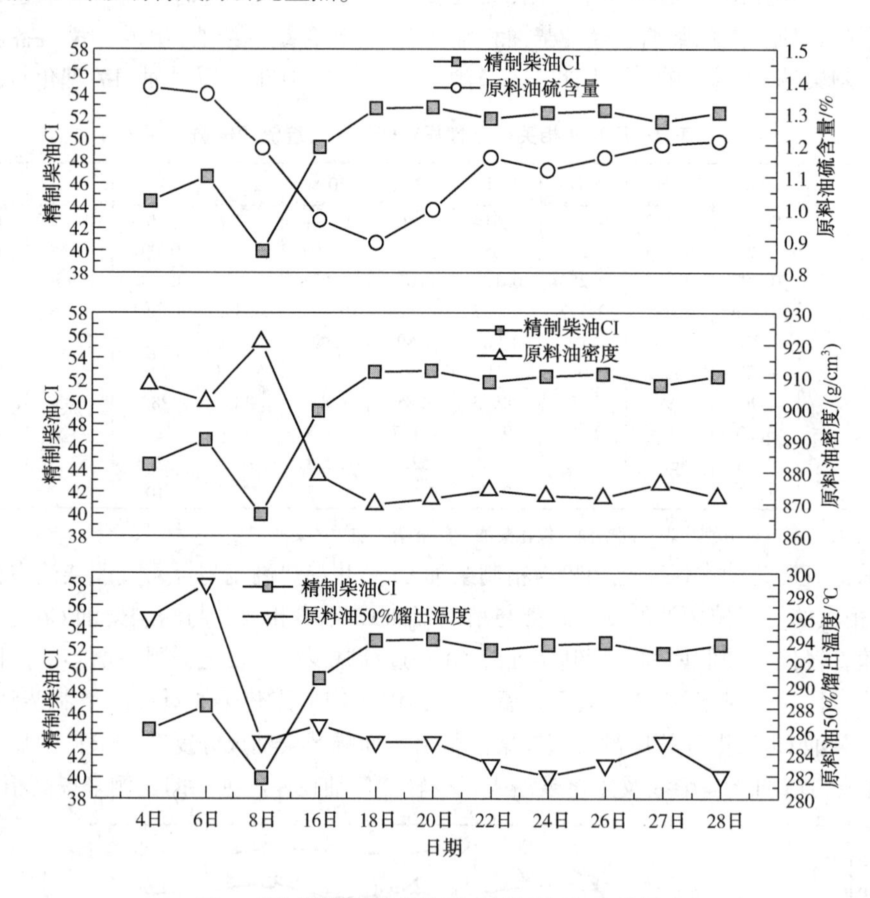

图3 原料油部分理化性质对精制柴油CI的影响

4.2 反应器工艺参数对柴油十六烷指数的影响

反应器作为提升原料油CI的反应场所，其工艺参数的设定对精制柴油CI的提升至关重要。由热力学定律及动力学定律理论可知，温度决定反应平衡常数、压力及反应物消耗量，影响平衡转化率。为此，本文考察了反应器精制床层平均温度、裂化床层平均温度、系统压力、耗氢量对精制柴油CI的影响。为尽量排除处理量(质量空速)、油气比等因素的影响，本次数据采集于工况稳定运行期间。本文以2月16日21：00至2月20日9：00为时间窗口，每四小时采集一次数据，该段时间内装置运行平稳，相关工艺指标稳定，如图4所示。

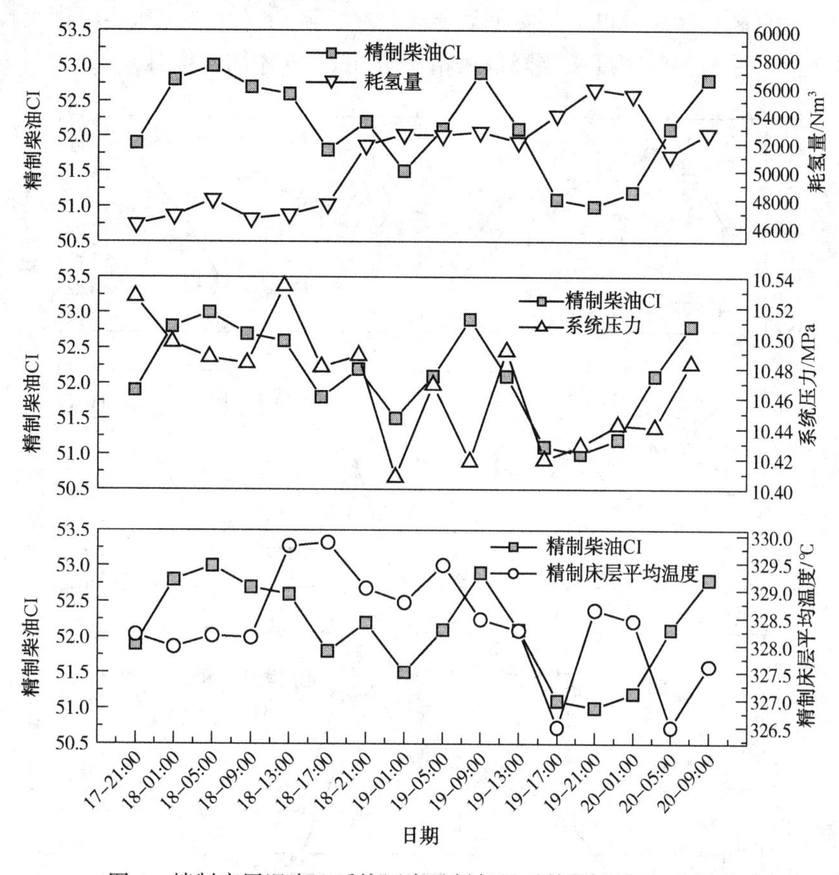

图 4 精制床层温度、系统压力及耗氢量对精制柴油 CI 的影响

将图 4 中精制床层平均温度与精制柴油 CI 的变化趋势图进行比较时可发现二者之间有一定联系，当精制床层平均温度处于较高水平时，精制柴油 CI 也较高；当系统压力保持在较高水平时，精制柴油 CI 也较高，总的来说二者呈正相关关系，因此，提高精制床层温度及系统压力对提高精制柴油 CI 是有益的。

对比图 4 与图 5 可发现，反应器耗氢量与裂化床层平均温度基本呈正相关关系，而与精制床层平均温度并无明显联系。经研究发现，数据采集期间精制柴油硫含量在 1~2mg/L 范围内波动，处于极低水平，基本达到了装置脱硫的极限，此时，加氢精制反应较为完全，耗氢量基本稳定不再增多，增加的氢耗主要来源于裂化反应及裂化产物不饱和烃的加氢饱和，故总耗氢量的变化与加氢裂化床层温度及反应深度的变化趋势相同。从另外一个角度来说，当精制反应较为完全时，新氢供应量的多少将决定精制柴油 CI 的高低，所以提升裂化床层温度以提高精制柴油 CI 必须保证充足的新氢供应，维持较高的氢分压。

如图 5 所示，在 18 日 9 点前，随着裂化床层温度的提高，精制柴油 CI 也提高，且精制柴油 CI 维持在较高水平，二者有较好的相关性。但在 18 日 9 点至 19 日 1 点期间，随着裂化床层平均温度的不断升高，精制柴油的 CI 却不断下降，为此我们分析了数据采集期间原料油的密度变化趋势，见图 6。如图 6 所示，在 18 日 9 点前，原料油的密度小于 869.8g/cm^3，处于较低水平，而后在 19 日 1 点其密度蹿升至 874.4g/cm^3，增大了 4.6 个单位，由 4.1 小节可知，原料油密度是影响精制柴油 CI 最主要的因素，虽然在 18 日 9 点至 19 日 1 点期间不断增大裂化床层温度，其对精制柴油 CI 的提升值仍不能填补短时间内原料油密度的大幅增大导致的精制柴油 CI 的显著减小，最终显现的结果便是该段时间内精制柴油 CI 的不断减小。而后 19 日 5~7 点的原料油密度状况得到改善，降低了 1 个单位，由于此时裂化床层温度处于较高水平，原料油密度的轻度改善便在短时间内使得精制柴油 CI 提高了 1.9 个单位。

接着，精制柴油 CI 又在裂化床层温度大幅降低后显著减小，随后又在裂化床层温度大幅增大后艰难爬升，最后因 20 日 1 点后原料油的密度大幅降低后精制柴油 CI 方才加速提升。

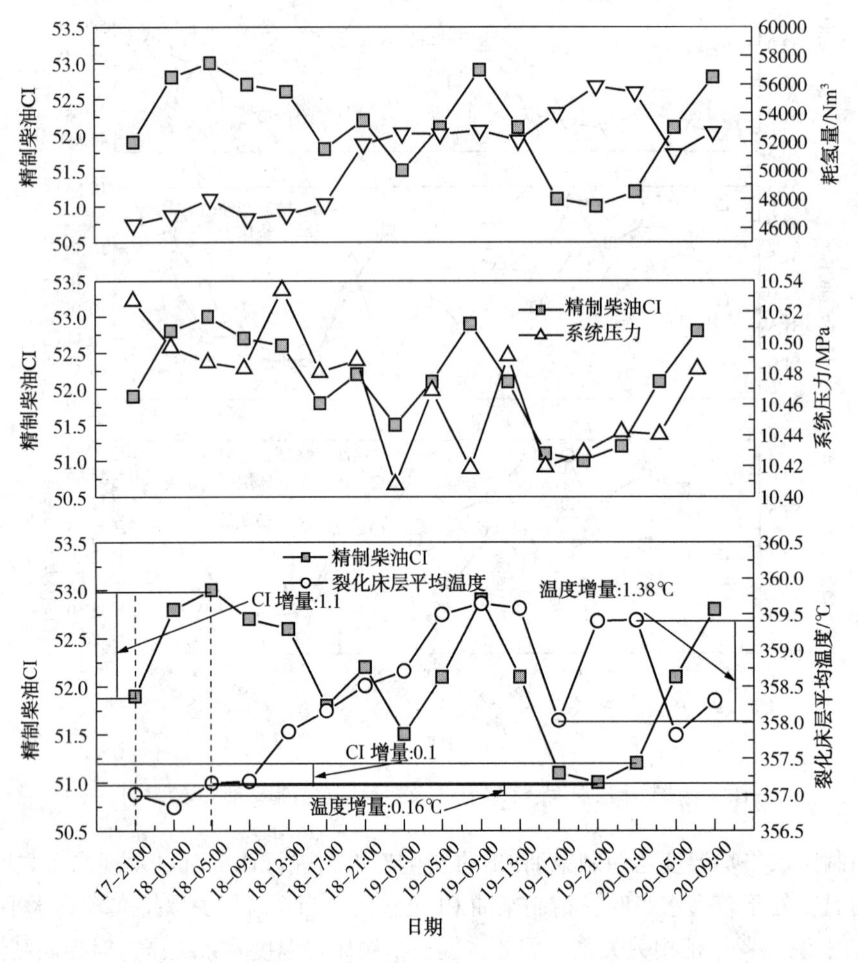

图 5 裂化床层温度、系统压力及耗氢量对精制柴油 CI 的影响

原料油密度相对稳定时的两个区间为 17 日 21 点至 18 日 5 点和 19 日 17 点至 20 日 1 点，前者裂化床层平均温度提升 0.16℃，精制柴油 CI 提升 1.1 个单位；后者裂化床层平均温度提升 1.38℃，精制柴油 CI 提升 0.1 个单位。通过以上现象可总结得到如下结果：当原料油的密度较低(平均值 869.1g/cm^3)时，精制柴油 CI 提升效率为 6.87/℃，效果显著，而当原料油的密度较高(平均值 873.6g/cm^3)时，精制柴油 CI 提升效率仅为 0.07/℃，提升阻力极大，效果十分有限。相较于轻质原料油，重质原料油中单环芳烃占比较少、多环芳烃的占比较多，而芳烃加氢反应的平衡常数随反应温度的升高、随分子环数的增多而减小，因此单环芳烃的加氢饱和生成环烷烃的过程明显优于多环芳烃，而单环烷烃在裂化剂的催化作用下可生成 CI 较大的链烷烃，这也是在相同催化剂作用下轻质原料油的 CI 提升性能显著优于重质原料油的原因。多环芳烃的加氢饱和条件较为苛刻，其在较高的温度和压力下才能逐环加氢饱和形成四氢萘、茚满等单环芳烃，直至完全饱和形成环烷烃[3]，对重质原料油 CI 提升的阻力也来源于此。在多环芳烃并未加氢饱和生成 CI 较大的四氢萘、茚满等单环芳烃及环烷烃的情况下，后续的裂化反应将缺少反应原料，所以当原料油密度较高的情况下一味地增加裂化床层温度带来的 CI 提升效果将是十分有限的，此时通过增大精制床层平均温度及系统压力以加大多环芳烃饱和程度，才是提高精制柴油 CI 有效的手段。

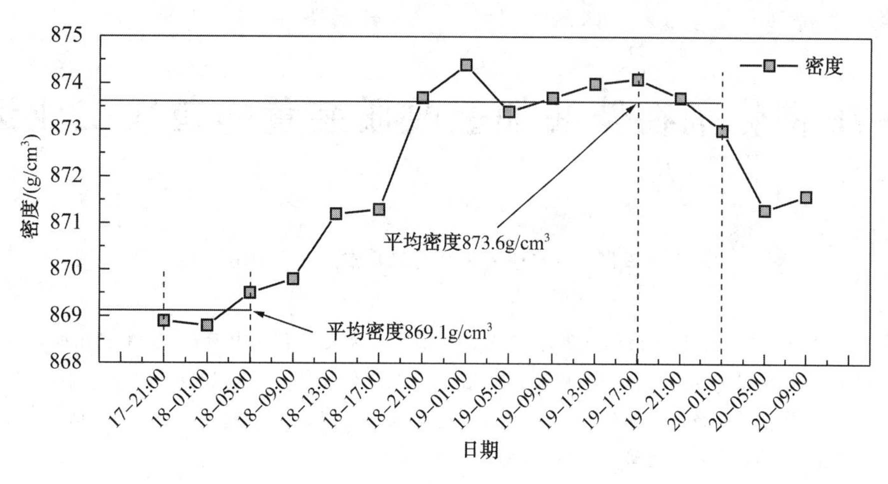

图 6　原料油密度变化图

5　结论

1）各股物料在原料油中的占比对精制柴油 CI 影响显著，通过提高直馏柴油、焦化柴油占比或减少轻催柴油占比可提高精制柴油 CI。

2）精制柴油 CI 与原料油密度呈负相关关系，原料油密度越小，精制柴油 CI 越大，原料油密度是影响精制柴油 CI 最主要因素。降低原料油密度是提升精制柴油 CI 最为直接有效的方法。

3）反应器耗氢量、系统压力与裂化床层温度呈正相关关系，提升裂化床层温度以提高精制柴油 CI 必须保证充足的新氢供应，维持较高的系统压力。

4）裂化床层温度与精制柴油 CI 基本呈正相关关系，但其对精制柴油 CI 的提升效率极大地受原料油密度的影响，当原料油的密度较低(平均值 869. 1g/cm³)时，精制柴油 CI 提升效率为 6. 87/℃，效果显著，而当原料油的密度较高(平均值 873. 6g/cm³)时，精制柴油 CI 提升效率仅为 0. 07/℃，提升阻力极大，效果十分有限。

5）制约密度相对较大的原料油 CI 提升的深层次原因是多环芳烃的加氢饱和程度，单一提高裂化床层温度无法有效提高精制柴油 CI。进一步提高重质原料油 CI 是提高精制床层温度及系统压力另外的主要手段。

6）新型催化剂在现有工况下对原料油 CI 的提升在 9~13 个单位。

参　考　文　献

[1] 冯连坤，陈晓华．FF-36A 和 FC-32A 催化剂提高柴油十六烷值的工业应用[J]. 炼油技术与工程，2018，48(7)：24-28.

[2] 李大东．加氢处理工艺与工程[M]. 北京：中国石化出版社，2004.

[3] 王福江，张毓莹，龙湘云，等．催化裂化柴油馏分加氢精制提高十六烷值研究[J]. 石油炼制与化工，2013，44(10)：28-32.

FC-76 催化剂在柴油加氢改质装置的首次工业运用

周钦镇

（中国石化公司广州石化公司　广东广州　510726）

摘　要　广州石化在 2.0Mt/a 柴油加氢改质装置反应器首次使用 FRIPP 开发的 FC-76 加氢裂化催化剂，后精制剂采用 FF-66 催化剂。运转结果表明，FC-76 加氢裂化催化剂十六烷指数提升 9 个单位以上，柴油收率在 88%以上，精制柴油芳烃总量降低幅度为 19.87%，产品满足的生产要求。

关键词　柴油加氢改质；催化剂；柴油；标定

1　前言

中国石化广州石化公司柴油加氢改质装置由中国石化洛阳设计院设计，以焦化柴油、重油催化柴油、蜡油催化柴油、蒸馏柴油为原料，经过脱硫、脱氮、芳烃饱和、烯烃饱和，生产石脑油和精制柴油。石脑油作为全厂汽油调和组分，精制柴油硫含量小于 8μg/g。该装置 2012 年 4 月建成投产，到 2019 年 10 月底累计运行 90 个月，于 2019 年 10 月进行装置第三周期检修，其中加氢裂化催化剂由 FC-32 催化剂更换为 FRIPP 开发的 FC-76 催化剂。

2　装置开工情况

2.1　催化剂装填情况

2.0Mt/a 柴油加氢改质装置催化剂装填工作从 2019 年 11 月 7 日开始，24 小时不间歇，到 11 日催化剂装填结束，共装填各类催化剂 286.36t，其中 FBN-03B01（ϕ25.0 鸟巢）2.83t，FBN-03B04（ϕ13.0 鸟巢）5.09t，FBN-03B05（ϕ10.0 鸟巢）7.2t，FHRS-2 捕硅剂 7.64t，硫化型齿球 FF-66（ϕ2.5）36.33t，硫化型 FF-66（ϕ1.2）新剂 95.78t，FF-66（ϕ1.2）再生剂 20.72t，FC-32 再生剂 14.46t，硫化型 FC-76 催化剂 85.79t，利用第二床层和第四床层存在较高的空高，分别装填了库存 FF-24 再生剂 5.69t 和库存 3963 催化剂 4.83t。柴油改质反应器具体装填情况见表 1。

表 1　柴油改质反应器催化剂装填表（硫化型）

床层	装填物	装填高度/mm	装填重量/t
一	空高	170	
	FBN-03B01	280	2.83
	FBN-03B04	390	5.09
	FBN-03B05	670	7.20
	FHRS-2	760	7.64
	齿球型 FF-66（ϕ2.5）	2850	33.09
	ϕ6 瓷球	50	0.725
	ϕ10 瓷球	70	0.875
二	空高	120	
	ϕ13 瓷球	80	0.75
	FF-24 再生剂	560	5.69
	FF-66（ϕ1.2）再生剂	1700	20.723
	FF-66（ϕ1.2）	2140	24.50
	FF-66（ϕ2.5）	100	1.08
	ϕ6 瓷球	70	0.925
	ϕ10 瓷球	50	0.50

续表

床层	装填物	装填高度/mm	装填重量/t
三	空高	100	
	ϕ13 瓷球	100	0. 75
	FF-66(ϕ1. 2)	5140	56. 16
	FF-66(ϕ2. 5)	100	1. 08
	ϕ6 瓷球	70	0. 925
	ϕ10 瓷球	50	0. 50
四	空高	100	
	ϕ13 瓷球	70	0. 50
	3963	430	4. 8267
	FC-32 再生剂	1030	14. 463
	FC-76	2710	32. 87
	ϕ3 瓷球	100	1. 275
	ϕ6 瓷球	150	1. 75
五	空高	160	
	ϕ13	100	0. 75
	FC-76	4510	52. 92
	FF-66(ϕ1. 2)	1410	15. 12
	FF-66(ϕ2. 5)	90	1. 08
	ϕ6 瓷球	100	1. 0
	ϕ13	比收集器上沿高 200	4. 5

2. 2 催化剂活化

本次催化剂选用预硫化型催化剂，催化剂活化采用湿法活化，活化过程中不外加硫化剂。

1 月 22 日活化条件满足后，活化前的初始条件为：冷高分 V9103 压力为 8. 8MPa，R9101 入口温度为 127℃，床层平均温度为 125℃，循环氢量为 203114Nm^3/h，循环氢纯度为 91. 72%。

11 月 22 日 15：54 以 70t/h 向反应系统引入低氮油(具体数据见表 2)。18：29 活化油穿过反应器，高分见液位。因原料泵出口流量 FIC910202 显示不准，实际进料约 26t/h，影响活化油穿透反应器时间；19：00 分馏系统开始从污油线外甩油；21：00 反应系统继续以不大于 20℃/h 的速度升温(反应入口温度为 122℃)；20：05 逐步增大进油量至 140t/h。

2. 3 催化剂钝化

11 月 23 日 04：00 反应入口温度升到 230℃恒温；04：00 开启注氨泵；04：40 反应系统开始注入液氨，液氨流量表 FI910502 满量程(量程为 500kg/h)；06：00 脱后低分气送制氢三装置；6：40 启动注水泵 P9102A 开始注入 8t/h；23 日 7：50 检测到水中氨浓度为 5867. 31mg/L(见图 1)；8：50 因注氨泵泄漏液氨，停泵检修；10：40 重新投用注氨泵；15：15 反应入口温度从 230℃继续升温；15：20 开始降低注氨量到 200kg/h，17：06 结束注氨，累计注氨量约为 9. 28t。

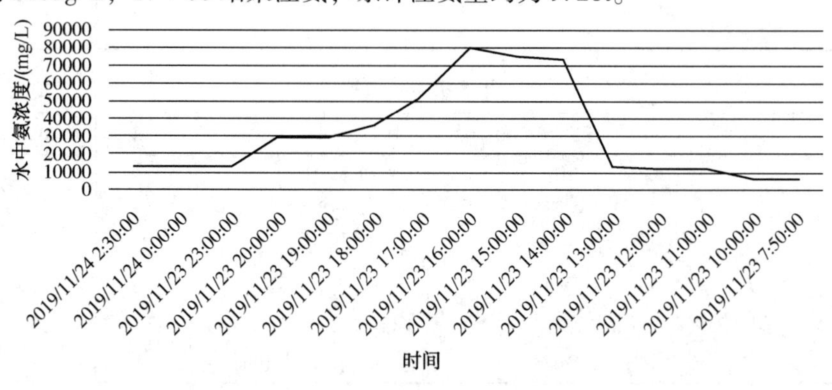

图 1　钝化过程氨的浓度曲线

2.4 切换原料油过程

11月23日23：30投用汽提塔汽提蒸汽，酸性气全送加氢裂化装置；23：54开始切换原料，引罐区G1209柴油，改为一次通过流程，01：25引重催柴油进装置，由于升温活化过程中催化剂硫损失较大，因此并未投用循环氢脱硫系统，催化剂继续硫化；3：30加氢裂化装置反馈柴改装置酸性气硫高，经调度同意，酸性气改至火炬。由于开工原料油与活化油性质变化非常大(分析数据见表2)，当罐区柴油量增至148t/h时，催化剂反应剧烈，反应总温升达99℃；24日15：00产品第一次分析合格(见表3)，主要操作条件见表4。

本次催化剂活化过程平稳，催化剂床层未见较明显的温升，反应器入口升温过程平稳(见图2)，催化剂装填质量良好，床层径向温差基本在±3℃内，产品质量合格，柴油加氢改质装置开车成功。

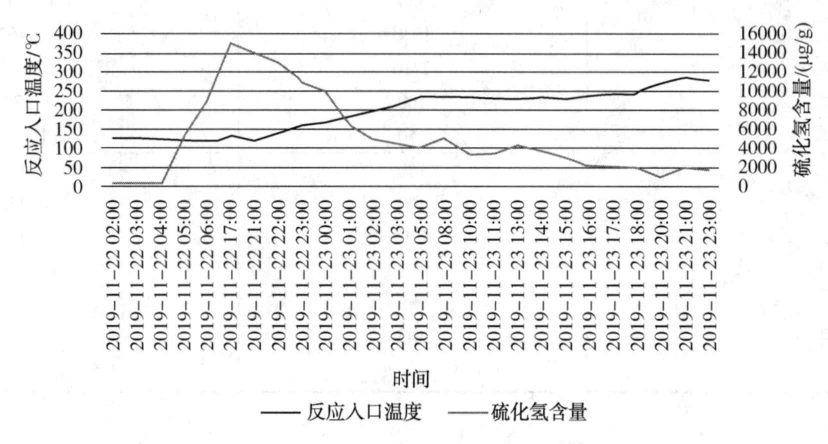

图2 催化剂活化升温及硫化氢含量曲线

表2 开工活化油分析数据

项 目	开工活化油	开工活化油	切换原料油
采样日期	2019/11/21 14：00	2019/10/31 09：22	2016/1/20 22：40：53
采样点	V9101	G1801	G1209
硫含量/%(质)	0.910	0.937	1.80
水分/%(质)	0.0155	0.12	0.09
初馏点/℃	164	178	181
10%回收温度/℃	244	244	233.5
50%回收温度/℃	289	285	286.5
90%回收温度/℃	333.5	329	347.5
95%回收温度/℃	346.5	344.5	359
碘值/(gI/100g)			18.62
密度(20℃)/(kg/m^3)	842.6	843.9	893.0
氮含量/(mg/kg)	427	80	
十六烷指数		53.4	35.9

表3 开工初期柴油主要性质

时间	2019/11/24 16：00：00	时间	2019/11/24 16：00：00
腐蚀铜片(3h/50℃)	1b	90%温度/℃	341
硫含量/%(质)		95%温度/℃	356.5
硫含量/(mg/kg)	2.1	密度(20℃)/(kg/m^3)	830.1
初馏点/℃	210	十六烷指数	57.8
10%温度/℃	234.5	闪点(闭口)/℃	91
50%温度/℃	280.5	实际胶质/(mg/100mL)	53

表4 主要操作条件

时 间	11月24日	时 间	11月24日
反应总压(入口)/MPa	9.0	焦化二柴油/(t/h)	19
入口温度/℃	305.7	重催柴油/(t/h)	18.1
出口温度/℃	334.4	蒸馏三柴油/(t/h)	47.5
总温升/℃	99	循环氢/(Nm^3/h)	201336
进料量/(t/h)	148	新氢/(Nm^3/h)	35607
混柴/(t/h)	60		

3 两周期运行情况对比

装置生产正常后，为了检验FC-76催化剂性能和装置的各项经济技术指标是否达到设计要求，从2月26~28日进行三天的标定，同时与第一周期FC-32催化剂初期标定情况进行了对比。

3.1 裂化催化剂装填对比

两周期裂化催化剂都是预硫化态催化剂，缩短了开工时间，节省开工时间约48h，装填数据见表5，从表5可看本周期裂化催化剂较第一周期装填密度下降，装填量减少18.5%，减少了催化剂采购成本。

表5 两周期裂化剂装填数据

项 目	第一周期	本周期
加氢裂化剂	FC-32	FC-76+FC-32(再生剂)
装填量/t	123.04	85.79+14.46(再生剂)
装填密度/(t/m^3)	1.11~1.12	0.93~0.97

3.2 原料性质对比

两周期初期标定原料油性质见表6，其中第一周期标定期间原料油总硫、总氮和十六烷指数均超过设计值，原料油性质较差；本周期原料油总硫超过设计值，也超过第一周期，但总氮、十六烷指数均在设计范围内，总体性质较第一周期好。

表6 两周期标定混合后原料油性质

项 目	设计值	第一周期	本周期
密度(20℃)/(kg/m^3)	≤900	896.2	871.9
馏程/℃			
初馏点		168.0	181.0
10%馏出温度		233.0	239.0
30%馏出温度		262.0	264.0
50%馏出温度		289.0	284.0
70%馏出温度		318.0	304.0
90%馏出温度		352.0	332.0
95%馏出温度	≤370	368.0	345.0
总硫/%	≤1.0	1.0200	1.16
总氮/(μg/g)	≤800	1212	486
氯/(μg/g)		0.78	0.5
酸度/(mgKOH/100mL)		32.79	24.3

续表

项　　目	设计值	第一周期	本周期
溴价/(gBr/100g)		10.47	5.8
闪点/℃		88	71.0
胶质/(mg/100mL)		315	135
芳烃/%		43.79	45.48
十六烷值指数	≥36	34.9	44.0
碱性氮/(μg/g)		319.7	90.0

3.3 运行参数对比

由于第一周期标定原料的氮含量远高于设计值，因此，为保证加氢改质反应器精制段催化剂的加氢脱氮深度，反应器入口温度较设计值高10℃，精制段总温升为61~65℃；为保证加氢改质裂解深度，裂化段入口温度较设计提高20℃；精制与裂化总温升与设计值基本相当时，平均反应温度较设计值提高近20℃。

本周期原料性质较好，反应器入口温度较设计值低6℃，精制段总温升为59~61℃；裂化段入口温度较设计降低3℃；裂化总温升较设计高2℃，表明FC-76裂化剂初期活性较高，具体数据见表7。

表7　两周期标定主要操作参数

项　　目	参数		项　　目	参数	
	第一周期	本周期		第一周期	本周期
焦化柴油/(t/h)	25.98	21.89	一床层平均温度/℃	339.19	319.91
蜡油催化柴油/(t/h)	56.46	30.16	二床层平均温度℃	367.74	344.82
重油催化柴油/(t/h)	100.00	45.11	三床层平均温度/℃	382.81	358.74
罐区柴油/(t/h)	67.86	95.45	四床层平均温度/℃	391.08	364.95
蒸馏三柴油/(t/h)	—	51.14	五床层平均温度/℃	395.40	363.93
混合柴油温度/℃	111.66	98.49	冷低分气流量/(Nm^3/h)	4560	3901.89
反应器入口温度/℃	323.58	309.43	冷低分气温度/℃	42.07	42.29
反应器出口温度/℃	397.46	370.99	冷低分油流量/(t/h)	12.673	14.68
反应器入口压力/MPa	11.73	11.11	新氢进装置流量/(Nm^3/h)	66471	60743
反应器总平均温度/℃	375	349.04	混合氢流量/(Nm^3/h)	259728	221332
反应器总温升/℃	82.01	80.99	脱后循环氢纯度	70.81	75.74
冷高分压力/MPa	10.83	10.51	氢油比/(Nm^3/m^3)	1340	1030

3.4 产品分布和质量对比

本周期催化剂FC-76优化级配更换后，标定结果石脑油收率较第一周期提高3.15%，较设计值高约2.47%，柴油收率降低2.0%，主要是由于为了提高柴油的十六烷指数，提高反应温度，导致收率下降，但液体总收率提高0.82%，精制柴油密度为830kg/m^3，降低幅度为41.9kg/m^3。十六烷指数增幅约9个单位，略低于设计值，精制柴油芳烃总量为25.61%，降低幅度为19.87%，较第一周期减少10.84%，说明FC-76加氢裂化催化剂具有更好反应选择性和显著提升的大分子环状烃类物质的开环转化能力，在反应液体收率方面和产品质量都有较好的提升[1]，主要产品性质见表8、表9。

表 8 两周期标定精制柴油主要性质

项目	设计值	第一周期	本周期
密度(20℃)/(kg/m^3)	841.5	850.3	830
凝点/℃		-10	<-10
闪点/℃		82	84
馏程/℃			
初馏点	170	172.0	197
10%馏出温度	220	219.0	222
30%馏出温度	240	244.0	242
50%馏出温度	273	260.0	261
70%馏出温度	302	290.0	282
90%馏出温度	337	331.0	317
95%馏出温度	357	352.0	333
十六烷值		45.8	52.2
十六烷指数	50.4	44.8	52.5
十六烷指数增幅		9.9	9
粘度(20℃)/(mm^2/s)		4.294	2.583
硫含量/(mg/kg)	<10	2.1	1.3
氮含量/(mg/kg)		1.3	<0.3
折光(20℃)		1.4728	1.4623
溴价/(gBr/100g)		1.02	0.2
胶质/(mg/100mL)		38	22
芳烃/%		34.76	25.61
芳烃降幅/%		9.03	19.87
苯胺点/℃		61.8	70.7
10%残炭/%		0.02	0.02
氧化安定性/(mg/100mL)		0.2	0.48
色度		<1.0	0.5
水分/%		<0.03	35.4

表 9 两周期标定石脑油主要性质

项目	设计值	第一周期	本周期
密度(20℃)/(kg/m^3)	769.0	760.2	763
馏程/℃			
初馏点	47	51.0	61.5
10%	70	84.0	88.5
50%	110	108.5	117
90%	147.5	131.5	147
干点	168.5	151.0	166.5
族组成			
烷烃/%		34.00	37.23
烯烃/%		未检出	<0.01
芳烃/%		21.17	21.8
环烷烃/%		44.78	40.78
硫含量/(mg/kg)	<1	10.2	5.6
氮含量/(mg/kg)		1.7	<0.3
C_6 及 C_6 以上/%		94.43	95.06
辛烷值		69.4	74
硫醇硫含量/10^{-6}		37.2	4.6
蒸汽压/kPa		38.5	24.1

4 小结

1）使用硫化型催化剂 FC-76，装置开工升温活化过程平稳，操作简单，节省开工时间。

2）催化剂 FC-76 优化级配更换后，石脑油收率提高 3.15%，柴油收率降低 2.0%，总液体总收率提高 0.82%，精制柴油芳烃总量为 25.61%，降低幅度为 19.87%，较第一周期减少 10.84%，精制柴油满足"国Ⅵ"车用柴油，石脑油满足作为汽油调和组分，说明 FC-76 加氢裂化催化剂较 FC-32 加氢裂化催化剂具有更好反应选择性和显著提升的大分子环状烃类物质的开环转化能力，在反应液体收率方面和产品质量都有较好的提升。

3）本周期标定时较第一周期循环氢纯度高，但仍未达到设计要求的 78%，影响反应氢分压，影响柴油产品十六烷指数提升。

参考文献

[1] 刘政伟. FC-76 加氢裂化催化剂在上海石化 1.5Mt/a 加氢裂化装置工业应用. 中国石化加氢技术交流会文集[C]. 北京：中国石化出版社，2018.

FD2G-Ⅱ催化柴油集成高效转化技术

柳　伟　杜艳泽　关明华　秦　波　高　杭

（中国石化大连石油化工研究院　辽宁大连　116045）

摘　要　现阶段国内柴油供应严重过剩，降低柴汽比需求迫切，如何在基本依赖现有工艺过程情况下，通过工艺组合、技术创新，为过剩的柴油尤其是最劣质的催化柴油找到出路具有重要意义。FD2G-Ⅱ催化柴油集成高效转化技术通过FD2G技术专用裂化催化剂FC-70A/B开发、专用装置节能优化设计及FD2G+FCC联合加工方案设计，实现了较低氢耗和能耗下催化柴油高选择性深度转化，甚至全转化多产高辛烷汽油和液化气产品。目前，该项目已在中国石化长岭炼化公司工业应用，取得良好的应用效果。

关键词　催化柴油；加氢裂化；催化裂化；优化加工

前言

催化柴油是劣质、低价值资源。催化柴油中富含芳烃尤其是二环及以上的芳烃导致其密度大、燃烧性能差（十六烷值低），调和柴油出厂难度大，是制约石化企业柴油产品质量升级的关键因素。催化柴油深度裂化生产市场需要的汽油及液化气产品是解决催化柴油问题的重要方向。

中国石化大连石油化工研究院（FRIPP）开发了FD2G催化柴油加氢转化技术。该技术可以以廉价、劣质的催化柴油为反应原料生产高辛烷值清洁汽油产品。然而，该方案深度转化率时，反应选择性变差，氢耗上升，液体产品收率下降，此外，由于第一代FD2G技术使用的催化剂和装置设计都是由蜡油高压加氢裂化技术的催化剂和装置改造而来，反应选择性相对较差，氢耗和能耗偏高。为此，FRIPP在总结FD2G技术开发及应用经验的基础上，成功开发了FD2G二代技术FD2G-Ⅱ。目前，该技术已在中国石化长岭炼化公司完成工业应用，取得了良好的应用效果。

1　催化柴油主要加工方案

上述主要技术的反应途径如图1所示。

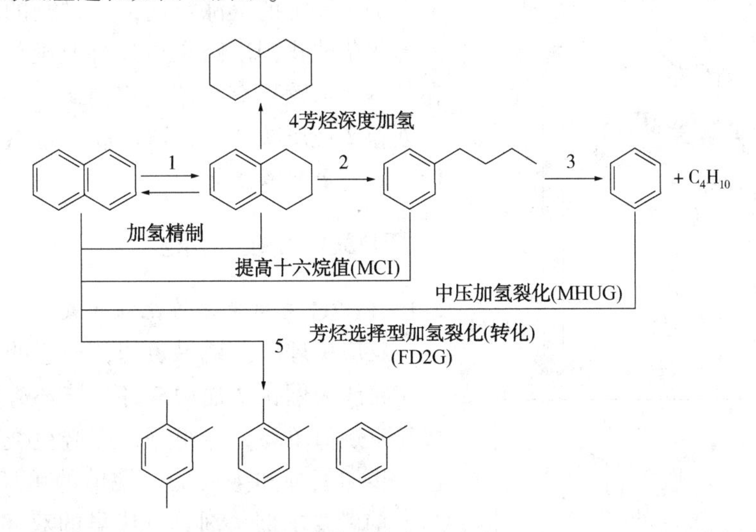

图1　几种典型的催化柴油加工反应途径

通过多年对于催化柴油加工技术的对比研究可以得出不同类型的加氢的特点及试用途径见表1和表2。

表1 几种典型的催化柴油加工方式目的产品比较

项　目	目的产品
常规精制	低硫柴油(十六烷值增幅~5个单位)，柴油不裂化，可最大量产柴油产品
MCI	低硫柴油(柴油收率≥95%，十六烷值增幅8~15个单位)；
中压加氢改质	低硫柴油(十六烷值增幅12~20个单位)；柴油收率~80%
FD2G	高辛烷值汽油调和组分(RON>90)或高芳潜石脑油，高辛烷值汽油收率35%~55%之间；同时生产低硫柴油(十六烷值增幅8~30个单位)。
加氢裂化掺炼	视加氢裂化装置反应条件及掺炼比例的不同，可直接生产十六烷值大于51的优质柴油产品
加氢精制+FCC	FFI(SFI)、LTAG，加氢后的催化柴油进催化裂化回炼，压减柴油、增产汽油、液化气等产品

表2 几种典型的催化柴油加工方式适用企业比较

项目	适用企业
常规精制	催化柴油产量较少，全厂柴油产品调和难度较低的企业选用
MCI	保证柴油收率的基础上，最大限度提高柴油产品质量的企业选用
中压加氢改质	对改质柴油有一定需求，且需要重石脑油作为重整进料的企业选用
FD2G	希望降低柴汽比，增加经济效益，改善企业产品结构，同时具有比较廉价氢源的企业选用
加氢裂化掺炼	适用于催柴产量较少而加氢裂化装置加工能力有富余的企业选用
加氢精制+FCC	希望降低柴汽比，增加汽油产量，同时具有闲置的加氢类装置，催化裂化装置本身及后续产品处理类装置加工能力有富余的企业选用

总体来说，在现有技术条件下，催化柴油的加工原则如下：若全厂柴油质量升级十六烷值相对富余，催化柴油加氢精制路线，加工成本最低；若全厂柴油质量升级十六烷值存在少量不足，可根据十六烷值缺口选择适当催化柴油加氢改质深度或加氢裂化适度掺炼比例；若全厂柴油质量升级十六烷值缺口很大，采用催化柴油加氢转化增产汽油路线，加工成本相对较高，但是经济效益最好。

上述技术在不同的历史时期均发挥了各自的作用，当前，国内成品油市场柴油供应严重过剩，同时，汽油需求仍有一定的上涨空间，为过剩的柴油尤其是最劣质的催化柴油找到出路是炼油行业亟需解决的问题。如何在基本上依赖现有工艺过程情况下，通过工艺组合、技术创新实现压减柴油，增产高质量汽油产品结构调整目标，具有重要的意义。

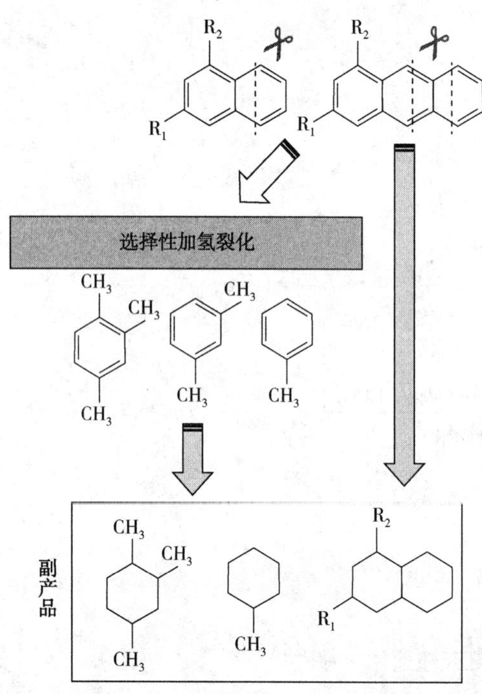

图2 催化柴油加氢转化反应路线

2 FD2G-Ⅱ技术开发

2.1 FD2G专用裂化催化剂开发

反应机理研究结果表明，理想的催化柴油加氢转化反应路线为催化柴油中双环、三环芳烃发生深度裂化生成高辛烷值单环芳烃组分，应避免裂化生成的单环芳烃进一步加氢饱和生成低辛烷值的单环环烷烃组分(见图2)，前者要求催化剂具有优异的双环、三环芳烃加氢饱和及开环反应能力，后者要求催化剂具有相对较弱的单环芳烃加氢饱和能力，两者具有矛盾性。

研究发现催化柴油加氢转化反应过程随反应进程反应物流中双环、三环芳烃含量逐渐下降，单环芳烃含量逐渐升高(见图3)。如果将反应器由上至下等分为两部分，反应器上部催化剂对于双环、三环芳烃开环反应贡献率超过70%，而单环芳烃的加氢饱和反应则主要发生在反应器的下半部。基于上述研究结果，确立了催化剂级配体系设计思路。开发了多环芳烃开环转化能力强的催化剂FC-70A(介孔结构丰富、酸强度高、高酸量的ASSY作为裂化组分，Mo-Ni金属作为加氢组分)和单环芳烃保留能力好的催化剂FC-70B(介孔结构丰富、酸强度高、低酸量的TUSSY作为裂化组分，Mo-Co金属作为加氢组分)分别装填于反应器上部和下部，强化各部分目标反应，实现双环、三环芳烃选择性反应生成单环芳烃的反应目标。表3、表4为催化剂性能评价结果。从评价结果来看，FC-70A和FC-70B催化剂的开发达到了预期效果，FC-70A/B催化剂级配体系兼具多环芳烃开环能力和单环芳烃保留能力，相比于一代催化剂C_{5+}液体产品收率、氢耗及汽油产品辛烷值等方面具有明显优势。

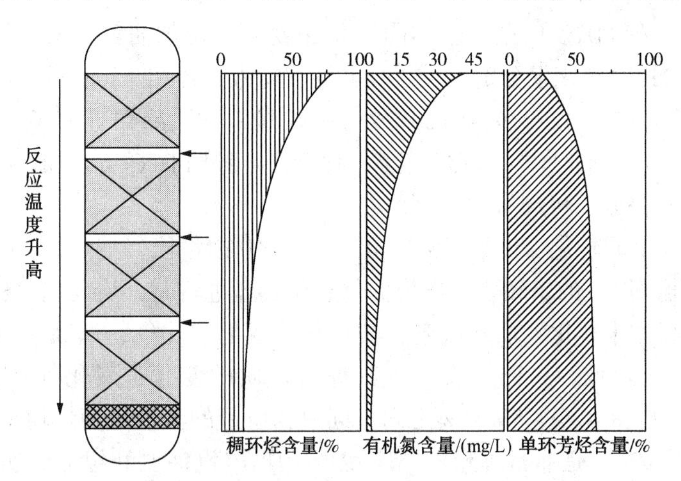

图3 催柴转化反应规律认识

表3 模型化合物四氢萘微反评价试验结果

催化剂体系	FC-70A催化剂	FC-70B催化剂	级配体系
催化剂组成	Mo-Ni/ASSY分子筛	Mo-Co/TUSSY分子筛	—
四氢萘反应转化率/%	70	40	65
产物中单环芳烃在单环烃中占比/%	50	88	82

微反评价条件：反应压力4.0MPa、反应温度330℃、氢油体积比500∶1、进料体积空速4.0h^{-1}。

表4 FC-70A/B催化剂与第一代催化剂对比评价结果

催化剂体系	FC-70A/B	第一代催化剂
原料油	催化裂化柴油	
C_{5+}液体产品收率/%	基准+0.7~1.2	基准
汽油辛烷值/%	基准+1.2~1.4	基准
化学氢耗/%	基准-0.17~0.30	基准
单位转化率氢耗降幅/%	6.3~7.7	

2.2 FD2G技术专用装置设计

FD2G技术新建装置整体设计针对FD2G技术本身放热量高的特点，通过合理的设计利用反应热实现节能，同时，规避高反应热带来的操作难度增加的问题。以中国石化长岭炼化公司新建1.0Mt/a FD2G装置为例，其具体设计特色如下：

1) 该装置为国内首套新建催化柴油加氢转化装置。通过加氢手段来处理高硫、低十六烷值的催化柴油，生产出高辛烷值的汽油调和组分和低硫、高十六烷值的清洁柴油调和组分。

2）该装置将分馏塔底重沸炉设计为开工炉。该设计可充分利用反应放热给分馏部分供热，即降低了能耗，又节约了工程投资和运行成本。

3）反应器采用中石化洛阳工程有限公司开发的专利反应器内构件，使进入反应器中催化剂床层的物流分布均匀，减小催化剂床层的径向温差；反应器设计先进，实际操作时最大径向温差仅为1~2℃。

4）采用综合节能技术，降低能耗。优化工艺换热流程，将低温热水分别与热高分气、主汽提塔塔顶气、分馏塔塔顶气和精制柴油换热，充分回收装置内的低温热，同时精制柴油又为脱丁烷塔底重沸器和脱乙烷塔底重沸器提供热源，降低装置能耗。

通过上述设计的应用，长岭炼化公司1.0Mt/a催化柴油加氢转化装置实际标定能耗为10.09kgEO/t原料油，显著优于一代技术能耗水平。

2.3　FD2G+FCC整体加工方案设计

分析了催化柴油及其在FD2G典型工艺不同转化深度下未转化油氢含量及烃类组成情况。从表5数据可以发现，在大于210℃转化率分别为35%、47%、58%、64%四个不同转化深度下，未转化油氢含量分别为11.34%、11.63%、12.21%和12.39%；链烷烃+环烷烃+单环芳烃(汽油前驱物)含量分别为80.5%、81.0%、84.1%和85.1%。相比催化柴油原料，经过FD2G工艺加工处理后，未转化油含氢量及汽油前驱物含量大幅提升，可裂解性显著改善。

进一步考察了FD2G不同转化深度下，未转化油催化裂化性能，结果如表6所示。从表6数据可以看到，FD2G不同转化深度下的未转化油作为催化裂化装置进料时，均表现出良好的可裂解性能，且随着FD2G转化深度提高，未转化油质量改善，其裂化生成的液化气、汽油产率逐渐提高，干气、柴油、重油和焦炭产率逐渐降低。总体来看，随着进料性质的变化，液化气+汽油收率在56.96%~68.22%之间，汽油收率在48.42%~55.51%之间。同时，所产的汽油硫含量均小于10μg/g，辛烷值均在96以上，最高可接近100，是非常理想的高辛烷值“国Ⅵ”汽油调和组分。实际应用过程可根据全厂平衡及氢气供应，灵活调整FD2G转化深度和未转化油进入催化裂化装置加工量，方案灵活性较强。

FD2G-Ⅱ适宜操作区间见表7，FD2G+FCC联合装置控制FD2G单元转化率为35%~50%，FCC单元转化率为60%~70%缓和工况下，催化柴油总转化率75%~85%(FCC单元全循环时可实现100%转化)，其中，汽油产品选择性82%~88%，汽油+液化气产品选择性85%~95%，汽油产品硫含量小于10×10^{-6}，可直接作为“国Ⅵ”高辛烷值汽油调和组分。相比于单独FD2G方案，FD2G-Ⅱ技术相同氢耗下催化柴油转化率提高约40%，单位转化率氢耗下降35.0%~57.1%；相比于催化柴油加氢精制+FCC方案，FD2G-Ⅱ技术催柴转化率提高10%以上，汽油产品选择性提高5%以上。

表5　FD2G工艺不同转化深度下未转化油氢含量及组成　　　　%

	催化柴油	未转化油1	未转化油2	未转化油3	未转化油4
大于210℃转化率	—	35	47	58	64
H	9.96	11.34	11.63	12.21	12.39
质谱组成					
链烷烃	13.0	23.2	26.8	35.4	38.4
总环烷	7.1	16.1	15.4	18.1	18.7
总芳烃	79.9	60.7	57.8	46.5	42.9
其中：一环芳烃	21.5	41.2	38.8	27.6	25.0
汽油前驱物含量	41.6	80.5	81.0	84.1	85.1

注：汽油前驱物含量=链烷烃+环烷烃+单环芳烃含量。

表 6 催化裂化产品分布

编 号	1	2	3	4
原料油	柴油产品 1	柴油产品 2	柴油产品 3	柴油产品 4
提升管出口温度/℃	530	530	530	530
剂油比	8.9	8.6	8.6	8.6
反应时间/s	2.8	2.8	2.8	2.8
转化率/%	65.97	68.17	71.09	74.36
产品分布/%				
干气	3.01	3.40	2.69	2.38
液化气	9.44	9.47	11.41	12.71
汽油	49.09	51.33	53.14	55.51
柴油	30.2	27.92	25.16	22.19
重油	3.83	3.91	3.75	3.45
焦炭	3.93	3.47	3.35	3.26
损失	0.50	0.50	0.50	0.50
汽油产品辛烷值	99.9	98.5	98.4	98.1

表 7 FD2G--Ⅱ适宜运行参数

加工单元	主要参数
FD2G+FCC 单元	联合装置控制 FD2G 单元转化率 35%~50%，FCC 单元转化率 60%~70%缓和工况下，催化柴油总转化率 75%~85%(FCC 单元全循环时可实现 100%转化)，其中，汽油产品选择性 82%~88%，汽油+液化气产品选择性 85%~95%，汽油产品硫含量小于 10×10^{-6}，可直接作为"国Ⅵ"高辛烷值汽油调和组分。

3 FD2G-Ⅱ技术在中国石化长岭炼化公司工业应用

3.1 中国石化长岭炼化公司催化柴油整体加工方案设计

为缓解长岭炼化公司催化柴油调和压力，同时，考虑到长岭炼化公司有限的氢气资源量，采用 FD2G-Ⅱ技术加工长岭催化柴油，取得了良好的工业应用效果。

3.2 FD2G-Ⅱ技术综合运行效果

据统计，长岭炼化公司新建 1.0Mt/a FD2G 装置自 2017 年 7 月开工至 2019 年 1 月期间，累计加工催化柴油 1.28Mt，生产汽油组分 430kt、柴油组分 805kt、饱和液化气 42kt，消耗氢气(折合纯氢)37kt。

其中，FD2G 装置未转化柴油产品中有 555kt 送往 FDFCC 装置轻油提升管进一步转化。根据 FDFCC 装置轻油提升管物料平衡统计结果汽油收率为 54.5%，液化气产率为 7.7%，催化柴油产率为 31.5%，FDFCC 单元轻油提升管加工 FD2G 未转化油 555kt，生产汽油产品 302.5kt，液化气 42.7kt，催化柴油 175kt。

FD2G 与 FDFCC 两套装置合计加工催化柴油 1.28Mt，生产汽油 732.5kt，液化气 84.7kt，FD2G 未转化油+催化柴油 420kt，催化柴油总转化率达到 67%(当 FD2G 未转化油全部进催化回炼，当前工况下催化柴油总转化率约 80%)。联合加工方案与长岭 1.0Mt/a FD2G 装置独立运行(未转化柴油直接出厂)相比，催化柴油转化率由 37%提高到 67%，单位转化率氢耗降幅达 45.4%，催化柴油转化效率和氢气利用效率显著提升(详见表 8)。

进一步对长岭炼化公司催化柴油不同加工方案进行了对比。分别采用方案 1：FDFCC 装置回炼 MIP 柴油；方案 2：FD2G 装置运行，未转化油不去 FDFCC 回炼，直接调和柴油；方案 3：FD2G 装置运行+未转化油去 FDFCC 回炼；方案 4：1.2Mt/a 加氢精制装置运行+精制柴油去 FDFCC 回炼等四种加工方案，其汽油+液化气产率及整体加工效益对比如下表9所示。

从表9不同方案下FDFCC汽油+液化气收率对比结果来看，当FDFCC装置分别加工催化柴油、1.2Mt/a精制柴油和1.0Mt/a FD2G未转化柴油时，汽油+液化气收率分别为22.9%、45.5%和62.2%，100万FD2G未转化柴油作为FDFCC装置进料时，汽油+液化气收率最高。经济效益对比结果表明，当分别采用四种加工方案运行时，加工催化柴油吨油效益分别为123元、291元、670元和301元。其中，催化柴油经FD2G装置加工后，未转化柴油部分改FDFCC轻油提升管回炼效益最好，达到670元/t，明显优于其他三种加工方案。

表8 FD2G-Ⅱ与FD2G技术对比应用结果

物 料	FD2G-Ⅱ	FD2G
入方/kt		
催化柴油	1280	1280
氢气	37	37
出方/kt		
液化气	84.7	42
汽油	732.5	514
加氢柴油	245	805
催化柴油	175	
合计		
转化吨催化柴油耗氢/t	0.042	0.077
催化柴油总转化率/%	67	37.2
生产吨汽油耗氢降幅/%	45.4	

表9 不同加工方案FDFCC装置汽油+液化气产率对比

加工方案比较	汽油+液化气收率/%	汽油辛烷值	吨油效益/元
催化裂化回炼MIP柴油	22.9	99	123
FD2G方案	43.4	91.7	291
催化裂化回炼加氢精制柴油	45.5	99	301
FD2G-Ⅱ方案	62.2	98	670

4 结论

1）FD2G-Ⅱ技术通过FD2G技术专用裂化剂FC-70A/B开发、专用装置节能优化设计及FD2G+FCC联合加工方案设计，可实现较低氢耗和能耗下催化柴油深度转化甚至全转化生产硫含量小于10×10^{-6}的高辛烷值“国Ⅵ”车用汽油调和组分的目标。

2）中试结果表明。相比于单独FD2G方案，FD2G-Ⅱ技术相同氢耗下催化柴油转化率提高约40%，单位转化率氢耗下降35.0%~57.1%；相比于催化柴油加氢精制+FCC方案，FD2G-Ⅱ技术催柴转化率提高10%以上，汽油产品选择性提高5%以上。

3）FD2G-Ⅱ技术已在长岭炼化公司取得应用，效果显著。FD2G-Ⅱ技术加工长岭催化柴油，催化柴油总转化率67%(FD2G未转化油部分回炼FDFCC单元)。相同氢气消耗情况下，相比第一代FD2G技术，FD2G-Ⅱ技术催化柴油转化深度提高30%，催化柴油单位转化率氢耗降幅45.4%。

4）长岭应用结果表明，采用FD2G-Ⅱ技术方案加工长岭催化柴油，液化气+汽油收率、吨油效益等指标均明显优于其他参比加工方案。

柴油加氢改质技术在“国Ⅵ”柴油质量升级中的工业应用

任　亮　许双辰　杨　平　刘建伟　胡志海

（中国石化石油化工科学研究院　北京　100083）

摘　要　为了应对柴油质量升级，提高经济效益，石油化工科学研究院开发了中压加氢改质 MHUG 技术和灵活加氢改质 MHUG-Ⅱ技术。工业应用结果表明，MHUG 技术在氢分压 6.4~10.2MPa 条件下，可以加工催化柴油、焦化柴油、直馏柴油及其混合油，生产“国Ⅵ”标准的清洁柴油；在加工催化柴油时还可兼顾作为 LTAG 的精制单元，具有较好的生产灵活性。MHUG-Ⅱ技术加工全厂的直馏柴油和催化柴油，在总压 8.0MPa 等缓和的工艺条件下，可长周期稳定生产“国Ⅵ”标准清洁柴油，且能耗较低。该技术开发和工业应用为柴油质量升级提供了技术支撑。

关键词　柴油；质量升级；能耗；工业应用

1　前言

随着柴油质量升级步伐的不断加快，我国已经于 2017 年在全国范围内实施“国Ⅴ”车用柴油质量标准 GB 19147—2013[1]，十六烷值要求提高至 51 以上；并于 2019 年 1 月 1 日实施更加严格的“国Ⅵ”车用柴油质量标准 GB 19147—2016[2]，对多环芳烃和十六烷值提出更高要求。针对这种情况，国内许多炼厂存在柴油池十六烷值不足的问题。

柴油加氢改质技术可以在相对较缓和的工艺条件下，加工全厂的催化柴油、焦化柴油和直馏柴油，满足“国Ⅴ”以上柴油质量升级需要并且可以大幅度提高劣质柴油的质量。在合适的条件以及一定的转化率下，还可以多产 3 号喷气燃料或者重整燃料。

目前，国内开发的提高十六烷值的技术主要有：①采用常规硫化态催化剂与抗硫贵金属催化剂或非贵金属催化剂组合，两段中压加氢脱芳烃技术，如 DDA-Ⅰ、DDA-Ⅱ工艺。②采用一段串联中压加氢改质脱芳烃提高十六烷值技术，如 MHUG、MHUG-Ⅱ工艺。③兼顾提高柴油十六烷值和柴油收率而开发的 RICH 技术和 MCI 技术。上述技术途径各有优缺点，其中 MHUG 技术在中压条件下以催化柴油（LCO）、直馏柴油（SRGO）、焦化汽柴油、减压轻馏分油（LVGO）或它们的混合油为原料，采用两剂串联工艺流程，可直接生产“国Ⅴ”以上标准的清洁柴油，具有操作条件缓和、改质效果明显、操作灵活性好的优点。

加氢改质技术的关键是加氢改质催化剂，加氢改质催化剂通过酸中心和加氢中心的有机协同作用，将环烷环选择性开环裂化，从而提高柴油的十六烷值和降低密度。为进一步降低催化剂使用成本、提高劣质柴油的十六烷值性能，RIPP 在第一、二代改质催化剂的基础上开发了堆密度更低、性价比更高的新一代加氢改质催化剂 RIC-3，该催化剂具有优良的十六烷值提高性能、运转稳定性和催化剂再生性能[3]。

2　加氢改质过程中的化学反应

烃类组成与十六烷值直接相关，图 1 给出了柴油馏分中不同碳原子数烃类组成的十六烷值变化规律[4]，由该图可知，正构烷烃的十六烷值最高，无侧链或短侧链的芳香烃的十六烷值较低，且环数越多，十六烷值越低，而带有较长侧链的芳香烃的十六烷值相对较高，且随着侧链链长的增加，其十六烷值增加。因此，柴油馏分的理想组分是环数少、长侧链及分支较少的烃类。

在催化柴油加氢改质过程中，双环芳烃的化学反应遵循如下途径：大部分双环芳烃加氢饱和后变

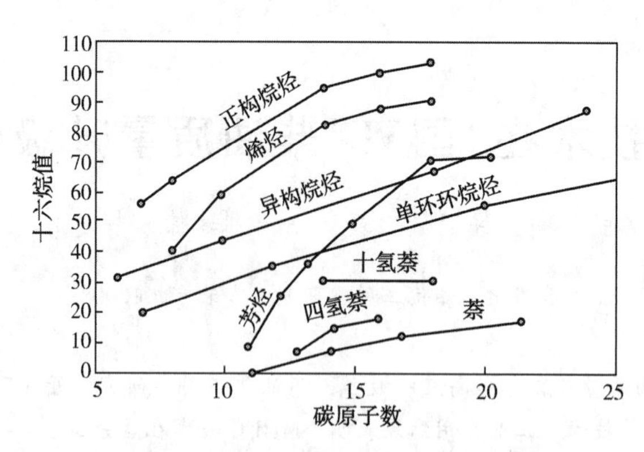

图 1　不同碳原子数的烃类的十六烷值

成四氢萘类，部分四氢萘类经开环裂化为单环芳烃，另外，少量四氢萘类进一步饱和为二环环烷烃类，单环芳烃进一步加氢饱和为单环环烷烃。可以用图 2 来表示这一过程。

加氢改质催化剂良好的开环裂化能力促进了开环裂化反应(3)的发生，从而打破了反应(1)的化学平衡，使得整个加氢改质工艺反应过程中除发生(1)、(2)的反应外，还增加了(3)、(4)的反应，从而可更大幅度地降低产品芳烃含量、提高其十六烷值。

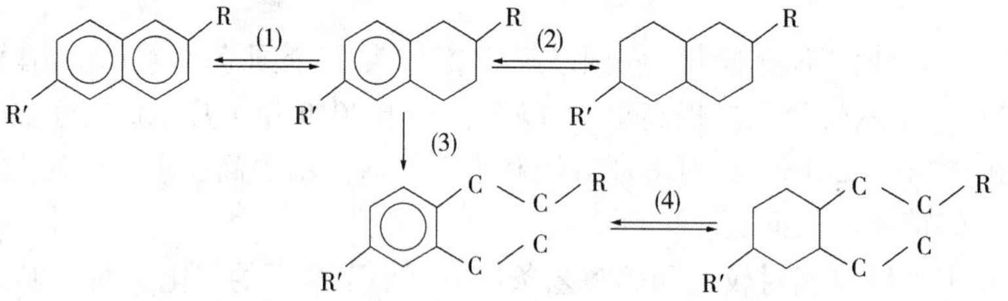

图 2　双环芳烃的改质化学反应路径[5,6]

3　中压加氢改质 MHUG 技术在“国Ⅵ”柴油质量升级的工业应用

3.1　MHUG 技术加工催化柴油和直馏柴油的混合油

目前，采用 MHUG 技术加工催化柴油、焦化柴油和直馏柴油的混合油生产“国Ⅴ”或者“国Ⅵ”标准的清洁柴油的在运行装置有 15 套以上。表 1 和表 2 给出了湛江东兴 1.2Mt/a 柴油加氢改质装置、清江石化 200kt/a 柴油加氢改质装置、华星石化 1.8Mt/a 柴油加氢改质装置、正和石化 1.4Mt/a 柴油加氢改质装置加工催化柴油和直馏柴油混合油的标定数据。表 1 给出了四套装置的混合原料性质，表 2 给出了标定时的工艺参数、原料和产品性质。

从表 1 和表 2 可见，湛江东兴 1.2Mt/a 柴油加氢改质装置加工 41.6%催化柴油、58.4%直馏柴油，在氢分压 8.5MPa 条件下，产品柴油的密度为 0.8348g/cm^3，硫含量小于 3μg/g，十六烷值达到了 52.1。

清江石化 200kt/a 柴油加氢改质装置加工 70.0%催化柴油、30.0%直馏柴油，在氢分压为 6.8MPa 条件下，产品柴油的密度为 0.830g/cm^3，硫含量仅为 1.2μg/g，十六烷值达到了 53.5。

华星石化 1.8Mt/a 柴油加氢改质装置加工 26.5%催化柴油、18.2%焦化柴油、1.3%重整重芳烃和 54.0%直馏柴油，在氢分压 10.2MPa 条件下，产品柴油的密度 0.8323g/cm^3，硫含量仅 1.20μg/g，十六烷值达到了 53.0。

正和石化 1.4Mt/a 柴油加氢改质装置加工 32.5%催化柴油、19.4%焦化柴油和 48.1%直馏柴油，在氢分压 9.6MPa 以及较低的反应温度条件下，产品柴油的密度 0.8297g/cm^3，硫含量仅为 1.13μg/g，多环芳烃 0.7%，十六烷值达到了 53.3。

可见，中压加氢改质MHUG技术在氢分压6.4~10.2MPa条件下，可以加工不同比例的催化柴油、焦化柴油和直馏柴油的混合油，生产“国Ⅴ”或者“国Ⅵ”标准的清洁柴油。

表1　不同炼油厂加工混合柴油的原料性质

原料油	湛江东兴	清江石化	华星石化	正和石化
密度(20℃)/(g/cm^3)	0.857	0.872	0.8630	0.8603
硫/(μg/g)	2150	1940	8000	9131
氮/(μg/g)	590	905	686	344
闪点/℃	59			
十六烷指数(ASTM D4737)	43.5	42.1	40.5	42.8
十六烷值(GB/T386-96)	45.1	43.0	40.7	41.0
馏程(ASTM D-86)/℃				
IBP	166	191	158	177
10%	208	240	200	213
50%	270	296	265	270
90%	351	327	348	349
95%	371	340	364	368
FBP	377	354	372	379

注：①湛江东兴混合柴油中含催化柴油为41.6%、直馏柴油为58.4%。
②清江石化混合柴油中含催化柴油为70.0%、直馏柴油为30.0%。
③华星石化混合柴油中含催化柴油为26.5%、焦化柴油为18.2%、重整重芳烃为1.3%、直馏柴油为54.0%。
④正和石化混合柴油中含催化柴油为32.5%、焦化柴油为19.4%、直馏柴油为48.1%。

表2　不同炼厂柴油加氢改质装置技术标定的工艺参数和产品性质

试验原料	湛江东兴	清江石化	华星石化	正和石化
工艺参数				
精制反应器入口氢分压/MPa	8.5	6.4	10.2	9.6
精制平均反应温度/℃	352	317	363	338
改质平均反应温度/℃	365	336	362	345
<165℃石脑油馏分质量收率/%	5.15	4.88	4.05	6.47
>165℃柴油馏分质量收率/%	94.72	95.13	96.02	93.70
柴油馏分产品性质				
密度(20℃)/(g/cm^3)	0.8348	0.830	0.8323	0.8297
硫/(μg/g)	<3	1.20	1.20	1.13
氮/(μg/g)	0.53	0.20	0.27	0.18
闪点/℃	68		67.8	73
凝点/℃	-6		-8	
多环芳烃/%	<2.0	<3.0	1.0	0.7
十六烷指数(ASTM D4737)	51.8	54.9	49.4	50.6
十六烷值(GB/T 386)	52.1	53.5	53.0	53.3
馏程/℃				
IBP	178	193	177	183
10%	220	220	203	208
50%	268	276	255	256
90%	341	316	338	337
FBP	355	348	367	377

3.2 MHUG技术加工100%催化柴油

济南炼化0.9Mt/a柴油加氢改质装置采用石科院开发的中压加氢改质MHUG技术对原0.8Mt/a柴油加氢装置进行了扩能改造，加工催化柴油兼顾两种不同的生产工况，工况一生产“国Ⅴ”或者“国Ⅵ”车用柴油的调合组分；工况二在大催化装置开工后，兼顾作为LTAG的精制单元。

表3给出了两种工况下的典型数据。可见，在工况一条件下加工催化柴油和少量直馏柴油的混合油，混合油密度为0.9026g/cm³、硫含量为5720μg/g、氮含量为949μg/g，在缓和的反应条件下，可以生产密度为0.8558g/cm³、硫含量为3.8μg/g、十六烷值为43.1的车用柴油调合组分。

在工况2条件下加工100%催化柴油，催化柴油的密度为0.9480g/cm³、硫含量为4500μg/g、氮含量为1244μg/g，在氢分压为6.24MPa条件下，产品柴油的密度降低至0.8968g/cm³，密度降低了0.0512g/cm³，多环芳烃从41.1%降低至4.9%，单环芳烃从24.3%增加至47.4%，是优质的LTAG裂化单元进料。

济南炼化柴油加氢改质装置于2017年7月1日开工正常，至2020年4月已经连续稳定运转34个月。开工至今，精制平均温度从315℃提高至342℃，改质平均温度从320℃提高至360℃。在生产“国Ⅴ”清洁柴油工况时，柴油密度从原料的0.890g/cm³左右降低至0.840g/cm³左右，硫含量从5000μg/g降低至5μg/g左右。在作为LTAG的加氢单元时，柴油密度从原料的0.940g/cm³左右降低至0.890g/cm³左右，硫含量从4500μg/g降低至5μg/g以内。

从上述结果可以看出，济南柴油加氢改质装置密度降低幅度很大，同时多环芳烃饱和率高，兼顾了灵活生产车用柴油调合组分或者作为LTAG加氢单元的需要。

表3 济南炼化柴油加氢改质装置的典型数据

试验原料	工况一		工况二	
运转时间	2017年9月6日		2019年3月4日	
工艺参数				
精制反应器入口氢分压/MPa	6.38		6.24	
精制平均反应温度/℃	318		343	
改质平均反应温度/℃	326		340	
原料和产品性质	原料	柴油产品	原料	柴油产品
密度(20℃)/(g/cm³)	0.9026	0.8558	0.9480	0.8968
硫/(μg/g)	5720	3.8	4500	4.7
氮/(μg/g)	949	0.58	1244	0.7
闪点/℃		79		82
凝点/℃		-17		<-20
单环芳烃/%			24.3	47.4
多环芳烃/%		<2.0	41.1	4.9
十六烷指数(ASTM D4737)	32.5	43.6	22.0	28.8
十六烷值(GB/T 386)		43.1		29.6
馏程/℃				
IBP	192	203	160	187
10%	231	225	227	219
50%	279	261	264	245
90%	342	327	327	301
FBP	353	346	340	318

3.3 MHUG技术加工100%焦化汽柴油

为应对柴油质量升级的需要，塔河炼化将现有的1.0Mt/a加氢精制装置改造为加氢改质MHUG装置，加工焦化柴油和焦化汽油的混合油，生产低硫高十六烷值清洁柴油。该装置于2016年11月3日一次开车成功，稳定生产“国Ⅴ”标准的清洁柴油，截至2020年4月该装置停工，第一周期连续稳定运转 40 个月。

表 4 给出了塔河炼化柴油加氢改质装置的标定结果。该装置加工焦化柴油和焦化汽油的混合油，在氢分压 7.19MPa、精制平均反应温度 344℃、改质平均温度 345℃等缓和条件下，产品柴油密度降低至 0.8342g/cm³，硫含量降低至 3.9μg/g，多环芳烃质量分数仅为 1.8%，十六烷值提高至 51.2，达到了“国Ⅵ”清洁柴油标准要求。

图 3 给出了塔河炼化柴油加氢改质装置精制和改质平均温度的变化曲线，图 4 给出了产品柴油的硫含量和十六烷值变化曲线。该装置连续稳定运转 40 个月，精制剂失活速率仅为 0.52℃/月，改质剂失活速率仅为 0.55℃/月。产品柴油硫含量稳定在 4μg/g 左右，十六烷值稳定在 51 左右。总体上，催化剂失活缓慢，产品质量优良且稳定。

表 4　塔河炼化柴油加氢改质装置标定数据

标定数据	100%负荷工况			
工艺参数				
精制反应器入口氢分压/MPa	7.19			
精制平均反应温度/℃	344			
改质平均反应温度/℃	345			
原料和产品性质	罐区焦柴	焦化汽油	产品石脑油	产品柴油
密度(20℃)/(g/cm³)	0.8728	0.7339	0.7102	0.8342
硫/(μg/g)	10576	3685	5	3.9
氮/(μg/g)	686	91	0.4	
闪点/℃				68
凝点/℃				-11
多环芳烃/%(质)				1.8
十六烷指数(ASTM D4737)	42.8			49.6
十六烷值(GB/T 386)	41.0			51.2
馏程/℃				
IBP	160.6	34.5	36.8	169.4
10%	236.6	128.2	58.2	202.0
50%	295.4	195.8	103.2	262.6
90%	348.8	214.8	139.6	333.2
FBP	363.4	247.7	159.2	352.2

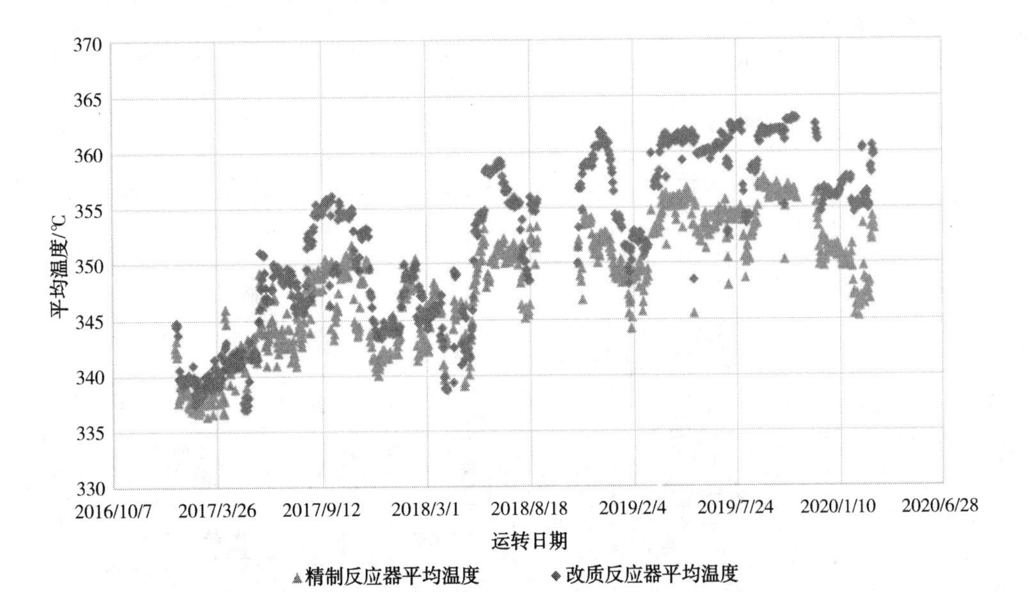

图 3　塔河炼化柴油加氢改质装置平均温度的变化曲线

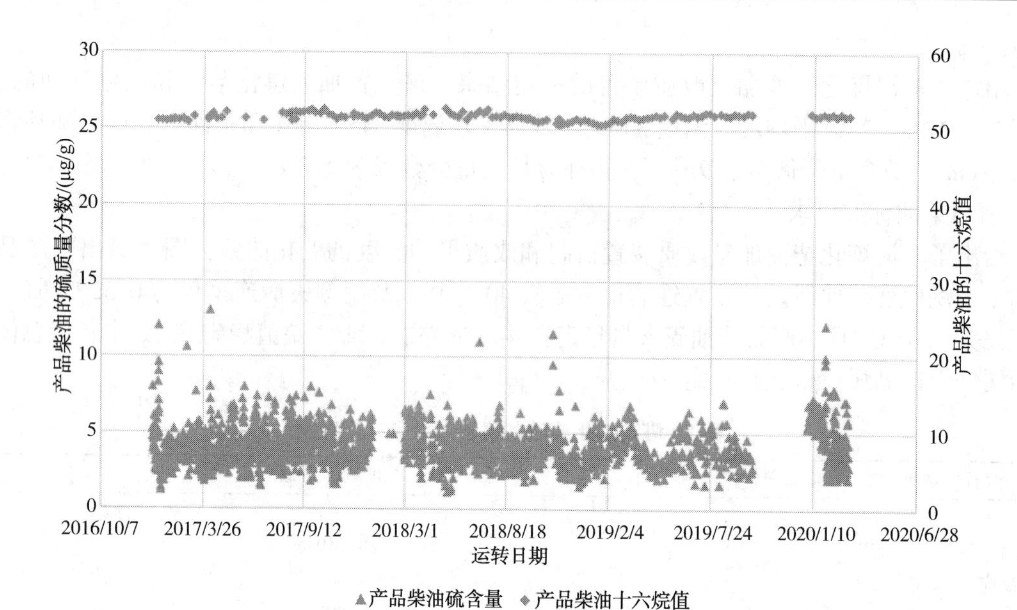

图4 柴油加氢改质装置产品柴油硫含量和十六烷值的变化曲线

4 灵活加氢改质 MHUG-Ⅱ技术在“国Ⅵ”柴油质量升级的工业应用

针对炼油厂普遍存在的直馏柴油和催化柴油，RIPP 开发了节能降耗的柴油灵活加氢改质 MHUG-Ⅱ技术，该技术基于加氢精制和加氢改质反应化学的不同特点及加氢改质技术对不同原料的适应性，创新性地设置了分区进料的二次加工柴油加氢改质-直馏柴油加氢精制的集成工艺流程，提高了改质过程的选择性和氢气利用效率，改善了精制脱硫反应气氛。与加氢改质+加氢精制常规工艺相比，MHUG-Ⅱ工艺投资省、操作费用低；与常规混合进料加氢改质工艺相比，能耗低(循环氢量可节省约50%)、氢耗降低10%以上、柴油产品收率提高6个百分点及十六烷值高1~2个单位。

MHUG-Ⅱ技术工艺流程示意图如图5所示，含有催化柴油的改质系列进料进入改质反应器，在改质反应器进行加氢脱硫、脱氮、烯烃饱和、芳烃加氢饱和、环烷烃的选择性开环裂化等反应。反应产物与精制进料混合后进入精制反应器，在精制反应器进行加氢脱硫、脱氮、芳烃加氢饱和等反应。反应产物进入分离系统和分馏系统。

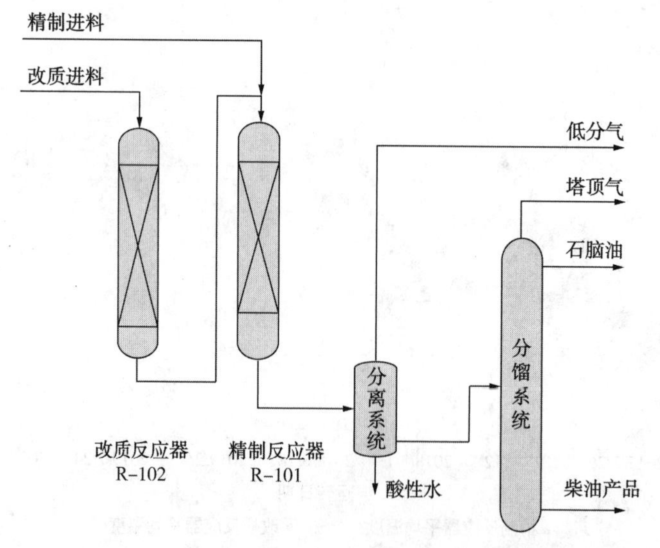

图5 海南炼化柴油灵活加氢改质 MHUG-Ⅱ装置工艺流程示意图

海南炼化采用MHUG-Ⅱ技术成功将原2.0Mt/a柴油加氢装置扩能改造至2.48Mt/a，以73%直馏柴油和27%催化柴油为原料，在氢分压为6.4MPa等缓和条件下，可以灵活生产“国Ⅳ”和“国Ⅴ”标准的清洁柴油；化学氢耗为0.97%，能耗为9.45kgEO/t，略低于中国石化2015年柴油加氢精制装置平均能耗9.89kgEO/t，远低于常规柴油加氢改质装置通常的15kgEO/t左右。标定结果见表5。

柴油加氢改质装置于2013年10月14日顺利开车成功，截至2017年11月20日装置停工检修，该装置连续平稳运转49个月。可见R-102改质反应器的精制段平均失活速率为0.0288℃/d(约0.86℃/月)，改质段平均失活速率为0.0231℃/d(约0.69℃/月)。R-101精制平均失活速率为0.0306℃/d(约0.92℃/月)。三个反应区的催化剂失活速率缓慢且相近，为长周期运转奠定了基础。整个四年周期内，加工30%的催化柴油，产品柴油的十六烷值稳定在50左右，达到了装置设计要求。

表5　海南炼化柴油加氢改质装置第一周期标定数据

项　目	标定数据			
工艺参数				
精制反应器入口氢分压/MPa	7.19			
精制/改质平均反应温度/℃	344/345			
化学氢耗/%	0.97			
装置能耗/(kgEO/t)	9.45			
原料和产品性质	改质进料	精制进料	产品石脑油	产品柴油
密度(20℃)/(g/cm³)	0.9180	0.8407	0.7395	0.8426
硫/(μg/g)	3640	3570	252	6.9
氮/(μg/g)	869	98	<0.5	0.7
闪点/℃	86.5	64.5		62.5
芳潜/%			56.3	
多环芳烃/%(质)	47.4	10.0		4.9
十六烷指数(ASTM D4737)	29.8	56.1		50.9
十六烷值(GB/T 386)	25.3	56.3		52.4
馏程/℃				
IBP	206	194	38	183
10%	243	248	68	228
50%	281	287	108	276
90%	341	344	154	337
FBP	366	374	164	369

2017年11月，为了应对“国Ⅵ”柴油质量升级后柴油加氢改质装置检修周期达到4年的目标，新增了R-103反应器，并对原装置催化剂进行了再生，补充了少量保护剂和RS-2100精制剂。并于2018年7月进行了再生剂标定。

表6给出了再生剂的标定结果。标定期间，以67.21%直馏柴油和32.79%催化柴油为原料，在氢分压为7.1MPa等缓和条件下，柴油收率为97.41%，硫含量为2.3μg/g，氮含量小于0.2μg/g，十六烷值为51.5，多环芳烃为3.4%，完全满足“国Ⅵ”标准的清洁柴油；化学氢耗0.92%，能耗10.97kgEO/t。

表6 海南炼化柴油加氢改质装置第二周期再生剂标定数据

项 目	标定数据			
工艺参数				
精制反应器入口氢分压/MPa	7.1			
精制/改质平均反应温度/℃	344/354			
化学氢耗/%	0.92			
柴油收率/%	97.41			
装置能耗/(kgEO/t)	10.97			
原料和产品性质	改质进料	精制进料	产品石脑油	产品柴油
密度(20℃)/(g/cm^3)	0.9043	0.8393	0.7470	0.842
硫/(μg/g)	3430	4110		2.3
氮/(μg/g)	485	73	0.9	<0.2
闪点/℃	50	74		72
芳潜/%			60	
多环芳烃/%(质)				3.4
十六烷指数(ASTM D4737)	32.9	58.3		52.1
十六烷值(GB/T 386)	31	56		51.5
馏程/℃				
IBP	171	204	51	185
10%	234	254	82	230
50%	284	296	110	281
90%	344	342	143	334
FBP	374	368	162	367

5 结论

为了应对柴油质量升级，清洁高效的加工炼油厂普遍存在的柴油馏分，石油化工科学研究院开发了中压加氢改质 MHUG 技术和灵活加氢改质 MHUG-Ⅱ技术。工业应用结果表明，中压加氢改质 MHUG 技术在氢分压 6.4~10.2MPa 条件下，可以加工不同比例的催化柴油、焦化柴油、直馏柴油及其混合油，生产“国Ⅵ”标准的清洁柴油；在加工催化柴油时还可兼顾作为 LTAG 的精制单元，具有较好的生产灵活性。MHUG-Ⅱ技术加工全厂的直馏柴油和催化柴油，在氢分压 6.4MPa 等缓和的工艺条件下，生产“国Ⅵ”清洁柴油能耗低，运转周期达到了 4 年以上。

参 考 文 献

[1] GB 19147—2013 车用柴油[S]. 中华人民共和国国家标准.
[2] GB 19147—2016 车用柴油[S]. 中华人民共和国国家标准.
[3] 许双辰，任亮，杨平，等. 高性价比加氢改质催化剂开发和工业应用[C].//中国石化加氢技术交流会论文集. 北京：中国石化出版社，2018：348-356.
[4] Odette T. Eng, James E. Kennedy. FCC Light cycle oil：Liability or opportunity? [C].// NPRA Annual Meeting, Washington DC, 2000.
[5] HUNTER M, GENTRY A, BROWN K, et al. MAKFining-premium distillates technology the future of distillate upgrading [C].//NPRA Annual Meeting, Washington DC, 2000.
[6] 胡志海，蒋东红，石玉林，等. RICH 工艺研究与开发[C].//中国石油学会第四届石油炼制学术年会论文集. 北京：石油工业出版社，2001：241-243.

LCO 选择性加氢脱芳生产催化裂化原料(LSDA)技术开发

鞠雪艳　习远兵　王　哲　刘清河

(中国石化石油化工科学研究院　北京　100083)

摘　要　通过适度控制催化裂化柴油的加氢深度，可为催化裂化装置提供富含单环芳烃的优质原料。以此为目标，中国石化石油化工科学研究院开发了 LCO 选择性加氢脱芳(LSDA)技术。LSDA 技术在详细分析催化裂化柴油具体烃类组成的基础上，结合芳烃加氢反应特性，通过新型选择性加氢催化剂 RSA-100 与创新工艺流程的有效结合，可在一定程度上削弱热力学限制对多环芳烃加氢饱和反应影响，在更宽的反应温度区间均可以保持多环芳烃较高的加氢饱和活性。同时，该技术具有良好的运行稳定性及原料适应性，可稳定高效地为催化裂化装置提供优质进料，具有良好的工业应用前景。

关键词　LSDA 技术；催化裂化；加氢脱芳

1　前言

随着环保法规的日益严格，清洁汽、柴油的生产成为人们日益关注的问题。世界许多国家的燃油新标准和环保法规对车用柴油制定了严格的要求，规定柴油产品应具有低的硫含量和芳烃含量以及高的十六烷值[1]。目前，催化裂化作为重要的油品轻质化工艺，我国柴油池中约有 1/3 的比例来自催化裂化柴油(LCO)，这部分柴油具有密度大、杂质及芳烃含量高、十六烷值低、安定性差等特点，难以直接满足清洁柴油的标准[2]。常规的 LCO 加工处理方式包括加氢精制和加氢改质。加氢精制技术可有效脱除 LCO 中的硫、氮等杂质，但产品柴油的十六烷值提高和密度降低幅度有限。加氢改质技术可以有效脱硫、脱氮并大幅度降低密度和提高十六烷值，但副产的石脑油馏分辛烷值较低，且由于芳烃大量饱和使得该工艺过程氢耗较高。因此，从 LCO 生产高十六烷值车用柴油难度较大，装置投资和操作费用均较高。

与此同时，伴随我国经济结构转型，油品需求结构发生变化，汽油和喷气燃料需求量保持较快的增长，而柴油需求量的增速大幅下降，柴油消费增速低于汽油消费增速将成为常态。2010 年以来柴汽比呈现明显下降的趋势，2018 年，消费柴汽比约为 1.23，预计 2020 年消费柴汽比将降至 1.12。为了减少机动车排气污染，改善空气质量，国内高标准的清洁车用柴油标准陆续出台并实施。因此，如何压减或转化 LCO，以适应未来柴、汽油的需求变化，对保证我国成品油市场的供需平衡以及环境保护具有重大意义。

针对以上难题，中国石化石油化工科学研究院(以下简称石科院或 RIPP)结合加氢处理、催化裂化工艺过程的特点，成功开发了加氢处理—催化裂化生产高辛烷值汽油组分的单/双向组合技术 LTAG 及 LTA 工艺。该技术的核心在于控制 LCO 中的芳烃在加氢处理、催化裂化工艺过程的转化历程，可有效地将大分子芳烃转化为高辛烷值汽油或 BTX 组分，可使 LCO 转化成为高价值产品，从而提高炼油厂经济效益[3]。目前，国内已有多家炼油企业采用 LTAG 及 LTA 工艺，将低价值的 LCO 有效转化为高品质的汽油或者 BTX 组分，但在实际应用过程中，存在以下问题：①LCO 的加氢过程难以兼顾多环芳烃的适度加氢与单环芳烃的有效保留的平衡，造成氢耗较高的同时高辛烷值汽油产率下降；②由于 LCO 具有高芳烃含量特点，工业装置的温升较高，因此在装置运行中后期反应温度较高时会进入芳烃加氢的热力学控制区，较优的操作温度有限造成运行周期受到限制。为解决所述难点，石科院在详细深入地分析 LCO 的烃类组成及反应特性的基础上，研发了 LCO 选择性加氢脱芳生产催化裂化原料(LSDA)技术。

2　LSDA 技术开发

2.1　研究思路

在 LCO 选择性加氢过程中，温度的变化明显影响芳烃加氢饱和反应，从热力学上分析，芳烃加氢反应是可逆强放热反应，温度的提高不利于芳烃的有效转化；从动力学上分析，提高温度可提高反应速率常数，对芳烃的转化有利。另外，从吸附效应上进行分析，在低温下芳烃吸附效果好，随温度的增加提高芳烃的扩散速率，芳烃在催化剂活性中心吸附作用减小，脱芳烃性能下降[4]。从工艺角度考虑，如反应温度过低则会使得加氢深度不足，会影响下一步的催化裂化过程转化率；而如果反应温度过高，则会进入热力学控制区，在高温下反而多环芳烃饱和率下降。在实际工业应用过程中，由于温升反应器下部温度会明显较高，甚至可能进入热力学控制区；另外随着装置的运行，其催化剂加氢活性随之下降，因此需要提高反应温度以弥补催化剂活性损失，此时反应温度进入热力学控制区。如图 1 所示，进入热力学控制区后随着温度提高其多环芳烃饱和率相应下降，同时单环芳烃产率降低。因此削弱热力学限制的影响对 LCO 的选择性加氢饱和至关重要。

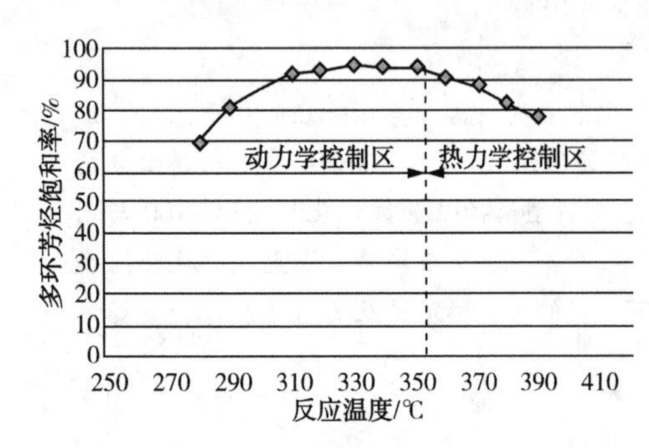

图 1　操作温度与反应过程控制区关联

为方便描述，将双环及以上芳烃统称为多环芳烃。为合理表征 LCO 加氢深度，引入多环芳烃饱和率和单环芳烃选择性的定义：

$$多环芳烃饱和率=(w_1-w_2)/w_1\times100\% \tag{1}$$

$$单环芳烃选择性=(w_4-w_3)/(w_1-w_2)\times100\% \tag{2}$$

式中，w_1为原料中多环芳烃质量分数,%；w_2为产品中多环芳烃质量分数,%；w_3为原料中单环芳烃质量分数,%；w_4为产品中单环芳烃质量分数,%。

从工艺技术开发的角度出发，应尽量削弱反应过程的热力学影响，使装置可以在较宽的反应温度区间范围内操作，同时保持较高的多环芳烃饱和性能。要研发高选择性的 LCO 加氢脱芳技术，需要从以下几方面开展研究：

1）针对选择性加氢的目的，筛选研发适宜的加氢催化剂；

2）结合加氢化学反应的热力学及动力学特点，研发可削弱热力学限制的 LCO 选择性加氢专有技术，并通过模拟装置末期运行情况进行验证；

3）通过将专有技术及专用催化剂结合，对原料适应性及稳定性进行系统考察。

为研发催化柴油高选择性加氢工艺，原料采用典型催化柴油，具体性质如表 1 所示。该催化柴油原料中总芳烃质量分数为 80.7%，而其中的多环芳烃质量分数为 54.4%，为典型的工业装置催化裂化柴油。

表 1　试验 LCO 原料的性质

组分名称	典型催化柴油工业原料	组分名称	典型催化柴油工业原料
密度(20℃)/(g/cm³)	0.9347	终馏点	331
氢/%(质)	9.85	烃类/%(质)	
硫/%(质)	0.2311	链烷烃	13.8
氮质量分数/(μg/g)	441	总环烷烃	5.5
馏程(ASTM D-86)/℃		总单环芳烃	26.3
初馏点	201	总双环芳烃	49.1
10%	225	三环芳烃	5.3
50%	246	总芳烃	80.7
90%	290		

2.2 高芳烃饱和活性加氢催化剂

从催化剂的物性角度出发，LCO 原料性质特点要求催化剂孔结构应有利于原料油分子在孔道中扩散和反应；从催化剂的反应活性角度出发，要拓展 LCO 选择性加氢的动力学有利温度范围，首先需要尽量提高其多环芳烃饱和活性。为此，RIPP 在 RN 系列馏分油加氢催化剂载体的基础上研制了一种具有更大孔体积和孔径的改性氧化铝载体，同时通过制备方式以及活性金属含量的优化，研发了具有高芳烃饱和活性的非贵金属负载型催化剂 RSA-100。

由图 2 中试验结果来看，与国内广泛工业应用的参比催化剂 1 及参比催化剂 2 相比，专用催化剂 RSA-100 在试验考察的温度范围内，均表现出较高的多环芳烃饱和率，表明在各条件下专用催化剂 RSA-100 均具有较高的多环芳烃饱和活性，是优选的选择性加氢催化剂。因此，后续的技术开发及工艺考察均采用专用剂 RSA-100。

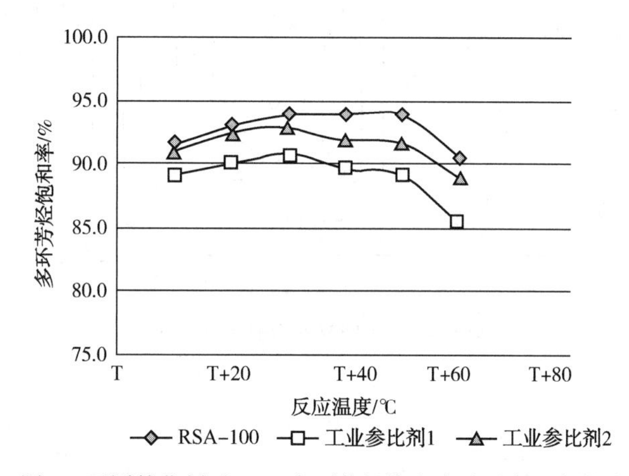

图 2　不同催化剂对 LCO 多环芳烃饱和率及反应温度影响

2.3 工艺技术开发

多环芳烃的加氢过程是逐环进行的，而由于芳烃加氢饱和为可逆反应，多环芳烃第一个环加氢的平衡常数较大，第二个环加氢的平衡常数次之，全部芳环加氢的平衡常数最小。因而对于萘加氢而言，部分加氢产物四氢萘的保留是热力学可行的。由表 2 可知，各加氢反应过程在不同温度下的平衡常数存在差异，以萘类的选择性加氢饱和为例，随着反应温度从 500K 升高至 700K 时，其反应平衡常数持续降低。从另一角度来说，如果在加氢过程中适当改变温度，会改变其平衡常数，进而改变多环芳烃的平衡规律，而目前工业上常规的加氢装置为绝热反应器，随着加氢放热反应的进行，其床层温度升高造成装置下部反应温度往往超过 360℃，过高的温度不利于多环芳烃加氢饱和反应的进行。基于以上考虑，开发新的多环芳烃加氢饱和工艺可从改变其催化剂床层温度入手。

表 2　芳烃加氢饱和反应平衡常数

反　应	不同温度下的 $\lg K_p$		
	500K	600K	700K
$+3H_2 \rightleftharpoons$	2. 11	-1. 64	-4. 36
$+2H_2 \rightleftharpoons$	0. 75	-1. 50	-3. 10
$+5H_2 \rightleftharpoons$	2. 40	-3. 80	-8. 20

要开发专用工艺尽可能提高单环芳烃的产率，需要解决两个关键性问题：①提高多环芳烃饱和率及单环芳烃选择性；②尽可能削弱高温热力学限制对加氢过程中多环芳烃饱和率的影响。

要提高多环芳烃饱和率及单环芳烃选择性，即需要在动力学控制区域内提高反应温度，可提升多环芳烃饱和的反应速率；同时，要削弱高温热力学限制的不利影响，则可考虑增加设置低温反应区，使得芳烃饱和的反应平衡常数在此反应区发生改变，进而促使多环芳烃的进一步加氢饱和。在芳烃加氢反应认识的基础上，开发的LSDA技术工艺流程如图3所示，该工艺的技术核心在于：与传统的两个反应器直接串联不同，在第一及第二反应器之间设置一台换热器，降低第二反应器的入口反应温度，从根本上改变常规工艺流程下高温工况对多环芳烃加氢饱和的热力学限制。

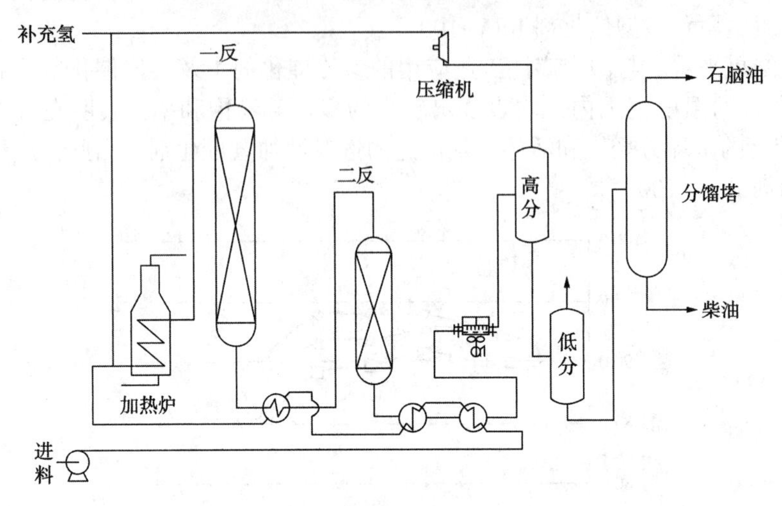

图3 LCO选择性加氢专有技术流程示意图

3 LSDA技术效果

3.1 与常规工艺对比试验结果

为对比专有技术与常规技术对芳烃加氢饱和反应的影响，首先考察二者在不同的反应温度下多环芳烃饱和率的变化。如图4所示，在平均反应温度较低时，采用专有技术与常规技术，多环芳烃饱和规律一致，即多环芳烃饱和率随温度提高呈上升的趋势。而随着反应温度的继续升高，常规技术进入热力学控制区，随着反应温度进一步升高多环芳烃饱和率开始下降；此时，专有技术的优势开始凸显，即当反应温度继续升高，其多环芳烃饱和率一直呈上升趋势，表明专有技术明显削弱了热力学的影响，使多环芳烃饱和反应在更宽的反应温度区间均可以保持较高的饱和率。

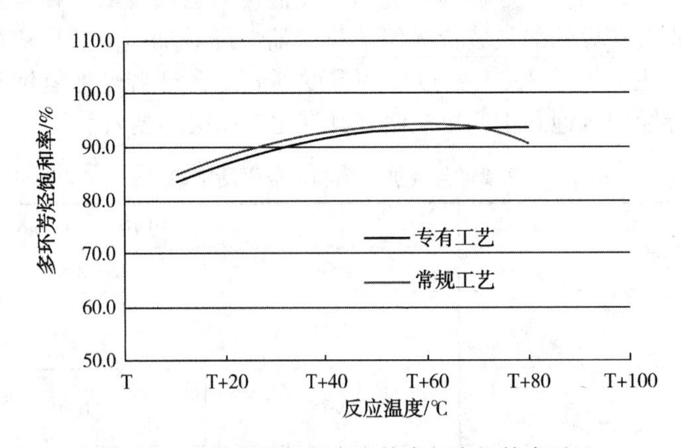

图4 LCO选择性加氢专有技术与常规技术对比

由图5可知，专有技术对单环芳烃选择性的优势比较明显；尤其当反应温度较高时，专有技术与常规技术的单环芳烃选择性差值约为30%。这表明专有技术一方面可以削弱芳烃饱和热力学的限制；另一方面由于不同反应器之间的温度匹配，对多环芳烃加氢生成单环芳烃以及单环芳烃进一步加氢生成环烷烃类的平衡产生影响，进而表现为有利于单环芳烃(主要为四氢萘类)的选择性。

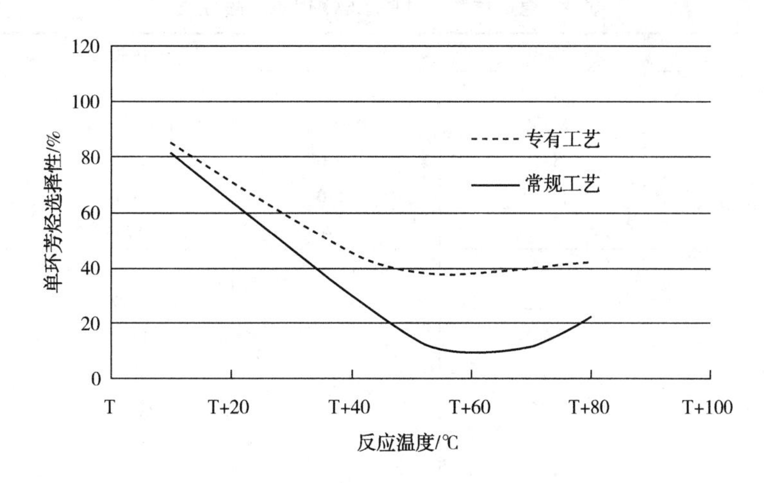

图 5 LCO 选择性加氢专有技术与常规技术对比

3.2 模拟装置末期试验结果

对工业装置卸出剂(未再生)，将专用工艺及常规工艺进行了对比考察，并与新鲜剂采用专有工艺进行对比，结果如图 6 所示。

由图 6 可知，相比新鲜催化剂，采用运作时间超过 2 年的工业装置旧剂时多环芳烃饱和率明显较低；且采用常规工艺时由于热力学限制的影响，当反应温度超过一定值时，随着温度提高则多环芳烃饱和率呈下降的趋势。而当采用专有技术时，即使温度提高至较高数值时，其多环芳烃饱和率仍保持上升趋势，表明在工业运转末期催化剂失活的情况下，专有技术仍可以通过提高反应温度达到较高的多环芳烃饱和率，因此在一定程度上延长了装置的运转周期。

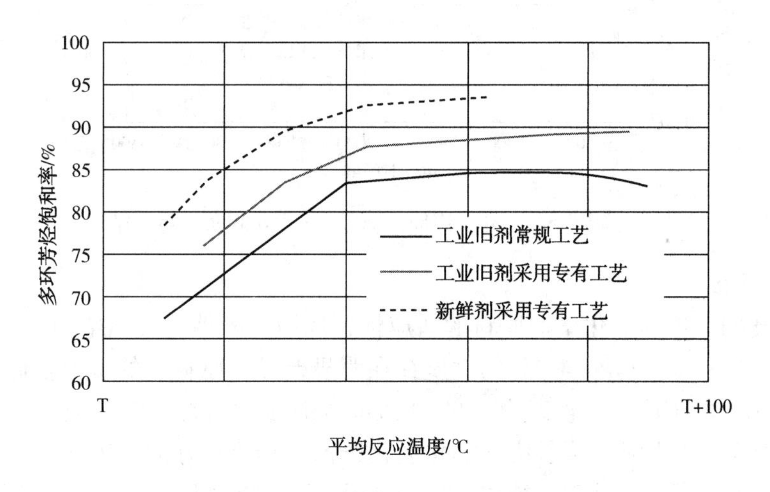

图 6 模拟工业装置后期催化剂芳烃饱和规律

3.3 稳定性试验结果

考察 LCO 选择性加氢专有技术与专用催化剂的稳定性至关重要，关系到工业装置能否稳定生产，本节以典型催化裂化柴油为原料，对专有工艺及专用催化剂 RSA-100 的稳定性进行评价。

具体的试验数据如图 7 所示，在初期的 500h 进行工艺考察试验后继续进行稳定性试验考察，其运行时间共计约为 2900h，在此期间，多环芳烃饱和率及单环芳烃选择性保持在 80%以上，其中第 630h、990h、1446h 及 2718h 的加氢产物性质如表 3 所示。稳定性试验结果表明：专用催化剂与专有技术合理匹配，在多环芳烃饱和率和单环芳烃选择性均达到 80%时，装置可以长周期稳定运行。

表 3　稳定性考察试验 LCO 加氢产品性质

运行时间/h	630	990	1446	2718
产品性质				
密度(20℃)/(g/cm^3)	0.9063	0.9070	0.9049	0.9052
碳/%(质)	89.0	89.0	89.0	88.8
氢/%(质)	11.0	11.0	11.0	11.2
硫/(μg/g)	285	276	199	188
烃类/%(质)				
链烷烃	15.2	17.2	16.7	15.1
环烷烃	10.1	11.0	11.9	13.1
单环芳烃	65.4	62.6	63.2	62.2
双环芳烃	8.2	8.0	7.3	8.8
三环芳烃	1.1	1.2	0.9	0.9
总芳烃	74.7	71.8	71.4	71.9
多环芳烃饱和率/%	82.9	83.1	84.9	86.4
单环芳烃选择性/%	86.7	80.3	79.9	84.0

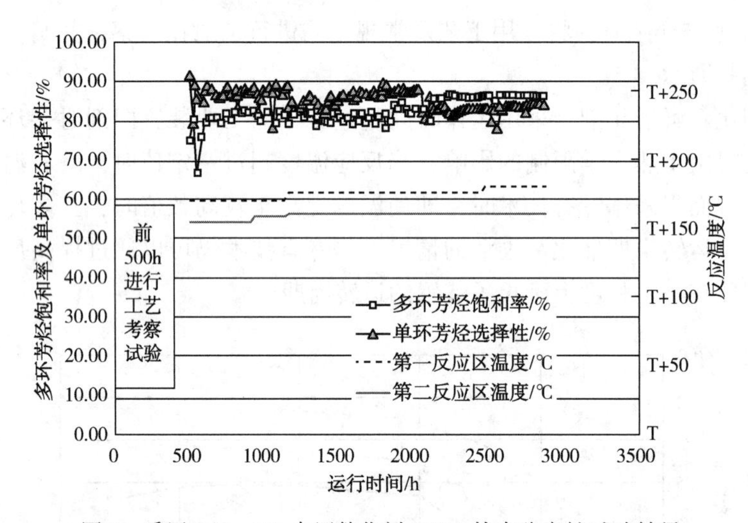

图 7　采用 RSA-100 专用催化剂 LSDA 技术稳定性试验结果

3.4　原料适应性试验结果

为考察专用催化剂对不同催化柴油原料的适应性，选用三种催化裂化柴油进行原料适应性考察，具体原料性质如表 4 所示。三种不同原料的性质存在明显差异，原料 2 的密度较低，多环芳烃质量分数为 52.0%，而原料 1 的密度明显较高为 0.9770g/cm^3，且多环芳烃质量分数高达 71.3%，因此，原料适应性试验原料油为三种性质差异较大的催化裂化柴油，具有较好的代表性。结合表 4 与表 5 中催化柴油原料与加氢产品的烃类组成变化数据可知，采用专用催化剂及专有技术进行选择性加氢饱和后，三种原料的多环芳烃饱和率均高于 80%，同时单环芳烃选择性也较高，表明 LCO 专有技术与专用催化剂对不同性质的 LCO 原料具有良好的原料适应性。

表 4　原料适应性试验用油性质

项　　目	原料 1	原料 2	原料 3
密度(20℃)/(g/cm^3)	0.977	0.9347	0.9612
20℃折射率	1.5802	1.5473	1.5680
氢/%(质)	8.5	9.85	9.01
硫/%(质)	0.194	0.216	0.35
氮/(μg/g)	948	441	454

续表

项　　目	原料 1	原料 2	原料 3
烃类/%(质)			
链烷烃	7.1	16.6	14.2
环烷烃	3.2	7.6	5.0
单环芳烃	18.4	23.8	20.7
双环芳烃	61.7	46.0	54.0
三环芳烃	9.6	6.0	6.1
总芳烃	89.7	75.8	80.8
馏程(ASTM D86)/℃			
初馏点	201	186	138
10%	234	226	217
50%	255	251	262
90%	316	303	328
终馏点	338	330	337

表 5　原料适应性试验加氢产品性质

项　　目	产品 1	产品 2	产品 3
产品性质			
密度(20℃)/(g/cm^3)	0.9299	0.9063	0.9175
氢/%(质)	10.49	11.00	10.97
硫/(μg/g)	291	311	306
氮/(μg/g)	40	5	7
20℃折射率	1.5224	1.5094	1.5144
馏程(ASTM D86)/℃			
初馏点	193	201	200
10%	224	224	223
50%	246	245	245
90%	298	289	289
终馏点	329	318	319
烃类/%(质)			
链烷烃	8.7	15.2	11.3
环烷烃	13.5	10.1	16.9
单环芳烃	64.9	65.4	62.1
双环芳烃	11.3	8.2	8.8
三环芳烃	1.6	1.1	0.9
总芳烃	77.8	74.7	71.8
多环芳烃饱和率/%	81.9	82.9	83.9
单环芳烃选择性/%	79.6	86.7	82.1

4　结论

1）在认识 LCO 加氢深度对催化裂化反应的影响的基础上，进一步深入探究反应温度对 LCO 加氢反应的影响规律，在探索削弱反应热力学限制的研究过程中开发了 LCO 选择性加氢脱芳(LSDA)技术。

2）RIPP 开发的 LSDA 技术专用加氢处理催化剂 RSA-100，采用改性大孔氧化铝为载体，具有较高的芳烃饱和活性，是一种优异的LCO选择性加氢处理催化剂。

3) LCO选择性加氢脱芳(LSDA)技术超过2900h的稳定性考察试验结果表明，该技术在保证较高多环芳烃饱和率及单环芳烃选择性的同时，具有良好的稳定性；另外针对不同原料，该技术表现较高的原料油适应性。

4) 模拟装置运行末期的试验结果表明，LCO选择性加氢专有工艺技术可以在整个装置运转周期内都保持较高的多环芳烃饱和活性，可显著延长装置运转周期。

参 考 文 献

[1] 李大东. 加氢处理工艺与工程[M]. 北京：中国石化出版社，2004.

[2] 陈若雷，高晓冬，石玉林，等. 催化裂化柴油加氢深度脱芳烃工艺研究[J]. 石油炼制与化工，2002，(10)：6-10.

[3] 龚剑洪，龙军，毛安国，等. LCO加氢-催化组合生产高辛烷值汽油或轻质芳烃技术(LTAG)的开发[J]. 石油学报(石油加工)，2016，32(5)：867-874.

[4] 胡意文. 几种芳烃加氢反应的热力学分析[J]. 石油学报(石油加工)，2015，31(1)：7-17.

LCO 选择性加氢裂化生产 BTX 组分的 RLA 技术开发新进展

许双辰　杨　平　任　亮　刘建伟　胡志海　聂　红

（中国石化石油化工科学研究院　北京　100083）

摘　要　在对芳烃加氢转化化学反应路径研究的基础上完成了 RLA 技术开发。针对该技术特点开发了专用的 RN-411 精制剂和 RHC 裂化剂。研究了 LCO 性质特点和反应气氛中 NH_3 含量对生产 C_6 ~ C_{10} 芳烃的影响，提出两种生产 BTX 类小分子芳烃的 RLA 工艺流程。研究结果表明：对于氮含量较低的 LCO，采用 RLA-I 工艺，C_6 ~ C_{10} 芳烃产率最大可以达到 42.7%，C_6 ~ C_8 芳烃产率可以达到 31.8%；对于氮含量较高的 LCO，采用 RLA-II 工艺，C_6 ~ C_{10} 芳烃产率可以达到 42.4%，C_6 ~ C_8 芳烃产率可以达到 33.5%。相比生产汽油工况，RLA 工况下的经济效益进一步提高。

关键词　LCO；RLA；BTX；加氢裂化

1　前言

随着原油重质化和市场对轻质油品需求的快速增长，作为我国重油轻质化主要手段的催化裂化技术得到了广泛的应用，导致我国柴油池中催化裂化柴油（以下简称 LCO）的比例较大，达 30% 以上。LCO 的典型特点是硫、氮等杂质含量高、芳烃含量高、十六烷值低，尤其是当催化裂化装置采用降烯烃的 MIP 工艺时，LCO 中芳烃含量明显增高，从而导致密度显著增大，十六烷值大幅度降低。为提高炼油厂经济效益，这部分劣质 LCO 亟需寻找出路。我国柴油表观消费量从 2015 年开始降低，且增速逐年降低[1]。自 2018 年前后，柴油表观消费量下降后，稳定在相当水平。根据数据推测，2020 年柴油需求量上涨，可能是由于船燃新标准的提出，导致部分车用燃料用于船燃调合组分，因而对柴油表观消费量带来影响。因此，为应对不断变化的市场需求，各炼油厂纷纷要求压减柴油。由此对炼油产品结构、装置结构调整提出了新要求。如何调整装置与产业结构，实现柴油的高值化、清洁化利用成为炼化企业面临的重大难题之一。

另一方面，随着石油化工及纺织工业的不断发展，全球对芳烃的需求量不断增长。芳烃中的苯（B）、甲苯（T）和二甲苯（X）均是重要的有机化工原料，其衍生物广泛地应用于化纤、塑料和橡胶等化工产品和精细化学品的生产中。我国芳烃市场存在巨大的缺口，2017 年，我国对二甲苯（PX）产量仅为 9.71Mt，进口量为 14.05Mt，自给率仅为 44%。2018 年，苯、甲苯和二甲苯进口量分别为 3.0Mt、0.3Mt、16.2Mt，三甲苯进口量比 2017 年增长 9.6%[2]。

传统的 LCO 加工工艺包括加氢精制和加氢改质。加氢精制技术可以有效地脱除 LCO 中的硫、氮等杂质，但产品柴油的十六烷值提高和密度降低幅度有限。加氢改质技术可以有效脱硫、脱氮并大幅度降低密度和提高十六烷值，但副产的石脑油馏分辛烷值较低，且由于芳烃大量饱和使得该工艺过程氢耗较高。换言之，现有的加工技术未能合理地利用 LCO 中富含的芳烃。因此，合理、经济、高效地利用 LCO 中的芳烃，生产高附加值产品具有重要的意义。

当前，传统工艺生产 BTX 小分子芳烃的主要技术路线是：柴油或者蜡油原料首先进入加氢裂化装置，得到的重石脑油和直馏石脑油经过预加氢后进入连续重整装置，生成油进入芳烃抽提装置得到 BTX 产品。其加工流程示意如图 1（a）所示。柴油或蜡油为原料的全转化加氢裂化工艺具有加工流程长、氢耗高、能耗高，加工损失大等缺点。

LCO由于其富含芳烃的特点，不适合作为清洁柴油调合组分。通过LCO高效加氢转化生产BTX(RLA)技术，将LCO中的大分子芳烃经过选择性加氢饱和、开环裂化、断侧链等反应，得到富含BTX的馏分；富含BTX的馏分再进入芳烃抽提装置得到BTX产品。其加工流程示意如图1(b)所示。该工艺流程可以充分利用LCO中的芳烃资源，且工艺流程短，芳烃损失小，经济效益高。

针对LCO高芳烃含量的特性，结合加氢裂化工艺过程的反应特点，中国石化石油化工科学研究院(以下简称RIPP)成功开发了LCO加氢裂化生产高辛烷值汽油和清洁柴油调合组分的RLG技术，该技术已在燕山石化、上海石化、安庆石化成功应用。RIPP在RLG技术的基础上开发出了LCO选择性加氢裂化生产BTX组分的RLA技术。该技术通过控制芳烃转化途径，将LCO中的大分子芳烃转化为苯、甲苯、二甲苯小分子芳烃，是一条较为理想的LCO高效利用途径。该途径可以优化炼油厂加工流程、生产高价值的芳烃料，从而提高炼油厂的经济效益和社会效益。

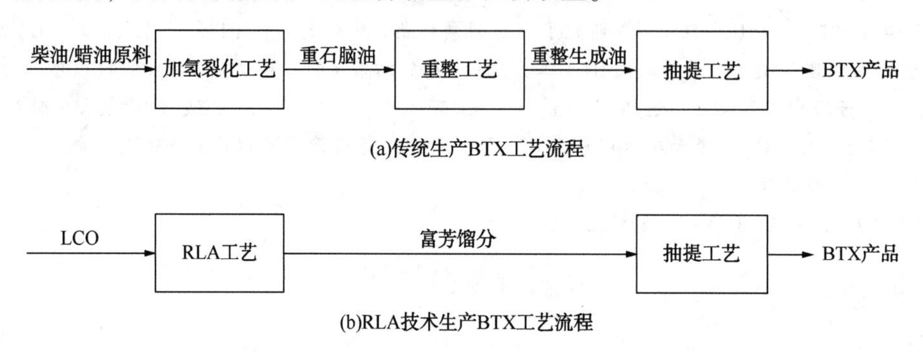

图1　传统生产BTX工艺流程和RLA技术生产BTX工艺流程

2　RLA技术开发基础

2.1　LCO组成特点

表1给出了几种典型LCO的性质、烃类组成及国车用柴油标准。将LCO性质与最新的“国Ⅵ”车用柴油标准[3]对比后可知，LCO的组成特点与清洁柴油期望的高饱和烃含量、高氢含量、高十六烷值的要求存在大的矛盾。通常情况下，LCO用于生产清洁柴油需要较高氢耗，投资和操作费用高、经济性较差，同时损失潜在的芳烃资源。因此，如何合理利用LCO中的芳烃资源是该技术开发的基础。

表1　几种典型LCO的性质及烃类组成

项　　目	LCO-S	LCO-Q	LCO-J	LCO-Y	“国Ⅵ”车柴标准[3]
密度(20℃)/(g/cm³)	0.9343	0.9630	0.8808	0.9166	0.81~0.845
S/(μg/g)(质)	7700	7200	1100	6300	≤10
N/(μg/g)(质)	1102	523	512	773	—
十六烷值	20.6	15.2	33.0	34.9	≥51
烃类组成/%(质)					
链烷烃	16.7	8.4	31.0	29.1	
总环烷烃	6.5	3.6	10.8	10.8	
总芳烃	76.8	88.0	58.2	60.1	
单环芳烃	24.7	19.0	20.8	12.1	
双环芳烃	44.0	58.9	30.8	38.3	
三环芳烃	8.1	10.1	6.6	9.7	
双环以上芳烃含量	52.1	69.0	37.4	48.0	≤7
双环以上芳烃占总芳烃比例	67.8	78.4	64.3	79.9	

2.2　芳烃来源及性质

目前，石油芳烃已成为 BTX 的主要来源，全球来自石油的 BTX 已占全球全部 BTX 的 95%以上。石油中 BTX 主要来源于催化重整装置的重整生成油和蒸汽裂解装置的裂解汽油，然后经过抽提、歧化/烷基转移、异构化、吸附或结晶分离等工艺得到 BTX 产品[4]。

表 2 给出了几种典型的芳烃料的单体烃性质。由表 2 中数据可见，苯、甲苯及二甲苯等均有一个苯环，碳数小于 10，且沸点均在汽油馏分范围内。而 LCO 中的芳烃沸点高于 200℃，且总芳烃质量分数高达 70%以上，双环以上芳烃质量分数高达 52%以上，具备将其转化为 C_{10}以下小分子芳烃的基础。

表 2　几种典型的芳烃料的单体烃性质[4]

单体烃	分子式	结构	相对分子质量	沸点/℃	相对密度(d_4^{20})	调合 RON
苯	C_6H_6		78.11	80.10	0.8790	98
甲苯	C_7H_8	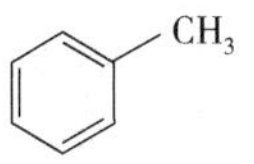 CH_3	92.13	110.80	0.8667	124
邻二甲苯	C_8H_{10}	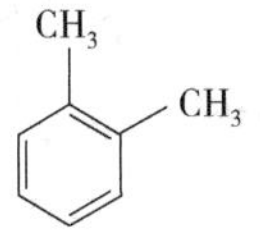 CH_3 CH_3	106.16	144.40	0.8968	120
对二甲苯	C_8H_{10}	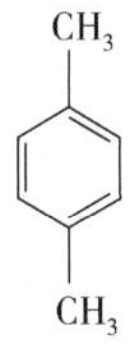 CH_3 CH_3	106.16	138.37	0.8611	146
间二甲苯	C_8H_{10}	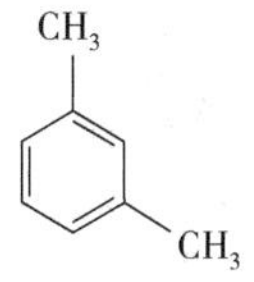 CH_3 CH_3	106.16	139.30	0.8684	145
乙苯	C_8H_{10}	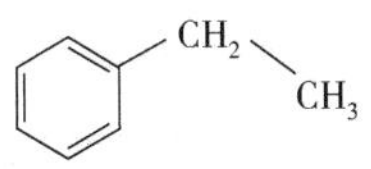 CH_2 CH_3	106.16	136.20	0.8671	124

2.3　芳烃加氢裂化化学反应过程分析

在芳烃加氢转化的化学反应过程中，涉及加氢精制、加氢裂化两类主要反应过程。其中，加氢精制反应过程中主要发生加氢脱硫、加氢脱氮和芳烃加氢饱和反应，加氢裂化反应过程中主要发生链状烃裂化、环烷烃异构化及开环裂化、单环芳烃侧链裂化即单环芳烃脱烷基等反应，且对于部分环状烃来说，选择性开环裂化反应与异构化反应相互交织、相互影响。

分析 LCO 的烃类组成可知，LCO 中芳烃含量高达 60%以上，尤其双环以上芳烃占总芳烃的 64.3%以上，因此，如果控制芳烃在加氢裂化过程中的转化路径，实现 LCO 中的烷基苯类单环芳烃、双环芳烃及三环芳烃转化为苯、甲苯及二甲苯等，则可大大提高 LCO 的利用价值。

如图 2 所示，LCO 中的双环及三环芳烃首先经路径(1)加氢饱和及选择性开环生成四氢萘类或烷基苯类单环芳烃，单环芳烃(包括 LCO 中已有的单环芳烃和由双环以上芳烃转化生成的单环芳烃)经路径(2)选择性开环及烷基侧链断裂等裂化反应可生成苯、甲苯及二甲苯等高辛烷值组分。在该反应过程中，需避免路径(3)和路径(4)的发生，即需要避免中间产物——烷基苯和四氢萘类单环芳烃的进一步加氢饱和及裂化，同时还需避免目标产物——苯、甲苯及二甲苯等的进一步加氢饱和。

在RLA技术反应过程中，通过采用专用的精制催化剂及裂化催化剂，同时采用与催化剂反应性能相匹配的优化工艺条件，有效促进双环以上芳烃的加氢饱和，促进四氢萘类单环芳烃选择性开环、烷基苯类单环芳烃烷基侧链裂化等反应的发生，实现将LCO中大分子芳烃转化为小分子芳烃BTX组分，大大提高LCO的利用价值。

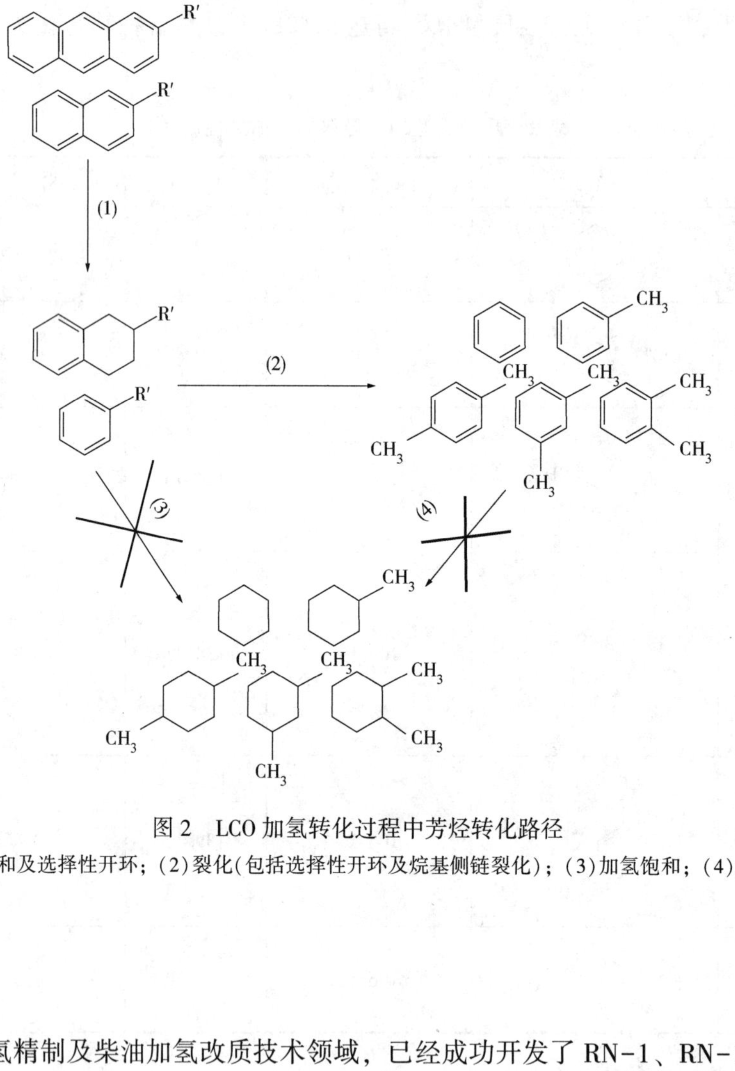

图2 LCO加氢转化过程中芳烃转化路径

(1)加氢饱和及选择性开环；(2)裂化(包括选择性开环及烷基侧链裂化)；(3)加氢饱和；(4)加氢饱和

3 催化剂研制

3.1 精制催化剂

RIPP在柴油加氢精制及柴油加氢改质技术领域，已经成功开发了RN-1、RN-10、RN-10B、RS-1000、RS-1100、RS-2000、RN-32、RN-32V等系列催化剂。上述加氢精制催化剂分别结合柴油分子或蜡油分子的尺寸，针对不同沸程的馏分油而开发，能够保证柴油分子或蜡油分子在催化剂孔道中顺利扩散和反应，具有优良的加氢脱硫、加氢脱氮性能和芳烃饱和活性，并均已成功应用在多套工业装置上。在前述催化剂开发及工业应用的基础上，结合RLG技术化学反应特点，设计了采用Ni、Mo作为活性金属组分的RN-411精制催化剂。该催化剂具有良好的加氢脱氮活性，对双环以上芳烃加氢饱和性能好，可以生产低氮、高总芳烃含量、高单环芳烃含量的精制油，为裂化段提供优质原料。表3给出了精制催化剂的反应性能。由表中数据可见，与工业参比剂相比，RN-411催化剂具有更优的加氢脱氮活性及较低的芳烃加氢活性，可以作为RLA技术的精制催化剂，有效保留单环芳烃及总芳烃。

表 3 RLG/RLA 技术精制催化剂的反应性能 %(质)

原料油及产品	LCO	精制产品	
催化剂		工业参比剂	RN-411
氮/(μg/g)	523	5.4	2.4
饱和烃	12.0	21.2	20.0
单环芳烃	19.0	51.2	55.8
双环芳烃	58.9	25.2	22.4
三环芳烃	10.1	2.4	1.8
总芳烃	88.0	78.0	80.0
总芳烃损失率		10.5	9.1

3.2 裂化催化剂

从芳烃加氢裂化的反应路径来看，为得到苯、甲苯、二甲苯等高辛烷值组分，裂化段催化剂需要有强的开环和断侧链性能，以及适中的加氢性能。裂化段催化剂的加氢功能应与其酸性功能很好匹配，在适宜的酸性中心及酸强度下，加氢性能不能太强。若加氢性能过强，容易导致苯、甲苯、二甲苯等高辛烷值组分过饱和而生成低辛烷值的环烷烃组分。对催化剂的裂化功能来说，四氢萘类单环芳烃、环烷烃的开环反应和烷基芳烃侧链断裂反应对催化剂性能的要求是不同的，因此，催化剂开发难点在于解决上述矛盾。在 RLA 技术专用催化剂开发过程中，需进一步提高选择性开环裂化活性和烷基侧链裂化活性，同时，需进一步抑制产物中单环芳烃的过饱和反应。在 RLA 技术专用裂化催化剂的开发过程中，研究了催化剂酸性组分、分子筛微孔结构及活性金属组分等对 $C_6 \sim C_{10}$ 芳烃转化率及选择性的影响，最终确定了 RHC 专用裂化催化剂。

4 RLA 技术的研究效果

4.1 RLA-I 工艺的研究结果

目前，大部分催化裂化装置原料都经过加氢处理，其工艺生产的 LCO 氮含量一般小于 1000μg/g。对于此类 LCO，采用了两剂串联一次通过或者尾油循环进行加氢裂化，通过精确控制双环芳烃的饱和率，强化单环芳烃的断侧链反应，从而显著提高小分子芳烃的收率，大幅度减少了汽油馏分中的单环环烷烃含量。

表 4 给出了几种典型 LCO 的原料油性质，表 5 给出了采用 RLA-I 工艺的芳烃产率结果。研究表明：在试验范围内，可以在一次通过流程条件下，$C_6 \sim C_{10}$ 芳烃产率分别达到 42.7% 和 41.3%，$C_6 \sim C_8$ 芳烃产率分别达到了 31.8% 和 25.5%。

表 4 RLA-I 技术中试 LCO 原料油性质

原料油	LCO-T	LCO-D
密度(20℃)/(g/cm³)	0.9432	0.9185
S 质量分数/(μg/g)	1563	970
N 质量分数/(μg/g)	170	391
十六烷指数(ASTM D-4737)	19.9	20.3
馏程(ASTM D-86)/℃	195~323	195~294
烃类组成/%(质)		
链烷烃	9.9	14.3
总环烷烃	2.8	13.5
总芳烃	87.3	72.2
总单环芳烃	26.9	34.4
总双环芳烃	55.9	37.2
三环芳烃	4.5	0.6

表5 采用RLA-I工艺的芳烃产率

原料油	LCO-T		LCO-D		
产品	轻汽油	重汽油	轻汽油	中汽油	重汽油
馏分范围/℃	<60	60~200	<60	60~170	170~205
收率/%	19.5	60.83	10.4	47.4	15.25
芳烃含量/%					
C_6	1.80	5.82	2.80	3.78	0.00
C_7	0	21.29	0	18.91	0.07
C_8	0	24.57	0	29.31	3.99
C_9	0	14.14	0	11.69	36.17
C_{10}	0	3.80	0	0.54	28.91
C_{11}	0	0.24	0	0	3.32
C_6~C_8芳烃选择性/%	74.19		61.2		
C_6~C_8芳烃产率(相对LCO)/%	31.8		25.5		
C_6~C_{10}芳烃产率(相对LCO)/%	42.7		41.3		

4.2 RLA-Ⅱ工艺的研究结果

在加氢裂化反应过程中，裂化反应主要在催化剂的酸性中心作用下发生，当原料油中N含量过高时，在加氢精制催化剂上发生加氢脱氮反应生成NH_3，NH_3可强烈地吸附在裂化催化剂的酸性中心上，抑制催化剂的活性，从而导致转化率降低[5]。此外，在RLG技术研究过程中发现，原料油N含量明显影响产品汽油转化率和辛烷值。因此，试验过程中研究了N含量对C_6~C_8芳烃产率和C_6~C_{10}芳烃产率的影响。如图3所示，当原料油中N含量低，即反应气氛中NH_3含量低时，C_6~C_8芳烃产率和C_6~C_{10}芳烃产率大幅度提高。上述研究表明：降低混合原料N含量或反应气氛中的NH_3含量，将有利于提高C_6~C_{10}芳烃产率。

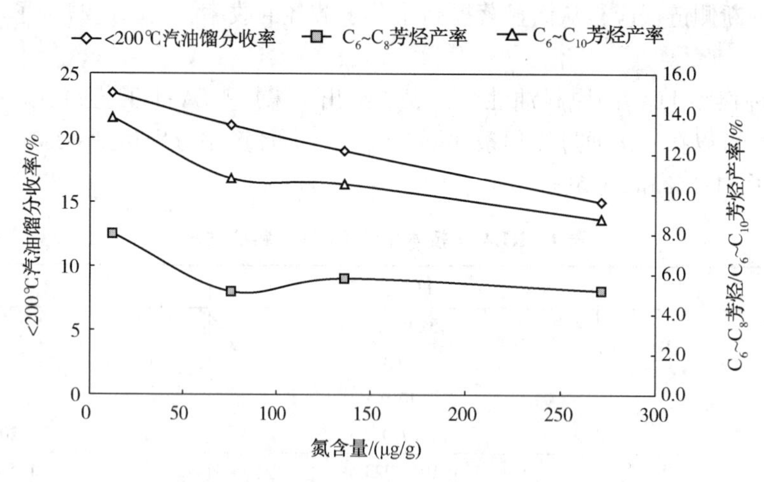

图3 氮含量对汽油转化率及芳烃产率的影响

根据前述研究，RIPP设计一种新的工艺流程(简称RLA-Ⅱ工艺)。表6比较了单段一次通过与RLA-Ⅱ工艺的反应效果。由表6中数据可见，采用RLA-Ⅱ工艺流程，在相同的工艺参数条件下，C_6~C_{10}芳烃产率提高4.8个百分点，C_6~C_8芳烃选择性大幅度提高，C_6~C_8芳烃产率提高6.5个百分点。

表 6 工艺流程对生产 C_6~C_{10} 芳烃的影响

工艺流程	一次通过		RLA-II 新工艺	
工艺参数	基准		基准	
汽油产品	轻汽油	重汽油	轻汽油	重汽油
馏程范围/℃	<60	60~200	<60	60~200
汽油收率/%	5.73	34.27	10.20	37.30
C_6~C_8芳烃选择性/%	53.89		70.42	
C_6~C_8芳烃产率(相对 LCO)/%	基准		基准+6.5	
C_6~C_{10}芳烃产率(相对 LCO)/%	基准		基准+4.8	
LCO 中大分子芳烃的有效转化率/%	基准		基准+6.0	

表 7 给出了一种典型原料油性质，表 8 给出了表 7 中该原料油采用 RLA-Ⅱ新工艺得到的芳烃产率。研究表明：在试验范围内，采用 RLA-Ⅱ新工艺，可以在一次通过的条件下，C_6~C_{10}芳烃产率达到 42.4%，C_6~C_8 芳烃产率达到 33.5%。

表 7 RLA-Ⅱ技术中试 LCO 原料油性质

原料油	LCO-A	原料油	LCO-A
密度(20℃)/(g/cm^3)	0.9522	链烷烃	10.5
S 质量分数/(μg/g)	1420	总环烷烃	7.4
N 质量分数/(μg/g)	555	总单环芳烃	29.7
十六烷指数(ASTM D-4737)	20.4	总双环芳烃	45.6
馏程(ASTM D-86)/℃	194~340	三环芳烃	6.8
烃类组成/%(质)		总芳烃	82.1

表 8 采用 RLA-Ⅱ新工艺得到的芳烃产率

原料油	LCO-A	
产品	轻汽油	重汽油
馏分范围/℃	<85	85~205
收率/%	31	47.33
芳烃含量/%		
C_6	10.27	2.81
C_7	7.64	24.22
C_8	2.52	30.28
C_9	0.25	15.60
C_{10}	0	3.23
C_{11}	0	0.72
C_6~C_8芳烃选择性/%	78.19	
C_6~C_8芳烃产率(相对 LCO)/%	33.5	
C_6~C_{10}芳烃产率(相对 LCO)/%	42.4	

4.3 RLA 工艺的经济效益核算

按照 2018 年和 2019 年 LCO、汽油和 BTX 价格计算了 RLA 工艺时的经济效益，见表 9。采用 RLA 工艺生产 BTX 芳烃时，相比生产汽油时，新增经济效益达到了 455.5 元/t，大幅度提高了劣质 LCO 的价值。

表9 与生产汽油相比，RLA工艺的经济效益核算

项　　目	经济效益
生产汽油工况时，每吨原料新增经济效益①	219.0元/t
生产BTX工况时，相比生产汽油的新增经济效益②	455.5元/t
多增加的经济效益	236.5元/t
汽油价格③	5000元/t
苯和甲苯价格③	5400元/t
混合二甲苯价格③	6200元/t

①根据安庆石化核算，2018~2019年加工催化柴油生产汽油工况时，新增经济效益219元/t。

②按照RLA工况时苯、甲苯、二甲苯的收率和价格进行计算，芳烃抽余油作为汽油调合组分，其余产品和汽油工况时的用途和价格相同。

③按照2019年苯、甲苯、二甲苯的平均价格进行计算。

5 结论

RIPP开发的RLA技术在对芳烃加氢转化化学反应路径研究的基础上，开发了专用的RN-411精制剂和RHC系列裂化剂，并根据原料油及产品目标要求开发了两种RLA工艺流程，得到如下结论：

1）获得专用的加氢精制催化剂RN-411。该催化剂具有优良的脱氮性能、对双环以上芳烃加氢饱和性能优异，单环芳烃保留度高。

2）获得专用的加氢裂化RHC系列催化剂。该系列催化剂具有好的开环裂化选择性和烷基侧链断裂功能，可有效地将柴油馏分中双环以上大分子芳烃转化为BTX小分子芳烃。

3）根据LCO原料性质的不同，开发了两种生产BTX类小分子芳烃的RLA工艺流程。对于氮含量较低的LCO，采用RLA-Ⅰ工艺时，C_6~C_{10}芳烃产率最大可以达到42.7%，C_6~C_8芳烃产率可以达到31.8%；对于高氮LCO，采用RLA-Ⅱ新工艺C_6~C_{10}芳烃产率可以达到42.4%，C_6~C_8芳烃产率可以达到33.5%。相比生产汽油工况，RLA工况时，经济效益进一步提高。

参考文献

[1] 瞿国华.清洁柴油的高能效化发展方向[J].中外能源，2019，24(3)：79-83.

[2] 孙雪霏.深度分析：PX及PTA—2017年数据回顾(隆众资讯)[EB/OL].(2018-02-10)http：//news.oilchem.net/20180210/469/9109219.html.

[3] 中华人民共和国国家标准—车用柴油.GB 19147-2016，中华人民共和国国家质量监督检验检疫总局/中国国家标准化管理委员会.2016.

[4] 戴厚良.芳烃技术[M].北京：中国石化出版社，2017.

[5] 蒋东红.催化裂化柴油馏分芳烃加氢饱和反应动力学的研究[D].北京：石油化工科学研究院，2003.

柴油馏分加氢转化增产航煤和化工原料系列技术开发

刘建伟　任　亮　许双辰　董松涛　杨　平　胡志海

（中国石化石油化工科学研究院　北京　100083）

摘　要　为了调整产品结构、降低柴汽比、助力炼油厂转型发展，石油化工科学研究院开发了柴油馏分加氢转化增产航煤和化工原料的系列技术。研究结果表明，以直馏柴油为原料，在6.4MPa的缓和反应条件下，以最大量生产航煤为主要目的时，可以生产收率50%以上的3号航煤产品；以最大量生产化工原料为主要目的时，通过高选择性催化剂，可以得到链烷烃含量超过55%的柴油产品和链烷烃含量超过90%的轻石脑油馏分，作为优质的乙烯裂解原料，同时还能够得到芳潜超过45%的重石脑油馏分，作为优质的重整料。该系列技术的开发，可以将直馏柴油高选择性地转化为航煤或者化工原料，为炼油企业调整产品结构并向化工转型提供技术支撑。

关键词　炼油转型；直馏柴油；加氢转化；航煤；乙烯料；重整料

1　前言

近年来我国炼油行业面临诸多挑战：一方面炼油能力严重持续过剩，另一方面大型炼化企业新增产能不断增加。2019年国内新增炼油能力25Mt/a，总炼油能力达到860Mt/a[1]，炼油能力严重持续过剩，而成品油终端消费继续放缓，其中，2019年柴油表观消费量同比下降6.25%。降低柴汽比同时寻找炼油厂柴油的出路已成为亟待解决的问题之一。

进入到21世纪以来，随着国民经济的持续健康发展和人民生活水平的提高，民航运输业得到快速发展，并带动航空煤油（以下简称航煤）消费量的不断增加，图1给出了2012~2019年我国航煤产量、表观消费量以及进出口量的统计数据，从图中数据可知，我国航煤表观消费量年均增速超过11%，虽然我国航煤产量也逐年增加，但近年来我国各炼油企业积极开拓国际市场，航煤出口量也有了较大幅度的增长。此外，近年来虽然新能源和替代能源的快速发展对成品油的需求产生了较大的影响，但是由于飞机发动机所需功率较大，替代航煤需要一个较长的过程，无论国内还是国际上对于航煤需求峰值的到达可能会比较久，因此，柴油馏分加氢转化增产航煤一方面可以降低炼油厂柴汽比，另一方面也可以增加航煤产量以满足未来国内航煤消费量以及出口量的增长。

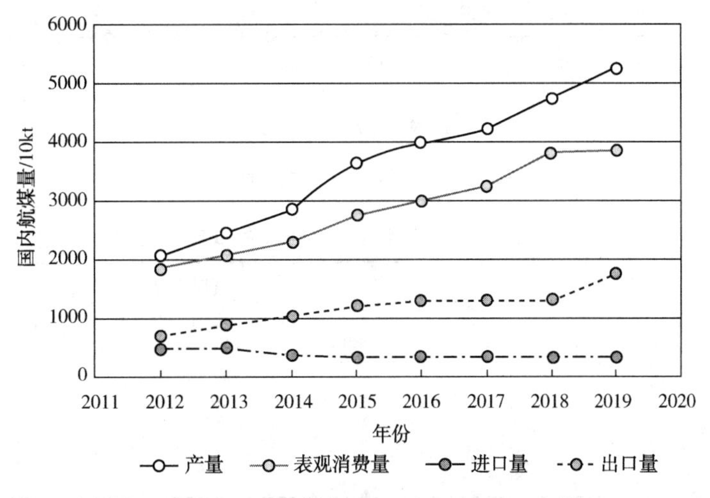

图1　2012-2019年国内航煤量的变化趋势[2]

与此同时，随着国内人民生活水平的不断提高，市场对化工产品如芳烃、烃烯烃的需求持续增加，使得化工原料的缺口持续扩大。为了应对我国炼油行业面临的诸多挑战以及国内对化工原料需求的不断增长，各炼油厂选择逐步向化工转型。因此，将目前市场过剩的柴油馏分加氢转化增产乙烯料和重整料，一方面能够降低柴汽比，解决炼油厂柴油的出路问题，另一方面能够生产化工原料，促进炼油厂的转型发展。

在我国的柴油池中，直馏柴油占比达到50%，因此开发由直馏柴油加氢转化增产航煤和化工料的技术对于满足市场需求、提高炼厂经济效益以及促进炼油厂的转型发展具有重要的现实意义。

2 直馏柴油加氢转化最大量生产航煤技术

2.1 直馏柴油增产航煤的技术关键

直馏柴油最大量生产航煤的加氢转化技术是指以直馏柴油为原料，通过促进大分子链烷烃的异构和裂化反应，增加航煤馏分收率、降低冰点。通过控制适宜的转化深度、适宜的切割方案，采用一次通过、柴油馏分循环等工艺流程，可最大量生产航煤和石脑油。

表1给出了一组Y厂直馏柴油、航煤产品和3号航煤标准的典型数据。对比直馏柴油和3号航煤的标准要求，由于直馏柴油的馏程显著高于航煤产品的馏程，密度、冰点、烟点、芳烃含量等数据差别较大。航煤产品的关键指标是冰点、烟点、萘系烃体积分数、闪点等。因此，以直馏柴油为原料生产3号航煤产品，需要完成四大任务：①大幅度降低直馏柴油的馏程；②大幅度降低冰点，改善低温流动性能；③降低芳烃含量，提高烟点，改善燃烧性能；④此外还需改善腐蚀性等指标，如硫醇性硫含量、铜片腐蚀和银片腐蚀等。

2.1.1 降低馏程和分子量

直馏柴油的馏程一般集中在200~360℃的馏分段，而航煤产品的馏程一般在150~300℃的馏分段。图2给出了Y厂直馏柴油和航煤产品的碳数分布结果。可见，直馏柴油碳原子数在10~25之间，分子量在140~350之间；航煤产品碳原子数在8~16之间，分子量在110~220之间。

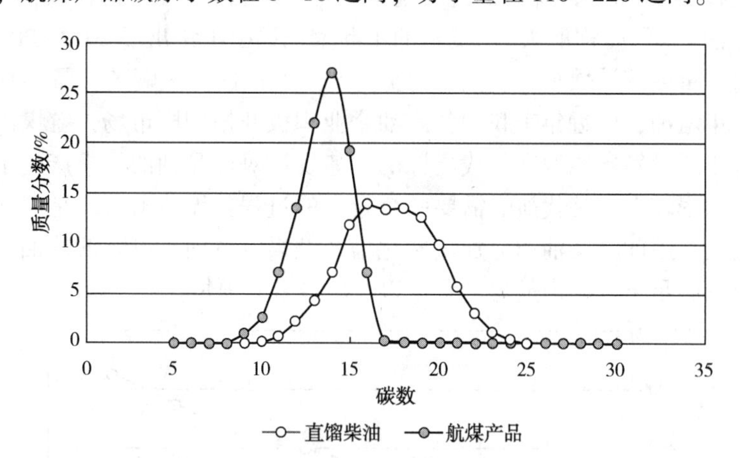

图2 Y厂直馏柴油和航煤产品的碳数分布结果

表1 直馏柴油、航煤和3号航煤标准典型数据

原料油	Y厂直馏柴油	航煤产品典型数据	3号航煤标准(GB 6537—2006)
密度(20℃)/(g/cm³)	0.8434	0.8077	0.775~0.830
硫/%(质)	0.60	<0.0005	≤0.2
氮/(μg/g)	42		
碳/%(质)	86.54		

续表

原料油	Y 厂直馏柴油	航煤产品典型数据	3 号航煤标准（GB 6537—2006）
氢/%(质)	13.46		
黏度(20℃)/(mm^2/s)		1.52	≥1.25
硫醇性硫/%(质)		0.0003	≤0.002
冰点/℃	-12	<-60	≤-47
烟点/mm	17.4	25.8	≥25
萘系烃/%(体)		<0.1	≤3.0
闪点/℃	58	43	≥38
十六烷指数(D-4737)	54.6		
BMCI 值	31.2		
馏程(ASTM D-86)/℃			
IBP	229	152	
10%	252	174	≤205
30%	262		
50%	272	186	≤232
70%	280		
90%	288	199	
FBP	300	218	≤300
族组成/%(质)			
链烷烃	43.4	16.3	
总环烷烃	30.3	77.4	
总单环芳烃	16.9		
总双环芳烃	8.9		
三环芳烃	0.5	6.3	
总芳烃	26.3		≤20①

①体积分数。

2.1.2　降低直链烷烃含量改善冰点

图 3 为航煤产品的冰点随航煤中正构烷烃含量的变化趋势，从图中数据可知，航煤产品冰点与其中正构烷烃含量具有较好的线性关系。研究结果表明，碳数越大的正构烷烃对冰点的影响越大。因此，降低航煤馏分冰点的关键是降低正构烷烃含量，特别是降低大分子正构烷烃的含量。

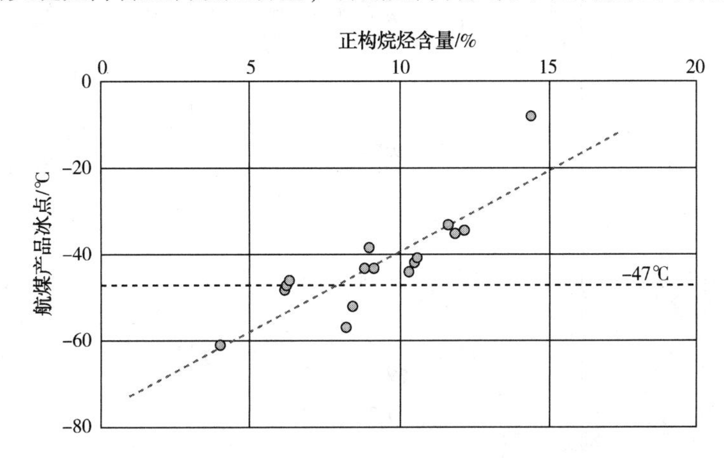

图 3　航煤冰点随正构烷烃含量的变化趋势图

2.1.3 提高航煤收率

直馏柴油与航煤产品的碳原子数存在重叠，为了增产航煤，关键是对大分子特别是C_{16}~C_{25}的馏分段进行裂化，使之能够进入到航煤馏分段，减少二次裂化反应，提高航煤馏分的收率。

2.2 直馏柴油最大量生产航煤的典型结果

表2给出了以表1中Y厂直馏柴油为原料，分别采用一次通过流程和柴油循环流程生产航煤的压力等级以及各馏分产品分布和性质，其中，一次通过流程采用石科院开发的直柴增产航煤专用催化剂A，柴油循环流程采用专用催化剂B。由表中试验结果可知，该技术可生产收率50%以上、烟点≥25.0mm、冰点≤-47℃的3号喷气燃料；以及收率25%左右、芳潜45%以上、硫和氮含量均<0.5μg/g的优质重整原料；同时副产少量十六烷值超过60、硫含量<10.0μg/g的清洁柴油。

表2 Y厂直馏柴油加氢转化增产航煤的典型试验产品性质

工艺流程	一次通过	柴油馏分循环转化
加氢转化催化剂	A	B
工艺参数		
氢分压/MPa	6.4	6.4
轻石脑油性质(<65℃)		
密度(20℃)/(g/cm³)	0.6220	0.6102
重石脑油馏分性质(65~140℃)		
收率/%	14.27	23.24
密度(20℃)/(g/cm³)	0.7301	0.7182
硫含量/(μg/g)	<1.0	<1.0
芳潜/%	45.3	/
航煤馏分性质		
收率/%	50.20	54.39
密度(20℃)/(g/cm³)	0.8159	0.7959
硫含量/(μg/g)	<10	<10
氮含量/(μg/g)	<0.5	<0.5
闪点/℃	45	40
冰点/℃	-51	-48
烟点/℃	26.1	25.0
萘系烃/%(体)	0.2	0.5
硫醇性硫/(μg/g)	<2	<2
总芳烃/%(质)	9.2	16.2
柴油馏分性质		
收率/%	21.65	6.04
密度(20℃)/(g/cm³)	0.8335	0.8156
硫含量/(μg/g)	<10	<10
氮含量/(μg/g)	<0.5	<0.5
十六烷指数(ASTM D-4737)	70.2	73.7
十六烷值		66.4
多环芳烃/%(质)	0	0

3 直馏柴油加氢转化最大量生产化工原料技术

3.1 直馏柴油生产化工原料的技术关键

直馏柴油加氢转化最大量生产化工原料技术是指以直馏柴油为原料，通过加氢转化，生产以链烷烃含量为主的柴油馏分和轻石脑油馏分作为乙烯裂解原料，同时生产高芳潜的重石脑油馏分作为重整原料。

从表1中直馏柴油的性质分析结果可以看出，直馏柴油具有密度低、氮含量低以及十六烷值较高的特点，从族组成数据可以看出，直馏柴油中链烷烃含量较高，同时含有较多的环烷烃和芳烃。在高选择性的加氢转化催化剂作用下，控制适宜的转化深度、优化工艺流程，将链烷烃保留在柴油馏分中，将环烷烃和芳烃通过选择性开环和断侧链等反应富集到重石脑油馏分中，同时得到高链烷烃含量的轻石脑油馏分。高链烷烃含量的柴油馏分和轻石脑油馏分可以作为优质的乙烯裂解原料，同时高芳潜的重石脑油馏分可以作为优质的重整原料，通过“宜烯则烯、宜芳则芳”的分子炼油理念，从而达到“油化结合”的转型发展目标。

3.2 直馏柴油加氢转化增产化工原料的典型结果

为了最大量生产优质化工原料，强化环烷烃和芳烃的选择性开环裂化反应，提高反应过程选择性，RIPP从专用催化剂开发以及工艺优化两方面着手实现上述生产目的。

采用来源于不同炼油厂的两种直馏柴油作为原料和RIPP开发的专用催化剂，在中型试验装置上进行了直馏柴油加氢转化增产化工原料的模拟试验，表3给出了两种直馏柴油的性质，表4给出了采用两种直馏柴油得到的各馏分产品的性质。由表中试验数据可知，以两种典型的直馏柴油为原料，经过加氢转化后，轻石脑油链烷烃含量超过97%，可作为优质的乙烯裂解原料；重石脑油硫含量小于0.5μg/g，芳潜54%以上，是优质的重整料；大于170℃的柴油馏分硫含量小于5μg/g，十六烷值超过58，链烷烃质量分数超过59%，可作为优质的乙烯裂解原料，也可作为高十六烷值柴油的调合组分。

以直馏柴油B的结果还可以看出，该技术还可以得到性质合格的航煤产品，冰点为-50℃，烟点为28.1mm。当切割出航煤产品后，未转化柴油的链烷烃质量分数提高至68.2%，BMCI降低至12.7，是更加优质的乙烯裂解原料。

表3 直馏柴油加氢转化增产化工原料模拟试验的原料油性质

原料油	直馏柴油A	直馏柴油B	原料油	直馏柴油A	直馏柴油B
密度(20℃)/(g/cm³)	0.8437	0.8237	十六烷指数(D-4737)	54.6	55.4
硫/%(质)	0.58	2860	十六烷值	52.7	
氮/(μg/g)	62	92	馏程(ASTM D-86)/℃		
碳/%(质)	86.59	86.15	IBP-FBP	226~331	186~364
氢/%(质)	13.41	13.85			

表4 直馏柴油加氢转化增产化工原料模拟试验的典型结果

原料油	直馏柴油A	直馏柴油B
工艺参数		
氢分压/MPa	6.4	6.4
反应温度/℃	基准	基准-7
轻石脑油性质	<65℃	<65℃
链烷烃质量分数/℃	98.90	97.5
重石脑油馏分性质	65~170℃	65~170℃
密度(20℃)/(g/cm³)	0.7562	0.7663
硫含量/(μg/g)	<0.5	<0.5
芳潜/%	54.0	58.4

续表

原料油	直馏柴油 A	直馏柴油 B	
航煤馏分性质		145~240℃	
密度(20℃)/(g/cm³)		0.7953	
冰点/℃		-50	
烟点/mm		28.1	
闪点/℃		56	
柴油馏分性质	>170℃	>170℃	>240℃
密度(20℃)/(g/cm³)	0.7976	0.8002	0.8032
硫含量/(μg/g)	<5	<5	<5
氮含量/(μg/g)	<0.5	<0.5	<0.5
十六烷指数(ASTM D-4737)	63.1	62.4	73.3
十六烷值	58.9	59.2	
链烷烃/%(质)	59.9	63.1	68.2
多环芳烃/%(质)	0.6	0.2	0.3
BMCI 值	16.7	16.2	12.7

4 直馏柴油加氢转化多产乙烯裂解原料的工业应用

4.1 某炼油厂 0.5Mt/a 直馏柴油加氢转化多产乙烯裂解原料工业装置

直馏柴油加氢转化多产乙烯裂解原料技术开发成功之后，在某炼油厂 0.5Mt/a 柴油加氢转化装置上率先实现了工业应用。表 5 给出了该装置的典型运转结果，结果表明，以该厂生产的直馏柴油为原料，在缓和的反应条件(氢分压为 6.4MPa，反应温度为 339℃)下，可以得到收率为 90%左右的柴油产品，其链烷烃含量达到了 56.5%，芳烃含量降低至 10.7%，特别是易于结焦的多环芳烃含量，从原料的 10.9%降低至产品的 1.3%，说明在反应过程中，多环芳烃的加氢饱和以及开环裂化等反应显著。采用该技术对该厂生产的直馏柴油进行加氢转化后，能够使未转化柴油产品的链烷烃含量得到显著提高，芳烃含量，特别是多环芳烃含量明显降低，使得到的柴油产品能够作为优质的乙烯裂解原料，降低了炼油厂柴汽比，并解决了炼油厂富裕柴油的出路问题。

表 5 某炼油厂 0.5Mt/a 柴油加氢转化多产乙烯裂解原料的典型运转数据

工艺参数		
氢分压/MPa	6.4	
反应温度/°C	339	
名称	原料	产品柴油
馏分收率/%		90%
馏分性质:		
密度(20 °C)/(g/cm³)	0.8309	0.8096
硫含量/(μg/g)	6636	1.9
氮含量/(μg/g)	34	
十六烷指数	56.2	63.8
馏程范围/°C	244~326	189~326
链烷烃/%(质)	49.2	56.5
芳烃/%(质)	26.6	10.7
多环芳烃质量分数/%	10.9	1.3

该装置于 2016 年 1 月开工，连续稳定运转 36 个月。对该装置自 2016 年 1 月至 2018 年 12 月份的运转数据进行了分析，图 4 为此期间装置的加工量以及加工负荷的变化，从装置运转结果可知，此期

间装置平均加工量为45t/h，平均加工负荷为73%。图5为此期间反应器入口及出口温度的变化曲线，反应器温度每月平均升高大约0.5℃，可见，该装置催化剂失活缓慢，具有较好的稳定性。图6为此期间未转化柴油产品的密度和链烷烃含量变化，在此装置运行期间未转化柴油产品的密度为800kg/m^{3}左右，链烷烃含量在55%以上，可以作为较为优质的乙烯裂解原料。

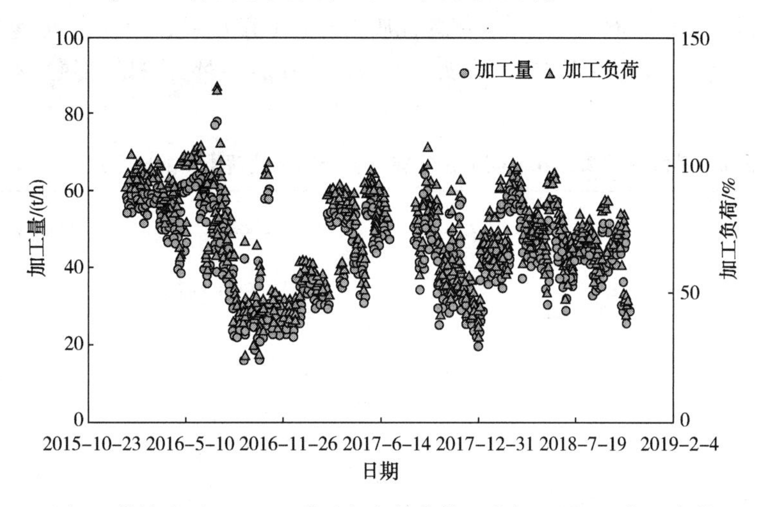

图4　某炼油厂0.5Mt/a柴油加氢转化装置的加工量以及加工负荷

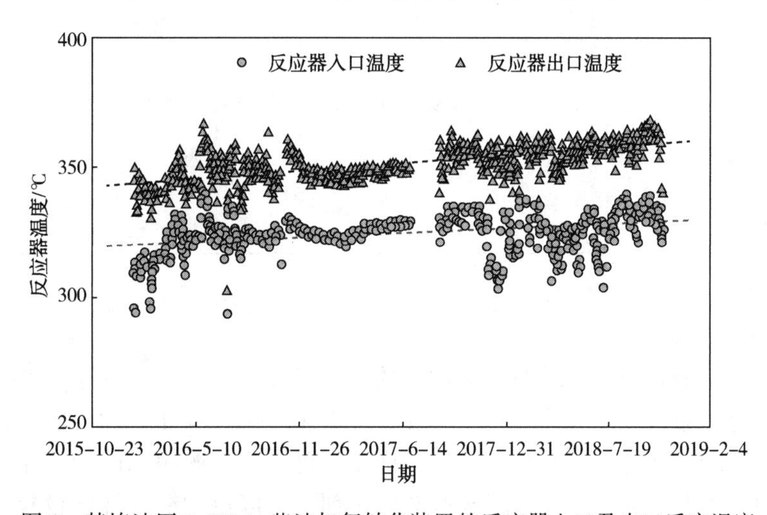

图5　某炼油厂0.5Mt/a柴油加氢转化装置的反应器入口及出口反应温度

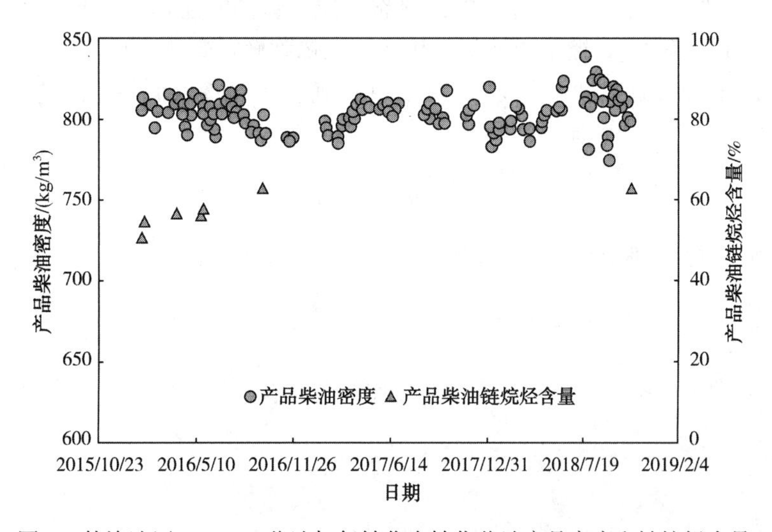

图6　某炼油厂0.5Mt/a柴油加氢转化未转化柴油产品密度和链烷烃含量

4.2　某炼油厂2.2Mt/a直馏柴油加氢转化多产乙烯裂解原料的工业装置

某炼油厂2.2Mt/a柴油加氢转化装置同样采用石科院新技术多产乙烯裂解原料，于2018年12月开工运行，至今已连续运转17个月。表6给出了该装置的典型运转结果，结果表明，以该厂生产的直馏柴油为原料，在缓和的反应条件(氢分压4.7MPa，反应温度334℃)下，可以得到收率90%左右的柴油产品，其链烷烃含量达到了56.3%，可以作为优质的乙烯裂解原料，芳烃含量降低至9.4%，特别是易于结焦的多环芳烃含量，降低至1.1%，说明在反应过程中，多环芳烃的加氢饱和以及开环裂化等反应显著。

表6　某炼油厂2.2Mt/a柴油加氢转化多产乙烯裂解原料的典型运转数据

工艺参数		
氢分压/MPa	6.4	
反应温度/°C	334	
名称	原料	产品柴油
馏分收率/%		90%
馏分性质:		
密度(20°C)/(g/cm³)	0.8383	0.8100
硫含量/(μg/g)	11500	1.5
氮含量/(μg/g)	57	1.2
十六烷指数(ASTM D4737)	55.5	61.2
馏程范围/°C	195~360	173~348
链烷烃/%(质)	48.7	56.3
芳烃/%(质)	26.9	9.4
多环芳烃/%(质)	11.2	1.1

5　结论

为了实现柴油的高价值利用，同时助力炼油厂的转型发展，石油化工科学研究院开发了柴油馏分加氢转化增产航煤和化工原料系列技术。以直馏柴油为原料，在6.4MPa的缓和反应条件下，以最大量生产航煤为主要目的时，通过催化剂和工艺集成优化，可以生产收率50%以上的3号航煤产品；以最大量生产化工原料为主要目的时，通过高选择性催化剂，可以得到链烷烃含量超过55%的柴油产品和链烷烃含量超过95%的轻石脑油作为优质的乙烯裂解原料；同时还可以得到芳潜超过45%的重石脑油，作为优质的重整料。其中，直馏柴油加氢转化多产乙烯裂解原料技术已相继在某炼油厂的0.5Mt/a以及2.2Mt/a两套加氢转化装置上进行了成功应用，并得到收率90%以上同时链烷烃含量超过55%的柴油产品，可以作为优质的乙烯裂解原料。

参　考　文　献

[1] 刘朝全，姜雪峰.2019年国内外油气行业发展报告[M]. 北京：石油工业出版社，2020.

RIPP 催化柴油高效转化催化剂的研发进展

杨 平 任 亮 董松涛 杨清河 胡志海 毛以朝 聂 红

（中国石化石油化工科学研究院 北京 100083）

摘 要 为实现催化柴油的加工和高效利用，基于多环芳烃加氢裂化反应化学和催化剂性质与反应性能的关联关系，通过构建与目标反应匹配度高的活性中心，开发了高性价比柴油加氢改质催化剂 RIC-3 和柴油加氢裂化生产高辛烷值汽油组分 RLG 技术专用加氢裂化催化剂 RHC-100。与上一代催化剂 RIC-2 相比，RIC-3 催化剂的装填堆密度降低 25.6%，产品柴油的收率、十六烷指数提高值和密度降低值较优，可为炼油厂解决柴油质量升级问题，已成功应用 10 余套次。采用 RLG 工艺并使用专用加氢裂化催化剂 RHC-100 加工催化柴油，可生产 RON92 的高辛烷值汽油组分、总汽油馏分收率达 45%以上，同时大幅度提升产品柴油质量。RLG 技术及 RHC-100 催化剂的开发与应用可为炼油厂解决劣质柴油后加工的问题，实现劣质柴油的高效转化并优化炼油厂产品结构。

关键词 催化柴油；加氢改质；RLG 技术；RIC-3 催化剂；RHC-100 催化剂

1 引言

在我国，催化裂化技术占原油加工能力比例的 40%左右，导致催化裂化柴油（LCO）的产量较高[1]。LCO 的显著特点是十六烷值低、芳烃含量高、密度高；尤其是伴随原油重质化、劣质化程度的加剧和降低汽油烯烃、增产丙烯等催化裂化技术的应用，LCO 的质量变得更差。与此同时，随着经济的发展和人们环保意识的增强，成品油质量要求越来越严格；2015～2019 年我国燃料油质量标准已从“国Ⅳ”逐步升级至“国Ⅵ”。对于柴油而言，主要差别在于硫含量、十六烷值、多环芳烃含量和密度等指标的要求更加苛刻。显然 LCO 的组成特性无法满足高质量柴油的要求，如何经济、高效地加工和利用劣质 LCO 成为炼油企业面临的一项重要挑战。

目前，国内外主要采用加氢改质技术对 LCO 进行加工以生产高质量柴油馏分[2,3]，即在相对缓和的工艺条件下，通过芳烃的加氢饱和与选择性开环反应将 LCO 中的双环及以上多环芳烃转化为高十六烷值组分如长侧链烷基苯；同时脱除 S、N 等杂质，进而实现产品柴油提高十六烷值、降低多环芳烃含量和杂质脱除的目的。

针对劣质柴油的加氢改质问题，中国石化石油化工科学研究院（RIPP）开发了 RICH 技术和 MHUG 技术以及配套的 RT、RIC 系列专用加氢改质催化剂。加工 LCO 时，产品柴油的收率一般保持在 95%（质）以上、密度降低 0.035g/cm^{3}以上、十六烷值提高值为 10 个单位以上[4-7]。目前，第一代和第二代专用加氢改质催化剂 RIC-1 和 RIC-2 已成功应用 20 余套次。但因全球加氢催化剂市场竞争激烈，现有改质催化剂 RIC-2 的成本相对较高、价格优势不明显；尤其是“国Ⅵ”标准实施后，以劣质二次加工柴油如催化柴油、焦化柴油等为原料生产符合要求的清洁柴油产品的压力和成本明显增加。为更好地适应当前市场的变化、提高柴油加氢改质技术的市场竞争力，有必要开发新一代高性价比柴油加氢改质催化剂。

伴随我国能源结构调整，成品油生产和消费增速与结构发生了变化。2018 年我国汽油产量约 140Mt，同比增加 8.1%；而柴油产量约 170Mt，同比下降 1.9%。炼油厂面临降低柴汽比、压减柴油的难题，柴油的高效利用也受到了广泛的关注。早期 UOP 开发了将 LCO 转化为高辛烷值汽油或轻质芳烃的 LCO-Unicracking 加氢改质技术并报道了中试结果[8]；Mobil、AKZO 和 Kellog 等公司也报道了联合开发的 LCO 加氢改质技术（MAK-LCO）的中试结果[9]，但高辛烷值汽油馏分或轻质芳烃的收率都比较低。

RIPP借助催化柴油分子尺度的表征技术，在深入、系统研究多环芳烃加氢裂化反应过程的基础上开发了由LCO加氢裂化生产高辛烷值汽油馏分或轻质芳烃原料的RLG技术[10,11]，即在加氢裂化条件下，LCO中双环及以上多环芳烃通过选择性加氢饱和、开环和裂化反应转化为小分子烷基苯类，如苯、甲苯、二甲苯等。因RLG技术的原料、工艺条件及反应过程区别于传统的加氢裂化技术，有必要开发专用加氢裂化催化剂以实现理想产物高收率、产品高质量和高运行稳定性的目标。

2　多环芳烃加氢裂化反应化学

图1以萘为例给出了加氢裂化条件下多环芳烃的单分子反应机理。具体为：萘首先发生加氢饱和反应生成部分加氢产物四氢萘；四氢萘存在两条反应路径，一是继续发生加氢饱和反应生成环烷烃十氢萘，然后再发生异构、开环、裂化反应生成长侧链烷基环烷烃或短侧链烷基环烷烃，即加氢裂化路径；二是四氢萘发生异构化反应生成甲基茚满，然后再发生开环、裂化反应生成长侧链烷基苯或短侧链烷基苯，即异构裂化路径。

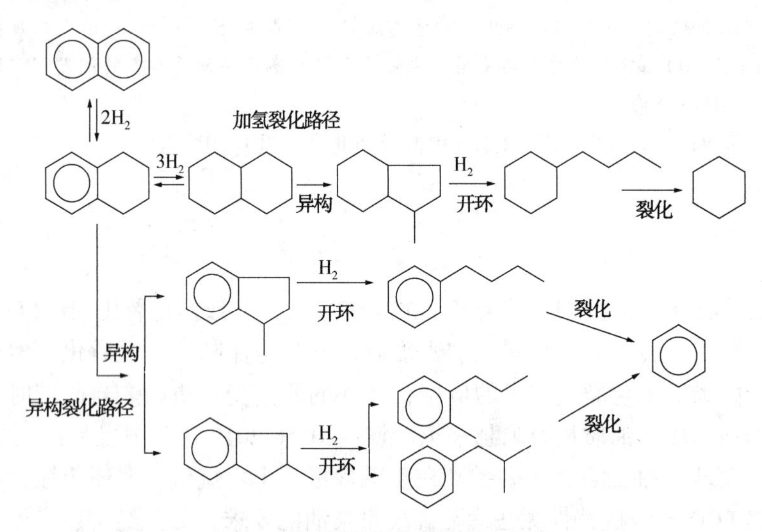

图1　萘加氢裂化单分子反应机理

柴油加氢改质RICH或MHUG技术的理想产物是长侧链烷基环烷烃和长侧链烷基苯等高十六烷值组分，因此加氢裂化路径和异构裂化路径都是理想路径，但异构裂化路径的氢耗更低。技术关键是强化多环芳烃的加氢饱和反应和环烷烃的开环反应并抑制长侧链烷基环烷烃、长侧链烷基芳烃的裂化反应。

柴油加氢裂化RLG技术的理想产物是小分子单环芳烃如甲苯、二甲苯等，因此异构裂化路径是理想路径。技术关键是强化多环芳烃选择性加氢饱和至四氢萘型单环芳烃并提高单环芳烃的开环反应和长侧链烷基苯的断侧链反应活性，同时抑制芳烃聚合反应以延缓失活。

3　高性价比柴油加氢改质催化剂RIC-3的开发

3.1　技术难点与研发思路

按照上述反应机理和技术关键，理想柴油加氢改质催化剂需要具备高芳烃加氢饱和性能、高环烷环开环性能和低开环产物裂化性能。首先，研究发现环烷环的开环反应与开环产物的裂化反应均在酸性中心上完成，因此如何在强化环烷环开环反应的同时抑制开环产物的裂化反应是催化剂开发的难点之一。其次，高性价比催化剂的开发要点是降低催化剂装填堆密度和提高反应性能。装填堆密度的降低意味着单位体积催化剂活性中心数目的减少，如何在活性中心数量降低的同时提高反应性能是催化剂开发的另一难点。

在RIC系列催化剂的研发基础上，提出高性价比柴油加氢改质催化剂的研发思路：①提高活性中心的可接近性和有效利用率；②强化活性中心结构和性质与目标反应的匹配。

3.2 创新点

采用分子模拟手段计算了 LCO 中典型的双环及以上多环芳烃的分子尺寸并分析了分子尺寸与分子筛孔径的关系；然后以四氢萘和 LCO 为原料系统考察了催化剂性质如酸性、孔结构等对芳烃开环性能和柴油加氢改质效果的影响规律；开发了新一代高性价比柴油加氢改质催化剂 RIC-3。研发过程形成以下创新点：

1）构建酸中心可接近性高的反应通道和通畅的扩散通道，强化芳烃的开环反应并促进开环产物的脱附与扩散，提高开环反应的活性并抑制其裂化。

2）设计与开环反应匹配度高的酸性中心，提高开环产物的选择性和氢气的利用率。

3）建造加氢功能与裂化功能协同作用强的加氢-酸性活性中心，抑制芳烃分子的聚合反应，提高开环反应的选择性和催化剂的活性稳定性。

3.3 反应性能

图 2 比较了 RIC-3 催化剂与上一代柴油加氢改质催化剂 RIC-2 的相对装填堆密度。由图可见，与 RIC-2 相比，RIC-3 的相对装填堆密度降低了 25.6%。

在中型装置上以 J 厂催化柴油为原料，在氢分压 6.4MPa 反应条件下对比评价 RIC-2 和 RIC-3 催化剂的加氢改质性能；J 厂催化柴油质量较差，十六烷指数仅为 25.1。

表 1 给出了两种催化剂的加氢改质效果。结果显示，相同反应条件下，采用 RIC-3 催化剂时产品柴油收率、密度降低值、十六烷值提高值和十六烷指数提高值均明显优于参比剂 RIC-2，其中十六烷值提高值增加了 2.9 个单位。

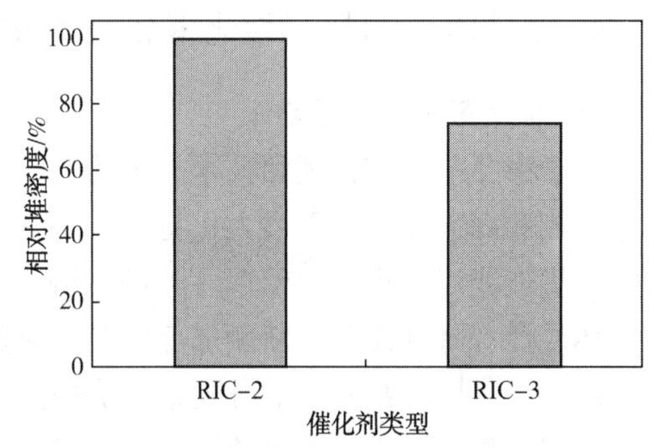

图 2 RIC-2 和 RIC-3 催化剂的相对堆密度

表 1 RIC-2 和 RIC-3 的对比评价结果

催化剂	RIC-2	RIC-3	催化剂	RIC-2	RIC-3
产品柴油			十六烷值	32.0	34.9
收率/%	90.7	91.5	十六烷值提高值	12.1	15.0
十六烷指数	34.9	36.9	密度降低值/(g/cm^3)	0.0539	0.0573
十六烷指数提高值	9.8	11.8			

3.4 工业应用效果

RIC-3 催化剂已在塔河炼化、荆门石化、山东正和石化、山东华星石化、山东东明石化、山东金诚石化、济南炼化等企业成功应用，总计 10 余套次。

塔河炼化采用 MHUG 工艺并使用 RIC-3 催化剂，加工焦化柴油和焦化汽油的混合油以生产低硫高十六烷值清洁柴油，工业标定结果如表 2 所示。

表 2 塔河炼化柴油加氢改质装置工业标定结果

项　目	原料		产品	
	罐区焦柴	焦化汽油	石脑油	柴油
密度(20℃)/(g/cm^3)	0.8728	0.7339	0.7102	0.8342
硫/(μg/g)	10576	3685	5	3.9
氮/(μg/g)	686	91	0.4	
闪点/℃	—	—	—	68
凝点/℃	—	—	—	-11
多环芳烃/%(质)	—	—	—	1.8
十六烷指数(ASTM D4737)	42.8	—	—	49.6
十六烷值(GB/T 386)	41.0	—	—	51.2

表中结果显示，在较缓和条件下，该装置可生产满足“国Ⅵ”清洁标准的清洁柴油，实现生产低硫、高十六烷值的目标。

该装置投产后，塔河炼化全厂柴油调合后，“国Ⅴ”柴油比例70%以上，解决了柴油质量升级问题[12]。按照0.9Mt/a的加工量计算，年新增经济效益可达到2200万元以上。

3.5 小结

基于催化剂性质与多环芳烃选择性开环过程的关联，通过构建酸中心可接近性高的反应通道和通畅的扩散通道、设计与开环反应匹配度高的酸性中心、建造加氢功能与裂化功能协同作用强的金属-酸性活性中心，调控了开环反应、裂化反应和芳烃分子聚合反应的活性与选择性，开发了开环活性高且选择性好的高性价比柴油加氢改质催化剂RIC-3。与上一代催化剂RIC-2相比，RIC-3催化剂的相对装填堆密度降低25.6%。中型评价结果表明，与参比剂RIC-2相比，RIC-3催化剂产品柴油的收率、十六烷值提高值和密度降低值均更优。工业应用效果达到目标要求。

4 RLG技术专用加氢裂化催化剂RHC-100的开发

4.1 技术难点与研发思路

基于第2节反应机理和技术关键的分析，RLG技术对加氢裂化段催化剂的要求是具备高的环烷烃开环性能和高裂化性能以最大化将LCO中的双环及以上多环芳烃转化为小分子单环芳烃，同时具备适中的加氢性能以尽可能保留单环芳烃。结合RLG技术特点与反应特性，催化剂的开发难点是：①如何解决环烷烃开环和烷基苯断侧链反应对催化剂性质要求不同的矛盾，以同时强化环烷环开环与烷基苯断侧链反应，即提高汽油馏分收率；②如何提高催化剂对芳烃加氢饱和反应的选择性，促进多环芳烃转化的同时最大量保留单环芳烃，即兼顾汽油馏分收率和汽油质量；③如何在较低的加氢性能条件下缓解催化剂的积炭问题。

结合催化剂性质对多环芳烃加氢裂化反应影响规律的已有认知，提出RLG技术专用加氢裂化催化剂的研发思路：①合理配置催化剂的酸性和孔结构，以同时强化环烷烃的开环反应和烷基苯的裂化反应；②优化加氢中心的分散并提高加氢中心与酸性中心的可接近性，减少单环芳烃过度饱和和聚合反应，以提高单环芳烃的保留度并延缓催化剂失活。

4.2 创新点

重点研究了催化剂酸性组分分子筛的孔结构和酸性质对环烷烃开环反应、烷基苯断侧链反应的影响规律，并考察了催化剂金属组分的分散状态、加氢中心与酸性中心的可接近性对单环芳烃保留度、催化剂稳定性等关键指标的影响，开发了芳烃开环、裂化性能好且单环芳烃保留度高的RLG技术专用加氢裂化催化剂RHC-100。研发过程形成以下创新点。

1）构造匹配于环烷烃开环和烷基苯裂化反应的梯度分布孔与酸性质，同时促进环烷烃开环和烷基苯裂化反应。

2）调控加氢中心的活性相结构，提高芳烃加氢反应的选择性。

3）建造加氢功能与裂化功能协同作用强的加氢-酸性活性中心，调节芳烃加氢饱和与聚合反应的选择性、环烷烃开环与单环芳烃加氢饱和的选择性。

4.3 反应性能

在中型装置上、以Y厂催化柴油为原料，在氢分压6.0MPa反应条件下评价了RHC-100催化剂的反应性能。表3列出了相应的产品分布及质量。由表可见，本实验条件下，汽油馏分收率可达到49.6%；且汽油产品的RON为95.8、硫含量小于10μg/g。未转化柴油馏分的质量也得到了明显提升，其硫含量小于10μg/g、十六烷指数提高了14.1个单位。

表 3 RHC-100 加氢裂化反应产品分布及质量

馏分范围/℃	<60	60~200	>200
收率/%	8.5	49.6	42.0
密度(20℃)/(g/cm³)	0.6121	0.8214	0.8834
S 含量/(μg/g)	<1	<10	<10
RON	86	95.8	—
MON	84	83.4	—
十六烷指数提高值	—	—	14.1

在中型装置上评价了催化剂的活性稳定性，如图 3 所示。在 1500h 运转过程中，各项活性指标稳定，催化柴油转化率维持在 45%~50%，石脑油收率维持在 50%左右。由此可见，RHC-100 催化剂运转稳定性良好。

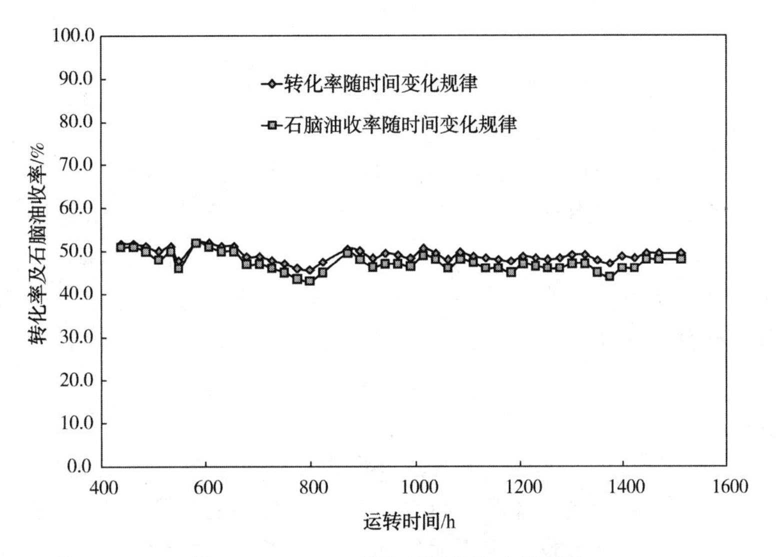

图 3 RHC-100 催化剂活性稳定性试验

4.4 工业应用效果

RLG 工艺及 RHC-100 专用加氢裂化催化剂已在上海石化和安庆石化进行工业应用。

上海石化 RLG 装置是由原 1.2Mt/a 柴油加氢装置改造而成，在中低压条件下运行，表 4 给出了标定结果。由表可见，改造后的装置可以高效转化劣质 LCO，在缓和的条件下，生产总收率为 45%左右的高辛烷值汽油，同时明显提升了产品柴油的质量。

RLG 技术为上海石化解决了催化柴油后加工的问题，还利用了闲置的老旧装置[10]。在 100%负荷下运转，该装置年增净效益 5364.68 万元。

表 4 上海石化 RLG 装置工业标定结果

产品	轻汽油馏分	重汽油馏分	柴油馏分
收率/%	3.68	41.31	49.71
性质			
密度(20℃)/(g/cm³)	—	0.8297	0.8928
S/(mg/g)	3.8	2.1	5.7
N/(mg/g)	—	<0.5	1.4
RON	86.5	94.4	—
MON	82.7	82.1	—
十六烷值提高值	—	—	16.8

安庆石化公司 1.0Mt/a RLG 装置为新建装置，表 5 列出了工业标定结果。由表可见，加工 100% LCO，该装置可以生产 S 质量分数为 0.4μg/g、RON 达 92.0 的高辛烷值汽油调和组分，兼产 S 质量分数为 1.5μg/g、十六烷指数较原料提高 16.62 个单位的柴油调和组分，达到了设计要求。

表5 安庆石化RLG装置工业标定结果

产　品	C_6馏分	稳定汽油馏分	柴油馏分
收率/%	6.21	41.82	49.43
性质			
密度(20℃)/(g/cm^3)	—	0.7892	0.8739
S/(mg/g)	—	0.4	1.5
N/(mg/g)	—	0.4	0.3
RON	—	92.0	—
MON	—	82.8	—
十六烷指数提高值	—	—	16.62

该装置投产后，安庆石化公司全面消减普柴，大幅度提高车用柴油比例；柴汽比由1.03降低至0.74，显著提高了经济效益[11]。

4.5 小结

通过构造匹配于环烷烃开环和烷基苯裂化反应的梯度分布孔与酸性质、调控加氢中心的活性相结构、建造加氢功能与裂化功能协同作用强的加氢-酸性活性中心，开发了环烷烃开环活性好、烷基苯裂化性能优且单环芳烃保留度高的RLG技术专用加氢裂化催化剂RHC-100。中型评价结果表明，在氢分压6.0MPa条件下，汽油馏分收率为49.6%，其RON为95.8、硫含量小于10μg/g；柴油馏分十六烷指数提高14.1个单位、硫含量小于1μg/g。RLG技术和RHC-100催化剂在上海石化和安庆石化的应用，可生产收率为45%以上的汽油馏分，且重汽油馏分RON达92及以上，实现了劣质LCO的高效利用，为炼油厂解决了LCO的后加工问题，并降低了柴汽比。

5 结论

在已有加氢改质技术及催化剂基础上，开发了高性价比柴油加氢改质催化剂RIC-3。与RIC-2催化剂相比，RIC-3催化剂的装填堆密度降低25.6%，且产品柴油的收率、十六烷指数提高值和密度降低值均优于RIC-2。RIC-3的成功开发与应用为炼油厂解决了柴油质量升级问题。伴随我国能源结构调整、柴汽比降低的需求，开发了催化柴油加氢裂化生产高辛烷值汽油组分RLG技术的专用催化剂RHC-100，加工催化柴油可生产RON92及以上的高辛烷值汽油馏分、总汽油馏分收率达45%及以上；同时大幅度提升柴油质量。RLG技术及RHC-100催化剂已成功工业应用，实现了劣质柴油高效转化的目标，为炼油厂解决了劣质LCO后加工的问题并降低了炼油厂柴汽比。

参考文献

[1] 孙磊，朱长健，程周全．催化裂化柴油加工路线的选择与优化[J]．石油炼制与化工，2019，50(5)：45-51.
[2] 王宏奎，王金亮，何观伟，等．柴油加氢改质技术研究进展[J]．工业催化，2013，21(10)：16-20.
[3] 胡俊利，王高杰．催化柴油加氢改质技术研究进展[J]．石化技术与应用，2016，34(4)：346-348.
[4] 白宏德，薛稳曹，蒋东红，等．提高柴油十六烷值RICH工艺技术的工业应用[J]．石油炼制与化工，2001，(9)：28-30.
[5] 王欣．RICH技术在柴油加氢装置上的应用[J]．石化技术与应用，2006，(4)：282-284+260.
[6] 王军强，阚宝训，林伊卫．MHUG-Ⅱ工艺生产国Ⅴ柴油的工业实践[J]．炼油技术与工程，2016，46(2)：19-22
[7] 杨文．MHUG-II装置国Ⅵ柴油质量升级措施及运转分析[J]．石油炼制与化工，2019，50(9)：15-20.
[8] Deepak Bisht，John Petri. Considerations for Upgrading Light Cycle Oil with Hydroprocessing Technologies [J]. Indian Chemical Engineer，2014，56(4)：321-335.
[9] 李永存．MAK-LCO工艺[J]．石油炼制与化工，1995，(10)：68.
[10] 吴海生．催化柴油加氢改质RLG技术工业应用[J]．石油化工技术与经济，2018，34(1)：9-14.
[11] 李桂军，刘庆，袁德明，等．采用RLG技术消减低价值LCO、调节柴汽比的工业实践[J]．石油炼制与化工，2018，49(12)：53-57.
[12] 毛炎云，陈军先，李治佳．塔河炼化柴油加氢改质MHUG装置长周期运行分析[J]．中国石油和化工标准与质量，2019，39(19)：56-59.

· 馏分油加氢裂化装置
运行及技术应用 ·

加氢裂化装置探索轻石脑油 C_5 含量研究

李　治

（中国石化青岛炼化公司　山东青岛　266500）

摘　要　为探索加氢裂化装置轻石脑油中 C_5 的含量，通过 ASPEN PLUS 软件构建模型，并在实际生产中对青岛炼化加氢裂化装置的石脑油分馏塔（C-303）和石脑油稳定塔（C-302）的操作进行调整和优化，生产出满足 C_5 发泡剂要求纯度的产品。

关键词　加氢裂化；C_5；轻石脑油；液化气

1　基本情况

我国汽油质量升级至“国Ⅴ”标准后，因加氢裂化轻石脑油饱和蒸汽压较高，调和进入“国Ⅴ”汽油比较困难，需要考察加氢裂化装置能否将轻石脑油中的 C_5 组分清晰切割分离出来，并达到99%以上的纯度，来生产满足发泡剂要求纯度的高值产品。

加氢裂化装置石脑油分馏塔从顶部分离出 26t/h 轻石脑油组分去调和汽油，底部重石脑油 32t/h 的直供重整装置；稳定塔顶压力为 1.0MPa，塔顶温度为 63℃，塔底温度为 177℃，在 21 层塔盘进料，调整前液化气中不含 C_5 组分；石脑油分馏塔顶压力为 0.12MPa，塔顶温度 90℃，塔底温度为 141℃，调整前轻石脑油各组分含量见表 1。

表 1　调整前加氢裂化轻石脑油分析数据　　%（质）

轻石脑油	C_4	C_5	C_6	C_7	C_8	C_9	蒸气压	正构烷烃	异构烷烃
样品 1	2.58	53.4	29.45	12.22	2.35	0.02	95kPa	29.89	57.61
样品 2	1.15	50.95	28.79	16.11	2.41	0.01	83.9kPa	26.54	57.13

2　可行性研究

从表 1 中可以看到，调整前轻石脑油中约含有 50%（质）的 C_5 组分，约合 10t/hC_5 组分质量流量，为提高 C_5 组分含量，必须将 C_6 及 C_{6+} 组分全部分离。加氢裂化装置石脑油分馏塔设计是一个有 30 层塔盘的分馏塔，由于塔盘精馏效果有限，无法实现 C_5 和 C_6 的清晰完全切割，为提高 C_5 含量，难免有 C_5 组分进入重石脑油中；轻石脑油中含有 C_4 组分，但是含量较小，实际 C_5 与 C_4 的比值大概在 25~40 之间，计算下来轻石脑油中 C_5 含量理论上可以达到95%以上。另外，通过调节石脑油稳定塔可以在稳定塔顶部将 C_4 组分最大化回收，从而降低轻石脑油中 C_4 组分含量，提高 C_5 组分纯度。

按照上述思路，在 ASPEN PLUS 中构建加氢裂化石脑油分馏塔 C-302 模型，验证试验的可行性。各组分建模计算结果见表 2。

表 2 ASPEN PLUS 构建模型各组分计算结果

	进料	轻石脑油	重石脑油
流量/(kg/h)	51500	6160.72	45339.28
组分含量/%(质)			
C_4	0	0.001	0
C_5	0.12	0.996	0.001
C_6	0.14	0.002	0.159
C_7	0.209	0	0.237
C_8	0.261	0	0.296
C_9	0.233	0	0.265
C_{10}	0.038	0	0.043

模型计算结果如图 1 所示，现有情况下，可以实现轻石脑油中 C_5 纯度达到 99.5%以上，但回流比较大，外送轻石脑油流量较低。

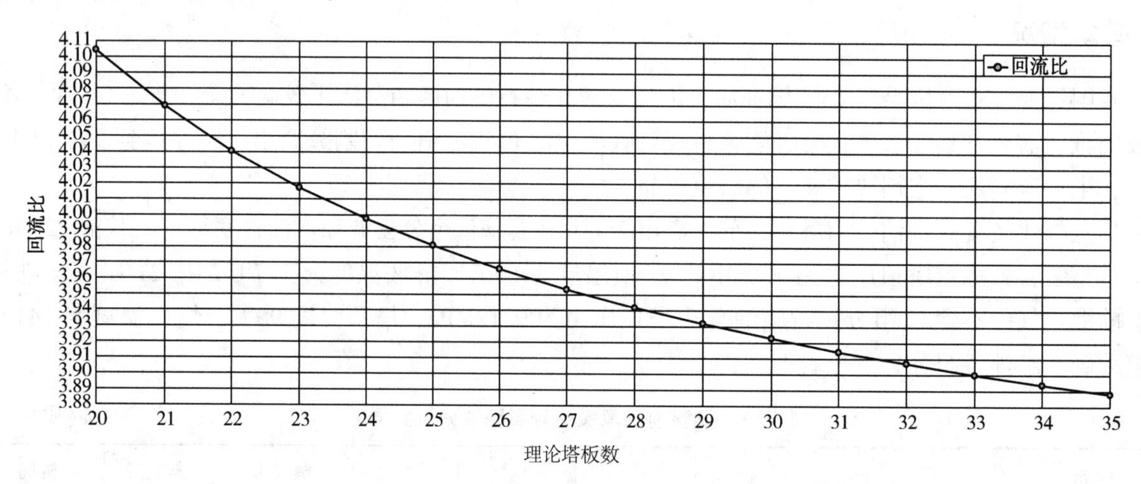

图 1 Aspen Plus 构建模型实际塔板和回流比曲线

通过调研海南炼化 1.2Mt/a 加氢裂化装置 C_5 产品的开发和质量控制[1]，认真对比两套装置的流程特点及操作参数，青岛炼化加裂装置吸收稳定流程按组分轻重依次切割的设计思路，比海南加裂更加有利。综上分析认为本装置可以进行 C_5 产品的试验研究。

3 试验过程

3.1 石脑油分馏塔调整

为实现轻石脑油中的 C_6 及 C_{6+} 组分分离，首先将石脑油分馏塔顶压力由原来的 0.12MPa 逐步提至 0.22MPa，底部温度由 144℃逐步降至 130℃，顶温逐步降至 65℃。调整到位后，轻石脑油外送量已经降至 5~6t/h，采样轻石脑油分析结果见表 3。

表 3 石脑油分馏塔调整后轻石脑油分析数据 %(质)

	C_4			C_5				C_6	C_7
	异丁烷	正丁烷	C_4 总量	异戊烷	正戊烷	环戊烷	C_5 总量		
轻石脑油	2.62	16.22	18.84	61.37	19.08	0.28	80.45	0.146	0

如表 3 所示，C_5 含量明显增加，由 50%(质)提高至 80.45%(质)，C_6 组分含量降低至 0.145%(质)，标煤石脑油分馏塔的操作思路是正确的，也达到了预期将轻石脑油中 C_6 及 C_{6+} 组分分离的目的；C_4 总量高达 18.84%(质)，接下来的操作主要围绕降低轻石脑油 C_4 组分含量上；轻石脑油中异丁烷含量比正丁烷低很多的因素主要是正丁烷(34.1℃)的馏出温度较异丁烷(26℃)的要高。本装置吸收稳定系统通过对各组分的顺序分离，即在吸收稳定塔分离出含硫干气($C_1+C_2+H_2S$)，在稳定塔分离出液化气(C_3+C_4)，最后进入石脑油分馏塔进行轻、重石脑油的分离。该流程中轻石脑油不会含有更多的异丁烷甚至含有丙烷等更轻的组分，有利于轻石脑油 C_5 的提纯。

3.2 石脑油稳定塔调整

通过样品分析，轻石脑油中含有部分 C_4 组分不含 C_3 组分，该部分 C_4 组分直接影响轻石脑油 C_5 组分纯度，为进一步降低轻石脑油中 C_4 组分含量，通过将石脑油稳定塔底温由 172℃提至 181℃，顶部压力由 1.01MPa 降至 0.95MPa，并将石脑油稳定塔的进料口由下部 21 层塔盘，调整至中部 25 层塔盘。但是为防止液化气中 C_5 含量超标(≤3%)，稳定塔塔顶温度控制在 64℃，为此顶回流量由 25t/h 增至 32t/h。通过上述调整，液化气外送量明显增加，由 8.8t/h 提高至 10.5t/h，轻石脑油中 C_5 组分含量提高至 90%以上，化验分析数据见表 4。

表 4 石脑油稳定塔调整后轻石脑油分析数据 %(质)

轻石脑油	C_4			C_5				C_6	未知组分
	异丁烷	正丁烷	C_4 总量	异戊烷	正戊烷	环戊烷	C_5 总量		
样品 1	0.76	5.89	6.65	73.59	19.07	0.32	92.98	1.01	0.01
样品 2	0.15	1.3	1.45	80.8	16.63	0	97.43	0.04	1.08
样品 3	0.02	0.28	0.3	81.8	17.68	0.11	99.59	0.06	0.04
样品 4	0.01	0.18	0.19	83.64	15.98	0.08	99.7	0.08	0.04

从表 4 化验分析结果中可以看出，影响轻石脑油 C_5 组分纯度的主要是 C_4 组分含量。为此，对石脑油稳定塔进行微调，首先将塔顶压力由 0.950MPa 降至 0.940MPa，然后将稳定塔底温由 181℃逐步提至 183.5℃。经过微调细调，轻石脑油中 C_4 组分含量不断减少，C_5 组分纯度不断增加至 99.7%，外送流量基本维持在 4.5~5.5t/h，回流比在 4.0 左右。通过稳定塔的一系列操作，对液化气 C_5 组分含量也进行监控，化验分析见表 5。

表 5 加氢裂化液化气分析数据 %(体)

样品	分析项目	样品 1	样品 2	样品 3	样品 4
加氢裂化液化气	C_1+C_2	0.12	0.51	0.12	0.36
	丙烷	24.0	42.9	8.5	29
	丙烯	0.65	1.4	0.27	0.45
	异丁烷	60.4	46.1	49.1	46.1
	正丁烷	14.0	9.0	39.1	23.6
	丁烯	0.82	0.04	0.19	0.43
	反丁烯	0	0	0.02	0
	顺丁烯	0	0	0.21	0
	$\geq C_5$	0.01	0.05	2.5	0.06

从表 5 中可以看出，随着稳定塔各参数的调整，轻石脑油 C_5 组分含量不断增加，与此同时，液化气中的 C_5 含量也非常低。可以认为在生产出高纯度 C_5 组分的情况下，维持加裂吸收稳定各组分流量稳定后，液化气中的 C_5 含量并不会超标。

4 存在问题

4.1 液化气增多

试验中，外送液化气流量不断增加，后路处理液化气能力有限，造成液化气外送困难，如果生产高纯度 C_5组分，需要降低加裂液化气外送背压，尽可能多的将加氢裂化液化气外送。

4.2 分馏塔塔盘较少，部分 C_5组分进入塔底

加裂装置石脑油分馏塔设计30层塔盘，对石脑油进行轻重的切割，设计切割点馏程70℃，没有设置精馏功能，对 C_5和 C_6及 C_{6+}组分的切割不能做到完全清晰。调整到位的重石脑油分析数据见表6。

表6 调整到位重石脑油分析数据 %(质)

碳数	正构烷烃	异构烷烃	烯烃	环烷烃	芳烃	合计
4	0	0	0	0	0	0
5	2.1	3.21	0	0	0	5.31
6	2.47	10.76	0	5.37	0.45	19.05
7	1.87	10.34	0	12.23	0	24.44
8	1.91	14.39	1.07	8.74	0.65	26.76
9	0.96	11.99	0	7.73	0.64	21.32
10	0	1.87	0	0.26	0	2.13
合计	9.31	52.56	1.07	34.32	1.74	99.01

分析表6数据，石脑油分馏塔底部的重石脑油中含有 C_5组分，此时轻石脑油外送量仅有5t/h，如果需要提高产量，就可能将更重的组分带入轻石脑油中，导致轻石脑油 C_5组分纯度降低；另外，重石脑油的芳烃潜含量从调整前的大于45%下降至34.32%，作为重整原料的品质下降。

4.3 试验期间处理外来轻烃能力下降

试验期间，为保证 C_5含量增加，吸收稳定系统切出部分外来轻烃，降低进入吸收稳定系统的液化气流量，故如果需要生产高纯度 C_5产品，装置处理外来轻烃能力降低。

5 总结

1）经过前期反复的建模和调研分析，加氢裂化装置具有产出高纯度 C_5产品的可能。

2）试验过程中，通过对石脑油分馏塔和稳定塔各参数进行调整，产出了高纯度[99.5%(质)以上]的 C_5产品。

3）在试验合格的同时，加裂液化气外送困难、石脑油分馏塔分离精度不高导致 C_5组分流失等缺陷也暴露出来，因此，在生产稳定性、运行经济性等方面，加裂装置生产高纯度 C_5产品需进一步论证。

参考文献

[1] 李小辉. 加氢裂化装置成功开发 C_5产品[J]. 广东化工，2018，1：172-174.

新型催化剂级配体系在1.4Mt/a加氢裂化装置的应用

刘天翼

（中国石化高桥石化公司　上海　200137）

摘　要　本文介绍了高桥石化1.4Mt/a加氢裂化装置催化剂升级换代情况，裂化反应器采用FRIPP开发的FC-32A、FC-52、FC-80新型级配方案。和上周期相比，产品分布中气体收率减少、中油收率升高；产品质量上也有所改善，航煤理想组分增加，柴油凝点降低，尾油的BMCI值降低，黏度指数提高。表明在新的催化剂级配体系下，中油收率增加，产品性质得到改善。

关键词　加氢裂化；催化剂；航煤；BMCI；级配

随着对原油的持续开采，世界原油资源劣质化趋势明显，重质原油和含硫、高硫原油比例增加，已占原油总产量的75%以上，今后十年间含硫和高硫原油比例还会进一步增加。我国进口原油将更多的趋向于重质化、劣质化。加氢裂化作为重油深加工的工艺技术之一，具有原油适应性强、产品结构灵活以及实现清洁生产的同时提高油品质量、改善产品结构的优点。在燃料-化工型或燃料-润滑油型的的原油加工方案中扮演着重要角色。

高桥石化1.4Mt/a加氢裂化装置采用单段串联一次通过的工艺，2018年检修后进入第四周期运转。在检修更换催化剂的方案上采用了FRIPP近年来开发的高效加氢裂化催化剂级配技术。2019年11月经过前期攻关、操作调节，将装置处理负荷提至100%进行了标定，并与装置设计参数进行了比对。

1　催化剂级配技术简介

1.1　催化剂主要物化性质

装置第三周期装填的是FRIPP开发的FF-56、FC-32A、3976催化剂，此次装置加氢预处理反应器使用了新型的FF-66催化剂；裂化反应器使用了活性更高的FC-52催化剂和裂化性能较弱但加氢性能和选择性更好的FC-80加氢裂化催化剂。两类催化剂物质对比见表1和表2。

表1　预处理催化剂物化性质对比

项　目	FF-56(部分再生)	FF-66
化学组成		
MoO_3	22.0~25.0	20.0~24.0
NiO	3.6~4.2	4.0~4.8
物理性质		
外观形状	三叶草/齿球	三叶草
孔容/(mL/g)	>0.32	>0.35
比表面积/(m^2/g)	>160	>170
颗粒直径/mm	1.0~1.4	1.0~1.4
条长/mm	2~8	2~8
堆积密度/(g/cm^3)	0.93~0.96	0.75~0.85
压碎强度/(N/cm)	≥150	≥150

表 2 裂化催化剂物化性质对比

项目	3976(上周期)	FC-32A(部分再生)	FC-52	FC-80
化学组成				
WO_3	25.7	—	—	≥21.5
MoO_3	—	14.5~19.5	15.0~19.0	—
NiO	5.8	5.0~6.0	4.8~6.4	≥5.5
载体	CY 分子筛不定型硅铝	改性 Y 分子筛	改性 Y 分子筛	BSSY 分子筛
物理性质				
外观形状	圆柱条型	齿球型	齿球型	齿球型
孔容/(mL/g)	0.30	≥0.32	≥0.33	≥0.30
比表面积/(m^2/g)	260	≥260	≥350	≥180
颗粒直径/mm	6.0~8.0	2.0~2.4	2.0~2.6	2.0~2.6
堆积密度/(g/cm^3)	~0.9	~0.85	0.64~0.72	0.76~0.84
压碎强度/(N/cm)		≥50		
压碎强度/(N/粒)			≥30	≥30

从表 2 中可以看出，级配方案中 FC-32A、FC-52 和 FC-80 三种催化剂的活性和特点不尽相同，其中 FC-52 大幅提高了比表面积提供了更多加氢、裂化反应的活性中心，具有较高的活性，同时降低装填密度。

再生的 FC-32A 催化剂活性适中。FC-80 催化剂，以钨-镍作为活性金属，其活性中心对原料油中各组分的加氢反应机理不同于钼-钨系活性组分的催化剂，提高了反应的选择性，也改善了产品质量。

通过催化剂的理化性质以及级配方案可以看出，级配方案旨在提高加氢裂化反应低温段的催化剂活性，增强高温段催化剂的选择性，提高加氢裂化反应中的芳烃脱除能力、尽量保持产品中的直链烷烃含量，从而提升中油收率、改善产品质量。

1.2 催化剂级配方案

FRIPP 推荐的催化剂级配方案如下：

1）预处理反应器 FF-56 催化剂卸出再生后继续使用，不足部分补充 FRIPP 最新研制开发的具有更高脱氮活性、脱硫活性和活性稳定性的 FF-66 催化剂。

2）裂化反应器第一床层和第二床层的再生 3976 加氢裂化催化剂卸出弃用，第二床层底部、第三床层和第四床层的齿球型 FC-32A 加氢裂化催化剂卸出再生后继续使用，第四床层底部的 FF-56 后处理催化剂卸出后弃用。

3）裂化反应器采用 FRIPP 开发的加氢裂化催化剂级配技术，第一床层裂化反应器装填加氢裂化活性相对较高的 FC-52 加氢裂化催化剂，可以在相对较低的温度下进行加氢裂化反应；第二床层和第三床层装填再生 FC-32A 加氢裂化催化剂，活性适中，可以起到良好的反应温度过渡；第三床层下部、第四床层装填 FC-80 润滑油型加氢裂化催化剂，FC-80 催化剂具有良好的加氢和加氢开环性能有利于改善加氢裂化产品质量、提高裂化反应选择性、提高催化剂运转稳定性，改善尾油 BMCI 值并兼产优质 3# 喷气燃料。后处理催化剂换用齿球型 FF-66 后处理催化剂。使用催化剂级配技术，总体增强了催化剂的活性、选择性和加氢性能。

精制反应器及裂化反应器催化剂装填情况见表 3 和表 4。

表3 精制反应器催化剂装填表

床层	装填物质	装填高度/mm	装填重量/t
一床层	空高	160	
	FZC-100B	90	0.80
	FZC-105	380	2.02
	FZC-106	470	2.65
	再生FF-56(密相)	6720	78.00
	ϕ3瓷球	100	1.15
	ϕ6瓷球	140	2.0
二床层	空高	100	
	ϕ10瓷球	110	1.00
	再生FF-56(再生)	6980	79.97
	FF-66(密相)	3410	30.95
	ϕ3瓷球	60	0.75
	ϕ6瓷球	140	1.93
	ϕ13瓷球	高出收集器平面200	3.70
	ϕ19瓷球		1.125

表4 裂化反应器催化剂装填表

床层	装填物质	装填高度/mm	装填重量/t
一床层	空高	110	
	ϕ13瓷球	110	1.250
	齿球FC-52	3640	29.150
	ϕ3瓷球	100	1.250
	ϕ6瓷球	100	1.250
二床层	空高	70	
	ϕ6瓷球	100	1.250
	再生FC-32A	3530	33.000
	ϕ3瓷球	70	0.700
	ϕ6瓷球	130	1.800
三床层	空高	120	
	ϕ6瓷球	100	1.250
	再生FC-32A	1920	18.000
	FC-80(齿球)	1680	15.500
	ϕ3瓷球	100	1.250
	ϕ6瓷球	90	1.250
四床层	空高	120	
	ϕ6瓷球	110	1.000
	齿球FC-80	3700	32.800
	FF-66	1600	13.050
	ϕ3瓷球	100	1.500
	ϕ6瓷球	105	1.250
	ϕ13瓷球	高出收集器平面210	5.000
	ϕ19瓷球		1.000

第四周期，装置催化剂装填量为330.42t，较第三周期的344.43t有所减少，主要原因是裂化反应器第一床层使用了活性更强的FC-52催化剂，装填密度较上周期大幅下降，用量较3976催化剂减少

9t；裂化第四床层使用了FC-80催化剂，装填密度和装填量也相对有所降低。

由此可见，新型催化剂的级配方案，在设计上满足装置的生产需要，同时减少了催化剂的装填量。

2 参数对比

2.1 原料油变化对比

本装置原料油主要使用常减压装置的减二至减五线的馏分油，通常采用冷热联合供料，一部分由常减压装置馏出口直供，另一部分由油罐补充。为了更准确地评价原料油的变化趋势，对比了装置第三周期、第四周期标定期间的原料性质，列于表5。

表5 第三、四周期运行同期装置加工原料变化

分析内容	单位	减压蜡油		第四周期技术协议计算使用数据	分析方法
		第三周期	第四周期		
密度(20℃)	kg/m^3	917.2	920.25	921.7	SH/T 0604
残炭	%	0.182	0.21	—	GB/T 17144
2%回收温度	℃	348.55	371	349	SH/T 0558、SH/T 0165
10%回收温度	℃	385.5	382.5	390	
30%回收温度	℃	—	421.5	—	
50%回收温度	℃	438.5	437	447	
70%回收温度	℃	—	470	—	
90%回收温度	℃	498.5	507	506	
97%回收温度	℃	511.5	529.5	517	
凝固点	℃	—	32.5	—	GB/T 510
水分	%	0.03	0.03	0.03	GB/T260
氮含量	mg/L	1193.94	1026.07	1017	
硫含量	%	1.844	2.15	2.02	GB/T17040
酸值	mgKOH/g	—	0.18	—	GB/T264
碳含量	%(质)	—	87.515	—	JY/T 017-1996
氢含量	%(质)	—	11.9	—	

从上表可以看出，各时期的原料油密度略有增大，但是原料重质化、劣质化得趋势明显，残炭量、硫含量、2%回收温度和97%回收温度较上周期有较大提高。

2.2 操作条件数据对比

将此次标定期间反应系统的操作参数与装置设计数据进行对比见表6。

表6 反应系统主要操作参数对比

流股名称	参数	设计数值	标定数值		备注
			11月12日	11月13日	
F3101进料	温度/℃	345.65	345.58	345.39	
R3101进料	温度/℃	373	354.00	354.64	差异较大
	压力/MPa	16.7	15.31	15.32	
R3102出口	温度/℃	408	390.68	389.90	差异较大
	压力/MPa	15.7	14.76	14.77	
CAT1	温度/℃	372	377.9	377.5	

续表

流股名称	参数	设计数值	标定数值		备注
			11月12日	11月13日	
CAT2	温度/℃	378	380.9	380.8	
精制一床层温升	温度/℃	30	25.1	25.4	
精制二床层温升	温度/℃	18	26.8	26.5	
裂化一床层温升	温度/℃	9	5.2	5.1	
裂化二床层温升	温度/℃	9	10.7	10.6	
裂化三床层温升	温度/℃	10	10.2	9.6	
裂化四床层温升	温度/℃	10	8.3	8.2	
D3103入口	温度/℃	223	219.21	219.55	
D3103气相	温度/℃	223	218.33	218.59	
	压力/MPa	15.2	14.59	14.60	
E3103出口	温度/℃	158	158.7	158.5	差异大
A3101入口	温度/℃	123.3	157.67	158.72	差异大
A3101出口	温度/℃	50	49.33	51.62	
D3104气相	温度/℃	223	217.10	217.50	
D3104液相	温度/℃	223	219.39	219.38	
	流量/(t/h)	97.48	110.79	111.76	差异较大
D3110进料	温度/℃	50	36.27	37.39	
循环机出口	流量/(Nm^3/h)	320986.93	337796	338823	
冷氢	流量/(Nm^3/h)	98486.51	39277.60	39313.08	冷氢总量130770.381
			44262.87	45797.75	
			13052.69	13858.05	
			16650.03	19051.03	
			15109.82	12750.46	
新氢	流量/(Nm^3/h)	72524.25	61707.91	63342.28	差异较大，主要受新氢密度影响
混氢	流量/(Nm^3/h)	292931.24	172609.56	175524.44	
D3106液相	流量/(t/h)	65.09	46.09	46.08	偏差大
低分油出E3102	温度/℃	285	244.41	244.48	

装置运行至今进行过多次检修，经过换剂和适应性调节，反应系统的部分操作参数较设计值出现了偏差。

R3101进料温度：为保证在事故状态下，反应器进料可以及时被冷却进入反应器，故设计过程中将反应炉温升按照不低于27℃进行计算。实际生产过程中，反应炉出口温度在355℃时即可满足生产需求，故此参数差异较大。实际生产过程中装置有意控制反应进料与反应生成油E3101热旁路控制法的开度，保证在事故状态下可以通过开足热旁路控制阀降低反应进料温度。

R3102出口温度：装置在2018年检修后已运行近两年，达到反应中期，在当前使用新型催化剂级配技术的条件下，裂化反应终温在390℃即可满足装置生产需求。

高压冷换部分运行情况较设计值差异较大，2008年改造前后对热高分气体的换热流程进行了改造，取消了风险较大的热高分气与冷低分油换热器，增加了一台热高分气与混氢换热器。实际使用过程中，A3101入口温度高于设计参数，说明两台热高分气与混氢换热器的换热功能不能满足装置高温下高负荷运行的需求。

床层冷氢流量较设计值偏大，其中，精制反应器和裂化一床层冷氢量占总量的64.77%。说明精制、裂化反应器的第一床层放热量较大，需要更多的冷氢进行冷却，以保证反应的正常进行。

新氢耗量根据理想气体状态方程进行了换算，当前装置新氢为制氢氢和重整氢的混氢，且重整氢占比达到37%，新氢密度较纯氢提高了50%，对装置新氢机影响较大，难以提高负荷。

冷热低分物料流量较设计值偏差较大，当前工况热低分物料量较大，装置主要根据分馏系统产品抽出量对反应深度进行调节，当前深度满足产品分布需求。

由于油品的重质化、劣质化，即使在新催化剂运行的前期，为保证精制油硫氮含量合格，精制反应器出口温度、反应温度较设计值均有所偏高，从反应器温升上也可以看到，精制反应器R3101的两个床层总温升与抚研院推荐总温升相近，但两个床层温升较为平均，抚研院推荐操作参数第一床层反应深度更大，将脱硫脱氮反应集中在一床层中进行。目前，装置裂化床层催化剂活性正常，精制脱硫脱氮效果较好；裂化反应器的操作参数中，一床层温升与抚研院推荐参数相差较多，主要是由于裂化反应器一床层装填了活性最高的FC-52催化剂，若温升过高，冷氢控制阀开度将过大(可能会超过60%)，装置紧急状态下的操作余量将减少。目前，产品的产量满足装置运行要求，经与研究院讨论，执行目前的工艺操作参数。

3 催化剂性能评价

3.1 产品分布对比

FF-56、FF-66、FC-52、FC-32A和FC-80催化剂经开工硫化，裂化催化剂钝化后，进油并调整至正常开工，装置根据公司要求，根据增产重石脑油和航煤的方案进行加工，开工后，第三、第四周期运行同期产品收率对比见表7。

表7 三、四周期运行同期产品收率对比

项目名称		2015.5产率/%	2019.11产率/%	预计产率/%
进方	加工量	100	100	100
	氢气	2.47	2.58	
出方	酸性气	0.61	1.08	0.55
	自产干气	3.84	0.74	1.3
	低分气	0.90	0.84	1.6
	液化气	3.94	2.68	1.2
	轻石脑油	7.67	10.19	7.23
	重石脑油	21.36	20.36	22.78
	航空煤油	28.17	28.93	27.64
	柴油	16.71	18.09	17.45
	尾油	19.11	19.20	20.25
	损失	0.15	0.32	—
合计		102.47	102.58	100

从表7可以看出，低分气较设计值差别较大的原因是D3110顶部气相流量孔板引出堵塞，没有计量，影响了实际产量。

标定期间，吸收脱吸塔C3206下部塔盘受腐蚀影响，出现大量铁屑、胶质堵塞塔盘，形成液泛，若气相负荷过大会出现塔顶气相严重带液的情况，装置只得临时使用低温操作；同时由于液化气精脱硫罐V4001内脱硫剂部分板结，造成压差过高，液化气出装置困难，所以通过对稳定塔C3207的调节，轻石脑油收率较设计值有所升高，液化气收率有所降低。此外由于C3206顶部气相带液，轻污油产量较高，轻污油罐内物料挥发，进入低压火炬管网，最终计入装置损失，造成损失达到0.32%，远高于平时的0.15%。

根据公司生产需要，装置生产方案调整为多产航空煤油方案，较设计的多产柴油方案有所区别，部分柴油产品经过裂化、分馏进入航煤组分。航煤收率较设计值增高，柴油收率有所下降。

由于装置循环氢脱硫塔压降偏高，标定期间循环氢脱硫塔副线阀处于100%全开状态，循环氢中硫化氢浓度为12000 mg/m³左右，远高于原设计小于1500mg/m³的指标要求。标定期间循环氢脱硫塔的MDEA溶液量为60t/h，浓度为27.55%，在理想状态下，如此浓度、流量的贫胺液每小时可以吸收4.21t硫化氢，但由酸性气产量反映实际吸收效率仅为42.76%，说明装置酸性气流量计偏差较大，对装置衡算存在较大影响。

3.2 产品质量对比

3.2.1 与上周期产品质量对比

从表8的产品分析数据中看，与上周期相比，重石脑油产量较上周期有所提高，终馏点提高。装置生产的重石脑油是连续重整装置的热进料，拔出更多重石脑油提高重整原料质量的同时也有助于降低全厂柴汽比。

表8 三、四周期运行同期产品性质对比及换剂设计参数

分析项目	单位	2015.5	2019.11	产品方案预计值
脱硫干气组成/%				
丙烷	%	16.55	9.59	—
丙烯	%	0.05	0.01	—
氮气	%	1.36	11.25	—
二氧化碳	%	0.00	0.27	—
反丁烯	%	0.00	0.00	—
甲烷	%	9.56	9.42	—
氢气	%	40.84	47.48	—
顺丁烯	%	0.00	0.00	—
C_5以上	%	2.90	1.10	—
氧气	%	0.00	2.68	—
一氧化碳	%	0.00	0.01	—
乙烷	%	14.97	10.68	—
乙烯	%	0.03	0.00	—
异丁烷	%	6.18	4.74	—
异丁烯	%	0.02	0.00	—
正丁烷	%	7.56	2.73	—
正丁烯	%	0.01	0.00	—
硫化氢	mg/m³	—	17040.00	—
轻石脑油组成/%				
C_3	%	0	0	—
C_4	%	5	4.58	—
C_5	%	29.62	30.02	—
C_6	%	41.66	33.67	—
C_7	%	23.77	28.58	—
C_8	%	0.15	2.98	—

续表

分析项目	单位	2015.5	2019.11	产品方案预计值
重石脑油馏程/℃				
初馏点		93.6	95.1	78
10%	℃	107	108.1	98
50%	℃	120.5	123.3	116
90%	℃	139.5	147.4	144
干点	℃	154.9	159.8	166
全馏量	mL	98	98	—
密度(20℃)	kg/m^3	748.9	—	745.5
航煤馏程/℃				
初馏点	℃	148.5	149.5	158
10%	℃	169.2	170.1	187
50%	℃	200.9	200.1	209
90%	℃	247.5	237.6	236
干点	℃	271.2	258.9	262
全馏量	mL	98	98	—
密度(20℃)	kg/m^3	806	804.3	801
闪点(闭口)	℃	45	46	—
冰点	℃	<-52.0	<-52.0	<-52.0
银片腐蚀	级	0	0	—
铜片腐蚀	级	1	1	—
柴油馏程				
初馏点	℃	207.6	212.0	263
10%	℃	249.2	—	278
50%	℃	305.8	—	303
90%	℃	345	—	344
95%	℃	354.6	346.4	360
全馏量	mL	—	—	—
凝点	℃	-2	-5	
密度(20℃)	kg/m^3	821.1	820.6	820.5
铜片腐蚀	级	1	1	—
尾油馏程				
2%	℃	346	370	368
10%	℃	375	405	389
50%	℃	412	431	435
90%	℃	465	486	486
97%	℃	485	509	506
密度(20℃)	℃	844.1	835.8	836
BMCI 值		16	9	9.6
含硫	mg/L	<3.2	7.6	—
残炭	%	0.04	0.02	—

本周期装置产出的航空煤油各参数均符合喷气燃料要求，但是在增加产率的同时终馏点收窄，整体较上周期偏轻，密度也略有降低，可以看出在采用新的级配方案后航空煤油的产品组分有所变化，经过产品改性，航煤产品中的异构组分有所增加。同样的，柴油初馏点提高，凝点降低，说明异构组分增加，新型级配方案的改性功能有所体现。

装置尾油作为润滑油加氢异构装置的原料，生产 API Ⅲ类润滑油基础油。采用新型级配方案，本周期尾油 BMCI 值降低，催化剂对多环芳烃的转化能力增强，重组分中的芳烃含量减少，黏度指数也会有所改善，可以为润滑油加氢异构装置提供更优质的原料。

3.2.2 与 FRIPP 提供参数对比

从 FRIPP 研究给出的本周期数据和装置标定数据相比，由于装置在运行过程中难以达到实验室的分割精度，航煤、柴油的初馏点较设计参数偏低，各馏程、终馏点的参数较设计值相差不大。说明目前催化剂的活性、选择性和加氢性能较好，可以实现了对目标产品收率的控制，体现了新型级配方案灵活生产的特点。

尾油的分析情况与设计情况相比偏轻较多，50%、90%回收温度和终馏点均较设计值低；但装置加工原料的密度、馏程较设计值均偏重，说明在裂化反应器中新装填的 FC-80 催化剂的选择性、异构改性性能较好，重质烃类的异构化程度高，降低了尾油的干点。

航煤重沸器的热媒是尾油，在航煤产量提高、尾油产量下降的情况下，航煤极有可能会出现冰点不合格的情况。经过几个月的调整发现航煤冰点对尾油重沸的需求有所降低；航煤的理想组分是环烷烃和多支链烷烃，既可以保证燃烧性能，在同分异构体中也拥有较低的结晶点，在开工后热媒减少的情况下，航煤仍能保证冰点合格，主要归功于新型级配催化剂的选择性和改性功能，增加了目标产物的收率。

4 结论

1）FRIPP 的 FC-32A、FC-52、FC-80 级配方案可以满足装置的生产需求。干气和液化气收率减少，中间馏分增加，重石脑油、航煤的产率明显增加。

2）FRIPP 级配方案对原料中的芳烃转化性能较好，航煤馏程较上周期窄，密度略有下降，异构组分有所增加，收率提高，重沸热源尾油减少的情况下，航煤冰点合格。

3）FRIPP 的级配方案中，FC-80 催化剂的改性性能较为稳定，柴油异构产物增加，凝点下降，尾油的 BMCI 指数和黏度指数都有所提高，可以为润滑油加氢异构装置提供更优质的原料。

1.5Mt/a 加氢裂化产品质量升级和结构调整应用

刘政伟

（中国石化上海石化公司　上海　200540）

1　前言

中国石化上海石化公司（以下简称：上海石化）芳烃部 1.5Mt/a 高压加氢裂化装置采用美国 UNOCAL 公司的专利技术，由德国 LURGI 公司进行设计的大型成套引进装置，设计加工能力为 0.9Mt/a。1998 年该装置进行了增量改造，以 VGO 为主要原料，主要生产重石脑油、航煤和柴油等产品，加工能力提高至 1.5Mt/a。

为实现上海石化优化产品结构，增产石脑油、航煤产品，压减柴油产量，改善加氢裂化尾油产品质量的生产需求，1.5Mt/a 高压加氢裂化装置 2017 年 5 月停工检修，并更换了新催化剂。检修期间 DC-101 精制反应器和 DC-103 精制反应器换用中国石化大连（抚顺）石化研究院（以下简称：FRIPP）新开发的 FF-66 加氢裂化预处理催化剂，DC-102 裂化反应器换用 FRIPP 新开发的 FC-76 加氢裂化催化剂，后处理催化剂换用 FF-66 催化剂。

该装置于 2017 年 5 月 2~11 日进行了催化剂装填，24 日开始催化剂硫化、钝化，6 日开始切换减压蜡油原料，28 日产品全部合格，加氢裂化装置开车一次成功。

2　上海石化 1.5Mt/a 加氢裂化装置开工情况

2.1　催化剂的装填

上海石化 1.5Mt/a 加氢裂化装置催化剂装填情况为：

R-1 加氢精制反应器装填 FBN03B04“鸟巢”保护剂 0.81t，FBN03B05“鸟巢”保护剂 2.52t，FBN03B06“鸟巢”保护剂 4.86t，齿球型 FF-66 加氢精制催化剂 39.20t，条形 FF-66 加氢精制催化剂 65.65t。

R-3 加氢精制反应器装填 FBN03B04“鸟巢”保护剂 0.72t，FBN03B05“鸟巢”保护剂 2.07t，FBN03B06“鸟巢”保护剂 3.06t，齿球形 FF-66 加氢精制催化剂 36.00t，条形 FF-66 加氢精制催化剂 47.20t。

R-2 加氢裂化反应器共装填条形 FC-76 加氢裂化催化剂 108.6t，条形 FF-66 后精制催化剂 14.40t，齿球形 FF-66 后精制催化剂 0.8t。

具体装填情况列于表 1。

表 1　催化剂汇总表

装填物	装填重量/t	装填物	装填重量/t
FBN03B04	1.53	FF-66（细条 ϕ1.2）	127.25
FBN03B05	4.59	FC-76	108.29
FBN03B06	7.92	合计	325.58
FF-66（齿球 ϕ2.5）	76.00		

2.2　催化剂预硫化及钝化

本次催化剂采用湿法硫化，所用的硫化剂是二甲基二硫化物（DMDS），硫化油采用加氢裂化尾油，其性质列于表 2。

表 2 硫化油性质

名　称	加氢裂化尾油	名　称	加氢裂化尾油
密度/(g/cm³)	0.8258	N/(μg/g)	<10
馏程/℃	192~484	水/(μg/g)	<300
S/(μg/g)	48		

5 月 23 日，干燥、气密结束后反应器入口温度升至 165℃具备引硫化油条件，详见表 3，4：30 开始向反应器引入开工油。7：00 温波通过整个催化剂床层，最搭温升约 10℃，催化剂床层得到充分润湿，并在高分建立液位，同时开始外甩冲洗床层。8：20 原料油泵发生故障，各反应器入口向 150℃降温。5 月 24 日 4：30 故障排除，开始进行硫化，硫化初始条件列于表 4。

表 3 引硫化油初始条件

名　称	工　况	名　称	工　况
DC101 入口温度/℃	165	DC103 入口硫化油进量/(m³/h)	30
DC102 入口温度/℃	156	循环氢量/(NL/h)	150000
DC103 入口温度/℃	155	反应器入口压力/MPa	14.18
DC101 入口硫化油进量/(m³/h)	30		

表 4 硫化初始条件

名　称	工　况	名　称	工　况
DC101 入口温度/℃	182	DC103 入口硫化油进量/(m³/h)	50
DC102 入口温度/℃	174	循环氢量/(NL/h)	160000
DC103 入口温度/℃	178	反应器入口压力/MPa	13.98
DC101 入口硫化油进量/(m³/h)	50		

4：30 开始入住硫化剂，硫化剂初始注入量为 0.5t/h，后提升到 1.5t/h 达到硫化剂泵最大冲程。反应器内各床层未见明显温升。

5：00 开始以 10℃/h 的升温速度提高 DC101、DC103 入口温度。

12：30 循环氢中检测到微量硫化氢。

16：00 循环氢中硫化氢浓度达到 1000μg/g，标志硫化氢已穿透整个催化剂床层。开始以 10℃/h 的升温速度升高 DC101、DC103 入口温度。升温期间，保持循环氢中硫化氢浓度在 1000~5000μg/g 范围内。

19：00 DC101、DC103 入口温度为 230℃，开始恒温 8h，恒温过程中循环氢浓度保持在 1000~5000μg/g 范围内。

23：20 开始注氨钝化，注氨钝化时反应器初始条件列于表 5。

表 5 注氨钝化初始条件

名　称	工　况	名　称	工　况
DC101 入口温度/℃	226	DC103 入口硫化油进量/(m³/h)	50
DC102 入口温度/℃	229	循环氢量/(NL/h)	250000
DC103 入口温度/℃	231	反应器入口压力/MPa	13.98
DC101 入口硫化油进量/(m³/h)	50		

5月25日3：00恒温结束。并以8℃/h的升温速度提高DC101、DC103入口温度。

12：00高分酸性水中检测到微量氨。

13：00水中氨浓度达到12600μg/g，氨穿透裂化剂床层。以8℃/h的速度提高DC101、DC103入口温度。

22：00 DC101、DC103入口温度提升至290℃，开始恒温。

5月26日2：00恒温结束，DC101、DC103向315℃升温。

10：00 DC101、DC103入口温度达到315℃、311℃，裂化段各床层无明显温升(见图1)。催化剂的硫化及钝化完成，累计注硫69.5t，累计注氨6.5t，准备切换新鲜原料。

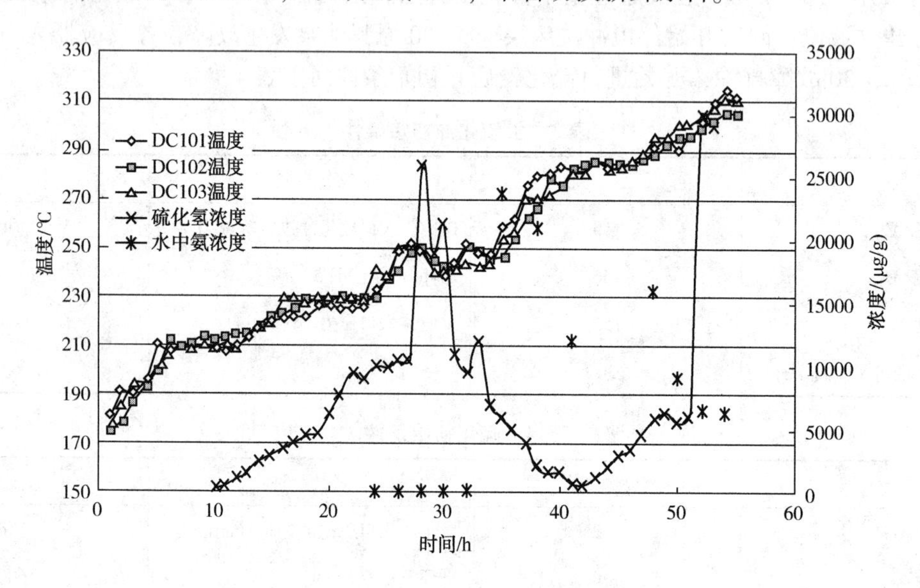

图1 升温硫化钝化曲线

2.3 切换原料及初期运行结果

5月26日11：00，开始切换新鲜原料，调整操作。

5月28日，全部产品合格，加氢裂化装置开汽一次成功。

表6列出了VGO原料的主要性质，表7列出了切换原料初始条件，开工初期操作条件及加氢裂化产品分布及其主要性质见表8~表9。

表6 切换原料初始条件

名称	工况	名称	工况
DC101入口温度/℃	309	DC103入口硫化油进量/(m^3/h)	30
DC102入口温度/℃	306	循环氢量/(NL/h)	250000
DC103入口温度/℃	308	反应器入口压力/MPa	13.75
DC101入口硫化油进量/(m^3/h)	30		

表7 原料油主要性质

名称	原料油	名称	原料油
馏程/℃		95%/EBP	496/523
IBP/10%	186/255	硫/氮/(μg/g)	17700/419
50%/90%	390/475		

表 8　运行初期主要工艺参数

项　目	操作条件	项　目	操作条件
DC101 进油量/(m^3/h)	60	DC102	
DC102 进油量/(m^3/h)	60	平均反应温度/℃	345
入口压力/MPa	13.5	总温升/℃	39
入口循环氢/(Nm^3/h)	250000	DC103	
DC101		平均反应温度/℃	333
平均反应温度/℃	335	总温升/℃	45
总温升/℃	47		

表 9　运行初期产品分布及主要性质

项　目	轻石脑油	重石脑油	航煤	柴油	尾油
产品分布/%	7.57	35.64	19.35	15.57	19.51
密度(20℃)/(g/cm^3)	0				0.7949
馏程/℃					
IBP/10%	21/25	90/107	189/199	209/216	207/236
50%/90%	27/35	132/151	203/212	223/234	281/330
EBP	54/66	176	227	247	390
硫/(μg/g)		<0.5			
BMCI 值					9

3　上海石化 1.5Mt/a 加氢裂化装置应用标定

为考核装置性能、加工能力、产品质量、催化剂性能，2017 年 9 月进行标定，并与上周期标定结果进行对比，如表 10 所示。

3.1　催化剂装填对比情况

两个周期裂化反应器裂化催化剂装填对比情况列于表 10，从数据对比来看基于催化剂堆比的下降和成本方面的降低，本周期 1.5Mt 加氢裂化装置裂化催化剂实际装填重量降低 17.0%，裂化催化剂采购成本降低 745.7 万，催化剂采购成本减低了 23.3%。FF-66 催化剂，精制段催化剂的装填量为 188.05t，而上周期催化剂的装填量为 232.77t，催化剂采购量降低 19.2%以上，按照每吨 15.13 万元价格，节约催化剂采购成本 670 万元。总催化剂节约成本效益约 1400 万元。

表 10　本周期与上周期裂化反应器催化剂装填对比

本周期			上周期		
床层	催化剂	装填量/t	床层	催化剂	装填量/t
一层	FC-76	30.10	一层	FC-32	35.44
二层	FC-76	26.00	二层	FC-32	31.36
三层	FC-76	26.60	三层	FC-32	31.84
四层	FC-76	25.59	四层	FC-32	31.36
合计装填量/t	108.29		合计装填量/t	130.00	
催化剂总价/万元	2451		催化剂总价/万元	3196.7	

3.2　原料油主要性质

两个周期标定过程反应原料性质分析结果列于表 11。从原料性质中可以看出，本周期的终馏点比上周期高 30℃，硫、氮含量均于高于上周期，原料更加劣质化。

表 11 原料性质

	本周期	上周期		本周期	上周期
密度(20)/(g/cm^3)	0. 9022	0. 8998	95%/FBP	501/529	483/499
馏程/℃			S/(μg/g)	22400	20900
IBP/10%	203/305	210/279	N/(μg/g)	584. 7	522. 9
30%/50%	367/407	334/378	残炭/%(质)	<0. 1	<0. 1
70%/90%	439/484	421/465			

3.3 主要运行结果

两个周期主要标定结果列于表 12~表 18。由于本周期裂化反应器更换的 FC-76 催化剂具有更好的反应选择性和显著提升的对于大分子环状烃类物质的开环转化能力，无论在反应液收方面以及产品质量方面都有较大的提升，为工艺参数及产品方案的调整提供了更大的空间。基于此，本周期从目的产品产率、产品质量以及装置运行成本等多个方面进行综合考量后，确定了降低精制反应深度、上调精制生成油氮含量控制指标、拓展航煤馏程(干点后移)的装置操作方案。结果较上一周期在提高液体产品收率、优化产品结构、尾油产品质量提升及节能降耗方面获得了明显的进步。产品分布方面，基于催化剂优异的反应选择性和操作灵活性，在控制裂化反应深度相当的情况下，重石脑油收率提高 5. 94 个百分点；航煤产品收率提高 5. 43 个百分点；柴油收率降低 6. 82 个百分点，达到了压减柴油、增产航煤和重石脑油的产品方案需求。产品质量方面，基于 FC-76 催化剂具有更好的加氢饱和及环状烃开环反应性能，在原料劣质化和精制生成油氮含量高限控制(通过降低精制温度，减少燃料气使用，进而降低装置能耗)的不利情况下，本周期柴油和尾油产品质量获得了明显的改善，柴油产品十六烷指数相比于上周期提高 4 个单位(部分为切割贡献)、尾油产品收率相当时 BMCI 值相比于上一周期降低 1. 9 个单位、能耗下降 2. 31kgEO/t 原料。

表 12 标定期间运行工艺参数

时　　间	本周期	上周期	时　　间	本周期	上周期
DC-101 精制反应器：			DC-102 裂化反应器：		
入口压力/MPa	14. 3	14. 8	装置负荷/%	101. 2	99. 2
进料流量(VGO)/(m^3/h)	133. 00	124. 95	入口压力/MPa	14. 0	14. 6
体积空速/h^{-1}	0. 98	0. 92	FC-76 体积空速/h^{-1}	1. 47	1. 48
入口循环氢流量/(Nm^3/h)	101788	119259	FF-66 体积空速/h^{-1}	10. 89	11. 52
氢油体积比	850. 0	960. 0	氢油体积比	1272. 1	1475. 3
总温升/℃	56. 8	59. 9	入口温度/℃	366. 3	360. 8
平均反应温度/℃	353. 6	360. 8	一床层温升/℃	5. 3	8. 7
精制油氮含量/(mg/kg)	19. 6	7. 80	二床层温升/℃	3. 4	5. 8
DC-103 精制反应器：		—	三床层温升/℃	23. 1	13. 7
入口压力/MPa	14	13. 8	四床层温升/℃	26. 4	20. 9
进料流量(VGO)/(m^3/h)	88. 0	95. 2	总温升/℃	58. 2	49. 2
体积空速/h^{-1}	0. 82	0. 88	出口温度/℃	392. 7	387. 9
入口循环氢流量/(Nm^3/h)	70317	92776	平均反应温度/℃	376. 4	372. 1
氢油体积比	1000	1172. 9	氢耗/(Nm^3/t 原料)	344. 1	319. 30
总温升/℃	47. 4	58. 3	循环氢纯度/%(体)	95. 84	93. 02
平均反应温度/℃	351. 3	366. 3	装置能耗/(kgEO/t 原料)	30. 59	32. 90
精制油氮含量/(mg/kg)	16. 3	7. 1			

表 13　物料平衡

物　　料	本周期	上周期
LN	9.56	13.71
HN	35.99	30.05
航煤	24.05	18.62
柴油	6.17	12.99
尾油	17.68	19.50

表 14　轻石脑油性质

项　　目	本周期	上周期
密度(20℃)/(g/cm^3)	0.6381	0.6326
馏程/℃		
IBP/10%	29/36	26/32
20%/50%	37/43	36/48
80%/90%	52/59	57/61
95%/EBP	66/72	63/65

表 15　重石脑油性质

项　　目	本周期	上周期
密度(20℃)/(g/cm^3)	0.7484	0.7511
馏程/℃		
IBP/10%	80/97	79/99
20%/50%	104/120	106/124
80%/90%	143/154	150/162
95%/EBP	162/174	172/180
S/(μg/g)	<0.5	<0.5
N/(μg/g)	<0.5	<0.5

表 16　航煤性质

项　　目	本周期	上周期
密度(20℃)/(g/cm^3)	0.7992	0.8001
馏程/℃		
IBP/10%	158/180	152/171
20%/50%	190/210	181/200
80%/90%	233/246	216/223
95%/EBP	257/272	229/238(98%)
冰点/℃	-53.2	-67
烟点/mm	25.0	26.0

表 17　柴油性质

项　　目	本周期	上周期
密度(20℃)/(g/cm^3)	0.8050	0.8074
馏程/℃		
IBP/10%	211/234	207/224
50%/90%	267/292	253/279
95%/EBP	298/317	290/298
闪点/℃	88.5	81
凝点/℃	<-20	<-20
十六烷指数	62	58

表18 尾油性质

项　　目	本周期	上周期
密度(20℃)/(g/cm³)	0.8165	0.8177
馏程/℃		
IBP/10%	258/308	267/306
30%/50%	325/346	327/344
70%/90%	378/421	376/421
95%/EBP	442/482	441/463
硫/(mg/kg)	2.5	3.3
氮/(mg/kg)	2.5	2.5
BMCI 值	9.0	10.9

4 上海石化 1.5Mt/a 加氢裂化装置运行分析

上海石化 1.5Mt/a 加氢裂化装置自从 2017 年 6 月至 2020 年 3 月，连续运转 994.1t，累计加工原料油 3900.255kt，装置运行平稳，产品分布和产品性质均满足生产需求。表 19~表 24 列出了原料油主要性质、主要操作参数和产品分布等结果。

表19 原料油性质

时　　间	氮/(μg/g)	干点/℃
2017	526	536
2018	528	527
2019	542	529
2020	529	533

表20 反应系统主要工艺参数

时间	处理量/(t/h)	精制平均温度/℃	精制温升/℃	裂化平均温度/℃	裂化温升/℃	高分压力/MPa
2017	169	355/353	57/49	373	54.1	14.0
2018	164	354/355	50/48	373	53.5	14.0
2019	161	355/357	55/48	376	52.5	14.0
2020	161	354/359	53/45	377	53.1	13.9

表21 装置主要参数及产品分布

时间	加工量/t	收率/%							液收/%	能耗/(kgEO/t)
		干气	LPG	LN	HN	航煤	柴油	尾油		
2017	865792	2.0	2.2	10.0	34.8	23.1	6.6	18.0	98.93	31.64
2018	1323348	3.0	4.5	10.8	33.7	20.0	8.3	17.6	97.96	33.08
2019	1363827	3.5	4.3	10.9	31.3	22.7	9.3	16.5	97.84	32.13
2020	347288	3.3	2.4	9.7	33.5	22.9	8.8	16.9	97.73	30.23

表22 轻石脑油和重石脑油产品性质

时间	LN				HN			
	密度/(g/cm³)	馏程/℃	氮/(μg/g)	硫/(μg/g)	密度/(g/cm³)	馏程/℃	氮/(μg/g)	硫/(μg/g)
2017	0.6406	28~64	2017	—	0.7492	84~174	<0.3	<0.5
2018	0.6405	28~64	<1	—	0.7482	85~172	<1	<0.5
2019	0.6409	30~65	0.35	0.86	0.7476	84~169	<0.3	<0.5
2020	0.6420	29~65	0.4	0.60	0.7472	86~168	<0.3	<0.5

表 23 航煤和柴油产品性质

时间	航煤			柴油			
	密度/(g/cm^3)	馏程/℃	冰点/℃	密度/(g/cm^3)	馏程/℃	十六烷指数	凝点/℃
2017	0.7978	156~260	-52.2	0.8030	211~299	62.0	-20
2018	0.7969	155~255	-59.9	0.8020	206~304	61.5	-20
2019	0.7984	156~261	-53.1	0.80465	206~326	61.7	-18
2020	0.7920	157~259	-50.7	0.8018	209~320	62.6	-19

表 24 尾油产品性质

日期	尾油				
	密度/(g/cm^3)	馏程/℃	硫含量/(μg/g)	氮含量/(μg/g)	BMCI 值
2017	0.8145	247~480	4.4	3.1	9.0
2018	0.8152	263~475	3.2	2.8	9.1
2019	0.8201	270~486	2.5	2.8	9.8
2020	0.8179	278~496	3.2	3.6	9.4

5 结论

1）上海石化 1.5Mt/a 加氢裂化装置于 2017 年检修期间预处理反应器换用 FF-66 催化剂，加氢裂化反应器换用 FC-76 催化剂。5 月，该装置开车一次成功，进入正常生产。

2）本周期裂化反应器更换 FC-76 催化剂后，加氢裂化催化剂实际装填重量降低了 17.0%，采购成本降低 745.7 万元，减少了 23.3%；FF-66 催化剂，精制段催化剂的装填量为 188.05t，而上周期催化剂的装填量为 232.77t，催化剂采购量降低 19.2%以上，节约催化剂采购成本 670 万元。总催化剂节约成本效益约 1400 万元，为企业节约了成本。

3）本周期裂化反应器更换 FC-76 催化剂后，装置目的产品收率、尾油质量及运行能耗等方面相比上一周期显著改善，其中，产品分布方面装置重石脑油收率提高 4.03 个百分点；航煤产品收率提高 3.86 个百分点；柴油收率降低 4.22 个百分点，增产石脑油和航煤组分、压减柴油效果明显；产品质量方面在原料劣质化和精制油氮含量高限控制的情况下(降低精制温度和减少燃料气使用)，装置能耗下降 2kgEO/t 原料，加氢裂化尾油产品 BMCI 值比上周期降低了 1.5~2 个单位。

高压加氢裂化装置加工高比例常三线原料适应性分析

郑志达　陆勇杰

（中国石化上海石化公司　上海　200540）

摘　要　高压加氢裂化装置具有加工原料油适应性强的特点。结合工业生产实际，对上海石油化工股份有限公司（上海石化）加工高比例常三线原料的运行情况进行适应性分析和总结，认为加氢裂化装置可以加工高比例常三线原料，但在加工前，为防止反应器出现超温、“飞温”等异常状况，应事先做好降低反应深度的预案和装置调整。

关键词　高压加氢；适应性；高比例常三线原料

高压加氢裂化是重油深度加工的主要技术之一[1,2]，在高温高压环境中，经过催化剂作用，发生加氢脱硫、加氢脱氮、加氢脱氧、加氢脱金属、芳烃加氢饱和以及C—C键断裂的加氢裂化反应，使大分子烃类断裂为小分子烃类，实现重油加氢转化。它的加工原料范围广，包括减压蜡油、焦化柴油、脱沥青油等。

上海石化高压加氢裂化装置经改造后，处理量提高至1.5Mt/a，设计原料为VGO，主要产品为轻石脑油、重石脑油、航煤、柴油和供乙烯裂解的尾油。2020年3月，在2#常减压常三线（1872t/d）进VGO罐的基础上，将3#常减压常三线（1992t/d）也改进VGO罐，使罐区VGO中常三线的比例由原来的26%增加至43%左右，原料油品组分发生较大的变化。本文对加工高比例常三线原料进行适应性分析[3,4]。

1　工艺流程说明

原料与被加热炉加热的循环氢混合后首先进入精制反应器，精制油进入裂化反应器进行裂化反应，反应生成物进入高压分离器进行三相分离，然后高分气体和新氢一起进入循环氢压缩机，高分油去低压分离器进行三相分离，低分油进入脱戊烷塔。脱戊烷塔顶液去向脱丁烷塔，脱丁烷塔底生产轻石脑油，塔顶液去向C_3/C_4分离塔，生产液化气和丙烷。脱戊烷塔底液进入分馏塔，塔顶生产轻石脑油，侧线生产重石脑油。塔底液进入减压塔，侧线生产航煤和柴油，塔底生产尾油。流程简图如图1所示。

2　催化剂

精制反应器使用中国石化大连（抚顺）石化研究院（FRIPP）研制开发的FF-66催化剂[5~7]，其活性组分为Mo-Ni，加入适当的助剂对载体加以改性，降低了载体表面的强酸含量，从而减缓结焦反应导致的催化剂失活，增强了催化剂的稳定性；并在分子水平上对金属活性中心的结构进行了调节，以降低活性金属与载体之间的相互作用，使得加氢金属组分更易硫化，增强了催化剂的加氢脱氮性能。

裂化反应器使用FRIPP研制开发的FC-76催化剂，活性组分为Mo-Ni，具有良好的加氢裂化活性、优异的开环选择性、显著的优先裂解重组分能力、良好的机械强度和原料油适应性，可广泛用于生产高芳烃潜含量的重石脑油、高十六烷值的清洁柴油及低BMCI值的尾油等高附加值产品。装置设计为主要加工直馏蜡油，直馏蜡油性质见表1。

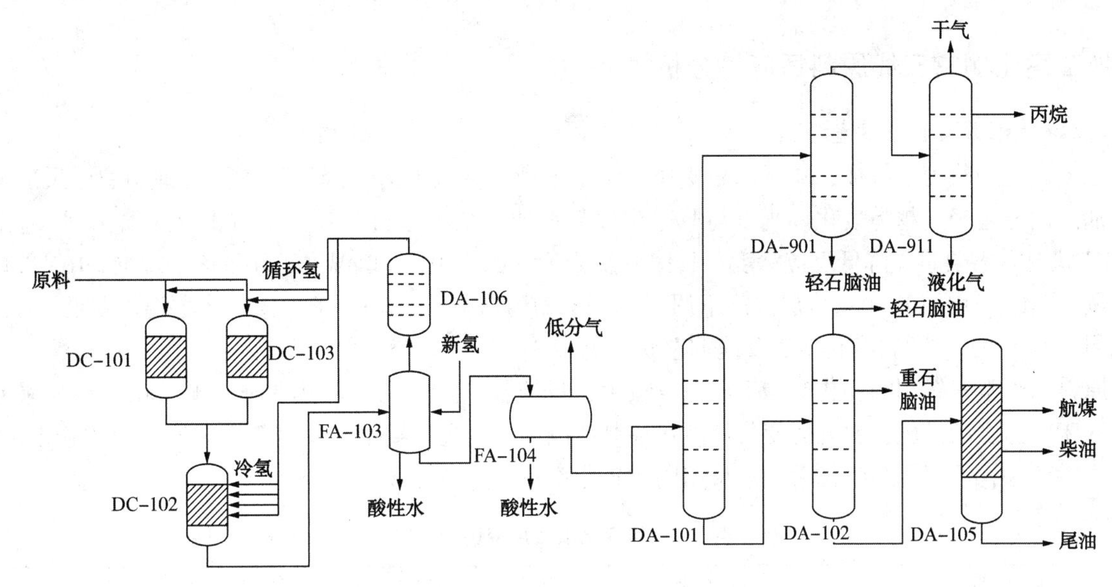

图 1 流程图

DC-101—精制反应器；DC-102—裂化反应器；DC-103—精制反应器；FA-103—高压分离器；FA-104—低压分离器；DA-101—脱戊烷塔；DA-102—分馏塔；DA-105—减压塔；DA-106—循环氢脱硫塔；DA-901—脱丁烷塔；DA-911—C_3/C_4 分离塔

表 1 直馏蜡油性质

项　　目	直馏蜡油	项　　目	直馏蜡油
密度(20℃)/(g/cm^3)	0.9035	90%	500
馏程/℃		FBP	519
IBP	212	S/%(质)	2.31
10%	230	N/(μg/g)	704
50%	274		

3 原料性质

将常三线油的加工比例由26%提高至43%，两种原料性质见表2。可以看出，26%常三线的比例原料油的特点是：氮含量高，密度较高，终馏点较高。43%常三线的比例原料油的特点是：氮含量低，密度较低，终馏点较低。

表 2 原料性质

项　　目	26%常三线的比例原料油	43%常三线的比例原料油
密度(20℃)/(g/cm^3)	0.8937	0.8817
初馏点	186	175
5%	268	262
10%	301	288
30%	358	331
50%	401	366
70%	445	405
90%	494	452
95%	516	470
终馏点	533	511
硫/(mg/kg)	1.98	1.84
氮/(mg/kg)	630.7	265.8
氯/(mg/kg)	1.8	1.2
酸值/(mgKOH/g)	0.39	0.37
残炭/%(质)	<0.1	<0.1

4 加工高比例常三线原料适应性分析

4.1 原料变化前后反应调整

根据裂化的热力学特征，随着油品变轻，化学平衡常数会变大，降低温度可以抑制裂化反应的进行。油品馏分越轻，越易裂化。所以与原适用原料相比，加工原料变轻，为防止反应器出现“超温”、“飞温”状况，需要事先降低反应深度，具体调整如下：DC-101进口温度下调5.8℃；DC-103进口温度下调3.7℃；DC-102第一床层温度下调2℃，第二床层温度下调1.7℃，第三床层温度下调1℃，第四床层下调1.6℃。原料变化前后反应调整状况见表3。

原料油中常三线刚刚变化时，反应深度较大，反应器内产生的反应热明显上升，由于事先采取了降低各床层温度的措施，温升的变化依然在控制范围内，经过后期精心调整，反应温度变化趋于稳定。由于原料变轻，温度调整到位后，保持相同的转化率下，反应热较以往变小。

表3 原料变化前后反应调整状况 ℃

项目	原料变化前	原料变化后	调整稳定后
DC-101精制反应器(第一路进料)			
入口温度	322.8	317.0	320.8
第一床层温升	21.0	23.6	21.4
第二床层温升	27.8	33.2	27.4
总温升	48.8	52.8	49
出口温度	383.8	385.2	382.1
DC-103精制反应器(第二路进料)			
入口温度	320.8	317.1	318.8
第一床层温升	22.7	24.8	22.9
第二床层温升	19.8	21.2	19.8
总温升	42.5	45.9	40.6
出口温度	379.6	381.2	379.8
DC-102裂化反应器			
第一床层温度	360.7	358.7	359.2
第一床层温升	7.5	7.6	7.1
第二床层温度	366.0	364.3	366.0
第二床层温升	8.5	8.4	8.7
第三床层温度	360.3	359.3	360.3
第三床层温升	16.6	16.9	16.0
第四床层温度	361.6	360.0	360.9
第四床层温升	22.1	21.5	20.5
总温升	54.0	52	51.4
出口温度	383.3	382.7	381.4

4.2 产品分布

原料变轻，裂化程度加剧，导致轻组分增多，调整前后产品分布发生变化的情况列于表4。可以看出，液化气收率上升1.39%；轻石脑油收率上升0.1%；重石脑油收率上升0.09%；航煤收率上升0.31%；柴油收率下降0.78%；尾油收率下降1.56%。

表4 产品分布表 %(质)

项目	26%常三线的比例原料油	43%常三线的比例原料油
酸性气	1.82	1.98
干气	3.25	3.56
液化气	2.77	4.16
丙烷	0.60	0.59
轻石脑油	9.89	9.99
重石脑油	35.62	35.71
航煤	20.53	20.84
柴油	10.19	9.41
加氢尾油	15.19	13.63
损失	0.14	0.13

4.3 产品质量

根据产品分析得出，加工高比例常三线原料所得产品全部合格，产品质量列于表5。由表5可以看出，油品变轻，反应深度较大，与加工高比例常三线原料所得产品相比轻石脑油的密度与馏程变轻；重石脑油20%之前的馏程变轻，20%之后的馏程变化不大；航煤、柴油馏程变化不大；尾油馏程较以往明显偏轻。

表5 产品质量表

项目	轻石脑油		重石脑油		航煤		柴油		尾油	
常三线比例	26%	43%	26%	43%	26%	43%	26%	43%	26%	43%
密度/(g/cm^3)	0.6448	0.6303	0.7469	0.7443	0.7908	0.7924	0.7952	0.7964	0.8122	0.8091
IBP	32	25.5	88.3	85.3	154.5	152	213.5	214	271	278
5%	39.5	29.5	97.2	95.3	174	173	231.5	232	308	303
10%	40	30.5	99.9	98.4	179.5	180	237	238	316	310
20%	41.5	32.5	106.9	105.9	188	188.5	—	—	323	320
50%	46.5	37	123.4	122.1	204.5	207	263	264.5	329	328
80%	56	44.5	143.6	143.2	223	228.5	—	—	346	340
90%	61	52	153.4	152.7	233	240	280	282.5	387	374
95%	63.5	59	161.8	161	240.5	249	285	287.5	406	386
FBP	65.5	62	171.7	171.5	250.5	257	294	294.5	480	470
硫/(mg/kg)	<0.5	<0.5	<0.5	<0.5	—	—	—	—	1.8	<0.5
氮/(mg/kg)	<0.3	0.4	<0.3	<0.3	—	—	—	—	2.3	2.9
铜片腐蚀	—	—	—	—	1b	1b	1a	1a	—	—
十六烷指数	—	—	—	—	—	—	65	65	—	—
BMCI值	—	—	—	—	—	—	—	—	8	9

5 结论

高压加氢裂化装置具有加工原料油适应性强的特点，可以加工多种原料。根据工业实践，得出结论：可以加工高比例常三线原料，但在加工前，为防止反应器出现“超温”、“飞温”状况，应降低反应深度。且操作时要注意，油品较轻时，对反应深度较敏感，故调整反应深度时，操作幅度要小，保证产品组分和分馏系统稳定。

参 考 文 献

[1] Michael J. Girgis, Bruce C. Gates. Reactivities, reaction networks and kinetics in high-pressure catalytic hydroprocessing [J]. American Chemical Society, 2002(9).
[2] 德浩，建晖，申涛. 加氢裂化装置技术问答[M]. 中国石化出版社，2006.
[3] 蔡烈奎，马莉莉，张翠侦，等. 高芳烃含量重质馏分油加工方案的技术探讨[J]. 石油炼制与化工，2018，49(11)：53-57.
[4] 任建松，马莉莉. 环烷基润滑油高压加氢生产技术适应性分析[J]. 润滑油，2015，30(04)：53-58.
[5] 姜维. FF-26及FF-66精制剂在加氢裂化装置中应用比较[J]. 炼油技术与工程，2019，49(04)：38-43.
[6] 李世伟. 加氢裂化催化剂FC-76与FC-32的工业应用对比分析[J]. 炼油技术与工程，2019，49(06)：50-53.
[7] 石培华，杨占林，唐兆吉，等. FF-66催化剂在天津分公司的工业应用[J]. 当代石油石化，2018，26(09)：34-38.

大比例增产航煤兼产优质尾油加氢裂化技术工业应用

任　谦[1]　于永久[1]　史家亮[1]　赵广乐[2]

(1. 中国石化燕山石化公司　北京　102500；2. 中国石化石油化工科学研究院　北京　100083)

摘　要　介绍了大比例增产航煤兼产优质尾油的加氢裂化技术及配套催化剂在燕山石化公司2.0Mt/a高压加氢裂化装置的长周期工业应用情况，对比掺炼不同二次加工油以及上周期采用灵活型加氢催化剂的生产情况。初期和中期工业标定结果表明，航煤馏分收率达到38%以上，烟点大于25mm；尾油馏分BMCI值小于9，链烷烃质量分数大于62%，连续运转46个月后，各产品性质优异，成功实现大比例增产航煤、改善尾油质量以及灵活生产柴油的目标。催化剂床层温度、床层压降和径向温差上涨缓慢，表明催化剂活性稳定性好，提温速率低，抗冲击能力强，可满足长周期运转需求。新技术在该装置的成功应用，为首都地区航煤供应提供保障，并为炼油厂转型发展、炼化一体化、效益最大化和为乙烯装置提供优质原料提供了技术支撑。

关键词　加氢裂化；喷气燃料；尾油；工业应用

1　前言

目前炼油行业面临产能过剩，市场竞争压力和环境保护压力日益增大。2018年，中国原油加工量约605Mt，全国炼油厂平均开工率仅为72.9%，炼油能力过剩约90Mt/a。2019年，随着地方民营大型炼化项目的相继投产，全国原油一次加工能力净增32Mt，过剩能力达到120Mt。预计2020年，中国炼油能力将增至882Mt，产能过剩进一步加剧，汽煤柴产品产量也已远超国内市场实际需求量(见图1)，尤其柴油需求量已达到峰值并呈现逐年降低趋势，煤油需求量呈现稳步增长趋势，成品油市场发生显著变化[1]。

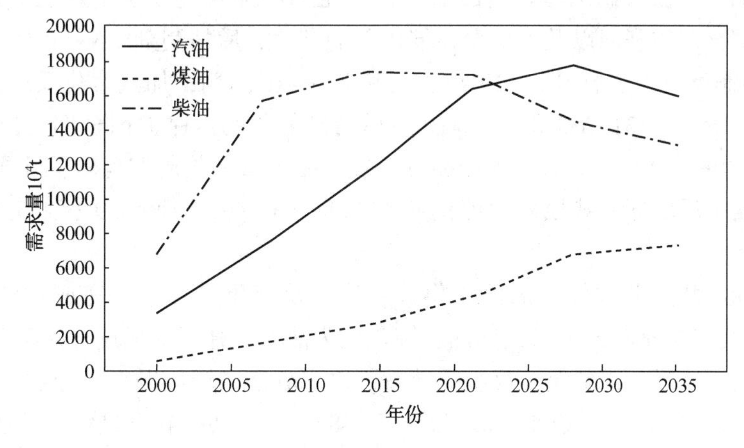

图1　2035年国内成品油需求量预测[1]

炼油产品转型和炼化一体化是未来炼油厂发展的方向，加氢裂化技术具有原料范围宽、产品品种多且质量好、生产方案灵活、液体产品收率高等特点，是石油化工企业油、化、纤结合的核心[2]。燕山石化为应对未来成品油市场的变化，近年来对2Mt/a高压加氢裂化装置(以下简称高压加氢裂化装置)进行大比例增产航煤兼产优质尾油的改造，航煤收率增幅达43%以上，尾油BMCI值降低2个单位以上，同时根据市场需求具备灵活生产柴油的方案。

高压加氢裂化装置是燕山石化炼油系统一千万吨配套改造的主体装置之一，设计加工进口原油的减压蜡油和部分焦化蜡油，用于生产高质量的轻质油品和用作乙烯原料的尾油。轻质产品包括作为车用汽油调和组分或乙烯料的轻石脑油，用于重整装置原料的高芳潜重石脑油，符合3号喷气燃料规格要求的煤油馏分，以及高十六烷值的清洁柴油馏分；尾油馏分则作为优质的乙烯原料。

本周期自2016年7月以来高压加氢裂化装置采用石油化工科学研究院开发的大比例增产航煤兼产优质尾油加氢裂化技术及配套催化剂检修开工，已连续运行46个月，催化剂失活速率缓慢，成功实现大比例增产航煤的目标，同时兼顾石脑油及优质尾油的生产。该技术采用精制活性更高的RN-410加氢处理催化剂和裂化活性呈梯度分布的RHC-3/RHC-131/RHC-133加氢裂化催化剂级配，其中RN-410催化剂相对加氢脱氮活性较上周期使用的RN-32V高30%左右，是保证装置长周期运行的关键；RHC-131催化剂具有强开环、弱二次裂化能力[3]，与RHC-3和RHC-133催化剂级配后，可满足增产航煤的同时改善尾油质量，相同转化深度下航煤产率和尾油质量均优于国内外同类型催化剂。

2 装置改造及开工情况

2.1 大比例增产航煤改造

高压加氢裂化装置于2016年6月进行大比例增产航煤改造，主要包括更换新催化剂体系、分馏加热炉改造、分馏系统塔盘更换及相关配套机泵改造、尾油换热流程改造等。具体内容如下：

1）更换航煤汽提塔8层塔盘，更换轻重石脑油分馏塔第17~30层塔盘；

2）原柴油与粗石脑油换热器E-3302改为航煤与粗石脑油换热；

3）分馏进料加热炉F-3201改造，将设计热负荷由23.84MW提高至31.0MW；

4）更换航煤泵P-3209叶轮，将额定流量由159m^3/h提高至179m^3/h；

5）新增尾油短循环流程，弥补石脑油分馏塔和航煤汽提塔重沸器热量不足；

6）更换航煤侧线抽出及航煤出装置流程的孔板及调节阀；

7）更换分馏塔顶冷凝水泵P-3202A/B，更换石脑油分馏塔顶回流泵P-3302A；

8）新增航煤过滤器2台和柴油聚结器1台。

2.2 催化剂装填与开工情况

本周期的催化剂装填在大比例增产航煤兼产优质尾油的加氢裂化技术及配套催化剂体系基础上，充分考虑了上周期催化剂的利旧以及少量库存催化剂的利用，后精制剂RN-32V(ϕ3.4)再生后代替原有ϕ3瓷球。加氢精制反应器装填RN-32V再生剂和RN-410新剂；加氢裂化反应器装填RHC-3再生剂、RHC-133新剂、RHC-131新剂和RN-410新后精制催化剂；保护剂全部更换为新剂，包括RG-20、RG-30A、RG-30B和RG-1。为保证产品分布、产品质量和长周期运转，除再生剂外，新鲜剂全部采用密相装填。两个反应器共装填各种催化剂475.9t，其中保护剂15.9t，补充新鲜催化剂251.5t，利旧再生剂208.5t。

为缩短开工时间，装置此次催化剂预硫化采用硫化及钝化过程一次完成的湿法硫化，硫化剂为DMDS，硫化携带油为氮含量较低的直馏柴油，钝化剂为液氨。开工硫化过程的工艺路线为尾油长循环流程，携带油经原料缓冲罐、进料泵、反应系统后，由主分馏塔塔底循环至原料缓冲罐。2016年7月9日开始进低氮油开工，至催化剂预硫化结束共耗时48h，装置切换新鲜进料，一次开车成功，整个开工过程平稳。

3 长周期运转情况

高压加氢裂化装置自2016年7月13日完成切换原料至今，已连续运转46个月。在此期间，装置加工原料以4#常减压的直馏原料为主，包括常三线、减顶油、减一线、减二线和减三线，先后分别掺炼过催化柴油、焦化柴油和焦化蜡油等二次加工油。此外，受氢气管网压力波动，装置提降量及原料构成切换频繁等影响，高压加氢裂化装置始终可保持合理的产品分布及优质的产品质量，从运行情况来看，催化剂表现出了良好的稳定性和抗冲击能力。

3.1 原料性质

本周期受原油劣质化影响，装置加工原料密度平均为 904.3kg/m^3，最高为 924.1kg/m^3，设计值≤910kg/m^3；终馏点平均为 497.4℃，最高 538℃；硫质量分数平均为 1.95%，最高为 2.43%；氮质量分数平均为 0.13%，最高为 0.24%，设计值≤0.15%；氯含量平均为 2.2mg/kg，最高为 4.0mg/kg；BMCI 值平均 47.2，最高 55.9。运行期间原料性质大部分时间满足指标要求，掺炼部分二次加工油期间部分性质略超指标，如掺炼催化柴油比例较高时，原料密度和 BMCI 偏高；掺炼焦化蜡油时，原料氮含量和氯含量偏高。本周期原料 20℃密度和 BMCI 值性质见图 2。

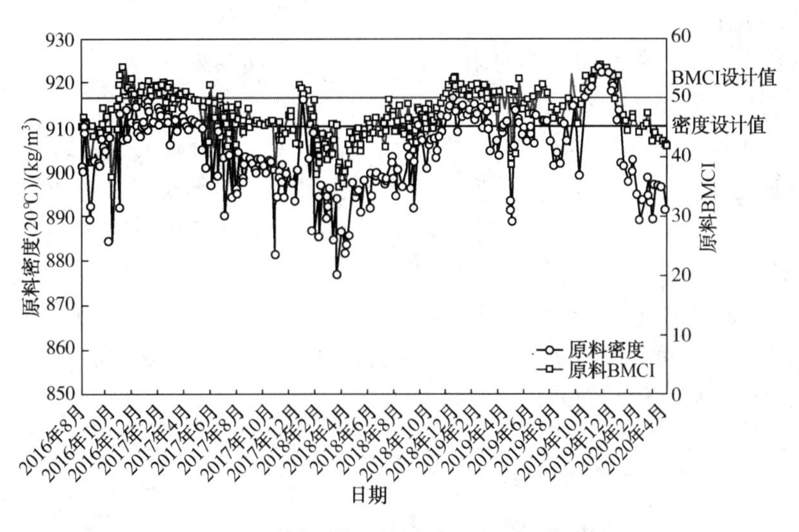

图 2 本周期原料密度和 BMCI 值

3.2 产品分布和主要产品性质

受市场因素影响，高压加氢裂化装置每月的生产计划有较大幅度调整，需兼顾裂解料和重整料的生产，同时保证军用航煤和高十六烷值柴油调和组分的生产，产品分布变化主要体现在航煤馏分收率和柴油馏分收率，具体如图 3 所示。

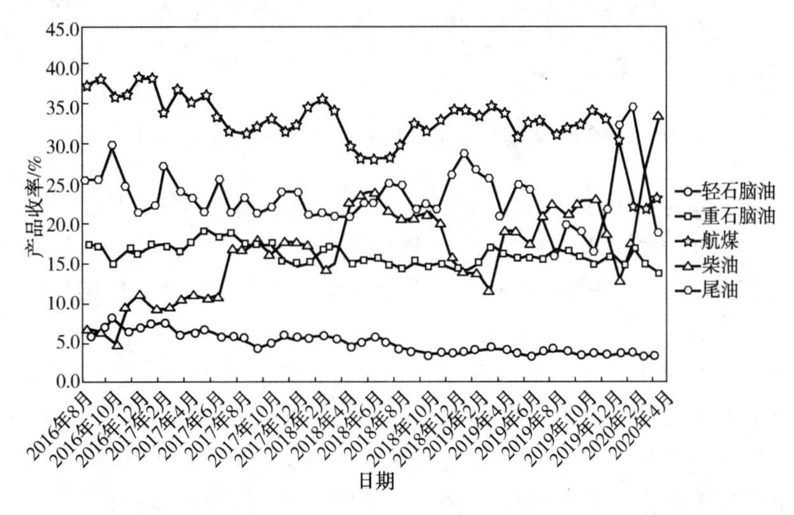

图 3 各馏分产品收率变化曲线

自装置开工到 2017 年 6 月，期间以多产航煤少产柴油为主，航煤馏分月平均收率为 36.4%，最低为 33.5%，最高为 38.2%；柴油馏分月平均收率为 9.2%，最低为 5.2%，最高为 11.2%。此后柴油市场价格走高，装置适当多产柴油。至 2019 年底，航煤馏分月收率平均为 32.4%，最低为 28.3%，最高为 35.7%；柴油馏分月平均收率为 18.8%，最低为 11.1%，最高为 23.9%。2020 年初受新冠疫情影响，成品油市场低迷，装置及时调整产品分布，最大量生产裂解料同时压减航煤馏分，尾油馏分收率最高达到34.8%，航煤馏分收率最低为21.8%，部分改至裂解料；后续逐步复工复产后，柴油市场需求量增大，装置通过优化调整，最大比例增产柴油，柴油馏分收率最高到33.4%。

从轻石脑油、重石脑油和尾油馏分收率可以看出，除装置初期轻石脑油馏分干点切重，收率较高外，石脑油馏分收率总体较为稳定，增产航煤期间转化率较高，轻石脑油+重石脑油收率平均为24%，接近设计值的24.5%；增产柴油或转化率偏低期间，石脑油收率约为20%，最低达到17.6%，尾油收率基本在20%~30%，说明整体上装置操作较为平稳，在满足产品分布的前提下，优化降低反应深度，从而降低氢耗，节约成本。

从近4年的长周期运转产品分布可以看出，通过反应和分馏系统的调整，航煤、柴油和尾油收率可在较大幅度灵活变化，满足装置不同产品方案的需求。

航煤馏分烟点和尾油馏分BMCI值是加氢裂化产品中受芳烃含量影响变化最为明显的产品性质指标之一。原料性质越差、氢分压和转化率越低，液体产品中芳烃和环状烃含量越高，航煤馏分烟点越低，BMCI值越高。图4为本周期航煤馏分烟点和尾油馏分BMCI值情况，受原料性质劣质化和氢分压偏低(11.5~12.5MPa)影响，航煤馏分烟点和尾油馏分BMCI值波动较大，航煤馏分烟点平均为25.5mm，最高为32.1mm；尾油馏分BMCI值平均为10，最低为4.4。随着运转周期延长，催化剂活性逐步降低，但从本周期运转46个月来看，2020年4月航煤烟点平均为24.2mm，尾油BMCI值平均为10.4，说明催化剂仍保持较高的活性和稳定性。

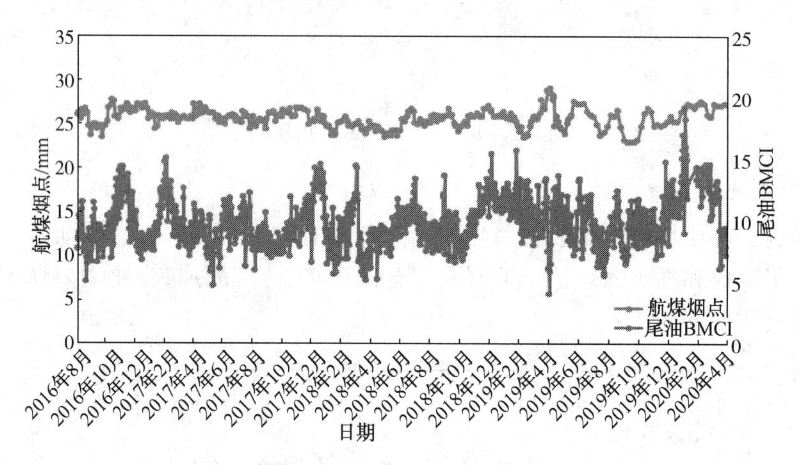

图4 航煤馏分烟点和尾油馏分BMCI值

从产品分布和产品性质可以看出，高压加氢裂化装置总体操作平稳，可适应不同类型的劣质原料和产品方案需求，产品分布可通过反应苛刻度和切割方案灵活调整，航煤产品质量满足3号喷气燃料要求，尾油质量优。截至目前已运转46个月，产品分布和产品质量满足本周期运转4年的要求。

3.3 催化剂活性分析

催化剂提温速率是催化剂稳定性的重要指标，关系到工业装置的连续运转周期。高压加氢裂化装置自2016年7月13日开工至2020年4月30日，催化剂累计运行46个月。原料平均氮质量分数为0.13%，加氢精制油氮质量分数平均为3.2mg/kg，平均脱氮率为99.7%。2020年4月，精制平均反应温度为382℃，裂化平均反应温度为387℃，总体上，催化剂仍保持较高活性。

装置自开工以来精制催化剂床层平均温度及裂化催化剂床层平均温度提温曲线见图5和图6。由于加氢精制反应器出口采样器故障，采样频率相对较低，为保证加氢精制催化剂脱氮效果，并富裕出一定的原料性质波动空间，加氢精制催化剂平均温度处于深度脱氮的相对较高操作温度。从图5可以看出，自2016年7月开工以来，精制平均反应温度较平稳，加氢精制催化剂失活速率较低，通过提温曲线计算得到失活速率为0.15℃/月。因原料组成、性质及加工负荷变化较为频繁，加氢裂化催化剂平均温度调整幅度相对较大。从图6可以看出，裂化反应平均温度波动明显，但也保持较低的提温速率，通过提温曲线计算得到失活速率为0.4℃/月。失活速率较常规工业装置显著降低，体现了催化剂优异的稳定性。按照目前的原料性质、加工负荷及反应苛刻度，装置完全可以继续运行到2021年6月，实现连续运转5年的目标，超过改造初期连续运转4年的计划目标。

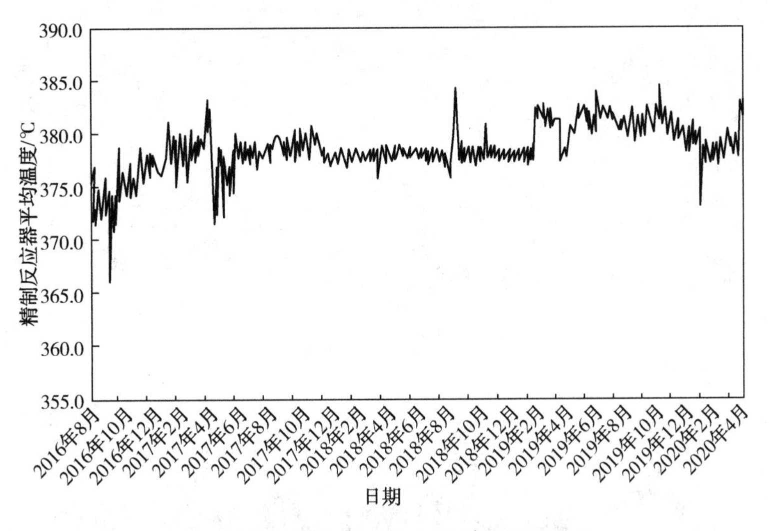

图5 精制催化剂平均床层温度提温曲线

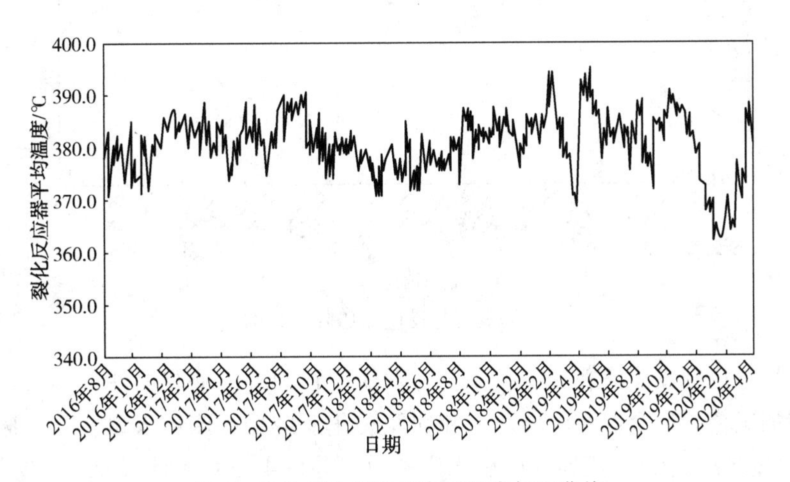

图6 裂化催化剂平均床层温度提温曲线

3.4 反应系统压降和径向温差

高压加氢裂化装置本周期的加氢精制和加氢裂化催化剂均包括部分再生剂和部分新剂。再生剂采用普通装填，新剂全部采用密相装填。旧剂及催化剂再生过程会导致催化剂条长变短，密相装填也会导致床层空隙率降低。因此，本周期反应系统压降需要特别关注。如果系统压降过大，会带来压缩机的负荷加大、限制装置负荷等一系列问题。因此，防止反应器压降上升是催化剂技术、催化剂装填、原料油质量控制、操作条件确定及操作水平等方面需要考虑的重要问题之一。

图7和图8是本周期加氢精制反应器和加氢裂化反应器压降变化曲线。虽然反应器压降受原料组成、性质及加工负荷变化有所波动，但整体较为平稳。由于加氢裂化反应器进料性质相比加氢精制反应器更好更稳定，其波动幅度相对较小。由图可见，自2016年7月开工以来，加氢精制反应器压降基本保持在0.3~0.4MPa，加氢裂化反应器压降基本保持在0.25~0.3MPa之间，两个反应器的压降均未见上涨趋势。

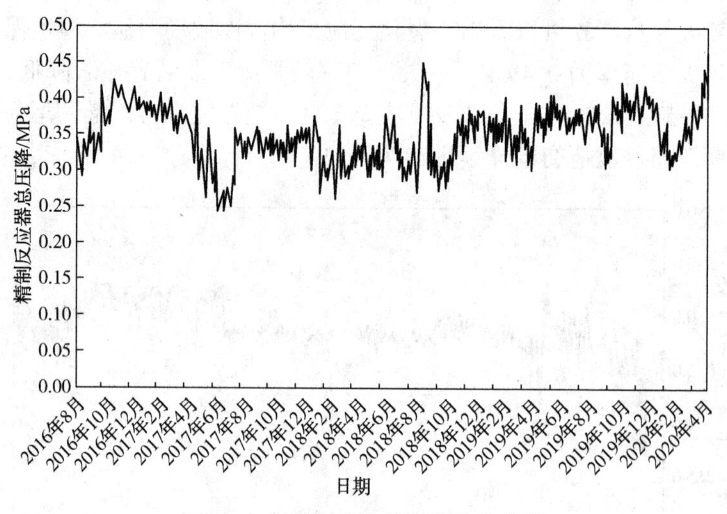

图 7　加氢精制反应器压降变化曲线

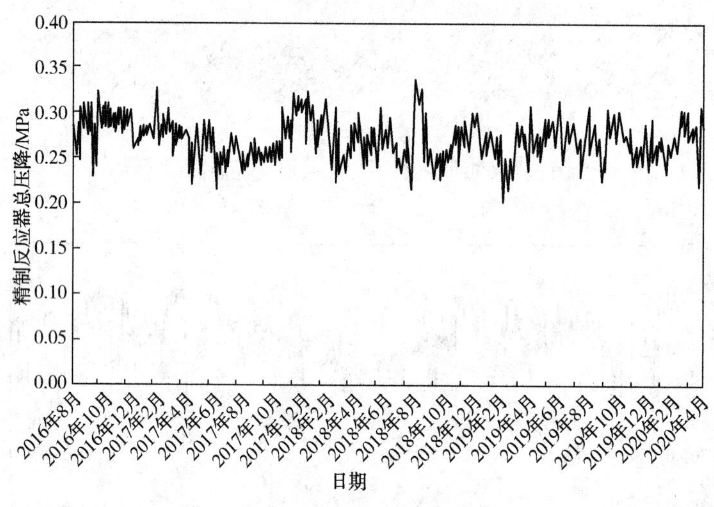

图 8　加氢裂化反应器压降变化曲线

图 9 是本周期加氢精制反应器和加氢裂化反应器床层径向温度变化曲线。两台反应器床层径向温差的最大点出现在加氢精制反应器一床层入口和加氢裂化反应器一床层入口，其余床层径向温差均不大于 2℃。由图可见，加氢精制反应器一床层入口径向温差在 4~5℃，且从开工初期就大于 4℃，长周期运转未发生明显上涨趋势；加氢裂化反应器一床层入口径向温差在 3℃，同样未见明显上涨趋势，说明本周期催化剂装填及实际运行效果较好，抗波动能力强。

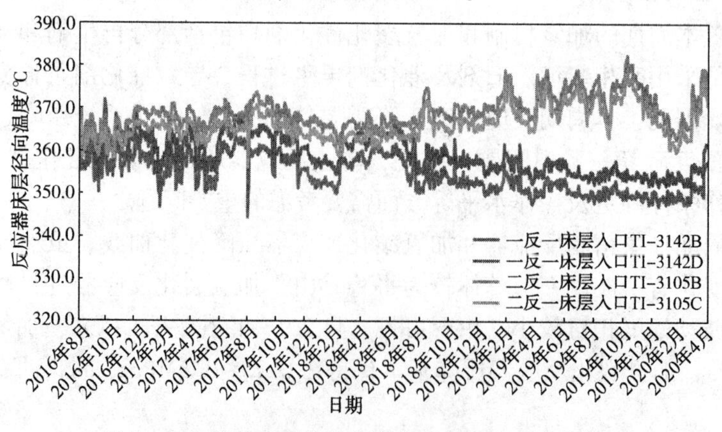

图 9　加氢精制和裂化反应器床层径向温度变化曲线

4 掺炼不同二次加工油生产情况

4.1 原料性质

本周期装置加工原料以4#常减压的直馏蜡油为主，掺炼部分催化柴油。实际生产过程中，根据全厂物料平衡需求，先后分别掺炼过催化柴油、焦化柴油和焦化蜡油等二次加工油，不同原料的典型性质见表1。

表1 不同原料油的典型性质

项目	催化柴油	焦化柴油	焦化蜡油	直馏蜡油
密度(20℃)/(g/cm^3)	0.971	0.8788	0.956	0.908
硫/%(质)	0.732	2.428	3.313	2.284
氮/%(质)	0.12	0.13	0.23	0.08
碳/%(质)	91.1	87.55	85.65	85.4
氢/%(质)	8.92	12.45	10.74	12.19
凝固点/℃	-27	-17	17	17
馏程(D-1160)/℃				
初馏点	207	210	271	225
10%	233	245	372	347
30%	254	273	390	384
50%	271	295	405	417
70%	303	316	418	443
90%	338	338	444	478
95%	358	349	461	499
BMCI值	92.8	47.3	69.6	46
烃质量组成/%(质)				
链烷烃	10.4	27.6	14.8	22.7
总环烷烃	4.6	31.3	21.5	29.1
一环烷烃	3.9	23.2	6.8	7.7
二环烷烃	0.7	6.5	7.1	10.2
三环烷烃	0	1.6	4.4	6.8
四环烷烃	0	0	2.3	3.3
五环烷烃	0	0	0.9	1.1
总芳烃	85	41.4	57.9	48.2
总单环芳烃	21.2	25.7	20.9	22.2
总双环芳烃	55	13.6	12.1	11.3
总三环芳烃	8.8	1.8	5.5	3.8
总四环芳烃	0	0	5.2	1.4
总五环芳烃	0	0	0.6	0.3
苯并噻吩	0	0	6	4.7
二苯并噻吩	0	0	4.5	2.7
萘苯并噻吩	0	0	1.3	0.4
总噻吩	0	0	11.8	7.8
未鉴定芳烃	0	0	1.8	1.4
胶质	0	0	5.8	0

从表中可以看出，催化柴油的密度(20℃)、BMCI值和总芳烃含量最高、氢含量最低，作为二次加工油时会影响混合原料的密度和BMCI值，因富含80%左右的芳烃组分，尤其是双环芳烃发生加氢

饱和变成单环芳烃后会富集到航煤馏分中[4]，故作为二次加工油时可显著拓宽航煤馏程，从而提高航煤收率。实践生产表明，掺炼部分催化柴油后，在同样满足航煤冰点合格的前提下，航煤终馏点可由265℃提高至280℃，进一步拓宽航煤馏分。同时在生产芳烃含量大于8%的军用航煤时，可以作为高芳烃组分进行掺炼，解决航煤馏分芳烃不足的问题。值得关注的是，航煤中芳烃含量的提高意味着烟点的降低，尤其是在装置运行末期，催化剂活性降低后，需精确控制催化柴油掺炼比例。加工催化柴油时需注意原料带水问题，最好能在催化裂化装置馏出口增设催化柴油脱水设施或通过中间罐区静止脱水后再付装置。

焦化柴油的性质较好，一般通过加氢精制工艺脱除杂质后生产柴油调和组分，本周期运行过程中因柴油加氢装置停工消缺或检修时，高压加氢裂化装置掺炼全部焦化柴油，相比加工催化柴油，航煤性质尤其是烟点得到显著改善，可提高5~6个单位，这与焦化柴油中芳烃含量只有催化柴油的50%且多环芳烃大幅降低，同时焦化柴油氢含量相对较高，反应过程消耗的氢气显著降低有关。

焦化蜡油密度、硫含量和氮含量较高，芳烃中四环以上及噻吩类含量最高，总体性质较差，进加氢裂化加工时需较高的氢分压和反应温度，因其中氯含量和氮含量较高，反应生成的氯化氢和氨在高压换热器等部位结盐析出，增加管束腐蚀泄漏风险[5]。同时反应温度的提高也增加催化剂的失活速率，反应系统中较高的氨分压会抑制裂化催化剂酸性中心的活性，为保证相同的转化率需提高反应温度弥补活性的降低，造成恶性循环，故焦化蜡油进加氢处理装置加工作为催化原料是比较好的选择。

4.2 反应部分工艺参数

反应部分工艺参数见表2。

表2 掺炼不同二次加工油反应部分工艺参数

项　　目	掺炼催化柴油	掺炼焦化蜡油
总进料量/(t/h)	199.2	216.8
二次加工油比例/%	12.8	11.5
精制反应器入口压力/MPa	13.47	13.53
精制反应器入口氢分压/MPa	11.7	11.98
冷高分压力/MPa	12.62	12.51
反应器入口标准状态氢油体积比	881.3	1001
床层温度分布/℃		
R3101入口温度	345.6	348.7
R3102入口温度	363.3	372.3
R3101平均温度/℃	377.7	382
R3102平均温度/℃	384.3	391.9
RHC-3/RHC-133/RHC-131床层温度/℃	372.4/380.6/387.5	376.2/386.8/395.1
R3101温升/℃	78.7	59
R3102温升/℃	26.6	26.3
入口标准状态冷氢量/(Nm^3/h)		
R3101二床	37955	17602
R3101三床	49600	58884
R3102一床	65822	69867
R3102二床	8532	7393
R3102三床	~0	~0
R3102四床	~0	9634

从表中可以看出，掺炼催化柴油时，精制反应器床层总温升78.7℃，较掺炼焦化蜡油高约20℃，其中一、二、三床层温升分别高11.9℃、4℃和2.8℃，主要因为催化柴油中芳烃含量较焦化蜡油高约20%~30%。掺炼焦化蜡油时，为保证精制油氮含量合格，精制平均温度较掺炼催化柴油提高约4℃，同时裂化各床层温度分别提高7℃、8.4℃、8.8℃和6.6℃，主要因为反应系统中较高的氨分压会抑制裂化催化剂酸性中心的活性，在保证相同转化率的条件下，只能通过提温弥补催化剂活性的降低，不利于催化剂长周期运行，为防止裂化反应器四床层催化剂温度过高，注入部分急冷氢。

4.3　产品分布和性质

掺炼不同二次加工油的产品分布见表3。

表3　掺炼不同二次加工油的产品分布

项　目	掺炼催化柴油	掺炼焦化蜡油	项　目	掺炼催化柴油	掺炼焦化蜡油
入方投料率/%			C_3	0.49	0.54
原料油	100	100	C_4	2.49	3.08
氢气	2.49	2.24	C_5~轻石脑油	4.00	4.17
小计	102.49	102.24	重石脑油	18.24	18.66
产品质量收率/%			航煤	40.84	38.46
H_2S	1.8	2.53	柴油	4.88	10.71
NH_3	0.1	0.17	尾油	29.13	23.51
C_1	0.05	0.04	合计	102.49	102.24
C_2	0.47	0.38			

从表中可以看出，掺炼催化柴油的石脑油收率为22.2%，与掺炼焦化柴油的石脑油收率22.8%基本持平，但航煤收率提高约2.38%，说明在转化率相当的条件下，掺炼催化柴油时有利于增产航煤。掺炼催化柴油(比例12.8%)较掺炼焦化蜡油(比例11.5%)化学氢耗增加0.25个百分点，主要因为催化柴油中氢含量较低，得到相同产品分布的条件下，需补充的氢气增加。实践生产表明，不同二次加工油耗氢量从大到小依次为催化柴油>焦化蜡油>直馏蜡油>焦化柴油，其中催化柴油耗氢量约500Nm^3/t，焦化蜡油耗氢量约440Nm^3/t，直馏蜡油耗氢量300~340Nm^3/t，焦化柴油耗氢量约300Nm^3/t。

从表4~表7可以看出，掺炼催化柴油和焦化蜡油期间，重石脑油馏分硫、氮含量低，芳烃潜含量大于53%，是优质的重整原料；航煤馏分烟点高于25mm，冰点小于-48℃，终馏点为285℃，产品质量符合3号喷气燃料要求；尾油馏分硫、氮含量低，BMCI值小于9，链烷烃质量分数大于62%，是优质的蒸汽裂解制乙烯原料。

表4　掺炼不同二次加工油重石脑油馏分性质

项　目	掺炼催化柴油	掺炼焦化蜡油	项　目	掺炼催化柴油	掺炼焦化蜡油
密度(20℃)/(g/cm^3)	0.7447	0.7424	芳烃	7.67	7.73
硫/(μg/g)	1.8	1.11	馏程(D-86)/℃		
氮/(μg/g)	0.45	<0.3	IBP	90	78
碳/%(质)	85.25	85.33	10%	105	94
氢/%(质)	14.75	14.67	30%	113	104
芳烃潜含量/%	56.6	53.1	50%	119	111
烃质量组成/%			70%	128	122
正构烷烃	8.38	9.19	90%	140	135
异构烷烃	31.8	32.29	EBP	158	156
环烷烃	52.07	48.36			

表5　掺炼不同二次加工油航煤馏分性质

<table>
<tr><th>项　目</th><th>掺炼催化柴油</th><th>掺炼焦化蜡油</th></tr>
<tr><td>密度(20℃)/(g/cm^3)</td><td>0.8109</td><td>0.8081</td></tr>
<tr><td>硫/(μg/g)</td><td>2.3</td><td><1</td></tr>
<tr><td>氮/(μg/g)</td><td>0.24</td><td><0.2</td></tr>
<tr><td>碳/%(质)</td><td>86.09</td><td>86.1</td></tr>
<tr><td>氢/%(质)</td><td>13.91</td><td>13.9</td></tr>
<tr><td>冰点/℃</td><td>-55.3</td><td>-49.4</td></tr>
<tr><td>烟点/mm</td><td>25.6</td><td>25.5</td></tr>
<tr><td>闭口闪点/℃</td><td>46</td><td>46</td></tr>
<tr><td>银片腐蚀(50℃/4h)/级</td><td>0</td><td>0</td></tr>
<tr><td>铜片腐蚀(100℃/2h)/级</td><td>1a</td><td>1a</td></tr>
<tr><td>烃质量组成/%</td><td></td><td></td></tr>
<tr><td>链烷烃</td><td>28.8</td><td rowspan="2">90.9</td></tr>
<tr><td>环烷烃</td><td>63.5</td></tr>
<tr><td>芳烃</td><td>7.7</td><td>9.1</td></tr>
<tr><td>馏程(D-86)/℃</td><td></td><td></td></tr>
<tr><td>IBP</td><td>155</td><td>149</td></tr>
<tr><td>10%</td><td>178</td><td>172</td></tr>
<tr><td>30%</td><td>196</td><td>191</td></tr>
<tr><td>50%</td><td>208</td><td>205</td></tr>
<tr><td>70%</td><td>228</td><td>228</td></tr>
<tr><td>90%</td><td>256</td><td>257</td></tr>
<tr><td>EBP</td><td>282</td><td>285</td></tr>
</table>

表6　掺炼不同二次加工油柴油馏分性质

项　目	掺炼催化柴油	掺炼焦化蜡油
密度(20℃)/(g/cm^3)	0.8214	0.8184
硫/(μg/g)	2.6	<1
氮/(μg/g)	0.16	<0.2
碳/%(质)	85.64	83.81
氢/%(质)	14.36	14.19
凝固点/℃	-12	-22
十六烷值	61.7	61.3
铜片腐蚀(50℃/3h)/级	1	1
烃质量组成/%		
链烷烃	51.8	55.3
环烷烃	44.8	38.5
芳烃	3.4	6.2
馏程(D-86)/℃		
IBP	215	242
10%	250	267
30%	285	286
50%	305	294
70%	323	299
90%	343	306
EBP	356	315

表 7 掺炼不同二次加工油尾油馏分性质

项　目	掺炼催化柴油	掺炼焦化蜡油
密度(20℃)/(g/cm³)	0.8254	0.8205
硫/(μg/g)	2.1	1.4
氮/(μg/g)	1.0	<1
碳/%(质)	85.4	/
氢/%(质)	14.37	/
粘度(100℃)/(mm²/s)	3.455	2.773
凝点/℃	31	18
BMCI 值	6.86	8.3
烃质量组成/%		
链烷烃	62.4	66.1
环烷烃	35.6	29.4
芳烃	2	4.5
馏程(D-1160)/℃		
IBP	260	274
10%	371	346
30%	393	359
50%	411	375
70%	435	396
90%	470	429
95%	493	456

5 本周期与上周期应用效果对比

高压加氢裂化装置本周期在 2016 年 7 月(掺催化柴油工况)和 2019 年 2 月(掺焦化蜡油工况)进行了两次标定，标定结果与上周期对比情况列于表 8。

表 8 上周期与本周期标定结果对比 %

运转周期	上周期	本周期	本周期	本周期
标定时间	2014 年 9 月(工业切割)	2016 年 7 月(工业切割)	2019 年 2 月(工业切割)	2019 年 2 月(实验室切割)
原料 BMCI 值	40.1	43.8	50.4	50.4
化学氢耗率	1.94	2.05	2.24	2.24
C_1+C_2	0.29	0.42	0.42	0.42
C_3+C_4	3.23	2.47	3.62	3.62
轻石脑油	6.03	4.00	4.17	4.09
重石脑油	20.32	18.24	18.66	11.16
航煤	30.22	40.84	38.46	48.03
烟点/mm	26.0	26.6	25.5	26.3
柴油	6.04	4.88	10.71	/
尾油	34.20	29.13	23.51	32.22
BMCI 值	10.8	8.7	8.3	9.6

由此可见，本周期采用大比例增产航煤兼产优质尾油的加氢裂化技术后，在加工原料明显劣质化的情况下，化学氢耗≤2.3%；在实际转化率低于设计转化深度的情况下，航煤馏分收率相比上周期提高27%~35%。本周期装置设计可灵活实现柴油馏分零产出，但受装置换热流程和分馏系统限制，无法实现航煤馏分最大量切割。标定期间加氢裂化全馏分样品在实验室重新切割后航煤馏分收率达到48%，相比上周期提高59%，航煤馏分烟点与上周期相当，尾油馏分BMCI值相比上周期降低2.1~2.5个单位，柴油馏分并入尾油馏分后，尾油BMCI值为9.6。加工不同类型原料的初期、中期标定结果表明，装置可在不同工况下实现大比例增产航煤兼产优质尾油的目的。

高压加氢裂化装置上周期和本周期加氢裂化反应器床层温度分布和冷氢使用量如图10所示，采用梯级活性匹配的加氢裂化催化剂级配后，加氢裂化反应器温度分布根据各床层催化剂活性呈梯度升高趋势，在发挥每个催化剂最大功效的同时，大幅减少床层冷氢使用量，同时降低了反应加热炉和循环氢压缩机的负荷，实现节能降耗的目的。

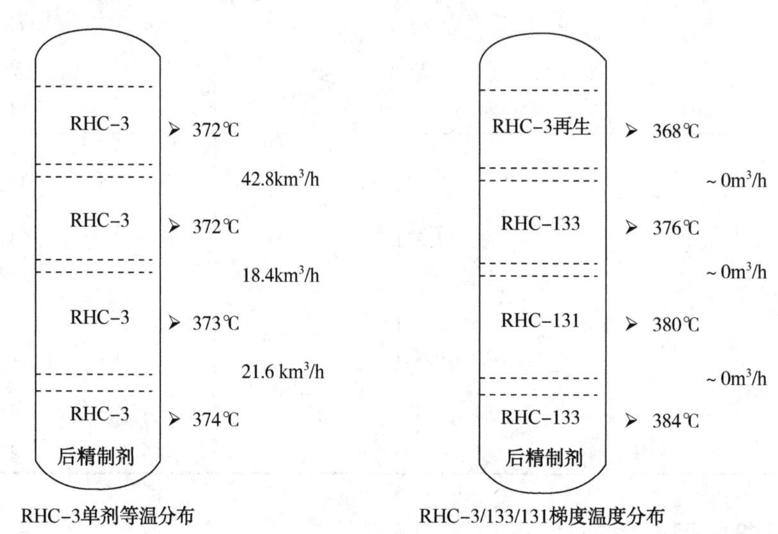

图10　加氢裂化催化剂梯级活性匹配效果

6　结论

1）北京燕山石化公司2.0Mt/a高压加氢裂化装置应用大比例增产航煤兼产优质尾油的加氢裂化技术及配套的催化剂，截至目前已连续平稳运转4年，实现大比例增产航煤并为下游装置提供大量的优质乙烯料，达到了预期目标。

2）装置运行初期和中期两次标定结果表明，2.0Mt/a高压加氢裂化装置在氢分压约12MPa，低于设计转化深度的条件下，可得到38%~41%的航煤馏分，在不出柴油馏分的最大量航煤切割方案下，航煤馏分收率达到48%，产品质量满足3号喷气燃料要求，尾油馏分BMCI值为8~10，是优质的乙烯裂解原料。航煤馏分收率和尾油馏分质量达到技术目标要求。

3）新型加氢处理催化剂RN-410性能优越，可以满足加氢裂化催化剂对氮含量的要求。加氢裂化反应器采用RHC-3/RHC-133/RHC-131级配催化剂，实现大比例增产航煤，改善尾油质量、灵活生产柴油的同时，床层温度呈梯级分布，可节约冷氢节能降耗。

4）长周期工业运转结果表明，大比例增产航煤兼产优质尾油的加氢裂化技术催化剂活性稳定性好，提温速率低，抗冲击能力强，催化剂床层压差稳定，能够满足装置长周期运转的要求。

5）本周期标定结果与上周期相比，航煤馏分收率比上周期提高了27%~35%，最大提高幅度达到59%，实现了大比例增产航煤的目的。尾油馏分BMCI值降低2.1~2.5个单位，尾油质量明显得到改善。

6）大比例增产航煤兼产优质尾油的加氢裂化技术在北京燕山石化公司的工业应用结果表明，该技术可实现大比例增产航煤、改善尾油质量并灵活生产柴油的目的，符合我国目前航煤需求增长迅速以及燃料型炼油厂向化工转型的长期目标，为炼油厂转型和提升效益提供了技术支撑。

参 考 文 献

[1] 曹湘洪．中国石化工程科技 2035 年发展战略研究[J]．中国工程科学，2017，19(1)：57-63.
[2] 方向晨．加氢裂化工艺与工程[M]．2 版．北京：中国石化出版社，2016.
[3] 胡志海，张富平，聂红，等．尾油型加氢裂化反应化学研究与实践[J]．石油学报(石油加工)，2010，26(S1)：8-13.
[4] 方向晨．加氢裂化工艺与工程[M]．2 版．北京：中国石化出版社，2016.
[5] 别东生．加氢裂化装置技术手册[M]．北京：中国石化出版社，2019.

直馏柴油裂化装置大比例掺炼常一线运行分析

阿玉艳　刘一兵

（中国石化燕山石化公司　北京　102500）

摘　要　因中国石化北京燕山石化公司(燕山石化)航煤加氢装置检修，约70t/h的常一线由1.2Mt/a的直馏柴油加氢裂化装置加工，加氢裂化原料中航煤的比例高达50%。通过优化调整操作条件，取得了良好的运行结果，同时也带来一些不利影响，如航煤、柴油产品密度大幅降低，产品重叠度较高，反应炉负荷大幅增加等。

关键词　直柴裂化；常一线；反应炉负荷；产品切割

燕山石化1.2Mt/a直馏柴油裂化装置(以下简称中压加氢裂化装置)于2016年7月一次开车成功，设计原料为常二线直馏柴油，采用中国石化大连(抚顺)石化研究院(FRIPP)研发的FDHC技术，主要目的产品为航煤，同时兼产轻石脑油、重石脑油和柴油。2020年，因受新冠肺炎疫情的影响，汽、煤、柴等成品油市场低迷，燕山石化航煤加氢装置借机停工检修。为平衡全厂物料，常一线由直馏柴油裂化装置加工，产品根据市场需求和库存情况灵活调整。

1　装置简介

燕山石化中压加氢裂化装置是国内首套以直馏柴油为原料在中等操作压力下大幅生产航煤的装置。反应部分采用炉后混氢、一段串联和热高分流程，分馏部分设置脱硫化氢塔和产品分馏塔，其中脱硫化氢塔塔顶采出轻石脑油作为乙烯裂解原料，产品分馏塔塔顶采出重石脑油作为重整原料，侧线分别采出轻航煤和重航煤，其中轻航煤作为3#喷气燃料，重航煤作为低凝柴油调和组分，塔底柴油作为“京标Ⅵ”柴油优质调和组分。主要工艺流程如图1所示。

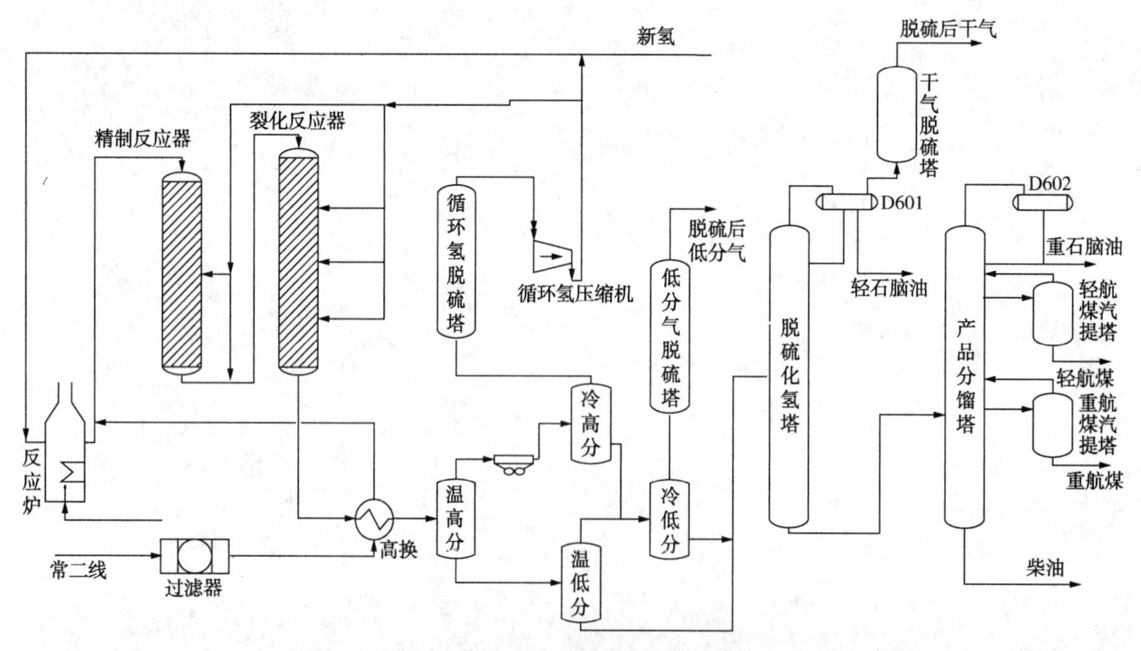

图1　直馏柴油裂化装置流程示意图

2 催化剂选用及装填

中压加氢裂化装置使用 FRIPP 开发的 FDHC 技术，催化剂选用 FZC 系列保护剂、FF-56 精制剂、FC-50 裂化剂。针对直馏柴油原料性质和航煤产品质量要求，合理利用反应器空间，催化剂装填时在精制反应器(一反)一床层和二床层上部装填 FF-56 催化剂，在二床层下部装填 FC-50 裂化剂；在裂化反应器(二反)四个催化剂床层装填 FC-50 催化剂，四床层底部装填 FF-56 精制剂。

3 掺炼常一线运行分析

3.1 原料性质

表 1 列出了常一线、常二线和掺炼 50%常一线后混合原料的性质。从数据分析来看，加工 50%的常一线后，原料的密度降低约 28kg/m^3，初馏点降低超 40℃，干点降低约 20℃，原料性质明显变轻，氮含量和硫含量显著降低。

表 1 原料性质对比表

分析项目	常一线	常二线	混合原料
密度(20℃)/(kg/m^3)	789	845	817
馏程/℃			
初馏点	161	209	167
10%	173	247	184
50%	187	281	216
90%	211	322	294
终馏点	233	347	328
氮/(mg/kg)	6.7	120	45
硫/%	0.169	1.035	0.478
冰点/℃	-52		

3.2 运行参数

随着常一线掺炼比例不断提高，反应炉负荷已达到操作上限，因此反应温度的控制与常规不同，一反温度的控制原则是满足裂化剂所需反应温度的前提下尽可能低限控制，从而降低反应炉负荷。二反床层温度的控制原则是单床层温升不大于 15℃的前提下，尽可能高限控制，以提供更多的反应热来提高原料油换热后温度。掺炼前后操作参数如表 2 所示。

表 2 操作参数对比表

项 目	常一线掺炼量/(t/h)		项 目	常一线掺炼量/(t/h)	
	0	70		0	70
进料量/(t/h)	140	140	精制体积空速/h^{-1}	15.6/2.8/5.8	16.2/2.9/6.1
入口氢油比/(m^3/m^3)	664	865	裂化体积空速/h^{-1}	2.3/4.1	2.4/4.3
一反入口温度/℃	329	326	氢耗量/(Nm^3/h)	22000	23000
一反二床层入口温度/℃	344	334	低分油量/(kg/h)	7500	14500
一反总温升/℃	40	25	脱硫化氢塔回流量/(t/h)	6000	10000
一反平均温度/℃	348	337	脱硫化氢塔顶温/℃	85	66
二反入口温度/℃	359	343	脱硫化氢塔底温/℃	278	277
二反二床层入口温度/℃	361	352	脱硫化氢塔压力/MPa	0.71	0.96
二反三床层入口温度/℃	363	359	产品分馏塔塔底温度/℃	290	237
二反四床层入口温度/℃	363	372	产品分馏塔顶温/℃	107	120
二反总温升/℃	30	33	产品分馏塔压力/MPa	0.03	0.03
二反平均温度/℃	366	362	产品分馏塔回流量/(t/h)	45000	50000
反应系统压力/MPa	8.43	8.12			

由表2可见，在相同进料量下，一反入口和二床层入口温度分别降低3℃和10℃，一反平均温度降低11℃，温升降低15℃，分析温升大幅下降的原因：一是常一线中硫氮含量较低；二是二床层下部裂化剂在较低温度下裂化深度降低。二反的一、二、三床层入口温度分别降低16℃、9℃和4℃，平均温度降低4℃，温升升高3℃，表明常一线发生裂化反应所需的温度更低。氢油比增加200m³/m³，原因是反应炉炉管壁温超标，循环机转速由7500rpm提至8200rpm所致。冷低分油流量增加了近一倍，分馏系统进料中轻组分含量大幅增加，造成脱硫化氢塔和分馏塔塔顶负荷增加，脱硫化氢塔压力由0.71MPa提高至0.96MPa，分馏塔底温由290℃降至237℃。

3.3 产品分布

因掺炼常一线期间轻组分收率较高，各产品不需要清晰分割，故从馏程范围对产品收率进行了划分，其中石脑油、轻航煤和重航煤切割点分别为148℃、225℃和268℃，产品分布对比情况见表3。

表3 产品分布对比表

项目	常一线掺炼量		项目	常一线掺炼量	
	0	70/(t/h)		0	70/(t/h)
干气	1.54	3.36	轻航煤	23.32	27.29
低分气	1.21	1.33	重航煤	3.35	18.78
轻石脑油	1.89	1.51	柴油	57.6	28.18
重石脑油	11.51	19.9			

由表3可见，掺炼常一线期间轻、重石脑油混合收率增加约8个百分点，轻航煤收率增加约4个百分点，重航煤收率增加15.43个百分点，柴油收率降低29.4个百分点。

3.4 产品质量

掺炼常一线前后各产品质量对比情况列于表4。由表中可以看出，大比例掺炼常一线期间，轻、重航煤和柴油的密度分别降低15、18和24个单位。其中轻航煤密度降至770kg/m³，不满足3[#]喷气燃料指标要求，可以作为乙烯裂解料原料。重航煤各项指标满足3[#]喷气燃料质量要求，可直接作为航煤产品采出。柴油密度降低至788kg/m³，在柴油池密度具备调和能力的前提下可以作为优质“京标Ⅵ”柴油调和组分使用。柴油十六烷值在掺炼常一线期间降低6个单位。

表4 产品质量对比表

项目	重石脑油		轻航煤		重航煤		柴油	
	常一线掺炼量/(t/h)		常一线掺炼量/(t/h)		常一线掺炼量/(t/h)		常一线掺炼量/(t/h)	
	0	70	0	70	0	70	0	70
密度/(kg/m³)			785	770	795	777	812	788
馏程/℃								
初馏点	46	27	149	130	210	153	219	181
10%	76	50	159	152	220	169	241	197
20%			163	157		173		
50%	99	103	176	164	227	181	268	219
90%	117	143	206	174	239	194	302	268
EBP	148	162	225	182	257	214	319	303
冰点/凝点/℃			-65	-61	-40	-62	-10	-32
闪点/℃			42			42	96	69
烟点/mm			24.2	28.1		29		
硫/(mg/kg)	<0.5	0.7					2	<3.2
十六烷指数					53		61	55

3.5 装置能耗

掺炼常一线前后能耗对比情况列于表 5。由表中可以看出，掺炼常一线前后能耗分别为 21.95kgEO/t 和 27.04kgEO/t，在加工量基本一致时，掺炼常一线后综合能耗明显增加，主要体现在以下两个方面：①掺炼常一线后燃料气单耗增量明显，增加了约 2.33kgEO/t，主要原因是反应炉负荷增加导致。②自产 0.35MPa 蒸汽掺炼常一线后产量降低约 5.33kgEO/t，主要原因一方面是产品分馏塔塔底温度降低 50℃，另一方面是为了提高原料换热后温度，柴油蒸汽发生器减少取热。1.0MPa 蒸汽掺炼常一线期间能耗降低 1.91kgEO/t，主要原因是反应炉负荷增大后自产 1.0MPa 蒸汽量增加。

表 5 能耗对比表

项 目	掺炼前		掺炼期间	
	消耗量/(t/h)	能耗/(kgEO/t)	消耗量/(t/h)	能耗/(kgEO/t)
燃料气	2.17	14.88	2.42	17.21
1.0MPa 蒸汽	7.67	4.21	4.04	2.3
电/kW・h	4832	8.03	4359	7.52
0.35MPa 蒸汽	-15.17	-7.23	-3.83	-1.9
循环水	1583	1.14	1546	1.16
除盐水	55.5	0.92	43.67	0.75
综合能耗 kgEO/t	21.95		27.04	

4 存在问题

4.1 反应炉负荷大幅增加

掺炼常一线后，反应炉负荷大幅增加，掺炼前后反应炉数据如表 6 所示。

表 6 反应炉参数对比表

参 数	常一线掺炼量/(t/h)		差值
	70	0	
一反入口温度/℃	325.7	331.3	5.6
进料量/(t/h)	140	140	0
原料换热后温度/℃	334.2	331.1	-3.1
反应炉循环氢流量/(Nm^3/h)	162000	145000	-17000
反应炉出口温度/℃	407.1	404.4	-2.7
反应炉燃料耗量/(Nm^3/h)	1720	1165	-555

由此可见，在进料量相同的条件下，切换回全部常二线进料后，反应器入口温度提高 5.6℃，原料换热后温度降低 3.1℃，反应炉出口温度降低 2.7℃，反应炉燃料气耗量降低 555m^3/h(未考虑热值变化)。对于炉后混氢装置，反应器入口温度可以简单理解为原料油与循环氢热量的“加和”，停止掺炼常一线后，在原料换热后温度、反应炉出口温度以及循环氢总量下降的情况下，一反入口温度升高 5.6℃，表明掺炼常一线期间原料油热容较低且混氢后汽化率升高。因此，反应炉负荷增加原因，一是常一线中硫氮低、反应热少，需要提高一反入口温度进行补偿；二是常一线热容较低，从反应产物中回收热量减少，且其在混氢后汽化率升高所需热量增加；三是停止直供后原料温度降低。

4.2 分馏塔负荷大幅增加

从产品分布数据来看，石脑油、航煤产品按馏程范围划分的收率已经接近设计值，要实现产品清晰分割，分馏塔需满负荷运行。鉴于分馏塔侧线产品作为乙烯裂解原料没有严格的质量要求，且满足馏程指标的馏分未从侧线全部抽出，故采取降低塔底重沸炉出口温度的措施优化调整，既节省了重沸炉燃料气消耗，又降低了塔顶冷却负荷。此外为了提高原料温度，降低反应炉负荷，两台侧线汽提塔的重沸器均减少取热，调整后全塔产品重叠度高达50%以上，但可以满足产品质量指标要求。

5 结论

1）大比例掺炼常一线期间，因常一线硫、氮含量低，反应热少，且热容低、混氢后汽化率高，导致反应炉负荷大幅增加。

2）大比例掺炼常一线期间，能耗增加，其中燃料气能耗增加约2.33kgEO/t，增量明显，自产0.35MPa蒸汽产量明显降低。

3）轻航煤、柴油的密度大幅降低，不能满足质量指标要求。重航煤可以满足3#喷气燃料质量指标要求。

4）根据馏程范围划分，大比例掺炼常一线期间，重航煤及以下轻组分产品收率均增加，其中石脑油增加8个百分点、轻航煤增加4个百分点、重航煤增加15个百分点，柴油收率降低约29个百分点。

参 考 文 献

[1] 龚剑洪，毛安国，刘晓欣. 催化裂化轻循环油加氢-催化裂化组合生产高辛烷值汽油或轻质芳烃技术[J]. 石油炼制与化工，2016，47(9)：1-5.

[2] 佟向尧. 柴油加氢裂化装置航煤产品回炼分析[J]. 化工管理，2019(11)：170-172.

[3] 朱赫礼，吴闯，夏南. 加氢裂化装置掺炼航空煤油的工业应用[J]. 石化技术与应用，2019，37(4)：266-268.

蜡油中压加氢裂化生产喷气燃料的首次工业应用

黄小波[1]　罗　伟[1]　王志平[2]

（1. 中国石化上海石化公司炼油部　上海　200540；2. 上海石化工业学校　上海　201508）

摘　要　上海石化公司 1.5Mt/a 中压加氢裂化装置为提高效益，本周期优化了产品结构，压减柴油、多产喷气燃料，装置进行了催化剂级配和分馏系统适应性改造，进行了中压条件下以蜡油为原料生产喷气燃料的工业应用。标定结果表明，采用新技术加工干点约为 517℃、BMCI 值约为 45 的中间基蜡油原料，在高分压力为 10.7MPa 中等压力条件下，所得喷气燃料收率 21%，满足 3 号喷气燃料质量要求；尾油收率为 27%，BMCI 值为 10，为优质蒸汽裂解制乙烯原料。该装置已通过了航鉴委鉴定验收，在国内首次实现了以常规蜡油为原料，在中压加氢裂化条件下生产合格喷气燃料的工业应用。

关键词　喷气燃料；中压；加氢裂化；烟点

1　前言

上海石化公司 1.5Mt/a 中压加氢裂化装置于 2002 年建成投产，采用石油化工科学研究院（以下简称石科院）RMC 技术设计，以减压蜡油为原料，反应部分采用单段串联一次通过流程，主要生产轻、重石脑油，柴油和尾油。2009 年，为了解决环烷基组分掺入比例高引起裂解料急冷油分层的问题[1]，采用了新一代中压加氢裂化（RMC－Ⅱ）技术，所得产品主要生产“国Ⅴ”柴油及优质化工原料油[2]。工业标定结果表明尾油链烷烃含量可以达到 60%以上，大幅优于裂解装置要求值[3]，使得长周期运转保持了较好效果。21 世纪以来，我国整体柴汽比需求下降明显，而喷气燃料仍然保持较高增长速度[4]。长三角地区对喷气燃料的市场需求尤为明显，多产喷气燃料具有明显经济效益。随着国内低碳烯烃和芳烃的净进口量持续扩大，生产优质化工原料油对于炼油厂整体效益具有重要意义[5]。因此，装置于 2016 年第二周期运转结束后计划生产合格喷气燃料并兼顾优质化工原料油。

目前我国航空油料已经形成了产品和生产过程均进行监督管理的模式，这大幅降低了航空事故中油料质量相关性。加氢裂化生产过程中反应压力对喷气燃料烟点具有关键影响。喷气燃料烟点和其组成密切相关，链烷烃高，环烷烃、芳烃含量低其烟点高。前期研究[6,7]表明，增加反应压力有利于提高芳烃饱和及开环选择性，这同提高尾油质量的方向是一致的，加工由于掺炼劣质二次柴油或者中间基环烷基蜡油原料，通过中压加氢裂化工艺过程所得喷气燃料烟点难以超过 20 以上。通过将原料 BMCI 值控制在 40 以下或者选择芳烃饱和及开环选择性更高的催化剂可以将喷气燃料烟点提高到 25mm 以上[8,9]。石科院开发了蜡油中压加氢裂化生产喷气燃料的新技术，该技术采用芳烃饱和性能更高、开环选择性更好的第三代加氢裂化催化剂，并对两种加氢裂化催化剂 RHC－220 和 RHC－133 进行级配组合，以进一步改善喷气燃料烟点。新技术于 2016 年 9 月中旬停工检修时投入应用，并在 2018 年 11 月分馏系统适应性改造完成后一次成功通过航鉴委的质量评议，国内首次中压加氢裂化以蜡油为原料生产出合格的喷气燃料。

2　催化剂装填和开工

1.5Mt/a 中压加氢裂化装置的反应系统设两台反应器，分别为精制反应器 R－6101 和裂化反应器 R－6102。R－6101 和 R－6102 均设三个床层。催化剂装填方案是：R－6101 一床层上部装填保护剂 RG－20、RG－30A 和 RG－30B，一床层下部和二、三床层装填芳烃饱和性能好的 RN－32V 加氢精制催化剂，R－6102 一、二床层装填加氢裂化催化剂 RHC－220，三床层上部级配装填了加氢裂化催化剂 RHC－133，下部装填较大量的后精制催化剂RN-32V。

两台反应器的催化剂装填情况见表1。

表1 催化剂装填总表

催化剂	体积/m^3	催化剂	体积/m^3
RG-20	2.5	RN-32V(后精制)	17.9
RG-30A	13.1	RHC-220	96.5
RG-30B	21.5	RHC-133	51.2
RN-32V(精制段)	196.4	合计	399.1

本次中压加氢裂化装置开工采用干法硫化法，硫化剂为二甲基二硫醚(DMDS)。完成氮气置换及气密试验后，调整反应器系统各工艺参数达到硫化初始条件，于2016年9月12日基本达到注硫条件。催化剂预硫化期间，基本按照预定方案实施，除在初期有约2~3℃的吸附热温升外，催化剂床层温度非常平稳。催化剂预硫化阶段共耗时59.5h，共注DMDS量约52.8t。

预硫化期间装置注硫量变化如图1所示，预硫化期间反应器温度与循环氢中硫化氢浓度变化如图2所示。

由图1可见，注硫过程没有发生注入中断等突发情况，整个硫化过程DMDS注入平稳，满足专利商要求。由图2可见，硫化曲线中硫化氢含量出现一个明显的较低区域，对应催化剂温度应在270~320℃范围，由于该阶段注硫量未减少，说明该阶段的上硫量较多。

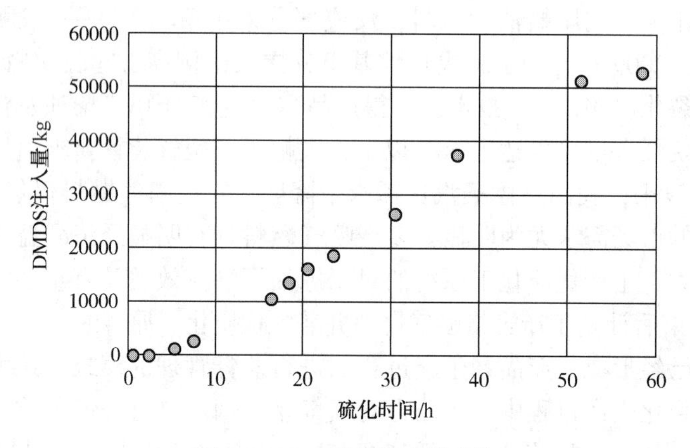

图1 DMDS累计注入量变化

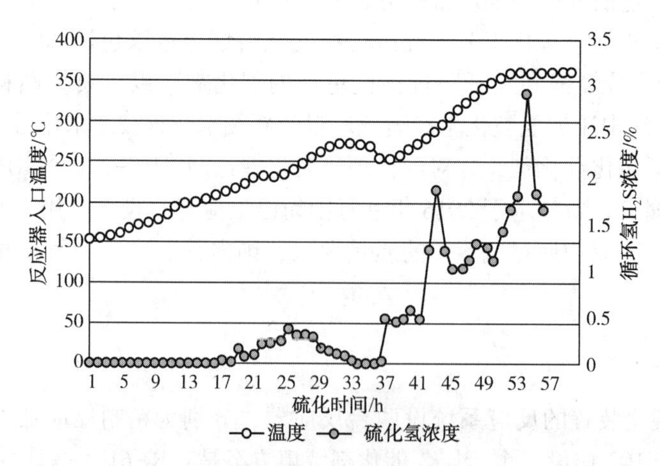

图2 催化剂预硫化过程反应器入口温度和循环氢硫化氢浓度变化

催化剂预硫化后，根据石科院提供的催化剂钝化方案，对反应器进行降温，并进行相应工艺参数调整。9月15日在反应器温度为160℃条件下，以100t/h的速率进钝化油。钝化携带油进入裂化反应器，裂化段出现吸附热，反应器温升约15℃。高分见油，反应器温度拉平，开启注水并投用注氨泵向裂化反应器注氨。开始注氨后同时监控循环氢中氨与硫化氢浓度，反应器以10℃/h向290℃升温，温度升至预期值后，钝化结束。从引钝化油到钝化结束，共耗时约21h，注氨速率稳定，反应器温度始终保持平稳，钝化效果理想。

9月16日间隔2h分别以30t/h、60t/h、90t/h、120t/h速率切换VGO进装置。120t/h VGO全部切入并停止注硫注氨，并适当调整新鲜原料比例，装置进入生产调整阶段。9月18日，轻、重石脑油、柴油和尾油产品性质依次合格，至此加氢裂化装置开车一次成功。

3 装置运转情况分析和讨论

3.1 中压加氢裂化装置分馏系统适应性改造

原中压加氢裂化装置分馏系统未设立喷气燃料抽出流程，根据上海石化生产计划安排采取了分步检修改造施工。2016年8月，装置换剂检修期间对装置主分馏塔C-6202塔盘进行扩孔更换，以满足喷气燃料抽出后主分馏塔气液相负荷增加的要求；2018年8月装置暂短停工，对分馏系统喷气燃料侧线进行施工，新增喷气燃料汽提塔C-6206、塔底再沸器E-6220，喷气燃料产品泵P-6219A/B以及喷气燃料冷却、脱硫、过滤、外送流程。

3.2 装置生产喷气燃料工业标定

装置于2018年8月底开工，成功抽出喷气燃料馏分，9月13日装置喷气燃料产品通过航鉴委验收，正式外送。为验证催化剂使用性能和装置生产喷气燃料改造效果，装置于10月16~19日进行了满负荷生产标定工作。以喷气燃料收率不小于20%，喷气燃料主要控制指标合格为要求。

装置原料油为常减压减一、减二线及罐区混合蜡油，其原料性质见表2。标定期间反应部分主要操作参数列于表3，分馏部分主要操作参数列于表4，主要产品收率及主要性质列于表5、表6。

表2 减压蜡油原料性质

项　　目	控制指标	10月17日	10月18日
密度/(g/cm^3)(20℃)	≤0.910	0.9051	0.9058
硫质量分数/%	≤2.5	2.0	2.1
氮质量分数/(μg/g)	≤1000	619	629
氯质量分数/(μg/g)	≤1	1.3	1.3
残炭/%	≤0.3	0.3	0.3
Fe/(μg/g)	≤1	3.46	0.35
Ni/(μg/g)		<0.1	<0.1
V/(μg/g)		<0.1	<0.1
Na/(μg/g)		0.4	2
Ca/(μg/g)		0.2	0.2
馏程(D-1160)/℃			
初馏点		204	206
10%	≤370	310	314
30%		379	380
50%	≤430	412	412
70%		443	442
90%	≤500	481	482
终馏点	≤530	515	517
BMCI值		45.6	45.8

表3　反应系统主要操作

时　　间	10月17日	10月18日
装置进料量/(t/h)	178	178
高分压力/MPa	10.6	10.8
反应器平均反应温度/℃		
精制反应器	375	375
裂化反应器	376	376
催化剂床层总温升/℃		
精制反应器	42	43
裂化反应器	33	34
精制入口氢油比	837	845
循环氢压缩机入口循环氢量/(kNm^3/h)	270.3	274.8

由表3可见，标定期间装置进料量为178t/h，为设计负荷的100%，高分压力约为11MPa，入口氢油比约840，标定期间精制催化剂平均反应温度为375℃，精制催化剂床层总温升为42~43℃。裂化催化剂平均反应温度为375~376℃，裂化催化剂床层总温升为33~34℃。

表4　分馏系统主要操作条件

项　　目	10月17日	10月18日
脱丁烷塔C-6201		
进料温度/℃	209.6	215.8
塔顶温度/℃	82.29	84.9
塔底温度/℃	302.3	299
塔顶压力/MPa	1.43	1.43
进料流量/(t/h)	207.3	222
塔顶回流量/(t/h)	52.76	53
塔顶气流量/(Nm^3/h)	1528	1452
液化气流量/(kg/h)	5210	762.1
F-6201炉燃料气流量/(Nm^3/h)	1516	1520
分馏塔C-6202		
进料温度/℃	328.6	323.2
塔顶温度/℃	68.75	65.1
塔底温度/℃	322.3	319.5
重石脑油抽出板温度/℃	131.4	130
喷气燃料侧线抽出板温度/℃	215	211.8
柴油侧线抽出板温度/℃	274.4	272.7
塔顶压力/MPa	0.101	0.1
塔顶回流量/(t/h)	136.8	133.9
轻石脑油出装置流量/(t/h)	4.64	8.00
中段回流量/(t/h)	86.04	85.1
重石脑油出装置流量/(t/h)	42.2	42.6
喷气燃料出装置流量/(t/h)	36.76	37.38
柴油出装置流量/(Nm^3/h)	34.73	38.48
尾油出装置流量/(t/h)	48.58	46.39
F-6202炉燃料气流量/(Nm^3/h)	1023	1041

在表4所列的分馏系统主要操作参数下分馏系统还留有一定操作弹性，各产品分布和质量见表5。由表5可知，装置满负荷运转时，轻石脑油收率为3.1%，重石脑油收率为24.2%，喷气燃料收率为21.1%，达到标定预计值，柴油收率为21.2%，尾油收率为27.0%。另外，由各产品性质可见，产品轻石脑油馏分密度较低，是优质的乙烯裂解原料。产品重石脑油馏分硫含量为0.5μg/g，氮含量均小于0.5μg/g，芳潜高于50%，是优质的重整装置进料；产品喷气燃料馏分烟点为25mm，萘系烃质量分数低于0.5%，主要性质均满足3号喷气燃料规格要求；产品柴油的十六烷指数(D-4737)分别为69.1和68.9，是优质的清洁柴油调合组分；产品尾油馏分BMCI值低，分别为10.2和9.8，是优质的蒸汽裂解制乙烯原料。

表5　标定期间主要产品性质

项　　目	10月17日	10月18日
轻石脑油		
收率/%	3.08	3.14
密度(20℃)/(g/cm³)	0.6396	0.6360
硫质量分数/(μg/g)	0.6	0.6
馏程ASTM(D-86)范围/℃	30~75	30~72
重石脑油		
收率/%	24.19	24.16
密度(20℃)/(g/cm³)	0.7508	0.7454
硫质量分数/(μg/g)	0.5	0.5
氮质量分数/(μg/g)	0.4	0.4
芳潜/%	55.2	52.5
馏程ASTM(D-86)范围/℃	80~179	68~174
喷气燃料		
收率/%	21.13	21.11
密度(20℃)/(g/cm³)	0.8111	0.8092
烟点/mm	25	25
冰点/℃	-59	-60
闭口闪点/℃	48	46
萘系烃/%	<0.5	<0.5
馏程(D-86)范围/℃	161~272	159~268
柴油		
收率/%	21.24	21.22
密度(20℃)/(g/cm³)	0.8193	0.8183
凝点/℃(0号)	-10	-10
闭口闪点/℃	62.0	62
硫含量/(μg/g)	<1.0	<1.0
多环芳烃/%	0.6	0.5
铜片腐蚀(50℃，3h)	1a	1a
十六烷指数(D-4737)	69.1	68.9
馏程(D-86)范围/℃	193~368	193~368
尾油		
收率/%	27.00	26.97
密度(20℃)/(g/cm³)	0.8298	0.8289
总硫/(μg/g)	5.7	3.6
BMCI值	10.2	9.8
馏程(D-1160)范围/℃	174~485	174~487

另外，从表5中柴油及尾油的馏程范围可见，装置柴油馏分和尾油馏分的初馏点分别为193℃和174℃，与当前航煤及柴油的终馏点约270℃和368℃相比，差距较大，说明分馏塔的分离效果不佳。为了更清楚地了解各馏分的重叠程度，以便下周期对分馏塔进行进一步的改造，对柴油和尾油馏分采用色谱得到的模拟蒸馏结果进行了对比，其中模拟蒸馏的方法D-86或D-1160比对结果列于表6[10,11]。

表6 产品柴油和尾油馏分馏程对比

项　　目	柴油馏分	尾油馏分
取样时间说明	10月17日(10：00)	10月17日(10：00)
馏程/℃	(D-86)	(D-1160)
初馏点	193	174
10%	245	334
20%	268	368
30%	284	387
50%	303	411
70%	322	427
80%	334	440
90%	348	461
95%	362	485
终馏点	368	—
馏程(D-2887)/℃	部分数据	部分数据
初馏点	113	105
1%	131	130
2%	154	164
3%	172	189
4%	184	208
5%	193	225
6%	200	240
7%	207	255
8%	212	266
9%	217	277
10%	222	286

由表6可见，尽管喷气燃料的终馏点已经达到270℃，但在D-2887方法中柴油馏分10%质量分数的馏出温度仅为222℃，这说明柴油馏分的轻端略轻，航煤馏分收率还有进一步增加的潜力；另外柴油馏分与石脑油有部分重叠，含有少量的石脑油组分，这部分少量馏分导致其闪点偏低(对应柴油闭口闪点约为60℃左右)。参看尾油的馏程数据，尽管柴油的终馏点已经达到了368℃，但在D-2887方法中尾油馏分10%质量分数的馏出温度仅为286℃，这也说明尾油馏分也存在切割偏轻的问题。通常情况下轻馏分中芳烃及环烷烃偏高，尾油馏程偏轻会导致其BMCI值及芳烃含量偏高。

3.3 装置运转情况说明

催化剂提温速度是衡量催化剂稳定性的主要依据，尤其对于压力等级较低的中压加氢裂化装置的实际生产有重要意义。装置自2016年9月换剂后至2019年4月，精制及裂化催化剂平均床层温度提温曲线见图3和图4。由图可见，精制催化剂的提温速度为0.36℃/min，裂化催化剂平均床层温度提温速度为0.32℃/min。从装置提温速度及现有反应温度比较得知，装置采用的RN-32V加氢精制催化剂及加氢裂化催化剂RHC-220、RHC-133催化剂稳定性优异，能够满足装置四年一个运转周期的生产要求。

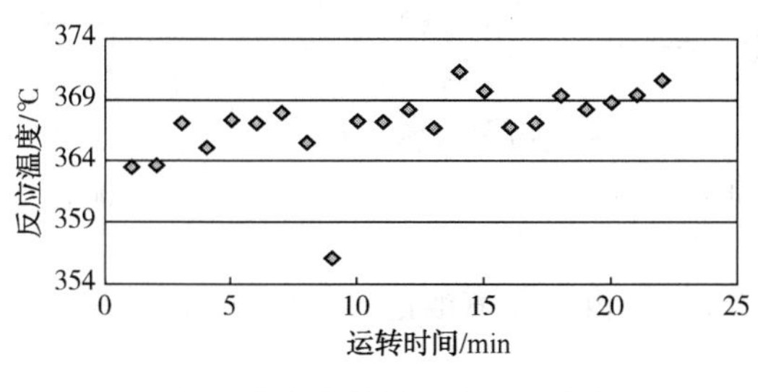

图 3 精制催化剂平均温度变化

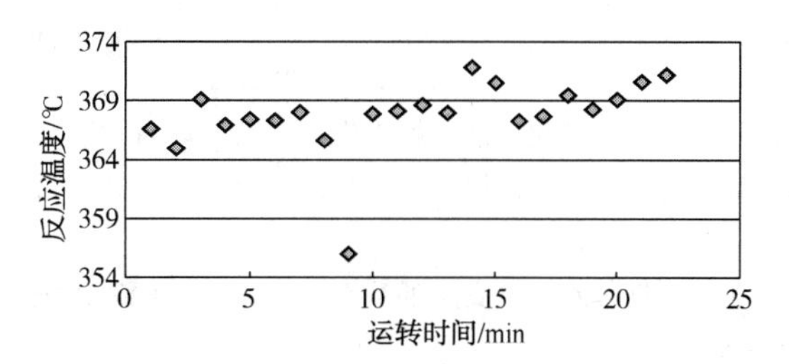

图 4 裂化催化剂平均温度变化

装置开始生产喷气燃料以后，截止到 2019 年 5 月，产品分布合理，喷气燃料收率基本稳定在 20% 左右，重石脑油、柴油及尾油收率分别约为 24. 1%、21. 0% 和 28. 2%，操作指标和产品性质达到设计要求，催化剂运行状况良好。另外，如图 5 所示，裂化反应器采用级配技术以后，三床层入口温度较上一周期提高近 10℃，这一方面大幅减少三床层入口冷氢用量，降低装置运行能耗；另一方面裂化三床层催化剂在相对较高温度下运行有利于充分发挥三床层催化剂作用，进一步改善了尾油质量。

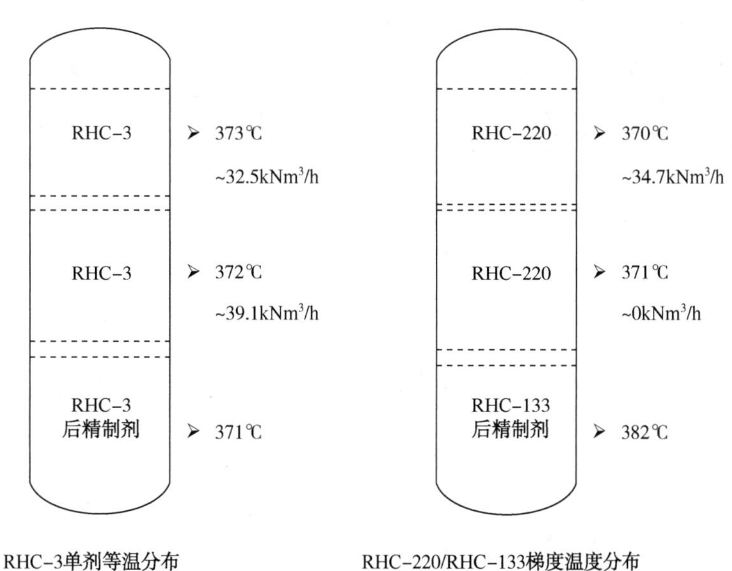

图 5 裂化反应器床层温度分布对比

4 结论

上海石化 1. 5Mt/a 中压加氢裂化装置采用石科院开发的中压加氢裂化生产喷气燃料技术于 2018 年 9 月国内首次实现了中压条件下蜡油馏分生产合格喷气燃料的工业应用，已通过航鉴委验收，正式外送。

工业标定结果表明，满负荷条件下，加工 BMCI 值约 45 的蜡油馏分，所得轻、重石脑油、喷气燃料、柴油、尾油的收率分别为 3. 1%、24. 2%、21. 1%、21. 2%、27. 0%，达到设计要求。在高分压力约 11MPa 条件下，喷气燃料烟点为 25mm，萘系烃质量分数低于 0. 5%，满足 3 号喷气燃料规格要求；产品尾油馏分 BMCI 值约为 10，重石脑油芳潜可达 55，是优质化工原料油。

装置可在设计满负荷下稳定操作运转。主要设备，如反应器、循环氢压缩机、加热炉、分馏塔、机泵等均能达到设计负荷要求，不存在明显瓶颈；此外，分馏塔还有进一步改进切割、提高分离精度的余地。

装置自 2016 年 9 月以来至今运转 36 个月，操作参数在设计要求范围内，催化剂运行情况良好，失活速率满足四年运转要求。

参 考 文 献

[1] 张利军．加氢裂化尾油裂解操作问题及处理对策[J]．乙烯工业，2008，20(2)：25-27.

[2] 李毅，毛以朝，胡志海，等．第二代中压加氢裂化(RMC-Ⅱ)技术开发[J]．石油化工技术与经济，2008，24(3)：33-36.

[3] 周立新，荆蓉莉．提高尾油质量的中压加氢裂化技术及其工业应用[J]．石油化工技术与经济，2010，26(5)：50-53.

[4] 丁少恒，仇玄，汤湘华．"十三五"我国成品油消费柴汽比预测[J]．国际石油经济，2015，23(11)：58-61.

[5] Mao Yichao Nie Hong Li Mingfeng，et al. Development and application of hydrocracking catalyst RHC-1 /RHC-5 for maximum high quality chemical raw materials [J]. China Petroleum Processing & Petrochemical Technology，2018，20(2)：41-47.

[6] 方向晨．氢分压对加氢裂化过程的影响[J]．石油学报(石油加工)，1999(5)：6-13.

[7] 孙洪江，宋若霞，刘守义．中压加氢改质/中压加氢裂化技术的工业应用及装置扩能的研究[J]．石油炼制与化工，2001，32(4)：20-24.

[8] 胡志海，熊震霖，石亚华，等．关于加氢裂化装置反应压力的探讨[J]．石油炼制与化工，2005，36(4)：35-38.

[9] 吴子明，曹正凯，曾榕辉，等．FDHC 柴油中压加氢裂化技术的开发[J]．石油炼制与化工，2017(02)：15-18.

[10] 杨海鹰．气相色谱在石油化工中的应用[M]．北京：化学工业出版社，2004.

[11] 石油馏分沸程分布测定法(气相色谱法)[S]. SH/T 0558.

加氢裂化装置掺炼催化柴油生产军用3号喷气燃料运行总结

赵哲甫　赖全昌

（中国石化海南炼化公司　海南洋浦　578101）

摘　要　本文对加氢裂化装置在低负荷生产条件下掺炼催化柴油的工业试验进行了总结。为提高加氢裂化航煤组分中的芳烃含量，进行了在原料油中掺炼催化柴油的工业试验，可以达到军用3号喷气燃料芳烃含量不低于8%(体)的要求，实现军用3号喷气燃料产品顺利出厂。

关键词　催化柴油；加氢裂化；军用3号喷气燃料

1　前言

按照航鉴委关于军用3号喷气燃料要求，加氢裂化装置生产军用3号喷气燃料时，出厂喷气燃料的芳烃含量应不小于8%(体)。中国石化海南炼油化工有限公司(以下简称：海南炼化公司)在2020年2月初受疫情影响，降低全厂加工负荷，加氢裂化装置的进料量也降至150t/h，导致航煤中的芳烃含量也相应下降，在2月24日、26日分析航煤的芳烃含量分别为7.8%和7.4%。为保证海南炼化公司军用3号喷气燃料顺利出厂，加氢裂化装置于2月25日起开始掺炼催化柴油，取得了良好的效果。现在对掺炼催化柴油期间的加氢裂化装置运行情况进行分析总结。催化柴油性质列于表1。

表1　催化柴油分析数据

项　　目	2月24日	2月26日	2月28日	3月6日
密度/(g/cm^3)	0.959	0.9551	0.9618	0.9629
馏程/℃				
IBP	198.4	196	198.8	197.8
5%	231	228.4	231.2	230.4
10%	240	235.8	241.2	238.4
50%	279.8	274.8	280.8	276
90%	347.6	341.6	349	342.4
95%	365.2	359.6	366.4	359.4
EBP	375.2	369.8	376	369.8
闪点	85	81	85	85
硫/%(质)	0.416	0.394	0.467	0.572

从表1中可以看出，催化柴油密度均在0.95g/cm^{3}以上，未进行芳烃含量的分析。但是，通常LCO中富含芳烃，占总馏分的80%左右，其芳烃分布在245℃以下的馏分段单环芳烃含量占优；到290℃以上，单环芳烃含量低于5%；双环芳烃含量在各馏分段中均高；在315℃以上馏分段，才有一定量的三环芳烃存在，并随着流程变重，其含量越多[1]。

2　加氢裂化装置掺炼催化柴油的反应机理

因催化柴油含有大量芳烃组分，此处着重介绍原料中芳烃组分对加氢裂化的影响：

1）苯环是稳定的，不能直接开环，因而芳烃在开环前必须先经历芳烃加氢饱和反应。不同芳烃的HDA反应速度取决于芳烃分子结构的诸多因素，对不同环数的芳烃而言，环数越多则其第一个环的相对反应速度越高[2]。

2）多环芳烃的加氢裂化反应，分子中含有两个芳烃以上的多环芳烃，其加氢饱和及开环断侧链的反应都比较容易进行；含单芳环的多环化合物，苯环加氢较慢，但其饱和环的开环和断侧链的反应仍然较快；但单环环烷较难开环。因此多环芳烃加氢裂化，其最终产物可能主要是苯类和较小分子烷烃的混合物[2]。

根据以上反应机理，催化柴油中的芳烃组分经过加氢裂化反应，大部分产品为苯类和较小分子烷烃的混合物，主要集中在加氢裂化的航煤组分中，有利于提高航煤组分的芳烃含量。

3 加氢裂化掺炼重催柴油情况

2020年2月25日加氢裂化开始掺炼重催柴油，初始掺入量按5t/h控制，2月26日掺入量提到10t/h，3月5日后将掺入量提到15t/h。

加氢裂化装置掺炼重催柴油按掺入量为5t/h、10t/h以及15t/h三个阶段进行，在整个试验过程中，装置运行正常，产品质量合格。装置掺炼期间的操作参数、原料油性质、产品性质、物料平衡、能耗数据分别见表2~表7。

表2 混合原料油性质

项　目	掺催柴前	催柴掺入5t/h	催柴掺入10t/h	催柴掺入15t/h
密度/(g/cm^3)	0.8819	0.8822	0.8844	0.8907
馏程/℃				
IBP	208.8	206.8	207.7	211
10%	319.9	312.2	305.4	301.8
50%	378.7	366.8	363.2	365.7
90%	414.2	409	407.3	408.4
95%	445.6	444.5	444.5	442.6
EBP	486.2	487.3	489.2	485.4
硫/%(质)	0.745	0.757	0.734	0.83
氮/(μg/g)	699	645	676	718
碱氮/(μg/g)	189.3	/	/	171.9
残炭/%(质)	0.03	0.04	0.03	0.04
运动粘度(100℃)/(mm^2/s)	4.417			3.94
BMCI	34.21			37.57

从表2可以看出掺炼催化柴油后，随着掺入量的增加，密度增加；由BMCI值可以看出柴油组分芳烃含量增加。

表3 主要操作条件

参数名称	掺催柴前	催柴掺入5t/h	催柴掺入10t/h	催柴掺入15t/h
新鲜蜡油进料/(t/h)	115.7	110.0	107.8	104.9
催化柴油量/(t/h)	0	5.2	9.5	14.6
罐区进料/(t/h)	24.7	29.4	17.9	32.0
反应总进料/(t/h)	144.1	145.7	146.4	154.7
催柴进料占比/%	0	3.57	6.49	9.44

续表

参数名称	掺催柴前	催柴掺入5t/h	催柴掺入10t/h	催柴掺入15t/h
精制反应器温度/℃				
一床层(入口/出口)	359.5/369.8	359.8/371.7	360.9/375.7	361.3/377.7
二床层(入口/出口)	371.5/383.6	373.6/387.9	378.1/396.7.	373.4/391.3
R101总温升/℃	22.4	26.2	33.5	34.2
R101平均温度/℃	371.7	373.9	378.6	376.5
裂化反应器温度/℃				
一床层(入口/出口)	378/381	380.5/384.0	382.2/387.7	384.1/390.7
二床层(入口/出口)	378.1/384.4	380.5/387	382.3/389.1	384.2/392.4
三床层(入口/出口)	378.1/385.6	380.6/388.6	382.3/390.3	384.2/392.9
四床层(入口/出口)	380.8/391.9	380.6/391.2	382.2/392.7	381.3/390.3
R102总温升/℃	51.5	52.2	52.0	50.8
R102平均温度/℃	382.7	384.3	386.2	387.4
新氢总量/(Nm^3/h)	26256.7	27045.5	29213.9	31259.1
循环氢纯度/%	94.72	94.77	94.29	92.51
循环氢流量/(Nm^3/h)	215262.4	210537.8	201871.1	195143.7
总氢耗/(Nm^3/t)	182.21	185.62	199.55	202.06

从表3可以看出，随着掺炼催化柴油比例增加，精制反应的床层总温升增大，主要是因为催化柴油中的烯烃、芳烃的含量高，芳烃和烯烃的加氢饱和反应会大量发热；由于2月份加氢裂化属于低负荷运行，为降低尾油收率，精制反应器与裂化反应器入口温度均没有降低。随着掺炼催化柴油比例增加，氢耗增加。

表4 航煤产品分析数据

项　　目	掺催柴前	催柴掺入5t/h	催柴掺入10t/h	催柴掺入15t/h
馏程/℃				
IBP	146	147.2	147.2	151.6
5%	172.4	173.6	172.6	176.2
10%	179.6	180.4	179	182.2
20%	189.8	190	188	191.2
50%	207.4	205.6	202.4	205.4
90%	249	240.2	231.4	233.4
95%	262	252	241	242.8
EBP	277.8	267.6	255.8	257.2
组成/%(体)				
烷烃	91.2	90.4	90.4	90
烯烃	0.9	0.9	0.8	0.9
芳烃	7.8	8.7	8.8	9.1
闪点/℃	43	44	43	45
冰点/℃	-54.1	-62.7	-60	-65
烟点/mm	28	27.1	26.3	—
银片腐蚀/级	0级	0级	0级	0级

从表4可以看出，在保持精制反应入口温度基本不变的前提下，随着掺炼重催柴油比例的提升，航煤产品的芳烃含量增加，烟点下降，由于催柴进料最大占比为10%左右，所以芳烃含量和烟点的变化并不明显。

表5 柴油产品分析数据

项　目	掺催柴前	催柴掺入5t/h	催柴掺入10t/h	催柴掺入15t/h
密度/(g/cm^3)	0.8216	0.8231	0.8255	0.8232
馏程/℃				
IBP	206.4	207.0	208.2	207.0
5%	240.4	239.4	239.6	241.6
10%	253.8	252.0	251.8	255.4
50%	303.0	302.0	302.2	308.4
90%	343.2	345.8	349.2	354.0
95%	353.0	356.8	361.0	366.0
EBP	359.8	364.4	369.2	373.8
硫/(μg/g)	<2.0	<2.0	<2.0	<2.0
闪点/℃	83	79	85	86
十六烷指数	62.2	61.5	60.7	

从表5可以看出，在柴油收率一定的情况下，掺炼催化柴油后，柴油产品密度有所增加，这和柴油中芳烃含量增加有关；十六烷指数有所降低，当催化柴油掺炼量达到10t/h时，十六烷指数降低了1.5个单位。

表6 加氢尾油产品性质

项　目	掺催柴前	催柴掺入10t/h	催柴掺入15t/h
密度/(g/cm^3)	0.8393	0.8453	0.8469
馏程/℃			
IBP	312.5	304.5	316.1
10%	370.1	366.8	374.3
30%	400.6	399.5	407.8
50%	421.4	420.9	428.9
70%	446.2	445.9	454.3
90%	483.6	483	491.1
95%	500	498.9	506.4
EBP	533.4	530.7	534.3
硫/%(质)	0.745	0.734	0.83
氮/(μg/g)	1.4	2	2.2
残炭/%(质)	0.01	0.01	0.01
运动粘度(100℃)/(mm^2/s)	4.437	4.612	5.04
BMCI	12.59	15.5	15.46

从表6可以看出，在掺炼催化柴油后，原料和尾油BMCI值均有所增加，以掺炼催化柴油10t/h为例，原料BMCI值增加3.36个单位，尾油BMCI值增加2.87个单位。

表7 掺炼催柴前后的物料平衡数据

物料名称	掺催柴前		催柴掺入 10t/h		催柴掺入 15t/h	
	t(24h)	%(质)新鲜料	t(24h)	%(质)新鲜料	t(24h)	%(质)新鲜料
入方						
原料蜡油	3414	98.35	3186.16	91.50	3387.8	88.81
重催柴油			229.52	6.59	349.89	9.17
新氢	57.22	1.65	66.53	1.91	77.1	2.02
合计	3471.22	100	3482.21	100	3814.79	100
出方						
脱硫后干气	13.79	0.39	13.16	0.37	20.48	0.53
低分气	26.68	0.77	26.89	0.77	29.28	0.76
液化气	113.3	3.27	115.7	3.32	122.9	3.22
轻石脑油	53.5	1.54	61.41	1.76	71.83	1.88
重石脑油	662.38	19.13	636.6	18.3	762.76	20.02
航煤	563.2	16.27	654.6	18.82	754.6	19.81
柴油	1211.62	35	1244.02	35.77	1367.28	35.89
尾油	789.69	22.81	696.77	20.03	647.89	17.01
硫化物	27.232	0.78	26.683	0.76	29.883	0.78
损失	0.011	0	1.36	0.03	1.948	0.05
合计	3461.40	100	3477.19	100	3808.85	100

从表7可以看出，掺炼催化柴油10/h后，由于裂化反应器提温效果，尾油收率减少5.8个单位，同时航煤、重石、轻石脑油、干气的收率增加；柴油由于95%馏出点温度提高，在收率上基本保持一致，若同样的馏程，柴油收率亦有所减少。

4 经济分析

加氢裂化掺炼催化柴油前因低负荷运行仅有一台新氢压缩机运行，掺炼催化柴油后氢耗增加，新增开启一台新氢压缩机，增加电耗约7.5kW·h/t原料，故操作费用增加5.5元/t原料。效益测算数据见表8、表9。

表8 加裂掺炼催柴效益测算表

名称	收率/%	数量/t	含税价/元	净价/元	原料投入/t
蜡油	88.81	0.8881		3100	2753
催化裂化柴油	9.17	0.0917	4082	3613	331
氢气	2.02	0.0202	16500	15000	303
合计	100	1.00			
产品产出	收率/%	数量/t	含税价/元	净价/元	销售收入/元
干气	0.53	0.015	2441	2219	12
液化气	3.22	0.013	3921	3564	115
轻石脑油	1.88	0.017	3746	3406	64
重石脑油	20.02	0.120	3746	3406	682
航煤	19.81	0.506	4822	4383	868
加氢后柴油	35.89	0.294	2384	2167	778
尾油	17.01	0.081	4926	4478	762
损失					
产出合计	98.5				3281
加氢裂化费用	元/t				109.5
效益	元/t				-215.5

表9 加裂效益测算表(蜡油加氢裂化)

名称	收率/%	数量/t	含税价/元	净价/元	原料投入/t
蜡油	98.35	0.9835		3100	3049
氢气	1.65	0.0165	16500	15000	248
合计	100	1.00			
产品产出	收率/%	数量/t	含税价/元	净价/元	销售收入/元
干气	0.39	0.0165	2441	2219	9
液化气	3.27	0.0327	3921	3564	117
轻石脑油	1.54	0.0154	3746	3406	52
重石脑油	19.13	0.1913	3746	3406	652
航煤	16.27	0.1627	4822	4383	713
加氢后柴油	35	0.35	2384	2167	758
尾油	22.81	0.2281	4926	4478	1021
损失					
产出合计	98.41				3570
加氢裂化费用	元/t				104
效益	元/t				169

由表8、表9可得，掺炼催化柴油占比10%左右和未掺炼进行对比，原料油效益是未掺炼更高，比掺炼催化柴油效益高出384.5元/t原料油。此测算方法仅适用于该价格下的生产测算，当前蜡油进料净价低于催化柴油净价，若蜡油进料净价高于催化柴油净价或航煤、尾油等产品净价大幅降低时，掺炼催化柴油效益会有所好转。

参考文献

[1] 陈俊武，许友好. 催化裂化工艺与工程(第三版，上、下册)[M]. 北京：中国石化出版社，2015.
[2] 方向晨. 加氢裂化装置工艺与工程[M]. 北京：中国石化出版社，2017.

增产航煤和优质尾油的加氢裂化技术开发及应用

赵广乐　赵　阳　莫昌艺　戴立顺　胡志海

（中国石化石油化工科学研究院　北京　100083）

摘　要　为满足市场对航煤和优质尾油的需求，石科院开发了适宜增产航煤和优质尾油的新一代加氢精制催化剂和加氢裂化催化剂及级配，通过考察原料油、转化深度、氢分压及产品切割方案等对航煤及尾油的影响规律，开发了增产航煤和优质尾油的加氢裂化技术，并在中国石化燕山石化公司、齐鲁石化公司和中国石油独山子炼油厂成功应用。工业应用结果表明，该技术实现增产航煤和优质尾油的目的，航煤馏分烟点高，满足3号喷气燃料要求，尾油馏分BMCI值低，是优质的蒸汽裂解制乙烯原料，原料适应性强，稳定性好，可满足长周期运转需求。

关键词　加氢裂化；增产；航煤；尾油

1　前言

近几年全球喷气燃料需求平均年增长率约5%，远高于汽柴油1%~1.5%的增长幅度。预测到2030年我国航空用消费量将达58Mt左右，年均增速约4.6%。

乙烯工业是以化工轻油为原料，生产三大合成材料及有机化工产品的基础工业。受相关产业发展的推动，我国乙烯需求快速增长，乙烯工业原料供需矛盾十分尖锐。随着世界范围内原油日趋重质化和劣质化，原料缺口将成为制约乙烯工业发展的“瓶颈”[1]。

加氢裂化过程是重油轻质化的重要手段之一，加氢裂化产品轻石脑油富含链烷烃，可作为优良蒸汽裂解制乙烯原料，航煤馏分收率不受原油加工规模限制，并具有烟点高的特点，尾油馏分BMCI值低，也是优质蒸汽裂解制乙烯原料。此外，加氢裂化装置还具有产品方案灵活的特点，从全厂生产平衡来看，可为企业根据市场需求确定最经济生产模式提供选择。

在炼油能力严重过剩、替代能源迅速发展等多重压力下，石科院针对增产航煤和促进炼油转型的需求，开发了增产航煤和优质尾油的加氢裂化技术，一方面可满足未来航煤需求正常的预期，另一方面可以满足企业油化结合发展的方向，具有提高企业经济效益和社会效益的现实意义。

2　增产航煤和优质尾油的加氢裂化技术开发构思

目前，加氢裂化装置原料劣质化程度逐渐增加，重劣质原料具有密度高、氮含量高的特点，鉴于脱芳和脱氮往往具有较高的关联性，因此，加氢精制催化剂需具备高的脱氮性能和高芳烃饱和性能。此外，高芳烃饱和性能还可以改善喷气燃料烟点及尾油BMCI值等对芳烃含量较为敏感的产品性质。重劣质蜡油生产优质乙烯原料的灵活加氢裂化反应过程难点在于多环环烷的选择性开环以及链烷烃的富集两部分，需要尽可能避免链烷烃裂化，同时确保多环环烷烃的开环反应，从而降低尾油中的环烷烃，尤其是多环环烷烃的质量分数。

传统以无定形硅铝作为酸性载体的加氢裂化催化剂，有利于多产中间馏分油尤其是多产柴油，但裂化活性低装置运行周期短，且原料适应性较差。采用无定形硅铝并辅助以少量改性后的分子筛作为酸性载体，催化剂活性及中间馏分油的选择性均较高，但该类催化剂得到的尾油质量通常相对较差，BMCI值偏高、链烷烃质量分数较低。尾油型加氢裂化催化剂可以得到高质量的加氢裂化尾油，其

BMCI 值较低、链烷烃质量分数高，蒸汽裂解制乙烯性能好；但现有的尾油型催化剂也存在着中间馏分油收率偏低的特点。因此，开发新型加氢裂化催化剂，提高中间馏分油选择性，尤其是提高航煤选择性，同时强化其开环能力，降低尾油 BMCI 值，是新技术开发的关键之一。

通常情况下，采用专用的增产航煤兼产优质尾油催化剂级配，并提高转化深度是增加航煤收率、改善尾油质量的有效手段。另外，当前企业还有压减柴油的实际需求，减少甚至不产柴油馏分，期望能将 BMCI 值高的柴油馏分并入尾油馏分。因此，如何在较低石脑油收率条件下，大幅度增加航煤的收率，并有效改善尾油质量也是技术开发的关键。

原料性质及构成、裂化反应深度、产品切割方案等对航煤和尾油馏分的收率和性质有重要的影响，需对其进行详细的考察，以提炼其影响规律。另外，鉴于加氢裂化催化剂是影响反应过程的核心，对加氢裂化催化剂的级配进行详细的研究。

3 增产航煤和优质尾油的加氢裂化技术的催化剂

3.1 高脱氮活性和芳烃饱和性能的加氢精制催化剂

对于加氢裂化装置而言，精制段催化剂失活速率通常远高于裂化段催化剂，因此精制段催化剂脱氮活性是加氢裂化装置运行周期的制约因素。RIPP 开发的 RN-410 加氢处理催化剂具有更高脱硫脱氮和芳烃加氢饱和活性，可提高原料适应性、延长运行周期、确保航煤和尾油产品质量。图 1 和图 2 是 RN-410 催化剂与国内外同类型加氢精制催化剂脱氮活性和芳烃饱和活性的对比数据，其中 RN-2 和 RN-32V 分别是 RIPP 开发的第一代和第二代加氢精制催化剂，催化剂 K 是国外公司高水平加氢精制催化剂。由图可知，RN-410 催化剂的脱氮活性明显高于同类型国内外加氢精制催化剂，并且在相同条件下加氢精制油芳烃含量比 RN-32V 催化剂低 2.1 个百分点。

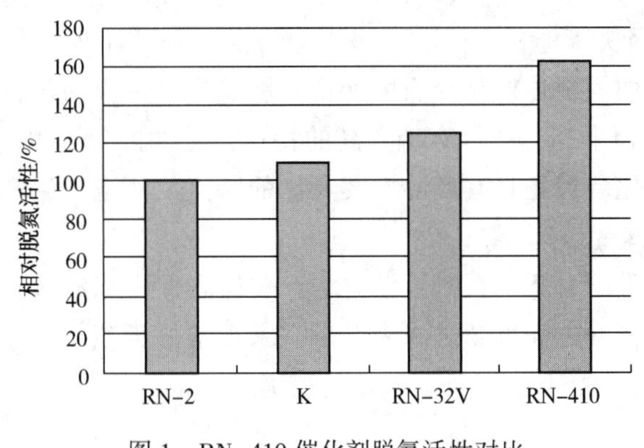

图 1 RN-410 催化剂脱氮活性对比

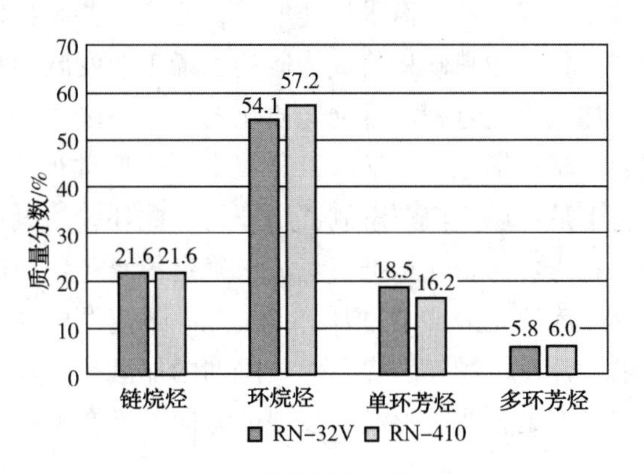

图 2 RN-410 催化剂芳烃饱和活性对比

3.2 增产航煤和优质尾油的加氢裂化催化剂

RIPP 基于增产航煤和优质尾油反应物和产物特点，要求加氢裂化反应过程必须将大量的多环环烷烃和少量的多环芳烃转化为单环烃或直链烷烃，或者选择性地将多环环烷烃和芳烃转化为中间馏分油馏分和石脑油馏分。其中的关键是多环环烷烃和多环芳烃的选择性开环，并尽可能地避免直链烃的裂解。通过优化金属组分，改进加氢功能，进行载体、介孔硅铝和分子筛材料改性等，开发了第三代增产航煤和优质尾油的加氢裂化催化剂 RHC-133 和 RHC-131。

为评价增产航煤和优质尾油的加氢裂化催化剂的性能，在相同原料，相同工艺条件下与国内外催化剂进行对比，结果列于表 1 和表 2。由表可见，在相同转化深度下，RHC-133 和 RHC-131 催化剂航煤馏分收率及尾油馏分质量均优于国内外参比剂。

表 1 RHC-133 与参比剂的对比

催化剂	RHC-133	灵活型参比剂
原料油	中东 VGO	
所需裂化反应温度/℃	基准	基准-10
液体产品分布/%		
<150℃石脑油	25.6	25.6
150~240℃航煤	29.3	27.1
240~320℃柴油	22.9	22.7
>320℃尾油	22.2	24.6
航煤选择性/%	53.4	52.0
航煤性质		
烟点/℃	31.5	30.7
尾油性质		
BMCI 值	6.7	7.6
链烷烃/%(质)	63.9	59.3

表 2 RHC-131 与同类先进催化剂的对比

催化剂	RHC-131	参比剂 D
原料油	中东 VGO	
所需裂化反应温度/℃	基准	基准+6
液体产品分布/%		
<132℃	14.46	13.20
132~260℃	31.59	29.90
260~370℃	23.03	23.68
>370℃	30.92	32.81
航煤性质		
烟点/℃	28.8	27.4
尾油性质		
BMCI 值	9.1	10.7
链烷烃/%(质)	61.2	58.4

4 增产航煤和优质尾油的加氢裂化的催化剂级配

加氢裂化反应过程包括芳烃饱和、加氢脱杂原子、环烷烃异构、环烷烃开环、烷烃裂化、环化等反应。原料油在加氢裂化反应器中是不断变化的，烃分子沿轴向芳烃含量逐渐降低、环状烃环数逐渐减少、分子大小逐渐变小的过程。图 3 是 RIPP 对尾油馏分烃组成在加氢裂化反应器中沿轴向变化研究结果[2](>350℃馏分转化率 80%)。由图可知，尾油馏分链烷烃含量在加氢裂化反应器中上部基本保持稳定，在加氢裂化反应器下部，随原料烃分子与催化剂接触时间的延长，尾油链烷烃含量下降速率渐次加快。尾油中环烷烃占比例的变化趋势呈现先增加后快速下降的趋势，芳烃占生成油质量分数快速下降，加氢裂化反应器中部总芳烃含量已达到较低的水平。

因此，传统的单一加氢裂化催化剂难以满足对产品选择性和产品质量要求更为苛刻的加氢裂化过程的需求。基于对加氢裂化过程分子转化的研究，石科院通过对加氢裂化催化剂的加氢/裂化活性、酸性材料以及载体孔结构和分布的匹配，开发了增产航煤和优质尾油的加氢裂化催化剂级配技术。加氢裂化反应器上部催化剂芳烃饱和性能好，中部催化剂环状烃开环能力强，底部催化剂开环选择性好、链烷烃保留能力强，航煤馏分收率高。

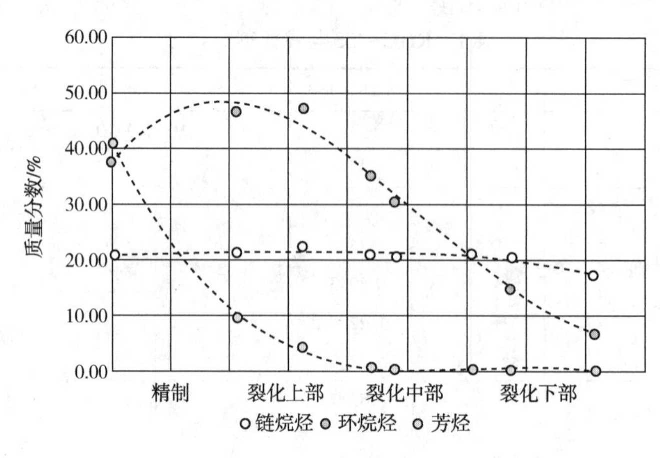

图3　加氢裂化反应过程中烃组成转化规律

采用裂化活性、芳烃饱和性能、开环选择性不同的加氢裂化催化剂进行级配，开展了增产航煤和优质尾油的加氢裂化模拟试验。以燕山混合蜡油为原料，控制相同石脑油收率的条件下，催化剂RHC-3、RHC-133、RHC-131和级配方案下的实验结果列于表3。如表所示，在相同石脑油收率条件下(<145℃石脑油收率为24.3%)，催化剂RHC-3、RHC-131和级配方案所需裂化反应温度分别为364.1℃、387.3℃和373℃/383℃/393℃(平均温度为383℃)；>350℃馏分的转化率分别为77.1%、84.3%和84.9%；产品喷气燃料(145~280℃)的收率分别为41.0%、44.6%和44.7%，烟点分别为31.1mm、31.4mm和32.0mm，产品尾油(>280℃)的收率分别为32.9%、28.3%和28.2%，BMCI值分别为10.7、8.5和8.7。

上述结果说明，控制石脑油收率相同的条件下催化剂级配方案所需裂化温度介于最高活性的RHC-3和最低活性的RHC-131之间，产品分布与航煤选择性最优的RHC-131相当，兼顾了较高裂化活性和较好的航煤选择性两方面；另外，其产品性质也与活性最低的RHC-131相当，催化剂级配方案具有尾油质量优的特点。

此外，通过冷氢控制不同催化剂段的反应温度可在更大的灵活度下调整产品分布，兼顾产品质量、装置灵活性的同时可保障运转周期，梯级温度分布可在一定程度上节约冷氢，节能降耗。

表3　不同催化剂效果的对比

加氢裂化催化剂	RHC-3	RHC-131	RHC-3/RHC-133/RHC-131
原料	燕山混合蜡油		
裂化反应温度/℃	364.1	387.3	373/383/393(平均383)
>350℃馏分转化率/%	77.1	84.3	84.9
液体烃收率/%			
C_5~145℃石脑油	24.3	24.3	24.3
145~280℃喷气燃料	41.0	44.6	44.7
>280℃尾油	32.9	28.3	28.2
重石脑油馏分			
芳烃潜含量/%	60	56	55
喷气燃料馏分			
密度(20℃)/(g/cm^3)	0.7998	0.8018	0.8011
冰点/℃	-50	-51	-50
烟点/mm	31.1	31.4	32.0
闪点(闭口)/℃	54	53	53
尾油馏分			
密度(20℃)/(g/cm^3)	0.8154	0.8105	0.8067
BMCI值	10.7	8.5	8.7

5 增产航煤和优质尾油的加氢裂化技术的工艺研究

5.1 原料油的影响

5.1.1 掺炼直馏柴油的影响

以蜡油和直馏柴油为原料，按照不同的配比，配制成馏程轻重不同的混合原料，考察直馏柴油掺炼比例对加氢裂化产品分布和性质的影响。在石脑油馏分收率相同条件下，航煤馏分收率和烟点如图 4 所示，直馏柴油掺炼比例越高，航煤馏分的收率和烟点越高。因直馏柴油分子较小，环状烃含量低，在加氢裂化过程中大分子优先断裂，因此加氢裂化航煤馏分收率和烟点随直柴掺炼比例的增加得到改善。

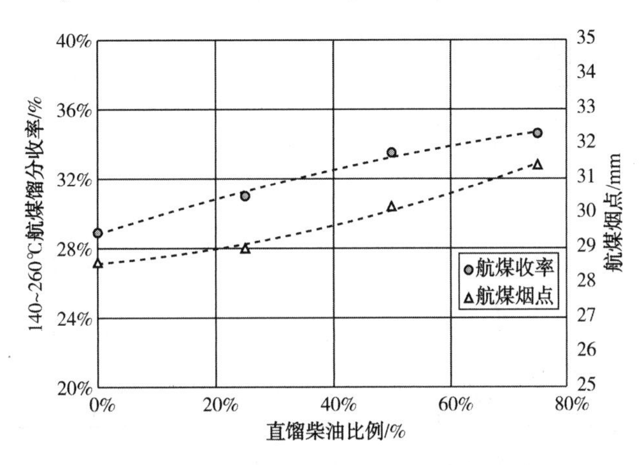

图 4 掺炼直馏柴油对加氢裂化航煤收率和性质的影响规律

5.1.2 掺炼催化柴油的影响

图 5 是中东蜡油掺炼不同比例催化柴油的中型试验结果，在相当的石脑油收率下，航煤馏分收率随原料中催化柴油比例的增加迅速提高。由于催化柴油以芳烃为主，通常情况下芳烃含量在 80%以上，其中双环及以上芳烃在 60%以上。环状烃在加氢裂化条件下裂化程度较低，倾向于保留到煤油馏分段。而较多的环状结构使得煤油馏分段氢含量迅速下降，燃烧性能下降，烟点降低。

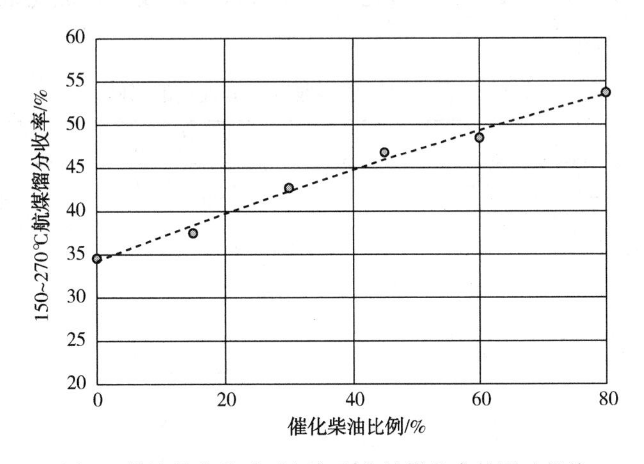

图 5 掺炼催化柴油对加氢裂化航煤收率的影响规律

5.1.3 原料油对尾油馏分性质的影响

反应原料对加氢裂化产品尤其是尾油的性质影响极大，采用生产优质润滑油料的 RHC-131 催化剂，分别采用中间-环烷基原料(胜利蜡油)、中间基原料(中东蜡油)、中间基原料+蜡下油(中东蜡油+蜡下油)以及中间基原料+蜡(中东蜡油+蜡)为进料开展了一系列中型工艺试验，在压力、空速相同和转化深度相近的条件下，考察了进料性质对加氢裂化尾油性质的影响规律。由表 4 可见，胜利蜡油因原料性质相对较差，所得尾油氢含量最低，BMCI 值最高，而中东蜡油尾油质量明显优于胜利蜡油。掺炼蜡下油和蜡的中东蜡油尾油性质进一步改善，链烷烃可达 70%以上，粘度指数达到 147，可进一步作为优质润滑油基础油料。

表 4 原料油对加氢裂化尾油性质的影响

原料油	中东蜡油	胜利蜡油	中东蜡油+蜡下油	中东蜡油+蜡
原料性质				
密度(20℃)/(g/cm³)	0.9181	0.9186	0.898	0.9083
BMCI	48.2	50.6	38.5	43.5
液体产品分布/%				
轻石脑油	4.6	3.7	6.1	6.1
重石脑油	16.1	12.2	17.1	18.1
航煤	17.7	16.8	18.6	18.2
柴油	28.5	34.7	26.2	25.4
尾油	33.1	32.6	32.0	32.2
尾油性质				
密度(20℃)/(g/cm³)	0.8321	0.8483	0.8242	0.8248
氢/%(质)	14.39	14.13	14.52	14.52
BMCI 值	7.3	16.6	4.0	3.9
链烷烃	55.6	39.5	67.3	71.6
黏度指数	139	120	143	147

5.2 裂化转化深度对航煤和尾油收率及性质的影响考察

加氢裂化转化深度对航煤和尾油馏分的收率和质量有显著的影响，试验结果列于表 5。由表 5 可见，随转化深度增加，航煤馏分收率增加，烟点略有增加，尾油馏分收率持续减少。裂化转化率在 55.7%~68.0%范围内，转化率平均每提高 2.9 个百分点，产品尾油馏分收率降低 2.7%、BMCI 值相应降低 1 个单位、链烷烃含量提高 2.2 个百分点；而转化率在 68.0%~84.7%范围内，转化率平均每提高 4.1 个百分点，产品尾油馏分收率降低 4.2%、BMCI 值相应降低 1.0 个单位而尾油链烷烃含量则可提高 4.2 个百分点。结果表明，通过提高裂化转化深度，可很好地改善产品尾油馏分质量，但尾油收率有所下降。

表 5 转化深度对航煤收率及其性质的影响

原料油	齐鲁加氢裂化原料		
>350℃转化率/%	55.7	68.0	84.7
液体产品分布/%			
石脑油	19.93	26.42	39.06
航煤	19.28	23.18	27.45
柴油	13.05	14.00	12.50
尾油	46.26	34.48	17.39
航煤性质			
密度(20℃)/(g/cm³)	0.8049	0.8013	0.7944
冰点/℃	<-60	<-60	<-60
烟点/mm	26.0	26.5	26.5
尾油性质			
密度(20℃)/(g/cm³)	0.8506	0.8396	0.8268
BMCI 值	17.8	13.5	9.4
链烷烃	37.3	46.7	64.1
环烷烃	62.4	53.1	35.7
芳烃	0.3	0.2	0.2

5.3　反应压力对产品质量的影响

由表6可见，随反应氢分压由10MPa增加至17MPa，165~240℃喷气燃料馏分的氢质量分数增加明显，由13.79%增加至14.72%，对应烟点由24.0mm增加至29.0mm，密度由0.8185g/cm^{3}降低至0.8102g/cm^3。从不同喷气燃料馏分对应烃组成也可以发现，随氢分压增加，喷气燃料馏分的链烷烃质量分数变化较小，保持在23%~26%范围，主要是环烷烃，尤其是一环环烷烃增加较多，从66%增加至72.6%，对应芳烃(主要是单环芳烃)由10.3%降至3.2%。上述结果说明提高氢分压后会强化喷气燃料馏分的芳烃饱和反应。

随氢分压增加，尾油的氢含量有所增加，由14.30%增加至14.40%，但综合来看，在氢分压10~17MPa区间，尾油性质变化不大。其中BMCI值在7.5~8.1范围，黏度指数在138~140范围。但从烃组成来看，在高氢分压的情况下，尾油的芳烃含量相对变化较大，与氢分压10MPa的情况相比，氢分压增加至14MPa以后，芳烃质量分数下降了50%以上，由1.7%下降至0.8%。

表6　氢分压对产品分布和性质的影响

氢分压/MPa	10	12	14	15	17
原料油	沙轻VGO				
氢分压/MPa	10	12	14	15	17
液体产品分布					
~80℃轻石脑油	4.1	3.6	3.7	3.3	4.1
80~165℃重石脑油	15.4	15.4	15.8	14.7	15.3
165~240℃航煤	17.3	17.2	17.1	16.5	16.6
240~370℃柴油	27.8	28.4	29	28.8	29.0
>370℃尾油	35.4	35.4	34.4	36.7	35.0
航煤产品质量					
密度(20℃)/(g/cm^3)	0.8185	0.8144	0.8117	0.8120	0.8102
烟点/mm	24.0	25.0	27.5	27.5	29.0
氢/%(质)	13.79	13.93	14.17	14.10	14.72
总芳烃	10.6	6.6	4.1	4.1	3.2
尾油产品质量					
密度(20℃)/(g/cm^3)	0.8355	0.8345	0.8348	0.8350	0.8337
BMCI值	8.1	7.9	7.5	8.1	7.7
链烷烃	53.2	53.4	54.0	52.4	53.9
总环烷烃	45.1	45.5	45.2	46.9	45.5
总芳烃	1.7	1.1	0.8	0.7	0.6

5.4　产品切割对产品收率和质量的影响

加氢裂化产品切割方案灵活是加氢裂化技术灵活性的另一种体现。通过分馏系统的调整，产品收率有显著的变化，可以满足不同装置的产品需求。

在控制石脑油一定的收率并将柴油并入尾油的前提条件下，若能够尽量拓宽航煤馏分的馏程(从轻、重两个端点尽量向“外”拓展)，将可以实现最大量增产航煤并在一定程度下改善尾油的双重目标。

拓展航煤馏分后势必会影响产品航煤的挥发性、燃烧性能及流动性，为此，需详细考察航煤馏分的切割方案对其收率及性质的影响规律。考察结果如表7和表8所示。由表可见，随航煤馏分向两端拓展可明显增加航煤馏分收率，航煤馏分初馏点向轻端拓展时，航煤冰点下降；航煤馏分向重端拓展后，航煤冰点提高，与此同时，航煤烟点也随切割范围的调整而变化。当航煤馏分冰点和闪点卡边时，即是合格航煤产品的最大馏程范围。航煤馏分的最大切割范围不是固定不变的，通常因原料类型、原料构成和催化剂不同而不同。

表 7 航煤馏分初馏点对航煤收率和性质的影响

项目	切割方案 1	切割方案 2	切割方案 3
航煤馏分收率/%	48.25	45.45	42.10
20℃密度/(g/cm^3)	0.7976	0.8004	0.8034
闭口闪点/℃	42.0	48.0	54.0
冰点/℃	-52	-51	-50
烟点/mm	32.5	32.0	31.5
馏程 D-86/℃			
初馏点	146	152	163
50%	198	202	206
终馏点	264	264	265

表 8 航煤馏分终馏点对航煤收率和性质的影响

项目	切割方案 4	切割方案 5	切割方案 6	切割方案 7
航煤馏分收率/%	41.90	44.45	46.34	48.96
20℃密度/(g/cm^3)	0.7978	0.7984	0.7987	0.7992
闭口闪点/℃	54	54	54	54
烟点/mm	34	33	33.8	33
冰点/℃	-56	-51	-47	-42
馏程 D-86/℃				
初馏点	160	161	161	162
50%	199	203	205	209
终馏点	259	263	270	279

加氢裂化柴油产品具有链烷烃含量高的特点，其作为乙烯裂解原料仍具有可观的三烯收率，柴油压入尾油后也可实现加氢裂化装置灵活压减柴油目的。选取相同的加氢裂化生成油产品大样，以不同的柴油和尾油切割方案进行了实沸点蒸馏切割，具体的切割方式如下：

方案一(Cut Ⅰ)：<150℃、150~240℃、240~300℃、>300℃

方案二(Cut Ⅱ)：<150℃、150~240℃、240~320℃、>320℃

方案三(Cut Ⅲ)：<150℃、150~240℃、240~350℃、>350℃

三种产品切割方案中，产品石脑油和煤油馏分的切割点均相同，区别在于产品柴油和尾油馏分的分割温度不同。由表 9 可见，随尾油切割点的前移，产品柴油馏分收率由 19.31%降低到 10.62%，降低幅度为 8.69%；产品尾油馏分收率由 29.17%相应提高至 37.86%。将尾油切割点由 350℃调整至 300℃后，尾油质量略有下降，但尾油馏分收率显著增加，尾油馏分仍满足乙烯裂解原料的要求。

表 9 切割方案对产品收率和质量的影响

原料油	齐鲁加氢裂化原料		
产品切割方案	Cut-Ⅰ	Cut-Ⅱ	Cut-Ⅲ
液体产品分布/%			
C_5~150℃石脑油	26.42	26.42	26.42
150~240℃航煤	23.18	23.18	23.18
240~300℃柴油	10.62	/	/
240~320℃柴油	/	14.00	/

续表

原料油	齐鲁加氢裂化原料		
240~350℃柴油	/	/	19.31
>300℃尾油	37.86	/	/
>320℃尾油	/	34.48	/
>350℃尾油	/	/	29.17
尾油性质			
密度(20℃)/(g/cm^3)	0.8390	0.8396	0.8410
BMCI值	14.0	13.5	12.3
链烷烃	45.9	46.7	47.8
环烷烃	53.7	53.1	52.1
芳烃	0.4	0.2	0.1

6 增产航煤和优质尾油的加氢裂化技术的应用

基于国内增产航煤改善乙烯裂解原料的需求，石科院开发的增产航煤和优质尾油的加氢裂化技术目前已在中国石化燕山石化公司、齐鲁石化公司以及中国石油独山子炼油厂得到成功的应用。

因燕山石化公司大幅增产航煤的需求，该装置级配了大比例增产航煤的裂化催化剂体系[3]。装置初期标定结果见表10，在反应器入口压力为14.1MPa、精制段平均温度为371℃，裂化段RHC-3/RHC-133/RHC-131梯级温度为368℃/378℃/384℃的条件下，可得到43%以上的航煤馏分和30%以上的尾油馏分，航煤馏分性质符合3号喷气燃料要求，尾油BMCI值为8.7。该装置自2016年7月开工至今运转平稳，先后加工过催化柴油、焦化柴油和焦化蜡油等，催化剂性能稳定，不同工况下均可得到优质航煤和尾油，并能实现灵活压减航煤的目标。该装置仅因增产航煤提高利润约2800万元/年。

表10 增产航煤和优质尾油的加氢裂化技术在燕山分公司的应用结果

项目	数据	项目	数据
原料油性质		化学氢耗/%	2.05
密度(20℃)/(g/cm^3)	0.8993	产品轻石脑油	
氮/%(质)	0.13	质量收率/%	4.0
硫/%(质)	1.64	产品重石脑油	
馏程(D-1160)/℃		质量收率/%	18.2
10%	316	芳潜/%	55
50%	397	产品航煤	
90%	474	质量收率/%	43.3
97%	513	烟点/mm	26.6
BMCI值	43.8	闭口闪点/℃	42.5
主要操作条件		冰点/℃	-51.5
一反入口压力/MPa	14.1	产品尾油	
		质量收率/%	31.6
一反平均温度/℃	371	硫/(μg/g)	5
二反平均温度/℃	368/378/384	BMCI值	8.7

齐鲁石化公司本周期目标为以劣质蜡油为原料，增产航煤和优质尾油。装置劣质蜡油多产航煤和优质尾油的加氢裂化技术及配套催化剂RN-410/RHC-220/RHC-133，于2017年6月开工，初期标定结果见表11。由表可见，原料密度约为0.92g/cm^3，氮质量分数为1500μg/g，BMCI值为50.6，属于

中间偏环烷基蜡油。产品航煤收率达到31.2%，烟点为27.6，是优质的3号喷气燃料，尾油BMCI值为9.8，满足设计BMCI值≤12的要求。

表11 增产航煤和优质尾油的加氢裂化技术在齐鲁分公司的应用结果

项目	数据	项目	数据
原料油性质		化学氢耗/%	2.70
密度(20℃)/(g/cm^3)	0.919	产品石脑油	
氮/%(质)	0.15	质量收率/%	25.5
硫/%(质)	1.39	硫/(μg/g)	0.4
馏程(D-1160)/℃		氮/(μg/g)	<0.2
10%	375	芳潜/%	44.0
50%	424	产品航煤	
90%	463	质量收率/%	31.2
终馏点	525	烟点/mm	27.6
BMCI值	50.6	产品柴油	
主要操作条件		质量收率/%	12.2
一反入口压力/MPa	15.0	十六烷指数(D-4737)	58.9
		产品尾油	
一反平均温度/℃	382	质量收率/%	27.5
二反平均温度/℃	390	BMCI值	9.8

中国石油独山子石化为满足5年长周期运转和增产航煤兼顾改善尾油质量的需求，2019年采用石科院开发的增产航煤和优质尾油加氢裂化技术，装置初期标定结果见表12。由表可见，在基本不产柴油的情况下，航煤馏分收率达到36.8%，烟点为30.4mm，尾油馏分收率为36.0%，BMCI值为8.3。相比上周期，无论在航煤和尾油的收率，还是产品质量上均得到显著的提高。

表12 增产航煤和优质尾油的加氢裂化技术在齐鲁分公司的应用结果

项目	2015年标定	2019年标定
产品分布/%		
液化气	1.50	1.73
轻石脑油	5.81	6.33
重石脑油	15.93	19.11
航煤	29.78	36.80
柴油	21.47	0.69
尾油	25.15	36.05
产品性质		
重石脑油芳烃潜含量/%	54.0	54.9
航煤烟点/mm	27.5	30.4
尾油BMCI值	11.0	8.3

7 结论

RIPP开发的新一代脱氮性能好、芳烃饱和能力强的加氢精制催化剂RN-410和高航煤产率的尾油型加氢裂化系列催化剂RHC-133和RHC-131，基于加氢裂化烃分子水平的认识，通过对催化剂及级配优化可实现加氢裂化装置增产航煤兼产优质尾油的目的。对原料油类型、原料油组成、转化深度、氢分压以及切割方案对航煤及尾油的影响规律进行了详细考察。该技术在中国石化燕山石化公司、齐鲁石化公司以及中国石油独山子炼油厂工业应用结果表明，该技术针对不同类型原料可实现航煤收率的大幅提高和尾油质量的显著改善，通过工艺参数和生产方案的调节，可灵活压减柴油，满足炼油企业未来增产航煤，生产优质乙烯原料的需求，为提高炼油企业利润和炼油转型提供了有力的技术支撑。

参 考 文 献

[1] 胡志海，熊震霖，聂红，等．生产蒸汽裂解原料的中压加氢裂化工业-RMC[J]．石油炼制与化工，2005，36(1)：1-5.

[2] 胡志海，张富平，聂红，等．尾油型加氢裂化反应化学研究与实践[J]．石油学报(石油加工)，2010，10 增刊：8-13.

[3] 赵广乐，赵阳，董松涛，等．大比例增产喷气燃料、改善尾油质量加氢裂化技术的开发与应用[J]．石油炼制与化工，2018，49(4)：1-7.

加氢裂化装置新型湿法高效开工技术及其应用

王仲义　黄新露　吴子明　白振民

（中国石化大连石油化工研究院　辽宁大连　116045）

摘　要　在中国石化大连石化研究院（简称 FRIPP）当前普遍推广的加氢裂化催化剂湿法开工技术的基础上，提出了改进升级的新型开工技术。突破固定思维，提出了低温引入蜡油原料以及高温催化剂活性稳定的操作模式。针对分子筛型加氢裂化催化剂，可在不进行注氨钝化的条件下实现装置的开车过程。新的开工技术已在工业中已经成功应用，其结果表明，在省去催化剂钝化步骤的优点下，该方法可平稳、顺利、安全地实现开工，具有较强的实用性以及推广价值。

关键词　加氢裂化；开工方法；注氨钝化

1　前言

加氢裂化装置是"油化纤"技术结合的关键纽带，是炼油化工企业不可或缺的重要装置之一，特别是在原料劣质化、产品清洁化以及化工原料高需求化的今天，其作用日趋明显。也正是由于该特性，它已经成为各大炼油化工企业不可或缺的关键单元，不论是老旧企业扩能改造还是新兴企业装置建设，其结果致使装置数量如雨后春笋般逐年增加。

对于加氢裂化装置而言，其核心是催化剂。而工业生产的新催化剂或再生后的催化剂，其所含的活性技术组分（Mo、Ni、Co、W）都是以氧化态（MoO_3、NiO、CoO、WO_3）的形式存在的。基础研究和工业应用的实践证明、绝大多数加氢催化剂的活性组分（非贵金属），以硫化态形式存在时才具有较高的加氢活性和稳定性[1]。

加氢裂化催化剂视其反应过程的需要，会加入一种特殊结构的组分，即分子筛，特别是对于轻质油品需求较高的企业，分子筛是催化剂中的必备元素，该类型催化剂活性高对反应温度敏感。故加氢裂化催化剂通常采用干法硫化，而且在催化剂硫化结束后，还需配以相应的"注氨钝化"措施[2]及分步切换原料油步骤，以确保装置开工能安全、顺利地进行。

在多年的实际使用过程中，已发现干法硫化存在诸多问题。首先是硫化时间长（开工时间也就长），而且干法高压注硫时常会遇到泵故障，从而影响硫化进度；其次是硫化后还需要降温钝化，又容易产生再次升温等不足[3]。为此，FRIPP 于 2010 年开发了分子筛型加氢裂化催化剂湿法硫化技术，有效解决了多年来装置实际生产中存在的上述问题[4]。该项技术已经推广了近十年，其具备开工过程安全平稳，开工时间明显缩短，而且对硫化效果及分馏系统产品质量调整没有不利影响的优势，事实证明，其技术的升级使用是可行且合理的。

虽然湿法硫化技术优势很多，但最致命的问题仍是注氨泵的使用以及分步切换原料过程的繁琐，前者由于钝化设备间断性使用、介质残留等原因，在开工过程中经常性出现无法注氨的问题，后者由于催化剂的初活性、氨解析温度等原因，在原料引入过程中容易出现催化剂床层温波动的问题。鉴于此，FRIPP 针对中高分子筛含量的加氢裂化催化剂提出了新型湿法高效开工技术并进行了工业应用。该技术突破原有壁垒，在催化剂硫化过程中取消了注氨钝化以及原料分步引入调整的过程，可以解决现有催化剂湿法硫化技术中存在的问题，简化了硫化过程，适用于 FRIPP 目前市场化的绝大多数 FC 系列催化剂。

2　新型湿法高效开工技术主要过程介绍

新型湿法高效开工技术是在原有的加氢裂化催化剂湿法硫化技术的基础上，进行的适应性更强的更新升级。与原有的湿法开工技术相比，主要存在以下的区别：

1）在较低恒温条件下，切断了开工油的循环操作，改为新鲜进料一次通过流程；

2）取消了原有的无水液氨钝化剂注入方式，在新鲜进料一次通过的条件下进行提温操作；

3）催化剂硫化过程结束后，提高反应温度，并保持低转化率条件下进行“稳定”过程，直至催化剂活性稳定为止。

2.1 开工技术原则方案

本开工技术结合原有的湿法开工方法，区分了主要差异，提出的原则方案如下：

1）将精制反应器入口温度控制在130~170℃。向反应系统引进低氮开工油。开工油在通过干燥的催化剂床层时会产生吸附热，导致床层出现温波。待温波通过催化剂床层后，再将进油负荷提高，外甩若干小时后，建立低氮油循环。

2）系统稳定后以≤20℃/h的速度平稳提升精制反应器入口温度至硫化剂分解温度。启动注硫泵，向反应系统注入硫化剂。待催化剂床层温度稳定后，即可以≤10℃/h的速度平稳提升精制反应器入口温度。在裂化反应器出口循环氢中测出硫化氢前，不允许反应器内的任何温度点超过230℃。若超过此温度限值，就应立即降低反应器入口温度，使反应器内的温度降低。在循环氢中硫化氢浓度达到0.1%(体)后，即可认为硫化氢已穿透裂化反应器。而后，调整硫化剂的注入速率，维持循环氢中硫化氢的浓度在0.1%~0.5%(体)，并继续以≤10℃/h的速度平稳提升精制反应器入口温度至220~250℃，在此温度下恒温硫化至少8h。恒温期间，循环氢中硫化氢浓度应维持在0.1%~0.5%(体)。

3）恒温硫化结束后，调整硫化剂的注入速率，使循环氢中硫化氢浓度达到0.5%~1.0%(体)，并改为直馏蜡油原料一次通过流程，切换过程可使用冷氢进行调节，确保蜡油切换完毕后以15℃/h的升温速度平稳提升精制反应器入口温度，升温过程中要保证循环氢中硫化氢浓度达到0.5%~1.0%(体)。直馏蜡油原料换入2小时后，开始在空冷器前注洗涤水。升温过程应控制裂化反应器任一床层温升≤5℃。否则，停止升温。

4）在保证裂化反应器单床层温升≤5℃的前提下，将精制反应器入口温度升至硫化终点，并恒温4小时，恒温过程控制循环氢中硫化氢浓度为1.0%~1.5%(体)，硫化过程结束，停注硫化剂。硫化结束后，调整精制反应器及裂化反应器入口温度，至达到转化率≤50%并维持直馏蜡油进料加工若干天，进行催化剂的“稳定”过程，即活性恢复过程。全硫化过程见图1，各升温阶段控制指标见表1。

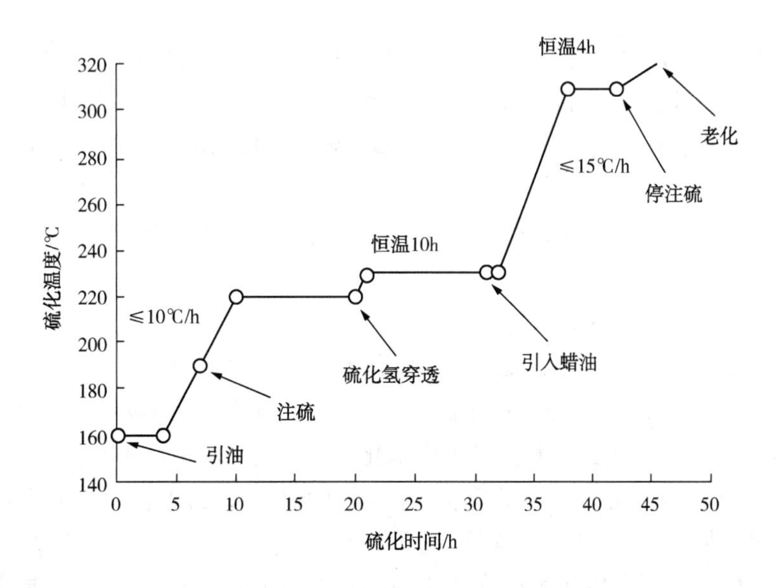

图1 催化剂硫化升温曲线

表1 催化剂硫化阶段的技术指标

硫化阶段	升温速度及技术指标	循环氢中硫化氢浓度/%(体)
首次升温阶段	≤10℃/h。硫化氢穿透之前，床层任一点温度不得超过230℃	0.1~0.5
恒温阶段	恒温时间≥10h，恒温结束切换VGO原料	0.1~0.5
再次升温阶段	≤15℃/h。裂化反应器单床层温升≤5℃	0.5~1.0
终点恒温阶段	恒温时间≥4h	1.0~1.5

2.2 开工技术说明

本方法最大的创新就是在230℃条件下直接引入直馏蜡油原料的步骤，这与我们常规的认识有些不符。众所周知，直馏蜡油原料中的氮化物，特别是碱性氮化物是分子筛型催化剂最惧怕的“毒物”，容易造成裂解活性的损失。所以在以往的常规湿法开工过程中，总是尽量的提高加氢精制段的反应温度，在较高的氮化物脱除条件下才会引入直馏蜡油，其目的是使原料中的“毒物”尽可能的脱除，进一步转化为氨，从而保护加氢裂化催化剂。

此创新步骤的提出，虽然突破常规，但也势必还要考虑到氮元素对于加氢裂化催化剂的深远影响，所以在开工初期活性稳定阶段，提出了催化剂“稳定”方法，其核心理念在于控制较低的转化深度，使原料分子在催化剂上的反应剧烈程度大幅低，在减少反应初期蜡油分子大量积炭趋势的同时，利用温度的梯次提升使催化剂中的氮化物逐步的脱附而出，使得催化剂的活性缓慢释放，该过程也可以称作催化剂的“复活”过程。

在实际操作过程中，应逐级调整反应温度至定值并恒定一段时间，待转化深度在此条件下稳定后，继续调整反应温度进入下个恒定阶段，重复上述稳定过程，直至反应苛刻度满足生产需求为止。

3 新型湿法高效开工技术的工业应用实例

本开工方法旨在去除分子筛型加氢裂化催化剂开工过程中的钝化步骤，其步骤虽简单，但也极繁琐。对于生产企业而言，新建加氢裂化装置可以降低钝化单元的投资，对于老旧加氢裂化装置可以规避氨泵故障的风险，故其适用性及推广性极强。目前该技术在国内外均进行了应用并取得了满意的效果。

某石油公司加氢裂化装置加工减压蜡油、催化柴油和焦化汽油混合原料，主要生产航煤、柴油和加氢尾油，要求航煤烟点不下于25mm，柴油十六烷值不低于53，加氢尾油黏度指数不小于137。该装置使用FRIPP研发的加氢裂化配套催化剂，配合新型高效开工技术进行硫化，开车一次成功。

3.1 催化剂的硫化

催化剂装填完毕后，进行了气密等准备工作，而后硫化过程正式开始，选用的硫化剂为DMDS。具体过程如下：

1）精制反应器入口温度为148℃的条件下，引入开工油，初始负荷约为60%，产生了60℃的温波，而后外甩至油品清洁后提高反应温度至195℃。在设计压力以及压缩机全量循环的条件下注入DMDS，同时以10℃/h的升温速度向225℃升温，5小时后，循环氢穿透反应器，之后提高反应器入口温度至230℃开始恒温硫化过程。此过程循环氢中硫化氢浓度为4000~11000mg/kg。

2）恒温结束后，在设计压力以及压缩机全量循环的条件下，引入直馏蜡油原料置换开工柴油并将流程改为一次通过，同时开始提升精制反应器入口温度。9h后，达到硫化终点温度并恒温4h，硫化过程结束。此过程循环氢中硫化氢浓度为2000~12000mg/kg。硫化过程升温及硫化氢浓度曲线见图2。

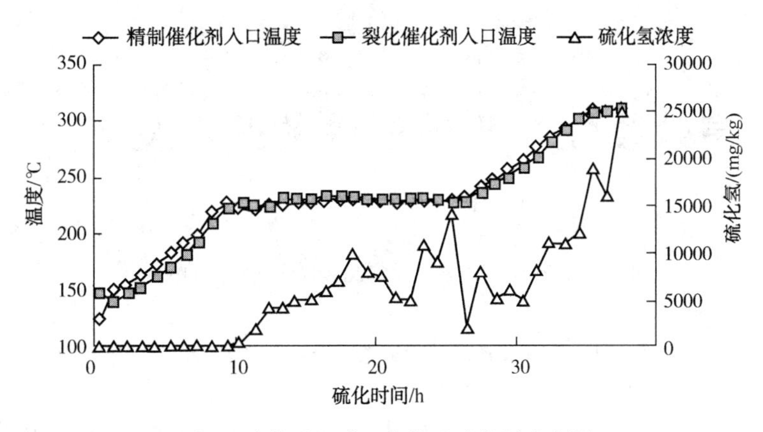

图 2 硫化过程升温曲线及硫化剂浓度图

3.2 催化剂的稳定

硫化过程结束后，按照方案的要求进行了催化剂的稳定操作，在硫化终点温度的基础上，逐步梯次调整反应温度，具体调整数据见表 2。

表 2 催化剂活性稳定阶段数据表

	精制入口温度/℃	裂化入口温度/℃	转化率/%
第一阶段	348	351	26
第二阶段	356	361	41
第三阶段	361	362	50
第四阶段	367	364	47

从表 2 中数据可以看出，在催化剂活性稳定阶段，氮的脱附过程与初活性的降低是同步进行的，其影响比较复杂，待在某个定值温度下，转化率不再发生变化后，可提升至设计工况进行生产操作。

3.3 工业生产情况

采用新型湿法开工技术的本加氢裂化装置在开工后进入稳定生产阶段，其典型运行结果见表 3。

表 3 采用新型湿法技术开工的装置生产数据

	航煤	柴油	尾油
产率/%	11.26	41.57	35.38
密度/(g/cm^3)	0.8010	0.8373	0.8410
烟点/mm	26		
十六烷值		55	
黏度指数			141

从表 3 中数据可以看出，采用本技术开工的加氢裂化装置，其主要目的产品的性质完全满足企业的生产要求，说明该方法适用于分子筛型加氢裂化催化剂，不会对生产过程产生不利的影响。

4 小结

FRIPP 开发的加氢裂化装置湿法高效开工技术其应用结果表明，该方法高效、快速、便利，硫化后催化剂活性稳定，未出现任何问题；适用于含分子筛加氢裂化催化剂不进行注氨钝化的开工过程，其整体方案是可行的，实用的，适合推广使用。

参 考 文 献

[1] 韩崇仁．加氢裂化工艺与工程[M]．北京：中国石化出版社，2001.
[2] 孟昭让．加氢裂化引进装置催化剂注氨钝化[J]．金山油化纤，1988，(4)：33-35.
[3] 姜来．湿法硫化在加氢裂化装置的首次应用[J]．炼油技术与工程，2011，41(2)：13-17.
[4] 吴子明．FRIPP 氧化态加氢裂化催化剂湿法硫化技术[C]．中国石化炼油加氢技术交流会论文集，2014：114-118.

高效改性 Y 型分子筛的开发及应用

秦　波　高　杭　柳　伟　杜艳泽

（中国石化大连石油化工研究院　辽宁大连　116045）

摘　要　针对国内炼化企业提质增效和产品结构调整对加氢裂化催化剂的需求，中国石油化工股份有限公司大连石油化工研究院（FRIPP）创建了高效改性 Y 型分子筛制备平台，开发了富含介孔结构和裂化活性位可接近性好的高效改性系列 Y 型分子筛。介孔孔径分布集中在 4~20nm，总酸量提高了 40.4%，强酸含量提高了 57.5%，催化效率大幅提高。以其为主要裂化组分开发的加氢裂化催化剂在工业应用中显示了优良的性能，润滑油基础油型加氢裂化催化剂 FC-80 应用后，加氢裂化尾油黏度指数可以提高 6 个单位；灵活型加氢裂化催化剂 FC-76 应用后，重石脑油收率提高了 5.94 个百分点，航煤收率提高了 5.61 个百分点，柴油收率降低了 6.27 个百分点，加氢裂化尾油 BMCI 值降低了 1.9 个单位。高效改性 Y 型分子筛应用后的产品质量升级和结构调整效果凸显。

关键词　高效；Y 型分子筛；加氢裂化催化剂；产品质量

近年来，随着我国环保政策要求的日益严格和燃料油市场需求的变化，产品质量升级和结构调整已成为炼化企业面临的难题。加氢裂化技术因其具有原料适应性强、产品方案灵活性大以及产品质量好等特点，已成为解决炼化企业难题的最为有效的技术手段，同时也是国内重整和乙烯原料的重要生产技术[1-7]。随着加氢裂化技术对我国解决化工原料来源重要性的逐步提高，国际加氢裂化技术专利商通过大幅度提升其加氢裂化催化剂价格，与国内催化剂专利商形成有力的竞争关系[8-10]。

为了解决炼化企业产品质量升级和结构调整面临的技术难题，同时提高加氢裂化催化剂的性价比，FRIPP 针对加氢裂化催化剂开发的各个环节进行了深入研究，尤其是针对加氢裂化催化剂的核心组分分子筛，开发了高效 Y 型分子筛的改性技术平台，创制了富含介孔结构和裂化活性位可接近性好的高效 ASSY 和 BSSY 分子筛，以其为裂化组分开发了 FC-52、FC-76 以及 FC-80 等系列加氢裂化催化剂，催化剂性能和性价比大幅提高，市场竞争力明显增强。

1　改性 Y 型分子筛的制备与表征

加氢裂化催化剂的成分主要包括分子筛、无定形硅铝、氧化铝以及活性金属等，其中作为主要裂化组分的分子筛对催化剂的性能起了决定性的作用，同时分子筛的成本也占到了催化剂原料成本的主要部分，尤其是多产化工原料的加氢裂化催化剂，占比可以达到 50%以上。加氢裂化反应过程是将原料油中的稠环芳烃组分优先加氢和开环转化为单环小分子烃类并富集于石脑油馏分中，同时将链烷烃最大量保留在尾油馏分中作为乙烯裂解原料。孔道结构发达和裂化活性位可接近性更好的 Y 型分子筛有利于反应过程中稠环大分子的高效扩散和开环。因此，提高 Y 型分子筛介孔结构和裂化活性位的可接近性，并控制其成本，已成为 Y 型分子筛改性技术中的关键。

通过对现有 Y 型分子筛改性技术过程中其结构变化规律的认识，创新地提出了同步提高介孔结构含量和裂化活性位可接近性的硅铝脱除方法，建立了 Y 型分子筛的酸性位修复技术平台，开发了富含介孔结构和裂化活性位可接近性好的改性 Y 型分子筛，实现了分子筛扩散性能和开环性能同步提升，大幅提高了分子筛的催化效率，降低了其使用成本。

1.1　XRD 谱图

图 1 是改性 Y 型分子筛的 XRD 谱图。从图中可看出 Y 型分子筛的酸性位修复技术平台制备的样品结构完整，相对结晶度高，说明本技术对分子筛的结构没有进行严重的破坏，分子筛具有良好的稳定性。

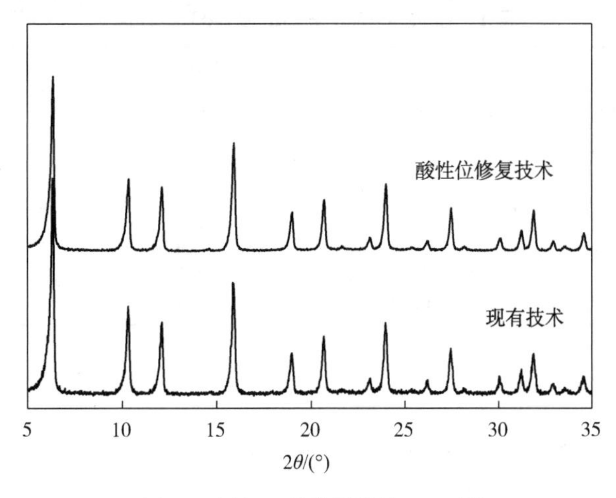

图1　改性Y型分子筛的XRD图

1.2　孔结构

改性Y型分子筛的氮气吸附-脱附等温线及孔径分布如图2所示。从图2(a)中可以看出，两种技术制备的改性Y型分子筛的吸附等温线分别呈现出I型和IV型等温线特征，在相对压力为0.4~0.8范围内，现有技术制备的改性Y型分子筛呈现出较小的滞后环，表明其介孔分布比较广泛，而酸性位修复技术制备的改性Y型分子筛在相对压力0.4~0.8区域内出现了更大的滞后环，其吸附量急剧增加，表明其具有大量且相对集中的介孔孔道结构。从图2(b)孔径分布可以看出，两种技术制备的改性Y型分子筛的孔径主要集中分布在3~30nm之间。酸性位修复技术制备的改性Y型分子筛的孔径尺寸主要集中在4~20nm，且分布更为集中，介孔含量更高；这种结构有利于反应过程中稠环大分子的扩散和反应选择性的提高。

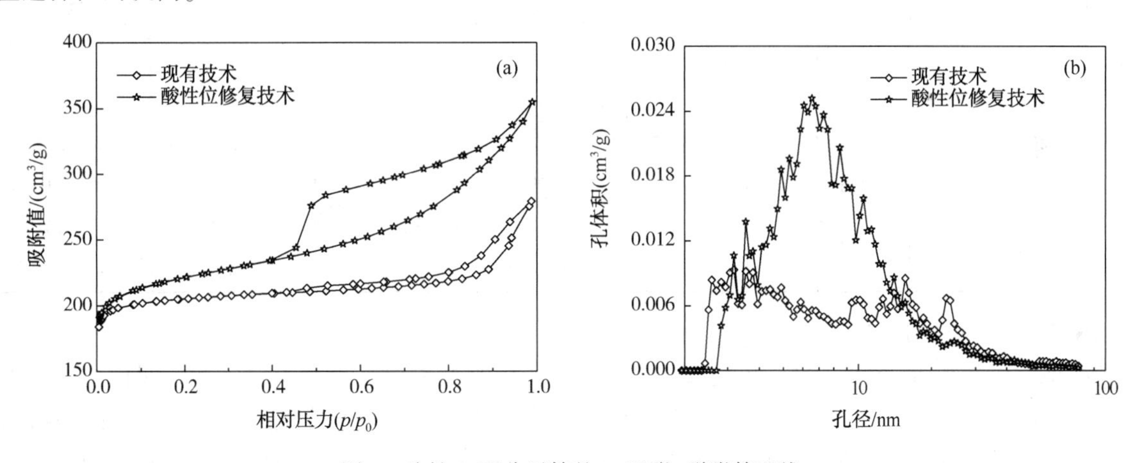

图2　改性Y型分子筛的N_2吸附-脱附等温线

1.3　酸性质

改性Y型分子筛的酸性质如表1所示。酸性位修复技术制备的改性Y型分子筛的总酸含量为545.0μmol/g，与现有技术相比，总酸量提高了40.4%，其中B酸总量增加了59.4%，L酸含量减少了15.5%；酸性位修复技术制备的改性Y型分子筛中强酸含量为73.8%，现有技术制备的分子筛中的强酸含量为65.8%；酸性位修复技术制备的改性Y型分子筛中总酸量和强酸量中B/L的比例分别为5.52和6.26，而现有技术制备的分子筛中总酸量和强酸量中B/L的比例分别为2.93和2.73。酸性质表征结果表明，酸性位修复技术制备的改性Y型分子筛中总酸含量、强酸含量以及B/L的比例均得到了大幅提高，更高的强酸含量和B酸含量可以大幅提高加氢裂化过程的开环能力，有效的提高产品质量。

表1 改性Y型分子筛的吡啶红外数据

样品	T/℃	B_{Py}/(μmol/g)	L_{Py}/(μmol/g)	B/L	共计/(μmol/g)
现有技术	150	289.4	98.9	2.93	388.2
	250	273.4	80.2	3.41	353.7
	350	186.8	68.5	2.73	255.3
酸性位修复技术	150	461.4	83.6	5.52	545.0
	250	445.5	62.1	7.17	507.6
	350	346.8	55.4	6.26	402.2

2 改性Y型分子筛的应用

依托Y型分子筛的酸性位修复技术平台，先后创制了高效BSSY和ASSY分子筛并实现了在润滑油基础油型加氢裂化催化剂FC-80、轻油型加氢裂化催化剂FC-52以及灵活型加氢裂化催化剂FC-76等催化中的应用，助推了企业产品质量升级和结构调整，保障了炼化企业的转型发展。

2.1 BSSY的工业应用

润滑油基础油型加氢裂化催化剂FC-80在中国石化茂名石化公司结果如表2所示，与上周期相比，本周期采用了活性相对低的FC-80催化剂，同时装置加工量增加了10%，使得反应温度提高了15℃；产品分布得到了改善，航煤馏分收率提高了2.75个百分点，柴油馏分收率减少了5.38个百分点，压减柴油效果明显；尾油收率相当的情况下，黏度指数提高了6个单位，产品质量大幅提高。

表2 催化剂应用情况比较

时　　间	本周期	上周期	时　　间	本周期	上周期
装置负荷率/%	110	100	收率/%	8.08	13.46
裂化段反应温度/℃	394	379	馏程/℃	211~342	197~346
航煤			尾油		
收率/%	34.48	31.73	收率/%	28.55	31.73
馏程/℃	151~259	157~288	黏度(80℃)/(mm^2/s)	4.384	11.7(50℃)
烟点/mm	25	25	黏度(100℃)/(mm^2/s)	3.095	3.768
柴油			黏度指数	132	126

2.2 ASSY的工业应用

灵活型加氢裂化催化剂FC-76在上海石化的应用情况如表3和表4所示，与上周期相比，本周期标定期间的原料密度大、T_{95}更高、硫和氮含量更高，原料整体更劣质；装置加工量相当，控制精制油氮含量较上周期高9μg/g，在保持加氢裂化尾油收率相当的条件下，重石脑油收率提高了5.94个百分点，航煤收率提高了5.61个百分点，柴油收率降低了6.27个百分点，产品结构调整效果明显；加氢裂化尾油BMCI值降低了1.9个单位，产品质量大幅提高。

表3 标定期间VGO蜡油性质对比

	本周期	上周期		本周期	上周期
密度(20℃)/(g/cm^3)	0.9022	0.8998	70%/90%	439/484	421/465
馏程/℃			95%/FBP	501/529	483/499
IBP/10%	203/305	210/279	S/(μg/g)	22400	20900
30%/50%	367/407	334/378	N/(μg/g)	584.7	522.9

表4 标定期间操作条件及运行数据对比

时间	本周期	上周期	时间	本周期	上周期
进料量/(t/h)	199	197	烟点/mm	25.0	26.0
精制生成油氮含量/(μg/g)	16.3	7.1	冰点/℃	<-53.2	-67
裂化段反应温度/℃	376	372	柴油		
轻石脑油			收率/%	6.72	12.99
收率/%	10.88	13.67	馏程/℃	211~317	207~298
馏程/℃	29~72	26~65	十六指数	62	58
重石脑油			尾油		
收率/%	35.99	30.05	收率/%	17.68	19.07
馏程/℃	80~174	79~180	馏程/℃		
航煤			IBP/10%	258/308	279/311
收率/%	24.23	18.62	95%/EBP	442/484	435/459
馏程/℃	158~272	152~238	BMCI值	9.0	10.9

3 结论

创新地提出了同步提高介孔结构含量和裂化活性位可接近性的硅铝脱除方法，建立了Y型分子筛的酸性位修复技术平台，创制了ASSY和BSSY等分子筛，实现了分子筛扩散性能和开环性能的同步提升，大幅提高了分子筛的催化效率。应用结果表明，以开发的分子筛为主要裂化组分制备的催化剂可以有效地改善产品结构，提高产品质量，具有广阔的应用前景。

参考文献

[1] 袁晴裳. 解决乙烯原料制约加快乙烯工业发展[J]. 当代石油化工，2004，12(9)：1-5.
[2] 2012年中国原油加工量统计数据分析[N]. 中国商情报，2013-2-28.
[3] 中国石化炼油事业部. 中国石化加氢裂化装置运行情况调研报告[C]. 加氢年会论文集，北京：中国石化出版社，2010：1-35.
[4] 中国石化炼油事业部. 2011年中石化炼油生产装置基础数据汇编[M]. 2012(5)：245-253.
[5] 周丛，茅文星. 拓展乙烯原料来源的研究现状[J]. 化工进展，2009，28(08)：1313-1318.
[6] 尹向昆，邵海峰. 加氢裂化尾油资源综合利用[J]. 中外能源，2011，16(12)：70-73.
[7] 孙继良. 国内加氢裂化尾油的综合利用[J]. 炼油与化工，2008，19(04)：3-6.
[8] Stormont，D. H. New Process Has Big Possibilities[J]. The Oil and Gas Journal，1959，57(44)：48-49.
[9] 郭强，邓云川，段爱军，等. 加氢裂化工艺技术及其催化剂研究进展[J]. 工业催化，2011(11)：21-27.
[10] 杜艳泽，关明华，马艳秋，等. 国外加氢裂化催化剂研发新进展[J]. 石油炼制与化工，2012，43(04)：93-98.

SBA-15 分子筛及其在加氢裂化催化剂中的应用

樊宏飞　孙晓艳　陈玉晶　于政敏

（中国石化大连石油化工研究院　辽宁大连　116045）

摘　要　为了满足原料油重质化及对重质油深入利用的需求，FRIPP 开发了单段高中油型加氢裂化催化剂 FC-38。该催化剂以核-壳型 Al-SBA-15/Y 复合分子筛为主要酸性组分、钨镍为加氢组分，制备工艺简单，重复性好。其中，将新型介孔材料 Al-SBA-15 与深度改性的 Y 分子筛进行复合，集微孔和介孔优势于一体，既保证了裂化反应所需的酸性位，又为传质提供了通畅的介孔通道，催化性能得到了有效提升。在相同转化率条件下，与 FC-34 催化剂相比，FC-38 催化剂反应温度均降低 2℃ 以上，中油选择性提高两个百分点，柴油十六烷值高，尾油 BMCI 值更低。FC-38 催化剂运转 2100h，提温 2℃，提温速率为 0.023℃/d，产品分布及产品性质保持稳定，表明 FC-38 催化剂具有良好的活性和稳定性。

关键词　SBA-15；微介孔复合；单段；中间馏分油；加氢裂化

1　引言

在炼化型企业中，加氢裂化装置已成为该类型企业的核心装置。因此开发技术水平高的加氢裂化催化剂及其工艺技术，不仅能适应市场的需求，也会促进中国石化主业的发展，提高我国加氢裂化技术的水平[1-3]。单段加氢裂化工艺过程简单，投资少，操作容易，运转过程中产品结构稳定，单段加氢裂化技术因其自身所独有的优势，可以满足目前国内各炼油厂为增加经济效益迫切希望加大原油处理量加工或掺炼含硫中东油的需求。

FRIPP 开发出 ZHC-01、ZHC-02、3973、FC-14、FC-28、FC-30、FC-34 等单段高中油型加氢裂化催化剂。这些催化剂性能达到或超过国际先进水平，在国内获得非常广泛的应用，但都是以微孔分子筛为载体制备的。随着对重质油利用的逐渐深入，传统催化剂已不能很好地满足需求。为了进一步提高催化剂的水平，满足激烈的市场竞争，FRIPP 开展了微-介孔复合分子筛 Al-SBA-15/Y 及 FC-38 新一代单段加氢裂化催化剂的研制工作。

2　Al-SBA-15/Y 分子筛及催化剂的研制

SBA-15 等介孔分子筛具有高度有序的介孔结构、超高的比表面积，可应用在石油化工领域，作为催化剂的载体，在重油加氢处理和加氢裂化方面表现出优异的催化性能。但是由于其水热稳定性和酸性较差，不能满足工业实际使用的需要，阻碍了介孔分子筛在石油加工工业中的应用。近年来，微孔-介孔复合材料将微孔分子筛的高催化活性和高水热稳定性与介孔分子筛的孔道特性相结合，使微孔分子筛和介孔分子筛在酸性和孔结构上达到互补，其良好的水热稳定性和催化性能在烃类的催化转化方面应用前景广阔。

通过控制合成条件，制备出了一系列 Al-SBA-15/Y 微-介孔复合材料。其中，壳层 Al 的引入在不影响分子筛水热稳定性的同时提供了弱酸性位，满足了重质油加氢裂化的需求。Al-SBA-15/Y 微-介孔复合材料的性质见表 1。

表 1 一系列 Al-SBA-15/Y 核壳复合材料的结构表征参数

样品编号	S_{BET}/(m^2/g)	V_t/(cm^3/g)	S_{micro}/(m^2/g)	V_{micro}/(cm^3/g)	$B_{酸}$/(mmol/g)	$L_{酸}$/(mmol/g)
Y	616	0.46	508	0.28	0.069	0.075
Al-SBA-15/Y-1	654	0.56	437	0.27	0.044	0.046
Al-SBA-15/Y-2	751	0.72	505	0.32	0.048	0.053
Al-SBA-15/Y-3	760	0.68	478	0.32	—	—
Al-SBA-15/Y-4	716	0.62	496	0.31	—	—
Al-SBA-15/Y-5	743	0.69	457	0.32	—	—

通过上述分析，FC-38 催化剂的设计如下：

1）处理 Y 分子筛使之酸性适中、具有合理的孔结构，并且具有较强的开环能力。

2）合成 Al-SBA-15/Y 微孔-介孔核壳复合材料，使微孔分子筛和介孔分子筛在酸性和孔结构上达到互补。

3）优化催化剂制备方法，使加氢活性与裂化活性中心协同匹配，以提高催化剂的活性，选择性及产品性质。

按照上述设计思路，通过改良 Y 分子筛性质，优化组装过程，最终可控制合成出定向组装、具有“核-壳”结构、形貌均匀、无分相、能完美保持 Y 分子筛结构和化学特性的一系列催化剂。以上述 Al-SBA-15/Y-2 为酸性组分制得的 FC-38 催化剂的物化性质见表 2。

表 2 FC-38 催化剂的物化性质

催化剂	FC-38	催化剂	FC-38
WO_3	21.2	堆积密度/(g/cm^3)	0.91
NiO	5.2	长度/mm	3~8
Si-Al	余量	直径/mm	1.6
孔容/(mL/g)	0.320	压碎强度/(N/cm)	189
比表面积/(m^2/g)	235		

3 FC-38 催化剂的工业生产及反应性能评价

3.1 FC-38 催化剂实验室反应性能评价

为了考察催化剂的反应性能，对 FC-38 催化剂与 FC-34 催化剂采用单段工艺，在 200mL 小型加氢裂化试验装置上进行性能对比试验。原料油性质见表 3，评价结果和产品主要性质见表 4。

表 3 原料油性质

原料油	伊朗 VGO-2	原料油	伊朗 VGO-2
密度(20℃)/(g/cm^3)	0.9054	S/%	1.97
馏程/℃		N/(μg/g)	1254
IBP/EBP	327/490	BMCI 值	45.4

表 4 FC-38 催化剂与参比剂单段运转结果对比

项　目	FC-34 催化剂	FC-38 催化剂	FC-38 催化剂
原料油	伊朗 VGO-2	伊朗 VGO-2	伊朗 VGO-2
工艺类型	单段	单段	单段
反应压力/MPa	15.7	15.7	15.7
氢油体积比	1000：1	1000：1	1000：1
空速/h^{-1}	1.0	1.0	1.0
反应温度/℃	396	394	398

续表

项　目	FC-34 催化剂	FC-38 催化剂	FC-38 催化剂
产品分布及主要性质			
<82℃收率/%	1.9	1.5	1.9
82~138℃收率/%	5.2	4.4	5.3
芳潜/%	67.9	67.1	66.0
138~249℃收率/%	17.9	18.3	21.0
冰点/℃	-60	-60	-60
烟点/mm	23	24	25
芳烃/%(体)	5.9	4.7	4.5
249~371℃收率/%	39.2	40.7	41.2
凝点/℃	-2	-4	-5
十六烷值指数	56.5	58.1	59.0
>371℃收率/%	34.0	33.4	28.7
BMCI 值	12.9	11.4	10.2
中油选择性/%	86.5	88.6	87.2

表4中数据显示：以伊朗 VGO-2 为原料，FC-38 催化剂在反应温度为 394℃时、单程转化率为 66.6%，中间馏分油选择性为 88.6%；在相同工艺条件下，与 FC-34 催化剂相比，FC-38 催化剂反应温度降低 2℃，中油选择性提高 2 个百分点。82~138℃馏分芳潜 67.1%(质)，可以作为优质重整原料；138~249℃馏分，烟点为 24mm，冰点<-60℃，芳烃 4.7%(体)，可以作为优质 3#航煤；249~371℃馏分凝点为-4℃，十六烷值为 58.1，可以作为优质清洁柴油；>371℃尾油的 BMCI 值为 11.4，可以作为优质蒸汽裂解制乙烯原料。进一步提高 FC-38 催化剂反应温度至 398℃时，催化剂的单程转化率提高至 71.3%，中间馏分油选择性略有降低(87.2%)，除重石脑油芳潜有所降低外，其他产品性质均有不同幅度的提高。

3.2 FC-38 催化剂的工业生产

FC-38 催化剂从 2019 年 2 月 11 日在中国石化催化剂抚顺分公司正式投入生产，历时 11 天，截止到 2019 年 2 月 21 日完成生产任务。共计生产催化剂 11.312t，成品收率 97.85%。检测结果表明(表 5)，催化剂各项指标均满足规定的指标要求。

表 5　工业生产 FC-38 催化剂抽样检测结果

检测项目	抽样 1	抽样 2	质量指标
WO_3/%(质)	21.38	21.34	18~23
NiO/%(质)	5.64	5.6	4.5~6.0
孔容/(mL/g)	0.38	0.38	≥0.28
比表面积/(m^2/g)	182	182	≥180
侧压强度/(N/cm)	217	201	≥150
堆积密度/(g/mL)	0.87	0.88	0.85~0.95
外形	圆柱	圆柱	圆柱
尺寸/mm	1.6	1.6	1.5~1.7
筛分(3~8mm)/%(质)	88	85	≥85

3.3 FC-38 催化剂的工业应用标定

2019 年 8 月，对齐鲁石化公司 SSOT 加氢裂化装置进行标定，标定的目的是在满负荷的情况下，确定装置的工艺操作条件，计算装置的物料平衡和能耗，考察装置的主要设备是否能满足生产需要，检验 FC-38/FC-80 组合催化剂的使用效果。

标定期间原料油性质见表 6，主要工艺条件及标定期间产品性质见表 7。

表 6　标定期间原料油性质

原料油	混合蜡油	
时间	8 月 6 日 9：00	8 月 7 日 9：00
密度(20℃)/(g/cm^3)	0.8866	0.8858
S/(μg/g)	2.42	2.47
N/(μg/g)	368	418
C/%(质)	85.30	85.23

表 7　标定期间工艺条件及产品主要性质

	2019.8.6 9：00	2019.8.7 9：00		2019.8.6 9：00	2019.8.7 9：00
进料量/(m^3/h)	67	67	芳烃/%(体)	6.3	6.5
体积空速(主剂)/h^{-1}	1.0	1.0	萘系烃/%(体)	0.08	0.09
反应器入口压力/MPa	15.2	15.3	270~340℃柴油		
平均反应温度/℃	383	383	凝点/℃	-7	-12
<150℃石脑油			十六烷指数	78.8	76.7
芳潜/%(质)	53.2	54.8	>340℃尾油		
150~270℃喷气燃料			黏度指数	129	130
冰点/℃	-50	-51.3	BMCI 值	5.9	6.0
烟点/mm	26.8	26.7			

齐鲁石化 SSOT 装置标定结果表明，标定期间，装置运行平稳。在满负荷工况下，反应器平均反应温度为 383℃，催化剂表现了较好的加氢裂化活性。标定期间加氢裂化产品性质较好，各产品质量均达到/超过了技术协议的指标要求，尤其是航煤烟点均超过 26mm，可直接生产优质 3#喷气燃料，对 SSOT 装置尚属首次；加氢裂化尾油黏度指数比上一周期提高 6~7 个单位，BMCI 值也比上一周期显著降低，可作为优质的润滑油基础油原料或催化裂化原料，企业对 FC-38 加氢裂化催化剂性能较为满意。

4　结论

为了满足原料油重质化及对重质油深入利用的需求，FRIPP 以新型介孔材料 Al-SBA-15 与深度改性 Y 分子筛复合后得到的微-介孔复合分子筛作为主要酸性组分，钨镍为加氢组分，开发了单段高中油型加氢裂化催化剂 FC-38。该催化剂制备工艺简单，重复性好，在相同转化率条件下，与 FC-34 催化剂相比，反应温度降低 2℃以上，中油选择性提高两个百分点，柴油十六烷值高，尾油 BMCI 值更低。工业应用试验结果表明，催化剂在工业装置中，活性稳定，加氢裂化各产品质量均达到/超过了技术协议的指标要求，使 SSOT 装置首次实现航煤馏分直接作为优质 3#喷气燃料；尾油黏度指数比上一周期提高 6~7 个单位，BMCI 值也比上一周期显著降低，可作为优质的润滑油基础油原料或催化裂化原料，满足了企业需求。

参 考 文 献

[1] 李寿生. 全力开创中国炼油行业高质量发展的新局面[J]. 中国石油和化工经济分析，2018(8)：39-41.
[2] 刘立军，张成，卜岩，等. 加氢裂化技术的现状与发展趋势[J]. 当代化工 2011，40(12)：1252-1254.
[3] 樊宏飞，孙晓艳，徐学军. 单段加氢裂化催化剂的开发及应用[J]. 炼油技术与工程，2005(07)：39-43.

高脱氮性能的 FF 系列加氢裂化预处理催化剂的开发及应用

杨占林　王继锋　姜　虹　唐兆吉

（中国石化大连石油化工研究院　辽宁大连　116045）

摘　要　随着原油的日趋劣质化及清洁燃料升级换代步伐的加快，加氢裂化装置加工能力持续增长，加氢裂化预处理技术也将得到快速发展。本文重点介绍中国石化大连石油化工研究院（FRIPP）在加氢裂化预精制催化剂方面的研究进展及工业应用情况。早期开发的催化剂主要通过调节载体的性质来改善催化剂的性能，而近期开发的 FF-46 和 FF-56 催化剂，进一步优化了活性位及载体的作用方式，催化剂性能得到大幅度提升，基于新理念开发的 FF-66 催化剂，具有更高的体积活性，降低炼油厂产品质量升级的成本。截止到 2020 年 3 月，FRIPP 不同牌号的加氢预处理催化剂累计生产万余吨，创造了巨大的经济效益和社会效益，总体上达到了世界先进水平，为我国石化工业的发展作出了贡献。

关键词　加氢裂化预处理；催化剂；研究进展；工业应用

1　前言

加氢裂化技术是重油深度加工生产清洁燃料的重要手段，同时可以提供优质化工原料。加氢裂化预处理催化剂不但能够脱除原油中的绝大部分硫、氮等杂质，而且还有很好的加氢性能，其活性的高低对加氢裂化产品质量和分布以及加工工艺都有很重要的、直接的影响，催化剂活性越高，工艺和产品的灵活性就越大。加氢裂化催化剂体系存在的主要问题是裂化催化剂活性有余而加氢裂化预处理催化剂能力不足，使用高活性加氢裂化预处理催化剂可以提高清洁柴油的产量或降低生产成本。

长期以来，在加氢裂化预处理催化剂的研制开发方面，国外知名石油公司和加氢催化剂研究机构做了大量的工作，先后推出了一系列加氢裂化原料预处理催化剂。如美国 UOP 公司的 HC-P、HC-T 和 UF 系列催化剂，Criterion Catalysts & Technologies 公司的 DN-3100、DN-3120、DN-3330 和 DN-3630 系列催化剂，Albemarle 公司（该公司兼并了荷兰 AKZO 公司的催化剂业务）的 KF-846 和 KF-848 催化剂，最近又推出活性更高的 KF-868 和稳定性更好的 KF-860 催化剂[1]。

FRIPP 经过多年技术攻关，目前其技术处于国际同类催化剂先进水平。为了满足加氢裂化装置扩能改造，改善产品质量，与新型加氢裂化催化剂匹配生产清洁燃料以及加工硫、氮等杂质含量越来越高的原料油的需要，开发加氢脱氮活性更高的加氢裂化预处理催化剂是十分必要和紧迫的。为此，FRIPP 基于新的催化剂制备理念，成功开发了 FF-66 加氢裂化预处理催化剂，该催化剂选择合适的氧化铝作为载体，采用特殊助剂优化活性相结构，使活性组分分布更加均匀，易硫化形成高加氢活性中心；与此同时，催化剂的堆积密度大幅度下降，极大降低炼油厂的催化剂采购成本，提升了催化剂在国内和国际市场的竞争力。

2　加氢处理催化剂的技术背景

加氢处理的反应过程是滴流床多相催化反应，在加氢处理过程中，发生的化学反应主要有：加氢脱硫反应、加氢脱氮反应、芳烃加氢反应和加氢脱金属反应。

HDN 反应机理与 HDS 反应机理不同。一般来说，C—S 键可以直接断裂，而 C—N 键只有在相邻芳环饱和的条件下才能断裂，因而 HDN 比 HDS 困难。芳环的加氢反应发生在催化剂表面加氢中心上，C—N 的氢解反应发生在催化剂表面酸性中心上。

由表 1 键能的数据可见，C ═N 键能比 C—N 大一倍多，因此加氢脱氮反应首先必须是含氮杂环的加氢饱和，而后 C—N 键氢解。

表 1 几种化学键的键能

键	C ═N	C—N	C—S
键能/(kJ/mol)	615	305	272

由图 1 吡啶加氢脱氮反应可以看出，含氮杂环化合物脱氮必须经过三种类型的反应：①氮杂环加氢；②C—N 键断裂生成胺类；③胺类氢解生成 NH_3 和烃类。

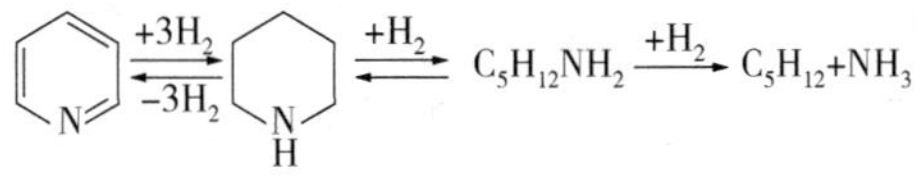

吡啶 $\underset{-3H_2}{\overset{+3H_2}{\rightleftharpoons}}$ 哌啶 $\underset{}{\overset{+H_2}{\rightleftharpoons}}$ $C_5H_{12}NH_2 \xrightarrow{+H_2} C_5H_{12}+NH_3$

图 1 吡啶加氢脱氮反应

由图 1 吡啶加氢脱氮反应机理看，如果含氮杂环加氢是脱氮控制步骤，吡啶与哌啶之间的平衡不会影响总的加氢脱氮反应速率。如果 C—N 键氢解是脱氮控制步骤，吡啶与哌啶之间的平衡将影响总的加氢脱氮反应速率。在实际工业过程的工况下，通常属于后一种情况。

因此，提高加氢裂化预处理的加氢脱氮活性有两条途径[2]：

1）提高催化剂的加氢活性；

2）提高催化剂的氢解活性。

一般认为，C—N 键的断裂(氢解)反应发生在催化剂的酸性中心上，这就要求催化剂具有适宜的酸度。催化剂的酸度不宜过高，因为催化剂表面酸度高将加剧结焦反应，导致催化剂失活加快。所以，提高催化剂加氢脱氮活性的最有效途径是提高催化剂的加氢活性。

对于反应物分子较小的轻质油或中间馏分油，加氢脱氮反应受扩散控制影响较小，孔径范围不会对催化剂的脱氮活性构成主要影响。但是，重馏分油和渣油的加氢脱氮则不然，因为反应物分子较大，适宜的载体孔径十分重要。加氢处理催化剂对载体孔分布的要求与原料油的馏程有关，若孔径过小，可能导致扩散限制，反之，会降低催化剂的比表面，从而降低催化剂的活性。催化剂的孔分布是由载体决定的，因而研制合适的载体也是研制催化剂的关键因素。

3 FRIPP 加氢裂化预处理催化剂

图 2 给出近年来 FRIPP 加氢裂化预处理催化剂的进步情况，早期开发的催化剂主要通过调节载体的性质来改善催化剂的性能，而近期开发的 FF-46 和 FF-56 催化剂[3,4]，进一步优化了活性位及载体的作用方式，催化剂性能得到大幅度提升，FF-66 催化剂采用新的制备理念，催化剂体积成本大幅度下降，活性不变，下面进行详细介绍。

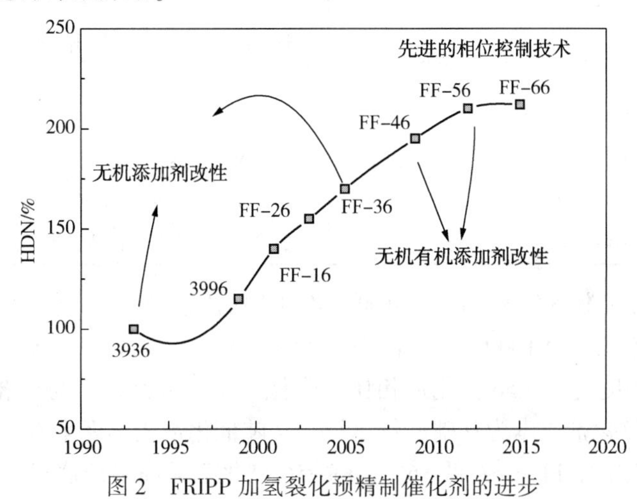

图 2 FRIPP 加氢裂化预精制催化剂的进步

3.1 早期开发的加氢裂化预处理催化剂

自20世纪90年代初以来，FRIPP相继开发了3906、3926、3936、3996、FF-16、FF-26、FF-36催化剂[5~8]。其中3936为第一个达到国际先进水平的重质馏分油加氢处理催化剂。制备催化剂过程中，载体在浸渍金属溶液之前，采用预浸工艺，达到了改变载体表面电化学性质、增加载体表面羟基数目、改善载体与金属相互作用的效果，使金属分布更加均匀。3996催化剂与3936催化剂相比较，除制备技术上保持了3936催化剂孔分布集中、异型条成型、金属分布均匀、孔容较大、强度高等特点外，在以下几个方面有所改进：优化了化学组成；催化剂表面积提高了10%；催化剂的堆积密度提高约7%；降低成本，制备条件更趋缓和。FF-16是FRIPP进入21世纪开发的第三代重质馏分油加氢处理催化剂，FF-16催化剂具有孔容和比表面较大、堆积密度适中、酸性质好等特点，催化剂金属易于硫化且硫化完全。FF-26是FRIPP开发的第四代重质馏分油加氢处理催化剂，该催化剂使用改性氧化铝为载体，具有堆积密度大、孔分布集中等特点。FF-36催化剂选用廉价氧化铝为原料，用复合助剂对其进行改性制备载体，以钼、镍为活性金属组分，采用合理的负载技术和工艺流程制备催化剂。

以上催化剂有一个共同点：通过无机助剂改善催化剂性能，并采用高温热处理技术对催化剂进行活化处理。

3.2 Ⅱ类活性相加氢裂化预处理催化剂

Ⅱ类催化剂具有很高的本征活性，2010年前后开发出第一代Ⅱ类活性相催化剂FF-46，采用合适的助剂和加入方式对载体进行改性，降低载体表面的强酸含量，减缓结焦反应导致的催化剂失活，增强催化剂的稳定性。采用专有技术在分子水平上调节活性中心结构，降低活性金属与载体的相互作用，从而促进活性金属的完全硫化，生成更多的高活性相中心，使之具有高加氢脱氮活性。

在FF-46催化剂的基础上，FF-56催化剂通过预浸渍技术，改善催化剂孔结构，使孔分布向大孔方向偏移；FF-56催化剂采用Mo-Ni为催化剂活性金属组分，表面Ni的分散度明显高于参比催化剂；FF-56催化剂活性金属与载体的相互作用适度增加，大于7层MoS_2片晶数明显少于FF-46催化剂，长周期运转稳定性得到增强。FF-56催化剂解决了FF-46催化剂对加氢装置操作开工条件的限制；FF-56催化剂以大孔径氧化铝载体制备催化剂，物化性质更优，单位体积催化剂成本下降，这些使FF-56催化剂工业应用更有竞争优势。

3.3 具有Ⅰ、Ⅱ类活性相结构优点的FF-66加氢裂化预处理催化剂

新一代FF-66加氢裂化预处理催化剂的开发，在保证高性能的同时，注重成本的降低，大幅度降低炼油厂的催化剂采购成本，目前催化剂已经大规模工业应用。上海石化的初期标定结果表明(表2)，加氢精制FF-66催化剂加氢脱氮活性高，可以在略低的反应温度下达到良好的精制效果。

表2 FF-66催化剂的创新点及其效果

序号	创新点	效 果
Ⅰ	催化剂Ⅱ类活性相制备技术与常规制备技术结合	拓宽催化剂工业装置应用范围，解决开工过程中的气密温度受限问题。
Ⅱ	合适复合助剂选取及载体制备调控技术	改善载体的孔结构和表面酸性，提高中强酸含量，改善活性。
Ⅲ	活性相形貌控制技术，提高催化剂活性中心数量及本征活性	增加Ni-Mo-S活性相数量，改变MoS_2形貌，增多吸附反应活性位，提高活性组分利用率。
Ⅳ	催化剂表面酸性位控制技术	加氢中心和酸性中心得到良好匹配

如表3所示采用新技术制备的FF-66催化剂，在小型加氢装置上，以伊朗VGO为原料油，在反应压力为14.7MPa、氢油体积比为1000∶1、体积空速为1.0h^{-1}等条件下，FF-66催化剂与FF-56催化剂活性相当，但其堆积密度与FF-56催化剂相比，降低了15%~25%。表4给出了几种催化剂的原材料成本情况，以FF-66催化剂成本为基础进行比较，从吨催化剂成本上来看，由于FF-66催化剂使用了廉价氧化铝原料，其成本比FF-36A低16%，FF-56催化剂无高温焙烧过程，其吨成本与FF-66催

化剂相当；几种催化剂的堆积密度相差较大，从相对体积成本上看，FF-66催化剂成本优势较大，比FF-36A和FF-56催化剂低20%左右，大幅度降低单位体积催化剂的采购成本，提升了催化剂在国内和国际市场的竞争力。

表3 小型装置催化剂的活性评价结果

催化剂	FF-56	FF-66
原料油	伊朗VGO	
堆积密度/(g/cm^3)	0.99	0.78
工艺条件		
反应氢压/MPa	14.7	
体积空速/h^{-1}	1000：1	
氢油体积比	1.0	
反应温度/℃	基准	
精制蜡油氮/(μg/g)	6.4	6.2

表4 几种催化剂的成本比较

催化剂	FF-36A	FF-56	FF-66
相对重量成本	113	100	97
相对体积成本	101	100	79

4 FRIPP加氢裂化预处理催化剂的工业应用

截止到2020年3月，FRIPP不同牌号的加氢预处理催化剂累计生产万余吨，在镇海炼化、扬子石化、金陵石化、广州石化等多家大型加氢裂化及加氢改质装置上工业应用，创造了巨大的经济效益和社会效益。表5给出近几年FRIPP加氢裂化预处理催化剂工业应用的概况。

表5 FRIPP加氢裂化预处理催化剂工业应用概况

催化剂	应用时间	应用地点	装置类型	规模(10kt/a)
FF-46	2015	宁波	馏分油加氢	170
	2016	茂名	高压加氢裂化/单段串联	240
	2016	广州	柴油加氢改质	200
FF-56	2015	宁波	高压加氢裂化/单段串联	120
	2015	九江	高压加氢裂化/单段串联	240
	2015	淄博	高压加氢裂化/单段串联	56
	2016	宁波	高压加氢裂化/单段串联	240
	2016	北京	中压加氢裂化	100
	2016	武汉	高压加氢裂化/单段串联	180
	2016	宁波	中压加氢裂化	200
	2018	宁波	高压加氢裂化/单段串联	150
FF-66	2016	天津	高压加氢裂化/单段串联	120
	2016	天津	高压加氢裂化/单段串联	180
	2017	九江	高压加氢裂化/单段串联	240
	2017	上海	高压加氢裂化/单段串联	150
	2017	茂名	柴油改质	100
	2017	南京	高压加氢裂化/单段串联	200
	2017	茂名	高压加氢裂化/单段串联	240

续表

催化剂	应用时间	应用地点	装置类型	规模(10kt/a)
FF-66	2017	南京	高压加氢裂化/单段串联	150
	2017	南京	高压加氢裂化/单段串联	200
	2017	长岭	柴油改质	100
	2017	广州	高压加氢裂化/单段串联	120
	2017	东营	高压加氢裂化/单段串联	150
	2018	宁波	高压加氢裂化/单段串联	120
	2018	海口	高压加氢裂化/单段串联	150
	2018	漳州	高压加氢裂化/两段全循环	316
	2018	大庆	柴油加氢改质	100
	2018	呼和浩特	柴油加氢改质	90
	2018	沧州	高压加氢裂化/单段串联	120
	2018	盘锦	柴油加氢改质	120
	2018	克拉玛依	柴油加氢改质	150
	2018	潞安	煤制油加氢单元	16
	2018	泉州	高压加氢裂化/单段串联	238
	2018	滨州	催柴裂解	70
	2019	宁波	柴油加氢裂化	200
	2019	惠州	煤柴油加氢裂化	360
	2019	淄博	SSOT	56
	2019	南京	高压加氢裂化/单段串联	200
	2019	青岛	高压加氢裂化/单段串联	200
	2019	濮阳	高压加氢裂化/单段串联	40
	2019	玉门	加氢改质降凝	50
	2019	大庆	加氢改质降凝	170
	2019	广州	加氢改质	200

4.1 FF-66催化剂在上海石化的工业运行结果

2017年5月在上海石化1.5Mt/a加氢裂化装置上，精制反应器首次全部装填FF-66新鲜催化剂，进行了工业应用。催化剂装填于2017年5月2日开始，至5月11日结束，共装填各类催化剂325.52t，本周期与上周期相比，精制反应器少装填催化剂44.72t，装填量减少19.21%，大幅度减少催化剂的采购成本。其装填情况见表6。

表6 催化剂装填结果比较

本周期			上周期		
床层	催化剂	装填量/t	床层	催化剂	装填量/t
DC101 一层	FF-66	38.40	DC101 一层	FF-46	46.40
DC101 二层	FF-66	66.45	DC101 二层	FF-46	83.03
DC103 一层	FF-66	35.20	DC103 一层	FF-46	43.88
DC103 二层	FF-66	48.00	DC103 二层	FF-46	59.46
合计装填量/t	188.05		合计装填量/t	232.77	

本次催化剂采用湿法硫化，所用的硫化剂是二甲基二硫化物(DMDS)，硫化油采用加氢裂化尾油。表7给出催化剂硫化初始条件，可以看出，精制反应器入口温度控制在165℃左右，而一般的Ⅱ型活性相催化剂限定入口温度不高于140℃，本催化剂的发明解决了Ⅱ型活性相催化剂开工过程中的气密温度受限问题。

表 7　硫化初始条件

运转周期	上周期	本周期	运转周期	上周期	本周期
精制段使用催化剂	FF-46	FF-66	起始进油量/(m^3/h)	30	30
入口压力/MPa	14.0	14.1	进料温波/℃	<10	<10
精制反应器入口温度/℃	137	165			

上海石化 1.5Mt/a 加氢裂化装置转入正常生产后，满负荷生产，总进料为 200~210t/h。本周期原料性质与上周期基本相当，精制段控制相同的脱氮率，精制反应器出口生成油氮含量为 10~20μg/g。图 3 和图 4 给出上海石化 1.5Mt/a 加氢裂化装置 DC101 和 DC103 精制反应器进料量变化情况，从图中可以看出，DC101 进料量基本维持在 120m^3/h 左右，DC103 进料量基本维持在 80~90m^3/h，进料流量稳定，与上周期相当。

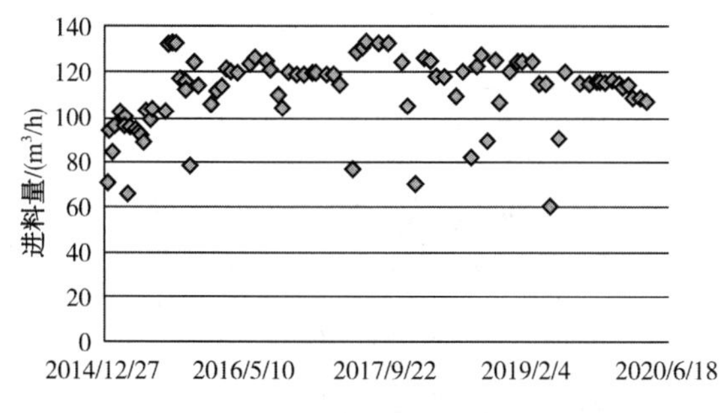

图 3　上海石化 1.5Mt/a 加氢裂化装置 DC101 瞬时进料量变化情况

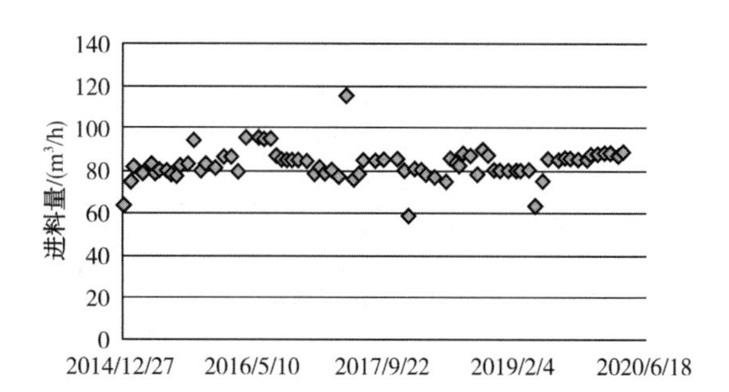

图 4　上海石化 1.5Mt/a 加氢裂化装置 DC103 瞬时进料量变化情况

图 5 和图 6 分别给出上海石化 1.5Mt/a 加氢裂化装置 DC101 和 DC103 平均反应温度变化情况，图 7 和图 8 给出 DC101 和 DC103 出口精制油氮含量变化情况。从图 5 和图 6 看出，转入正常生产后，与上周期相比，精制反应器平均反应温度比上周期低 10~15℃，说明 FF-66 催化剂具有较好的反应活性；从近三年的运转情况看，反应器入口和平均反应温度提温不明显，精制油氮含量稳定在 10~15μg/g，说明 FF-66 催化剂具有较好的稳定性。

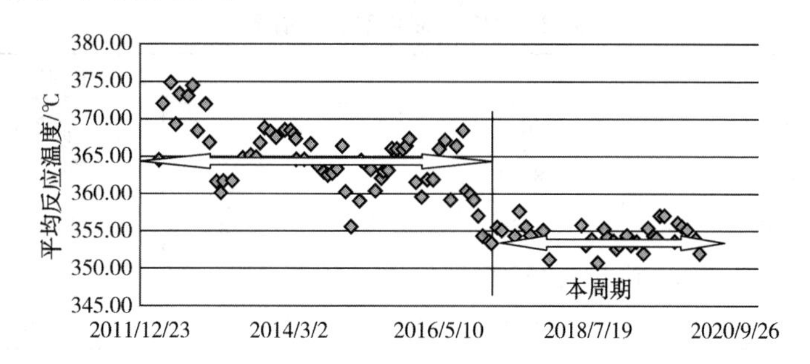

图 5　上海石化 1.5Mt/a 加氢裂化装置 DC101 平均反应温度变化情况

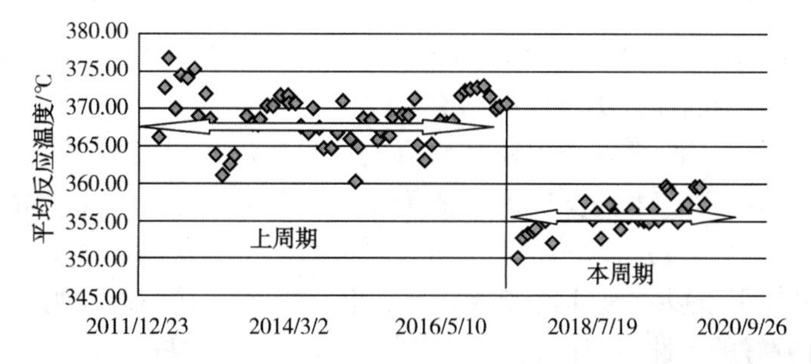

图 6　上海石化 1.5Mt/a 加氢裂化装置 DC103 平均反应温度变化情况

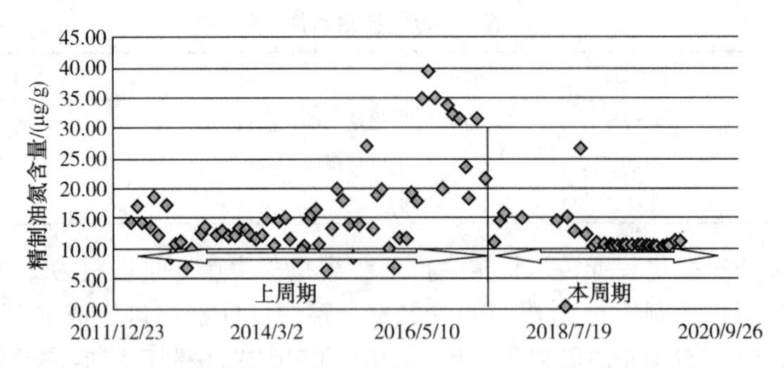

图7 上海石化1.5Mt/a加氢裂化装置DC101精制油氮含量变化情况

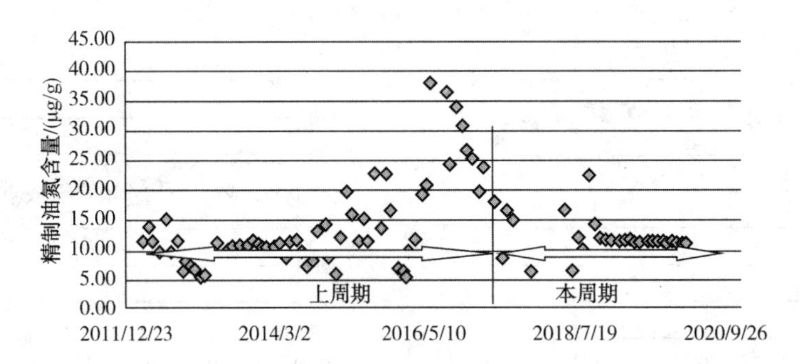

图8 上海石化1.5Mt/a加氢裂化装置DC103精制油氮含量变化情况

4.2 FF-66催化剂在金陵石化公司的工业运行结果

2017年7月金陵石化公司1.5Mt/a加氢裂化装置R1001(精制反应器)催化剂主体使用FF-66新鲜催化剂，采用密相装填(床层顶部采用普通装填)，共装填FF-26加氢精制催化剂4.16t、FF-66加氢精制催化剂90.59t、各类保护剂6.4t。2017年8月一次开汽成功，截至2020年4月，已连续运32个月，装置运行平稳，产品性能稳定。从表8可以看出，精制反应少装填催化剂约16t，装填量减少13.4%，大幅度减少炼油厂的催化剂采购成本。

表8 R1001催化剂装填情况

本周期			上周期		
床层	催化剂	装填量/t	床层	催化剂	装填量/t
一层	FF-46再生	8.64	一层		
一层	FF-26	4.16	一层	FF-26	36.97
一层	FF-66	19.78	一层		
二层	FF-66	70.80	二层	FF-26	82.40
合计装填量/t	103.38		合计装填量/t	119.37	

1.5Mt/a加氢裂化装置本周期精制系列加工蜡油原料油干点在460~500℃之间，硫含量在1%~2.5%之间，氮含量在400~1000之间，密度在885~915kg/m³之间，金属总含量在1~2.5mg/kg之间，原料油性质较为稳定，能够控制在技术协议限制值以内。

1.5Mt/a加氢裂化装置开工两年以来，精制反应器入口、出口温度较为稳定如图9、图10所示。精制反应器入口温度约为344℃，平均反应温度约为362℃，温升约为34℃。精制反应器压差维持在0.3MPa左右，较为平稳无上涨趋势。如图11所示，原料油进料量在180~240t/h左右波动，混氢量约为20万Nm³/h，原料油加工量以及氢油比较为稳定，装置整体运转情况良好，精制油氮含量维持在40~50μg/g之间，具有较好的活性稳定性。

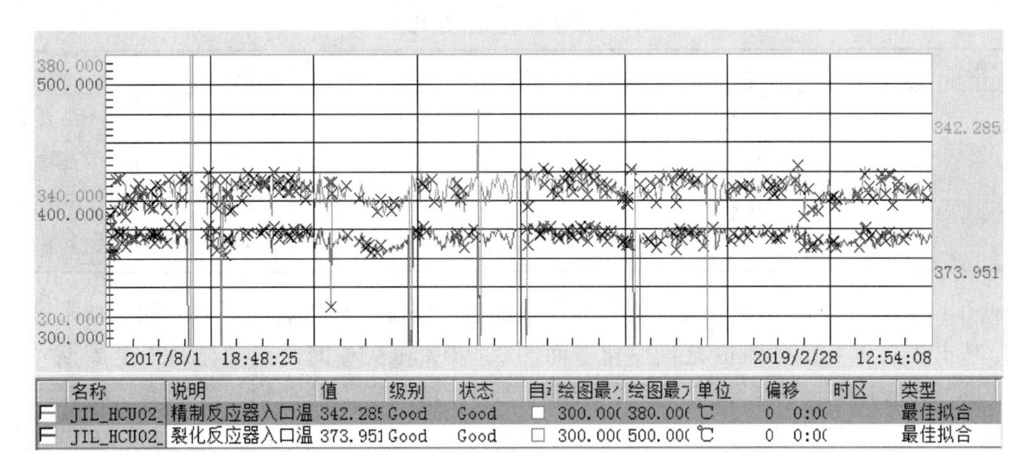

图 9 精制裂化反应器入口温度

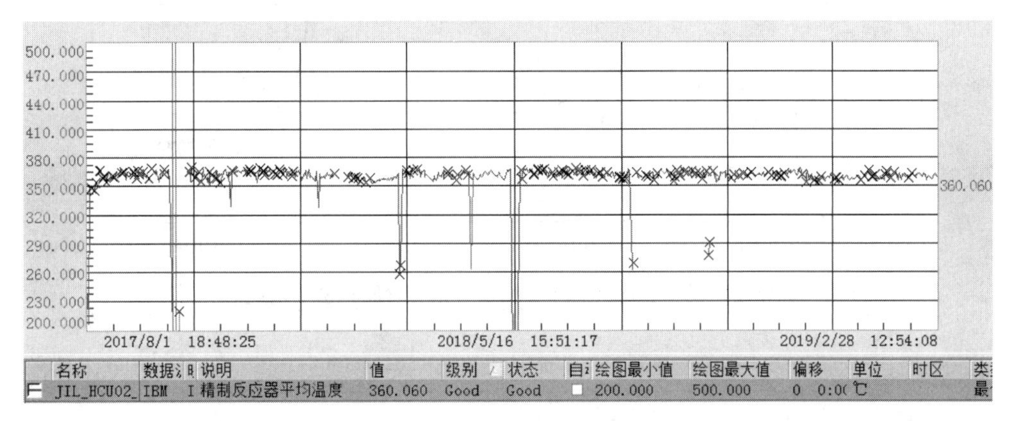

图 10 精制反应器平均温度

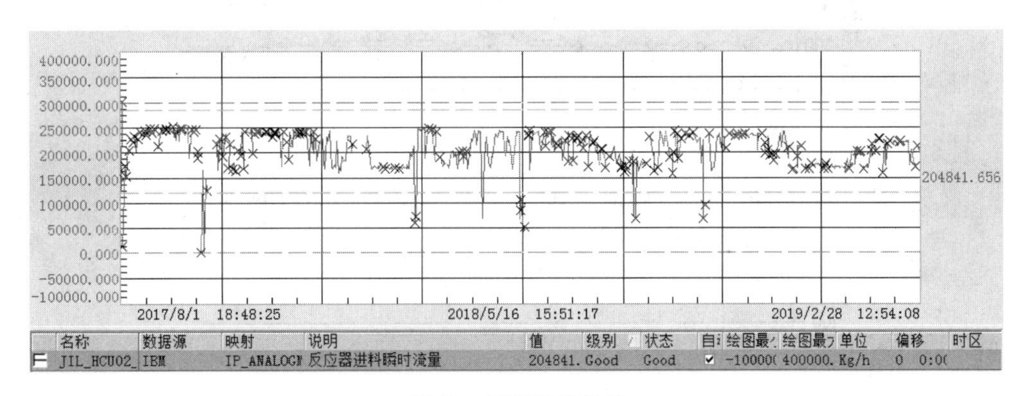

图 11 原料油进料量

4.3 FF-66 催化剂在天津石化的工业运行结果

天津石化 1.2Mt/a 加氢裂化装置催化剂装填于 2016 年 8 月 28 日开始，至 9 月 8 日结束，共装填各类催化剂 308.23t，其中再生旧催化剂 75.28t，新鲜 FF-66 催化剂 79.71t。天津石化 1.8Mt/a 加氢裂化装置催化剂装填于 2016 年 9 月 8 日开始，至 9 月 14 日结束，共装填各类催化剂 302.35t，其中再生旧催化剂 53.1t，新鲜 FF-66 催化剂 105.96t。从表 9 可以看出，同旧催化剂相比，FF-66 催化剂的装填密度大幅度下降，相同装填方法，装填堆积密度降低 20%以上。同时，从两套装置的比较来看，FF-66 催化剂的工业装填堆积密度比较稳定，几乎与设计值相同。

表 9　催化剂装填密度比较

催化剂	装置	装填重量/t	装填类型	堆积密度
旧再生剂	1#加裂	75.28	密相装填	基准 1
FF-66	1#加裂	79.71	密相装填	基准 1×76%
旧再生剂	2#加裂	53.10	普通装填	基准 2
FF-66	2#加裂	105.96	密相装填	基准 2×86%

图 12~图 14 给出 1.2Mt/a 加氢裂化装置的原料油性质情况，可以看出，本周期原料密度与上周期基本相当，基本在 0.91~0.92g/cm^{3}之间变化，而 5%、90%和 95%馏出点明显高于上周期，说明原料性质相对较重。装置连续运转三年多，进料量相对稳定，精制反应器平均反应温度维持在 360~365℃之间，装置的精制油氮含量基本维持在 20~30μg/g 左右，明显好于上周期，说明 FF-66 催化剂具有较好的活性和稳定性。

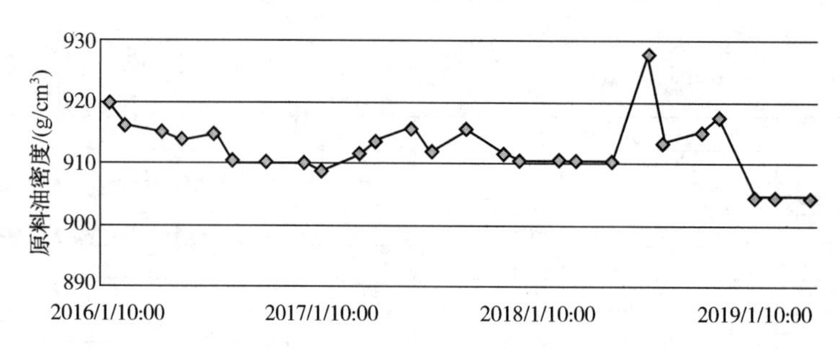

图 12　天津石化 1.2Mt/a 加氢裂化装置原料密度情况

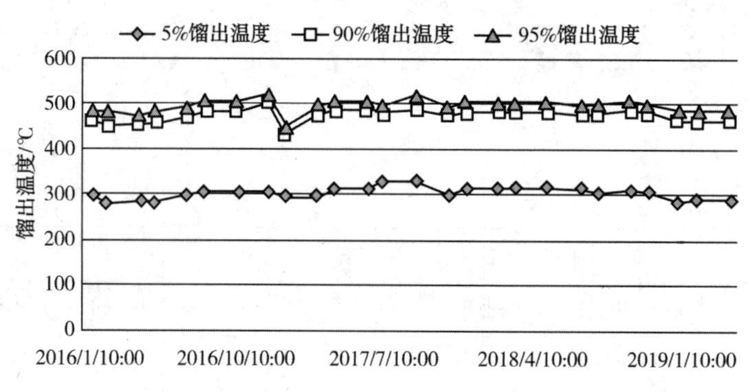

图 13　天津石化 1.2Mt/a 加氢裂化装置原料馏程情况

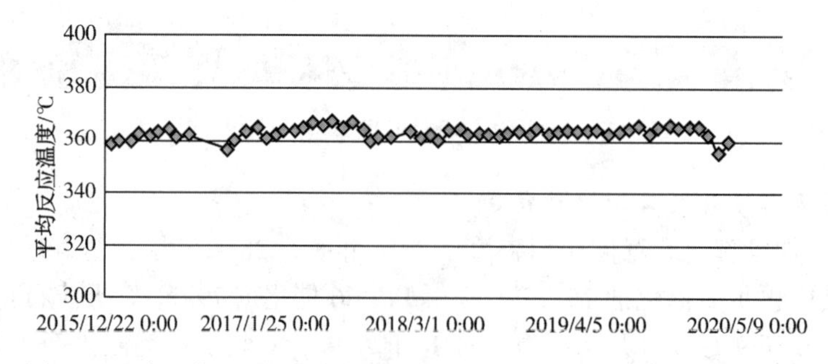

图 14　天津石化 1.2Mt/a 加氢裂化装置精制段平均反应温度变化情况

天津石化 1.8Mt/a 加氢裂化装置转入正常生产后，满负荷生产如图 15 所示，进料为 210~220t/h。该套装置控制精制反应器出口生成油氮含量为 10~20μg/g，从图 16 看出，与上周期相比，精制反应器入口温度低约 5℃左右，说明 FF-66 催化剂具有较好的反应活性。

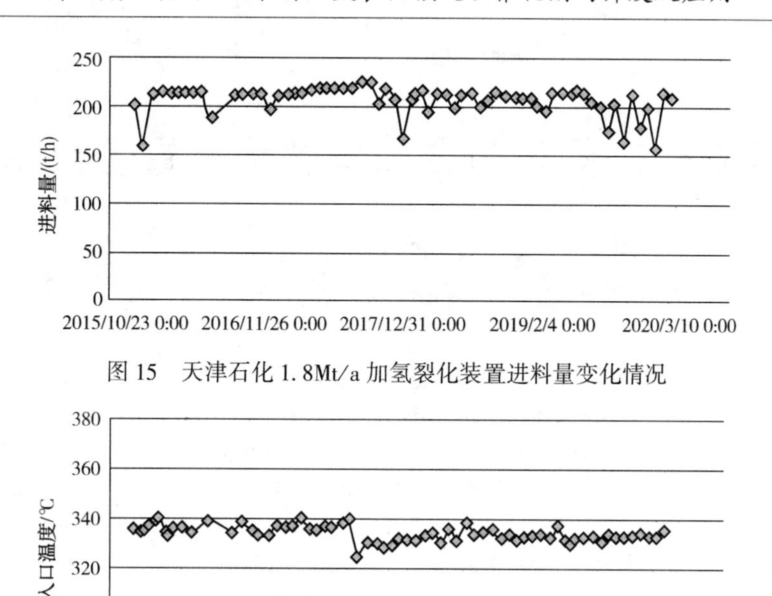

图 15　天津石化 1.8Mt/a 加氢裂化装置进料量变化情况

图 16　天津石化 1.8Mt/a 加氢裂化装置 R101 入口温度变化情况

5　结束语

根据我国不同时期炼油工业的需要，依照国产和进口原油的基本油性特征，FRIPP 有针对性地开发出重质馏分油加氢处理催化剂。FRIPP 开发的加氢处理催化剂已在炼油企业得到广泛应用，可为企业加工含硫原油、生产清洁燃料及重油深度加工提供技术支撑。新开发的 FF-66 催化剂以 Mo-Ni 为活性金属组分，合理选取金属含量及配比，提高活性金属利用率；通过制备技术改进，提高活性中心的本征活性，并加强酸性中心与加氢中心的匹配性；通过Ⅱ类活性相制备技术与常规制备技术结合，不但提高催化剂的活性效果，而且拓宽催化剂工业装置应用范围，解决开工过程中的气密温度受限问题。FF-66 催化剂制备工艺简单，与 FF-56 催化剂相比，堆积密度降低 15%以上，可大幅度降低炼化装置催化剂的采购成本。工业应用结果表明，催化剂运转过程中显示较好的脱硫、脱氮效果。经过近二十年的研究开发和工业实践，从总体上看，FRIPP 加氢处理催化剂已经达到世界先进水平，为我国石化工业的发展作出了贡献。

参　考　文　献

[1] Mayo Steve, Burns Louis, Anderson George. Increase Your Hydrocracker's Robustness to Handle Challenging Feeds and Operations[C]. NPRA Annual Meeting, AM-10-155. Phoenix, AZ, USA, 2010.

[2]李大东. 加氢处理工艺与工程[M]. 北京：中国石化出版社，2004.

[3]杨占林，彭绍忠，姜虹，等. FF-46 加氢裂化预处理催化剂的开发与应用[J]. 石油炼制与化工，2012，43(1)：11-15.

[4] 杨占林，姜虹，唐兆吉，等. FF-56 加氢裂化预处理催化剂的制备及其性能[J]. 石油化工，2014，43(9)：1008-1013.

[5]王继锋，梁相程，温德荣，等. 重质馏分油加氢精制催化剂的研制、生产和应用[J]. 石油化工高等学校学报，2001(14)，1：42-46.

[6] 彭绍忠，魏登凌. FF-16 高活性加氢预处理催化剂的开发[J]. 石油炼制与化工 2004，35(4)：14-17.

[7] 温德荣，俞正南，梁相成，等. FF-26 加氢裂化预处理催化剂的研制及工业放大[J]. 石油炼制与化工，2005，36(6)：6-8.

[8] 魏登凌，彭绍忠，王刚，等. FF-36 加氢裂化预处理催化剂的研制[J]. 石油炼制与化工，2006，37(11)：40-43.

真硫化态催化剂在加氢裂化装置的应用

赵广乐　刘　锋　赵　阳

（中国石化石油化工科学研究院　北京　100083）

摘　要　石科院开发的真硫化态加氢裂化催化剂及工艺技术在哈尔滨石化0.8Mt/a中压加氢裂化装置首次实现工业应用，装置一次开车成功。整个开工过程相比上周期采用氧化态催化剂开工，可缩短开工时间约60h，开工过程安全环保。装置初期标定结果表明，重石脑油+航煤馏分收率达到71.5%，重石脑油+航煤+重柴收率在92%以上，航煤烟点为35mm，柴油十六烷值为76，真硫化态催化剂目标产品选择性高，产品质量优异、长周期运转结果表明，真硫化态催化剂活性稳定，产品质量好，产品分布可满足生产需求。

关键词　真硫化态；加氢裂化；航煤；循环；应用

1　前言

加氢催化剂必须经过硫化处理变成硫化态催化剂后才能具备较好的活性和稳定性。通常情况下炼油企业购买的都是氧化态加氢催化剂，必须在开工时由企业在自己的加氢反应器内进行硫化处理将其转变为硫化态才能加工实际油品生产合格产品。加氢催化剂在器外预先进行硫化处理变成硫化态，炼油企业直接购买硫化态催化剂，可以不用在器内硫化，直接加工原料油生产合格产品，节省开工时间，降低开工风险，安全环保。石科院针对近年来的市场需求，开发了加氢催化剂器外真硫化技术（e-Trust），与器外预硫化技术负载硫化剂的方法不同，e-Trust技术使用硫化剂和氢气在专门进行硫化处理的生产装置上对催化剂进行专业的真硫化处理，硫化后的催化剂已具备高活性，装填到加氢反应器后无需再二次硫化或活化，可直接加工原料油生产合格产品。该技术具有节省炼油企业开工时间，简化开工流程，降低安全环保风险的优点。该技术自2018年首次工业试验成功以来[1]，所生产的真硫化态加氢催化剂已先后在汽油加氢、柴油加氢精制、润滑油加氢预处理、煤焦油加氢等类型的加氢装置上工业应用，工业装置均一次开车成功，开工过程无需再进行干燥、硫化等处理，明显缩短开工时间，进原料油后调整工艺参数即生产出合格产品，产品质量较好，为企业带来了良好的经济效益。

加氢裂化催化剂与加氢精制催化剂不同，加氢裂化催化剂除具有加氢精制催化剂的加氢功能外，还具有裂化活性，因此，其开工过程与加氢精制装置存在较大的差别，开工过程尤其需要注意控制温升情况。采用e-Trust技术生产的真硫化态加氢精制催化剂已在多套加氢装置得到了应用，积累了丰富的开工应用经验，2019年8月，真硫化态加氢裂化催化剂也得到了首次工业应用。

中国石油哈尔滨石化公司0.8Mt/a中压加氢裂化装置，采用中国石化石油化工科学研究院基础数据包，由中国石化工程建设公司设计，于2009年11月开工投产。装置加工常减压装置常三线、减一线和减二线蜡油，掺炼部分催化柴油，主要产品为主要产品为轻石脑油、重石脑油、低凝点柴油、3号喷气燃料以及尾油。2019年，为应对市场产品的需求变化，根据全厂加工条件要求，哈尔滨石化公司应用石科院开发的RHC-131、RHC-133多产航煤及重石脑油型催化剂、催化剂级配方案，其中要求重石脑油+航煤收率≥70%，重石脑油+航煤收率+柴油≥90%。为缩短开工周期，减少开工期间污染物排放，增加装置经济效益，所采用的催化剂均为真硫化态，这是真硫化态加氢裂化催化剂在蜡油加氢裂化装置的首次工业应用。

2　真硫化态催化剂的装填

真硫化态催化剂的装填工作于2019年7月18~23日进行。哈尔滨石化0.8Mt/a加氢裂化装置共设置两个反应器，加氢精制反应器入口处装填一部分 RG-20、RG-30A-TS 和 RG-30B-TS 保护剂，其余部分装填 RN-410B-TS 加氢精制催化剂。加氢裂化反应器一、二床层装填加氢裂化催化剂 RHC-133B-TS，三床层装填加氢裂化催化剂 RHC-131B-TS，底部装填 RN-410-TS(φ3.4)加氢后精制剂催化剂。真硫化态催化剂全部采用密相装填，具体装填方案见表 1 和表 2。

真硫化态催化剂因在器外已进行真硫化，催化剂上的加氢活性组分为高活性的硫化态金属而非较稳定的氧化态，若真硫化态催化剂保护不当，催化剂在装填过程遇到空气会部分氧化并有强放热，对催化剂的性能和装填过程的安全产生不利影响。为保证真硫化态催化剂的性能及使用安全，石科院对真硫化态催化剂的外表面采取了适当的保护手段，为进一步确保真硫化态催化剂装填过程安全可靠，保护催化剂的真硫化形态，反应器内采取了氮气保护的措施。整个装填过程中，反应器顶部出口基本检测不到硫化氢，已完成催化剂装填的床层最大温升不超过 15℃，说明真硫化态催化剂保护措施有效，装填过程安全可靠。

表 1 R2101 加氢精制反应器装填表

装填物质	装填体积/m^3	装填物质	装填体积/m^3
一床层		φ3 瓷球	
RG 系列保护剂	11.90	φ6 瓷球	
RN-410B-TS	12.39	三床层	
φ3 瓷球		φ6 瓷球	
φ6 瓷球		RN-410B-TS	35.71
二床层		φ3 瓷球	
φ6 瓷球		φ6 瓷球	
RN-410B-TS	28.39	φ13 瓷球	

表 2 R2102 加氢裂化反应器装填表

装填物质	装填体积/m^3	装填物质	装填体积/m^3
一床层		φ3 瓷球	
φ6 瓷球		φ6 瓷球	
RHC-133B-TS	21.70	三床层	
φ3 瓷球		φ6 瓷球	
φ6 瓷球		RHC-131B-TS	22.97
二床层		RN-410B-TS	8.41
φ6 瓷球		φ6 瓷球	
RHC-133B-TS	21.35	φ13 瓷球	

3 真硫化态催化剂的开工

因装填真硫化态催化剂，催化剂在开工前无需进行干燥，开工准备时间大大缩短。装置于 2019 年 7 月 28 日开始引氢，引氢前催化剂床层温度为 145℃，氢气接触反应器催化剂床层后，氢气与硫化态催化剂高活性位点吸附放热，产生温升。R2101 反应器三床层出口温度最高，高点温度达到 206℃，R2102 反应器一床层出口温度最高，高点温度为 181℃，催化剂床层温度开始出现温升至温升消退约 1h 左右。引氢后，采用硫化氢检测管未检测出循环氢中硫化氢浓度，表明真硫化态催化剂在此温度下未被氢气还原释放硫化氢，催化剂可保持高活性的硫化态。此后逐级升压，对装置进行氢气气密，整个过程中未在循环氢中检测出硫化氢。

为体现真硫化态催化剂开工过程的快捷、安全环保等优势。综合评价开工低氮油和正式原料的性质，制定了优化的开工方案和升温曲线。装置采用低氮柴油开工，直馏蜡油逐渐过渡的方式，整个开工过程无需注氨作为钝化剂。装置开工前工艺条件如表 3 所示。开工前循环氢纯度仅为 88%，于常规方法开工的90%要求，但由于真硫化态催化剂开工过程不需要注入DMDS等硫化剂，无硫化剂耗氢及甲烷生成，因此88%的循环氢纯度也可满足开工要求。

表3 开工前工艺条件

项　　目	工艺条件	项　　目	工艺条件
反应器入口压力/MPa	9.7	进油量/(t/h)	70
氢纯度/%	88	氢油体积比	~1100

装置自7月30日晚21：30点开始引低氮油，至7月31日12：00，炉出口温度达到298℃，后部床层最高点温度达到309℃，已经达到常规湿法开工硫化终止温度，此时距进油仅14.5h。

开工过程炉出口、精制和裂化反应器入口温度升温曲线见图1，R2101反应器和R2102反应器温升趋势见图2~图3。由图可见，一反入口温度从150℃升至300℃实际用时约12h，一反和二反在260℃后逐渐出现明显温升，采用蜡油逐步过渡的方法，精制反应器单床层温度在开工后期可达10℃以上，真硫化态催化剂加氢活性较高，裂化反应器单床层温升≤8℃，裂化催化剂分子筛得到适当抑制，开工过程平稳。整个开工过程中，由于开工油的加氢脱硫，循环氢中硫化氢浓度基本保持在200~1000μg/g，催化剂的硫化态金属得到有效保护的同时，含污染物排放大幅减少。

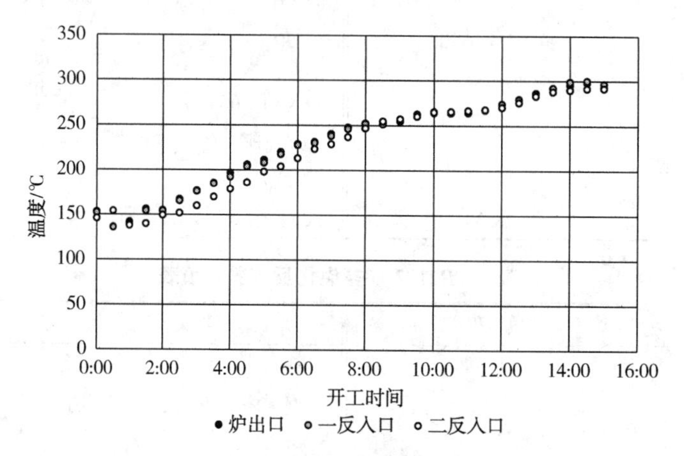

图1 0.8Mt/a加氢裂化装置开工升温曲线

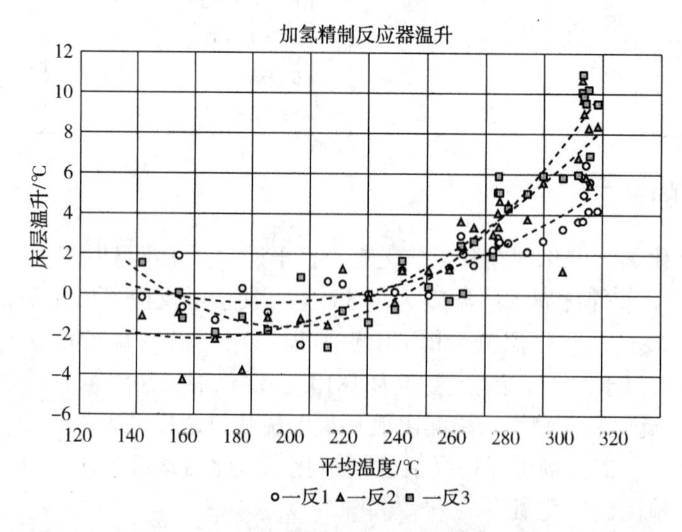

图2 0.8Mt/a加氢裂化装置R2101反应器开工温升趋势

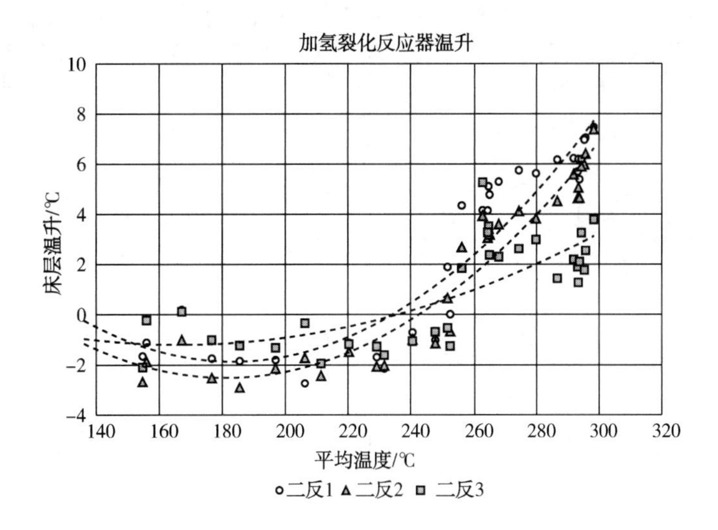

图3　0.8Mt/a 加氢裂化装置 R2102 反应器开工温升趋势

由于装置采用直馏蜡油逐步切换的开工方式，无需额外时间等待钝化剂，如液氨、有机胺等的脱附，不存在加氢裂化催化剂活性迅速恢复的过程，因此装置可在短时间内安全平稳的直接过度到正常生产状态。

开工成功后，车间生产管理人员对开工过程进行了总结归纳，将2016年采用氧化态催化剂开工过程和2019年采用真硫化态催化剂开工过程进行了对比，对比结果如图4所示。

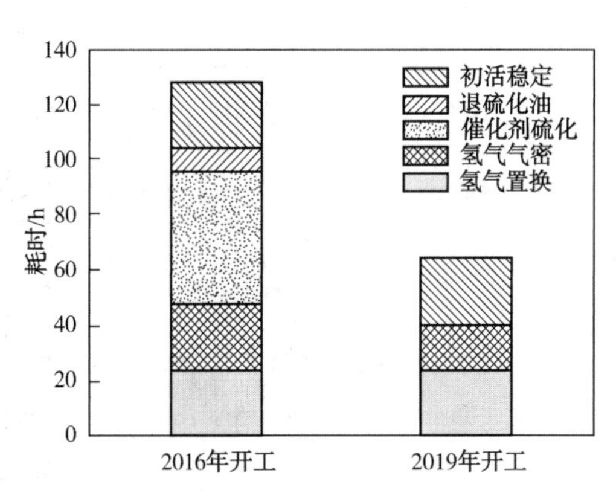

图4　采用氧化态和真硫化态催化剂开工过程的时间对比

从图4可以看出，本周期采用真硫化态催化剂开工过程明显简化，针对加氢装置来说，真硫化态催化剂开工过程直接省去了硫化和退硫化油的过程，而氧化态催化剂的这个过程不仅需要器内硫化和退硫化油的过程，还需要准备硫化油、硫化剂，同时还需要排放酸性水、酸性气等过程。从开工流程来说，真硫化态催化剂的开工明显简化，开工风险更小，整个开工过程未外排酸性水、酸性气等污染物，也没有向系统注入硫化剂、钝化剂等危化品。从图4的开工时间来看，从氢气置换到初活稳定结束这几个开工阶段，本周期采用真硫化态催化剂开工相比上周期采用氧化态催化剂开工，缩短开工时间约60h，表明，真硫化态加氢裂化催化剂开工具有显著的快速开工优势。

4　真硫化态催化剂的性能

为考察开工初期真硫化态催化剂的性能，装置于8月22~24日对催化剂的性能进行初期标定。标定期间原料为直馏蜡油掺炼13%催化柴油，反应器入口氢分压为10.3MPa，R2101反应器入口温度为356℃，出口温度为377℃，平均温度为370℃，R2102反应器入口温度为375℃，出口温度为390℃，平均温度为383℃，主要产品收率及性质见表4。由表4可见，在尾油全循环流程下，重石脑油+航煤馏分收率达到71.5%，重石脑油+航煤+重柴收率在92%以上，其中重石脑油硫、氮质量分数均<0.5μg/g，航煤馏分烟点为35mm，柴油馏分十六烷值为76，达到装置多产重石脑油和航煤，兼产优质柴油的预期目标。

表 4　化学氢耗及液体产品分布

项　　目	数　　值	项　　目	数　　值
化学氢耗/%	~2.2	硫/(μg/g)	0.3
轻石脑油		冰点/℃	-57
收率/%	4.2	闪点/℃	47
重石脑油		烟点/mm	35
收率/%	32.3	柴油	
密度(20℃)/(g/cm³)	0.719	收率/%	20.7
硫/(μg/g)	0.45	密度(20℃)/(g/cm³)	0.792
氮/(μg/g)	0.18	硫/(μg/g)	0.2
航煤		多环芳烃/%	1.1
收率/%	39.2	十六烷值	76
密度(20℃)/(g/cm³)	0.781	凝点/℃	-8

装置自 2019 年 7 月底开工顺利运转至今，装置加工量及平均反应温度见图 5，产品分布见图 6。由图可见，加氢精制和加氢裂化反应器平均温度趋势平稳，产品分布可满足生产需求。在长周期运转期间，装置主要产品性质稳定，重石脑油硫、氮含量<0.5μg/g，航煤烟点>30mm，柴油十六烷值>70。在疫情期间航煤需求量减少，航煤馏分与重柴油馏分作为混合柴油出装置，混合柴油十六烷值可达到 55 以上。

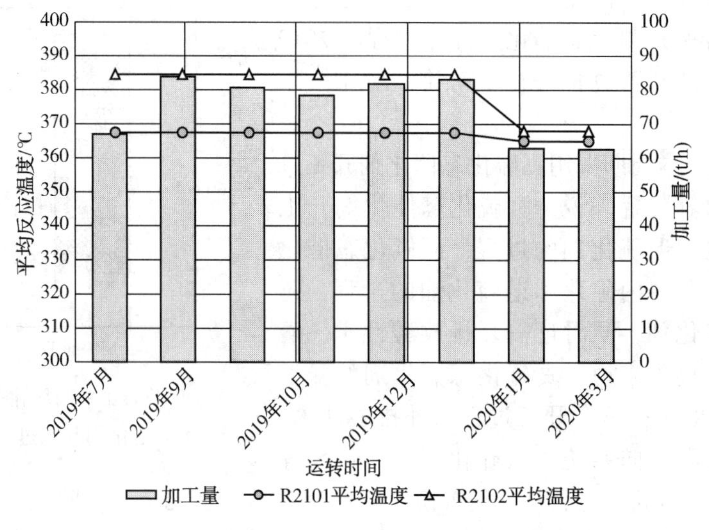

图 5　加工量及平均反应温度长周期运转趋势

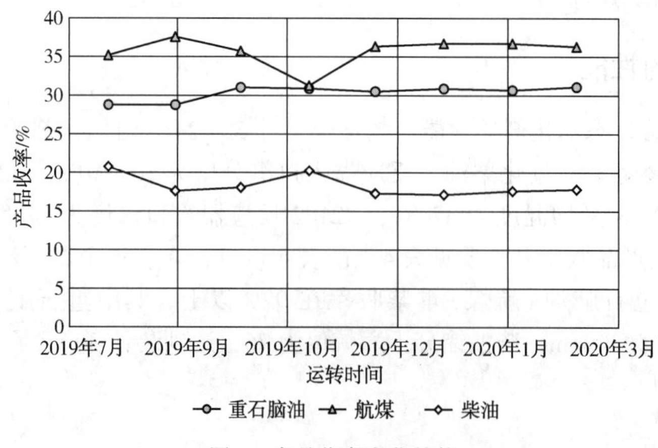

图 6　产品收率变化趋势

标定及长周期运转结果表明，真硫化态催化剂在哈尔滨 0.8Mt/a 加氢裂化催化剂活性稳定，产品性质优良，产品分布可满足灵活生产需求。

5 结论

石科院开发的真硫化态加氢裂化催化剂及工艺技术在哈尔滨石化 0.8Mt/a 中压加氢裂化装置首次实现工业应用，装置一次开车成功。

1）真硫化态催化剂在催化剂装填及开工过程安全环保，未使用硫化剂、钝化剂等危化品，也没有排放酸性气、酸性水等污染物，开工过程简便快捷，装置自进油升温至反应温度达到 300℃仅耗时 14h 左右。整个开工过程相比上周期采用氧化态催化剂开工，可缩短开工时间约 60h，且开工过程明显简化，具有显著的快速开工优势。

2）装置初期标定结果表明，重石脑油+航煤馏分收率达到 71.5%，重石脑油+航煤+重柴收率在 92%以上，其中重石脑油硫、氮质量分数均<0.5μg/g，航煤烟点 35mm，柴油十六烷值 76，真硫化态催化剂目标产品选择性高，产品质量优异，全面达到装置改造目标。

3）长周期运转结果表明，真硫化态催化剂活性稳定，产品质量好，产品分布可满足生产需求。

参 考 文 献

[1] 马成功，董晓猛. 器外真硫化态加氢催化剂在柴油液相加氢装置上的首次工业应用[J]. 石油炼制与化工，2019，50(6)：46-50.

大比例掺炼二次加工油增产航煤的加氢裂化技术研究

赵 阳 赵广乐 莫昌艺 董松涛 毛以朝 胡志海

(中国石化石油化工科学研究院 北京 100083)

摘 要 为满足市场对喷气燃料馏分的需求，石科院研究了掺炼二次加工油对加氢裂化反应过程的影响规律，确认了加氢裂化掺炼二次加工油的边界条件。工艺研究结果表明，加氢裂化装置通过多掺炼二次加工油量来拓宽原料范围，可实现较大幅度地提高喷气燃料产率、生产合格喷气燃料的目标，尤其是增加 LCO 的掺炼比例。氢分压为 15MPa 的条件下，当 LCO 的最高掺入质量百分比达到 60%时，3 号喷气燃料收率可以达到 50%以上；CGO 掺入比例达到 30%，LCO 掺入比例达到 60%时，加氢裂化喷气燃料产品质量可全面达到 3 号喷气燃料的各项指标。

关键词 加氢裂化；CGO；LCO；喷气燃料；航煤

1 前言

目前，中国是仅次于美国的世界第二大喷气燃料消费国，国内喷气燃料需求逐年提高，近十年来的喷气燃料消费量年均增速为 10.1%[1]。增产喷气燃料、压减柴油已成为当前炼油企业调整产品结构、提质增效的重要方向。

传统加氢裂化装置进料为直馏 VGO 馏分，部分装置掺炼 LCO 和焦化蜡油，但由于 LCO 和焦化蜡油性质较劣，目前国产航空油料鉴定委员会有要求，混合原料油中二次加工油质量百分比不能超过 15%。鉴于增加原料来源是增产产品的有效手段，因此有必要通过研究二次加工油对加氢裂化的影响规律，拓宽加氢裂化二次加工油的掺入范围。

2 CGO 及 LCO 与 VGO 性质的对比分析

2.1 CGO 性质特点及与 VGO 的对比

CGO 是焦化装置的主要产品之一，由于焦化过程为热加工过程，CGO 质量较差[2]。与 VGO 相比，CGO 的劣质化主要表现为：不饱和烃和沥青质含量高，且硫、氮含量高。另外，由于原油种类不同以及焦化装置的苛刻度有差别，不同炼油厂的 CGO 性质也差别较大。表 1 列出了 VGO 与不同企业的 CGO 性质对比。同时，还列出了世界各国加氢裂化装置所采用的原料的各项性质的大致指标范围，实际生产所使用的原料多在其上限以下，其连续一次运转周期多在两年以上，最少为一年[3]。

由表 1 可见，与 VGO 相比，CGO 质量较劣，主要表现在密度高，硫、氮、残炭及沥青质(C_7不溶物)含量高。另外，CGO 突出的特点是氮含量高，金山 CGO 氮质量分数为 0.25%，齐鲁 CGO 中的氮质量分数更是高达 0.73%。进料中氮含量大幅度增加后，加氢裂化精制段反应苛刻度将增加，而且反应气氛的变化也将使加氢裂化的裂化段反应变得困难。另外，参照表 1 中原料的指标范围，CGO 中的沥青质、残炭含量均远超上述指标范围，属于加氢裂化极端劣质的原料；其中烃组成会影响到产品性质，而残炭值及沥青质高对加快催化剂失活速度，缩短装置的运转周期[4]。

从从烃组成方面来看，青岛大炼 CGO 中的链烷烃质量分数较低，仅有 12.2%；芳烃质量分数高(为 64.6%)；而齐鲁 CGO 中的链烷烃质量分数较高，达到了 23.5%，与金山 VGO 中的链烷烃质量分数基本一致。表 1 还说明了不同来源的 CGO 的质谱组成差别较大。通常来说，加工劣质 CGO(链烷烃含量较低)掺入比例较高的进料，需要更苛刻的反应条件(例如需要更高的反应压力)，才能生产出合格产品。

表 1 VGO 与 CGO 性质对比

原料油名称	金山 VGO	青岛大炼 CGO	齐鲁 CGO	加氢裂化原料各项指标控制范围
密度(20℃)/(g/cm^3)	0.9046	0.9582	0.9275	
硫/%(质)	1.9	3.6	1.4	
氮/%(质)	0.07	0.33	0.73	<0.2
残炭值/%	<0.05	0.45	0.46	<0.3
C_7不溶物/(μg/g)	85	550	790	<200
馏程(D-1160)/℃				
初馏点	230	244	256	
10%	364	343	395	
50%	431	384	432	
90%	482	432	469	
95%	499	447	481	<573(干点)
BMCI	43.1	72.8	53.5	
烃组成/%(质)				
链烷烃	24.0	12.2	23.2	
环烷烃	29.1	23.2	29.3	
芳烃	46.9	64.6	47.5	
总重量	100	100	100	

2.2 LCO 的性质特点及与 VGO 的对比

LCO 是催化裂化的产品之一，其芳烃质量分数高达 50%甚至 90%以上，因此十六烷值很低；但跟 VGO 馏分相比，其硫、氮含量较低，且馏分较轻。表 2 列出了齐鲁 HC 原料(2015)及安庆 LCO 的对比性质。

由表 2 可见，与齐鲁 VGO 相比，LCO 的密度更高，达到了 0.9451g/cm^3，与之相对应，其氢质量分数低，为 9.55%，BMCI 值高达 80；但其硫、氮及残炭质量分数均很低，且馏程很短，50%馏出温度为 265℃，与煤油馏分的重叠度达到了 50%。从烃类组成上看，其链烷烃及环烷烃质量分数均约为 10%，但芳烃高达 80%以上，其中一环、二环芳烃占 91%。

表 2 VGO 与 LCO 原料性质对比

原料油名称	齐鲁 HC 原料(2015)	安庆混合 LCO	原料油名称	齐鲁 HC 原料(2015)	安庆混合 LCO
密度(20℃)/(g/cm^3)	0.9186	0.9451	烃组成/%(质)		
氢/%(质)	12.39	9.55	链烷烃	17.1	11.7
硫/%(质)	1.28	0.15	环烷烃	39.5	6.9
氮/(μg/g)	1800	448	一环	6.7	5.1
残炭值/%	0.1	<0.1	二环	9.8	1.6
馏程/℃	D-1160	D-86	三环及以上	23.0	0.2
IBP	256	196	芳烃	52.4	81.4
10%	364	228	一环	18.0	28.0
50%	423	265	二环	11.7	46.0
90%	465	319	三环及以上	13.7	7.4
95%	485	339(FBP)	总重量	100.0	100.0
BMCI	50.6	79.8			

3 大比例掺炼二次加工油增产航煤的加氢裂化技术研究

3.1 掺炼 CGO 对加氢裂化反应过程的影响规律

鉴于 CGO 具有氮含量、沥青质含量及残炭值高等特点，为考察掺入 CGO 对加氢裂化反应过程的影响，在不同 CGO 掺入比条件下，考察了掺入 CGO 对精制段催化剂及裂化段催化剂活性的影响；同时还考察了掺入 CGO 对产品分布及产品质量的影响。

采用齐鲁减压 VGO 和掺入 15%高氮含量齐鲁 CGO 的混合蜡油为进料研究了掺入 CGO 对产品性质的影响规律。控制相近的精制和裂化转化深度，试验结果列于表 3。

由表 3 可见，齐鲁减压 VGO 掺入 15%的焦化蜡油后氮质量分数由 1400μg/g 大幅增加到 2300μg/g，C_7不溶物质量分数由 63μg/g 增加到 238μg/g；但总体 BMCI 值增幅不大，仅由 43.6 增加至 44.2，这与混入的齐鲁 CGO 链烷烃含量较高有关。

由表 3 中两种原料的精制反应温度数据可知，控制精制油氮质量分数约为 10μg/g，掺炼 CGO 时，精制反应苛刻度需相应提高约 7℃；由两种进料的裂化反应温度数据可知，控制裂化转化率约为 68%，掺炼 CGO 时，需提高裂化反应温度约 7℃，这说明高氮含量进料条件下由于反应气氛中氨浓度的增加，裂化反应过程也受到抑制。

从表 3 中主要产品的关键性质可见，控制转化深度相近的情况下，掺炼 CGO 原料所得重石脑芳烃潜含量略高，喷气燃料烟点略低，柴油十六烷指数略低分性质接近，尾油 BMCI 值基本相当。上述柴油和尾油掺炼 CGO 前后性质较为接近，与齐鲁 CGO 的烃组成中链烷烃质量分数较高直接相关。

表 3 掺炼 CGO 对加氢裂化产品性质的影响

原料油名称	齐鲁减压 VGO	齐鲁减压 VGO+15%齐鲁 CGO
密度(20℃)/(g/cm^3)	0.9086	0.9097
氢/%(质)	12.47	12.42
氮/(μg/g)	1400	2300
BMCI 值	43.6	44.2
氢分压/MPa	15.0	15.0
精制反应温度/℃	基准	基准+6
裂化反应温度/℃	基准	基准+7
精制/裂化段体积空速/h^{-1}	1.3/1.4	1.3/1.4
精制油氮/(μg/g)	10.2	13.3
>350℃馏分转化率/%	67.6	68.2
液体产品分布/%		
<65℃轻石脑油	4.81	4.80
65~165℃重石脑油	24.92	24.66
165~230℃喷气燃料	18.27	18.54
230~360℃柴油	21.97	22.53
>360℃尾油	27.30	26.66
重石脑油芳烃潜含量/%	55.2	57.0
喷气燃料烟点/mm	31.8	30.8
柴油十六烷指数(D-4737)	67.3	66.9
尾油 BMCI 值	7.8	7.2

3.2 掺炼 LCO 对加氢裂化反应过程的影响规律

鉴于掺炼 LCO 后进料芳烃大幅度增加，但硫、氮等杂质下降，在氢分压为 10MP 的中等压力条件下，控制石脑油收率相近，开展了掺炼不同比例 LCO 的中型试验。试验结果列于表 4。

由表 4 可见，随原料中 LCO 的掺入比例增加，由于氮含量下降，且馏分变轻，达到相近精制深度所需精制反应温度基本保持相同，但从精制油氢含量来看，由于原料油氢含量下降，精制生成油的氢含量也有所下降。随原料中 LCO 的掺入比例增加，在相近石脑油收率条件下所需的裂化反应温度也略有增加；氢耗增加明显，总体来看，随掺入质量百分比增加 10%，氢耗也增加约 10%。另外，从产品分布来看，随原料中 LCO 掺入量增大，轻石脑油量增加较为明显，喷气燃料收率增加，柴油收率保持平稳，而尾油收率相应下降。

由表4中主要产品的关键性质可见，随LCO掺入量增加，在石脑油收率基本保持平稳的情况下，重石脑油的芳烃潜含量略有增加；喷气燃料烟点下降，由23.0mm下降至20.5mm；对应氢含量下降较为明显；柴油十六烷指数及BMCI值变化较小。

鉴于上述试验是在中压条件完成，而掺入LCO后原料性质最大的变化在于芳烃质量分数增大，基于反应氢分压会直接影响产品氢分压的判断：若提高反应压力，则很可能可以大幅改善喷气燃料的烟点，这样既可以增加喷气燃料的收率，还可以确保喷气燃料质量达到指标要求。

表4 相近石脑油收率下掺炼LCO对反应过程的影响规律

原料油	齐鲁HC原料	掺入10%LCO	掺入20%LCO	掺入30%LCO
说明	100%齐鲁HC	90%齐鲁HC	80%齐鲁HC	70%齐鲁HC
密度(20℃)/(g/cm^3)	0.9186	0.9199	0.9231	0.9258
氢/%(质)	12.39	12.24	12.02	11.54
硫/%(质)	1.28	1.21	1.09	0.91
氮/(μg/g)	1800	1600	1500	1400
BMCI值	50.6	51.3	54.1	58.4
工艺参数				
氢分压/MPa	10.0	10.0	10.0	10.0
精制反应温度/℃	基准	基准	基准	基准
裂化反应温度/℃	基准	基准	基准+1	基准+2
精制油性质				
20℃密度/(g/cm^3)	0.874	0.876	0.875	0.879
氮/(μg/g)	6	<1	4	2
氢/%(质)	13.30	13.17	13.09	13.05
化学氢耗/%	2.29	2.64	2.97	3.31
液体产品分布/%	0.7941	0.7943	0.7970	0.7973
C_5~65℃石脑油	5.76	6.56	7.56	8.11
65~150℃重石脑油	23.16	22.90	22.72	22.95
150~270℃喷气燃料	37.22	39.75	41.35	44.51
270~300℃柴油	5.91	5.68	5.63	5.51
>300℃尾油	24.38	21.60	19.50	15.79
重石脑油芳烃潜含量/%	51.8	52.7	54.1	56.5
喷气燃料烟点/mm	23.0	22.0	21.3	20.5
喷气燃料氢/%(质)	13.94	13.81	13.71	13.67
十六烷指数(D-4737)	67.5	67.7	66.0	65.6
尾油BMCI值	8.1	9.2	9.2	9.0

3.3 掺炼二次加工油增产航煤边界条件考察

3.3.1 不同氢分压下掺炼CGO生产合格喷气燃料考察

考虑到CGO高氮的特点以及反应压力是影响喷气燃料质量的关键因素，为此在不同氢分压下考察了掺炼CGO比例对加氢裂化生产喷气燃料的影响，以界定生产合格喷气燃料的CGO掺炼边界，试验结果列于表5。

由表5中进料性质数据可知，随CGO的掺入比例增加，进料的密度迅速增加，由最初的0.9186g/cm^{3}增加至掺入45%CGO后的0.9365g/cm^3，与之相对应，氮质量分数由1800μg/g增加至2500μg/g；尤其需要注意的是，其沥青质质量分数由<100μg/g增长至约330μg/g，这远超过常规加氢裂化装置要求沥青质质量分数低于200μg/g的要求。

由表5中反应条件可见，控制精制氮质量分数均小于10μg/g以下，在同一压力等级下，随CGO

掺入比例增加所需裂化反应温度大幅度增加，尤其是掺入质量分数从15%增加至30%以上时，具体如下：在13MPa条件下，CGO掺入质量分数由15%增加至30%时，裂化反应温度提高30℃的情况下，<150℃石脑油收率仍由28.5%降至23.5%；在15MPa条件下，CGO掺入质量分数由15%增加至30%时，为保证<150℃石脑油收率相当，裂化反应温度提高了25℃，而当掺入质量分数达到45%时，实际提温过程中发现，催化剂的失活速度大大加快，达到了1~2℃/d，转化深度无法稳定。从试验过程监控来看，在13Ma反应压力下，掺入CGO质量分数达到30%的转化深度也难以稳定，说明失活速度大大加快，难以满足长期运转的要求。

由表5中喷气燃料产品性质可见，在氢分压为10.0MPa条件下，在CGO掺入量为15%时，喷气燃料密度已经超过0.82g/cm^3，烟点约为21.8mm，对应芳烃质量分数达到了13.8%，考虑到烟点不低于20mm的限制要求，实际已经达到了掺入量的极限条件；而在13.0MPa氢分压下，CGO掺入质量百分比达到30%时，对应喷气燃料的烟点仍高于24mm，芳烃质量分数约为6%，考虑到其密度已经达到0.82g/cm^{3}以上，鉴于喷气燃料密度不高于0.83g/cm^{3}的指标要求，说明其已经达到了掺入的上限所在；在15.0MPa氢分压下，LCO掺入量达到30%时，烟点仍高于26mm，对应芳烃质量分数低于3%，密度接近0.82g/cm^3。

综合来看，以劣质VGO为基准原料同时掺炼劣质CGO的试验结果表明：随CGO的掺入，整体原料性质劣质化程度大幅增加，包括密度、氮质量分数等，尤其是沥青质质量分数，超过了常规加氢裂化装置进料中沥青质不超过200μg/g的范围。原料劣质程度增大后直接体现在反应条件方面，在掺炼质量百分比超过15%以后，要达到一定的转化深度则需要精制及裂化反应温度大幅度提高，即使是高压下反应条件也较为苛刻。此外，试验结果还表明劣质CGO掺入质量分数达到30%以上时会直接影响催化剂的失活速率，裂化转化率难以维持。与对反应条件和催化剂活性的影响相比，掺炼CGO对产品性质的影响较为正常，随掺炼比例增加，喷气燃料的性质相应下降，但总体上掺炼CGO对喷气燃料性质的影响偏小，例如即使在13MPa，转化深度较低的情况下，掺炼30%CGO仍可以得到烟点高于24mm的喷气燃料馏分。

表5 不同氢分压下掺炼CGO生产合格喷气燃料效果考察

反应氢分压	喷气燃料标准	10MPa		13MPa			15MPa		
CGO掺炼质量分数		0%	15%	0%	15%	30%	15%	30%	45%
进料性质									
密度(20℃)/(g/cm^3)		0.9186	0.9241	0.9186	0.9241	0.9303	0.9241	0.9303	0.9365
氮质量分数/(μg/g)		1800	2000	1800	2000	2200	2000	2200	2500
C_7不溶物质量分数/(μg/g)		<100	140	<100	140	260	140	260	330
裂化反应温度/℃		基准1	基准1+5	基准2	基准2+2	基准2+30	基准3	基准3+25	~基准3+30
精制油氮质量分数/(μg/g)		6	8	7	8	<1	3	<1	/
液态烃产品分布/%									/
<150℃石脑油		28.0	26.7	29.3	28.5	23.5	29.0	26.7	/
150~270℃喷气燃料		39.7	38.3	40.3	37.0	35.7	38.3	36.6	/
>270℃尾油		32.3	35.0	30.4	34.5	40.8	32.7	36.7	/
航煤关键性质									
密度(20℃)/(g/cm^3)	0.775~0.830	0.8139	0.8188	0.8094	0.8147	0.8178	0.8118	0.8129	/
烟点/mm	>20	24.4	21.8	28.8	25.5	21.8	27.0	25.7	/
氢质量分数/%		13.94	13.74	14.20	14.14	13.75	14.10	14.02	
芳烃质量分数/%	体积分数不大于20%	10.6	14.3	3.2	8.9	14.6	6.0	8.6	

3.3.2 不同氢分压下加氢裂化掺炼LCO生产合格喷气燃料考察

根据工业加氢裂化装置的反应氢分压设置，分别在氢分压为10.0MPa、13.0MPa以及15MPa的工况下，考察了掺入不同比例LCO下喷气燃料的工艺条件、产品分布及喷气燃料性质，试验结果列于表6。另外，据试验结果，收取了边界掺入条件下的喷气燃料根据喷气燃料的详细质量指标，对样品进行了全分析，进一步确认其是否满足3号喷气燃料要求，分析结果列于表7。

由表6可见，控制精制油氮质量分数小于10μg/g，不同压力等级下达到相近裂化深度，所需裂化反应温度总体变化不大；另外，随LCO掺入比例增加，喷气燃料收率随之上涨。氢分压为15.0MPa，LCO掺入质量百分比达到60%时，喷气燃料的收率可达到55%以上。

由表6中喷气燃料产品性质可见，在氢分压为10.0MPa条件下，掺入量为20%时，喷气燃料密度已经超过0.82g/cm^3，烟点约为21.3mm，对应芳烃质量分数达到了16.8%，考虑到烟点不低于20mm的限制要求，实际已经达到了掺入量的极限条件；而在13.0MPa氢分压下，即使LCO掺入量达到40%时，对应喷气燃料的烟点仍高于24mm，芳烃质量分数约为7%，但考虑到其密度已经达到0.82g/cm^{3}以上，鉴于喷气燃料要求密度不高于0.83g/cm^{3}的指标要求，说明其已经达到了掺入的上限所在；在15.0MPa氢分压下，即使LCO掺入量达到60%时，烟点仍高于25mm，对应芳烃质量分数低于3%，但需要考虑其密度也高于了0.82g/cm^3，因此60%的掺入质量百分比也基本达到了掺入的上限要求。

由表7可见，针对于不同氢分压下边界条件所得的喷气燃料性质均满足详细的3号喷气燃料指标，包括颜色、酸值、芳烃体积分数、馏程、铜片腐蚀以及银片腐蚀等，因此可以初步得出结论，边界条件下的喷气燃料能够全面达到3号喷气燃料的要求。

表6 不同氢分压下掺炼LCO生产合格喷气燃料效果考察

反应氢分压	喷气燃料	10MPa			13MPa			15MPa		
LCO掺炼质量分数	标准	10%	20%	30%	20%	30%	40%	30%	40%	60%
进料性质										
密度(20℃)/(g/cm^3)		0.9199	0.9231	0.9258	0.9231	0.9258	0.9286	0.9258	0.9286	0.9341
氮/(μg/g)		1600	1500	1400	1500	1400	1270	1400	1270	930
氢/%(质)		12.24	12.02	11.54	12.02	11.54	11.28	11.54	11.28	10.69
裂化反应温度/℃		基准	基准+1	基准+2	基准	基准-1	基准+2	基准	基准+1	基准+2
精制油氮/(μg/g)		<1	4	2	<1	2	2.4	3	3	1.2
液态烃产品分布/%										
<150℃石脑油		28.0	28.0	28.3	27.5	28.3	27.5	29.6	29.0	28.7
150~270℃喷气燃料		42.7	43.7	48.5	45.8	48.7	50.5	48.7	52.0	55.8
>270℃尾油		29.3	28.3	23.2	26.7	23.0	22.0	21.7	19.0	15.5
航煤关键性质										
密度(20℃)/(g/cm^3)	0.775~0.830	0.8180	0.8205	0.8225	0.8129	0.8177	0.8215	0.8127	0.8185	0.8210
烟点/mm	>20	22.0	21.3	20.5	27.4	26.3	24.1	27.3	26.3	25.5
氢/%(质)		13.81	13.71	13.67	13.98	13.91	13.76	14.03	13.94	13.85
芳烃/%(质)	体积分数不大于20%	11.9	16.8	19.1	3.6	3.6	6.0	2.7	2.2	2.3

表7 不同氢分压掺炼LCO边界条件喷气燃料性质与质量指标的对比

氢分压/MPa	质量指标	10		13		15	
LCO掺炼质量分数/%		20	30	30	40	40	60
赛波特颜色/号	≥25	+28	+27	+28	+27	+30	+28
总酸值/(mgKOH/g)	≤0.015	0.0028	0.002	0.002	0.002	0.002	0.002
芳烃/%(体)	≤20.0	13.1	13.7	3.0	5.8	2.1	1.9
烯烃/%(体)	≤5.0	1.2	1.0	1.1	1.1	1.1	0.8
硫/%(质)	≤0.20	0.0011	0.0006	0.0002	0.0010	0.0010	0.0007
硫醇性硫/%(质)	≤0.0020	0.0002	0.0001	0.0002	0.0003	0.0002	0.0002
馏程/℃							
初馏点	报告	171.4	165.4	171.9	168.2	169.1	163.9
10%	≤205	187.6	182.1	186.2	184.9	184.7	181.4
20%	报告	193.0	188.0	191.6	190.2	191.1	188.7
50%	≤232	212.2	207.2	209.8	207.8	209.0	207.0
90%	报告	250.5	244.8	249.0	240.6	246.0	242.1
终馏点	≤300	280.5	263.3	267.1	258.6	269.8	261.9
残留量/%(体)	≤1.5	1.4	1.2	0.9	0.8	1.0	1.0
损失量/%(体)	≤1.5	1.2	1.1	1.2	0.3	0.6	1.3
闪点/℃	≥38	59	55	57.5	52.5	52	48
密度(20℃)/(kg/m^3)	775~830	820.8	822.8	818.0	821.9	818.7	821.2
冰点/℃	≤-47	-65.9	-66.8	<-70	-61.1	-51	-51.2
20℃黏度/(mm^2/s)	≥1.25	2.10	1.96	2.12	2.03	2.10	2.03
-20℃黏度/(mm^2/s)	≤8.0	5.7	5.3	5.6	5.2	5.5	5.2
烟点/mm	≥20	23.0	22.2	27.1	24.6	26.8	26.4
铜片腐蚀(100℃，2h)/级	≤1	1a	1a	1a	1a	1a	1a
银片腐蚀(50℃，4h)/级	≤1	0	0	0	0	0	0
实际胶质/(mg/100mL)	≤7	<1	<1	<1	4	1	3
界面情况/级	≤1b	1b	1b	1b	1b	1b	1b
分离程度/级	报告	2	2	2	2	2	2

4 加氢裂化大比例掺炼二次加工油生产喷气燃料认识和边界条件

综合前述加氢裂化装置分别掺炼CGO和LCO的中型试验结果，关于加氢裂化生产合格的喷气燃料可以得到以下基本认识：

1）尽管都为二次加工油，但CGO与LCO的特点不同：从烃组成和杂质含量方面，CGO与减压深拔VGO馏分油性质相近，有高芳烃、高氮、高残炭和高沥青质的特点；而LCO则相当于高芳烃的煤、柴油馏分，硫、氮和其他杂质含量均很低；

2）加氢裂化装置由于压力等级较高，可以在增加包括CGO和LCO的二次加工油掺炼比例的条件下，仍能生产出合格的3号喷气燃料；

3）基于装置长期稳定运转且生产合格喷气燃料的角度，掺炼LCO与CGO对加氢裂化装置的影响是不同的：

a. 掺炼LCO基本对装置稳定运转没有影响，而且从反应条件来看，整体上更缓和；在相同石脑油收率的情况下，掺炼LCO还可以有效地增加喷气燃料收率；增加LCO掺炼比例对喷气燃料的质量有一定的不良影响，但该类影响随氢分压增加而大幅度下降。

b. 掺炼CGO主要会影响装置整体运转，一方面由于进料整体变劣质且氮含量较高，在掺入CGO后需要更苛刻的反应条件，包括更高的反应温度和更高的氢分压等，另一方面在相同石脑油收率下，掺炼 CGO 对喷气燃料收率基本没有影响，但会影响喷气燃料的质量。在现有的高压范围内，需要谨慎提高装置的 CGO 掺入比例，以免造成装置产品质量不合格，甚至催化剂快速失活从而需要大幅度提温，导致运转周期缩短的问题。

4）综合来看，加氢裂化掺炼 LCO 对反应过程的影响是局部的，条件是缓和的，可以通过适当提高氢分压来妥善解决，且提高 LCO 掺入量还可以有效增加喷气燃料的收率；而加氢裂化掺炼 CGO 对反应过程的影响是全面的，需要的反应条件更苛刻，现阶段压力范围内提高氢分压后的改善程度有限，且一旦催化剂失活，则后果也是不可逆的。

根据中型模拟试验效果，关于加氢裂化掺入 CGO 和 LCO 的边界条件有以下初步结论：

1）掺炼劣质 CGO 馏分，在氢分压为 10MPa 条件下，可以加工掺入 15%CGO 的混合进料得到合格的 3 号喷气燃料，但密度超过 0.82g/cm^3，烟点约 22mm，为边界条件；在氢分压为 13MPa 条件下，可以加工掺入 30%CGO 的混合进料得到合格 3 号喷气燃料，但密度超过 0.82g/cm^3，烟点约 24mm，为边界条件；在氢分压为 15MPa 条件下，可以加工掺入 30%CGO 的混合进料得到合格 3 号喷气燃料，密度为 0.819g/cm^3，烟点约 26mm，但受反应条件苛刻程度和稳定性所限，难以进一步增加掺入比例，因此同样达到边界条件；

2）掺炼典型 LCO 馏分，在氢分压为 10.0MPa 条件下，在掺入量为 20%时，喷气燃料密度已经超过 0.82g/cm^3，烟点约为 21.3mm，对应芳烃质量分行诉达到了 16.8%，考虑到烟点不低于 20mm 的限制要求，实际已经达到了掺入量的极限条件；而在 13.0MPa 氢分压下，即使 LCO 掺入量达到 40%时，对应喷气燃料的烟点仍高于 24mm，芳烃质量分数约为 7%，但考虑到其密度已经达到 0.82g/cm^{3}以上，鉴于喷气燃料要求密度不高于 0.83g/cm^3 的指标要求，说明其已经达到了掺入的上限所在；在 15.0MPa 氢分压下，即使 LCO 掺入量达到 60%时，烟点仍高于 25mm，对应芳烃质量分数低于 3%，但需要考虑其密度也高于 0.82g/cm^3，因此 60%的掺入质量百分比也基本达到了掺入的上限要求。

需要补充说明的是，尽管试验具有较好的代表性，但并不能覆盖全部类型的原料。事实上，部分炼油厂有可能采购更劣质的 VGO 或 CGO；也有部分炼油厂自身的 VGO 性质非常好，LCO 或 CGO 性质也优于试验原料。因此上述掺炼比例的试验结果仅作参考，具体企业的加氢裂化装置是否可以生产出合格喷气燃料，则需要航鉴委进一步确认。

参 考 文 献

[1] 王皓，宋爱萍，闫杰．我国航空煤油市场发展态势及生产企业应对策略[J]．石油规划设计．2017，(06)：1-3.
[2] 宋荣君．我国焦化蜡油的加工技术及其进展[J]．当代化工，2003，32(3).
[3] 韩崇仁主编．加氢裂化工艺与工程[M]．北京：中国石化出版社，2001.
[4] 王秋萍．影响加氢裂化装置长周期运行因素分析[J]．内蒙古石油化工，2007，9.

多产航煤兼产优质尾油的加氢裂化催化剂的开发及应用

董松涛　赵广乐　赵　阳　毛以朝　刘清河　杨清河　胡志海

（中国石化石油化工科学研究院　北京　100083）

摘　要　石油化工科学研究院（RIPP）推出了新一代的加氢裂化催化剂 RHC-131 和加氢裂化精制段催化剂 RN-410，基于新的催化剂和工艺研究，成功开发了大比例增产航煤兼产优质尾油加氢裂化技术。燕山石化公司 2.0Mt/a 的高压加氢裂化装置的应用结果表明，可以大幅度提高航煤收率，降低尾油 BMCI 值，使得装置的经济效益显著提升。另外通过馏分切割的变化也可以多产柴油，适应市场需求的变化。

关键词　加氢裂化；催化剂；航煤；尾油

1　前言

目前中国是仅次于美国的第二大航空煤油（正式名称：喷气燃料）消费国。为了鼓励企业多产航空煤油（简称航煤），我国现行政策中，对航空煤油产品进行了部分税收免除的政策，这使得航空煤油产品具有较高的经济效益。从区域分布看，中国最大的航空煤油消费地区在东部（包括上海）、北部（包括北京）和南部（包括广州、深圳），占全国消费总量的 80%。首都机场航空煤油加油量居全国首位，而周边炼油厂难以满足首都机场用油需求。2012 年，中国石油化工股份有限公司北京燕山分公司（以下简称燕山石化公司）与天津石化公司航空煤油销量总和与首都机场消费量之间存在 1.4Mt 的缺口，随着大兴国际机场的投用，北京地区航空煤油需求量缺口将进一步拉大，因此在国内增加航空煤油产量，尤其是北京地区，具有重要的现实意义。

随着中国国民经济的增长，我国乙烯产业一直保持快速发展，2014 年中国乙烯产量达到 17.04Mt，至 2020 年，国内乙烯产量年均增速达到 7%～8%。加氢裂化产品尾油馏分具有链烷烃含量高、BMCI 值低的特点，是优质的蒸汽裂解制乙烯原料；随着乙烯需求量的提高，加氢裂化尾油在我国乙烯原料构成中的作用日益重要[1,2]。

石科院采用新开发的加氢裂化催化剂 RHC-131 和加氢裂化精制段催化剂 RN-410，通过 RHC-3（再生）/RHC-133/RHC-131 催化剂的组合，针对北京燕山石化公司 2.0Mt/a 加氢裂化装置，开发出大比例增产航煤兼产优质尾油加氢裂化技术。并以该技术为基础，提供了北京燕山石化公司 2016 年航煤收率 45%±3%、尾油 BMCI 值≤12 的改造技术方案。

2　催化剂的设计和特点

工业加氢裂化技术，一般采用加氢精制和加氢裂化催化剂配合，VGO 馏分先通过加氢精制反应段脱除有机氮化物，然后进入加氢裂化反应段进行进一步的裂解。

加氢裂化的主要目的产物为柴油、航煤、石脑油和尾油。其中原料油和产品中间馏分油（150～350℃）的碳数为 C_9 到 C_{20} 之间，其中航煤馏分（150～270℃）的碳数为 C_9 到 C_{15}；高沸点馏分如 VGO（350～540℃）以正构烷烃和异构烷烃计，碳数从 C_{20} 到 C_{44} 之间，航煤馏分的碳数是高沸点馏分的 1/2～1/4 之间。

产品烃类组成对产品质量有着至关重要的影响。航煤产品，如果芳烃含量高，则会造成烟点降低；正构烷烃和某些多环芳烃含量高，会造成冰点偏高。柴油产品也有类似的情况，如果正构烷烃含量高，十六烷值高，同时凝点偏高；芳烃含量高则密度大，同时十六烷值低，而多环芳烃会同时造成十六烷值低和凝点偏高。生产高质量的航煤和柴油产品，控制合适烃类组成是关键。

通过开发新的加氢裂化催化剂和加氢裂化精制段催化剂，同时配合深入的工艺技术研究，最终形成“大比例增产航煤兼产优质尾油加氢裂化技术”。

2.1 新一代加氢裂化催化剂 RHC-131 的开发

通过优化载体孔道结构以及酸性组分的性质，强化环烷烃的开环；调节加氢和酸性中心的匹配关系，强化重质馏分的二次裂解，抑制轻质馏分的二次裂解的深度，控制合适的一次裂化和二次裂化的比例，开发成功具有高的航煤收率，且尾油 BMCI 值低的新一代加氢裂化催化剂 RHC-131。

2.2 新一代加氢裂化精制段催化剂 RN-410 的开发

采用高分散制备技术、优选载体分散平台和优化金属协同作用，强化催化剂的加氢功能并匹配适度的酸性，成功开发了新型加氢裂化精制段催化剂 RN-410。

2.3 催化剂活性梯度匹配技术

对催化剂的级配进行了深入研究，采用 RHC-3(再生)/RHC-133/RHC-131 三种不同裂化活性、加氢活性及产品选择性的催化剂梯级活性体系，使床层温升与所需裂化反应温度达到最佳匹配。采用该级配技术，可弥补单一催化剂性能不足的问题，使不同类型催化剂发挥各自性能优势，在满足催化剂活性、保证长周期运转的同时，兼顾航煤馏分选择性及尾油质量。

先进的催化剂级间温度匹配方式，可通过床层间冷氢量，灵活调整裂化反应器温度分布，满足装置不同运转阶段、不同工况及加工不同类型原料的需求，通过操作参数的调整可提高原料适应性、产品方案的灵活性以及节约冷氢用量、节能降耗，有利于装置安、稳、长、满、优的运转。

2.4 转化深度和切割方案的研究

基于转化深度与切割方案对航空煤油及尾油收率及性质的影响规律的认识，提出兼顾航煤馏分收率以及航煤和尾油馏分性质的优化切割方案。在控制石脑油馏分收率适当，并将柴油并入尾油的前提下，拓宽航煤馏分的馏程，通过切割方案对航煤馏分性质影响规律的研究，确定适宜多产航煤的切割方案，可以实现最大量增产航煤并在一定程度下改善尾油收率及质量的双重目标。

3 催化剂性能及工业应用效果

3.1 RHC-131 催化剂的性能特点

RHC-131 和 RHC-133 催化剂是石科院开发的新一代多产航煤和优质尾油型加氢裂化催化剂，采用相同的原料油，和国外同类型的先进催化剂进行对比，结果如表 1 所示。

表 1　与国外催化剂的比较

催化剂	RHC-131	国外同类先进参比剂
精制催化剂	一致	
原料油	中东 VGO-B	
>350℃馏分转化率/%(质)	60.0	60.0
裂化反应温度/℃	基准-4	基准
液体产品分布/%(质)		
<132℃石脑油	14.46	13.20
132~260℃航煤	31.59	29.90
260~370℃柴油	23.03	23.68
>370℃尾油	30.92	32.81
航煤烟点/mm	28.8	27.4
>370℃尾油		
BMCI 值	9.1	10.7
链烷烃/%(质)	61.2	58.4

由表1可见，和国外同类型先进参比剂相比，RHC-131催化剂达到相同转化率，活性高4℃，航煤收率高1.69个百分点，产品航煤烟点更高，尾油BMCI值低1.6个单位，链烷烃含量高2.8个百分点。RHC-131保持了较高的中间馏分油选择性，特别是航煤收率更高，尾油质量优，在兼产航空煤油和优质尾油方面具有明显优势。

RHC-133与RHC-131催化剂为同系列催化剂，两种催化剂的性能比较如表2所示。

表2　RHC-133与RHC-131产品分布及关键产品性质的对比

裂化催化剂	RHC-131	RHC-133
精制催化剂	一致	
原料油	齐鲁混合蜡油 *	
裂化反应温度/℃	基准	基准-11
液体产品分布/%(质)		
<165℃石脑油	17.2	18.3
165~240℃航煤	17.6	17.6
240~320℃柴油	18.1	17.0
>320℃尾油	47.1	47.2
航煤烟点/mm	基准	基准+0.9
柴油十六烷指数	基准	基准+1.0
尾油BMCI值	基准	基准+0.4
尾油链烷烃/%(质)	基准	基准-1.0

* 齐鲁四常减三：三常减二=6：4；密度(20℃)0.9265g/cm^3，硫质量分数1.84%；氮质量分数1400μg/g；馏程：50%，452℃；95%，520℃；BMCI值50.8。

由表2可见，在相同转化率下，>320℃尾油的收率相同，165~240℃航煤馏分收率相等，RHC-133催化剂的<165℃石脑油馏分收率高1.1个百分点，柴油馏分低1.1个百分点。RHC-133催化剂反应活性比RHC-131高11℃，航煤馏分收率相同，两种催化剂性能的差别，特别适用于加氢裂化催化剂的梯度活性级配。石科院的研究结果表明，按照活性梯度，将多个催化剂进行级配，可以获得比单一催化剂更佳的反应效果。

产品性质方面，航煤烟点、柴油十六烷指数，RHC-131催化剂均高于RHC-131；尾油BMCI值高0.4个单位，尾油中链烷烃含量低1.0个百分点，表明在尾油性质上，RHC-133和RHC-131催化剂基本相当或略差。总体而言，RHC-133催化剂的航煤、柴油性质更优，尾油性质相当或略低。由于两种催化剂所产尾油性质接近，因此，用于蒸汽裂解料和润滑油基础油，两者具有类似的特性。

3.2　工业应用效果

用于燕山石化2.0Mt/a加氢裂化装置，对催化剂进行了合理级配，前一周期和新周期的级配方式如表3所示。

表3　催化剂级配方式

项　目	前一周期	新周期
催化剂	RN-32V/RHC-3	RN-410/RHC-3(再生)/RHC-133/RHC-131
裂化剂占比/%	100	27/24/49
催化剂类型	灵活型	灵活型/兼顾型/中间馏分油型
特点	增产航煤和优质尾油	大比例增产航煤和改善尾油质量

2016年7月，组织了对该装置的标定，结果表明换剂后，重石脑油、航煤、尾油收率均高于设计值。标定期间的物料平衡如表4所示。

表 4 标定期间详细物料平衡

项　　目	计量/(t/h)	质量百分比/%
入方：		
原料油	208.54	100.00
化学氢耗	4.28	2.05
合计	212.82	102.05
出方：		
H_2S+NH_3	3.96	1.90
C_1+C_2	0.87	0.42
C_3+C_4	5.15	2.47
C_5～轻石脑油	8.35	4.00
重石脑油	38.04	18.24
航煤	85.17	40.84
柴油	10.17	4.88
尾油	60.75	29.13
损失	0.35	0.17
合计	212.82	102.05

航煤表观产率为40.84%。原设计方案无柴油抽出。而装置实际运行有柴油抽出。根据航煤干点275.8℃及柴油50%馏出点温度266℃可知，柴油中50%的组分可并入航煤组分，即在无柴油抽出时，航煤产率可达43.28%，达到了航煤收率不低于42%预期，航煤收率较上一周期大幅提高13.06个百分点。

标定期间，产品重石脑油馏分硫质量分数为0.6μg/g，氮质量分数为0.4μg/g，芳烃潜含量为55%，是优质的重整装置原料。

产品航煤烟点可以达到26.6mm，闪点42.5℃，冰点-51.5℃，终馏点275℃，产品各项指标均符合3号航空煤油要求。从闪点和冰点分析数据看，航煤馏分切割范围控制较好。

产品尾油20℃密度为0.815g/cm^3，硫质量分数为5.0μg/g，氮质量分数为0.9μg/g，其BMCI值仅为8.7，是优质的蒸汽裂解制乙烯原料。

2016年换剂后的航煤冰点和尾油BMCI值均优于换剂前，达到了多产航煤和优质尾油的目标和要求。

此外，由于采用了催化剂梯级活性级配技术，反应器各床层的温度得到了很好的衔接，通过控制各床层合理的温升，使得每个床层的温度与催化剂的最佳使用温度都得到了很好的匹配，装置冷氢的需要量几乎降低到零，大幅度降低了装置的能耗。

3.3 适应性和灵活性

2020年新冠疫情期间，受航空交通运力、需求萎缩影响，航煤需求明显下降，各炼油企业航煤产量也有所减少。随疫情逐步缓解，市场柴油需求率先恢复、市场价格回暖。考虑全厂物料平衡、产品质量以及装置操作稳定性，在维持石脑油、尾油收率和产品质量不变的条件下，通过分馏系统切割方案的变化，实现了压减航煤和增产柴油的目的。燕山石化加氢裂化装置2020年4月份通过压减航煤、增产柴油，柴油组分收率达到39.74%，创造历史最好水平。

加氢裂化尾油除了用于蒸汽裂解制乙烯外，还可以作为润滑油基础油原料，生产黏度指数超过125的HVIⅢ类高档润滑油基础油。

4 经济效益和社会效益

经济效益：2016 年 7 月~2018 年 12 月北京燕山石化公司高压加氢裂化装置，实现产品效益 3.87 亿元，相比上周期，因增产航煤新增经济效益 2860.7 万元。

社会效益：自 2016 年 6 月，大比例增产航煤兼产优质尾油加氢裂化技术及配套催化剂在北京燕山石化公司 2.0Mt/a 高压加氢裂化装置一次开车成功。每年可最大生产航煤 0.86Mt 以上，增产航煤 0.26Mt，为北京地区机场的航油供应、保障航空运输提供了重要支撑。

大比例增产航煤改善尾油质量加氢裂化技术在北京燕山石化公司的成功工业应用，为炼油厂在掺炼多种二次加工油等劣质原料情况下，长周期稳定生产 40%左右航煤和 BMCI 值 10 以下尾油，积累了丰富的工业实践经验。为中国石化增产航煤、压减柴油、炼油企业向油化结合方向转型提供了有力的技术支撑。

5 结论

1）石科院开发成功了新一代的加氢裂化催化剂 RHC-131 和加氢裂化精制段催化剂 RN-410。

2）基于新的催化剂及工艺技术研究成果，成功开发出了大比例增产航煤兼产优质尾油加氢裂化技术，并成功在燕山石化公司的 2.0Mt/a 高压加氢裂化装置上得到了应用。

3）工业应用结果表明，航煤产率达到 43.28%，尾油 BMCI 值达到 8.7，均较上一周期有显著提升。如果市场需求发生变化，可以通过切割方案的优化，实现压减航煤增产柴油，柴油组分的收率可达到 39.74%，灵活适应市场的变化。

4）采用新的技术，可以大幅度提高装置经济效益，适应炼油厂化工转型的需求，同时还可以满足社会需求。

5）新技术对提升产品质量、拓展产品品种和进一步提高装置效益有重要支撑作用，作为未来炼油厂化工转型具有重要的意义。

参 考 文 献

[1] 胡志海，熊震霖，聂红，等．生产蒸汽裂解原料的中压加氢裂化工业-RMC[J]．石油炼制与化工，2005，36(1)：1-5.

[2] 崔德春，胡志海，王子军，等．加氢裂化尾油做蒸汽裂解工艺原料的研究和工业实践[J]．乙烯工业，2008，20(1)：18-24.

灵活增产重整料和喷气燃料的加氢裂化技术开发及应用

莫昌艺　赵　阳　赵广乐　毛以朝　任　亮　胡志海

（中国石化石油化工科学研究院　北京　100083）

摘　要　为满足市场对灵活增产重整料和喷气燃料的需求，通过高活性、高产品选择性加氢裂化催化剂RHC-210，增产喷气燃料和改善尾油质量的RHC-220催化剂开发和催化剂级配优化，中国石化石油化工科学研究院开发了灵活增产重整料和喷气燃料加氢裂化技术，并于中国石油四川石化公司2.7Mt/a蜡油加氢裂化装置成功工业应用。装置标定和运行结果表明，在尾油收率为15%～18%下，产品重石脑油(重整料)收率为30%～35%，产品喷气燃料收率约为30%～35%，产品尾油BMCI值平均为8，实现装置灵活增产重整料和喷气燃料，兼顾改善尾油质量的预期目标。

关键词　重整料；喷气燃料；催化剂；级配技术；加氢裂化

1　前言

近年来，我国成品油市场需求逐步分化，其中车用柴油市场需求进入负增长区，车用汽油市场需求增速减缓，而与此同时受民航运输业发展的影响，喷气燃料市场需求快速增长[1]；和成品油市场不同的是，我国烯烃和芳烃等化工原料对外依存度较高，市场需求旺盛且以较快的速率逐年增长[2,3]。

作为炼化企业油化结合的桥梁之一，加氢裂化装置具有原料来源广和产品方案灵活等优点，其主要产品重石脑油可作为优质重整料进一步生产芳烃，产品煤油馏分可作为3号喷气燃料，产品尾油馏分可作为优质蒸汽裂解装置原料生产烯烃。然而常规加氢裂化技术产品中仍存在相当比例柴油，为此开发不产或少产柴油，同时灵活增产重整料和喷气燃料，兼顾改善尾油质量的加氢裂化技术可助力炼化企业在降低柴汽比的同时灵活增产重整料和喷气燃料，从而更好应对市场需求变化。为此中国石化石油化工科学研究院组织技术攻关团队，开发了灵活增产重整料和喷气燃料的加氢裂化技术，并于2018年7月在中国石油四川石化2.70Mt/a蜡油加氢裂化装置成功工业应用，以下对技术开发过程和工业应用情况进行简要介绍。

2　灵活增产重整料和喷气燃料加氢裂化技术的开发

2.1　灵活增产重整料和喷气燃料加氢裂化技术的开发目标和技术关键

为说明灵活增产重整料和喷气燃料加氢裂化技术特点，表1列出了灵活增产重整料和喷气燃料加氢裂化技术与常规加氢裂化技术的产品分布和>350℃馏分转化率范围。

由表1中数据可知，根据企业的需求，灵活增产重整料和喷气燃料加氢裂化技术主要产品为重石脑油和喷气燃料，技术开发目标为将产品重石脑油和喷气燃料收率控制在60%～70%范围，>350℃馏分单程转化率高约85%～95%，显著高于常规一次通过加氢裂化技术转化率。

表1　灵活增产重整料和喷气燃料加氢裂化技术与常规加氢裂化技术产品分布和转化率

项　目	常规加氢裂化技术			灵活增产重整料和喷气燃料加氢裂化技术
	尾油型加氢裂化	中油型加氢裂化	轻油型加氢裂化	
原料类型	VGO或CGO等	VGO和LCO等	VGO和LCO等	VGO和LCO等
催化剂分子筛含量/%	基准或低于基准	基准	高于基准	高于基准
装置类型	一次通过	一次通过或尾油循环	一次通过或尾油循环	一次通过

续表

项 目	常规加氢裂化技术			灵活增产重整料和喷气燃料加氢裂化技术
	尾油型加氢裂化	中油型加氢裂化	轻油型加氢裂化	
主要目标产品	尾油	喷气燃料+柴油	重石脑油	重石脑油+喷气燃料
>350℃馏分单程转化率/%	55~65	60~75	75~85	85~95
产品收率/%				
重石脑油	15~20	18~27	30~70	25~40
喷气燃料	25~40	25~45	15~30	30~40
柴油	15~25	15~25	15~25	0~5

图1和图2绘制得到常规加氢裂化技术中油型和轻油型加氢裂化催化剂不同尾油收率下产品重石脑油，重石脑油与喷气燃料总收率的变化趋势。由图1可知，中油型加氢裂化催化剂产品重石脑油和喷气燃料总收率高，但重石脑油收率较低；由图2可知，轻油型加氢裂化催化剂虽然产品重石脑油收率较高，但喷气燃料收率较低。此外，图3中绘制得到不同转化率下中油型和轻油型加氢裂化催化剂裂化反应温度差值的变化趋势图。由图3可知，尾油收率约为17%，中油型加氢裂化催化剂裂化反应温度较轻油型加氢裂化催化剂高约29℃。

因此，在限定的反应器体积空速下，开发出兼具高裂化活性、高产品重石脑油和喷气燃料选择性的加氢裂化催化剂及催化剂级配技术是灵活增产重石脑油和喷气燃料加氢裂化技术开发的关键。

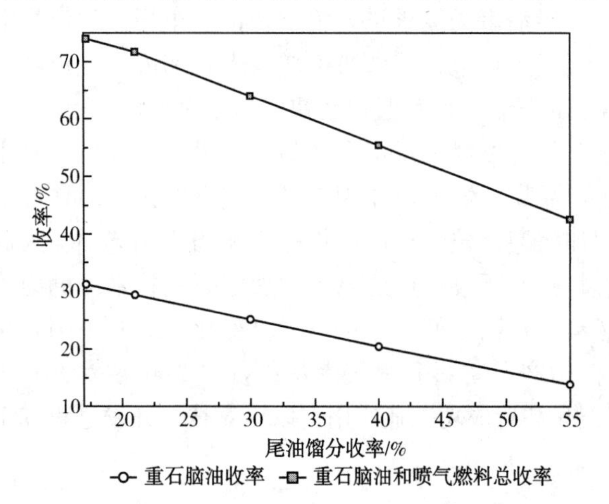

图1 中油型催化剂不同尾油收率下重石脑油及重石脑油和喷气燃料总收率的变化趋势

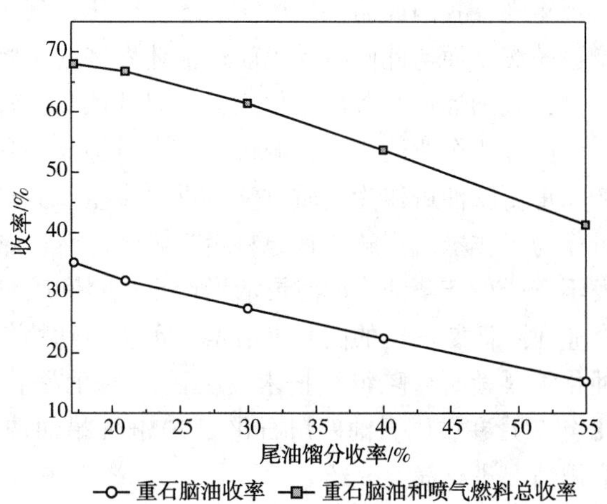

图2 轻油型催化剂不同尾油收率下重石脑油及重石脑油和喷气燃料馏分总收率的变化趋势

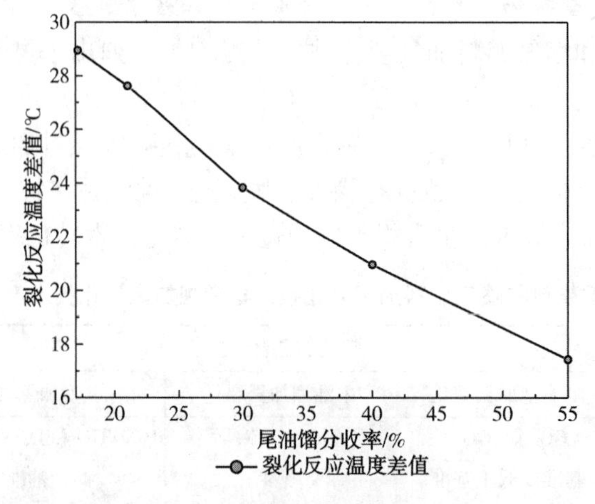

图3 不同尾油收率下轻油型和中油型催化剂裂化反应温度差值变化趋势

2.2 高裂化活性和高产品选择性加氢裂化催化剂 RHC-210 的开发

在轻油型加氢裂化催化剂基础上，为提高催化剂产品重石脑油和喷气燃料选择性，RIPP 基于加氢裂化反应过程的系统研究，通过金属组分组成优化，进行载体、介孔硅铝和分子筛材料改性及金属和酸性中心距离优化等，开发出高裂化活性、高产品重石脑油和喷气燃料选择性的加氢裂化催化剂 RHC-210。

以中东 VGO 为原料在氢分压 15.0MPa 下，将 RHC-210 加氢裂化剂和轻油型工业剂 RHC-5 进行对比评价，试验数据列于表 2。

表 2 RHC-210 与工业剂 RHC-5 对比评价结果

项　　目	RHC-5	RHC-210
原料油	中东 VGO	中东 VGO
裂化反应温度/℃	基准	基准-5
主要裂化产品分布/%		
<65℃轻石脑油	7.5	6.8
65~165℃重石脑油	40.5	43.2
165~280℃喷气燃料	30.8	30.6
>280℃尾油	21.2	19.4
重石脑油+喷气燃料总收率/%	71.3	73.8
重石脑油选择性/%	84.3	86.4

由表 2 数据可知，与轻油型工业剂 RHC-5 相比，>280℃尾油收率约为 20%，RHC-210 裂化反应温度较工业剂 RHC-5 降低 5℃，产品重石脑油和喷气燃料总收率提高 2.5 个百分点，其中，重石脑油收率提高 2.7 个百分点，重石脑油选择性为 86.4%，达到同步提高催化剂裂化活性和产品重石脑油选择性预期目标。

采用四川混合蜡油为原料，在相同反应条件下，控制相近尾油收率，将 RHC-210 催化剂与某轻油型参比剂 H 进行对比评价，评价结果列于表 3。

表 3 RHC-210 与同类催化剂的对比评价结果

项　　目	RHC-210	参比剂 H
原料油	四川混合蜡油	四川混合蜡油
主要裂化产品分布/%		
<82℃轻石脑油	13.69	17.19
82~168℃重石脑油	38.45	37.29
168~282℃喷气燃料	32.86	30.42
>282℃尾油	15.0	15.1
重石脑油+喷气燃料总收率/%	71.31	67.71

由表 3 中数据可知，相同转化深度下与参比剂 H 相比，RHC-210 产品重石脑油和喷气燃料总收率高为 71.31%，较参比剂高 3.6%，由此表明 RHC-210 催化剂产品选择性优于参比剂。

2.3 灵活增产喷气燃料和改善尾油质量的加氢裂化催化剂 RHC-220 的开发

考虑到轻油型裂化剂在产品喷气燃料选择性上存在一定不足，为提高产品重石脑油和喷气燃料的选择性和灵活性，兼顾改善尾油性质，RIPP 开发了可灵活增产喷气燃料和改善尾油质量的加氢裂化催化剂 RHC-220，并采用 RHC-220 与 RHC-210 进行级配。

RIPP 已有研究表明产品喷气燃料的烟点与尾油 BMCI 值与油品中链烷烃质量分数相关，通常的油品组成中链烷烃质量分数越高，喷气燃料烟点越高，尾油 BMCI 值越低，采用开环性能好的裂化剂可达到改善产品质量的目的。RIPP 采用拟薄水铝石、强化 B 酸的分子筛体系和过渡金属组分开发出 RHC-220 催化剂，在中型装置上进行了催化剂评价，相同转化率下评价结果如表 4 所示。由表 4 中数据可知，通过优化催化剂加氢活性和酸性得到的 RHC-220 催化剂，其喷气燃料烟点更高，尾油 BMCI 值更低。采用四川 2.7Mt/a 蜡油加氢裂化装置原料进行评价，试验结果列于表 5。由表 5 中数据可知，控制尾油收率约为15%条件下，RHC-220催化剂重石脑油+喷气燃料总收率可达约71.19%，其中喷气燃料收率可达38.55%，烟点为32.5mm，产品性能满足3号喷气燃料指标要求；产品尾油BMCI值为4.6，可作为优质蒸汽裂解制乙烯装置原料，由此表明达到催化剂增产喷气燃料和改善尾油质量预期目标。

表4 裂化剂RHC-220与工业剂RHC-3评价试验结果

项　　目	RHC-3	RHC-220
裂化反应温度/℃	基准	基准-1
产品性质		
重石脑油芳烃潜含量/%	基准	基准-0.2
喷气燃料烟点/mm	基准	基准+0.3
柴油十六烷值	基准	基准+1.3
尾油BMCI值	基准	基准-0.4

表5 裂化剂RHC-220评价试验结果

项　　目	RHC-220	项　　目	RHC-220
原料油	四川混合蜡油	裂化产品分布/%	
工艺条件参数		<82℃轻石脑油馏分+气体	13.81
反应压力/MPa	12.5	82~155℃重石脑油馏分	32.64
精制反应温度/℃	366	155~282℃喷气燃料馏分收率	38.55
裂化反应温度/℃	379	>282℃尾油馏分收率	15.0
精制油性质		产品性质	
密度(20℃)/(g/cm^3)	0.8563	155~282℃喷气燃料馏分烟点/mm	32.5
氮含量/(μg/g)	3	>282℃尾油馏分BMCI值	4.6

2.4 灵活增产重整料和喷气燃料加氢裂化技术催化剂级配优化

结合RHC-210和RHC-220催化剂裂化活性和产品选择性特征，为满足企业灵活增产重整料和喷气燃料，兼顾改善尾油质量的需求，RIPP采用RHC-210和RHC-220催化剂级配方式优化产品分布和产品性质。

表6列出了单一催化剂方案和采用级配催化剂方案加工四川混合蜡油相同转化率下的产品分布和产品性质数据。由表6中数据可知，与单一催化剂方案相比，在RHC-210和RHC-220级配方案下，通过调整两种催化剂操作温度不仅可实现灵活增产重石脑油和喷气燃料，而且还可以得到低BMCI值的尾油馏分。

表6 单一催化剂方案和级配催化剂方案的产品分布及产品性质

项　　目	参比剂H	RHC-210	RHC-220	优化级配方案	
催化剂方案	单一催化剂	单一催化剂	单一催化剂	RHC-210/RHC-220	
>350℃馏分转化率范围/%	90~95	90~95	90~95	90~95	90~95
产品分布/%					
尾油馏分收率	15.0	15.1	15.1	15.0	15.0
重石脑油收率	37.29	38.45	32.64	35.0	30.0
喷气燃料收率	30.42	32.86	38.55	35.62	40.6
产品性质					
喷气燃料馏分烟点/mm	27.5	30.1	32.5	31.2	32.0
尾油馏分BMCI值	11.6	8.0	4.6	6.8	5.4

3 灵活增产重整料和喷气燃料加氢裂化技术的应用

3.1 灵活增产重整料和喷气燃料加氢裂化技术的标定结果

为满足灵活增产重石脑油和喷气燃料，兼顾改善尾油质量的需求，2018 年四川石化对 2.7Mt/a 加氢裂化装置进行改造，并采用 RIPP 灵活增产重整料和喷气燃料加氢裂化技术，装置于 2018 年 7 月开车一次成功，2019 年 2 月和 10 月分别进行装置标定，标定期间装置原料性质，主要操作条件和物料平衡，主要产品性质数据分别列于表 7~表 9。

表 7 标定期间原料性质

项　　目	2019 年 2 月滤后混合原料油	2019 年 10 月滤后混合原料油
密度(20℃)/(g/cm^3)	0.8920	0.8949
硫/%(质)	0.804	0.886
氮含量/(μg/g)	523	836
馏程/℃		
初馏点/50%/终馏点	179/386/540	171/386/551
金属含量/(μg/g)		
Ni+V	1.01	0.07
Fe	5.28	2.04
Ca+Na	3.42	6.88
BMCI 值	40.8	42.3

由表 7 中数据可知，标定期间装置滤后混合原料油密度约为 0.89g/cm^3，硫质量分数约为 0.80%，BMCI 值约为 41，为典型加氢裂化装置进料。

表 8 标定期间主要操作条件和物料平衡数据

项　　目	2019 年 2 月标定数据	2019 年 10 月标定数据
主要操作条件		
精制反应器入口压力/MPa	13.9	14.05
装置进料量/(t/h)	320	300
精制平均反应温度/℃	376.0	375.9
裂化平均反应温度/℃	378.3	378.6
物料平衡		
入方		
原料油	100.0	100.0
氢气	2.87	2.98
小计	102.87	102.98
出方		
H_2	0.38	0.43
H_2S+NH_3	0.92	1.02
干气	0.86	0.94
液化气	5.64	6.16
轻石脑油	8.57	9.82
重石脑油	34.96	29.47
喷气燃料	30.14	36.24
柴油	5.33	0
尾油	16.03	18.88
损失	0.04	0.02
小计	102.87	102.98
化学氢耗/%	2.40	2.45

由表8中数据可知，标定期间在装置精制反应器入口压力约14.0MPa，精制和裂化反应平均温度分别为376℃和378℃，柴油+尾油总收率分别为21.36%和18.88%，由此表明精制和裂化催化剂活性匹配较好；标定工况下，柴油和尾油馏分总收率分别为21.36%和18.88%，产品重石脑油收率分别为34.96%和29.47%，喷气燃料收率分别为30.14%和36.24%。

由表9中数据可知，标定期间装置产品重石脑油芳烃潜含量分别为56.0%和55.8%，产品喷气燃料烟点分别为26.5mm和27.0mm，产品尾油BMCI值分别为8.1和7.8。

以上结果表明本周期四川石化2.7Mt/a加氢裂化装置采用RIPP灵活增产重整料和喷气燃料加氢裂化技术达到增产重石脑油和喷气燃料，兼顾改善尾油质量的预期目标。

表9　标定主要产品性质数据

项　　目	2019年2月标定数据	2019年10月标定数据
主要产品性质		
重石脑油		
重石脑油芳烃潜含量/%	56.0	55.8
喷气燃料		
闪点(闭口)/℃	44.0	45.0
烟点/mm	26.5	27.0
冰点/℃	-51.1	-55.4
尾油		
BMCI值	8.1	7.8

3.2　灵活增产重整料和喷气燃料加氢裂化技术的运行总结

本周期四川石化2.7Mt/a加氢裂化装置采用RIPP灵活增产重整料和喷气燃料加氢裂化技术装置运行期间精制和裂化反应平均温度，产品重石脑油、喷气燃料和尾油收率，产品喷气燃料烟点和尾油BMCI值变化趋势绘于图4~图7。

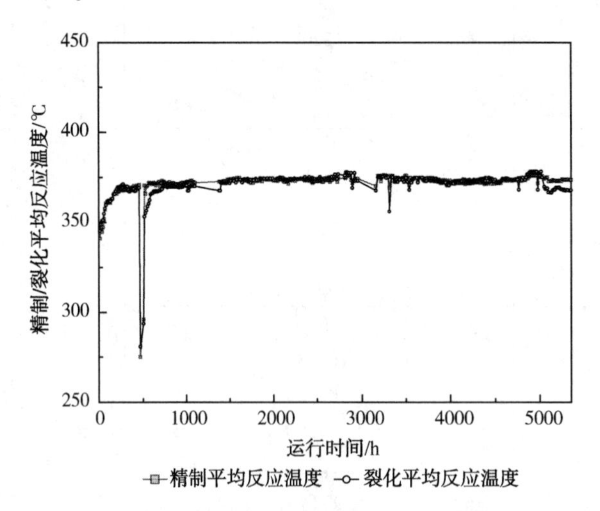

图4　装置运行区间精制平均反应温度和裂化平均反应温度变化趋势

由图4可知，装置运行期间，在装置处理量近满负荷工况下，精制和裂化反应平均温度变化趋势较为平稳，精制和裂化催化剂失活速率≤0.32℃/月；由图5可知，装置运行期间控制尾油收率为15%~30%，可满足重石脑油收率为25%~35%，喷气燃料收率为30%~40%，控制尾油收率约为15%，产品重石脑油馏分收率可满足≥34%，产品喷气燃料收率约30%~35%；由图6和图7可知，装置运行期间产品喷气燃料烟点约为26.5~30.0mm(运行时间170天装置提高喷气燃料芳烃质量分数带来烟点下降)，性质指标均满足 3 号喷气燃料指标要求，产品尾油 BMCI 值总体满足≤10，最低约为 3.4，可作为优质蒸汽裂解装置原料。

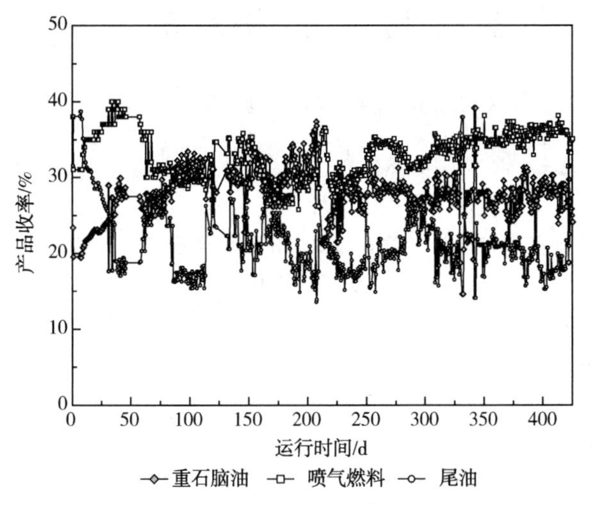

图 5　装置运行区间产品分布的变化趋势

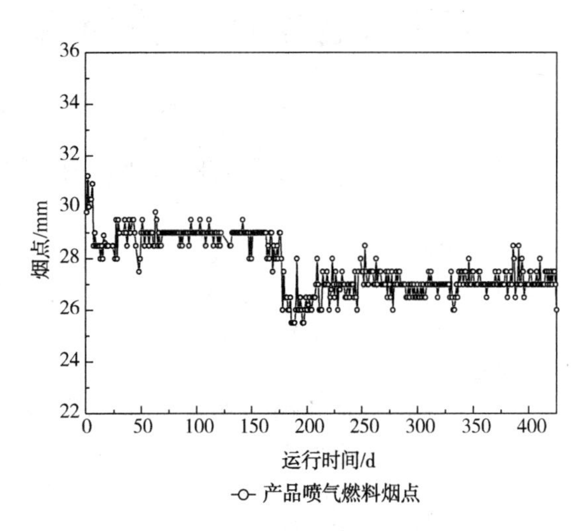

图 6　装置运行区间产品喷气燃料烟点性质变化趋势

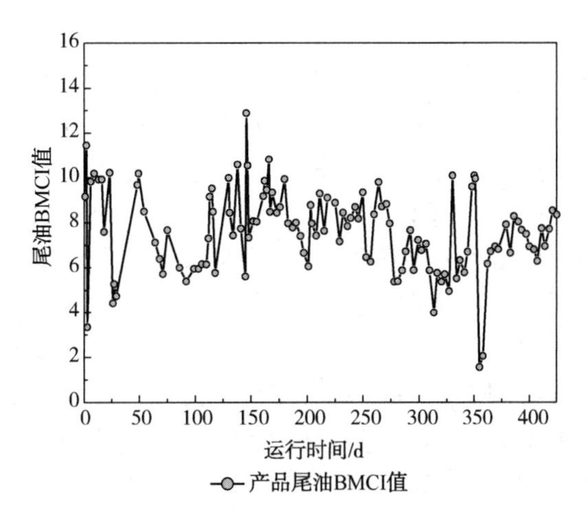

图 7　装置运行区间产品尾油 BMCI 值变化趋势

4　结论

通过高裂化活性、高产品选择性加氢裂化催化剂 RHC-210，增产喷气燃料和改善尾油质量，RHC-220 催化剂的开发采用 RHC-210 和 RHC-220 催化剂级配优化，RIPP 开发了灵活增产重整料和喷气燃料加氢裂化技术，并于中国石油四川石化 2.7Mt/a 蜡油加氢裂化装置上成功工业应用。装置标定和运行结果表明，控制尾油收率约为 15%~18%，产品重石脑油收率为 30%~35%，产品喷气燃料收率约为 30%~36%，产品尾油 BMCI 值平均为 8，且运行期间装置精制和裂化催化剂活性匹配合理，且失活速率低，产品分布和产品性质符合预期，达到灵活增产重整料和喷气燃料，兼顾改善尾油质量预期目标。

参　考　文　献

[1] 李文翎 . 2019 年油品市场维持低速增长态势[J]. 中国石油企业，2019，1.

[2] 钱伯章 . 煤制烯烃市场与技术应用前景[J]. 上海化工，2015，40(7)：33-39.

[3] 钱伯章 . 对二甲苯市场及发展前景[J]. 化学工业，2010，8：21-23.

中压下稳定生产合格航煤的加氢裂化技术的开发与应用

赵　阳　赵广乐　莫昌艺　董松涛　毛以朝　戴立顺　胡志海

（中国石化石油化工科学研究院　北京　100083）

摘　要　为满足市场对喷气燃料的需求并与企业现有装置相契合，中国石化石油化工科学研究院（简称石科院）开发了生产合格喷气燃料的中压加氢裂化技术。通过考察反应压力、裂化催化剂、原料油、转化深度及体积空速对喷气燃料性质的影响规律，提出了中压条件生产合格喷气燃料的加氢裂化技术方案。中压加氢裂化生产合格喷气燃料技术在中国石化上海石油化工股份有限公司 1.5Mt/a 中压加氢裂化装置得到工业应用，并于 2018 年 11 月通过中国国产航空舰艇油料鉴定委员会（航鉴委）的鉴定，在国内首次实现了中压条件下蜡油生产合格喷气燃料。装置工业标定结果表明，采用该技术加工高硫减压蜡油（VGO）馏分，在氢分压约 10MPa 条件下，喷气燃料馏分收率达到 20%以上，性质满足 3 号喷气燃料质量要求，尾油馏分 BMCI 值约为 10，是优质的裂解制乙烯原料。

关键词　加氢裂化；中压；喷气燃料

目前，中国喷气燃料消费量保持每年 11%左右的增长速度，已经成为航空燃料消费大国。2015 年国内喷气燃料需求达到 25Mt，2017 年为 32Mt，2018 年约为 35Mt，预计 2020 年将超过 40Mt[1-3]。加氢裂化工艺可将重质馏分油转化为轻质产品，原料范围广，生产方案灵活，喷气燃料收率可在较大范围内变化，是重要的增加喷气燃料产率的手段。

中国石油化工股份有限公司（简称中国石化）是国内最大喷气燃料生产商，喷气燃料产量约占全国喷气燃料产量的 70%。由于喷气燃料产品不征收消费税，生产喷气燃料具有较好的经济效益；同时中国石化部分炼油厂还具备或闲置中等压力等级的加氢装置，企业有通过现有装置调整产品结构、增加效益的需求。为此，中国石化石油化工科学研究院（简称石科院）开发了生产合格喷气燃料的中压加氢裂化技术。该技术于 2016 年 9 月在中国石化上海石油化工股份有限公司（简称上海石化）1.5Mt/a 中压加氢裂化装置上得到应用。以下为该技术的开发过程与工业应用情况。

1　技术开发思路

通常认为，在中压加氢裂化工艺条件下，由于氢分压偏低，所得喷气燃料产品的芳烃含量会偏高，同时，氢分压低也会影响环烷烃的开环反应，导致喷气燃料产品的链烷烃含量低、密度高、烟点小；另外，氢分压低还会影响装置的原料适应性[1]。因此生产喷气燃料的加氢裂化装置通常为高压装置[1]。如何在中等压力条件下生产出合格的喷气燃料产品是技术开发的关键。

在技术开发过程中首先需要了解氢分压对喷气燃料产品质量的影响规律，对现有认识进行甄别，确定中压等级生产喷气燃料的边界条件；其次，除氢分压外，裂化催化剂、原料性质、裂化反应深度对喷气燃料质量均有重要的影响，需对其进行详细的考察，确定生产合格喷气燃料所需的适宜加氢裂化催化剂、反应深度以及原料范围。另外，鉴于体积空速与装置的加工量的关系密切，也需考察体积空速的变化对喷气燃料质量的影响[2-4]。

2　技术开发

2.1　氢分压对喷气燃料馏分性质的影响

以沙轻混合蜡油（沙轻减二线蜡油、沙轻减三线蜡油质量比为 50∶50 混合所得）为原料，采用 RN 系列加氢精制催化剂及 RHC 系列加氢裂化催化剂组合，在体积空速为 0.6h^{-1}、氢油体积比为 1200、控制原料中大于350℃馏分转化率为55%~58%的条件下，考察10~17MPa范围内反应器入口氢分压对加氢裂化所得喷气燃料馏分性质的影响，结果见表1。

表1 氢分压对喷气燃料馏分性质的影响(一)

项 目	氢分压/MPa				
	17	15	14	12	10
喷气燃料性质					
密度(20℃)/(g/cm^3)	0.8102	0.8117	0.8120	0.8144	0.8185
烟点/mm	29.0	28.0	27.5	25.0	24.0
氢含量/%(质)	14.27	14.18	14.17	13.93	13.79
烃类组成/%(质)					
链烷烃	24.3	25.6	23.3	22.9	23.3
环烷烃	72.5	70.4	72.6	70.5	66.1
芳烃	3.2	4.0	4.1	6.6	10.6
单环芳烃	3.2	4.0	4.1	6.6	10.3
双环芳烃	0	0	0	0	0.3

由表1可见，对于蜡油馏分原料，随着氢分压的降低，喷气燃料产品的性质明显变差，具体表现为密度增加、氢含量增加、烟点减小；从烃类组成来看，降低氢分压后喷气燃料产品的芳烃含量(主要是单环芳烃含量)有较大幅度的升高。尤其需要注意的是：当氢分压降低至10MPa时，喷气燃料中已经可以检出双环芳烃，其质量分数为0.3%。

为进一步探讨氢分压对喷气燃料影响的边界条件，采用比上述沙轻混合原料的密度更低、整体性质更优的沙轻减二线蜡油为原料，在其他条件不变的情况下，控制原料中大于350℃馏分转化率为55%~58%，考察6~10MPa范围内反应器入口氢分压对加氢裂化所得喷气燃料馏分性质的影响，结果见表2。

表2 氢分压对喷气燃料馏分性质的影响(二)

项 目	氢分压/MPa		
	10	8	6
喷气燃料性质			
密度(20℃)/(g/cm^3)	0.8235	0.8322	0.8425
烟点/mm	23.0	18.7	14.6
氢/%(质)	13.69	13.26	12.81
烃类组成/%(质)			
链烷烃	26.1	24.6	26.7
环烷烃	61.7	55.0	45.0
芳烃	12.2	20.4	28.3
单环芳烃	11.6	19.4	26.2
双环芳烃	0.6	1.0	2.1

由表2可知，即使加工性质较好的蜡油馏分原料，当反应器入口氢分压由10MPa降低至6MPa时，喷气燃料产品性质也大幅变差，除了密度及氢含量降低、烟点减小外，从烃类组成来看，在较低氢分压范围内，随着氢分压的下降，双环芳烃含量增加较为明显。

结合表1和表2可以看出，不同氢分压范围对喷气燃料烟点的影响程度不同。当氢分压于较高压力范围(10~17MPa)内时，氢分压每降低1MPa，喷气燃料烟点减小约0.8mm；而当氢分压于较低压力范围(6~10MPa)内时，氢分压每降低1MPa，喷气燃料烟点减小约2.1mm。不同氢分压范围对喷气燃料芳烃含量的影响程度不同。当氢分压于较高压力范围(10~17MPa)内时，氢分压每降低1MPa，喷气燃料芳烃质量分数增加约1.0百分点；而当氢分压于较低压力范围(6~10MPa)内时，氢分压每降低1MPa，喷气燃料芳烃质量分数增加约4.0百分点。

综合氢分压对喷气燃料的密度、烟点、氢含量以及烃类组成多方面的影响规律来看，以蜡油馏分为原料的加氢裂化装置生产喷气燃料时宜选择不低于10MPa的反应器入口氢分压。

2.2 加氢裂化催化剂对喷气燃料馏分的影响

加氢裂化催化剂是加氢裂化反应的核心，其裂化功能主要由其组成中的分子筛(或无定形硅铝)提供；试验考察了加氢裂化催化剂的分子筛类型及分子筛含量对喷气燃料产品性质的影响。

2.2.1 催化剂分子筛类型的影响

以镇海减二线蜡油为原料，在其他反应条件相同的情况下，考察了裂化活性相近、分子筛类型不同的催化剂A、B作用下的加氢裂化液体产品分布及喷气燃料产品的烟点，结果见表3。

表3 不同分子筛类型催化剂作用下的液体产品分布及喷气燃料烟点对比

项目	加氢裂化催化剂		项目	加氢裂化催化剂	
	A	B		A	B
催化剂的分子筛类型	B	Y	喷气燃料	27.1	30.9
大于350℃馏分转化率/%	60	60	柴油	32.7	27.7
裂化反应温度/℃	基准	基准-1	尾油	29.5	30.0
液体产品分布/%			喷气燃料烟点/mm	27.7	26.5
石脑油	10.7	11.4			

由表3可以看出，归整处理为转化深度相同(大于350℃馏分转化率相同)的情况下，含Y型分子筛催化剂作用下加氢裂化反应的喷气燃料收率更高，而含β分子筛催化剂作用下加氢裂化反应所得喷气燃料的烟点更大。考虑到可以有其他方法改善喷气燃料的烟点，在转化深度相同的情况下为兼顾喷气燃料收率和质量，宜选择含Y型分子筛的加氢裂化催化剂，如果仅追求高的航煤烟点，也可以选择含β型分子筛的加氢裂化催化剂。

2.2.2 催化剂分子筛含量的影响

考虑到分子筛含量不同的催化剂其二次裂化反应程度不同，且工业装置通常在增加喷气燃料收率时受限于石脑油馏分收率的瓶颈影响，因此又以取自中国石化齐鲁石化公司加氢裂化装置的进料(简称齐鲁HC原料)为原料，归整处理为相同石脑油收率的情况下考察了所含分子筛类型相同时，分子筛含量的高低对加氢裂化喷气燃料收率及烟点的影响，所用催化剂C、D、E均含有Y型分子筛，但Y型分子筛的含量不同，考察结果如表4所示。

表4 不同分子筛含量的催化剂作用下的产品分布及喷气燃料烟点对比

项目	加氢裂化催化剂		
	C	D	E
Y型分子筛的含量	高	中	低
液体产品分布/%			
石脑油	25.0	25.0	25.0
喷气燃料	23.5	27.2	29.1
柴油	14.7	16.8	18.3
尾油	36.8	31.1	27.6
喷气燃料烟点/mm	25.0	25.0	25.1

由表4可以看出，在石脑油收率为25.0%的情况下，Y型分子筛含量由高到底的催化剂C、D、E作用下的喷气燃料收率分别为23.5%、27.2%、29.1%，烟点均约为25.0mm，说明催化剂中Y型分子筛的含量越低，其作用下的喷气燃料收率越高，但Y型分子筛含量的高低对喷气燃料馏分的烟点基本无影响。

综上可见，含β分子筛的催化剂作用下得到的喷气燃料烟点更大，含Y型分子筛的催化剂作用下加氢裂化的喷气燃料收率更高。在石脑油收率相同的前提下，分子筛含量低的含Y型分子筛催化剂可增加喷气燃料的收率。

2.3 进料对喷气燃料的影响

2.3.1 原料油类型对喷气燃料收率和性质的影响

分别采用典型的中间基减压蜡油(沙轻VGO)和中间偏环烷基减压蜡油(胜利VGO)为原料进行加氢裂化试验，在反应压力为14.0MPa、氢油比为1200，控制精制油氮质量分数小于15μg/g的情况下，通过调整裂化反应温度考察原料油类型对喷气燃料馏分性质的影响，结果如表5所示。

由表5可见，在归整处理石脑油收率均为20.0%时，与中间基减压蜡油相比，中间偏环烷基减压蜡油得到的喷气燃料的收率更高，但密度较大、氢含量较低、烟点较小。

表5 相同石脑油收率下原料油类型对喷气燃料性质的影响

项目	原料油类型	
	中间基蜡油	中间偏环烷基蜡油
密度(20℃)/(g/cm^3)	0.9075	0.9186
氮/(μg/g)	711	1800
链烷烃/%(质)	23.5	17.1
液体产品分布/%		
石脑油	20.0	20.0
喷气燃料	20.5	21.4
柴油	27.0	24.8
尾油	32.5	33.8
喷气燃料性质		
密度(20℃)/(g/cm^3)	0.8130	0.8233
冰点/℃	<-60	<-60
烟点/mm	29.8	25.5
氢/%(质)	14.2	13.9

2.3.2 原料馏分轻重对喷气燃料收率和性质的影响

将直馏VGO和直馏AGO混合，配制成馏分轻重不同的混合进料，并采用相同的催化剂，在相同反应压力、体积空速的条件下，考察原料馏分轻重对加氢裂化所得喷气燃料的收率和性质的影响。控制石脑油收率约17%时的试验结果如表6所示。

表6 原料馏分轻重对加氢裂化所得喷气燃料性质的影响

项目	混合原料Ⅰ	混合原料Ⅱ	混合原料Ⅲ
混合原料构成/%(质)			
直馏VGO	75.0	50.0	25.0
直馏AGO	25.0	50.0	75.0
混合原料性质			
密度(20℃)/(g/cm^3)	0.8836	0.8687	0.8539
50%馏出温度/℃	392	329	301
烃类组成/%(质)			

续表

项　目	混合原料Ⅰ	混合原料Ⅱ	混合原料Ⅲ
链烷烃	30.0	34.8	39.5
环烷烃	32.1	31.3	30.5
芳烃	37.9	33.9	30.0
喷气燃料收率/%	30.9	33.3	34.6
喷气燃料性质			
烟点/mm	29.1	30.3	31.2
冰点/℃	-53	-48	-40
烃类组成/%(质)			
链烷烃	28.1	29.0	32.9
环烷烃	67.6	67.7	65.6
芳烃	4.3	3.3	1.5

由表6可以看出，随着直馏AGO比例的增加，混合原料的50%馏出温度降低(馏分变轻)，密度减小，链烷烃含量增加，芳烃含量减少。随着原料馏分变轻，在相近石脑油收率下，加氢裂化所得喷气燃料的收率逐渐增加，烟点逐渐增大，但冰点也随之升高。上述现象主要是馏程和烃类组成两方面所致：一方面，随着原料馏分变轻，部分馏分会不经裂化或只经过浅度裂化而直接进入到喷气燃料馏分，而浅度裂化的馏分异构程度通常也较低，相应冰点会较高；另一方面，随着原料馏分变轻，进料中链烷烃含量增加，芳烃含量减少，在相同的石脑油收率下，喷气燃料产物中的链烷烃含量也会相应增加，而芳烃含量相应减少，鉴于链烷烃烟点更大，且通常情况下与芳烃和环烷烃相比较链烷烃的冰点也更高，故喷气燃料产物的烟点和冰点均有所增长。

综合来看，原料油链烷烃含量越高，喷气燃料质量越好；此外，加工典型VGO时掺炼馏分相对较轻的直馏轻蜡油或直馏柴油更有利于改善喷气燃料烟点和提高喷气燃料收率。

2.4 裂化转化深度对喷气燃料收率和性质的影响

以中国石化上海石化加氢裂化装置的进料[上海HC原料(2016)]为原料油，在高分压力为10.5MPa，其他反应条件相同的情况下，通过调整裂化反应温度考察了不同裂化转化深度对喷气燃料收率及性质的影响，结果列于表7。

表7　转化深度对喷气燃料收率及性质的影响

项　目	大于350℃馏分转化率/%			
	54.5	61.9	70.3	81.2
液体产品分布/%				
轻石脑油	3.2	4.4	4.9	6.6
重石脑油	13.5	17.2	21.3	27.4
喷气燃料	16.0	18.0	20.3	22.5
柴油	28.2	27.2	26.5	24.2
尾油	36.2	30.1	23.5	14.7
喷气燃料性质				
冰点/℃	<-60	<-60	<-60	<-60
烟点/mm	27.1	28.2	29.0	30.2
氢/%(质)	13.98	14.04	14.13	14.27
烃类组成/%(质)				
链烷烃	24.3	26.2	28.8	33.4
环烷烃	71.0	69.6	67.1	62.8
芳烃	4.7	4.2	4.1	3.8

由表 7 可以看出，随着裂化转化深度增加，喷气燃料产品的收率逐渐增加，烟点逐渐增大，芳烃含量略有下降，链烷烃含量明显增加，环烷烃含量逐渐减少。说明在压力不变的情况下，随着转化深度增加，链烷烃含量的增长及环烷烃含量的下降使得喷气燃料的质量有所提高。可见，为提高喷气燃料收率宜采用较高的转化深度，同时提高转化深度还有利于改善喷气燃料的质量。

2.5 裂化反应空速对喷气燃料产品性质的影响

以沙轻混合蜡油为原料，在其他反应条件相同的情况下，控制大于 350℃ 馏分转化率约为 60%，考察了裂化反应空速对加氢裂化所得喷气燃料性质的影响，结果见表 8。

表 8 相近转化率下不同裂化反应空速对加氢裂化所得喷气燃料性质的影响

项　目	裂化反应体积空速/h^{-1}				
	1.0	1.4	1.8	2.4	3.0
烟点/mm	28.0	27.8	27.0	26.0	24.0
氢/%(质)	14.14	14.15	14.04	13.98	13.87
烃类组成/%(质)					
链烷烃	25.0	25.5	25.9	25.4	25.3
环烷烃	70.6	69.2	67.1	65.9	64.1
芳烃	4.4	5.3	7.0	8.7	10.6

由表 8 可见，裂化反应体积空速对喷气燃料性质有一定的影响，但在裂化反应体积空速不大于 2.4h^{-1}的情况下，喷气燃料性质随空速的变化不大；当裂化反应空速大于 2.4h^{-1}后，随着空速的增加，氢质量分数降低幅度较为明显，由 13.98%降低至 13.87%，对应烟点由 26.0mm 减小至 24.0mm。另外，从喷气燃料烃类组成的变化趋势也可以看到，随体积空速增大，其链烷烃含量基本保持稳定，但对应芳烃含量增加较为明显。提高空速后，进料与加氢催化剂活性中心接触时间缩短，尽管通过其他工艺条件改变可确保裂化转化率不下降，但与裂化活性中心相比，加氢活性中心需要更长的接触时间，因此在高空速条件下由于加氢活性中心与进料的接触时间不足导致了芳烃饱和程度下降，因而喷气燃料烟点减小明显。综上所述，在中压生产喷气燃料工艺中，裂化体积空速不建议高于 2.4h^{-1}。

2.6 尾油循环对喷气燃料的影响考察

以洛阳 HC 原料为进料，采用 RHC-220 和 RHC-133 加氢裂化催化剂组合研究了尾油循环对航煤性质的影响规律，试验结果列于表 9。

表 9 相近石脑油收率下尾油循环对喷气燃料收率和性质的影响

项　目	工艺流程	
	一次通过	尾油循环
原料油密度(20℃)/(g/cm^3)	0.8825	
氮/(μg/g)	660	
循环比例/%	0	60
液体产品分布/%		
轻石脑油	4.77	8.00
重石脑油	27.94	29.08
喷气燃料	32.98	39.51
柴油	15.87	17.54
尾油	15.97	0.92
喷气燃料性质		
密度(20℃)/(g/cm^3)	0.8119	0.8023
冰点/℃	<-50	<-50
烟点/mm	27.0	29.2

由表9中液体产品分布数据可知，在重石脑油收率相近的情况下，全循环尾油馏分，可以有效提高喷气馏分的收率，喷气燃料收率可以从约33%提高至40%。另外，从喷气燃料性质数据可见，在尾油循环工况情况下，可以改善喷气燃料的性质，试验结果表明，循环尾油后喷气燃料的烟点可由27.0mm提高至29.0mm。

3 原料油适应性

按照上述中压加氢裂化生产合格喷气燃料的工艺要求，采用石科院开发的RN系列加氢精制催化剂及RHC系列加氢裂化催化剂，以3种较为典型的加氢裂化原料，在中型试验装置上考察了技术的原料油适应性。试验采用两个反应器串联、油气一次通过流程，氢气循环操作，新氢自动补入。原料油名称及性质列于表10，试验结果列于表11。

表10 原料油适应性试验的原料油名称及性质

项　目	齐鲁HC原料	茂名混合蜡油	燕山加氢裂化原料
密度(20℃)/(g/cm^3)	0.9186	0.9193	0.8992
硫含量/%(质)	1.3	2.9	1.2
氮含量/(μg/g)	1800	713	1400
馏程/℃			
10%	364	384	351
50%	423	436	428
90%	465	475	487
烃类组成/%(质)			
链烷烃	17.1	18.0	25.2
环烷烃	39.5	26.2	33.0
芳烃	43.4	55.8	41.8

由表10可以看出，试验所用3种原料的链烷烃质量分数范围为17.1%~25.2%，硫质量分数范围为1.2%~2.9%，氮质量分数范围为713~1800μg/g，具有较好的代表性。

表11 原料油适应性试验的结果

项　目	原料油		
	齐鲁HC原料(2015)	茂名加裂混合原料(2012))	燕山加氢裂化原料
工艺条件			
入口氢分压/MPa	10.5	10.5	10.5
氢油体积比	900	800	800
液体产品分布/%			
轻石脑油	4.5	4.8	4.7
重石脑油	20.4	24.2	20.2
喷气燃料	20.5	20.5	21.9
柴油	25.6	21.6	29.2
尾油	26.1	25.5	21.1
重石脑油芳烃潜含量/%	61.6	57.0	58.6
喷气燃料性质			
烟点/mm	24.5	28.0	26.0
闪点(闭口)/℃	61	59	60
冰点/℃	<-60	<-60	<-60
柴油十六烷指数	61.3	66.6	67.4
尾油BMCI	11.4	7.1	8.2

由表 11 可以看出：采用 RN 系列催化剂以及 RHC 系列裂化催化剂，在入口氢分压约为 10MPa 条件下可加工多种典型蜡油原料，石脑油收率为 25%～30%，喷气燃料收率约为 20%；除齐鲁 HC 原料得到的喷气燃料烟点为 24.5mm 外，其他 2 种原料的喷气燃料烟点均达到 26mm 以上；柴油十六烷指数高达 60 以上；尾油 BMCI 低，是优质的蒸汽裂解制乙烯原料。

4 中压加氢裂化生产合格喷气燃料加氢裂化技术的应用

为满足生产喷气燃料的需求，上海石化 1.5Mt/a 中压加氢裂化装置采用了石科院开发的中压加氢裂化生产喷气燃料技术。装置于 2016 年 9 月进行了催化剂装填工作，精制催化剂采用 RN-32V，裂化催化剂采用 RHC-220 与 RHC-133 进行级配，后精制催化剂采用 RN-32V。此外，装置在 2018 年 8 月对分馏系统又进行了相应的适应性改造，同年 10 月 17～19 日第一次进行了装置生产喷气燃料的工业标定。标定时的原料油为典型的高硫 VGO，原料性质和标定结果列于表 12。

表 12 中压加氢裂化生产喷气燃料技术的工业标定结果

项目	数据	项目	数据
原料性质		柴油	21.2
密度(20℃)/(g/cm^3)	0.9058	尾油	27.0
硫/%(质)	2.1	重石脑油芳烃潜含量/%	52.5
氮/(μg/g)	629	喷气燃料性质	
馏程/℃	206～517	密度(20℃)/(g/cm^3)	0.8092
高分压力/MPa	10.8	烟点/mm	25.0
液体产品分布/%		闪点(闭口)/℃	46
轻石脑油	3.1	冰点/℃	-60
重石脑油	24.2	柴油十六烷指数	68.9
喷气燃料	21.1	尾油 BMCI	9.8

上海石化 1.5Mt/a 中压加氢裂化装置标定结果表明：采用石科院开发的中压加氢裂化生产合格喷气燃料技术及配套催化剂加工高硫 VGO 馏分，在重石脑油收率约 24%的情况下，喷气燃料馏分收率约为 21%，喷气燃料产品质量满足 3 号喷气燃料质量要求；柴油十六烷指数约为 69；尾油馏分 BMCI 值为 9.8，是优质的蒸汽裂解制乙烯原料；产品分布和产品质量符合指标要求，达到技术开发目标。

5 结论

1）反应氢分压是影响蜡油加氢裂化所产喷气燃料烟点及芳烃含量的关键因素，且在氢分压 6～17MPa 范围内，氢分压对喷气燃料的质量影响存在较为明显的拐点，因此以蜡油馏分为原料的加氢裂化装置生产喷气燃料时宜选择 10MPa 以上的反应器入口氢分压。

2）为兼顾喷气燃料收率和质量，宜选择含 Y 型分子筛的加氢裂化催化剂；当工业装置石脑油收率受限时，为多产喷气燃料，宜选择 Y 型分子筛含量较低的催化剂。

3）选择链烷烃含量较高和馏分较轻的原料均有利于改善喷气燃料质量，且提高裂化转化深度是多产喷气燃料并改善其烟点的有效手段；此外，裂化反应空速过高会明显影响喷气燃料的烟点，中压条件生产喷气燃料最好控制裂化反应体积空速不超过 2.4h^{-1}。

4）开发的中压加氢裂化生产合格喷气燃料技术具有良好的原料适应性，可以应用于加工不同种蜡油生产合格喷气燃料。

5）石科院中压加氢裂化技术活性、选择性和产品质量稳定，可满足工业装置长周期生产运转的需要。

6）中压加氢裂化生产合格喷气燃料技术在上海石化 1.5Mt/a 中压加氢裂化装置的工业应用结果表明，采用该技术加工高硫 VGO 馏分，在入口氢分压约 10MPa 条件下，可生产收率 20%以上的合格喷气燃料，并可兼顾生产出 BMCI 约为 10 的优质蒸汽裂解制乙烯原料。

参 考 文 献

[1] 赵广乐，赵阳，董松涛，等．大比例增产喷气燃料、改善尾油质量加氢裂化技术的开发与应用[J]．石油炼制与化工，2018，49(4)：1-7.

[2] 王浩，宋爱萍，闫杰．我国航空煤油市场发展态势及生产企业应对策略[J]．石油规划设计，2017，28(11)：1-3.

[3] 郝冬冬．2017 年中国成品油供应分析及展望[J]．当石油化工，2018，26(7)：19-24.

[4] 李大东．加氢处理工艺与工程[M]．2 版．北京：化学工业出版社，2004.

[5] 胡志海，熊震霖，聂红，等．生产蒸汽裂解原料的中压加氢裂化工业-RMC[J]．石油炼制与化工，2005，36(1)：1-5.

[6] 崔德春，胡志海，王子军，等．加氢裂化尾油做蒸汽裂解工艺原料的研究和工业实践[J]．乙烯工业，2008，20(1)：18-24.

[7] 胡志海，张富平，聂红，等．尾油型加氢裂化反应化学研究与实践[J]．石油学报(石油加工)，2010，26(S1)：8-13.

兼产润滑油料和清洁燃料加氢裂化技术开发

赵　阳　赵广乐　董松涛　毛以朝　戴立顺　胡志海

（中国石化石油化工科学研究院　北京　100083）

摘　要　为兼产优质润滑油料和清洁燃料，开发了新型加氢裂化催化剂 RHC-231，具有兼产润滑油料和清洁燃料的特性。通过考察工艺流程、原料油性质、转化深度及尾油切割方案对尾油收率及性质的影响规律，确定了生产高品质润滑油料兼顾生产清洁燃料的加氢裂化技术方案。中试结果表明，新技术实现了改善尾油质量、提高尾油黏度指数并兼顾生产清洁燃料的目的。采用该技术加工高硫中东 VGO 馏分，在>370℃尾油收率约 25%的情况下，尾油 BMCI 值为 5.2，黏度指数高达 144，可用于生产 API Ⅲ及 API Ⅲ+润滑油基础油。兼产喷气燃料收率约 21%，烟点为 32mm，柴油收率约为 26%，十六烷指数在 70 以上，硫质量分数低于 10μg/g，符合“国Ⅵ”排放规格标准。

关键词　加氢裂化；润滑油料；清洁燃料

1　前言

由于环保和机械制造业对润滑油规格的要求日益苛刻，全球对润滑油基础油的消费正在由 APIⅠ类油快速地向 APIⅡ和 APIⅢ类油过渡[1]。加氢裂化尾油是很好的 APIⅡ和 APIⅢ类润滑油基础油原料。国外历来注意利用加氢裂化尾油生产润滑油基础油，可以不用扩大原油减压蒸馏装置规模而扩大润滑油基础油的生产能力，提高燃料型加氢裂化装置操作灵活性，提高了润滑油基础油的产量和质量[2,3]。

随着我国国民经济的发展，市场对高质量的喷气燃料和清洁柴油产品的需求不断增加。与此同时，高档润滑油基础油的需求也不断增加，高黏度指数、低倾点的Ⅱ类+、Ⅲ类润滑油基础油成为未来发展的方向。面对国内外市场的需求，中国石化作为国内最大的交通燃料生产商和润滑油供应商，亟需要开发兼产润滑油料和清洁燃料加氢裂化技术，以增强中国石化产品竞争力，提高炼油企业的经济效益。

2　兼产润滑油料和清洁燃料加氢裂化催化剂 RHC-231 的开发

2.1　催化剂的开发思路

由于润滑油料要求低凝点、高黏指，因此希望尾油中更多的组分是高碳数支链烃，避免出现高碳数直链烃，更要避免出现多环芳烃和多环环烷烃。上述需要对加氢裂化催化剂的多环烃转化能力提出了更高的要求。

影响润滑油料性质的一个重要组分是多环芳烃和多环环烷烃，特别是前者，对油料的黏度指数和凝点降低均有负面效应。因此，如何进一步提高加氢性能，尽可能多地将该类组分转化掉是改善润滑油料性质的关键之一。

对尾油而言，需要尾油 BMCI 值较低，而润滑油料，并不仅仅要求 BMCI 值低，还需要低 BMCI 值组分中，直链烷烃的质量分数尽可能低，这就要求强化酸性组分的异构化性能。

基于上述要求，需要在前一代尾油型催化剂 RHC-131 的基础上，进一步提高加氢性能和强化异构性能，这也是实现兼产润滑油料和清洁燃料加氢裂化技术的关键。

2.2　新型催化剂的反应性能

将实验室开发成功的兼产润滑油料和清洁燃料加氢裂化催化剂 RHC-231 与上一代尾油型催化剂 RHC-131 进行了性能对比评价。

试验考察了两种加氢裂化催化剂在不同转化深度下的产品分布及各产品馏分的性质，并通过线性差值的方法计算得到>350℃馏分转化率为60%条件下两催化剂加氢裂化产品分布和关键产品性质，具体结果列于表1。

由表1可见，在相同转化深度下RHC-231催化剂的裂化活性及产品分布与RHC-131基本相当。从产品质量来看，两催化剂得到的柴油十六烷指数相当，但RHC-231的喷气燃料及尾油质量更优：与RHC-131相比，RHC-231得到的喷气燃料烟点高约0.9个单位，尾油BMCI值低0.9个单位，黏度指数高3个单位。

由上述数据可见，与RHC-131相比，RHC-231催化剂的产品分布及活性相当，产品质量尤其是尾油质量更优，是更适宜的兼产润滑油料和清洁燃料加氢裂化催化剂。

表1 RHC-231与RHC-131产品分布及关键产品性质的对比

加氢裂化催化剂	RHC-131	RHC-231
原料油	VGO原料A	
密度(20℃)/(g/cm³)	0.9193	
硫/%(质)	2.85	
氮/(μg/g)	713	
馏程(D-1160)/℃		
IBP	275	
5%	364	
10%	384	
50%	436	
90%	475	
95%	486	
终馏点(D-2887)	516	
BMCI值	49.6	
工艺条件		
氢分压/MPa	15.0	
裂化反应温度/℃	基准	基准-1
液体产品分布/%		
<65℃轻石脑油	2.38	2.48
65~165℃石脑油	15.98	15.50
165~240℃航煤	17.13	17.25
240~370℃柴油	32.69	32.89
>370℃尾油	31.82	31.88
航煤烟点/mm	30.0	30.9
柴油十六烷指数	67.0	66.6
尾油BMCI值	基础	基础-0.9
尾油黏度指数	基础	基础+3

3 兼产润滑油料和清洁燃料的加氢裂化技术工艺研究

作为润滑油料的尾油质量和产率除受到催化剂影响以外，工艺流程、原料油性质、转化深度、切割点控制等方面也对其有较大的影响。因此，着重对上述因素的影响规律进行了研究，以确定适宜于兼产润滑油料和清洁燃料的加氢裂化工艺技术方案。

3.1 工艺流程对尾油质量及黏度指数的影响

文献[3，4]提出，循环部分尾油馏分可以改善尾油质量，提高尾油的黏度指数。为探讨在相同尾油收率条件下，循环部分尾油馏分至裂化反应段对产品分布及尾油质量的影响规律，开展了尾油部分循环和一次通过程的对比试验。对比试验列于表2。

由表2中数据可见，循环尾油量约为进料的20%，在石脑油馏分及航煤馏分收率变化不大的前提下，循环流程的中间馏分油选择性更好，收率更高。

由表2中>370℃产品尾油性质对比数据可见，与循环流程相比，在转化深度略低的条件下(尾油收率高约3个百分点)，一次通过流程得到尾油BMCI值、链烷烃质量分数以及黏度指数基本相当。

表2 一次通过与尾油循环效果对比

工艺流程	尾油部分循环	一次通过
试验原料	VGO原料B	
密度(20℃)/(g/cm^3)	0.9068	
硫/%(质)	1.74	
氮/(μg/g)	736	
馏程(D-1160)/℃	379(5%)~494(95%)	
精制/裂化催化剂	RN-32V/RHC-131	
工艺参数		
氢分压/MPa	15.0	15.0
循环尾油/进料质量比	0.2	—
精制油氮/(μg/g)	<10	<10
产品分布/%		
C_5~65℃轻石脑油	1.93	1.90
65~165℃重石脑油	15.06	15.51
165~230℃航煤	15.41	15.43
230~370℃柴油	38.47	35.41
>370℃尾油	27.16	30.06
>370℃尾油性质		
黏度(100℃)/(mm^2/s)	4.396	4.212
黏度指数(Ⅵ)	基准	基准-1
BMCI值	基准	基准-0.2
链烷烃/%	基准	基准+1

3.2 原料油性质对尾油质量及黏度指数的影响

原料油性质是尾油质量的主要影响因素之一[5]。重点考察了原料烃类组成以及馏程对尾油质量的影响规律。

3.2.1 原料烃类组成的影响

选取组成差别较大的两种原料(链烷烃质量分数差别较大)，在不同转化深度下分别考察其对应尾油产品的质量变化。对比结果列于表3。

由表3可见，在相近转化深度下(尾油收率约为28%)，中东混蜡A和VGO原料C得到的>370℃尾油馏分100℃黏度分别为4.164mm^2/s和3.536mm^2/s，黏度指数分别为142和145；BMCI值分别为7.9和7.1，链烷烃质量分数分别为58.2%和67.3%。与链烷烃质量分数相对较低的中东混蜡A相比，在相当转化深度下，VGO原料C得到的尾油馏分质量更佳，主要表现在链烷烃质量分数高约10个百分点，同时100℃黏度更低，而黏度指数更高，能够生产四厘拖API三类超高黏度指数的润滑油基础油。

表3 原料烃组成对尾油性质的影响

原料油	中东混蜡 A	VGO 原料 C	原料油	中东混蜡 A	VGO 原料 C
密度(20℃)/(g/cm³)	0.9176	0.9064	初馏点	281	293
硫/%(质)	2.8	2.8	10%	396	378
氮/(μg/g)	600	1400	30%	415	394
馏程(D-1160)/℃	391~503	385~473	50%	432	407
烃类组成/%			70%	448	418
链烷烃/环烷烃/芳烃	19.4/25.6/55.0	27.2/35.1/37.7	90%	476	444
>370℃尾油馏分收率/%	28.5	26.8	95%	491	460
尾油性质			BMCI 值	7.9	7.1
密度(20℃)/(g/cm³)	0.8311	0.8242	烃类组成/%		
倾点/℃	35	36	链烷烃	58.2	67.3
黏度(100℃)/(mm²/s)	4.164	3.536	环烷烃	41.7	32.4
黏度指数(VI)	142	145	芳烃	0.1	0.3
馏程(D-1160)/℃					

3.2.2 原料油馏程的影响

采用同一油源的减二线及减三线蜡油馏分以不同比例混合得到两种混合蜡油，分别为中东混蜡 A(50%减二线/50%减三线)、中东混蜡 B(30%减二线/70%减三线)，开展了原料油馏程对尾油性质的考察试验。以>370℃尾油收率 28%为对比基础，采用线性插值的方法得到了轻重不同的两种原料尾油关键性质并进行了对比，对比结果如表 4 所示。

由表 4 可见，随减三线蜡油混配比例的增加，混合原料的 BMCI 值略有增加、链烷烃质量分数有所降低。原料的体积分数 10%和 50%馏出温度增加明显；此外，增幅最大的是原料 100℃黏度，两种原料的 100℃黏度分别为 5.911mm²/s 和 7.278mm²/s。在>370℃尾油收率均为 28%的情况下，得到的尾油 BMCI 值分别为 7.8 和 7.5，链烷烃质量分数分别为 58.9%和 59.9%，100℃黏度分别为 4.148mm²/s 和 4.400mm²/s，黏度指数分别为 142 和 143，氢质量分数分别为 14.49%和 14.48%，体积分数 95%馏出温度均为 490℃。试验数据表明采用略重的原料得到尾油 BMCI 值更低、链烷烃质量分数和黏度指数更高，但同时 100℃黏度也更高。

表4 不同馏程原料对尾油性质的影响(尾油收率均为 28%基准下)

原料油名称	中东混蜡 A	中东混蜡 B
说明	减二、减三线各 50%	减二、减三分别为 30%、70%
密度(20℃)/(g/cm³)	0.9176	0.9219
硫/%(质)	2.8	2.8
氮/(μg/g)	600	650
馏程(D-1160)/℃	391~503	416~505
链烷烃/%(质)	19.4	16.7
>370℃尾油馏分收率/%	28	26.8
尾油性质		
黏度(100℃)/(mm²/s)	4.148	4.400
黏度指数(VI)	142	143
BMCI 值	7.8	7.5

3.3 裂化转化深度与尾油产品收率和质量的关系

采用中东混蜡 B 考察了转化深度对尾油性质的影响规律。试验规律如图 1~3 所示。

如图1~图3所示，随转化率增加，对应>370℃产品尾油馏分减少，尾油馏分的BMCI值逐步降低，但转化深度增加，降幅减小；尾油的链烷烃质量分数依然呈线性增加的变化趋势。此外，随>370℃产品尾油馏分减少，尾油馏分的100℃黏度线性降低，但黏度指数呈现先增加后降低的变化规律，因此，可通过控制一定转化深度的方法得到兼顾低黏度、高黏度指数的产品尾油馏分。

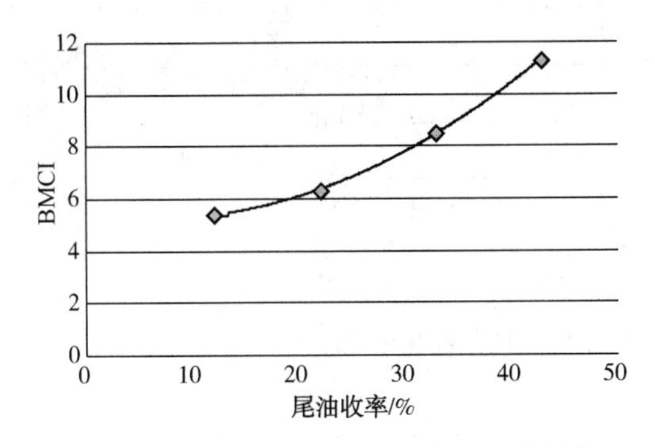

图1 尾油BMCI值随尾油收率的变化趋势

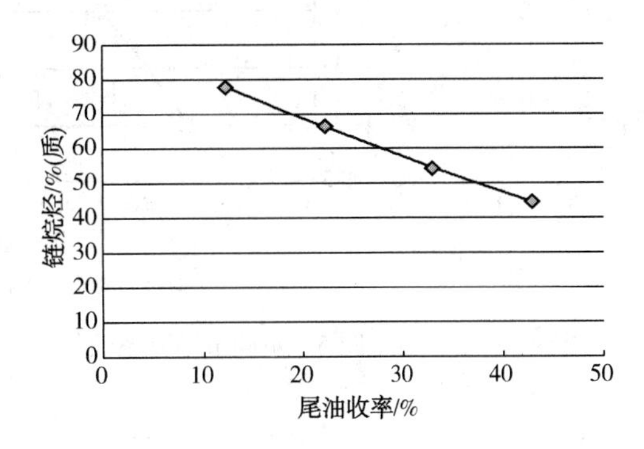

图2 尾油链烷烃质量分数随尾油收率的变化趋势

3.4 尾油产品切割方案与尾油性质的关系

尾油切割点是影响尾油质量的主要因素之一。为深入考察其影响规律，同时考虑到生产优质润滑油通常采用>370℃的尾油馏分，对适宜转化深度得到的裂化生成油进行了详细切割，得到了各窄馏分尾油(包括370~390℃馏分、390~420℃馏分、420~450℃馏分、450~480℃馏分及>480℃馏分)，各窄馏分的密度、BMCI值、氢质量分数、链烷烃质量分数、100℃黏度及黏度指数随窄馏分馏程变化的规律详见图4~图6。

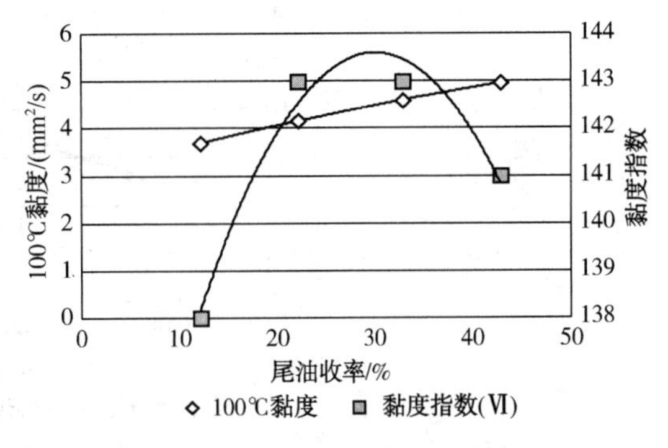

图3 尾油黏度及黏度指数随尾油收率的变化趋势

如图4所示，随尾油馏分切重，其密度呈现先略下降然后快速增加的趋势；与之相对应，对应得到的尾油BMCI值先快速下降，而后下降趋势趋缓。

如图5所示，随尾油馏分增加，其氢质量分数呈现先增长而后下降的趋势，其中420~450℃馏分段的氢质量分数为峰值；与之相对应，得到的尾油链烷烃质量分数值先逐步增加，而后保持稳定。

如图6所示，随尾油馏分切割点变重，其黏度指数逐步增加，而后增幅趋缓，其中拐点出现在420~450℃馏分段；与之相对应，100℃黏度逐步增加。

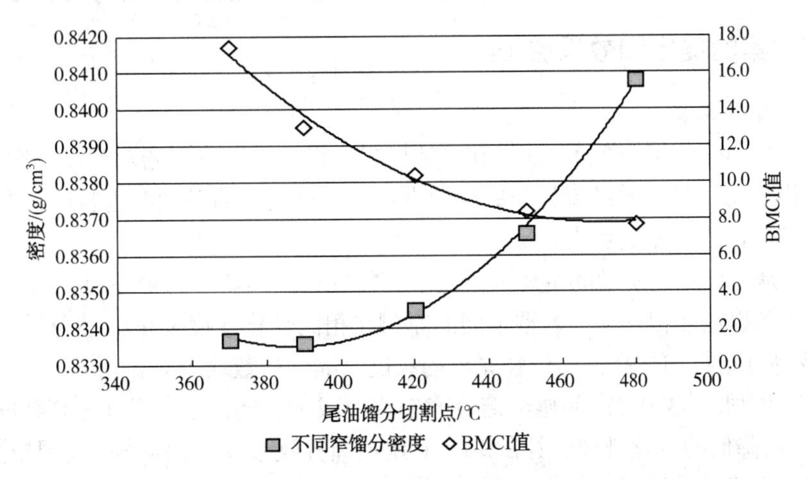

图4 不同窄馏分尾油密度及BMCI值变化规律

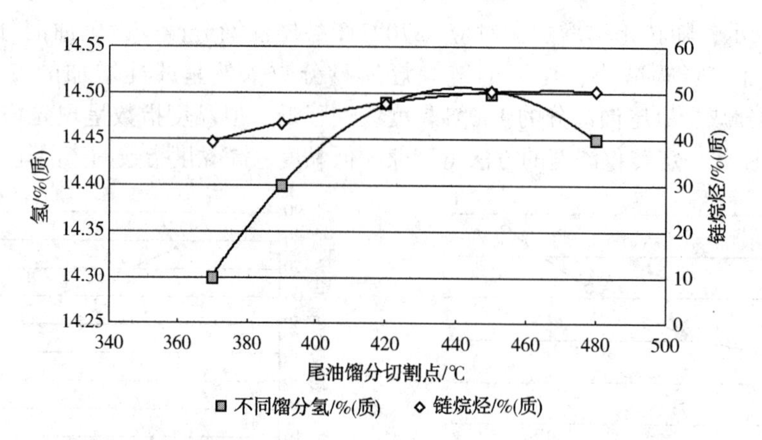

图5 不同窄馏分尾油氢质量分数及链烷烃质量分数变化规律

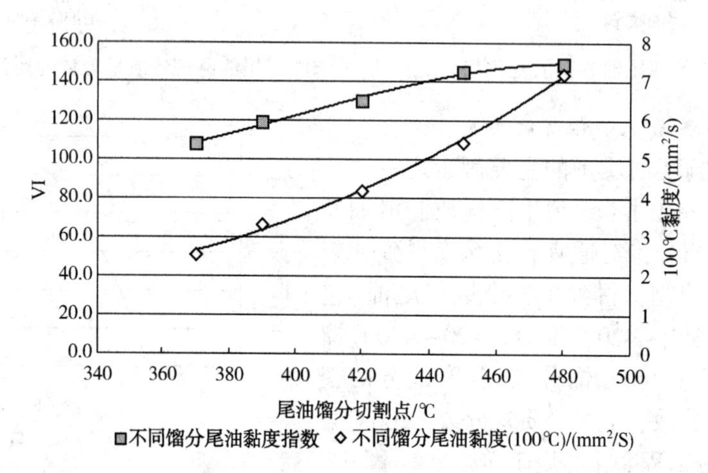

图6 不同窄馏分尾油黏度指数及100℃黏度变化规律

根据各窄馏分尾油性质的变化趋势可知，从370~390℃馏分逐步到450~480℃馏分，尾油质量逐步改善，这一定从氢质量分数和链烷烃质量分数可以得到证实，>480℃馏分尽管BMCI值最低，但氢质量分数已经低于前一馏分段。另外，从生产高质量润滑油料的角度出发，尽管重组分>480℃馏分黏度指数最高，但由于其100℃黏度最高且450~480℃馏分段到>480℃馏分段黏度指数增幅较缓，因此该馏分并非理想组分，370~480℃馏分段是更适宜的用于生产高质量润滑油基础油的原料。

4 新技术工艺方案的提出和效果验证

4.1 新技术工艺方案的提出

综合上述规律性认识，为兼产润滑油料和清洁燃料，提出了以下工艺及产品方案：

1）与循环流程相比，一次通过流程是更佳的生产高质量润滑油基础油进料的工艺流程。

2）原料性质对尾油质量影响巨大：

a. 原料链烷烃是影响尾油质量的主要因素之一，需优选高链烷烃含量原料。

b. 油源一致，馏程宽度相近，轻、重不同的原料在相同转化深度下尾油馏分质量相近，但较重原料的100℃黏度及黏度指数均较高，而较轻原料的黏度及黏度指数均相对较低。

3）随转化深度增加，>370℃产品尾油馏分产率相应减少，尾油馏分的100℃黏度线性降低，但黏度指数呈现先增加后降低的变化规律，控制>370℃尾油馏分收率在20%~35%范围较为理想。

4）随尾油切割点增加，尾油的黏度及黏度指数均有所增加，但通常末端的重组分尾油不是生产高品质润滑油基础油的理想进料。

4.2 新技术的效果验证

按照前述兼产润滑油料和清洁燃料加氢裂化技术方案，在中型试验装置上验证了新技术的试验效果。试验采用两个反应器串联、油气一次通过流程，氢气循环操作，新氢自动补入。

试验原料采用中东混蜡 A 和中东混蜡 C 两种原料，裂化催化剂采用筛选得到兼顾润滑油料和清洁燃料的 RHC-231 催化剂。

原料性质、工艺条件及产品分布列于表5。主要产品的关键性质列于表6。

由表5可见，两种原料油得到的产品重石脑油馏分芳潜均超过 55.0%；航煤馏分烟点分别为 32.0mm 和 30.0mm，满足3号喷气燃料的质量要求；柴油馏分十六烷指数(D-4737)分别为 73.3 和 68.9；产品尾油收率分别为 24.79%和 31.57%条件下，尾油 BMCI 值分别为 5.2 和 6.5，尾油链烷烃质量分数分别为 66.2%和 57.3%，尾油黏度指数分别为 144 和 147。

试验结果表明，RHC-231 裂化催化剂及采用的工艺方案可用于加工较为劣质的蜡油馏分，兼顾尾油和清洁燃料的生产，加氢裂化所得产品航煤馏分主要性质可满足3号喷气燃料的要求，柴油馏分主要性质可达到“欧Ⅴ”柴油的规格标准，尾油馏分 BMCI 值低、链烷烃质量分数高。

另外，新技术所采用的裂化催化剂表现出优异的多环烷烃开环能力，在加工中东 VGO、尾油收率控制约 25%、对应喷气燃料及柴油总收率约为 48%时，得到的尾油馏分黏度指数达到了 144，可作为优质的润滑油异构脱蜡原料，经异构降凝后获得达到三类或三类+以上的高黏度指数的润滑油基础油。

表5 原料油、工艺条件及产品分布

加氢裂化催化剂	RHC-231	
原料油	中东混蜡 A	中东混蜡 C
说明	减二、减三线各 50%	100%减三
密度(20℃)/(g/cm³)	0.9176	0.9280
硫/%(质)	2.82	2.8
氮/(μg/g)	674	842
馏程(D-1160)/℃		
10%	391	457
50%	448	475
90%	491	506
95%	503	507
BMCI 值	47.8	49.7
链烷烃/%(质)	19.4	15.5
工艺参数		
氢分压/MPa	14.3	13.9
产品分布/%		
C_5~65℃轻石脑油	3.48	3.43
65~165 重石脑油	19.54	18.46
165~250℃航煤	21.74	21.43
250~370℃柴油	26.69	21.62
>370℃尾油	24.79	31.57

表6 关键产品馏分性质

原料油	中东混蜡 A	中东混蜡 C
>370℃尾油收率/%	24.79	31.57
重石脑油馏分(65~165℃)		
密度(20℃)/(g/cm³)	0.7489	0.7520
芳潜/%	55.3	56.0

续表

原料油	中东混蜡 A	中东混蜡 C
馏程(D-86)/℃		
初馏点	81	85
50%	121	122
90%	155	152
航煤馏分(165~250℃)		
密度(20℃)/(g/cm³)	0.8035	0.8088
闪点(闭口)/℃	53	60
冰点/℃	<-60	<-60
烟点/mm	32.0	30.0
柴油馏分(250~370℃)		
密度(20℃)/(g/cm³)	0.8220	0.8257
凝点/℃	-10	-13
十六烷指数	73.3	68.9
尾油馏分(>370℃)		
密度(20℃)/(g/cm³)	0.8244	0.8319
倾点/℃	35	42
氢/%(质)	14.51	14.37
黏度(50℃)/(mm²/s)	12.64	17.07
黏度(100℃)/(mm²/s)	4.119	5.108
黏度指数	144	147
BMCI 值	5.2	6.5
链烷烃/%(质)	66.2	57.3

5 结论

为兼产清洁燃料的同时得到高质量的润滑油料，开发了新一代尾油型加氢裂化催化剂，并开展了新技术的工艺研究工作，最终形成了兼产润滑油料和清洁燃料的加氢裂化技术，可在企业现有一次通过工艺上实现兼产优质润滑油基础油原料和清洁燃料的目标。

采用新技术加工典型中东 VGO 的试验结果表明，在尾油收率 25%，清洁燃料的收率达到 48% 以上，产品航煤馏分主要性质符合 3 号喷气燃料规格要求，产品柴油馏分硫质量分数<10μg/g，十六烷指数大于 70，关键性质符合“欧Ⅴ”排放规格标准；尾油质量优良，BMCI 值为 5.2，黏度指数达到 144。该技术的开发成功有助于加氢裂化装置兼顾生产润滑油料和燃料，尤其是对于需要生产尾油作超高黏度指数润滑油基础油原料的企业，该技术具有显著的优势。

参 考 文 献

[1] 张国生．中石化润滑油基础油市场战略分析与荆门分公司润滑油改造思路．内部资料，2009 年 12 月．
[2] Hemant B. Gala，etc. Honeywell/UOP. US20100163454A1.
[3] Sook-kyung Kwon；Wha-sik Min，etc. Yukong Limited. US5580442A.
[4] Gyung Rok Kim，etc. SK Energy Co.，Ltd. US20090050524A1.
[5] 胡志海．生产蒸汽裂解原料的中压加氢裂化工业-RMC[J]. 石油炼制与化工，2005，1(36)：1-5.